Günter Kunze | Helmut Göhring | Klaus Jacob

Baumaschinen

Erdbau- und Tagebaumaschinen

Mit 650 Abbildungen und 147 Tabellen

2., überarbeitete Auflage

Herausgegeben von Martin Scheffler

PRAXIS

VIEWEG+
TEUBNER

Bibliografische Information der Deutschen Nationalbibliothek
Die Deutsche Nationalbibliothek verzeichnet diese Publikation in der Deutschen Nationalbibliografie; detaillierte bibliografische Daten sind im Internet über <http://dnb.d-nb.de> abrufbar.

Herausgeber:
Prof. em. Dr.-Ing. habil. Dr.-Ing. h.c. E.h. Martin Scheffler war an der TU Dresden am Institut für Fördertechnik tätig.

1. Auflage 2002
   unveränderter Nachdruck 2009
2., überarbeitete Auflage 2012

Lektorat: Thomas Zipsner | Imke Zander

Vieweg+Teubner Verlag ist eine Marke von Springer Fachmedien.
Springer Fachmedien ist Teil der Fachverlagsgruppe Springer Science+Business Media.
www.viewegteubner.de

Umschlaggestaltung: KünkelLopka Medienentwicklung, Heidelberg
Gedruckt auf säurefreiem und chlorfrei gebleichtem Papier
Printed in Germany

ISBN 978-3-8348-1592-7

Vorwort

Der im Rahmen der Fachbuchreihe Fördertechnik und Baumaschinen 2002 erschienene Band wurde auf Druckfehler und wesentliche inhaltliche Unstimmigkeiten überprüft. Da sich die Autoren auf das methodische Vorgehen beim Gestalten von Baumaschinen beschränkt haben, kann er in dieser Form auch weiterhin als Lehr- und Fachbuch benutzt werden. Dennoch hat die technische Entwicklung in den vergangenen Jahren seit Neuerscheinung auch vor dieser Branche nicht halt gemacht. Die grundlegenden technischen Neuerungen werden einer generellen Aktualisierung und damit einer Neuerscheinung in den nächsten Jahren vorbehalten bleiben.

Dieser Band stellt die wissenschaftlichen Grundlagen für die Gestaltung und Bemessung von *Erdbau- und Tagebaumaschinen* dar. Die zwei unterschiedlichen Maschinenbranchen werden deshalb gemeinsam behandelt, weil vom Erbauprozess die gleichen verfahrenstechnischen Grundlage gebildet werden. Obwohl es sich um ein wichtiges Fachgebiet des Maschinenbaus handelt, ist auch international kein neuzeitliches Fachbuch bekannt, was sich aus konstruktionstechnischer Sicht mit diesen Maschinen befasst. Den Schwerpunkt der in großer Anzahl erschienenen Bücher zum Thema Erdbau- und Tagebaumaschinen bildet fast ausnahmslos der Bau- oder Bergbaubetrieb, d. h. der Einsatz von Maschinen aus funktioneller und wirtschaftlicher Sicht. Ganz ohne technologischen Bezug kommen auch die Darstellungen in diesem Fachbuch nicht aus, wenngleich konstruktive Gedanken im Sinne von maschinentechnischer Gestaltung, Projektierung und Bemessung im Vordergrund stehen.

Wie in allen Büchern dieser Reihe wird auch hier der Grundsatz verfolgt, das gesamte Fachgebiet aufzuarbeiten und dabei besonders auf die neuesten Entwicklungen einzugehen. In erster Linie wird mit diesem Fachbuch der Maschinenbauingenieur angesprochen, der einen fachlichen Rat oder methodische Anleitung sucht. Es soll gleichzeitig auch als Lehrbuch für Dozenten, Studenten oder Berufsanfänger dienen, denn die Maschinen bilden ein anschauliches Beispiel für die Verknüpfung aller Grundlagen des modernen Maschinenbaus unter besonderen Anforderungen. Natürlich kann es auch den Informationsbedarf über die Technik im Bauingenieurwesen, bei Baubehörden, Wirtschaftsverbänden, Berufsgenossenschaften, Normenausschüssen u. a. decken.

Das Buch verwendet Bilder, ohne sich als „Bilderbuch" zu verstehen. Bilder (Skizzen, Prinzipdarstellungen, technische Zeichnungen), aber auch Tafeln und Diagramme im Sinne technischer Erläuterungen veranschaulichen dem Ingenieur auch ohne Worte wichtige Sachverhalte. Sie helfen außerdem Platz sparen.

Den gleichen Zweck verfolgen die vielfältigen Quellenverweise, da nicht auf alle thematischen Details und technischen Sonderlösungen eingegangen werden konnte. Hier findet der Leser den Hinweis auf verwendete Quellen, aber auch auf weiterführende Aussagen.
Mit der unterschiedlichen Tiefgründigkeit und Breite einzelner Fachgebiete wird deren heutige Bedeutung für den Maschinenbau berücksichtigt. Da die Grundlagen der Fördertechnik [0.1] das Basiswissen nicht vollständig vermitteln, werden ergänzende Abschnitte zur Bodenphysik (Abschn. 2) und zur erweiterten Antriebstechnik (Abschn. 3) vorangestellt. Auf sie wird der Leser immer wieder verwiesen, wenn es um verallgemeinerungsfähige Aussagen bei den einzelnen Maschinenbauarten (Abschnitte 4 bis 7) geht.

Die Autoren haben sich um eine abgestimmte, einheitliche und umfassende Ausführung bemüht. Kritische Hinweise und Empfehlungen zur Nachbesserung werden gern entgegengenommen, denn die geschaffene Wissensbasis wird einer regelmäßigen Überarbeitung bedürfen.

Es ist den Verfassern eine angenehme Pflicht, allen zu danken, die bei der Fachbucherstellung mitgewirkt haben. Die Industrie hat für technische Abbildungen umfangreiches Material zur Verfügung gestellt, das in vollem Umfang gar nicht berücksichtigt werden konnte.

Dresden, im September 2011

Die Autoren

Autorenübersicht

Dr.-Ing. Klaus Jacob
Ehem. Wissenschaftlicher Oberassistent
Technische Universität Dresden

Prof. Dr.-Ing. habil. Günter Kunze
Professur für Baumaschinentechnik
Technische Universität Dresden

Prof. em. Dr.-Ing. habil. Helmut Göhring
Professur für Tagebautechnik bis 1994
Technische Universität Dresden

Kapitelübersicht

Einführung in die bodenphysikalischen Grundlagen:	Dr.-Ing. Klaus Jacob
Technische Grundlagen:	Prof. Dr.-Ing. habil. Günter Kunze
Bagger und Lademaschinen:	Prof. Dr.-Ing. habil. Günter Kunze
Maschinen für Transport und Verkippung:	Prof. em. Dr.-Ing. habil. Helmut Göhring
Transportsysteme für Festgesteinstagebau:	Prof. em. Dr.-Ing. habil. Helmut Göhring
Bandwagen und Hilfsgeräte:	Prof. em. Dr.-Ing. habil. Helmut Göhring

Inhaltsverzeichnis

1 Einführung

Über die gesamte Dauer der Zivilisationsgeschichte findet man Spuren zur Bautätigkeit des Menschen. Dabei hat zu jeder Zeitepoche der Erd- und Tagebau zum Errichten von Wohnstätten, Grabbauten, Kanälen, Straßen und Dämmen eine große Bedeutung gehabt.

Über Jahrtausende wurde die Leistungsfähigkeit des Erdbaus und der Rohstoffgewinnung von der Muskelkraft des Menschen bestimmt. Die Erfahrungen beim Gebrauch einfacher Handwerkzeuge (Hacke, Schaufel, Pflug) hat schließlich auch zur Erfindung wirkungsvoller Geräte und Maschinen geführt. Als Geburtsstunde der Erdbaumaschinen im Sinne eines technischen Systems gilt der Bau des ersten Löffelbaggers (engl. shovel, dtsch. Dampfabgrabmaschine) nach einem Patent von *W. S. Otis* [3.1] in den USA im Jahre 1836. Er verfügte über einen Löffelinhalt von 1,1 m^3, einen um 180° schwenkbaren Holzausleger und über Kettenantriebe aus einer Dampfmaschine mit 20 PS Leistung. Mit diesem Bagger wurden täglich rd. 380 m^3 Erdstoffe gewonnen und verladen. Es wird davon berichtet, dass je nach Arbeitsaufgabe 50 bis 100 Arbeitskräfte ersetzt werden konnten. Im Jahre 1880 waren bereits 500 Bagger dieser Bauart weltweit im Einsatz.

Viele namhafte Erfinder, z. B. *LeTourneau,* haben aktiv dazu beigetragen, dass auch andere Wirkprinzipien (z. B. das Planieren) in Maschinen (z. B. Flachbagger) umgesetzt wurden.

Die wichtigsten technischen Grundprinzipien unserer heutigen Erdbau- und Tagebaumaschinen wurden vor mehr als 100 Jahren erfunden, und sie gelten heute noch. Moderne Maschinen werden vom Elektro- und Dieselmotor angetrieben und von der Hydrostatik sowie Mikroelektronik bestimmt. Obwohl ihre äußeren „Gesichter" kaum unverändert von der Robustheit ihrer Aufgaben geprägt sind, hat sich das innere technische Konzept mehrfach gewandelt. Sie sind dadurch sehr viel leistungsfähiger, wirtschaftlicher und umweltfreundlicher geworden.

Erdbau- und Tagebaumaschinen sind zugleich immer Maschinen für das Gewinnen, Umschlagen und Transportieren von Stoffen. Dieser Anspruch hat sich auf ihre technische Entwicklung ausgewirkt und Lösungen hervorgebracht, die als Universalmaschinen allen drei Aufgaben gerecht werden (z. B. Baggerlader). Gleichzeitig sind Lösungen entstanden, die sehr speziellen Aufgaben zugeordnet sind (z. B. Teleskoplader, Grader, Schreitbagger) aber auch solche, die sehr große technologische Leistungen zum Ziel haben (z. B. Eimerkettenbagger, Absetzer, Gurtförderer). Der Grabbzw. Gewinnungsprozess bildet für alle die gleichen technologischen Grundlagen, weshalb beide Maschinengruppen auch in einem Fachbuch behandelt werden.

Es ist nicht sinnvoll, für die verschiedenen Merkmale und Bauarten von Erdbau- und Tagebaumaschinen eine gemeinsame Gliederung zu erzwingen. Obwohl sie alle mit der Erdbewegung zu tun haben, unterscheiden sich ihre Anwendungsgebiete (Straßenbau, Tiefbau, Bergbau u. a.) und Bauarten (mobil, stationär u. a.) deutlich voneinander. Deshalb wird erst zu Beginn der Hauptabschnitte 4 (Bagger und Lademaschinen), 5 (Maschinen für Transport und Verkippung), 6 (Transportsysteme für Festgesteinstagebaue) und 7 (Bandwagen und Hilfsgeräte) auf die jeweiligen Maschinenbezeichnungen und -einteilungen eingegangen.

Unabhängig von den Einteilungsmerkmalen besitzen die behandelten Maschinen verschiedener Anwendung und Bauart gleiche technologische und konstruktive Problemstellungen (Erdstoffmechanik, Antriebskonzept, Geräuschemission, Standsicherheit u. a.) und gleiche Baugruppen (Lenkung, Fahrwerk, Werkzeug u. a.). Zur Vermeidung von Wiederholungen werden diese in den vorangestellten Abschnitten 2 (bodenphysikalische Grundlagen) und 3 (technische Grundlagen) allgemeingültig behandelt.

Die Methoden zur Projektierung und Entwicklung von Erdbau- und Tagebaumaschinen sind im Vergleich zu anderen Branchen sehr praxisorientiert. In enger Zusammenarbeit zwischen dem Maschinenbau-, Bergbau- und Bauingenieur entstehen die robustesten und größten technischen Systeme. Ihre Tragwerke sind vom modernen Stahlbau [0.2] gekennzeichnet und in ihren Triebwerken haben mikroelektronische Steuerungen Einzug genommen. Trotz alledem dominiert bei den Konstrukteuren und Projektanten noch immer das empirische Vorgehen beim Lösen technischer Probleme. Viele Innovationen mussten erst in anderen Disziplinen überzeugen, bevor man sie auf diese Maschinen übertragen hat. Das liegt gewiss an den Dimensionsunterschieden zu anderen Branchen aber auch an Produktionsstückzahlen und an den besonderen Arbeitsbedingungen auf Baustellen sowie im Bergbau.

Die meisten Erfindungen und grundlegenden wissenschaftlichen Arbeiten auf dem Gebiet der Erdbaumaschinen stammen aus den USA und aus Russland. In Deutschland hat sich bis heute keine so ausgeprägte Forschungskultur gebildet. Das belegen u. a. die statistischen Zahlen über eingereichte Patente und abgeschlossene Dissertationen. Im Gegensatz dazu wurde eine hervorragende Arbeit auf dem Gebiet der Tagebaumaschinen geleistet. Hier entstand in den letzten 50 bis 70 Jahren für den eigenen kontinuierlichen Braunkohlentagebau ein sehr hohes Fachwissen, das noch heute in Form von leistungsfähigen Maschinen weltweit Anerkennung findet.

2 Einführung in die bodenphysikalischen Grundlagen

2.1 Aufgabenstellung und Zuordnung zu speziellen Fachgebieten

Die Bodenphysik hat bei Baumaschinen Einfluss auf die Widerstände am Arbeitswerkzeug und am Fahrwerk sowie auf das Verhalten des Erdstoffes beim Transport einschließlich des Füll- und Entleerungsvorganges.
Die Benennung der Erdstoffe und ihre beschreibenden Kenngrößen können aus verschieden Fachgebieten stammen, wobei der Zweck der Beschreibung die Einteilungsmerkmale prägt (Bild 2-1).

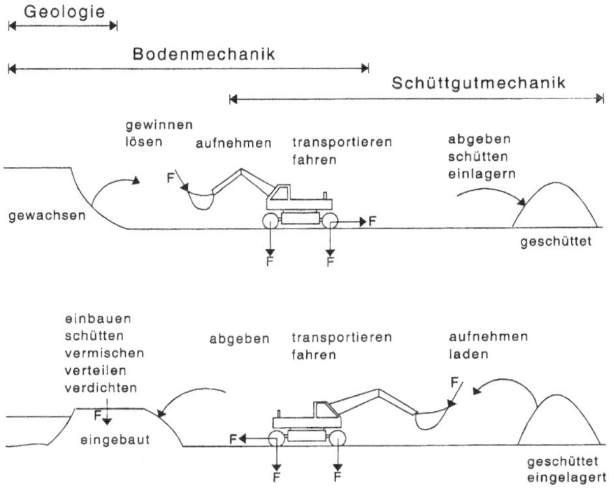

Bild 2-1 Zuordnung von Fachgebieten

Der wesentliche Betrachtungsunterschied zur klassischen Boden- bzw. Baugrundmechanik entsteht durch die Beanspruchungsgeschwindigkeit des Erdstoffes. Der Löseprozess oder der Fahrvorgang einer Baumaschine beansprucht den Erdstoff mit deutlich höheren Geschwindigkeiten als eine Bauwerksgründung oder ein Erdbauwerk (z. B. Tagebaukippe).
Zur Verständigung über den zu bearbeitenden Erdstoff und zum Verständnis der übergreifenden Zusammenhänge zwischen den speziellen Fachgebieten sollen nachfolgend die für den Baumaschinenhersteller und -betreiber wesentlichen Einteilungsmerkmale, Kenngrößen und die Vorgehensweise zu ihrer Bestimmung zusammengestellt werden.
Bei diesen Betrachtungen sind die *Lockergesteine* die am häufigsten benutzte Erdstoffart. Das Vordringen der Baumaschinen, vor allem der Bagger als Gewinnungsmaschine, in immer festere Erdstoffe macht auch Betrachtungen zu *Festgestein* und *Festgebirge* notwendig.

2.2 Geologische Grundlagen

In der Erdkruste finden ständig Vorgänge der Gesteins- und Gebirgsbildung statt. Grundbaustein aller Gesteine sind die Minerale. Bei Sedimentgestein treten noch Gesteinsbrocken von älteren Gesteinen hinzu.
Entscheidenden Einfluss auf die Festigkeit und das Formänderungsverhalten der Gesteine haben die Eigenschaften der Minerale, ihr Zustand (Verwitterungsgrad, tektonische Beanspruchung) sowie das Korngefüge (Korngröße, Kornform, räumliche Anordnung, gegenseitige Verbindung).
In Tafel 2-1 sind wichtige Mineralgruppen und ihr Vorkommen in den Gesteinen zusammengestellt.

Tafel 2-1 Wichtige Mineralgruppen und ihr Auftreten in Gesteinen [2.1]

wb (ver)witterungsbeständig — wl (leicht)wasserlöslich
nb nichtbindig — + vorhanden
b bindig — – nicht vorhanden
o organisch — (+) kann vorhanden sein
we (ver)witterungsempfindlich

Mineral	Vorkommen					
	Festgestein			Lockergestein		
	wb	we	wl	nb	b	o
Quarze	+	+	-	+	+	(+)
Feldspäte	+	+	-	(+)	(+)	-
Augite/Hornblenden	+	+	-	(+)	(+)	-
Glimmer	+	+	-	(+)	(+)	-
Tonminerale	-	+	-	-	+	(+)
Karbonate	+	+	-	-	(+)	-
Salze	-	-	+	-	-	-

Nach der Entstehungsgeschichte unterscheidet man:
Magmatische Gesteine
z. B. Granit, Syenit, Diorit, Basalt, Diabas, Porphyr, Gabbro
Unverfestigte und verfestigte Sedimentgesteine
z. B. Ton, Schluff, Sand, Kies, Tonstein, Tonschiefer, Schluffstein, Schieferton, Mergelstein, Sandstein, Grauwacke, Kalkstein, Gips, Anhydrit
Metamorphe Gesteine
z. B. Gneis, Granulit, Serpentinit, Quarzit, Marmor, Amphibolit, Phyllit, Glimmerschiefer.

Magmatische Gesteine sind vulkanischen Ursprungs und werden in Tiefen- sowie Eruptivgesteine unterschieden.
Sedimentgesteine entstehen durch Ablagerungen von Verwitterungs- sowie Erosionsprodukten und treten in Schichten auf. Durch Druck und Temperatureinwirkung werden daraus verfestigte Sedimentgesteine.
Metamorphose Gesteine entstehen durch Umwandlung auf Grund hoher Drücke, hoher Temperaturen, tektonischer Bewegungen oder durch Kontakt mit Magmaströmen.
Der Ingenieur unterscheidet zwei Gesteinstypen, Festgestein und Lockergestein. Die Gesteinsgruppen lassen sich mittels Mineralgehalt, Kornbindung und weitere charakteristischen Merkmale in weitere Untergruppen untergliedern (Tafel 2-2). Auf die Gesteine wirken ständig erdinnere und -äußere Kräfte und erzeugen vielfältige und komplizierte Strukturformen (Bild 2-2). Die Strukturformen lassen sich je nach Größe des Betrachtungsraumes systematisieren (Tafel 2-3).
Für die Konstruktion und den Betrieb von Baumaschinen haben vor allem die Mikrostruktur der Gesteine und die Makrostruktur des Gebirges Einfluss auf Maschinen- und Einsatzparameter.
Weiterreichende Informationen zum Fachgebiet Ingenieurgeologie sind z. B. in [2.1] [2.2] [2.7] [2.9] [2.10] enthalten.

Tafel 2-2 Charakteristische Merkmale der Gesteinsgruppen [2.1]

Gruppe	Untergruppe	Charakteristische Merkmale	Mineralgehalt	Kornbindung	Beispiele
Fest- (Fels-) Gestein		Gemenge gleicher oder verschiedener Minerale oder Gesteinsbruchstücke mit primär festem Kornverband			
	(ver)witterungs-beständig	Beständigkeit des Kornverbandes innerhalb menschlicher Zeiträume infolge der Art der Kornbindung und der Widerstandsfähigkeit der Mineralsubstanz gegenüber dem Einfluss der Witterungsagenzien	Quarz, Feldspat, Glimmer, Hornblende, Augit, Kalkspat	unmittelbar (Korn an Kornbindung), mittelbar (mit witterungsbeständigem Bindemittel)	Granit, Basalt, Porphyr, Sandstein (mit kieseligem und ferristischem Bindemittel), Kalkstein, Gneis, Quarz, Marmor
	(ver)witterungs-empfindlich	Verlust des Kornzusammenhalts innerhalb kurzer Zeit (Tage bis Monate) unter dem Einfluss der Witterungsagenzien (Oberflächenenergie des benetzenden Wassers, Frost u. a.), irreversible Umwandlungen in bindige oder nichtbindige Lockergesteine	Quarz, Feldspat, Augit in Verbindung mit Tonmineralen oder Gesteinsglas, Hornblende, Glimmer	vorwiegend mittelbar mit tonigem Bindemittel, mittelbar -gelockert	angewitterte magmatische, sedimentäre, metamorphe Gesteine: Schieferton, Mergelstein, Sonnenbrennerbasalt, glasige Gesteine, Tonschiefer
	(leicht) wasserlöslich	Löslichkeit bei Zutritt von Wasser 1 g pro l, Ausfällung der gelösten Substanz bei Entzug des Lösungsmittels	leicht wasserlösliche Minerale (Chloride, Sulfate)	unmittelbar	Salzgestein i. e. S., Gips, Anhydrit
Lockergestein		Gemenge locker gelagerter Mineralkörper oder Gesteinsteilchen, die mehr oder weniger stark zusammengehalten werden			
	nichtbindig	Abhängigkeit der Eigenschaften von Korngröße, -form, und -rauigkeit, keine Veränderung der Eigenschaften durch Witterungseinflüsse (Wasser, Frost)	Quarz, z. T. Feldspat, Glimmer, Gesteinsbruchstücke	loser Zusammenhalt durch Reibung der Kornoberfläche aneinander	Sande, Kiese, Schotter, Verwitterungsschutt
	bindig	Abhängigkeit der Eigenschaften (Festigkeitsverhalten) im Wesentlichen vom Wassergehalt, von der Korngröße und dem Tonmineralgehalt	Tonminerale, Quarz, Kalkspat, z. T. Feldspat, Glimmer	echte Haftung der Teilchen aneinender durch elektrostatische Oberflächenkräfte (Kohäsion)	Löß, Lößlehm, Geschiebemergel, Verwitterungslehm, Auelehm, Ton
	organisch	Abhängigkeit der Eigenschaften vom Zersetzungsgrad mit faserig, filzig oder erdigem Gefüge und vom Wasserspeicherungsvermögen	organische Substanz, anorganische Bestandteile		Torf, Faulschlamm

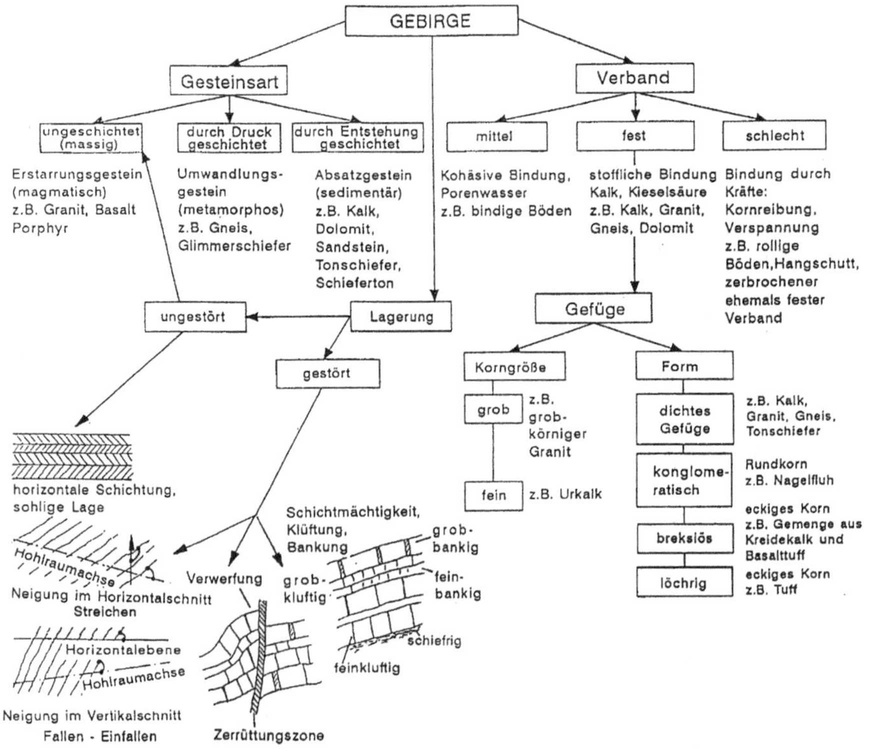

Bild 2-2 Gebirgsaufbau [2.2]

Tafel 2-3 Unterscheidungsmerkmale von Strukturen [2.1]

Betrachtungraum	Merkmale	Gefügebezeichnung	Strukturbezeichnung
Mineral (Kristall)	Kristallgitterbauelemente, Gitterfehlstellen, Einschlüsse	Kristallgefüge	Mikrostruktur
Gestein	Gemenge kristalliner Körper, Kornform, -verwachsungen, Porenraum	Gesteinsgefüge (Korngefüge)	
Gebirge (Gesteinsverband)	mehr oder weniger zusammenhängende Kluftkörper, Trennflächen, Materialbrücken	Gebirgsgefüge (Flächengefüge)	Makrostruktur
tektonische (geologische) Einheit	Verband von Quasihomogenbereichen nach Stoffbestand und Struktur, großräumige Faltensysteme, Störungen, Tiefenstörungen, Störungssysteme mit regionaler Bedeutung	tektonisches Gefüge (Störungsgitter)	

2.3 Bodenphysikalische Grundwerte

Die Grundwerte zur Charakterisierung von Erdstoffen werden immer aus Wägungen und Volumenbestimmungen an Erdstoffen hergeleitet und stellen selbst Relationen zwischen Masseanteilen oder Volumenanteilen dar. Die wesentlichen Kennwerte seien nachfolgend übersichtsweise dargelegt. Detailliertere Ausführungen sind in [2.3] [2.4] [2.9] [2.11] zu finden.

2.3.1 Phasenzusammensetzung

Bei der Beschreibung von Lockergestein, Festgestein sowie Felsgestein muss ein 3-Phasen-System (Bild 2-3), bestehend aus:

Festsubstanz	(feste Phase)
Wasser	(flüssige Phase)
Luft	(gasförmige Phase)

zugrunde gelegt werden.

Das bodenphysikalische Verhalten eines Erdstoffes bei seiner Gewinnung, seinem Transport und seiner Belastung als Fahrplanum oder Bauwerksgründung ist von dem Mischungsverhältnis der drei Phasen abhängig. Für die übersichtliche Darstellung der Phasenzusammensetzung wird des Dreiecksdiagramm (Bild 2-4) verwendet. Die nachfolgend detaillierten Berechnungsgrundwerte lassen sich daraus einfach ableiten und berechnen.

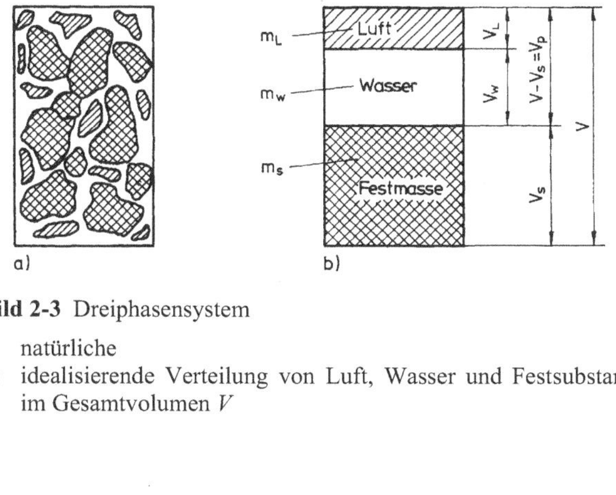

Bild 2-3 Dreiphasensystem

a) natürliche
b) idealisierende Verteilung von Luft, Wasser und Festsubstanz im Gesamtvolumen V

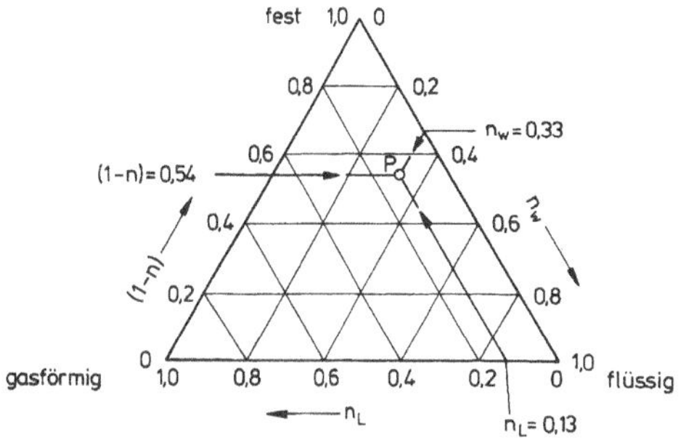

Bild 2-4 Dreiecksdiagramm der Phasenzusammensetzung für ein Lockergestein (Punkt P)

2.3.2 Masse, Volumen

In der Natur kommen Erdstoff meist im feuchten bis nassen, selten im trockenen Zustand vor. Bei der Bestimmung der Masse durch Wägung muss durch Indizierung des Massesymbols m der vorhandene Zustand gekennzeichnet werden:

m_m Feuchtmasse – Gesamtmasse einer Erdstoffprobe, bestehend aus der Masse m_s der Festsubstanz und der Masse m_w des Wassers. Die Masse des porenfüllenden Gases wird vernachlässigt (Masse der Luft $m_l = 0$).

m_s Trockenmasse – Masse der Festsubstanz, die eine Erdstoffprobe nach der Trocknung bis zur Massekonstanz unter einer Temperatureinwirkung von 105 °C enthält.

m_w Masse des Wassers – Differenz zwischen Feuchtmasse m_m und Trockenmasse m_s einer Erdstoffprobe.

Die obigen Definitionen lassen sich wie folgt schreiben:

$$m_s = m_m - m_w. \tag{2.1}$$

Zur Bestimmung der Massen können gestörte oder ungestörte Erdstoffproben verwendet werden.

Den oben definierten Massen sind Volumina V_i zugeordnet und entsprechend indiziert

$$V = V_s + V_w + V_l. \tag{2.2}$$

Mit Hilfe eines Pyknometers wird das Volumen der Erdstofftrockenmasse V_s durch Wasserverdrängung bestimmt.

Das Porenvolumen ergibt sich zu

$$V_p = V_w + V_l = V - V_s. \tag{2.3}$$

2.3.3 Hohlraumgehalt

Der Hohlraum einer Erdstoffprobe kann teilweise oder ausschließlich mit Luft oder Wasser gefüllt sein:

Hohlraumgehalt – Volumen der zwischen den Fest- (Mineral-) Teilchen einer Erdstoffprobe enthaltenen luft- und wassergefüllten Poren, das durch die Kennwerte Porosität n oder Porenzahl e zum Ausdruck gebracht wird.

Es gibt zwei Kennwerte, je nach dem, welches Volumen als Bezugsgröße benutzt wird:

$$\text{Porosität } n = \frac{V - V_s}{V} = \frac{V_p}{V} \quad (0 < n < 1); \tag{2.4}$$

$$\text{Porenzahl } e = \frac{V - V_s}{V_s} = \frac{V_p}{V_s} \quad (0 < e < \infty). \tag{2.5}$$

Die Kennwerte werden dimensionslos, die Porosität n oft auch als Prozentwert angegeben.

Durch Einsetzen lassen sich die beiden Kennwerte jeweils durch den anderen ausdrücken.

2.3.4 Dichte

Das Verhältnis der Masse einer Probe zu seinem Volumen wird als Dichte bezeichnet. Es werden drei Arten von Dichten unterschieden:

Rohdichte (Feuchtrohdichte) ρ
Trockenrohdichte ρ_d
Reindichte ρ_s.

Rohdichte ρ – Verhältniswert der Feuchtmasse m_m einer Probe zum Volumen dieser Probe

$$\rho = \frac{m_m}{V}. \tag{2.6}$$

Natürliche Rohdichte ρ_n – Rohdichte eines Erdstoffes unter natürlichen Bedingungen.

Rohdichte bei Wassersättigung ρ_w – der Porenraum ist vollständig mit Wasser gefüllt.

Trockenrohdichte ρ_d – Verhältniswert der Trockenmasse m_s einer Probe zum Volumen dieser Probe

$$\rho_d = \frac{m_s}{V}. \tag{2.7}$$

Natürliche Trockenrohdichte $\rho_{d,n}$ – sie wird in Verbindung mit dem natürlichen Wassergehalt w_n ermittelt und zur Kennzeichnung der Lagerungsdichte des Erdstoffes in situ besonders ausgewiesen.

Trockenrohdichte bei Wassersättigung $\rho_{d,w}$ – beim Sättigungswassergehalt w_{sr} vorhandene Trockenrohdichte.

Beispielhaft sind Richtwerte von Rohdichten in Tafel 2-4 zusammengestellt.

Tafel 2-4 Richtwerte natürlicher Rohdichten einiger Erdstoffe

Bezeichnung	ρ_n in t/m³
Torf	1,08...1,30
Mutterboden	1,30...1,40
Faulschlamm	1,55...1,60
Löß, Schluff	1,90...2,04
Sand bis Feinsand (trocken bis nass)	1,50...2,05
sandiger Ton, Lehm	1,85...2,20
toniger Feinsand	1,90...2,00
Ton	1,90...2,10
lehmiger Kiessand	2,05...2,35
Kies (trocken bis nass)	1,70...2,10
Gips	2,20
Sandstein	2,40
Kalkstein	2,50
Tonschiefer	2,65
Granit	2,65
Quarzit	2,70
Glimmerschiefer	2,80
Basalt	2,90

2.3.5 Wassergehalt

Mit den durch Wägung bestimmten Massen lässt sich der Wassergehalt w bestimmen:

Wassergehalt (auch Wasserzahl) w – Verhältnis der Masse m_w des Wassers der Probe zur Trockenmasse m_s der Probe

$$w = \frac{m_w}{m_s}. \tag{2.8}$$

Natürlicher Wassergehalt w_n – unter natürlichen Bedingungen vorhandener Wassergehalt, der an ungestörten oder strukturgestörten Proben bestimmt werden kann.

Sättigungswassergehalt w_{sr} – Wassergehalt, bei dem alle Hohlräume zwischen den Körnern der Festsubstanz mit Wasser gefüllt sind.

Mit den dargelegten Beziehungen lässt sich der Sättigungswassergehalt aus der Trockenrohdichte und der Reindichte berechnen

$$w_{sr} = \left(\frac{1}{\rho_d} - \frac{1}{\rho_s}\right)\rho_w. \tag{2.9}$$

Für die Dichte des Wassers gilt allgemein

$$\rho_w = \frac{m_w}{V_w} = 1{,}0\,\frac{g}{cm^3}.$$

Sättigungsgrad S_r – Verhältnis von vorhandenem Wassergehalt w_n und Sättigungswassergehalt w_{sr}

$$S_r = \frac{w_n}{w_{sr}}. \tag{2.10}$$

Es können folgende zwei Grenzzustände aus Gl. (2.9) abgeleitet werden:

- Bei einer vorhandenen, konstanten Trockenrohdichte ρ_d kann ein Erdstoff durch Wasseraufnahme höchstens den Sättigungswassergehalt w_{sr} erreichen.
- Bei einem vorhandenen, konstanten Wassergehalt w kann ein Erdstoff durch Verdichtung höchstens die Trockenrohdichte bei Wassersättigung $\rho_{d,sr}$ erreichen.

Der Wassergehalt hat bei den Aufgabenstellungen Gewinnen, Befahren, Verdichten eine sehr große Bedeutung, da das Wasser als "Gleitmittel" zwischen den Körnern wirkt, aber auch als inkompressibler Porenfüller das Verhalten bei den genannten Bauaufgaben maßgeblich beeinflusst.

2.4 Eigenschaften, Kennwerte und Klassifizierung von Festgestein und Festgebirge

Festgestein ist ein Gemenge von Mineralen und bzw. oder Gesteinsbruchstücken. Die einzelnen Bestandteile sind so fest miteinander verkittet, dass sie sich nicht durch Kneten oder durch Schütteln im Wasser trennen lassen. Es ist ein Dreiphasensystem, bei der die Flüssigkeitsphase kaum Einfluss auf die Festigkeitseigenschaften hat.

Festgebirge ist ein Betrachtungsraum, in dem Festgestein durch in der Natur immer vorkommende, unterschiedlich orientierte Trennflächen in Kluftkörper unterteilt ist und somit andere Eigenschaften aufweist.

Festgesteinseigenschaften beruhen auf der mehr oder weniger festen unmittelbaren oder mittelbaren Kornbindung zwischen den Mineralkörnern. Sie wird als Korngefügefestigkeit oder auch Substanzfestigkeit bezeichnet. Die Beschreibung der Eigenschaften, die Untersuchungsverfahren und die Beurteilung der Eignung für eine Ingenieuraufgabe, z. B. Tunnelbau, Bauwerksgründung u. ä., ist dem Fachgebiet Ingenieurgeologie zuzuordnen [2.1] [2.10].

Entsprechend sind auch die entwickelten Klassifizierungsmerkmale. Die nachfolgenden Darlegungen grundsätzlicher Kenngrößen und Klassifikationen für Festgestein und Festgebirge basieren auf [2.5] [2.8] [2.14] [2.15] und sollen der Verständigung bei der Erdstoffbeschreibung dienen.

Die Beschreibung eines Festgesteins erfolgt in der Regel nach folgenden Merkmalen:

- Gesteinsart (petrographische Zusammensetzung, Korngröße, -anordnung, -bindung)
- Verwitterungszustand
- Härte, Festigkeit
- Beständigkeit gegen atmosphärische Einflüsse (Erweichbarkeit, Löslichkeit, Quellbarkeit und andere Mineralumwandlungen).

Festgebirgseigenschaften beruhen auf den Eigenschaften des Festgesteins und der Anzahl, Verteilung, Ausbildung und Richtung der Trennflächen (Klüfte) mit ihren Bestandteilen und ihrem Wassergehalt. Die Festigkeiten der Trennflächen sind geringer als die Substanzfestigkeit der Kluftkörper.

Gebirgseigenschaften können daher immer nur für einen bestimmten Gültigkeitsbereich, den sogenannten *Homogenbereich*, angegeben werden. Kriterien für die Abgrenzung geologischer Homogenbereiche [2.7] sind:

- gleiches Richtungsgefüge der Trennflächen
- gleiche lithologische Abfolge
- gleiche Gebirgszerlegung
- gleicher Verwitterungszustand.

2.4.1 Trennflächengefüge

Die Existenz von Trennflächen erschwert es, die Eigenschaften des Festgebirges zu definieren und zu bestimmen. Die Festgebirgseigenschaften setzen sich aus den Eigenschaften des Festgesteins und der Trennflächen zusammen, wodurch eine unendlich große Variationsvielfalt entsteht. Eine Bestimmung der Festgebirgseigenschaften aus getrennten Laborversuchen zu Kluftkörpereigenschaften und Trennflächeneigenschaften führt selten und nur eingeschränkt zu zuverlässigen Aussagen und wird darum selten angewandt.

Die Aussagen zum Gebirgsaufbau werden im Allgemeinen durch Beurteilung des Kernmaterials von Bohrungen gewonnen, wobei durch geschultes Personal und entsprechende Gerätschaften, Protokollierung der Versuchsbedingungen sowie richtungsorientierte Kernentnahme die Verfälschungen durch den Bohrprozess berücksichtigbar werden sollten.

Folgende Merkmale sind für Klüftigkeitsuntersuchungen möglichst exakt zu registrieren:

- Kernmarschlänge mit Tiefenangabe
- Kerngewinn
- Erhaltungszustand des Kernmaterials
- Anzahl und Längen der Kernstücke mit vollständig erhaltenem Kerndurchmesser
- Längen der Bereiche mit kleinstückigem Kernmaterial
- Anzahl und Abstände von Trennflächen
- Winkel der Trennflächen zur Bohrkernachse
- Trennflächentyp, -systeme
- Kluftwandrauigkeit
- Kluftwandverwitterung
- Kluftfüllung, Kluftwasserverhältnisse.

Durch gesteins- und gebirgsbedingte Besonderheiten wie Einlagerungen von weichem Material, Korngefügeinhomogenitäten u. a. entstehen Kernverluste. Als Maßzahl wird der *Kerngewinn* als prozentuale Anteil des ausgebrachten Kerns an der Bohrstrecke verwendet.

In Schürfgruben und an Aufschlussböschungen kann man mit Hilfe der computergestützten Bildverarbeitung weitere Gebirgsmerkmale wie Kluftschare und Richtungswinkel der Kluftschare quantifizieren.

2.4.1.1 Klüfte pro Länge

Aus Kernbohrungen ermittelt man die *Klüftigkeitsziffer k* als Quotient der anschnittskorrigierten Anzahl n der Klüfte und der Länge L der Messstrecke in Bohrrichtung

$$k = \frac{n}{L}. \qquad (2.11)$$

Die Anschnittskorrektur eines in Bohrrichtung gemessenen Kluftabstandes m wird bei mit $\alpha < 90$ Grad zur Bohrachse geneigten Klüften notwendig, da als Kluftabstand der senkrechte Abstand d zwischen den Kluftebenen definiert ist

$$d = m \sin\alpha. \qquad (2.12)$$

Dieser Kennwert kann auch durch photogrammetrische Ausmessung gewonnen werden. Es ist eine Korrelation zum RQD-Index (s. Abschn. 2.4.1.3) bekannt.

2.4.1.2 Klüfte pro Volumen

Klüfte mit parallelen Richtungen werden als Kluftschar bezeichnet. Kluftschare können verschiedene Richtungen im Raum haben. Die häufigste Richtung wird als Hauptkluftschar bezeichnet.

Es wird ein Kennwert J_v pro m^3 durch Addition der Anzahl der Klüfte je Kluftschar und Meter ermittelt. Dieser korreliert zum *RQD*-Index.

2.4.1.3 Rock Quality Destignation (*RQD*–Index)

Mit diesem Index wird das Verhältnis der Summe der massiven Kernstücklängen $l \geq 10$ cm zur Länge L der Kernstrecke dargestellt [2.14]

$$RQD = \frac{\Sigma l}{L} \cdot 100\%. \qquad (2.13)$$

Der Kennwert dient in erster Linie der Beurteilung der Felsqualität (Tafel 2-5) und er wird mehrfach in weiteren Kennwerten zur Gebirgsklassifikation verwendet. Zur Beurteilung der Klüftigkeit ist es nachteilig, dass Kernlängen kleiner 10 cm und Kernbrocken nicht berücksichtigt werden.

RQD kann auch aus anderen Kennwerten gefunden werden. Die Korrelation zwischen *RQD* und Klüfte pro Volumen J_v ist

$$\begin{aligned} RQD &= 115 - 3{,}3\, J_v; \\ RQD &= 100 \quad \textit{für} \quad J_v < 4{,}5. \end{aligned} \qquad (2.14)$$

Für die Korrelation zwischen *RQD* und Klüfte pro Meter k wird

$$RQD = 100\, e^{-0.1k}\, (0{,}1\, k + 1) \qquad (2.15)$$

angegeben.

2.4.2 Festigkeit, Verformungsverhalten

Die Festigkeitswerte stehen in enger Verbindung zu einer Bruchhypothese. Im Allgemeinen wird die von *O. Mohr* angenommen. Für spröde und harte Gesteine verwendet man meist die modifizierte Bruchhypothese von *A.A. Griffith*. Die Hypothesen beschreiben den Zusammenhang zwischen den Festigkeitswerten und dem Spannungs- bzw. Verformungszustand.

Die gerätetechnisch einfachste Bestimmung einer Festigkeit ist die der *einachsigen Druckfestigkeit* σ_D. Sie ist eine auf den Querschnitt A des Versuchskörpers bezogene Druckkraft F, bei der der belastete Probekörper gerade zu Bruch geht und sich die Bruchfläche G ausbildet (Bild 2-5a)

$$\sigma_D = \frac{F}{A}. \quad (2.16)$$

Diese Druckfestigkeit wird im Labor meist an Zylindern mit etwa einem Durchmesser von $d = 5$ cm und einem Schlankheitsgrad

$$\lambda = \frac{l}{d} = 2 \quad (2.17)$$

bestimmt, wobei l die Länge der Probe ist. Dieser Wert dient in erster Linie als Vergleichswert zur Klassifikation, selten wird er wegen seiner großen Streuung für statische Berechnungen genutzt. Druckfestigkeiten typischer Gesteine enthält Tafel 2-5.

Tafel 2-5 Beispiele für Druckfestigkeiten von Gesteinen

Art	Beispiel	σ_D in MPa
weiche Gesteine	Ton, fest toniger Boden, Steinkohle, weich	10
	Steinkohle, feste Ton, hart	15
	Kalkstein, weich Schiefer, weich steiniger Boden	20
mittelfeste Gesteine	Mergel, fest	30
	Tonschiefer, fest Sandstein, mürbe	40
ziemlich feste Gesteine	sandiger Schiefer	50
	Sandstein, mittelfest	60
	Kalkstein, mittelfest	70
feste Gesteine	Sandstein, feste Kalkstein, feste Granit, mürbe	80
	Sandstein, sehr fest	90
	Kalkstein, sehr fest Granit, dicht	100
sehr feste Gesteine	Granit, fest, Kalkstein, hart Sandstein, hart	150
höchstfeste Gesteine	Basalt, hart Granit, hart Quarz, zäh	200

Das Aussehen des zerdrückten Körpers, die Beschaffenheit der Bruchfläche sowie die Art des Bruchvorganges lassen Aussagen zur Zähigkeit oder Sprödigkeit des Materials zu. Beurteilungskriterien können auch durch Druckversuche nach Wassereinwirkung oder Frostung abgeleitet werden.

Mittels Triaxialdruckversuche (Bild 2-5) lässt sich der Zusammenhang zwischen Schubspannung τ und Normalspannung σ mittels der Mohrschen Spannungskreise nach Bild 2-6 quantifizieren.

Der meist zylindrische Probekörper wird auf seiner Mantelfläche mit dem Seitendruck $\sigma_2 = \sigma_3$ belastet (unechter Triaxialversuch, Bild 2-5b) und die Bruchspannungen $\sigma_1 > \sigma_2$ im σ, τ (Haupt-, Schubspannungs-) Koordinatensystem als Mohrsche Spannungskreise eingetragen. Die Hüllkurve mit der genäherten Geradengleichung

$$\tau = c + \sigma \tan\phi \quad (2.18)$$

beschreibt die Bruchbedingung als Scherfestigkeit bei einem vorliegendem Normalspannungszustand und liefert als mathematische Materialparameter die Kohäsion c sowie den Winkel der inneren Reibung Φ.

Der echte Triaxialversuch (Bild 2-5c) ist nur an einer rechteckigen Probe in einer Apparatur bestimmbar, wo alle drei Hauptspannungen unabhängig voneinander änderbar sind.

Wird der Probekörper auf Bild 2-5a in entgegengesetzter Richtung (Zug) beansprucht, ergibt der Quotient aus Kraft F, bei der der belastete Körper zu Bruch geht, und der Querschnittsfläche A die *einachsige Zugfestigkeit* σ_Z.

Wegen der problematischen Krafteinleitung wird oft der Spaltzugversuch (Brasilianischer Versuch) angewandt, bei dem der liegende Zylinder diametral gedrückt wird. Die Zugfestigkeit berechnet sich dann nach

$$\sigma_Z = \frac{2F}{\pi d l} \quad (2.19)$$

und ist etwas höher als beim einachsigen Zugversuch. Auch der Druckversuch an unregelmäßig geformten Prüfkörpern liefert mit erheblichen Streuungen eine Art Spaltzugfestigkeit, die nur für Vergleichs- und Klassifikationszwecke benutzt wird.

Bei Gesteinen ist die Zugfestigkeit immer deutlich kleiner als die Druckfestigkeit, so dass bei Biegebelastung die Überschreitung der Zugspannung zum Bruch führt.

Die *Scherfestigkeit* τ_S ist die auf die Bruchfläche bezogene Tangentialkraft, die beim Abscheren eines Körpers auftritt. Sie ist von der wirkenden Normalkraft abhängig. Die bekannten Prüfeinrichtungen realisieren unterschiedlich das Verhältnis von Normal- zu Scherkraft. Es kann konstant, veränderlich oder unbestimmt sein.

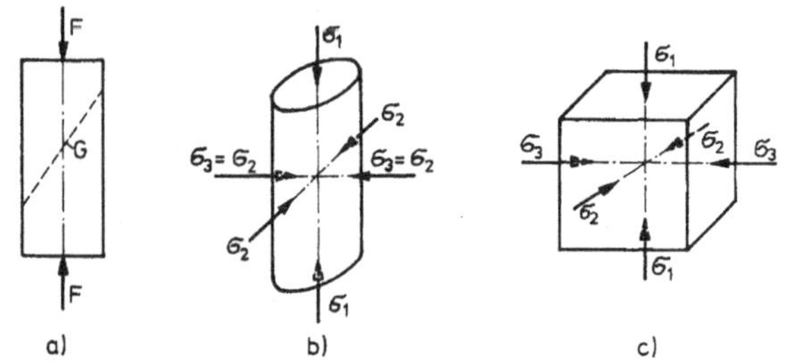

Bild 2-5 Druckversuche

a) einachsiger Druckversuch
b) unechter Triaxialversuch
c) echter Triaxialversuch

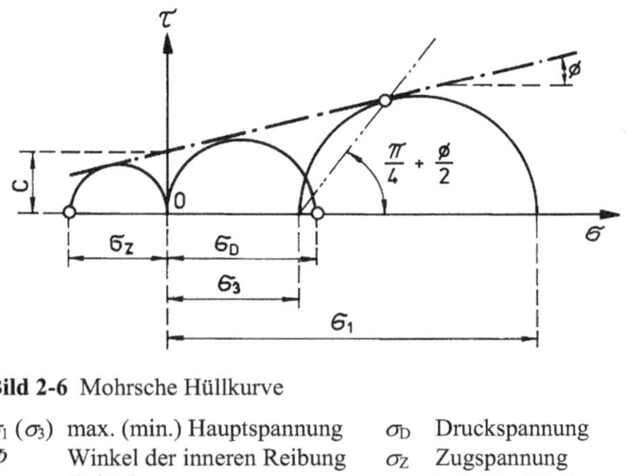

Bild 2-6 Mohrsche Hüllkurve

σ_1 (σ_3)	max. (min.) Hauptspannung	σ_D	Druckspannung
Φ	Winkel der inneren Reibung	σ_Z	Zugspannung
c	Kohäsion	τ	Scherfestigkeit

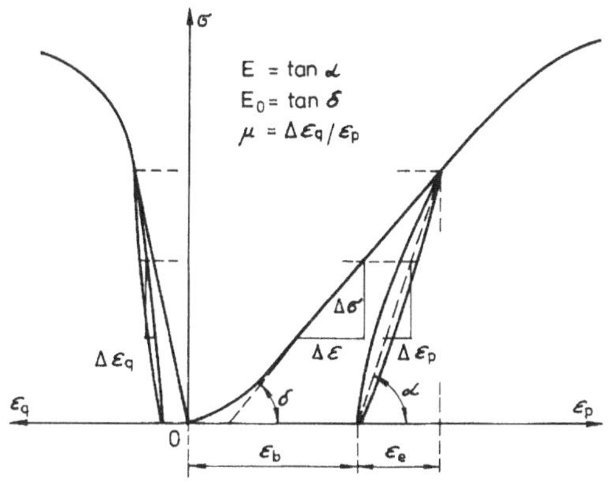

Bild 2-7 Spannungs-Dehnungsdiagramm von Gesteinen

σ	Druckspannung	ε_b	bleibende Verformung
ε_p	Längsverformung (Verkürzung)	ε_e	elastische Verformung
ε_q	Querverformung (Verlängerung)	μ	Querdehnungszahl

Zur Beschreibung des Verformungsverhalten der Gesteine wird am häufigsten die Elastizitätstheorie verwendet. Das Hookesche Gesetz beschreibt das proportionale Spannungs-Dehnungs-Verhalten homogener, isotroper, elastischer Materialien

$$\sigma = E\,\varepsilon. \tag{2.20}$$

E ist der Anstieg der Funktion (Bild 2-7) und wird Elastizitäsmodul genannt.
Als *Querdehnungszahl* μ wird das Verhältnis von Querverformung ε_q zu Längsverformung ε_p bezeichnet, der Reziprokwert ν als Poissonzahl

$$\mu = \frac{\varepsilon_q}{\varepsilon_p} = \frac{1}{\nu}. \tag{2.21}$$

Bei Gesteinen liegt die Poissonzahl zwischen 0,15 und 0,3 und wird meist mit 0,25 angenommen.
Die Gesteine sind nicht homogen und isotrop, so dass sich ein ε,σ-Verhalten nach Bild 2-7 ergibt. Die Deformation setzt sich aus einer bleibende Verformung ε_b und einer elastischen (reversiblen) Verformung ε_p zusammen. Für begrenzte Spannungsbereiche werden unterschiedliche Elastizitätsmodule angegeben. Der mittlere Anstieg über die gesamte Deformation wird als *Verformungsmodul* E_0 bezeichnet.
Die Bestimmung des Verformungsverhalten erfolgt im Labor durch einachsige Druckversuche und Verformungsmessungen in Längs- und Querrichtung. Es sind auch zerstörungsfreie Bestimmungsmethoden gebräuchlich [2.1].

Der *Schubmodul G* errechnet sich nach

$$G = \frac{E}{2(1+\nu)}. \tag{2.22}$$

2.4.2.1 Punkt-Last-Index (Point Load Strength)

Der Punktlastversuch dient zur Bestimmung der Größenordnung der Festigkeit von Gesteinsproben. Er kann im Labor oder mit einem tragbaren Gerät im Gelände schnell und einfach an Bohrkernen oder Gesteinsproben ohne besondere Bearbeitung durchgeführt werden.
Die Versuchsbedingungen und die erforderlichen Berechnungen sind international veröffentlicht [2.5] und werden in regelmäßigen Abständen von der International Society for Rock Mechanics (ISRM) überarbeitet.

Der Festigkeitsindex I_s kennzeichnet die Festigkeit einer Gesteinsprobe, die unter einer mit definierten Kegelspitzen (Bild 2-8) aufgebrachten örtlichen Belastung entsprechender Lastfälle nach Bild 2-9 zu Bruch geht.
Der Versuch ist bei natürlichem Wassergehalt durchzuführen. Die Probekörpergröße sollte in allen Richtungen 50 ± 35 mm betragen. Gemessen wird der Abstand D der Kegelspitzen. Die gemessene Bruchkraft F, bezogen auf eine mittels des äquivalenten Durchmesser D_e berechneten Fläche, ergibt den unkorrigierten P-L-Index I_s

$$I_s = \frac{F}{D_e^{\,2}}. \tag{2.23}$$

Für den diametralen Versuch ist $D = D_e$ und für die anderen Varianten ist

$$D_e^{\,2} = \frac{4A}{\pi} \quad mit \quad A = W\,D. \tag{2.24}$$

Wegen der Abhängigkeit des P-L-Index von der Probengröße wird als Vergleichswert der auf 50 mm Probengröße umgerechnete Kennwert $I_{s(50)}$ benutzt. Die Umrechnung erfolgt mit dem Faktor f mit $I_{s(50)} = f\,I_s$

$$f = \left(\frac{D}{50}\right)^{0{,}45} \quad \text{angenähert } f = \sqrt{\frac{D}{50}} \quad (D \text{ in mm}). \tag{2.25}$$

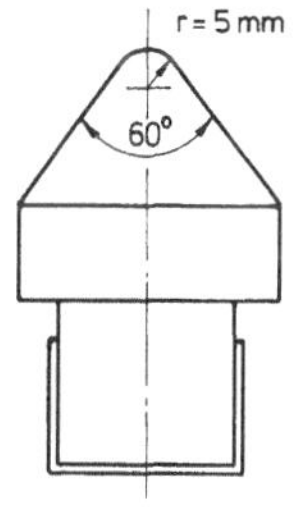

Bild 2-8 Prüfkegel des Punktlastverfahrens

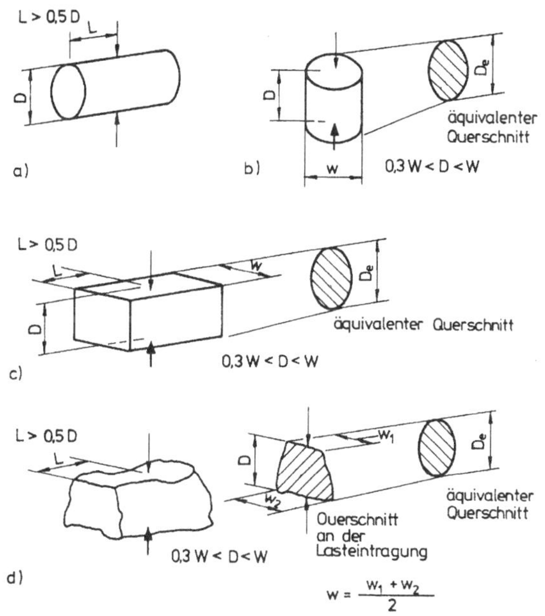

Bild 2-9 Punkt-Last-Testvarianten

a) diametral
b) axial
c) am Quader
d) am unregelmäßigen Körper

Wegen der großen Streuungen der Versuchsergebnisse sind mindestens 10 Versuchswiederholungen notwendig, und bei Anisotropie jeweils senkrecht und parallel zur Schichtung

$$\text{Anisotropieindex } I_{A(50)} = \frac{I_{s(50)senkrecht}}{I_{s(50)parallel}}. \tag{2.26}$$

Extreme Ergebnisabweichungen sind zu streichen. Es ist ein Fehlversuch, wenn nur an einem Kegel der Bruch erfolgt.
Der P-L-Test ist dem Spaltzugversuch sehr ähnlich. Der P-L-Index I_s kann mit 80 % der "Brasilianischen Festigkeit" angesetzt werden.

2.4.3 Wasserdurchlässigkeit

Die Beweglichkeit des Wassers im Drei-Phasen-System beeinflusst entscheidend den Spannungszustand im Gestein bei Belastung. Für schwer durchlässige Gesteinsproben, was bei Festgesteinen meist zutrifft, wird die Wasserdurchlässigkeit mit dem Verfahren der "fallenden Druckhöhe" bestimmt. Eine Gesteinsprobe wird, um Lufteinschlüsse zu vermeiden, möglichst unter Wasser in ein Prüfgerät eingebaut. Von der Probe ist die Porenzahl zu bestimmen. Mittels eines Steigrohres mit sehr kleinem Querschnitt f wird die Differenz zwischen der Höhe des Wasserspiegels im Standrohr und dem Auslaufniveau zu Beginn (h_A) und am Ende (h_E) des Versuches gemessen. Mit dem Probenquerschnitt F und der Probenlänge l ergibt sich der Durchlässigkeitswert k zu

$$k = \frac{f\,l}{F\,t}\ln\left(\frac{h_A}{h_E}\right), \tag{2.27}$$

wobei t die Messzeit ist. Da Wasser eine kinematische Zähigkeit hat, ist die Temperatur zu messen und mit Umrechnungswerten aus Tabellen entsprechender Normen auf eine Bezugstemperatur, z. B. 10 °C, umzurechnen.
Die Durchlässigkeit eines Festgebirges ist fast nur von den Eigenschaften der Trennflächen abhängig, da das Kluftkörpermaterial der Durchströmung fast immer einen hohen Widerstand entgegensetzt. Sind die Bestandteile der Trennflächen auslaugbar, nimmt die Wasserdurchlässigkeit zu, ist dies nicht der Fall, setzen sich die feinen Spalte durch Schwebeteilchen zu, und die Durchlässigkeit wird geringer.
Unter Wasserwegigkeit wird die Eigenschaft eines Festgebirges verstanden, in Schicht- oder Kluftrichtung eine besonders hohe Durchlässigkeit zu entwickeln.
Durch die Anisotropie der Trennflächen entsteht eine gerichtete Durchlässigkeit.

2.4.4 Klassifizierung von Festgestein und Festgebirge

Zur Klassifizierung sind verschiedene Kennwerte bekannt, die die dargelegten Merkmale, entsprechend der Zielstellung gewichtet, berücksichtigen. Als bewertete Qualität werden ertragbare Belastungen bzw. Standfestigkeit bei Tunnelbauten angesehen[2.14] [2.15]. Gute Gewinnbarkeit durch Baumaschinen ist nur bei schlechter Gebirgsqualität gegeben. Nachstehend folgt eine Auswahl häufig benutzter Kennwerte.

2.4.4.1 RQD-Index

In englischsprachigen Ländern wird seit 1963 der *RQD*-Index (s. Abschn. 2.4.1.3) zur Beurteilung der Gebirgsgüte in sehr grober Stufung herangezogen (Tafel 2-9) und auch in anderen Gebirgsklassifikationen verwendet.

2.4.4.2 Rock Mass Rating (*RMR*)

Unter diesem Begriff ist das südafrikanische geomechanische Klassifikationssystem bekannt [2.14].
Der Kennwert ergibt sich aus den nachfolgend aufgeführten sechs Parametern, die mit in Tafel 2-6 definierten Leitzahlen, welche die realen Strukturverhältnisse berücksichtigen und wichten, versehen werden

$$RMR = \sum_{1}^{6} I. \tag{2.28}$$

Es bezeichnen und gelten als Maximalwerte:

I_1	Gesteinsfestigkeit	5
I_2	RQD-Index	20
I_3	Kluftabstand	30
I_4	Kluftzustand	25
I_5	Gebirgswasser	10
	Summe	100
I_6	Kluftorientierung	
	Tunnel	- 12
	Gründung	- 25
	Böschung	- 60.

Die Gebirgsbewertung mittels *RMR* zeigt Tafel 2-7.

2.4.4.3 Rock Structure Rating (*RSR*)

Das Konzept dieses Kennwertsystems für die Felsstruktur basiert auf der Analyse von Tunnelbauten in den USA.
Der Kennwert *RSR* ergibt sich aus der Summe von drei Parametern, deren Bedeutung, Bereich und Wichtung in Tafel 2-8 angegeben sind

$$RSR = A + B + C. \tag{2.29}$$

Die detaillierteren Zuordnungen sind der Literatur zu entnehmen [2.14]. *RSR* wird zur Berechnung des Stützrippenverhältnisses (*RR*) unter Beachtung der Tunnelabmessungen herangezogen.
Für Werte über 80 ist kein Tunnelausbau, für Werte unter 19 ist ein schwerer, massiver Tunnelausbau erforderlich.

2.4.4.4 Rock Mass Quality (*Q*)

In den nordeuropäischen Ländern wird die Benutzung des Qualitätsindexes *Q* für das Gebirge bevorzugt. Er ermöglicht eine feinere Abstufung und ist damit auch für die Einschätzung der Einsatzmöglichkeiten von Gewinnungsmaschinen benutzbar [2.17].
Der Kennwert ergibt sich aus sechs Parametern, die mit den in Tafel 2-9 bis 2-14 definierten Leitzahlen, welche die realen Strukturverhältnisse berücksichtigen und wichten, versehen werden.

$$Q = \left(\frac{RQD}{J_n}\right)\left(\frac{J_r}{J_a}\right)\left(\frac{J_w}{SRF}\right) \tag{2.30}$$

RQD	RQD-Index	Tafel 2-9
J_n	Anzahl der Kluftschare	Tafel 2-10
J_r	Rauigkeit für die schwächste Spaltebene	Tafel 2-11
J_a	Verwitterungsgrad (Charakter und Füllung längs der schwächsten Spaltebene)	Tafel 2-12
J_w	Kluftwasserführung	Tafel 2-13
SRF	Spannungsniveau	Tafel 2-14.

Die Qualitätsklassifikation *Q* ist in Tafel 2-15 zusammengestellt.

Tafel 2-6 Leitzahlen der geomechanische Klassifikation [2.14]

I	Parameter	Beurteilungsgröße					
1	Festigkeit des massiven Felsen	Point-Load-Index in MPa einaxiale Druckfestigkeit in MPa	> 8 > 200	4...8 100...200	2...4 50...100	1...2 25...50	- 10...25 3...10 1...3
Wert			15	12	7	4	2 1 0
2	Bohrkernqualität	*RQD* in %	90...100	75...90	50...75	25...50	< 25
Wert			20	17	13	8	3
3	Kluftabstand	in m	> 3	1...3	0,3...1	0,05...0,3	< 0,05
Wert			30	25	20	10	5
4	Kluftzustand	Oberfläche Wandmaterial Klufttrennung Kluftverlauf	sehr rau harter Fels unterbrochen	schwach rau harter Fels < 1 mm	schwach rau weicher Fels < 1 mm	glitschig oder Adern <5 mm oder 1... 5 mm kontinuierlich	weiche Adern > 5 mm oder > 5 mm kontinuierlich
Wert			25	20	12	6	0
5	Grundwasser	l / min pro 10 m Tunnellänge oder Kluftwasserdruck/ größter Hauptspannung oder genereller Zustand	keine 0 trocken	kein 0 trocken	< 25 0,0...0,2 nur feucht	25...125 0,2...0,5 mit mäßigem Druck	> 125 > 0,5 starke Wasserprobleme
Wert			10	10	7	4	0
6	Korrektur für Kluftorientierung	Längs- und Querneigung	sehr günstig	günstig	erträglich	ungünstig	sehr ungünstig
Wert		Tunnel Gründung Böschung	0 0 0	- 2 - 2 - 5	- 5 - 7 - 25	- 10 - 15 - 50	- 12 - 25 - 60

Tafel 2-7 Bewertung des Gebirges mittel *RMR*

Klasse	Qualität	von	bis
1	sehr gut	90	100
2	gut	70	90
3	mäßig gut	50	70
4	schlecht	25	50
5	sehr schlecht	0	25

Tafel 2-8 Parameter zur Bewertung der Gebirgsstruktur

Parameter	Beurteilungsmerkmal	min	max
A	grundsätzliche Einschätzung des Fels mittels - Felstyp und -festigkeit (I...IV) - geologischer Struktur (*RQD*)	6	30
B	Einfluss der Klüftung unter Berücksichtigung der Abbaurichtung mittels - Neigung in Abbaurichtung - Neigung quer zum Abbau - Kluftabstand	7	45
C	Einfluss des Grundwassers unter Berücksichtigung von A + B (< oder > 45) mittels - Wasserzuflussgeschwindigkeit - Kluftzustand	6	25

Tafel 2-9 Kennzahl *RQD* [2.14]

Merkmale		*RQD*
Felsqualität	sehr schlecht	0...25
	schlecht	25...50
	mäßig	50...75
	gut	75...90
	sehr gut	90...100
Bemerkungen: Die Werte sind in Stufungen von 5 ausreichend genau. Für schlecht bestimmbare oder kleine Werte *RQD* < 10 ist der Wert 10 zu benutzen.		

Tafel 2-10 Kluftsystemkennzahl J_n

	Merkmale	J_n
A	massiv, keine oder wenig Klüfte	0,5...1,0
B	eine Kluftschar	2
C	eine Kluftschar mit Nebenkluft	3
D	zwei Kluftschare	4
E	zwei Kluftschare mit Nebenkluft	6
F	drei Kluftschare	9
G	drei Kluftschare mit Nebenkluft	12
H	vier oder mehr Kluftschare, Nebenkluft, stark zerklüftet, „Würfelzuckerstruktur"	15
I	zerrüttetes Gebirge, wie Erde und Konglomerate	20
Bemerkungen:	- für Kreuzungen gilt	3,0 J_n
	- für Portale gilt	2,0 J_n

Tafel 2-11 Kluftrauigkeitskennzahl J_r

Merkmale	J_r
a) Kluftwandungskontakt	
b) Kluftwandungskontakt bei Scherbewegung < 10 cm	
A diskontinuierliche Klüfte	4,0
B rau oder unregelmäßig, wellig	3,0
C glatt, wellig	2,0
D glitschig, wellig	1,5
E rau oder unregelmäßig, eben	1,5
F glatt, eben	1,0
G glitschig, eben	0,5
c) kein Kluftwandungskontakt bei Scherbewegung	
H Kluft enthält Tonmineralien. die dick genug sind, um Kontakt der Kluftwandungen zu verhindern.	1,0
I sandige, kiesige oder zerrüttete Zone, die dick genug ist, um Kontakt der Kluftwandungen zu verhindern.	1,0
Bemerkungen: - Addiere 1,0, wenn der mittlere Abstand der Kluftschare größer als 3 m ist. - J_r = 0,5 kann für ebene, glitschige gerade Klüftung benutzt werden, wenn sie günstig orientiert sind.	

Tafel 2-12 Verwitterungsgradkennzahl J_a

Merkmale	J_a	Φ_r in°
a) Kontakt der Kluftflächen		
A fest verheilt, hart, nicht erweichbar, undurchlässige Füllung, z. B. Quarz, Epidot	0,75	-
B unverwitterte Wandung, Fläche nur verschmutzt	1,0	25...35
C leicht verwitterte Wandung, kein erweichbarer Belag, sandige Körner, tonfreies zersetztes Gebirge	2,0	25...0
D schlammiger o. sandig-toniger Belag, schmale Tonfraktion (nicht erweichbar)	3,0	20...25
E erweichbare o. Tonmineralbeläge mit geringer Reibung, z. B. Kaolin, Mica, auch Chlorit, Gips, Kalk, Graphit, usw. und kleine Mengen an quellendem Ton (unregelmäßige Beläge, 1...2 mm o. weniger	4,0	8...16
b) *Kontakt der Kluftwandungen bei Scherbewegungen < 10 cm*		
F sandige Körner, tonfreies zersetztes Gebirge usw.	4,0	25...30
G durch Druck konsolidierte, nicht erweichbare Tonmineralfüllung (kontinuierlich, Dicke < 5 mm)	6,0	16...24
H mittel- o. wenig konsolidierte, erweichbare Tonmineralfüllung (kontinuierlich, Dicke < 5 mm)	8,0	12...16
I quellende Tonfüllung, z. B. Montmorillonit, Dicke < 5 mm; Wert hängt vom Anteil des quellenden Tons und vom Wasserzufluss ab	8..12	6...12
c) kein Kontakt der Kluftwandungen bei Scherbewegung		
K Zonen o. Streifen von zersetztem o. zerrüttetem Gestein und Ton (Beschreibung des Tons s. G, H, I)	6; 8 oder 8..12	6...24
L Zonen o. Streifen schlammigen o. sandigen Tons, schmale Tonfraktion (nicht erweichbar)	5,0	6...24
M dicke, kontinuierliche Zonen o. Streifen von Ton (Beschreibung des Tons s. G,H,I)	10;13 13..20	6...24

Tafel 2-13 Kluftwasserkennzahl J_w

Merkmale	J_w	p_W in MPa
A trockener Aufschluss o. geringer Zufluss i.a. < 5 l/min örtlich	1,0	< 0,1
B mittlerer Zufluss oder Druck, gelegentliche Auswaschungen der Kluftfüllung	0,66	0,1...0,25
C großer Zufluss o. hoher Druck in tragfähigem Fels mit ungefüllten Klüften	0,5	0,25...1,0
D großer Zufluss o. hoher Druck beträchtliche Auswaschungen der Kluftfüllung	0,33	0,25...1,0
E außergewöhnlich hoher Zufluss o. Wasserdruck am Anfang, fällt mit der Zeit ab	0,2... 0,1	> 1,0
F außergewöhnlich hoher Zufluss o. kontinuierlicher Wasserdruck ohne bemerkbares abfallen	0,1... 0,05	> 1,0
Bemerkung: - p_W approximierter Wasserdruck - Werte von C bis F sind grobe Schätzungen. Sie erhöhen sich, wenn Entwässerungsmaßnahmen installiert sind. - Spezielle Probleme bei Eisbildung sind nicht berücksichtigt.		

Tafel 2-14 Kennzahl *SRF* für den Spannungszustand

Merkmale			*SRF*
a) Schwächezonen an der gebaggerten Fläche, welche die Ursache für das Lösen von Fels nach der Tunnelausbaggerung sein können			
A häufiges Vorkommen von Schwächezonen umfasst von Ton o. chemisch zersetztem Fels, lose gelagerter Fels (beliebige Tiefe)			10,0
B einzelne Vorkommen von Schwächezonen umfasst von Ton o. chemisch zersetztem Fels, sehr lose gelagerter Fels (Auffahrtiefe bis 50 m)			5,0
C einzelne Vorkommen von Schwächezonen umfasst von Ton o. chemisch zersetztem Fels, sehr lose gelagerter Fels (Auffahrtiefe über 50 m)			2,5
D häufige Scherzonen in tragfähigem Fels (tonfrei), lose gelagerter Fels (beliebige Tiefe)			7,5
E einzelne Scherzonen in tragfähigem Fels (tonfrei), lose gelagerter Fels (Auffahrtiefe bis 50 m)			5,0
F einzelne Scherzonen in tragfähigem Fels (tonfrei), lose gelagerter Fels (Auffahrtiefe bis 50 m)			2,5
G lose offene Klüfte, stark geklüftet od. „Würfelzuckerstruktur" (beliebige Tiefe)			5,0
b) tragfähiger Fels, Felsbelastungsprobleme			
	σ_D / σ_1	σ_Z / σ_1	
H niedrige Belastung oberflächennah	> 200	> 13	2,5
I mittlere Belastung	200...10	13...0,66	1,0
K hohe Belastung sehr feste Struktur	10...5	0,66 ...0,33	0,5...2,0
L leichter Felsausbruch (Felsmassiv)	5...2,5	0,33 ...0,16	5...10
M heftiger Felsausbruch (Felsmassiv)	< 2,5	< 0,16	10...20
c) zusammenpressbarer Fels; plastisches Fließen unter hoher Felspressung			
N leichte Felszusammendrückung			5...10
O heftige Felszusammendrückung			10...20
d) quellender Fels; chemische Quellung, aktive Abhängigkeit von Wasser			
P leichter Felsquelldruck			5...10
R heftiger Felsquelldruck			10...15

Fortsetzung Tafel 2-14

Bemerkungen: σ_D Druckfestigkeit σ_Z Zugfestigkeit (point load) σ_1 und σ_3 Hauptspannungen
a) Reduziere *SRF* um 25-50 %, wenn die relevanten Scherzonen bei der Baggerung nicht durchschnitten werden.
b) Für streng anisotopen Belastungbereich (wenn vorhanden) reduziere auf 0,8 σ_D und 0,8 σ_Z wenn $5 < \sigma_1/\sigma_3 < 10$ auf 0,6 σ_D und 0,6 σ_Z wenn $\sigma_1/\sigma_3 > 10$.
c) Es gibt wenige Aufzeichnungen, wo die Tunnelhöhe kleiner als die Breite ist. Es wird vorgeschlagen, *SRF* von 2,5 auf 5 zu steigern (siehe H).

Tafel 2-15 Bewertung des Gebirges mittels *Q*

Klasse	Qualität	
1	ausgezeichnet	400...1000
2	extrem gut	100...400
3	sehr gut	40...100
4	gut	10...40
5	mittel	4...10
6	gering	1...4
7	sehr gering	0,1...1
8	extrem gering	0,01...0,1
9	außergewöhnlich gering	0,001...0,01

Tafel 2-16 Einteilungsmöglichkeit der Kornform

Kornform	*a*/*c*	*b*/*c*
kubisch, kugelig	< 1,5	> 0,5
plattig, flach	< 1,5	< 0,5
nadlig lang, stengelig	> 1,5	> 0,5
nadlig lang und flach, flachstengelig	> 1,5	< 0,5

Zunehmend wird das Kennwertesystem, das die Gebirgsstabilität für Tunnel-, Gründungs- und Böschungsbauten beschreiben soll, zum Teil in abgewandelter Form auch für die Gewinnbarkeit von geklüftetem Gebirge durch Maschinen benutzt (s. Abschn. 2.6).

2.5 Eigenschaften, Kennwerte und Klassifizierung von Lockergestein

Lockergesteine sind der bedeutendste Arbeitsgegenstand der Baumaschinen.
Verwitterungsprodukte von Festgestein sind die festen Bestandteile der Lockergesteine. Diese bestehen aus einem Mineralgemisch, das Einzelkörner mit unterschiedlichen Korngrößen und Kornformen enthält. Lockergesteine können auch organische Bestandteile enthalten.

2.5.1 Kornform und Korngrößenverteilung

Die *Kornform* kann nach dem Verhältnis der räumlichen Abmessungen zueinander (Tafel 2-17) beurteilt werden. Mit *a* wird die größte Abmessung und mit *c* die für den Siebdurchgang maßgebende (kleinste) Abmessung bezeichnet, *b* ist die dritte mögliche (mittlere) Abmessung.

Die Bestimmung kann durch Ausmessen mit den verschiedensten Hilfsmitteln erfolgen.
Werden eine Lockergesteinprobe mittels definiert abgestufter Prüfsiebe abgesiebt und die ausgewogenen Masseanteile der Siebrückstände, bezogen auf die Gesamtmasse der Probe, in einem einfachlogarithmischen Koordinatensystem aufgetragen, erhält man die *Kornverteilungskurve* (Bild 2-10), auch Körnungslinie genannt. Die Feinkornanteile kleiner 0,063 mm werden durch Sedimentationsanalysen bestimmt [2.3] [2.4].
Der Anstieg der Kurve gibt die Ungleichförmigkeit des Erdstoffs wieder, die für verschiedene Eigenschaften des Erdstoffs, wie z. B. die Verdichtbarkeit, von Bedeutung ist. Die Kornstufung wird mit zwei Kennziffern beschrieben.

Die *Ungleichförmigkeitszahl U* berechnet sich aus dem Korngrößenverhältnis bei 60 % und 10 % Siebrückstand

$$U = \frac{d_{60}}{d_{10}}. \tag{2.31}$$

Nach DIN 18 196 gilt für gleichförmig $U < 6$ und für ungleichförmig $U > 6$.

Der *Abstufungsgrad C* ergibt sich zu

$$C = \frac{d_{30}^2}{d_{10} d_{60}}. \tag{2.32}$$

Die Ungleichförmigkeitszahl und der Abstufungsgrad beschreiben die Verdichtbarkeit nichtbindiger, rolliger Erdstoffe. Ein für Verdichtungszwecke ideal abgestufter Erdstoff ist mit $U = 36$ und $C = 2{,}25$ gekennzeichnet.

Unabhängig von Material und Kornform werden die maßgebenden Korngrößengruppen nach Tafel 2-17 bezeichnet.

Die Korngröße bestimmt Eigenschaften des Erdstoffs:
Nichtbindige, rollige Erdstoffe sind Sande und Kiese. Zwischen den einzelnen Körnern treten normalerweise keine Bindungskräfte auf.

Bindige Erdstoffe bestehen immer aus einer Mischung der Ton- und Schlufffraktion mit unterschiedlichen Anteilen gröberer Kornfraktionen. Das Wasserbindevermögen beginnt bei Mittelschluff mit Korngrößen 0,02 bis 0,006 mm.

Tafel 2-17 Korngrößengruppen

Steine (Gerölle)	> 63 mm	
Kies	grob	63,0...20,0 mm
	mittel	20,0...6,3 mm
	fein	6,3...2,0 mm
Sand	grob	2,0...0,6 mm
	mittel	0,6...0,2 mm
	fein	0,2...0,06 mm
Schluff	grob	0,06...0,02 mm
	mittel	0,02...0,006 mm
	fein	0,006...0,002 mm
Ton		< 0,002 mm

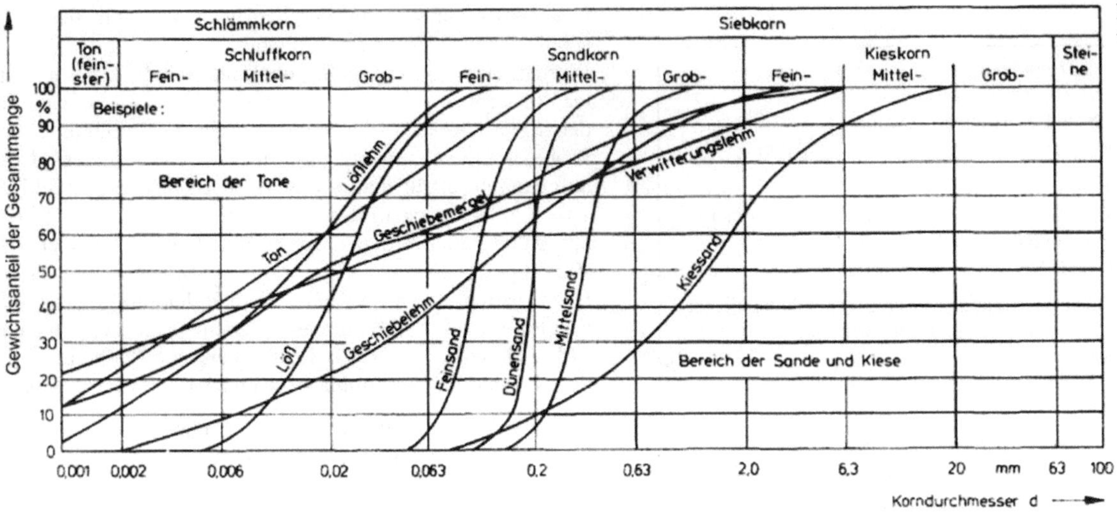

Bild 2-10 Kornverteilungskuven

2.5.2 Kalkgehalt, organische und andere Beimengungen

Kalkgehalt, organische Bestandteile und andere Beimengungen beeinträchtigen die Verwendung des Erdstoffes als Baugrund und als Schüttmaterial.

Er wird wie folgt definiert:

Kalkgehalt I_{Ca} – Verhältnis der Trockenmasse $m_{s,Ca}$ des Kalkanteils ($CaCO_3$) zur Trockenmasse m_s der Gesamtprobe.

Meist genügt es, den Kalkgehalt überschläglich durch Beträufeln mit verdünnter Salzsäure (1:3) zu bestimmen.

Aus der Intensität der Aufbrausens kann man unterscheiden (DIN 4022):
kalkfrei – kein Aufbrausen,
$CaCO_3 < 1$ %
kalkhaltig – deutliches, nicht anhaltendes Aufbrausen,
$CaCO_3 < 4$ %
stark kalkhaltig – starkes, anhaltendes Aufbrausen,
$CaCO_3 > 5$ %.

Kalkhaltige Lockergesteine werden als Mergel bezeichnet. Wird Erdstoff mittels Kalkzugabe vergütet, spricht man von Kalkstabilisierung.
Organische Beimengungen erkennt man an Pflanzenresten, dunkler Erdstofffarbe, fauligem Geruch, schlammigem Verhalten und hohem Wassergehalt.

Kenngröße ist:

Index der Organischen Beimengungen I_{om}-Verhältnis der Trockenmasse organischer Anteile zur Trockenmasse m_s der Gesamtprobe.

Die direkte Bestimmung der Trockenmasse $m_{s,o}$ erfolgt für kalkfreie Lockergesteine durch Ausglühen (550 °C) (Glühverlustmethode, DIN 18128).
Schwefelverbindungen, wie Anhydrit, Gips, Pyrit, die fein verteilt oder in Lagen angereichert im Gestein vorkommen können, stellen eine Gefahr für den Baugrund und die Baumaschinen dar. In Verbindung mit Wasser kann Schwefelsäurebildung auftreten, die den pH-Wert senkt und eine Bodenzersetzung bewirkt. Schwefel diffundiert in Stahl und führt zu seiner Versprödung. Bei Neubildung von Gipskristallen kann Bodenhebung auftreten.

2.5.3 Lagerungsdichte

Beim Transport und Einbau von Erdstoffen können sehr unterschiedliche Trockenrohdichten erzielt werden.

Die *lockerste Lagerung* eines rolligen Erdstoffes wird versuchstechnisch durch loses Einfüllen mit Trichter oder Handschaufel ermittelt und ist für notwendigen maximalen Transportraum aussagefähig.

Die *dichteste Lagerung* wird in der Regel durch lagenweises Einrütteln unter Wasserabsaugen oder neuerdings mittels der Rütteltischmethode (DIN 18126) bestimmt.
Für eng abgestufte nichtbindige Erdstoffe ($U < 3$) erfolgt die Dichtebeurteilung über den Hohlraumgehalt mittels des Dichteindex I_D

$$I_D = \frac{e_{max} - e_n}{e_{max} - e_{min}}. \tag{2.33}$$

Es bezeichnen:

e_{max}	Porenanzahl bei lockerster Lagerung
e_{min}	Porenanzahl bei dichtester Lagerung
e_n	Porenzahl für natürliche Lagerung.

Der Dichteindex beträgt:

sehr lockere Lagerung	$I_D < 0{,}15$
lockere Lagerung	$I_D = 0{,}15 - 0{,}30$
mitteldichte Lagerung	$I_D = 0{,}30 - 0{,}50$
dichte Lagerung	$I_D > 0{,}50$
und bei $U > 3$	
mitteldichte Lagerung	$I_D \geq 0{,}45$
dichte Lagerung	$I_D \geq 0{,}65$.

Bei bindigen Erdstoffen ist die Verdichtbarkeit sehr stark vom Wassergehalt des Erdstoffes abhängig. Als Bezugswert zur Beurteilung der erreichbaren oder erreichten Lagerungsdichte dient die *Proctordichte* ρ_{Pr}, die mittels des Proctorversuches ermittelt wird, wobei mit einem Fallgewichtstampfer in einem Versuchszylinder die Probe verdichtet wird. Der Proctorversuch kann mit bindigen und nichtbindigen Lockergesteinen ausgeführt werden. Die Geräteabmessungen, Fallhöhen, Schlagzahlen und das zulässige Größtkorn der Bodenprobe sind in DIN 18127 festgelegt.
Die bei verschiedenen Wassergehaltstufen erzielte Dichte im Diagramm aufgetragen, ergibt den in Bild 2-11 dargestellten Kurvenverlauf, wobei Überkornanteil korrigiert werden muss und die Verdichtungsarbeit anzugeben ist.

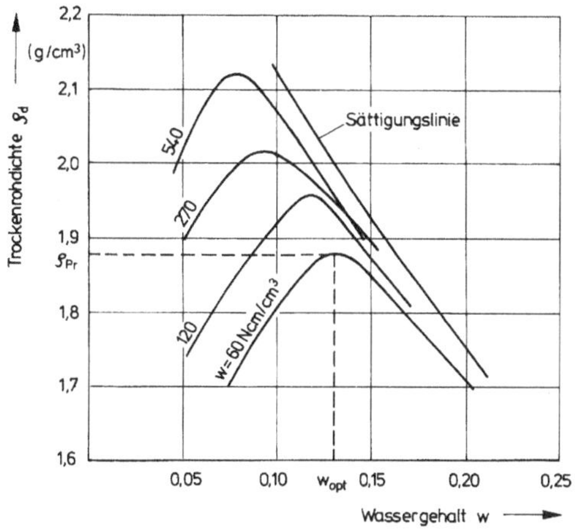

Bild 2-11 Proctorkurven für verschiedene Verdichtungsarbeit

Tafel 2-18 Beispiele für natürliche Rohdichten, Schüttdichten und Auflockerungsfaktoren von Erdstoffen

Erdstoffe	Rohdichte in t/m³	Schüttdichte in t/m³	Auflockerungsfaktor
Andesit	2,65	1,61	1,65
Basalt	2,9	1,71	1,65
Diabas	2,95	1,79	1,65
Diorit	2,95	1,79	1,65
Dolomit	2,4	1,5	1,6
Gabbro	2,95	1,79	1,65
Gips	2,2	1,42	1,55
Glimmerschiefer	2,8	1,75	1,6
Gneis	2,8	1,75	1,6
Granit	2,65	1,61	1,65
Granodiorit	2,65	1,61	1,65
Grauwacke	2,65	1,65	1,6
Kalkstein	2,5	1,56	1,6
Kies, gewachsen	2,0	1,79	1,12
Kies, trocken	1,7	1,42	1,12
Kies, nass	2,1	1,87	1,12
Marmor	2,7	1,64	1,65
Mutterboden	1,35	0,96	1,4
Quarzit	2,7	1,64	1,65
Rhyolith	2,5	1,52	1,65
Sand, trocken	1,6	1,43	1,12
Sand, feucht	1,9	1,7	1,12
Sand, nass	2,05	1,83	1,12
Sand-Kies, trocken	1,9	1,7	1,12
Sand-Kies, nass	2,1	1,88	1,12
Sand-Ton, trocken	1,7	1,36	1,25
Sand-Ton, nass	2,0	1,6	1,25
Sandstein	2,4	1,6	1,65
Ton, gewachsen	2,0	1,6	1,25
Ton, trocken	1,8	1,44	1,25
Ton, nass	2,05	1,64	1,25
Ton-Kies, trocken	1,65	1,41	1,17
Ton-Kies, nass	1,85	1,54	1,2
Tonschiefer	2,65	1,66	1,6
Trachyt	2,6	1,625	1,6

Das Dichtemaximum ρ_{Pr} bei dem zugehörige Wassergehalt wird als Bezugsgröße für den Verdichtungsgrad I_s verwendet

$$I_S = \frac{\rho_d}{\rho_{Pr}}, \tag{2.34}$$

der ein Bewertungsmaß für eine vorhandene oder erzielte Lagerungsdichte ist.

Für die Maschinenbelastung, das Transportvolumen, den Transportraum ist die Veränderung der natürlichen Rohdichte durch die Auflockerung während des Gewinnungsprozesses von Bedeutung.

Die größte Dichte hat der gewachsene Erdstoff. In Tafel 2-18 sind Beispiele der Dichten und der Auflockerungsfaktoren angeführt.

2.5.4 Zustandsform, Konsistenzgrenzen

Mit dem Wassergehalt ändern bindige Erdstoffe ihre Zustandsform. Bei hohem Wassergehalt sind sie breiig und gehen bei abnehmendem Wassergehalt in plastische und über halbplastische, halbfeste in feste Zustandsformen über. Die Grenzen dieser Zustandsformen werden als *Atterberg-sche* Konsistenzgrenzen bezeichnet:

Fließgrenze w_L – Wassergehalt, der beim Übergang eines Erdstoffes von der flüssigen zur plastischen Konsistenz vorhanden ist.

Plastizitätsgrenze (Ausrollgrenze) w_P – Wassergehalt am Übergang von plastischer zu halbfester Konsistenz.

Schrumpfgrenze w_S – Wassergehalt am Übergang von der halbfesten zur festen Konsistenz.

Ihre Bestimmung ist in DIN 18122 genormt. Die Schrumpfgrenze ist zur Beurteilung und Vermeidung der Folgen von Rissbildung in Erdbauwerken infolge Austrocknung bei erneuter Wasserzufuhr bedeutsam.

Als Klassifikationsmerkmal und zur Beurteilung der Eigenschaft des Erdstoffes werden zwei Kennzahlen herangezogen:

$$\textit{Plastizitätsindex } I_P = w_L - w_P; \tag{2.35}$$

$$\textit{Konsistenzindex } I_C = \frac{w_L - w}{w_L - w_P} = \frac{w_L - w}{I_P}, \tag{2.36}$$

wobei w der vorhandene (meist natürliche) Wassergehalt des Erdstoffes ist. Der Konsistenzindex beschreibt die relative Lage des Wassergehaltes des Erdstoffes zur Fließ- und Plastizitätsgrenze und erlaubt Rückschlüsse auf die Tragfähigkeit des Erdstoffes (Bild 2-12).

2.5.5 Festigkeiten, Verformungsverhalten

Die Beschreibung des Festigkeits- und Verformungsverhaltens von Lockergesteinen basiert natürlich auch auf den schon für Festgesteine beschriebenen Kenngrößen (Abschn. 2.4.2), wobei Lockergesteine andere Bedingungen an die Bestimmungsverfahren stellen und der Wirkung des Porenwasssers eine größere Bedeutung beigemessen werden muss.

Gebräuchliche Kennwerte für die Verformbarkeit sind:

- Elastizitätsmodul E
- Verformungsmodul E_v
- Bettungsmodul k_s
- Poissonzahl ν
- Schubmodul G.

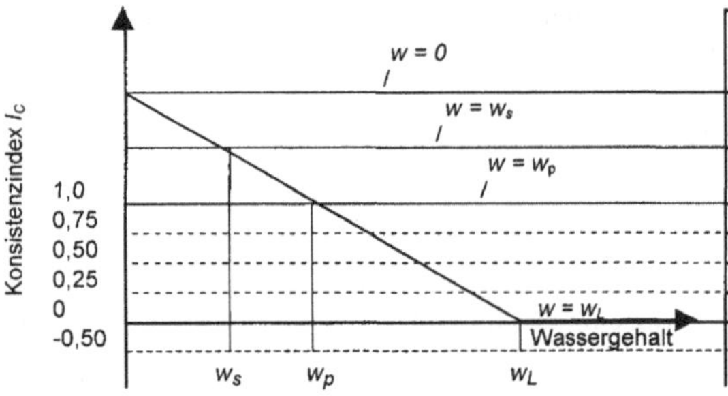

Konsistenz	Tragfähigkeit in N/cm²	Verhalten des Baugrunds unter Belastung
fest	> 20	
halbfest	10...20	geringe Setzung
steif	~ 10	mäßige Setzung
weich	~ 4	erhebliche Setzung
sehr weich		Grundbruchgefahr,
breiig	0	Bauwerke versinken
flüssig		

Bild 2-12 Konsistenzbewertung und Baugrundverhalten

Gebräuchliche Kennwerte für die Festigkeit sind:

- Scherfestigkeit τ_f
- Gleitfestigkeit τ_{fg}
- Kohäsion c
- Reibungswinkel φ
- Druckfestigkeit σ_D
- Zugfestigkeit σ_Z.

Die *Scherfestigkeit* eines Erdstoffes ist überschritten, wenn entlang einer oder mehrerer Flächen Verschiebungen stattfinden, die keine weitere Steigerung der Scherkräfte erfordern. Die Begriffe und die grundsätzlichen Versuchsbedingungen zur Ermittlung und Auswertung der Scherfestigkeit sind in DIN 18 137 festgelegt.

Bekannte Verfahren zur Bestimmung der Scherfestigkeit veranschaulicht Bild 2-13.

Den zeitlichen Verlauf des Scherwiderstandes für zwei typische Bodenarten und die daraus ablesbaren Festigkeitswerte zeigt Bild 2-14.

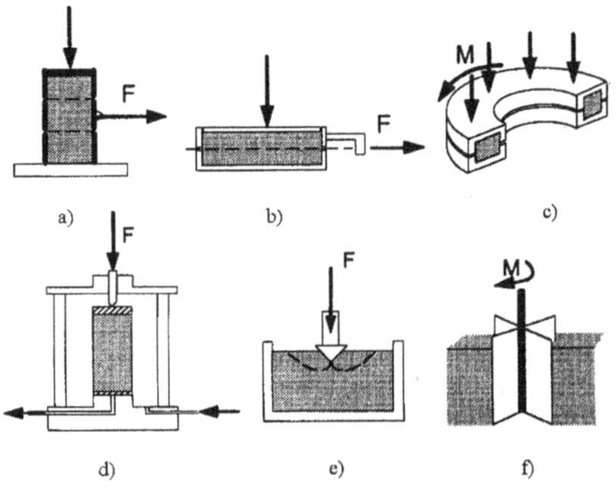

Bild 2-13 Verfahren aus der Bodenmechanik zur Bestimmung der Scherfestigkeit

a) Scherbüchse
b) Rahmenschergerät
c) Ringschergerät
d) Triaxial-Gerät
e) Eindringkegel, Cone Penetrometer
f) Flügelsonde

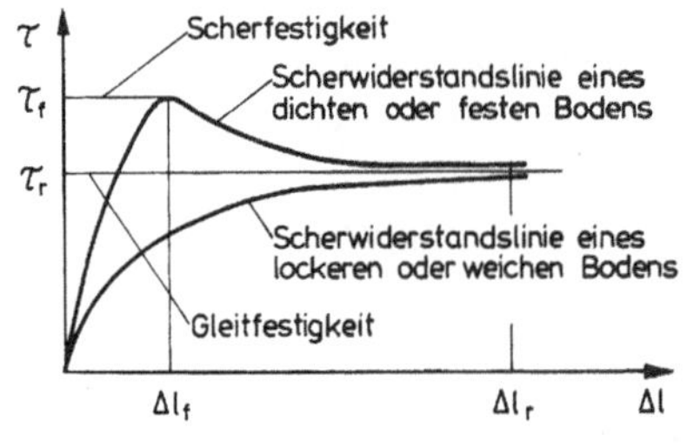

Bild 2-14 Zeitlicher Verlauf des Scherwiderstandes (aus DIN 18137, T1)

Der Scherwiderstand τ entlang der Scherfläche setzt sich aus Reibung, ausgedrückt durch den Reibungswinkel φ, und Kohäsion c zusammen. Er kann nach der Bruchbedingung von *Coulomb* als lineare Funktion der Normalspannung σ formuliert werden (siehe auch Bild 2-6):

$$\tau = c + \sigma \tan\varphi. \quad (2.37)$$

Zur Bestimmung der Scherparameter sind zwei Versuchsanordnungen üblich:

- Versuchsanordnung mit vorgegebener Scherfläche mittels Rahmenschergerät
- Versuchsanordnung mit freier Ausbildung der Scherfläche und kontrollierten Hauptspannungen mittels Triaxialgerät.

Dabei ist dem Verhalten des Porenwassers besondere Beachtung beizumessen. Es sind zwei Versuchsstufen zu unterscheiden, erstens die Lasteintragung und zweitens der Abschervorgang. Dabei ist der Porenwasserdruck zu berücksichtigen, der einen Teil der Normalspannungen aufnimmt.

Die wirksame oder effektive Spannung σ' wirkt nur auf das Korngerüst und ergibt sich aus der gesamten oder totalen Spannung σ abzüglich des Porenwasserdruckes u

$$\sigma' = \sigma - u.$$

Das gilt bei Sättigung des Porenwassers zu Beginn des Abschervorganges.

Besteht bei der Lasteintragung die physische und zeitliche Möglichkeit des Porenwasserdruckausgleiches, wird der Versuch als konsolidiert bezeichnet. Kann sich der Porenwasserdruck physisch und zeitlich während des Schervorganges abbauen, liegt ein drainierter Versuch vor. Ist es gerätetechnisch möglich, kann beim undrainierten Versuch der Porenwasserdruck gemessen werden. Es ergeben sich die in Tafel 2-19 aufgezeigten grundsätzlichen Scherversuchsarten, die durch Vorbelastung der Bodenproben oder Volumenkonstanz erweitert werden können.

Je nach Versuchsart erhält man unterschiedliche Scherparameter. Die effektiven oder wirksamen Scherparameter c' und φ' des konsolidierten, drainierten (entwässerten) Bodens werden aus den effektiven Spannungen im Bruchzustand bei unterschiedlichen Belastungen ermittelt. Man erhält sie aus dem CD-Versuch oder aus dem CU-Versuch mit Porenwasserdruckmessung.

Die Scherparameter c' und φ' dienen der Berechnung der Endstandsicherheit von Bauwerken.

Die scheinbaren Scherparameter c_u und φ_u des undrainierten Bodens erhält man aus dem UU-Versuch über die totalen Spannungen.

Die undrainierte Scherfestigkeit dient zur Berechnung der Anfangsfestigkeit, besonders bei schnellen Belastungen. Den Einfluss des Porenwasserdruckes auf die Scherparameter zeigt Bild 2-15.

Tafel 2-19 Scherversuchsarten

1. Stufe Belastung		2. Stufe Abscherung drainiert langsam: **D**	undrainiert o. schnell: **U**	System-bedingungen
konsolidiert, langsam	C	**CD**	**CU**	offenes System
Unkonsoldiert, schnell	*U*	nicht üblich	**UU**	geschlossenes System

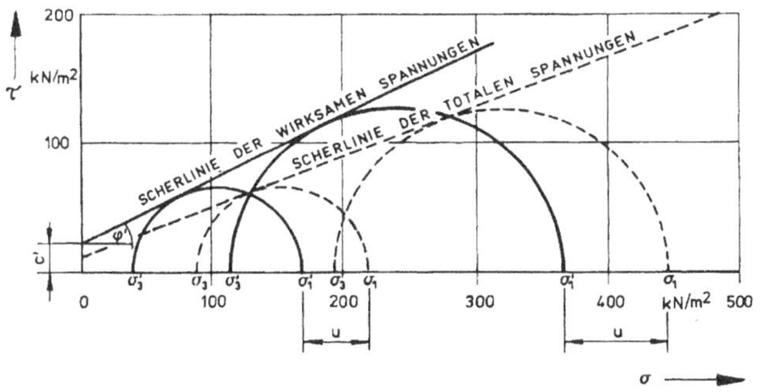

Bild 2-15 Einfluss des Porenwasserdrucks auf die Schergeraden am Beispiel eines CU-Versuches

Für den Gewinnungsprozess hat die Scherfestigkeit neben der Druck- und Zugfestigkeit große Bedeutung für die zur Spanbildung am Werkzeug aufzubringenden Kräfte [2.16][2.33].

Beim Fahrprozess der Erdbaumaschine beeinflusst die Scherfestigkeit die mögliche Traktionskraft am Fahrwerk während der Verformungsmodul die Tragfähigkeit und der Bettungsmodul die möglichen Abstützkräfte als Funktion der Einsinktiefe widerspiegeln.

Die Verformbarkeit und damit Tragfähigkeit eines Erdstoffplanums wird mit dem Plattendruckversuch (DIN 18 134) bestimmt. Die Plattendurchmesser können je nach Größtkorn 0,3; 0,6; 0,762 m betragen. Die Belastungsstufen werden so gewählt, dass eine mittlere Plattenpressung von 0,5 MN/m² erreicht wird. Über einen Spannungsbereich $\Delta\sigma$ von 0,3 bis 0,7 MN/m² wird der Setzungsweg Δs gemessen, in einem Spannungs-Setzungsdiagramm aufgezeichnet und der *Verformungsmodul* E_V (in MN/m³) mit dem Radius r (in m) der Lastplatte nach der Beziehung

$$E_V = 1{,}5\, r \frac{\Delta\sigma_0}{\Delta s}$$

bestimmt. Die Berechnung des *Bettungsmoduls* k_s (in MN/m³) erfolgt aus der Erstbelastungskurve einer 0,762 m-Lastplatte mit einer mittleren Setzung s = 1,25 mm nach

$$k_S = \frac{\sigma_0}{s}.$$

Der so ermittelte Bettungsmodul kann nach dem Modellgesetz

$$\frac{k_{s1}}{k_{s2}} = \frac{d_2}{d_1}$$

auf andere Plattendurchmesser umgerechnet werden.

Bei größeren Einsinktiefen wird der näherungsweise als linear angenommene elastische Bereich verlassen und die Tragfähigkeit sinkt deutlich ab. Für Straßendecken und andere Fahrbahnen wurden zusätzlich spezielle Kennwerte geschaffen, die nur mit dem zugehörigem Bestimmungsverfahren gültig sind.

In Tafel 2-20 sind Anhaltswerte für den Verformungsmodul von Straßenbaustoffen zusammengestellt [2.4].

Tafel 2-20 Verformungsmodul von Straßenbaustoffen [2.4]

Material	E in MN/m²
Asphaltbeton	280...300
Betonplatten, Großpflaster	250...280
Sandasphalt	220...240
Mischmakadam	200...220
getränkter Makadam	150...200
Steinschlagdecke	140...180
Naturstein, Keramit	150...170
Makadam mit Oberfächenbehandlung	120...140
wassergebundene Steinschlagdecke	80...120
Packlage	80...115
Schotterunterbau	80...100
Erdstoff, gut gekörnt, mit Zement stabilisiert	60...90
Erdstoff, gut gekörnt, mit Bitumen stabilisiert	55...80
mechanisch stabilisierte Schicht	40...65
Kiessand	40...60
Zementstabilisation	40...60
Bitumenstabilisation	35...50
schluffiger Grobsand	35...40
Grabsand	30...40

2.5.6 Klassifizierung von Lockergestein

Nach DIN 18 196 erfolgt eine Gruppeneinteilung auf der Grundlage von

- Korngrößenbereichen und -verteilung
- plastischen Eigenschaften
- organischen Bestandteilen.

Zur Bezeichnung der Bodenarten werden Kurzzeichen aus zwei Buchstaben benutzt. Der erste Buchstabe beschreibt den Hauptbestandteil, der zweite Buchstabe gibt Nebenbestandteile oder kennzeichnende Eigenschaften an.

Kennbuchstaben für Bestandteile sind:

G Kies
S Sand
U Schluff
T Ton
O organische Böden
H Torf
F Mudden, Faulschlamm
K Kalk.

Kennbuchstaben für Eigenschaften sind:

W weitgestufte Korngrößenverteilung
E enggestufte Korngrößenverteilung
I intermittierend gestufte Korngrößenverteilung
L leicht plastisch
M mittelplastisch
A ausgeprägt plastisch
N nicht bis kaum zersetzter Torf
Z zersetzter Torf.

Wird die Lösbarkeit des Locker- und Festgesteins als Einteilungskriterium herangezogen, sind die Bodenklassen nach DIN 18 300 maßgebend. Tafel 2-21 zeigt eine Zusammenstellung nach DIN und die entsprechende Einteilung nach der in der Literatur noch häufig anzutreffenden TGL.

Tafel 2-21 Bodenklasseneinteilung nach DIN 18300 mit erweiterter Beschreibung nach TGL

Lockergesteine

DIN Kl.	Bezeichnung nach DIN	Definition nach DIN 18300	Grabfestigkeit Lockergesteine	Lösbarkeit der Gesteine TGL	Beispiele für Lockergesteine, einige Abprodukte	TGL Kl.
1	Oberboden (Mutterboden)	oberste Schicht des Bodens, die neben anorganischen Stoffen auch Humus und Bodenlebewesen enthält				
2	fließende Bodenarten	Bodenarten in flüssiger und breiiger Beschaffenheit, die das Wasser schwer abgeben	keine Grabfestigkeit, flüssig, breiig	schöpfbar	*nichtbindig:* lockere wassergesättigte Feinsande *bindige:* Tone, Schluffe, bindige Sande (breiig) *organogene:* Mudden *sonstige*: verspülte Asche im flüssig-breiigen Zustand	1
3	leicht lösbare Bodenarten	nichtbindige bis schwach bindige Sande, Kiese und Kiessande mit bis zu 15 % Korngrößen ≤ 0,06 mm Durchmesser und höchstens 30 % Korngrößen 63 mm Durchmesser bis 0,01 m³ Rauminhalt	sehr geringe Grabfestigkeit, locker gelagert	mit Schaufel oder Spaten leicht lösbar	*nichtbindig:* trockene oder erdfeuchte Sande und Kiese sowie deren Gemenge *organogene:* zersetzte Torfe, Torfmudden, sehr weiche Kalkmudden *sonstige:* lockere Asche mit wenig sperrigen Bestandteilen	2
			geringe Grabfestigkeit	mit Schaufel schwer oder mit Spaten normal lösbar	*nichtbindig:* mitteldicht gelagerte Sande und Kiese sowie deren Gemenge *schwach- und mittelbindig:* locker gelagerte bindige Sande, Schluffe wie Löß, Lößlehm *organogene:* wenig zersetzte Torfe, sehr weiche Sandmudden, Seekreiden	3
4	mittelschwer lösbare Bodenarten	- Gemische von Sand, Kies, Schluff und Ton mit mehr als 15 % Korngrößen ≤ 0,06 mm Durchmesser - bindige Bodenarten von leichter bis mittlerer Plastizität in weicher bis fester Konsistenz und höchstens 30 % Korngrößen 63 mm Durchmesser bis 0,01 m³ Rauminhalt	mittlere Grabfestigkeit	mit Spaten schwer oder mit Kreuzhacke leicht lösbar	*nichtbindig:* nasse dichtgelagerte Feinsande, dicht gelagerte Kiese *schwach- und mittelbindig:* nasser, dicht gelagerter Schluff, steife bindige Sande und Schluffe, steife tonige Schluffe *stark- und hochbindig:* weiche Tone *organogene:* weiche bis steife Kalkmudden, Seekreiden *sonstige:* Bauschutt von Roh- und Ausbauarbeiten	4
5	schwer lösbare Bodenarten	- Bodenarten nach den Klassen 3 und 4, jedoch mit mehr als 30 % Korngrößen 63 mm Durchmesser bis 0,01 m³ Rauminhalt	hohe Grabfestigkeit und/oder hohe Klebrigkeit	mit Kreuzhacke lösbar; Handstücke mit einer Hand zerdrückbar	*schwach- und mittelbindig:* halbfeste überkonsolidierte Schluffe, schluffige Sande und tonige Schluffe, sehr weiche Schluffe, schluffige Tone, z. B. sehr weicher Geschiebe- und Auelehm, dicht gelagerte bindige Kiese *stark- und hochbindig:* überkonsolidierte Tone (steif), sehr weiche und halbfeste Tone, stark zersetzte Festgesteine	5

Tafel 2-21 (Fortsetzung) Festgesteine

DIN Kl.	Bezeichnung nach DIN 18300	Definition nach DIN 18300	Zerschlagbarkeit der Festgesteine	Klufthäufigkeit des Gebirges	Lösbarkeit der Gesteine nach TGL	Beispiele für unverwitterte Festgesteine	TGL Kl.
6	leicht lösbarer Fels und vergleichbare Bodenarten	- Felsarten, die einen inneren, mineralisch gebundenen Zusammenhalt haben, jedoch stark klüftig, brüchig, bröcklig, schiefrig, weich oder verwittert sind	sehr leicht ——— leicht ——— gut bis mäßig ——— schwer	sehr gering bis groß ——— groß ——— groß bis sehr groß ——— sehr groß	mit Druckluftwerkzeugen lösbar; reißbar; sehr leicht sprengbar	Salze, Gips, Ton-, Schluff- und Mergelstein Schieferton, Tuff, Steinkohle *blättrig:* Phyllit, Tonschiefer Wechsellagerung von Fest- und Lockergestein; Mylonit	7
		- vergleichbare verfestigte, nichtbindige und bindige Bodenarten - nichtbindige und bindige Bodenarten mit mehr als 30 % Steinen von über 0,01 bis 0,1 m^3 Rauminhalt	leicht ——— gut bis mäßig ——— schwer	sehr gering bis mittel ——— mittel ——— mittel bis groß	leicht sprengbar	*kleinplattig:* Konglomerate, Grauwacke, Sandstein, Phyllit, Tonschiefer, Quarzit Wellenkalk, Plattenkalk, Plattendolomit, schiefriger Kalkstein, Marmor, Kieselschiefer kleinplattiger Glimmerschiefer dünnsäulige Magmatite, kleinplattige Magmatite	8
7	schwer lösbarer Fels	- Felsarten, die einen inneren, mineralisch gebundenen Zusammenhalt und hohe Gefügefestigkeit haben und die nur wenig klüftig oder verwittert sind - festgelagerter, unverwitterter Tonschiefer, Nagefluhschichten, Schlackenhalden u. a.	gut ——— mäßig bis schwer	sehr gering bis gering ——— gering	schwer sprengbar	*großplattig:* Grauwacke, Sandstein, Konglomerat, Tonschiefer, Quarzit, Brekzie Glimmerschiefer, Gneis, Granulit Massenkalk kleinblockige Magmatite	9
		- Steine von über 0,1 m^3 Rauminhalt	mäßig bis schwer	sehr gering	sehr schwer sprengbar	*großblockig:* Grauwacke, Sandstein, Konglomerat, Brekzie, Gneis, Granulit, Quarzit, großblockige Magmatite, dicksäulige Magmatite	10

2.6 Grundlagen des Gewinnungsprozesses von Locker- und Festgestein

Der Arbeitsprozess von Gewinnungsmaschinen umfasst das Herauslösen bzw., bergmännisch bezeichnet, den Abbau von Erdstoffen (dieser Begriff soll als Sammelbezeichnung für die sich überschneidenden Begriffe wie Lockergesteine, Festgesteine, Mineralien, Rohstoffe u. a. benutzt werden) aus dem natürlichen Gebirgsverband und das Aufnehmen der gelösten Teile für den Transport. Dabei stützt sich die Maschine auf dem Erdstoff des Planums ab und befährt ihn. Um den Erdstoff zu zerstören, muss er durch geeignete Mittel örtlich so stark mechanisch belastet werden, dass die erzielte Beanspruchung die Erdstofffestigkeit übersteigt. Weil die Druckfestigkeit, insbesondere von Festgesteinen, etwa um eine Zehnerpotenz größer als die Zug- und die Scherfestigkeit ist, ist es Ziel, direkt oder indirekt ausreichend große Zug- bzw. Scherspannungen zu erzeugen, deren Größe die entsprechende Festigkeit des Erdstoffes zumindest an einer Stelle erreicht, oder es müssen genügend große Zugspannungen an der Spitze bereits vorhandener Risse entstehen.

Für die Aufgabe, einen Erdstoff aus dem natürlichen Verband zu lösen, sind zahlreiche Verfahren entwickelt worden, die unterschiedliche physikalische bzw. auch chemische Vorgänge nutzen, um den Trennwiderstand des anstehenden Erdstoffes durch äußere oder innere Einwirkung zu überwinden. Man unterscheidet [2.27]:

- Verfahren mit Einsatz mechanischer Werkzeuge
- Verfahren ohne Einsatz mechanischer Werkzeuge.

Die im Buch betrachteten Maschinen sind der mechanischen Gewinnung zuzuordnen, also dem Einsatz mechanischer Werkzeuge, wofür Grundlagen nachfolgend dargestellt werden sollen.

2.6.1 Wirkprinzipe

Alle Gewinnungsverfahren, bei denen mechanische Werkzeuge verwendet werden, z. B. Graben, Schürfen, Reißen, Bohren, Hobeln, Fräsen, Schrämen, Sägen, Schleifen u. a., leiten mit deren Hilfe primär Druckkräfte in den Erdstoff ein. Nach der Art und Angriffsrichtung des Werkzeuges unterscheidet man die im Bild 2-16 skizzierten fünf Wirkprinzipe für die Gesteinszerstörung, die in den verschiedenen Gewinnungsverfahren mit unterschiedlicher Wertigkeit einzeln oder kombiniert benutzt werden.

Spanen
Beim Spanen hebt ein keilförmiges, translatorisch oder rotatorisch geführtes Werkzeug einen Erdstoffspan ab. Nach Erzeugung einer örtlichen Spannung vor der Schneidkante kommt es zu Mikroanrissen des Erdstoffes und mit dem weiteren Anstieg der erzeugten Spannung zu einem Rissfortschritt und mit Überschreiten der Grenzspannung zur Ausbildung von Bruchflächen für den Spanbruch. Je nach Erdstoff sowie Werkzeug- und Spanform kann die Überschreitung der ertragbaren Schubspannung oder der durch Biegung erzeugten Zug- oder Druckspannung für die Spanbildung maßgebend sein. Der Zerstörungsvorgang ist ein ständiger, meist nicht periodischer Wechsel zwischen dem stetigen Eindringen der Schneide, verbunden mit einem Spannungsanstieg bis zur Grenzspannung, und dem Lösen eines Spans mit dem daraus resultierenden steilen Abfall der Spannungen auf ein niedrigeres Niveau (Bild 2-18). Die Energieeinleitung kann stetig oder alternierend (schlagend) sein.

Kerben
Beim Kerben wird durch örtliche Druckbeanspruchung mit hoher Energiedichte im Gestein ein Spannungsfeld erzeugt, das zu Rissbildungen und Herausplatzen von Gesteinssplittern führte, ein Vorgang der dem sogenannten Grundbruch in der Bodenmechanik nahe kommt. Die Eindringtiefe des Werkzeuges und die gelöste Gesteinsmenge hängen von der Gesteinsfestigkeit, der Energie und der Beanspruchungsgeschwindigkeit sowie der durch die Schärfe des Werkzeuges bedingten Größe der Kontaktfläche ab. Die Energieeinleitung kann schleifend, schlagend oder rollend sein.

Brechen
Das Brechen ist ein von manchen Gewinnungsverfahren genutzter Sekundärvorgang, um nach dem Spanen, Kerben usw. stehengebliebene Rippen des Gesteins abzutragen. Das Werkzeug wird parallel zur Schnittspur geführt, drückt seitlich an die Rippe, so dass durch Biegebelastung am Rippengrund die niedrigen ertragbaren Zugspannungen zum Abbrechen führen.

Spalten
Beim Spalten wird ein keilförmiges Werkzeug in bereits vorhandene Risse oder Klüfte des Gesteins eingedrückt bzw. eingeschlagen, um im Inneren des Gesteins Zugspannungen zu erzeugen und Gesteinsbrocken abzuspalten. Eine derartige Spaltwirkung ist auch als Nebeneffekt bei anderen Wirkprinzipen wie Spanen und Kerben zu beobachten. Das Spalten als direktes Gewinnungsprinzip hat dagegen nur zur Gewinnung und Bearbeitung von Werksteinen Bedeutung.

Schleifen
Unter Schleifen versteht man das Abtragen kleinvolumiger Gesteinspartikel durch den Angriff zahlreicher, sehr harter Einzelkörner, meist Diamanten. Diese Schleifkörper dringen in die Oberfläche des Erdstoffes ein und ritzen sie an. Sie sind entweder in das Schleifwerkzeug eingebettet oder werden als Schleifmittel lose zugegeben. Das Gewinnungsprinzip Schleifen wird vor allem beim Bohren und Trennen sehr harter Festgesteine, aber auch bei der Oberflächenbearbeitung von Werksteinen angewendet.

2.6.2 Schnittprozess

Die meisten Arbeitswerkzeuge von Bau- und Gewinnungsmaschinen arbeiten wegen des größeren erzielbaren Durchsatzes spanabhebend, wobei die anderen aufgeführten Wirkprinzipe parallel dazu mit unterschiedlicher Wertigkeit auftreten. Je nach Arbeitsregime und Werkzeuggestaltung können drei Schnittformen unterschieden werden (Bild 2-17), *vollblockierter*, *halbblockierter* und *freier Schnitt*, wobei an Zahnschaufeln (Bild 2-17d) beides auftreten kann, denn die Zähne greifen vollblockiert in den Erdstoff ein. Der Erdstoff muss lokal als inhomogenes Medium mit zufällig verteilten Eigenschaften betrachtet werden. Die beim Spanen sich ständig ändernden örtlichen Eigenschaften des Erdstoffes und freie Oberflächenformen durch die vorhergehende Spanbrockenbildung führen zu räumlichen Zeitfunktionen der Belastung am Arbeitswerkzeug mit typischen Erscheinungsbildern für verschiedene Erdstoffgruppen (Bild 2-18).

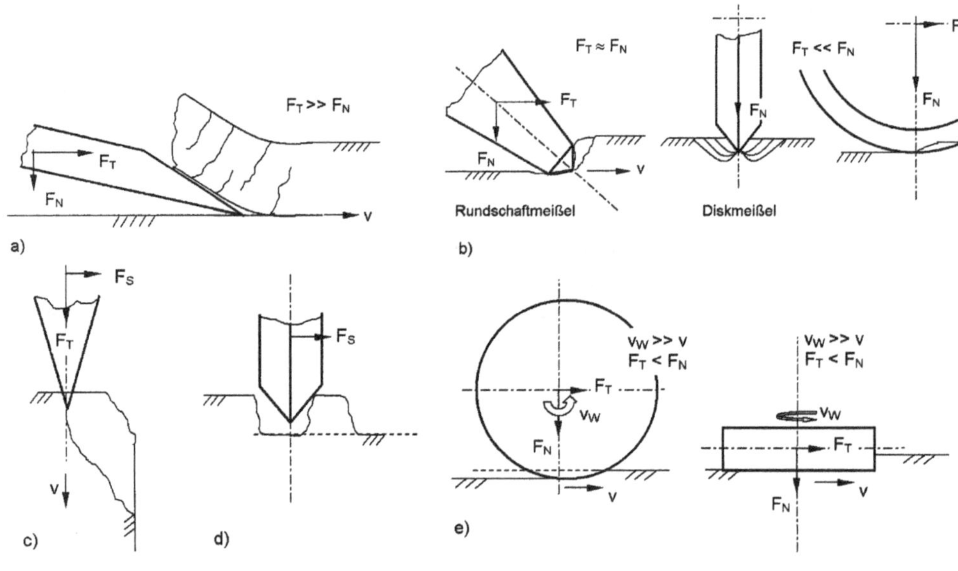

Bild 2-16 Wirkprinzipe der mechanischen Gewinnung

a) Spanen
b) Kerben
c) Spalten
d) Brechen
e) Schleifen

Bild 2-17 Schnittformen

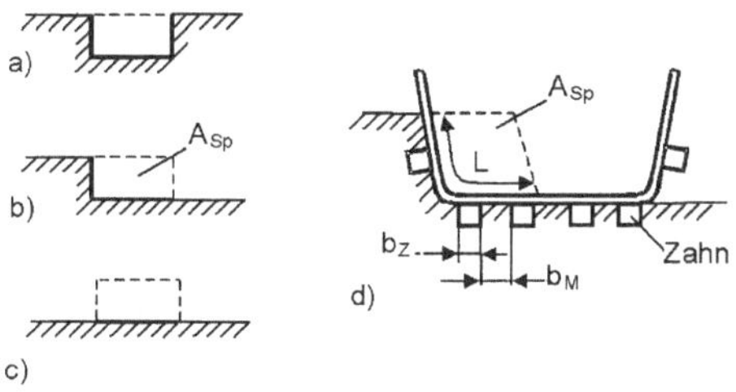

a) vollblockiert
b) halbblockiert
c) frei
d) Schaufel halbblockiert, Zahn vollblockiert

A_{Sp} Spanfläche
L Abtrennlänge
b_Z Breite des Zahnes
b_M Breite des Zwischenraumes

Bild 2-18 Formen der Spanbildung [2.31]

Erdstoffe		Spanbildung	Kraftverlauf
Eigenschaften	Beispiele		
rollig – lose bindig – stark plastisch	Sand, Kiessand, Torf, weicher Ton, geschütteter feinkörniger Erdstoff	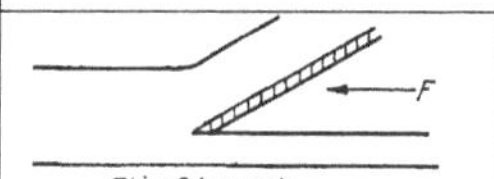 Fließbruch	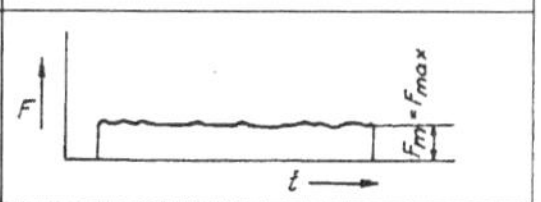
bindig – plastisch bindig - spröd	sandiger Lehm, sandiger Ton, leichter Mergel	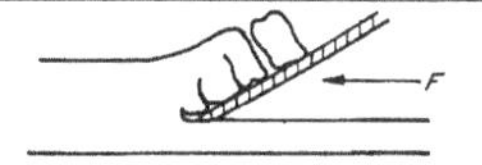 Beugungsbruch	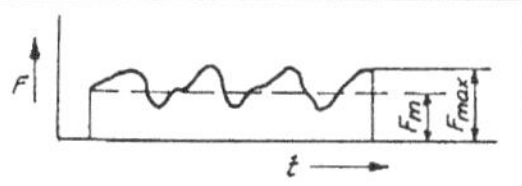
rollig – verdichtet rollig – leicht bindig	verdichteter Sand, verdichteter Kies, mittelfester Lehm, Ton, Mergel	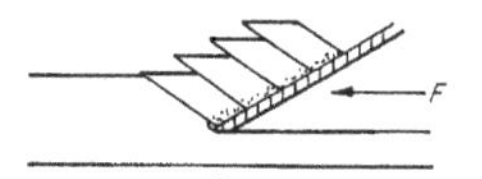 Scherflächenbruch	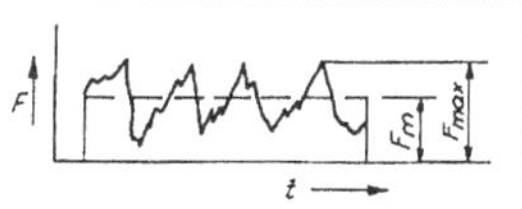
spröd stark bindig – spröd	fester Lehm, Ton und weicher Sandstein, Kalkstein, Steinsalz, harte Kohle, Tonschiefer	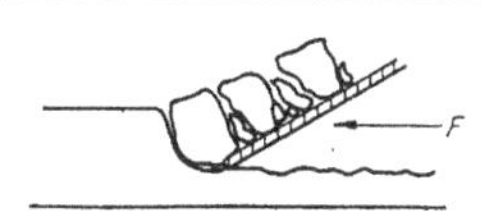 Schollenbruch	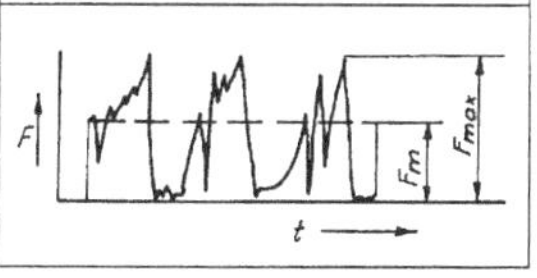

Im mathematischen Sinne sind die Raumkomponenten der Belastung bei konstanter Spantiefe (translatorischer Schnitt) *stationäre* (Bild 2-18), und bei veränderlicher Spantiefe (rotatorischer Schnitt) *instationäre Zufallsprozesse* (Bild 2-19). Der Aufwand der Beschreibung und Analyse solcher Prozesse ist erheblich, und ihre Ergebnisgrößen gehen in die derzeitigen Dimensionierungsverfahren bisher nur teilweise ein.

Umfassendere Ausführungen dazu sind in [2.24] enthalten. Für die Dimensionierung von Maschinen und Arbeitsausrüstungen ist es notwendig, einen Zusammenhang zwischen Erdstoffparametern, Konstruktions- Betriebs- und Systemparameter der Maschine sowie ihrer Werkzeuge herzustellen. Der Arbeitsprozess wird dann globaler als Grabprozess oder noch allgemeiner als Gewinnungsprozess bezeichnet.

Auf Tafel 2-22 sind Einflussgrößen für den Grabprozess systematisiert zusammengefasst. Wegen der Komplexität der Zusammenhänge sind Modelle für die Spanbildung unumgänglich. Am ältesten sind *statische* Modelle, wo mit Hilfe der klassischen Bodenmechanik Grenzzustände der Erdstoffbeanspruchung durch Druck, Biegung oder Scherung auf der Basis der Werkzeuggeometrie berechnet werden [2.12] [2.18] [2.22] [2.23]. Solche Berechnungen stellen einen, möglichst repräsentativen Punkt im Spanbildungsprozess dar und sind um so zutreffender, je geringer die Abweichungen des Kraftverlaufes vom Mittelwert sind (Bild 2-18, Fließbruch). Sie berücksichtigen nicht die hierbei viel höhere Beanspruchungsgeschwindigkeit als in der Bodenmechanik üblich.

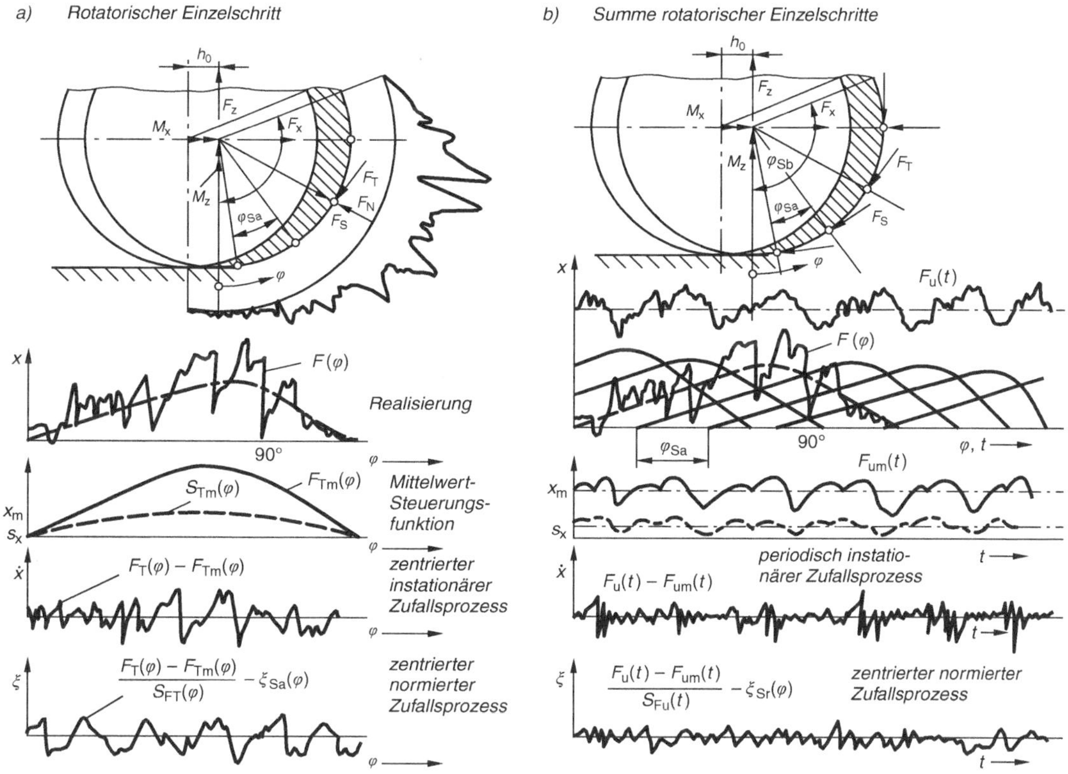

Bild 2-19 Prozessbestandteile des instationären Schnittprozesses am Beispiel Schaufelrad

a) rotatorischer Einzelschnitt
b) Summe rotatorischer Einzelschnitte

Tafel 2-22 Einflussgrößen für den Gewinnungsprozess

Erdstoffparameter	Konstruktionsparameter	Betriebsparameter	Systemparameter
Morphologische Korngröße Kornform Korngrößenverteilung Gefügezustand Schichtung, Klüftung	*Gewinnungswerkzeug* *(z. B. Baggerschaufel)* Breite Höhe Tiefe Gefäßform Volumen Durchmesser	*Arbeitsgeschwindigkeiten* Schnittgeschwindigkeit Reißgeschwindigkeit *Vorschubgeschwindigkeit* Schwenk- bzw. Senkgeschwindigkeit Fahrgeschwindigkeit	*Gewinnungsmaschine* schwingende Massen Federsteifigkeiten Dämpfungen Eigenfrequenzen Schwingformen
Physikalische Wassergehalt Dichte Konsolidierungsgeschwindigkeit	*Schneidwerkzeug* (Bild 2-19) Freiwinkel Keilwinkel Spanwinkel Schnittwinkel Verschleißwinkel Verschleißbreite	*Erdstoffspan* Breite Höhe Auflockerungsfaktor Spanform Spanvolumen	
Mechanische Druck-, Zugfestigkeit Scherfestigkeit Elastizitätsmodul Winkel der inneren Reibung Kohäsion	*Schneidwerkzeuganordnung* Werkzeugabstand Anstellwinkel Werkzeuganzahl	*Schneidwerkzeug* Betriebs - Freiwinkel - Anstellwinkel - Spanwinkel - Schnittwinkel - Verschleißwinkel - Verschleißbreite Bewegungsrichtung	

Die Kraftverläufe beim Beugungsbruch, Scherflächenbruch und Schollenbruch (Bild 2-18) sind mit Hilfe der Statistik beschreibbar. Geht man von der in der Natur verbreiteten Normalverteilung der Eigenschaften aus, sind Mittelwert und Streuung ausreichende Beschreibungsgrößen. Bei instationären Prozessen müssen Mittelwertfunktionen, Streuungsfunktionen und die Zufallsfunktion herangezogen werden (Bild 2-19a), wenn nicht durch Überlagerungen quasistationäre Prozesse entstehen, die einfach durch Mittelwert und Streuung charakterisiert sind (Bild 2-19b). Für das dynamische Verhalten der Maschine und die Betriebsfestigkeitsbetrachtungen ist die Beschreibung des Zeitverhaltens der Belastung notwendig. Zur Erläuterung grundsätzlicher Zusammenhänge der Spanbildung keilförmiger Werkzeuge im statistischen Sinne ist das Modell nach Bild 2-20 geeignet. Dieses Kräftemodell am verschleißbehafteten Keil wird als Normalschnitt durch ein beliebig gestaltetes Grabwerkzeug am betrachteten Ort aufgefasst, wobei zu berücksichtigen ist, dass Bewegungsrichtung und Keilebene nicht zusammenfallen müssen (schleifender Schnitt), so dass dann die Reibungskräfte nicht in ihrer wahren Größe dargestellt sind.

Es sind zwei Elementarprozesse zu betrachten:

Spanbildung an der Oberseite des Keils

Aufgrund eines bei festen, spröden Erdstoffen typischen vorauseilenden Risses bei geringer Verformung des Bruchkörpers kann als mechanisches Ersatzsystem ein asymmetrisch schräg belasteter, eingespannter Balken angenommen werden (Bild 2-21a), wobei die Brockenlänge l_B eine sich verändernde, unbekannte Größe ist. Mit den Festigkeitsansätzen

- Schubspannung
- Vergleichsspannung
- Biegespannungen

lässt sich eine Proportionalität der notwendigen Spanbildungskraft F_{ResS} zum Spanquerschnitt A_S feststellen

$$F_{ResS} = k_{AR} A_S. \tag{2.38}$$

Der Proportionalitätsfaktor k_{AR} sei als *spezifische Spanbildungskraft* bezeichnet. Sie ist neben den Erdstoffeigenschaften auch vom Schnittwinkel δ_S abhängig.

Verdrängungswirkung der Verschleißfläche an der Unterseite des Keils

Aufgrund der allseitigen Einspannung und der Druckbelastung kann als bodenmechanisches Ersatzsystem ein Grundbruch durch ein asymmetrisch schräg belastetes Streifenfundament (Bild 2-21b) angesetzt werden, wobei klar ist, dass die Theorie der Fundamenttragfähigkeit nicht problemlos auf die mikroskopischen Vorgänge unter der Verschleißfläche übertragen werden kann.

Da die geometrischen Bedingungen bei einem bestimmten Verschleißzustand, definiert durch die Breite a der Verschleißfläche, als konstant angenommen werden können, ist die notwendige Verdrängungskraft F_{ResV} proportional der „Fundamentlänge„, also der Kontaktlänge L des Werkzeuges mit dem Erdstoff

$$F_{ResV} = k_{LV}\, L. \tag{2.39}$$

Der Proportionalitätsfaktor k_{LV} sei als *spezifische Verschleißflächenkraft* bezeichnet. Sie ist neben den Erdstoffeigenschaften vom Neigungswinkel der Verschleißfläche δ_V zur Bewegungsbahn und damit vom Lastneigungswinkel abhängig.

Die Betrachtung der Kraftkomponenten der beiden Prozesse (Bild 2-20) zeigt, dass die in Bewegungsrichtung liegenden, tangentialen Komponenten F_T gleichgerichtet sind, während die Normalkomponenten F_N gegeneinander wirken.

Die resultierende Kraftkomponente am Werkzeug ergibt sich entweder als Summe oder als Differenz der Kraftkomponenten der beiden ursächlichen Prozesse

$$F_T = F_{TS} + F_{TV}; \qquad F_N = F_{NS} - F_{NV}. \tag{2.40}$$

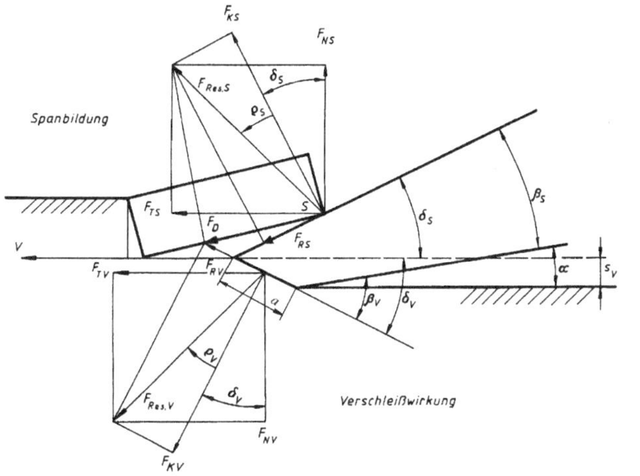

Bild 2-20 Kräfte und Geometrie der Elementarprozesse am verschleißbehafteten keilförmigen Werkzeug

F Kraft
(Indexe: Res Resultierende)
R Reibung,
K Keilwirkung
T Tangentialkomponente
N Normalkomponente
S Spanbildung
V Verschleißwirkung)
h_S Spanhöhe
a Verschleißbreite

β_S Keilwinkel
β_V Verschleißwinkel
ρ Reibungswinkel
v Geschwindigkeit in Bewegungsrichtung
α Freiwinkel
Schnittwinkel $\delta_S = \beta_S + \alpha$;
Schleifwinkel $\delta_V = \beta_V - \alpha$
Spanwinkel $\gamma = 90° - \delta$
s_V Verdrängungsweg

Bei experimentellen Untersuchungen sind die Kräfte aus den beiden Prozessen nicht direkt entkoppelt messbar und damit die in den Gln. 2.38 und 2.39 definierten Proportionalitätsfaktoren als spezifische Kenngrößen nicht quantifizierbar. Hält man *einen* Prozess konstant, sind die Wirkungen der Einflussgrößen auf den *anderen* Prozess indirekt zu ermitteln, was in [2.21] mittels Laborversuch für die tangentiale Komponente zur prozentualen Abschätzung der Prozessanteile führte (s. Abschn. 2.6.3).

Zum Schnittprozess gehören noch Prozessbestandteile, wie Gutbeschleunigung, Widerstand gegen die Gutbewegung am und im Werkzeug (Füllwiderstand) und Hubarbeit, deren Größen nicht exakt quantifizierbar sind und deshalb dem Schnittprozess zugeschlagen werden.

2.6.3 Spezifische Kenngrößen

Um für ein Gewinnungsverfahren charakteristische Kenngrößen unabhängig von der Größe der Maschine sowie der Arbeitsparameter zu erhalten, werden Arbeitskräfte oder Antriebsleistungen auf den maßgebenden Arbeitsparameter bezogen, wenn Proportionalität dazu besteht. Bild 2-22 zeigt die Einflüsse auf die spezifischen Kenngrößen bei Bau und Betrieb von Gewinnungsmaschinen und macht die Komplexität der Abhängigkeiten deutlich. Eine Maschine kann eine spezifische Kraft bzw. eine spezifische Energie aufbringen, der Erdstoff kann einen spezifischen Widerstand bzw. einen spezifischen Arbeitsaufwand entgegensetzen. Das ökonomische Maß des gesamten Gewinnungsprozesses ist die spezifische Energie.

Für spezifische Kräfte allgemein gilt

$$k_B = \frac{F_i}{B} \tag{2.41}$$

F_i Kraft oder Kraftkomponente
B gewählte Bezugsgröße
k_B spezifische Kraft.

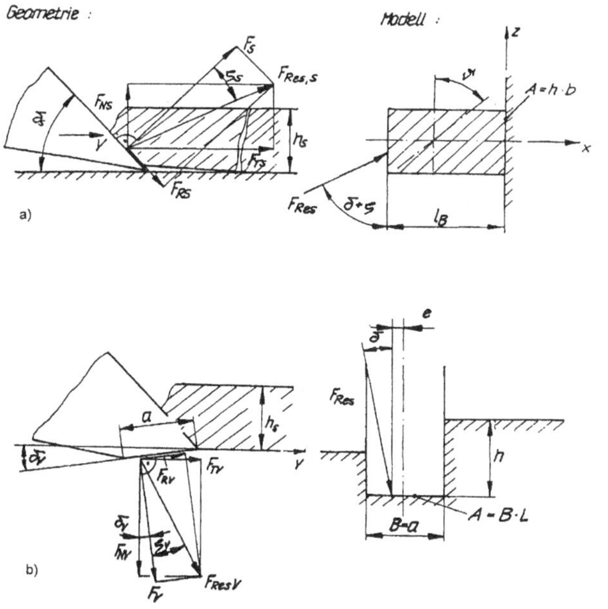

Bild 2-21 Modellierung der Erdstoffbeanspruchung am verschleißbehafteten keilförmigen Werkzeug (Bezeichnungen s. Bild 2-20)

a) Spanbildung
l_B Brockenlänge; A Einspannfläche

b) Verschleißflächenwirkung
e Exzentrizität der Krafteinleitung
L Fundamentlänge (Kontaktlänge)
B Fundamentbreite (Verschleißbreite a)
A Aufstandsfläche (Verschleißfläche)
h Fundamenttiefe (Spanhöhe h_S)
δ Neigungswinkel der Last

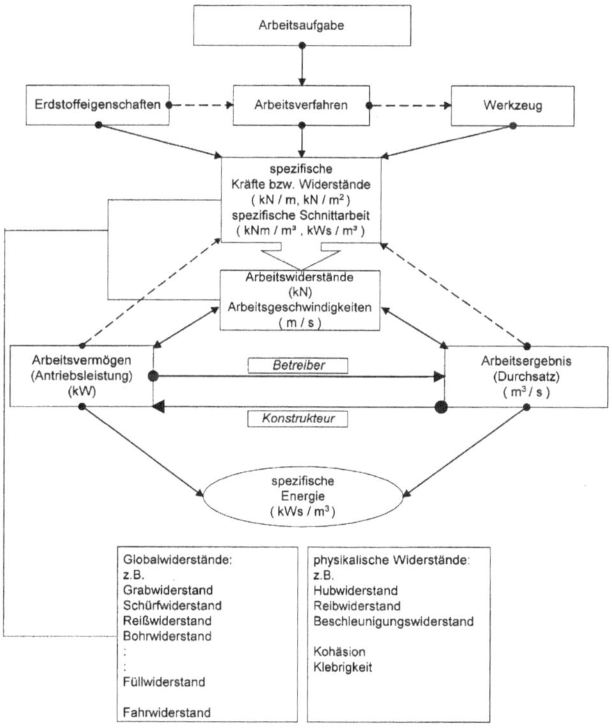

Bild 2-22 Einflüsse auf die spezifischen Kenngrößen bei Bau und Betrieb von Gewinnungsmaschinen

Für spezifische Gewinnungskräfte gilt

$$k_B = \frac{F_T}{B} \tag{2.42a}$$

F_T mögliche Kraftkomponente am Werkzeug in Bewegungsrichtung (Tangentialkomponente)
B gewählte Bezugsgröße (z. B. theor. Spanfläche A_{Sp}, Kontaktlänge L)
k_B spezifische "*Verfahrens*" -kraft.

Für spezifische Widerstände gilt

$$k'_B = \frac{F_A}{B} \tag{2.42b}$$

F_A benötigte Arbeitskraft für einen Erdstoff bei einem Gewinnungsverfahren
B gewählte Bezugsgröße (oben)
k'_B spezifischer Widerstand des Erdstoffes.

Zum Lösen eines Spanes muss $k_B > k'_B$ sein.
Rotierenden Gewinnungswerkzeuge erzeugen instationäre Schnittprozesse, da sich die Spanabmessungen längs des Schnittweges ändern. Die Integration der in Bewegungsrichtung liegenden Kraftkomponente über den Schnittweg führt zur Schnittarbeit.

Für die spezifische Gewinnungsarbeit gilt

$$w = \frac{\int F_T \, ds}{V_{Sp}} \tag{2.43}$$

F_T Kraftkomponente am Werkzeug in Bewegungsrichtung (Tangentialkomponente)
s Schnittweg
V_{Sp} gelöstes theoretisches Spanvolumen
w spezifische "*Verfahrens*" -arbeit.

Für spezifische Energien gilt

$$e_A = \frac{P_A}{Q} \tag{2.44}$$

P_A Antriebsleistung am Werkzeug
Q Durchsatz (auf Zeiteinheit bezogenes Volumen)
e_A spezifische Energie am Antrieb.

Bei der Wahl der Bezugsgrößen für spezifische Kräfte und Widerstände sind die Ausführungen in Abschn. 2.6.2 heranzuziehen. Ist aus der Erfahrung zu erwarten, dass die Spanbildung die größten Kraftanteile liefert, ist der Spanquerschnitt als Bezugsgröße geeignet, sind die Verdrängungsvorgänge unter dem verschlissenen Werkzeug dominierend für die Kraftentstehung, ist die Kontaktlänge des Werkzeuges mit dem Erdstoff sinnvolle Bezugsgröße.
Es ist klar, dass zwischen diesen beiden Grenzzuständen und unter Berücksichtigung eines im Betrieb zunehmenden Verschleißes eine unendliche Menge von Wertigkeitskombinationen der beiden idealisierten Grundprozesse auftreten können, was die Unsicherheit der Anwendung der spezifischen Kenngrößen für die Prognose ausmacht.
Zum Beispiel wurde in [2.21] [2.22] [2.23] für die tangentiale Kraft an keilförmigen Werkzeugen (Bild 2-23) für feste spröde Modellstoffe (Wasser-, Sand- bzw. Kies-Zement-Gemische) eine Proportionalität seiner Druckfestigkeiten zur Spanfläche und zur Werkzeugkontaktlänge gefunden.

Daraus ließ sich die tangentiale Schnittkraft F_T wie folgt definieren

$$F_T = (k_{DL}\, L + k_{DA}\, A)\, \sigma_D \tag{2.45}$$

k_{DL} Proportionalitätsfaktor für die Kontaktlänge L
k_{DA} Proportionalitätsfaktor für die Spanfläche A
σ_D Druckfestigkeit des Erdstoffes.

Mit den im Labor für einen Verschleißzustand (a = konst.) bestimmten Werten k_{DL} = 0,01 m und k_{DA} = 0,24, deren Gültigkeitsbereich noch umfassender untersucht werden muss, sind schon ermutigende Ergebnisse im Vergleich zu Praxismessungen erzielt worden.
Diese und auch die folgenden Darlegungen erklären die vielen in der Literatur zu findenden Schnittkraftgleichungen zur Berechnung der tangentialen Schnittkraftkomponente aus bodenmechanischen Kenngrößen und den geometrischen Schnitt-, Werkzeug- und Maschinenparametern. Eine Zusammenstellung ist z. B. in [2.18] zu finden.
Die Ergebnisse einer großen Menge von speziellen Untersuchungen für eine Vielzahl von Verfahren, Werkzeugen und Erdstoffen zu dieser Problematik ließen sich nur mit sehr unscharfen Grenzen allgemeingültig in Tafeln und Diagrammen zusammenfassen wobei entsprechend Bild 2-22 drei grundsätzliche Zuordnungsziele anzustreben sind:

- der Zusammenhang zwischen dem Erdstoff und seinen Eigenschaften mit dafür definierte Erdstoffklassen und den spezifischen Kräften der Gewinnung
- die typischen Werte der spezifischen Energie für die verschiedensten Gewinnungsverfahren
- der Einfluss der Werkzeuggestaltung auf die spezifischen Kräfte bzw. Energien.

Das führt zu einer verwirrenden Vielfalt von Abhängigkeiten unter speziellen Bedingungen, so dass nur die in Tafel 2-23 zusammengestellte Zuordnung von spezifischer Gewinnungsenergie, Druckfestigkeit, Durchsatz und Elementarwerkzeug eine Grundorientierung ermöglicht. Technische Grenzen werden durch mögliche Antriebsleistung, Abstützkräfte und Verschleiß gesetzt. Bild 2-24 zeigt beispielhaft eine schon historische Aufstellung spezifischer Schneid- bzw. Grabkräfte aus [2.28], wo auch weitere Zusammenstellungen von bodenmechanischen Einflussgrößen auf den Grab- und Fahrvorgang von Erdbaumaschinen zu finden sind.

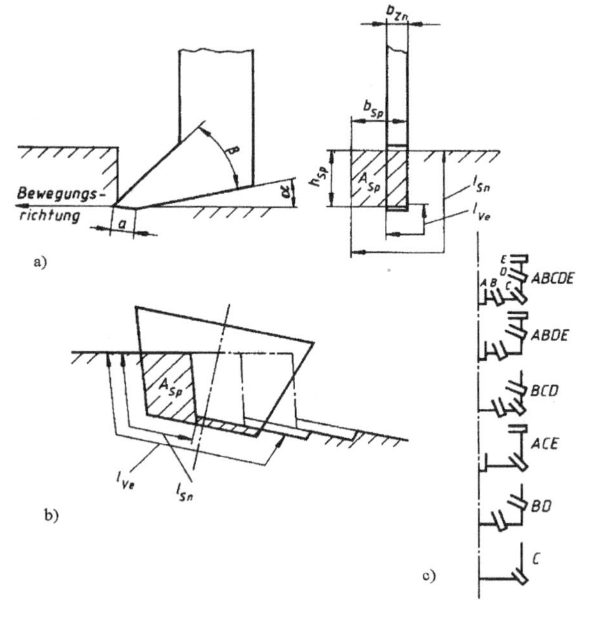

Bild 2-23 Geometrische Größen am Versuchszahn [2.21]

a) Zahn- und Spangeometrie
b) Schaufelgeometrie
c) Zahnanordnungsvarianten

α Freiwinkel
β Keilwinkel
a Verschleißflächenbreite
Spanfläche $A_{Sp} = b_{Sp}\, h_{Sp}$
l_{Ve} Kontaktlänge der Verschleißfläche
l_{Sn} Abtrennlänge der Spanfläche

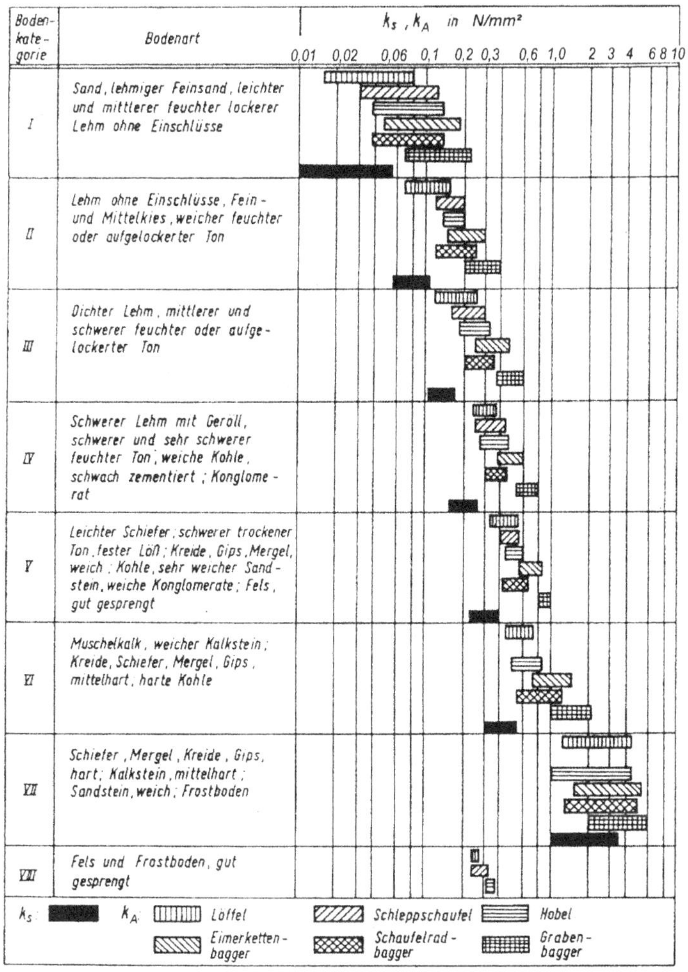

Bild 2-24 Spezifischer Schneidwiderstand k_S, spezifischer Grabwiderstand k_A aus [2.28] für verschiedene Maschinentypen und Erdstoffarten

Tafel 2-23 Durchschnittliche spezifische Energie e für Werkzeugarten und Erdstoffestigkeiten σ_D bei mittleren theoretischen Durchsätzen Q_{theor}

Werkzeugart	e kWh/m³	Q_{theor} m³/h	σ_D MPa
Schneide (Schaufelrad, Planierschild, zahnloser Löffel)	bis 0,1	bis 8000	bis 5
Schneide mit Zähnen (Schaufelrad, Schaufel mit Zähnen)	bis 0,5	bis 5000	5...30
Flachmeißel (Aufreißer, Felsschaufel, Hobel)	0,5...5,0	bis 800	5...50
Rundschaftmeißel (Bild 2-24) (Schräm-, Teilschnittkopf)	1,0...10	bis 200	10...100
Rollenmeißel (Disk, Rollenbohrkopf, Vollschnittkopf)	3...15	bis 80	20...200
Warzenrollenmeißel (Rollenbohrkopf, Vollschnittkopf)	10...60	bis 40	40...300

Die ständige technische Weiterentwicklung der Maschinen, Werkzeuge, Werkstoffe sowie der Verfahren haben immer das grundsätzliche Ziel, die benötigte Gewinnungsenergie pro Volumeneinheit zu senken, so dass die spezifischen Kennwerte einem Veränderungsprozess unterworfen sind.
Da sie sich meist sehr langsam verändern (Bild 4-139), ist die Benutzung solcher Kennwertetabellen grundsätzlich möglich, sollte aber mit der notwendigen Vorsicht und der gründlichen Analyse der konkreten Bedingungen erfolgen. Detailliertere Angaben sind deshalb in den Abschnitten, die die spezielle Maschinenauslegung behandeln, zu finden.

2.6.4 Eigenschaften, Kennwerte und Charakterisierung des Systems Erdstoff-Werkzeug

Bei der Ermittlung der Kräfte zum Herausbrechen eines Erdstoffspans durch Werkzeugeinwirkung aus bodenmechanischen Kenngrößen sind die Wechselwirkungen zwischen Erdstoff und Werkzeug sehr komplex. Die Festigkeit des Erdstoffes und die Reibung zwischen Werkzeug und Erdstoff sind Grundgrößen der Kraftentstehung. Nachfolgend werden die wesentlichen Erkenntnisse neuerer Forschungsarbeiten [2.18] [2.32] zusammengefasst.

2.6.4.1 Beanspruchungsbedingungen

Der Hauptunterschied zur klassischen Bodenmechanik ist die hohe Beanspruchungsgeschwindigkeit zum Zwecke der Zerstörung mittels Werkzeugeinwirkung. Das Untersuchungsziel der Bodenmechanik ist, die Stabilitätsgrenze für eine Erdstoffbelastung zu finden, ohne dass ein Bruch eintritt. Beim Lösen von Erdstoff muss die notwendige Erdstoffbelastung um einen Bruch zu erzielen, gefunden werden. Widerstandsanteile, die in der Bodenmechanik auf der sicheren Seite liegend vernachlässigt werden, müssen beim Schneidvorgang Berücksichtigung finden.

Daraus resultiert:

- Der Abschervorgang des Erdstoffes erfolgt auf alle Fälle undrainiert.
  Bei bodenmechanischen Untersuchungen verlaufen "schnelle" Abschervorgänge im Vergleich zum Schneidvorgang noch quasi statisch (Bild 2-25).

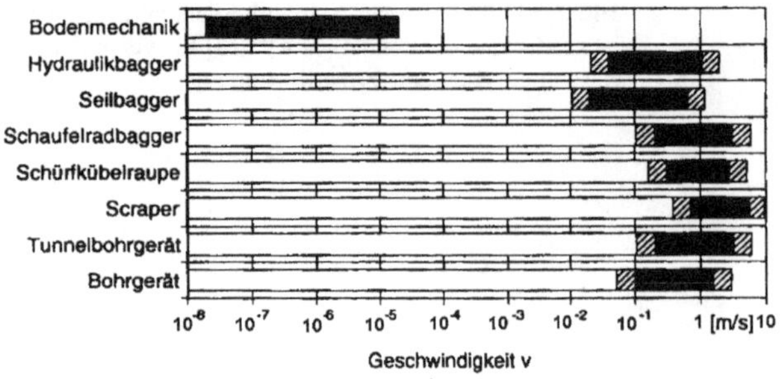

Bild 2-25 Geschwindigkeiten in der Bodenmechanik und bei Schneidvorgängen [2.18]

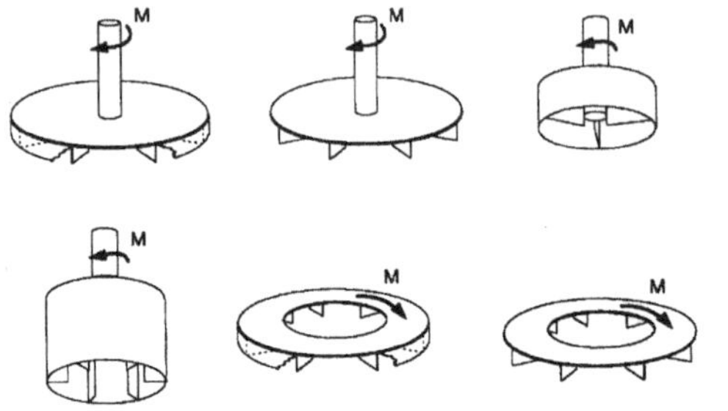

Bild 2-26 Verfahren zur Bestimmung der „dynamischen Scherfestigkeit" aus der Terramechanik

- Die Labortechnik der Bodenmechanik kann die Belastungsgeschwindigkeiten der Gewinnung nicht realisieren.

Im Gegensatz zur Bodenmechanik liegen im Bereich der Terramechanik (Gewinnungstechnik, Landtechnik) wenig standardisierte Verfahren zur Bestimmung einer dynamischen Scherfestigkeit vor. Es kommen meist modifizierte Verfahren der Bodenmechanik zur Anwendung (Bild 2-26). In [2.29] wurde eine spezielle Hochgeschwindigkeits-Schlagprüfmaschine, die Fallenergie nutzt, zur Untersuchung des Zerspanungswiderstandes von Kohle benutzt.

2.6.4.2 Erdstofffestigkeit

Die wesentlichen Einflussgrößen auf den Zerspanungswiderstand auf der Basis der undrainierten Scherfestigkeit bzw. der Druckfestigkeit sind:

- Versuchsverfahren
- Geschwindigkeit
- Kornverteilung/Plastizität
- Wassergehalt
- Dichte.

Die Komplexität der Zusammenhänge lässt keine allgemeingültige Darstellung der Wirkung der Einflussgrößen auf die Zerspanungswiderstände von Erdstoffen zu. Zur Orientierung über Tendenzen und mögliche Größenordnungen des Einflusses der Geschwindigkeit auf die Scher- bzw. Druckfestigkeit seien Bild 2-27 für Lockergesteinbeispiele und Bild 2-28 für Festgesteinbeispiele angegeben.

Bei Werkzeugeinwirkung auf eine Festgestein ist seine Klüftungsstruktur für seine Festigkeit maßgebend. Wesentliche Einflussgrößen sind hier:

- Verhältnis von Spanabmessungen zu Kluftabstand
- Kluftrauigkeit, -bindemittel
- Kluftraumstellung, Beanspruchungsrichtung
- Kluftkörperfestigkeit.

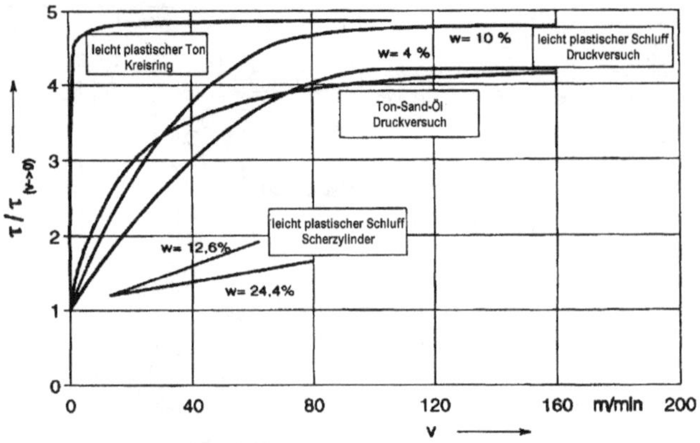

Bild 2-27 Einfluss der Belastungsgeschwindigkeit v auf die Scherfestigkeit τ verschiedener Lockergesteine [2.18]

w Wassergehalt

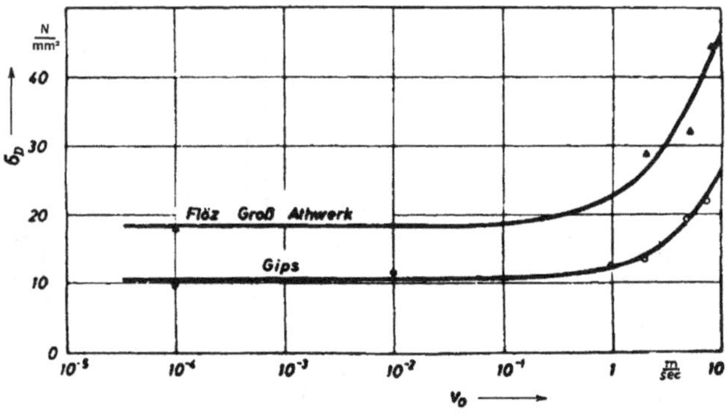

Bild 2-28 Theoretisch und experimentell ermittelter Einfluss der Belastungsgeschwindigkeit v_0 auf die Druckfestigkeit σ_D von Kohle und Gips [2.29]

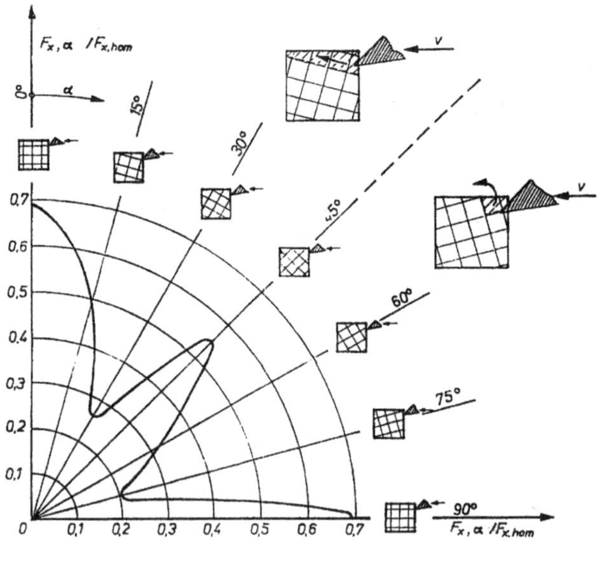

Bild 2-29 Einfluss der Lage α der Klüftungen auf die Schnittkraft am Modellversuch für $h_{Sp}/k = 0{,}38$ [2.27]

$F_{x,hom}$ Schnittkraft für den homogenen Körper
$F_{x,\alpha}$ Schnittkraft bei Kluftrichtung α
h_{Sp} Spanhöhe
k Kluftabstand

Eine zusammenfassende Analyse der Einflüsse bei Gewinnungsmaschinen für Festgestein ist in [2.32] zu finden. Beispielhaft zeigt Bild 2-29 die in [2.27] am Modell experimentell gewonnene Verhältnisse von tangentialer Schnittkraft verschiedener Kluftstellungen zur Schnittkraft für den homogenen Kluftkörper.

2.6.4.3 Reibung Erdstoff-Stahl

Es gilt das Coulomb'sche Reibungsgesetz, wenn wie in der Scherfestigkeitsbestimmung von Erdstoffen eine von der Normalkraft unabhängige Haftkraftkomponente, der Adhäsionsanteil, berücksichtigt wird.
Auch in der Reibung unterscheiden sich die Untersuchungsziele der Bodenmechanik von denen der Terramechanik. Der Beginn einer Bewegung eines stählernen Stützpfahles ist von der Haftreibung abhängig, die Bewegung eines Werkzeuges wird durch die Gleitreibung gebremst.
Die Besonderheit der Reibpaarung Erdstoff-Stahl liegt in der Veränderlichkeit des 3-Phasensystems des Erdstoffes während des Reibprozesses.
Die verschiedenen Versuchsverfahren zur Bestimmung der Reibung sind meist modifizierte Verfahren zur Bestimmung der Scherfestigkeit von Erdstoffen, um die vorhandenen Apparaturen nutzen zu können. Eine Reibseite wird durch einen Stahlkörper ersetzt (Bild 2-30).
Neben der Stahloberfläche sind die in Abschnitt 2.5.2 genannten Einflussgrößen für die Größe der Reibung verantwortlich.
Eine bedeutende Rolle hat der Wassergehalt, da er die Adhäsion und die Dichte beeinflusst, die zu einer geschwindigkeitsabhängigen Reibungserhöhung führen, aber auch bei genügender Größe zur Schmierfilmbildung beitragen und damit die Reibung senken (Bild 2-31).
Mit steigendem Wassergehalt sind vier Phasen typisch:

- *Phase I* – Trockenreibung, kein Einfluss des niedrigen Wassergehaltes
- *Phase II* – Adhäsionswirkung, geschwindigkeitsabhängige Reibungserhöhung
- *Phase III* – Adhäsionswirkung "Anhaften", geschwindigkeits- und dichteabhängige Reibungserhöhung
- *Phase IV* – Schmierwirkung, degressiver Reibungsabfall bis zum "Schmierreibungsbeiwert".

Bild 2-32 zeigt am Beispiel bindiger Lockergesteine den Einfluss des Wassergehaltes auf den Reibungsbeiwert.

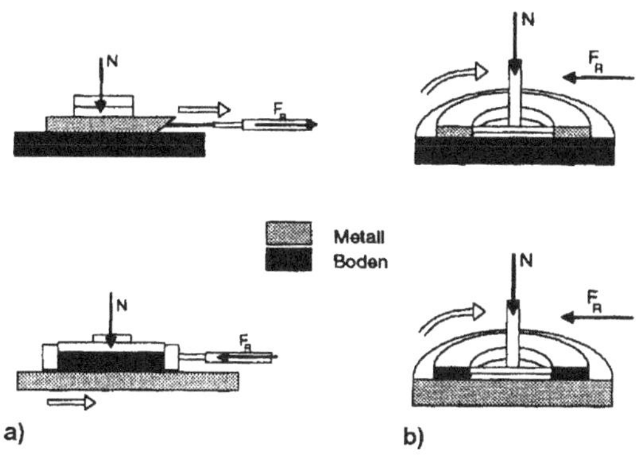

Bild 2-30 Verfahren zur Bestimmung der Reibungsparameter zwischen Erdstoff und Stahl

a) translatorische Relativbewegung
b) rotatorische Relativbewegung

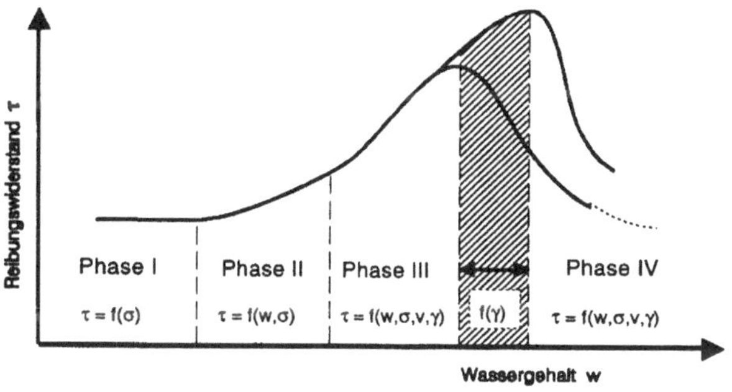

Bild 2-31 Einfluss des Wassergehaltes auf den Reibungswiderstand [2.18]

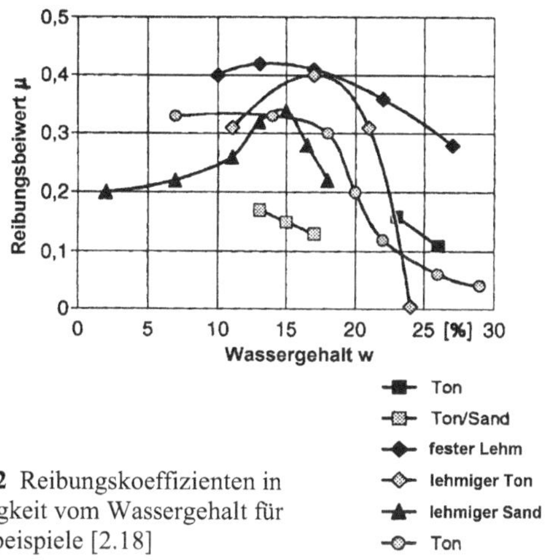

Bild 2-32 Reibungskoeffizienten in Abhängigkeit vom Wassergehalt für Erdstoffbeispiele [2.18]

2.6.5 Zeitverhalten der Belastung

Aus den Bildern 2.18 und 2.19 wird deutlich, dass die an einem Werkzeug wirkende Belastung aus dem Arbeitsprozess eine zeitlich veränderliche Größe ist, die in den Antrieben und Bauteilen eine zeitlich veränderliche Beanspruchung hervorruft. Mit Kenntnis dieser Beanspruchung kann diese mittels Betriebsfestigkeitsberechnungen in der Dimensionierung berücksichtigt werden.
Maschinen und ihre Baugruppen sind immer schwingungsfähige Systeme, die durch diese Belastungsschwankungen zu Schwingungen angeregt werden können, welche im Resonanzbereich zu störenden Erscheinungen führen. Entsprechend den Darlegungen in Abschnitt 2.6.2 und in [2.24] [2.25] sind experimentelle Untersuchungen und theoretische Berechnung hierzu aufwendig und nur im Bedarfsfall unter Nutzung der Regeln der Maschinendynamik sinnvoll. Die Kenntnis der Erregung mit ihrer Größe und ihren Frequenzen durch den Arbeitsprozess ist dabei eine Voraussetzung.
Die Erregungen in einem sehr breiten Frequenzbereich aus dem Zufallsprozess *Spanbrockenbildung* durch zufallsverteilte Erdstoffeigenschaften hat meist eine geringe Intensität und nur in speziellen Anwendungsfällen Bedeutung.
Eine intensive Erregung entsteht dagegen bei rotierenden Werkzeugen aus der gesetzmäßigen *Änderung der Schnittparameter* pro Werkzeugumdrehung und der daraus resultierenden Kraftschwankung. Sie ist deshalb konstruktiv und technologisch zu beeinflussen. Nachfolgend soll am Beispiel des idealisierten Schnittprozesses eines Schaufelrades (starre Maschine, ideal runder Schneidkreis, an jedem Werkzeug entsteht die gleiche Kraftfunktion $F_T(\varphi)$ die Vorgehensweise zur Abschätzung der Erregung dargelegt werden. Sie ist bei analogen Bedingungen auch auf andere Maschinen, z. B. Grabenfräsen, Schlitzfräse u. ä., anwendbar.

Die Spantiefe $t(\varphi)$ bei dieser Art rotatorischen Schnittes ändert sich näherungsweise nach der Funktion

$$t(\varphi) = t_0 \sin\varphi \tag{2.46}$$

t_0 Zustellung, Vorschubtiefe (bei $\varphi = 90$ °)
φ Drehwinkelstellung des Werkzeuges.

Am Ende des Schnittes sinkt die Schnittkraft ab einem Drehwinkel φ_{Ab}, wegen der abnehmenden Erdstoffspannungen zur freien Oberfläche hin, auf den Wert Null ab.
Da je nach Einsatzbedingungen verschiedene Abbauhöhen auftreten können, ist beim Schnitt auch der überstrichene Drehwinkelbereich φ_{Sch} verschieden, so dass sich die auf Bild 2-33 rechts beispielhaft dargestellten tangentialen Schnittkraftverläufe F_T ergeben.
Zur Darstellung der Erregung wird die Zeitfunktion in den Frequenzbereich transformiert, wofür die nach *Fourier* benannte Reihenentwicklung mit Sinus- und Kosinusfunktionen benutzt wird und es programmierte, effektive Rechenalgorithmen gibt. Durch geeignete Wahl der Transformationsparameter entspricht die Ordnung der Fourierkoeffizienten der Schaufelanzahl

$$C_k(i) = C_k(i\, z_{Sch}). \tag{2.47}$$

Der Fourierkoeffizient 1. Ordnung für ein Schaufelrad mit beispielsweise 12 Schaufeln wird an der 12. Stelle des Spektrums, der Koeffizient 2. Ordnung an der 24. Stelle (2 mal 12) gefunden.
Die resultierende zeitliche Belastung am Schaufelrad ergibt sich aus der Summe der Einzelkräfte am Werkzeug (Bild 2-19). Ebenso ergibt sich die resultierende Erregung aus den Fourierkoeffizienten einer Einzelerregung durch Summation über die Schaufelanzahl nach folgender Beziehung

$$C_k(i) = 2\, z_{Sch}\, C_k(i\, z_{Sch}). \tag{2.48}$$

Der Faktor 2 resultiert aus der üblichen nur halbseitigen Berechnung und Darstellung des Spektrums.
Die zugehörigen Frequenzen ergeben sich zu

$$f(i) = i\, \frac{v_S\, z_{Sch}}{\pi\, d_S} \tag{2.49}$$

$C_k(i)$ Fourierkoeffizient i-ter Ordnung
k Kraft- bzw. Momentenkomponente
i Ordnungszahl $i = 1...n$
z_{Sch} Schaufelanzahl
v_S Schnittgeschwindigkeit
d_S Schnittkreisdurchmesser.

Für eine dimensionslose Darstellung der Fourierkoeffizienten sind diese zu normieren

$$C_k^*(i) = \frac{C_k(i)}{F_{Um}} \quad \text{für} \quad k = F_x, F_y, F_z;$$
$$C_k^*(i) = \frac{C_k(i)}{M_{An}} \quad \text{für} \quad k = M_x, M_y, M_z. \tag{2.50}$$

Als Normierungsgrößen wurden für die Kraftkomponenten F_x, F_y, F_z, die Umfangskraft F_{Um} und für die Momentenkomponenten M_x, M_y, M_z, das Antriebsmoment $M_{An} = M_y$ gewählt (Gl. 2.50), da diese Größen sich bei bekanntem Schnittkreisdurchmesser d_S, bekannter Schnittgeschwindigkeit v_S und bekannter spezifischer Energie e_A (Gl. (2.45)) für den gewählten Durchsatz Q berechnen lassen

$$M_{An} = F_{Um}\, \frac{d_S}{2} = \frac{e_A\, Q\, d_S}{2\, v_S}. \tag{2.51}$$

Um zu allgemeingültigeren Aussagen zur Größe der Fourierkoeffizienten der einzelnen Kraft- bzw. Momentenkomponenten zu gelangen, wurden verschiedene mittlere tangentiale Schnittkraftverläufe untersucht. Der typische Verlauf der Schnittkraft ändert sich hauptsächlich durch folgende Schnittbedingungen:

- Abbauhöhe
- Durchschneiden harter Schichten – Festigkeitssprung
- Lage dieser harten Schicht in der Abbauhöhe
- Werkzeuggeometrie und Verschleißzustand.

Über die errechneten und überlagerten Spektren der Fourierkoeffizienten wurde eine Hüllkurve gelegt und deren Verlauf mit der Funktion

$$C_k^*(i) = a\,(i\, z_{Sch})^b \quad \text{mit} \quad z_{sch} > 4 \tag{2.52}$$

approximiert. Die Koeffizienten a und b in Tafel 2-24 resultieren aus der Auswahl der jeweils ungünstigsten Funktion, so dass der damit errechnete Fourierkoeffizient die größte Erregung repräsentiert.

Tafel 2-24 Koeffizienten a und b zur näherungsweisen Berechnung von Fourierkoeffizienten nach Gl.(2.52)

	F_x	F_y	F_z	M_x	M_y	M_z
a	3,96	0,94	1,85	1,1	2,04	1,02
b	-0,98	-1,01	-1,13	-1,31	-0,98	-1,02

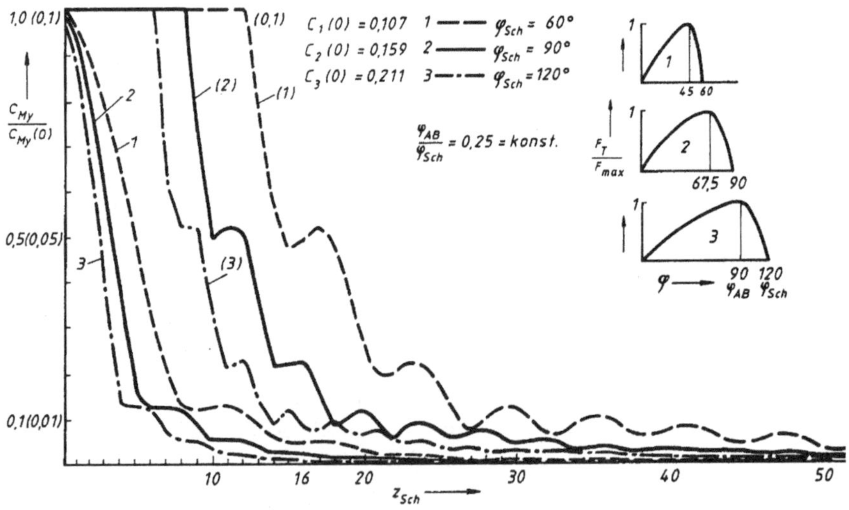

Bild 2-33 Fourierkoeffizienten C für M_y infolge eines Einzelschaufelkraft F_T für verschieden Schnitthöhen [2.25]

M_y Schaufelraddrehmoment
F_T tangentiale Schnittkraft
φ_{AB} Drehwinkel, Beginn der Schnittkraftabsenkung
φ_{Sch} Drehwinkel, Schnittbereich
$C(0)$ Mittelwert, Fourierkoeffizient 0-ter Ordnung
(1),(2),(3) 10-fach größerer Ordinatenmaßstab

2.6.6 Gewinnungsfestigkeit von Erdstoffen im Vorschriftenwerk

Aus dem Bereich des Baumaschinenwesens und des Baubetriebes wird mit Recht vorgetragen, z. B. [2.34], dass die rein bodenphysikalische oder bodenmechanische Kennzeichnung nicht direkt oder wenig geeignet ist, die Gewinnungsfestigkeit von Erdstoffen bzw. den Widerstand beim Lösen zuverlässig einzuschätzen und leistungsbezogene Kalkulationen für Erd- und Felsarbeiten vorzunehmen.
Ausgehend von den grundlegenden bodenmechanischen Normen für die Erkundung, Untersuchung, Benennung und Beschreibung von Erdstoffen wird deutlich, dass neben der bodenmechanischen Beschreibung und Einstufung von Erdstoffen als Baugrund die Beschreibung und Einstufung von Bearbeitungsvorgängen mit Erdstoffen (Lösen, Laden, Fördern, Einbauen, Verdichten, Erdbohren, Vortrieb, usw.) nach wie vor mit Unsicherheiten und Unwägbarkeiten behaftet und einer geschlossenen wissenschaftliche Behandlung nicht zugänglich sind.
Der Grund ist in der großen Anzahl der Einflussgrößen und der in den vorangegangenen Abschnitten dargelegten komplexen gegenseitigen Abhängigkeiten zu sehen.
Lösungsansätze einer leistungsbezogenen Beschreibung und Einstufung von Boden und Fels suchen nach einer Korrelation zwischen bodenphysikalischen Kennzahlen und Leistungsgrößen bzw. nach einer Klassifikation von bodenphysikalischen Ersatzkennzahlen, z. B. Schlagzahlen aus Rammsondierungen.
Die einfachste und älteste Korrelation für Gewinnungsklassen stammt von *Kögler-Scheidig* [2.35]. Dabei wird das geeignete Lösewerkzeug dem Erdstoff zugeordnet (Tafel 2-25).

Tafel 2-25 Zuordnung von Erdstoffen und Lösewerkzeugen in Gewinnungsklassen nach *Kögler-Scheidig* [2.35]

Gewinnungsklasse	Erdstoffbezeichnung	Lösewerkzeuge
1	loser Boden	Schaufel
2	Stichboden normal	Schaufel/Spaten
3	Stichboden schwer	Spaten
4	Hackboden normal	Breithacke, Spitzhacke
5	Hackboden schwer	Spitzhacke, Kreuzhacke, Keile
6	Hackfels	Spitzhacke, Brechstange, Keile, Pressluftmeißel
7	Sprengfels normal	Brechstange, Bohren und Schiessen
8	Sprengfels schwer	Bohren und Sprengen

Die Gewinnungsklassen dürfen nicht mit den Boden- und Felsklassen der DIN 18 300 verwechselt werden. Die Aufwendungen für das Lösen nach Zeit zwischen der niedrigsten (Boden) und höchsten (Fels) Gewinnungsklasse unterscheiden sich um einen Faktor größer als 10. Dies verdeutlicht den großen Einfluss auf die Leistungsansätze.
Diese Bodeneinteilung findet heute in den Normen keine Berücksichtigung mehr, da für den modernen Erdbau die Korrelation zwischen vorwiegend händischen Lösewerkzeugen und den heute gebräuchlichen modernen Erdbaumaschinen nicht signifikant erscheint.
In dem nachfolgend beschriebenen Regelwerk wird eine gewerkebezogene Erdstoffklassifizierung benutzt. In Tafel 2-26 und 2-27 sind beispielhaft Klasseneinteilungen für den Zustand des Lösens und für Nassbaggerarbeiten dargestellt.

Tafel 2-26 Boden- und Felsklassen für den Zustand des Lösens (DIN 18 300)

Klasse	Beschreibung
1	Oberboden
2	fließende Bodenarten
3	leicht lösbare Bodenarten
4	mittelschwer lösbare Bodenarten
5	schwer lösbare Bodenarten
6	leicht lösbarer Fels, vergleichbare Bodenarten
7	schwer lösbarer Fels

Tafel 2-27 Boden- und Felsklassen für Nassbaggerarbeiten (DIN 18 311)

Klasse	Bezeichnung
A	fließende Bodenarten
B	weiche bis steife bindige Bodenarten
C	steife bis feste bindige Bodenarten
D	rollig-bindige Bodenarten
E	gleichförmige, feinkörnige, rollige Bodenarten
F	feinkörnige rollige Bodenarten
G	mittelkörnige rollige Bodenarten
H	gemischtkörnige rollige Bodenarten
I	grob- und gemischtkörnige rollige Bodenarten
K	grobkörnige rollige Bodenarten
L	lockerer Fels und vergleichbare Bodenarten
M	fester Fels und vergleichbare Bodenarten

Bereits im Jahre 1926 wurden die Technischen Vorschriften für Bauleistungen herausgegeben und stellten die Erstausgabe des heute gültigen Regelwerkes, die Verdingungsordnung für Bauleistungen (VOB) dar. Bereits die Erstausgabe enthält einen Abschnitt I Erdarbeiten.
Heute gliedert sich die VOB in drei Teile A,B,C. Der Teil C besteht aktuell aus 57 Allgemeinen Technischen Vertragsbedingungen (ATV), die zur Norm (DIN) erhoben wurden, DIN 18 299 ff. Außerdem wurden noch "Zusätzliche Technische Vertragsbedingungen (ZTVE) eingeführt. Die Zusätzlichen Technischen Vertragsbedingungen und Richtlinien für Erdarbeiten im Straßenbau (ZTVE-StB 94) sind für den Bereich des Bundesverkehrsministers und der Straßenbaubehörden der Länder eingeführt. Sie nehmen Bezug auf die technischen Normen und die VOB.
Mit der Überarbeitung vieler ATV für den Ergänzungsband 1996 zur VOB (1992) wurde auch ein Beitrag zur Harmonisierung der Beschreibung und Einstufung von Boden und Fels innerhalb der VOB geleistet. Aufbauend auf den bodenphysikalischen und bodenmechanischen Grundlagen bleibt eine nach Gewerken differenzierte Einstufung von Boden und Fels weiter erhalten. Sie muss erhalten bleiben, da selbst bei identischen bodenphysikalischen Kennwerten die Einflüsse auf die Bearbeitung von Boden und Fels je nach Gewerke vielfach unterschiedlich sind (z. B. Erdarbeiten händisch oder mit Baugeräten, Nassbaggerung, Rohrvortrieb usw.). Bei der aktuellen Diskussion um den Fortbestand der VOB (Europäisches Vergaberecht, neue Vergabeformen, neue Normen im Bereich der Bestimmung und Klassifizierung von Böden, z. B. Entwurf DIN ISO 14 688) bleibt zu hoffen, dass diese in der Praxis bewährten Ansätze erhalten bleiben und künftig fortgeschrieben werden. Eine Auswahl der einschlägigen gültigen Normen zu diesem Kapitel 2 sind im Anhang zusammengestellt.

3 Technische Grundlagen

3.1 Antriebe

3.1.1 Antriebskonzepte

Die Erd- und Tagebaumaschinen (Baumaschinen) bestehen grundsätzlich aus Triebwerken (Antriebe), Tragwerken (Rahmenkonstruktionen) und Arbeitsausrüstungen (Werkzeuge). Besonders die Antriebe haben eine wechselvolle Geschichte. Mit der Erzeugung erforderlicher Kräfte und Drehmomente mittels Dampfmaschinen hat ihr industrielles Zeitalter begonnen [3.1]. Heute beschäftigt man sich vorrangig mit Lösungen zur Verbesserung der Wirtschaftlichkeit und Umweltverträglichkeit.

Dem Antrieb, vor allem aber der Antriebsquelle, kommt eine besondere Bedeutung zu. Bei eher stationären und semimobilen Maschinen (Tagebaumaschinen) werden elektrische Antriebe bevorzugt. Der Aufwand für die Zuführung von Elektroenergie mittels Kabeltrommeln ist hier gerechtfertigt. Die Arbeitsorgane dieser Maschinen (z. B. Schaufelrad) arbeiten mit konstanten Drehzahlen. Veränderte Leistungen folgen aus den abgeforderten, unterschiedlich hohen Drehmomenten oder Kräften. Ihre Betriebsart entspricht dem Dauerbetrieb, siehe [0.1].

Im Gegensatz zu den Tagebaumaschinen müssen Erdbaumaschinen über eine erhebliche Mobilität verfügen. Deshalb dominiert bei ihnen als Antriebsquelle die Verbrennungskraftmaschine (Dieselmotor). Im Vordergrund steht die Betriebsart Aussetzbetrieb (z. B. Drehwerk). Hier verlangt der Antrieb ein hohes Maß an Drehzahl- und Drehmomentenanpassung. Oft wird der gleichzeitige Betrieb (Gleichzeitigkeitsgrad) mehrerer Arbeitsorgane aus einer Antriebsquelle nicht berücksichtigt, so dass mangelnde Leistungsfähigkeit und ungünstiger Teilleistungsbetrieb (Verlust) entstehen.

Maschinen mit mehreren Arbeitsfunktionen (Fahren, Drehen, Heben, Reißen) wurden früher von einem Dieselmotor mittels direkter mechanischer Kopplungen (Wellen, Kupplungen, Bremsen, Getriebe) betrieben, siehe Bild 3-1.

Der Aussetzbetrieb musste durch Reibungskupplungen und -bremsen gewährleistet werden. Diese technischen Lösungen für Antriebsverzweigungen sind mit der Einführung der Hydrostatik seit Jahren überholt. Geblieben sind der Dieselmotor als Antriebsquelle und die Notwendigkeit der mehrfachen Energieumsetzung bzw. Leistungsanpassung, verbunden mit Verlusten.

Selten wird bei der Antriebsverzweigung die dieselelektrische Energieumwandlung benutzt [3.2]. Bei den früher verwendeten Lösungen wird vom Dieselmotor ein Gleichstromgenerator mit nahezu konstanter Drehzahl angetrieben, siehe Bild 3-2. Die elektrischen Motoren der Verbraucher sind dabei dem Anker des Generators parallel geschaltet (Leonard-Schaltung). Mit der Erregung wird die Spannung im Ankerkreis gesteuert, so dass der Strom für das notwendige Drehmoment eingestellt werden kann.

Heute arbeiten dieselelektrische Antriebe mit Drehstromgeneratoren, Halbleitergleichrichtern und Drehstromrichtern. Ein interessantes Beispiel für die Kombination von dieselelektrischer und hydrostatischer Antriebsverzweigung stellt der Straßendeckenfertiger vom Typ Super 1800 DE der Firma Vögele GmbH dar.

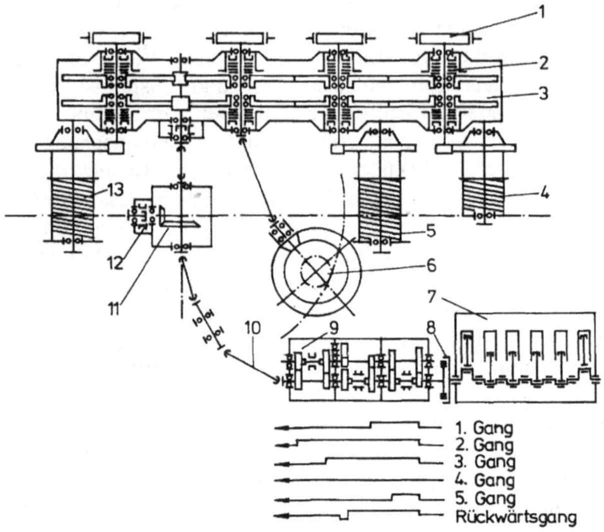

Bild 3-1 Antriebsschema eines Eingefäßbaggers mit mechanischer Verzweigung um 1950

1 Bremse	8 Kupplung
2 Kupplung	9 Schaltgetriebe
3 Zahnrad (Getriebestufe	10 Kardanwelle
4 Klappenseilwinde	11 Kegelradgetriebe
5 Hubseilwinde	12 Schaltkupplung zum Fahrantrieb
6 Drehwerk	13 Vorstoßseilwinde
7 Dieselmotor	

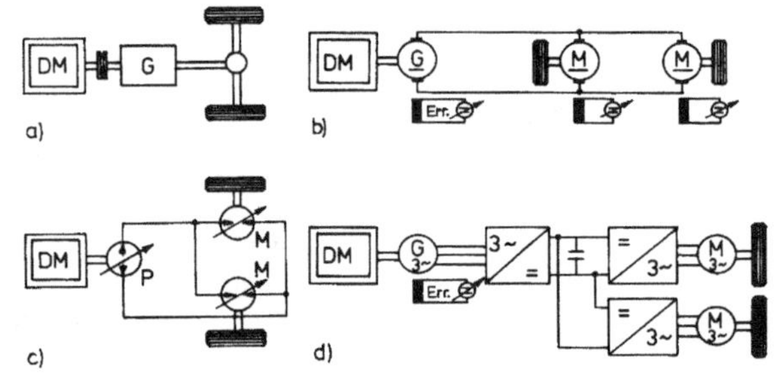

Bild 3-2 Energieumsetzung und Leistungswandlung in Fahrantrieben

a) mechanisch	c) hydrostatisch
b) elektrisch (Gleichstrom ⎯)	d) elektrisch (Wechselstrom ~)
DM Dieselmotor	M⎯ bzw. M~ Elektromotor
G Getriebe	P Hydraulikpumpe
G⎯ bzw. G~ Generator	M Hydraulikmotor

Bei diesem Antriebskonzept (Bild 3-3) erzeugt der Dieselmotor mit konstanter Drehzahl über einen Drehstromgenerator das elektrische Netz für alle Verbraucher. Besonders erwähnenswert ist die Lösung für drehzahlvariable Antriebe mit Drehrichtungsumkehr. Mehrere Antriebe können von einem Umrichter gespeist werden. Umrichter sind Stellglieder der Leistungselektronik, die aus der Spannung des Drehstromgenerators über einen Gleichspannungszwischenkreis ein neues Drehstromfeld mit einstellbarer Spannung und Frequenz (Frequenzumrichter) erzeugen. Auf diese Weise ist jeder Einzelantrieb (Drehstromkäfigläufer) immer im gewünschten Arbeitsbereich betreibbar.

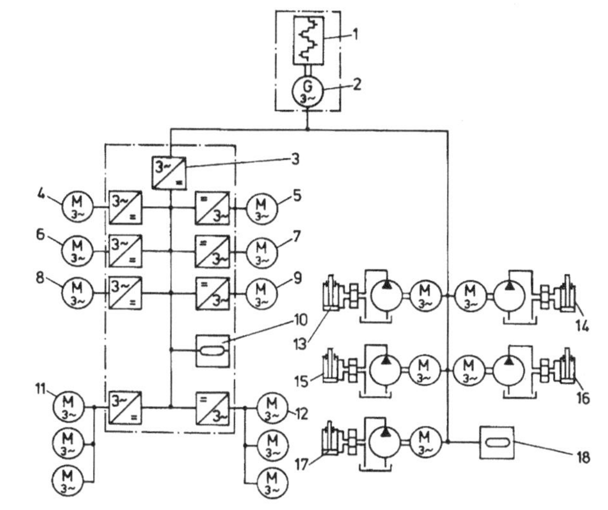

Bild 3-3 Dieselelektrisches Antriebsschema für Straßendeckenfertiger (Vögele GmbH, Mannheim) [3.3]

1 Dieselmotor
2 Drehstromsynchrongenerator
3 Einspeiseeinheit
4/5 linker/rechter Fahrantrieb
6/7 linkes/rechtes Förderband
8/9 linke/rechte Verteilerschnecke
10 Bremswiderstand
11 Vibrator
12 Tamper
13/14 linke/rechte Behälterwand kippen
15 Nivellierholme
16 Einbaubohle heben/senken
17 Breitenverstellung der Einbaubohle
18 Heizung der Einbaubohle

Der Gleichspannungszwischenkreis enthält Kondensatoren zur Energiespeicherung. Sie werden bei diesem Antriebsbeispiel zur elektrischen Beheizung der Einbaubohle eingesetzt. Unter Beachtung der realen Lastgleichzeitigkeit aller Einzelantriebe konnte die installierte Nennleistung der Antriebsquelle (Dieselmotor) von 121 kW auf 61 kW gesenkt werden. Eine Kraftstoffeinsparung um 50 % und die daraus ableitbare Emissionssenkung wurden nachgewiesen [3.3]. Unter Beachtung der aktuellen Entwicklungen auf dem Gebiet der Brennstoffzelle werden Elektroantriebe zukünftig auch eine Bedeutung für Erdbaumaschinen erlangen.

Dieselelektrische Fahrantriebe werden gegenwärtig auch für Omnibusse und Traktoren entwickelt [3.4]. Dabei wird auf permanentmagnetische Synchronmotoren in Außenläuferbauweise mit Flüssigkeitskühlung orientiert. Es stehen erste elektrische Radmotoren (80 kW bei 4300 min^{-1}) zur Verfügung.

Während mit dieser Lösung rotatorische Bewegungen durch Elektromotoren erzeugt werden, sind für die translatorischen Bewegungen elektrohydraulische Achsen notwendig [3.5]. Ein drehzahlgeregelter Elektromotor treibt die Hydraulikpumpe an, die ihrerseits den Volumenstrom für Hydraulikzylinder erzeugt. Dabei wird die Volumenstromkopplung über die stufenlos verstellbare Antriebsdrehzahl erzeugt. Der bessere Wirkungsgrad, die besonderen Überlastungseigenschaften der Drehstromsynchronmotoren sowie die niedrigere Geräuschemission (bis 7 dB) stehen im Mittelpunkt solcher Konzepte. Es ist zu vermuten, dass in naher Zukunft neue Antriebslösungen Serienreife erlangen, die bisher noch von einer eher klassischen Mobilhydraulik bedient werden.

Das hydrostatische Konzept der Leistungsverzweigung und -wandlung nach Bild 3-2c steht im Mittelpunkt heutiger Lösungen. Die Ölhydraulik hat um 1950 eine antriebstechnische Revolution hervorgebracht und dominiert bei den Erdbaumaschinen. Ihr hauptsächlicher Vorzug liegt in dem unübertroffenen Masse-Leistungsverhältnis von rd. 0,2 kg/kW und in der Weiterleitung von Verlustenergie (Wärme) durch das Druckmedium (Hydrauliköl) begründet. Sie muss den technisch-wirtschaftlichen Wettbewerb mit mechanischen oder elektrischen Konzepten nicht fürchten. Dem hydrostatischen System werden Vor- und Nachteile zugeordnet.

Vorteile:
- große Kräfte auf kleinem Bauraum
- Energiespeicherung
- stufenlose Bewegung
- einfache Überwachung
- Reversierbetrieb mit kleinen Massen
- große Übersetzung
- räumliche Trennung von An- und Abtrieb
- Baukastenlösungen
- hohe Lebensdauer.

Nachteile:
- geringer Wirkungsgrad
- Einfluss der Ölviskosität
- Leckverluste (Umwelt)
- Kompressibilität des Hydrauliköls.

Den Begriff Mobilhydraulik findet man in Verbindung mit Maschinen, die über eine hohe Mobilität und stark verzweigte Antriebe mit Steuer- sowie Regelbedarf verfügen. Von den Hydraulikherstellern werden etwa 45 % ihrer Produkte an eine Maschinenbranche geliefert, zu der neben Erdbaumaschinen auch Förder-, Land-, Forst- und Kommunalmaschinen gehören [3.6]. Hydrostatische Antriebe werden beispielsweise in Westeuropa jährlich für rd. 35000 Bagger und fast ebenso viele Radlader benötigt. Die hydraulische Antriebstechnik wird im Zuge ihrer Weiterentwicklung intelligenter (Elektrohydraulik), erschließt sich neue Anwendungsfelder, leidet aber bisher berechtigterweise unter dem schlechten Ruf, hohe Verluste hervorzubringen, siehe Tafel 3-1. Im Wettbewerb mit der elektromechanischen Antriebstechnik hat sie gute Aussichten, wenn die Entwicklungen von Freikolbenmotor [3.7] und Hydrotransformator [3.8] zum Erfolg führen.

Tafel 3-1 Leistungs- und Verlustanteile mobiler Arbeitsmaschinen [3.9]

(Angaben zur Verlustleistung gelten unter Vollast)

Arbeitsmaschinen	Bagger	Landmaschine		Traktor	
Antriebsart	hydrostatisch	mechanisch (Getriebe)	hydrostatisch	mechanisch (Getriebe)	hydrostatisch
Leistungsanteil Fahrantrieb	≤ 100%	rd. 30%	rd. 30%	≤ 100%	≤ 100%
Leistungsanteil Arbeitshydraulik	≤ 100%	rd. 10%	rd. 10%	rd. 30%	rd. 30%
Anteil Verlustleistung	rd. 35%	rd. 10%	rd. 10%	rd. 20%	rd. 35%

3.1.2 Antriebsquelle Dieselmotor

Der Verbrennungsmotor ist die wichtigste Antriebsquelle von Baumaschinen. Er erzeugt im Carnotprozess die mechanische Energie durch Verbrennung eines Rohölprodukts. Das geschieht bei Wirkungsgraden um 40 %, in Teillastbereichen bei nur 10 %. Ohne Zweifel ist die bereits erwähnte Mobilität einer mit Kraftstoff betriebenen Baumaschine ein unverzichtbarer Vorzug für diese Form der Antriebsquelle. Der Ottomotor ist für die Verwendung in Baumaschinen nicht robust genug, so dass man heute fast ausschließlich *Dieselmotoren* vorfindet. Anhand der nachfolgenden Kennwerte (Richtwerte) lassen sich weitere Gründe für die Bedeutung des Dieselmotors erkennen:

Energiedichte	Batterie Verbrennungsmotor Schwungrad	0,025 kWh/kg 10,0 kWh/kg 0,1 kWh/kg
Masse-Leistungsverhältnis	Benzinmotor Dieselmotor E_Motor langsam E_Motor schnell E_Motor langsam E_Motor schnell	1,3...6 kg/kW 3,5...11 kg/kW 20 ...40 kg/kW 3...15 kg/kW 10...30 kg/kW 2...8 kg/kW
Kraftstoffverbrauch	Benzinmotor Dieselmotor	300...500 g/kWh 175...280 g/kWh
Schmierölverbrauch	Benzinmotor Dieselmotor	1,5...6 g/kWh 0,7 ... 3 g/kWh
Lebensdauer	Benzinmotor Dieselmotor	200...5000h 3000...20000 h

Die elementaren Kenntnisse über Aufbau und Funktion eines Verbrennungsmotors werden vorausgesetzt. In [0.1] findet man Grundlagen und Hinweise zu ergänzender Fachliteratur.
Den Dieselmotor bezeichnet man vielfach als *Einbaumotor*, weil er von den Baumaschinenherstellern zugekauft wird. Er ist unter Systemgesichtspunkten auszuwählen und zu bemessen. Baumaschinen stellen höchste Anforderungen an Einbaumotoren. Das Selbstzünderprinzip ist auch auf kleine Leistungsbereiche übertragen worden, die bisher dem Benzinmotor vorbehalten waren. Die größten Motorstückzahlen werden für Nutzleistungen zwischen 35 und 250 kW gebaut [3.10]. In Serie gefertigte Motoren für Baumaschinen reichen aber auch bis 1500 kW mit 50 Liter Hubraum. Aktuelle Marktanforderungen an Einbaumotoren sind:

- hohe Leistungsdichte und Lebensdauer
- niedrige Kosten, Schadstoff- und Geräuschemission
- geringer Wartungsbedarf und Kraftstoffverbrauch
- kompakte Bauweise.

Auswahl und Bemessung eines Einbaumotors erfolgen nach verschiedenen Gesichtspunkten. Es stehen Motoren mit sehr unterschiedlichem Betriebsverhalten und verschiedenen Bauformen zur Verfügung. Darunter versteht man Betriebsgrenzen, Stellmöglichkeiten, Umwelt- und Umfeldverhalten, Lebensdauer und Bauarten, die den jeweiligen Einsatzbedingungen angepasst werden können. Baumaschinen stellen hohe Anforderungen an Dieselmotoren. Die extremen Arbeitsbedingungen resultieren aus Verschmutzung, Staub, extremen Umgebungstemperaturen, Luftfeuchtigkeit, Dauerbetrieb unter Längs- oder Seitenneigung, niederwertigen Schmier- oder Kraftstoffen u. a.

3.1.2.1 Betriebsverhalten

Bevor auf die Motorbemessung eingegangen wird, soll der ideale Kreisprozess in Erinnerung gerufen werden, der dem Dieselmotor mit Kompressor zugrunde liegt [3.11]. Dieser Kreisprozess ist nach Bild 3-4 durch isentrope Verdichtung von 1 nach 2, isochore Wärmezufuhr von 2 nach 3 bei gleichbleibendem Druck, isobare Wärmezufuhr von 3 nach 4, isentrope Entspannung von 4 nach 5 und isobare Wärmeabfuhr von 5 nach 1 gekennzeichnet. Nur die von den Punkten eingeschlossene Fläche entspricht der ausgenutzten Energiemenge des Kraftstoffs. Ein Dieselmotor hat weitere Verluste, z. B. durch das Betreiben seiner eigenen Hilfsaggregate (Lüfter, Kühlerpumpe u. a.). In DIN 70020 sind diesbezüglich folgende Festlegungen zur Leistungsdefinition getroffen:

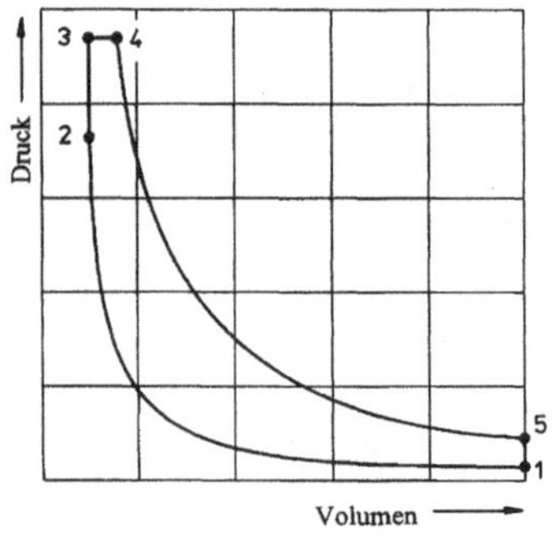

Bild 3-4 Idealer Kreisprozess des Dieselmotors

- *Nutzleistung oder effektive Leistung* ist die Leistung in kW oder PS an der Motorkupplung des in allen Teilen serienmäßigen Motors (Lüfter, Kühlerpumpe u. a.) unter bestimmungsgemäßen Betriebsbedingungen.
- *Größte Nutzleistung* ist die Nutzleistung, die der Motor im thermischen Beharrungszustand abgibt.
- *Hubraumleistung* ist der Quotient in kW/l oder PS/l aus der größten Nutzleistung und dem Gesamthubraum des Motors in Liter.

Vielseitige Antriebsaufgaben erfordern, dass man mit dem Einbaumotor auf die unterschiedlichen Einsatz- und Betriebsbedingungen der Baumaschine eingeht. Deshalb haben sich auch weitere Begriffe zur Leistung ergeben [3.12]:

- *Dauerleistung I* ist die größte Nutzleistung, die der Motor unter bestimmungsgemäßen Betriebsbedingungen dauernd abgeben kann. Diese Leistung wird dann einem Motor zugeordnet, wenn dieser über lange Zeiträume unter nahezu konstanten Belastungen arbeiten muss, z. B. Verdichter- oder Stromaggregate.
- *Überleistung* ist die größte Nutzleistung, die der Motor in einem Zeitraum von 6 Stunden insgesamt nur 1 Stunde (zusammenhängend oder unterbrochen) im Wechsel mit der Dauerleistung I abgeben kann. In der Regel beträgt die Überleistung das 1,1-fache der Nutzleistung.
- *Dauerleistung II* ist die größte Nutzleistung, die der Motor unter bestimmungsgemäßen Betriebsbedingungen nur eine bestimmte Zeit abgeben kann. Sie liegt über der Dauerleistung *I*. Die zulässige Betriebsdauer kann sehr kurz sein aber auch mehrere Stunden betragen. Diese Leistungsdefinition kommt für Antriebe mit stark wechselnden Belastungen (intermittierender Betrieb) infrage, z. B. für mobile Baumaschinen.

Nationale und internationale Vorschriften zur Bestimmung der Motorleistung gibt es in großer Zahl (DIN 70020, ISO 1585, ISO 3046, ISO 9249, ISO 2288, SAE J 1349, SAE J 1995, ECE R 24/03, 80/1269 EWG). Nutzleistungen für Fahrzeugmotoren werden nach ISO 1585 bestimmt. Es wird als *S-Nutzleistung* diejenige mit starr angetriebenem Kühlgebläse und als *G-Nutzleistung* mit geregeltem Kühlgebläse bezeichnet. Für Einbaumotoren gilt DIN ISO 3046. Wenn diese Motoren in selbstfahrenden Baumaschinen mit Zulassung für den Straßenverkehr eingesetzt sind, muss die Nutzleistung als Fahrzeugleistung nach ISO 1585 definiert werden.
Funktion und Motorlebensdauer hängen von der Motorausführung, -wartung und seiner Bemessung ab. Unter Motorbemessung ist die richtige Anpassung der Leistung an die Arbeitsverhältnisse der Maschine zu verstehen.

Tafel 3-2 Anwendungsbezogene Leistungsgruppen am Beispiel flüssigkeitsgekühlter Dieselmotoren [3.13]

Leistungsgruppen	Anwendungsfälle
LG I	*Fahrzeugmotoren*: LKW; Muldenkipper; Transportmischer; Zugmaschinen; Mobilkrane; Straßenreinigungsmaschinen; Radlader; Grader; Baggerlader; Straßenwalzen; Stapler; Gleisbaumaschinen (Fahrantrieb)
LG II	*Einbaumotoren* mit stark intermittierendem Betrieb: Hydraulikbagger; Beton- und Straßenfräsen; Straßendeckenfertiger; Zerkleinerungs- und Siebmaschinen; Schneefräsen; Traktoren; Erntemaschinen; Gleisbaumaschinen (Arbeitsantriebe); Bewässerungspumpen
LG III	*Einbaumotoren* mit intermittierendem Betrieb: Grabenfräsen; Bohrgeräte; Hochdruckkompressoren; Müllverdichter
u.a. LG`n	für Stromerzeugeraggregate; Schiffsantriebe

Die Leistungen werden daher zweckmäßigerweise in Abhängigkeit vom Anwendungsfall in Leistungsgruppen unterteilt, siehe Tafel 3-2.
Die Motornutzleistung ist für den Bezugszustand bei 1000 mbar Luftdruck, 25 °C Lufttemperatur und 60 % Luftfeuchtigkeit bestimmt. Bei allen davon abweichenden Bedingungen sind entsprechende Leistungskorrekturen vorzunehmen. Für den Einbaumotor mit externem Kühlsystem sinkt die Nutzleistung, z. B. in einer Höhe über Meeresspiegel von 3000 m und bei einer Lufttemperatur von 30 °C, auf rd. 70 %.
Wenn die erforderliche Antriebsleistung einer Baumaschine bekannt ist, dann kann jetzt die anwendungsbezogene Motorauswahl für diesen Einsatzort erfolgen. Typvertreter sind beispielhaft in Tafel 3-3 aufgeführt.
Das Drehmoment des Einbaumotors hat die gleichen anwendungsbezogenen Eigenschaften (Tafel 3-2) wie die Leistung, siehe Bild 3-5. Mit den Daten und Hinweisen aus Tafel 3-3 sind die Drehmomente für jeden Motor und für verschiedene Nenndrehzahlen bestimmbar.

Motortypen	Drehzahl in min^{-1}	LG I 2500 2300 2200 2100	M_{max} in Nm 1500	LG II 2500 2300 2200 2100	M_{max} in Nm 1500	LG III 2500 2300 2200 2100 2000	M_{max} in Nm 1500
1	*P* in kW	45 42 41 39	206	45 42 41 39	206	43 40 39 37 36	196
	ΔM in %	19,8 18,2 15,7 16,2		20,0 18,2 15,7 16,2		19,2 17,9 15,6 16,3 13,9	
2	*P* in kW	65 61 59 57	298	62 58 56 54	284	58 55 53 52 50	266
	ΔM in %	20,0 17,6 16,3 14,9		20,0 17,9 16,8 5,6		20,0 16,6 15,6 12,5 11,5	
3	*P* in kW	82 78 75 73	376	78 74 72 69	357	74 69 68 66 64	338
	ΔM in %	20,0 16,1 15,4 13,2		19,9 16,2 14,3 13,8		19,7 18,1 14,6 12,7 10,7	
4	*P* in kW	98 92 89 85	447	93 87 84 82	424	88 83 80 78 75	402
	ΔM in %	19,3 17,0 15,6 15,6		19,5 17,5 16,4 13,8		19,6 16,7 15,8 13,3 12,4	
5	*P* in kW	123 116 113 110	564	118 112 108 104	535	111 105 102 99 96	508
	ΔM in %	20,0 17,1 15,0 12,7		18,8 15,2 14,2 13,2		19,7 16,4 14,6 12,7 10,7	

Tafel 3-3 Nutzleistung (S-Leistung) für verschiedene Leistungsgruppen am Beispiel von KHD-Dieselmotoren der Baureihe FM 1012 [3.13]

(ΔM s. Bild 3-8)

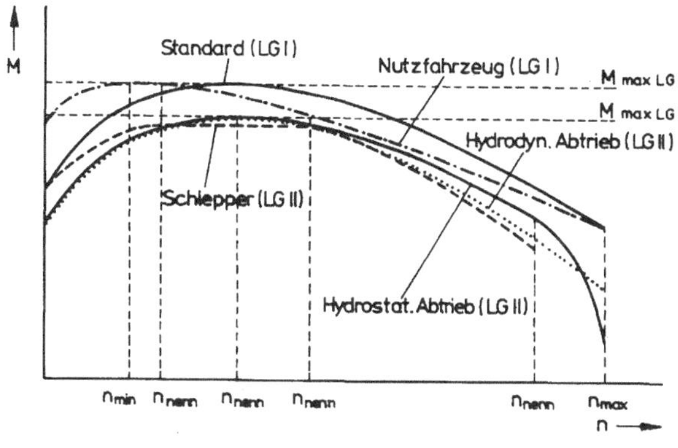

Bild 3-5 Anwendungsbezogene Drehmomentencharakteristik des Dieselmotors

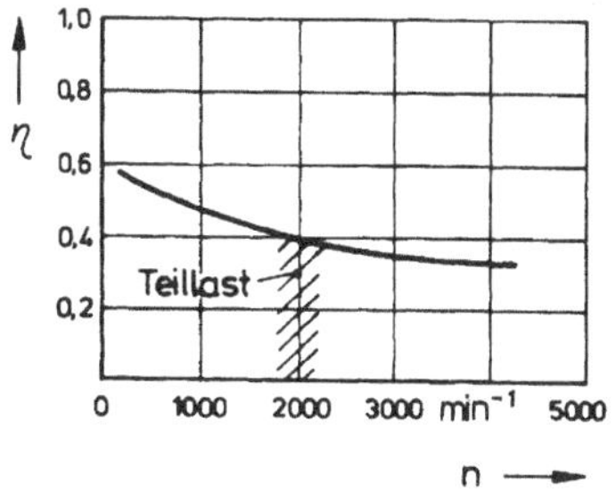

Bild 3-6 Wirkungsgrad des Dieselmotors

Wegen der periodischen Energiewandlung im Dieselmotor besteht die Notwendigkeit, eine minimale Drehzahl (Leerlaufdrehzahl n_{min}) einzustellen und automatisch einzuregeln. Im Gegensatz dazu wird die maximale Drehzahl von der Bauteilbetriebsfestigkeit (Ventilsteuerung) bestimmt und so festgelegt, dass auch ein Dauerbetrieb ohne Bauteilschäden möglich ist. Die Regelung lässt bei treibendem Motor keinen Betrieb bei höheren Drehzahlen zu. Es kann aber bei geschlepptem Motor zu höheren Drehzahlen kommen, weshalb immer ein angemessener Sicherheitsabstand zur maximalen Drehzahl vorzusehen ist. Aus energieökonomischer Sicht sind die Betriebsdrehzahlen möglichst gering zu halten, weil der Wirkungsgrad η von der Drehzahl n abhängig ist, siehe Bild 3-6. Die Nutzdrehzahlspanne (Verhältnis aus maximaler und minimaler Drehzahl) beträgt 1,8 bis 3,2.
Drehmoment und Schleppmoment (negatives Motordrehmoment) sowie minimale und maximale Drehzahlen begrenzen das Betriebskennfeld, siehe Bild 3-7. Bei fremdangetriebenem Motor entsteht ein negatives Drehmoment (Schleppmoment) und damit eine Motor-Bremswirkung. Innerhalb des Kennfelds ist der Motor auf jede beliebige Drehmoment-Drehzahl-Kombination einstellbar. Sie erfolgt gemäß Bild 3-7a durch Drehzahlstellung mittels Drehzahlregler und nach Bild 3-7b durch Kraftstoffmengenstellung. Im Falle der Drehzahlstellung übernimmt der Fliehkraftregler die Kraftstoffdosierung über einen begrenzten Drehzahlbereich. Der Drehzahlsollwert (n_0 bis n_3) wird als Motordrehzahl eingestellt. Mit dieser Stellung wird eine nahezu drehzahlunabhängige Drehmomentenregelung erzielt. Vor

allem Fahrantriebe werden mit einem solchen Motorkennfeld ausgestattet, um die Fahrgeschwindigkeit möglichst lastunabhängig verstellen zu können.
Im Zustand maximaler Kraftstoffzufuhr kann es auch geschehen, dass lastbedingt der Drehzahlsollwert nicht mehr erreicht wird. Es entsteht dann eine sogenannte Motordrückung bis in den Bereich des Grenzdrehmoments M_{max}. Wird der Drehzahlsollwert im Teillastbereich erreicht, reduziert der Fliehkraftregler die Kraftstoffzufuhr. Über den Drehzahlbereich (Abregelbereich Δn) werden die An- und Abtriebsdrehmomente angepasst.
Wichtige Hinweise für Auswahl und Bemessung enthält die Propeller- oder Drehzahlkennlinie, siehe Bild 3-8. In ihr werden in Abhängigkeit von der Drehzahl n das Drehmoment M und der spezifische Kraftstoffverbrauch b_e dargestellt. Selbstlauf ohne Drehmoment kennzeichnet der Kennlinienabschnitt 1 bis 2. Die Drehzahl in 1 ist durch den Anlasser mindestens zu erreichen, und die Drehmomentenabgabe ist erst nach Überschreiten der unteren Leerlaufdrehzahl in 2 möglich. Dabei darf das geforderte Drehmoment aber nur eine bestimmte Größe haben (Kennlinienabschnitt 2-3). Der Punkt 3 kennzeichnet den unteren und 4 den oberen Volllastpunkt sowie die sogenannte Eckleistung (maximale Motorleistung). Drehzahlen unterhalb von 3 "würgen" den Motor unter Last ab. Den Punkt 4 erreicht ein Motor, wenn die Lastverhältnisse eine Beschleunigung zulassen, er begrenzt seine Drehzahl aber auch zugleich über einen Fliehkraftregler im Punkt 5 (obere Leerlaufdrehzahl), um sich vor eigener Zerstörung zu schützen. Der Motor erfährt bei Überlastung eine Drehzahlminderung, setzt aber gleichzeitig eine Drehmomentreserve frei. Diese Eigenschaft entspricht dem Kennlinienabschnitt 4 bis 6 und wird als *Büffelcharakteristik* bezeichnet. Sie ist für den robusten Betrieb einer Baumaschine unerlässlich. Der Kipppunkt 6 liegt mindestens 15 % über dem Punkt 4. Es wird empfohlen, den Motorbetrieb unterhalb der im Bild 3-8 dargestellten Volllastkennlinie vorzusehen.

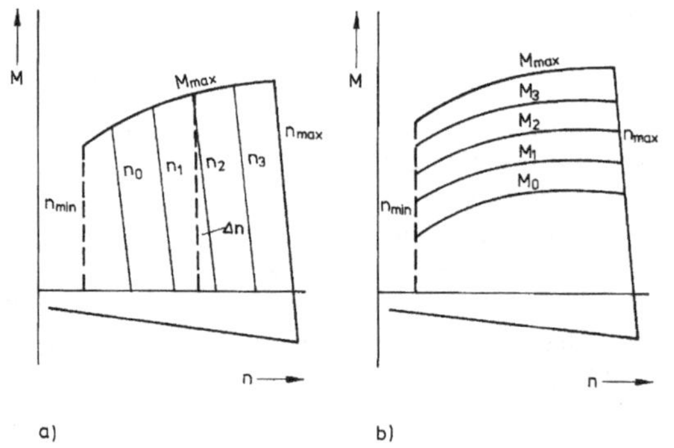

Bild 3-7 Kennfelder des Dieselmotors

a) Drehzahlstellung
b) Kraftstoffmengenstellung

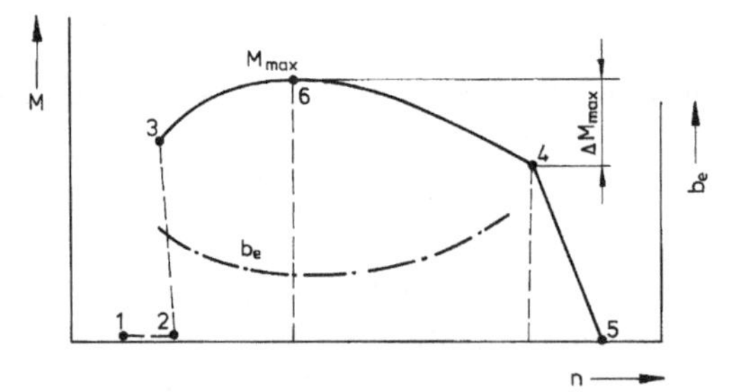

Bild 3-8 Grenzpunkte im Motorkennfeld (Drehzahlkennlinie)

3.1.2.2 Bauarten

Gesetzliche Auflagen und Kundenforderungen bestimmen gleichermaßen die gegenwärtigen Entwicklungsschwerpunkte (Tafel 3-4) bei allen Herstellern. Wegen strenger Abgasgrenzwerte wird besonderer Wert auf die Verringerung der NO_x- und Partikelemission gelegt. Der Elektronik kommt dabei die größte Bedeutung zu. Bei neuen Dieselmotorkonzepten wird der Einspritzbeginn und -verlauf geregelt (elektronisches Motor- und Geräuschmanagement, Diagnosesystem).
Beispielhaft sei auf das umfassende Programm von Motorbaureihen in kompakter und einbauangepasster Bauweise eines Herstellers hingewiesen. Es besteht aus den in Tafel 3-5 auszugsweise dargestellten Baureihen. Zu einem sehr großen Anteil finden diese Einbaumotoren Anwendung im Off-Road-Bereich. Neben den bewährten luftgekühlten FL-Baureihen enthält das Programm die wassergekühlten Baureihen FM 1012 und FM 1013 für einen Leistungsbereich von 30...190 kW. Dafür sind ausgewählte technische Daten in den Bildern 3-9 und 3-10 aufgeführt. Die Baureihen arbeiten trotz äußerlicher Gleichheit mit unterschiedlichem Hubvolumen und können als 4- oder 6-Zylindermotoren ausgeführt sein. 3-Zylindermotoren sind in dieser Leistungsklasse wegen schwingungstechnischer Probleme nicht zu empfehlen. Im Bereich von 80...123 kW kann man zwischen einem 6-Zylindermotor mit hohem Laufkomfort oder einem kurzen, kompakten 4-Zylindermotor mit unterschiedlichen Aufladegraden wählen. Sie besitzen fast ausschließlich Abgasturboaufladung mit oder ohne Ladeluftkühlung.
Besonders die integrierte Flüssigkeitskühlung stellt eine Neuheit dar. Der Kühler ist am Kurbelgehäuse befestigt und gehört zur Grundausstattung des Motors. Diese Kühlung besitzt Vorteile bezüglich kompakter Bauweise (Hakenmotor, wie man das vom luftgekühlten Motor kennt) und vereint diese mit einem besseren Wirkungsgrad. Die Kühlverluste lassen sich von etwa 7 % auf 2 % reduzieren. Ganz besonders kompakt wird der Antrieb, wenn der Motorkühler

Tafel 3-4 Entwicklungsschwerpunkte für Dieselmotoren

A Voreinspritzung
B Einspritzintensität
C Brennraumgestaltung
D Werkstoffe
E Elektronik
F Partikelfilterung

Entwicklungsziele	Realisierungsmöglichkeiten A	B	C	D	E	F
Zuverlässigkeit				•	•	
Lebensdauer				•	•	
Kraftstoffverbrauch		•	•		•	
Schadstoffemission	•	•	•		•	•
Geräusch	•		•	•	•	

Tafel 3-5 Auswahl aus einem Dieselmotorprogramm [3.13]

Luft- und Flüssigkeitskühlung mit integriertem Kühlsystem	Luft- und Flüssigkeitskühlung mit externem Kühlsystem
Baureihenbezeichnungen	Baureihenbezeichnungen
FL 1011	FL 1011 E
FL 912/913	FM 1012 E
FM 1012	FM 1013 E
FM 1013	226 B
FL 413 F/513	

FM 1012	FM 1013
4- und 6-Zylinder Hubvolumen: 3,2 ... 4,8 l 0,8 l/Zylinder Leistung: 30 ... 123 kW	4- und 6-Zylinder Hubvolumen: 4,8 ... 7,2 l 1,2 l/Zylinder Leistung: 80 ... 190 kW

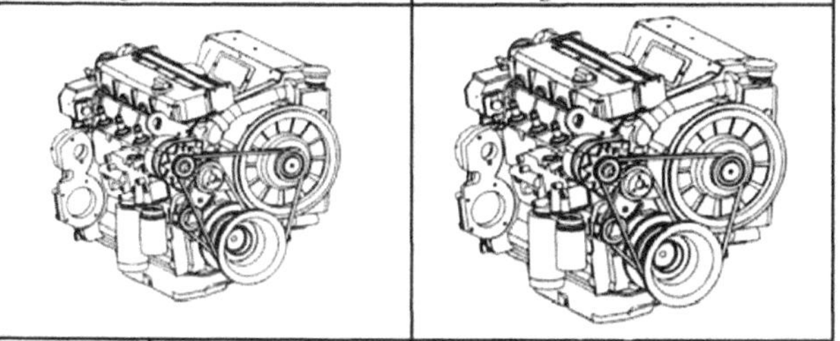

Motortyp	Bohrung/Hub in mm	Hubraum in l	Drehzahl in min^{-1}	Leistungsbereich in kW
F4M 1012	94/115	3,19	1500 bis 2500	27■ 45
BF4M 1012		3,19		■■ 65
BF4M 1012 C		3,19		■■■ 82
BF6M 1012		4,79		■■■■ 98
BF6M 1012 C		4,79		■■■■■ 23
BF4M 1013	108/130	4,76	1500 bis 2300	■■■ 93
BF4M 1013 C		4,76		■■■■ 115
BF6M 1013		7,14		■■■■■ 141
BF6M 1013 C		7,14		■■■■■■ 170
BF6M1013CP		7,14		■■■■■■■■ 190

Bild 3-9 Leistungsdaten für KHD-Dieselmotoren der Baureihen FM 1012/FM 1013 [3.13]

Integriertes Kühlsystem

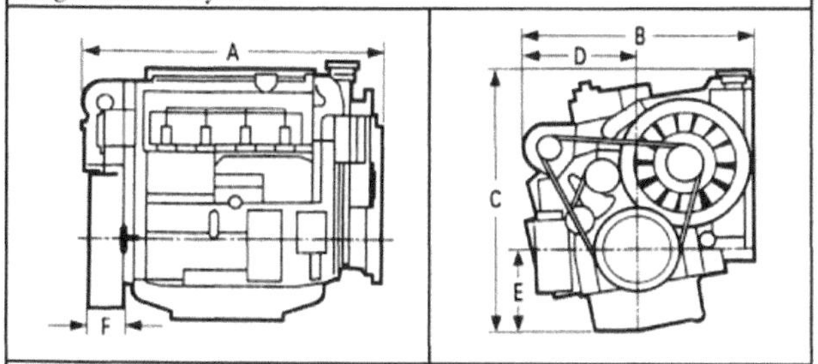

Motor	A	B	C	D	E	F	Gewicht in kg
BF 4 M 1012	880	712	814	314	300	122	355
BF 6 M 1012	1115	712	834	314	320	122	503
BF 4 M 1013	957	715	809	320	295	122	460
BF 6 M 1013	1221	715	859	320	345	122	610

Externes Kühlsystem

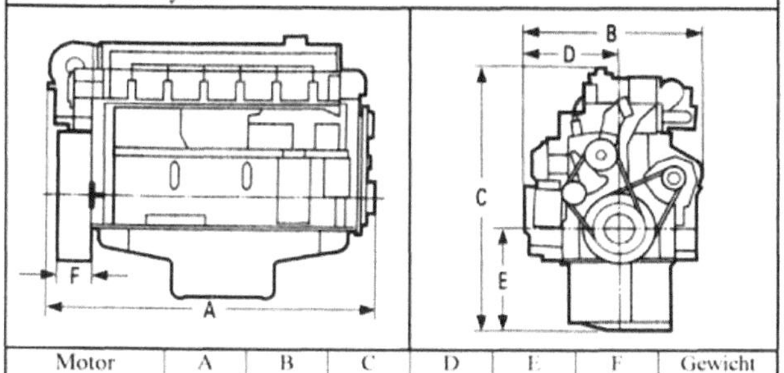

Motor	A	B	C	D	E	F	Gewicht in kg
BF 4 M 1012	779	540	742	290	325	125	320
BF 6 M 1012	1017	540	827	290	320	135	458
BF 4 M 1013	863	616	844	292	302	122	430
BF 6 M 1013	1146	577	844	292	302	122	570

Bild 3-10 Maße und Gewichte für KHD-Dieselmotoren der Baureihen FM 1012/FM 1013 [3.13]

auch den Wärmetausch des Hydraulikkreislaufs mit übernimmt. Der benötigte Einbauraum wird kleiner, die Maschine noch kompakter und übersichtlicher.
Die Leistung eines Motorkühlers ist von der Temperaturdifferenz ΔT (Eintrittstemperatur der Kühlflüssigkeit und der Umgebungsluft) abhängig. Sie wird für ΔT_0-Basiswerte vom Kühlerhersteller angegeben und muss auf reale ΔT_1-Werte am Arbeitsort der Maschine umgerechnet werden. Der Basiswert des Luftdrucks beträgt 1000 mbar. Das entspricht nach Tafel 3-6 einer Höhe über Meeresspiegel von 0 Meter.

Zahlenbeispiel

Ausgangsbedingungen nach Herstellerangaben	
Lufteintrittstemperatur	$T_0 = 298{,}15$ K (25°C)
Luftdruck	$p_0 = 1000$ mbar
Luftdichte	$\varsigma_0 = 1{,}168$ kg/m^3
Kühlmassenstrom	$m_0 = 0{,}549$ kg/s
Kühlerleistung	$P_0 = 10{,}7$ kW bei $\Delta T_0 = 40$K
Umrechnung auf Werte am Arbeitsort	
Lufteintrittstemperatur	$T_{1L} = 308{,}15$ K (35°C)
Luftdruck in 500 m Höhe	$p_1 = 944$ mbar
Luftdichte in 500 m Höhe	$\varsigma_1 = 1{,}067$ kg/m^3
Kühlmassenstrom	$m_1 = m_0 \varsigma_1 / \varsigma_0 = 0{,}502$ kg/s
Eintrittstemperatur der Kühlflüssigkeit	$T_{1K} = 363{,}15$ K (90°C)
	$\Delta T_1 = T_{1K} - T_{1L} = 55$ K
Kühlerleistung	$P_1 = P_0\, \Delta T_1 / \Delta T_0 = 14{,}7$ kW

Tafel 3-6 Luftdruck in Abhängigkeit von der Höhenlage

Istwerte Luftdruck in mbar	1000	950	900	850	800	750	700	650	600
Höhen über Meeresspiegel in m	0	500	1000	1500	2000	2500	3000	3500	4000

Schadstoffarme, besonders leise und wirtschaftliche Einbaumotoren werden vom Verbrennungsverfahren und von der Einspritzregelung bestimmt. Mit den Details hierzu beschäftigen sich die Motorenhersteller sehr intensiv. Sie sind bemüht, die physikalischen und betriebswirtschaftlichen Zielkonflikte bezüglich Emission, Verbrauch und Kosten zu bewältigen. Allgemein ist bekannt, dass es zur Erfüllung dieser Forderungen insbesondere auf hohe Einspritzdrücke, steife Gehäusebauteile, elektronische Regler und Einzeleinspritzpumpen ankommt. (Tafel 3-4).
Moderne Dieselmotoren können mit entsprechender Anlasser- und Batterieausrüstung ohne Starthilfe bis –15 °C und mit Hilfe einer Glühanlage bis –30 °C auskommen. Treten noch tiefere Temperaturen auf, sind zusätzliche Vorwärmeeinrichtungen erforderlich. Zur Verkürzung der Startzeit und Verringerung von Weißrauchbildung empfiehlt es sich, bei häufigen Kaltstarts unter –5 °C eine Glühanlage vorzusehen. Sie besteht aus einer Stabglühkerze im Brennraum und einer Glühzeitsteuereinrichtung.
Die gesetzlichen Auflagen bezüglich Schadstoff- und Geräuschemissionen werden verständlicherweise immer strenger. Bei der Verbrennung von Dieselkraftstoff (C_xH_x-Verbindungen) entstehen neben H_2O und CO_2 auch 0,2...0,3 % Verbrennungsprodukte, die man unter dem Begriff Schadstoffe führt. Es werden gasförmige Schadstoffe, wie Stick

oxide NO_x, Kraftstoffreste HC (Kohlenweasserstoff), Kohlenmonoxid CO, Schwefeldioxid SO_2 sowie feste und flüssige Schadstoffe PM (Partikel), wie Ruß, Kraftstoffreste, Schmieröle, Sulfate und Asche, unterschieden. Neben den Stickoxiden (saurer Regen, Ozon) werden besonders den Partikeln Umwelteinflüsse (Krebserregung) zugeschrieben. Es erscheint sinnvoll, die Emission am Ort ihrer Entstehung (Verbrennungsprozess) zu reduzieren.

Abgasvorschriften für On-Road-Fahrzeugdieselmotoren gibt es seit vielen Jahren, siehe Tafel 3-7. In Europa werden sie unter Richtlinie 99/96/EG bzw. EG 595/2009 geführt. Auch für Off-Road-Einbaumotoren besteht die Notwendigkeit, einheitliche Bestimmungsmethoden und Schadstoffgrenzwerte festzulegen. Der Entwurf für ISO 8178 bildet den ersten Schritt. Für das Testverfahren ist zu berücksichtigen, dass die Motoren in einem sehr viel größeren Leistungs- und Anwendungsbereich zum Einsatz kommen. Deshalb werden zur Bildung der Testreihen *Motorfamilien* vorgeschlagen, in denen ähnliche Emissionseigenschaften auftreten. Die Motoren für mobile Baumaschinen fallen unter die sogenannte C-Testreihe. Die EU-Direktive 97/68/EG sieht hierfür die Schadstoffgrenzwerte nach Tafel 3-8 vor. Ergänzende Angaben zu den Regelungen der Umweltschutzbehörde in den USA enthält Tafel 3-9.

Tafel 3-7 EU-Schadstoffgrenzwerte (Serienprüfung) für On-Road-Dieselmotoren (ab 31.12.2013 für alle Fahrzeuge neue, weltweit harmonisierte Prüfzyklen, WHSC/WHTC)
Richtlinie 99/66/EG: EURO III bis EURO V
Richtlinie EG 595/2009: EURO VI

Schadstoffgrenzwerte in g/kWh				
Schad-stoffe	EURO III ab 10/2001	EURO IV ab 10/2006	EURO V ab 10/2009	EURO VI ab 12/2013
CO	2,1	10,5	1,5	1,5
HC	0,66	0,46	0,46	–
THC	–	–	–	0,13
NO_x	5	3,5	2	0,4
PM*	0,10	0,02	0,02	0,01

* Ab EURO IV wird auch eine Messung der Partikelanzahl vorgeschrieben sein

Tafel 3-8 EU-Schadstoffgrenzwerte (Serienprüfung) für Off-Road-Dieselmotoren

Schadstoffgrenzwerte in g/kWh					
Leistung P_n in kW	CO	NO_x + NHMC		PM	gültig ab
		NOx	HC		
Stufe III A					
$19 \leq P_n < 37$	5,5	7,5		0,6	2007
$37 \leq P_n < 75$	5,0	4,7		0,4	2008
$75 \leq P_n < 130$	5,0	4,0		0,3	2007
$130 \leq P_n < 560$	3,5	4,0		0,2	2006
Stufe III B					
$37 \leq P_n < 56$	5,0	4,7		0,025	2013
$56 \leq P_n < 75$	5,0	3,3	0,19	0,025	2012
$75 \leq P_n < 130$	5,0	3,3	0,19	0,025	2012
$130 \leq P_n < 560$	3,5	2,0	0,19	0,025	2011
Stufe IV					
$56 \leq P_n < 130$	5,0	0,4	0,4	0,025	10/2014
$130 \leq P_n < 560$	3,5	0,4	0,19	0,025	2014

Tafel 3-9 USA-Schadstoffgrenzwerte (Serienprüfung) für Off-Road-Dieselmotoren (NM: Nicht Methan)

Schadstoffgrenzwerte in g/kWh					
Leistung P_n in kW	CO	NO_x + NHMC		PM	gültig ab
		NOx	HC		
Tier 3					
$P_n < 8$	8,0	7,5		0,8	2005
$8 \leq P_n < 19$	6,6	7,5		0,8	2005
$19 \leq P_n < 37$	5,5	7,5		0,6	2004
$37 \leq P_n < 75$	5,0	4,7		0,4	2008
$75 \leq P_n < 130$	5,0	4,0		0,3	2007
$130 \leq P_n < 560$	3,5	4,0		0,2	2006
$P_n > 560$	3,5	6,4		0,2	2006
Tier 4 interim					
$19 \leq P_n < 37$	5,5	7,5		0,3	2008
$37 \leq P_n < 56$	5,0	4,7		0,3	2008
$56 \leq P_n < 130$	5,0	3,4	0,19	0,02	2012
$130 \leq P_n < 560$	3,5	2,0	0,19	0,02	2011
$P_n > 560$	3,5	3,5	0,4	0,1	2011
Tier 4					
$P_n < 8$	8,0	7,5		0,4	2008
$8 \leq P_n < 19$	6,6	7,5		0,4	2008
$19 \leq P_n < 37$	5,5	4,7		0,03	2013
$37 \leq P_n < 56$	5,0	4,7		0,03	2013
$56 \leq P_n < 130$	5,0	0,4	0,19	0,02	2015
$130 \leq P_n < 560$	3,5	0,4	0,19	0,02	2014
$P_n > 560$	3,5	3,5	0,19	0,04	2015

Bei Baumaschinen bilden besonders Stickoxide und Partikel gefährliche Schadstoffmengen, die wegen ihrer lungengängigen Feinpartikel kanzerogene Risiken hervorrufen und zur Ozonbildung in Bodennähe (Sommersmog) beitragen [3.14]. Wegen der hohen Lebensdauer verfügen sehr viele Baumaschinen noch nicht über die erforderlichen Einrichtungen zur Schadstoffminderung. Wenn auf Baustellen über lange Zeiträume am gleichen Ort gearbeitet wird, kann es besonders bei ungünstigen Wetterlagen zu hohen Luftschadstoffbelastungen kommen. Als technisch zuverlässig, finanziell vertretbar und ökologisch effizient hat sich der nachträgliche Einbau von Partikelfiltern erwiesen. Sie behindern den Austritt von 90...95 % der Partikelmasse.

In den letzten 2 Jahrzehnten wurde die Geräuschemission der Antriebe um bis zu 10 dB(A) abgesenkt. Das entspricht einer Verringerung der Geräuschintensität um bis zu 90 %. Einen großen Teil davon konnte man durch Kapselung (passive Maßnahmen) erreichen, siehe Abschnitt 3.1.5. Heute wird in der Motorenentwicklung aktiv an der Beseitigung von Geräuschquellen am Motor gearbeitet. Dabei spielen die geräuschanregenden Kräfte bei der Verbrennung ebenso eine Rolle wie die Geräusche der Motoranbauteile sowie deren Weiterleitung und Abstrahlung.

Die Geräuschentwicklung moderner Dieselmotoren im Abstand von 1 m, als Mittelwert einer Rundummessung, liegt bei Nennlast zwischen 92 und 95 dB(A). Diese sehr guten Grundwerte dürfen durch ungeeignete Motoranbauteile keine negativen Auswirkungen erfahren. Den Motorenherstellern ist aus Messungen bekannt, welchen Geräuscheinfluss wählbare Motoranbauteile (Schwungräder, Torsionsdämpfer, Nockenwellenzahnräder, Keilriemenscheiben, Lichtmaschinen, Kompressoren, Kühlsysteme) hervorrufen. Es wird

darauf hingewiesen, dass sich für die Baureihen FM 1012/FM 1013 das Gebläsegeräusch um rd. 1 dB(A) pro reduzierter Motordrehzahl von 100 min^{-1} verringert [3.13].
Die oszillierende Kolbenbewegung ruft dynamische Wirkungen (Schwingungen) hervor. Neben der Schwingungsisolation einer Motoraufhängung wird oft ein Torsionsschwingungsdämpfer am Motorabtrieb vorgesehen, und es ist zu beachten, dass die Anschlussbaugruppen (Rohrleitungen, Blechabdeckungen u. a.) keine Resonanzerregungen erfahren. Mit dem Wissen um diese Zusammenhänge kann auf das Geräusch- und Schwingungsverhalten einer Baumaschine bereits im Entwurfsstadium Einfluss genommen werden.
Dieselmotoren besitzen mehrere Abtriebsvarianten. Neben dem schwungradseitigen Abtrieb ermöglichen Einbaumotorenen eine Leistungsabnahme bis zu 100 % an der Motorstirnseite. Außerdem sind Zusatzaggregate (Hydraulikpumpen) am sogenannten Rädertrieb koppelbar, um dadurch kompakte und platzsparende Lösungen zu erzielen. Periphere Bauvarianten, durch Variationen von Schwungrad, Ölwanne, Anlasser, Kühler, Regler, Abgasschalldämpfer, Luftfilter und Hydraulikpumpe, ermöglichen eine optimale Anpassung des Motors an die verschiedensten Maschinen bzw. in die vorhandenen Einbauräume. Auch der Einbau-Dieselmotor stellt heute eine Symbiose aus Verbrennungskraftmaschine und elektronischer Steuer- bzw. Diagnoseeinheit dar. Nur dadurch lassen sich Leistungsbereiche, Zündwilligkeit, Kraftstoffverbrauch, Anzugsvermögen, Geräusch- und Abgasemission auf einen Nenner bringen, d. h., im gewünschten Betriebspunkt mit optimalen Werten einstellen. Hierfür werden zunehmend elektrische und elektronische Bauteile eingesetzt. Sie dienen der Drehzahlregelung (elektronisches Gaspedal, elektronischer Motorregler, elektrische Magnetventilsysteme), Motorüberwachung (System wachfreier Betrieb) und einem Motor-Antriebsmanagement [3.15].

3.1.3 Leistungsübertragung

Wenn die Entscheidung für eine Antriebsquelle (Dieselmotor, Elektromotor) gefallen ist und die Verbraucher (Fahrantrieb, Drehwerksantrieb u. a.) bekannt sind, müssen *Wandler* und *Übertragungselemente* bestimmt werden. Die Antriebe von Baumaschinen verfügen über mechanische, hydrodynamische und/oder hydrostatische Wandler. Unter Wandlung versteht man die Anpassung der von der Antriebsquelle erzeugten Antriebsleistung an den Bedarf des Verbrauchers (Bild 3-11). Dabei unterscheidet man zwei Möglichkeiten:

- Wandlung bei P = konst., siehe Bild 3-12a
  Dieser Anspruch gilt für Antriebe von Baumaschinen. Der Dieselmotor erzeugt eine Leistung, die den Forderungen der Verbraucher angepasst werden muss.
- Wandlung bei M = konst., siehe Bild 3-12b.

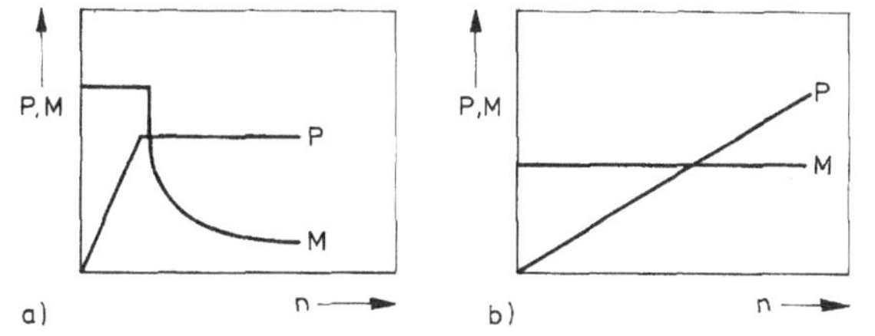

Bild 3-12 Wandlungskennlinien
a) P = konst b) M = konst.

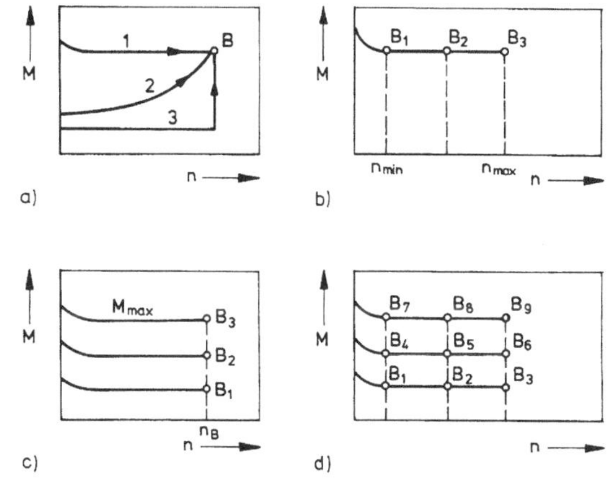

Bild 3-13 Verbraucherkennlinien
a) festes Betriebsverhalten
b) variable Betriebsdrehzahl bei festem Drehmoment
c) variables Drehmoment bei fester Betriebsdrehzahl
d) variables Drehmoment bei variabler Betriebsdrehzahl

1 Anlauf unter Volllast, z. B. beladene Transportmaschine
2 Anlauf unter ansteigendem Drehmoment, z. B. Gebläse mit $M \sim n^2$
3 Anlauf ohne Last; B Betriebspunkte

Die Kennung der Antriebsquelle ist prinzipiell bekannt (Bild 3-5), und als Verbrauchermerkmale (Kennlinien) gelten grundsätzlich:

- Verbraucher mit festem Betriebsverhalten (Betriebspunkt B), siehe Bild 3-13a
- Verbraucher mit variablem Betriebsverhalten (Betriebspunkte $B_1 ... B_9$), siehe Bilder 3-13b bis d.
- Bei der Bemessung und Gestaltung des Antriebs kommt es ganz besonders auf die Abstimmung zwischen Antriebsquelle, Wandler, Übertragungselementen und Verbraucher an.

Bild 3-11 Antriebsschema mit Leistungsübertragung

P_1 zugeführte Leistung (M_1, n_1)
P_2 abgeführte Leistung (M_2, n_2)
P_P Leistung am Pumpenrad (M_P, n_P)
P_T Leistung am Turbinenrad (M_T, n_T)

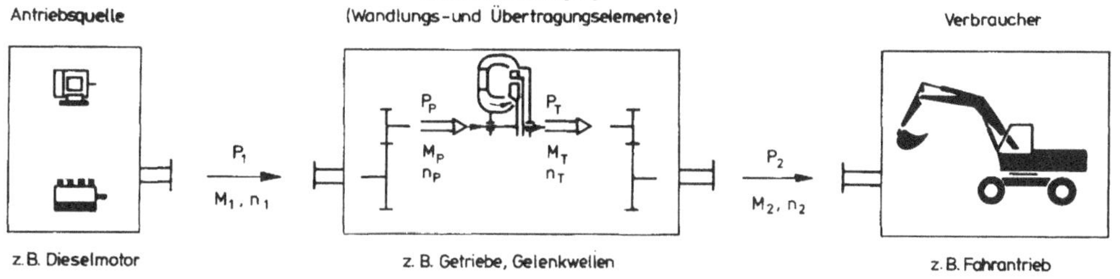

3.1.3.1 Mechanische Leistungsübertragung

Am Beispiel eines Verbrauchers mit Anlauf unter Volllast bei variabler Betriebsdrehzahl und variablem Betriebsdrehmoment wird im Bild 3-14 das Kennfeld für eine mechanische Leistungswandlung gezeigt. Es ist das *Fahrdiagramm* einer Baumaschine beim Befahren unterschiedlicher Steigungen mit verschiedenen Geschwindigkeiten. Meist wird die Wandlung der Fahrgeschwindigkeit von etwa 2 km/h (Gelände) bis 20 km/h (Straße) gefordert. Das Wandlungsverhältnis beträgt dann 20/2. Nimmt man weiterhin an, dass der Dieselmotor einen elastischen Drehzahlstellbereich von n_{max}/n_{min} = 2/1 besitzt, dann errechnet sich dafür die notwendige Schaltstufenzahl nach log (20/2): log (2/1) ≈ 3 für das Getriebe [3.16].

Die wirtschaftliche Nutzung der von der Antriebsquelle erzeugten Leistung zwingt zu einer optimalen Anpassung. Unabhängig von der Bauart des Antriebs ist es zweckmäßig, die Leistung auf hohem Drehzahlniveau zu übertragen. Das sehr viel höhere Verbraucherdrehmoment M_2 wird erst unmittelbar vor dem Verbraucher durch Drehzahluntersetzung erzeugt.

Eine rein mechanische Leistungswandlung und -übertragung, wie sie Bild 3-1 darstellt, hat für Triebwerke von Baumaschinen nur noch wenig Bedeutung. Deshalb wird auf grundlegende technische Einzelheiten über Getriebe-, Kupplungs- und Bremsenbauarten mit Hinweis auf [0.1] und [3.16] verzichtet. Lediglich auf vergleichende Wirkungsgrade sei hingewiesen, da hiervon meist Grundsatzentscheidungen betroffen sind. Wie Bild 3-16 zeigt, muss mit erheblichen Unterschieden gerechnet werden.

Für die mechanische Wandlung in Baumaschinen (auch in Kombination mit hydrodynamischer und hydrostatischer Wandlung) stehen *Untersetzungs-, Wende-, Schalt- und Verteilergetriebe* sowie *Achsen* nach dem Baukastenprinzip in Baureihen zur Verfügung. Die konstruktiven Lösungen werden vom Zahnrädertrieb bestimmt, der als Kegelstirnrad-, Vorgelege-, Umlaufräder- (VDI-Richtlinie 2157) und Lastschaltgetriebe ausgeführt sein kann [3.17] [3.18]. Nach [3.19] unterscheidet man drei Geschwindigkeitsbereiche sowie solche mit und ohne Verteilergetriebe, siehe Tafel 3-10. Getriebelösungen werden in Verbindung mit ihren Anwendungen in den Abschnitten 4 und 5 vorgestellt.

Die Bemessung (DIN 3990) und Gestaltung vom Zahnrädertrieb (Laufverzahnung) hat ein hohes technisches Niveau erreicht, siehe Tafel 3-11. Moderne Bemessungsmethoden, neue Werkstoffe, Wälzlager, Wärmebehandlungs- und Fertigungsverfahren haben in den letzten Jahren zu einer bemerkenswerten Innovation im Getriebebau geführt [3.20].

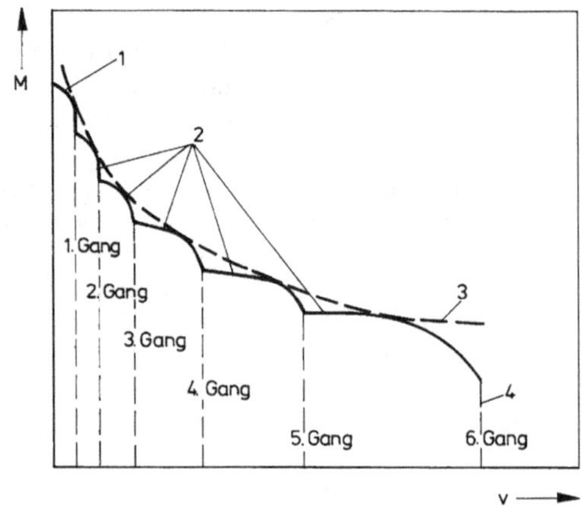

Bild 3-14 Betriebsverhalten eines Antriebs aus der Synthese seiner Komponenten (Fahrdiagramm)

1 elastischer Kennlinienabschnitt des Dieselmotors im 1. Gang des Schaltgetriebes (Wandler) bei maximalem Drehmoment, Anfahren unter Vollast
2 elastischer Kennlinienabschnitt des Dieselmotors in den Gängen 2 bis 6
3 Leistungshyperbel bei Ausnutzung der Dieselmotorleistung
4 maximale Fahrgeschwindigkeit im 6. Gang

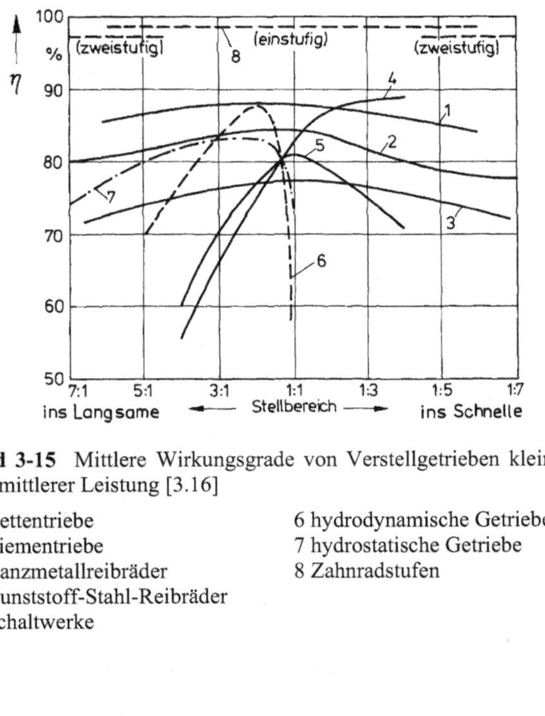

Bild 3-15 Mittlere Wirkungsgrade von Verstellgetrieben kleiner bis mittlerer Leistung [3.16]

1 Kettentriebe
2 Riementriebe
3 Ganzmetallreibräder
4 Kunststoff-Stahl-Reibräder
5 Schaltwerke
6 hydrodynamische Getriebe
7 hydrostatische Getriebe
8 Zahnradstufen

Geschwindigkeiten	≤ 20 km/h	≤ 40 km/h	≥ 60 km/h
Anwendungsbeispiele	Lademaschinen Flachbagger Eingefäßbagger	Lademaschinen Grader Scraper	Dumper Kipper LKW
Schaltstufenzahl v/r	2...3/2...3	3...6/max. 3	4...6/max. 3
lastschaltbar	ja	ja	ja
Strömungswandler	einfacher Kreis μ = 2,0...3,5	einfacher Kreis μ = 2,0...3,5 mit Brems- und Leitradfreilauf	einfacher Kreis, Leitradfreilauf, automatische Durchkupplung
Feststellbremse	nein	ja	ja
Nebenabtriebe	nein	ja (abschaltbar)	ja (abschaltbar)

Tafel 3-10 Anforderungen an Lastschaltgetriebe für Baumaschinen [3.19]

v/r vorwärts/rückwärts
μ Drehmomentenverhältnis

Tafel 3-11 Entwicklungen im Getriebebau [3.16]

Werkstoffe für Ritzel (Ri) und Rad (Ra):
I C45, II 42CrMo4 V 34CrMo4
III 20MnCr5 und 42CrMo4 VI 20MnCr5
IV 31CrMoV9

Wärmebehandlung:
n normalisiert g gasnitriert
v vergütet i induktiv flankengehärtet
e einsatzgehärtet

Bearbeitung:
w wälzgefräst ä geläppt
s geschliffen S_H Sicherheit gegen Grübchenbildung
f feingefräst S_F gegen Dauerbruch
r gefräst

Werkstoffe	I	II	III	IV	V	VI
Wärmebehandlung	n	v	Ri: e Ra: v	g	i	e
Bearbeitung	w	w	Ri.: s Ra: w	f	r, ä	s
Achsabstand,	830	650	585	490	470	390
Modul in mm	10	10	10	10	14	10
Wälzlagermasse in kg	95	95	95	105	105	120
Gesamtmasse	8505	4860	3465	2620	2390	1581
in kg und %	174	100	71	54	49	33
Preis in %	132	100	85	78	66	63
Sicherheit S_H	1,3	1,3	1,3	1,3	1,4	1,6
S_F	6,1	5,7	3,9	2,3	2,3	2,3

Tafel 3-12 Betriebsfaktoren für die Auswahl von mechanischen Antriebselementen, insbesondere Getrieben

(* nur für 24-stündigen Betrieb)

Belastungsmerkmale von Arbeitsmaschinen	Betriebsfaktoren für die tägliche Betriebsdauer von < 3 h	3...10 h	10...24 h
U gleichmäßig	0,80	1,00	1,50
M mittel	1,00	1,25	1,75
H schwer	1,25	1,50	2,00

Beispiele für Belastungsmerkmale

Bagger, Absetzer		**Gebläse, Lüfter**	
Eimerketten	H*	Drehkolbengebläse	M
Fahrwerke: Raupen	M	Gebläse (axial, radial)	U
Schienen	M	Großventilatoren	H*
Schaufelräder: Abraum	H*		
Kohle	H*	**Krananlagen**	
Kreide	H*	Einziehwerke	U
Schneidköpfe	H*	Fahrwerke	M
Drehwerke	M	Hubwerke	M
Seilwinden	M	Drehwerke	M
		Winden	M*
Bergbau, Steine-Erden			
Betonmischmaschinen	M	**Mühlen**	
Brecher	H*	Kollergänge	H*
		Kugelmühlen	H*
Förderanlagen		Rohmühlen	H*
Bandförderer	M		
Becherwerke	M	**Pumpen**	
Kettenförderer	M	Kolbenpumpen	H*
Schneckenförderer	M	Kreiselpumpen	U
Schrägaufzüge	H	Sandpumpen	H
Waggonkipper	H		

Es ist unverkennbar, dass zur vollständigen Ausnutzung des sehr hohen Entwicklungsstands bei mechanischen Antriebselementen (Getriebe, Lager, Kupplungen u. a.) deren Bemessung und Auswahl nach den Regeln der Betriebsfestigkeit erfolgen muss. Leider existieren keine repräsentativen Lastannahmen (Normlastkollektive) für die Triebwerke von Baumaschinen [3.21]. In der Praxis antriebstechnischer Projektierung wird für die rechnerische Auslegung und Auswahl immer noch mit Betriebsfaktoren (Maximalbelastung) gearbeitet, siehe Tafel 3-12. Die Einsatzerfahrungen der Hersteller kompensieren meist die Defizite beim rechnerischen Betriebsfestigkeitsnachweis. Spezielle Betriebsfaktoren können nach einer in VDI-Richtlinie 2151 vorgestellten Methode ermittelt werden.

Heute verfügen alle mechanischen Antriebselemente mobiler Erdbaumaschinen (Lademaschinen, Eingefäßbagger u. a.) nur noch über zeitfeste Betriebseigenschaften. Es werden dabei 12000 Bh (Betriebsstunden bei vorrangig leichten Einsatzbedingungen), 10000 Bh (vorrangig schwere Einsatzbedingungen) und auf 8000 Bh (vorrangig sehr schwere Einsatzbedingungen) unterschieden. Bei den eher stationären Maschinen (Brecher, Tagebaugeräte u. a.) wird auf eine größere Betriebsstundenzahl (35000...75000 Bh) orientiert, so dass die Bemessung der Antriebselemente eher nach den Gesichtspunkten der Dauerfestigkeit erfolgen muss [0.1]. Wie sich das auf zulässige Bemessungsdaten ($\sigma_{zBFuß}$, p_D) auswirkt, soll an einem Zahlenbeispiel für Getriebezahnräder aus 17CrNiMo6 gezeigt werden, die in sehr unterschiedlichen Maschinen zum Einsatz kommen können:

Mobilbagger mit 10000 Bh	Brecher mit > 35000 Bh
Fahrwerk $\leq$ 2000 Bh $\sigma_{zBFuß} \leq 400$ N/mm^2 $p_D \leq 1700$ N/mm^2	Brecherantrieb >35000 Bh $\sigma_{zBFuß} \leq 250$ N/mm^2 $p_D \leq 1000$ N/mm^2
Drehwerk $\leq$ 10000 Bh $\sigma_{zBFuß} \leq 300$ N/mm^2 $p_D \leq 1700$ N/mm^2	

Umlaufrädergetriebe werden erst ab einer Über- bzw. Untersetzung von $i = 20$ benutzt. Ihr Konstruktionsprinzip vereint hohe Leistungsdichte mit großen erreichbaren Übersetzungen. Sie sind thermisch empfindlich, gestatten aber eine große gestalterische Vielfalt (s. Abschn. 2.7.5 in [0.1]). In den meisten Fällen werden Ausführungen verwendet, bei denen die Planetenräder gleichzeitig mit einem innenverzahnten Hohlrad und einem außenverzahnten Zentralrad im Eingriff stehen. Diese Bauart von Planetengetrieben wird als Normalgetriebe (Bild 3-16) bezeichnet. Für den Zweiwellenbetrieb können 5, 4 oder 2 das Gestell bilden. Bei Untersetzung erfolgt der Antrieb am Ritzel 2 und der Abtrieb an der Stegwelle 5 ($n_{41} = 0$). Das dabei entstehende Drehzahlverhältnis wird Umlaufübersetzungsverhältnis $i_{25} = n_{21}/n_{51}$ genannt. Bei feststehendem Steg 5 ($n_{51} = 0$) entsteht das sogenannte Standübersetzungsverhältnis $i_{24} = n_{21}/n_{41}$ und bei feststehendem Ritzel 2 das Übersetzungsverhältnis $i_{45} = n_{41}/n_{51}$. Dabei gelten $i_{25} = 1 - i_{24}$ und $i_{45} = (i_{24} - 1)/i_{24}$.

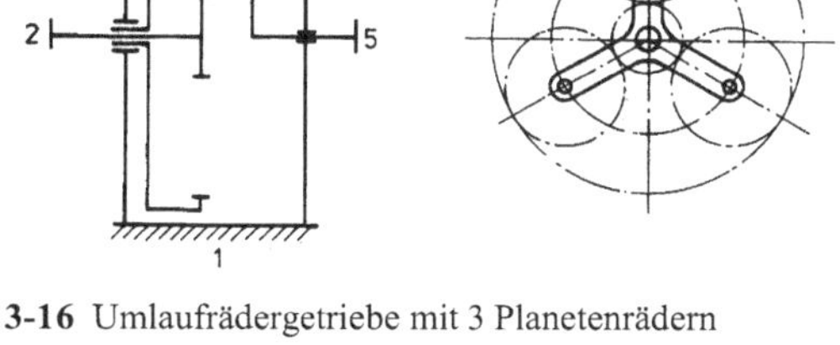

Bild 3-16 Umlaufrädergetriebe mit 3 Planetenrädern

1 Gestell
2, 4 Zentralräder (Ritzel, Hohlrad)
3 Umlaufrad (Planetenrad)
5 Steg

Das Standübersetzungsverhältnis ist leicht zu bestimmen, da sich die Drehzahlen n_{21} und n_{41} umgekehrt proportional zu den Zähnezahlen der jeweiligen Räder verhalten, die Räder aber gegenläufig drehen. Es gilt also $i_{24} = n_{21}/n_{41} = -z_4/z_2$ und damit $i_{25} = 1 + z_4/z_2$. Außerdem ist aus Bild 3-17 erkennbar, dass $d_4 = d_2 + 2\ d_3$ und bei Nullverzahnung $z_4 = z_2 + 2\ z_3$ werden. Die Abmessung des Umlaufrädergetriebes wird maßgeblich von den Durchmessern der Zahnräder beeinflusst, insbesondere vom Innendurchmesser des Hohlrads. Je nach Größe der Übersetzung und Werkstoffwahl wird die Belastbarkeit meist von der Flankentragfähigkeit einer der Zahnpaarungen bestimmt [3.22].

3.1.3.2 Hydrodynamische und mechanische Leistungsübertragung

Föttinger erfand um die Jahrhundertwende den *Strömungswandler* (hydrodynamischer Wandler). Bild 3-17 zeigt schematisch den Aufbau eines Zweiphasenwandlers (TRILOK-Wandler) und lässt die Wirkungsweise erkennen. Das Pumpenrad P überträgt die eingeleitete mechanische Leistung (M_1, n_1) an eine Flüssigkeit (Öl). Es entsteht dadurch eine stromgebundene kinetische Energie. Vom Turbinenrad T wird der Flüssigkeit diese Energie wieder entzogen und dem Verbraucher (M_2, n_2) zur Verfügung gestellt. Das ebenfalls mit Schaufeln ausgerüstete Leitrad L richtet den Flüssigkeitsstrom aus und ist dabei in der Lage, ein Stützdrehmoment gegenüber dem Gestell C aufzunehmen. Dabei überträgt des Leitrad keine Leistung.

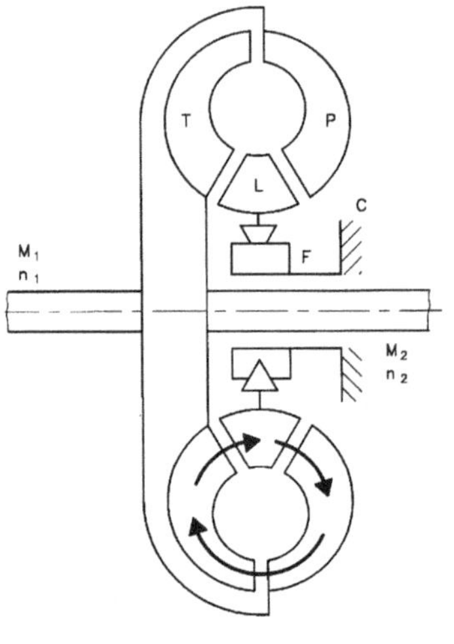

Bild 3-17 Prinzip des hydrodynamischen Wandlers (TRILOK-Wandler)

P Pumpenrad F Freilauf L Leitrad
T Turbinenrad C Abstützung

Mit Verweis auf VDI 2153 und [0.1] wird auf die Grundlagen des Strömungswandlers nicht weiter eingegangen.

Der antriebstechnische Nutzen des Strömungswandlers liegt in seiner Fähigkeit begründet, die primären Leistungsanteile (M_1, n_1) in entsprechende sekundäre (M_2, n_2) umzuwandeln. Die bekanntesten Bauarten für den Einsatz in Baumaschinen sind der TRILOK-Wandler und die Strömungskupplung. Zwischen Gestell C und Leitrad L ist nur bei dem TRILOK-Wandler ein Freilauf F eingebaut (Bild 3-17). In Strömungskupplungen sind weder Leitrad noch Freilauf enthalten. Mit ihnen ist keine Drehmomentenwandlung, nur eine Drehzahlreduzierung über Schlupf, möglich.

Da zwischen den Rädern des Strömungswandlers ein Kraftschluss besteht, ist die Drehzahlwandlung von der Belastung

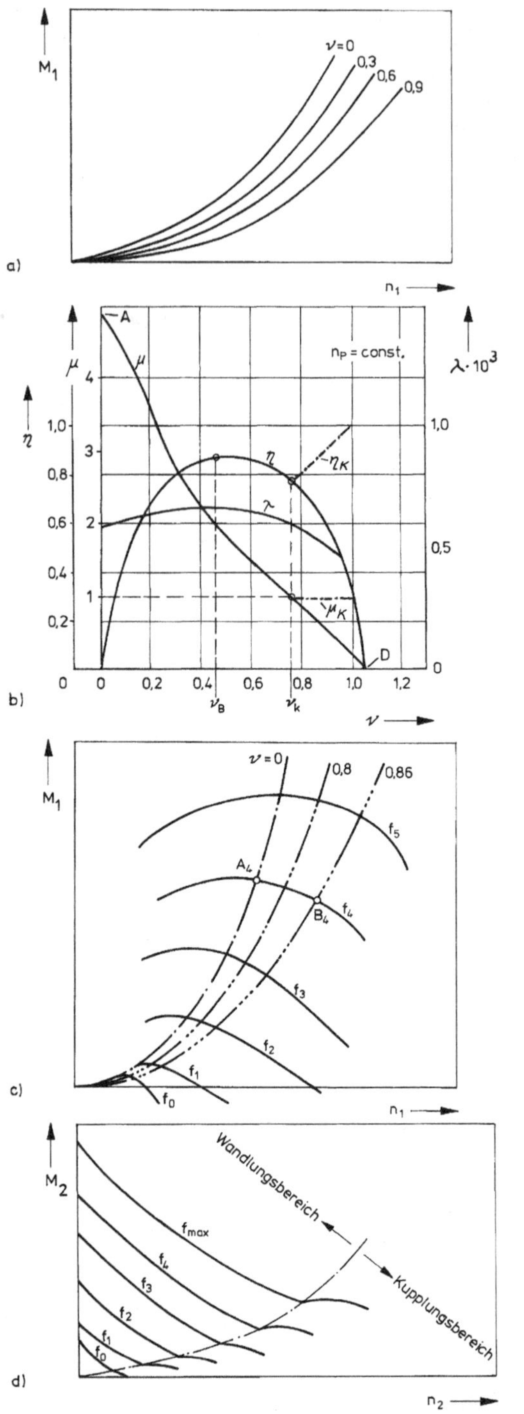

Bild 3-18 Kennlinien des hydrodynamischen Wandlers [3.23]

a) Eingangskennfeld
b) Ausgangskennfeld normiert
c) Eingangskennfeld für Dieselmotor und TRILOK-Wandler
d) Ausgangskennfeld für Dieselmotor und TRILOK-Wandler

Drehzahlverhältnis $\nu = n_T/n_P$
Drehmomentenverhältnis $\mu = M_T/M_P$
Wirkungsgrad $\eta = \mu\nu$
Leistungsaufnahmezahl $\lambda = M_P/(\rho\, d^5\, \omega_P^2)$
ω Winkelgeschwindigkeit
ρ Dichte der hydrodynamischen Flüssigkeit
d Durchmesser Pumpenrad
Schlupf $s = (n_P - n_T)/n_P = 1 - \nu$
f Kraftstoffmenge (Fahrpedalstellung)

Index: P Pumpenrad; T Turbinenrad; A Anfahrpunkt; B Betriebspunkt; K Kupplungspunkt; D Durchgehpunkt

abhängig (Hauptschlusscharakteristik). Die Vorteile aus der Wandlungsanpassung müssen mit niedrigeren Wirkungsgraden, im Vergleich zu der mechanischen Wandlung, erkauft werden. Strömungswandler mit starrer Schaufelanordnung weisen bei konstantem Füllvolumen das in Bild 3-18a gezeigte Eingangskennfeld für das Drehzahlverhältnis ν = konst. (Wandlerparabel) auf. Die übertragbare Leistung errechnet sich nach $P_1 = \lambda\, \rho\, \omega^3\, d^5$.

In der üblichen normierten Form wird das Ausgangskennfeld in Bild 3-18b gezeigt.

Der Wirkungsgrad η ist das Verhältnis aus den Leistungen P_T/P_P. Es gilt $\eta = 0$ für $\nu = 0$, bei $n_T = 0$ im sogenannten Anfahr- oder Festbremspunkt A und für $\nu = \nu_{max}$ bei n_{Tmax} im Durchgehpunkt D. Dazwischen befindet sich das Maximum in der Nähe des Auslegungs- bzw. Betriebspunkts $\nu = \nu_B$. Mit $\eta(\nu) = \mu\nu$ liegt auch der Verlauf für das Drehmomentenverhältnis (Wandlung) $\mu(\nu)$ fest. Es ergeben sich die Anfahrwandlung μ_A ($\nu = 0$) und die Wandlung μ_K ($\nu = \nu_K$) = 1. Im Kupplungspunkt ν_K haben Strömungswandler und Strömungskupplung das gleiche Übertragungsverhalten. In den meisten Anwendungen ist eine hohe Anfahrwandlung μ_A (Standschub) mit einem anschließend steilem Anstieg des Wirkungsgrads erwünscht. Praktisch wird das durch eine mehrstufige Turbinenausführung oder durch Verwendung mehrerer Wandlergänge erzielt. Bei Fahrantrieben ist von Nachteil, dass bei hohen Abtriebsdrehzahlen der Wirkungsgrad sehr steil abfällt. Diesem Verhalten wirkt die Eigenschaft des TRILOK-Wandlers entgegen, der den Strömungswandler ab ν_K zur Strömungskupplung (Bild 3-24) werden lässt. Gemäß Bild 3-18b werden dann für $\nu \geq \nu_K$ das Drehmomentenverhältnis von $\mu_K = 1$ und der Wirkungsgrad η_K von den strichpunktierten Kennlinienabschnitten beschrieben.

Bild 3-18c kombiniert die idealisierte Kennung eines Dieselmotors mit dem Eingangskennfeld eines Wandlers. Die Merkmale dieser Kombination werden von den Schnittpunkten A und B der Kennlinien bestimmt, da sich an der Wandlung Dieselmotor und Strömungswandler gemeinsam beteiligen. Am Beispiel der konstanten Kraftstoffmenge f_4 lässt das kombinierte Kennfeld eine Drehzahlwandlung zwischen n_2 = 0 im Punkt A_4 und $n_2 = 0{,}86\, n_1$ im Punkt B_4 zu.

Die Leistungsaufnahmezahl $\lambda(\nu)$ ist ein Maß für die übertragbare Antriebsleistung. Sie wird von den Abmessungen des Pumpen- und Turbinenrads sowie deren Anordnung bestimmt. Wenn die Räder in der Reihenfolge Pumpen-, Turbinen- und Leitrad angeordnet sind, entsteht ein rückwirkungsfreier Wandler, mit $\lambda(\nu)$ = konst. Abtriebsseitige Belastungsschwankungen (M_2) wirken nicht oder nur bedingt auf den Antrieb zurück. Man setzt diese Wandlerbauart ein, wenn eine Drehzahldrückung des Dieselmotors unerwünscht ist.

Der drückende Wandler entsteht durch die Reihenfolge Pumpen-, Leit- und Turbinenrad. Dadurch ergibt sich ein fallendes $\lambda(\nu)$ bei ansteigendem ν. Eine Erhöhung der abtriebsseitigen Belastung (M_2) wird zum Antrieb übertragen, was zur Drehzahldrückung des Dieselmotors führt. Mit einer Drückung im zulässigen (elastischen) Bereich kann man den Wandlungseffekt vergrößern. Vergleichbare Motor- und Wandlungsbeeinflussung erzielt man mit Wandlern, deren $\lambda(\nu)$ über ν abfällt [0.1].

Das Ausgangskennfeld der Kombination Dieselmotor und TRILOK-Wandler zeigt Bild 3-18d. Ergänzt mit den bisherigen Feststellungen lassen sich daraus folgende praktische Merkmale ableiten:

- Große Abtriebsdrehmomente (M_2) können aus der Wandlung auch nur bei maximalen Kraftstoffmengen (f_{max}) erzielt werden.
- Die praktisch erreichbare Drehmomentenwandlung beträgt $\mu \leq 3$.
- Der Wirkungsgrad der Wandlung wird nach dem Übergang in den Kupplungsbereich insbesondere bei großen Abtriebsdrehzahlen erheblich verbessert (TRILOK-Wandler).
- Der Antrieb mit Strömungswandler besitzt nur eine eingeschränkte Bremswirkung (Motorabstützung).

Der Strömungswandler mit leicht fallendem $\lambda(\nu)$ überträgt bei kleinen Antriebsdrehzahlen auch kleine Antriebsdrehmomente und umgekehrt. Außerdem steigt die Antriebsdrehzahl bei konstantem Antriebsdrehmoment und steigender Drehzahlwandlung ν. Dieses Übertragungsverhalten ist für Fahrantriebe mit automatischer Wandlungsanpassung besonders geeignet, weil auf diese Weise der Dieselmotor automatisch in den Drehzahlbereich mit optimalem Kraftstoffverbrauch gedrückt werden kann. Dabei ist zu beachten, dass Nebenabtriebe am Dieselmotor diese Selbstregelung negativ beeinflussen können.

Getriebeschema	M_1 1)	$\mu_G = M_2/M_1$	$\nu_G = n_2/n_1$	η_G 2)
 Strömungswandler	M_{P1000}	μ	ν	$\eta = \mu\nu$
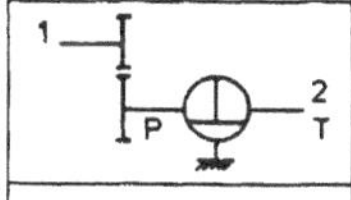	$-\nu_{ST}^3 M_{P1000}$	$-\mu/\nu_{ST}$	$(\nu_{ST} = -n_P/n_1)$ $-\nu\nu_{ST}$	$\eta = \mu\nu$
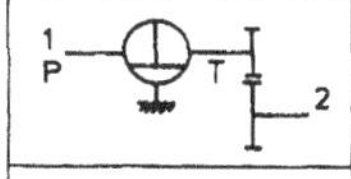	M_{P1000}	$-\mu/\nu_{ST}$	$(\nu_{ST} = -n_2/n_T)$ $-\nu\nu_{ST}$	$\eta = \mu\nu$
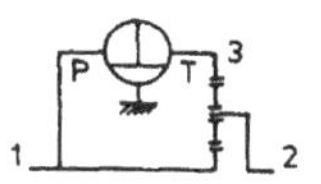	$(1-\mu\nu_{ST})M_{P1000}$	$\mu\dfrac{1-\nu_{STO}}{1-\mu\nu_{STO}}$	$\nu\dfrac{1-\dfrac{\nu_{STO}}{\nu}}{1-\nu_{STO}}$	$\eta\dfrac{1-\dfrac{\nu_{STO}}{\nu}}{1-\mu\nu_{STO}}$
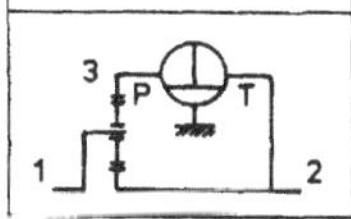	$\dfrac{(1-\nu_{STO})^3 M_{P1000}}{(1-\nu\nu_{STO})^2}$	$\mu\dfrac{1-\dfrac{\nu_{STO}}{\mu}}{1-\nu_{STO}}$	$\nu\dfrac{1-\nu_{STO}}{1-\nu\nu_{STO}}$	$\eta\dfrac{1-\dfrac{\nu_{STO}}{\mu}}{1-\nu\nu_{STO}}$

Tafel 3-13 Schemata und Angaben über die Wandlung von Strömungsgetrieben (VDI 2153)

1) Eingangsdrehzahl $n_1 = 1000\ \text{min}^{-1}$

2) mechanische Leistungsübertragung als verlustfrei angenommen

ν_{STO} Standübersetzung der Planetenstufe

μ_G und ν_G Wandlung des gesamten Getriebes

M_{P1000} Pumpendrehmoment bei $n_1 = 1000\ \text{min}^{-1}$

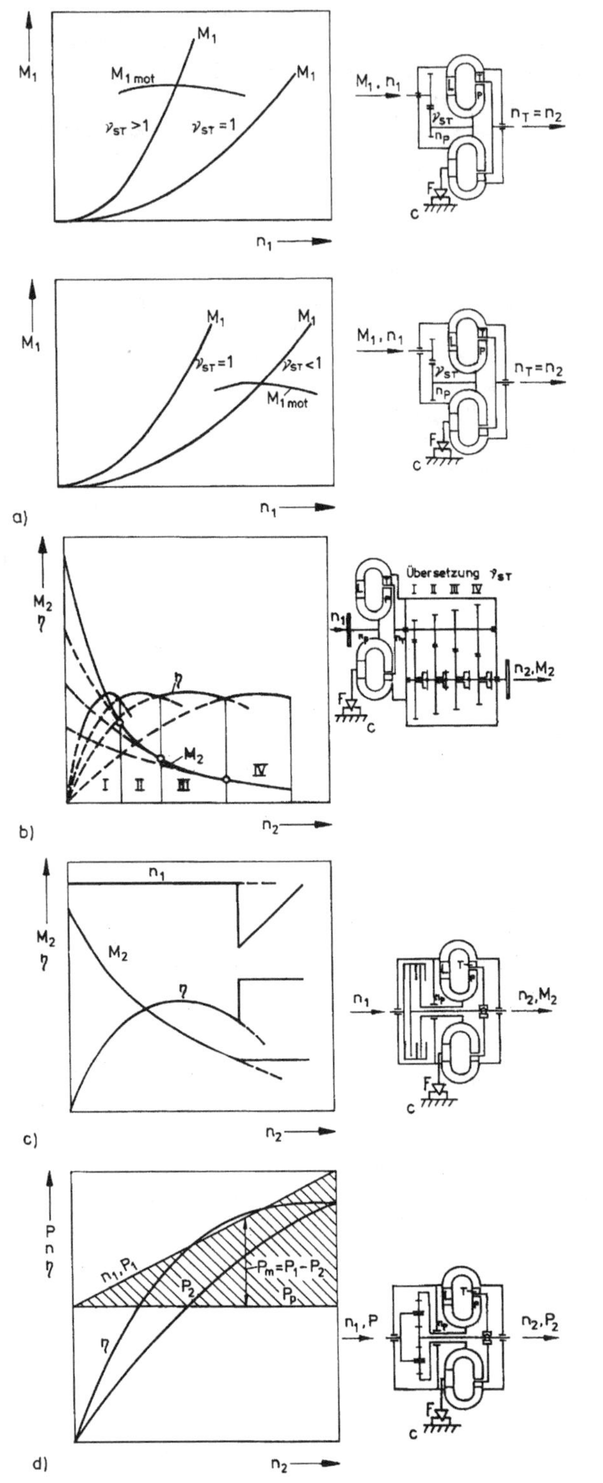

Bild 3-19 Kennfeldanpassung durch Srömungsgetriebe (VDI 2153)

a) mechanische Wandlerstufen vorgeschaltet
b) mehrstufiger mechanischer Wandler nachgeschaltet
c) mechanische Schaltkupplung
d) äußere Leistungsverzweigung

In Fällen, wo die Wandlungscharakteristik nicht ausreicht, kann man Strömungswandler mit veränderlicher Füllmenge einsetzen oder mechanische Übertragungselemente vor- bzw. nachschalten. Das ist dann der Fall, wenn der Wandlungsbereich von $\mu = 3$ überschritten werden muss, da die meisten Fahrantriebe von Baumaschinen Wandlungen von $\mu \geq 6$ erfordern. Die mechanischen und hydrodynamischen Wandlerelemente sind dann in einem gemeinsamen Gehäuse untergebracht und werden als *Strömungsgetriebe* (Turbogetriebe) bezeichnet. Beispiele für Bauprinzipien sind mit Angaben zur Bestimmung der Wandlung in Tafel 3-13 zusammengestellt.

Die Wirkung einer vorgeschalteten mechanischen Wandlungsstufe kann $\nu_{ST} > 1$ oder $\nu_{ST} < 1$ betragen. Bild 3-19a stellt dafür die Kennlinien dar. Soll der Verbraucher durch mehrere nachgeschaltete Wandlungsstufen angepasst werden, sind zusätzlich Schaltkupplungen erforderlich, was zu den Verhältnissen nach Bild 3-19b führt. Durch das bewusste Auswählen von Schaltstufen lässt sich auch der Arbeitsbereich des Wandlers auf verlustarme Zustände beschränken. Liegt der häufige Betriebsbereich bei $\nu > 0{,}8$, so wird nach dem Anfahren der Strömungswandler mit einer Schaltkupplung überbrückt, denn der Wandler wird hauptsächlich für den Anfahrvorgang benötigt. Dafür ergibt sich ein Kennfeld nach Bild 3-19c. Wegen des Wandlerwirkungsgrads ist eine weitere Antriebsvariante entstanden. Sie beruht auf der Leistungsverzweigung nach Bild 3-19d. Im Anfahrzustand unter Last wird die Antriebsleistung vorrangig vom Wandler hydrodynamisch übertragen. Mit zunehmender Drehzahl übernimmt der mechanische Leistungszweig (P_m) mit seinem besseren Wirkungsgrad einen immer größeren Anteil [3.24].

Die Gleichungen für mehrfache Leistungsverzweigung bei mechanischer und hydrodynamischer Übertragung sind von solcher Bedeutung für die Antriebe der Erdbaumaschinen, dass ihre Herleitung aufgezeigt werden soll. Grundlage bilden die analytischen Ansätze für rein mechanische Verzweigungen gekoppelter Planetengetriebe nach [3.25]. Dabei stellt die Verzweigung in einer *Stirnradstufe* nach Bild 3-20a den bekannten Fall dar. Unter der Bedingung, dass es sich um eine drehstarre Verbindung handelt, kann man die Drehzahlübertragung aber nicht die Aufteilung der Drehmomente angeben. Genau umgekehrt verhält es sich bei der Planetenradstufe mit Dreiwellenbetrieb nach Bild 3-20b. Es stellt ein *Verteilergetriebe* dar, wenn die Stegwelle 5 angetrieben wird und ein *Sammelgetriebe*, wenn die Stegwelle 5 als Abtrieb dient.

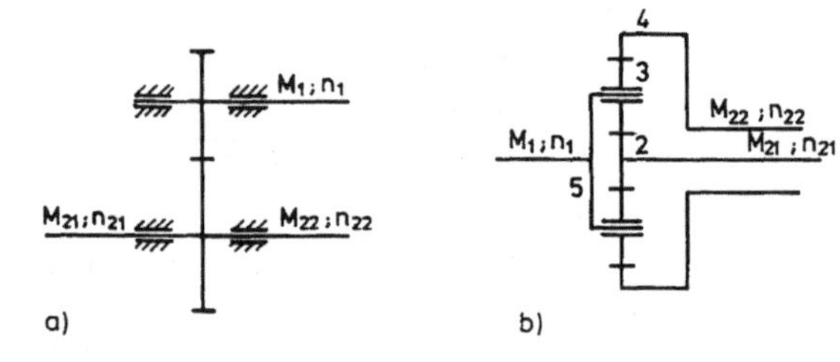

Bild 3-20 Grundprinzipien der mechanischen Leistungsübertragung

a) Stirnradstufe: n_2/n_1 = konst., M_2/M_1 = unbekannt
b) Planetenradstufe: n_2/n_1 = unbekannt, M_2/M_1 = konst.

Alle mechanischen Varianten mit einer Planetenradstufe lassen sich auf diese beiden Prinzipien zurückführen. Koppelt man die Achsen der Zentralräder 2 und 4 über einen Strömungswandler (Bild 3-21 und 3-22), dann entsteht eine mehrfache Leistungsverzweigung zwischen Antrieb 1 und Abtrieb 2. Für den im Bild 3-21 dargestellten Antriebsfall ergeben sich vier freie Drehzahlen, von denen aber das Verhältnis aus An- und Abtriebsdrehzahl festliegt, wenn der Wandler das der beiden anderen bestimmt.

Zur Beurteilung der Verzweigung sind je zwei Drehzahl-, Drehmoment- und Leistungsverhältnisse zu bestimmen. Das sind mit den Bezeichnungen nach Bild 3-21 n_2/n_1, n_p/n_1, M_2/M_1, M_p/M_1, $P_2/P_1 = \eta_G$ und P_p/P_1. Es bezeichnen η_G den Wirkungsgrad des Getriebes und η_H den des Wandlers. Zur Herleitung der Verhältnisse werden die Konstruktionsgrößen $u_1 = (n_s/n_p)_1$ bzw. $u_2 = (n_s/n_p)_2$ und das Wandlerdrehzahlverhältnis $\nu_0 = n_s/n_p$ eingeführt. Dabei bezeichnen u_1 das Drehzahlverhältnis von Turbinen- und Pumpenrad des Wandlers (s für sekundär und p für primär) bei feststehendem Antrieb (Verteilergetriebe) und u_2 bei feststehendem Abtrieb (Sammelgetriebe). Der Index 0 gilt dafür, dass keines der Glieder des Umlaufrädergetriebes festgehalten wird. Schließlich werden nun $(n_2/n_1)_0$ und $(n_p/n_1)_0$ in Abhängigkeit von den Konstruktionsgrößen u_1, u_2 und ν_0 gesucht.
Grundlage der folgenden Ableitungen bildet das bekannte Gesetz für Umlaufrädergetriebe, wonach sich am Drehzahlverhältnis der Glieder nichts ändert, wenn das festgehaltene Glied mit einer zusätzlichen Drehzahl beaufschlagt wird. Demnach gilt für festgehaltenen Abtrieb

$$(n_s/n_p)_2 = (n_{s0} - n_{20})/(n_{p0} - n_{20})$$

und nach weiteren Herleitungsschritten

$$(n_2/n_1)_0 (1 - u_2) = (n_p/n_1)_0 (\nu_0 - u_2)\,. \tag{3.1}$$

Mit dem gleichen Gesetz für Umlaufrädergetriebe wird bei festgehaltenem Antrieb

$$(n_s/n_p)_1 = (n_{s0} - n_{10})/(n_{p0} - n_{10})$$

und nach analoger Umformung

$$(n_p/n_1)_0 (u_1 - \nu_0) = u_1 - 1\,. \tag{3.2}$$

Der Index 0 wurde nur zum besseren Verständnis der Herleitungsschritte eingeführt. Man kann ihn nun weglassen und das gesuchte Drehzahlverhältnis nach Gl. (3.2) angeben

$$(n_p/n_1) = (u_1 - 1)/(u_1 - \nu)\,. \tag{3.3}$$

Die Gln. (3.1) und (3.3) ergeben das gesuchte Getriebedrehzahlverhältnis

$$(n_2/n_1) = [(u_1 - 1)(\nu - u_2)]/[(u_2 - 1)(\nu - u_1)]$$

bzw. nach ν umgestellt

$$\nu = \frac{(n_2/n_1)\,u_1 - [(u_1 - 1)/(u_2 - 1)]\,u_2}{(n_2/n_1) - [(u_1 - 1)/(u_2 - 1)]}\,. \tag{3.4}$$

Die Summe aller Drehmomente (an- bzw. abtreibende Richtung) muss null betragen. Konstruktionsgrößen des Getriebes nach Bild 3-22 sind $M_{p1}/M_{s1} = -u_1$, $M_{p2}/M_{s2} = -u_2$ und $M_s/M_p = \mu$. Gesucht werden die Übertragungsverhältnisse M_2/M_1 und M_p/M_1 in Abhängigkeit von u_1, u_2 und μ. Mit den Gleichgewichtsbedingungen

$$M_1 + M_{p1} + M_{s1} = 0$$

$$M_2 + M_{p2} + M_{s2} = 0 \tag{3.5}$$

und Verzweigungsbedingungen gilt

$$M_{pw} = M_p + M_{p2}$$

$$M_{s2} = M_s + M_{sw}\,. \tag{3.6}$$

Die Vorzeichenregel lautet für die im Gleichgewicht stehenden Drehmomente bei antreibender Eigenschaft

$$M_{p1} = -M_{pw};\quad M_{s1} = -M_{sw}\,. \tag{3.7}$$

Nach Einsetzen von $M_{s2} = -M_{p2}/u_2$ in Gl. (3.5) erhält man

$$M_2 = M_{p2}[(1/u_2) - 1]\,. \tag{3.8}$$

Außerdem entsteht mit $M_{s1} = -M_{p1}/u_1$ und Gl. (3.6)

$$M_{p1} = M_1[u_1/(1/u_1)]\,. \tag{3.9}$$

,

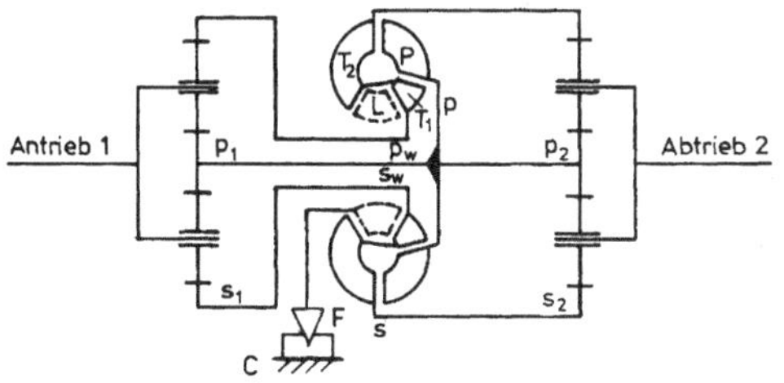

Bild 3-21 Grundprinzip der mechanischen und hydrodynamischen Leistungsübertragung

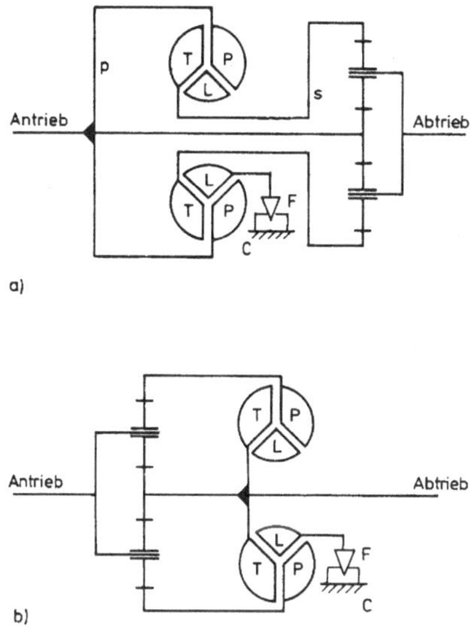

Bild 3-22 Varianten der mechanischen und hydrodynamischen Leistungsübertragung

a) Sammelgetriebe

b) Verteilergetriebe

Verknüpft man Gl. (3.6) mit Gl. (3.7) und führt man in Gl. (3.9) die Beziehungen $M_{s1} = -M_{p1}/u_1$ und $M_{s2} = -M_{p2}/u_2$ ein, so entsteht

$$M_s = -[1/(1/u_1)]M_1 - (1/u_2)M_{p2}\,.$$

Aus $M_s/M_p = \mu$ folgt

$$M_p = -\frac{1}{\mu(1 - u_1)}M_1 - \frac{1}{\mu u_2}M_{p2}\,. \tag{3.10}$$

Nun liefern nach Umstellung und Auflösung die Gln. (3.5), (3.6), (3.9) und (3.10)

$$M_{p2} = \frac{(1 - \mu u_1)\,u_2}{(1 - u_1)(\mu u_2 - 1)}M_1\,. \tag{3.11}$$

Wenn Gl. (3.11) in (3.10) bzw. Gl. (3.11) in (3.8) eingesetzt werden, erhält man die Beziehungen für die gesuchten Drehmomentenverhältnisse

$$\frac{M_p}{M_1} = \frac{u_1 - u_2}{(1 - u_1)(\mu u_2 - 1)};\quad \frac{M_2}{M_1} = \frac{(u_2 - 1)(\mu u_1 - 1)}{(u_1 - 1)(\mu u_2 - 1)}\,. \tag{3.12}$$

Drehzahl- und Drehmomentenverhältnis sind über $\eta_H = \nu\,\mu$ verknüpft. Für den Sonderfall $\eta_H = 1$ ergibt sich mit $\mu = 1/\nu$ das Drehmomentenverhältnis

$$\frac{M_2}{M_1} = \frac{(u_2 - 1)(u_1 - \nu)}{(u_1 - 1)(u_2 - \nu)} = \frac{1}{(n_2/n_1)}\,.$$

Das gesuchte Leistungsverhältnis $\eta_G = P_2/P_1$ bestimmt man aus dem Produkt des Drehzahl- und Drehmomentenverhältnisses. Es wird angenommen, dass die Differentialgetriebe selbst keine Verluste haben. Dann gilt

$$P_2 / P_1 = -\left[(P_{p2} / P_1) + (P_{s2} / P_1)\right] = \eta_G \tag{3.13}$$

mit $P_{p2} / P_1 = M_{p2}\, n_{p2} / M_1\, n_1$ und

$$P_{s2} / P_1 = M_{s2}\, n_{s2} / M_1\, n_1 . \tag{3.14}$$

Durch Einsetzen der Gln. (3.11) und (3.3) in (3.14) und unter Beachtung von $n_{p2} = n_p$ sowie $\eta_H = \nu\,\mu$ findet man

$$\frac{P_{p2}}{P_1} = \frac{(u_1\,\eta_H - \nu)\,u_2}{(u_2\,\eta_H - \nu)(u_1 - \nu)} . \tag{3.15}$$

Der zweite Teil von Gl. (3.14) liefert mit
$M_{s2} = -M_{p2}/u_2$, $n_{s2}/n_{p2} = (n_s/n_p)_0 = \nu$, $n_{p2} = n_p$
sowie den Gln. (3.11) und (3.3)

$$\frac{P_{s2}}{P_1} = -\frac{(u_1\,\mu - 1)\,\nu}{(u_2\,\mu - 1)(u_1 - \nu)} . \tag{3.16}$$

In Gl. (3.16) kann man $\mu = \eta_H/\nu$ ersetzen und erhält mit Gl. (3.15) sowie Gl. (3.12) das gesuchte Leistungsverhältnis

$$\eta_G = \frac{P_2}{P_1} = -\frac{(u_1\,\eta_H - \nu)(u_2 - \nu)}{(u_2\,\eta_H - \nu)(u_1 - \nu)} . \tag{3.17}$$

Außerdem ist mit den Gln. (3.3) und (3.12) das Verhältnis der Wandlereingangsleistung zur Getriebeeingangsleistung bestimmbar

$$\frac{P_p}{P_1} = \frac{M_p}{M_1}\frac{n_p}{n_1} = -\frac{(u_1 - u_2)\,\nu}{(u_2 \eta_H - \nu)(u_1 - \nu)} .$$

Die konstruktiven Größen u_1 und u_2 des Getriebes mit mehrfacher Leistungsverzweigung nach Bild 3-21 können Werte von $-\infty$ bis $+\infty$ annehmen. Die aus ihr abgeleiteten Einzelverzweigungen nach Bild 3-22 haben praktische Bedeutung erlangt. Sie stellen Sonderfälle dar und lassen sich aus der Mehrfachverzweigung bestimmen. Das Sammelgetriebe nach Bild 3-22a entsteht aus der mehrfachen Verzweigung bei $u_1 = \pm\infty$. Dafür erhält man aus obigen Gleichungen die Verhältnisse

$$\frac{n_p}{n_1} = 1; \quad \frac{n_2}{n_1} = \frac{\nu - u_2}{1 - u_2}; \quad \nu = (1 - u_2)\left(\frac{n_2}{n_1}\right) + u_2;$$

$$\frac{P_p}{P_1} = \frac{M_p}{M_1} = \frac{1}{1 - \mu u_2} = \frac{(1 - u_2)(n_2/n_1) + u_2}{(1 - u_2)(n_2/n_1) + u_2(1 - \eta_H)};$$

$$\frac{M_2}{M_1} = -\frac{(u_2 - 1)\,\mu}{\mu u_2 - 1} = -\frac{(1 - u_2)\eta_H}{(1 - u_2)(n_2/n_1) + u_2(1 - \eta_H)};$$

$$\eta_G = \frac{P_2}{P_1} = -\frac{\eta_H (u_2 - \nu)}{u_2 \eta_H - \nu} = -\frac{\eta_H (n_2/n_1)(1 - u_2)}{(1 - u_2)(n_2/n_1) + u_2(1 - \eta_H)} .$$

In gleicher Weise kann man das Verteilergetriebe mit einfacher Leistungsverzweigung nach Bild 3-22b von der mehrfachen Verzweigung für $u_2 = 0$ ableiten. Dafür erhält man aus obigen Gleichungen die Verhältnisse

$$\frac{n_2}{n_1} = \frac{\nu(u_1 - 1)}{u_1 - \nu}; \quad \nu = \frac{(n_2/n_1)u_1}{(n_2/n_1) + u_1 - 1};$$

$$\frac{M_p}{M_1} = \frac{u_1}{u_1 - 1}; \quad \frac{P_p}{P_1} = \frac{u_1}{\nu - u_1} = \frac{(n_2/n_1)}{1 - u_1} - 1;$$

$$\frac{M_2}{M_1} = -\frac{\mu\,u_1 - 1}{u_1 - 1} = -\frac{(n_2/n_1) - \eta_H\left[(n_2/n_1) - 1 + u_1\right]}{(1 - u_2)(n_2/n_1)};$$

$$\eta_G = \frac{P_2}{P_1} = -\frac{\eta_H\,u_1 - \nu}{u_1 - \nu} = -\frac{(n_2/n_1) - \eta_H\left[(n_2/n_1) - 1 + u_1\right]}{1 - u_1} .$$

Eine sehr gute Anpassung wird mit automatischen *Lastschaltgetrieben* erreicht, siehe Bild 3-23. In einem solchen Getriebe sind die Zahnradstufen ständig im Zahneingriff. Sie werden über hydraulisch betätigte Lamellenkupplungen kraftschlüssig zu- oder abgeschaltet. Dabei muss das Öffnen der einen Kupplung mit dem Schließen der anderen überlagert sein, damit Drehmomentensprünge vermieden werden. Die Schaltpunkte sind automatisch gesteuert. Trotzdem erfährt der Motor nach jedem Schalten eine gewisse Drehzahldrückung, die gedämpft durch den Wandler am Verbraucher ankommt. Das Lastschaltgetriebe erfordert eine Schalthysterese ($n_{1\text{-}2}$ bzw. $n_{2\text{-}3}$) zwischen Vor- und Rückschaltpunkt, um der Automatik ein stabiles Schaltverhalten zu verleihen [3.26].

Die praktische Nutzung des Strömungswandlers in Baumaschinen begann in den 1960er Jahren mit der Einführung von Lastschaltgetrieben (Power-Shift). Erdbauvorgänge verlangen von den Antrieben hochgradigen Aussetzbetrieb mit ständiger Reversierbewegung, sehr oft unter Volllast. Hier beweist sich schon nach wenigen Betriebsstunden das richtige Antriebskonzept. Eine Maschine, die große Arbeitsspielzeiten benötigt oder ihren Bediener wegen ständiger Schalthandlungen physisch ermüdet ist, im Erdbau unbrauchbar. Der schlechte Wirkungsgrad des Strömungswandlers (ca. 65 %, in optimalen Betriebszuständen bis 85 %) kompensiert sich mit den ungünstigen Eigenschaften einer rein mechanischen Wandlung. Konstruktive Lösungsbeispiele für hydromechanische Vorgelege- und Umlaufrädergetriebe werden in den Abschnitten 4.2.2 und 5.5.2 gezeigt.

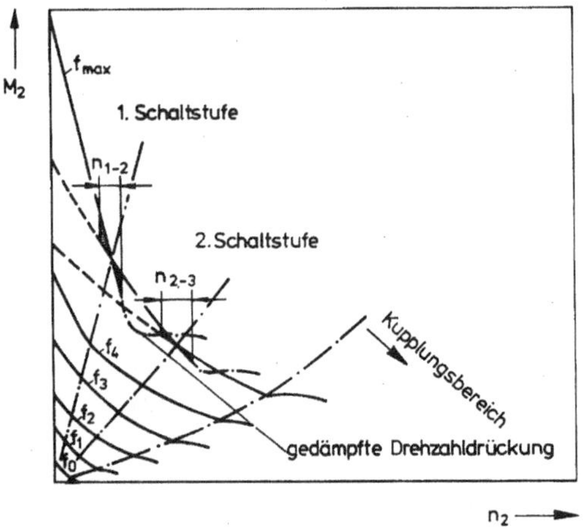

Bild 3-23 Abtriebskennfeld eines Automatik-Lastschaltgetriebes mit TRILOK-Wandler und Dieselmotor

Mit Bild 3-24 soll auch auf die Kennung einer *Strömungskupplung* eingegangen werden. Sie finden bevorzugt in Antrieben von Gurtförderern (Abschnitt 5.5) oder Brechern Verwendung. Ausgenommen bei hydrodynamischen Flüssigkeiten großer Dichte gilt für $\nu = 1$ unter Beachtung der Drehmomentenbilanz μ = konst. = 1 und damit $\eta = \nu$. Unabhängig von der Bauart und unter Vernachlässigung von Luftreibung verhält sich der Wirkungsgrad linear. Mit ansteigendem ν ($\nu \rightarrow 1$) fallen das zu übertragende Drehmoment und auch der Wirkungsgrad auf null ab. Die Auslegungswerte (Betriebspunkte) liegen bei ν_B = 0,97...0,98 bzw. $s_B = 0{,}02...0{,}03$. λ ($\nu = 0$) erreicht das Mehrfache des Auslegungswertes λ (ν_B). Die Strömungskupplung der Bauart nach Bild 3-24a zeigt bei λ ($\nu = 0$) eine sehr hohe Drehmomentenaufnahme. Das kann bedeuten, dass bei Anfahrbelastung der Dieselmotor abgewürgt wird. In solchen Fällen sind Strömungskupplungen mit Drehmomentbegrenzung durch Füllungsverzögerung (Bild 3-24b) zu bevorzugen.

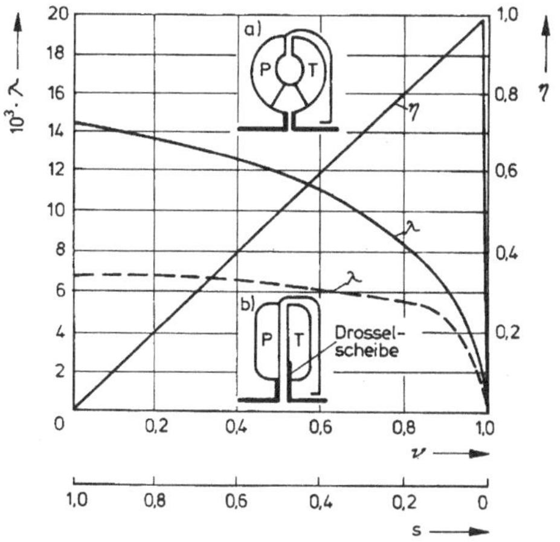

Bild 3-24 Kennlinie der Strömungskupplung
a) Normalausführung
b) mit Drehmomentenbegrenzung (Füllungsverzögerung)

3.1.3.3 Hydrostatische und mechanische Leistungsübertragung

Hydrostatische Leistungsübertragung erfolgt mit *Verdrängermaschinen* (hydrostatisches Getriebe s. Bild 3-25 und Abschn. 3.1.4), bestehend aus Stromerzeuger (Pumpe) und -verbraucher (Motor). Die Leistung wird mit Hilfe einer flüssigkeitsstromgebundenen Druckenergie übertragen. Ihr theoretisches Maß ist das Produkt aus Druckdifferenz Δp und Volumenstrom Q. Da diese Leistungsfaktoren große Werte annehmen können, lassen sich auch große Leistungen realisieren und auf mehrere Verbraucher aufteilen. Stromerzeuger und -verbraucher können örtlich voneinander entfernt liegen.

Wenn die Verdrängermaschinen über das Arbeitsvolumen V_g verfügen (V_{gP} primäres Pumpenfördervolumen; V_{gM} sekundäres Motorschluckvolumen), besteht eine direkte Kopplung zwischen der Drehzahl n und dem umlaufenden Volumenstrom Q sowie zwischen Druckdifferenz Δp und Drehmoment M. Bei Primärdrehzahl n_P = konst. und einem Übertragungswirkungsgrad $\eta_{ges} = 1$ gilt

$$Q_P = V_{gP}\, n_P = V_{gM}\, n_M; \quad \frac{M_M}{M_P} = \frac{V_{gM}}{V_{gP}};$$

$$M_M = \frac{V_{gM}}{2\pi}\Delta p; \quad P = V_{gP}\, n_P\, \Delta p. \tag{3.18}$$

Das Diagramm im Bild 3-26a gilt für stufenlose Pumpenverstellung bei Konstantmotor (Bild 3-25a), wobei unterschiedliche V_{gP}, V_{gM}-Kombinationen möglich sind. Maximales Motordrehmoment M_M wird von der Druckregelung im 1. und 3. Quadranten bestimmt. Wenn die Pumpe zusätzlich leistungsgeregelt ist (Bild 3-26b), wird die Leistung P begrenzt, indem Δp und M_M hyperbolisch vermindert werden.

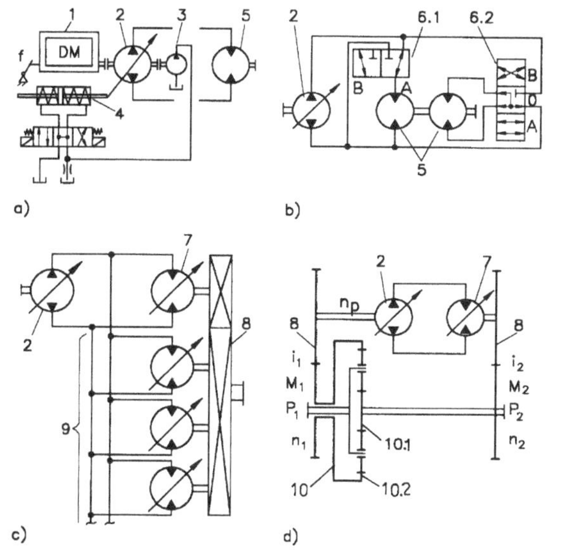

Bild 3-25 Schaltpläne hydrostatischer Getriebe
a) Verstellpumpe und Konstantmotor
b) Wegeventilverstellung für Verstellpumpe und zwei Konstantmotoren
c) Verstellpumpe und Mehrmotoren-Verstellantrieb
d) Leistungsverzweigung aus hydrostatischem und mechanischem Getriebe

1 Dieselmotor
2 Verstellpumpe
3 Steuerpumpe
4 Stellzylinder
5 Konstantmotor
6.1 Wegeventil VW1
6.2 Wegeventil VW2
7 Verstellmotor
8 mechanische Kopplung (Getriebe)
9 Nullhub-Verstellmotoren
10 Umlaufrädergetriebe
10.1 Ritzel mit Zähnezahl z_2, Drehmoment M_0, Leistung P_A
10.2 Hohlrad mit Drehzahl n_4, Zähnezahl z_4, Drehmoment M_H, Leistung P_H

Mit zusätzlicher stufenloser Motorverstellung (Sekundärverstellung) ergibt sich bei Druckabschneidung die im Bild 3-26c dargestellte Kennung eines hydrostatischen Getriebes. Die Pumpenverstellung wird für zwei Bereiche dargestellt. Sie endet jeweils an den mit I und II gekennzeichneten Punkten. Während der Motorverstellung mit Q_P = konst. wird die Motorverdrängung V_{gM}, beginnend in den unterschiedlichen Bereichen, hyperbolisch vermindert. Hier zeigt sich, dass noch höhere Drehzahlen mit unterschiedlichen V_{gP}, V_{gM}-Kombinationen erzielt werden. Verwendet man einen Verstellmotor mit nur zwei Stellpunkten (Schaltmotor), siehe Bild 3-26d, dann muss im Schaltpunkt V_{gM} im selben Verhältnis wie V_{gP} reduziert werden [3.27].

Ein reines hydrostatisches Getriebe mit stufenloser Pumpenverstellung und vier V_{gM}-Stufen zeigt Bild 3-25b.

Die vier Stufen werden mit zwei Konstantmotoren und zwei Wegeventilen (VW) möglich. Im Eilgang (Schaltstufe 4) arbeiten die Motoren ($V_{gM1} > V_{gM2}$) gegeneinander und erzeugen ein Drehmoment $M_M = (V_{gM1} - V_{gM2})\,\Delta p$ bei einem erforderlichen Volumenstrom von $Q_P = (V_{gM1} - V_{gM2})\,n_M$. In den vier Schaltstufen ergeben sich folgende Motorverdrängungen:

Schaltstufe	1	2	3	4
VW1 VW2	A A	A 0	B A	A B
V_{gM}	$V_{gM1} + V_{gM2}$	V_{gM1}	V_{gM2}	$V_{gM1} - V_{gM2}$

Durch Aufreihen von mehreren verstellbaren Hydromotoren und deren mechanische Kopplung über ein Summierungsgetriebe, siehe Bild 3-25c, erzielt man theoretisch jede

Wandlung (Bild 3-26e). Diese Bauart wird als Multi-Motor-System oder Mehrmotorenantrieb bezeichnet. Dabei ist zu beachten, dass nach hydrostatischem Abschalten der Nullhubmotoren (ohne Schleppmoment) immer nur ein Hydraulikmotor übrigbleibt, der für den Antrieb die Leistungsgrenze darstellt. Solche Lösungen sind kostspielig.

Das Ergebnis reiner hydrostatischer Wandlung durch Primär- und/oder Sekundärverstellung ist oft nicht ausreichend. Große Verstellungen verursachen auch immer hohe Verluste. Hier hilft die Kombination aus hydrostatischer und mechanischer Wandlung, siehe Bild 3-25d. Dabei wird das hydrostatische mit einem mechanischen Getriebe leistungsverzweigend so miteinander verbunden, dass die Vorteile beider zum Tragen kommen [3.28]. Die mechanische Differentialwirkung realisiert ein rückkehrendes Umlaufrädergetriebe, und die Kopplung entsteht durch zwei Stirnradstufen mit $i_1 = n_4/n_P = M_P/M_H$ sowie $i_2 = n_M/n_2 = M_2/M_M$ (Bezeichnungen s. Bild 3-25d). Die Antriebswelle mit M_1 und n_1 ist gleichzeitig Planetensteg. Es stellt sich eine Abtriebsdrehzahl n_2 ein, die von den Verdrängervolumen V_{gM} und V_{gP} abhängig ist, obwohl das hydrostatische Getriebe nur einen Teil der Leistung überträgt. Mit den bekannten Beziehungen für Umlaufrädergetriebe (Nullverzahnung)

$$z_4 = z_2 + 2z_3; \quad n_1(z_2 + z_4) = n_2 z_2 + n_4 z_4;$$

$$M_1 = M_A + M_H; \quad \frac{M_A}{M_1} = \frac{z_2}{z_2 + z_4}; \quad \frac{M_H}{M_1} = \frac{z_4}{z_2 + z_4}$$

und mit Gl. (3.18) gilt für die Übersetzungs- und Leistungsverhältnisse [3.27]

$$i_I = \frac{n_2}{n_1} = \frac{(1 + \frac{z_4}{z_2})\frac{V_{gP}}{i_1 i_2 V_{gM}}}{\frac{z_4}{z_2} + \frac{V_{gP}}{i_1 i_2 V_{gM}}}; \quad i_{II} = \frac{n_4}{n_1} = \frac{1 + \frac{z_4}{z_2}}{\frac{z_4}{z_2} + \frac{V_{gP}}{i_1 i_2 V_{gM}}};$$

$$\frac{P_A}{P_1} = \frac{M_A n_2}{M_1 n_1} = \frac{\frac{V_{gP}}{i_1 i_2 V_{gM}}}{\frac{z_4}{z_2} + \frac{V_{gP}}{i_1 i_2 V_{gM}}};$$

$$\frac{P_H}{P_1} = \frac{M_H n_4}{M_1 n_1} = \frac{\frac{z_4}{z_2}}{\frac{z_4}{z_2} + \frac{V_{gP}}{i_1 i_2 V_{gM}}}.$$

Die Bilder 3-26g und h zeigen für $z_2 = z_3$ und $i_1 = i_2 = 1$ die Drehzahl- und Leistungsverhältnisse in Abhängigkeit vom Verhältnis der Verdrängungsvolumina V_{gP}/V_{gM} nach diesen Gleichungen. Wird V_{gP}/V_{gM} auf einen kleinen positiven Wert eingestellt, dann drehen sich Stegwelle, Hohlrad und Abtriebswelle gleichsinnig. Der größere Leistungsanteil wird über das hydrostatische Getriebe geleitet. Da Verluste bei diesen Betrachtungen unberücksichtigt bleiben, ist die Summe der auf P_1 bezogenen Leistungsanteile immer eins. Mit zunehmenden Werten für V_{gP}/V_{gM} steigt die Abtriebsdrehzahl n_2 im Vergleich zu n_1, Hohlrad- und damit Pumpendrehzahl werden geringer. Bei $V_{gP}/V_{gM} = 1$ sind die Drehzahlen gleich groß. Erst wenn $V_{gP}/V_{gM} > z_4/z_2 = 3$ ist, wird der Leistungsanteil im mechanischen Zweig größer als im hydrostatischen.

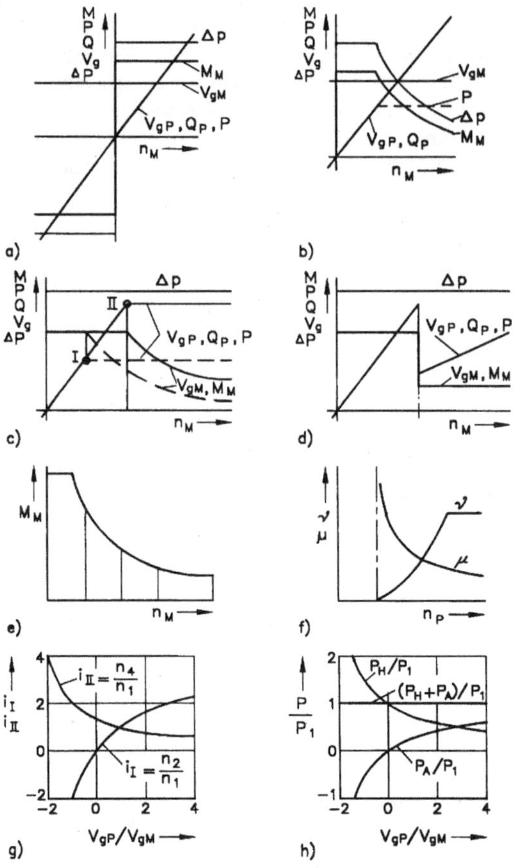

Bild 3-26 Kennlinien der hydrostatischen Getriebe nach Bild 3-25

Bei konstanter Pumpenleistung ergibt sich die im Bild 3-26e dargestellte Abtriebskennung eines reinen hydrostatischen Getriebes (Leistungshyperbel). Die Drehzahlwandlung ist grundsätzlich lastunabhängig (Nebenschlusscharakteristik). Für das Drehzahlverhältnis gilt $\nu = n_M/n_P = \eta_{vol} V_{gP}/V_{gM}$, mit η_{vol} als volumetrischem Wirkungsgrad und für das Drehmomentenverhältnis $\mu = M_M/M_P = \eta_{hm} V_{gM}/V_{gP}$, mit η_{hm} als hydraulisch, mechanischem Wirkungsgrad (Bild 3-26f). Das Arbeitsvolumen der Verdrängermaschinen kann im Bereich von Grenzwerten (V_{gmin}, V_{gmax}) stufenlos verstellt werden. Eine solche Regelstrategie bezeichnet man als *automotiv*.

Es ergeben sich in Abhängigkeit von den Verstellmöglichkeiten in einem hydrostatischen Getriebe folgende Wandlungsverhältnisse für die Drehzahl w_ν und das Drehmoment w_μ:

– Verstellpumpe und Konstantmotor

$$w_\nu = \frac{n_{M\max}}{n_{M\min}} = \frac{V_{gP\max}}{V_{gP\min}}; \quad w_\mu = \frac{M_{M\max}}{M_{M\min}} = \frac{V_{gP\max}}{V_{gP\min}}$$

– Verstellmotor und Konstantpumpe

$$w_\nu = \frac{n_{M\max}}{n_{M\min}} = \frac{V_{gM\min}}{V_{gM\max}}; \quad w_\mu = \frac{M_{M\max}}{M_{M\min}} = \frac{V_{gM\max}}{V_{gM\min}}$$

– Verstellmotor und Verstellpumpe

$$w_\nu = \frac{n_{M\max}}{n_{M\min}} = \frac{V_{gP\max} V_{gM\min}}{V_{gP\min} V_{gM\max}}$$

$$w_\mu = \frac{M_{M\max}}{M_{M\min}} = \frac{V_{gP\max} V_{gM\max}}{V_{gP\min} V_{gM\min}}.$$

Unter Beachtung realisierbarer Einstellgrenzen lassen sich praktische Verhältniszahlen für das rein hydrostatische Getriebe von $\mu = \infty$, $\nu \leq 4$ (bei Primärverstellung) und $\nu \leq 12$ (bei Primär- und Sekundärverstellung) realisieren [3.23].
Nach Bild 3-25a bilden Steuerpumpe und Stellzylinder die Kopplung des hydrostatischen Getriebes, indem ein definierter Zusammenhang zwischen $\nu = \eta_{vol} V_{gP}/V_{gM} = f(n_P)$ entsteht. Diese Kopplung kann auch durch elektrische Signale und Stellglieder erzeugt werden. Das Drehmomentenverhältnis wird praktisch nur von der Obergrenze des Systemdrucks und dem Wirkungsgrad begrenzt.
Die An- und Abtriebskennfelder für ein automotives hydrostatisches Getriebe mit Dieselmotor stellt Bild 3-27 dar.

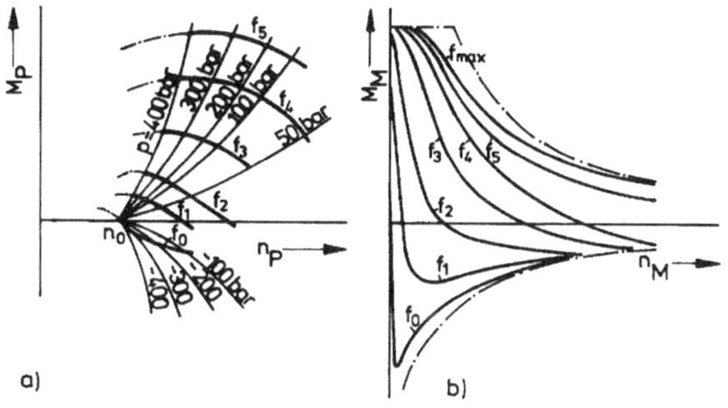

Bild 3-27 Kennfeld eines reversierbaren hydrostatischen Antriebs mit Primärverstellung und Dieselmotor (*f* Kraftstoffmenge)

a) Antriebskennfeld
b) Abtriebskennfeld

Es wird von folgenden Merkmalen gekennzeichnet:

- Das Antriebskennfeld ist nicht parameterfrei, denn $M_P = f(n_P)$ verändert sich mit steigendem Betriebsdruck, dieser entspricht M_M.
- Das hydrostatische Getriebe überträgt positive und negative Leistungen (Bremsmoment), beginnend mit der Leerlaufdrehzahl n_0.
- Die Drückung des Dieselmotors (Δn_P) ist nur vom Betriebsdruck abhängig.
- Das maximale Abtriebsdrehmoment M_M kann schon bei kleinster Antriebsleistung (M_P; n_P) erzeugt werden.

Ergänzend zu dieser vorgestellten automotiven Lösung sind vielfältige Erweiterungen bekannt, die zusätzliche Koppelfunktionen bewirken, z. B. die Grenzlastregelung zur Vermeidung von Motordrückung.
Die Wandlung w_F eines Fahrantriebs ist das Verhältnis aus maximaler Fahrgeschwindigkeit v_{max} und der Fahrgeschwindigkeit v_E im Eckpunkt (Bild 3-28f) des Fahrdiagramms.
Eine technische Neuheit bei Fahrantrieben stellen Kombinationen aus Zahnradgetriebestufen, Schaltkupplungen und Hydromotoren nach Bild 3-28a bis e dar, mit denen stufenlos und nahezu lastschaltfrei (automotiv) die Fahrgeschwindigkeit in großen Bereichen verstellt werden kann. Die Ausführungen nach Bild 3-28d und e werden unter der Bezeichnung *Hydrotransmatic* gebaut [3.29] und haben sich in der Praxis bewährt. Zwei Hydromotoren treiben über ein Zahnradvorgelege mit den Übersetzungen i_1 und i_2 die Abtriebswelle an. Es können beides Verstellmotoren (Bild 3-28e) oder einer davon ein Konstantmotor (Bild 3-28d) sein. Beim Durchfahren des gesamten Zugkraft-Geschwindigkeitsbereichs treten nacheinander drei Betriebszustände E bis A (Bild 3-28f) auf. Die Gesamtwandlung ist schließlich das Produkt aus den anteiligen Wandlungen der einzelnen Zustände. Es werden die Bedingungen bei Nennleistung wie folgt beschrieben:

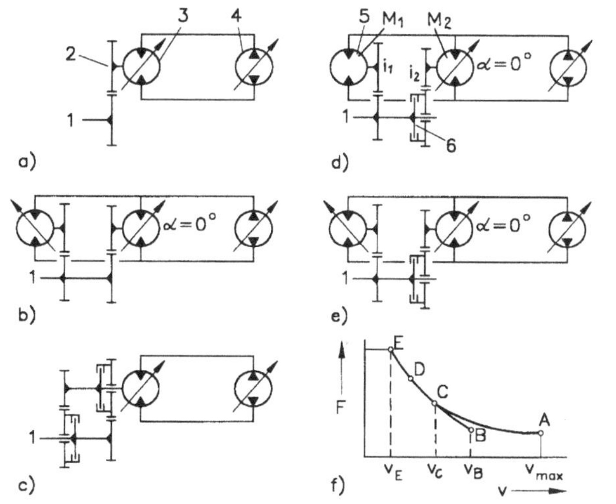

Bild 3-28 Hydrostatisch-mechanische Antriebsschemata für Drehzahlwandlung bei Fahrantrieben [3.29]

a) einfaches hydrostatisches Getriebe mit konstanter mechanischer Untersetzung
b) verzweigtes hydrostatisches Getriebe mit mechanischem Untersetzungs- und Sammelgetriebe
c) einfaches hydrostatisches Getriebe mit veränderlicher mechanischer Untersetzung (Schaltstufen)
d) Hydrotransmatic mit Konstant- und Verstellmotor
e) Hydrotransmatic mit zwei Verstellmotoren
f) Fahrdiagramm nach Antriebsschema d, für den Bereich E-B mit den Motoren M1 und M2 sowie für den Bereich C-A mit dem Motor M1

1 Abtriebswelle
2 mechanisches Getriebe
3 Verstellmotor
4 Verstellpumpe
5 Konstantmotor
6 Schaltkupplung

Zustand E bis D

Das Anfahren beginnt mit dem Ausschwenken der Pumpe bei einer Schwenkwinkelstellung $\alpha_P = 0$. Bis zum Eckpunkt E steht der Förderstrom Q_P unter maximalem Betriebsdruck Δp_{max} zur Verfügung, der dann bis α_{Pmax} (Punkt D) auf der Leistungshyperbel abgesenkt werden muss. Während der Pumpenverstellung steht der Verstellmotor auf maximalem Schwenkwinkel α_{Mmax}.

Zustand D bis B

Der Verstellmotor beginnt mit seiner Schwenkbewegung und verkleinert dabei sein Schluckvolumen. Da der Pumpenstrom konstant bleibt, muss sich der Motor immer schneller drehen. Er wird im Verstellbereich soweit zurückgeschwenkt (α_{Mmin}), bis unzulässige Motordrehzahlen oder -wirkungsgrade entstehen könnten. Erst dann erfolgt ein zügiges Umschalten auf Nullhub ($\alpha_M = 0$). Nach dem Betätigen der Kupplung im nunmehr lastfreien Zustand wird der Antriebsstrang des Verstellmotors vollkommen frei von Schleppdrehmomenten. Ab diesem Zustand übernimmt der Konstantmotor allein die Übertragung der Antriebsleistung. Der Förderstrom der Pumpe muss sich um den Betrag des vorher vom Verstellmotor aufgenommenen Anteils verringern. Sie schwenkt zurück und erhöht zugleich den Betriebsdruck um ein solches Maß, dass es zu keinem Drehmomentensprung kommt. Um bei längerem Betrieb in der Nähe des Umschaltpunktes B das ständige Zu- und Abschalten zu vermeiden, werden die Punkte B und C im Sinne einer Schalthysterese auseinandergezogen. Der Konstantmotor muss deswegen auch allein einen Leistungsanteil des Arbeitsbereichs abdecken, der sonst beiden Motoren zufällt. Die Überlappung der Kennlinie im Hysteresebereich ist bei der Motorbemessung zu berücksichtigen.

Wandlungsmerkmale der Antriebe nach Bild 3-29	Wandlungsverhältnisse Gleichung	mittlere Werte
Schema a): 1 Verstellmotor direkt und nicht auskuppelbar	$w_F = q f_\alpha$	3,5·2,5 ≈ 9
Schema b): 2 Verstellmotoren direkt und nicht auskuppelbar	$w_F = q \frac{V_{gM1} + V_{gM2}}{V_{gM1}} f_\alpha$	2,5·2,4·2,5 ≈ 15
Schema c): 1 Verstellmotor mit 2-Gang-Schaltgetriebe	$w_F = q f_\alpha i_G$	2,5·2,5·2,8 ≈ 18
Schema d): *Hydrotransmatic* mit Konstant- und Verstellmotor	$w_F = q\left[f_\alpha (q-1)+1\right]$	2,5[5,0(2,5-1)+1] ≈ 21
Schema e): *Hydrotransmatic* mit zwei Verstellmotoren	$w_F = q\left[f_{\alpha 2}(q-1)+1\right] f_{\alpha 1}$	2,5[5,0(2,5-1)+1]1,6 ≈ 34

Tafel 3-14 Wandlungsverhältnisse für hydrostatisch-mechanische Fahrantriebe nach Bild 3-28 [3.29]

Zustand C bis A

Die bis zum Eckpunkt E im Abschaltpunkt B zurückgeschwenkte Pumpe treibt allein den Konstantmotor unter maximalem Betriebsdruck Δp_{max} an. Durch erneutes Ausschwenken der Verstellpumpe erhöht sich deren Förderstrom und damit die Drehzahl des Konstantmotors. Sobald der größte Schwenkwinkel α_{Pmax} (Punkt A) erreicht ist, hat auch der Antrieb seine Fahrgeschwindigkeitswandlung ausgeschöpft. Die Fähigkeit zur stufenlosen und lastschaltfreien Fahrgeschwindigkeitswandlung stellt eine der wichtigsten Eigenschaften mobiler Baumaschinen dar. Das Wandlungsverhältnis w_F ist damit ein entscheidender Parameter von Fahrantrieben. Bei hydrostatisch-mechanischen Antrieben nach Bild 3-28 kann auf kombinierte Wandlungsanteile aus der Pumpen- und Motorverstellung sowie auf mechanische Übersetzungen zurückgegriffen werden.
Für diese fünf Antriebsvarianten werden in Tafel 3-14 die Gleichungen zur Bestimmung der Wandlung w_F angegeben. Die nachstehenden Herleitungen gelten nur für das Antriebsschema nach Bild 3-28d. Es ergibt sich für die Wandlung

$$w_F = \frac{v_{max}}{v_E} = \frac{n_{max}}{n_E} = \frac{Q_{Pmax}\,\eta_A}{V_{gM1}\, i_1}\,\frac{V_{gM1}\, i_1 + V_{gM2}(\alpha)\, i_2}{Q_P\,\eta_E} = q\frac{\eta_A}{\eta_E}\left(1+\frac{V_{gM2}(\alpha)}{V_{gM1}}\, i_{12}\right). \quad (3.19)$$

Im Punkt C von Bild 3-28f müssen die Geschwindigkeiten beider Antriebszustände (Motoren M1 und M2 gemeinsam bzw. Motor M1 allein) gleich groß sein

$$\frac{Q_P\,\eta_C}{V_{gM1}\, i_1} = \frac{Q_{max}\,\eta_B\, f_ü}{V_{gM1}\, i_1 + V_{gM2}(\alpha)\frac{i_2}{f_\alpha}}. \quad (3.20)$$

Mit den nachstehend erläuterten Definitionen für q, $f_ü$, f_α und i_{12} wird dann aus Gl. (3.20)

$$i_{12} = \left(q\frac{\eta_B}{\eta_C} f_ü - 1\right)\frac{V_{gM1}}{V_{gM2}(\alpha)} f_\alpha$$

und mit Gl. (3.19)

$$w_F = \left[f_\alpha\left(q\frac{\eta_B}{\eta_C} f_ü - 1\right)+1\right] q\frac{\eta_A}{\eta_E}. \quad (3.21)$$

In den Gleichungen (3.19) bis (3.21) und in Tafel 3-14 bezeichnen:

V_{gM1}	Schluckvolumen Konstantmotor
V_{gM2} (α)	Schluckvolumen Verstellmotor in Abhängigkeit vom Verstellwinkel α
i_1; i_2	mechanische Getriebeübersetzungen der Motoren 1 und 2 zur Abtriebswelle, mit $i_{12} = i_2/i_1$
i_G	Getriebeübersetzung für den Antrieb nach Bild 3-28c
Q_P	Pumpenförderstrom bei Höchstdruck
Q_{Pmax}	maximaler Pumpenförderstrom bei Nenndrehzahl
η_E	volumetrischer Wirkungsgrad, Mittelwert beider Motoren im Punkt E (Bild 3-28f)
η_B	volumetrischer Wirkungsgrad im Punkt B, Mittelwert beider Motoren bei Höchstdrehzahl von Motor 2
η_C	volumetrischer Wirkungsgrad im Punkt C, Motor 1 allein bei höchstem Drehmoment
η_A	volumetrischer Wirkungsgrad im Punkt A, Motor 1 allein bei höchster Drehzahl
$q = \frac{Q_{P\max}}{Q_P}$	Förderstromverhältnis der Pumpe
$f_ü = \frac{v_C}{v_B}$	Überdeckungsverhältnis der Schalthysterese
$f_\alpha = \frac{\sin\alpha_{\max}}{\sin\alpha_{\min}}$	Stellwinkelverhältnis des Verstellmotors ($f_{\alpha 1}$ für Verstellmotor 1 und $f_{\alpha 2}$ für Verstellmotor 2 der Antriebe nach Bild 3-29b und e).

Aus Gl. (3.21) ist ersichtlich, dass die Wandlung eines Fahrantriebs von q, $f_ü$, f_α und η abhängt. Die Baugröße V_{gM} der Motoren und die mechanischen Übersetzungsverhältnisse i_1, i_2 haben keine Auswirkung.

Anwendungsbeispiel

Die hergeleiteten Gleichungen werden zur Bemessung eines Fahrantriebs benutzt. Für die Bedingungen im Eckpunkt des Fahrdiagramms (Bild 3-28f) gilt mit der Zugkraft F_z in kN und der installierten Antriebsleistung P_A in kW für die Fahrgeschwindigkeit v_E in km/h

$$v_E = 3{,}6\, f\, \eta_{Pg}\, \eta_E\, \eta_{Em}\, \eta_{Am}\, \eta_{Gm}\frac{P_A}{F_z} \approx 1{,}90\,\frac{P_A}{F_z}.$$

Nach Eingesetzen in die Gln. (3.19) und (3.21) erhält man

$$w_F = \frac{v_{\max}}{v_E} = \frac{v_{\max}\, F_z}{3{,}6\, f\, \eta_{Pg}\, \eta_E\, \eta_{Em}\, \eta_{Am}\, \eta_{Gm}\, P_A} = \left[f_\alpha\left(q\frac{\eta_B}{\eta_C} f_ü - 1\right)+1\right] q\frac{\eta_A}{\eta_E}. \quad (3.22)$$

Es bezeichnen und gelten folgende Werte für das Anwendungsbeispiel:

f	Anteilsfaktor der Antriebsleistung P_A für die Pumpe (Abzug Nebenverbraucher); $f = 0{,}9$
V_{gP}	Schluckvolumen der Pumpe
Δp	Betriebsdruck bei Volumenstrom Q_P
n_P	Drehzahl der Pumpe
η_P	volumetrischer Wirkungsgrad der Pumpe bei Q_P; $\eta_P = 0{,}98$
η_{Pg}	Gesamtwirkungsgrad der Pumpe bei Q_P; $\eta_{Pg} = 0{,}82$
η_{Em}	Mittelwert der mechanischen Wirkungsgrade der Motoren im Eckpunkt; $\eta_{Em} = 0{,}91$
η_{Am}	mechanischer Achswirkungsgrad; $\eta_{Am} = 0{,}9$
η_{Gm}	mechanischer Getriebewirkungsgrad; $\eta_{Gm} = 0{,}97$; $\eta_E = 0{,}9$; $\eta_B = 0{,}94$; $\eta_C = 0{,}94$.

Nach Einsetzen der Zahlenwerte wird Gl. (3.22) zu

$$\frac{v_{max} F_z}{2{,}068 P_A} = \left[f_\alpha \, (q f_ü - 1) + 1\right] q. \qquad (3.23)$$

Mit Gl. (3.23) kann bei vorgegebener Zugkraft F_z, installierter Antriebsleistung P_A und Förderstromverhältnis der Pumpe q die erreichbare maximale Fahrgeschwindigkeit v_{max} errechnet werden. Umgekehrt lässt sich aber auch bei vorgegebener Geschwindigkeit die erforderliche Pumpenwandlung bzw. Pumpengröße V_{gP} bestimmen. Bei Erhöhung des Betriebsdrucks Δp wird wegen

$$Q_P = \frac{P_A \, f \, \eta_{Pg}}{\Delta p}$$

der Pumpenstrom Q_P kleiner und das Förderstromverhältnis q größer. Da q auf die Wandlung einen quadratischen Einfluss ausübt, lässt sich das Wandlungsverhältnis w_F mit steigendem Druck Δp stark erhöhen.

Die abschließende, gegenüberstellende Bewertung von mechanischer, hydrodynamischer und hydrostatischer Leistungsübertragung nach Tafel 3-15 soll helfen, die richtige Antriebslösung auszuwählen. Prinzipiell haben alle drei Varianten praktische Bedeutung in der Antriebstechnik von Baumaschinen erlangt. Es ist aber auch erkennbar, dass sich nur in der Kombination hydrodynamischer mit mechanischer und hydrostatischer mit mechanischer Leistungsübertragung die besten antriebstechnischen Lösungen ergeben.

3.1.4 Hydrostatisches Getriebe

Die Hydrostatik (Fluidtechnik) hat besonders bei Baumaschinen wegen ihrer vielen verzweigten Antriebe (Verbraucher) eine große Bedeutung. Sie wandelt die mechanische Leistung der Antriebsquelle in gut übertrag-, steuer- und verteilbare hydraulische Leistung um. Am Beispiel des Hydraulikbaggers wird die gesamte Nutzleistung des Dieselmotors in hydraulische Leistung umgesetzt und an Verbraucher (Fahr-, Schwenkantrieb, Arbeitszylinder) übertragen (Bild 3-29). Erst hier wird sie wieder in mechanische Leistung zurückgeformt. Alle an der Leistungswandlung und -übertragung beteiligten Komponenten eines Antriebs sind Bestandteil des sogenannten *hydrostatischen Getriebes*, siehe Bild 3-30.

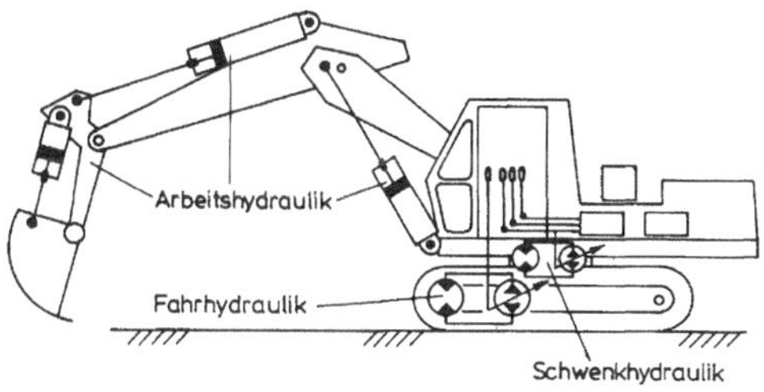

Bild 3-29 Hydrostatisches System am Hydraulikbagger

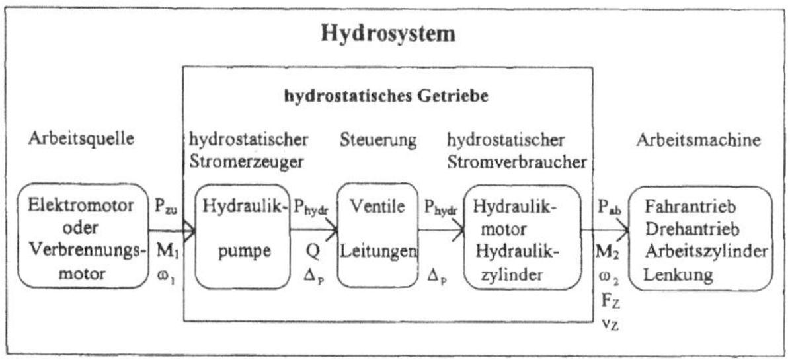

Bild 3-30 Schema des hydrostatischen Systems

Tafel 3-15 Vergleichende Merkmale für die Varianten der Leistungsübertragung [3.23]

Merkmale	mechanische Wandlung	hydrodynamische Wandlung	hydrostatische Wandlung
Masse-Leistungsverhältnis in kg/kW	1,2	0,1...0,3	0,9...1,5
Wirkungsgrad bei P_{max}	0,90...0,95	0,70...0,95	0,70...0,85
Drehmomentenverhältnis μ	≤ 5	≤ 3	≤ 4 (nur primär) ≤ 12
Drehzahlverhältnis ν	≤ 5	∞	∞
Fähigkeit zum Bremsen	schlecht	schlecht (Retarder)	sehr gut
Regelung der Fahrzustände - Beschleunigung - Fahrgeschwindigkeit - Verzögerung	 gut gut befriedigend	 sehr gut gut unbefriedigend	 sehr gut sehr gut sehr gut
Anpassungsfähigkeit bei Bergfahrt	gut	Wandlungsproblem	sehr gut
Anpassungsfähigkeit bei Talfahrt	schlecht	schlecht	sehr gut
Getriebedämpfung	befriedigend	sehr gut	schlecht

Beim Hydraulikbagger handelt es sich um eine vollhydraulische Lösung, die beispielgebend für andere hydrostatische Antriebe ist. Deshalb können am Bagger auch viele verallgemeinerungsfähige Zusammenhänge dargestellt werden.
In modernen *Hydrosystemen* (hydrostatische Systeme) von Baumaschinen sind besonders die Übertragungsverluste durch geeignete Systemgestaltungen in Grenzen zu halten. Lastangepasste Steuerungen und Regelungen ermöglichen heute durch Einsatz von Elektronik und Sensorik geeignete Lösungen. Aufbauend auf den Grundlagen der Hydrostatik [3.27] [3.30] bis [3.32] werden Hinweise zur Projektierung von Hydrosystemen für Baumaschinen gegeben. In den weiteren Ausführungen kommen die üblichen grafischen Symbole und Schaltpläne nach ISO 1219 zur Anwendung.

3.1.4.1 Projektierungshinweise

Bei der Projektierung von Hydrosystemen sind folgende Anforderungen zu beachten:

- hohe Kräfte und hohe Arbeitsgeschwindigkeiten bei kleinem Bauvolumen
- gleichzeitig und voneinander unabhängige Betätigung mehrerer Verbraucher (Gleichzeitigkeitsgrad) bei freizügiger Anordnung dieser Verbraucher für oszillierende und rotierende Bewegungen
- funktionsabhängige Verteilung der gesamten Antriebsleistung auf mehrere, wahlweise aber auch auf einen einzelnen Verbraucher
- lastdruckabhängige und feinfühlige Steuerung der Arbeitsbewegungen
- geringe Systemverluste, auch im Teillast-, Feinsteuer-, Leerlauf- und Überdruckbereich
- hoher Umweltschutz durch niedrige Geräusche, dichte Bauelemente und Eignung für biologisch unbedenkliche Hydraulikflüssigkeiten.

Unter der Bezeichnung *Mobilhydraulik* versteht man heute eine Ingenieurdisziplin, die sich ausschließlich den Fragen der Hydrosysteme von Arbeitsmaschinen (Förder-, Land-, Forst- und Baumaschinen) widmet. Auf diesem Spezialgebiet kann dieses Fachbuch nur Orientierungen vermitteln. Zahlreiche Quellen verweisen auf weiterführende Aussagen. Es ist zu bemerken, dass beim gleichen Maschinentyp nicht immer auch das gleiche Hydrosystem zur Anwendung kommt. Jeder Maschinenhersteller hat aus Wettbewerbsgründen seine eigene Systemlösung geschaffen. Die folgenden Hinweise tragen deshalb oft nur Beispielcharakter.
Die Projektierung eines Hydrosystems beginnt immer mit einer gewissenhaften Analyse der Funktionsabläufe einer Baumaschine. Hierzu werden Weg-Zeit/Schritt-Diagramme (Abläufe), Druck- bzw. Kraft-Zeit-Diagramme oder Drehmoment-Drehzahl-Diagramme bestimmt. Eine spezielle Methode ist dafür nicht bekannt. Am Beispiel eines Hydraulikbaggers werden die typischen Arbeitsspiele zum Aufzeigen der Funktionsanalyse erläutert. Dabei ist zu beachten, dass der Bagger wegen seiner universellen Eigenschaften für das Gewinnen, Umschlagen, Laden, Aufreißen, Planieren u.s.w. geeignet sein muss. Deshalb sind bei der Auslegung des Hydrosystems sehr oft auch Kompromisse unvermeidbar.
Bild 3-31 zeigt repräsentative Arbeitsspielphasen einzelner Verbraucher. Dabei ist der *Gleichzeitigkeitsgrad* (gleichzeitige Betätigung mehrerer Verbraucher) berücksichtigt. Dazugehörige Weg-Zeit-Diagramme und Werkzeugbahnkurven in der Maschinenebene werden in den Bildern 3-32 und 3-33 für Hydraulikzylinder der Arbeitsausrüstung dargestellt [3.33].

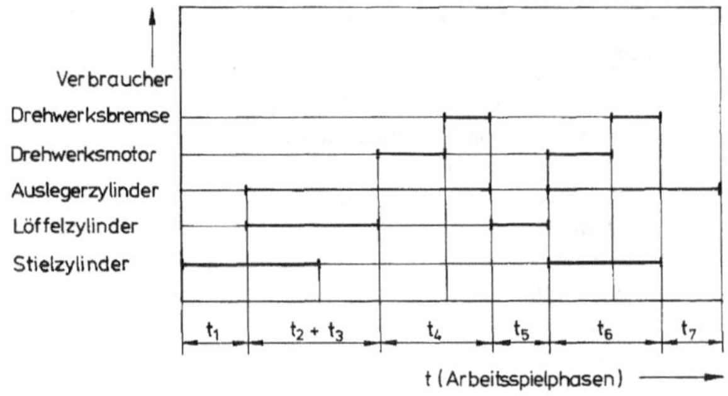

Bild 3-31 Arbeitsspielphasen eines Hydraulikbaggers im Tieflöffelbetrieb

t_1 Grab- bzw. Ladekurve, horizontal
$t_2 + t_3$ Grab- bzw. Ladekurve, Sichelschnitt
t_4 Heben und Drehen
t_5 Entleeren
t_6 Senken und Drehen
t_7 Senken bis zum Ausgangspunkt des nachfolgenden Arbeitsspiels

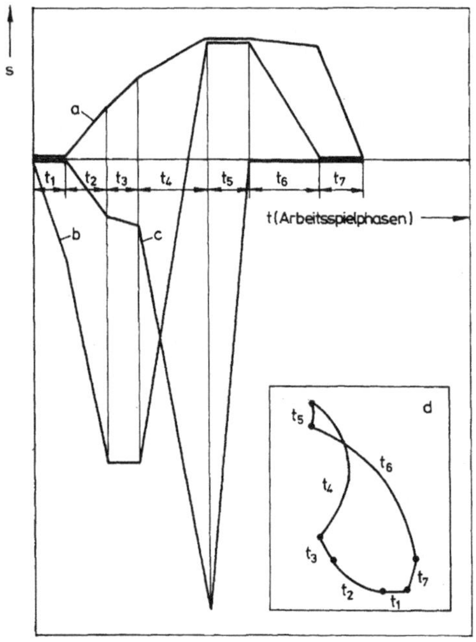

Bild 3-32 Weg-Zeit-Diagramm eines Hydraulikbaggers im Tieflöffelbetrieb

s Arbeitsweg einzelner Verbraucher in der vertikalen Ebene
t_1 bis t_7 s. Bild 3-31
a Auslegerzylinder
b Stielzylinder
c Löffelzylinder
d Werkzeugbahnkurve (Löffel) in der Maschinenebene

Nach technologischen Gesichtspunkten geben [3.34] und [3.35] Orientierungen für die Zeitverhältnisse in Arbeitsspielphasen. Es wird empfohlen, mit einem Verhältnis $t_G : t_S : t_E = 3 : 6 : 1$ zu arbeiten. Es bezeichnen (Bild 3-32):

$t_G = t_1 + t_2 + t_3$ Zeit für das Füllen des Grabwerkzeugs
$t_S = t_4 + t_6 + t_7$ Zeit für Drehen, Heben und Senken
$t_E = t_5$ Zeit für das Entleeren des Grabwerkzeugs.

Die notwendigen Arbeitswiderstände (z. B. Grabkräfte, Fahrwiderstände) muss man messen oder berechnen (s. Abschn. 3.5), um den erforderlichen Betriebsdruck für das Hydrosystem festlegen zu können. Bild 3-34 stellt beispielhaft den Kraftverlauf an verschiedenen Arbeitszylindern in allen Arbeitsspielphasen dar. Die Angaben dafür stammen aus Messungen [3.33].

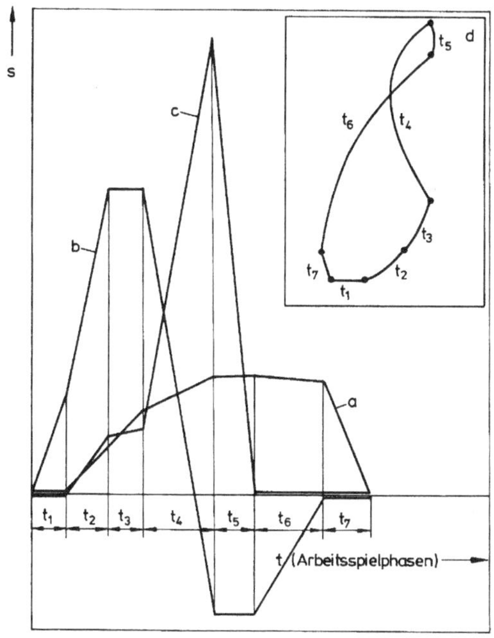

Bild 3-33 Weg-Zeit-Diagramm eines Hydraulikbaggers im Hochlöffelbetrieb (s. Bilder 3-31 und 3-32)

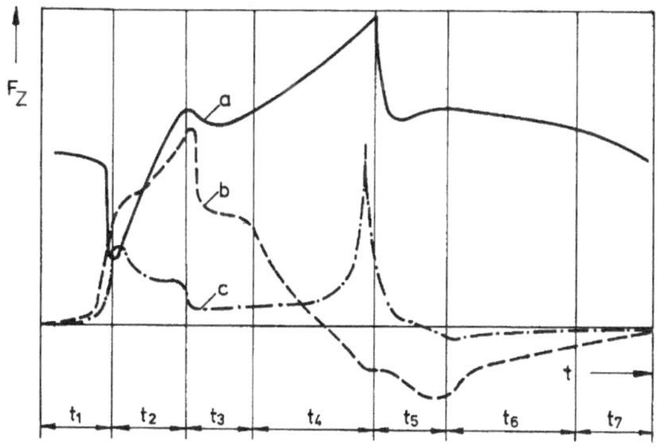

Bild 3-34 Kraft-Zeit-Diagramm eines Hydraulikbaggers im Tieflöffelbetrieb (s. Bilder 3-31 und 3-32)
F_Z Zylinderkraft

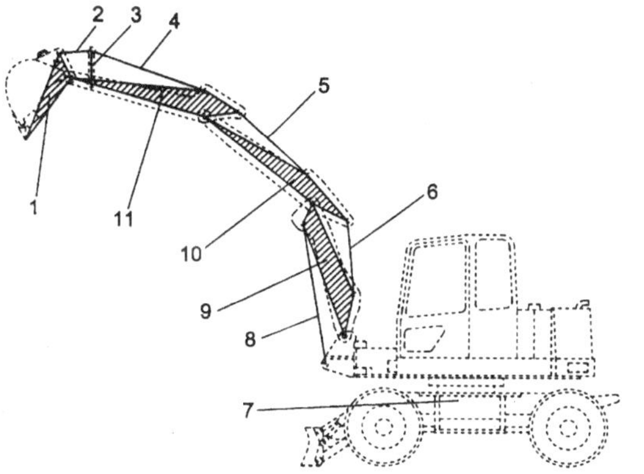

Bild 3-35 Arbeitsausrüstung eines Hydraulikbaggers als ebene kinematische Kette

1 Tieflöffel
2 Koppel
3 Schwinge
4 Löffelzylinder
5 Stielzylinder
6 Nackenzylinder
7 Grundgerät
8 Auslegerzylinder
9 Grundausleger
10 Nackenausleger
11 Löffelstiel

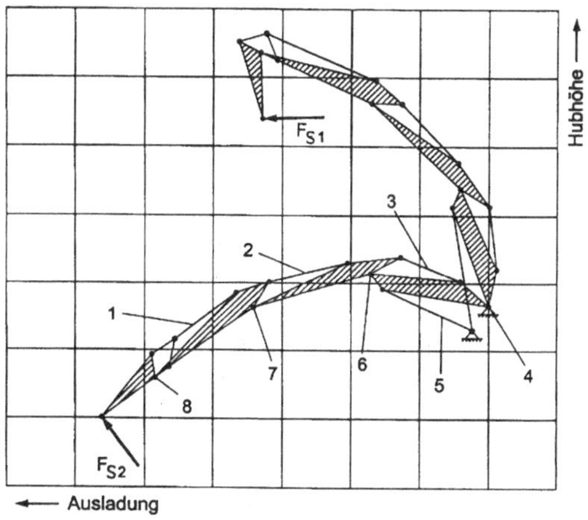

Bild 3-36 Zylinderkräfte als Ursache eines Arbeitswiderstands F_S für die Stellungen 1 und 2 der Arbeitsausrüstung [3.36]

1 Löffelzylinder
2 Stielzylinder
3 Nackenzylinder
4 Anschlussgelenk am Grundgerät
5 Auslegerzylinder
6 Nackengelenk
7 Stielgelenk
8 Löffelgelenk

Pos. Nr.	Kräfte Stellung 1 in kN	Kräfte Stellung 2 in kN
F_S	15	45
1	150	150
2	36	419
3	102	483
4	191	526
5	203	556
6	107	514
7	34	500
8	108	176

Sie lassen erkennen, dass auch alle nicht betätigten Hydraulikzylinder passive Stützkräfte aufzunehmen haben. Die Größe der aktiven oder passiven Zylinderkraft ist dabei von der Arbeitsaufgabe und von der Übersetzung der Arbeitsausrüstung abhängig. Hierzu lassen sich rechnerische Untersuchungen anstellen, siehe Abschnitt 4.2. Beim Hydraulikbagger wird von den Losbrech- oder Reißkräften nach DIN 24086 bzw. von Hublasten ausgegangen, um mit dem Modell eines offenen Gelenkgetriebes (Bild 3-35) für jeden Punkt der Werkzeugbahnkurve die Zylinderkräfte zu bestimmen. Ergebnisse einer solchen Rechnung werden im Bild 3-36 dargestellt.

Immer wieder wird die Frage nach dem optimalen Betriebsdruck eines Hydrosystems gestellt. Bei den Überlegungen spielen nicht nur die Abmessungen und Eigenmassen der hydrostatischen Komponenten eine Rolle. Insbesondere die druckabhängigen Verluste, der Wärmehaushalt und die Geräuschintensität machen eine genauere Untersuchung erforderlich. Grundsätzlich orientiert die Mobilhydraulik auf Betriebsdrücke zwischen 200 und 350 bar. Nur in Sonderfällen reichen sie bis 500 bar. Hohe Systemdrücke verringern den notwendigen Bauraum für Antriebselemente, erhöhen aber den Aufwand für das Kühlsystem (Verlustwärme). Weitere Hinweise zur Auslegung von Hydrosystemen nach energetischen Gesichtspunkten, auch unter Beachtung von Lastkollektiven, geben [3.37] bis [3.40].

Aus den technologischen Anforderungen einer Baumaschine sind deren Arbeitsgeschwindigkeiten abzuleiten. Wegen der Proportionalität zwischen Bewegungsgeschwindigkeit und Ölstrom lässt sich unter Beachtung der gewählten mechanischen (kinematische Kette) und hydrostatischen Übersetzung der erforderliche Ölstrom für jeden Verbrau-

cher berechnen. Es gelten die im Abschnitt 3.1.3.3 bestimmten hydrostatischen Wandlungsverhältnisse.
Die flexible Arbeitsweise eines Hydrosystems erfordert einen Stromerzeuger, der in Abhängigkeit vom zeitlichen Bedarfsverhalten eines Antriebs die erforderlichen Ölströme Q zu realisieren vermag. Die Ölstrom-Zeit-Funktion, wie sie Bild 3-37 beispielhaft zeigt, bildet schließlich die Grundlage für das Bemessen des Stromerzeugers. Dafür ist immer das Arbeitsspiel zutreffend, das die größten Ölströme erfordert. Für Hydraulikbagger wird empfohlen, den notwendigen Ölstrom Q_P (Konstantpumpe) bzw. Q_{Pmax} (Verstellpumpe) wie folgt festzulegen [3.41]:

$$Q_{P\max} \text{ bzw. } Q_P = (1{,}5...2)\, Q_m;$$

$$Q_m = \sum_{i=1}^{n} Q_i \frac{t_i}{t_{Sp}}. \qquad (3.24)$$

Es bezeichnen:
- Q_i Volumenstromstufe i
- Q_m mittlerer Volumenstrom über n Stufen, siehe Bild 3-37
- T_i Zeitdauer der Volumenstromstufe i
- T_{Sp} Zeitdauer des Arbeitsspiels.

Bei der Benutzung von Gl. (3.24) ist zu beachten, dass zusätzliche Ölströme aus Lecköl, Kompression oder aus der Vorsteuerung von Ventilen entstehen können und berücksichtigt werden müssen.
Das hydrostatische Getriebe kann aus einer *Einkreis-* oder *Mehrkreishydraulik* bestehen. Da bei Baumaschinen der Gleichzeitigkeitsgrad einzelner Verbraucher eine Rolle spielt, ist die Mehrkreishydraulik von größerer Bedeutung. Außerdem muss feststehen, ob ein einzelner Verbraucher von Konstantpumpen, Verstellpumpen oder daraus bestehenden Kombinationen versorgt wird. Befinden sich in einem Hydraulikkreis mehrere Verbraucher, dann spricht man von einer zentralen Ölversorgung. Hier wird zwischen einem zentralen Druckölnetz mit Konstantpumpe und Hydrospeicher oder Verstellpumpe und Hydrospeicher unterschieden [3.42] [3.43]. Mehrere Verbraucher sind entweder über Reihen-, Parallel- oder Differentialschaltung bzw. Gleichlauf-, Folge- oder Richtungssteuerung miteinander verbunden.
Die Gestaltung des hydrostatischen Getriebes richtet sich in erster Linie nach den funktionellen Anforderungen. Gleichermaßen ist es aber auch dem Antriebsmotor anzupassen (Systemeigenschaft). Für beide Anforderungen stehen Schaltungen und spezielle hydraulische Komponenten zur Verfügung, auf die nachfolgend eingegangen werden soll. Die Anforderungen an Mobilhydraulik erfordern technisch anspruchsvolle Lösungen und führen zu einem hohen Ventil- sowie Leitungsaufwand.

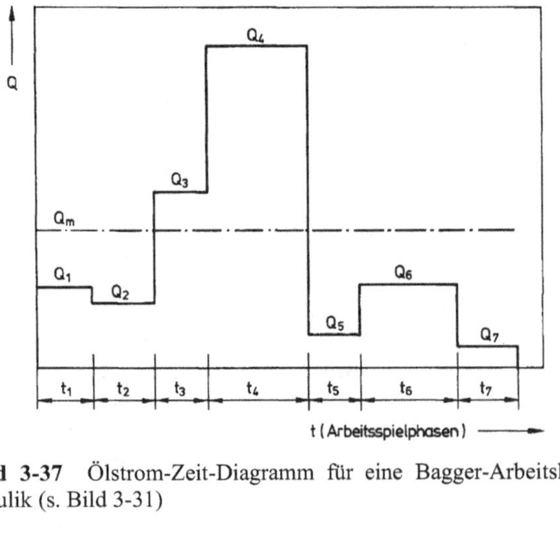

Bild 3-37 Ölstrom-Zeit-Diagramm für eine Bagger-Arbeitshydraulik (s. Bild 3-31)

3.1.4.2 Volumenstromteilung

Die Hydrosysteme der Mobilhydraulik verfügen in der Regel über mehr Verbraucher als Pumpen. Deshalb müssen die Volumenströme je nach Bedarf aufgeteilt werden bzw. für schnelle Arbeitsbewegungen einzelnen Verbrauchen bevorzugt zur Verfügung stehen. Aus der Vielzahl funktionsbedingter hydraulischer Schaltungen seien die Eilgang-, Gleichlauf- und Stufenschaltung genannt.
Die Eilgangschaltung, auch als Summenschaltung bezeichnet, hat sich in leistungsgeregelten Hydrosystemen durchgesetzt und soll als repräsentatives Beispiel näher erläutert werden. Es handelt sich dabei um eine sogenannte automatische Doppelbeaufschlagung eines Verbrauchers, wenn kein zweiter betätigt wird. Nach der Darstellung in Bild 3-38a versorgt je eine Pumpe die in einem Steuerblock zusammengefassten Verbraucher. Es ist möglich, den Volumenstrom beider Pumpen auf einen Steuerblock bzw. Verbraucher zu konzentrieren, damit dieser entsprechend schnellere Arbeitsbewegungen ausführt. Doppelbeaufschlagung wird beim Hydraulikbagger z. B. für Ausleger-, Stiel-, Löffelzylinder und für den Drehwerksantrieb vorgesehen. Zusätzlich befindet sich in jedem Steuerblock ein Ventil, mit dem man Stielzylinder bzw. Fahrwerksmotor mit Ölstrom bevorzugt versorgen kann. Die Summierung erfolgt auf der Basis von zwei 6/3 Wegeventilen extern oder mit einem 8/3 Wegeventil intern, siehe Bilder 3-38b und c. Für die gleichzeitige Ansteuerung verschiedener Verbraucher kann man Serien-, Parallel-, oder Tandemschaltungen benutzen, siehe Bild 3-38d. Mit der Parallelschaltung werden die Verbraucher A/B1 und A/B2 gleichzeitig bedient. Der Verbraucher A/B2 erhält bei der Serienschaltung das Rücköl vom Verbraucher A/B1. Wenn das gleichzeitige Betreiben der beiden Verbraucher ausgeschlossen werden soll, dann ist die Tandemschaltung einzusetzen.
Schaltkräfte und Schalthäufigkeiten sind so hoch, dass man heute fast ausnahmslos die hydraulischen Grundschaltungen mit einer *hydraulischen* oder *elektrischen Vorsteuerung* erweitert. Die Ventile werden mittels Vorsteuerhydraulik oder -elektrik betätigt. Mit ihrer Hilfe ist es z. B. bei der Baggerhydraulik möglich, eine automatische Trennung der gleichzeitigen Betätigung von Stiel- und Auslegerzylinder oder Stiel- und Löffelzylinder zu realisieren. Es ist auch üblich, bestimmte Verbraucher vorrangig mit hydrostatischer Leistung zu versorgen. Beim Hydraulikbagger ist das sehr oft der Drehwerksantrieb, wenn gleichzeitig der Stielzylinder betätigt wird.
In der Mobilhydraulik kommen *offene* oder *geschlossene Hydraulikkreise* zur Anwendung, siehe Bild 3-39. Das Rücköl beim offenen Kreislauf wird unabhängig vom Brems- oder Stützdruck mit der aufgenommenen Verlustwärme in den Behälter geleitet. Dadurch kann eine Pumpe mehreren Verbrauchern zugeordnet werden. Offene Kreise finden in der Arbeitshydraulik (Zylinder) und bei solchen Rotationsantrieben Anwendung, wo die Drehrichtungsumkehr und die Systemrückführung von Bremsenergie von untergeordneter Bedeutung sind. In geschlossenen Hydraulikkreisen wird das unter Druck stehende Hydrauliköl der Pumpenzulaufseite vom Hydraulikmotor zugeführt. Der Kreislauf ist nicht druckfrei, wodurch der Verbraucher eingespannt bleibt. In bestimmten Zuständen arbeitet die Hydraulikpumpe als Hydraulikmotor und umgekehrt. Bremsenergie kann rückgewonnen werden, bzw. kann sich der Verbraucher auf dem Dieselmotor bremsend abstützen. Diese Antriebe lassen einen Vierquadrantenbetrieb zu und sich feinfühliger sowie schneller steuern (Reaktionszeit).

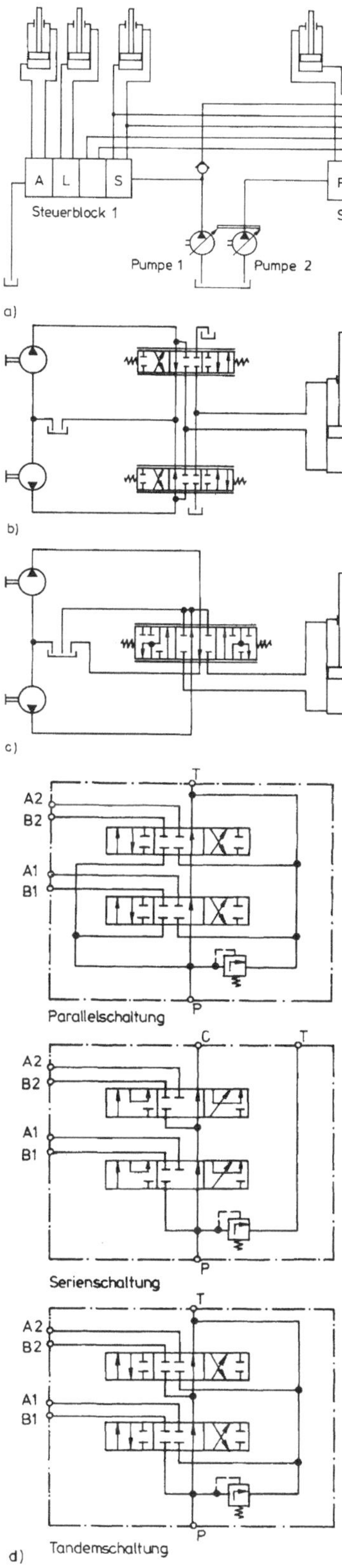

Bild 3-38 Schaltungsprinzipien der Baggerhydraulik mit Doppelbeaufschlagung zwecks Summierung oder Aufteilung von Hydraulikströmen

a) Prinzip der Doppelbeaufschlagung im Zweikreissystem
b) externe Summierung mit 6/3 Wegeventil
c) interne Summierung mit 8/3 Wegeventil
d) Parallel-, Serien- bzw. Tandemschaltung zwecks Aufteilung
In a) bezeichnen:

A Ausleger   P Planierschild
L Löffel   D Drehwerk
S Stiel   F Fahrwerk

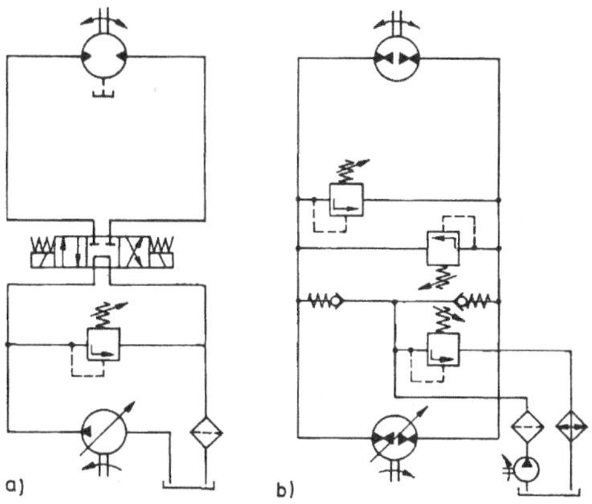

Bild 3-39 Förderstromkopplung

a) offener Kreislauf
b) geschlossener Kreislauf

3.1.4.3 Förderstrombedarfsanpassung

Bei der Anpassung an Arbeitsfunktionen spielen die hydrostatischen Systemverluste eine sehr große Rolle. Besonders in solchen Betriebspunkten, wie Leerlauf, Teillast, Feinsteuerung oder Überdruck, sind Maßnahmen zur Verlusteinschränkung unerläßlich. Schließlich muss man berücksichtigen, dass der Antrieb ein Leistungskollektiv zu realisieren hat und nicht nur in einem Nennbetriebspunkt arbeitet. Die Arbeitsbewegungen der Maschine müssen durch Förderstrombedarfsanpassung steuer- bzw. regelbar sein, wofür es die in Tafel 3-16 genannten hydrostatischen Konzepte gibt [3.44] [3.45]. Sie werden in der Regel mit den in Bild 3-40 dargestellten Schaltungsvarianten umgesetzt. Je energiebewusster sich eine der Varianten darstellt, um so kostspieliger und technisch aufwendiger ist deren Lösung.

Der vom Verbraucher nicht benötigte Volumenstrom wird im Ventil des *Konstantstromsystems* (Open Center System) als Verlustanteil in den Tank zurückgeführt, siehe Bild 3-41. Dabei bleibt der Volumenstrom unabhängig vom Lastdruck konstant (Leckverluste vernachlässigt) und ist nur von der Motordrehzahl abhängig. Im offenen Kreislauf wird das durch eine Konstantpumpe erreicht. Sind mehrere Verbraucher im Hydraulikkreis, dann erfolgt nacheinander eine lastdruckabhängige Bedienung. Das Konstantstromsystem bleibt einer Reihenschaltung der Verbraucher vorbehalten. Durch den Steuerbereich des Wegeventils wird der konstante Volumenstrom auf einem hohen Druck angedrosselt, so dass es auch zum Ansprechen der Druckbegrenzung kommen kann. Der dabei im Druckbegrenzungsventil hervorgerufene Verlust beträgt $(Q_P - Q_M)\, p_P$ und derjenige durch die Drosselung im Wegeventil $(p_P - p_M)\, Q_M$. Das Konstantstromsystem erzeugt somit eine hohe systembedingte Verlustleistung $P_V = (Q_P - Q_M)\, p_P + (p_P - p_M)\, Q_M$ und kommt deshalb nur noch in Nebenantrieben oder Hilfskreisen (Speisepumpen in geschlossenen Kreisen) zur Anwendung.

Bedarfsgerechter ist die Förderstromanpassung bei Verwendung einer Verstellpumpe, die über den Vorsteuerdruck p_V der Wegeventile verstellt wird (steuerdruckgeführte Pumpe), siehe Bild 3-40. Diese Lösung wird in den meisten Systemen mit drosselgesteuerter Druckkopplung angewendet. Die Pumpe schwenkt proportional zum höchsten Vorsteuerdruck des am höchsten belasteten Verbrauchers aus.

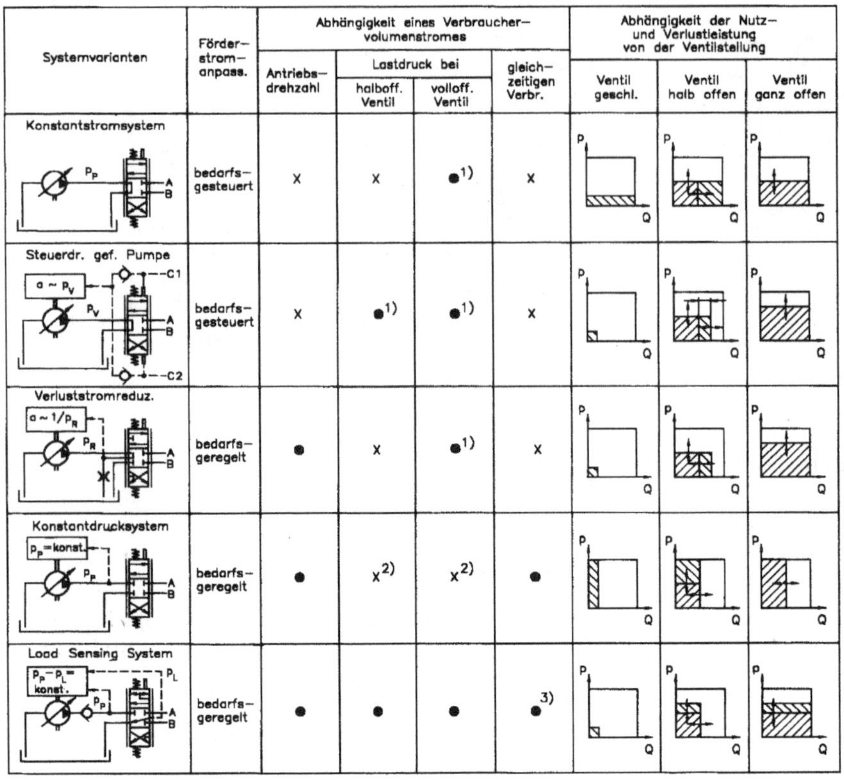

Bild 3-40 Systemvarianten für Förderstrombedarfsanpassung [3.46]

- • unabhängig
- × abhängig
- /// Nutzleistung
- \\\ systembedingte Verlustleistung;
- 1) vom volumetrischen Wirkungsgrad der Pumpe abhängig
- 2) starke Abhängigkeit
- 3) Abhängigkeit nur mit Druckwaagen

Tafel 3-16 Hydrostatische Konzepte zum Steuern und Regeln

Systeme mit Förderstromkopplung	Systeme mit Druckkopplung	
	Widerstandssteuerung	Verdrängersteuerung
Pumpensteuerung (primär)	Drosselsteuerung (Konstantpumpe)	Sekundärregelung
Motorsteuerung (sekundär)	Drosselsteuerung (Verstellpumpe)	–
Pumpen- oder Motorsteuerung	Load Sensing (Verstell- oder Konstantpumpe)	–

Dadurch reduzieren sich die Systemverluste erheblich. Damit jeder Verbraucher im Teillastbereich über drosselnde Wegeventile gesteuert werden kann, muss ein etwas größerer Volumenstrom entstehen, als vom Verbraucher benötigt wird.

Die Bedarfsregelung nach der eher selten benutzten Verluststromreduzierung (Bild 3-40) kann unabhängig von der Antriebsdrehzahl erfolgen, wenn die Verstellpumpe unterhalb ihrer Förderstrom- und Druckgrenze (Sättigung) arbeitet. Die Veränderung des Drosselquerschnitts im Wegeventil ergibt die Regelgröße für den Pumpenförderstrom. In der Ventil-Neutralstellung fördert die Pumpe nur einen kleinen Steuerölstrom durch die Ventile über eine konstante Drossel zum Tank. Mit zunehmender Verbraucheransteuerung nimmt dieser Steuerölstrom ab [3.47]. Dabei sinken Rücklaufvolumenstrom sowie Rücklaufdruck p_R, und der Pumpenregler vergrößert den Pumpenverstellwinkel α umgekehrt proportional zum Rücklaufdruck.

Die Bedarfsregelung ergibt sich mit dem *Konstantdrucksystem* (Closed Center System), siehe Bild 3-42. In Neutralstellung fließt kein Volumentrom über das Ventil zum Tank. Die Pumpe fördert nur, um den Systemdruck zu garantieren. Das wird mit einer Drosselsteuerung oder Verstellpumpe mit Druckregler erreicht (Widerstandssteuerung mit Verstellpumpe). Die Differenz aus Last- und Pumpendruck bildet die Regelgröße. Bei geschlossenem Ventil regelt die Pumpe ihren Volumenstrom bis zur Aufrechterhaltung des Drucks zurück. Im übrigen Steuerbereich entsteht durch die Drosselung im Wegeventil die systembedingte Verlustleistung $P_V = (p_P - p_M)\, Q_M$. Bei gleichzeitiger Betätigung mehrerer Verbraucher wird an jedem Wegeventil die Differenz zwischen Pumpendruck und Lastdruck entsprechend durch die Verstellpumpe abgeregelt und als Verlustanteil wirksam. Die Abregelung der Pumpe betrifft den Summenölstrom, so dass keine Verluste aus Mengenüberschuß entstehen können. Das ist im Vergleich zum Konstantstromsystem ein energetischer Vorteil.

Das Konstantdrucksystem besitzt aber immer noch Nachteile, denn die Druckdifferenz $p_P - p_M$ zur Ausnutzung des erforderlichen Steuerbereichs ist weiterhin sehr hoch. Darunter fallen auch die oft benutzten Begriffe wie Druckabschneidung oder Bedarfsstromsteuerung. Wegen der Drosselverluste bei großen Druckdifferenzen und wegen der Lastdruckabhängigkeit bei der Bewegungssteuerung kommt das Konstantdrucksystem in der Mobilhydraulik selten zur Anwendung.

Mit der *Load Sensing* (LS) – Bedarfsstromanpassung ("Last fühlend", s. Bild 3-40) wird ein konstanter Druckabfall in der Drossel des Wegeventils erzeugt [3.48] [3.49]. Für diese Regelung muss die Größe des Lastdrucks p_L über eine Meldeleitung dem Pumpenregler zugeführt werden. Dieser verstellt den Förderstrom so, dass die Druckdifferenz zwischen Pumpendruck p_P und Lastdruck p_L immer konstant bleibt.

Mit der bekannten Drosselgleichung [3.50]

$$Q = \alpha\, A \sqrt{2/\rho} \sqrt{p_P - p_L}$$

lässt sich nachweisen, dass dadurch ein proportionaler Zusammenhang zwischen Ventilöffnungsquerschnitt A und dem Volumenstrom Q der Verbraucher entsteht (α Durchflusskennzahl; ρ Dichte).

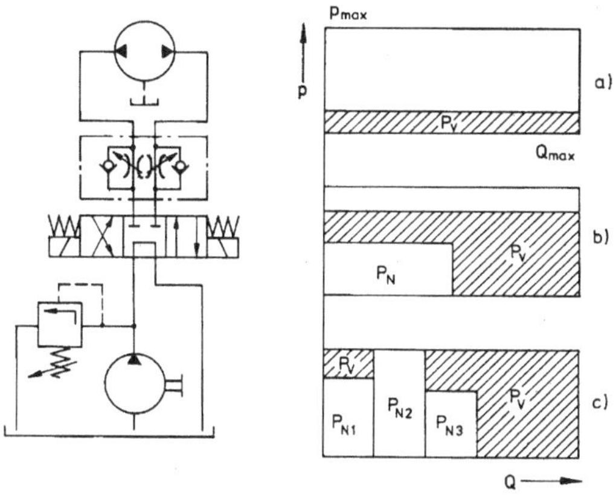

Bild 3-41 Druckkopplung nach Konstantstromprinzip

Verlustleistung P_V und Nutzleistung P_N für Varianten:
a) ohne Verbraucher
b) Teilleistung ein Verbraucher
c) Teilleistung drei Verbraucher

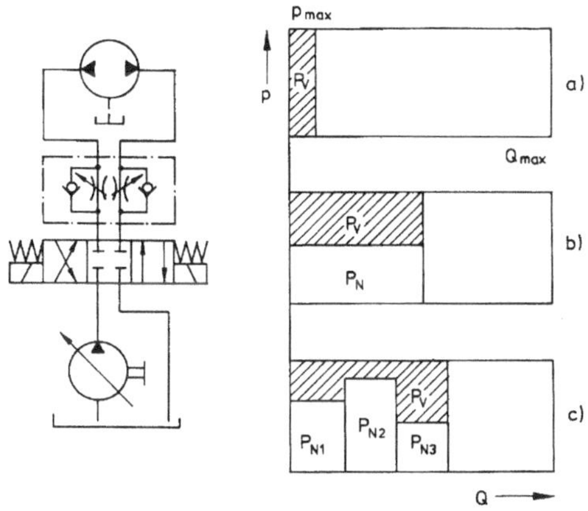

Bild 3-42 Druckkopplung nach Konstantdruckprinzip (s. Bild 3-41)

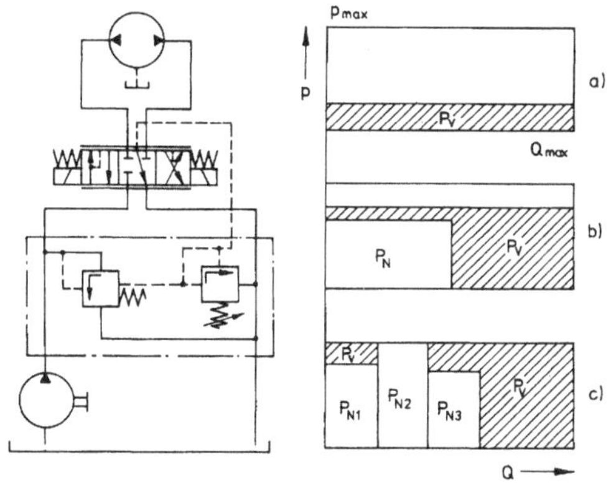

Bild 3-43 Druckkopplung nach Lastkompensationsprinzip mit Konstantpumpe (Load Sensing) (s. Bild 3-41)

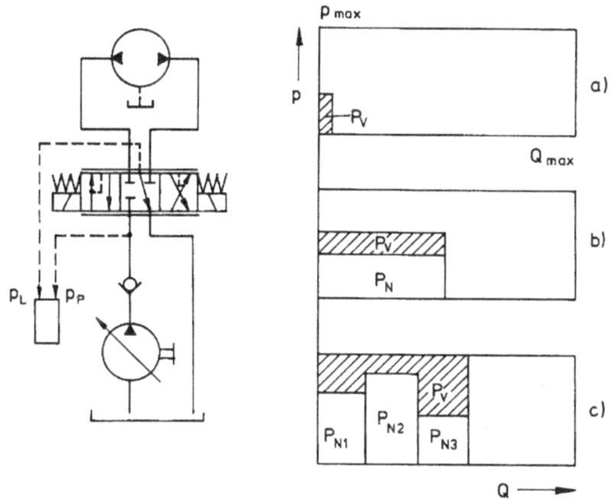

Bild 3-44 Druckkopplung nach Lastkompensationsprinzip mit Verstellpumpe (Load Sensing) (s. Bild 3-41)

Es handelt sich um ein System mit feinfühliger und lastdruckunabhängiger Leistungsbedarfssteuerung. Für den gleichzeitigen Betrieb mehrerer Verbraucher wird dem Pumpenregler der jeweils höchste Lastdruck über eine Auswahlschaltung (Wechselventile) gemeldet. Auch existieren Varianten mit Konstantpumpe (Open Center Load Sensing) und Verstellpumpe (Closed Center Load Sensing). Das System mit Konstantpumpe, siehe Bild 3-43, besitzt neben dem Druckbegrenzungsventil zusätzlich eine Druckwaage. Sie hat die Aufgabe, mittels einer Messdrossel bei abgeschaltetem Verbraucher den Volumenstrom der Konstantpumpe unter Verursachung eines sehr geringen Differenzdrucks ($p_D \leq 15$ bar) zum Tank zurückzuführen. Im Steuerbereich sorgt die Druckwaage dafür, dass sich der Pumpendruck p_P auf den Lastdruck p_L plus Differenzdruck p_D einstellt. Der nicht benötigte Volumenstrom fließt über die Druckwaage ab. Die systembedingte Verlustleistung beträgt damit $P_V = (Q_P - Q_M)\,(p_L + p_D) + Q_M\,p_D$. Grundsätzlich erreicht man mit diesem System im Vergleich zum Konstantstromsystem eine weitere Verbesserung der Energiebilanz.

Das Load-Sensing-System nach Bild 3-44 besitzt eine druck- und stromgeregelte Verstellpumpe. Wenn kein Verbraucher zugeschaltet ist, wird die Steuerleitung der Pumpe mit dem Tank verbunden und die differenzdruckgeregelte Pumpe fördert nur noch den Leckölstrom bei niedrigstem Umlaufdruck. Im Steuerbereich des Verbrauchers wird die Pumpensteuerleitung mit Lastdruck beaufschlagt. Daraus leitet sich ein Ausschwenken der Pumpe ab, bis im System der erforderliche Druck $p_L + p_D$ entsteht. Beim Betreiben mehrerer Verbraucher sind, wie bei der Konstantpumpe, Wechselventile oder Individualdruckwaagen nötig [3.46]. Mit diesem System gelingt eine Leistungsbedarfssteuerung. Die Pumpe stellt nur noch den vom Verbraucher benötigten Ölstrom zur Verfügung, und der Pumpendruck ist dabei um den Regeldifferenzdruck p_D des Pumpenreglers höher als der Lastdruck. Die Verlustleistung beträgt nur noch $P_V = Q_M\,p_D$.

Die Praxis zeigt, dass diese Überlegungen zur Leistungsbilanz teilweise auf Idealisierungen beruhen, wenn die Eigenschaften der gewählten gerätetechnischen Ausrüstungen unberücksichtigt bleiben [3.51]. Unterschiede aus der Verwendung von Sekundär- und Primärdruckwaagen auf funktionelle Zusammenhänge findet man in [3.43] erläutert.

Anwendungsbeispiel für Load Sensing

Wegen der Bedeutung für die Mobilhydraulik wird das im Bild 3-45 dargestellte Funktionsprinzip einer Load-Sensing-Schaltung näher erläutert. Nach dem Start des Dieselmotors schwenkt die Verstellpumpe 2 auf minimalen Förderstrom und fördert diesen aus dem Tank 1 gleichzeitig zur Druckwaage 5, zum Druckregler 3 und zur Volumenstromregeleinheit 4. In der Druckwaage gelangt der Ölstrom über den Eingangskanal zur Bohrung 7 des Druckwaagekolbens 8 sowie zur Drossel 15. Auf der Stirnfläche des Kolbens kann sich bis zum Eingang des Steuerschiebers der voreingestellte Druck (z. B. 25 bar) aufbauen. Hat sich dieser Druck eingestellt, wird der Kolben gegen die Wirkung der Druckfeder 9 verschoben, bis der Eingangskanal der Druckwaage nahezu verschlossen ist. In Neutralstellung des Steuerschiebers ist der LS-Steuerkanal mit dem Tank verbunden. Demzufolge ist auch die Druckfederkammer der Druckwaage über die beiden Drosseln und das Wechselventil 12 entlastet. Der Kolben 8 verharrt in seiner Stellung, und nur die Federkraft wirkt auf ihn. Erst nach Betätigung des Steuerschiebers wird dessen Ausgang mit dem Eingang verbunden. Dadurch liegt der Lastdruck am Rückschlagventil 11 an. Gleichzeitig gelangt der Lastdruck über den Steuerkanal des 4/3 Wegeventils zum Wechselventil 12 und über die beiden Drosseln 13 zur Druckfederkammer. Der anliegende Lastdruck verschiebt mit Unterstützung der Feder den Druckwaagekolben 8 und öffnet die Druckwaage. Dadurch sind Ein- und Ausgang der Druckwaage verbunden.

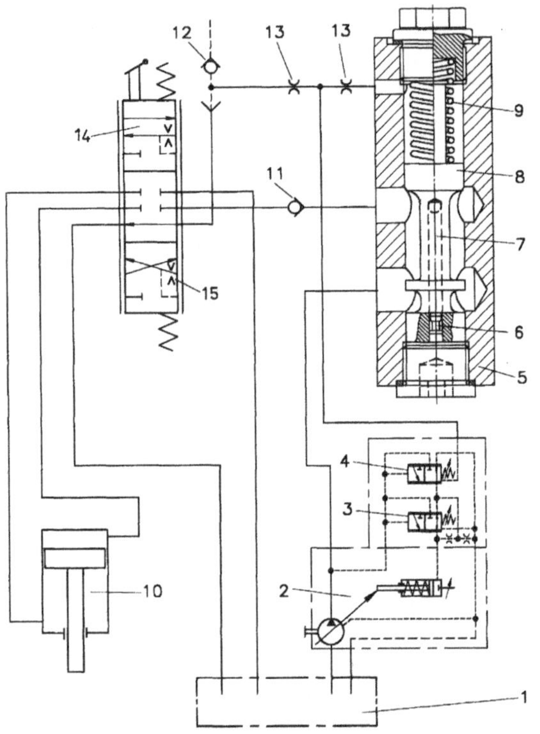

Bild 3-45 Funktionsprinzip (Schaltschema) einer Load Sensing Hydraulik [3.52]

1 Tank
2 Verstellpumpe
3 Druckregler (z. B. Druckabschneidung 200 bar)
4 Volumenstromregler (z. B. Druckeinstellung 25 bar)
5 Druckwaage
6 Drossel des Druckwaagekolbens
7 Bohrung im Kolben der Druckwaage
8 Kolben der Druckwaage
9 Druckfeder
10 Verbraucher (Hydraulikzylinder)
11 Rückschlagventil
12 Wechselventil
13 Drossel
14 Steuerschieber (Wegeventil)
15 Blende

Der zwischen den beiden Drosseln 13 abgenommene Lastdruck wird mittels einer Meldeleitung der Volumenstromregeleinheit zugeführt und bewirkt dort das Ausschwenken der Pumpe. Infolgedessen steigt der Pumpendruck an, überwindet den am Rückschlagventil 11 anstehenden Lastdruck und fließt über die Blende 14 im Steuerkolben dem Verbraucher 10 zu. Hier wirkt der Steuerkolben des Wegeventils wie eine Blende. Sie verursacht bei Ölfluss zum Verbraucher eine drosselnde Wirkung. Der daraus resultierende Druckabfall wird als Differenzdruck bezeichnet. Dieser wirkt über den Steuerdruckkanal zum Wechselventil 12 und über die beiden Drosseln 13 zur Druckfederkammer. Solange der Differenzdruck am Steuerschieberkolben und damit auf der Stirnfläche des Druckwaagekolbens größer als der Lastdruck in der Druckfederkammer ist, schwenkt die Verstellpumpe aus. Durch ansteigendes Druckniveau wird der Kolben 8 entgegen der Druckfederkraftrichtung verschoben und damit der Druckwaageeingangsquerschnitt verkleinert. Das hat zur Folge, dass zwischen Ein- und Ausgang der Druckwaage ein Druckabfall entsteht. Dieser bewirkt, dass der Pumpendruck um die Regeldifferenz der Volumenregeleinheit ansteigen kann, ohne dass der Druckabfall und damit die Durchflussmenge am Steuerschieberkolben beeinflusst wird.
Die zwischen den Drosseln 13 angeschlossene Meldeleitung überträgt den Lastdruck zur Volumenstromregeleinheit. Ist die Regeldifferenz zwischen Pumpen- und Lastdruck erreicht, wird ein weiteres Ausschwenken der Verstellpumpe verhindert. Wird der Hydraulikzylinder 10 bis an seinen Anschlag (Block) gefahren, so verhindert der Druckregler 3, dass die Verstellpumpe 2 einen unzulässig hohen Druck aufbaut. Der Druckregler sei z. B. auf 200 bar eingestellt. Ist dieser Wert erreicht, so wird über den Pumpenverstellkolben die Pumpe auf minimalen Förderstrom zurückgeschwenkt. Der eingestellte Druck von 200 bar bleibt aber solange erhalten, wie die „Blocksituation“ besteht.

Lastunabhängige Durchflussverteilung

In Verbindung mit Druckwaagen spricht man von *LUDV-Steuerungen* (lastunabhängige Durchflussverteilung, s. auch Abschn. 4.2.1). Deren Bedeutung hat in der Mobilhydraulik ständig zugenommen. Bei dem LS-System nach Bild 3-46a wird die Lastdruckunabhängigkeit zwischen mehreren Verbrauchern (hier zwei Verbraucher) über eine der Messblende vorgeschaltete Druckwaage erreicht. So lange wie der über die Messblendenquerschnitte angeforderte Volumenstrom kleiner als der Pumpenstrom ist, arbeitet das System lastdruckunabhängig. Wird mehr Volumenstrom von den Verbrauchern angefordert als die Pumpe fördern kann, bricht die Differenzdruckregelung (Δp) für die Druckwaagen zusammen. Die Druckwaagen öffnen und verlassen ihre Regelfunktion. Dadurch wird der Pumpenfördertstrom nicht mehr proportional zu den Messblendenquerschnitten aufgeteilt. Er fließt lastdruckabhängig zu dem Verbraucher mit der geringsten Belastung. Der Verbraucher mit hoher Belastung reduziert seine Geschwindigkeit (bis zum Stillstand).
Bei dem LS-System mit LUDV-Steuerung nach Bild 3-46b bleibt die Lastdruckunabhängigkeit durch Nachschalten der Druckwaagen erhalten. Funktionsgrundlage bildet dabei, dass der höchste Verbraucherdruck (hier p_2, s. Bild 3-47) an die Pumpe und an alle Druckwaagen gemeldet wird. Das vom Druck-Volumenstromregler vorgegebene Δp wird als Regelgröße benutzt. Der Pumpenförderstrom ist proportional den Messblendenquerschnitten A_1 und A_2, siehe Bild 3-47. Da die Drücke p_1' und p_2' gleich groß sind, gilt auch $\Delta p_1 = \Delta p_2$.
Tritt nun wieder der Zustand ein, dass der Pumpenstrom nicht ausreicht, die Messblendenquerschnitte zu sättigen, dann reduzieren sich Δp_1 und Δp_2. Mit dem lastdruckhöheren Meldesignal p_2 an alle Druckwaagen erfolgt die Volumenstromverteilung lastdruckunabhängig nach der Bedingung $Q_1/Q_2 = A_1/A_2$.

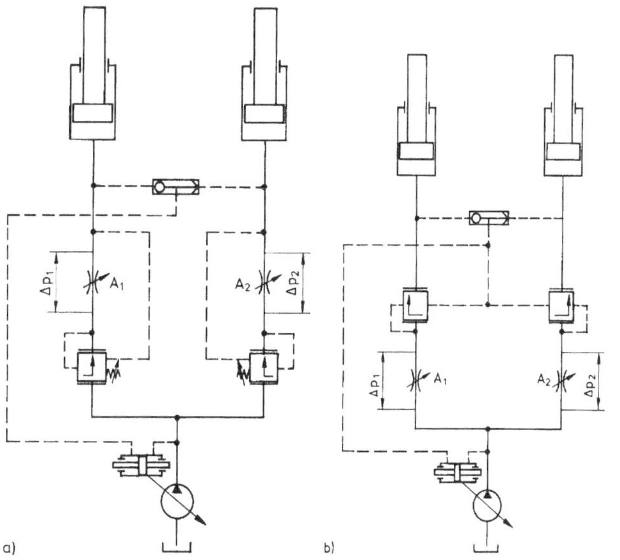

Bild 3-46 Load-Sensing-Steuerung [3.53]
a) mit vorgeschalteter Druckwaage,
bei $Q_P < \Sigma\, Q_V$ und $Q = f(\Delta p, A)$ gilt $\Delta p_1 \neq \Delta p_2$
b) mit nachgeschalteter Druckwaage bzw. LUDV-Steuerung,
bei $Q = f(A)$ gilt $\Delta p_1 = \Delta p_2$

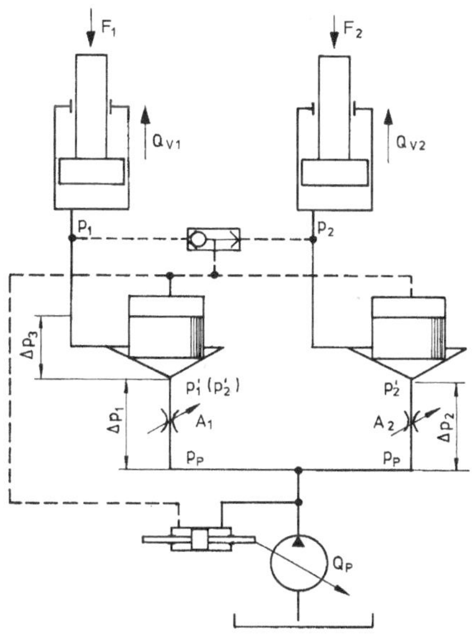

Bild 3-47 Load Sensing mit LUDV-Steuerung [3.53]
$Q = f(A, \Delta p)$
$F_1 < F_2$ und damit $p_1 < p_2$; Blende: $A_1 > A_2$
$\Delta p_1 = p_P - p'_1$; $\Delta p_2 = p_P - p'_2$; $p_2 = p'_2 = p'_1$
$\Delta p_1 = \Delta p_2 = \Delta p$
für A_1 und A_2 gilt Δp = konst.
$\Delta p_3 = p'_2 - p_1$; $Q_1 = f(A_1)$; $Q_2 = f(A_2)$; $Q_1/Q_2 = A_1/A_2$

Für zwei Verbraucher ist das am Beispiel aus Bild 3-48 ersichtlich. Bei dem Volumenstrombedarf eines Verbrauchers von z. B. 80 l/min wird dieser bedarfsgeregelt von der Pumpe zur Verfügung gestellt. Muss ein zweiter Verbraucher bedient werden, hier mit 50 l/min, teilt sich der maximale Pumpenförderstrom von Q_{max} = 100 l/min im Verhältnis 100/130 = 0,77 auf. Die Verbraucher erhalten dann die Förderstromanteile Q_1 = 61,5 l/min und Q_2 = 38,5 l/min. Mit der Darstellung von Bild 3-49 kann man sich die Leistungsaufteilung bei Parallelbetrieb von drei Verbrauchern veranschaulichen. Die Pumpenleistung beträgt $P_P = (Q_1 + Q_2)\,(p_2 + \Delta p_2)$ und die Verlustleistung $P_V = Q_1\, \Delta p_1$.

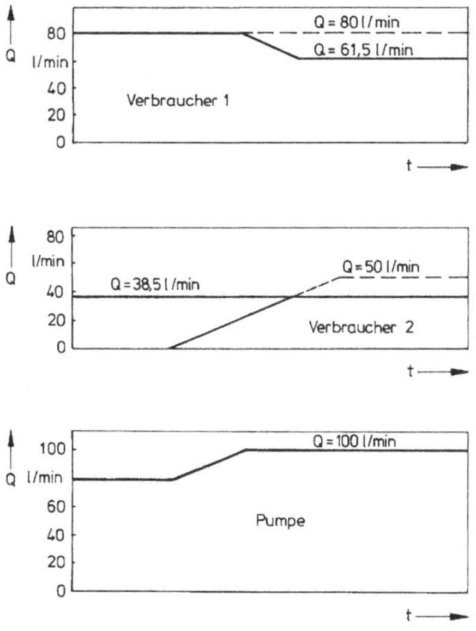

Bild 3-48 Volumenstromaufteilung durch LUDV-Steuerung bei $Q_P < \Sigma Q_V$

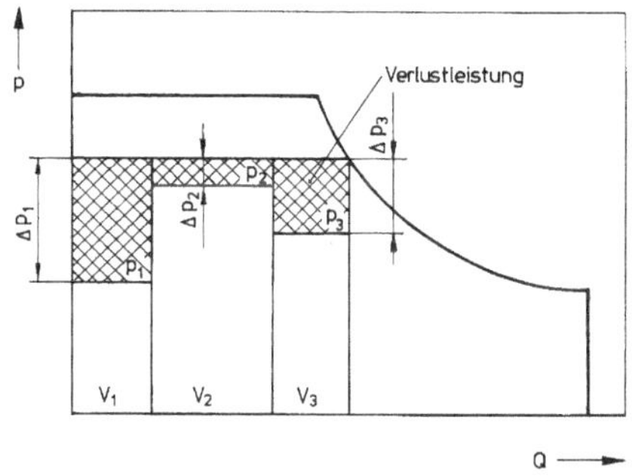

Bild 3-49 Leistungsaufteilung durch LUDV-Steuerung bei Parallelbetrieb von 3 Verbrauchern V_1 bis V_3

Bild 3-50 zeigt das Schaltschema eines LS-Systems mit LUDV-Steuerung. Die sogenannte Druckabschneidung erfolgt über die LS-Leitung. Der Steuerblock wird zu einer wichtigen Baugruppe mit kompakten Eigenschaften. Er beinhaltet die vielfältigen Funktionselemente.

Eine weitere Möglichkeit der Förderstrombedarfsanpassung bildet der Einsatz von sogenannten Nullhubpumpen (Nullhubregelung). Wenn keine hydrostatische Leistung abverlangt wird (Neutralstellung der Bedienelemente), dann werden die Pumpen auf minimales Fördervolumen zurückgeschwenkt (s. Bild 3-25c). Hier wird der Förderstrom einer Verstellpumpe so verändert, dass er mit steigendem Druck immer kleiner wird (rd. 5 % von Q_{Pmax}).

Sekundärregelung

Bei der Sekundärregelung handelt es sich um eine Druckkopplung mit Stromreaktion (System mit eingeprägtem Druck), siehe [3.42] [3.54] und Bild 3-51. Sie dient z. B. zur Drehzahlregelung eines reversierbaren Hydromotors (Sekundärteil). Voraussetzung ist ein konstanter Druck im Hydrauliknetz, unabhängig vom Lastdruck, auch bei Einbeziehung mehrerer Verbraucher. Dazu muss das Schluckvolumen der Sekundäreinheit (Verbraucher) so lange verändert werden, bis ein Gleichgewicht zwischen Motor- und Lastmoment besteht und gleichzeitig die Solldrehzahl erreicht ist. Systembedingte Verluste entstehen nicht.

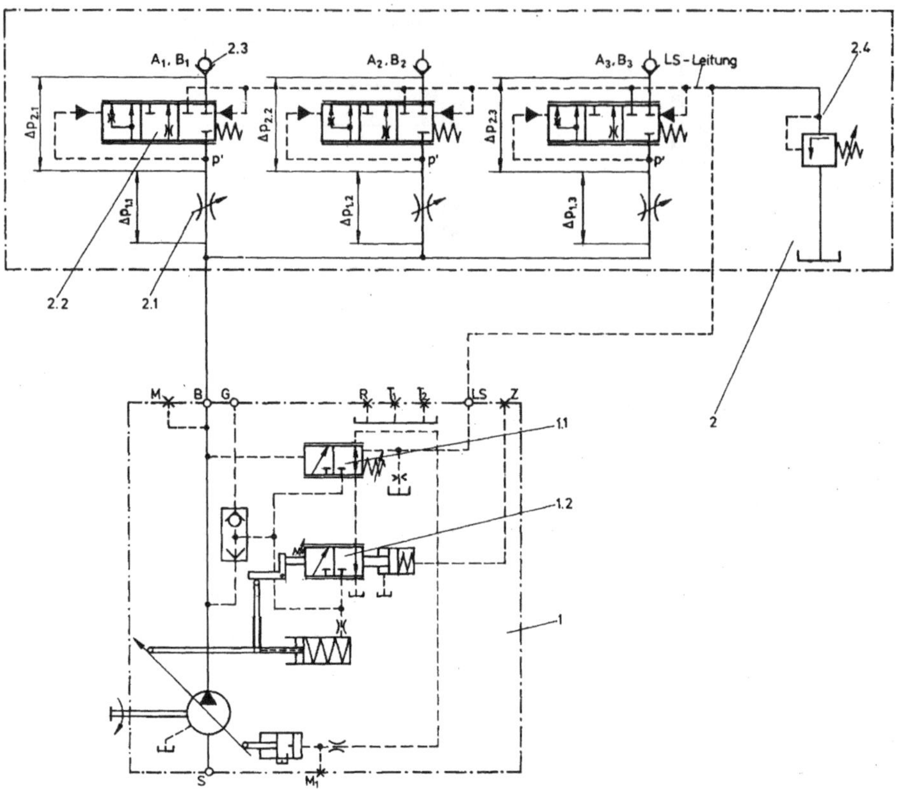

Bild 3-50 Schaltschema eines LS-Systems mit LUDV-Steuerung [3.53]

1 Verstellpumpe mit LS-Regelung
1.1 Differenzdruckregler
1.2 Leistungsregler
2 Steuerblock
2.1 Steuerventile für Richtung und Geschwindigkeit
2.2 Druckwaagen mit integriertem LS-Druckvergleich
2.3 Lasthalteventile
2.4 LS-Druckabschneidung
$\Delta p_{1.1} = \Delta p_{1.2} = \Delta p_{1.3} =$ konst.

Sekundärregelung ist nach [3.55] überall dort sinnvoll, wo:

- mehrere Verbraucher parallel und zeitlich versetzt arbeiten,
- Energierückgewinnung durch generatorischen Betrieb (z. B. Drehwerksantrieb) möglich ist,
- dynamische Regelvorgänge notwendig sind und die installierte Antriebsleistung reduziert werden soll.

Bei der Sekundärregelung kann also die Energieausnutzung weiter verbessert werden, wenn es mit erhöhtem Regelaufwand gelingt, die Energie in generatorischen Arbeitsphasen zu speichern. Außerdem eröffnet sie regelungstechnische Möglichkeiten, die denen elektrischer Antriebe nicht mehr nachstehen. In der Mobilhydraulik, wo gerade deren Vorzüge zählen, ist die Sekundärregelung bisher selten anzutreffen [3.56].

3.1.4.4 Grenzlastregelungen (Druck, Leistung)

Die bedarfsabhängige Förderstromregelung kann durch zusätzliche Regelungen zur Systemdruck- und Antriebsmotorlastbegrenzung ergänzt werden. Der zulässige Systemdruck wird von den verwendeten Bauteilen im hydrostatischen Getriebe (Herstellerangaben) und vom Sicherheitskonzept (Grenzlast) der Anlage bestimmt. Er ist der Bedarfanpassung überzuordnen und bestimmt die *Druckbegrenzung* oder *Druckabschneidung*. Die Druckabschneidung schwenkt die Pumpe bei zu hohem Systemdruck zurück, so dass kein Verlustvolumenstrom über das Druckbegrenzungsventil zum Tank abfließt. Bei Konstantdrucksystemen übernimmt die Druckreglung diese Begrenzung. Im LS-System wird der Förderstromregler mit einem Druckregler, siehe Bild 3-45, zu einem Druck-Förderstromregler kombiniert, um die Pumpe bei maximalem Betriebsdruck auf einen kleinen, druckerhaltenden Förderstrom zu verstellen.

Das Hydrosystem ist auch der Antriebsquelle (Dieselmotor) anzupassen, um diese vor Überlastung zu schützen. Die Nennleistung des Antriebs muss so wandelbar sein, dass hohe Arbeitsgeschwindigkeiten (Drehzahlen) der Verbraucher bei geringem Druck und hohe Kräfte (Drehmomente) bei geringen Volumenströmen möglich sind. Diese sehr verschiedenen Zustände werden durch Stromwandlung (Abschn. 3.1.3) realisiert, indem die übertragene Leistung des hydrostatischen Getriebes dem Bedarf der Verbraucher und den Grenzen der Antriebsquelle angepasst wird. Dabei sind die hydrostatische Leistung $P_H = pQ$ und die sogenannte Eckleistung des Stromerzeugers oder -verbrauchers $P_E = p_{max}\, Q_{max}$ von Bedeutung.

Es ist nicht notwendig, dass maximaler Druck und maximaler Volumenstrom gleichzeitig auftreten, denn große Kräfte werden nur bei kleinen Arbeitsgeschwindigkeiten benötigt. Deshalb stellt die Leistung im Eckpunkt eine virtuelle Leistung dar. Die maximale hydrostatische Leistung P_H wird von der Antriebsquelle (Nutzleistung des Dieselmotors) bestimmt und im Bild 3-52 durch die Linien Q_{max}; p_{max} und $P_H = pQ =$ konst. (Leistungshyperbel) begrenzt. Da die Antriebe in der Regel mit konstanter Antriebsdrehzahl betrieben werden, wird die Druckregelung automatisch zu einer Leistungsregelung. Sie ist genau genommen nur eine Leistungsbegrenzung und erlaubt eine gute Anpassung der verbrauchten an die installierte Antriebsleistung. Der Regler hat die Aufgabe, das Verdrängungsvolumen der Pumpe so einzustellen, dass unabhängig vom schwankenden Lastdruck die Leistungsaufnahme begrenzt bleibt. Unter Vernachlässigung der Wirkungsgrade beträgt die hydrostatische Leistung $P_H = pQ = pnV_g(\alpha)$. $V_g(\alpha)$ bezeichnet das vom Verstellwinkel α abhängige kostante Schluckvolumen der Pumpe.

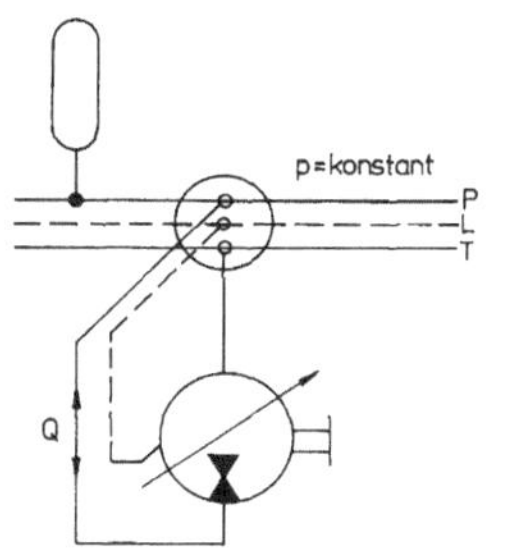

Bild 3-51 Druckkopplung nach dem Prinzip der Sekundärregelung (Prinzipdarstellung)

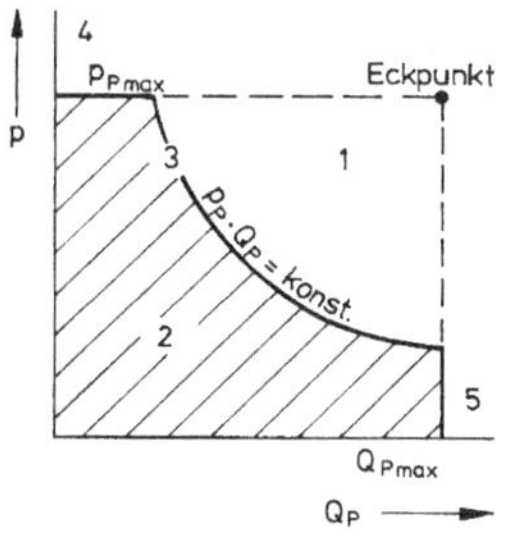

Bild 3-52 Stromerzeugerdiagramm

1 Überlast für Antriebsquelle
2 Teillast für Antriebsquelle
3 Auslastung der Antriebsquelle
4 und 5 Überlastung des Stromerzeugers

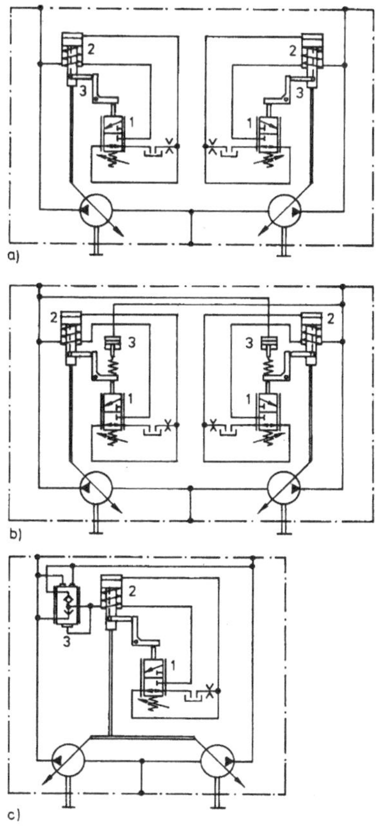

Bild 3-53 Prinzipien der Leistungsregelung

a) einzelleistungsgeregelte Doppelpumpe
b) einzelleistungsgeregelte Doppelpumpe mit Cross-Sensing-Stellkolben
c) summenleistungsgeregelte Doppelpumpe

1 Leistungsregelventil
2 Stellkolben
3 Regelkolben, Cross-Sensing-Stellkolben oder Summendruckregelventil

In der Mobilhydraulik mit mindestens zwei Verstellpumpen und wahlweise zugeschalteten Verbrauchern (Gleichzeitigkeitsgrad) haben sich spezielle Leistungsregler durchgesetzt, siehe Bild 3-53. Dabei wird das Ziel verfolgt, die Leistung des Dieselmotors in allen Betriebszuständen optimal zu nutzen. Da sich der Bedarf an Volumenstrom in Abhängigkeit vom Betriebsdruck ständig ändert, soll das Produkt aus Volumenstrom und Betriebsdruck dennoch konstant bleiben. Bei Vernachlässigung des volumetrischen Wirkungsgrads ist der Volumenstrom einer Axialkolbenmaschine proportional dem Schwenkwinkel. Dieser wird von dem im Bild 3-53 dargestellten Stellkolben druckproportional eingestellt [3.57]. Es ergibt sich folglich eine hyperbolische Leistungskennlinie, die der Leistungsfähigkeit des Dieselmotors angepasst werden muss.

Bei den einzelleistungsgeregelten Pumpen, siehe Bild 3-53a, wird der Schwenkwinkel jeder einzelnen Pumpe vom anliegenden Betriebsdruck geregelt. Die *Einzelleistungsregelung* ist für ein oder zwei Pumpen geeignet. Bei zwei Verstellpumpen kann jede Pumpe maximal die halbe zur Verfügung stehende Antriebsleistung übertragen, da keine Rückmeldung über vorhandene Leistungsreserven von einer Pumpe zur anderen besteht. Bei verschiedenen Betriebsdrücken sind die Volumenströme der beiden Pumpen auch unterschiedlich groß. Im Regelbereich erzeugt jede Pumpe für sich eine konstante Leistung.

Durch Verwendung eines zusätzlichen Stellkolbens kann die Verstellung des Reglers über den Betriebsdruck der jeweils anderen Pumpe beeinflusst werden, siehe Bild 3-53b. Dabei entsteht eine Einzelleistungsregelung, wo die übertragene Leistung einer Pumpe bei Bedarf größer als die halbe Antriebsleistung ist. Sie wird als Pressure Crossing System bezeichnet. Mit einem zusätzlichen Stellkolben wird der Stelldruck der jeweils anderen Pumpe verändert. Auch hier kann eine Pumpe unter besonderen Bedingungen die maximale Antriebsleistung allein übernehmen; weitere Erläuterungen siehe [3.58] bis [3.60].

Bei der *Summenleistungsregelung*, siehe Bild 3-53c, müssen die Volumenströme beider Pumpen gleich groß sein, da nur ein Regelsignal zur Verfügung steht und die Verstellelemente starr gekoppelt sind. Regelsignal ist der gemittelte Betriebsdruck der Pumpen. Beide fördern in zwei Hydraulikkreise mit unterschiedlichen Lastdrücken. Ihre Aufgabe besteht nun darin, den Förderstrom beider Pumpen so zu begrenzen, dass in Abhängigkeit von der Summe beider Lastdrücke die hydrostatische Leistung begrenzt bleibt, siehe Bild 3-54. Sie beträgt

$$P_H = (p_{P1} + p_{P2})(Q_{P1} + Q_{P2}) = konst.$$

Die Wandlungen sind vom Verbraucherzustand abhängig:

– jede Pumpe versorgt den eigenen Verbraucherkreis

$$\nu_{1,2} = \frac{Q_{P1,2\,\max}}{Q_{P1,2\,\min}}; \quad \mu_{1,2} = \frac{p_{P1,2\,\max}}{p_{P1,2\,\min}}$$

– beide Pumpen versorgen nur einen Verbraucherkreis

$$\nu_1 = \frac{Q_{P1\max} + Q_{P2\max}}{Q_{P1\min} + Q_{P2\min}}; \quad \mu_1 = \frac{p_{P1\max} + p_{P2\max}}{p_{P1\min} + p_{P2\min}}.$$

Bei geringer Auslastung eines Verbraucherkreises kann der Leistungsüberschuss vom zweiten Kreis verwertet werden. Das ist bei der Einzelleistungsregelung nicht möglich. Bei zwei gleichen Pumpen sind diese so zu bemessen, dass jede nur maximal die Hälfte der Motorleistung übertragen kann. Andernfalls würde es zur Überlastung der Antriebsquelle kommen. Von Nachteil sind die gegenseitige Beeinflussung von Bewegungen und eine höhere Verlustleistung beim Ansprechen eines Druckbegrenzungsventils.

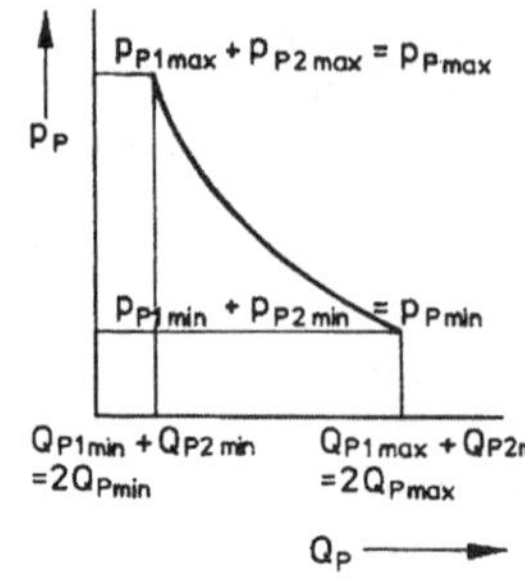

Bild 3-54 Wirkungen aus der Summenleistungsregelung

Für Hydrosysteme mit mehr als 2 Verstellpumpen kommen heute zunehmend elektronische Grenzlastregler zur Anwendung, siehe Bild 3-55. Hier wird als Regelgröße für die Leistungsaufnahme einer Pumpe die lastabhängige Motordrehzahl benutzt, die man elektronisch über einen Sensor oder über einen Steuerdruck erfasst. Bei Unterschreitung der Motordrehzahl durch eine zu hohe Belastung wird die Leistung so lange reduziert, bis der Sollwert wieder erreicht ist. Alle Störgrößen auf die Motordrehzahl (z. B. Nebenabtriebe) werden von dieser Regelung mit erfasst [3.61].

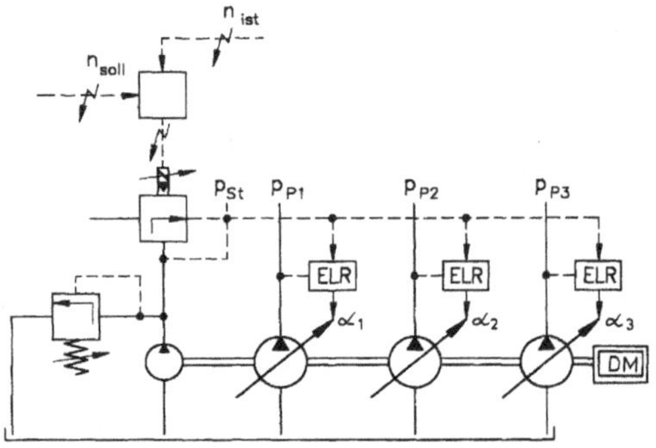

Bild 3-55 Elektronische Grenzlastregelung [3.57]

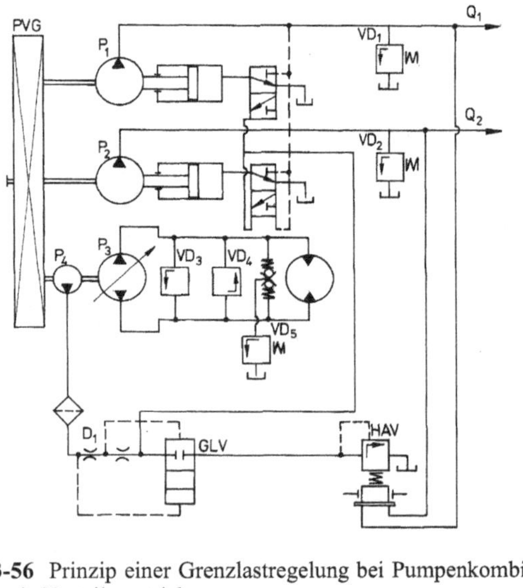

Bild 3-56 Prinzip einer Grenzlastregelung bei Pumpenkombination mittels Verteilergetriebe

Aus Kostengründen kommen auch Kombinationen aus einer Verstellpumpe und einer oder mehreren Konstantpumpen zur Anwendung. Außerdem sind Systeme nach Bild 3-56 bekannt, die auf einer Grenzlastregelung basieren. Hier kombiniert man über das Pumpenverteilergetriebe PVG zwei Konstantpumpen (Pumpe 1 und 2) im offenen Kreislauf mit einer Verstellpumpe (Pumpe 3) im geschlossenen Kreislauf (z. B. für Schwenkantrieb). Pumpe 4 ist die Speisepumpe für den geschlossenen Kreislauf. Über Grenzlastventil GLV und Drossel D kann der Volumenstrom geregelt werden. Es hat sich gezeigt, dass der Lastdruck in beiden Hydraulikkreisen für eine Leistungsbegrenzung herangezogen werden kann, indem für die Grenzlastregelung der Drehzahlabfall des Dieselmotors (Motordrückung) als Regelgröße benutzt wird. Diese Regelung ist unabhängig von der Anzahl eingesetzter Pumpen.

Die Anpassung des Hydrosystems ist auch durch Einsatz von Druckspeichern möglich. Sie dienen als Energiereserve, zum Konstanthalten des Betriebsdrucks oder zur Dämpfung dynamischer Einflüsse. Druckspeicher arbeiten meist mit komprimierten Gasen. Hydrosysteme mit Druckspeicher erfordern sehr dichte Ventile, um deren Leerlaufen zu verhindern. Hinweise über Bauarten und Bemessung findet man in [3.42] [3.62] [3.63].

In Tafel 3-17 werden abschließend die behandelten Anpassungslösungen aus der Mobilhydraulik noch einmal zusammengefasst.

Tafel 3-17 Lösungen für die Anpassung bei Hydrosystemen

1 Leistungsregelung	5 Motorleerlaufregelung
2 Grenzlastregelung	6 Verluststromreduzierung
3 Druckabschneidung	7 Load Sensing
4 Pumpennullhubregelung	8 3-Kreissystem

Anpassungsmerkmale	1	2	3	4	5	6	7	8
ENERGIE								
-Ausnutzung max. Antriebsleistung	•	•						
-Verlustminimierung im Überdruckbetrieb			•					
-Verlustminimierung im Leerlaufbetrieb				•	•	•	•	
-Verlustminimierung im Feinsteuerbetrieb						•	•	
FUNKTION								
-Übertragbarkeit bei max. Leistung mit 1 Verbraucher							•	
-Betrieb von 3 Verbrauchern, gleichzeitig, unabhängig							•	•
-Betrieb > 3 Verbraucher, gleichzeitig, unabhängig							•	
-Lastdruckunabhängigkeit der Verbrauchersteuerung							•	
-lastdruckunabhängige Volumenstromaufteilung							•	

Große Baumaschinen verfügen immer über große Leistungen (4 kW/t Maschineneigenmasse). Hier ist es besonders wirtschaftlich, technisch aufwendige und kostspielige Hydrosystemlösungen einzusetzen, da der höhere Investitionsaufwand beim Betreiber durch Kraftstoffeinsparungen egalisiert wird. Für kleine Baumaschinen (z. B. Minibagger) ist der Aufwand nicht gerechtfertigt. Das soll anhand einer Gegenüberstellung in Bild 3-57 verdeutlicht werden.

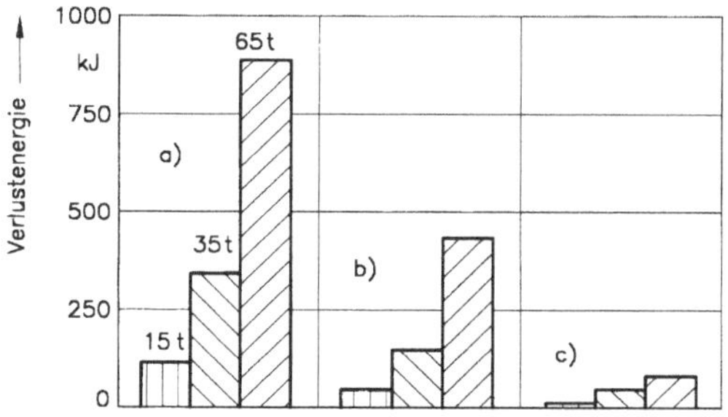

Bild 3-57 Verluste verschiedener Drehwerksantriebe von Hydraulikbaggern unterschiedlicher Eigenmassen bei 90° Drehwinkel [3.70]

a) Konstantpumpe und -motor im offenen Kreislauf
b) Verstellpumpe, Konstantmotor, Einzelleistungsregelung, offener Kreislauf
c) Verstellpumpe, Konstantmotor, Drehmomomentensteuerung, geschlossener Kreislauf

Hier unterscheiden sich die Antriebsverluste verschiedener Systemlösungen für den Drehwerksantrieb unterschiedlicher Baggerklassen sehr deutlich voneinander. Die in Tafel 3-17 sowie im Bild 3-57 aufgezeigten Lösungen entsprechen dem technischen Stand. Sie geben dem Projektanten hydrostatischer Antriebe eine Orientierungshilfe.

3.1.4.5 Elektronik

Die Elektronik hat längst als Komponente ihren sicheren Platz in Steuerungen der Mobilhydraulik eingenommen. Der Wandel von analoger Signalverarbeitung zur digitalen Informationsverarbeitung ist vollzogen. Die Antriebe erhalten *programmierbare Mikroprozessorsteuerungen*. Damit lassen sich Steuer- und Regelungskonzepte verwirklichen, die mit hydromechanischen Reglern nicht mehr möglich sind, wie z.B wählbare Kennlinien, Dieselmotor-Grenzlastregelung, Absicherung von Überdrehzahl, Konstantgeschwindigkeit, Zugkraftbegrenzung oder auch nur Inchen (Abschn. 4.5.2) bzw. Reversieren. Ein ganzheitliches Antriebsmanagement unter Einbeziehung von Motor, Getriebe, Bremse und Bedienelementen wird dadurch möglich.
An die elektronischen Bauteile werden hohe Anforderungen bezüglich Robustheit und Zuverlässigkeit gestellt (Klima, Erschütterungen, elektromagnetische Einstrahlung). Deshalb ist auch nur Mobilelektronik einsetzbar, die entsprechenden Schutznormen genügt (z. B. DIN IEC 68, DIN 40050, EN 60529, DIN 40839, DIN VDE 0801, DIN EN 954). Um die Sicherheitsanforderungen für ein Antriebssystem definieren zu können, hat der Maschinenhersteller eine Gefährdungsanalyse nach vorab genannten Vorschriften und Normen durchzuführen und die Sicherheitskategorie festzustellen.
Den grundsätzlichen Aufbau einer elektronischen Steuerung zeigt Bild 3-58. Das Herzstück der Steuerung ist eine programmierbare Hardware, der *Mikrocontroller* (MC). Er wird von Sensoren, Sollwertgebern sowie Stellgliedern ergänzt. Sie liefern die Eingangssignale über einen Vertärker an den Mikrocontroller. Über eine serielle Schnittstelle kann man Daten eingeben (Programmänderungen) oder Daten auslesen (Diagnosedaten). Service Tools dienen zur Parametrierung, Prozessgrößendarstellung, Überwachung und Diagnose.
Bei konventionellen Systemen werden die Informationen über eine Vielzahl von Elektrokabeln ausgetauscht. Insbesondere dann, wenn Rückmeldungen zur Steuerfunktion erforderlich sind oder die gleichen Informationen mehrfach benötigt werden, setzt man in modernen Antrieben für den Datenaustausch *Bussysteme* ein. Man versteht darunter ein Leitungssystem, in dem der Datenaustausch sequentiell erfolgt (DIN 19237). Obwohl deren physikalische Ebene durch Standardkomponenten festliegt, erfordert das Busprotokoll bei fast allen Anwendungen eine gegenseitige Abstimmung zwischen den beteiligten Komponentenherstellern. In der Mobilhydraulik hat sich der CAN-Bus (Controller Area Network) durchgesetzt. Hier kommen für die Standardisierung der maschineninternen Kommunikation SAE J1939 und der Maschinendiagnose ISO 15765 zur Anwendung. Die Hersteller von Dieselmotoren, Lastschaltgetrieben, Display- und Steuergeräten für hydrostatische Antriebe haben sich darauf bereits eingestellt.

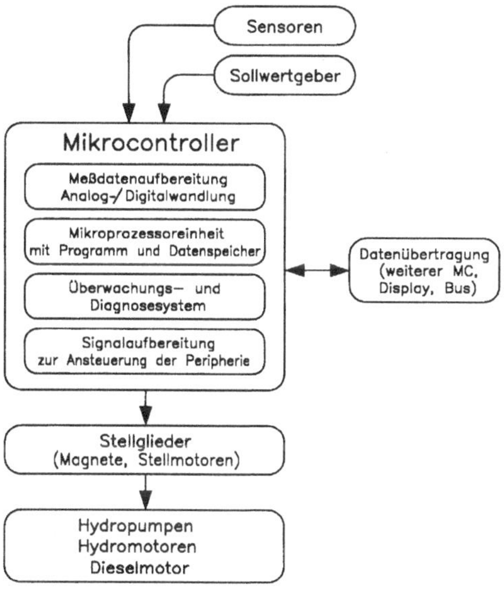

Bild 3-58 Prinzipieller Aufbau der elektronischen Steuerung bzw. Regelung eines Hydrosystems [3.69]

Im Vordergrund der Busanwendung steht die zunehmende Integration von Sensorinformationen in die Steuerung und Regelung einer Maschine. CAN baut auf einem nachrichtenorientierten Protokoll auf, wo jedem Telegramm (übliche Bezeichnung) mit seinem Identifier eine Funktion im System zugeordnet ist. Wenn z. B. zwei baugleiche Magnetventile verschiedene Funktionen erfüllen sollen, muss der CAN-Bus auch unterschiedliche Identifier empfangen und senden können.
Wegen der großen Aufgabenvielfalt einerseits und dem Streben nach Vereinheitlichung andererseits wird heute auf Bussysteme mit offenen Protokollen orientiert (CANopen). Hier besteht eine gewisse Freiheit bei der Wahl der Adressen und Funktionen von Telegrammen. Es setzt aber voraus, dass man auf standardisierte Datenobjekte und Geräteprofile bei allen Zukaufkomponenten zurückgreifen kann [3.64]. Die meisten Hersteller favorisieren das CANopen. Bis es zur universellen Anwendung kommt, müssen noch vielfältige Geräteprofile für baumaschinentypische Anwendungen entworfen und standardisiert werden [3.65] [3.66].
Tafel 3-18 enthält die Zusammenstellung von Elektronikkomponenten für die Mobilhydraulik am Beispiel eines Anbieters. Die Programme (MC-Software) werden modular gestaltet, so dass wiederkehrende Funktionen zu Moduln oder Submoduln zusammengefaßt werden können. Aus einer Softwarebibliothek können Unterprogramme für gelöste Anwendungen, wie Komponentenkennlinien, Zeitrampenfunktionen, Gleichlaufregelungen, Diagnosemaßnahmen, Regelalgorithmen usw., entnommen werden [3.67] [3.68].

Tafel 3-18 Elektronikkomponenten in der Mobilhydraulik (Mannesmann Rexroth AG, Lohr a. Main)

Sensoren und Sollwertgeber	
ID	Induktiver Impulsaufnehmer
HD	Halleffekt-Drehzahlsensor
TS	Thermoschalter
VS	Elektrischer Verschmutzungsschalter
DS	Drucksensor
GP	Gekapseltes Potentiometer
SP	Sollwertpotentiometer mit Gehäuse
HG	Handsteuergeber
Aktuatoren	
STM	Elektr. Stellmotor f. Motoreinspritzpumpe
MHCS	Positionsgeregelter Stellzylinder
Verstärker	
PVR	Proportionalverstärker (reversierbar)
PV	Proportionalverstärker
CV	Chopperverstärker
Analogelektronik	
RVR	Steuerelektronik für Reversierantriebe
GLR	Grenzlastregelung für automotives Fahren
RVE	Drehzahl-Regelelektronik
CSD	Constant Speed Drive
RVU	Regelelektronik universal
Hardware	
MC	Mikrocontroller zur Steuerung und Regelung hydrostatischer Antriebssysteme
MC-Software	
GLB	Elektronische Grenzlastregelung für Bagger
FGR	Fahrprogramm mit Grenzlastregelung; Steuerung und Regelung z. B. für Lader
FZA	Fahrprogramm für Zweikreisantriebe; Steuerung und Regelung eines Antriebs mit zwei unabhängigen hydraulischen Kreisläufen
ASR	Fahrprogramm mit Antriebs-Schlupf-Regelung
PMS	Pumpen-Motor-Folgeverstellung
Zubehör	
BB-3	Bedienbox für Diagnose und Parametrierung von MC
BODEM	PC-Software; Bedienoberfläche für MC

Mikrocontroller haben unter anderem auch den Vorteil, dass keinerlei Einstellarbeiten (Trimmpotentiometer, Miniaturschalter) mehr nötig sind. Die Hardware ist in einem verschlossenen Gehäuse untergebracht, um hohe Schutzgrade zu garantieren. Der Zugriff erfolgt nur über den Diagnosestecker und mit Hilfseinrichtungen, wie sie Bild 3-59 zeigt. Dabei ist auch an Kopierschutz und an handhabbare Oberflächen beim Umgang mit der Software gedacht.

Die Grenzlastregelung für Bagger (GLR in Tafel 3-18) war eine der ersten Anwendungen. Bild 3-60 zeigt den neusten technischen Stand, der durch vielfältige Zusatzfunktionen gekennzeichnet ist. Die Software beinhaltet folgende Funktionen:

- Leistungs- und Fahrmanagement
- Vorwahl der Motordrehzahl mittels Potentiometer und Betätigung des Stellsystems der Motoreinspritzpumpe
- automatische Drehzahlabsenkung bei Arbeitspausen
- Grenzlastregelung in allen Drehzahlbereichen durch Reduzierung der Leistungsaufnahme von Arbeits- und Drehwerkspumpe
- Ausnutzung der maximalen Motorleistung beim Fahren
- Einstellung von Leistungsstufen beim Baggern
- Leistungsregelung bei Unter- oder Übertemperaturen
- Ventilaktivierung zur Hublasterhöhung
- Fahrpedalverriegelung, Sicherheits-Rückstellfunktion
- Inbetriebnahme, Service, automatische Kalibrierung
- Fehlerinformation durch Anzeige
- Kabelbruch- und Kurzschlusserkennung
- Testbetrieb, Not-Funktionen
- Zählen von Funktionen und Erscheinungen.

Das Hydrosystem eines Raupenfahrwerks stellt ein weiteres Anwendungsbeispiel dar, siehe Bild 3-61. Der Dieselmotor treibt über ein Pumpenverteilergetriebe zwei Verstellpumpen an. Beide sind elektrisch proportional verstellbar (EP Regler) und speisen zwei ebenso stufenlos verstellbare Hydromotoren.

Dadurch hat jede Fahrwerksseite ein unabhängiges hydrostatisches Getriebe. Die Abhängigkeit (Kopplung) wird erst mit der elektronischen Regelung (MC) wieder hergestellt. Als Eingangssignale stehen u. a. die Drehzahlen der beiden Fahrwerksseiten zur Verfügung. Dadurch ist es möglich, eine Regelung für Geradeausfahrt entstehen zu lassen. Es sind aber auch automotives Fahren, Lenken, Inchen oder Grenzlastregelungen denkbar.

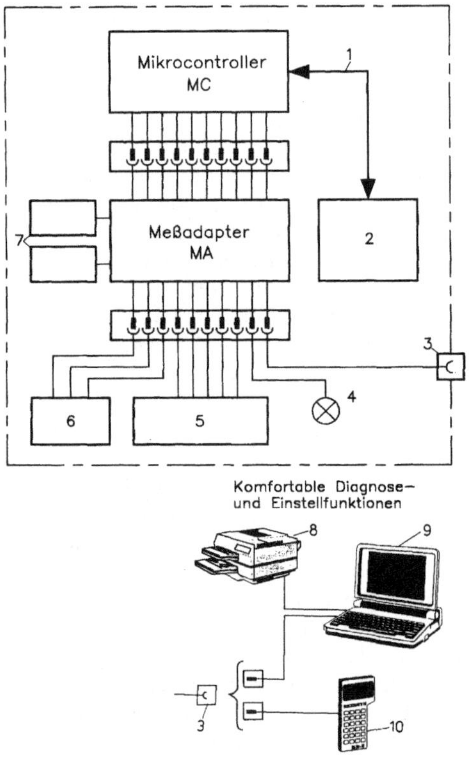

Bild 3-59 Aufbau- und Servicekonzept für Mikrocontroller vom Typ MC (Bosch Rexroth AG, Lohr a. Main)

1 CAN-Bus
2 Anzeige- und Bediengerät
3 Diagnosestecker
4 Fehler-Anzeigelampe
5 Sensoren, Geber, Aktuatoren
6 Service-Sensoren
7 Messadapter für elektrische Fehlersuche
8 Drucker
9 PC
10 Bedienbox

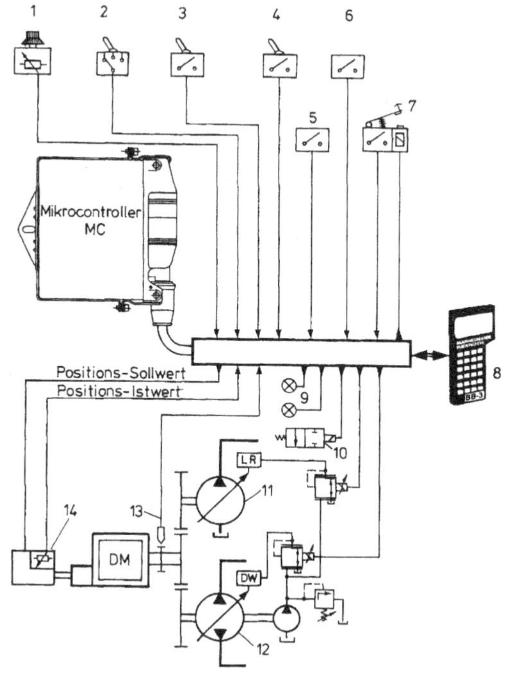

Bild 3-60 Mikrocontroller vom Typ MC mit Software GLB für Hydraulikbagger (Bosch Rexroth AG, Lohr a. Main)

1 Drehzahlvorgabe Dieselmotor	8 Bedienbox oder PC
2 Mode (1,2,3)	9 Anzeige Fahrmode u. Diagnose
3 Hublasterhöhung	10 Hublasterhöhung
4 Arbeiten	11 Pumpe Arbeitsausrüstung
5 Temperatur	12 Pumpe Drehwerk
6 Bremslicht	13 Sensor Istdrehzahl
7 Fahrpedal mit Verriegelung	14 Stellsystem für Motordrehzahl

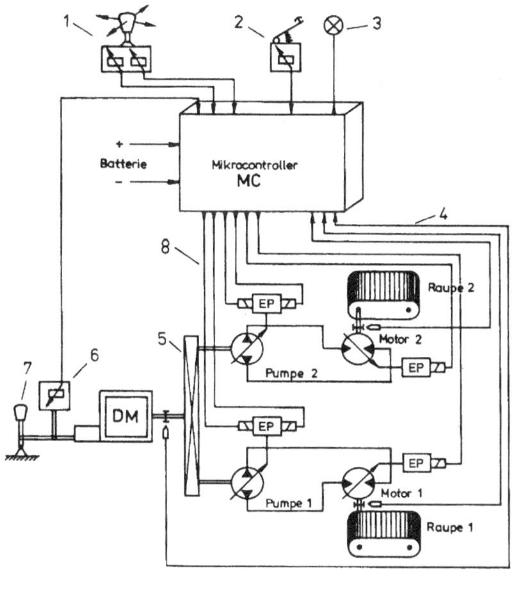

Bild 3-61 Elektronische Fahrsteuerung eines Hydrosystems für Raupenfahrwerke [3.67]

1 Joystick oder Zweihebelsteuerung (Potentiometer) für Fahrgeschwindigkeit, Lenken, Fahrtrichtung
2 Pedal (Potentiometer) für Bremsen/Inchen
3 Leuchtdiode für Störungsanzeige
4 Drehzahlerfassung
5 Pumpenverteilergetriebe (PVG)
6 Potentiometer der Einspritzpumpe
7 Gashebel
8 Ansteuerung der Proportionalmagnete

Da die hydrostatischen Komponenten heute kurzzeitig Systemdrücke bis 500 bar zulassen, werden diese auch für besondere Zwecke genutzt. Mit einer Druckzuschaltstufe ist es möglich, kurzzeitig Drücke zur Erhöhung der Reißkraft um rd. 20 % am Hydraulikbagger entstehen zu lassen [3.70]. Auch dafür ist eine intelligente Steuerung erforderlich.

3.1.4.6 Spezielle Hydraulikkomponeten

Den Überblick über Komponenten der Mobilhydraulik liefern u. a. [3.30] [3.31]. Die folgenden Ausführungen beschränken sich auf wichtige Elemente und auf Entwicklungstendenzen.

Aus energetischen Gründen werden heute vorrangig Antriebe mit großen Leistungen und hoher Einschaltdauer mit Verstelleinheiten, vorwiegend mit *Axialkolbenmaschinen*, ausgerüstet. Man kann erkennen, dass auf der Primärseite des hydrostatischen Getriebes die *Schrägscheibenkonstruktion* und auf der Sekundärseite die *Schrägachsenkonstruktion* vorherrscht [3.67][3.71][3.72]. Beide Lösungen werden für sehr hohe Systemdrücke, bei hohen Dauerdrehzahlen (600...2500 min^{-1}) und geringer Eigenmasse (Verstelleinheiten bis 3 kW/kg, Konstanteinheiten bis 8 kW/kg) mit Erfolg in der Mobilhydraulik eingesetzt. Heute kann man davon ausgehen, dass mit klassischen Lösungen keine nennenswerten Masseeinsparungen mehr möglich sind. Außerdem ist die Integration von Druckventilen, Steuer- und Regelorganen und deren Kanalführung weitestgehend ausgereizt. Pumpen im offenen Kreislauf haben durch die Widerstände der Zuführleitung ein begrenztes Saugvolumen. Hier hat man begonnen, durch Überdruck im Tank oder durch Einsatz so genannter Impeller (Pumpe zum Füllen der Saugleitung) auch diese Nachteile zu beseitigen [3.67]. Den nicht enden wollenden Forderungen nach Verbesserung der Wirkungsgrade wird man bei Komponenten wie folgt gerecht:

- Verminderung der volumetrischen, hydraulischen und mechanischen Verluste durch Verbesserung der Gleit- und Dichtlösungen
- Vermeidung von Planschverlusten (Leerlauf mit oder ohne Öl)
- Absenken der Steuerdrücke
- Nutzung von Systemsimulation.

Für Hochdruckbereiche kommen in der Mobilhydraulik nur synthetische Öle auf Esterbasis infrage. Sie garantieren nahezu druckunabhängige Eigenschaften. Als Problem wird nach wie vor die Vermischung verschiedener Ölsorten, vor allem wegen unterschiedlicher Additive, erkannt. Wenn das Hydrauliköl in Anlagen erneuert wird, verbleiben bis zu 15 % Restöl im System. Das kann bei Unverträglichkeit zur Verschäumung oder Buntmetallkorrosion führen.

Die Geräuschabstrahlung hydraulischer Antriebe rückt wegen steigender Sensibilisierung und gesetzlicher Vorgaben immer mehr in den Vordergrund. Jede Verdrängereinheit eines hydrostatischen Getriebes wechselt regelmäßig von der Hochdruck- auf die Niederdruckseite und ruft dabei Geräusche hervor. Ihrer Entstehung und ihrer Übertragung über Gehäuse oder auch Hydrauliköl kann durch konstruktive Maßnahmen begegnet werden [3.73]. Bei der Planung von Anlagen sollte man sich von der Erfahrung leiten lassen, dass das Geräusch des Hydrostaten um etwa 6 dB(A) niedriger liegt, wenn die doppelt so große Einheit mit halber Drehzahl betrieben wird.

Mehrfachpumpenaggregate sind nur in der Schrägscheibenbauart als Tandemlösung möglich. Immer dann, wenn der Durchtrieb des Drehmoments für eine Tandembauart nicht möglich ist, werden *Pumpenverteilergetriebe* (PVG) eingesetzt. Sie verknüpfen für Mehrkreisanlagen eine unbegrenzte Anzahl auch verschiedenartiger Pumpen und ermöglichen durch Wahl verschiedener Unter- oder Übersetzungen eine entsprechende Drehzahlanpassung. Bis etwa 300 kW Antriebsleistung werden PVG als Baureihen angeboten, darüber als Sonderkonstruktionen. An sie werden keine besonders hohen getriebetechnischen Anforderungen gestellt. Es handelt sich um einfache verteilende Stirnradgetriebe, siehe Bild 3-62. Sie werden direkt mit ihrem SAE-Flansch an das Schwungradgehäuse des Dieselmotors geschraubt. Meist sind die Wellenverbindungen mit Zahnwellenprofil nach DIN 5480 ausgeführt. Die Zahnräder sind wälzgelagert und mit gehärteter, geschliffener Verzahnung versehen. Das garantiert Leichtbau und kleinste Abmessungen für den Mobilbereich. Die Pumpenwellen werden in die Zahnwellenprofile der Ritzel gesteckt und am Flansch verschraubt. Verschiedene Pumpenabmessungen kann man über einen Zentrierring anpassen. PVG sind in der Regel für horizontalen und vertikalen Einbau geeignet. Bei großen Leistungen und hohen Umfangsgeschwindigkeiten ($\geq$ 20 m/s) können Getriebefremdkühlung und Zwangsschmierung notwendig werden.

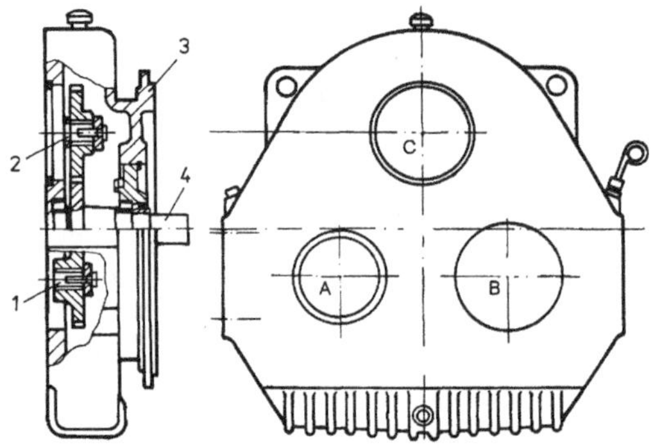

Bild 3-62 Pumpenverteilergetriebe (Lohmann und Stolterfoht GmbH, Witten)

1 Anschluss der Pumpen A bzw. B
2 Anschluss der Pumpe C
3 SAE Gehäuseflansch
4 Anschluss Dieselmotor

Die grundlegenden Ausführungen im Abschnitt 3.1.4 zur Mobilhydraulik, ergänzt durch zahlreiche Beispiele, sollen zeigen, dass mit Hydrosystemen vielfältige und moderne antriebstechnische Lösungen realisierbar sind. Auch für die Maschinenbedienung, den Komfort und die Maschinensicherheit wird Hydrostatik benutzt. Auf weitere spezielle Antriebslösungen wird in den folgenden Abschnitten eingegangen, so z. B. auf aktive oder passive hydrostatische Dämpfer, hydropneumatische Federungen oder veränderliche hydrostatische Lenkübersetzungen. Sie stehen immer in Beziehung zu besonderen technischen Baugruppen (z. B. Lenkung) oder zu Bauarten spezieller Baumaschinen (z. B. Lademaschinen).

3.1.5 Geräuschemission

Energieumwandlungen, wie sie in den Antrieben von Baumaschinen erfolgen, sind immer mit Geräuschen verbunden. Das pulsierende Ansaugen von Verbrennungsluft ruft zum Beispiel eine direkte und das Durchlaufen von Spielen eine indirekte Lärmanregung hervor. Druckschwankungen im Hydrosystem verursachen vor allem in geschlossenen Räumen einen Körperschall. Direkte Lärmanregungen lassen ohne Umweg über den Körperschall Luftdruckschwankungen entstehen. Dabei breitet sich der Luftstrom kugelförmig als Longitudinalschwingung aus und wird als Lärm wahrgenommen. Ursache und Wirkung von Lärm an Baumaschinen können sehr vielfältig sein [3.74] [3.75]. Ohne auf die Grundlagen der *Maschinenakustik* näher eingehen zu wollen, werden dennoch in Anlehnung an [3.76] bis [3.78] einige ingenieur-technische Hinweise erforderlich.

3.1.5.1 Grenzwerte und Messverfahren

Bereits 1969 wurde ein Gesetz zum Schutz vor Baulärm erlassen. Heute sind die gesetzlichen Regelungen auf europäischer Ebene harmonisiert. Neben der Auswahl lärmarmer Verfahren haben besonders die Maßnahmen zur Verringerung von Maschinenlärm zu einer sehr erfolgreichen Reduzierung beigetragen. Von 1970 bis 2002 wird für Hydraulikbagger eine Lärmminderung um 16 dB(A) erzielt. Die Bestimmungen auf EU- und nationaler Ebene sind weitestgehend identisch. Sie gelten für Hydraulikbagger, Lader, Planiermaschinen, Baggerlader, Motorkompressoren, Turmdrehkrane, Schweiß- und Kraftstromerzeuger, Hämmer sowie Betonbrecher und regeln:

- Grenzwerte für die Geräuschemission, siehe Tafel 3-19
- Messverfahren zur Bestimmung der Grenzwerte nach [3.80], DIN 45635 und DIN EN 60651
- Festlegungen zur Maschinenkennzeichnung und Baumusterprüfung nach [3.81].

Trotz dieser Fortschritte gilt mehr denn je, dass lärmarme Baumaschinen nicht zum Nulltarif zu haben sind. Den Stand der Technik findet man für die auf dem europäischen Markt angebotenen Baumaschinen in [3.82] und [3.83] analysiert. Dieser Analyse ist auch eine Übersicht der Maschinen zu entnehmen, die mit dem Umweltmerkmal *Blauer Engel* ausgezeichnet wurden.

Außer, dass die Grenzwerte für den *Schallleistungspegel* (s. Tafel 3-19) immer höhere Anforderungen an die Geräuschemission stellen, gelten für die EU-Baumusterprüfungen nunmehr auch neue Verfahren zur Messung des Luftschalls unter dynamischen Prüfbedingungen [3.80]. In allen Fällen wird der maximale Schalleistungspegel definiert, den die jeweilige Maschine in einem vorgeschriebenen Betriebspunkt emittieren darf. Der Gesetzgeber bemüht sich, möglichst realitätsnahe Betriebszustände zu definieren, aber auch das Prüfverfahren nicht unnötig zu komplizieren. Mit den dynamischen Maschinenzyklen soll erreicht werden, dass wirklichkeitsnahe Prüfergebnisse entstehen. Die Praxis hat gezeigt, dass der Schalleistungspegel bei dynamischer Prüfung um 2...3 dB(A) größer ist.

Tafel 3-19 Grenzwerte der Lärmemission von Baumaschinen [3.79]

Grenzwerte für L_{WA} in dB/1pW in Abhängigkeit von der Motornutzleistung P_N in kW für Planiermaschinen, Lader und Baggerlader					
1997 bis 2002				ab 2002	
EU-Grenzwert		Blauer Engel		EU-Grenzwert	
$L_{WA\,zul}$	$L_{WA\,Basis}$	$L_{WA\,zul}$	$L_{WA\,Basis}$	$L_{WA\,zul}$	$L_{WA\,Basis}$
85+11 log P_N	104	82+11 log P_N	97	79+11 log P_N	101

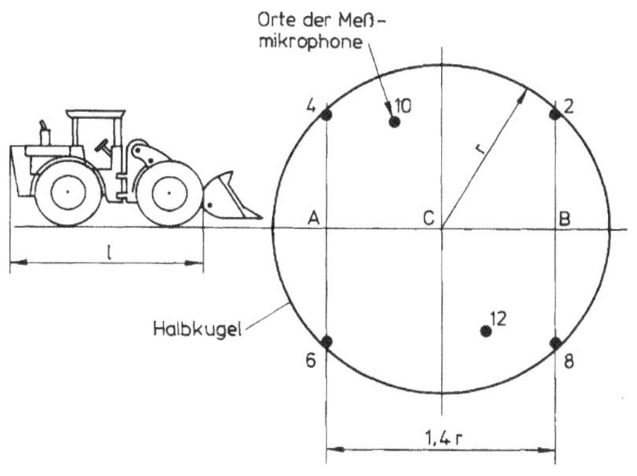

Bild 3-63 Prüfbedingungen für Hydraulikbagger und Radlader, Messorte in einer Höhe über der Fahrbahn von 1,5 m für die Schalldruckpegelmesspositionen 2 bis 8 und in einer Höhe von 0,71 r für die Positionen 10 und 12 nach [3.80], DIN 45635 und DIN EN 60651

Der Mensch besitzt ein subjektives Lärmempfinden. Die Frequenzabhängigkeit hat zu einer speziellen A-Bewertung von Geräuschquellen geführt. Deshalb wird das (A) als Index oder Zusatz in der Maßeinheit geführt. Es ist bekannt, dass vom menschlichen Ohr Luftdruckschwankungen nur im Bereich von 16 Hz bis 16 kHz wahrgenommen werden. Besonders laut empfindet man z. B. Geräusche im Frequenzbereich von 0,5...5 kHz. Der subjektive Geräuscheindruck führt auch dazu, dass eine Erhöhung des Schalleistungspegels um nur 3 dB(A) einer Verdopplung der Schallenergie entspricht.

Am Beispiel der Lademaschine soll gezeigt werden, welche Maßnahmen zur Messung des Luftschalls unter dynamischen Versuchsbedingungen vorgeschrieben sind.

Messung beim Fahren (Prüfbedingungen nach Bild 3-63):

– Messfläche ist die Hemisphäre (Halbkugel) mit Halbmesser r und Maschinenbasislänge l

r in m	l in m
16,0	> 4,0
10,0	>1,5 und < 4,0
4,0	< 1,5

– Fahrstrecke von A nach B mit Vorwärts- und Rückwärtsfahrt; Fahrbewegungen mit maximaler Geschwindigkeit; leere Ladeschaufel in Transportstellung 0,3 ± 0,05 m über dem Gelände; Dieselmotor bei Höchstdrehzahl
– Messung des Schalldruckpegels bei Maschinenmittelpunkt in C mit dreimaliger Wiederholung.

Messung beim Laden (Prüfbedingungen nach Bild 3-63):

- Messfläche Halbkugel
- Maschinenmittelpunkt in C, keine Fahrbewegung
- Dieselmotor bei Höchstdrehzahl
- Ladeschaufel dreimal hintereinander aus Transportstellung in 75 % ihrer maximalen Hubhöhe bringen.

Die gemessenen Schalldruckpegel aus Vor- und Rückwärtsfahrt werden schließlich zur Berechnung des (A)-bewerteten energieäquivalenten Dauerschalldruckpegels L_{pAt} bei dynamischer Arbeitsbewegung benutzt. Es gilt

$$L_{pAt} = 10\lg\frac{1}{t_1+t_2}\left[(t_1\cdot 10^{0,1}\,L_{pA1})+(t_2\cdot 10^{0,1}\,L_{pA2})\right]$$

mit den Bezeichnungen L_{pA1} und L_{pA2} für den Dauerschalldruckpegel während der Zeit t_1 für Vorwärtsfahrt und t_2 für Rückwärtsfahrt. Der energieäquivalente Dauerschalldruckpegel L_{pA} aus der Kombination von dynamischer L_{pAt} und statischer Arbeitsbewegung L_{pAs} berechnet sich nach

$$L_{pA} = 10\lg\left[(0{,}5\cdot 10^{0,1}\,L_{pAt})+(0{,}5\cdot 10^{0,1}\,L_{pAs})\right].$$

Der Messplatz soll aus einem harten, ebenen Untergrund bestehen. Gibt es hiervon große Abweichungen (Beton, Sand), so müssen die Messdaten rechnerisch entsprechend korrigiert werden. Im Umkreis mit dem dreifachen Abstand der Messstelle von der Geräuschquelle sollten keine schallreflektierenden Gegenstände vorhanden sein. Fremdgeräusche müssen mindestens 10 dB(A) unter dem emittierten Maschinengeräusch je Geräuschquelle liegen. Außerdem darf bei Niederschlag oder auf schneebedecktem Untergrund nicht geprüft werden.

Als Geräuschgrenzwert wird der Schalleistungspegel benutzt. Deshalb muss aus dem Mittelwert aller Schalldruckpegel (alle Messpositionen) und der Messfläche der Schallleistungspegel berechnet werden. Hierzu sind einige grundlegende Hinweise erforderlich.

Der Schalldruckpegel L_p ist das am häufigsten verwendete Geräuschmerkmal. Wegen seines großen Wertebereichs wird er in logarithmierter Form angegeben. Die Maßeinheit lautet Dezibel (dB). Mit dem Schalldruck p und dem Bezugsschalldruck $p_0 = 2\cdot 10^{-5}$ N/m^2 = 0 dB gilt

$$L_p = 20\log(p/p_0).$$

Für die Beschreibung der Geräuschemission einer Maschine wird auch der Schalleistungspegel L_W benutzt, es ist

$$L_W = L_{pm} + 10\log(A/A_0). \qquad (3.25)$$

Er wird aus der gedachten Messfläche (Halbkugel) A, einer Bezugsfläche A_0 = 1 m^2 und dem Mittelwert gemessener Schalldruckpegel L_{pm} an auf der Messhalbkugel angebrachten Sensoren gemessen und errechnet. Im Gegensatz zum Schalldruckpegel ist er vom Messabstand unabhängig, wird aber auch in dB angegeben.

Der Messabstand spielt erst dann eine Rolle, wenn er größer als die Abmessungen der schallabstrahlenden Maschine ist. Als Näherungsformel für den Einfluss des Messabstands kann man benutzen

$$L_{p2} = L_{p1} + 20\log(r_1/r_2). \qquad (3.26)$$

Es bezeichnen: L_{p1} Schalldruckpegel im Abstand r_1
L_{p2} Schalldruckpegel im Abstand r_2.

Schwieriger ist die rechnerische Abschätzung, wenn der Messabstand etwa den Geräteabmessungen entspricht. In diesen Fällen wird als Näherungsformel empfohlen

$$L_{p2} = L_{p1} + 15\log(r_1/r_2).$$

Zahlenbeispiel

– Minibagger, 6 Messorte, Halbkugel mit r = 7,5 m
– Mittelwert der gemessenen sechs Schalldruckpegel L_{pm} = 69,5 dB(A)
– Fläche der Halbkugel $A = 2\,\pi\cdot 7{,}5^2$ m^2 = 353 m^2
– Schallleistungspegel nach Gl. (3.25)
L_W = 69,5 dB(A) + 10 log (353 m^2/1 m^2) dB(A) = 95 dB(A)
– Schalldruckpegel im Abstand von r_1 = 10,0 m wird gemessen mit L_{p1} = 70 dB(A)
– Schalldruckpegel im Abstand von r_2 = 7,5 m errechnet sich dann nach Gl. (3.26)
L_{p2} = 70 dB(A) +20 log (10,0 m/7,5 m) dB(A) = 72,5 dB(A).

Auch der Bediener von Baumaschinen muss vor Lärm geschützt werden. Festlegungen hierzu sind in entsprechenden Vorschriften (z. B. UVV Lärm, ArbStättV, VDI Richtlinie 2058) enthalten. Darin ist z. B. festgelegt, dass bei einem Bedienerohrgeräuschpegel > 90 dB(A) dauernd, ein Gehörschutz zu tragen ist und bei > 85 dB(A) ein Gehörschutz zur Verfügung stehen muss.

Moderne Baumaschinen mit akustisch optimierten Bedienerkabinen rufen Bedienerohrgeräuschpegel < 80 dB(A) hervor. Sie gelten für statische Arbeitsbedingungen bei maximaler Motordrehzahl [3.80]. Schon heute gibt es Maschinen mit einem Ohrgeräuschpegel < 70 dB(A) [3.83] [3.84].

3.1.5.2 Geräuschquellenanalyse

Die Geräuschemission einer Baumaschine ist immer die Wirkung aus mehreren Einzelgeräuschursachen L_{Wi}. Ihre Addition zu einem Gesamtgeräusch erfolgt nach

$$L_W = 10 \log \Sigma 10^{0,1 L_{Wi}} . \qquad (3.27)$$

Dominierende Einzelgeräusche sind:

- Motorengeräusch (Oberfläche Dieselmotor)
- Abgasgeräusch (Mündung, Oberfläche Abgasschalldämpfer)
- Ansauggeräusch (Mündung, Oberfläche Luftfilter)
- Kühlgeräusch (Kühlersystem Motor, Hydraulikanlage)
- Arbeitsgeräusch (Arbeitsausrüstung, Getriebe, Hydraulikzylinder u. a.).

Über eine Geräuschquellenanalyse gelingt es festzustellen, welche der infrage kommenden Geräuschquellen die Emission der Maschine bestimmt und somit beeinflusst werden muss. Durch bewusstes Ausblenden einzelner Geräuschquellen werden die Einzelanteile messtechnisch bestimmbar. Hierzu können folgende Empfehlungen gegeben werden:

- Ausblenden von Abgas- und Ansauggeräusch durch Aufstecken eines ausreichend bemessenen Schlauches auf die jeweilige Mündung und Abführen des Geräusches außerhalb der Messhalbkugel. Der Schlauchdurchmesser muss groß genug sein, damit der Abgasdruck nicht ansteigt.
- Ausblenden von Kühlgeräusch durch zeitweiligen Betrieb der Maschine ohne Benutzung des Kühlsystems. Dabei sind die Temperaturen von Dieselmotor und Hydraulikanlage gesondert zu überwachen, um Bauteilschäden durch Überhitzung zu vermeiden.
- Bestimmung der Arbeitsgeräusche, wenn die Arbeitsausrüstungen betrieben werden.

Die gemessenen Schalleistungspegel können zur rechnerischen Abschätzung des Geräuschreduktionspotentials genutzt werden.

Der prozentuale Geräuschanteil einer ausgeblendeten Quelle errechnet sich nach

$$G_i = \left\{ 1 - \left[10^{(L_{WAi}/10)} : 10^{(L_{WA}/10)} \right] 100 \right\} . \qquad (3.28)$$

Selbst bei sorgfältiger Messung muss mit einer Messwertstreuung von ± 0,5 dB(A) gerechnet werden. Deshalb wird empfohlen, Messreihen zu wiederholen und mit Mittelwerten zu arbeiten.

Im Ergebnis der Geräuschquellenanalyse ist zu entscheiden, welche Geräuschquelle beeinflusst werden muss. Es sind immer dort zuerst geräuschmindernde Maßnahmen einzuleiten, wo hohe Anteile vorkommen. Am Radlader wird mit den Daten von Bild 3-64 gezeigt, dass gezielte geräuschmindernde Maßnahmen auch zu den gewünschten Effekten führen.

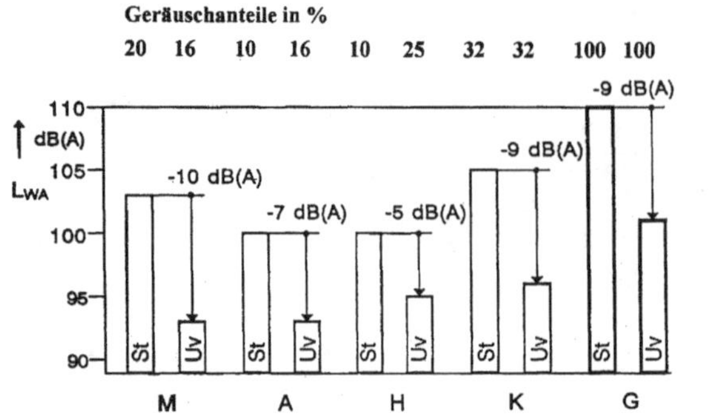

Bild 3-64 Auswirkung geräuschmindernder Maßnahmen am Radlader, gegenübergestellt für Standardmaschine St und deren Umweltversion Uv [3.83]

M Dieselmotor; Antriebselemente im Motorraum
A Abgas- und Ausgangsschalldämpfer
H Hydraulik
K Kühlung
G Gesamtmaschine

Zahlenbeispiel

- Schalleistungspegel einzelner Geräuschquellen am Hydraulikbagger aus Messungen: Dieselmotor L_{WAM} = 94 dB(A); Abgasschalldämpfer L_{WAA} = 90 dB(A); Kühlsystem L_{WAK} = 93 dB(A)
- Gesamtschallleistungspegel errechnet nach Gl. (3.27)
  $L_{WA} = 10 \log(10^{9,4}+10^{9,0}+10^{9,3})$ dB(A) = 97,4 dB(A)
- Motoranteil am Gesamtgeräusch
  $L_{WA} = 10 \log(10^{9,0}+10^{9,3})$ dB(A) = 94,8 dB(A)
  $G_M = [1 - (10^{9,48}/10^{9,74})]\ 100 = 45$ %
- mehrfach gemessene Schallleistungspegel ohne Ausblenden von Geräuschquellen: L_{WA1} = 100,9 dB(A); L_{WA2} = 101,3 dB(A); L_{WA3} = 100,8 dB(A)
- Mittelwert errechnet: L_{WAm} = 101,0 dB(A)
  Extremwerte bei Messschwankungen von 0,3 dB(A):
  L_{WAmax} = 101,3 dB(A); L_{WAmin} = 100,7 dB(A)
- Schallleistungspegel nach Ausblenden des Abgasgeräusches aus drei Messungen: L_{WAm} = 99,0 dB(A)
  Extremwerte: L_{WAmax} = 99,3 dB(A)
  L_{WAmin} = 98,7 dB(A)
- Anteil Abgasgeräusch nach Gl. (3.28)
  $G_{Amax} = [1 - (10^{9,87}/10^{10,13})]\ 100 = 45$ %
  $G_{Amin} = [1 - (10^{9,93}/10^{10,07})]\ 100 = 28$ %.

Motorgeräusche

Den größten Einfluss auf die Geräuschemission des Dieselmotors hat der Motorhersteller. Die in [3.83] festgestellte Entwicklungstendenz gilt noch heute. Demnach kann man, wie Bild 3-65 zeigt, eine Baumaschine mit einem sehr leisen oder um bis zu 10 dB(A) lauteren Dieselmotor ausstatten. Obwohl die leisen Motoren auch teurer sind, rechtfertigt sich ein hoher Aufwand sekundärer Schallschutzmaßnahmen bei lauten Motoren in der Regel nicht.

Grundsätzlich kann der Baumaschinenhersteller auch über passive Maßnahmen Einfluss auf die Verringerung der Motorgeräusche ausüben. Das geschieht durch akustisches Gestalten des Motorraums (z. B. Auskleiden), durch geeignete Motorlagerung, durch Einsatz von Mehrzylindermotoren (mindestens 3 Zylinder) und indem der Motor mit möglichst geringer Drehzahl betrieben wird. Erfahrungswerte besagen, dass eine um 100 U/min verringerte Drehzahl das Motorengeräusch um 0,5...1,0 dB(A) reduziert. Leistungsverluste am Dieselmotor können in der Regel nicht hingenommen werden. Deshalb ist eine Drehzahlreduzierung auch immer mit dem Einsatz eines leistungsstärkeren, schwere-

ren und teureren Dieselmotors verbunden. Diese Konsequenz zeigt einmal mehr, wie kompromissreich sich die Weiterentwicklung von Baumaschinen darstellt.
Die Bewegungen des Motors, aber auch der Motorkörperschall, werden über die Motorlagerung auf die Rahmenkonstruktion übertragen. Deshalb wird empfohlen, die Motorlagerung so weich wie möglich zu gestalten. Hierfür eignen sich besonders hydraulisch gedämpfte Lager (Hydrolager) aus dem Bereich der Kraftfahrzeutechnik. Durch entsprechende Gestaltung und Auskleidung des Motoreinbauraums kann die Geräuschemission sehr wirksam beeinflusst werden. Dafür sind folgende Maßnahmen erforderlich:

- Motorraum innen mit absorbierendem Material (handelsüblich) auskleiden (mind. 50 % der Innenfläche)
- Motorraum luftdicht gestalten
- Kanäle für Luftzirkulation zum Motorraum wirbelfrei gestalten (Kühlgeräusch).

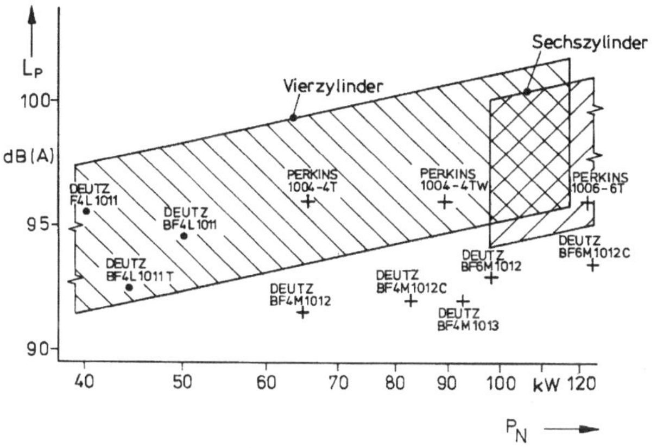

Bild 3-65 "Leise" und "laute" Dieselmotoren im Überblick [3.83]

Kühlgeräusche
Nicht selten sind die Kühlgeräusche für zu laute Baumaschinen verantwortlich [3.83]. Die akustische Optimierung sollte mit der Auswahl eines geeigneten Kühlsystems beginnen. Geräuscharme Kühlsysteme werden von der Bauart des Lüfters ebenso bestimmt wie von der Gestaltung der Führungskanäle für die Kühlluft. Die Kühlluft ist dem Kühlaggregat so zuzuführen, dass Lüfter- bzw. Gebläsequerschnitte vom Luftstrom möglichst gleichmäßig beaufschlagt werden. Das kann durch zusätzliche Leitschaufeln oder Öffnungen erzwungen werden. Hindernisse im Kühlluftstrom (Streben, Leitungen) führen immer zu Geräuschbildungen und sind unbedingt zu vermeiden. Außerdem sind die Kühlluftkanäle möglichst vollständig mit absorbierendem Material auszukleiden. Es dürfen keine Umlenkungen oder lange Führungen entstehen, und die Strömungsgeschwindigkeit der Luft soll $\leq$ 10 m/s betragen.

Abgasgeräusche
Die meisten Motorenhersteller bieten akustisch optimierte Abgasschalldämpfer an. Die Abgasschallreduktion wird positiv vom Schalldämpfervolumen bestimmt. Es ist deshalb genügend Raum für großvolumige Schalldämpfer auf der Maschine vorzusehen. Weiterhin ist einem Leitungsschalldämpfer der Vorzug vor dem Sammelschalldämpfer zu geben.

Ansauggeräusche
Saugdieselmotoren haben störende Ansauggeräusche. Auch hier bieten die Hersteller akustisch optimierte Ansaugfilter an, deren Anwendung empfohlen wird. Zusätzlich können sie um Venturirohre oder Resonatoren [3.85] ergänzt werden. Die Verbrennungsluft wird aus dem Motorraum, der Umgebung oder aus der Kühlung angesaugt. Es wird empfohlen, sich möglichst für das Ansaugen von Kühlluft zu entscheiden. Das Ansauggeräusch von aufgeladenen Dieselmotoren (mit und ohne Ladeluftkühlung) ist in der Regel vernachlässigbar.

Arbeitsgeräusche
Arbeitsgeräusche sind sehr vielfältig. Hauptsächlich werden sie von der Hydraulikanlage und von mechanischen Antriebskomponenten (Getriebe, Gelenke) verursacht. Auch hier gilt natürlich, dass die Hersteller verwendeter Maschinenelemente den größten Einfluss auf die Verringerung der Geräuschanteile haben. Dennoch sollen einige Möglichkeiten aufgezählt werden, die zur Einflussnahme bleiben:

- Unterbringung der Komponenten (Hydraulikpumpen, Verteilergetriebe, Wegeventile) in schallgedämmten Einbauräumen
- Lagerung der Komponenten mittels elastischer Abstützungen
- Zahnriemen, Keilriemen und Verzahnungen mit hoher Überdeckung (Schrägverzahnung) statt geradverzahnter Getriebe
- Einsatz endlagengedämpfter Hydraulikzylinder.

3.2 Kraft- und Schmierstoffe

3.2.1 Kraftstoffe

Die Energiequelle für Erdbaumaschinen liefert fast ausschließlich der *Dieselkraftstoff.* Sein Siedebereich liegt zwischen 170 und 370 °C. Er muss den in DIN-EN 590 definierten Anforderungen gerecht werden:

- hohe Zündwilligkeit, geringer Zündverzug
- geringe Viskositätsänderung (Einsatztemperatur)
- gute Filtrierbarkeit
- geringe Verkokungsneigung
- geringer Schwefelgehalt (0,2 %)
- hohe Sauberkeit (feste Verunreinigungen oder Säuren).

Zündwilligkeit und Zündverzug bestimmen die Motorleistung und das -geräusch (klopfende Verbrennung). Mit fallender Temperatur ändert der Dieselkraftstoff seine Viskosität, er wird zäher und besitzt damit ein schlechteres Fließ- sowie Gemischbildungsverhalten. Ursache dafür ist der Ausfall von Parafinkristallen und dadurch die Verstopfung der Filter. Von den Lieferanten wird deshalb die Kraftstoffqualität den Jahreszeiten angepasst. Durch Beimischung von Additiven kann bei niedrigen Temperaturen die Kristallbildung weitestgehend verhindert werden. Die Dieselkraftstoffe werden deshalb nach Temperaturstufungen in CFPP-Klassen eingeteilt. Für Deutschland gelten folgende Regelungen (ESSO-Information):

CFPP-Klasse B	Sommerdiesel (SQ) vom 15. April bis 14. Sept., für Temperaturen > 0 °C
CFPP-Klasse D	Frühjahr-/Herbstdiesel (ÜQ) vom 15. Sept. bis 31. Okt. und 01. März bis 14. April, für Temperaturen bis –10 °C
CFPP-Klasse F	Winterdiesel (WQ) vom 01. Nov. bis 28. Febr., für Temperaturen bis –20 °C

Werden noch tiefere Einsatztemperaturen (< –22 °C) erwartet, so sind dem Dieselkraftstoff rechtzeitig 20 % Petroleum beizumischen. Aus Sicherheitsgründen (Explosionsgefahr) ist die Verwendung von Benzin nicht erlaubt.

Verkokungen entstehen als Rückstände bei der Verbrennung im Brennraum und können die Lebensdauer des Motors mindern oder Laufstörungen durch Zusetzen von Düsen verursachen. Mit geeigneten Zusätzen (Amine) kann man die Oxydation und Korrosion im Kraftstoffsystem verhindern. Weiterhin werden Antirauchzusätze (organische Bariumverbindungen), Waschwirkungsverbesserer (basische Stickstoffverbindungen als Detergentien) und Absatzverhinderer (basische Stickstoffverbindungen als Dispersantien) zugegeben.
Bei der Lagerung von Dieselkraftstoff, sind der Flammpunkt (≥ 55 °C) und die Einstufung in die Gefahrenklasse III der Flüssigkeiten Gruppe A zu beachten. Nur 1 % Normalbenzin senkt den Flammpunkt um 3 °C und führt zur Abwanderung in die Gefahrenklasse AI.
Weitere Informationen sind [3.86] bis [3.88] zu entnehmen. Ausgewählte Kennwerte nach DIN 51601 enthält Tafel 3-20.

Tafel 3-20 Kennwerte von Dieselkraftstoffen nach DIN 51601

Kennwerte	Mindestanforderungen	Parafinausfall	Prüfung nach DIN
Dichte bei 15 °C in g/ml	0,815...0,855	0,830	51757
kinematische Viskosität bei 20 °C in mm^2/s	2...8	4	51561 51562
Flammpunkt in °C	≥ 55	70	51755
Filtrierbarkeit im Sommer in °C	max. 0	-7	51428
Filtrierbarkeit im Winter in °C	max. -12	-15	51428
Koksrückstand in g/100g	max. 0,1	0,01	51551
Zündwilligkeit in CZ (Cetanzahl)	min. 45	50	51773
Wassergehalt in mg/kg	max. 500	rd. 160	51777

3.2.2 Schmierstoffe

Die Wahl des für den jeweiligen Einsatzzweck richtigen Schmierstoffs ist von entscheidender Bedeutung für die Funktion und Lebensdauer der betreffenden Bauteile [3.89] [3.90]. Es ist bekannt, dass für den Aufbau eines hydrodynamisch wirksamen Schmierfilms die Viskosität und für eine Gleitschicht bei Misch- oder Grenzreibung die Additivierung von Bedeutung sind. Das Schmierstoffverhalten unter Belastung (Druck, Temperatur, Gleitgeschwindigkeit) bildet die Grundlage für tribologische Auslegungen. Rechnerische Bemessungen werden direkt auf das jeweilige Maschinenelement bezogen, wofür es ausreichend Fachliteratur gibt.
Man unterscheidet Öle, Fette (Öl in einem Seifengerüst eingebettet), Pasten und Festschmierstoffe. Schmierstoffe haben primär den Aufbau eines verschleißmindernden Trennfilms und sekundär die Gebrauchsdauer des Bauteils sicherzustellen. Im Einzelnen lassen sich dafür folgende Aufgaben ableiten:

- Verringerung der Reibung durch Trennschicht
- Abdichtung durch Ausfüllen von Bauteilspalten
- Kühlung durch Aufnahme und Transport von Verlustwärme
- Korrosionsschutz durch Abdeckung gefährdeter Oberflächen
- Reinigung durch Abtransport von Rückständen und Verschleißpartikeln.

Eigenschaftsbestimmend sind bei Ölen die Parameter Viskosität und Qualität (Additive), bei Fetten zusätzlich die Konsistenz. Die Viskosität beschreibt die Zähigkeit des Schmierstoffes. Hohe Viskosität bewirkt einen ausreichend dicken Schmierfilm, der jedoch nur unzureichend und langsam an alle zu schmierenden Stellen gelangt. Geringe Viskosität bewirkt zwar eine schnelle, u. U. aber eine weniger wirksame Schmier- und Dichtwirkung. Von großer Bedeutung ist die Temperaturabhängigkeit der Viskosität. Von der Ölqualität werden Belastbarkeit und Lebensdauer des Schmierstoffs selbst und die der betreffenden Bauteile bestimmt. Unterschiedliche Qualitäten erreicht man mit verschiedenen Legierungsbestandteilen (Additive), deren Zusammensetzung immer so ausgewählt wird, dass für die jeweilige Schmierstoffanwendung ein Kompromiss aus der großen Vielfalt chemisch und physikalischer Einflüsse zustande kommt. Insbesondere wird von der Schmierstoffqualität die Alterungsstabilität, die Hoch- sowie Tieftemperaturbeständigkeit, die Bildung von Gleitschichten und das Ablösen von Verbrennungsrückständen beeinflusst. Uneindeutige Lieferangaben, aber auch die für den Nichtfachmann nur bedingt überschaubare Vielfalt von Schmierstoffklassen (Normen) und Handelsbezeichnungen führen immer wieder zu teuren Fehlern bei der Auswahl.
Schmieröle transportieren Wärme von Reibstellen, bedürfen eines gut abgedichteten Arbeitsraums und müssen der Reibstelle immer wieder zugeführt werden. Legierte *Motorenöle* bilden eine wichtige Gruppe der Schmieröle. Es sind Mineralöle oder synthetische Öle, die zur Erzielung der vorab genannten Eigenschaften bestimmte Wirkstoffe (Additive) enthalten und beim Einsatz in Dieselmotoren als HD-Öle (Heavy Duty Öle) bezeichnet werden, siehe auch Kennbuchstaben nach DIN 51502. Je nach Konstruktion und Verwendung der Motoren werden Öle mit unterschiedlichen Viskositäts- und Qualitätsklassen benötigt. Sie sind von der Society of Automative Engineers (SAE) in den USA in Form von SAE-Viskositätsklassen definiert und sinngemäß in ISO-DIN 51519 übernommen worden, siehe Tafeln 3-21 und 3-22. Der Buchstabe W kennzeichnet die SAE-Klassen für niedrigviskose Öle, die bevorzugt im Winter zum Einsatz kommen. Alle höherviskosen Öle (z. B. SAE 30 als europäisches Sommeröl) werden bei höheren Umgebungs- und Betriebstemperaturen benutzt. Beispielsweise bezeichnet die SAE-Viskositätsklasse SAE 15W-40 ein Mehrbereichs-Motorenöl mit folgenden Eigenschaften:

- Viskosität ≤ 3500 mPa s bei -15 °C
- Viskosität zwischen 12,5 und 16,3 mm^2/s bei 100 °C.

Der Einsatz eines Motorenöls mit zu hoher Viskosität kann in ungünstigen Fällen zu Kaltstartproblemen führen. Motorenschäden entstehen nicht, da die Eigenerwärmung nach kurzer Laufzeit eine Viskositätsveränderung hervorruft. Eine langsame Durchölung von Lagerstellen führt aber immer (zeitweise) zu Mischreibung und damit zu höherem Verschleiß. Unangenehmer sind die Auswirkungen, wenn in der Sommerperiode ein Öl mit zu geringer Grundviskosität verwendet wird. Hohe Öltemperaturen führen dann zu einem erheblichen Viskositätsabfall und damit zum Verlust der Tragwirkung des Schmierfilms. Es kommt zu Bauteilverschleiß und zu Undichtheiten, die eine Erhöhung der Laufgeräusche sowie Leistungsverluste hervorrufen. Obwohl die Ölwechselintervalle eine präzise Abstimmung der

Viskositäten auf die zu erwartenden Umgebungstemperaturen erlauben, werden immer häufiger Mehrbereichsöle eingesetzt [3.91]. Das sind niedrigviskose Winteröle, die mit thermisch aktivierbaren Verdickern geimpft sind. Der Viskositätsverlauf zwischen Start- und Betriebstemperatur ist dabei so zu wählen, dass ein leichter Kaltstart möglich wird und im Betriebszustand des Motors eine maximale Viskosität zur Wirkung kommt. Dabei ist zu beachten, dass mit zunehmender Öllebensdauer die Viskositätsverdicker ausfallen, wodurch sich die Eigenschaften immer mehr zum Einbereichs-Winteröl zurückentwickeln. Mehrbereichsöle werden in den Viskositätsklassen SAE 0W-30, SAE 5W-30, SAE 5W-40, SAE 10W-40, SAE 15W-40, SAE 20W-20 und SAE 20W-30 angeboten.

Tafel 3-21 SAE-Viskositätsklassen für Motorenöle (ab 1982) [3.88]

SAE-Klassen	max. zul. Viskosität in mPa s bei °C	max. zul. Grenztemperatur in °C	Viskosität in mm²/s max.	min.
0 W	3250/-30	-35	3,8	
5 W	3500/-25	-30	3,8	
10 W	3500/-20	-25	4,1	
15 W	3500/-15	-20	5,6	
20 W	4500/-10	-15	5,6	
25 W	6000/- 5	-10	9,3	
20			5,6	9,3
30			9,3	12,5
40			12,5	16,3
50			16,3	21,9
Prüfgerät	CCS	MRV	Viskosimeter	
Methode	ASTM 2602 DIN 51377	ASTM 3829	ASTM 445 DIN 51562	

Tafel 3-22 ISO-Viskositätsklassen für Motorenöle (DIN 51519) [3.88]

ISO-Klassen	Mittelpunkts-viskosität in mm²/s bei 40,0 °C	Grenzen der kinematischen Viskosität in mm²/s bei 40,0 °C min.	max.
ISO VG 2	2,2	1,98	2,42
ISO VG 3	3,2	2,88	3,52
ISO VG 5	4,6	4,14	5,06
ISO VG 7	6,8	6,12	7,48
ISO VG 10	10	9,00	11,0
ISO VG 15	15	13,5	16,5
ISO VG 22	22	19,8	24,2
ISO VG 32	32	28,8	35,2
ISO VG 46	46	41,4	50,6
ISO VG 68	68	61,2	74,8
ISO VG 100	100	90,0	110
ISO VG 150	150	135	165
ISO VG 220	220	198	242
ISO VG 320	320	288	352
ISO VG 460	460	414	506
ISO VG 680	612	612	748
ISO VG 1000	1000	900	1100
ISO VG 1500	1500	1350	1650

Für die qualitative Bewertung von Motorenölen wurden API-Klassen (American Petroleum Institute) und in Europa ACEA-Klassen geschaffen, siehe Tafel 3-23. Jeder Maschinenhersteller muss dem Betreiber eine Schierstoffempfehlung geben und darin Ölviskositäten und -qualitäten festlegen. Diese Empfehlung beinhaltet meist die Gegenüberstellung von allgemeinen Schmierstoffklassen und zugeordneten Handelsbezeichnungen der Mineralölindustrie. Die API-Klassen sind historisch mit den Zeitetappen der Motorenentwicklung verbunden. Für Hochleistungs-Dieselmotoren wird heute sehr oft das SHPD Motorenöl (Super High Performance Diesel Oil) vorgeschrieben. Es übertrifft die Anforderungen der API-Klasse und verlängert insbesondere die Ölwechselintervalle. Auch die europäischen Motorenhersteller haben sich zu einer Qualitätsnomenklatur mit der Bezeichnung ACEA entschlossen [3.92] bis [3.94].

Sinngemäße Anforderungen und Klassifikationen gelten auch für *Getriebeöle*, siehe Tafeln 3-24 und 3-25. Für sie werden zur Bezeichnung auch die stoffabhängigen Kennbuchstaben nach DIN 51502 benutzt. Getriebeöle in der Stoffgruppe Mineralöle, z. B. CLP 100, definieren mit den Kennbuchstaben CLP bestimmte Qualitätsmerkmale und mit der Kennzahl 100 die Viskosität. Zu große Viskositäten erhöhen die Übertragungsverluste oder beeinflussen das Schaltverhalten der Lamellenkupplungen in Lastschaltgetrieben.

Tafel 3-23 API-Klassen für Motorenöle [3.88]

API-Klassen	Einsatzbedingungen
API-SA	Motoren unter sehr leichten Einsatzbedingungen; unlegierte Öle
API-CA	selbstansaugende Motoren (um 1950) unter leichten Einsatzbedingungen bei geringem Schwefelgehalt im Kraftstoff
API-CB	selbstansaugende Motoren unter leichten bis mittelschweren Einsatzbedingungen mit Schutz gegen Hochtemperaturablagerung und Korrosion
API-CC	selbstansaugende Motoren unter mittelschweren bis schweren Einsatzbedingungen mit zusätzlichem Schutz gegen Kaltschlamm und Rost
API-CD	aufgeladene Motoren unter schweren Einsatzbedingungen mit erhöhtem Schutz gegen Verschleiß und Ablagerung bei Verwendung unterschiedlicher Kraftstoffe
API-CE	hochaufgeladene Motoren (seit 1983) unter schweren und wechselnden Einsatzbedingungen mit zusätzlichem Schutz gegen Öleindickung und Verschleiß

Tafel 3-24 SAE-Viskositätsklassen für Getriebeöle (DIN 51512) [3.88]

SAE-Klassen	Höchsttemperatur in °C bei Viskosität von 150000 mPa s	Viskosität in mm²/s max.	min.
70 W	- 40,0	4,2	
80 W	- 26,2	7,0	
85 W	-12,3	11,0	
90		14,0	25,0
140		25,0	43,0
250		43,0	

Tafel 3-25 API-Klassen für Getriebeöle [3.88]

API-Klassen	Einsatzbedingungen
API-GL-1	spiralverzahnte Kegelradgetriebe, Schneckengetriebe und handgeschaltete Zahnradgetriebe bei kleinen Gleitgeschwindigkeiten und Flächenpressungen; unlegierte Öle
API-GL-2	Zahnrad-, Schnecken- und bogenverzahnte Kegelradgetriebe mit mäßigen Anforderungen an Lasttragvermögen, Temperaturniveau und Gleitgeschwindigkeit; legierte Öle zur Vermeidung von Oxidation, Korrosion und Schaum
API-GL-3	spiralverzahnte Kegelradgetriebe und Handschaltgetriebe mit mäßigen Anforderungen an Lasttragvermögen, Temperaturniveau und Gleitgeschwindigkeit; mild legierte Öle, insbesondere Verschleißschutzadditive
API-GL-4	hypoidverzahnte Getriebe (kreuzende Wellen mit Achsversatz) mit mäßigen Anforderungen an Lasttragvermögen, Temperaturniveau und Gleitgeschwindigkeit, Schaltgetriebe mit hohen Anforderungen; hochlegierte Öle mit reibungsmindernden Zusätzen
API-GL-5	hypoidverzahnte Getriebe unter schweren, stoßartigen Arbeitsbedingungen (kleine Drehmomente und große Drehzahlen bzw. große Drehmomente und kleine Drehzahlen); hochlegierte Öle, sog. High-EP2-Öle (Extrem Pressure)
API-GL-6	hypoidverzahnte Getriebe mit großem Achsversatz unter schweren, stoßartigen Arbeitsbedingungen; hochlegierte Sondergetriebeöle

Mit einer zu kleinen Viskosität verringert sich die übertragbare Reibleistung in der Laufverzahnung. Es kann zum Fressen oder zu erhöhtem Verschleiß kommen. Auch Getriebeöle werden in Mehrbereichs-Viskositätsklassen angeboten: SAE 75W-90, SAE 85W-90 und SAE 85W-140.

Getriebeöle dürfen gegenüber Buntmetallen (Lager, Lamellenbeläge) und Elastomeren (Dichtungen) nicht aggressiv sein. Ihre Auswahl erfolgt in gleicher Weise nach Viskosität und Qualität (API-Klasse). Die Klasse API-GL3 ist für Getriebe ohne spezielle Anforderungen an den Verschleißschutz vorzusehen. Die darunterliegenden Klassen finden in den heutigen Leistungsgetrieben kaum noch Verwendung. In Synchrongetrieben wird vorrangig die Klasse API-GL4 und in Achsgetrieben die Klasse API-GL5 benutzt. Insbesondere bei Lastschalt- und Automatikgetrieben ist zu beachten, dass von dem Öl neben der Lager- und Zahnradschmierung auch ein Wärmetransport ausgeht und der hydrodynamische Wandler sowie die Schalthydraulik der Kupplungen versorgt werden.

Wegen der sehr unterschiedlichen Viskositätskennzahlen (Bezeichnung der Klassen) bei Motoren- und Getriebeölen kann es zu Verwechslungen kommen. Wie Bild 3-66 zeigt, besitzen beide Öle einen gemeinsamen Viskositätsbereich. Damit lassen sich die Viskositätsanforderungen der Getriebe auch durch Motorenöle erfüllen. Im Sinne einer Vereinheitlichung wird diese Möglichkeit von Maschinenbetreibern gern genutzt. Meist findet eine Gemeinsamkeit im Bereich SAE 30/SAE 80 statt, wobei das dabei zum Einsatz kommende Motorenöl auch die Qualitätsanforderungen für Getriebe erfüllen muss [3.91].

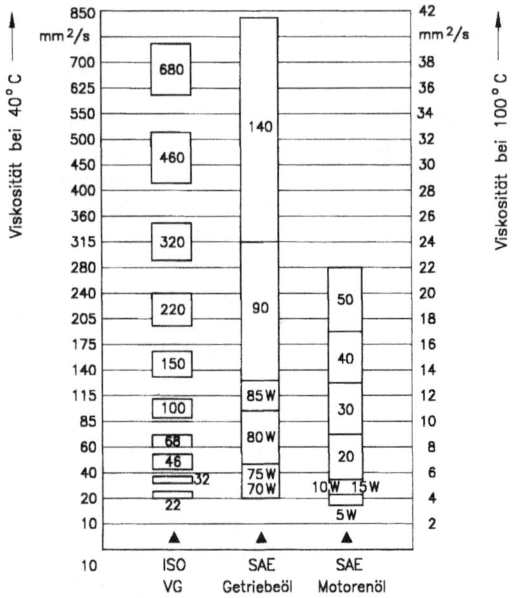

Bild 3-66 Vergleich von Viskositätsklassen (VG s. Tafel 3-22)

Schmierfette verharren im Gegensatz zu Ölen an der Reibstelle und können dabei auch eine gewisse Abdichtung hervorrufen. Ansonsten dienen sie vorrangig der Schmierung, dem Korrosionsschutz und der Geräuschdämpfung. Man unterscheidet Schmierfette nach ihren Eindickertypen und Grundölen (Mineralöl oder synthetische Flüssigkeit). Ihre Bezeichnung erfolgt nach den in DIN 51502 festgelegten Kennbuchstaben und Kennzahlen (z. B. K2G-20). Die Einteilung der Schmierfett-Konsistenzen nach DIN 51818 und eine Anwendungsorientierung für verschiedene Maschinenelemente enthält Tafel 3-26. Sie erfolgt nach sogenannten NLGI-Klassen (National Lubricating and Grease Institute). Von der Konsistenz wird der Anwendungsbereich des Fettes angegeben. Er reicht vom fließfähigen Fetten (transportfähig in Zentralschmieranlagen, NLGI 000 bis 2) bis zu Fetten sehr hoher Festigkeit (NLGI 4 bis 6), die man vor allem zum Abdichten gegen Wasser in Armaturen benutzt.

Es wird eine große Vielfalt von Schmierfettarten angeboten, so z. B. Calciumfett, Natriumfett, Lithiumfett, Aluminiumfett, Bleifett, Silikonfett. Aus den Bezeichnungen kann der verwendete Eindickertyp erkannt werden. Vor deren Verwendung sind vor allem die Verträglichkeit mit bestimmten Bauteilen, die Gelbildung, Mischbarkeit, Alterungsbeständigkeit und Belastbarkeit zu überprüfen.

Tafel 3-26 Schmierfett-Konsistenzklassen (DIN 51818) und Anwendungsgebiete nach VDI Richtlinie 2202

GL Gleitlager GE Getriebe
WL Wälzlager und Radlager Z Zentralschmieranlagen
WP Wasserpumpe

NLGI-Klasse	Walk-penetration in mm/10	Konsistenz	Anwendung
000	445...475	fließfähig	GE, Z
00	400...430	schwach -"-	GE, Z
0	355...385	halbflüssig	GE, Z
1	310...340	sehr weich	GE, WL, GL, Z
2	265...295	weich	WL, GL, Z
3	220...250	mittelfest	WL, GL
4	175...205	fest	WL, WP
5	130...160	sehr fest	WP
6	85...115	hart	

Tafel 3-27 Schmierfette nach DIN 51502

Kennbuchstaben	Systematik der Schmierfette
K	Wälzlager, Gleitlager, Gleitflächen nach DIN 51825 (Teil 1)
	Gebrauchstemperaturen -20...140 °C
KP	hohe Druckbelastungen DIN 51825 (T 3)
	Gebrauchstemperaturen -20...140 °C
KH	Gebrauchstemperaturen > 140 °C
	tiefe Temperaturen nach DIN 51825 (T 2)
	Gebrauchstemperaturen:
KTA	≤ -30 °C
KTB	≤ -40 °C
KTC	–55 °C und tiefer
G	geschlossene Getriebe nach DIN 51826
OG	offene Getriebe (Verzahnungen) und Drahtseile (sog. Haftschmierstoffe)
M	Gleitlager und Dichtungen (geringere Anforderungen als K)

Nach DIN 51502, siehe Tafel 3-27, werden die Schmierfettarten in 7 Anwendungsklassen eingeteilt, was die Auswahlentscheidung erleichtert. Auch bei Fetten lohnt sich die Mühe, ein Einheitsfett für den Maschinenpark ausfindig zu machen.

Über biologisch abbaubare Kraft- und Schmierstoffe liegen positive Einsatzerfahrungen vor [3.92]. Unter biologisch abbaubar versteht man solche Stoffe, die sich schneller und damit umweltschonender bakteriell abbauen lassen. Kriterien dafür hat das Umweltbundesamt in Richtlinien erlassen. Auch bei umweltfreundlicheren Ölen und Fetten, meist mit dem Ordnungszusatz BIO versehen, sind die entsprechenden Entsorgungs-, Lagerungs- und Betriebsvorschriften einzuhalten.

Gebrauchtölanalysen geben Hinweise über die Notwendigkeit eines Schmierstoffwechsels, insbesondere über die sich ändernden Gebrauchtöldaten, wie Viskosität, Alkalität, Öloxidation und Gehalt an festen Fremdstoffen. Dienstleistungen für solche Diagnosen werden von den meisten Schmierstoffherstellern angeboten und haben sich als wirtschaftlich erwiesen. Weitere Hinweise über Festschmierstoffe, Hydrauliköle, Polyglykole, Bremsflüssigkeiten, Frostschutzmittel, Wechselfristen u. a. können der Fachliteratur entnommen werden, z. B. [3.88] [3.92].

Tafel 3-28 Regelschmierstoffe für Verbrennungsmotoren

Kurzbezeichnungen	Temperaturbereich in °C	Füllvorschriften Qualitätsklassen	Füllvorschriften Viskositätsklassen	Anwendungempfehlungen
EO 10	-20...+10	CCMC D4 o.	SAE 10W	Dieselmotoren ohne und mit
EO 20	-10...+15	API CD o.	SAE 20W-20	Aufladung bei normalen
EO 30	0...+30	API CE o.	SAE 30	Ölwechselintervallen
EO 40	+20...+45	API CF -4	SAE 40	Dieselbären; Kompressoren
EO 0540C	-30...+45	CCMC D5/PD2	SAE 5W-40	Dieselmotoren mit Aufladung
EO 1040C	-20...+45		SAE 10W-40	bei langen Ölwechselintervallen
EO 1030C	-20...+30		SAE 10W-30	
EO 1540C	-15...+45		SAE 15W-40	

Tafel 3-29 Regelbetriebsstoffe für Hydrauliken

Kurzbezeichnungen	Temperaturbereich in °C	Füllvorschriften Qualitätsklassen	Füllvorschriften Viskositätsklassen	Anwendungempfehlungen
HYD 5	ganzjährig in Mitteleuropa	HLP D	ISO VG 22 SAE 5W	Kipphydrauliken (Fahrzeuge und Muldenkippern)
HYD 10			ISO VG 32 SAE 10W	Hydrauliken, Servolenkungen
HYD 20			ISO VG 68 SAE 20W	Hydrauliken, auch in Tropen
HYD 0520		HVLP D HVLP	ISO VG 32 SAE 5W-20	Kipphydrauliken (Fahrzeuge) überdeckt ISO VG 22...VG 46
HYD 0530			ISO VG 46 SAE 5W-30	Hydrauliken, Servolenkungen überdeckt ISO VG 32...VG 68
HYD 1030			ISO VG 68 SAE 10W-30	Hydrauliken, auch in Tropen überdeckt ISO VG 46...VG 100

Tafel 3-30 Regelschmierstoffe für Getriebe

Kurzbezeichnungen	Temperaturbereich in °C	Füllvorschriften Qualitätsklassen	Füllvorschriften Viskositätsklassen	Anwendungempfehlungen
GO 80	ganzjährig in Mitteleuropa	API GL-4	SAE 80 SAE 80W-85	Schaltgetriebe
GO 90		API GL-5	SAE 90 SAE 85W-90 SAE 80W-90	Getriebe mit untenliegender Schnecke, Kfz- und alle gekapselten Getriebe, Achsen
GO 90 LS		API GL-5	SAE 90 SAE 85W-90	Achsgetriebe mit Sperrdifferential
GO90 GL4		API GL-4	SAE 90 SAE 85W-90 SAE 80W-90	Schaltgetriebe, auch in Tropen
GO 140		API GL-5	SAE 140	Tropeneinsatz o.g. Getriebe

Kurzbezeichnungen	Temperaturbereich in °C	Füllvorschriften Qualitätsklassen	Viskositätsklassen	Anwendungempfehlungen
LUB-A	ganzjährig in Mitteleuropa	Haftschmierstoff DIN 51513	Schmieröl B	offene Zahnräder, Kettentriebe, Zahnstangen, Seile, Gleitbahnen, Spurkränze
MPG-A		KP2N-20 NLGI-Kl. 2	Mehrzweckfett (Lithiumbasis)	Gleit-, Wälzlager, Radnaben, Polklemmen
MPG-B		KP3N-20 NLGI-Kl. 3	Mehrzweckfett (Lithiumbasis)	Gleit-, Wälzlager, Radnaben, Polklemmen, auch in Tropen
MPG-D		KPF2N-20 NLGI-Kl. 2	schwingungsbeständiges Fett	Rüttelflaschen, Außenrüttler, Erdbaugeräte
MPG-E		KPF3N-10 NLGI-Kl. 3	schwingungsbeständiges Fett	Rüttelflaschen, Außenrüttler, Erdbaugeräte, auch in Tropen
MPG-F		GOOF-10	Getriebefließfett (Natriumbasis)	keine öldicht gekapselten Getriebe, auch in Tropen
BIO-MPG-A		KP2N-20 NLGI-Kl. 2	Mehrzweckfett nach UBA	wie MPG-A
BIO-MPG-B		KP3N-20 NLGI-Kl. 3	Mehrzweckfett nach UBA	wie MPG-B
BIO-MPG-F		GOOF-10	Getriebefließfett nach UBA	wie MPG-F
MPG-G		NLGI-Kl. 00/000	Fließfett	Zentralschmieranlagen - 40 bis +100 °C

Tafel 3-31 Regelschmierstoffe (LUB) und Regel-Mehrzweckfette (MPG)

UBA Umweltbundesamt der BRD

Wegen der großen Bedeutung einer sorgfältigen Auswahl von Kraft- und Schmierstoffen für einen sicheren und langlebigen Maschineneinsatz unter bautechnischen Bedingungen hat der Hauptverband der Deutschen Bauindustrie (BI) federführend Regelschmierstoffe definiert und Empfehlungen für deren Anwendung erarbeitet, siehe [3.92]. Sie bilden mit DIN 51516 (Auswahl von Schmierstoffen für Baumaschinen) wichtige Grundlagen für den Konstrukteur bei der Erstellung von Kraft- und Schmierstoffempfehlungen. Die Tafeln 3-28 bis 3-31 enthalten Auszüge aus [3.92]. Von den Anwendern wird die Einführung der brancheneinheitlichen Kurzbezeichnungen als positiv empfunden.

3.3 Schwerpunktlage und Kippsicherheit

Für mobile Erdbaumaschinen ist ein rechnerischer Standsicherheitsnachweis zu erbringen (Abschn. 3.7). Es ist der rechnerische Nachweis zu führen, dass die Maschine in keiner Betriebsphase zum *Umkippen* gelangt. Dafür müssen Eigenmassen, deren Schwerpunktlagen und äußere Maschinenbelastungen bekannt sein.

3.3.1 Maschinenschwerpunkt und Lastverteilung

Zur Beurteilung von Standsicherheit und Fahrverhalten einer Maschine ist die genaue Kenntnis der Schwerpunktlage von Bedeutung. Bestimmend dafür sind die Massen einer großen Anzahl räumlich angeordneter Einzelteile. Äußere Kräfte (z. B. Fahrwiderstand) haben darauf keinen Einfluss. Der Ausrüstungszustand der Maschine muss festliegen. In der Regel sind die Massen symmetrisch zur vertikalen Längsebene angeordnet, so dass der Schwerpunkt S mit den geometrischen Koordinaten *a*, *b* und *h* festliegt (Bild 3-67a). Seine Bestimmung ist rein rechnerisch möglich und durchaus praktikabel, wenn für solche komplexen Maschinen ein CAD-Modell existiert.
Eine einfache, den statischen Zustand voraussetzende und ausreichend genaue Methode beruht auf Wägung, siehe Bild 3-67a. Die Schwerkraft der Maschine ergibt sich aus der Achslast zu $F_G = F_V + F_H$. Mit Hilfe des Achsabstands $l = a + b$ liegt dann der Schwerpunkt in seiner horizontalen Lage fest, es gilt $F_G\, b = F_V\, l$.
In gleicher Weise kann die Lage des Schwerpunkts quer zur Längsebene bestimmt werden, wenn die Symmetrie nicht zutrifft. Für den horizontalen Abstand des Schwerpunkts von der Maschinenlängsachse ergibt sich

$$e = \frac{F_{Rr} - F_{Rl}}{F_{Rr} + F_{Rl}}\,\frac{s}{2}$$

mit *s* Spurweite, F_{Rr} Summe der statischen Radlasten rechts und F_{Rl} links.

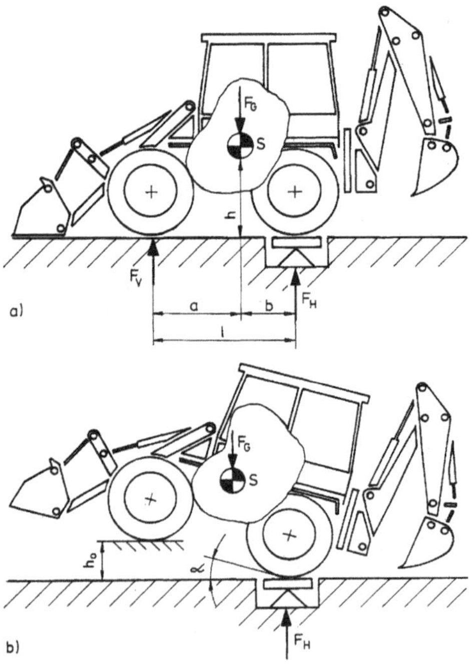

Bild 3-67 Schwerpunktslage durch Wägung

a) horizontalen Lage
b) vertikale Lage

Für die Lagebestimmung in vertikaler Richtung wird die Maschine einseitig um ein bekanntes Maß h_0 angehoben, siehe Bild 3-67b, und es wird in dieser Position die Achslast F_H gemessen. Die Höhenlage h des Schwerpunkts ist dann bestimmbar aus dem Momentengleichgewicht um die Radaufstandslinie der hochgestellten Achse, mit

$$h = \frac{F_H - F_G}{F_G} \frac{h_0}{\sin\alpha \tan\alpha} + \frac{b \cos\alpha}{\sin\alpha}.$$

Seiten- und Reibungskräfte sowie Durchfederungen sind bei den Messungen zu vermeiden. Bei knickgelenkten Maschinen verändert sich die Schwerpunktlage in Abhängigkeit vom Knick-Lenkwinkel γ (Abschn. 3.6.4). Hier müssen zuvor die Orte der Einzelschwerpunkte von Vorder- (S_V) und Hinterwagen (S_H) getrennt nach obigem Verfahren bestimmt werden. Zu diesem Zweck werden die Schwerkräfte F_{GV} und F_{GH} sowie Stützkräfte F_{KV} und F_{KH} im Knickgelenk K von jedem Wagen durch Wägung ermittelt. Dafür kann praktischerweise auch eine Seilzugwaage benutzt werden, die im Knickgelenk angehangen wird.

Für das weitere Vorgehen empfiehlt sich ein einfaches grafisches Verfahren [3.12]. Mit den bekannten Maßen l_{KV} und l_{KH} für die Knickgelenkabstände sowie den zuvor ermittelten Lageabständen l_{SV} und l_{SH} der Einzelschwerpunkte lassen sich die im Bild 3-68 dargestellten Zusammenhänge maßstabsgerecht aufzeichnen. Das Krafteck bilden die beiden Schwerkräfte in einem geeigneten Maßstab mit den Polstrahlen 0, 1 und 2 zu einem angenommenen Polpunkt P. Parallel zu den Polstrahlen können nun die Seilstrahlen 0', 1' und 2' aufgezeichnet werden. Der Schnittpunkt von 0' und 2' liefert auf der Verbindungslinie der Einzelschwerpunkte die Lage des Gesamtschwerpunkts S, wobei S = S(γ) gilt.

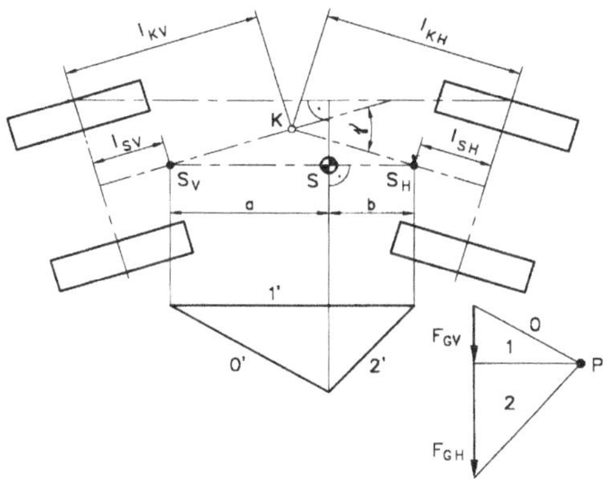

Bild 3-68 Schwerpunktlage knickgelenkter Maschinen durch grafische Methode

Bei allradgetriebenen Maschinen orientiert man auf gleichmäßige Achslastverteilung, um auch die Traktion mit gleichen Anteilen zu gewährleisten. Bleibt der Antrieb einer Achse überlassen und werden hohe Anforderungen an die Traktion gestellt, dann wird ein Verhältnis $b/a = 1/3$ empfohlen [3.12], wobei b den Abstand der angetriebenen Achse zum Schwerpunkt bezeichnet. Die Räder der gelenkten Achse werden mit weniger Achslast bedacht.

Beim Befahren oder beim Arbeiten an einer Längsebene mit Neigungswinkel α_l vergrößert sich die Achslast der talseitigen Achse (Vorderachse F_V angenommen). Mit den Bezeichnungen des Bildes 3-67 betragen die Achslasten dann

$$F_H = \frac{F_G\,(a\cos\alpha_l - h\sin\alpha_l)}{l}; \quad F_V = F_G \cos\alpha_l - F_H.$$

Mobile Baumaschinen müssen geländetauglich sein. Deshalb spielt die Querstabilität beim Befahren oder beim Arbeiten an einer geneigten Ebene, quer zur Längsebene, eine große Rolle. Es besteht die Gefahr des Umkippens und die der Hangtrift. An einer quergeneigten Maschine steigt die Radlast talseitig. Die zulässige Hangneigung wird von der Spurweite s, von der Schwerpunkthöhe h und von der übertragbaren Reibkraft zwischen Rad und Boden bestimmt. Mit den Bezeichnungen nach Bild 3-69 erhöht sich die Summe der talseitigen Radkräfte. Es gilt für die symmetrische Schwerpunktlage

$$F_{Rr} = \frac{F_G\,(\frac{s}{2}\cos\alpha_q - h\sin\alpha_q)}{s}; \quad F_{Rl} = F_G \cos\alpha_q - F_{Rr}.$$

Quertriften wird verhindert, wenn unter der Wirkung des Reibungsbeiwertes μ_q zwischen Reifen und Fahrbahn die Bedingung gilt

$$(F_{Rr} + F_{Rl})\,\mu_q > F_G \sin\alpha_q = 2F_{RD}.$$

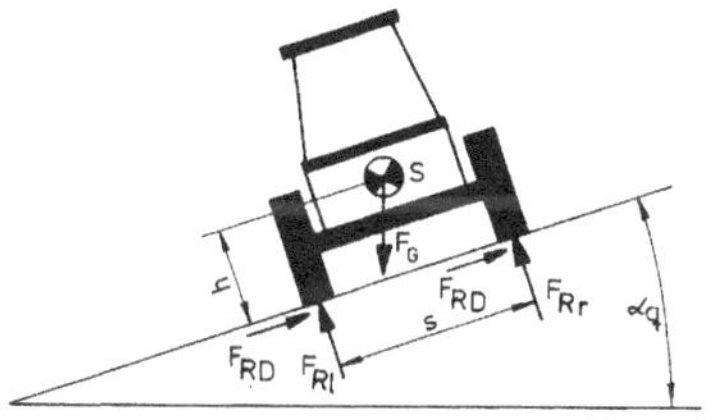

Bild 3-69 Radlastaufteilung bei Querneigung

Analog ist bei der Lastverteilung eines Raupenfahrwerks zu verfahren. Die Bodenpressung p ist bei mittiger Schwerpunktlage über der Kettenlänge konstant, da die Rahmenkonstruktionen als steif gelten. Mit den Bezeichnungen nach Bild 3-70 und der Kettenstützbreite b_K gilt dann $F_G = 2plb_K$. Bei außermittiger Schwerpunktlage wird eine gleichmäßig veränderliche Lastverteilung über der Stützlänge l angenommen. Solche idealen Bedingungen treten in der Praxis nicht auf. Ballige Laufkonturen der Raupenplatten und das eher punktweise Abstützen der Raupenkette über einzelne Laufrollen rufen besonders auf harten Fahrbahnen sehr ungleichmäßige Bodenpressungen hervor. Diese Eigenschaft ist beim Betreiben eines Kettenfahrzeugs zu beachten (Straßenschäden) bzw. durch konstruktive Maßnahmen (Anzahl Laufrollen) zu beeinflussen (Abschn. 3.6.3). Nur in sehr weichen Böden und bei Laufwerken mit großer Laufrollenzahl kann man von einer gleichmäßigen Bodenpressung ausgehen.

Beim Arbeiten einer Maschine verändert sich auch ständig deren Schwerpunktlage. Insbesondere beim Bagger wird der Schwerpunkt vom Einfluss der Arbeitsausrüstung bestimmt. Er bewegt sich auf einem Kreis und nimmt dabei die ausgewählten Positionen S_I, S_{II} oder S_{III} ein, wie sie im Bild 3-71 dargestellt sind [3.95]. Für die betrachteten Fälle lassen sich zugehörige Pressungen bestimmen. Dabei wird das Fahrwerk einschließlich Kette als starres Gebilde angenommen.

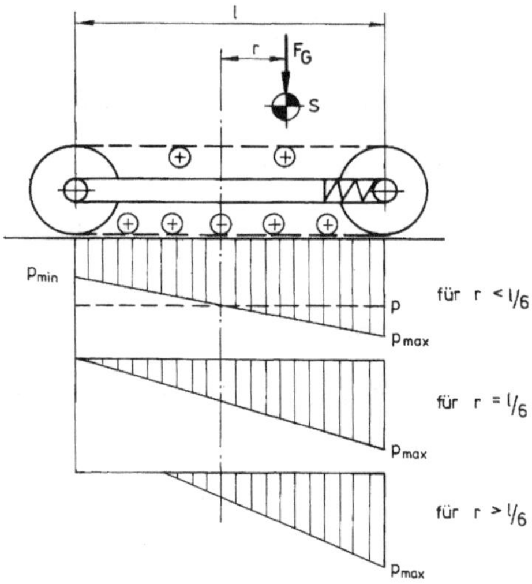

Bild 3-70 Lastverteilung am Raupenfahrwerk

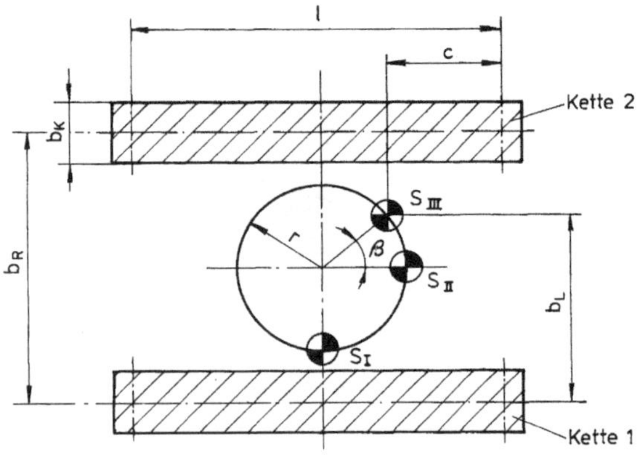

Bild 3-71 Positionen des Schwerpunkts am Hydraulikbagger beim Drehen des Oberwagens

Pressung für Kette 1 *und* S_I

$$p_1 b_K l = F_G\left(\frac{1}{2}+\frac{r}{b_R}\right).$$

Wenn $r \geq b_R/2$ wird, besteht Kippgefahr für die Maschine.

Pressung für Kette 1,2 *und* S_{II}

Die Schwerkraft in S_{II} verteilt sich gleichmäßig auf die Ketten 1 und 2. Dabei ruft sie die im Bild 3-70 dargestellte Pressungsverteilung hervor. Rechnerisch gilt

$$p_{1,2\,max}=\frac{F_G}{2\,l b_K}\left(1+\frac{6\,r}{l}\right),\quad \text{für}\quad r\leq\frac{l}{6};$$

$$p_{1,2\,min}=\frac{F_G}{2\,l b_K}\left(1-\frac{6\,r}{l}\right);$$

$$p_{1,2\,max}=\frac{F_G}{3\,b_K\,(0{,}5\,l-r)},\quad \text{für}\quad r>\frac{l}{6}.$$

Pressung für Kette 2 *und* S_{III}

$$p_{2\,max}=\frac{2\,F_G\,b_L}{3\,b_R\,b_K\,c}. \tag{3.29}$$

Es wird vorausgesetzt, dass die Pressungslängen beider Ketten gleich groß sind ($l_1 = l_2$). Außerdem sind in Gl. (3.29) b_L und c vom Winkel β abhängig. Es gelten

$$b_L = 0{,}5\,b_R + r\,\sin\beta;\qquad c = 0{,}5\,l - r\,\cos\beta. \tag{3.30}$$

Aus Gl. (3.29) wird nach Einführen der Verhältniszahl $m = l/b_R$

$$p_2=\frac{2\,F_G}{3 b_R\,b_K}\left(\frac{0{,}5\,b_R+r\sin\beta}{0{,}5\,m\,b_R-r\cos\beta}\right). \tag{3.31}$$

Die Pressung erfährt ihr Maximum für einen Drehwinkel β nach der Bedingung $dp_2/d\beta = 0$. Danach gilt

$$\frac{(0{,}5\,m b_R - r\cos\beta)\,r\cos\beta-(0{,}5\,b_R+r\sin\beta)\,r\sin\beta}{(0{,}5\,m b_R - r\cos\beta)^2}=0.$$

Da der Gl. (3.31) die Bedingung $r > l/6$ zugrunde liegt, folgt nach Zwischenrechnung

$$m\cos\beta-\sin\beta=\frac{2r}{b_R}.$$

Damit kann auch die Strecke c nur Werte zwischen null und 0,3 l annehmen. Man bestimmt mit Gl. (3.30) den kleinsten Radius zu

$$r=\frac{l}{6\,\cos\beta}\ \text{und den größten Radius zu}\ r=\frac{l}{2\cos\beta},$$

wobei aus Kippgründen $r \leq 0{,}5\ l$ gilt. In [3.95] sind neben den vorab beschriebenen Modellbeziehungen auch Rechenbeispiele enthalten.

Die Verteilung der Last auf mehrere Achsen ist für die Traktionsfähigkeit einer Maschine von großer Bedeutung. Am Beispiel eines Motor-Schürfkübelwagens (s. Abschn. 4.3) soll das anhand der Darstellungen von Bild 3-72 verdeutlicht werden. Im Arbeitszustand der höchsten Traktion ist der Schürfkübel beladen, und die Hinterräder verfügen über einen höheren Kraftschluss, weil sie auf einem ebenen, griffigen Erdstoff laufen. Bei der angenommenen Verteilung der Eigenlast F_G auf Vorder- (F_{GV}) und Hinterwagen F_{GH} entsteht hier beispielhaft eine technisch sinnvolle Achlastaufteilung F_{AV} und F_{AH}. Wie man die Verteilung der Pressung aus Maschineneigen- und Maschinennutzlast konstruktiv beeinflusst, zeigen im Bild 3-73 weitere Beispiele von Lade- und Planierraupen schematisch. Der Gesamtschwerpunkt einer Laderaupe wird bewusst von der Ladeschaufel entfernt, um im Beladezustand bei höchster Bodenpressung eine gleichmäßige Lastverteilung zu erzielen. Im Gegensatz dazu muss bei Planiermaschinen der Gesamtschwerpunkt in Richtung Planierschild gerückt werden, um während des Versetz- und Planiervorgangs eine gleichmäßige Bodenpressung zu erzielen [3.96].

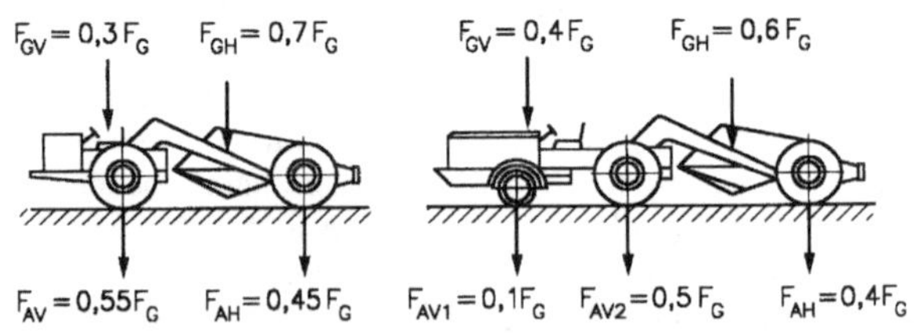

Bild 3-72 Hinweise zur Achslastverteilung von Schürfkübelwagen mit ein- und zweiachsigem Motorfahrzeug

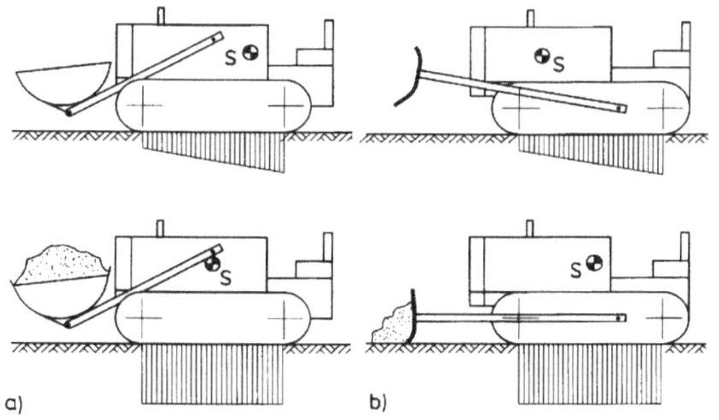

Bild 3-73 Hinweise zur Vergleichmäßigung der Bodenpressung bei Raupenfahrwerken

a) Laderaupe
b) Planierraupe

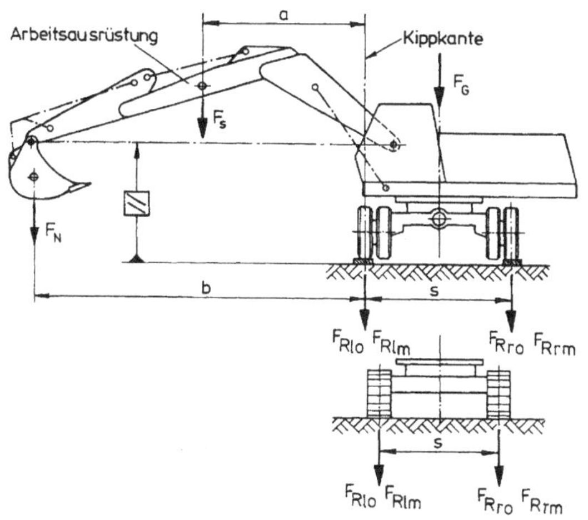

Bild 3-74 Modellfestlegungen für den Standsicherheitsnachweis am Mobilbagger

3.3.2 Standsicherheit

Die Standsicherheit von Baumaschinen muss im Sinne des Gesetzes über technische Arbeitsmittel unter Beachtung geltender Normen (EN 474, DIN 24087, ISO 10567, DIN 24094, ISO 5998, ISO 8313) nachgewiesen werden. Dabei ist zu beachten, dass diese Arbeitsmittel vorrangig als Erdbaumaschinen und nicht zum Heben von Lasten benutzt werden. Die Nachweisverfahren dienen zur Überprüfung der Sicherheit gegen *Umkippen*. Auszugsweise werden nachstehend die wichtigsten Nachweisbedingungen wiedergegeben:

- Der Nachweis ist für eine waagerechte Standebene zu führen.
- Einflüsse aus Untergrund (Einsinken), dynamischen Kräften (Bremsen von Bewegungen), aus verschiedenen Bauarten (Ketten, Bereifung) und Seitenasymmetrie des Geräteschwerpunkts werden durch konstante Sicherheitsfaktoren (1,1 und 1,25) berücksichtigt.
- Die Kippkante ist für die ungünstigsten Bedingungen der Standsicherheit mit dem geringsten senkrechten Abstand zum Gesamtschwerpunkt der Maschine festzulegen (z. B. Verbindungslinie der Bodenberührungspunkte für die äußeren Räder beim Mobilbagger mit blockierter Pendelachse, bei nicht blockierter Pendelachse die Verbindungslinie durch die Pendelgelenkpunkte).
- Die Nutzlast F_N ist aus maximalem Gefäßinhalt und angenommener Erdstoffdichte $\rho = 1{,}8$ kg/m^3 zu errechnen.
- Die Summe der Radaufstandskräfte links und rechts (ohne Arbeitsausrüstung F_{Rlo}; F_{Rro} und mit Arbeitsausrüstung F_{Rlm}; F_{Rrm}) wird durch Wägung bestimmt, siehe Bild 3-74.
- Die Schwerkraft mit Arbeitsausrüstung beträgt $F_{Gm} = F_{Rlm} + F_{Rrm}$, und für den Schwerpunktabstand der Arbeitsausrüstung gilt $a = (F_{Rrm} - F_{Rro})s/F_S$.
- Die Standsicherheit (Beispiel Mobilbagger) ist gewährleistet, wenn folgende Bedingung erfüllt ist

$$\frac{0{,}5\,F_G\,s - 1{,}1\,F_S\,a}{1{,}25\,F_N\,b} \geq 1\,.$$

- Die Standsicherheit für Lademaschinen ist durch Bestimmung einer zulässigen Nutzlast (meist 50 % der Kipplast) bei verschiedenen Maschineneinsätzen (Ladeschaufel, Gabelzinken u. a.) nachzuweisen.

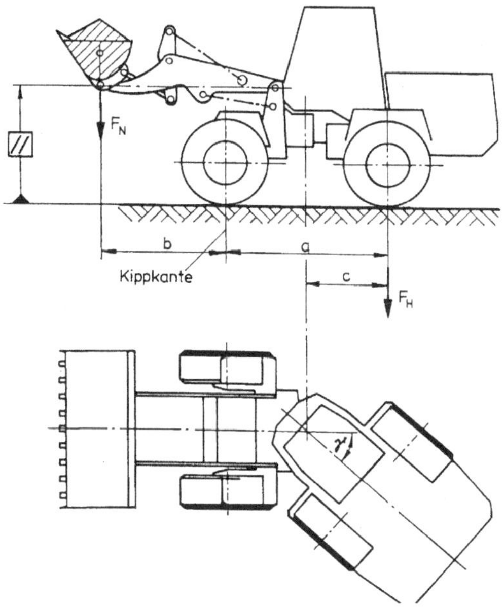

Bild 3-75 Modellfestlegungen für den Standsicherheitsnachweis an der Lademaschine

F_H Achslast in Achsmitte ohne Nutzlast (Wägung)
c Abstand Knickgelenk zur Hinterachse bei $\gamma = 0$

- Die Nutzlast für Schaufellader mit Knicklenkung nach Bild 3-75 berechnet sich nach

$$F_N = \frac{F_H}{2b}\left[a - c(1-\cos\gamma)\right]$$

und mit Achsschenkellenkung nach

$$F_N = \frac{F_H\,a}{2b}\,.$$

Obwohl in den gültigen Normen die Nutzlast mit reichlicher Sicherheit zur Kipplast festgelegt wird, stellt sich unter Baustellenbedingung immer wieder die Frage nach der Beachtung unvorhersehbarer Bedingungen [3.97]. Hierzu gehören rechnerisch vernachlässigte bzw. unbekannte äußere Kräfte ebenso wie horizontal verschobene Masseschwerpunkte. Die nicht berücksichtigten Kräfte erweisen sich in der Regel als ungefährlich, da ihre Wirkungsdauer (Stöße,

Massenkräfte) nicht für einen Kippvorgang ausreicht. Genauere rechnerische Analysen müssten auf energetischen Betrachtungen aufbauen.
Es ist auch üblich, neben den statischen Kipp- und Hublasten bei Schaufelladern sogenannte dynamische Nutzlasten zu bestimmen [3.98]. Unter einer dynamischen Nutzlast wird die Masse verstanden, die die Ladeschaufel in unterster Transportstellung bei Hub- und Fahrbewegung mit maximaler Verzögerung bzw. Beschleunigung aufnehmen kann, ohne dass dabei die Hinterräder von der Fahrbahn abheben. Die maximale dynamische Nutzlast beträgt etwa 70 % der maximalen statischen Kipplast.
Sehr viel verhängnisvoller kann sich eine horizontale Verschiebung des Schwerpunkts bzw. der Kippkante auswirken. Häufigste Ursache dafür ist die Schrägstellung der Maschine im Gelände oder das teilweise Abbrechen der Standfläche an einer Böschung. Mit den Festlegungen nach Bild 3-76 soll dieser Fall untersucht werden. Hierfür wird die Sicherheit SI als Quotient aus Stand- und Kippmoment eingeführt

$$SI_1 = \frac{F_G\, a}{F_K\, b}; \quad SI_2 = \frac{F_G\,(a-\Delta a)}{F_K\,(b+\Delta b)};$$

$$\Delta SI = SI_1 - SI_2; \quad \Delta a = \Delta b = \Delta;$$

$$\Delta SI = SI_1\,(1 - \frac{(1-\frac{\Delta}{a})}{(1+\frac{\Delta}{b})}); \quad \frac{\Delta}{a} \geq \frac{\Delta}{b}. \tag{3.32}$$

Die Gln. (3.32) geben die Sicherheitsdifferenzen für beide Kippkanten an, sie sind in Bild 3-77 grafisch ausgewertet.

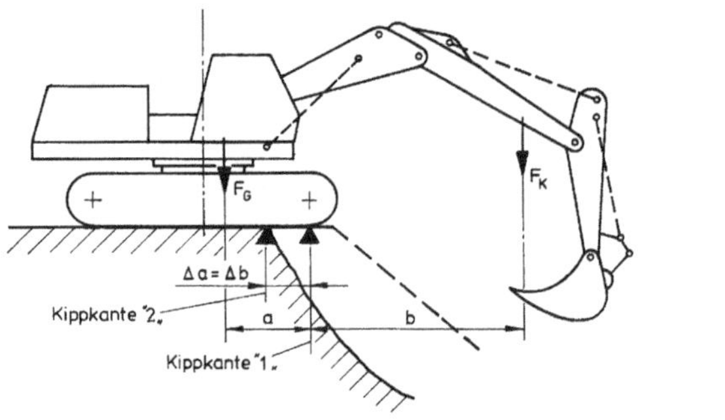

Bild 3-76 Standsicherheit bei horizontaler Verschiebung der Kippkante an Böschungen

Zahlenbeispiel

Ein Hydraulikbagger im Tieflöffelbetrieb sei durch eine Standsicherheit von $SI_1 = 2$ gekennzeichnet. Seine Kippkante verschiebt sich durch Abbrechen der Böschung horizontal um 0,3 a. Dann beträgt die verbleibende Standsicherheit nach Bild 3-77 nur noch $SI_2 = 1{,}1$ für $a = b$ und $SI_2 = 1{,}3$ für $a = 0{,}25\ b$. Für den Fall, dass die Standsicherheit bei intakter Böschung einen Wert $SI_1 = 1$ annimmt, verbleibt nach Abbrechen der Böschung eine Standsicherheit von $SI_2 = 0{,}55$ für $a = b$ und $SI_2 = 0{,}65$ für $a = 0{,}25\ b$. Das Beispiel soll zeigen, welchen Einfluss die in den gültigen Normen festgelegten Sicherheitsreserven und geometrischen Maschinenverhältnisse ($a = b$ bis $a = 0{,}25\ b$) ausüben.
Besondere Bedeutung muss man der Standsicherheit eines Hydraulikbaggers mit Tiefbau- oder Abbruchausrüstung beimessen [3.99]. Für die schwere und verhältnismäßig hohe Arbeitsausrüstung (z. B. Mäkler, Bohrgerüst) werden ausschließlich Hydraulikbagger mit Raupenfahrwerk eingesetzt. Der Schwerpunkt wird im Vergleich zum Basisgerät dadurch nach oben verschoben, siehe Bild 3-78. Infolge der Veränderungen entstehen erhöhte und vor allem ungleichmäßige Bodenpressungen. Begleitende technische Maßnahmen betreffen erhöhte Gegengewichte am Maschinenheck, teleskopierbare Fahrwerke oder zusätzliche Abstützungen (s. Abschn. 4.2.1). Grundsätzlich ist aber die höhere Sensibilität der Standsicherheit nicht zu vermeiden. Deshalb muss man die Sicherheitsreserve einer solchen Maschine über den Standsicherheitswinkel $\delta = arc\ tan(a/h)$ bewerten (Bild 3-78). Es ist der Winkel der Verbindungsgeraden zwischen Kippkante und Schwerpunkt sowie der Senkrechten in der Kippkante.

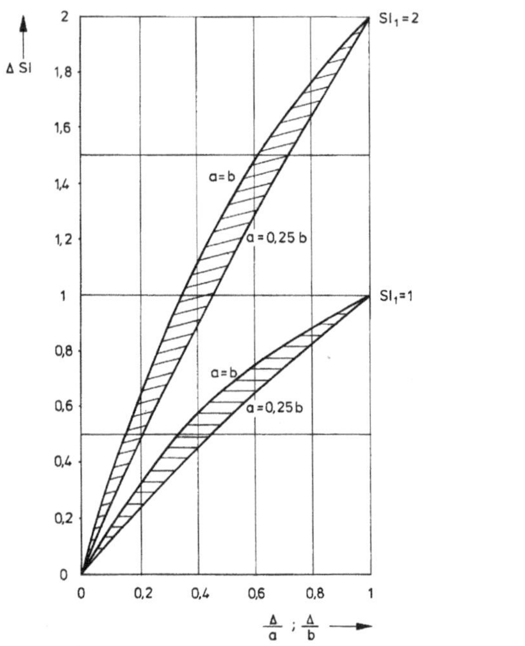

Bild 3-77 Reserven für die Standsicherheit bei horizontaler Verschiebung der Kippkante an Böschungen

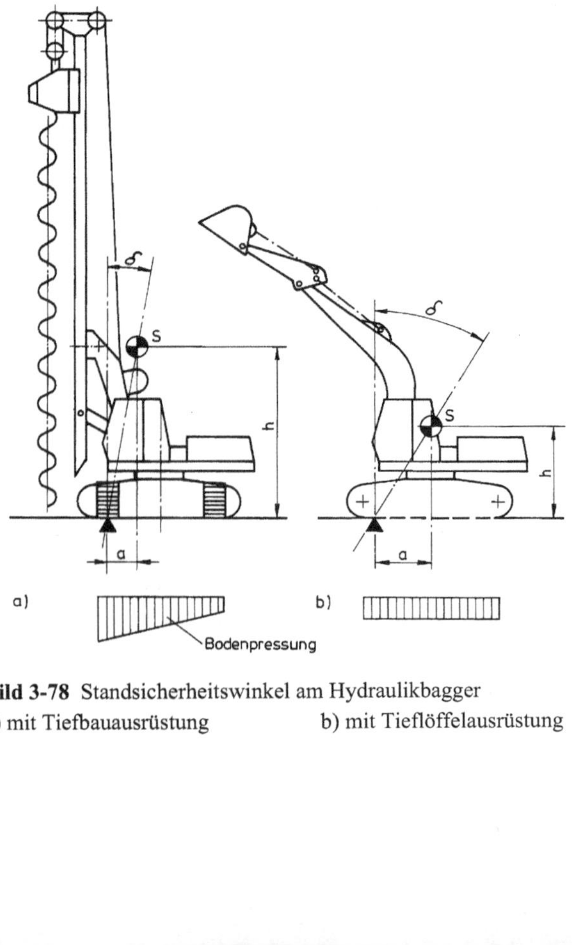

Bild 3-78 Standsicherheitswinkel am Hydraulikbagger
a) mit Tiefbauausrüstung b) mit Tieflöffelausrüstung

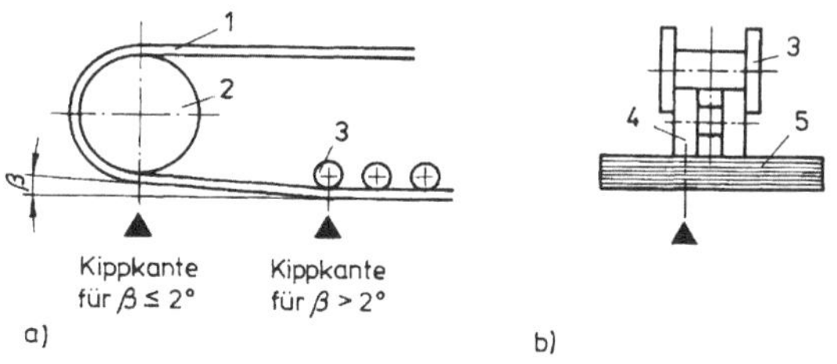

Bild 3-79 Kippkanten an Raupenfahrwerken

a) in Fahrtrichtung; b) quer zur Fahrtrichtung
1 Kette 3 Tragrolle 5 Bodenplatte
2 Leitrad, Turas 4 Kettenglied

An ausgeführten Maschinen lässt sich nachweisen, dass z. B. ein Basisgerät (m_e = 21,0 t) mit Tieflöffelausrüstung über einen Standsicherheitswinkel von $\delta = 37°$ und das abgeleitete Gerät (m_e = 30,0 t) mit Tiefbauausrüstung von nur noch $\delta = 15°$ verfügt. Im Verhältnis der Winkel hat sich die Standsicherheit verschlechtert. Die Standsicherheitsreserve auf ebenem und festem Planum wird für das Arbeiten gemäß EN 791 und 996 mit $\delta = 5°$ und für Fahren (Umsetzen) mit $\delta = 10°$ festgelegt. Beim Standsicherheitsnachweis sind Zusatzkräfte aus dem Staudruck (Wind) einzubeziehen, und es sind mehrere Lastfälle (z. B. Betriebslastfall, Aufbaulastfall, Lastfall für Verfahren) zu untersuchen. Außerdem spielt die Festlegung der Kippkante eine wichtige Rolle. Sie ist oft von der Laufwerkskonstruktion abhängig. Bild 3-79 gibt hierfür Orientierungen bei Raupenfahrwerken.

Standsicherheitsnachweise sind grundsätzlich auf der Basis gültiger Vorschriften durchzuführen.

3.4 Grab- und Ladewerkzeuge

3.4.1 Bauarten und konstruktive Merkmale

Werkzeuge werden nach Ausführungstyp und nach der Zuordnung von Arbeitsaufgaben sowie Maschineneigenmassen (Abschn. 4.2.1) unterschieden. Im Mittelpunkt stehen die Grab- und Ladewerkzeuge (-gefäße) von Erdbau- und Gewinnungsmaschinen. Unterschiede ergeben sich aus den Tätigkeiten Laden (Transportieren) bzw. Graben (Gewinnen) von Erdstoffen oder auch aus der Benutzung an einer Baumaschine (z. B. Bagger), deren Arbeitsausrüstungen unterschiedlich gestaltet sind (Tieflöffel- oder Hochlöffelbetrieb). Grundlegende Aussagen über Konstruktionsstrukturen von Werkzeugen werden in [3.100] und [3.101] gemacht.

Eingefäßbagger und Lademaschinen

Den Grund- und Haupttyp eines Baggerlöffels stellt der *Universaltieflöffel* dar. Aus ihm lassen sich weitere Typen ableiten und besonderen Verwendungen zuordnen (Bild 3-80):

– Universaltieflöffel (UTL)

Der UTL ist für alle typischen Baggeranwendungen (Gewinnung, Massenaushub) geeignet. Er wird für alle Baggerklassen in kleinen und großen Gefäßbreiten hergestellt.

– Felstieflöffel (FTL)

Der FTL ist ein konstruktiv verstärkter UTL. Er ist wegen ertragbar hohen Reiß- und Losbrechkräfte besonders für Gewinnungs- und Ladeaufgaben im Steinbruch geeignet.

– Tieflöffel mit Auswerfer (TLA)

Der TLA ist ein modifizierter UTL. Er besitzt zusätzlich eine mechanische Einrichtung zum vollständigen Entleeren des Grabgefäßes (Auswerfer). Diese Zusatzausrüstung ist beim Arbeiten in bindigen Erdstoffen erforderlich.

– Verbaulöffel (VBL)

Der VBL ist ein Spezialtieflöffel für Aushubarbeiten im verbauten Kanal (großer Ankippwinkel).

– Gesteinslöffel (GSL)

Der GSL ist ein UTL in Skelettbauweise. Mit ihm kann während des Grab- und Lagevorgangs gleichzeitig das Ladegut sortiert werden (Klassierung).

– Drainagelöffel (DRL)

Der DRL ist ein Spezialtieflöffel zum Ausheben von Entwässerungsgräben.

– Grabenprofillöffel (GPL)

Der GPL ist ein Spezialtieflöffel für den Grabenaushub mit Böschungsprofil und Sohlenbreite.

– Grabenräumlöffel (GRL)

Der GRL ist ein Spezialtieflöffel für das profilgerechte Ausheben von Gräben und für das Anlegen von Böschungen.

– Grabenräumlöffel, hydraulisch verstellbar (GLV)

Der GLV ist ein GLR, der zur Standfläche des Baggers zusätzlich verstellt werden kann (Kippwinkel rd. 45°).

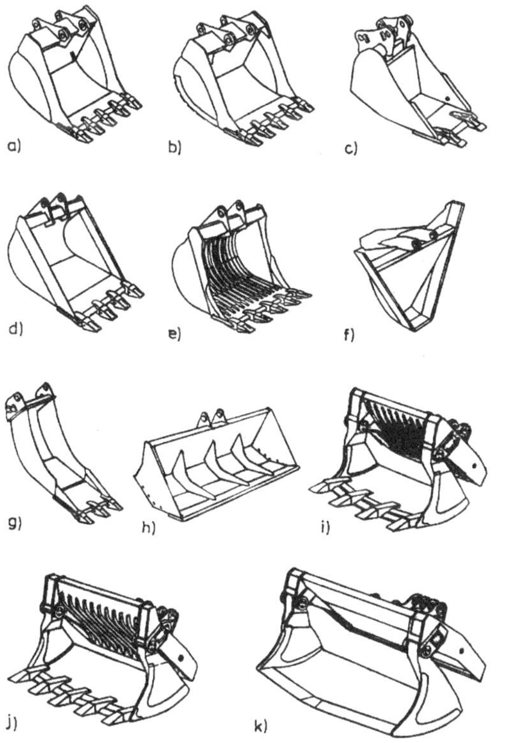

Bild 3-80 Löffel- und Ladeschaufeltypen für Eingefäßbagger

a) Universaltieflöffel (UTL)
b) Felstieflöffel (FTL)
c) Tieflöffel mit Auswerfer
d) Verbaulöffel (VBL)
e) Gesteinslöffel (GSL)
f) Grabenprofillöffel (GPL)
g) Drainagelöffel (DRL)
h) Grabenräumlöffel (GRL)
i,j) Ladeklappschaufeln mit Zahnsystem
k) Ladeklappschaufel mit V-Schneide (Pfeilschneide)

Ladeschaufeln für Bagger-Hochlöffelbetrieb und für Lademaschinen lassen sich nicht in gleicher Weise systematisieren, Bauarten und Grundmaschinen sind zu verschieden. Sie werden unterschieden nach der Maschinenzuordnung (Bagger, Lademaschine), dem Verwendungszweck (Erdbauschaufel, Räum- bzw. Planierschaufel), dem Ladegewicht (Leichtgut-, Schwergutschaufel), dem Ladegut (Fels-, Stein-, Kohle-, Schüttgutschaufel) und der Entlademöglichkeit (Kipp-, Hochkipp-, Seitenkipp- oder Klappschaufel), siehe Bilder 3-80 und 3-81. Bei den Ladeschaufeln der Radlader ist vor allem das Ladegewicht typentscheidend, da hier die Reißkräfte für den Grabvorgang von untergeordneter Bedeutung sind.

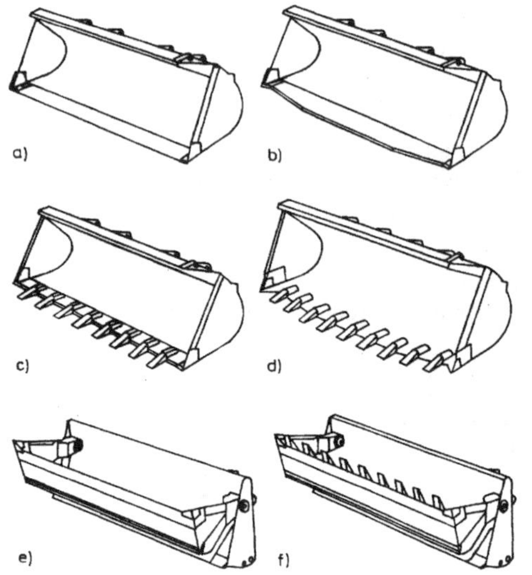

Bild 3-81 Ladeschaufeltypen für Lademaschinen

a) Ladeschaufel mit gerader Schneide
b) Ladeschaufel mit V-Schneide
c) Ladeschaufel mit gerader Schneide und Zahnsystem
d) Ladeschaufel mit V-Schneide und Zahnsystem
e) Klappschaufel mit gerader Schneide
f) Klappschaufel mit gerader Schneide und Zahnsystem

Wegen der großen Ausführungsvielfalt konstruktiv gleichartiger Werkzeuge ist es für Hersteller lohnenswert, parametrische 3D-CAD-Produktmodelle zu entwickeln, siehe [3.100] bis [3.103]. Darunter versteht man ein Modell des technischen Objekts, das eine hinreichende Abbildung der Struktureigenschaften (z. B. in Geometrie, Funktion, Festigkeit, Herstellung und Kosten) ermöglicht. Ein parametrisches Modell beschreibt eine Menge ähnlicher Lösungen gleicher Struktur [3.104]. Die Parameter sind Merkmale einer Lösung und untereinander abhängig. Durch die Auswahl zulässiger konstruktiver Parameter kann unter Benutzung des Modells auf sehr einfache und schnelle Weise eine konkrete Konstruktionsvariante (Zeichnungen, Abwicklungen, Brennpläne u. a.) erstellt werden. Auf diese Weise entlastet man den Routineprozess in der Konstruktion und Produktionsvorbereitung.

Der wichtigste Bestandteil eines 3D-CAD-Produktmodells ist das Geometriemodell. Dafür ist das Erkennen der konstruktiven Struktur von Bedeutung, siehe Bilder 3-82 und 3-83. Hier werden die technisch bedingten Einzelteile definiert und anschließend hierarchisch verknüpft (s. Tafel 3-32). Die Gestaltung des Geometriemodells erfolgt nach Stufen (Kontur-, Basis-, Konstruktionsmodell). Unter Verzicht auf Einzelheiten zur Modellierung wird mit Bild 3-84 demonstriert, dass man aus dem Basismodell UTL verschiedene UTL-Ausführungen ableiten kann.

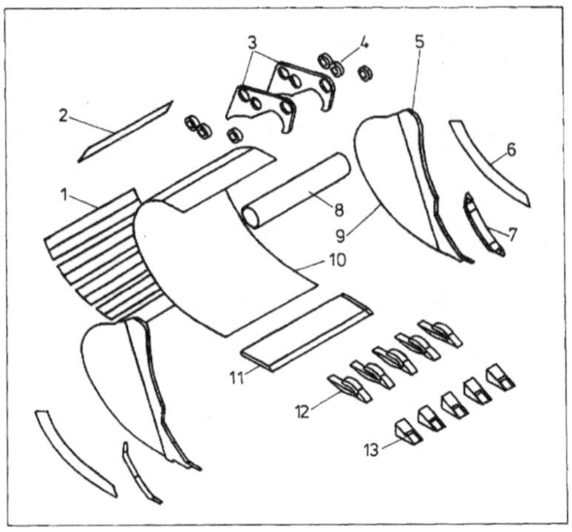

Bild 3-82 Bauteilstruktur für Baggerlöffel

1 Verschleißblech
2 Profilblech
3 Aufhängungsblech
4 Aufhängungsbuchse
5 Seitenverstärkung
6 Seitenplatte
7 Sichel
8 Torsionsrohr
9 Seitenteil
10 Bodenblech
11 Messer
12 Zahnhalter
13 Zahnspitze

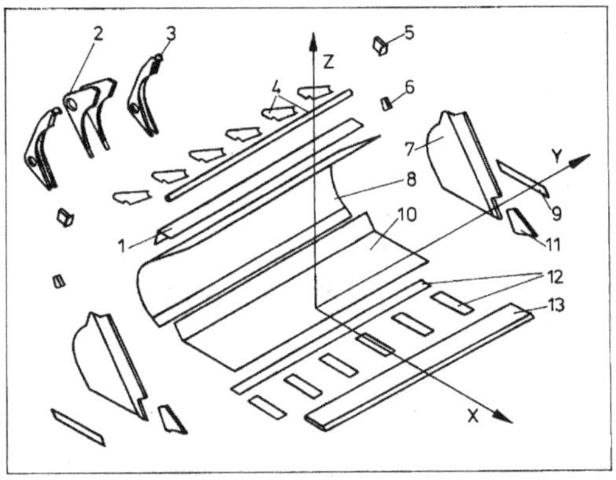

Bild 3-83 Bauteilstruktur für Ladeschaufel

1 Torsionsprofil
2 Aufhängungsblech oben
3 Aufhängungsblech unten
4 Überlauf
5 Anschlag oben
6 Anschlag unten
7 Seitenwand
8 Rückwand
9 Seitenplatte
10 Boden
11 Eckmesser
12 Verschleißblech
13 Messer (empfohlener Werkstoff: HARDOX 400 für Pos. Nr. 1 bis 8 und 10 ; HARDOX 500 für Pos. Nr. 9 und 11 bis 13)

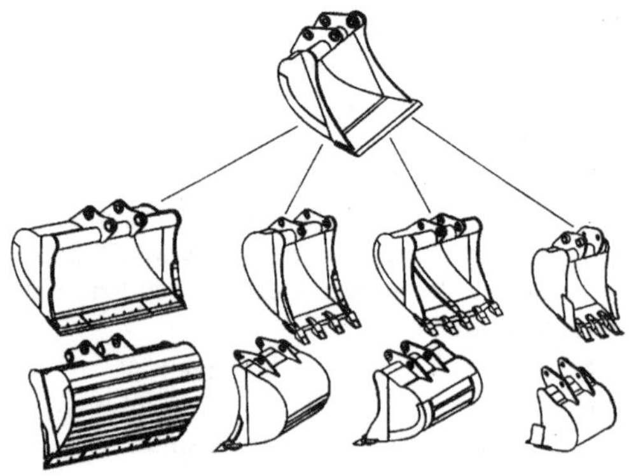

Bild 3-84 Ableitung von 4 unterschiedlichen Löffelkonstruktionen aus einem UTL Basismodell

Das *Füllvolumen* V_G (Gefäßinhalt) des Werkzeugs bestimmt die Arbeitsleistung einer Maschine über den gewonnenen oder geladenen Volumenstrom Q_G. Mit der Dauer t_{Sp} eines Arbeitsspiels gilt $Q_G = V_G/t_{Sp}$. 3D-CAD-Modelle machen die analytische Ermittlung von V_G leicht, stehen meist aber nicht zur Verfügung. Seit vielen Jahren wird in der Praxis mit den Füllvolumendefinitionen Wassermaß, Streichmaß und Haufmaß nach CECE- bzw. SAE-Vorschrift gearbeitet [3.105].

Als Wassermaß wird das Füllvolumen bezeichnet, das sich beim „Auslitern" ergibt. Das Streichmaß ist das Volumen, das nach dem Abstreifen über rückwärtige Gefäßkante und Schaufelschneide (ohne Zahnhöhe) bei horizontaler Abstreifebene im Werkzeug verbleibt. Mit dem inneren Querschnitt A_L bzw. A_T, der Höhe c des Überlaufs und den Abmessungen für Öffnungsweite b sowie Gefäßbreite a (Bild 3-85) wird es berechnet nach

$$V_{Ls} = a\,A_L - \frac{2}{3} b c^2 \quad \text{und} \quad V_{Ts} = \frac{(a_1 + a_2)}{2} A_T .$$

Als Haufmaß wird das Volumen V_{Lh} (Ladeschaufel) bzw. V_{Th} (Tieflöffel) bezeichnet, das zusätzlich zum Streichmaß eine Aufhäufung besitzt. Die Abmessung der Aufhäufung ist vom Schüttwinkel φ des Füllstoffs abhängig. Es gilt mit den Bezeichnungen nach Bild 3-85 für

- Ladeschaufeln φ = 26,6° nach DIN-ISO 7546 und SAE-J 742

$$V_{Lh} = V_{Ls} + \frac{b a^2}{8} - \frac{a^3}{24}$$

- Tieflöffel φ = 45° nach DIN-ISO 7451und SAE-J 296

$$V_{Th} = V_{Ts} + \frac{b a_1^2}{4} - \frac{a_1^3}{12}$$

- Tieflöffel φ = 26,6° nach CECE (Richtlinien des Commitee for European Construction Equipment)

$$V_{Th} = V_{Ts} + \frac{b a_1^2}{8} - \frac{a_1^3}{24}. \tag{3.33}$$

Das nach Gl. (3.33) berechnete Haufmaß kommt dem realen Füllvolumen am nächsten [3.105].

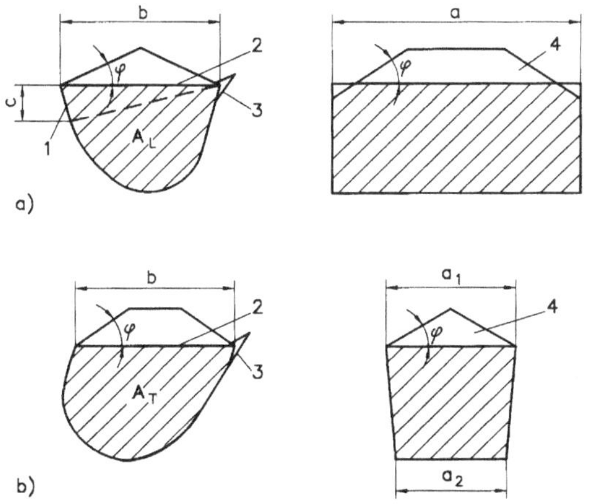

Bild 3-85 Geometrische Festlegungen zur Ermittlung der Gefäßinhalte von Werkzeugen nach DIN-ISO 7546, SAE-J 742, DIN-ISO 7451und SAE-J 296

a) Ladeschaufel
b) Tieflöffel

1 Überlauf 3 Schneide
2 Streichebene 4 Aufhäufung

Die eigentliche Werkzeugkontur (Löffelprofil) wird nach grabkraft- und verschleißtechnischen Überlegungen im Löffelkörpermodell (Tafel 3-32) festgelegt. Auf Aufhängungen bzw. Schnellwechsler (Gerätekopplung) wird im Abschnitt 4.2.1.2 eingegangen. Alle Bauteile im Zahnsystemmodell stellen wahlweise Ausrüstungen am Werkzeug dar. Sie betreffen neben vielfältigen Zahnformen (Bild 3-86) auch Schaufelmesser, Schneidecken und Verschleißstreifen (Panzerstahl). Diese Ausrüstungsgegenstände sollen den Werkzeugverschleiß auf sich konzentrieren und müssen demzufolge auch austauschbar sein. Es werden deshalb Zahnhalter benutzt, die das Auswechseln verschlissener Zähne auf der Baustelle ermöglichen. Sie lassen sich beliebig in die Grundschneide einschweißen (Einschweißhülsen). In der Regel sind die Zähne gesenkgeschmiedet und gehärtet.

Tafel 3-32 Konstruktionshierarchie am Baggerlöffel

Löffel – Gesamtmodell							
Baugruppe	Löffelkörpermodelle		Zahnsystemmodelle		Gerätekopplungsmodelle		
Baueinheit	Teilmodelle					Ergänzungsmodelle	
	Seiten	Boden	Zahnvorderteil	Zahnhinterteil	Aufhängung	Schnellwechsler	Schwenkblock
Komponenten	Seitenteil, Seitenverstärkung, Seitenschneide, Sichel, Messerecke, Seitenplatte	Messer, Profilmesser Bodenblech, Rückwand, Rippen, Rippensteg, Mittelverstärkung, Profilblech, Torsionsrohr, Rückenschneide, Knotenblech, Verschleißblech, Auswerferblech, Auswerferbefestigung, Auswerferanschläge, Auswerferaufnahme, Unterschweißmesser, Unterschraubmesser	Zahn, Zahnspitze	Zahnhülse, Zahnhalter, Spezialzahnhalter	Aufhängungsbleche, Buchsen, Bolzensicherung	Gehäuse, Aufhängungsbleche, Riegelplatte, Adapterplatte, Seitenbleche, Buchsen, Bolzen, Stützbleche (Hydraulik)	Grundplatte, Seitenplatte innen, Seitenplatte außen, Gelenkbolzen, Gelenkbolzenmutter, Zylinderaufnahme, Hydraulikzylinder, Bolzensicherung, Hydraulikschlauch, Bolzen

Der Markt stellt eine große Vielfalt unterschiedlicher Zahnformen und Befestigungsarten zur Verfügung. Während für leichte und universelle Arbeiten der flache Hülsenzahn ausreicht, kommen der Torpedo- und Spitzzahn im Steinbruch zur Anwendung. Der Zahnquerschnitt des Torpedozahns berücksichtigt das höhere Biegemoment und besitzt größere Verschleißreserven. Durch das konische Kreuzprofil entsteht ein Selbsschärfungseffekt. Verschlissene Zähne können durch Anschweißen von Spitzen repariert werden.

Mehrgefäßbagger

Die Schaufel (Bild 3-87) des Schaufelrads (Abschn. 4.4) beschreibt beim Graben eine kreisförmige Bahnkurve. Ihre Gestalt wird vom Gewinnungsvorgang (Tief-, Hochschnitt), von den zu gewinnenden Erdstoffen (Festigkeit, Klebrigkeit, Grabwiderstand, Spanabmessungen, Stückigkeit) und von Maschinenparametern (Schaufelanzahl, Radabmessungen, Schüttungszahl, Schnittgeschwindigkeit, Antriebsleistung) bestimmt.

Die Grundform der Schaufel ist ihrer Schneidenform (Halbrund-, Trapez-, Rechteckschaufel) angepasst. An die Schneide schließt sich in Abhängigkeit von dem zu baggernden Erdstoff der Schaufelkörper (Blech-Vollkonstruktionen, Kettenböden, Zwischenschneiden) an, siehe Bild 3-88. Alle Grundformen besitzen vorn (Schaufelöffnung) und hinten verschiedenartige Befestigungselemente. Dabei handelt es sich um lösbare (Bolzen, Keile) oder unlösbare (Verschweißung) Verbindungen. Auf der Schneide sind Befestigungslemente (Zahntaschen) für Reißzähne (Blechzahn, Gußzahn, Schmiedezahn) aufgeschweißt. Schneidecken werden direkt am Messerblech (Schneide) angeschweißt. Nach konstruktiven Gesichtspunkten muss man immer der Schneide das Schnittverhalten, dem Körper das Aufnahme- sowie Entleerungsverhalten und der Befestigung das Austauschverhalten übertragen.

Wegen des stetigen Gewinnungsvorgangs hat die Prüfung auf Nach- und Freischnitt an einer Schaufel sehr große Bedeutung. Dabei ist festzustellen, ob es zu einer Berührung (bzw. Eindringen) des Schaufelkörpers mit der Schnittkontur kommt. Das gilt auch für die Zähne, die nicht am Schnittprozess teilnehmen dürfen (Zähne für Links- bzw. Rechtsschnitt). Da es sich hierbei um Untersuchungen zur Durchdringung von Körpern auf Schnittbahnen handelt, eignen sich dafür besonders 3D-CAD-Modelle [3.101]. Das Modell zur Prüfung von Nach- und Freischnitt muss sich auf das Gesamtsystem des Baggers beziehen und dabei die Versetzgeschwindigkeiten aus Verschwenken und Verdrehen des Schaufelrads sowie die Stellung des Radauslegers berücksichtigen.

Aus Vergleichsmessungen ist bekannt, dass Halbrundschaufeln eine höhere Schneidkraft erfordern [3.106]. Nur in sehr festen Erdstoffen, wo der Gewinnungswiderstand weniger von der Schneidkraft je Schneidenlänge abhängt, hat sich diese Schaufelform bewährt. Die Schnittfläche (Spanquerschnitt) ist von der Schaufelform und von der Stellung bzw. Zustellung des Schaufelrads abhängig (Bild 3-89). Deshalb ergeben sich auch für die beiden Schwenkrichtungen unterschiedliche Schnittflächen. Um diese Unterschiede auszugleichen, werden asymmetrische Schaufelformen gebaut. Ihre Form ist dem Spanquerschnitt angepasst. Ideale Gleichheit ist jedoch nur für einen Punkt während des Schnitteingriffs einer Schaufel und für nur eine Höhenlage des Schaufelrads zu erzielen. Wenn Zähne in das Schaufelmesser eingesetzt werden, dann sind sie in den Seitenwänden vor allem in Zahnrichtung beansprucht. Die Zähne im mittleren Bereich des Schaufelmessers müssen auch seitliche Grabkräfte übertragen.

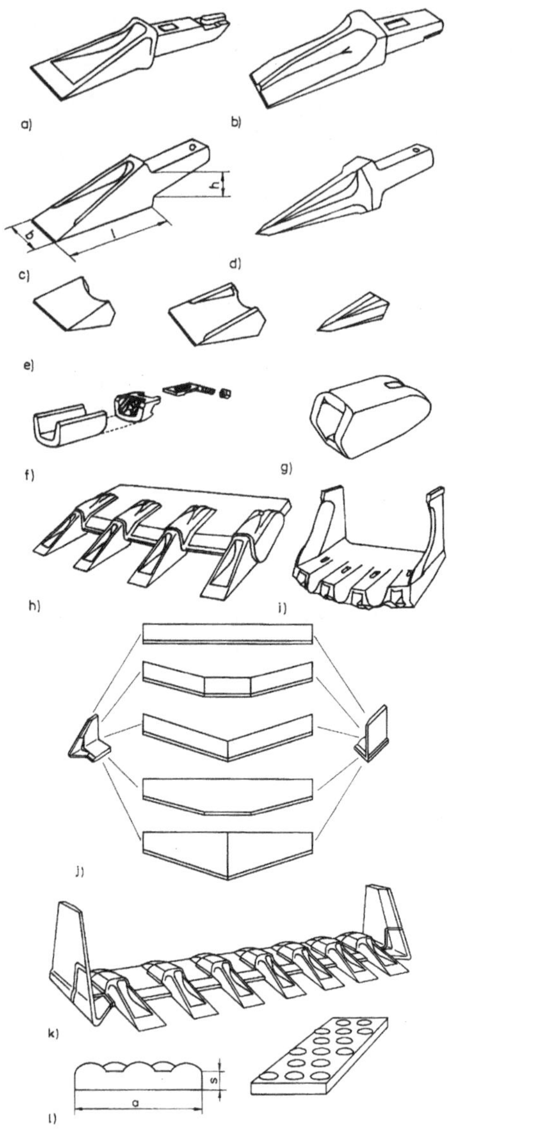

Bild 3-86 Zahnsysteme (Lehnhoff Hartstahl GmbH, Baden Baden)

a) Hülsenzahn für UTL
b) Hülsenzahn für Greiferschalen
c) Torpedozahn (Baugrößen: l = 190 bis 340 mm; b = 50 bis 120 mm; h = 85 bis 135 mm)
d) Spitzzahn
e) Aufschweißspitzen
f) Anschweißhülse mit Zubehör für Hülsenzähne
g) Einschweißhülse für Torpedo- und Spitzzähne
h) Zahnsystem TORPEDO
i) Stahlgusslippe mit Zahntaschen
j) Schaufelmesser (Gerad-, Trapez-, Spitz-, Kompakt-Spitzmesser, Seitenteil mit und ohne Ecke)
k) Schaufelmesser mit Zähnen, Seitenteil und Ecken
l) Panzerstahlplatten mit und ohne Kuppelreihen (aufgeschweißte Chrom-Manganstahllegierungen in 4 bis 8 Punktreihen, a = 80 bis 200 mm, s = 10 bis 20 mm)

3.4.2 Werkstoffe und Verschleiß

Am Grabwerkzeug treten Abrieb- und Bruchverschleiß wegen hoher Beanspruchungen aus Druck, Schlag und Gleiten auf. Unbeeinflussbare Parameter auf den Verschleiß sind die Festigkeit und Abrasivität des Erdstoffs. Einfluss kann über geeignete Schneidkinematik, Werkstoffwahl und Werkzeuggestaltung und genommen werden.

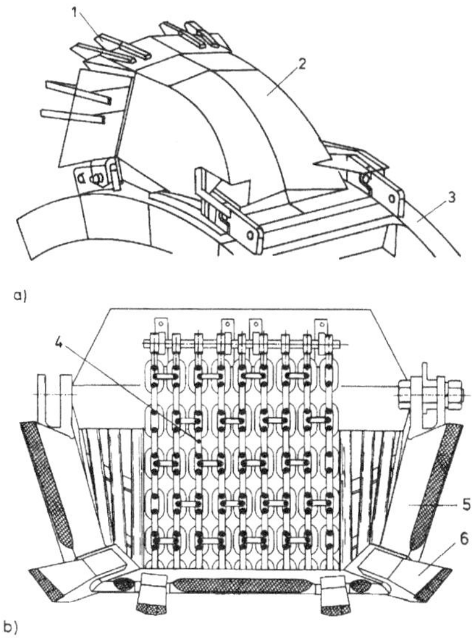

Bild 3-87 Trapezschaufeln für Mehrgefäßbagger (Schaufelradbagger)

a) Schaufelrücken aus Blech
b) Schaufelrücken aus Kettenmatte [3.106]

1 Zahnsystem
2 trapezförmiger Schaufelmantel
3 Schaufelradkörper
4 Kettenmatte
5 Schneidkante
6 Eckzahn

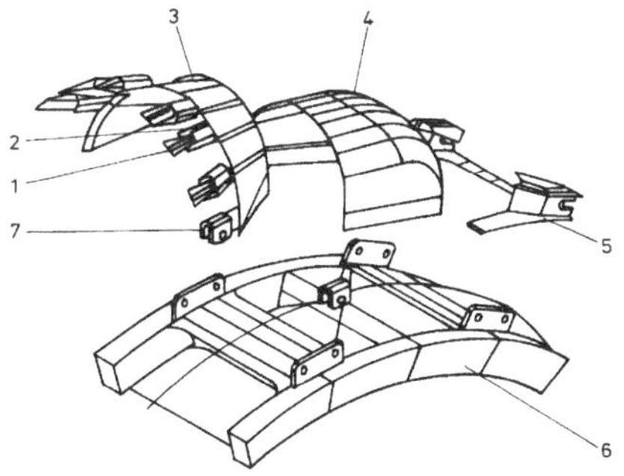

Bild 3-88 Konstruktionsstruktur der Halbrundschaufel für Mehrgefäßbagger (Schaufelradbagger)

1 Reißzähne
2 Zahntaschen
3 Schaufelmesser
4 Schaufelmantel
5 hintere Befestigung
6 Ringsegment des Schaufelrads
7 vordere Befestigung

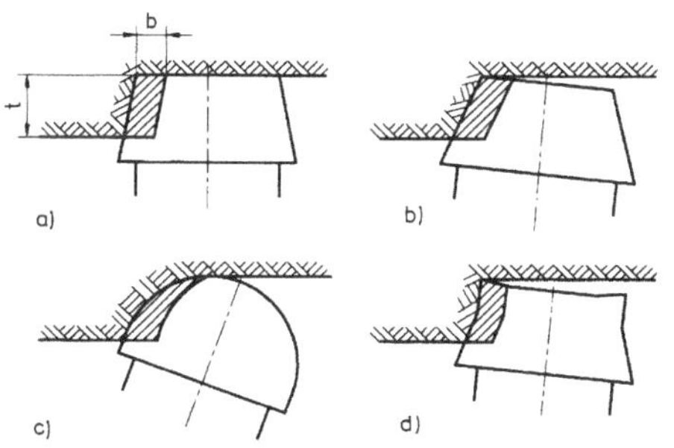

Bild 3-89 Schnittprofile verschiedener Schaufelbauformen [3.106]

a) Trapezschaufel
b) Trapezschaufel (Ebene des Schaufelrades zur Drehachse des Oberbaus verdreht)
c) Halbrundschaufel
d) Trapezschaufel mit vorgezogenen Ecken

t Schnittiefe b Schnittbreite (Spanquerschnitt)

3.4.2.1 Werkstoffe für Werkzeuge

Zu den Anforderungen an Konstruktionswerkstoffe für Grab- und Ladewerkzeuge zählen vor allem hohe Oberflächenhärte, hohe Zähigkeit sowie Grundfestigkeit, Kaltform- und Schweißbarkeit. Von den bekannten Werkstoffgruppen werden diese Anforderungen in unterschiedlichem Maße erfüllt. Zu ihnen gehören:

- *MS-Stähle* (Mild Steel): Kohlenstoffstähle, z. B. StE 60, C 70; $\sigma_{0,2}$ = 200...300 N/mm^2; 100...150 HB; relativ spröde Eigenschaften; Anlassen unter Härteverlust; nicht schweißbar
- *HS-Stähle* (High Strength): Feinkorn-Sonderbaustähle, z. B. St 52.3, WELDOX 420 [3.107]; $\sigma_{0,2}$ = 300...450 N/mm^2; 150...180 HB; geeignet für Stahlleichtbau
- *Austenitische Mangan-Hartstähle* und *martensitische Chrom-Legierungsstähle*, z. B. 120Mn5, X120Mn12, 17MnCrSiMo6.5, 40MnCr4; $\sigma_{0,2}$ = 345...410 N/mm^2 (X120Mn12); 300 HB (X120Mn12); bedingt schweißbar; Kaltverfestigung bei Druck- und Stoßbelastungen (Mn-Legierung); Korrosionsbeständigkeit (Cr-Legierung); Gießverfahren möglich
- *EHS-Stähle* (Extra High Strength): Hochfeste, vergütete oder direktgekühlte Stähle, z. B. StE 890, WELDOX 960 [3.107]; $\sigma_{0,2}$ = 600...960 N/mm^2; 240...320 HB; durch und durch hart, trotzdem zäh; schweißbar
- *AR-Stähle* (Abrasion Resistant): Vergütete oder gehärtete Verschleißstähle, z. B. HARDOX 500 [3.107]; $\sigma_{0,2}$ = 1000...1300 N/mm^2; 360...560 HB; durch und durch hart, trotzdem zäh; schweißbar; sehr verschleißfest.

EHS- und AR-Stähle werden dort eingesetzt, wo der Bauteilverschleiß, die Bauteileigenmasse sowie eine hohe Schlag- und Stoßbelastung von entscheidender Bedeutung sind. Gemeinsam mit den Feinkorn-Sonderbaustählen weisen sie grundsätzlich die gleichen Zusammensetzungen wie einfache Baustähle auf und sind etwa vergleichbar gut in der Verarbeitung (kaltes Biegen, s. Bild 3-90, und Schweißbarkeit [3.108]). Diese Kombination von hoher Härte, Zähigkeit und hoher Festigkeit wird durch metallurgische Reinheit und Wärmebehandlung in einer kontinuierlichen Rollenhärteanlage erreicht. Die Unterteilung in EHS- und AR-Stähle ist international üblich, um neben der hohen Festigkeit für beide Stahlsorten die hohe Verschleißbeständigkeit der AR-Stähle hervorzuheben.
Die Schweißbarkeit erreicht man bei einem Stahl mit geringem Legierungsgehalt (Tafel 3-33), obwohl gerade der Härtevorgang Legierungsanteile erforderlich macht. Bauteile bis Blechdicken von 20 mm sind genau so gut schweißbar wie solche aus normalen Baustählen.

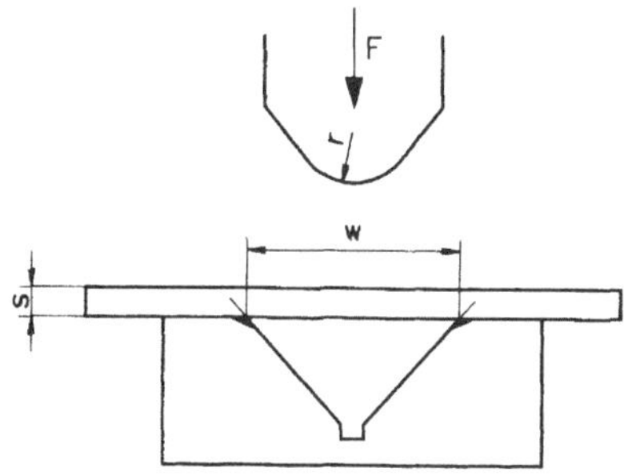

Bild 3-90 Mindestradien für Freibiegen in Walzrichtung [3.107]

St 52-3 r/s = 3,0; w/s = 8,5
HARDOX 400 r/s = 4,0; w/s = 10,0

Tafel 3-33 Legierungsbestandteile von bevorzugten Werkstoffen in Prozent [3.107]

Stahlmarken	C	Si	Mn	Mo	B	Cä
St 52-3	0,16	0,43	1,36			0,38
WELDOX 500	0,09	0,25	1,55			0,37
WELDOX 700	0,15	0,45	1,40	0,10	0,002	0,41
HARDOX 400	0,13	0,45	1,40		0,002	0,37

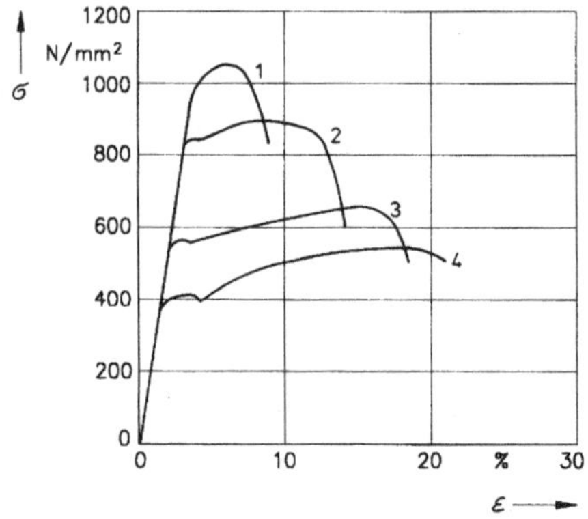

Bild 3-91 Vergleiche von Werkstoffen im Zugversuch [3.107]

1 HARDOX 400 3 WELDOX 500
2 WELDOX 700 4 St 52-3

Der Zugversuch (Bild 3-91) zeigt, dass die EHS- und AR-Stähle eine hohe Streckgrenze mit weichem Übergang zum Fließen und schwacher Dehnungshärtung aufweisen. Außerdem kann man erkennen, dass die Bruchdehnung geringer als bei St 52-3 ausfällt. Der Elastizitätsmodul ist für alle genannten Stahlwerkstoffe gleich groß ($E = 2{,}1 \cdot 10^5$ N/mm^2). Trotz der sehr hohen Werkstoffhärte gibt es keine Sprödigkeit. Beispielsweise besitzt HARDOX 400 eine Härte von mindestens 360 HB bei gleichzeitiger Kerbschlagzähigkeit von 30 J und einer Temperatur von –40 °C [3.107].

EHS- und AR-Stähle sind mit dem Gasbrenner schneidbar. Unter Einhaltung entsprechender Schneiddaten ist mit Schnellarbeitsstahl (z. B. HSS-E-Bohrer) oder mit hartmetallbestückten Werkzeugen eine spanende Bearbeitung problemlos möglich. EHS- und AR-Stähle sind teurer, wegen ihrer Eigenschaften aber insgesamt wirtschaftlicher. Wenn man für St 52-3 einen normierten Wert mit 1,0 DM/HB (Brinellhärte) annimmt, dann beträgt er für HARDOX 400 nur 0,6 DM/HB [3.107].

3.4.2.2 Werkzeugverschleiß

Die Kenntnis der Physik über das Phänomen Verschleiß reicht nicht aus, um daraus für den Ingenieur Verschleißmodelle für allgemein anwendbare Bemessungsregeln und Lebensdauervorhersagen abzuleiten. In der Praxis wird mit mehr oder weniger Erfolg versucht, den Verschleiß einzudämmen und die ihn beeinflussenden Merkmale empirisch zu ergründen. DIN 50320 definiert unter anderem den Verschleiß als einen Vorgang fortschreitenden Materialverlustes an der Oberfläche eines Bauteils, hervorgerufen durch mechanische Ursachen (Relativbewegungen unter Einwirkung von Kräften). Der Verschleiß ist keine Materialkonstante, sondern die Eigenschaft eines Systems aus Elementen und deren stofflichen sowie kräftemäßigen Wechselwirkungen [3.109]. Alle Verschleißvorgänge können auf vier voneinander unabhängige Wirkungen zurückgeführt werden:

- Adhäsionsverschleiß (Kaltverschweißen von Mikrooberflächen metallischer Gleitparner)
- tribochemischer Reaktionsverschleiß (chemische Reaktionen zwischen Elementen)
- Oberflächenzerrüttung bzw. Ermüdungsverschleiß (mechanischer Energieeintrag in Oberflächen)
- Abrasion (Schleißschärfe, Oberflächenzerstörung durch Furchen, Spanen oder Brechen, insbesondere bei einem 1,2 fachen Härteunterschied zwischen den Elementen).

Im Mittelpunkt bei Erdbaumaschinen steht die Abrasion infolge der mechanischen Oberflächenkontakte zwischen Erdstoff bzw. Gestein und Werkzeug. Bei der Relativbewegung rufen mikroskopische und makroskopische Unebenheiten (Asperiten) plastische Deformationen hervor. Dieser Vorgang wird auch immer von örtlicher Erhitzung (bis hin zu Phasenumwandlungen) und Korrosion (Versprödung) begleitet. Das Bauteil erfährt dadurch eine Schwächung, in deren Folge ein Bauteilversagen (Bruch) eintreten kann.

Der Einsatz von Stahllegierungen mit Mn, Cr, V und B, die durch Wärmebehandlung eine große Härte hervorbringen, ist die wichtigste Maßnahme gegen Verschleiß. Hier haben sich vor allem die neuen AR-Stähle bewährt. Sie sind nicht nur hart, sondern besitzen eine beachtliche Zähigkeit, so dass sie als kombinierte verschleißfeste und tragfähige Stähle gelten können. Darüber hinaus haben auch Legierungsstähle (12 %iger Mn-Stahl, X120Mn12; Niharid, Hartmetall oder sogenannter Verschleißgummi) spezielle Anwendungsgebiete, wo ihre Vorzüge zur Geltung kommen (z. B. Hartmetallspitzen im Rundschaftmeißel). Sie sind meist nur bedingt schweißbar, weil ihre Legierungen eine andere Ausdehnung als das Trägermaterial besitzen. Bei hohen Schlag- und Druckbelastungen tritt eine Kaltverfestigung der Oberfläche ein, die dadurch sehr verschleißfest wird.

Die Verschleißproblematik ist so komplex, dass es bisher nicht gelungen ist, eindeutige Prognose- und Bemessungsregeln zu schaffen. Das Ziel einer praktischen Verschleißuntersuchung besteht immer in der Ermittlung eines qualitativen Verschleißbetrags in Form von Gestalts- oder Gewichtsveränderungen an dem zu bewertenden Bauteil. Da solche Untersuchungen unter realen Betriebsbedingungen sehr zeit- und kostenaufwendig sind, bedient man sich einfacher Mess- und Prüfmethoden, wobei direkte von indirekten Verfahren unterschieden werden [3.109]. Das indirekte Bewertungsverfahren greift auf Experimente zurück, unter denen reale Verhältnisse (Bewegungen, Belastungen, Gestalts- oder Gewichtsveränderungen) mit Modell- oder Originalstoffen an einfachen Einrichtungen (z. B. Stift/Scheibe) nachgestellt werden.

In [3.110] wird ein Überblick über die vielfältigen Verfahren gegeben. Direkte Verfahren sind realitätsnahe Untersuchungen an realen Objekten.

Alle indirekten Verschleißbewertungen erfordern die Schaffung von Probekörpern. Die Gemeinsamkeit der Verfahren besteht darin, dass ein metallisches Element (meist Kegelstift) unter Belastung und Relativbewegung gegen ein mineralisches Element (Gesteinsprobekörper) arbeitet und dabei verschleißt. Internationale Bedeutung hat der *Cerchar Ritztest* (Cerchar Abrasivity Index - CAI) erlangt [3.111]. Hier wird die Kegelspitze (90°) eines runden Stahlstifts aus C 40 unter der Kraft von 70 N in einer Sekunde 10 mm weit über einen Gesteinsprobekörper gezogen (Cerchar-Test). Der Stiftdurchmesser d (in mm) der dabei infolge Ab-

flachung entsteht, ist ein Maß für die Abrasivität des Minerals und wird ohne Maßeinheit als Index angegeben:
CAI = 10 *d*.
Im Wissen um die Wirkung des Quarzgehalts auf den Verschleiß wird außerdem ein Verschleißbeiwert f_{Sch} (*Schimazek Index*) definiert und neben dem CAI-Index auch als indirekter Verschleißbeiwert benutzt [3.112]. Für die Ermittlung der Zusammenhänge zwischen Quarzgehalt, Quarzkorngröße und Spaltzugfestigkeit eines Minerals hat ein Schleifteller-Prüfstand gedient. Als quantitatives Verschleißmaß wird der Gewichtsverlust am Stahlstift benutzt. Die Bedeutung des Parameters Zugfestigkeit ergibt sich nach [3.113] aus der Fähigkeit, mehr oder weniger Kornbindung zu gewährleisten. Aus den Experimenten wird schließlich ein funktioneller Zusammenhang erkannt

$$f_{Sch} = Q\sigma_z\, d_Q/100.$$

Es bezeichnen: Q Quarzgehalt in % (nach Rosiwell)
σ_Z Spaltzugfestigkeit (Brazilian Test) in N/mm²
d_Q Quarzkorndurchmesser in mm.

Statt der Spaltzugfestigkeit wird immer häufiger die so genannte Punktlastfestigkeit $I_{S(50)}$ (Point Load Test) benutzt, weil das Messverfahren unter in-situ-Bedingungen sehr gut durchführbar ist [3.114]. Für die Beziehung der Kennwerte gilt $I_{S(50)} = 0{,}8\ \sigma_Z$.
CAI- und Schimazek-Index werden in 8 Werteklassen angegeben, und es besteht zur Umrechnung die Beziehung

$$CAI = 2{,}9\, f_{Sch}^{0{,}347}:$$

Merkmal der Klasse	CAI-Index	Schimazek-Index
keine Abrasivität	< 0,5	< 0,5
geringe Abrasivität	0,5...1,0	0,01...0,05
	1,0...1,3	0,05...0,10
	1,3...1,8	0,10...0,25
Abrasivität	1,8...2,3	0,25...0,50
	2,3...3,0	0,50...1,00
	3,0...4,5	1,00...3,50
sehr hohe Abrasivität	> 4,5	> 3,50

Die erforderlichen Kennwerte zur Verschleißbewertung sind in einem Labor oder vor Ort an Prüfkörpern zu ermitteln. Auch hier kann auf vielfältige Erfahrungen und eigens dafür geschaffene Gerätetechnik zurückgegriffen werden [3.113] [3.114]. Von [3.112] wird außerdem festgestellt, dass es verschleißkritische Arbeitsgeschwindigkeiten v_{krit} gibt, siehe Bild 3-92. Dafür wird angegeben

$$v_{krit} = k_v\, e^{-f_{Sch}}.$$

k_v bezeichnet die Konstante zur Berücksichtigung von Meißelgeometrie und Temperaturempfindlichkeit des Meißelwerkstoffs.
Schließlich soll der Verschleißtest nach [3.115] erwähnt werden. Er beruht auf dem Gewichtsverlust eines Stahlstifts. Von praktischem Interesse sind die aus den Untersuchungen entstandenen Gesteinsklassen mit annähernd gleichen Verschleißmerkmalen, siehe Tafel 3-34.
Den vielfältigen indirekten Verfahren zur Verschleißbewertung und deren Ergebnissen haftet der Nachteil an, dass sie untereinander nicht vergleichbar sind und der Maßstab (Ähnlichkeitsmechanik) zur Übertragung vom Experimentiermodell auf den realen Prozesszustand unbekannt ist. In den meisten Fällen ist deshalb keine ausreichend sichere Verschleißprognose möglich. Die Zuordnung von Gesteinsarten und Abrasivitätsklassen verhilft nur zu einer vergleichenden Bewertung technischer Lösungen.

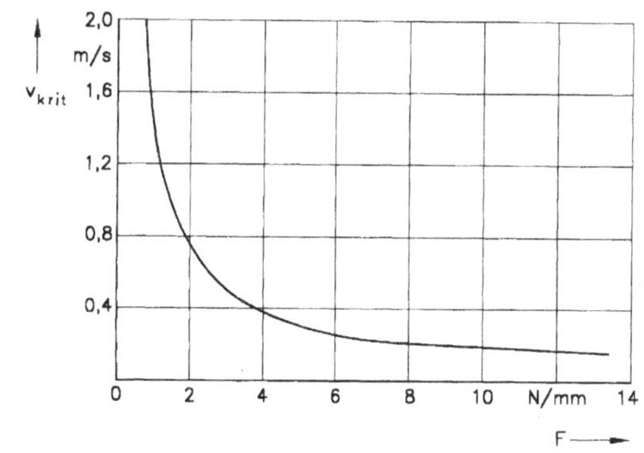

Bild 3-92 Kritische Arbeitsgeschwindigkeit in Abhängigkeit vom Verschleißkoeffizienten

Tafel 3-34 Abrasivitätsklassen

Klassen	Merkmale	Abrasivität in mg	Gesteine
I	sehr geringe Abrasivität	< 5	Kalkstein Marmor
II		5...10	Argillit Aleurolith
III		11...18	feinkörniger Sandstein
IV	mittlere Abrasivität	19...30	feinkörniger Quarzsandstein Quarzkalkstein
V		31...45	grobkörniger Quarzsandstein Gneis, Diorit Gabbro
VI		46...65	grobkörniger Granit Gneis
VII		66...90	Granit
VIII	sehr hohe Abrasivität	> 90	Korund

Aus direkten Bewertungsverfahren ist bekannt, dass es zwischen der Verschleißrate *w*, einem maßgebenden Verschleißbeiwert *f* (*CAI*, f_{Sch}) und der Nettogewinnungsleistung einen funktionellen Zusammenhang gibt. Die allgemeine Beziehung dafür lautet [3.116]

$$w = k\frac{f^a}{L^b}. \qquad (3.34)$$

Dabei kann als Verschleißrate *w* der Masseverlust je Meter Verschleißweg in mg/m aber auch der Meißelverbrauch je Festkubikmeter gewonnenes Mineral in Stück/fm³ gelten. Mit *k*, *a* und *b* werden der Proportionalitätsfaktor und die Regressionsparameter bezeichnet. Für Rundschaftmeißel an rotierenden Werkzeugen (Fräsen) stehen aus direkten Untersuchungen ausreichend Ergebnisdaten zur Verfügung [3.116], so dass Gl. (3.34) dafür lautet

$$w = 350\,\frac{CAI^{2{,}02}}{L^{1{,}5}}.$$

Die Testergebnisse aus den Bildern 3-93 und 3-94 ergänzen die Möglichkeiten einer Verschleißprognose für Ladewerkzeuge aus HS- und AR-Stählen. Dabei zeigt sich, dass die Werkzeughärte nicht allein vor Abrasivverschleiß schützt. In Tafel 3-35 werden Standzeiten für Ladeschaufeln am Eingefäßbagger bzw. an der Lademaschine genannt, die von

Beobachtungen aus der Natursteinindustrie stammen. Hier sind beispielhaft auch die Verschleißkosten mit aufgeführt. Nicht immer ist es ratsam, ein Ladegefäß aus verschleißfestem Werkstoff auszuführen, um dadurch Kosten zu sparen, denn von der Ausführungsart (Gefäßinhalt) ist auch die Leistungsfähigkeit einer Maschine abhängig. Hier ist ein direkter Kostenvergleich ratsam, der alle Einflüsse berücksichtigt.

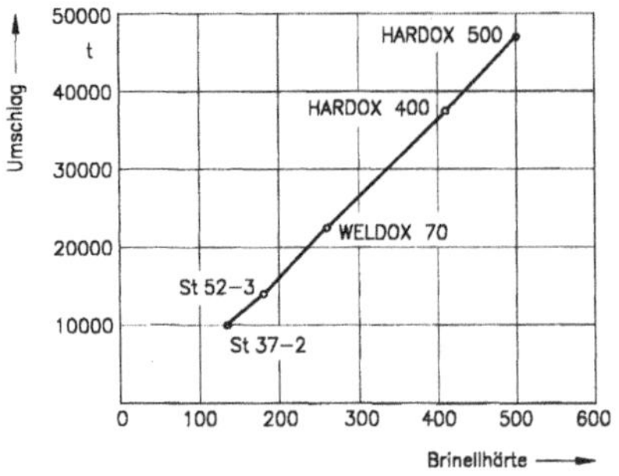

Bild 3-93 Einfluss der Werkstoffhärte von Ladeschaufeln auf die Umschlagmenge im Eisenerz [3.107]

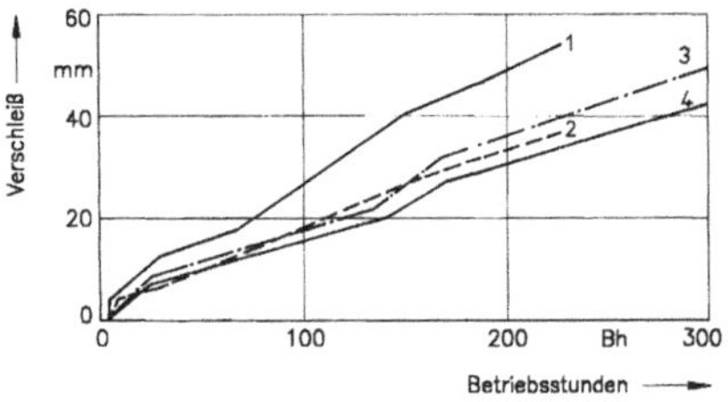

Bild 3-94 Werkzeugverschleiß [3.117]

1 harter Erdstoff, 450 HB – Werkzeug gehärtet;
2 harter Erdstoff, 200 HB – Mn-Stahllegierung;
3 weicher Erdstoff, 200 HB – Mn-Stahllegierung;
4 weicher Erdstoff, 340 HB – Werkzeug gehärtet

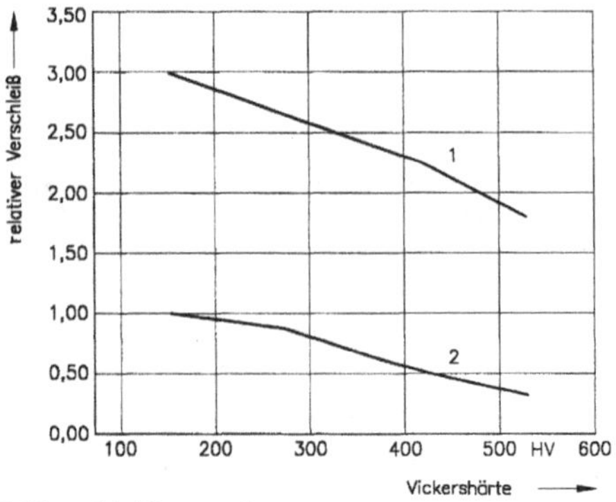

Bild 3-95 Verschleißzustände

1 High Stress Abrasion (Zerspanung);
2 Low Stress Abrasion (plastische Deformation)

Weitere allgemeine Hinweise über Konstruktionswerkstoffe und Verschleißintensität gelten wie folgt [3.107]:

– Gewalzte Stähle erfahren im abrasiven Kontakt mit Mineralien entweder einen Zustand, in dem sie regelrecht zerspant werden (high stress abrasion), oder einen Zustand, wo ihre Oberflächen nur eine plastische Deformation erfahren (low stress abrasion), siehe Bild 3-95. Damit sich der Zustand „low stress abrasion" einstellt, muss die Härte des Werkzeugs mindestens 2/3 der Härte des angreifenden Minerals betragen. Hierfür lassen sich Beispieldaten anführen:

Mineral	Härte HV
Kohle	30
Kalkstein, Marmor	140
Anhydrit	200
Basalt	625
Feldspat	775
Quarz	1100
Granit	1300

– Die Bauteildickenverminderung durch Korrosion beträgt 0,50 mm in 10 Jahren bei Industrieluft bzw. in Küstennähe und 0,75 mm pro Jahr bei wechselweiser Umspülung von Wasser und Luft.

Hydraulikbagger mit Ladeschaufel (TL: Tieflöffel)					
Mineralien	0,050	geladene Gutmassen in t			Kosten
		Zahn	Messer	Schaufel	in EUR/t
Granit	0,035	27000	900000	0,050	0,050
Basalt	0,039	50000	700000	0,035	0,035
Gabbro	0,036	53000	265000	0,039	0,039
Gabbro	0,010	50000	400000	0,036	0,036
Quarzporphyr	0,030	100000	-	0,010	0,010
Syenit	0,058	90000	1000000	0,030	0,030
Granit	0,078	45000	300000	0,058	0,058
Basalt	0,039	120000	250000	0,078	0,078
Basalt	0,020	150000	200000	0,039	0,039
Diabas	2,00	100000	500000	0,020	0,020
Radlader mit Ladeschaufel					
Mineralien	Gefäßinhalte	geladene Gutmassen in t			Kosten
	in m^3	Zahn	Messer	Schaufel	in EUR/t
Quarzporphyr	4,30	65000	450000	450000	0,060
Quarzporphyr	4,30	100000	600000	600000	0,050
Kalk	4,30	250000	1000000	1000000	0,030
Grauwacke	7,60	–	450000	450000	0,050
Granit	3,10	–	150000	450000	0,070
Gabbro	4,20	35000	230000	600000	0,090

Tafel 3-35 Geladene Gutmassen und Verschleißkosten mit Ladeschaufeln [3.118]; Verschleißkostenkalkulation auf der Basis von 1000,- EUR je Zahnsatz, 5000,- EUR je Messer und 20000,- EUR je Schaufel

- Wenn ein Abnutzungsmaß aus Erfahrung bekannt ist, verhält sich die neue Abnutzung zur neuen Bauteilhärte bei vorrangig abrasiver Wirkung proportional.
- Werkzeugverschleiß tritt in Höhe von 3,0 mm/1000 Bh (Betriebsstunden) bei 240 HB (WELDOX 600) bzw. 0,65 mm/1000 Bh bei 400 HB (HARDOX 400) an Ladeflächen vom Muldenkipper, LKW usw. auf.
- Ladeschaufeln (Schaufelkörper) haben etwa den 5fachen Verschleiß von Ladeflächen.
- Verschleiß tritt in Höhe von 50 mm/(300...600) Bh an Zähnen (480 HB, je nach Zahnform) von Ladeschaufeln im Eisenerz auf.

Da nicht nur das Verschleißteil und dessen Erneuerung durch Montage Kosten verursacht, werden überall dort, wo mit abrasivem Verschleiß gerechnet wird, Bauteilreserven oder gesonderte Schleißteile vorgesehen. Sie lassen sich durch Schweißung, Verschraubung oder Verkeilung befestigen, Beispiele siehe Bild 3-96. Auch hier empfiehlt sich für die Deckschweißung der Einsatz von Hartschweißgut, um die Schweißnähte vor Abnutzung zu schützen.

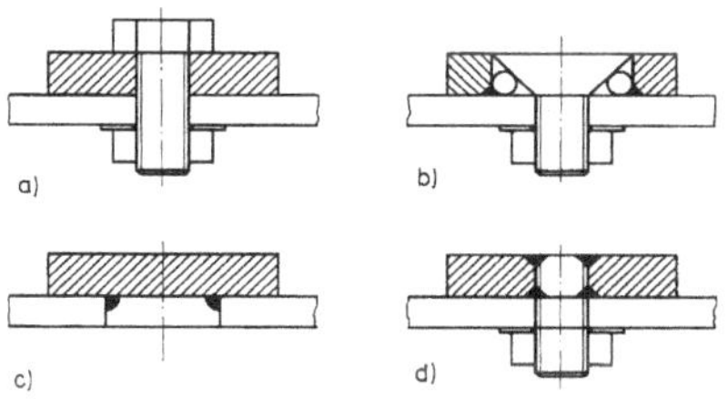

Bild 3-96 Befestigungsarten von Verschleißblechen

a) gebranntes Durchgangsloch und Verschraubung;
b) wie a) mit eingelegtem Ring und Senkkopfschraube;
c) Lochschweißung;
d) wie a) mit eingeschweißtem Gewindestift

3.4.3 Werkzeuggestaltung für Eingefäßbagger und Lademaschinen

Die Gestaltung von Grab- und Ladegefäßen (Werkzeuge) hat enorme Bedeutung für den wirtschaftlichen Einsatz einer Maschine (s. Abschn. 3.5, 4.2 und 4.5). Optimal ist ein Arbeitswerkzeug, wenn es die maximale technologische Maschinenleistung realisiert. Da es sich immer um eine gegenseitige Beeinflussung von Maschine, Werkzeug und Erdstoff (alle mineralischen Stoffe aus Bau- und Gewinnungsprozessen) handelt, muss für jede Änderung im Prozess eine neue Systemabstimmung gefunden werden.
Dabei erfolgt in der Regel die *Anpassung* über das Werkzeug. Wenn das nicht möglich ist, werden so genannte Universalwerkzeuge (UTL, s. Abschn. 3.4.1) gestaltet, bei denen prozessbedingte Kompromisse bestehen.
Allein über die Anpassung des Werkzeugs lässt sich ein technologischer Leistungsgewinn von bis zu 100 % erzielen. Für diese Anpassung wird mit dem Kenntnisstand von 1989 die Methode der Beobachtung und der Einsatz von Probierwerkzeugen empfohlen [3.119]. Die Erfahrungen haben gezeigt, dass sich Aufwand und Kosten hierfür lohnen.
Solche Untersuchungen zur Werkzeuggestalt müssen folgende Einflüsse auf den Grab- und Ladeprozess berücksichtigen (Bild 3-97):

- Grabgefäßbreite b, -länge l, -tiefe g
- Ausführung der Seitenschneiden und Seitenwangen
- Keilwinkel β der Seitenschneiden

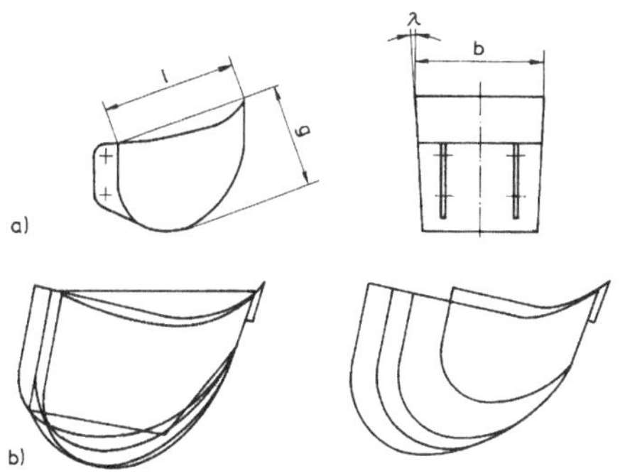

Bild 3-97 Geometrie vom Grabgefäße

a) Hauptparameter für den gestalterischen Einfluss;
b) Gestaltungsprofile

- Ausführung der Grundschneide
- Anordnung und Gestaltung der Zähne
- Robustheit der Gesamtkonstruktion.

Es zeigt sich, dass die Gefäßbreite b und die Erdstoffeigenschaften (Grabwiderstand, Kornfraktion) die wichtigste Rolle beim Festlegen der übrigen geometrischen Abmessungen spielen. Bild 3-98a zeigt, wie mit steigender Verhältniszahl f aus Korngröße und Gefäßbreite der Energiebedarf E beim Graben abnimmt [3.119]. Das wird um so deutlicher, je größer der Feinkornanteil im Haufwerk ist. Man spricht vom Verflüssigen des Haufwerks. Für das Graben von gewachsenem Boden trifft diese Aussage nicht zu. Hier besitzt das schmale Grabgefäß einen geringeren Grabwiderstand. Die in Bild 3-98b dargestellten Versuchsergebnisse lassen einen minimalen spezifischen Energiebedarf e bei bestimmter Gefäßbreite b bzw. bei einem bestimmten Verhältnis l/b vermuten [3.120]. Mit dieser Erkenntnis steht fest, dass es für jedes Grabgefäß eine optimale Spandicken geben muss. Bei den durchgeführten Versuchen bleibt das Volumen der verschiedenen Grabgefäße konstant, auch die Rückwand- und Seitenwangenprofile sind gleich. Nur die Spandicke wird verstellt, um die Erdstoffmasse konstant zu halten.
Maßgebenden Einfluss auf das Eindringverhalten hat die Ausführung der Seitenschneide. Als positiv werden weit vorstehende Zähne und ein sehr flacher Keilwinkel mit tiefliegenden, geschwungenen Seitenwangen beurteilt. Diese Form vermeidet Stau und Brückenbildung vor der Gefäßöffnung. Versuche [3.120] zeigen, dass der Grabwiderstand um etwa 35 % geringer ausfällt, wenn man den Keilwinkel β von 65° auf 15° verändert, siehe Bild 3-99a. Auch der die Konizität eines Grabgefäßes bestimmende Freischnittwinkel λ (Bild 3-97) beeinflusst den Widerstand während des Füllprozesses. Der spezifische Energiebedarf e ist für $\lambda = -2{,}5°$ um etwa 8 % kleiner als bei $\lambda = +2{,}5°$, siehe Bild 3-99b.
Die guten Erfahrungen mit Modellversuchen bei der Bodenbearbeitung durch landtechnische Geräte lassen sich auch auf den Grabprozess übertragen [3.121]. Dabei wird der Gestaltungseinfluss des Grab- und Ladegefäßes experimentell in verschiedenen Modellstoffen untersucht. Das Ergebnis der Modellversuche im Sand stellt Bild 3-100 dar. Zahn- und Schneidenform sowie Zähnezahl haben einen erkennbaren Einfluss auf den Schnittwiderstand k_s. Es zeigt sich auch, dass der Widerstand symmetrisch ausgebildeter Zähne etwa 25 % größer als bei asymmetrischen Zähnen ausfällt (Bild 3-100a). Lange und schmale Zähne sind kurzen und breiten Ausführungen vorzuziehen. Trapezförmige Zahnformen lassen keine Vorteile erkennen. Über die be-

sten Eigenschaften verfügen Schneiden mit zunehmender Pfeilung und mit Wellenschliff (Bild 3-100b). Schneiden mit mehr als einem Zahn rufen mit zunehmender Zähnezahl kleinere Schnittwiderstände hervor (Bild 3-100c).

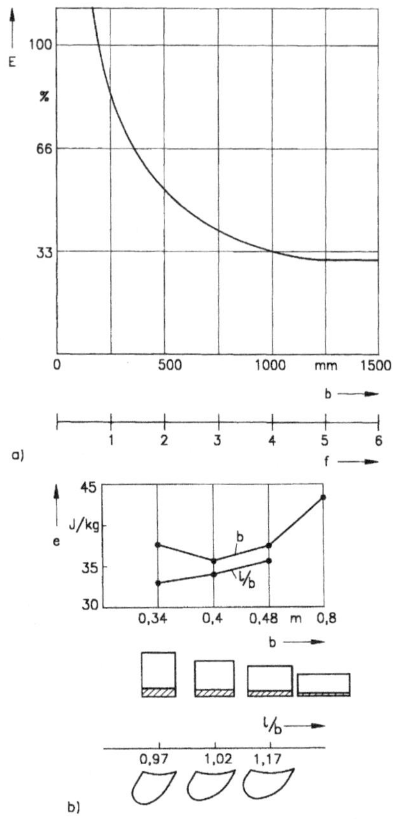

Bild 3-98 Einfluss der Grabgefäßabmessungen auf den Grabwiderstand (Energiebedarf E)

a) Korngrößeneinfluss;

b) Einfluss von Grabgefäßbreite und -länge auf den spezifischen Energiebedarf e (bezogen auf die gegrabene Masse)

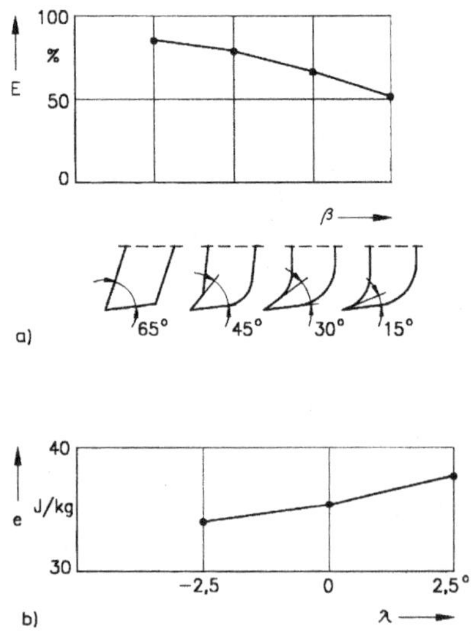

Bild 3-99 Einfluss der Grabgefäßseitenschneiden auf den Grabwiderstand (s. Bild 3-98)

a) Keilwinkel β;

b) Freischnittwinkel λ

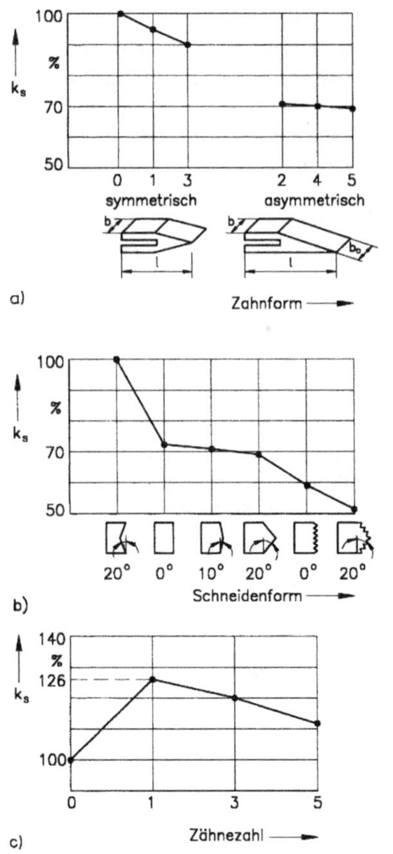

Bild 3-100 Spezifischer Schnittwiderstand aus Modellversuchen im Sand (Körnung 0...1 mm; Wassergehalt 3,9 %; Schnittiefe 80 mm; Schnittgeschwindigkeit 0,21 m/s)

Zahnform 0: b = 40 mm; l = 120 mm
Zahnform 1: b = 20 mm; l = 120 mm
Zahnform 2: $b = b_0$ = 20 mm; l = 120 mm
Zahnform 3: b = 20 mm; l = 170 mm
Zahnform 4: $b = b_0$ = 20 mm; l = 170 mm
Zahnform 5: b=10 mm; b_0=30 mm; l = 170 mm

Die Grundschneide eines Grabgefäßes kann geradlinig glatt, pfeilförmig, trapezförmig und wahlweise auch mit Zähnen besetzt sein (Bild 3-100). Für den Felseinsatz wird die pfeil- oder trapezförmige Schneide bevorzugt. Zahnlose Schneiden werden für harte Erdstoffe nur mit Pfeilkontur empfohlen [3.121]. Hier bildet die Schneidenkontur quasi einen einzelnen Zahn.

Der übliche Felslöffel hat wenige, weit vorstehende Zähne, die wie eine Schottergabel wirken. Immer mehr Bedeutung gewinnt das Reißen von sehr festen Erdstoffen. Dafür wird ein einzelner, vorgezogener Mittelzahn (aufgesetzter Reißschuh) empfohlen. Auf ihn konzentriert sich die gesamte Reißkraft der Maschine.

Das gleiche komplexe Systemverhalten wird bei Ladeschaufeln beobachtet. Untersuchungen [3.120] zum spezifischen Arbeitsaufwand e_V für das Füllen einer Ladeschaufel zeigen die erwarteten Unterschiede, siehe Bild 3-101. Bei gleicher Lademaschine und gleichem Maschinenbediener werden vier verschiedene Erdstoffe mit vier verschiedenen Schaufeln geladen. Dabei stellt sich heraus, dass die Ladeschaufel mit zahnloser und pfeilförmiger Grundschneide den geringsten Arbeitsaufwand im Haufwerk erfordert. Offensichtlich bildet der größere Zahnquerschnitt auch einen größeren Eindringwiderstand. Die Zähne dienen nur noch dem Verschleißschutz der Schneide.

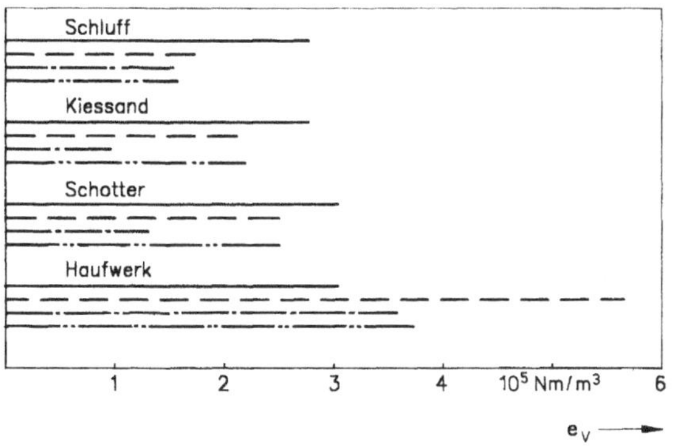

Bild 3-101 Einfluss des Schüttguts auf den spezifischer Arbeitsaufwand e_V beim Füllen von Ladeschaufeln (bezogen auf geladenes Volumen)

—— Erdstoff-Ladeschaufel ohne Zähne
– – – Erdstoff-Ladeschaufel mit Zähnen
– · – Fels-Ladeschaufel
– · · – Silo-Ladeschaufel

Ein für alle Anwendungen gleich gutes Grabwerkzeug gibt es nicht. Das Systemverhalten aus Maschine, Grabwerkzeug und Erdstoff muss immer wieder analysiert werden. In Auswertung von Modell- und Großversuchen werden dennoch für verschiedene Erdstoffe maßgebende Gestaltungsmerkmale zusammengestellt [3.121], siehe Tafel 3-36.

Der auf Erfahrungen und Experimenten beruhende Erkenntnisstand erlaubt das Aufstellen folgender Gestaltungsgrundregeln [3.119] bis [3.124]:

– Für die Hauptabmessungen der Grabgefäße soll gelten

$$l = b;\; b = \sqrt[3]{1{,}7V};\; g = (0{,}8...0{,}9)l.$$

Dabei wird die Gefäßtiefe g mit davon bestimmt, dass während des kreisförmigen Schnittprozesses immer positive Freiwinkel (α, s. Abschn. 3.5) der Schneide entstehen. Der Schnittwinkel ($\alpha + \beta$) der Seitenschneiden sollte dabei kleiner als 45° ausfallen. Der Teil der Seitenwangen, der nicht am Schneiden beteiligt ist, darf nicht zu tief ausgebildet werden, um ein ausreichendes Gefäßvolumen V zu erzielen.
– Die Zähne am Grabwerkzeug dienen dem Aufkeilen des Erdstoffs, der Konzentration von Verschleiß (bei hohem Quarzgehalt) oder als Schottergabel zum Aufnehmen von grobem Haufwerk. Wenn keines der Merkmale für einen Anwendungsfall zutrifft, verzichtet man auf Zähne.
– Die Seitenschneiden sind nach außen zu verdicken, so dass ein Freischnitt entsteht, der die Reibung an der Gefäßaußenwand wirksam reduziert. Die Seitenwände sind parallel zu führen, damit der Erdstoff beim Füllen des Grabgefäßes nicht verdichtet werden muss.
– Die Zahnbefestigung ist an die Schneidenunterseite zu verlegen, damit ein glatter Übergang zum Gefäßboden entsteht. Außerdem ist sie so auszubilden, dass sich an der Schneidenunterseite eine durchgehende Abrisskante bildet.
– Der Freischnitt wird durch einen entsprechenden Gefäßbodenradius erzeugt. Auf Verschleißbleche am Boden kann dadurch verzichtet werden. Bei der Formgebung sind fließende Übergänge vorzusehen. Alle hervorstehenden Bauteile verursachen Widerstände.
– Das vollständige Entleeren des Grabgefäßes wird auch bei bindigen Erdstoffen durch eine große Grabgefäßöffnung mit geringer Gefäßtiefe erreicht. Das Verhältnis von Grabgefäßbreite zu Korndurchmesser soll mindestens 4:1 betragen. Das Verhältnis von Einzelzahnabstand zu Grabgefäßbreite sollte 2,5...3,5 betragen.

Tafel 3-36 Gestaltungsmerkmale für Grabwerkzeuge

Erdstoffe (Beispiele)	maßgebende Eigenschaften	Formen der Grundschneide	Zahnformen	Formen der Seitenschneide
weicher Erdstoff (Torf)	Böschungswinkel Fließfähigkeit	< 10° 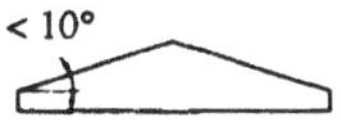	ohne Zähne	kaum geschwungen
klebriger Erdstoff (weicher Lehm)	Kohäsion Entleerung	0 ... 3° 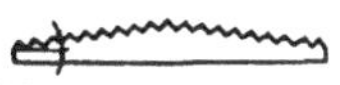	ohne Zähne	wenig geschwungen
Hackfels (Kreide)	schwach verkittet Lösevorgang	≈ 5° 	Reißzähne	stark geschwungen
Stichboden (Mergel)	stark verkittet Lösevorgang	< 5° 	spitze Reißzähne	stark geschwungen
feiner rolliger Erdstoff (Sand)	Böschungswinkel Fließfähigkeit Verschleiß	≈ 10° 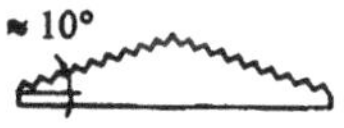	ohne Zähne bzw. Verschleißschutzzähne	kaum geschwungen
grober rolliger Erdstoff (Kies)	Böschungswinkel Fließfähigkeit Verschleiß	≈ 10° 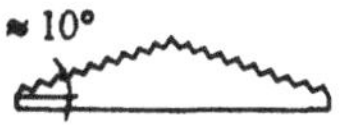	ohne Zähne bzw. Verschleißschutzzähne	kaum geschwungen
gebrochener rolliger Erdstoff (Schotter)	Fließfähigkeit Verschleiß	≈ 10° 	ohne Zähne bzw. Verschleißschutzzähne	wenig geschwungen
geschichteter harter Erdstoff (Schiefer)	Klüftung	≈ 5° 	robuster Reißzahn in Schneidenmitte, sonst Schutzzähne	sehr stark geschwungen
leichter Fels (Sprengfels)	Korndurchmesser	≈ 7° 	Verschleißschutzzähne	sehr stark geschwungen

3.5 Grab- und Schnittkräfte

3.5.1 Gewinnungsvorgang

Wie bereits im Abschnitt 2 erläutert, umfasst der Gewinnungsvorgang mit mechanischen Werkzeugen das Herauslösen (bergmännisch: Abbau) von *Erdstoffen* (auch Locker- und Festgestein) aus dem natürlichen Gebirgsverband sowie sein Aufnehmen und anschließendes Transportieren. In den Erdstoff muss dabei durch geeignete Mittel örtlich eine Gewinnungsenergie eingeleitet werden, um seine Festigkeit zu überwinden. Für die Werkzeugbemessung sind die dafür erforderlichen *Widerstände* (Grab-, Löse- oder Schnittkräfte) von Bedeutung. Technologisch unterscheidet man

- getrenntes Lösen und Aufnehmen (z. B. Bohren, Sprengen, Shovel and Truck)
- kombiniertes Lösen und Aufnehmen (z. B. Graben und Laden mit Löffelbagger).

Unter Bezug auf die in diesem Fachbuch behandelten Maschinen wird ausschließlich der *Grabvorgang* behandelt. Zum Graben werden schaufelartige Werkzeuge mit Schneiden, teilweise mit Zähnen besetzt, verwendet (s. Abschn. 3.4). Wegen seiner Wirtschaftlichkeit wird das Graben sehr häufig angewandt. Nur sehr feste Erdstoffe (Festgestein) setzen diesem Verfahren Grenzen. Einen tieferen Einblick vermittelt die Fachliteratur, siehe [3.125] bis [3.135].

Neben der Wirtschaftlichkeit (Investitions- und Betriebskosten) sind auch der Zerkleinerungsgrad und die Ökologie (Staub, Lärm) wichtige Kriterien bei der Bewertung eines Gewinnungsverfahrens. Für den spezifischen Energiebedarf w nach Gl. (2.44) gibt [3.132] folgende Wertebereiche an:

- mechanische Verfahren $w = 0{,}2...1{,}7$ kWh/m^3
- nichtmechanische Verfahren $w = 0{,}4...4{,}0$ kWh/m^3.

Die mechanischen Verfahren erfordern einen geringeren spezifischen Energieaufwand. Aus ökologischen und vielfach auch aus politischen Gründen verliert vor allem das Sprengen an Bedeutung [3.136], so dass die mechanische Gewinnung in Bereiche immer höherer Erdstofffestigkeit vordringt [3.137] [3.138]. Dafür sind neben neuartigen Werkzeugen [3.139] (Rundschaft- und Diskmeißel) auch neue Maschinenkonzepte (Kompaktschaufelradbagger und Continuous-Surface-Miner, s. Abschn. 4.4) entstanden [3.140].

Bei der Suche nach umfassenden und allgemeingültigen Erkenntnissen zur Grabtheorie hat man analytische, empirische und messtechnische Methoden eingesetzt. Dennoch bleiben die Fortschritte, gemessen an der Vielschichtigkeit und Komplexität der Probleme, hinter den Erwartungen zurück. Die konstruktive Praxis stützt sich bei der Bemessung von Werkzeugen und Maschinen vorwiegend auf empirisches Wissen. Schon immer haben Konstrukteure und Betreiber nach dem Einfluss der systemgebundenen (Werkzeugkonstruktion, Arbeitskinematik) und systemungebundenen Maschinenparameter (Spanabmessung, Erdstoff, Schnittwinkel) auf die Grabkraft oder Leistungsfähigkeit einer Maschine gefragt. Hierzu wird bemerkt [3.141], dass es widersinnige Kombinationen von Grundmaschinen, Kinematiken und Werkzeugen gibt, die von vornherein als leistungsunfähig gelten müssen. Auch der erfahrenste Maschinenbediener kann das Unvermögen nicht wettmachen. Mit dieser Erkenntnis ist es umso wichtiger, die Leistungsfähigkeit einer Erdbau- oder Gewinnungsmaschine im voraus beurteilen zu können. Hierfür wurden Methoden geschaffen, siehe z. B. [3.142], die aber kein einheitliches Vorgehen im Sinne einer Standardisierung hervorgebracht haben.

Nach den Grundannahmen und verwendeten Modellen für den Bruchvorgang (Gewinnung) im Erdstoff lassen sich die vorliegenden wissenschaftlichen Arbeiten drei Gruppen zuordnen (Abschn. 2), wobei es Überschneidungen gibt. Der Gewinnungsvorgang wird beschrieben als

- statischer Grenzzustand im räumlichen Spannungsfeld unter Nutzung der klassischen Bodenmechanik [3.143] bis [3.151]
- quasistatischer Bearbeitungsvorgang unter Einbeziehung von Geschwindigkeitseinflüssen und Beschleunigungskräften [3.129], [3.152] bis [3.163]
- zeitabhängiger Zufallsprozess [3.164] bis [3.174].

Die letztgenannte Arbeitsrichtung herrscht zur Zeit vor, sie bezieht sich in erster Linie auf den Grabvorgang der Mehrgefäßbagger. Das überwiegend angestrebte Ziel in allen Untersuchungen sind Angaben oder mathematische Ansätze für die zum Graben erforderlichen Werkzeugkräfte. Selbst die angeführte, umfangreiche Fachliteratur kann lediglich als repräsentative Auswahl gelten. Eine nach fachlichen Richtungen gegliederte, vergleichende und vollständige Übersicht über den Erkenntnisstand der Grabtheorie fehlt bisher. Es gibt bis heute auch noch keine einheitliche maschinenorientierte Erdstoffklassifizierung, auf deren Basis die Beschreibung des Systems Erdstoff-Maschine erfolgen kann.

3.5.2 Grabvorgang und Spanbildung

Im Grabvorgang werden das Lösen des Erdstoffs und das Füllen eines Grabgefäßes überlagert. Die vielfältigen Grabprozesse rufen sehr unterschiedliche Spanformen und -größen hervor. Das Graben wird von einem räumlichen, zeitabhängigen Vorgang bestimmt, bei dem Grabgefäß und Erdstoff eine Wechselbeziehung eingehen. Als bestimmende Einflussgrößen sind bekannt:

- Erdstoffparameter (Druckfestigkeit u. a.)
- Konstruktion des Grabgefäßes (s. Abschn. 3.4.1)
- Betriebsparameter des Grabvorgangs
- Systemparameter der Gewinnungsmaschine.

Graben besteht aus mehreren, zeitlich parallel oder nacheinander ablaufenden Teilvorgängen. Jeder erfordert einen anteiligen Arbeitsaufwand bzw. eine entsprechende Teilkraft. Neben den primär bezweckten Vorgängen des Lösens und Füllens entstehen begleitend energetische Nebeneffekte infolge Reibens, Umwälzens, Verschiebens und Hebens von Erdstoff.

Die wirkenden Teilkräfte während des Grabens sind somit

- Schnittkräfte bei der Spanbildung
- Reibungskräfte zwischen dem Grabgefäß und dem Erdstoff an Schneide und Gefäßwand
- innere Reibungskräfte des Erdstoffs beim Umwälzen und Verschieben
- Gewichtskräfte des Grabgefäßes, der Füllung und des Erdstoffprismas
- Beschleunigungskräfte.

Diese einzelnen Anteile bestimmen Betrag und Wirkungslinie der aufzubringenden Grabkraft am Werkzeug und liefern damit Bemessungsgrundlagen. Adäquate räumliche und zeitliche Wirkungen lassen sich aber weder analytisch noch messtechnisch erfassen, was zu entsprechenden Modellvereinfachungen zwingt. Hierzu gehört der Übergang auf ein ebenes Kräftemodell und die Einführung resultierender Teilkräfte.

Bild 3-102 zeigt den Grabvorgang als Momentanzustand kurz vor Beendigung des Füllens. Für die Grabkraft F_g gilt vereinfachend die Gleichung $F_g = F_s + F_{rS} + F_{fü}$, in der die skalaren Größen als Summe der resultierenden Schnittkraft F_s, der resultierenden Reibungskraft F_{rS} zwischen Schneide und Erdstoff und der Füllkraft $F_{fü}$ dargestellt sind. Die Füllkraft fasst alle Reibungs-, Verschiebe-, Hub- und Beschleunigungskräfte des gelösten Erdstoffs zusammen. Das sind die Kraftkomponenten, die der Bewegungsrichtung entgegen wirken und auch als Widerstände bezeichnet werden.

Die relativen Anteile der Grabkraft hängen von vielen Faktoren ab. Eine große Rolle spielt die Erdstofffestigkeit. Bild 3-103 gibt für einen bestimmten Grabvorgang die Abhängigkeit der Grabkraftaufteilung vom Neigungswinkel ω der Schnittbahn zur Waagerechten an (s. Bild 3-102). Es ist zu erkennen, dass die relativen Anteile von Schnittkraft F_s und Reibungskraft F_{rS} an der Schneide wegen der starken Verringerung der Füllkraft $F_{fü}$ mit wachsendem ω zunehmen.

Die Bewegungsbahn des Grabgefäßes ist geradlinig oder gekrümmt, dies hängt von der Arbeitsweise der Maschine ab. Das Grabgefäß wird teils zwangsgeführt (Löffelbagger), teils ohne Führung bewegt (Schleppschaufelbagger). Um einen jeweils neuen Span anzustellen, muss außer der Hauptbewegung in der Symmetrieebene des Grabgefäßes zyklisch oder stetig eine meist senkrecht dazu gerichtete Zustellbewegung ausgeführt werden. Die Spanfläche, d. h. die senkrecht zur Bewegungsrichtung liegende Querschnittsfläche des Erdstoffspans, ist in ihren Grenzlinien in unterschiedlicher Weise mit dem Erdstoffmassiv verbunden (s. Abschn. 2.6). Man unterscheidet daher den vollblockierten, halbblockierten und freien Schnitt (Bild 2-17). Die benötigten Schnittkräfte nehmen mit wachsender Blockierung zu. An Hand von Bild 2-17d ist zu erkennen, dass ein mit Meißeln (Zähnen) ausgerüstetes Grabwerkzeug als Ganzes zwar im halbblockierten Schnitt arbeiten kann, die einzelnen Meißel jedoch im vollblockierten Schnitt stehen können.

Das Schneiden, d. h. das Abtrennen von Stücken, Schichten oder Spänen aus dem anstehenden Erdstoff mit Hilfe keilförmiger Werkzeuge, ist immer der bestimmende Teilvorgang beim Graben. Die Verformung des Erdstoffs durch eine eindringende Werkzeugschneide erhöht die Kontaktspannungen, bis sie in einem kritischen Gebiet die Festigkeit des Erdstoffs überschreitet, der Bruch eintritt und sich ein Span löst. Die Schnittkraft steigt vom Ansetzen der Schneide bis zum Abtrennen des Spans überproportional zum Eindringweg an und fällt nach dem Abbruch des Spans wieder steil ab. Dabei hängen die Spanform und der zeitliche Verlauf der Schnittkraft in erster Linie von den Erdstoffeigenschaften, daneben auch von der Form und den Abmessungen des Grabwerkzeugs ab.

Alle funktionswichtigen Winkel des keilförmigen Werkzeugs und die an der Schneide auftretenden Kräfte sind mit ihren Bezeichnungen Bild 3-104 zu entnehmen. Ein scharfes Werkzeug mit spitzer Schneidkante verändert sehr bald seine Form in Richtung auf ein Verschleißprofil, das etwas idealisiert als Rundung der ehemals scharfen Schneide mit zusätzlicher Verschleißfläche an der Unterseite des Keils dargestellt werden kann. Für die Winkel am Werkzeug werden $\alpha = 5...8°$, $\beta = 20...25°$ und $\delta = 30...40°$ vorgeschlagen [3.169] [3.174].

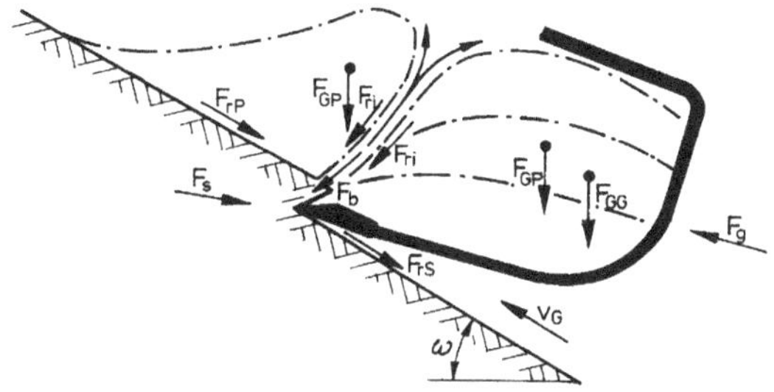

Bild 3-102 Ebenes Modell für den Grabvorgang

F_G Gewichtskräfte		Index:
F_r Reibungskräfte		i innere
F_s Schnittkraft		S Schneide
F_g Grabkraft		P Erdstoffprisma
v_G Arbeitsgeschwindigkeit des Grabgefäßes		F Füllung
		G Grabgefäß

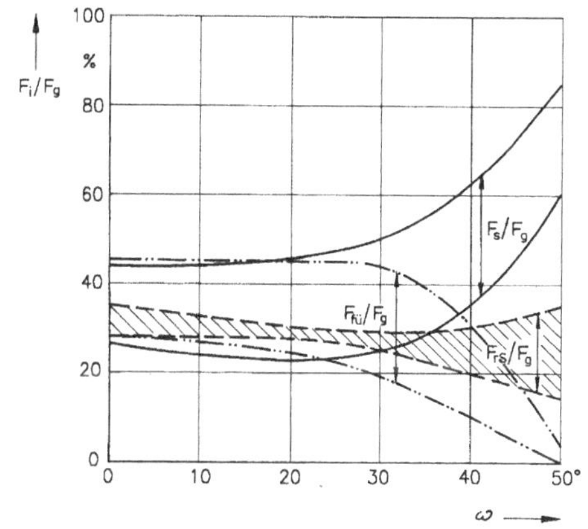

Bild 3-103 Relative Grabkraftanteile in Abhängigkeit vom Neigungswinkel ω [3.175]

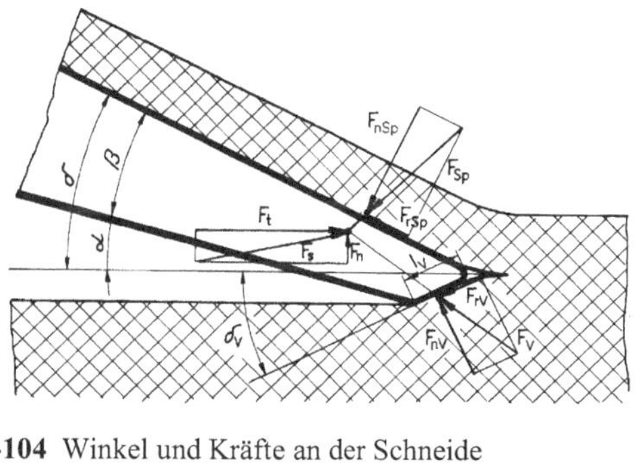

Bild 3-104 Winkel und Kräfte an der Schneide

α Freiwinkel	F_s Schnittkraft (F_t Tangential- und F_n Normalkraftkomponente)
β Keilwinkel	
δ Schnittwinkel	
δ_V Verschleißflächenwinkel	F_{Sp} Kraft für Spanbildung
l_V Länge der Verschleißfläche	F_V Kraft an Verschleißfläche

Sehr früh hat man beim Schneiden von Erdstoffen unterschiedliche Spanformen festgestellt, die zugehörigen Erdstoffe ermittelt und Gruppen ähnlicher Spanformen gebildet (Bild 2-18). Der Fließspan hat keine klar erkennbare Scherlinie, wohl aber eine Zone kontinuierlicher Schubverformung. Beim Scherspan treten Scherlinien bzw. -flächen in periodischer Folge auf. Wenn sich ein Beugungsspan (Reißspan) ausprägt, kommt es zunächst zu einem Primärriss nahezu in Bewegungsrichtung der Schneide. Nach weiterem Vordringen des Werkzeugs erzeugt die Biegung des Spans einen Sekundärriss quer zur Bewegungsrichtung. Der Span hat die Form miteinander mehr oder weniger verbundener Einzelblöcke. Wenn die Verbindung schon im Spanbildungsvorgang aufreißt, spricht man vom Schollenspan oder Reißspan mit Sekundärriss. Einblicke in die Bedingungen für die Grenzspannungen geben die zu den Spanformen gehörigen Mohr'schen Spannungskreise (Bild 2-6).

3.5.3 Berechnungsansätze für Grabkräfte

Untersuchungen haben zu vielfältigen rechnerischen Ansätzen für die Bestimmung von Grab- bzw. Schnittkräften geführt. Sie werden teils in geschlossener analytischer Form als Gleichungen aber auch nur als Proportionen bzw. funktionale Abhängigkeiten angeben. Das Ziel ist immer, einen Zusammenhang dieser Kräfte mit den Hauptparametern des Grabwerkzeugs und des Erdstoffs herzustellen. Hierfür sind viele Laborversuche entstanden, die einige Besonderheiten aufweisen:

- Grabvorgang wird als statischer Grenzzustand angenommen,
- Modellstoffe oder ausgewählte homogene Erdstoffe,
- Grabwerkzeuge werden idealisiert und verkleinert.

Insgesamt weichen die Grundannahmen (Modellbetrachtungen) und Versuchsbedingungen (Empirie) erheblich von den natürlichen Gegebenheiten an und in den Originalmaschinen ab.

3.5.3.1 Statische Ansätze

Die in der Literatur verzeichneten Gleichungen für die beim Graben aufzubringenden Kräfte beziehen sich sehr häufig nur auf die für das Schneiden erforderlichen Teilkräfte. Es wird zumeist die Abhängigkeit der Schnittkraft F_s von der Spanfläche A, dem Schnittwinkel δ und den wichtigsten Erdstoffkenngrößen, wie Scherfestigkeit τ, Kohäsion c, Winkel φ der inneren Reibung und Reibungswinkel φ_{st} Erdstoff-Stahl ausgedrückt. Derartige Schnittkraftgleichungen lauten dann z. B. nach [3.153]

$$F_s = \frac{A_c}{\Phi} \frac{1}{\sin\vartheta\,(\sin\vartheta + \tan\varphi\cos\vartheta)};$$

$$\Phi = \frac{\sin(\delta+\vartheta)(1-\tan\varphi\tan\varphi_{st}) + \cos(\delta+\vartheta)(\tan\varphi + \tan\varphi_{st})}{(\sin\delta + \cos\delta\tan\varphi_{st})(\sin\vartheta + \cos\vartheta\tan\varphi)}$$

mit dem Neigungswinkel der Abbruch-(Scher-)linie

$$\vartheta = \frac{1}{2}(\pi - \delta - \varphi - \varphi_{st})$$

und nach [3.156]

$$F_s = A\,\tau \frac{\cos\varphi\sin(\delta + 2\varphi_{st})}{\cos\varphi_{st}\cos^2(\frac{\delta+\varphi+\varphi_{st}}{2})} \qquad (0 \le \delta \le 65°);$$

$$F_s = A\,\tau \frac{1}{\frac{\cos\varphi}{2} - \cos^2(\frac{\pi}{4}+\frac{\varphi}{2})\tan\varphi} \qquad (65 \le \delta \le 90°).$$

(3.35)

Die in Gl. (3.35) sichtbare Unabhängigkeit der Schnittkraft vom Schnittwinkel drückt die von [3.156] gefundene Aussage aus, dass die Schneide jenseits des Schnittwinkels δ = 65° den Erdstoff nicht mehr im eigentlichen Sinne schneidet, sondern nur noch über die Oberfläche kratzt und den anstehenden Erdstoff verschiebt. Es werden außerdem Gleichungen für die an der Schneide wirkenden Normalkräfte F_n angegeben (Bild 3-104), die allerdings allein den Anteil aus der Spanbildung unter den gleichen idealisierenden Bedingungen wie bei der Schnittkraft erfassen. Dafür gelten die Fälle:

- Grabgefäß liegt auf Erdstoffoberfläche auf (Reibungskräfte sind zu berücksichtigen)

$$F_n = F_s \frac{\cos\varphi_{st}\cos(\delta+\varphi_{st})}{\sin(\delta + 2\varphi_{st})}$$

- Grabgefäß wird in vertikaler Richtung gehalten (Reibungskräfte sind nicht zu berücksichtigen)

$$F_n = F_s \cot(\delta + \varphi_{st}).$$

Ein theoretischer, auf der Stützwandtheorie basierender Ansatz für die Schnittkraft ist u. a. [3.176] zu entnehmen. Für das Element dF_n der auf das Oberflächenelement bds der Schneide als Stützwand (Bild 3-105) wirkenden Normalkraft gilt

$$dF_n = \sigma_n b ds = [K_i(\zeta g y + c\tan\varphi) - c\tan\varphi] b ds, \quad (3.36)$$

σ_n Normalspannung
c Kohäsion
φ Winkel der inneren Reibung des Erdstoffes
b Spanbreite
ζ Dichte des Erdstoffs
g Erdbeschleunigung.

Der Faktor K_i ist eine Funktion des Frei- bzw. Schnittwinkels δ und der erdstoffmechanischen Kenngrößen φ und φ_{st}. Je nach Lage von δ in einem der drei Bereiche 1 bis 3 gemäß Bild 3-105 gelten unterschiedliche Gleichungen für ihn, siehe Tafel 3-37. In dieser Tafel sind auch die Bestimmungsgleichungen für die Grenzwinkel δ_{g1} und δ_{g2} zwischen den Bereichen angegeben.
Das Element der Schnittkraft wird

$$dF_s = dF_n \frac{\sin(\delta+\varphi_{st})}{\cos\varphi_{st}}.$$

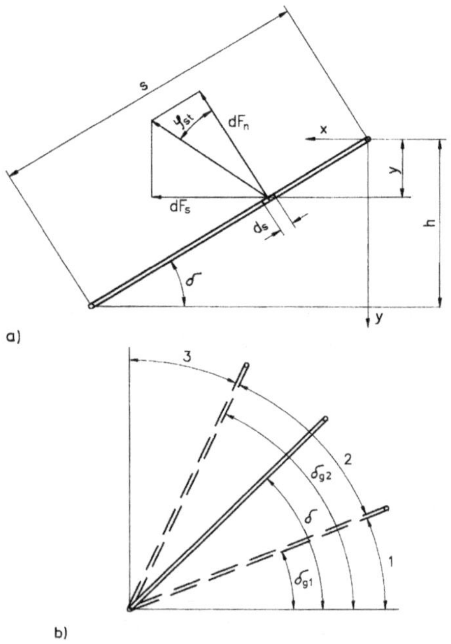

Bild 3-105 Modellbedingungen am Stützwandelement des Werkzeugs

a) Kräfte und Abmessungen am Stützwandelement
b) Bereiche der Stützwandneigung

Schnittwinkelbereiche	Konstanten K_i
$0 < \delta < \delta_{g1}$	$\dfrac{1-\sin\varphi\cos 2\delta}{1-\sin\varphi}$
$\delta_{g1} < \delta < \delta_{g2}$	$\dfrac{(\sin\varphi\cos\theta + \sqrt{1-\sin^2\varphi\sin^2\theta})^2\cos\varphi_{st}(\cos\varphi_{st} + \sqrt{\sin^2\varphi - \sin^2\varphi_{st}})}{\cos^2\varphi(1-\sin\varphi)}$ $\theta = \pi - \delta - \dfrac{1}{2}(\varphi_{st} + \arcsin\dfrac{\sin\varphi_{st}}{\sin\varphi})$
$\delta_{g2} < \delta < \pi/2$	$\dfrac{\cos\varphi_{st}(\cos\varphi_{st} + \sqrt{\sin^2\varphi - \sin^2\varphi_{st}})}{1-\sin\varphi} e^{\phi}$ $\phi = \tan\varphi(2\delta + \varphi_{st} - \pi + \arcsin\dfrac{\sin\varphi_{st}}{\sin\varphi})$
Grenzwinkel: $\delta_{g1} = \dfrac{1}{2}(\arcsin\dfrac{\sin\varphi_{st}}{\sin\varphi} - \varphi_{st})$; $\delta_{g2} = \dfrac{1}{2}(\pi - \varphi_{st} - \arcsin\dfrac{\sin\varphi_{st}}{\sin\varphi})$	

Tafel 3-40 Bereiche und erdstoffmechanische Konstanten für Gl. (3.36) nach [3.176]

Die Integration längs der Schneide führt mit $ds = dy/\sin\delta$ und unter Verwendung von Gl. (3.36) zur Schnittkraft mit der Spanfläche $A = bh$. Es gilt

$$
\begin{aligned}
F_s &= \int_s dF_s = \frac{\sin(\delta + \varphi_{st})}{\cos\varphi_{st}} \int_s dF_n \\
&= b\frac{\sin(\delta + \varphi_{st})}{\sin\delta\cos\varphi_{st}} \int_{y=0}^{h} \left[K_i(\zeta g y + c\tan\varphi) - c\tan\varphi\right] dy \\
&= A\frac{\sin(\delta + \varphi_{st})}{\sin\delta\cos\varphi_{st}} \left[K_i(\frac{1}{2}\zeta g h + c\tan\varphi) - c\tan\varphi\right].
\end{aligned}
\tag{3.37}
$$

[3.147] versucht, die Lage und Form der Abbruchlinie des Erdstoffs genauer zu erfassen (Bild 3-106) und gibt komplizierte Gleichungen für die gekrümmte Linie CB und den Abbruchwinkel ϑ an. Diese Abbruchlinie wirkt als sekundäre Stützwand, von der zur Oberfläche des Erdstoffs gerichtete Gleitlinien ausgehen. Vor der Schneide bildet sich infolge der Reibungskräfte ein Erdstoffkeil, der durch das Dreieck AMB angenähert werden kann. Für Erdstoffe, deren Winkel φ der inneren Reibung größer als der Reibungswinkel φ_{st} zwischen Erdstoff und Schneide ist, kann ein günstiger Neigungs- bzw. Schnittwinkel δ errechnet werden, bei dem der Erdstoffkeil verschwindet und der gelöste Erdstoff nicht auf diesem Keil, sondern auf der Schneidenoberfläche gleitet. Dies gilt für

$$\tan\delta_0 = \frac{\sin\vartheta}{e^{\vartheta\tan\varphi} - \cos\vartheta}; \qquad \vartheta \approx \frac{1}{2}(\pi - \delta - \varphi - \varphi_{st}).$$

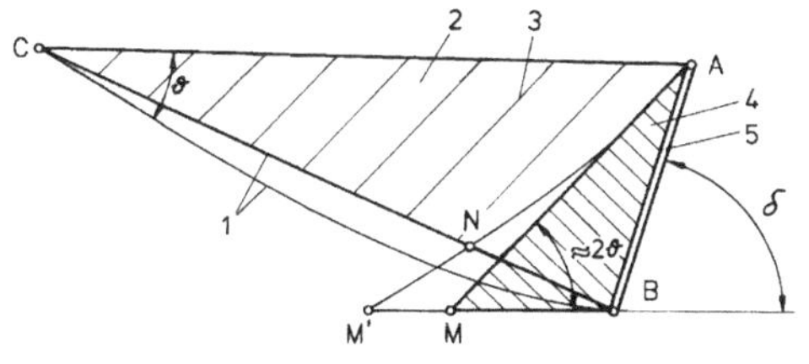

Bild 3-106 Bruchmodell

1 Abbruchfläche
2 Abbruchquerschnitt
3 Gleitlinien
4 Erdstoffkeil
5 Werkzeugschneide

Alle sonstigen Schnittkraftgleichungen basieren auf Annahmen oder auf mehr oder weniger aufwendigen mathematischen Beziehungen für die Lage der Gleitflächen bzw. -linien.

3.5.3.2 Zeitabhängige Ansätze

Der Übergang von der statischen zur zeitabhängigen Behandlung des Grabvorgangs ist fließend. Er beginnt bereits damit, dass die periodische Folge der Spanbrüche in Frage gestellt wird, z. B. von [3.153]. Der Charakter eines Vorgangs anstatt eines Zustands zeigt sich besonders in folgenden Kriterien:

- Einbeziehung von Beschleunigungskräften, was letztlich auf einen Zusammenhang zwischen Grabkraft und Bewegungsgeschwindigkeit des Grabgefäßes führt
- Berücksichtigung des von der Erddrucktheorie abweichenden Erdstoffverhaltens
- Ersetzen des Spannungszustands beim Bruch durch das Erdstoffverhalten während der Schneidenbewegung.

Damit beginnt der Versuch, eine Erdstoffmechanik (nach [3.160] auch Terramechanik) zu begründen, die vordringlich den Problemen der Bearbeitung des Erdstoffs einschließlich der hierfür erforderlichen Kräfte nachgeht. Nicht immer führen die Untersuchungen zu geschlossenen Gleichungen, oft werden allein Tendenzen abgeleitet.
[3.175] wandelt die bereits im Abschnitt 3.5.2 eingeführte Kräftebeziehung um in

$$F_g = k_s A + F_n \mu_{st} + \varepsilon(V_{ne} + V_P) f_{fü}\,.$$

Neben den bereits benannten Größen bedeuten:

F_n Normalkraft an der Schneide
μ_{st} Reibungszahl Erdstoff-Schneide (Stahl)
V_{ne} Nennvolumen des Grabgefäßes
V_P Volumen des Erdstoffprismas
$f_{fü}$ Füllfaktor (relative Füllung des Grabgefäßes)
ε Beschleunigungskoeffizient.

Die gründlichen experimentellen Untersuchungen von [3.151] erklären nicht nur die Vorgänge bei der Spanbildung. Aus den gefundenen Gesetzmäßigkeiten werden Gleichungen für die Schnittkraft bei unterschiedlichen Erdstoffen abgeleitet. Den Ausgang bilden Annahmen für die Verteilung der resultierenden Spannungen in der Scherlinie (Bild 3-107a) und längs der Schneide (Bild 3-107b). Es werden zwei verschiedene Modellstoffe (I trockener Sand und II sehr plastischer Ton) untersucht. Die resultierenden Spannungen an der Schneide sind die vektorielle Summe der Pressung p und der Reibspannung f. Der Zusammenhang zwischen diesen Größen wurde gefunden mit

$f = p\mu_{st}$ (trockener Sand);

$f = k + p\mu_{st}$ (plastischer Ton, Schnittwinkel $\delta \geq 60°$).

Das Ergebnis ist die im Bild 3-109c dargestellte Verteilung der beiden an der Schneide auftretenden Spannungen.
Als Beispiel zeigt Bild 3-108 die Kräfte an Scherlinie und Schneide beim Schnitt von plastischem Ton [3.151]. Hierfür gelten die Gleichungen

$$F_{Bn} = F_{Bt} = \frac{hb\tau}{\sin\gamma}; \quad F_f = bsf; \quad F_p = \frac{F_{Bt} - F_f\cos(\delta+\gamma)}{\sin(\delta+\gamma)};$$

$$\gamma = \tan^{-1}\frac{\cos\delta + \sin\delta}{\cos\delta - \sin\delta - \dfrac{fs}{\tau h}}; \quad F_s = \sqrt{F_f^2 + F_p^2}.$$

Die wichtigsten idealisierenden und einschränkenden Annahmen sind:

- Schneidenlänge s und Spandicke h haben die gleiche Größenordnung
- Winkel φ der inneren Reibung geht gegen null
- Gewichtskraft des Spans hat keinen Einfluss
- minimale Hauptspannung an der Scherfläche ist null.

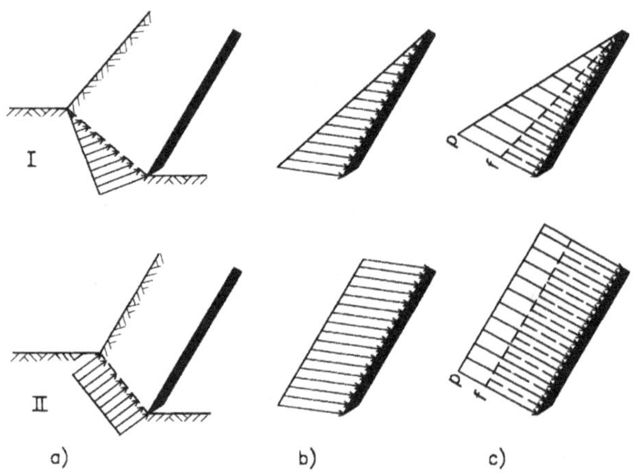

Bild 3-107 Resultierende Spannungen

a) in der Scherlinie
b) an der Schneide
c) Einzelspannungen an der Schneide

p Pressung f Reibungsspannung; Pfeile sind um $\pi/2$ gedreht

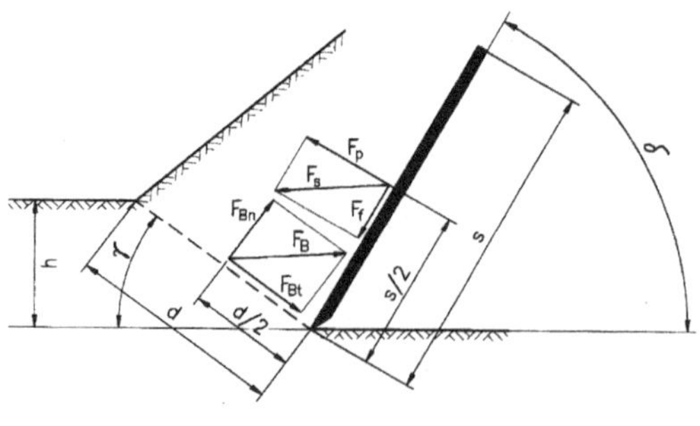

Bild 3-108 Kräfte an Scherlinie und Schneide bei sehr plastischem Ton

Obwohl die hier angeführten Gleichungen zur Bestimmung von Grab- und Schnittkräften nur wenig Bedeutung bei der Bemessung von Gewinnungsmaschinen erlangt haben, vermitteln sie dennoch einen guten Einblick in die Vorgänge beim Schneiden von Erdstoffen.

Über den Einfluss der Bewegungsgeschwindigkeit des Grabgefäßes auf die Grab- bzw. Schnittkraft gibt es in der Literatur sich teils widersprechende Aussagen. In maßgebenden Fachbüchern, z. B. in [3.175], findet man Aussagen darüber, dass die beim Graben aufzubringenden Kräfte im Bereich von der Bezugsgeschwindigkeit v = 0,1...0,5 m/s bis zu einer Geschwindigkeit von v = 10 m/s auf den 1,5 bis 2fachen Betrag anwachsen. Das ist physikalisch zu erklären, denn mit zunehmender Grabgeschwindigkeit

- steigen die für die Spanbewegung benötigten Beschleunigungskräfte,
- verändern sich die Spanformen, indem beispielsweise die Aufbruchlängen ansteigen und der Erdstoff stärker zerkleinert wird,
- erhöhen sich Verformungswiderstand und Festigkeit des Erdstoffs.

Dass sich mit zunehmender Belastungsgeschwindigkeit des Erdstoffs, besonders bei festeren Arten, auch dessen Sprödigkeit vergrößert, kann umgekehrte Tendenzen in Erscheinung treten lassen. Das würde die scheinbar widersprechenden Versuchsergebnisse erklären. Genauere Untersuchungen hierzu fehlen bisher.

Die einzelnen Anteile am zusätzlichen Grabwiderstand infolge einer Geschwindigkeitssteigerung sind unterschiedlich, je nach Erdstoffsorte, Geschwindigkeitsbereich und Art des Grabprozesses. Eine höhere Beschleunigungskraft vergrößert auch die Normalkraft und die Reibungskräfte. Der Einfluss aus der Festigkeitssteigerung des Erdstoffs erreicht mit dem Anwachsen von Grundfestigkeit und Geschwindigkeit den aus der Beschleunigung und übertrifft ihn dann erheblich. Besonders ungünstig erweist sich ein Grabvorgang, bei dem die Schnittgeschwindigkeit die Geschwindigkeit übersteigt, mit der die Erdstofftrennung voranschreitet, hierauf hat [3.175] ausdrücklich hingewiesen.

Es gibt einige mathematische Ansätze für die Erhöhung der Grab- bzw. Schnittkraft mit wachsender Bewegungsgeschwindigkeit des Grabgefäßes bzw. der Schneide. Die Grundgleichung, um die Beschleunigungskräfte zu erfassen, lautet

$$F_s(v) = F_{s0} + F_{sv}, \tag{3.38}$$

$F_s(v)$	Schnittkraft als Funktion der Geschwindigkeit
F_{s0}	Bezugsschnittkraft bei v = 0,1...0,5 m/s.

Für die Beschleunigungskraft F_{sv} werden Gleichungen angeführt

nach [3.153] $F_{sv} = \varsigma A v^2 \dfrac{\sin\delta}{\sin(\delta+\gamma)}$;

nach [3.177] $F_{sv} = \varsigma A v^2 \dfrac{\sin\delta\cos\alpha}{\sin(\delta+\alpha)}$;

nach [3.178] $F_{sv} = \varsigma A v^2 (\sin^2\delta + \frac{1}{2}\cos\delta\tan\varphi_{st})$,

A	Spanfläche
v	Schnittgeschwindigkeit
ς	Dichte des Erdstoffs
δ	Schnittwinkel
φ_{st}	Reibungswinkel Erdstoff-Stahl
γ	Neigungswinkel zwischen Gleitebene und Schnittbahn
α	Winkel zwischen Bewegungsrichtung des Spans und der Schnittbahn.

[3.177] berücksichtigt darüber hinaus beim ersten Summanden von Gl. (3.38) einen Faktor k_v für die Festigkeitssteigerung des Erdstoffs

$$F_s(v) = k_v\, F_{s0} + F_{sv},$$

k_v = 1,0...1,3 im Bereich v = 1...9 m/s.

Von [3.179] [3.180] wird der Einfluss der Geschwindigkeit auf die Horizontalkraft von Schneidbügeln und Planierschilden bis v = 1 m/s untersucht. Zur theoretischen Behandlung werden dimensionslose Parameter, z. B. das Verhältnis Beschleunigungskraft F_b zu Gewichtskraft F_G des Erdstoffs $\frac{F_b}{F_G} = \frac{v^2}{bg}$, die Froude-Zahl $\frac{v}{\sqrt{bg}}$ und zur Berücksichtigung der Erdstoff- und Werkzeugeigenschaften ein dimensionsloser Parameter $\varsigma_d bg/c$ (für bindigen Erdstoff), gebildet.

Mit Hilfe einer Regressionsanalyse der Versuchsergebnisse entstehen Gleichungen für die Schnittkraft, z. B. für den Erdstoff Löß beim Schneiden mit einem Schneidbügel

$$F_s = 7{,}74\,\varsigma_d v^2 b h \left(\frac{v}{\sqrt{bg}}\right)^{-1{,}81} \left(\frac{\varsigma_d b g}{c}\right)^{-1{,}89}$$

(für h/b = 0,075);

$$F_s = 4{,}36\,\varsigma_d v^2 b h \left(\frac{v}{\sqrt{bg}}\right)^{-1{,}83} \left(\frac{\varsigma_d b g}{c}\right)^{-1{,}89}$$

(für h/b = 0,20).

Es bezeichnen:

b	Bügelbreite
h	Spantiefe bzw. -dicke
g	Erdbeschleunigung
ς_d	Trockendichte des Erdstoffs
c	Kohäsion des Erdstoffs
v	Schnittgeschwindigkeit.

An diesen Gleichungen zeigt sich, dass genauere Formulierungen beim Grabvorgang wegen der vielen Einflussgrößen und Wechselwirkungen einerseits komplizierter, andererseits im Gültigkeitsbereich mehr eingeengt sind.

3.5.3.3 Spezifische Grabkraft

Alle Gleichungen für Grab- bzw. Schnittkraft haben einen engen Gültigkeitsbereich und sind meist auf eine bestimmte Erdstoffgruppe, Werkzeugform und auf idealisierte Schnittparameter bezogen. Seit langem versucht man daher, allgemeiner geltende, möglichst allein von den Eigenschaften des Erdstoffs, nicht jedoch von der besonderen Art des Grabprozesses abhängige Grabkraft- bzw. Schnittkraftbeiwerte zu bestimmen und als Dimensionierungsgrundlagen der Gewinnungsmaschinen anzuwenden.

Als erster hat [3.181] sehr umfangreiche Messungen an Grabmodellen und Originalbaggern, besonders Löffel- und Schleppschaufelbaggern, in verschiedenen Erdstoffen und mit unterschiedlichen Grabgefäßen durchgeführt und Grabkraftbeiwerte bestimmt. Für eine bezogene Grabkraft gilt gemäß Abschnitt 2.6.3

$$k_i = \frac{F_g}{B_i},$$

k_i	bezogene (spezifische) Grabkraft
F_g	Grabkraft
B_i	Bezugsgröße.

[3.175] wählt als Bezugsgröße die Spanfläche A und damit $k_A = F_g/A$. Bei diesem Vorgehen ist von folgenden Überlegungen auszugehen:

- Die Eigenschaften der Erdstoffe unterliegen erheblichen räumlichen und zeitlichen Schwankungen. Deshalb kann eine Gewinnungsmaschine nicht für einen bestimmten Erdstoff mit genau vorgegebenen Kenndaten, sondern nur für eine Gruppe von Erdstoffen mit ähnlichen Eigenschaften bemessen werden. Über den Durchsatz und weitere Betriebsparameter ist diese Maschine dann im Einsatz der unterschiedlichen Arbeitsschwere anzupassen.
- In k_A sind alle Teilkräfte des Grabvorgangs erfasst.
- Die k_A-Werte sind arithmetische Mittel gemessener Maximalwerte. Sie gelten für eine bestimmte Erdstoffklasse und für einen bestimmten Typ einer Gewinnungsmaschine, für halbblockierten Schnitt und für Schnittparameter $h \geq 200$ mm (Spandicke) sowie $b \geq 400$ mm (Spanbreite). In Tafel 3-38 sind die von [3.175] gebildeten Erdstoffklassen und die Bereiche spezifischer Grabkräfte k_A für die wichtigsten Gewinnungsmaschinen aufgeführt.

Weitere maßgebende Einflussgrößen für k_A sind:

Spanfläche A

Alle Messergebnisse beweisen, dass die Spanfläche A als Bezugsgröße zugleich auch eine variable Einflussgröße für k_A ist. Dies liegt besonders daran, dass die anteilige Schnittkraft nicht nur von A, sondern auch von der Schnittlänge l (Gesamtlänge des im Eingriff stehenden Teils der Werkzeugschneide) abhängt. Durch l wird u. a. der Einfluss der Reibungskräfte auf die Grabkraft ausgedrückt.

Für diese Schnittlänge l führt das im Bild 3-109 gewählte Beispiel zu den Gleichungen

$$h_r = r(1-\cos\varepsilon);$$

$$l_1 = b + r\,arc\cos\left(1-\frac{h_1}{r}\right) \quad (h = h_1 \leq h_r);$$

$$l_2 = b + r\,arc\cos\left(1-\frac{h_r}{r}\right) + \frac{h_2}{\sin\varepsilon} - r\tan\frac{\varepsilon}{2} \quad (h = h_2 \geq h_r).$$

Im noch stärker vereinfachenden Beispiel eines Rechteckspans sind bei gegebenem Spanverhältnis $\chi = h/b$ die Gleichungen für Spanfläche A und Schnittlänge l nur als Funktionen der Spandicke h anzugeben

$$A = bh = \frac{h^2}{\chi}; \qquad l = b + h = h\left(1+\frac{1}{\chi}\right).$$

Dies zeigt, dass die Spanfläche mit dem Quadrat, die Schnittlänge nur linear mit der Spandicke zunimmt. Wegen des geringeren relativen Anteils der Reibungskräfte sinkt somit k_A mit abnehmendem Verhältnis $\lambda = l/A$, wie es Bild 3-110 erkennen lässt.

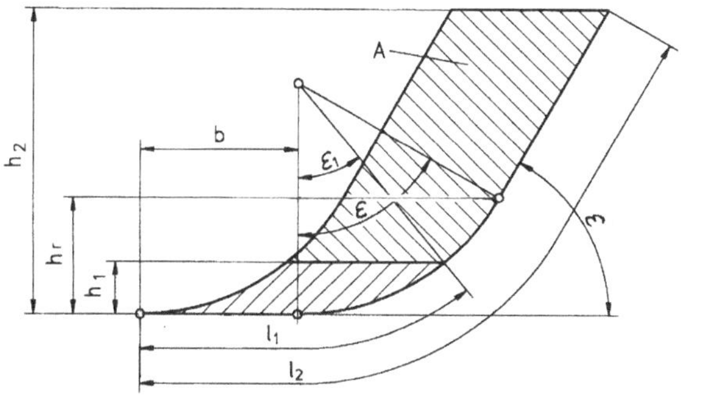

Bild 3-109 Definition von Spanfläche A und Schnittlänge l

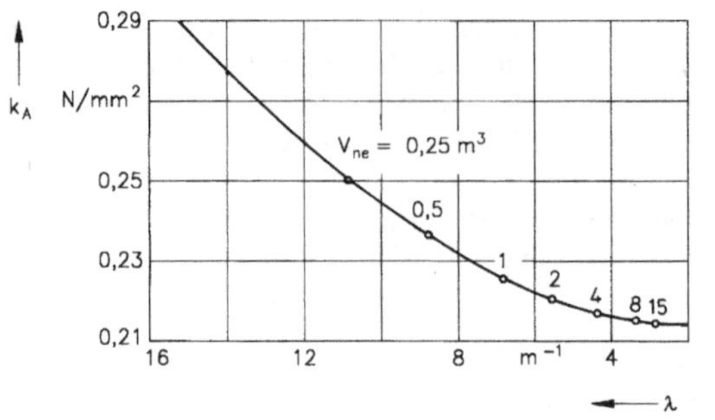

Bild 3-110 Abhängigkeit der spezifischen Grabkraft k_A vom Verhältnis λ [3.175]
V_{ne} Nennvolumen des Grabgefäßes

Spandicke h
Die rechnerische spezifische Grabkraft k_{Ar} nimmt mit zunehmender Spandicke ab [3.175]

$$k_{Ar} = k_A + \frac{C}{h},$$

C bzw. C_1 (für Grabenbagger) sind Konstanten für eine jeweilige Erdstoffklasse, siehe Tafel 3-38.

Schneidendicke d
Eine größere Dicke d der Werkzeugschneide erhöht k_A, vor allem bei einem Verhältnis $h/d \leq 3$.
Jede im Eingriff stehende Schneide eines Grabwerkzeugs verschleißt, je nach Erdstoffart und Schneidenwerkstoff, mit sehr unterschiedlichem Verschleißfortschritt (Abschn. 3.4.2).

Tafel 3-38 Erdstoffklassen und spezifische Schnitt- sowie Grabkräfte nach [3.175]

k_s: *---* +---+ Schleppschaufelbagger ∇---∇ Schaufelradbagger
k_A: •---• Löffelbagger x---x Eimerkettenbagger ⊗---⊗ Grabenbagger

Erdstoffklassen		k_s; k_A in N/mm²	Konstanten C	C_1
		10^{-2} 1 2 3 4 6 8 10^{-1} 10^0 10^1		
I	Sand; Feinsand; weicher, mittelfeuchter und aufgelockerter Lehm ohne Einschlüsse	*------------* •-----------• +-----------+ x-----------x ∇-------∇ ⊗---------⊗	5	1,1
II	Lehm ohne Einschlüsse; feiner und mittlerer Kies; weicher feuchter oder aufgelockerter Ton	*---------* •-------• +-+ x-x ∇-----∇ ⊗⊗	10	2,8
III	dichter Lehm; mittelharter bzw. harter feuchter oder aufgelockerter Ton; sehr weicher Tonstein; Schluffstein	*-* •------• +-+ x-----x ∇∇ ⊗⊗	16	3,6
IV	harter Lehm mit Steinen oder Geröll; harter und sehr harter feuchter Ton; weiche Kohle; sehr schwach verkittetes Sedimentgestein	*-* •--• +------+ x-x ∇∇ ⊗⊗	26	4,5
V	mittelharter Schiefer; harter trockener dichter Ton; dichter verhärteter Löß; Kreide; Gips; sandiger sehr weicher Mergel; weiches Sedimentgestein; weiches Phosphor- und Manganerz; gut gesprengtes Felsgestein	*-* •--• + x----x ∇∇ ⊗	38	6
VI	Muschelkalk; weicher poröser Kalkstein; Kreide; Schiefer; mittelharter Mergel und Gips; harte Kohle	*-* •----• x ∇-------- ∇ ⊗----⊗	50	8
VII	harter Schiefer; Mergel; harte Kreide; harter Gips; mittelharter Kalkstein; weicher sandiger Frostboden	*---------* •------------• x--------x ∇-----------∇ ⊗----⊗	80	10
VIII	Felsgestein und Frostboden, gesprengt	•	26	-

Im Bild 3-111 zeigen die von links nach rechts aufeinander folgenden vorderen Begrenzungskurven des keilförmigen Grabwerkzeugs die damit verursachte Vergrößerung des tatsächlich wirksamen Keilwinkels β. Daher nimmt die Schnittkraft und als Folge auch die Grabkraft mit wachsendem Verschleiß zu, nach [3.129] z. B. auf das 1,4fache von Kurve 1 bis Kurve 4 des Bildes 3-111.

Die in Tafel 3-41 angegebenen k_A-Werte berücksichtigen bereits einen gewissen Verschleiß der Schneide, weil deren scharfer Ausgangszustand schon nach kurzer Einsatzdauer in die Verschleißform übergeht.

Sehr unsicher ist der von [3.175] vorgeschlagene Bezug der Normalkraft F_n auf die Grabkraft F_g in der Form $F_n = \psi F_g$.

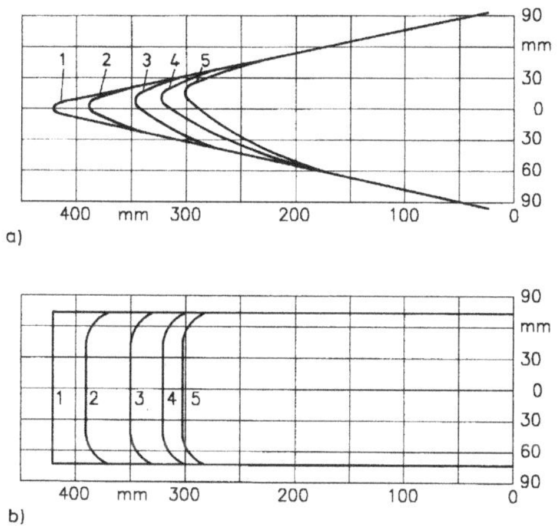

Bild 3-111 Zeitlich aufeinander folgende Verschleißformen eines keilförmigen Schnittwerkzeugs [3.129]

a) Seitenansicht
b) Draufsicht

Der Faktor ψ kann, je nach Schnittparametern und Verschleißzustand der Schneide, positive oder negative Werte annehmen. In [3.169] wird ψ = 0,1...0,15 für homogene, plastische Erdstoffe und ψ = 1,0...1,5 für stumpfe Schneiden und gesprengten Felsboden vorgeschlagen. Das sind Zahlenwerte, die lediglich die Grundtendenz bestätigen.

Von [3.182] wird aus Messungen an Schaufelradbaggern der Schluss gezogen, dass sich die Schnittlänge l des Grabwerkzeugs besser als Bezugsgröße B_i der spezifischen Grabkraft eignet. Er bildet den Grabkraftbeiwert $k_l = F_g \,/\, l$ mit Werten von $k_l \approx$ 20 N/mm für rolligen Kies und $k_l \approx$ 50 N/mm für fetten, bindigen Ton. Die Ergebnisse werden von anderen Autoren nicht bestätigt, bestehen bleibt aber eine verhältnismäßig große Abhängigkeit des k_l-Wertes vom Spanverhältnis χ.

[3.183] schlägt als Kompromiss vor, die spezifische Grabkraft auf das Produkt von A und l zu beziehen

$$k_{Al} = \frac{F_g}{\sqrt{Al}} .$$

Im Bild 3-112 sind Messergebnisse an Schaufelradbaggern [3.183] für verschiedene Bezugsgrößen dargestellt. Sie bestätigten, dass keiner der bisherigen Ansätze eine ausreichende Unabhängigkeit von nur einer Einflussgröße, hier der Spanfläche A, aufweist. Die Berücksichtigung weiterer Einflüsse würde die getroffenen Aussagen noch mehr in Frage stellen.

Der Vollständigkeit halber sollen zwei weitere Ansätze für k_A genannt werden:

nach [3.184] $\quad k_A = C_P f$,

C_P = 1,7...2,1 (Faktor für Erdstoffklassen III bis IV, siehe Tafel 3-38); $f \approx$ 0,1 σ_D in N/mm² Festigkeitskoeffizient (σ_D Druckfestigkeit des Erdstoffs);

nach [3.154] $\quad k_A = C_S n$,

C_S = 0,7...0,8 N/mm² (Beiwert für Erdstoffklasse I bis III, s. Tafel 3-38); n = 1...23 (Schlagzahl des Dornii-Geräts).

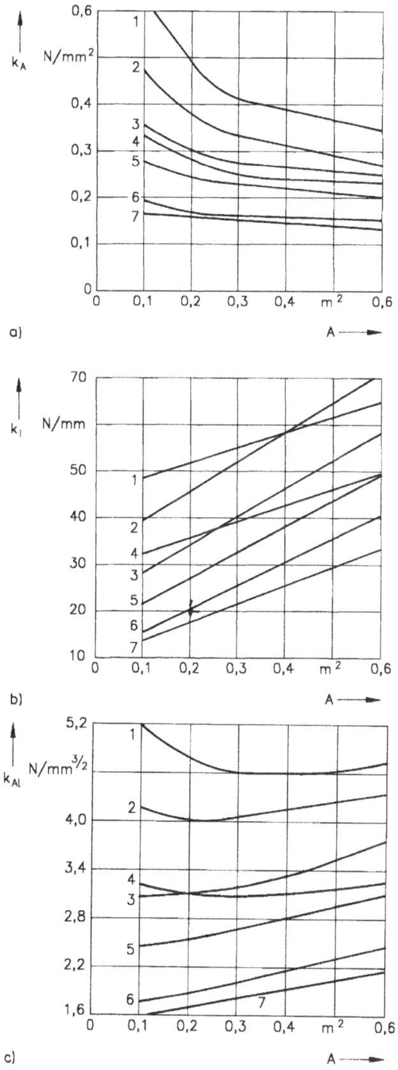

Bild 3-112 Spezifische Grabkräfte bei unterschiedlichen Bezugsgrößen [3.183]

a) Bezugsgröße A
b) Bezugsgröße l
c) Bezugsgröße Al

1 Tonschiefer
2 grauer Lehm
3 roter Ton
4 rotbrauner Ton
5 weicher Ton
6 feinkörniger Sand
7 Löß

Das Dornii-Gerät ist eine stumpfe Schlagsonde mit einem Durchmesser von 11,2 mm und einer Fallscheibe von 2,5 kg. Die Schlagzahl n ist dann erreicht, wenn die wiederholt 400 mm senkrecht herabfallende Scheibe die Sonde 10 mm tief in den Erdstoff getrieben hat.

Zusammenfassend kann die bezogene Grabkraft k_A keinesfalls als allein erdstoffabhängige oder konstante Größe aufgefasst und behandelt werden, dies wird in [3.175] auch ausdrücklich gesagt. Sie beseitigt die Unsicherheiten der Grabkraftbestimmung keineswegs und erfüllt lediglich die Funktion eines Richtwerts zur hinreichenden Bemessung der Gewinnungsmaschine für eine bestimmte Erdstoffklasse. Der Grabvorgang erweist sich auch hier als zu komplex, um die auftretenden Kräfte vereinfachend darzustellen.

3.5.3.4 Spezifische Schnittkraft

Es liegt nahe, die großen Unterschiede in den Wertebereichen der spezifischen Grabkräfte zwischen den einzelnen Gruppen der Gewinnungsmaschinen dadurch zu verringern, dass stattdessen die Schnittkraft als maßgebende Teilkraft untersucht und eine spezifische Schnittkraft k_s gebildet wird. Mit Bezug auf die Spanfläche A gilt dann die Gleichung $F_s = k_s A$.

Der Übergang zur Grabkraft wird durch den Faktor

$$\varsigma = \frac{F_s}{F_g} = \frac{k_s}{k_A}$$

hergestellt [3.129]. Im Bild 3-113 ist zu erkennen, dass die spezifische Schnittkraft ab etwa $k_s = 1$ N/mm² mehr als 3/4 der spezifischen Grabkraft ausmacht. Sie hat somit als Kenngröße dann Bedeutung, wenn festere Erdstoffe vorliegen. Bereiche von k_s für verschiedene Erdstoffklassen sind in Tafel 3-38 angegeben.

[3.129] bildet für den vollblockierten Schnitt mit seitlichen Ausbruchflächen (Bild 3-114) die Schnittkraft F_s als Summe von den vier Teilkräften

$$F_s = F_{sF} + F_{s\gamma} + F_{sL} + F_{sV},$$

F_{sF}, $F_{s\gamma}$ Schnittkräfte Vorderschneide u. Ausbruchflächen
F_{sL} Schnittkraft Seitenschneiden
F_{sV} Schnittkraft bei verschlissener Schneide,

und stützt die Teilkräfte auf bezogene Größen

$$F_s = k_F A_F + k_\gamma A_\gamma + k_L l_L + k_V b, \tag{3.39}$$

k_F, k_γ, k_L, k_V spezifische anteilige Schnittkräfte.

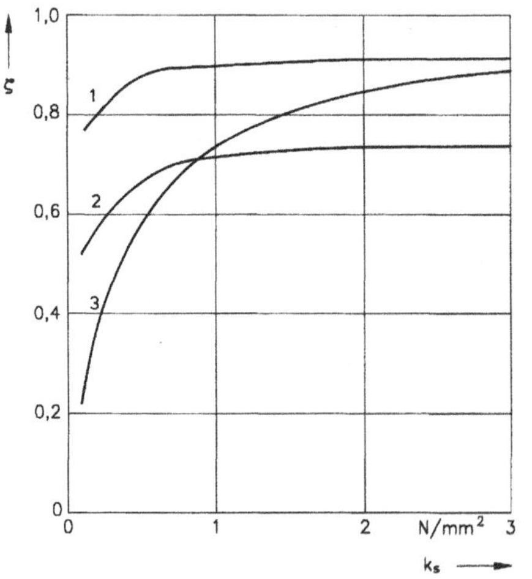

Bild 3-113 Relativer Anteil ς der spezifischen Schnittkraft k_s an der spezifischen Grabkraft k_A [3.129]

1 Löffelbagger
2 Schleppschaufelbagger
3 Schaufelradbagger

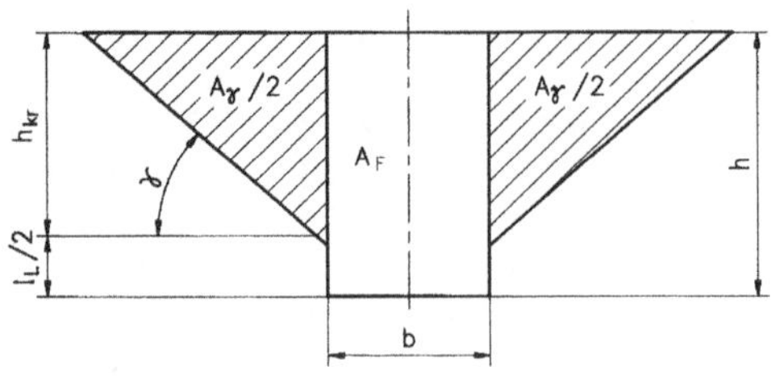

Bild 3-114 Spanfläche bei vollblockiertem Schnitt [3.129]

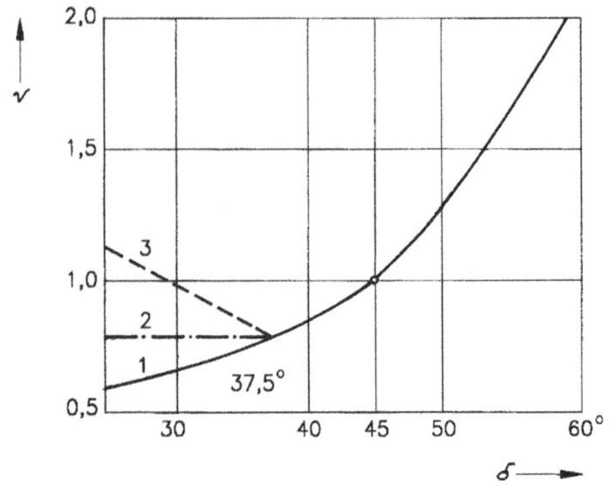

Bild 3-115 Relative Änderung der spezifischen Schnittkraft bei unterschiedlichen Schnittwinkeln, bezogen auf den Schnittwinkel $\delta = 45°$ [3.129]

1 plastischer Ton
2 sandiger Ton
3 geschichteter Erdstoff (Schnitt längs der Schichtung)

Die kritische Schnittiefe h_{kr}, bei der sie die Höhe der Ausbruchflächen zu übersteigen beginnt, wird mit dem Verhältnis

$$\varepsilon = \frac{h_{kr}}{h} = (2...4)\,\frac{b}{h}$$

angegeben. Wegen der seitlichen Blockierung des Werkzeugs in der Schnittfuge steigen die Schnittkräfte oberhalb $\varepsilon = 1$ stark an. Durch Umbildung von Gl. (3.39) in der Form

$$m_F = \nu\, k_{F45}; \quad m_\gamma = \frac{1}{2}\varepsilon^2\, k_\gamma \cot\gamma; \quad m_L = k_L\,(1-\varepsilon), \text{ mit}$$

k_{F45} spezifische Schnittkraft der Vorderschneide bei einem Schnittwinkel $\delta = 45°$
ν Faktor zur Umrechnung auf den tatsächlichen Schnittwinkel δ, siehe Bild 3-115,

und Einsetzen von

$$A_F = b\,h; \quad A_\gamma = h_{kr}^2 \cot\gamma = \varepsilon^2 h^2 \cot\gamma; \quad l_L = 2(h - h_{kr}) = 2h(1-\varepsilon)$$

entsteht die Beziehung für die Schnittkraft als Funktion der Schnittiefe h

$$F_s = \nu\, m_F\, b\, h + 2\, m_\gamma\, h^2 + 2\, m_L\, h + k_V\, b$$

mit den drei erdstoffabhängigen Parametern m_i für die ersten drei Summanden. [3.129] gibt Zahlenwerte für die spezifischen Größen m_i bzw. k_V als Festwerte bei bestimmten Erdstoffarten an. Sie lassen keine einheitliche Tendenz erkennen, und es fehlen Angaben über die Umstände, unter denen sie ermittelt wurden.

Langfristige Laboruntersuchungen an sprödbrechenden, homogenen, natürlichen Erdstoffen sowie Modellstoffen mittlerer Festigkeit mit Einzel- und kombinierten Schnittwerkzeugen bringen bezüglich der spezifischen Schnittkraft neue Erkenntnisse [3.185].

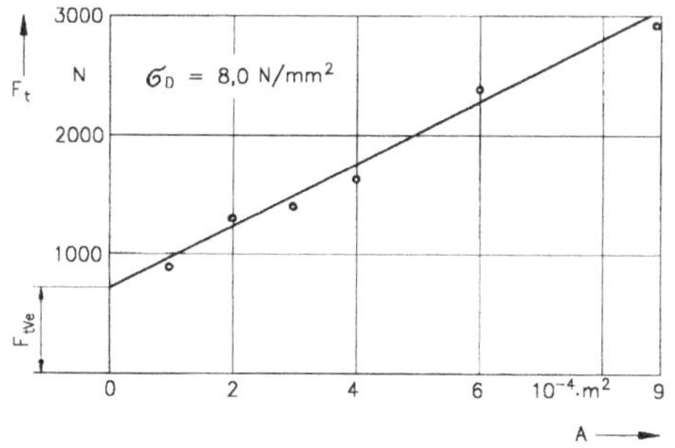

Bild 3-116 Tangentialkomponente F_t der Schnittkraft als Funktion der Spanfläche A [3.171]

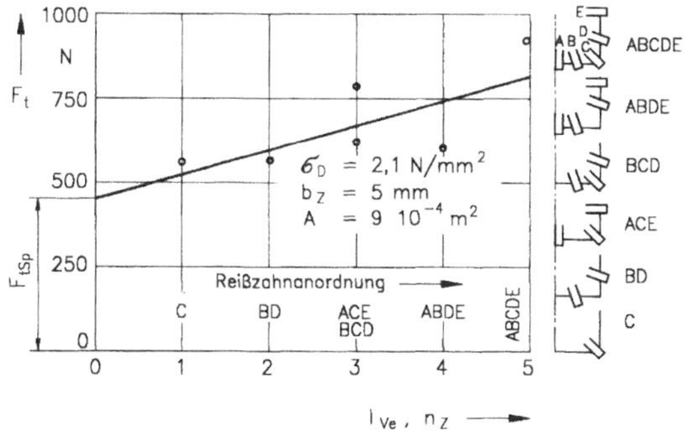

Bild 3-117 Tangentialkomponente F_t der Schnittkraft als Funktion der Kontaktlänge l_{Ve} [3.172]

n_Z Anzahl der Reißzähne b_Z Reißzahnbreite

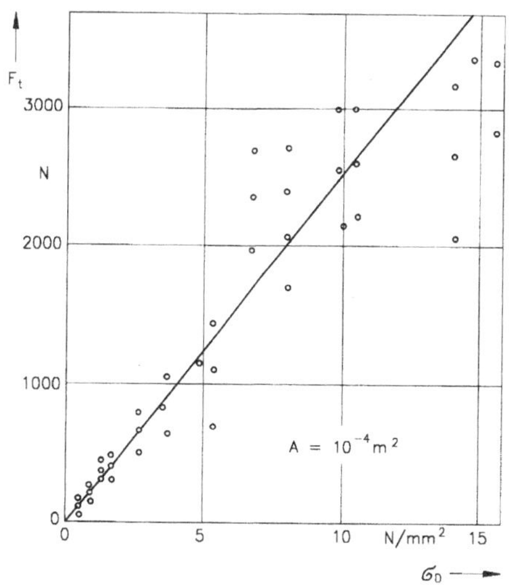

Bild 3-118 Tangentialkomponente F_t der Schnittkraft als Funktion der Druckfestigkeit σ_D des Erdstoffs [3.185]

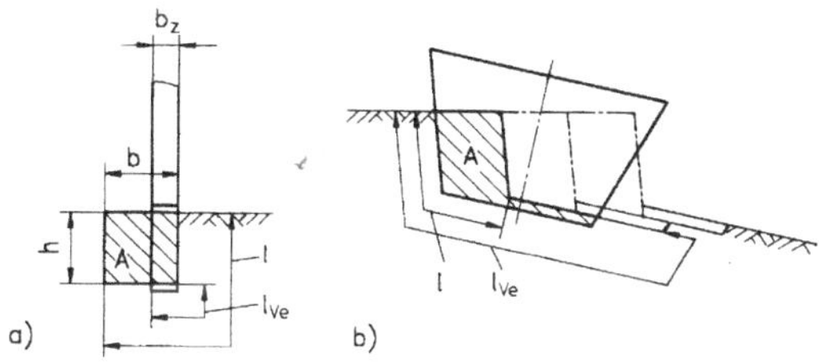

Bild 3-119 Abtrennlänge l (Schnittlänge) des Spanquerschnitts und Kontaktlänge l_{Ve} der Verschleißfläche [3.185]

a) Reißzahn
b) Baggerschaufel

Es ergeben sich nach [3.171] lineare Abhängigkeiten der Schnittkraft F_s bzw. ihrer Tangentialkomponente F_t von der Spanfläche A

$$F_s = F_t = a_1 + a_2\, A \quad \text{(Bild 3-116)}$$

und nach [3.172] von der Länge l_{Ve} der dem Verschleiß ausgesetzten Schneidkanten

$$F_s = b_1 + b_2\, l_{Ve} \quad \text{(Bild 3-117)}$$

bzw. von der Druckfestigkeit σ_D des Erdstoffs

$$F_s = c_2\, \sigma_D \quad \text{(Bild 3-118).} \qquad (3.40)$$

[3.171] enthält zudem den Nachweis, dass in diesen festeren Modellstoffen eine sehr gute Korrelation zwischen der Schnittkraft F_s und den Erdstoff-Kenngrößen Druckfestigkeit σ_D, Zugfestigkeit σ_Z, Scherfestigkeit τ und Kohäsion c besteht. Die große Abhängigkeit zwischen F_s und σ_D wird von [3.162] und [3.186] bestätigt.
Damit scheint diese Kenngröße des Erdstoffs, die sich im einaxialen bzw. dreiaxialen Druckversuch schon ab etwa $\sigma_D = 1$ N/mm^2 reproduzierbar bestimmen lässt, die bestgeeignete erdstoffbezogene Kenngröße für die erforderliche Schnittkraft bei derartigen Erdstoffen zu sein.

[3.185] bildet aus den Ergebnissen dieser Versuche mit dem Spanmodell (Bild 3-104) die Schnittkraftgleichung

$$F_s = F_t = F_{tSp} + F_{tVe} = k_{Sp}\, A + k_{Ve}\, l_{Ve}\,, \qquad (3.41)$$

k_{Sp} spezifische Schnittkraft für die Spanbildung
k_{Ve} spezifische Schnittkraft für die in der Verschleißfläche hervorgerufene Erdstoffverformung und Reibung
A Spanfläche
l_{Ve} Kontaktlänge der Verschleißfläche mit dem Erdstoffmassiv.

Der Betrag von l_{Ve} kann größer, gleich oder kleiner als die Schnittlänge l gemäß Bild 3-109 sein, wie dies Bild 3-119 ausweist. Gl. (3.41) erlaubt auch einen Bezug auf die gebräuchlichen spezifischen Schnittkräfte k_{sA} bzw. k_{sl} als anteilige Werte von k_A bzw. k_l in der Form

$$k_{Sp} \to k_{sA} \;\; \textit{für}\;\; F_{tVe} << F_t\,; \qquad k_{Ve} \to k_{sl} \;\; \textit{für}\;\; F_{tSp} << F_t$$

und bestätigt somit die bereits in [3.175] festgestellten Tendenzen.
Werden die Aussagen von Gl. (3.40) dazu benutzt, die spezifischen Kräfte in einem zweiten Schritt auf die Druckfestigkeit σ_D des Erdstoffs zu beziehen, ergibt sich

$$F_s = F_t = (k_{dA}\, A + k_{dl}\, l_{Ve})\,\sigma_D \quad \text{mit}$$

$$k_{Sp} = k_{dA}\,\sigma_D\,; \quad k_{Ve} = k_{dl}\,\sigma_D\,.$$

Unter Laborbedingungen hat [3.171] die Beiwerte k_{dA} und k_{dl} statistisch als von anderen Einflussgrößen unabhängige Konstanten mit einer zugehörigen Streuung ermittelt. Obwohl es sich bisher nur um Aussagen zu Modellstoffen handelt, ist jedoch hiermit eine Richtung zu einem besser geeigneten Schnittkraftbeiwert angedeutet. Erste Nachprüfungen an Original-Schaufelradbaggern beim Einsatz in sprödbrechenden Erdstoffen haben diese Grundannahmen bestätigt. Auch der Ansatz in [3.187] mit einer Summierung der spanflächen- und schnittlängenabhängigen Anteile für die Schnittkraft weist in diese Richtung. Weitere Untersuchungen sind notwendig.
Immer wieder gibt es Bemühungen, das System Erdstoff-Grabwerkzeug in einem physikalischen Modell abzubilden.

Da das explizit nicht gelingt, ist man auch dazu übergegangen, Expertensysteme für Schneidkräfte in Abhängigkeit von Maschinentyp, Arbeitskinematik, Werkzeugtyp und Erdstoffeigenschaften auf der Basis ergänzender Experimente zu erstellen [3.188].

3.5.3.5 Schnittvorgang als Zufallsprozess

Die Schnittkraft ist immer eine räumliche Kraft. Sie ist messtechnisch nur über die entkoppelte Aufnahme ihrer sechs Komponenten, das sind drei Kräfte und drei Momente, zu bestimmen. Wegen der zufälligen Schwankungen der Betriebs- und Erdstoffparameter während des Schnitts ist die Schnittkraft selbst auch eine Zufallsgröße. Statt einer statischen Kraft handelt es sich somit immer um eine Schnittkraftfunktion, in der die Abhängigkeit der Kraftamplituden vom Schnittweg, Schnittwinkel und bei konstanter Schnittgeschwindigkeit von der Zeit angegeben ist (Abschn. 2.6.5).

Der Schnittvorgang als räumlicher, stochastischer Vorgang wäre in seiner Gesamtheit nur mit großem Aufwand zu erfassen und zu beschreiben. Die nachfolgenden Ausführungen beschränken sich deshalb auf die Tangentialkomponente F_t des ebenen Schnittmodells. Dabei stützen sich die Untersuchungen zum Schnittvorgang als Zufallsprozess auf die umfangreiche Theorie mathematischer Methoden, z. B. [3.189] bis [3.191]. Die Analyse ermittelter Schnittkraftfunktionen erfordert zunächst deren Zerlegung in Teilfunktionen bzw. -vorgänge, die anschließend mit Hilfe geeigneter Kenngrößen und -funktionen zu deuten sind.

Die Tangentialkomponente F_t der Schnittkraft kann grundsätzlich in zwei Bestandteile

$F_t(t) = F_m(t) + \overset{o}{F}(t)$ zerlegt werden,

$F_t(t)$ Schnittkraft-Zeitfunktion

$F_m(t)$ Mittelwertfunktion

$\overset{o}{F}(t)$ Zufallsfunktion.

Wird sie als Prozessgröße mit $x(t)$ bezeichnet, ergeben sich die nachfolgenden Ansätze:

Geradliniger Schnitt (Bild 3-120a)

Mit $\dot{y}$ = konst. bzw. $y \sim t$, wird

$$x(y) = x(t) = F_t(t) = x_m + \overset{o}{x}(t).$$

Weil Mittelwert x_m und Streuung s_x endliche, von der Zeit unabhängige Werte annehmen, ist der Prozess stationär.

Kreisförmiger Schnitt (Bild 3-120b)

Mit $\dot{\varphi}$ = konst. bzw. $\varphi \sim t$, wird

$$x(\varphi) = x(t) = F_t(t) = x_m(t) + \overset{o}{x}(t).$$

Hier nehmen Mittelwert $x_m(t)$ und Streuung $s_x(t)$ zwar endliche, jedoch von der Zeit t abhängige Werte an. Deshalb handelt es sich um einen instationären Prozess. Grundsätzlich ist ein Schnittvorgang instationär, sobald Mittelwert und bzw. oder Dispersion nicht konstant, sondern weg-, winkel- oder zeitabhängig sind. Bild 3-121 zeigt zwei Grundbeispiele für Instationaritäten:

- zeitabhängiger Mittelwert $x_m(t)$ mit überlagertem stochastischem Prozess, dessen Dispersion eine zeitunabhängige konstante Größe bleibt
- konstanter Mittelwert x_m mit überlagertem stochastischem Prozess, dessen Dispersion eine Funktion der Zeit ist.

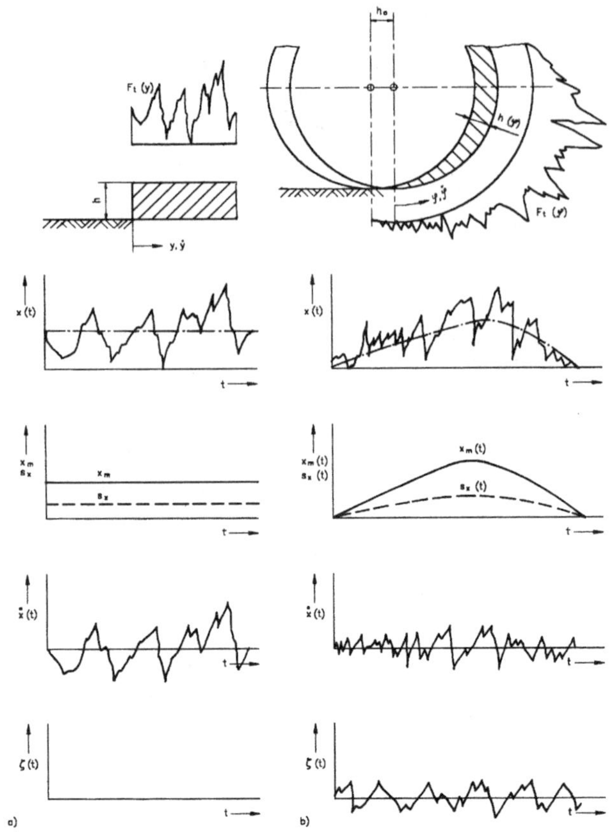

Bild 3-120 Tangentialkomponente F_t der Schnittkraft und Zerlegung der Schnittkraftzeitfunktion [3.173]

a) geradliniger (translatorischer) Schnitt

b) kreisförmiger (rotatorischer) Schnitt

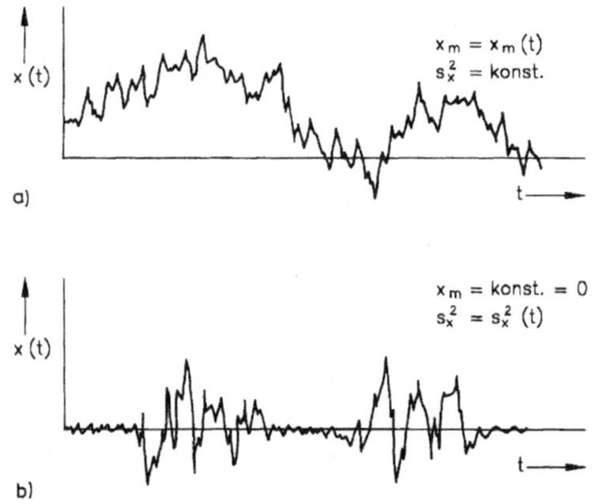

Bild 3-121 Auswahl charakteristischer, instationärer Schnittvorgänge

a) zeitabhängiger Mittelwert, konstante Dispersion

b) konstanter Mittelwert (Null), zeitabhängige Dispersion

Die im ersten Fall aufgeführte Instationarität tritt bei Grabvorgängen nicht auf. Im zweiten Fall entspricht sie einem Vorgang bei geradlinigem Schnitt mit konstanten Spanabmessungen b und h, wenn sich ihm stochastische Anteile mit weg- bzw. zeitabhängiger Dispersion überlagern. In sehr inhomogenen (z. B. geschichteten) Erdstoffen kann das der Fall sein.

Eine andere Form der Erzeugung von Instationaritäten ist die Verknüpfung von Vorgängen mit unterschiedlichen Frequenzbereichen [3.189].

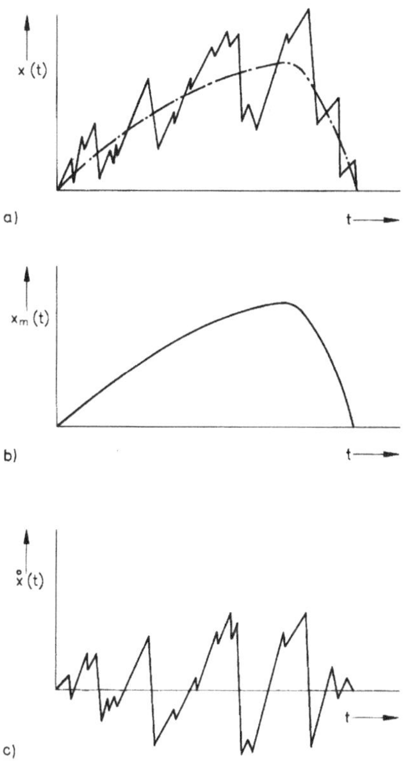

Bild 3-122 Zerlegung eines instationären Schnittvorgangs in Teilvorgänge [3.173]

a) Schnittkraftfunktion des Gesamtvorgangs
b) Mittelwertfunktion des 1. Teilvorgangs
c) Stochastische Funktion des 2. Teilvorgangs

Im Fall von Bild 3-121a handelt es sich um die additive Verknüpfung eines niederfrequenten und eines hochfrequenten Vorgangs und im Fall von Bild 3-121b um die multiplikative Verknüpfung dieser beiden Vorgänge. Die Nutzung der Gesetzmäßigkeiten für die Zerlegung und Beschreibung von Schnittkraft-Zeitfunktionen bei kreisförmigem Schnitt (Bild 3-120b) wurde ausführlich von [3.167] und [3.192] begründet. Sie besteht aus einer Kopplung beider im Bild 3-121 dargestellten Grundfälle von Instationaritäten. Bild 3-122 stellt die Zerlegung dar.

Im ersten Schritt werden der hochfrequente Vorgang $\mathring{x}(t)$ und der niederfrequente Vorgang $x_m(t)$ durch Subtraktion getrennt, d. h., die Mittelwertfunktion wird freigemacht. Die Grundlage für den zweiten Schritt bilden Beobachtungen, dass die Amplituden der Schnittkraftfunktion der winkelabhängigen Spantiefe $h(\varphi)$ proportional sind. Deshalb ist die Dispersion $s_x^2(\varphi)$ vom Eingriffswinkel $\varphi \sim t$ abhängig.

Eine Voraussetzung ist der Nachweis, dass die Wertepaare s_{xi} und x_{mi} korrelieren. Demnach muss die Geradengleichung erfüllt sein (Bild 3-123), wenn

$$s_{xj} = a_1 + a_2\, x_{mj}\,.$$

Durch Bezug auf den Mittelwert wird dann bei multiplikativer Verknüpfung die Dispersion unabhängig vom Eingriffswinkel bzw. von der Zeit. Unter diesen Bedingungen gilt für den instationären stochastischen Teilprozess

$$\mathring{x}(t) = x_m(t)\,\xi(t)$$

mit dem stationären, zentrierten Zufallsprozess

$$\xi(t) = \frac{x(t) - x_m(t)}{x_m(t)} \text{ bzw. in anderer Form } \mathring{x}(t) = s_x(t)\,\zeta(t)$$

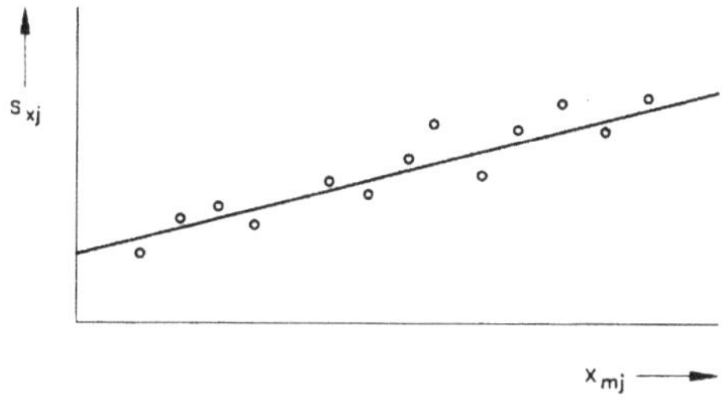

Bild 3-123 Korrelationsanalyse $s_{xi} = f(x_{mi})$ [3.173]

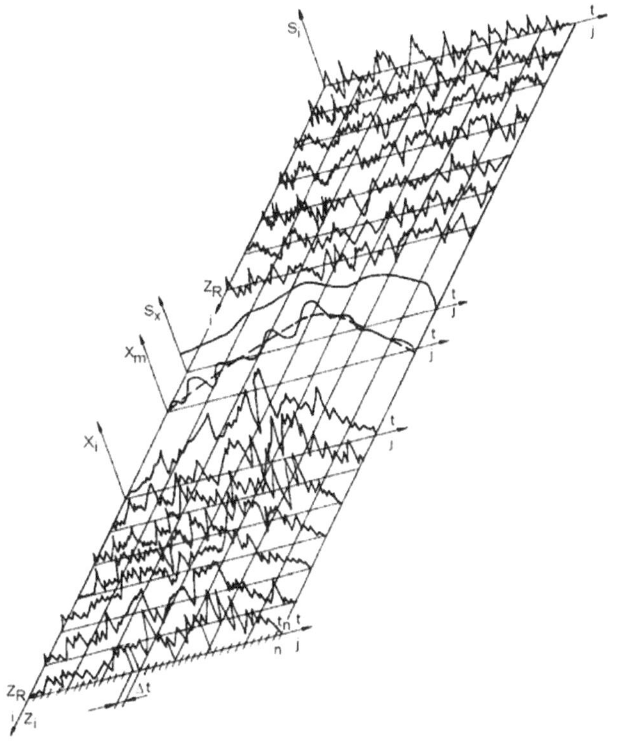

Bild 3-124 Ensemblemittelung und Zerlegung eines instationären Prozesses [3.173]

mit dem stationären, zentrierten und normierten Zufallsprozess

$$\zeta(t) = \frac{x(t) - x_m(t)}{s_x(t)},$$

dessen Dispersion $D[\zeta(t)] = s_x^2 = 1$ ist.

Wegen der Proportionalität von $s_x(t)$ und $x_m(t)$ gilt für den Variationskoeffizienten

$$V = \frac{s_x(t)}{x_m(t)} = \text{konst. und damit } \xi(t) = V\zeta(t).$$

Die endgültige Gleichung für die Schnittkraft-Zeitfunktion lautet $x(t) = x_m(t) + x_m(t)\,\xi(t) = x_m(t) + s_x(t)\,\zeta(t)$.

Ihre Analyse umfasst bei der Zerlegung in Teilvorgänge die Ermittlung folgender Teilfunktionen:

- Mittelwertfunktion
- Streuungs- (Dispersions-) Funktion
- stationäre Zufallsfunktion.

Weil die Prozessgrößen von der Zeit abhängig sind, muss man zur Freimachung des Mittelwerts statt der Mittelung über die Zeit eine Ensemblemittelung heranziehen (Bild 3-124).

Hierfür müssen z_R voneinander unabhängige Prozessrealisierungen $x_i(t)$ unter gleichen Versuchsbedingungen vorliegen. Sie werden nach Digitalisierung mit der Abtastfrequenz

$$\Delta f = f_{ab} \geq 2 f_{gr}$$

von n Stützstellen j auf der Zeitachse ausgedrückt. f_{gr} bezeichnet dabei die Grenzfrequenz des Tiefpassfilters. Mittelung aller n Stützstellen j über jeweils alle z_R Realisierungen i führt zu den Funktionen $x_m(t)$ und $s_x(t)$ sowie zu z_R Funktionen $\zeta_i(t)$. Wegen der endlichen Anzahl n der Stützstellen sowie z_R der Realisierungen und weiterer statistischer Unsicherheiten müssen die beiden angegebenen Funktionen geglättet werden. Um die statistische Sicherheit zu beurteilen und die auftretenden Fehler abzuschätzen, kann Spezialliteratur herangezogen werden, z. B. [3.193] [3.194] [3.173].

Die Form der Mittelwertfunktion $x_m(t)$ eines Grab- bzw. Schnittvorgangs bestimmen insbesondere die Erdstoffeigenschaften, die geometrischen Parameter des Grabwerkzeugs und die der Schnittführung. Diese Funktion kann daher nur im Zusammenhang mit dem jeweiligen Typ der Maschine untersucht werden. Dagegen beeinflussen den stochastischen Teilprozess vorzugsweise bis ausschließlich die Kenngrößen des Erdstoffs. Einen derartigen Zufallsprozess kann man durch Kenngrößen und -funktionen beschreiben, siehe Tafel 3-39.

Die Kenngrößen x_m und s_x^2 wurden bereits erläutert und mehrfach verwendet. Unter den Kennfunktionen sind für den Schnittvorgang von besonderer Bedeutung:

- Spektralleistungsdichte (SLD) - Dispersionsverteilung des Prozesses über der Frequenz unter Verlust der Phaseninformation
- Autokorrelationsfunktion (AKF) - Korrelation der Ausgangsfunktion mit ihrer eigenen und phasenverschobenen Funktion.

Die SLD eignet sich vor allem dazu, das Energieangebot über einen bestimmten Frequenzbereich zu untersuchen, in dem Maschinenschwingungen angeregt werden können. Mit Hilfe der AKF sind schwache periodische Signale bzw. der harmonische Anteil des zufälligen Prozesses aus einem Untergrund von nicht korreliertem, statistisch verteiltem Rauschen aufzuspüren.

Um diese Funktionen zu berechnen, wird die diskrete schnelle Fouriertransformation herangezogen. Die Signale bzw. Messgrößen müssen hierfür

- stationär, d. h. mit zeitunabhängigen Werten von Mittelwert und Streuung
- ergodisch, d. h. mit dem gleichen Mittelwert für verschiedene, zeitlich verschobene Messabschnitte
- periodisch, d. h. mit allen Frequenzbereichen periodisch innerhalb eines Zeitabschnitts

sein. Die notwendige Tiefpassfilterung und die endliche Anzahl von Signalen verfälschen auch hier das Ergebnis und verlangen wiederum die Glättung der Kurvenverläufe.

Über eine periodische Bildung von Spanbrocken berichten mehrere Autoren, u. a. [3.169] [3.195]. Die SLD gibt derartige periodische Vorgänge nicht eindeutig wieder, weil sich bei der quasi periodischen Spanbrockenbildung unterschiedliche Amplituden der Schnittkraft herausbilden. Damit erscheint in der SLD nicht nur die Grundfrequenz, sondern auch Vielfache davon.

Bild 3-125 verdeutlicht dies am Beispiel eines translatorischen Schnitts. Es treten Haupt- und Nebenbrüche in periodischer Folge auf.

Tafel 3-39 Auswahl von Kenngrößen und Kennfunktionen eines Zufallsprozesses $x(t)$ bzw. einer Zufallsfolge x_j

Kenngrößen	
Mittelwert	
Erwartungswert des Prozesses	$E[x(t)] = \lim\limits_{T\to\infty} \frac{1}{T} \int_0^T x(t)dt$
Schätzwert des Erwartungswerts	$x_m = \frac{1}{N} \sum\limits_{j=1}^{N} x_j$
Dispersion	
Erwartungswert des Quadrats des zentrierten Prozesses	$E\left[\overset{o}{x}(t)^2\right] = \lim\limits_{T\to\infty} \frac{1}{T} \int_0^T [x(t) - E(x(t))]^2$
Schätzwert der Dispersion (erwartungstreu)	$s_x^2 = \frac{1}{N-1} \sum\limits_{j=1}^{N} (x_j - x_m)^2$
Kennfunktionen	
Verteilungsdichtefunktion	$p(x)$
Autokorrelationsfunktion	$K_{xx}(\tau) = \lim\limits_{T\to\infty} \frac{1}{T} \int_0^T x(t)x(t+\tau)dt$
Amplitudenspektrum	$X(if) = \int_{-\infty}^{+\infty} x(t)e^{-2i\pi ft} dt$
Spektralleistungsdichte	$S_{xx}(f) = \lim\limits_{T\to\infty} \frac{1}{T} \lvert X(if) \rvert^2$

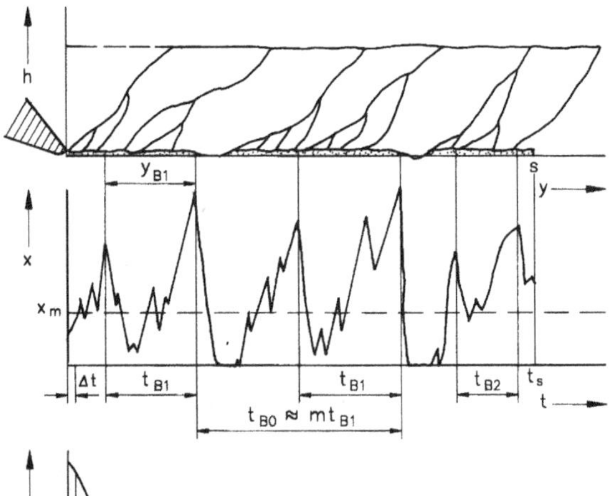

Bild 3-125 Analyse eines geradlinigen Schnittvorgangs [3.173]

Die Schnittkraft-Zeitfunktion $x(t)$ lässt die Bildungsdauer t_{B1} und t_{B2} für die Einzelstücke, aber auch das Vielfache $t_{B0} \approx m\, t_{B1}$ (mit $m = 2$) der Periode erkennen. In der SLD erscheinen alle diese periodischen Signale. Dagegen zeigt die AKF lediglich die Grundfrequenz mit τ_{B1} und die Vielfachen davon, d. h., dass nur die Hauptbrüche signifikant als periodisch ausgewiesen werden. Eine derartige periodische Spanbrockenbildung wurde bisher allein in sehr homogenen Stoffen beobachtet. Ansonsten enthält der stochastische Teilprozess meist keine statistisch gesicherten periodischen Anteile.

Die Darstellung $F(t) = f(t) + r(t)$, mit $F(t)$ Ausgangsfunktion, $f(t)$ gesuchter Signalfunktion und $r(t)$ Rauschanteil, ergibt in derartigen Fällen $F(t) = r(t)$. [3.173] hat versucht, die Spektren von Schnittkraft-Zeitfunktionen mit charakteristischen Rauschspektren (Bild 3-126) zu vergleichen und hat dabei Folgendes gefunden:

- Breitbandrauschen mit exponentiell abklingender AKF tritt bei rolligen und bindigen Erdstoffen auf, die mit komplettem Werkzeug (Schaufel) geschnitten werden.
- Rosa Rauschen mit exponentiell abklingender SLD charakterisiert den Schnitt eines Einzelzahns in spröden Modellstoffen.

Die Gleichungen für die Funktionen im Bild 3-126 lauten:

Breitbandrauschen

$$S(f) = \frac{S_0}{1 + (2\pi f \tau_m)^2}; \quad K(\tau) = \frac{S_0}{2\tau_m} e^{-\frac{|f|}{f_m}}$$

Rosa Rauschen

$$S(f) = S_0 e^{-\frac{|f|}{f_m}}; \quad K(\tau) = \frac{a}{1 + (\frac{\tau}{\tau_m})^2}.$$

Um die Spektren von Schnittkraftfunktionen mit der Verteilung der Erdstoffparameter in Schnittrichtung und senkrecht dazu vergleichen zu können, müssen die Verteilungsfunktionen für diese Parameter noch ermittelt werden. Damit hat man erst begonnen, siehe [3.196]. Darüber hinaus ist auf dem gesamten Gebiet der Untersuchung des Grab- bzw. Schnittprozesses als Zufallsprozess noch weitere wissenschaftliche Arbeit erforderlich.

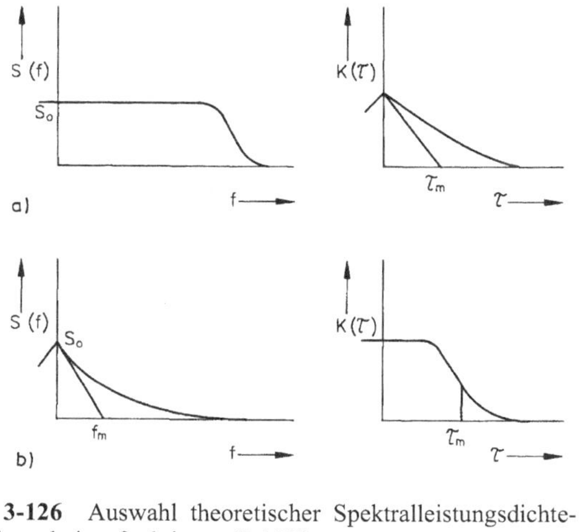

Bild 3-126 Auswahl theoretischer Spektralleistungsdichte- und Autokorrelationsfunktionen [3.189]

a) Breitbandrauschen
b) Rosa Rauschen

3.5.4 Grabkraftmodell

Es wird davon ausgegangen, dass an den Elementen eines Grabwerkzeugs die im Abschnitt 3.5.3 beschriebenen Grabkraftkomponenten wirken:

- Eindringwiderstand an der Grundschneide (Bild 3-127)
- Eindringwiderstand an den Seitenschneiden
- Reibungswiderstand an den Seitenwänden
- Reibungswiderstand an der Bodenwand
- Beschleunigungswiderstand.

Die Reibungs- bzw. Füllwiderstände werden nicht nur aus der Reibung zwischen Erdstoff und Gefäßwänden hervorgerufen. Wegen der konischen Ausführung des Werkzeugs (Freischnitt) erfolgt beim Füllen auch eine gewisse Verdichtung im hinteren Gefäßbereich. Reibungswiderstände außerhalb des Grabgefäßes werden nicht berücksichtigt, da das Werkzeug mit einem entsprechenden Schnittwinkel (Bild 3-128) arbeitet und somit ein Freischnitt (Freiraum am Boden und an den Seitenwänden) entsteht. Der Beschleunigungswiderstand entspricht der Kraft, die den gelösten Erdstoff auf Schnittgeschwindigkeit beschleunigen muss. Weiterhin sieht das Modell vor, dass alle Grabkraftanteile einzeln zu betrachten sind und sich gegenseitig nicht beeinflussen [3.197]. Der zu gewinnende Erdstoff sei homogen. Nur der Eindringwiderstand der Seitenschneiden wird als räumliches Problem aufgefasst. Alle dynamischen Wirkungen im Bodenmodell sind vernachlässigt. Sie lassen sich gemeinsam mit den Beschleunigungs- und Füllwiderständen empirisch (Korrekturfaktoren) berücksichtigen.

Eindringwiderstand an der Grundschneide

Modellgrundlage bildet die Reibungstheorie von Coulomb. Die Schneide, bestehend aus dem Schneidenblech und aufgesetzten Zähnen, wird gegen den Erdstoff bewegt (Bild 3-128). Dabei löst sich der Abbruchquerschnitt 3 in der Abbruchfläche (-linie) 4 und wird schließlich in das Grabgefäß geschoben. Es ist nachgewiesen [3.146], dass sich die aufgesetzten Zähne wie eine durchgängige Schneide verhalten, so dass für die Modellvorstellung ein geschlossener Abbruchquerschnitt über die Schneidenbreite entsteht (Bild 3-129). Außerdem wurde festgestellt, dass die Bruchfläche als geradlinig (s. Bild 3-106) verlaufend angenommen werden kann [3.145] [3.147]. Mit diesen Merkmalen entsteht die Modellbetrachtung nach Bild 3-130, aus der sich die Kraftbeziehungen ableiten

$$F_{s1} = F_{GP} \frac{\sin(\vartheta + \varphi)}{\sin(\varphi_{st} + \alpha + \vartheta + \varphi)};$$

$$F_{GP} = 0{,}5\, \varsigma_f\, h^2 b\, g\, (\cot\alpha + \cot\vartheta). \tag{3.42}$$

F_{rP} und F_{sl} sind resultierende Reibungsreaktionen in den Gleitflächen. φ und φ_{st} stellen die zugehörigen Reibungswinkel dar. Gleiten bzw. Abbruch tritt erst dann ein, wenn die Kräfte unter Beachtung ihrer Reibungswinkel im Gleichgewicht stehen. Beide Gleichungen ergeben schließlich eine Beziehung für die Schnittkraft (passives Erddruckmodell) ohne Kohäsion

$$F_{s1} = \frac{\varsigma_f h^2 b g}{2} \frac{\sin(\vartheta + \varphi)(\cot\alpha + \cot\vartheta)}{\sin(\varphi_{st} + \alpha + \vartheta + \varphi)}. \tag{3.43}$$

Die Kohäsion bewirkt den zusätzlichen Schnittkraftanteil

$$\Delta F_{s1} = F_K \frac{\sin\varepsilon}{\sin(\chi + \varepsilon)}$$

mit $\chi = \varphi_{st} + \alpha - (90° - \vartheta) = \varphi_{st} + \alpha + \vartheta - 90°;$

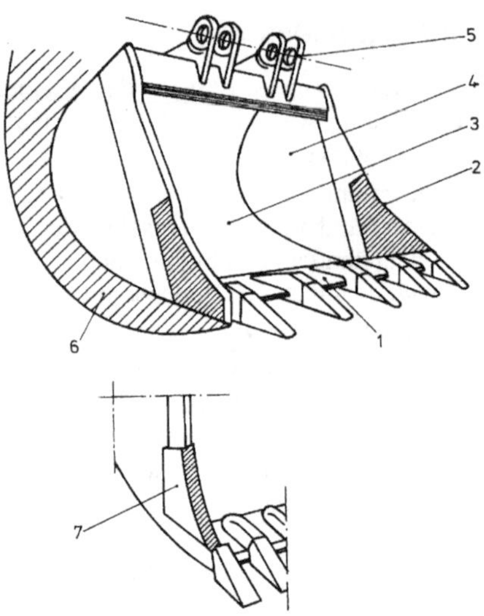

Bild 3-127 Bezeichnungen am Tieflöffel

1 Grundschneide mit Zahnsystem
2 Seitenschneide mit Verschleißecken
3 Bodenwand (Rückwand)
4 Seitenwand
5 Werkzeugbefestigung
6 Hinterschnitt
7 Seitenschneide verstärkt

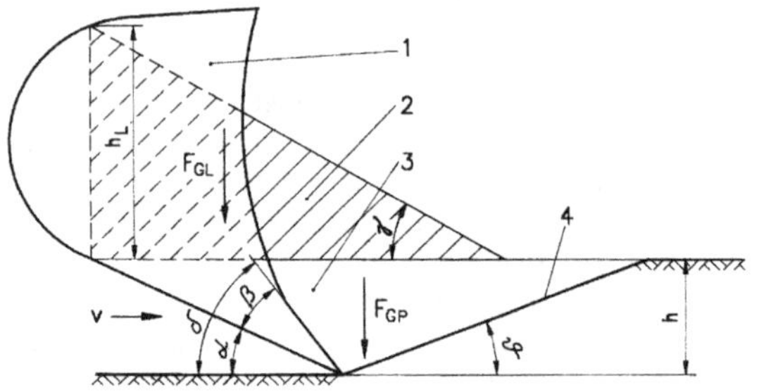

Bild 3-128 Geometriemodell zur rechnerischen Bestimmung des Grabwiderstands [3. 197]

h Schnittiefe (Spandicke)
α Freiwinkel
ϑ Abbruchwinkel (Neigungswinkel der Abbruchfläche)
δ Schnittwinkel
γ Schüttwinkel
v Schnittgeschwindigkeit

1 Werkzeug (Grabgefäß)
2 gelöster Erdstoff als Auflast
3 zu lösender Abbruchquerschnitt
4 Abbruchfläche (-linie)

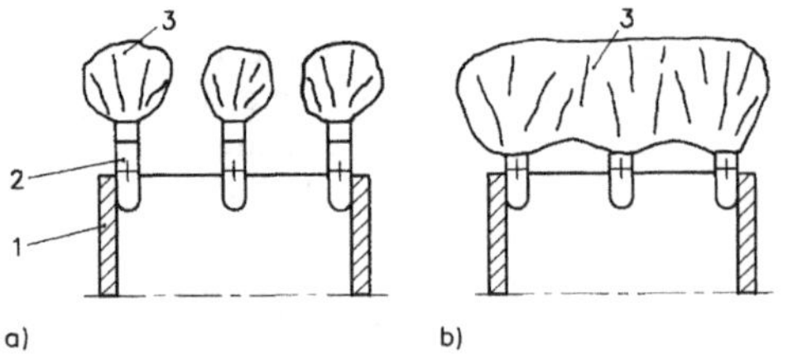

Bild 3-129 Ausbildung von Abbruchkonturen

a) nach Aufsetzen der Zähne
b) nach Eindringen der Zähne (rd. 2/3 der Zahnlänge)

1 Grabgefäß
2 Zahn
3 projizierte Fläche der Abbruchkontur

$$\varepsilon = 180° - \vartheta - (90° - (\vartheta + \varphi)) = 90° + \varphi; \quad F_K = \frac{chb}{\sin\vartheta}.$$

Hierin bezeichnet c die spezifische Kohäsion, eine auf die Fläche bezogene Kohäsionskraft. Nach dem Einsetzen der Beziehungen erhält man

$$\Delta F_{s1} + F_{s1} = \frac{\varsigma_f h^2 bg}{2} \frac{\sin(\vartheta+\varphi)(\cot\alpha + \cot\vartheta)}{\sin(\varphi_{st} + \alpha + \vartheta + \varphi)} + \frac{ch\sin(90°+\varphi)}{\sin(\varphi_{st} + \alpha + \vartheta + \varphi)\sin\vartheta}. \tag{3.44}$$

Für die Benutzung von Gl. (3.44) muss der Abbruchwinkel ϑ bekannt sein. Ein Abbruch entsteht dort, wo die Scherspannung im Erdstoff ein Maximum bzw. die Schnittkraft ein Minimum erreicht. Der Abbruchwinkel ϑ ergibt sich dann aus $dF_{sl}/d\vartheta = 0$. Da lediglich eine Abhängigkeit zum Reibungswinkel φ besteht, kann Gl. (3.43) zur Bestimmung benutzt werden. Unter Zuhilfenahme der Quotientenregel wird die Ableitung gebildet, sie lautet

$$\cot\alpha + \cot\vartheta + \tan(\varphi_{st} + \alpha + \vartheta + \varphi) \cdot \left[\frac{1}{-\sin^2\vartheta} - \cot(\vartheta+\varphi)(\cot\alpha + \cot\vartheta)\right] = 0. \tag{3.45}$$

Die Lösung von Gl. (3.45) nach dem Culmann- oder Newtonschen Näherungsverfahren führt zu den Werten in Tafel 3-40 und Bild 3-131. Dabei zeigt sich, dass mit abnehmendem Freiwinkel α der Abbruchwinkel ϑ bis zu einem Grenzwert ϑ_{Grenz} zunimmt. Die Annäherung an den Grenzwert geschieht umso schneller, je kleiner der Reibungswinkel φ_{st} im Verhältnis zu φ ist. Außerdem steigt der Wert von ϑ mit abnehmendem φ. Es bestätigt sich, dass der Grenzwert des Abbruchwinkels vor allem vom Winkel der

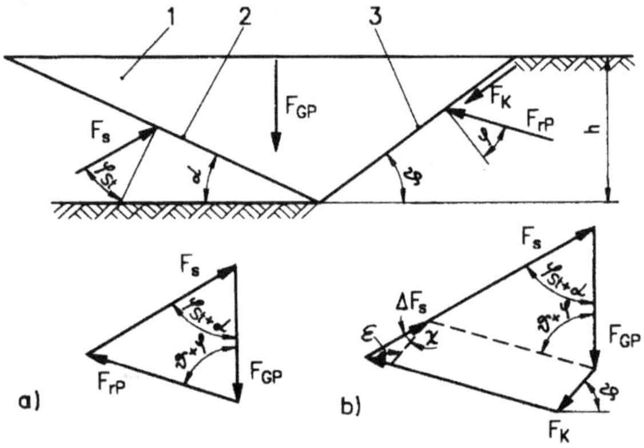

Bild 3-130 Schnittkraftmodell an der Grundschneide

a) Kräftegleichgewicht ohne Kohäsion
b) Kräftegleichgewicht mit Kohäsion

1 Abbruchquerschnitt
2 Gleitfläche an der Schneide
3 Abbruchfläche (-linie)

F_s Schnittkraft (passiver Erddruck)
F_{rP} Reibungskraft in der Gleitfläche
F_{GP} Gewichtskraft des Abbruchquerschnitts
F_K Kohäsionskraft
φ_{st} Reibungswinkel Erdstoff-Schneide (Stahl)
φ Reibungswinkel im Erdstoff (innerer Reibungswinkel)
h Schnitttiefe (Spandicke)
ζ_f Erdstoffdichte fest
ζ_l Erdstoffdichte lose
b Breite des Erdstoffkeils (Schneidenbreite, nicht dargestellt)

inneren Reibung beeinflusst wird. Deshalb kann für den Freiwinkel $\alpha \leq 35°$ die Näherung $\vartheta = 45° - \varphi/4$ benutzt werden [3.197].

Die Gewichtskraft F_{GL} aus der Erdstoff-Löffelfüllung ist zu Beginn des Grabvorgangs null und am Ende maximal

$$F_{GL} = 0{,}5\zeta_l\, h_L^2\, b g \cot\gamma. \tag{3.46}$$

Sie ist proportional der schraffierten Dreiecksfläche nach Bild 3-128. Der Winkel γ entspricht dem natürlichen Schüttwinkel und ζ_l der Dichte des losen Erdstoffs. Aus dem Verhältnis der festen und losen Erdstoffdichte wird der Auflockerungsfaktor $f = \zeta_f/\zeta_l$ bestimmt. Die Löffelabmessungen b und h_l werden als bekannt vorausgesetzt und von dem Faktor $k = h_L/h$ ausgedrückt. Mit den Gln. (3.42) und (3.46) ergibt sich damit eine Beziehung für die Schnittkraft unter Wirkung von F_{GP} und F_{GL} in der Form

$$F_{s1} = \frac{\varsigma_f h^2 b g}{2} \frac{\sin(\vartheta+\varphi)(\cot\alpha + \cot\vartheta + \frac{k^2}{f}\cot\gamma)}{\sin(\varphi_{St} + \alpha + \vartheta + \varphi)}. \tag{3.47}$$

Bei kohäsiven Erdstoffen ist Gl. (3.47) um den Anteil der Kohäsionskraft zu erweitern.

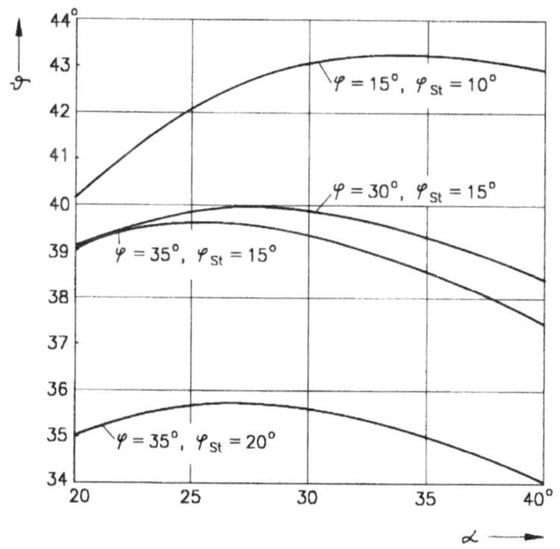

Bild 3-131 Abhängigkeiten der Winkel nach Gl. (3.45) [3.197]

Tafel 3-40 Winkel-Rechenwerte nach Gl. (3.45) in Grad

φ	φ_{St}	α	ϑ	ϑ_{Grenz}	$45°-\varphi/4$
35	20	60	28		
		50	31		
		40	33		
		30	37		
		27,0		35,71	41,25
		20	37		
35	15	60	32		
		40	36		
		30	38		
		25,5		39,63	36,25
		25	38		
30	15	60	32		
		40	37		
		30	38		
		28,0		39,97	37,50
		25	38		
15	10	60	38		
		40	41		
		35,0		43,31	41,25
		30	41		

Tafel 3-41 Winkel-Rechenwerte nach Gl. (3.47) in Grad bei $h = 0{,}3$ m und für verschiedene Erdstoffe

φ/φ_{St}	α	ϑ	ϑ_{Grenz}	β	f
35/23	5,0	15,5		40	
	9,5		16,316	35	1,20
	10,0		17,288	40	1,20
	10,0		17,049	40	1,15
	10,0	17,0		40	
	20,0	15,5		40	
	30,0	13,0		40	
	40,0	12,0		40	
27/18	5,0	15,0		40	
	9,5		16,763	40	1,15
	10,0		17,567	40	1,32
	9,5		16,517	35	1,32
	10,0	16,0		40	
	20,0	14,5		40	
	30,0	11,5		40	
	40,0	11,0		40	
21/14	9,0		16,056	40	1,15
	9,5		16,882	40	1,32
	9,0		15,803	35	1,32
15/10	9,0		15,844	40	1,40

Es muss angenommen werden, dass in Gl. (3.47) bei maximaler Gewichtskraft die Näherung $\vartheta = 45° - \varphi/4$ nicht mehr gilt. Deshalb wird erneut aus $dF_{sl}/d\vartheta = 0$ der Grenzwinkel bestimmt. Das Rechenergebnis enthalten Tafel 3-41 und Bild 3-132. Daraus ist zu erkennen, dass mit kleinerem Reibwinkel φ (bei $\varphi_{St} = 2/3\ \varphi$) auch der Grenzwinkel ϑ_{Grenz} kleinere Werte annimmt. Bei gleichbleibendem Auflockerungsfaktor f und kleinerem Schüttwinkel γ, was einer größeren Gewichtskraft gleichkommt, wird ϑ_{Grenz} kleiner. Im Bereich $\alpha = 9{,}0...10{,}5°$ erreicht der Grenzwinkel einen Durchschnittswert von $\vartheta_{Grenz} = 16{,}5°$. Für gänzlich andere Werte der inneren Reibung ist der Grenzwinkel neu zu bestimmen.

Eindringwiderstand an den Seitenschneiden

Jede Seitenschneide wird als schmale Scheibe aufgefasst, die in den Erdstoff eindringt. [3.197] geht davon aus, dass vor der Seitenschneide ein muschelförmiger (räumlicher) Erdstoffkörper entsteht, der unmittelbar vor der Stirnfläche einen Erdstoffkeil (Bild 3-106) bildet. Dieser besitzt in seiner horizontalen Ebene einen Spitzenwinkel von $45° - \varphi/2$ (Bild 3-133a). Die Schenkel des Spitzenwinkels bilden Gleitflächen, weshalb er als Abbruchwinkel zu interpretieren ist. Da die Seitenschneiden nahezu senkrecht (Freiwinkel entspricht dem Schnittwinkel $\delta = \alpha_1 = 75...90°$, s. Bild 3-128) auf den Erdstoff einwirken, ist die angenommene Größe für den Spitzen- bzw. Abbruchwinkel gerechtfertigt, es gilt auch $\vartheta = 45° - \varphi/2$. Weiterhin wird die Wirkung der Erdstoffgewichtskraft vernachlässigt, da die Schneidenauflageflächen relativ klein sind (Schneidendicken zwischen 10 und 30 mm).

Das Volumen des muschelförmigen Erdstoffkörpers berechnet sich mit den Modellvorstellungen von Bild 3-133 nach

$$V = \int_0^h A(x)\,dx = \frac{1}{3} h^3 \frac{\pi\lambda}{360°} (\cot\alpha_1 + \cot(45° - \frac{\varphi}{2}))^2,$$

mit $A(x) = \pi r^2(x) \dfrac{\lambda}{360°}$

und $r(x) = x\left[\cot\alpha_1 + \cot(45° - \dfrac{\varphi}{2})\right].$

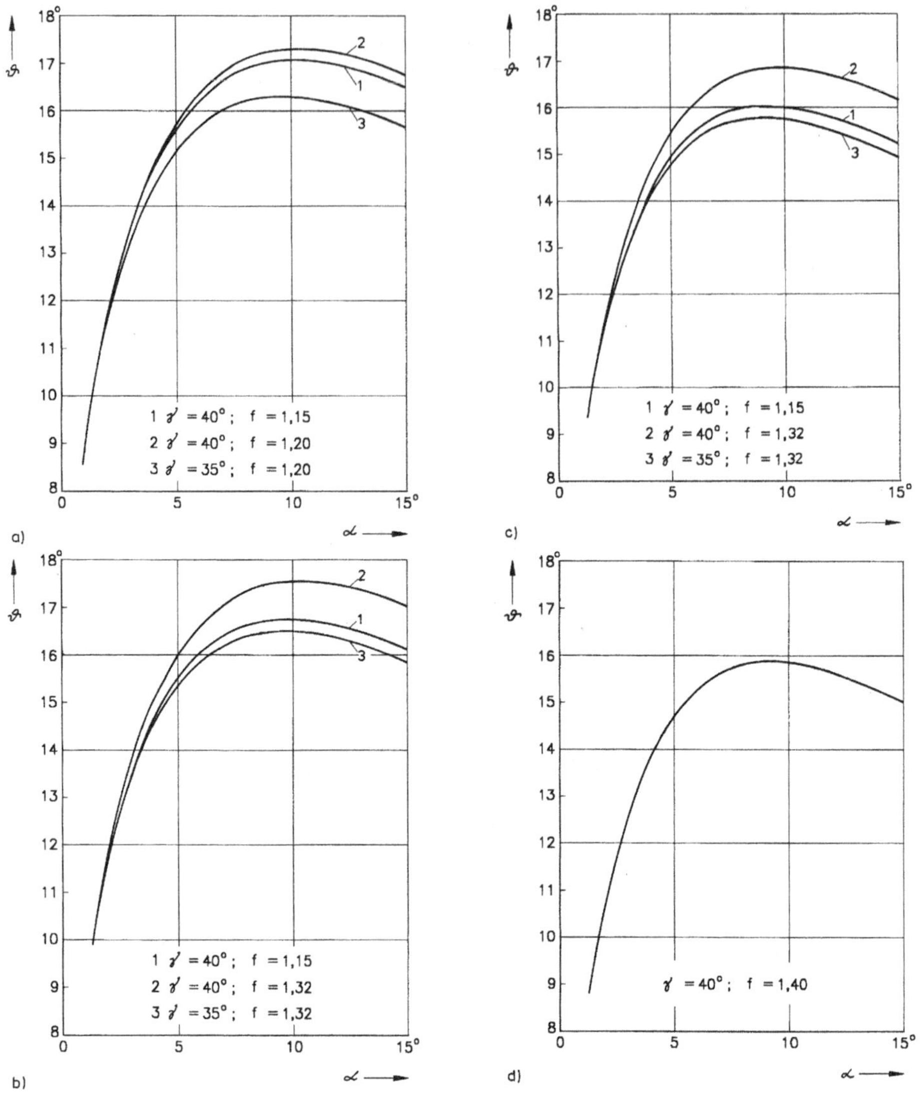

Bild 3-132 Abhängigkeiten der Winkel nach Gl. (3.47) [3.197]

a) $\varphi = 35°$, $\varphi_{st} = 23°$
b) $\varphi = 27°$, $\varphi_{st} = 18°$
c) $\varphi = 21°$, $\varphi_{st} = 14°$
d) $\varphi = 15°$, $\varphi_{st} = 10°$

Mit Gl. (3.42) ergibt sich dann die Schnittkraft nach den Bedingungen eines passiven Erddruckmodells zu

$$F_{s2} = \zeta_f\, V g \frac{\sin(45° + \varphi/2)}{\sin(\varphi_{st} + \alpha_1 + 45° + \varphi/2)}$$

und unter Berücksichtigung der Kohäsion gilt

$$F_{s2} = \zeta_f\, V g \frac{\sin(45° + \varphi/2)}{\sin(\varphi_{st} + \alpha_1 + 45° + \varphi/2)} + F_K \frac{\sin(90° + \varphi)}{\sin(\varphi_{st} + \alpha_1 + 45° + \varphi/2)}.$$

Nach den Modellvorstellungen von [3.197] gilt für die Kohäsionskraft mit den Bedingungen von Bild 3-133

$$F_K = c(A_1 + 2A_2 + 2A_3 + 2A_4 + 2A_5) \quad \text{mit}$$

$$A_1 = \pi\, x_4\, s_4 \frac{(90° + \varphi)}{360°}; \qquad A_2 = \frac{x_3}{2}(s_1 + s_3);$$

$$A_3 = \frac{1}{2} x_4\, s_4 \sin(45° - \varphi/2); \qquad A_4 = (x_4 + \frac{s}{2})\frac{h}{2};$$

$$A_5 = \frac{s_1 + s_3}{4} s_1 \cos\beta_1$$

und den geometrischen Hilfsgrößen

$$x_1 = h\cot\alpha_1;\quad x_2 = h\cot(45° - \varphi/2);\quad x_3 = \frac{s}{2}\tan(67{,}5° + \varphi/4);$$

$$x_4 = x_1 + x_2 - x_3;\quad b = \frac{s}{2}\cos(67{,}5° + \varphi/4);\quad s_1 = \frac{h}{\sin\alpha_1};$$

$$s_2 = \frac{h}{\sin(45° - \varphi/2)};\quad s_3 = s_1(1 - \frac{x_3}{x_1 + x_2});\quad s_4 = s_2(1 - \frac{x_3}{x_1 + x_2}).$$

Reibungswiderstand an Seitenwänden (Füllwiderstand) Bild 3-134 gibt die Bedingungen für den rechnerischen Ansatz an. Die Normalkraft aus dem passiv wirkenden Erddruck an der Seitenwand errechnet sich nach [3.197]

$$F_n = \frac{g\,\zeta_f\, h^2}{2} \frac{(x_3 - x_2)}{2} \tan^2(45° + \varphi/2).$$

Die sich daraus ergebende Schnittkraft beträgt dann

$$F_{s3} = F_n\, z \tan\varphi_{st}.$$

Es bezeichnen z die Anzahl der beteiligten Seitenwände und $\tan\varphi_{st}$ den Reibungsbeiwert zwischen Erdstoff und Seitenwand. Die Hilfsgrößen berechnen sich nach

$$x_1 = x_3 - x_2 = h[\cot\alpha - \tan(90° - \alpha_1)];$$

$$x_2 = h\tan(90° - \alpha_1);\quad x_3 = h\cot\alpha.$$

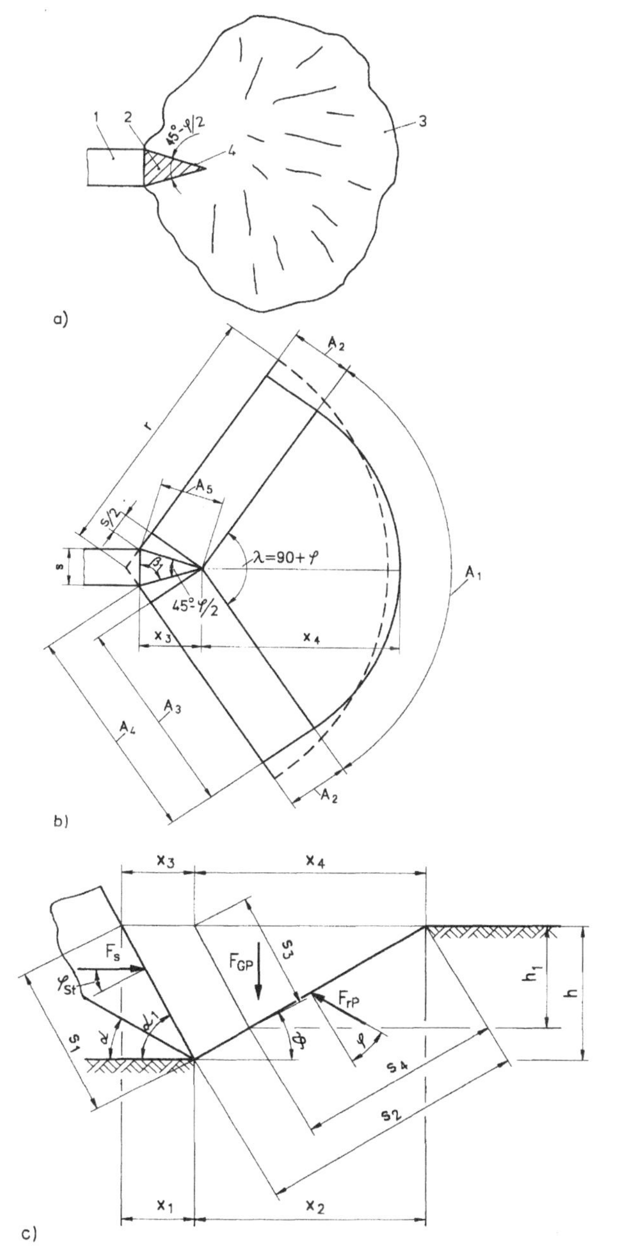

Bild 3-133 Schnittmodell für die Seitenschneide

a) Modellvorstellung in der horizontalen Ebene
b) Bemaßung
c) Modellvorstellung in der vertikalen Ebene

1 Seitenschneide	3 muschelförmiger Erdstoffkörper
2 Erdstoffkeil	4 Gleitflächen am Erdstoffkeil

3.5.5 Gemessene Grabkräfte am Eingefäßbagger

Die Messungen dienen der Bestimmung von systemgebundenen Einflüssen des Grabprozesses auf die Grabkräfte von Hydraulikbaggern mit Tieflöffelausrüstung [3.197]. Für die Untersuchungen werden insgesamt sechs Hydraulikbagger in den Gewichtsklassen 11 bis 33 t (Typen B11, B12, B21, B25, B27, B33) benutzt. Als systemgebundene Einflüsse sind bekannt:

- Erdstoffe (Tafel 3-42)
- Ausführung der Arbeitsausrüstung
- Grabgefäßbreite b; Grabgefäßvolumen (Tafel 3-43)
- Gestaltung der Grabgefäße (Tafel 3-43)
- Freiwinkel α (Tafel 3-42).

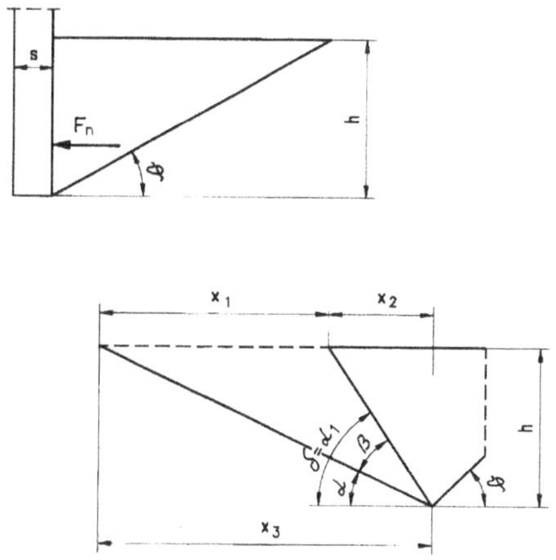

Bild 3-134 Schnittmodell für die Seitenwände

Die Arbeitsausrüstung wird untersucht in den Varianten

- Monoblockausleger MA
- Verstellausleger "lang" VAL
- Verstellausleger "kurz" VAK.

Auf die Einzelheiten der Messdurchführung wird mit Hinweis auf [3.197] verzichtet. Alle beim Graben auf das Grabgefäß einwirkenden Kräfte werden in ihrer Gesamtheit als Grabwiderstand verstanden. Aus den gemessenen Grabkräften und ihren zugehörigen Schnitttiefen werden Mittelwerte gebildet. Der spezifische Grabwiderstand k_A ist das Verhältnis aus Grabkraft und Spanfläche (s. Abschn. 3.5.3). Die Spanfläche ist das Produkt aus Spanbreite und Spantiefe. Da sich die Angriffspunkte und Wirkrichtungen der Einzelkräfte während des Grabvorgangs ständig verändern, ist die experimentelle Bestimmung einer resultierenden Grabkraft nur bedingt möglich. Es wird deshalb festgelegt, dass die resultierende Grabkraft an der Zahnspitze angreift und ihre Wirkungsrichtung der Richtung der Grabkurve entspricht. Die verwendeten Grabgefäße sind nicht geometrisch ähnlich. Deshalb wird zusätzlich zum Grabgefäßvolumen V die Schneidenbreite b (äußerer Abstand der beiden äußeren Zähne) mit angeführt.

Die Untersuchungen zum Einfluss der Arbeitsausrüstung (Bild 3-135) zeigen, dass der spezifische Grabwiderstand bei gleichem Erdstoff und Grabgefäß für lange Verstellausleger (VAL) zum Teil erheblich größer ausfällt. Ein Minimum entsteht bei der Verwendung großer Grabgefäße. Auf die Ursachen dieser Zusammenhänge wird in [3.197] nicht eingegangen.

Die Darstellung des Einflusses der Schneidenbreite b auf den spezifischen Grabwiderstand k_b (Verhältnis aus Grabkraft und Schneidenbreite) lässt die gleiche Wirkung der Auslegerverstellung erkennen (Bild 3-136). Je größer die wirksame Schneidenbreite wird, um so geringere spezifische Grabwiderstände werden trotz ansteigender Schnittiefe gemessen. Die Darstellungen lassen vermuten, dass es eine optimale Schneidenbreite gibt und die gegenseitige Beeinflussung der Seitenschneiden von der Grabgefäßbreite abhängt. Hierüber sind keine grundsätzlichen Untersuchungen bekannt. Offensichtlich liegen in der Gestaltung von Arbeitsausrüstung und Grabgefäß noch erhebliche Leistungsreserven verborgen.

Den geringsten spezifischen Grabwiderstand k_A hat der Spezialtieflöffel LI, der nur aus Seitenschneiden besteht (Bild 3-137, Tafel 3-43). Es ist verständlich, dass der Grabwiderstand ansteigt, durchschnittlich um 11,8 %, wenn man die Seitenschneiden verstärkt (Spezialtieflöffel LVI).

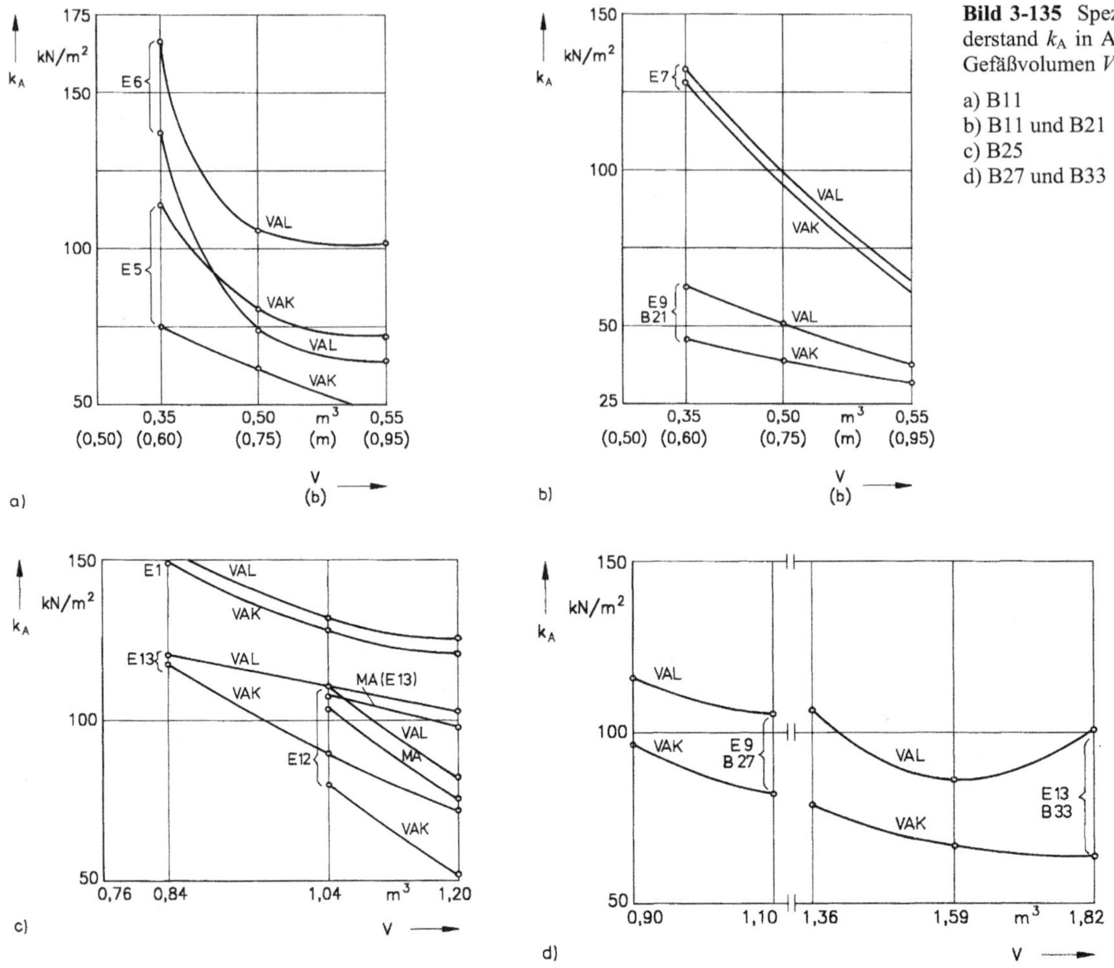

Bild 3-135 Spezifischer Grabwiderstand k_A in Abhängigkeit vom Gefäßvolumen V

a) B11
b) B11 und B21
c) B25
d) B27 und B33

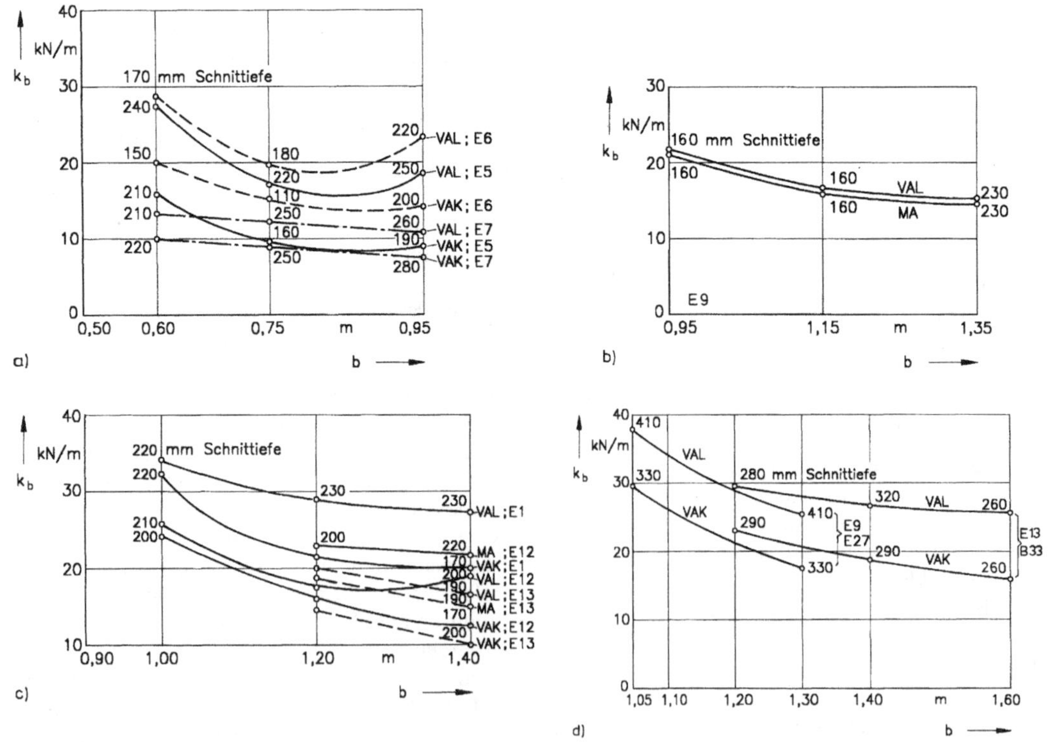

Bild 3-136 Spezifischer Grabwiderstand k_b in Abhängigkeit von der Schneidenbreite b

a) B11
b) B21
c) B25
d) B27 und B33

Tafel 3-42 Erdstoff- und Versuchskennwerte (Winkel in Grad)

φ_{st} = 20° bei kohäsiosfreien Erdstoffen
φ_{st} = 0,67φ bei kohäsiven Erdstoffen;
gewachsene Erdstoffe (außer E7)
E1 bis E3 enthalten Kalk
E8 und E11 mittelschwerer Fels
E2 schwerer Fels

Erdstoff	φ	c in kN/m²	ζ in kg/m³	ϑ	α
E1	30,0	12	1900	36,0	29,0
E2			2450		
E3	27,0	12	1970	37,4	30,0
E4	28,5	11	1960	36,7	29,5
E5	25,0	17	1890	38,4	30,5
E6			1920		
E7	38,0		1930	33,5	26,0
E8			2120		
E9	26,5	16	2050	37,7	30,5
E10	26,5	16	2020	37,7	30,5
E11			2210		
E12	35,0		2000	35,7	27,0
E13	35,0		1860	35,7	27,0

Tafel 3-43 Grabgefäßabmessungen und Spezialtieflöffel

Standardzahnsystem, außer Type Z1 mit P-Zähnen und Type Z2 mit RDX-Zähnen
V nach CECE (Richtlinien des Committee for European Construction Equipment)

Löffeltyp	b in m	V in m³
L1	0,60	0,35
L2	0,75	0,50
L3	0,95	0,55
L4	o,50	0,33
L5	0,80	0,56
L6	1,00	0,70
L7	0,95	0,75
L8	1,15	0,90
L9	1,35	1,10
L10	1,15	0,75
L11	0,95	0,75
L12	1,00	0,84
L13	1,20	1,04
LV 13	wie L13, ergänzt durch Seitenschneidenverstärkung von 25 auf 70 mm, s. Bild 3-129, Pos. 7	
L14	1,40	1,20
L15	1,05	0,90
L16	1,30	1,10
L17	1,20	1,36
L18	1,40	1,59
L19	1,60	1,82
LI	Versuchs-Spezialtieflöffel, der nur aus Seitenschneiden besteht, s. Bild 3-137	
LVI	wie LI, ergänzt durch Seitenschneidenverstärkung von 25 auf 70 mm, s. Bild 3-127, Pos. 7	
LII	Versuchs-Spezialtieflöffel, der aus Seitenschneiden und Grundschneide einschließlich Zahnsystem besteht, s. Bild 3-137	
LVII	wie LII, ergänzt durch Seitenschneidenverstärkung von 25 auf 70 mm, s. Bild 3-127, Pos. 7	
LIII	Versuchs-Spezialtieflöffel, der aus Seitenschneiden, Grundschneide einschließlich Zahnsystem und Seitenwänden besteht (ohne Boden), s. Bild 3-137	
LVIII	wie LIII, ergänzt durch Seitenschneidenverstärkung von 25 auf 70 mm, s. Bild 3-127, Pos. 7	

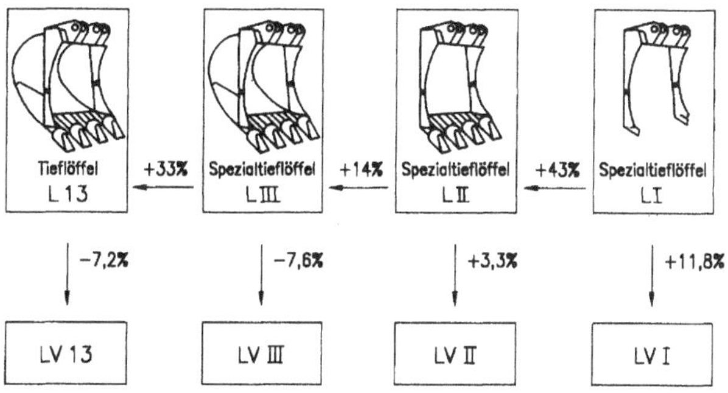

Bild 3-137 Durchschnittliche prozentuale spezifische Grabwiderstandsveränderung k_A am Grabgefäß L13 und abgeleiteten Versuchs-Spezialtieflöffeln (s. Tafel 3-43)

Die Ergänzungen von Grundschneide (LII), Seitenwänden (LIII) und Gefäßboden (L13) führen nacheinander zu durchschnittlichen Erhöhungen um 43, 14 und 33 %. Mit diesem Ergebnis können die einzelnen Grabkraftanteile eines Grabgefäßes abgeschätzt werden.

Parallel zu diesen Veränderungen am Grabgefäß werden auch in gleicher Reihenfolge die Verstärkungen an den Seitenschneiden untersucht (LVI bis LV13). Dabei ist bemerkenswert, dass sich die Wirkung umkehrt. Der Tieflöffel LV13 mit verstärkten Seitenschneiden besitzt einen um 7 % geringeren Grabwiderstand. Diese Wirkung wird schon am Spezialtieflöffel LIII/LVIII beobachtet. Sie lässt sich damit erklären, dass die Erhöhung des Eindringwiderstands wegen verstärkter Seitenschneiden wesentlich kleiner ist als die Verringerung des Reibungswiderstands an den Seitenwänden. Die breiteren Seitenschneiden drücken den Erdstoff beim Eintauchen des Grabgefäßes so weit auseinander, dass er dahinter nur bedingt Reibkräfte hervorruft. Die Reduzierung um 7 % entspricht einem gemessenen Durchschnittswert bei verschiedenen Arbeitsausrüstungen und Erdstoffen (E1, E3, E4, E12 und E13; s. Tafel 3-42).

Der Anteil zur Beschleunigung des Erdstoffs bei repräsentativen Schnittgeschwindigkeiten wird durchschnittlich mit 1,6 % des Grabwiderstands gemessen.

Es ist von Interesse, wie die im Abschnitt 3.5.4 errechneten Grabkräfte mit den gemessenen übereinstimmen. Rechnerisch werden die Schnittkräfte F_{s1}, F_{s2} und F_{s3} für das Grabgefäß L13, die Erdstoffe E1, E4, E12 und E13 sowie für verschiedene Schnittiefen ermittelte, siehe Bild 3-138. Für die verschiedenen Bodenarten stellt sich das Minimum der Schnittkraft F_{s1} zwischen 15 und 25° ein. Der Eindringwiderstand der Seitenschneiden F_{s1} ist sehr viel weniger vom Freiwinkel $\alpha_1 = \alpha + \beta$ abhängig. Das Minimum liegt zwischen 50 und 55°. Der Reibungswiderstand an den Seitenschneiden wird mit zunehmendem Freiwinkel α kleiner, da auch die Größe der Reibungsflächen abnimmt.

Der Vergleich mit gemessenen Grabkräften führt allgemein zu der Erkenntnis, dass die Messung zum Teil erheblich größere Werte hervorbringt. Bei den kohäsiven Erdstoffen (E12, E13) liegen die Messdaten für VAL um 30...40 % und bei den anderen Erdstoffen (E1, E4) nur um 10...20 % über den Werten der Rechnung. Eine bessere Übereinstimmung (5...10 %) wird für VAK erzielt.

Die Ableitung von Korrekturfaktoren für den rechnerischen Ansatz wird verworfen. Mit Nachdruck muss deshalb die Weiterführung von Grabkraftuntersuchungen zur Klärung der gegenseitigen Beeinflussungen betrieben werden.

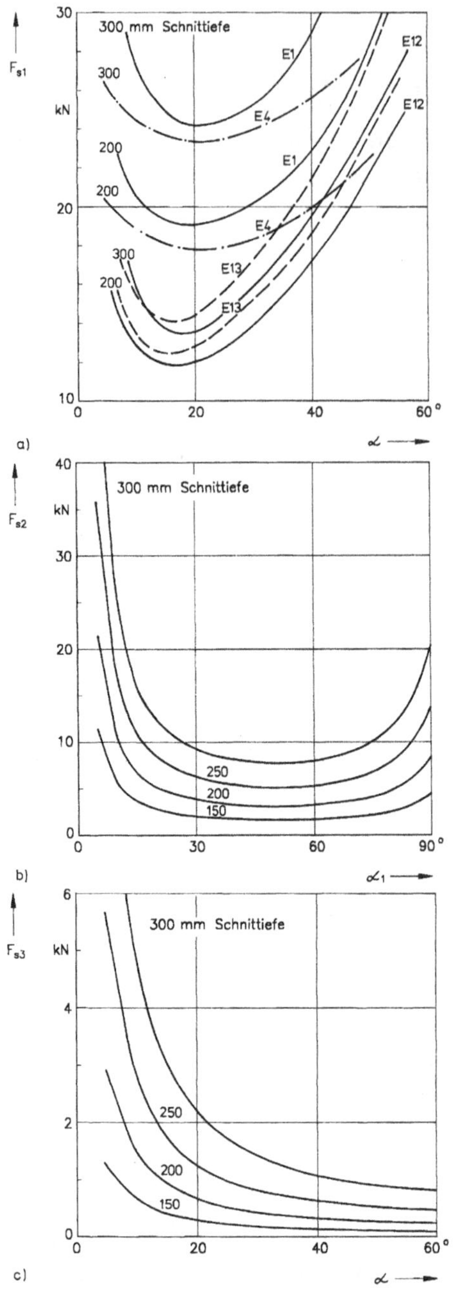

Bild 3-138 Schnittkräfte aus Modellrechnung
a) Eindringwiderstand F_{s1} an der Grundschneide
b) Eindringwiderstand F_{s2} an der Seitenschneide
c) Reibungswiderstand F_{s3} an den Seitenwänden

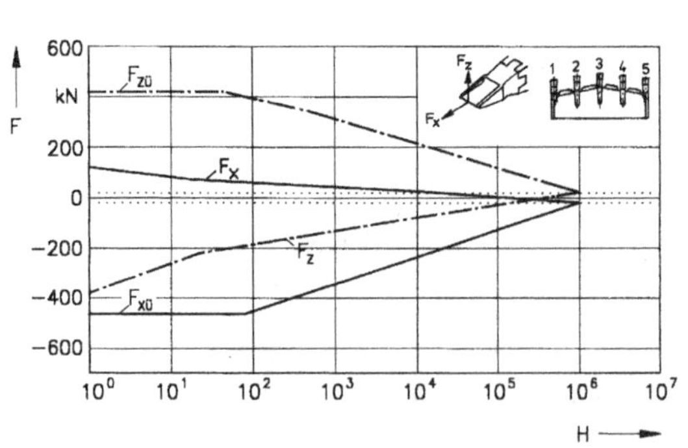

Bild 3-139 Belastungskollektiv am Einzelzahn 2 des Grabwerkzeugs eines Hydraulikbaggers [3.198]
H Überschreitungshäufigkeit
$F_{zü}$ durch Überdruck begrenzte positive maximale Zahnkraft F_z
$F_{xü}$ durch Überdruck begrenzte negative maximale Zahnkraft F_x

Bagger unterliegen einer regellosen und nur bedingt einer deterministischen Betriebsbelastung. Um auch hier die Möglichkeiten der Betriebsfestigkeitsbemessung wirksam werden zu lassen, müssen die in Größe und Häufigkeit auftretenden Kräfte aus allen Grab- und Ladevorgängen bekannt sein. Das durch Messung am Einzelzahn beim Graben und Laden von Felsgestein ermittelte Belastungskollektiv (Bild 3-139) stellt die statistische Extrapolation aus Einzelmessungen dar [3.198]. Dabei ist zu beachten, dass von den Lastbegrenzungsventilen des hydrostatischen Antriebs die Vorstoß- und Losbrechkraft begrenzt wird und auch Sondereignisse keine Wirkungen hervorrufen können. Das wirkliche Belastungskollektiv für ein Grabwerkzeug (z. B. an den Befestigungen) wird deshalb noch völliger ausfallen, weil der untersuchte Einzelzahn von benachbarten Zähnen geschützt ist. Auf gemessene Lastkollektive an der Arbeitsausrüstung eines Hydraulikbaggers kann zurückgegriffen werden [3.199].

3.5.6 Grabkraftmodell für Planierschilde und Schürfkübel

Nach der Definition des Grabens im Abschnitt 3.5.2 fasst die Grabkraft F_g die Anteile Schnittkraft F_s, Reibungskraft F_{rS} und Füllkraft $F_ü$ zusammen. In den Grabkraftgleichungen für Flachbagger (Abschn. 4.3) verzichtet man auf die getrennte Berücksichtigung der Reibungskraft F_{rS}, bezieht aber weitere Kräfte zum Verschieben des aufgehäuften Erdstoffwalls ein.
Es gilt

$$F_g = F_s + F_ü + F_v + F_q\,, \tag{3.48}$$

F_g Grabkraft
F_s Schnittkraft
$F_ü$ Füllkraft
F_v Längsverschiebekraft (Verschieben in Fahrtrichtung)
F_q Querverschiebekraft.

Unter diesen Kräften sind die Komponenten in Bewegungsrichtung des Grabgefäßes, bei Flachbaggern also in Fahrtrichtung, zu verstehen. Die Teilkräfte werden einzeln bestimmt, wobei es einige Besonderheiten gibt.

Schnittkraft F_s

Für die Schnittkraft F_s können die im Abschnitt 3.5.3 eingeführten Beziehungen prinzipiell benutzt werden. [3.200] weist allerdings darauf hin, dass die Werkzeuge der Flachbagger nicht frei schneiden, sondern die im Bild 3-140 prinzipiell dargestellte spezifische Gewichtskraft q des Erdstoffwalls auf die Oberfläche einwirkt. Die Gln. (3.36) und (3.37) erhalten in diesem Fall die Formen

$$dF_n = \sigma_n b\, ds = \left[M_i(\rho g y + c\cot\varphi + q) - c\cot\varphi\right] b\, d \quad \text{und}$$

$$F_s = A\,\frac{\sin(\delta+\varphi_{st})}{\sin\delta\,\cos\varphi_{st}}\left[M_i\left(\frac{\rho g h}{2} + c\cot\varphi + q\right) - c\cot\varphi\right].$$

Die flächenbezogene Gewichtskraft q ist von der Füllkraft $F_ü$ abhängig.

Füllkraft $F_ü$ der Planiermaschinen

Die Füllkraft eines Planierschilds besteht aus den Anteilen:
- Reibungskräfte zwischen Erdstoff und Schild
- Reibungskräfte zwischen dem Erdstoffstrom und dem bereits gebildeten Erdstoffwall
- Gewichtskraft des Erdstoffs.

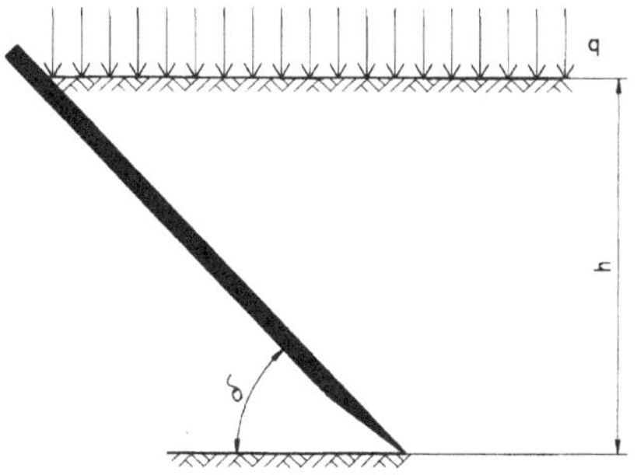

Bild 3-140 Flächenbezogene Gewichtskraft q des Erdstoffwalls

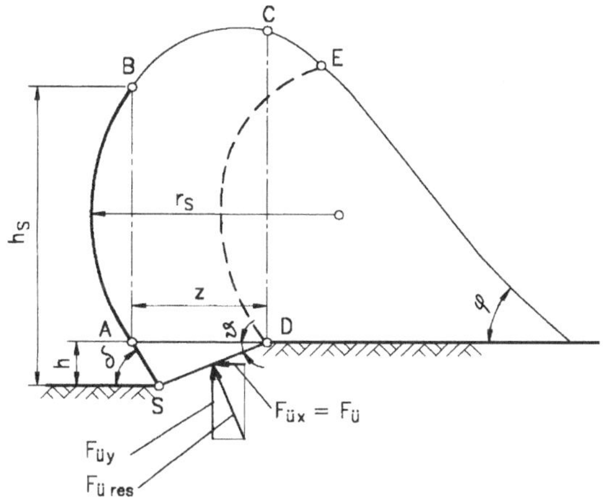

Bild 3-141 Füllkraftmodell am Planierschild

In [3.201] werden diese Kräfte am Schild mit Hilfe eines vereinfachenden Modells bestimmt, siehe Bild 3-141. Der vom Planierschild nach oben zu verschiebende Erdstoffquerschnitt DSBE wird durch die von den beiden strichpunktierten Geraden begrenzte Schicht mit der Querschnittsfläche ABCD ersetzt. Für das Volumen dieser von der Füllkraft zu verdrängenden Schicht gilt näherungsweise

$$V_{ü} \approx h_S \, z \, b_S \,. \tag{3.49}$$

Unter Verzicht auf die Herleitung lautet die Gleichung der resultierenden Füllkraft

$$F_{ü res} = (1{,}2...1{,}4)\,\rho\, g\, b_S \cos^2\varphi\, h_S^{\,2}\,\frac{r_S}{h_S} \cdot (\tan\varphi_{st} + \tan\varphi)\, arc\sin\frac{h_S}{2r_S} + \rho\, g\, V_{ü}$$

bzw. mit Gl. (3.49)

$$F_{ü res} = \rho\, g\, b_S\, h_S\, \phi;$$

$$\phi = \left[(1{,}2...1{,}4)\cos^2\varphi\, r_S(\tan\varphi_{st} + \tan\varphi)\, arc\sin\frac{h_S}{2r_S} + z\right];$$

$$z = h\,(\cot\delta + \cot\vartheta)\,; \qquad \vartheta = \frac{\pi}{4} - \frac{\varphi}{2}.$$

In die Grabkraftgleichung (3.48) ist lediglich die Horizontalkomponente $F_{ü} = F_{ü res}\sin\vartheta$ einzusetzen. Die Vertikalkomponente der Füllkraft wird $F_{üy} = F_{ü res}\cos\vartheta$ und damit die flächenbezogene Gewichtskraft

$$q = \frac{F_{üy}}{b_S\, z} = \frac{F_{ü res}\cos\vartheta}{b_S\, h(\cot\delta + \cot\vartheta)}.$$

Die hier nicht erläuterten Symbole sind im Abschnitt 3.5.2 erklärt. Einen einfachen Ansatz für die Horizontalkomponente der Füllkraft einer Planiermaschine bietet [3.202] an mit $F_{ü} = F_G \cos^2\delta \tan\varphi_{st}$.

Die Gewichtskraft beträgt

$$F_G = \rho\, g\, V_W \tag{3.50}$$

und das Volumen des Erdstofwalls, wenn dessen Fläche als rechtwinkliges Dreieck mit dem Winkel φ der inneren Reibung idealisiert wird,

$$V_W = \frac{h_S^{\,2}\, b_S}{2\tan\varphi}. \tag{3.51}$$

Die Volumen V_W werden von stark gekrümmten Planierschildern (Linienzug ABE im Bild 3-142) gebildet. Bei schwach gekrümmten Schildern tritt der Erdstoff über die obere Schildkante hinaus und erzeugt den gestrichelt gezeichneten größeren Erdstoffwall, der durch den Linienzug ABCD angenähert werden kann. Er ist etwa 75 % größer als der mit Gl. (3.51) errechnete [3.203].

Füllkraft $F_ü$ der Schürfkübelmaschinen

Die Füllkraft $F_{ük}$ während des kontinuierlichen Füllens (Bild 3-143a) ist erheblich kleiner als die Füllkraft $F_{üu}$, die nach Wiederaufnahme eines unterbrochenen Schürfens bei teilweise gefülltem Kübel aufzubringen ist (Bild 3-143b). Für kontinuierliches Schürfen gibt [3.200] folgende Näherungsgleichung an

$$F_{ük} = \rho\, g\, b_K\, h_K \left(h + \frac{h_K}{2}\sin 2\varphi\right).$$

Es bezeichnen b_K, h_K Kübelbreite bzw. -höhe und h Schnittiefe. Die Füllkraft bei Wiederaufnahme eines unterbrochenen Schürfens hat die Größe

$$F_{üu} = (2...2{,}5)F_{ük}\,.$$

In [3.204] werden Schätzwerte für die beiden Füllkraftarten angegeben, die auf dem stark vereinfachenden Modell von Bild 3-144 beruhen. Sie lauten

$$F_{ük} \approx 2{,}5\,\rho\, g\, b_K\, A_k; \qquad F_{üu} \approx 2{,}0\,\rho\, g\, b_K\, A_u\,,$$

A_k Fläche zum Linienzug ABCD (Verschiebebereich)
A_u Fläche zum Linienzug AEFD (Ausbruchbereich).

Längsverschiebekraft F_v

Die Kraft F_v zum Verschieben eines vor dem Planierschild bzw. der Vorderwand eines Schürfkübels liegenden Erdstoffwalls in Fahrtrichtung ist zu ermitteln, wenn der Erdstoffwall als starrer Körper angesehen wird. Für einen Wall mit dem Volumen nach Gl. (3.51) bedeutet dies

$$F_v = F_G \tan\varphi = \rho\, g\, V_W \tan\varphi = \frac{\rho\, g\, b_S\, h_S^{\,2}}{2}.$$

Beim Schürfkübel sind anstelle von h_S 50...70 % der Kübelhöhe h_K einzusetzen. Für das unter dem Winkel ω geneigte Schwenkschild (s. Abschn. 4.3) gilt

$$F_{vS} = \frac{\rho\, g\, b_S\, h_S^{\,2}}{2}\cos\omega.$$

Querverschiebekraft F_q

Wenn die Planiermaschine mit einem Schwenkschild ausgerüstet ist, überlagern sich Erdstoffbewegungen in Längs- und in Querrichtung sowohl auf der Erdstofffläche als auch am Schild. Einen geschlossenen Ansatz zur Berechnung der erforderlichen Verschiebekraft gibt es bisher nicht. Stattdessen ist es üblich, zusätzlich zur Längsverschiebekraft F_v eine Querverschiebekraft F_q anzusetzen [3.200]. Es gilt

$$F_q = F_G \tan\varphi \tan\varphi_{st} \sin\omega,$$

ω Schwenkwinkel des Schilds (s. Abschn. 4.3),
F_G Gewichtskraft des Erdstoffwalls nach Gl. (3.50).

[3.205] geht bei der Berechnung der Grabkraft von Flachbaggern einen grundsätzlich anderen Weg. Er bestimmt die Teilkräfte aus Versuchsergebnissen und gibt sie in Abhängigkeit von teils gebräuchlichen, teils neu definierten Erdstoffkenngrößen an:

- Druckfestigkeit σ_D
- Lagerdichte
- kinetische Erdstoffzähigkeit η_B (Staudruck des sekundären Erdstoffgefüges)
- Gewebekennwert k_g (Grad der Verfilzung von Gewebe-Erdstoffen).

Die Kenngrößen sind in Diagrammen angegeben. Ein Vergleich mit den hier aufgeführten, auf die Gesetzmäßigkeiten der Bodenmechanik gestützten Grabkraftgleichungen, ist wegen der Unterschiede in den Bezugsgrößen nicht möglich. Dass es sich bei allen mathematischen Formulierungen und Darstellungen von Funktionsverläufen für Kenngrößen zu Gewinnungsfestigkeit und Grabkraft von Erdstoffen stets nur um grobe Richtwerte handeln kann, wird ausführlich in [3.206] erörtert.

Ein Flachbagger muss außer der tangentialen Grabkraft auch eine ausreichend große Normalkraft F_n erzeugen, damit seine Schneide während des Anschnitts in den Erdstoff eindringen kann. Bild 3-145 verdeutlicht dies am Beispiel der Planiermaschine. Die im Gelenk G gestützte Planiereinrichtung wurde in älteren Maschinen von einem Seilflaschenzug gehalten, der keine Druckkräfte übertragen kann. Im Bild 3-145 ist zusätzlich die gegenwärtig vorherrschende Aufhängung an zwei Hydraulikzylindern dargestellt, mit der eine Kraft F_K in die Planiereinrichtung eingeleitet wird. Die Tangentialkraft F_t ist wegen der anfänglichen Gleitbewegung der Schneide eine Reibungskraft

$$F_t = F_n \tan\varphi_{st}.$$

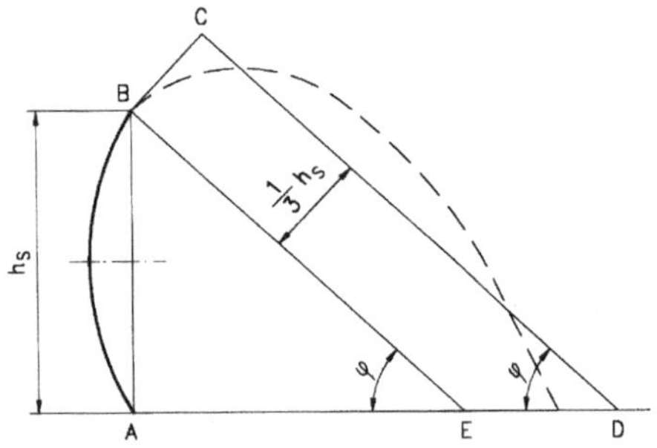

Bild 3-142 Erdstoffvolumenmodell bei schwach gekrümmtem Planierschild

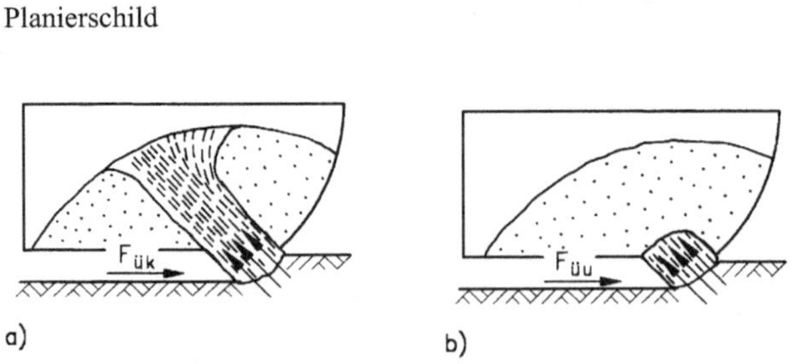

Bild 3-143 Füllkraftmodelle am Schürfkübel
a) kontinuierlicher Füllvorgang
b) unterbrochener Füllvorgang

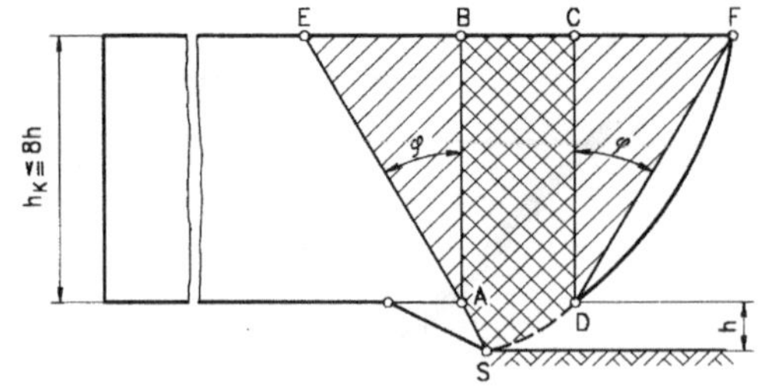

Bild 3-144 Füllquerschnittsmodell [3.204]

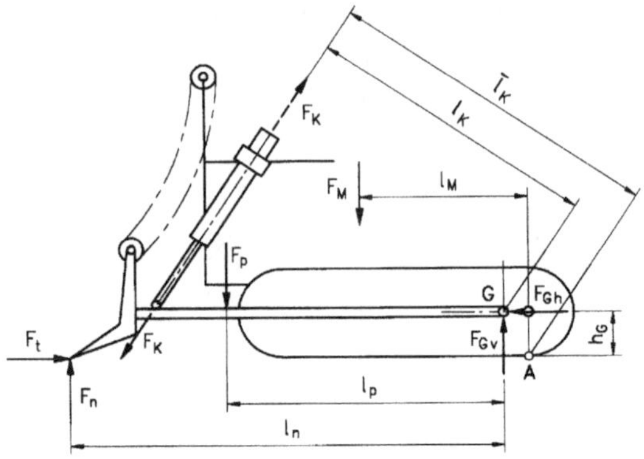

Bild 3-145 Kräfte und Abmessungen an einer Planiermaschine

Das Gleichgewicht der Momente um den Punkt G führt zur Gleichung der Normalkraft

$$F_n = \frac{F_P\, l_P + F_K\, l_K}{1 - h_G \tan\varphi_{st}}.$$

Damit ist die für eine benötigte Normalkraft zu erzeugende Kolbenkraft F_K zu ermitteln. Bei einer Planiermaschine mit Seilflaschenzug entfällt das Produkt $F_K\, l_K$. Die Eindringkraft hängt in diesem Fall nur von der Gewichtskraft F_P der Planiereinrichtung ab. Der Grenzwert von F_K ist dann erreicht, wenn die Planiermaschine um den Punkt A nach oben kippt. Unter Vernachlässigung des geringen Einflusses der Gelenkkraft F_G lautet die Grenzbedingung

$$F_K \leq F_M \frac{l_M}{\bar{l}_K}.$$

Die erforderliche Eindringkraft F_{Ev} wird abgeschätzt mit

$$F_n \geq F_{Ev} = k\, t\, b_S,$$

$k = 0{,}5 \ldots 0{,}6\ \mathrm{N/mm^2}$ spezifische Schneideneindringkraft
$t = 10 \ldots 15$ mm Dicke der abgenutzten Schneide.

Der Flachbagger benötigt zum Arbeiten eine ausreichende Schubkraft F_u, um den Fahrwiderstand F_f zu überwinden und die Grabkraft F_g zu erzeugen. Diese Schubkraft wird durch den Kraftschluss begrenzt. Deshalb muss gelten

$$F_f + F_g \leq F_u = m_a\, g\, \mu_K,$$

m_a Fahrzeugmasse auf angetriebenes Fahrwerk
μ_K Kraftschlussbeiwert.

3.6 Fahrwerke

3.6.1 Fahrwiderstand

Der Fahrwiderstand einer mobilen Erdbaumaschine errechnet sich aus dem Produkt von Schwerkraft und Fahr- bzw. Bewegungswiderstandsbeiwert μ_B. Für diese Berechnung wird eine gleichmäßige Betriebslastverteilung (Nutz- und

Eigenmasse) über Räder bzw. Ketten angenommen. Aus Messungen und aus Erfahrung stehen Werte für μ_B in Abhängigkeit von Fahrbahn und Bauart des Fahrwerks zur Verfügung, siehe Tafel 3-44.
Diese einfache Vorgehensweise bei der Projektierung von Fahrantrieben (s. Abschn. 4.2.2) ist nicht immer ausreichend, um das Traktionsvermögen einer Maschine, z. B. im Gelände, eindeutig zu bestimmen. Auf genauere Bemessungsmöglichkeiten soll daher eingegangen werden.

Tafel 3-44 Kraftschluss- und Bewegungswiderstandsbeiwerte

Fahrwerke/Fahrbahnen	Kraftschluss-beiwerte μ_K	Bewegungs-widerstands-beiwerte μ_B
Gummiluftreifen		
Asphalt, trocken	1,00	0,015
Asphalt, nass	0,65	0,015
Beton, trocken	0,85	0,02
Beton, nass	0,60	0,02
Makadam, trocken	0,50	0,025
Makadam, nass	0,40	0,025
Pflaster, trocken	0,60	0,02
Pflaster, nass	0,40	0,02
Erdstoff, trocken	0,50	0,08
Erdstoff, nass	0,20	0,20
Ackerboden	0,45	0,35
Schotter gewalzt	0,70	0,02
Sand	0,30	0,03
Schnee	0,25	0,05
Eis	0,15	0,005
Raupenketten 3-Stegplatten		
Schnee	1,50	0,10
Erdstoff	0,85	0,08
Sand	0,65	0,10
Raupenketten Flachplatten		
Erdstoff	0,85	
Raupenketten 1-Stegplatten		
Erdstoff	1,20	
Schienenfahrzeug		
Schiene, trocken	0,30	0,002
Schiene, nass / rostig	0,20	0,002
Straßenwalze		
Erdstoff, trocken	0,40	
Bitumendecke, weich	0,50	

3.6.1.1 Luftbereifte Radfahrwerke

Der mit elastisch-plastischen Kontakteigenschaften behaftete Rollvorgang eines Rades im Erdstoff lässt sich auf elementare Weise nicht beschreiben. Die Einflussgrößen und deren Wechselwirkungen sind zu vielfältig. An Bemühungen hat es nicht gefehlt, die Gesetze der Bodenmechanik und Rheologie zur physikalischen Beschreibung heranzuziehen, z. B. [3.207]. Dabei kommt es in diesem Fall darauf an, den Rollvorgang eines luftbereiften Rades unter Geländebedingungen zu untersuchen. Von [3.208] wird eine Analogie zwischen Platteneindrückverhalten in nachgiebigen Erdstoffen mit der Verformung eines Rades gefunden. Sein Verfahren ist geeignet, den Rollwiderstand in einem physikalischen Modell abzubilden. Dieses Modell wird von [3.209] ergänzt bzw. für Fahrsimulationen benutzt [3.210]. Auf andere Methoden kann nur hingewiesen werden, z. B. [3.211] [3.212].

Der Erdstoff erfährt beim Überfahren eine mechanische Einwirkung. In Abhängigkeit von seiner Festigkeit entsteht daraufhin ein Widerstand. Im Wesentlichen rufen die Maschineneigenmasse und die Traktion zwischen Rad und Boden die Erdstoffbeanspruchung hervor. Sie wird als Druckbeanspruchung mit Hilfe des Druck-Einsink-Versuchs bestimmt. [3.208] benutzt diesen Versuch und leitet eine Analogie zum Einsinken des Rades ab, siehe Bild 3-148. Erdstoffe mit Sand- und Lehmanteilen überwiegen in Deutschland (rd. 90 %). Der bindige Erdstoff Lehm zeigt ein degressives Einsinkverhalten (Bild 3-148c). Erdstoffe aus vorwiegend Sand stellen einen so genannten Reibungsboden dar, der auch mit zunehmender Einsinktiefe einen Widerstand hervorruft.
Das Druck-Einsinkverhalten wird von einer Exponentialfunktion beschrieben

$$p = k z^n , \qquad (3.52)$$

k Modul der plastischen Bodenverformung
n Einsinkexponent.

Der Einfluss der Plattengröße auf das Einsinkverhalten wird vom Modul berücksichtigt, es gilt

$$k = \frac{k_c}{b} + k_\varphi ,$$

k_c Kohäsionsmodul
k_φ Reibungsmodul
b Rad- bzw. Plattenbreite.

Mit dem Scherversuch wird die Analogie zur Traktion gefunden (Bild 3-147). Die maximale Scherfestigkeit τ_{max} des Erdstoffs begrenzt die Übertragung von Umfangskräften in Abhängigkeit vom Vertikaldruck p, der Kohäsion c und dem inneren Erdstoffreibungswinkel φ (Coulomb)

$$\tau_{max} = c + p \tan\varphi . \qquad (3.53)$$

Für plastische Erdstoffe wird ein mathematischer Ansatz benutzt

$$\tau = \tau_{max} (1 - e^{-j/K}), \qquad (3.54)$$

j Scherweg
K Tangentialmodul der Erdstoffschubverformung.

Außerdem gilt für den Scherweg unter einem Rad mit dem Radius r in Abhängigkeit vom Schlupf s, dem Einlaufwinkel Φ_0 und einem veränderlichen Kontaktwinkel Φ [3.210]

$$j = r\, s\, (\phi_0 - \phi) . \qquad (3.55)$$

Auf die Kontaktelemente $b dx$ (vertikal) und $b dz$ (horizontal) wirken die Reaktionskräfte des verformten Erdstoffs $dF_N \cos\Phi$ bzw. $dF_N \sin\Phi$ (Bild 3-150). Radlast F und die vertikale Reaktionskraft des Erdstoffs müssen im Gleichgewicht stehen, deshalb gilt

$$F = \int_0^{z_0} p\, b\, dx . \qquad (3.56)$$

[3.208] setzt Gl. (3.52) in Gl. (3.56) ein und löst das Integral über eine Reihenentwicklung. Die Näherungslösung (Abbruch nach dem 2. Glied) für die statische Einsinktiefe lautet

$$z_0 = \left[\frac{F}{b k \sqrt{2r} \left(1 - \frac{n}{3}\right)} \right]^{\frac{2}{2n+1}} .$$

Aus dem Kräftegleichgewicht in horizontaler Richtung folgt der Rollwiderstand F_R und mit Gl. (3.52) das Ergebnis der Integration

$$F_R = \int_0^{z_0} p\, b\, dz\,; \qquad F_R = b\,k\,\frac{z_0^{n+1}}{n+1}.$$

Mit der maximalen Schubspannung entlang der Kontaktlänge l kann man die maximal übertragbare Umfangskraft berechnen

$$F_{U\max} = b\,r \int_0^{l} \tau_{\max}\, dx. \tag{3.57}$$

Unter Verwendung der Gln. (3.53) (3.54) (3.55) und (3.57) erhält man die vom Rad übertragene Umfangskraft

$$F_U = b\,r \int_0^{l} (c + p \tan\varphi)(1 - e^{-j/K})\, dx.$$

Bisher berücksichtigt das Modell für den Rollvorgang nur ein starres Rad. Der Einfluss der Rollgeschwindigkeit (Dynamik) auf den Rollwiderstand wird vernachlässigt.

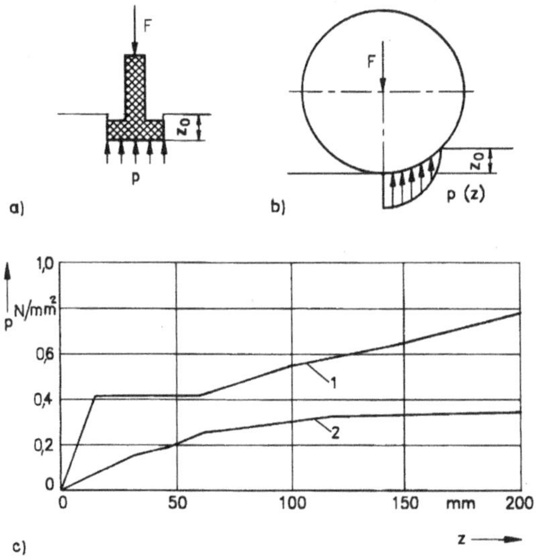

Bild 3-146 Druck-Einsink-Verhalten von nachgiebigen Erdstoffen

a) Druck-Einsink-Versuch mittels Platte
b) Druck-Einsink-Verhalten mittels Rad (Analogie)
c) Druck-Einsink-Versuchsergebnisse für verschiedene Erdstoffe

1 Sand mit Wassergehalt 6,1 %
2 Lehm mit Wassergehalt 16,2 %

[3.208] definiert einen Vertikaldruck p_{krit}, mit dessen Hilfe unterschieden werden kann, ob das Rad als elastisch oder starr zu betrachten ist

$$p_{krit} = \frac{F(n+1)}{b\sqrt{z_0\left(\frac{r}{2} - z_0\right)}} - p_c\,.$$

Darin bezeichnet p_c einen charakteristischen Druck des Radreifens (Karkassensteifigkeit). Wenn der Reifeninnendruck $p_i < p_c$ wird, dann muss die Elastizität des Rades Berücksichtigung finden. Es gilt dann für den Rollwiderstand durch Erdstoffverformung

$$F_{RE} = \frac{1}{n+1}\left[\frac{(p_i + p_c)^{n+1}}{\frac{k_c}{b} + k_\varphi}\right]^{1/n}$$

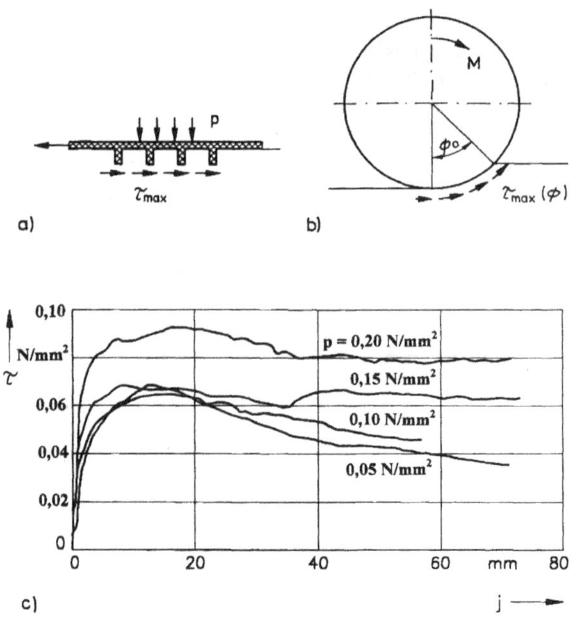

Bild 3-147 Scherverhalten eines nachgiebigen Erdstoffs

a) Scherversuchsbedingung mittels Scherring
b) Schermodell am Rad (Analogie)
c) Scherversuchsergebnisse für verschiedene Vertikaldrücke p

Lehm mit Wassergehalt 13,6 %

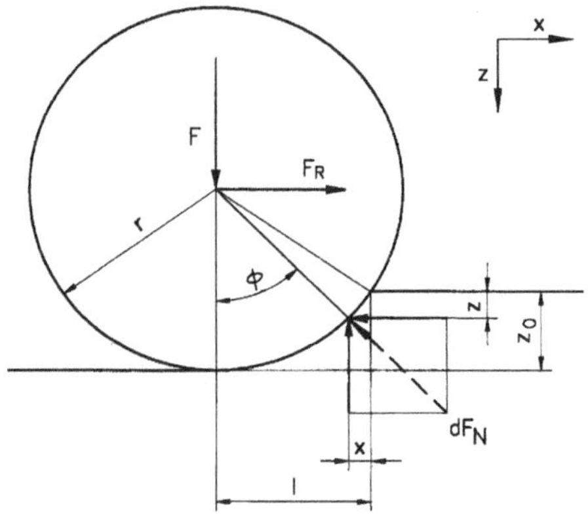

Bild 3-148 Kräftemodell am starren Rad [3.208]

und durch Radreifenverformung (Walkarbeit)

$$F_{RR} = \frac{u\,F}{p_i^a}.$$

Der Widerstandskoeffizient u und der Widerstandsexponent a müssen experimentell bestimmt werden, wodurch diese Methode sehr aufwendig wird.

Andere physikalische Modelle greifen auf die Bildung von Ersatzradien [3.213] oder auf die Reifendämpfung bzw. Reifenfederkonstante [3.214] zurück. Die Wirkung des *Multipass* (wiederholtes Überfahren von Erdstoff) und der Einfluss dynamischer Wirkungen (Fahrgeschwindigkeit) sind ebenfalls Gegenstand vielfältiger Modellanalysen [3.209] [3.215] [3.216].

Für die Bemessung eines Fahrantriebs ist auch die Kenntnis des Kraftschlussbeiwerts μ_K von Bedeutung (Tafel 3-44). Mit ihm wird die maximale Radkraft bestimmt, die unter den Traktionsbedingungen auf den Boden übertragen werden kann. Oft bezeichnet man den Kraftschlussbeiwert auch als Verzahnungsbeiwert, weil der Kraftschluss zwischen

Erdstoff und Reifenprofil einem Formschluss (Verzahnung) gleichkommt. Hierzu findet man Erkenntnisse aus umfangreichen Experimenten in [3.217]. Theoretische Arbeiten zu diesem Thema sind nicht bekannt.

3.6.1.2 Kettenfahrwerke

Wegen der größeren Auflagefläche kann man bei einem Kettenfahrwerk (Gleiskette) eher von einem statischen Kontakt mit Erdstoff ausgehen. Unter der Annahme einer plastischen Erdstoffdeformation lässt sich die Beziehung zur Berechnung des Bewegungswiderstands F_B herleiten [3.218]. Ein Teilstück l_A der gesamten Auflagelänge l_G einer Kette ruft die in Bild 3-149 dargestellten Auflageflächen der Greiferleisten A_1 und Bodenplatten A_2 hervor. Mit der Kettenbreite b und der Anzahl n der Kettenglieder gilt

$$A_1 = \frac{l_A}{t} b l_L; \quad A_2 = \frac{l_A}{t} b(t - l_L); \quad t = \frac{l_G}{n}. \tag{3.58}$$

Die Flächenpressung zwischen Kette und Erdstoff beträgt

$$p = p^* z^m, \tag{3.59}$$

p^* Flächenpressung in 10 mm Einsinktiefe
z Einsinktiefe
m erdstoffabhängiger Beiwert
$m = 0{,}5...1{,}5$ für $0{,}05\ \text{N/mm}^2 \le p \ge 0{,}3\ \text{N/mm}^2$.

Die erforderliche Energie E zum Deformieren des Erdstoffs beträgt

$$E = \int_0^{z_1} A_1 p_1\, dz + \int_0^{z_2} A_2 p_2\, dz. \tag{3.60}$$

Benutzt man die Näherung $p_1 = p_2$ und setzt in Gl. (3.60) die Beziehungen aus den Gln. (3.58) und (3.59) ein, so ergibt sich für den Bewegungswiderstand

$$F_B = \frac{E}{l_A} = \frac{b n l_L}{l_G} \int_0^{z_1} p^* z^m dz + \frac{b(l_G - n l_L)}{l_G} \int_0^{z_2} p^* z^m\, dz. \tag{3.61}$$

Nach der Integration von Gl. (3.61) mit $m = 1$ erhält man

$$F_B = \frac{b p^*}{2 l_G} \left[n l_L z_1^2 + (l_L - n l_L) z_2^2 \right].$$

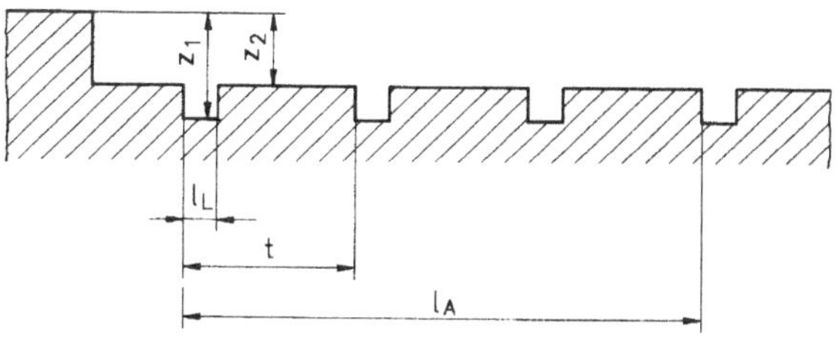

Bild 3-149 Deformationsprofil unter einer Kette

Aus den gleichen Gründen wie beim Radantrieb wird auch für die Bemessung eines Kettenantriebs die Kenntnis des Kraftschlussbeiwertes μ_K vorausgesetzt (Tafel 3-44). Der Formschluss (Verzahnung) zwischen der Greiferleiste und dem Erdstoff hat hier eine noch größere Bedeutung. Die Greiferleiste ruft im Erdstoff Scherbelastungen hervor, so dass es dadurch während der Fahrbewegung zu einer Verschiebung Δl des formgebundenen Erdstoffs kommt. Unter den Greiferleisten bilden sich so genannte Rankinsche Gleitzonen (Bild 3-150) aus. Die davon ausgehenden Gleitlinien (Bruchzustand) führen im Erdstoff unter den Bodenplatten zu vertikal nach oben gerichteten Kräften. Dadurch entstehen Gebiete mit hoher Verdichtung. Der darüberliegende Erdstoff ist vergleichsweise locker. Die Kräfte an den Seitenflächen der Greiferleisten werden vernachlässigt.

Der Kraftschlussbeiwert $\mu_K = \mu_R + \mu_S$ setzt sich aus einem Reibungsanteil μ_R und einem Scheranteil μ_S zusammen. Die Greiferleisten leiten entgegen der Fahrtrichtung in den Erdstoff eine Scherkraft F_τ ein

$$F_\tau = \tau_S \Sigma A_\tau .$$

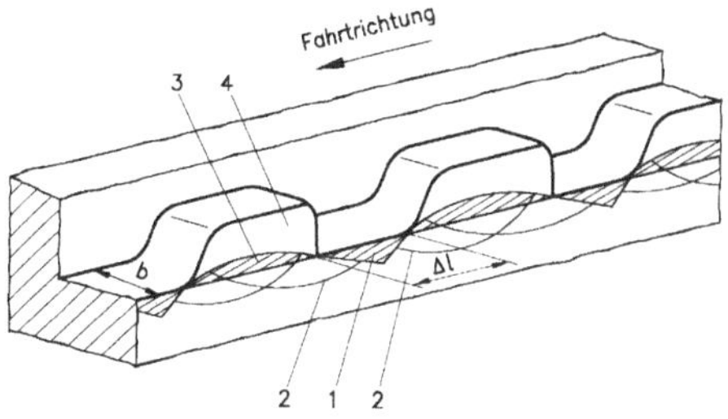

Bild 3-150 Gleitzonen zwischen Kette und Erdstoff [3.217]
Δl Erdstoffverschiebung aus der Wirkung der Greiferleisten
1 Rankinsche Gleitzonen (hohe Erdstoffverdichtung)
2 Gleitlinien (Bruchzustand)
3 Gebiete hoher Erdstoffverdichtung
4 Gebiete geringer Erdstoffverdichtung

Tafel 3-45 Kennwerte verschiedener Erdstoffe [3.219]

Erdstoffe	φ in Grad	φ_{st} in Grad	c in N/mm^2
Sand	25...35	20...28	0,012...0,007
Kies	25...30	20...24	0,012...0,010
lehmiger Sand	18...28	14...22	0,016...0,011
sandiger Lehm	12...25	9...20	0,020...0,012
Lehm, Ton	10...20	8...15	0,021...0,015

Nach der Coulombschen Gleichung folgt mit der Erdstoffkohäsion c und dem Reibungswinkel Erdstoff/Stahl φ_{st} für die Scherspannung (Tafel 3-45)

$$\tau = c + p \tan \varphi_{st} .$$

Für das Verhältnis von Scherfläche zu Kettenauflagefläche gilt

$$k = \frac{\Sigma A_\tau}{b l_G} = \frac{b l_G - b \Sigma \Delta l}{b l_G} = 1 - \frac{\Sigma \Delta l}{l_G} = 1 - \Delta s$$

mit dem Kettenschlupf Δs.

Ersetzt man den Scheranteil des Kraftschlussbeiwerts durch das Kräfteverhältnis aus der gesamten Maschinenschwerkraft F_G, der Scherkraft F_τ und $p = F_G/(b\, l_G)$, so entsteht

$$\mu_K = \mu_R + \frac{F_\tau}{F_G} = \mu_R + \frac{k b l_G (c + p \tan \varphi_{st})}{F_G}$$
$$= \mu_R + k\left(\frac{c}{p} + \tan \varphi_{st}\right).$$

Die zulässige Flächenpressung p_{zul} zwischen Erdstoff und Kette darf nicht überschritten werden, um Grundbruch im Erdstoff (Fließvorgang) zu vermeiden. Zu ihrer Bestimmung werden die Gesetzmäßigkeit für Streifenfundamente aus der Bodenmechanik benutzt [3.219]

$$p_{zul} = c\,k_c(\varphi) + \gamma_E\, z\, k_p(\varphi) + \frac{b}{2}\gamma_E k_\gamma(\varphi),$$

k_c Kohäsionsbeiwert
k_p Gewichtbeiwert
k_γ Auflagelastbeiwert
γ_E spezifische Erdstoffeigenlast.

Diese Gleichung gilt unter folgenden Bedingungen:

- Erdstoffhomogenität
- Abscheren als Voraussetzung für Fließen
- geringe Einsinktiefe z im Vergleich zur Kettenbreite b (so genannte Flachgründung)
- Ersatz der Scherspannung an den Seiten durch den Wert $z\,\gamma_E$.

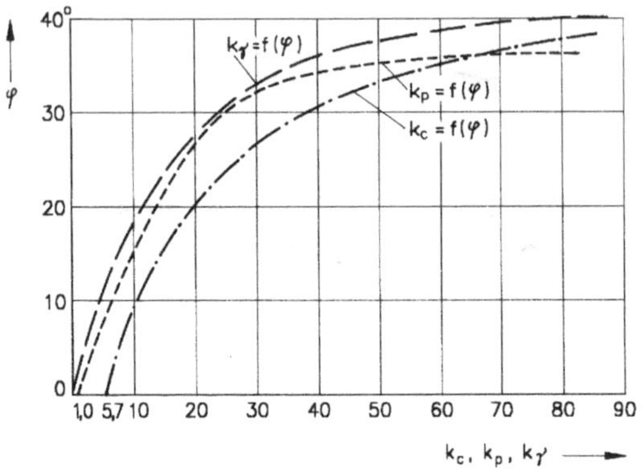

Bild 3-151 Tragfähigkeitsbeiwerte [3.219]

Die Tragfähigkeitsbeiwerte k_c, k_p, k_γ sind dimensionslos und vom Winkel der inneren Erdstoffreibung φ abhängig (Bild 3-151). Mit der Einsinktiefe $z = 0$ und für ideal bindigen Erdstoff ($\varphi = 0$; $k_\gamma = 0$) werden

$$\gamma_E\, z\, k_p(\varphi) = 0 \quad \text{und} \quad p_{zul1} = c\, k_c(\varphi).$$

Für den ideal nichtbindigen Erdstoff ($c = 0$ N/mm^2; $ck_c(\varphi) = 0$ N/mm^2) erhält man

$$p_{zul2} = \frac{b}{2}\gamma_E\, k_\gamma(\varphi). \tag{3.62}$$

Nur ganz reiner und trockener Sand hat den Zustand $c = 0$ N/mm^2. Natürlicher Sand besitzt eine scheinbare Kohäsion mit den Mittelwerten $c = 0{,}07$ N/mm^2 und $\varphi = 35°$. Dafür gilt dann

$$p_{zul2} = c\,k_c(\varphi) + \frac{b}{2}\gamma_E\, k_\gamma(\varphi). \tag{3.63}$$

Der kleinere Rechenwert aus Gl. (3.62) oder (3.63) ist für die zulässige Pressung maßgebend. Dieser errechnet sich aus Gl. (3.62) für ideal bindigen Erdstoff ($\varphi = 0$; $c = 0{,}015$ N/mm^2; $k_c(0) = 5{,}7$) zu $p_{zul} = 0{,}086$ N/mm^2. In der Praxis arbeitet man bei Erdbaumaschinen mit einem Grenzwert von $p_{zul} = 0{,}05$ N/mm^2.

3.6.2 Radfahrwerke, EM-Reifen

Das Radfahrwerk hat für mobile Baumaschinen eine große Bedeutung. Vom Radreifen werden die Traktion, das Fahrverhalten, die Bodenpressung und schließlich die Arbeitsleistung der Maschine mitbestimmt. Eine Vielzahl technischer Reifeneigenschaften (Profilform, Selbstreinigungseffekt, Luftdruck, Reifenwerkstoff und Reifenbauart) haben darauf einen Einfluss. Die speziellen Reifen für Erdbaumaschinen werden *EM-Reifen* (Earth Moving Tires) genannt. Ihre Abmessungen reichen von 250...3700 mm im Durchmesser, bei einem Durchmesser-Breitenverhältnis von 3...4. Da die anteiligen Kosten für diese Reifen nicht unerheblich sind, hat deren funktionelle Bewertung eine große Bedeutung. Dabei liegt der Schwerpunkt auf dem Befahren nachgiebiger Böden (feuchter rolliger Sand und toniger Schluff). Es sind Reifen für Maschinen im Kurzstreckeneinsatz bei relativ geringen Fahrgeschwindigkeiten. Für EM-Reifen und Felgen gibt es eine große Anzahl von Herstellern. In der Vergangenheit sind wichtige technische Merkmale in Standards (DIN 7798, DIN 7799 und ISO 4250) vereinheitlicht worden. Einen Überblick über Herstellung, Verwendung und Montage von EM-Reifen gibt [3.220].

Die Auswahl der Reifengröße wird in erster Linie vom zulässigen Bodendruck bestimmt. Es sind daher solche Reifenabmessungen zu bevorzugen, die bei gleicher Auslastung mit niedrigerem Reifenluftdruck auskommen, um dadurch die wirksame Reifenaufstandsfläche zu erhöhen. Grundsätzlich werden nach der Bauart Diagonal- und Radialreifen unterschieden (Bild 3-152). Folgende Merkmale lassen sich für diese Bauarten zusammenfassen:

Diagonalreifen	Radialreifen
Karkasse besteht aus mehreren kreuzweise übereinander liegenden Lagen	Karkasse besteht aus einer einzigen Radiallage
Lauffläche ist nicht stabilisiert	Lauffläche ist durch einen Gürtel aus mehreren Lagen stabilisiert
Lauffläche und Flanke bilden eine feste Einheit	Lauffläche und Flanke arbeiten unabhängig voneinander
Einfederung des Reifens (Flanke) wird auf die Lauffläche übertragen	Einfederung des Reifens (Flanke) wird nicht auf die Lauffläche übertragen
Lagen der Karkasse reiben aneinander	Lagen der Karkasse reiben nicht aneinander

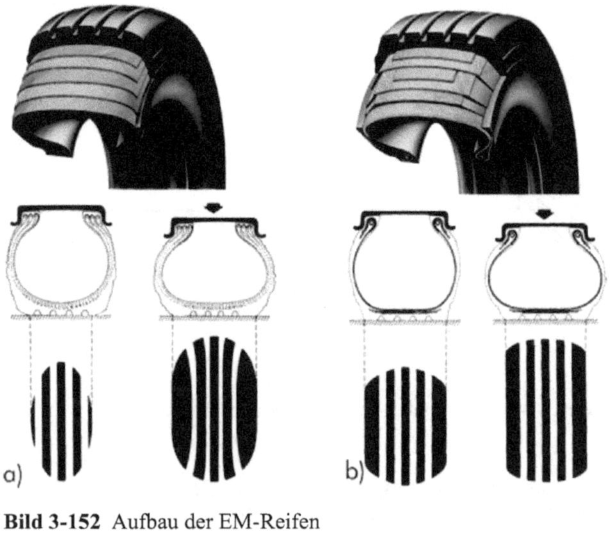

Bild 3-152 Aufbau der EM-Reifen

a) Diagonalbauart
b) Radialbauart

Die Reifenbauarten rufen unterschiedliche Eigenschaften hervor, wobei die meisten Vorzüge der Radialbauart vorbehalten sind. Sie garantiert die höhere Laufleistung, eine bessere Bodenhaftung, verursacht weniger Rollreibung (Kraftstoffersparnis) und besitzt einen höheren Fahrkomfort (Ein-

federung). Namhafte Reifenhersteller haben ihr Programm schon ausschließlich auf EM-Radialreifen umgestellt. Im Bereich sehr großer Reifenabmessungen wird aus Gewichtsgründen nur noch die Radialbauart benutzt.
Mit dem Höhen-Breitenverhältnis h/b (Bild 3-153) werden drei Hauptbaugruppen unterschieden:

Serienbezeichnung	h/b
100	1,0
80	0,8
65	0,65

Nach DIN 7798 muss die Kennzeichnung der EM-Reifen die Reifengröße und Reifentragfähigkeitsausführung enthalten, siehe Tafel 3-46. Ein Kennzeichnungsbeispiel lautet dann: EM-Reifen nach DIN 7798 – 12.00-25 EM 16 PR.

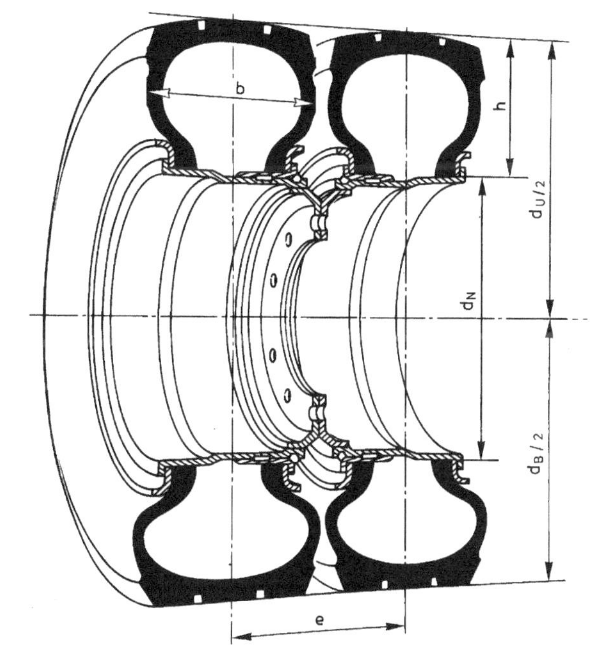

Bild 3-153 Abmessungen der EM-Reifen

b Querschnittsbreite
h Querschnittshöhe
e Mindestmittenabst.
d_N Nenndurchmesser
d_B belasteter Außendurchmesser
d_U unbelasteter Außendurchmesser

Die Programme der Reifenhersteller unterscheiden weiterhin nach Reifentypen mit verschiedenen Profilformen (Bild 3-154), Profiltiefen (Normaltiefe, 1,5fache und 2,5fache Normaltiefe), Hitze-, Abrieb-, Schnitt- und Anrissbeständigkeit. Diese Merkmale haben bei Maschineneinsätzen im Steinbruch, auf dem Schrottplatz oder in sehr warmen Regionen Bedeutung. Außerdem kommt mit den Unterscheidungen *Transport*, *Laden* und *Stillstand* in Tafel 3-46 zum Ausdruck, dass der EM-Reifen immer unter Beachtung seines Einsatzfalls auszuwählen ist. Dabei spielt auch die Geschwindigkeit eine Rolle. Physikalisch liegt der Geschwindigkeitseinfluss in der Ertragbarkeit von Walkerwärmung begründet. In Abhängigkeit von der Fahrgeschwindigkeit ist die Reifentragfähigkeit in Tafel 3-46 zu korrigieren:

Bild 3-154 EM-Reifenprofilprogramm (Michelin Reifenwerke)

Tafel 3-46 Abmessungen und Einsatzbedingungen von EM-Reifen (Auszug aus DIN 7798 für Breitfelgen-Radialreifen)

Transport: Arbeitsvorgang über längere Fahrstrecke (beladen, unbeladen)
Laden: Arbeitsvorgang, bestehend aus Lösen, Aufnehmen und Abgeben bei einer Fahrgeschwindigkeit von rd. 10 km/h und Fahrstrecken kleiner 100 m
Stillstand: seltene Fahrbewegung bis rd. 2km/h
* *und* ** Kennzeichen für Tragfähigkeitsausführung

Reifengröße	b in mm	Neureifenmaß d_U in mm		Ausführung	Reifentragfähigkeit in kg / bei Reifenüberdruck in bar		
		normales Profil	tiefes Profil	* oder **	für Transport	für Laden	für Stillstand
15,5 R 25 EM	394	1278	1326	*	3550 / 3,5	5800 / 4,5	9300 / 4,5
				**	4500 / 4,5	7100 / 5,75	11400 / 5,75
20,5 R 25 EM	521	1493	1548	*	5600 /3,5	9500 / 4,5	15200 / 4,5
				**	7300 / 4,5	11500 / 5,75	18400 / 5,75
26,5 R 29 EM	673	1852	1899	*	9500 / 3,5	16000 / 4,5	25000 /4,5
				**	12500 / 4,5	19500 / 5,75	31200 / 5,75
33,25 R 35 EM	845	2242	2295	*	15500 / 3,5	25750 / 4,5	41200 / 4,5
				**	20000 / 5,0	31500 / 6,5	50400 / 6,5
37,5 R 51EM	953	2846	2904	*	22400 / 3,5	37500 / 4,5	60000 / 4,5
				**	29000 / 5,0	46250 7 6,5	74000 / 6,5

Höchstgeschwindigkeit in km/h	Reifentragfähigkeit in % für Transport
16	112
20	110
30	106
40	103
50	100
60	94

Zusammenfassend kann man feststellen, dass die Auswahl eines Reifens nach der zu übertragenden Radkraft, Fahrgeschwindigkeit, Bodenbeschaffenheit und dem Maschineneinsatz erfolgt. Dabei spielt aus physikalischer Sicht die Wärme im Reifeninneren eine große Rolle. Hersteller machen es sich deshalb zunutze, für ihre Reifen einen so genannten *TKPH*-Wert zu bestimmen (*TKPH* Tonnenkilometer pro Stunde; *TMPH* Ton Mile per Hour; *TMPH* = 0,685·*TKPH*). Die Handhabung dieser Methode ist einfach, indem für den vorgesehenen Reifeneinsatz der *TKPH*-Wert berechnet wird nach

$$TKPH = \frac{1}{2}(Q_B + Q_U)\frac{s\,n}{t}k_1 k_2 ,$$

Q_B Radlast pro Reifen, beladene Maschine, in t
Q_U Radlast pro Reifen, unbeladene Maschine, in t
s Fahrstrecke pro Arbeitsspiel in km
n maximale Arbeitsspielzahl pro Arbeitstag
t Arbeitszeit pro Arbeitstag in h
k_1 Korrekturfaktor bei Fahrstrecken pro Arbeitsspiel mit $s > 5$ km:

s in km	k_1
5	1,00
10	1,12
15	1,16
20	1,19
30	1,21

k_2 Korrekturfaktor bei Umgebungstemperatur > 38 °C bzw. < 38 °C (Umgebungstemperatur ist die Maximaltemperatur auf der Baustelle im Schatten):

sn/t	Koeffizient k_2				
in km/h	15 °C	20 °C	25 °C	30 °C	45 °C
10	0,43	0,55	0,68	0,8	1,05
20	0,71	0,78	0,84	0,90	1,03
30	0,81	0,85	0,89	0,93	1,02
40	0,86	0,89	0,92	0,95	1,01

Wenn man davon ausgeht, dass der für den beabsichtigten Einsatz errechnete *TKPH*-Wert kleiner oder gleich dem *TKPH*-Wert der ausgewählten Reifenabmessung ist, muss man sich noch für ein geeignetes Profil entscheiden, siehe Bild 3-154. Unter Bezug auf Herstellererfahrungen (z. B. *Michelin*) lassen sich dafür Orientierungen vermitteln, siehe Tafel 3-47. Profile vom Typ *XS* und *X Ribber* sind vor allem dem Einsatz im Wüstensand oder unter vergleichbaren Bedingungen vorbehalten. Das Profil *X Lisse* wird für Reifen von Verdichtungswalzen benutzt. Darüber hinaus bieten die Hersteller eine große Anzahl spezieller Ausführungen an, so z. B. Spezialprofile für Mobilbagger mit Einzelbereifung. Sie besitzen eine große tragende Breite und eine entsprechende Profilform, um den Einsatz von Zwillingsbereifung ohne Nachteile zu umgehen.

Reifenfüllungen bestehen in der Regel aus Luft, seltener aus Stickstoff, Wasser, Polyurethanschaum (Elastomer) oder einem zähflüssigen Beschichtungsmittel. Mit einer Stickstofffüllung stabilisiert man den Reifendruck, vermindert die Brandgefahr aus Eigenentzündung und erhöht die Lebensdauer wegen Korrosionsvermeidung an der Felge. Wasser mit Frostschutzmittel wird wegen erhöhtem Ballast beim Radlader benutzt. Die Wasserfüllung beträgt rd. 70 %. Polyurethanschaum ist ein teurer Ballast, dient aber vor allem beim Einsatz von Maschinen auf Recyclinghöfen zur Vermeidung von Undichtheit und Durchschlag infolge Reifenverletzung. Grundsätzlich ist zu beachten, dass sich mit verändertem Füllstoff auch die Einfederungseigenschaften des Reifens verändern. Viele Reifenhersteller orientieren deshalb ihre Kunden auf eine 2,5fache Profilerhöhung. Beschichtungsmittel dienen dem gleichen Zweck wie das Ausschäumen. Durch Benetzen der inneren Reifenkontur soll vermieden werden, dass ein verletzter Reifen seine Luftfüllung verliert.

Den EM-Reifen sind nach Herstellerangaben bestimmte Felgen zugeordnet. Man unterscheidet prinzipiell zwischen Flachbettfelgen, Tiefbettfelgen, Halbtiefbettfelgen und Schrägschulterfelgen, siehe Bild 3-155. Fünfteilige Schräg-schulterfelgen werden bereits ab Reifengröße 16.00-25 EM eingesetzt. Hier kommt es vor allem auf die Montierbarkeit an. Schulterprofil und Seitenringhöhe einer Felge haben Einfluss auf die Reifenstabilität. Für große Abmessungen wird die Felgeninnenfläche meist mit einer Rändelung versehen, um den Reifen gegen Verdrehen zu sichern.

Tafel 3-47 Verwendungsorientierung für Reifenprofile (Michelin Reifenwerke)

(D1) 1,5fache Normalprofiltiefe
(D2) 2,5fache Normalprofiltiefe
(A) widerstandsfähig gegen Abrieb, Schnitt- und Anrißverletzungen

Einsatzfall	Profile und deren Einsatzeigenschaften ⇐ ⇐ ⇐ zunehmende Fahrgeschwindigkeit ⇐ ⇐ ⇐ ⇒ ⇒ ⇒ Schutz gegen Verletzungen ⇒ ⇒ ⇒ ⇐ ⇐ ⇐ zunehmende Traktionsfähigkeit ⇐ ⇐ ⇐				
Baggerlader, Kleinlader (Normaleinsatz)	XM	XGL(A)	XTL	XH(A)	
Radlader (Normal- und Felseinsatz)	XH(A)	XR(D1)	XLD(D2)	X Mine(D2)	XSM(D2)
Grader	XM	XGL(A)	XTL	XH(A)	XR(D1)
Dozer	XHA	XR(D1)	XLD(D1)	X Mine(D2)	
Muldenkipper, Lader (Bergbau)	XK	XK(D1)	X Mine(D2)	XSM(D2)	
Muldenkipper, Skraper	XMP	XR	XH(D1)	XK(D1)	

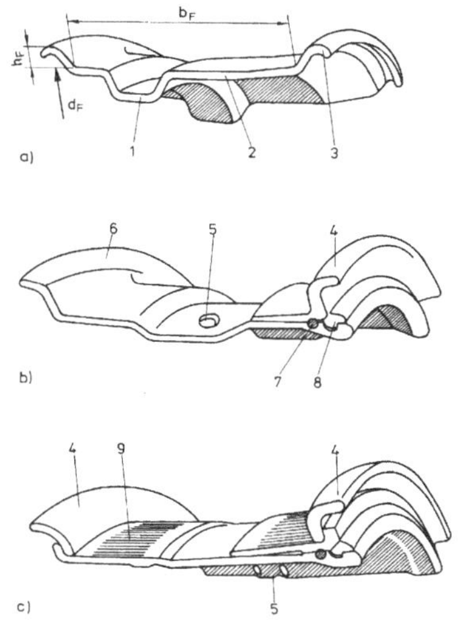

Bild 3-155 Felgenbauarten für EM-Reifen

a) Tiefbettfelge, einteilig
b) Halbtiefbettfelge, dreiteilig
c) Schräschulterfelge, füfteilig

1 Tiefbett
2 Schulter
3 Felgenhorn
4 Seitenring lose (mit Schrägschulter)
5 Ventilbohrung
h_F Seitenringhöhe
d_F Felgennenndurchmesser
6 Seitenring fest
7 O-Ring
8 Verschlussring
9 Rändelung
b_F Felgenstützbreite

Bild 3-156 Radlader mit Reifenschutzketten (Pewag GmbH, Heimstetten/München)

Bild 3-157 Verschleiß- und Verbindungsglieder einer Reifenschutzkette (Pewag GmbH, Heimstetten/München)

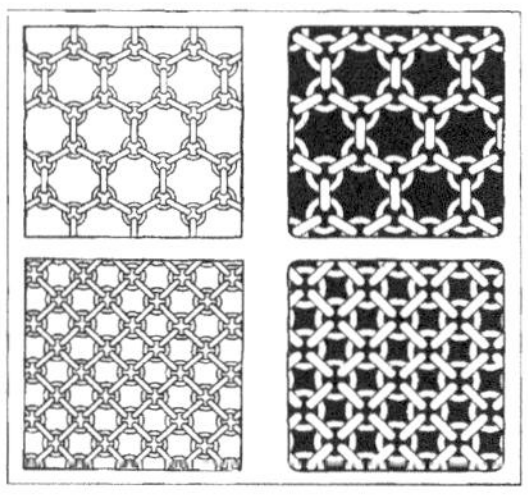

Bild 3-158 Bauarten von Reifenschutzketten (Pewag GmbH, Heimstetten/München)

Bei Arbeitsbedingungen, die zu einem extremen Reifenverschleiß führen, wird auf den Reifen eine elastische Panzerung aufgelegt (Bild 3-156). Man versteht darunter ein flexibles, verschleißfesteres Schutzkettengeflecht aus Stahlgliedern (*Reifenschutzketten*). Die Geflechte sind so gestaltet, dass sie harten und schleißenden Fahrbahnkörpern den Kontakt mit dem Reifen verwehren und somit Verletzungen vermeiden. Trotzdem darf dabei das elastische Verhalten des Reifens nicht behindert werden. Die Geflechte der Reifenschutzketten bestehen in der Regel aus Verschleiß- und Verbindungsgliedern (Bild 3-157). Die Verbindungsglieder fassen drei oder vier Verschleißglieder formschlüssig zusammen. Auf diese Weise entstehen die bekannten vier- oder sechseckigen Schutzkettenbauarten (Bild 3-158). Den Verschleißgliedern verleiht man eine hohe Oberflächenhärte und einen ausreichenden Verschleißquerschnitt. Sechseckige Schutzkettengeflechte werden bevorzugt zur Verbesserung der Traktion und viereckige Schutzkettengeflechte zur Vermeidung von Reifenverschleiß eingesetzt.

Aus Kostenerwägungen ist es beim Radlader ratsam, Reifenschutzgeflechte einzusetzen, wenn die Reifen weniger als 1750 Betriebsstunden erreichen [3.221]. Das gilt nur als grobe Orientierung, denn mit Reifenschutzketten lässt sich oft die Reifenlebensdauer vervielfachen und gleichzeitig die Leistung sowie Betriebssicherheit der Maschine erhöhen. Es gibt auch Einsatzfälle, wo man ohne Schutzketten wegen Wärmeeinwirkung oder scharfkantiger Gutstruktur nicht auskommt. Die Kette erhöht das Traktionsvermögen, ruft aber auch eine zusätzliche Erhöhung der Gerätemasse hervor. In jedem Falle muss mit erhöhtem Kraftstoffverbrauch (rd. 5 %) gerechnet werden. EM-Reifen mit Reifenschutzketten darf man im öffentlichen Straßenverkehr nicht benutzen. Reifenschutzketten im Radladerbetrieb erreichen Lebensdauerwerte von 1300 Bh im Granitgestein, bis 16000 Bh im Kalkstein [3.221].

Die für die Traktion einer Maschine nutzbare Motorleistung wird von den Leistungsverlusten im Antriebsstrang und von den Radübertragungsverlusten (Fahrwiderstand) bestimmt.

Da die Wechselbeziehungen zwischen Reifen und Boden kompliziert sind, lassen sich die im Abschnitt 3.6.1 vorgestellten physikalischen Modelle nur bedingt verwenden. Der EM-Reifen muss im Gelände seine Eignung für sehr verschiedene Bodenarten (Sand, Fels u. a.) und deren Zustände (feucht, unverfestigt u. a.) nachweisen. Aus Experimenten ist bekannt, dass Reifenverformung, Reifenprofil, Reifeninnendruck, Spurtiefe, Kontaktfläche und Reifenbelastung die Übertragungsverluste beeinflussen.

Der Reifeninnendruck hat erwartungsgemäß einen großen Einfluss auf die Kraftübertragung. Für den mit F_Z^* bezeichneten Zugkraftbedarf eines Reifens (auf die Radlast bezogene Zugkraft) gibt Bild 3-159 die Abhängigkeit vom Wirkungsgrad η der Kraftübertragung an. Der Darstellung ist zu entnehmen, dass durch Reduzierung des Reifeninnendrucks der Wirkungsgrad auf ein Optimum ansteigt, um dann wieder abzusinken. Dabei ist zu beachten, dass die Reduzierung des Innendrucks Grenzen hat. Sie werden von der zulässigen Einfederung, der Reifenwalkung (Erwärmung, Verschleiß) und von der Gefahr des Durchrutschens auf der Felge bestimmt. Die Vermutung liegt nahe, dass Größe und Form der Kontaktfläche sowie die sich daraus ergebende Lastverteilung alle Merkmale für die Traktionsfähigkeit und Radverluste beinhalten. Geht man ferner davon aus, dass die Traktionsfähigkeit dann am größten und die Verluste am kleinsten sind, wenn die Schubspannungen in der Kontaktfläche gleichmäßig verteilt sind, so muss auch die Flächenpressung gleichmäßig verteilt sein.

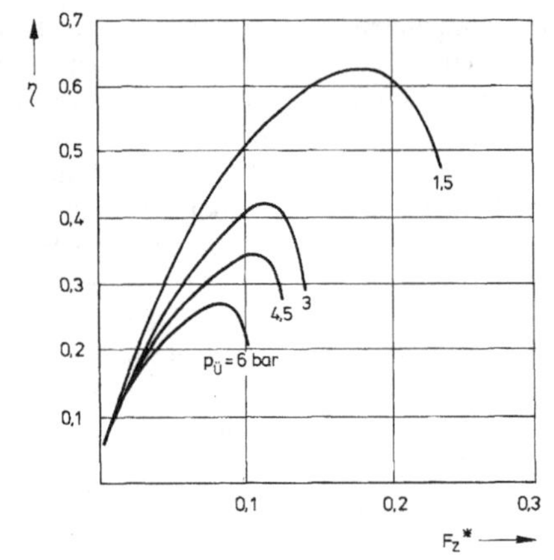

Bild 3-159 Wirkungsgrad η der Kraftübertragung in Abhängigkeit vom Reifeninnendruck $p_ü$ am EM Radialreifen der Größe 18.00 R 25 EM [3.222]

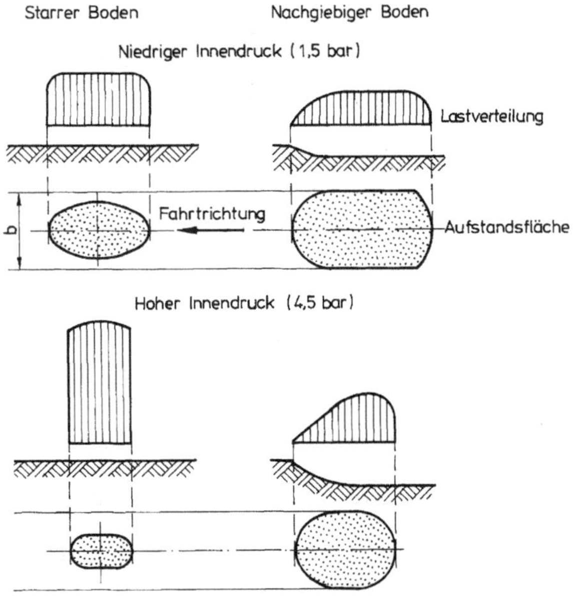

Bild 3-160 Lastverteilung und Aufstandsfläche längs zur Fahrtrichtung (qualitativ) [3.222]

Es ist vorstellbar, dass nur bei ausreichendem Deformationsvermögen von Reifen und Boden eine entsprechende Verteilung der Pressung entsteht. Experimente haben diese grundsätzlichen Zusammenhänge bestätigt, siehe Bild 3-160. Ein starrer Boden als Fahrbahn zwingt den Reifen zur Anpassung und zeigt daher nahezu unabhängig vom Reifeninnendruck eine relativ gleichmäßige Lastverteilung, insbesondere über die Längsachse zur Fahrtrichtung. Jede Flächenvergrößerung durch Verringerung des Reifeninnendruck bewirkt eine Reduzierung der Flächenpressung. Den gleichen Effekt erzielt man durch Befahren eines nachgiebigen Bodens. Diese Erkenntnisse lassen sich aber nur auf relativ schmale Reifen anwenden.

Die Rückkopplung von Verformung am Boden und Verformung am Reifen ist bei den breiten EM-Reifen komplizierter (Bild 3-161). Hier erweist sich die Größe der Kontaktfläche nicht als geeignetes Maß für die Traktionsgüte. Wie Bild 3-162 zeigt, verändert sich die Traktionsfähigkeit bei gleicher Kontaktfläche. Mit F_T^* wird die auf die Radkraft bezogene Triebkraft bezeichnet. Sie ist praktisch um die Verluste größer als F_Z^*. Geeigneter erscheint die beim Befahren eines nachgiebigen Bodens entstehende Boden- und Reifenverformung. Hierfür lassen sich drei signifikante Verformungsprofile erkennen. Sie reichen mit zunehmender Nachgiebigkeit von konvex bis konkav, siehe Bild 3-161. Mit steigender Verformung und Vergleichmäßigung der Lastverteilung steigen auch Traktionsfähigkeit und Wirkungsgrad der Kraftübertragung an. Bei hohem Reifeninnendruck tritt in den Randzonen nur geringe Bodenverdichtung auf, dafür aber hohe Flächenpressung in den mittleren Laufzonen. Hier muss man davon ausgehen, dass die Traktion überwiegend in der mittleren Laufzone stattfindet.

Die Verformungszustände (Bild 3-161) bei geringem Reifeninnendruck und nachgiebigem Boden bewirken ebene oder konkave Profile. Die Flächenpressung kann als gleichförmig und auf einer größeren Fläche verteilt angenommen werden. Zur Erzielung dieser guten Eigenschaften muss daher dem Reifen im Gelände eine Mindestverformung aufgezwungen werden. Dafür gibt in erster Näherung die Aufstandsbreite (augenscheinlich überprüfbar) eines EM-Reifens wichtige Hinweise.

Um verbale Einsatzbeurteilungen auszuschließen, schlägt [3.222] die Einführung einer Betriebskennzahl als Quotient aus Radkraft F_R und Reifenüberdruck $p_Ü$ vor. Bild 3-163 stellt für einen definierten Reifen und Boden die Abhängigkeiten dar. Mit steigender Betriebskennzahl $F_R/p_Ü$ strebt das Rad einem unteren Grenzwert für den Übertragungsverlust zu. Bis $F_R/p_Ü \approx 10$ kN/bar ist der Reifen unterbelastet, er besitzt eine konvexe Aufstandskontur. Im Bereich 10 kN/bar $< F_R/p_Ü <$ 30 kN/bar bildet sich eine bessere Lastverteilung in der Berührfläche aus. Sie wird ab etwa $F_R/p_Ü$ = 30...40 kN/bar optimal. Hier hat der Reifen seine Tragfähigkeitsgrenze, aber auch seine optimalen Arbeitsbedingungen erreicht. Für unterschiedliche Betriebszustände kann man daraus folgende Betreiberempfehlungen ableiten:

$25 \le F_R/p_Ü \le 30$	für Mischbetrieb auf festem und nachgiebigem Boden
$30 \le F_R/p_Ü \le 35$	für Dauerbetrieb auf nachgiebigem Boden
$35 \le F_R/p_Ü \le 45$	für kurzzeitigen Einsatz mit Zugkrafthöchstwerten.

Diese Aussagen gelten nur für den untersuchten Reifen. Ergänzende Angaben zu speziellen Reifen erhält man von den Reifenherstellern.

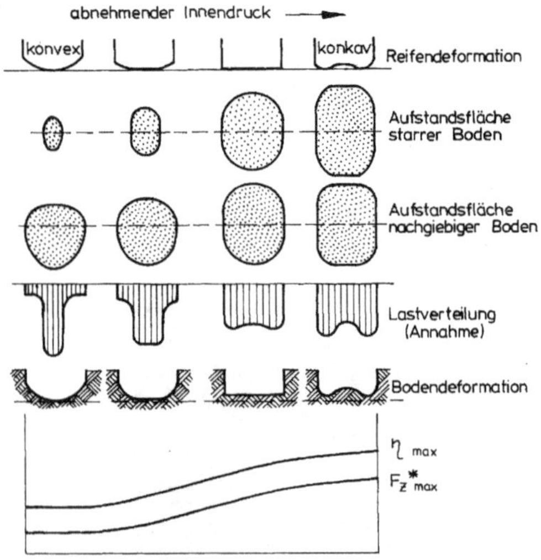

Bild 3-161 Lastverteilung und Aufstandsfläche quer zur Fahrtrichtung (qualitativ) [3.222]

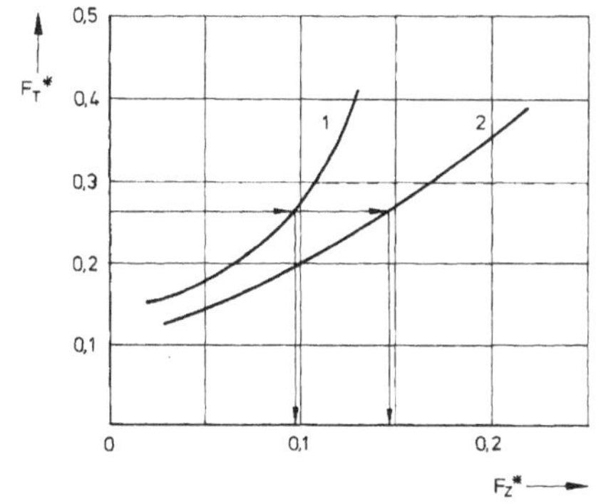

Bild 3-162 Traktionsfähigkeit bei gleicher Kontaktfläche [3.222]
1 $F_R = 67$ kN, $p_Ü = 4{,}0$ bar
2 $F_R = 50$ kN, $p_Ü = 1{,}5$ bar

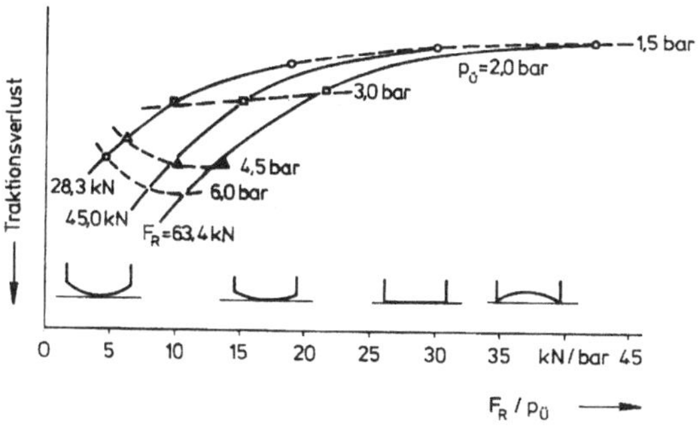

Bild 3-163 Betriebskennzahlen $F_R/p_Ü$ für EM-Reifen auf dem Erdstoff Mittelsand mit Lagerungsdichte 49 % und Wassergehalt 11 % [3.222]

In gleicher Weise stellt sich die Frage nach dem Einfluss des Reifenprofils. Experimentelle Untersuchungen haben gezeigt, dass der erwartete Profileinfluss ausbleibt. Bekanntlich wird das Reifenprofil von der Stollenhöhe bzw. Profiltiefe, der seitlichen Verstärkung (zwischen Profil und Felge), der Stollenform und -verteilung sowie von der Laufflächenbreite bestimmt. Sobald die Reifenprofile in einen entsprechenden Verformungszustand gezwungen werden, der eine gleichmäßige Lastverteilung im Kontakt hervorbringt, lassen sich nur noch sehr geringe Traktionsunterschiede feststellen. Bild 3-164 verdeutlicht das Ergebnis beispielhaft. Bei richtiger Einstellung von Radlast und Reifeninnendruck ist also der Einfluss des Profils gering. In diese Bewertung wurden Verschleiß und Fähigkeit zur Selbstreinigung nicht einbezogen. Beide Aspekte können aber von Bedeutung sein.

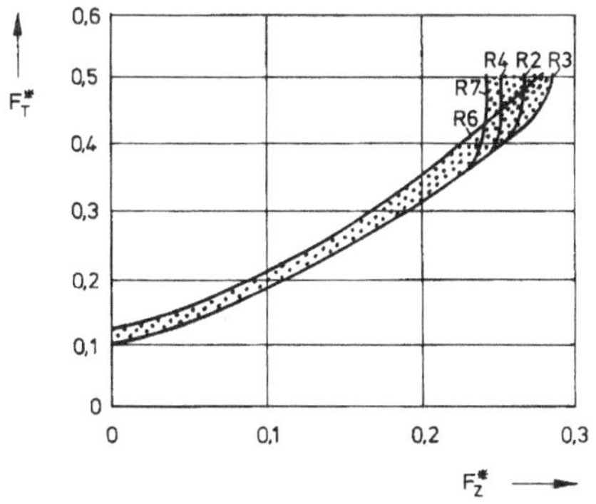

Bild 3-164 Übertragungsverluste der Reifen in Abhängigkeit von unterschiedlichen Profilen R1–R7 [3.223]

3.6.3 Raupenfahrwerke

Neben Radfahrwerken werden Ketten- (Raupenfahrwerke) und Schienenfahrwerke, aber auch Schreit- und Kriechwerke zur Fortbewegung von Erd- und Tagebaumaschinen benutzt. Schreit- und Kriechwerke haben nur eine untergeordnete Bedeutung, sie werden in [3.224] bis [3.226] ausführlich behandelt. Schienenfahrwerke sind in der Tagebautechnik sehr häufig anzutreffen. Hier kann aber auch auf Ausführungen in [3.224] und [3.227] verwiesen werden.

Die Suche nach Fahrwerken für Maschinen auf unbefestigten Böden führte schon 1837 zum Patent einer "angetriebenen Kette". Serienreife Kettenfahrwerke wurden aber erst 1896 gebaut. Sie kommen immer dann zur Anwendung, wenn infolge der Maschinenmasse m_e eine für Radfahrwerke zu hohe Bodenpressung entsteht und es auf hohe Standsicherheit, Gelände- sowie Traktionsfähigkeit ankommt. Man benutzt sie für robuste, geländegängige Maschinen, deren Fahrgestelle auf mindestens zwei umlaufenden Kettenbändern abrollt.

3.6.3.1 Raupenketten und Kettentriebe

Die aus einzelnen Gliedern bestehende *Raupenkette* wird in Fahrtrichtung auf dem Boden ausgelegt und dient somit als ebene Rollbahn. Gleichzeitig muss sie sämtliche Kräfte aus Traktion und Eigenmasse auf den Boden übertragen. Durch Veränderung von Kettenbreite b (Bodenplatte) und Kettenlänge l (Achsabstand) kann man eine Anpassung an nahezu alle Einsatzbedingungen erzielen. Mit Plattenbreiten bis b = 1000 mm werden Spezial-Erdbaumaschinen für Meeresböden, Sumpf- und Moorgebiete bei nur 0,02 N/mm^2 Bodenpressung und Tagebaumaschinen bis b = 3500 mm ausgeführt [3.228]. Ansonsten ist bei Standardmaschinen eine mittlere Bodenpressung p_m = 0,05...0,15 N/mm^2 zulässig. Sie wird nach den im Bild 3-165 dargestellten Bedingungen wie folgt berechnet:

symmetrische Lastverteilung (Bild 3-165a)	$p_m = \dfrac{m_e g}{2bl}$
unsymmetrische Lastverteilung (Bild 3-165b)	$f = h \tan\alpha$ $p_1 = \dfrac{m_e g}{2bl}(1 - \dfrac{6f}{l})$ $p_2 = \dfrac{m_e g}{2bl}(1 + \dfrac{6f}{l})$
unsymmetrische Lastverteilung (Bild 3-165c)	$p_1 = \dfrac{m_e g}{2bl}(1 - \dfrac{6f}{l})$ $p_2 = \dfrac{m_e g}{2bl}(1 + \dfrac{6f}{l})$.

Der Kraftschlussbeiwert zwischen Raupenkette und Boden (Tafel 3-44) ist von der Kettenbauart abhängig und sichert die Übertragung einer hohen Zugkraft und dadurch auch eine hervorragende Steigfähigkeit für Maschinen im Gelände.

Grundsätzlich unterscheidet man ein- und mehrteilige Raupenkettenglieder. Die *Schakenkette* (Bild 3-166) besitzt einteilige Glieder und kommt ausschließlich in großen Tagebaumaschinen vor. Ihre Form wird hinsichtlich Festigkeit und Verschleiß in [3.229] untersucht. Auch bei örtlichem Verschleiß muss immer das gesamte, einteilige Kettenglied ausgetauscht werden. Die seitliche Überhöhung der Schake dient zur Führung der Laufrollen und für den Formschluss mit dem Zahn des Antriebsturas. Hier wird die Umfangskraft F_T eingeleitet. Schaken werden ausschließlich aus G-X 120Mn12 gefertigt, legierte Stähle haben sich nicht bewährt. Es konkurrieren die Bauformen Höcker- und Flachschake miteinander. Bei der Höckerschake kann man von einer definierteren Lastabtragung ausgehen, was die Unterschiede im Verschleiß aber nicht bestätigen. Höckerschaken sind empfindlich gegen geometrische Längenänderungen, sie neigen dann zum Überspringen. Der Turas für Schakenketten sollte mindestens über 9 Ecken verfügen, um eine gleichmäßige Fahrbewegung zu erzeugen. Die Tragrollen werden aus 42CrMo4 gefertigt, verfügen über eine Lebensdauerschmierung und schmierfreie Schwingenlagerung. Unter solchen Bedingungen haben Schakenketten eine Lebensdauer von rd. 200 km Fahrstrecke.

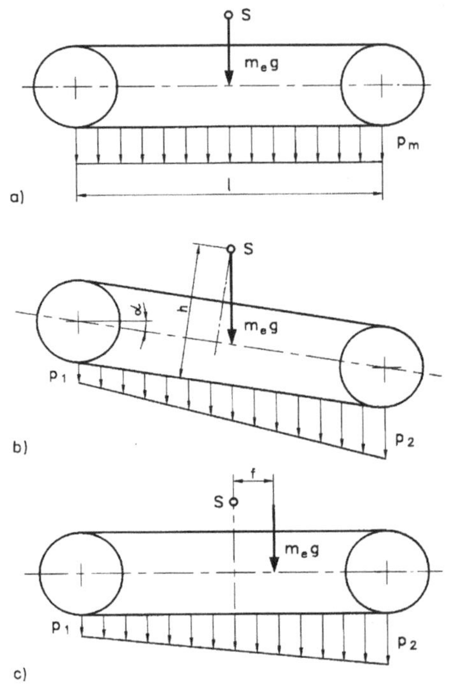

Bild 3-165 Bodendruckmodelle am Kettenlaufwerk

a) symmetrische Belastung im Schwerpunkt S
b) unsymmetrische Belastung bei geneigter Fahrt
c) unsymmetrische Belastung bei exzentrischer Lasteintragung

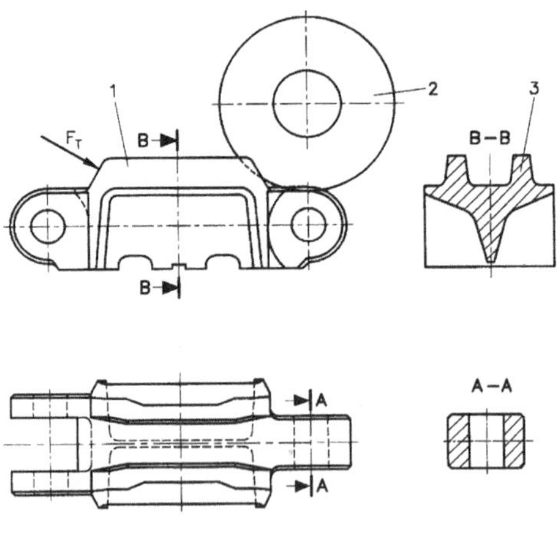

Bild 3-166 Schaken-Kettenglied ohne Kettenplatte

1 Schakenkörper
2 Laufrolle
3 Überhöhung

F_T Zahnkraft des Turas

Zu den häufig verwendeten Bauarten der mehrteiligen Kettenglieder gehören solche mit Greifer-, Dreisteg- und Flachbodenplatten, siehe Bild 3-167. Sie werden als *Traktorketten* bezeichnet und kommen ausschließlich in mobilen Erdbaumaschinen zur Anwendung. Während die Zugkraft auf kohäsionslosen Böden (Sand, Kies) überwiegend kraftschlüssig übertragen wird, ist bei weichen und bindigen Böden der Formschluss maßgebend. Mit einem hohen Steg an Bodenplatten kann man entsprechende Schubflächen aufbauen und erhält über die Scherfestigkeit im Erdstoff ein Grenzmaß für übertragbare Zugkräfte (s. Abschn. 3.6.1).

Aus besagten Gründen werden deshalb die Planier- und Zugmaschinen vorrangig mit Greiferplatten und Bagger mit Mehrsteg- oder Flachbodenplatten ausgestattet. Die Dreistegplatte stellt einen konstruktiven Kompromiss aus Formschluss, Biegesteife und Verschleißvolumen dar. Sehr oft verfügen Kettenplatten über Bohrungen, durch die sich der Raum zwischen den Kettensträngen während des Umlaufs über das Kettenrad vom Schmutz befreit. Zur Schonung der befahrenen Oberfläche werden in Sonderfällen steglose Flachbodenplatten oder Stege aus Hartgummi eingesetzt.

Um in jeder Kettenstellung sicherzustellen, dass zwischen benachbarten Bodenplatten kein Spalt zum Einklemmen von Gegenständen entsteht, ist das Profil der Platte exakt auf die Kettenteilung abzustimmen. Außerdem werden Überdeckungslippen vorgesehen, damit auch beim Scharnieren der Spalt vermieden wird. Große Plattenbreiten können nur auf ebenem Gelände benutzt werden, weil es sonst Belastungszustände geben kann, wo auf der äußeren Kante einer einzelnen Platte ein zu großer Anteil der Maschinenmasse abgestützt werden muss. Für hohe Biegesteife sind die dafür entwickelten Kastenprofil-Bodenplatten zu benutzen.

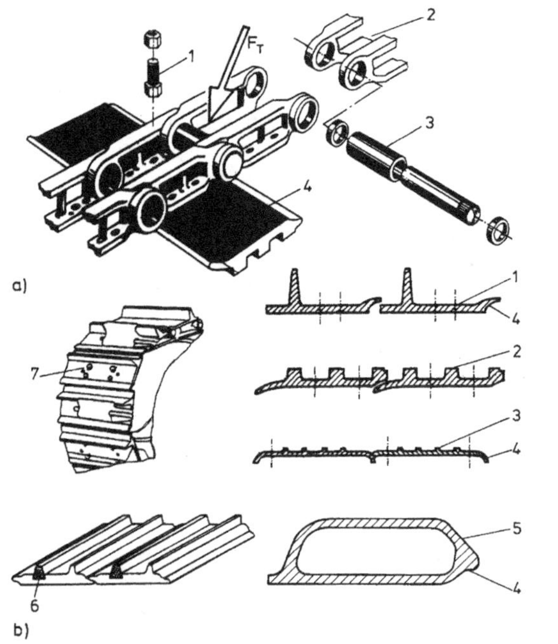

Bild 3-167 Elemente der Traktorkette

a) Elemente eines mehrteiligen Kettenglieds
1 Befestigungselemente
2 zweiteiliges Ketteband
3 Bolzen und Hülse
4 Kettenplatte
F_T Zahnkraft des Turas

b) Bauarten von Kettenplatten
1 Einsteg- bzw. Greifer-Bodenplatten
2 Drei- bzw- Mehrsteg-Bodenplatten
3 Flachbodenplatten
4 Überdeckungslippe
5 Kastenprofil-Bodenplatten (Schwerterprofil)
6 Stege aus Hartgummi
7 Reinigungsbohrungen

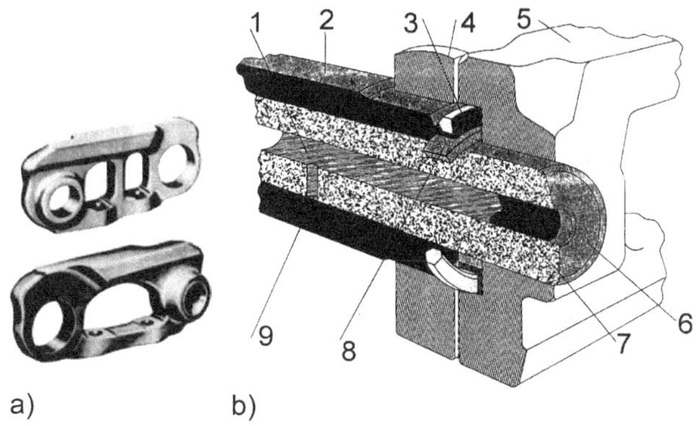

Bild 3-168 Konstruktion der Traktorkette

a) Kettenglieder mit und ohne Mittelsteg
b) Kettengelenk

1 Schmierstoffdepot im Kettenbolzen
2 Kettenbuchse
3 Dichtring (Elastomer)
4 bogenförmige Laufflächenkontur des Kettenglieds im Bereich vom Buchsen-Bolzenauge
5 Kettenglied
6 Kettenbolzen mit Ölvorratsbohrung
7 Verschlussstopfen
8 Metalldruckring zur Aufnahme von Axialschub
9 Querbohrung zur Ölzuführung in die Gleitzone

Je kleiner man die Kettenteilung wählt, umso geringer sind Aufsteiggefahr, Kettenverschleiß, Laufruhe und Wirkungsgrad. Feingliedrige Traktorketten mit kleinen und vielen Laufrollen (5...9 Stück) lassen hohe Fahrgeschwindigkeiten zu. Sie betragen für Erdbaumaschinen in der Regel 3...8 km/h. Unter Ungleichförmigkeit wird die periodisch schwankende Auf- und Ablaufgeschwindigkeit der Kette am Antriebsturas verstanden (Polygoneffekt). Es treten dadurch dynamische Zusatzbelastungen auf, die bei der Bauteilbemessung zu berücksichtigen sind, siehe [0.1].
Kettenglieder (Bild 3-168a) werden in der Regel geschmiedet, bei Schakenketten gibt es auch Gussausführungen. Ihre Geometrie ist geometrisch optimiert [3.230]. Bezogen auf Anwendung und Ausführung unterscheidet man trockene, fettgeschmierte, trocken-abgedichtete und ölgeschmierte Ketten. Die erstgenannten zwei Ausführungen finden vorrangig für Bagger bei geringen Geschwindigkeiten und seltenen Fahrereignissen Verwendung. Mit der Fettschmierung werden der Innenverschleiß im Kettengelenk und das Fahrgeräusch reduziert. Maschinen mit hohem Fahranteil und hohen Geschwindigkeiten (z. B. Planiermaschinen) leiden sehr viel mehr am Innenverschleiß. Hier werden bevorzugt die trocken-abgedichteten und ölgeschmierten Ketten eingesetzt.
Die Kettenbuchse bildet zusammen mit dem Kettenbolzen das Gelenk (Bild 3-168b). Auf die Außenfläche der Buchse greift der Turaszahn zur Kraftübertragung. Zwischen Innenfläche und Kettenbolzen erfolgt die Gelenk-Gleitbewegung. Die Kettenbuchse ist innen wie außen einsatzgehärtet und reicht mit ihren Enden bis in das Anschlusskettenglied zur Bildung einer Dichtung. Vielfältige Untersuchungen haben sich dem Verschleiß an Kettenlaufwerken gewidmet. Ihnen können wertvolle, praktische Hinweise über Laufwerksbeanspruchungen, Verschleißdiagnose und Laufwerkswartung entnommen werden [3.231]. Erst jüngst hat *Caterpillar* nachgewiesen, dass in einer ölgeschmierten Kette mit verkürzten und frei drehender Buchse (Drehbuchsenkette) das arbeitsaufwendige Buchsendrehen infolge Verschleiß entfallen kann. Es wird empfohlen, ölgeschmierte Ketten einzusetzen, wenn die erreichbare Lebensdauer < 4000 Bh beträgt [3.232]. Während bei einer konventionellen Kette zwischen der eingepressten Buchse und dem Turaszahn eine verschleißverursachende Relativbewegung entsteht, kann die frei drehende Buchse unbeeinflusst von der zwanghaften Scharnierbewegung eine statische Position zum Zahn einnehmen. Außerdem verteilt sich die Abnutzung auf die gesamte Außenfläche der Buchse.
Experimente haben ergeben, dass völlig neue Werkstoffpaarungen für die besonders vom Schmutz befallene Gleitpaarung zwischen Turaszahn und Hülse Erfolge versprechen. Der Außenverschleiß konnte durch Verwendung von Keramikhülsen reduziert werden [3.233].
Betrachtet man den Einlauf einer Kette in die Verzahnung des Turas, so ergeben sich wegen des Kettenaufbaus für beide Fahrtrichtungen unterschiedliche Kraft- und Bewegungsverhältnisse. Das Kettenglied „scharniert“ während des Einlaufens um den Teilungswinkel τ in die Verzahnung des Turas. Dabei dreht sich der Kettenbolzen im Untertrum bei Vorwärtsfahrt und „richtig“ aufgelegter Kette nur in der Buchse, siehe Bild 3-169. Bei Rückwärtsfahrt ist das Scharnieren im Obertrum von Bedeutung. Hier entsteht eine Relativbewegung zwischen Buchse und Zahn sowie zwischen Bolzen und Buchse. Dieser Zustand ist so gewollt, da der Außenverschleiß aus der Bewegung zwischen Buchse und Zahn von den geringeren Kettenzugkräften der Rückwärtsfahrt (Leerfahrt) bestimmt wird. Um den Innenverschleiß positiv zu beeinflussen, sollte die Paarung Bolzen-Buchse geschmiert und abgedichtet werden. Im Sinne der Lebensdauer einer Kette muss man deren Laufrichtung beim Montieren beachten.

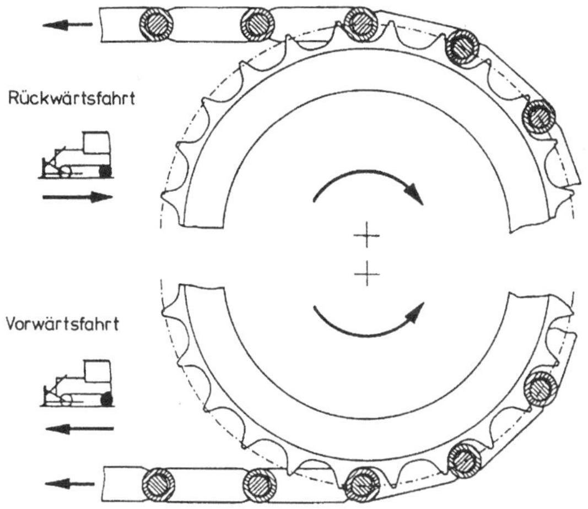

Bild 3-169 Einlaufen der Kette in den Turas bei Vor- und Rückwärtsfahrt

Untersuchungen haben ergeben, dass Buchsen um den Faktor 2,5 stärker verschleißen als Turaszähne [3.234]. Dabei bestehen die Buchsen aus Einsatzstahl und der Zahn aus manganlegiertem Vergütungsstahl. Die Fahrgeschwindigkeit (1...5 km/h) hat einen untergeordneten Einfluss auf den Verschleiß, da er im Wesentlichen von der umgesetzten Reibarbeit bestimmt wird. Auch der Einsatz von Kaltarbeitsstahl mit eingebettetem primärem Chromkarbid und Manganhartstahl (X120Mn12) führten nicht zu den gewünschten Erfolgen. Nur mit Auftragschweißung bei hochlegierten Zusatzwerkstoffen konnte geringerer Verschleiß beobachtet werden. Aus Kostengründen kommt diese Hartpanzerung heute bei Serienlaufwerken noch nicht zur Anwendung.

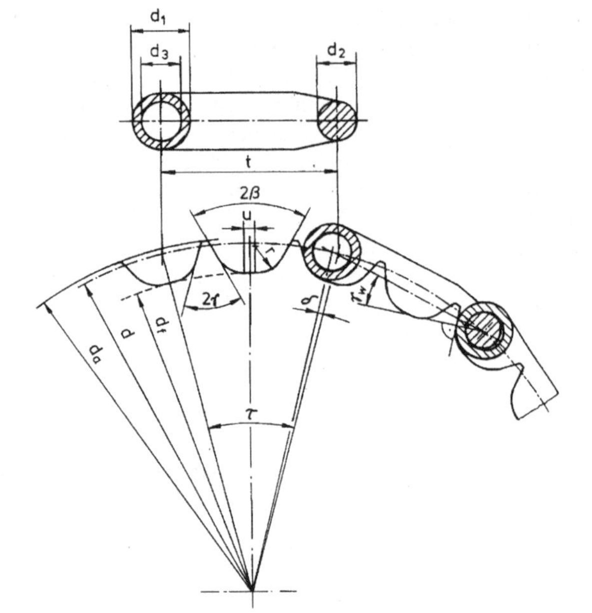

Bild 3-170 Verzahnungsparameter am Kettenturas

Die Teilung der Kette ist in der Regel doppelt so groß wie die des Antriebsturas. Man spricht von einem nachsetzenden Zahnsystem (Hunting Tooth). Dadurch kommt bei einem Umlauf nur jeder zweite Zahn mit einer Kettenbuchse zum Eingriff, siehe Bild 3-170. Kette und Turas erfahren dadurch etwa den gleichen Verschleiß. Mit der ungeraden Zähnezahl z gilt für den Teilungswinkel $\tau = 4\pi / z$.

Der Flankenwinkel γ ist als Winkel zwischen der Symmetrieebene des Zahns und der Tangente durch den Berührungspunkt mit der Buchse definiert. Mit γ und τ lässt sich dann auch der Zahnöffnungswinkel β in Beziehung bringen

$$\gamma = \beta - \frac{\tau}{4}.$$

Nach DIN 8195 wird der Teilkreisdurchmesser d für die nichtevolventische Verzahnung aus der Kettenteilung t bestimmt

$$d = \frac{t}{\sin(2\pi / z)}.$$

Es berechnen sich weiterhin der Kopfkreisdurchmesser zu $d_a = kd$, mit dem Kopfhöhenfaktor $k > 1$, der Fußkreisdurchmesser zu $d_f = d - d_1$ und der Fußrundungsradius zu $r = (0{,}51 \pm 0{,}005)\, d_1$. Der wirksame Flankenwinkel γ_w ist als Winkel zwischen der Verbindungslinie zweier Kettengelenkachsen und der Flankennormalen durch den Berührungspunkt mit der Buchse definiert. Er wird mit dem Zahnlückenspiel u und dem daraus resultierenden Versatzwinkel δ ermittelt nach

$$\gamma_w = \gamma - (\frac{\tau}{4} + \delta) \quad \text{mit} \quad \delta = arc\tan(\frac{u}{d}).$$

Die aufgeführten Beziehungen gelten für den Neuzustand (ohne Verschleiß) von Kette und Turas. Der Flankenwinkel sollte $\gamma_w = 15°$ (kleine Fahrgeschwindigkeit), $\gamma_w = 8°$ (große Fahrgeschwindigkeit), das Zahnlückenspiel $u = 0{,}02\, t$ und die Zahnbreite $b = 0{,}9\, l_B$ (l_B Buchsenlänge) betragen. Die konstruktiven Festlegungen sind von der Absicht getragen, Verschleiß am Turas möglichst zu vermeiden. Deshalb werden breite Zahnlücken gestaltet, um auch hier den Selbstreinigungseffekt zu unterstützen. Zahnflanken, -mulden und die Stirnseiten des Turas sind oberflächengehärtet. Oft werden auch geteilte und anschraubbare Zahnkränze vorgesehen, um das Austauschen verschlissener Bauteile zu erleichtern.

Mit *Gummiketten* ist man bemüht, die wesentlichen Vorteile von Reifen und Ketten zu vereinen. Bisher ist die endlose Gummikette nur dem Minibagger vorbehalten. Es wird aber aktive Entwicklungsarbeit geleistet, um ihren Einsatz zu erweitern [3.230]. Die Arbeiten konzentrieren sich dabei auf Untersuchungen zu kombiniertem Reib- und Formschlussantrieb sowie auf regelbare Gummikettenvorspannungen.

3.6.3.2 Kettenlaufwerke

Unter dem *Kettenlaufwerk* (Fahrschiff) versteht man das zusammengefügte Gebilde aus Raupenkette, Bodenplatten, Laufrollen, Stützrollen, Antriebsturas, Umlenk- bzw. Leitrad, Spanneinrichtung und Laufwerksrahmen, siehe Bild 3-171.

Ein Raupenfahrwerk besteht immer aus mindestens zwei Kettenlaufwerken. Das Leitrad besitzt nur ein Führungsprofil (selten Verzahnung) und ist immer mit einer Kettenspanneinrichtung (Spindel, Fettzylinder) verbunden, siehe Bild 3-172.

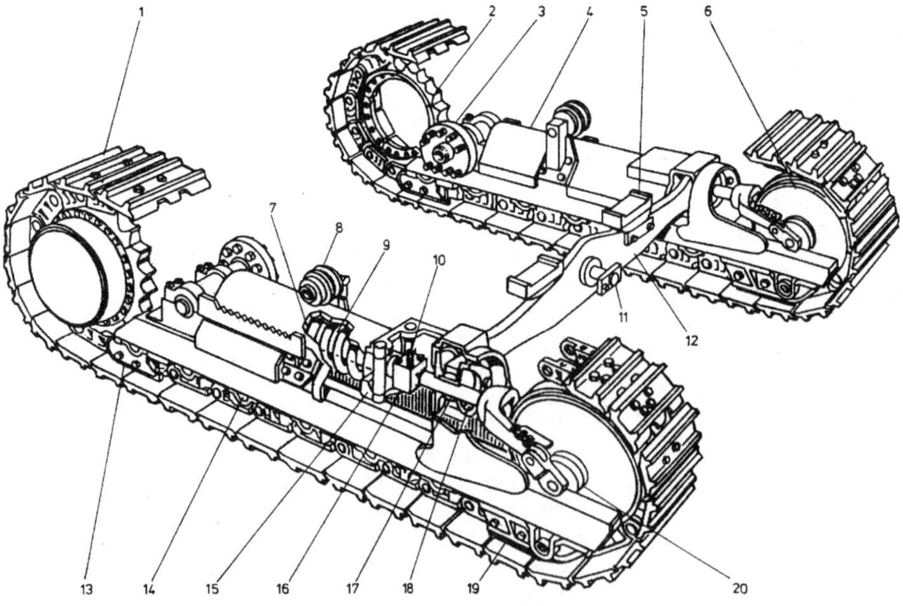

Bild 3-171 Kettenlaufwerk

1 Kette mit Bodenplatten
2 Antriebsturas (Zahnkranzsegment)
3 Dreh- oder Pendelzapfen für Anschluss am Hauptrahmen
4 Laufrollen- bzw. Laufwerksrahmen
5 Gummianschläge zum Hauptrahmen
6 Leitrad
7 Feder der Spannvorrichtung
8 Trag- oder Stützrolle
9 Spannzylinder
10 Füll- und Entlastungsventil der Spanneinrichtung
11 Drehbolzen
12 Quertraverse bei Planiermaschinen
13 hintere Kettenendführungsplatte
14 Laufrolle
15 Haltebolzen für Spannfeder
16 Spannkolben
17 Pendellager
18 Leitradspindel
19 vordere Kettenendführungsplatte
20 Schwinghebel

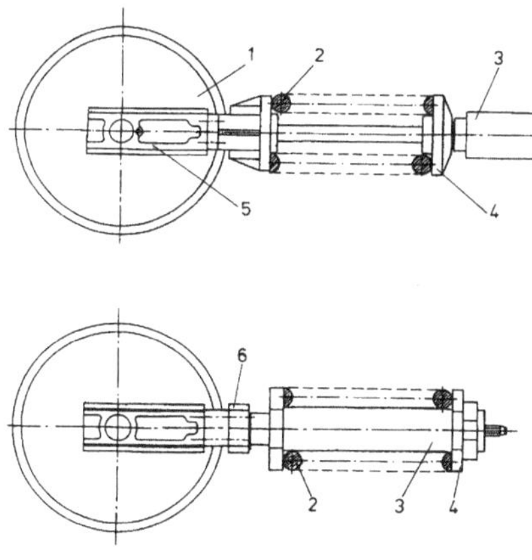

Bild 3-172 Spannvorrichtungen

1 Leitrad	3 Kettenspanner	5 Gleitstück
2 Feder	4 Federteller	6 Traverse

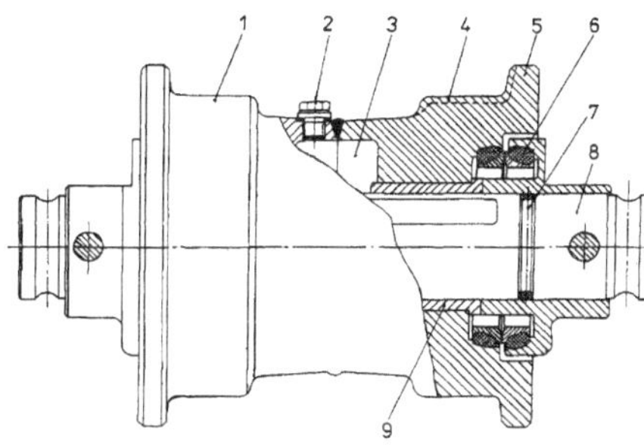

Bild 3-173 Laufrolle

1 Lauffläche des Rollenkörpers	6 Gleitringdichtung
2 Verschlussschraube	7 Rundring
3 Schmierstoffdepot	8 Bolzen
4 Härtezone der Lauffläche	9 Gleitbuchse
5 Spurkranz	

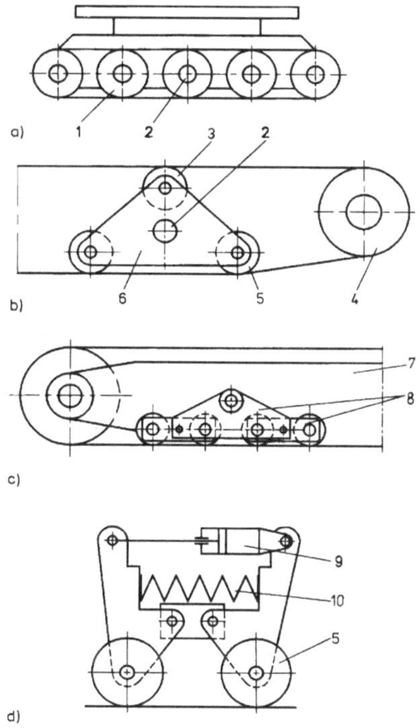

Bild 3-174 Anordnung von Lauf- und Stützrollen

a) Tragachsen mit Großrollen
b) Tragachsen mit Einzelschwingen
c) Fahrwerksrahmen mit Mehrfachschwingen
d) Prinzip einer Laufrollenfederung und -dämpfung

1 Großrolle	6 Schwinge
2 Tragachse	7 Fahrwerksrahmen
3 Stützrolle	8 Mehrfachschwinge
4 Turas	9 Dämpfungselement (Gleitstück)
5 Laufrolle	10 Federelement (Drehstab- oder Schraubenfeder)

Sie dient dem Straffen der Kette nach der Montage, aber auch dem Schutz bei Überlastung (z. B. durch Schmutzaufbau). Mit einer in der Spanneinheit integrierten Schrauben- oder Gasfeder (Stickstoff) kann die Kette auf hohe Belastungen durch Nachgeben reagieren. Neuentwicklungen haben Federeinheiten hervorgebracht, wo aus sicherheitstechnischen Gründen die Feder nicht immer im vorgespannten Zustand sein muss [3.230]. Der zulässige Durchhang im Obertrum bei gespanntem Untertrum ist von den Führungseigenschaften und der Fahrgeschwindigkeit abhängig. Zur Orientierung kann man einen Betrag von 20...40 mm annehmen.

Auf den kleinen Laufrollen (Bild 3-173) an der Unterseite des Laufwerksrahmens stützt sich die Maschine gegenüber der Kette ab. Sie besitzen Spurkränze (Außen-, Innen-, Doppelflanschausführung), um auch Seitenkräfte (Lenken) zu übertragen und sind der Verschmutzung besonders ausgesetzt. Als Lifetime-Ausführung bezeichnet man solche Lösungen, die für > 2000 Bh über eine Dauerschmierung verfügen und deren Laufflächen gehärtet sind. Die Dauerschmierung ist dabei immer mit Metall-Gleitringdichtungen kombiniert, die für solche Anwendungsfälle entwickelt wurden und sich bestens bewähren. Stützrollen sind an der Oberseite angebracht, sie tragen und führen das unbelastete Kettentrum zwischen Antriebsturas und Leitrad. Konstruktiv sind Lauf- und Stützrollen meist gleich ausgeführt.

Statt der Stütz- oder Laufrollen werden in seltenen Fällen auch Gleitschienen (Kunststoff) oder Tragachsen mit so genannten Großrollen benutzt (Bild 3-174a). Ihr Durchmesser entspricht dem von Leitrad und Turas. Lauf- und Stützrollen werden einzeln oder in Schwingen kombiniert am Laufwerksrahmen befestigt (Bild 3-174b und c). Bei Maschinen mit hohem Fahranteil und großen Geschwindigkeiten wird die Ausgleichsbewegung der Schwingen abgefedert (z. B. Drehstabfedern) und gedämpft (Gummipuffer), siehe Bild 3-174d.

[3.235] berichtet von einem Konzept, wo die Laufrollen in größerer Anzahl umlaufend in der Kette integriert sind und die bisherigen Laufrollen durch eine Laufschiene ersetzt werden. Damit sollen die Traktionsfähigkeit um 30 % und die Laufgüte erhöht werden. Eine Praxiswirksamkeit dieser Lösung ist bisher nicht bekannt geworden.

Unter "Atmung" versteht man das Ausweichen einer Raupenplatte, wenn deren belasteter Rand unter Einwirkung der Stützrollenlast einsinkt und gleichzeitig der unbelastete Rand sich anhebt. Diese Bewegungen übertragen sich auf benachbarte Kettenglieder. Ungewollte dynamische Zusatzbelastungen sind die Folge einer solchen Erscheinung, deren Beurteilung nach dem Atmungsfaktor

$$f_a = \Delta s / s_m$$

vorgenommen wird. Es bezeichnen Δs die maximale Einsinktiefe und s_{m} die mittlere Einsinktiefe ohne „Atmung“ bei gleichmäßiger Druckverteilung. Der Atmungsfaktor ist vom Achsabstand a der Tragrollen und der Kettenteilung t_{K} abhängig. Aus Erfahrung gilt:

a/t_K	1,0	1,5	2,0	3,0
f_a	0	0,75	2,0	3,0

Der Idealfall $f_a = 0$ verursacht zu große Kettenteilungen und Turasdurchmesser. Am gebräuchlichsten sind Werte zwischen $f_a = 0{,}75$ und 2,0.

Grundsätzlich unterscheidet man die im Bild 3-175 dargestellten Laufwerksbauarten. Insbesonderbei den Planiermaschinen haben sich in den 1970er Jahren mit dem Delta- (Dreiecks-) und konventionellen Laufwerk (Bilder 3-175a und b) zwei sich gänzlich voneinander unterscheidende Konzepte entwickelt. Heute wird nicht nur bei großen Planiermaschinen der hochgesetzte Turas (Delta) bevorzugt. Dadurch hält man die hohen Belastungen aus dem Schub- und Reißvorgang von den Seitenantrieben fern und schützt den Antrieb vor übermäßiger Verschmutzung. Andererseits muss die Kette mehrfach umgelenkt werden, und vollständig kann auch ein obenliegender Turas nicht vor Einwirkung von Schmutz geschützt werden. Delta-Laufwerke mit Leit- und Laufrollenpendelung (Bild 3-175c) können sich noch besser dem Geländeprofil anpassen, übertragen auf unebenem Untergrund höhere Zugkräfte und erlauben hohe Fahrgeschwindigkeiten. Turas, Leitrad und vor allem die Laufrollen besitzen Pendelgestelle (Bild 3-174), deren Anschläge von elastischen Dämpfern (Gummi) begrenzt werden. Eine zusätzliche Feder vermindert die auf die Laufwerksteile ausgeübten Stöße.

Es ist konstruktiv zu verhindern, dass über den Turas äußere Seiten- und Gewichtskräfte in den Rahmen eingeleitet werden. Er sollte nur zur Übertragung von Drehmomenten dienen, was mit dem Delta-Laufwerk optimal gelingt. Auch bei konventionellen Laufwerken orientieren die Fahrwerkskonstruktionen auf ausreichende Ausgleichsbewegungen, indem ihre Abstützung über eine dem Antrieb vorgelagerte Stützachse und Pendelbrücke erfolgt, siehe Bilder 3-176 und 3-177.

Während die Laufwerke bei Planiermaschinen um die Stütz- oder Antriebsachsen pendeln, sind sie aus Standsicherheitsgründen bei jedem Bagger starr über Querträger verbunden.

Die Zugkräfte im Kettenstrang werden von der Vorspannkraft F_v und den inneren wie äußeren Bewegungswiderständen (Widerstandsbeiwert μ_B, s. Tafel 3-44) bestimmt. Dabei ist der Zugkraftverlauf davon abhängig, ob die Maschine geschoben oder gezogen wird. Bild 3-183 zeigt den prinzipiellen Zugkraftverlauf in einer Kette. Genauere Untersuchungen zum Bewegungswiderstand und zur Kettenzugkraft sind [3.236] zu entnehmen. Am Turas muss die aus der Summe aller Bewegungswiderstände resultierende Umfangskraft F_u vom Fahrantrieb aufgebracht werden. Mit der Schwerkraft F_G je Fahrwerk und dem Verschmutzungs- bzw. Vereisungsfaktor k_0 = 1,1...1,2 rechnet man in der Praxis nach der Gleichung

$$F_u = F_G\,(\sin\alpha + k_0\,\mu_B \cos\alpha).$$

Der Winkel α für die größte befahrbare Steigung ist aus der Bedingung

$$F_G\,\sin\alpha \leq \mu_K\,F_G\,\cos\alpha$$

bestimmbar. μ_K bezeichnet darin den in Tafel 3-44 angegebenen Kraftschlussbeiwert.

Die Kurvenfahrt eines Raupenfahrwerks ruft zusätzliche Stützkräfte und Antriebsmomente hervor, die bei der Bemessung zu beachten sind. Theoretische Grundlagen liegen seit längerer Zeit dafür vor, siehe [3.237] bis [3.242].

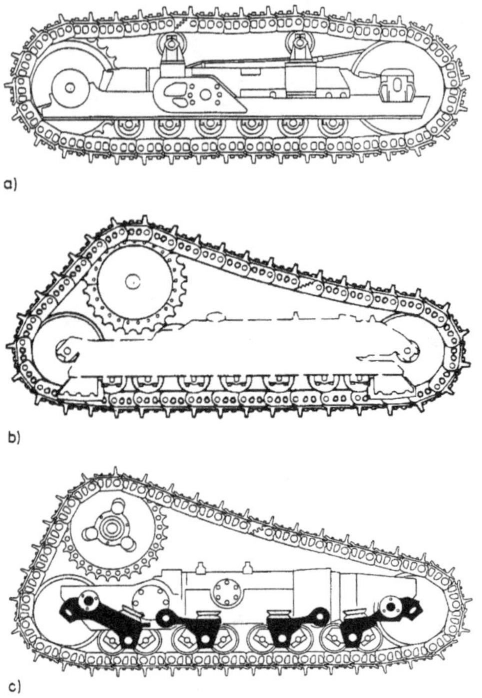

Bild 3-175 Bauarten der Kettenlaufwerke

a) konventionelles Laufwerk
b) Delta-Laufwerk
c) Delta-Laufwerk mit Leitrad- und Laufrollenpendelung

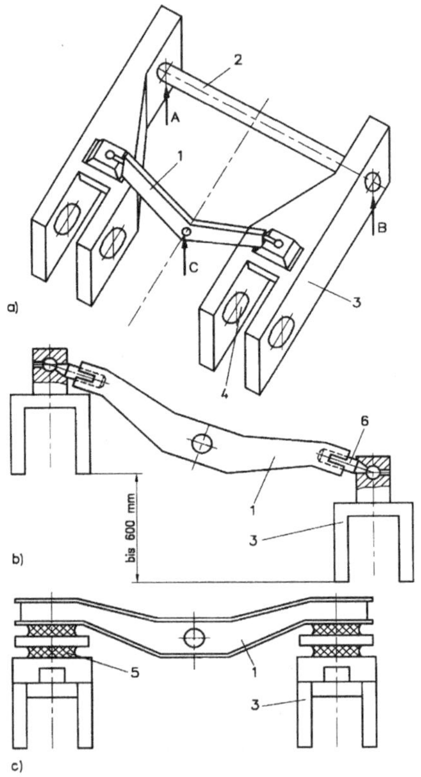

Bild 3-176 Pendelbrücke, Ausgleichstraverse bei Planiermaschinen

a) Laufwerksverbindung
b) Pendelbrücke mit Kugelgelenk
c) Pendelbrücke mit Gummifedern (Silentblöcke)
ABC 3-Punkt-Abstützung

1 Pendelbrücke 4 Ort für Leitrad
2 Stützachse 5 Gummiblöcke
3 Laufwerksrahmen 6 Kugelgelenk mit Längenausgleich

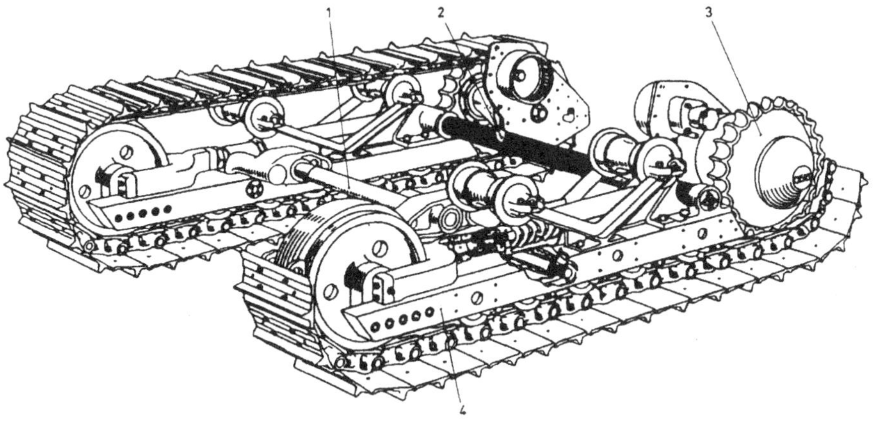

Bild 3-177 Laufwerk mit Stützachse und Pendelbrücke einer Planiermaschine
1 Pendelbrücke 3 Turasantrieb
2 Stützachse 4 Laufwerksrahmen

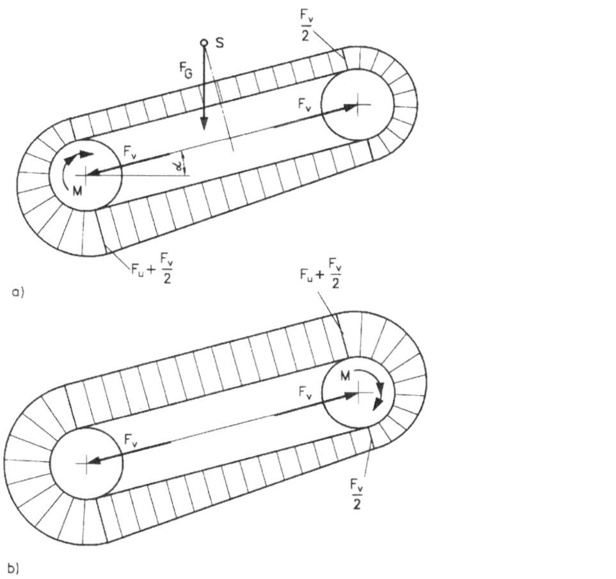

Bild 3-178 Modellvorstellung über die Verteilung der Kettenzugkraft

a) geschobene Maschine b) gezogene Maschine

Eine Vielzahl von Einflussgrößen bestimmen die Kettenzugkräfte und den Kettenschlupf. Das in [3.242] vorgestellte Iterationsverfahren berücksichtigt die Lastverteilung in einem dreidimensionalen Geländemodell in Steig- und Schräglage des Fahrwerks. Es erlaubt die instationäre Darstellung von Zugkraft und Schlupf. Das Verfahren ist für Forschungszwecke, nicht aber für praktische Fahrwerksbemessungen geeignet. Die in [3.238] und [3.241] geschaffenen Grundlagen bilden quasi das Standardverfahren für rechnerische Auslegungen. Wenn man mit den Modellbetrachtungen auch nicht alle Einflüsse erfasst, so können doch Zusammenhänge und Mindestanforderungen rechnerisch untersucht werden. Gepaart mit praktischen Erfahrungen lassen sich sichere Bemessungen vornehmen. Die nachfolgenden Ausführungen zur Kurvenfahrt bleiben auf Zweiraupenfahrwerke mit Antriebslenkung beschränkt. Die Kurvenfahrt mit Lenkraupen ist ausführlich in [3.227] behandelt.

Das Lenken eines Zweiraupenfahrwerks mit Antriebslenkung (s. Abschn. 3.6.4.1) führt prinzipiell zu den im Bild 3-179 dargestellten Lenk- und Fahrzuständen. Das einzelne Kettenlaufwerk erfährt immer eine Bewegung um den außerhalb der Aufstandsfläche liegenden Punkt 0.

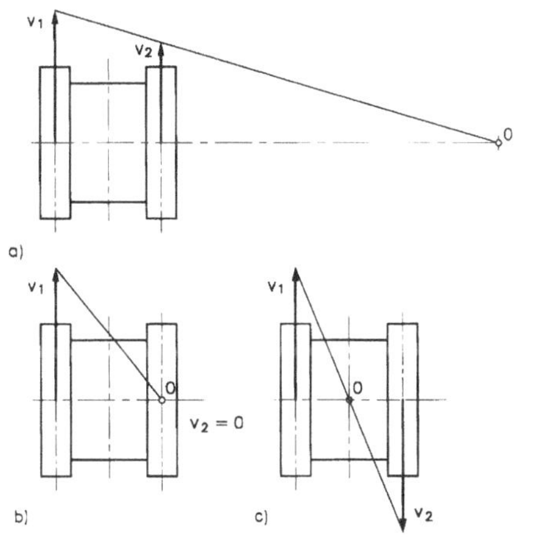

Bild 3-179 Bewegungszustände bei Antriebslenkung am Raupenfahrwerk

a) Kurvenfahrt mit großen Radien
b) Kurvenfahrt bei einem stehenden, kurveninneren Kettenlaufwerk
c) Drehen auf der Stelle

Diese Bewegung setzt sich aus der bekannten Abrollbewegung der Laufrollen auf der Kette sowie einer seitlichen Gleitbewegung zwischen Boden und Kette zusammen. Zunächst soll das Gleiten eines einzelnen rechteckigen Kettenlaufwerks unter Einwirkung der gleichverteilten Auflast F_G und unter dem Einfluss von der Bewegungsrichtung (Geschwin-digkeit v) sowie entgegengesetzten Reibungskräften F_r untersucht werden, siehe Bild 3-180. Jedes Flächenelement $b\,dy$ führt eine Drehbewegung um 0 aus und ruft dabei die Reibkraft dF_r hervor. Zerlegt man dF_r in seine Komponenten, so können das Lenkmoment mit

$$M = \sum y\, dF_{rx}$$

und die erforderliche Lenkschubkraft F_{ry} berechnet werden. Es gelten mit dem spezifischen Lenkreibbeiwert μ folgende Beziehungen

$$dF_{rx} = dF_r \sin\varphi\,; \quad \sin\varphi = \frac{y}{\sqrt{y^2 + c^2}}\,; \quad dF_r = \frac{F_G \mu}{bl} b\,dy; \tag{3.64}$$

$$M = 2 \int_0^{l/2} \sin\varphi \frac{F_G \mu}{bl} b\, y\, dy$$
$$= \frac{F_G \mu l}{4}\left(\sqrt{1+\zeta^2} - \zeta^2 \cdot \ln\frac{1+\sqrt{1+\zeta^2}}{\zeta}\right) = \frac{F_G \mu l}{4} f_1(\zeta). \tag{3.65}$$

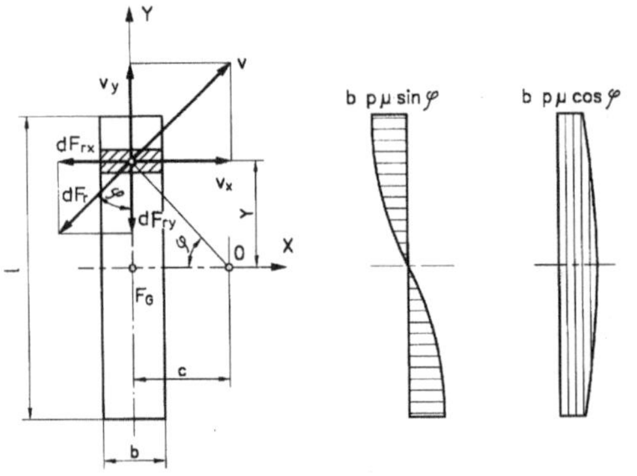

Bild 3-180 Lenkwiderstandsmodell am Kettenlaufwerk

In Gl. (3.65) ist die Kennzahl der Laufwerksverschiebung $\zeta = 2c/l$ eingeführt worden. In gleicher Weise kann man die Schubkraft F_{ry} berechnen

$$dF_{ry} = dF_r \cos\varphi ; \quad \cos\varphi = \frac{c}{\sqrt{y^2 + c^2}} ; \quad dF_r = \frac{F_G \mu}{bl} b\,dy ;$$

$$\begin{aligned} F_{ry} &= 2 \int_0^{l/2} \cos\varphi \frac{F_G \mu}{bl} b\,dy \\ &= F_G\, \mu (\zeta \ln \frac{1+\sqrt{1+\zeta^2}}{\zeta}) = F_G\, \mu f_2(\zeta). \end{aligned} \quad (3.66)$$

Die beiden Funktionen $f_1(\zeta)$ und $f_2(\zeta)$ geben an, wie sich die Verschiebung c auf die geradlinige und verdrehende Bewegung auswirkt. Dabei bleiben bisher die Wirkungen aus Laufwerksbreite und exzentrisch aufgebrachter Auflast unberücksichtigt. [3.238] schlägt vor, dafür den Schlankheitsgrad $\chi = b/l$ und die Kennzahl der Exzentrizität $\lambda = f/l$ (Bild 3-165) einzuführen. Er verweist darauf, dass in der Regel Zweiraupenfahrwerke einen Wert von $\chi \approx 0{,}2$ besitzen und gibt erweiterte Lösungen für die Funktionen $f_1(\zeta, \lambda)$ und $f_2(\zeta, \lambda)$ an, die im Bild 3-181 grafisch ausgewertet sind. Einflüsse aus Hangabtrieb oder Wind sind in den rechnerischen Ansätzen noch nicht berücksichtigt. Wenn man diese in einer äußeren Kraft F_a zusammenfasst, kann man deren Wirkung in die Gleichgewichtsbedingungen am Fahrwerk einbeziehen. Nach Bild 3-182 gilt für gleiche Aufteilung der Fahrwerksbelastung ($F_{GI} = F_{GII} = 0{,}5\, F_G$)

$$F_{ryI} - F_{ryII} - F_a = 0;$$

$$M_I + M_{II} - F_a \frac{s}{2} - F_{ryII}\, s = 0$$

und mit den Gln. (3.65) sowie (3.66) ergibt sich

$$f_{2I}(\zeta,\lambda) - f_{2II}(\zeta,\lambda) = \frac{F_a}{F_G\, \mu};$$

$$f_{1I}(\zeta,\lambda) + f_{1II}(\zeta,\lambda) \frac{l}{4s} f_{2II}(\zeta,\lambda) = \frac{F_a}{2 F_G\, \mu}.$$

Beim Fahren auf weichem Erdstoff sinkt das Laufwerk ein, so dass während der Kurvenfahrt ein Erdstoffkeil im Winkel von $\vartheta \approx 35°$ von der Kettenplatte abgeschert werden muss, siehe Bild 3-183. Die Einsinktiefe t ist vom befahrenen Erdstoff und vom Bodendruck p abhängig. Mit den in Tafel 3-48 aufgeführten spezifischen Einsinkwiderständen p_0 kann die Einsinktiefe nach $t = p/p_0$ abgeschätzt werden. Zum Abscheren des Flächenelements dA ist die Kraft $dF_s = k\ dA$ erforderlich. Für den Scherbeiwert (Adhäsion) sind folgende Zahlenwerte bekannt: k = 0,025...0,25 N/mm². Schließlich ergeben sich mit den Festlegungen der Bilder 3-180 und 3-183 die Beziehungen

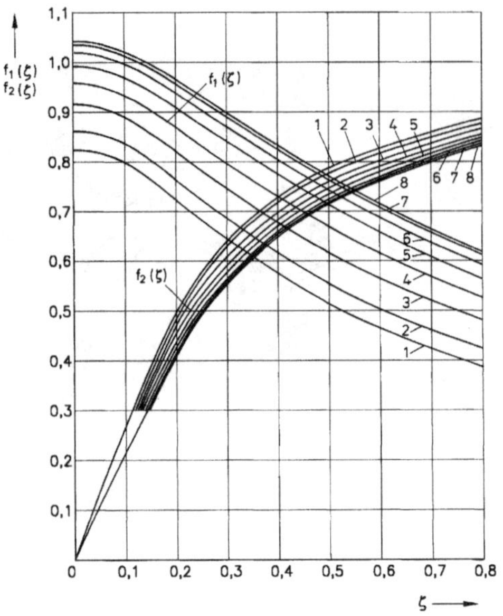

Bild 3-181 Funktionen der Verschiebung eines einzelnen Laufwerks für $\chi = 0{,}2$ und bei verschiedenen Exzentrizitäten

Pos.	1	2	3	4	5	6	7	8
λ	0,17	0,15	0,13	0,10	0,08	0,05	0,03	0

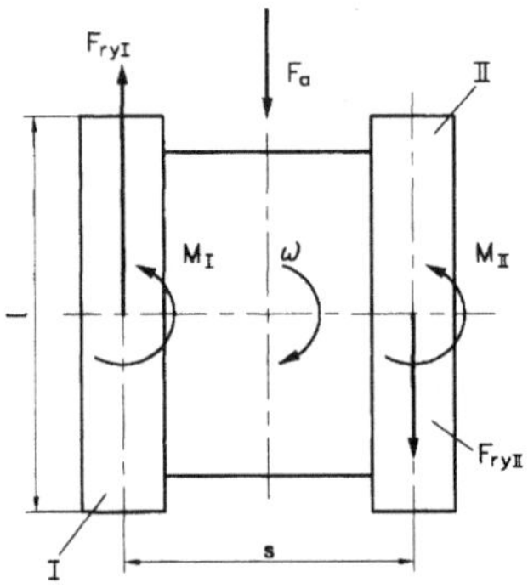

Bild 3-182 Widerstände bei Kurvenfahrt an einem Raupenfahrwerk

Tafel 3-48 Spezifischer Einsinkwiderstand p_0 [3.224]

Erdstoff	p_0 in 10^{-3} N/mm²/mm
sumpfiger Boden	1,0...1,5
weicher Sand	1,8...2,5
weicher Lehm, Ackerboden	2,5...3,5
fester Sand	3,5...6,0
fester Lehm	10,0...12,5
Mergel	13,0...18,0

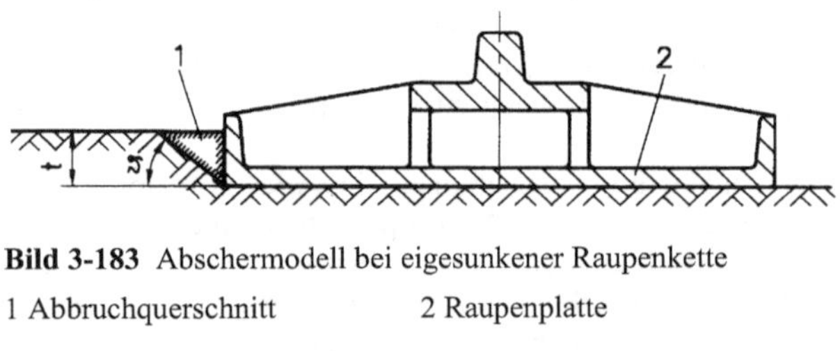

Bild 3-183 Abschermodell bei eigesunkener Raupenkette

1 Abbruchquerschnitt 2 Raupenplatte

$$dA = \frac{1}{\sin\vartheta} t(y)\, dy = \frac{1}{\sin\vartheta} \frac{p}{p_0}\, dy;$$

$$dF_s = \frac{k}{p_0 \sin\vartheta} p(y)\, dy. \qquad (3.67)$$

Von [3.224] wird empfohlen, eine Scherfläche $A`(y) = A \sin\varphi(y)$ zu benutzen. Damit wird Gl. (3.67) zu

$$dF_s = \frac{k}{p_0 \sin\vartheta} \sin\varphi\; p(y)\, dy. \qquad (3.68)$$

Die aus Gl. (3.64) ermittelte Beziehung für die Reibkraft

$$dF_{rx} = \mu b \sin\varphi\; p(y)\, dy$$

und Gl. (3.68) erlauben einen Faktorenvergleich, mit dessen Hilfe der spezifische Scherwiderstand

$$\mu_s = \frac{1}{\sin\vartheta} \frac{k}{b p_0}$$

definiert ist. Bei der rechnerischen Untersuchung von Kurvenfahrt ist das Schermoment M_s beim Einsinken der Laufwerke als zusätzlich wirkender äußerer Widerstand zu berücksichtigen. Es gilt

$$M_s = \frac{F_G \mu_s l}{4} f_1(\zeta).$$

Für die Bestimmung der erforderlichen Antriebsleistung muss die Art der Lenkung bekannt sein. Beim Lenken nach den Bedingungen von Bild 3-179a liegt der Drehpunkt des Fahrwerks außerhalb der Abstützfläche. Hier unterscheidet man zwischen einem kurvenäußeren und -inneren Fahrwerk. Gegenläufig gelenkte Maschinen (Bild 3-179c) besitzen zwei kurvenäußere Fahrwerke. Die Kettenzugkräfte berechnen sich für das kurvenäußere Fahrwerk bei $\alpha = 0$ nach

$$F_{ua} = F_G \left[\mu_B + \mu f_2(\zeta)\right]$$

und für das kurveninnere Fahrwerk nach

$$F_{ui} = F_G \left[\mu_B - \mu f_2(\zeta)\right].$$

Der Widerstand aus Kurvenfahrt ist in der Regel größer als der eigentliche Fahrwiderstand. Obwohl bei den meisten Baumaschinen die zu installierende Antriebsleistung von der Arbeitsverrichtung und nicht vom Kurvenfahren bestimmt wird, ist eine Analyse der Fahrwiderstände ratsam. Von ihnen wird schließlich die Bemessung aller Maschinenelemente des Fahrwerks bestimmt.
Neben den Zusatzkräften aus Kurvenfahrt ist insbesondere bei Tagebaumaschinen das so genannte Querrutschen eine Ursache von zusätzlichen Belastungen auf die Tragkonstruktion. Unter Querrutschen versteht man das horizontale Verschieben eines Laufwerks quer zur Fahrtrichtung. Dafür sind äußere (z. B. Hangabtrieb) und innere Kräfte (z. B. unparallele Anordnung der Laufwerke) verantwortlich. Ihre Auswirkungen werden in [3.243] untersucht. Hinweise zur Abschätzung von Zusatzkräften sind enthalten.

3.6.3.3 Konstruktionen von Raupenfahrwerken

Generell ist festzustellen, dass die Technik der auch in Serie hergestellten Baumaschinen kaum zur Vereinheitlichung im Sinne von Normung geführt hat. Das trifft auch auf die Kettenlaufwerke zu. Weder Begriffe noch Abmessungen oder Verschleißteile sind vereinheitlicht. Die Hersteller wollen gefragt werden, welches Laufwerk für die jeweilige Maschineneigenmasse und -verwendung geeignet ist. Kettenlaufwerke für Bagger oder Planiermaschinen haben sehr unterschiedliche Aufgaben zu erfüllen.

Das so genannte *Standardlaufwerk* mit kurzer Baulänge kommt nur für kleine Fahrwerksbreiten zur Anwendung. Fahrwerke mit großen Plattenbreiten müssen auch über eine breitere Spur und damit längere Laufwerksträger verfügen. Diese Ausführung nennt man *Long Crawler* (LC). Wegen ihrer besonderen Abmessungen besitzen die LC-Laufwerke auch Tragfähigkeitsreserven. Für ausgesprochen harte Maschineneinsätze (Steinbruch, geröllhaltiges Gelände) kommen nur schmale, dafür aber sehr robuste Bodenplatten und Kettenelemente zum Einsatz. Diese Laufwerke bezeichnet man mit *Heavy Duty* (HD).
Das übliche Raupenfahrwerk besteht aus zwei Kettenlaufwerken (-schiffen), einem Fahrwerksrahmen und Fahrantrieb. Es muss konstruktiv an Oberwagen, Achsabstand, Spurweite, Bauhöhe und -breite, an Auflast und Schwerpunktwanderung, an Fahrgeschwindigkeit sowie an zu befahrende Bodenprofile angepasst werden. Auf Grund dieser Abhängigkeiten existiert die im Bild 3-184 dargestellte Konstruktionsvielfalt. [3.230] hat eine solche Variantenliste mit einem hohen Grad der Bauteilvereinheitlichung für Fahrwerke in einem Bereich der Maschinenmassen von 1...500 t erarbeitet. Tafel 3-49 enthält daraus einen Auszug technischer Parameter.
Die Achsen von Turas und Leitrad sind so hoch anzuordnen, dass ein Kettenauflauf- bzw. Kettenablaufwinkel von 0...5° entsteht. Dieser konstruktive Aspekt, der bei Maschinen mit hohem Fahranteil und Wendigkeit von Bedeutung ist, wird auch als *Kettenanstieg* bezeichnet (Bild 3-185). Bei Maschinen, die ständig an steilen Hängen eigesetzt werden, kann der Kettenanstieg auch Werte bis 50° annehmen. Je kleiner der Auflaufwinkel ist, umso deutlicher werden Turas und Leitrad beim Einsinken der Kette an der Übertragung von Stützkräften beteiligt. Kettenlaufwerke mit unzureichendem Anstieg lassen die Kette vom Boden abheben oder in den Boden einsinken. Damit sind auch immer Zusatzkräfte verbunden, die zu Kettenschäden führen. Die Hersteller von Kettenlaufwerken verfügen über Erfahrungen bei der Maßfestlegung [3.230]. Die Auflaufwinkel sind für Turas und Leitrad unterschiedlich groß, weil Fertigungstoleranzen, Rahmenelastizitäten und Veränderungen durch Bauteilverschleiß berücksichtigt werden müssen.

Tafel 3-49 Auszug aus der Variantenliste für das Raupenfahrwerk einer mittleren Baugröße [3.230]

Parameter	Ausführung leicht	Ausführung normal	Ausführung schwere
Maschinen-eigenmasse in t	20	25	28
max. Antriebsdreh-moment in kNm	44	50	55
Achsabstand in mm	1600...3200	1600...3500	1600...4000
Spurweite in mm	1600...2500	1600...2800	1600...3000
min. Laufrollenanzahl	4	4	5
Leitraddurch-messer in mm	536	536	536
Turasdurch-messer in mm	581	581	581
Turaszähne-zahl	21	21	21

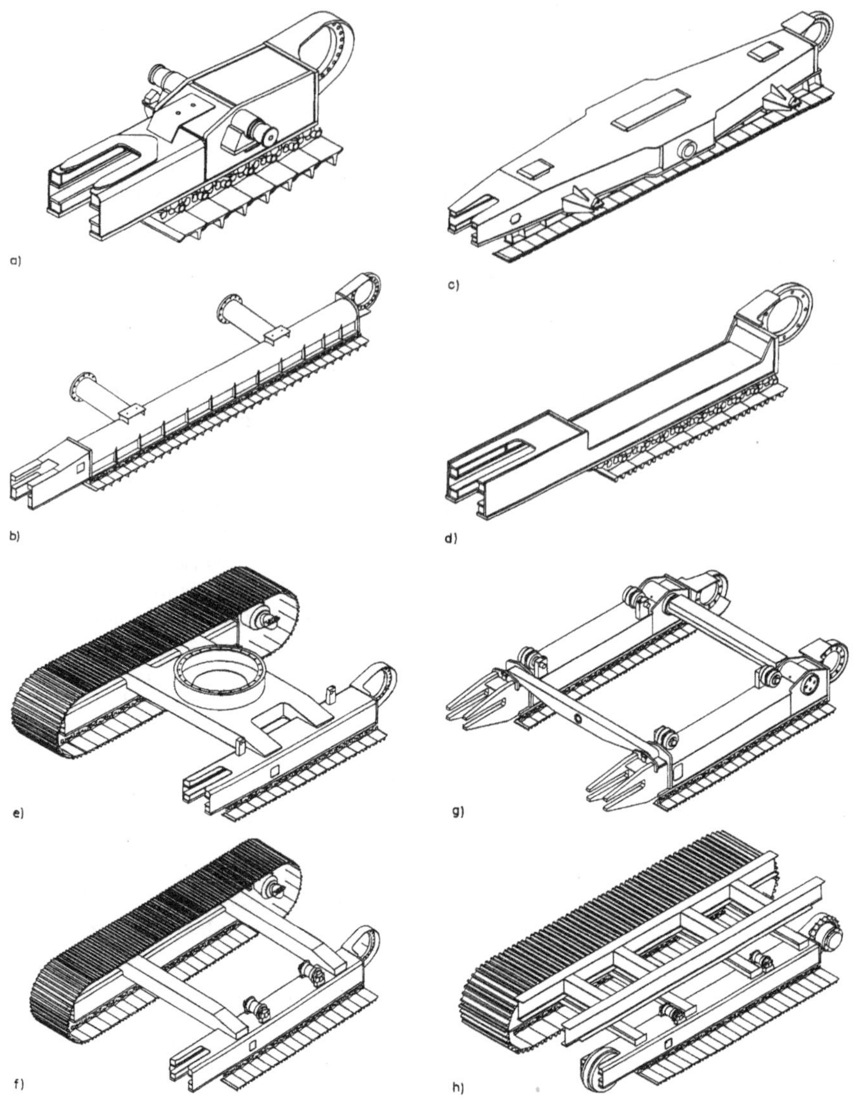

Bild 3-184 Kettenlaufwerks- und Raupenfahrwerkskonstruktionen [3.230]

a) kurzes Pendellaufwerk
b) Laufwerk für Unterwasser
c) Pendellaufwerk für extreme Lasten
d) Laufwerk mit extrem niedriger Bauhöhe
e) Fahrwerk für Bagger mit Turmdrehkranz
f) Fahrwerk mit Querträgern
g) Fahrwerk mit Pendelausgleich
h) Fahrwerk mit Quer- und Längsträgern

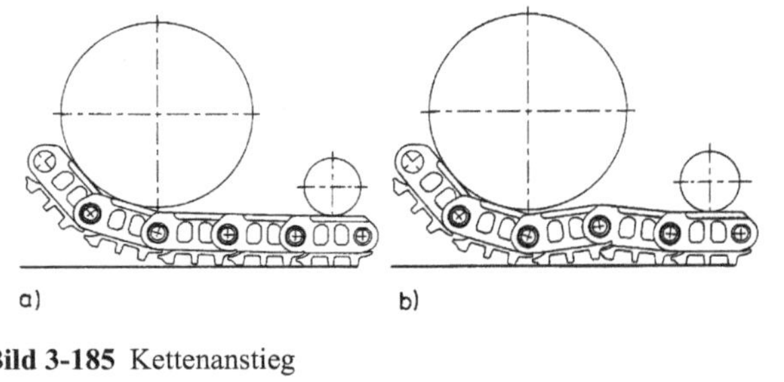

Bild 3-185 Kettenanstieg

a) ausreichender Anstieg
b) nicht ausreichender Anstieg

Bei schweren Tagebaumaschinen mit sehr kleinen Fahrgeschwindigkeiten und geringen Ansprüchen an Geländegängigkeit wird bis Eigenmassen von rd. 600 t die Dreipunktabstützung (Bild 3-186) bei Zweiraupenfahrwerken vorgesehen. Hier bewegt sich die resultierende Stützkraft nur in einem kleinen Bereich um die Drehachse des Oberbaus. Eine Seite des Stützdreiecks bildet das feste Kettenlaufwerk, dessen Raupenträger mit dem Rahmen des Unterwagens durch zwei Achsen starr verbunden ist. Der Raupenträger des zweiten Kettenlaufwerks ist in seiner Mitte von einer fliegend gelagerten Achse wippbar am Rahmen befestigt.

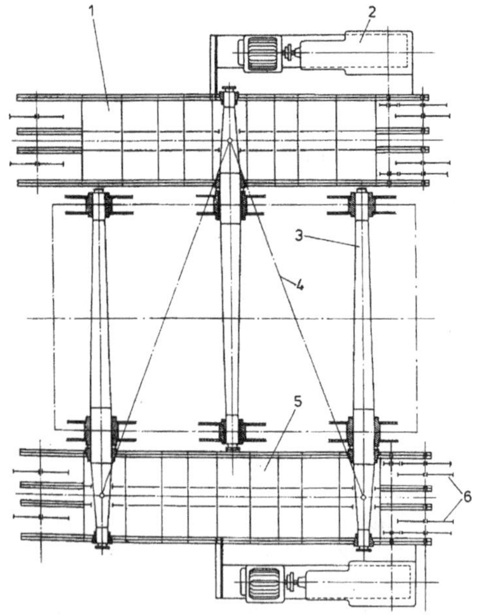

Bild 3-186 Dreipunktabstützung von Kettenlaufwerken

1 bewegliches Kettenlaufwerk
2 Antrieb
3 Achse
4 Stützdreieck
5 starres Kettenlaufwerk
6 doppelter Turas

Bei Maschinen, wo die abzustützende resultierende Maschinenauflast so stark wandert, dass ein Stützdreieck zu deren Aufnahme nicht ausreicht, muss die statisch unbestimmte Vierpunktabstützung benutzt werden. Bei unebenen und tragfähigen Standflächen wird aber immer nur eine Dreipunktabstützung wirksam. Eine solche Maschine verfügt dann über vier Abstützdreiecke, die je nach Lage des Schwerpunkts zur Wirkung kommen.

Wenn zwei Kettenlaufwerke zur Abstützung der Maschineneigenmasse (> 1000 t) nicht ausreichen, werden *Mehrraupenfahrwerke* erforderlich, siehe Bild 3-187. Mehrraupenfahrwerke bestehen aus symmetrisch oder unsymmetrisch zur Maschinenlängsachse angeordneten Kettenlaufwerken in einfacher, paarweiser oder doppelt gepaarter Ausführung. Um mit diesen Maschinen eine gewisse Kurvengängigkeit zu erreichen, sind Lenkraupen erforderlich, die auch schon ab Maschinenmassen von 300 t zur Anwendung kommen.

Jedes Kettenlaufwerk (Bild 3-188) besitzt einen eigenen Fahrantrieb, damit sich eingesunkene Laufwerke aus eigenem Antrieb befreien können. Für den normalen Fahrbetrieb ist die große Anzahl an Fahrantrieben nicht erforderlich. Der Antrieb erfolgt meist elektrisch. Für die Längsanordnung des Elektromotors und für die Untersetzung wird ein Kegelstirnrad- oder Umlaufrädergetriebe mit Schneckeneingangsstufe benutzt.

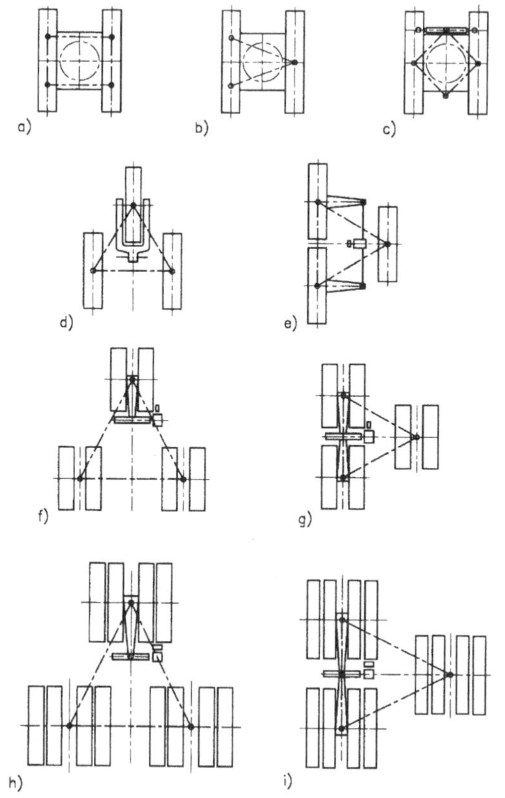

Bild 3-187 Anordnungsschemen bei Mehrraupenfahrwerken

a) Zweiraupenfahrwerk mit Vierpunktabstützung
b) Zweiraupenfahrwerk mit Dreipunktabstützung
c) Zweiraupenfahrwerk mit Vierpunktabstützung und Pendelbrücke
d) symmetrisches Dreiraupenfahrwerk mit einer Lenkraupe
e) unsymmetrisches Dreiraupenfahrwerk mit zwei Lenkraupen
f) symmetrisches Dreiraupenfahrwerk mit Raupenpaaren
g) unsymmetrisches Dreiraupenfahrwerk mit Raupenpaaren
h) symmetrisches Dreiraupenfahrwerk mit Doppelraupenpaaren
i) unsymmetrisches Dreiraupenfahrwerk mit Doppelraupenpaaren

3.6.4 Lenkungen

3.6.4.1 Bauarten und Eigenschaften von Lenkanlagen

Über Fahrstabilität und Lenkverhalten von Straßenfahrzeugen gibt es hinreichende Untersuchungsergebnisse, z. B. [3.244]. Leider kann man diese nicht vollständig auf Arbeitsmaschinen im Gelände übertragen, denn sie besitzen je nach Verwendungszweck sehr unterschiedliche Lenkungen. Bei Straßenfahrzeugen dominiert die Vorderradlenkung nach dem *Ackermann*-Prinzip.

Mobile Baumaschinen werden nach ihrer Manövrierfähigkeit (Platzbedarf für Fahrmanöver), Lenkbarkeit (Lenkkräfte) und Standsicherheit (Kipplast) beurteilt. Auf alle Merkmale hat die Bauart der Lenkung einen nicht unwesentlichen Einfluss. Deshalb haben Ergebnisse aus Vergleichsuntersuchungen verschiedener Lenkungen für das Maschinenkonzept eine große Bedeutung [3.245] [3.246]. Sie sind bei technischen Entscheidungen, aber auch bei der Maschinenanschaffung hilfreich.

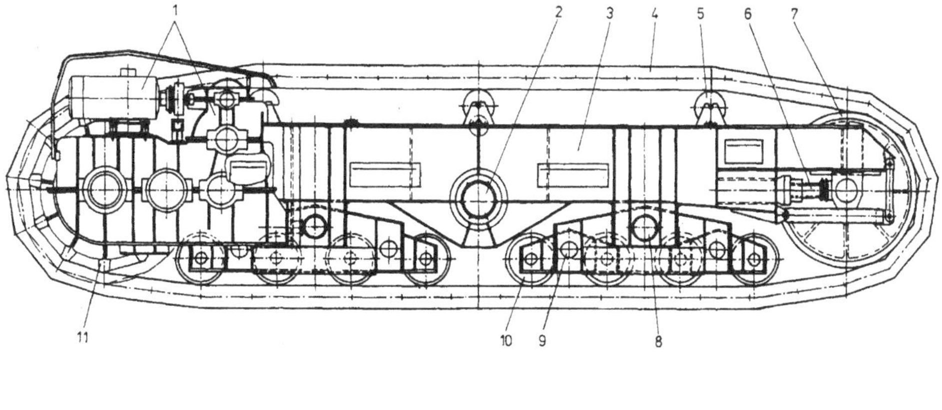

Bild 3-188 Kettenlaufwerk mit Schakenkette und 8 Laufrollen für das Mehrraupenfahrwerk einer Tagebaumaschine

1 Antrieb (E-Motor und Getriebe)
2 Einpunkt-Achsanschluss
3 Raupenträger
4 Schakenkette
5 Tragrolle
6 Spanneinrichtung
7 Leitrad
8 Vierrad-Schwinge
9 Zweirad-Schwinge
10 Laufrolle
11 Antriebsturas

Drehschemellenkung

Als älteste Fahrzeuglenkung ist die Drehschemellenkung bekannt, siehe Bild 3-189a. Sie ist heute fast ausschließlich den Anhängern vorbehalten. Mit einer Deichsel wird die starre Achse um ihren Drehpunkt geschwenkt, wofür man einen Drehkranz oder Drehzapfen benutzen kann. Die Vorderräder stehen dabei immer parallel und beschreiben beim Lenken einen Bogen um ihren gemeinsamen Drehpunkt M_0 (Momentanpol). Für die Räder wird ein großer Freiraum benötigt. Mit zunehmendem Radeinschlag verringert sich die Standsicherheit.

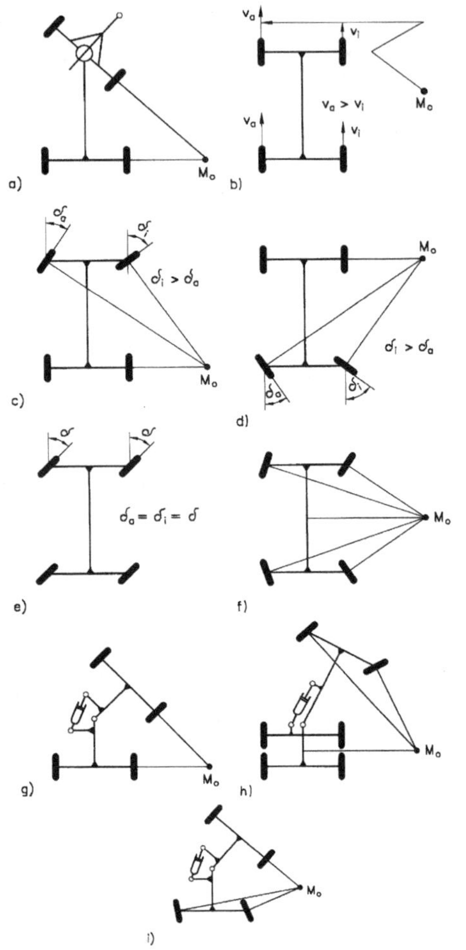

Bild 3-189 Lenkprinzipien für Maschinen mit Radfahrwerken

a) Drehschemellenkung
b) Antriebslenkung (Radseitenlenkung)
c) Achsschenkel-Vorderradlenkung
d) Achsschenkel-Hinterradlenkung
e) Achsschenkel-Allradlenkung (Hundegang)
f) Achsschenkel-Allradlenkung (Kurvenfahrt)
g) Knicklenkung
h) Kombination (Stereolenkung) aus Achsschenkel-Vorderradlenkung und Knicklenkung
i) Kombination aus Achsschenkel-Hinterradlenkung und Knicklenkung

Achsschenkellenkung

Bei Maschinen mit einzeln aufgehängten Rädern wird die Einzelrad- bzw. Achsschenkellenkung benutzt, siehe Bild 3-189c bis f. Sie besitzt eine nahe am Rad liegende Drehachse sowie eine Kopplung der beiden gelenkten Räder, meist über eine Spurstange und wird dann als *Ackermann-Lenkung* (Rolf Ackermann um 1818) bezeichnet [3.247]. Für geländegängige Maschinen wurde die Achsschenkellenkung mit den im Bild 3-189 dargestellten Unterscheidungsmerkmalen, der *Einachslenkung* für Vorder- oder Hinterachse und der *Allradlenkung* für Kurvenfahrt oder Hundegang, entwickelt [3.250]. Alle Lenkungsarten finden Anwendung. Lenkachsen sind immer diejenigen mit der geringsten Achslast (z. B. Hinterachse beim Radlader).

Nach DIN 70000 wird die Lenkübersetzung i aus dem Verhältnis von Lenkradwinkel δ_H und mittlerem Lenkwinkel δ_m an den Rädern bestimmt

$$i = \frac{\delta_H}{\delta_m} \quad \text{mit} \quad \delta_m = \frac{\delta_a + \delta_i}{2}.$$

Einen Zusammenhang zwischen den Lenkwinkeln der Räder und dem Kurvenradius r, auf dem sich der Schwerpunkt S der Maschine bewegt, stellt der Ackermann-Winkel δ_A her (Bild 3-190a)

$$\tan\delta_A = \frac{l}{\sqrt{r^2 - l_S^2}} \quad \text{mit} \quad \frac{l_S}{l} = \frac{m_{eV}}{m_e}.$$

Es bezeichnen: m_e Eigenmasse der gesamten Maschine
m_{eV} Eigenmassenanteil auf der Lenkachse.

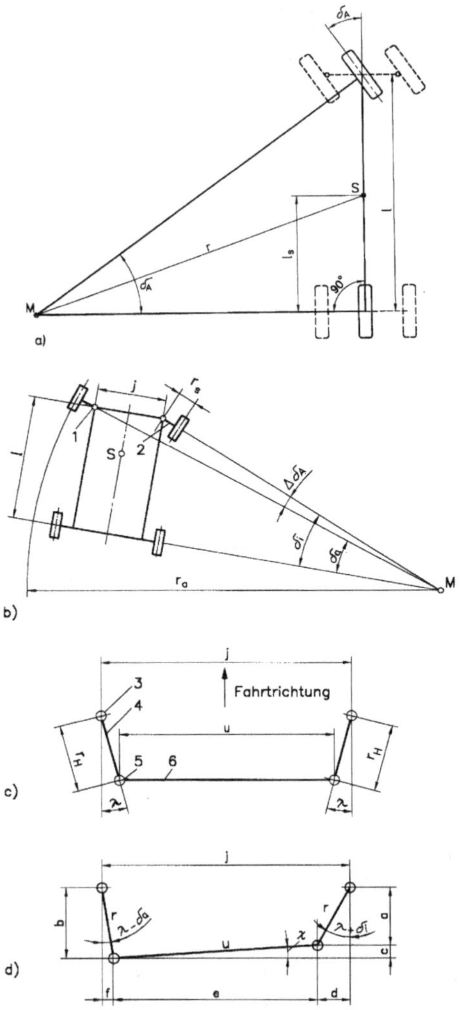

Bild 3-190 Lenkgemetrie nach *Ackermann* [3.247]

a) Definition für den Ackermann-Winkel δ_A
b) Definition für den Lenkdifferenzwinkel $\Delta\delta_A$
c) Lenktrapez bei Geradeausfahrt
d) Lenktrapez bei Kurvenfahrt

1 Achsschenkelbolzen	4 Spurhebel
2 Radträger (Achsschenkel)	5 Kugelgelenk
3 Anschluss am Radträger	6 Spurstange

Die Winkel δ_a und δ_i sind unterschiedlich groß, damit die orthogonalen Geraden auf den Vektoren der beiden Radgeschwindigkeiten sich im Momentanpol M_0 des Fahrzeugs schneiden (Bild 3-190b). Andernfalls erfolgt ein Fahrwegausgleich zwischen den beiden gelenkten Rädern durch Schlupf, was Reifenverschleiß hervorruft. Die Lenkwinkel des kurvenäußeren Rades δ_a und des kurveninneren Rades δ_i sowie der Lenkdifferenzwinkel $\Delta\delta_A$ lassen sich gemäß *Ackermann* nach den im Bild 3-190b dargestellten geometrischen Bedingungen bestimmen

$$\cot\delta_a = \cot\delta_i + \frac{j}{l} \quad \text{und} \quad \Delta\delta_A = \delta_i - \delta_a .$$

Für den Kurvenradius r_a des äußeren Rades gilt dann

$$r_a = \frac{l}{\sin\delta_a} + r_S .$$

Das gelenkte Rad ist an einem Radträger (Achsschenkel) befestigt, der sich beim Lenken um einen Achsschenkelbolzen dreht. Der Abstand zwischen Bolzen- und Radmitte beträgt r_S. Meist steht der Bolzen nicht senkrecht zum Boden (Spreizungs- und Nachlaufwinkel, s. [3.247]). An jedem Radträger befindet sich ein Spurhebel mit der Länge r_H und dem Spurhebelwinkel λ zur Maschinenlängsachse (Bild 3-190c). Die Enden der Spurhebel sind als Kugelgelenke ausgeführt und durch eine Spurstange der Länge u verbunden. Spurhebel und Spurstange bilden das Lenktrapez.

Bild 3-190d sind die geometrischen Bedingungen zu entnehmen, die den Lenkdifferenzwinkel $\Delta\delta_A$ festlegen. Es sind das r_H und λ, unter der Annahme, dass j vorgegeben ist. Hier lässt sich das Lenktrapez zeichnerisch oder rechnerisch bestimmen. Für Geradeausfahrt gilt

$$u = j - 2\,r\sin\lambda$$

und für Kurvenfahrt

$$u^2 = \left[j - r\sin(\lambda + \delta_i) - r\sin(\lambda - \delta_a)\right]^2 + \left[r\cos(\lambda - \delta_a) - r\cos(\lambda + \delta_i)\right]^2 .$$

In der Praxis kann die Ackermann-Bedingung nicht immer vollständig erfüllt werden. Kleine Wenderadien verlangen einen großen Einschlagwinkel δ_i, dem oftmals der vorhandene Bauraum Grenzen setzt. Deshalb wird δ_a um die Lenkabweichung $\Delta\delta_F$ erhöht, was zu folgender überschlägigen Berechnung des Kurvenradius führt [3.247]

$$r_a = \left(\frac{l}{\sin\delta_{a\max}} + r_S\right) - \frac{\Delta\delta_F}{10} .$$

Wenn der Rad-Einschlagwinkel $\delta_{i\max}$ zwischen 30 und 50° liegt (bis 180° bei speziellen, kleinen Lademaschinen [3.248]), so lässt sich pro Grad Lenkabweichung eine Wendekreisreduzierung von etwa 0,1 m erzielen. Je größer die Lenkabweichung gewählt wird, umso mehr Reifenverschleiß entsteht. Fertigungsungenauigkeiten und Lagerspiele in den Gelenken des Lenkgestänges verursachen zusätzliche Lenkfehler.

Da der Mittelpunkt des Wendekreises bei einer Einachs-Achsschenkellenkung auf der Mittellinienverlängerten der starren Achse liegt, entsteht für jedes der vier Räder eine separate Fahrspur. Auf losem Erdstoff im Gelände ist das mit erhöhtem Fahrwiderstand verbunden. Die Abmessung des Wendekreises wird vom Rad-Einschlagwinkel und vom Achsabstand der Maschine bestimmt. Er ist umso kleiner, je größer dieser Winkel und je kleiner der Achsabstand sind. Ein kleiner Achsabstand zur Reduzierung des Wendekreises führt aber auch immer zum Verlust an Standsicherheit (s. Abschnitt 3.3.2). Auf den Einschlagwinkel haben der freie Abstand zwischen Reifeninnenkante und Maschinenrahmen sowie der äußere Reifendurchmesser einen Einfluss. Die Spurbreite ist nach den Regelungen der StVZO begrenzt und darf nicht größer als die Freistichbreite des Werkzeugs (z. B. Ladeschaufel) sein.

Das größte Lenkmoment M_w im Sinne eines Lenkwiderstands tritt beim Lenken im Stand auf, siehe Bild 3-191. Dabei führen die Räder eine Drehbewegung im Abstand r_A um die Achse des Achsschenkelbolzens aus. Sie erfolgt bei einem Lenkwinkel δ nach Bild 3-192 vom Kontaktpunkt 0 bis 0_1. Wenn dabei die Lenkdrehachse um einen Winkel β gespreizt ist, entsteht beim Lenken eine Vertikalkraft, weil die Maschine um den Betrag Δh angehoben werden muss. Diese Kraft liefert den beabsichtigten, spürbaren Lenkwiderstand am Lenkrad und ruft jene automatische Rückstellbewegung hervor, die das Rad auch ohne Zutun in Neutralstellung zurückholt. Das Rückstellmoment beträgt bei Vernachlässigung von Reibung und unter der Wirkung einer Achslast $m_A g$

$$M_r = m_A\, g\, r_A \sin\beta\, \cos\beta\, \sin\delta .$$

Die Bewegung eines gelenkten Rades setzt sich aus der geradlinigen Rollbewegung und der Drehung in der Kontaktfläche Radreifen/Fahrbahn zusammen. Auch hier werden die sehr komplizierten physikalischen Vorgänge nicht getrennt verfolgt. Es hat sich eine in der Praxis häufig benutzte Beziehung bewährt, wonach man das Lenkwiderstandsmoment für eine Achse bestimmt [3.245]

$$M_w = \mu_L\, m_A\, g \sqrt{\frac{I}{A} + r_A^2} .$$

Wenn die Reifenaufstandsfläche A (s. Abschn. 3.6.2) nicht bekannt ist, wird eine Kreisfläche mit dem Durchmesser der Reifenbreite b_R angenommen

$$M_w = \mu_L\, m_A\, g \sqrt{\frac{b_R^2}{8} + r_A^2} .$$

Es bezeichnen: I polares Trägheitsmoment der Fläche A
μ_L Lenkreibungsbeiwert Radreifen/Fahrbahn (Bild 3-193).

Alle konstruktiven Bemühungen, die Größe von M_w zu optimieren, indem man große Werte für r_A wählt, sind nicht ratsam, weil dadurch auch hohe Stoßbelastungen aus der Fahrbewegung auf die Elemente des Lenkgetriebes übertragen werden. Deshalb werden für Baumaschinen eher kleine Werte empfohlen, die bis $r_A = 0$ reichen.

Das von der Lenkanlage aufzubringende Lenkmoment beträgt damit

$$M_L = M_r + M_w .$$

Die Größe der über Kreuz verbundenen Lenkzylinder (Bild 3-197) wird unter Vernachlässigung des Wirkungsgrads bestimmt nach [3.245]

$$D_Z = \sqrt{\frac{2M_L}{\pi\, r_{Z\min}\, \Delta p} + \frac{d_Z^2}{2}} .$$

Für das erforderliche Ölvolumen gilt

$$V = \frac{\pi\, s_Z\,(D_Z^2 - d_Z^2)}{2 i_u} ,$$

und die Leistung der Hydraulikpumpe beträgt mit der gewünschten Lenkgeschwindigkeit (n_L = 60 ...100 min^{-1})

$$P = \Delta p\, V\, n_L .$$

Es bezeichnen: Δp Hydraulikbetriebsdruck
i_u Anzahl vorgesehener Lenkradumdrehungen (i_u = 3...4).

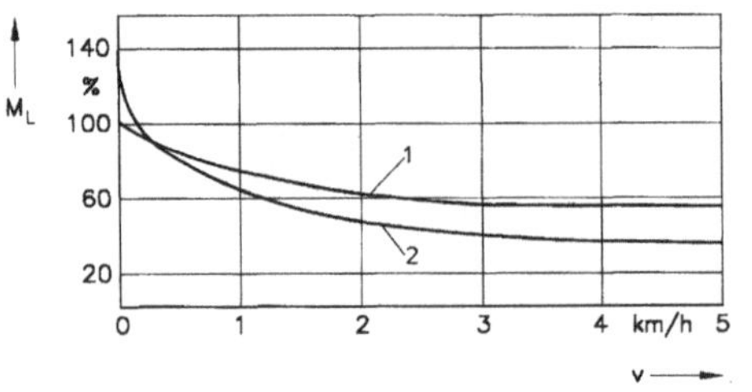

Bild 3-191 Lenkwiderstandsmoment M_L in Abhängigkeit von der Fahrgeschwindigkeit v [3.245]

1 Fahrbahn Beton 2 Fahrbahn Erdstoff

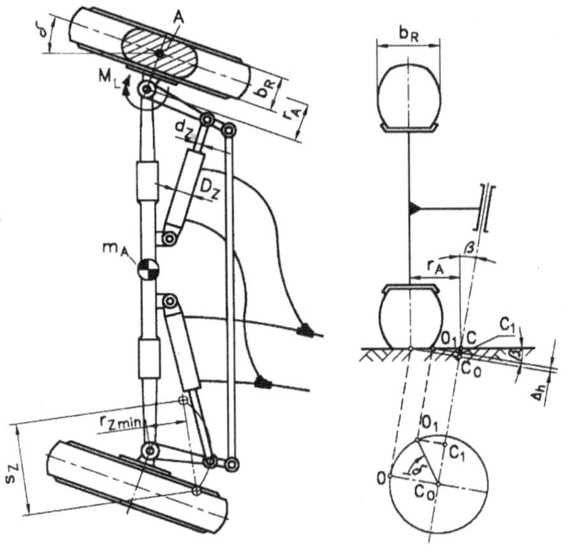

Bild 3-192 Achsschenkellenkung mit Spreizwinkel β

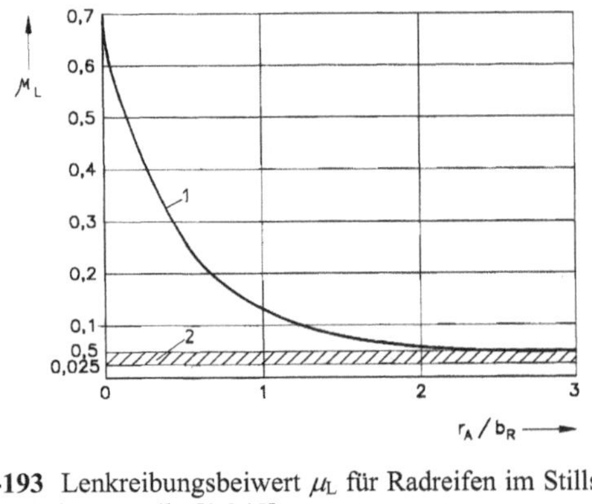

Bild 3-193 Lenkreibungsbeiwert μ_L für Radreifen im Stillstand in Abhängigkeit von r_A/b_R [3.245]

1 in eingelenkter Stellung
2 in nicht eingelenkter Stellung (Geradeausfahrt), siehe auch Bild 3-192

Der Lenkeinschlag im Stand bewirkt kein Versetzen des Maschinenrahmens bzw. der Arbeitsausrüstung. Jede Ortsveränderung des Arbeitswerkzeugs erfordert immer ein Fahrmanöver. Deshalb kann sich eine im unwegsamen Gelände festgefahrene Maschine nicht mit eigener Fahrwerkskraft bergen. Sie ist nur in der Lage, mit der Arbeitsausrüstung die Vorderachse (z. B. Schaufellader) auszuheben.

Das Lenkverhalten einer Einachs-Achsschenkellenkung ist von der Fahrtrichtung abhängig. Bei Hinterachslenkung und Vorwärtsfahrt folgen die Hinterräder den Vorderrädern in einem größeren Wendekreis, umgekehrt ist das Verhalten bei Rückwärtsfahrt. Der Fahrer muss sich darauf einstellen, denn manche Maschinen (z. B. Radlader) haben nahezu die gleichen Anteile Vorwärts- und Rückwärtsfahrten. Weiterhin ist bekannt, dass die Geschwindigkeitsunterschiede zwischen äußerem und innerem Rad einer angetriebenen Achse durch das Achsdifferential ausgeglichen werden. Unterschiede zwischen den Achsen, bei starrem Allradantrieb, erfahren keinen Ausgleich. Hier wäre ein Differential im Verteilergetriebe erforderlich. Den Radschlupf zwischen Vorder- und Hinterachse nimmt man im Gelände in Kauf. Auf Straßen, wo die Bodenhaftung größer ist und der Reifenverschleiß vermieden werden soll, wird von Allrad- auf Einachsantrieb umgeschaltet. Bei der Bemessung des Antriebsstrangs ist die vom Schlupf verursachte Verspannung im Antrieb unbedingt zu beachten, um Bauteilschäden zu vermeiden.

Grundsätzlich hat eine Achsschenkellenkachse (s. Abschn. 4.2.2.2) mehrfache Lenk- und Antriebswellengelenke. Sie verursachen hohe Herstellungs- sowie Wartungskosten und bilden unter Beachtung des rauen Baustellenbtriebs auch immer Beschädigungsquellen. Eingelenkte Räder werfen den Erdstoff aus ihrer Profilfüllung auf die Maschine und verursachen erhebliche Verschmutzung. Der Lenkeinschlag bei Querneigung einer Maschine (parallel zum Hang) beeinflusst die Standsicherheit nicht, weil dabei die Lage des Maschinenschwerpunkts unverändert bleibt (s. Abschn. 3.3).

Die genannten Vor- und Nachteile bestimmen den Verwendungszweck. Einige funktionelle Nachteile können durch die Achsschenkel-Allradlenkung ausgeschaltet werden. Man spricht von einer Zweigwegmaschine, wenn deren Lenkung wahlweise als Vorderradlenkung (Straßenfahrt) oder Allradlenkung (beim Arbeiten) betrieben werden kann. Insbesondere die höheren Herstellungs- und Wartungskosten haben aber dazu geführt, dass Achsschenkellenkungen nur bedingt Anwendung finden. Man benutzt sie für Mobilbagger, Baggerlader und Baufahrzeuge. Beim Schaufellader sind diese Lenkungen nur teilweise den kleinen und mittleren Maschinengrößen vorbehalten.

Knicklenkung

Das Prinzip der Knicklenkung kann mit dem der Drehschemellenkung verglichen werden. Bereits im Jahre 1836 wurde es patentiert, aber erst 1913 an einer Landmaschine praktisch umgesetzt. Heute findet die Knicklenkung nicht nur in Baumschinen bevorzugte Verwendung. Das Lenken einer Maschine erfolgt durch das horizontale Knicken zweier Maschinenrahmenteile, so dass sie vom Knickgelenk in einen Vorder- und Hinterwagen eingeteilt werden kann. Es sind auch vereinzelt Baumaschinen mit mehr als einem Knickgelenk gebaut worden, sie bestehen dann aus mindestens drei Rahmenteilen.

Der Wendekreismittelpunkt knickgelenkter Maschinen liegt im Schnittpunkt der eingelenkten Starrachsen (Bild 3-189g bis i). Bei mittiger Lage des Knickgelenks laufen die Räder der nachlaufenden Achse genau in der vorbereiteten Fahrspur der vorauslaufenden. Im Gelände verringern sich dadurch Fahrwiderstand und Leistungsbedarf, außerdem sind die Achsgeschwindigkeiten identisch. Der Wenderadius wird vom Knick-Lenkwinkel zwischen vorderem und hinterem Rahmenteil sowie vom Achsabstand der Maschine bestimmt. Die Starrachsen sind mit Differential versehen. Der Allradantrieb muss auch bei höheren Geschwindigkeiten nicht abgeschaltet werden.

Jede Lenkbewegung bewirkt gleichzeitig eine horizontale Positionsveränderung der Rahmen und damit der Arbeitsausrüstung, z. B. der Ladeschaufel eines Radladers. Bei vielen Arbeitsvorgängen reicht diese Bewegung aus, ohne dass die Maschine verfahren werden muss. Die Arbeitsleistung kann sich dadurch erhöhen. Festgefahrene Maschinen versetzen zur Selbstbergung mit kombinierter Arbeits- und Lenkbewegung ihre versackte Achse seitlich.

Da kein Radlenkeinschlag ensteht, kann man die Räder konstruktiv sehr nahe an den Rahmen heransetzen, was die Maschinenbreite positiv beeinflusst. Es können baugleiche, einfach gestaltete Starrachsen (s. Abschn. 4.2.2.2) zum Einsatz kommen. Die konstruktiv erzielbare Größe des Knick-Lenkwinkels (max. ±50° bei Schaufelladern) erlaubt ausreichenden Achsabstand, so dass auch genügend Standmoment zur Gewährleistung der Standsicherheit zur Verfügung steht. Beim Arbeiten parallel zum Hang ergeben sich im gelenkten Zustand (abwärts eingelenkt) durch die Schwerpunktverschiebung in Richtung Kippkante Standsicherheitseinschränkungen (s. Abschn. 3.3). Mit diesen Erscheinungen muss ein Maschinenbediener vertraut sein, da es sonst zu den mit hohen Folgeschäden verbundenen Unfällen durch Umkippen kommen kann.

Die Wirkung von Knick- und Pendelgelenk (s. Abschn. 4.5) ist voneinander nicht losgelöst zu betrachten. Ihre Achsen stehen senkrecht aufeinander. Es werden zwei Konstruktionsvarianten unterschieden:

- Maschinen mit einer Pendelachse
- Maschinen mit Pendelrahmen.

Der Pendelwinkel beträgt rd. ±12°. Bei Maschinen mit Pendelrahmen sind in der Regel das Knick- und Pendelgelenk konstruktiv zusammengefasst. Untersuchungen haben ergeben, dass die Lage der Gelenke einen Einfluss auf die Standsicherheit besitzt, siehe Bild 3-194. Es lohnt sich immer, eine genaue analytische Untersuchung der Standsicherheit vorzunehmen, weil hier noch genügend Konstruktionsreserven verborgen sind. So wurden erst jüngst Standsicherheitsreserven bei Lademaschinen geschaffen, indem man deren Pendelachsen nicht senkrecht zur Knickachse anordnet, sondern durch den Schwerpunkt S_M vom Motorwagen führt, siehe Tafel 3-50. Sie erhält dadurch eine Neigung von atwa 10° nach oben. Wie die in Tafel 3-50 dargestellte Analyse zeigt, ruft eine Pendelbewegung um α in Knickstellung um γ keine zusätzliche Verschiebung Δx des Schwerpunkts hin zur Kippkante hervor. Es gibt auch keine Höhenverschiebung Δy. Da $l_1 > l_2$ ist, empfiehlt es sich, das Pendel-Knickgelenk dem Knick-Pendelgelenk vorzuziehen.

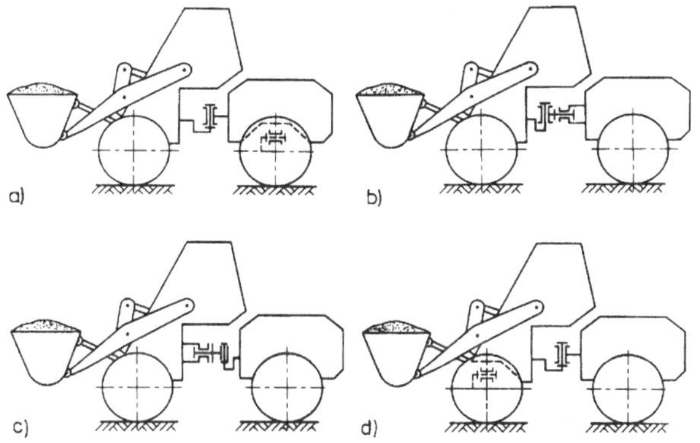

Bild 3-194 Einfluss der Bauarten und der Anordnung des Knick- und Pendelgelenks auf die Standsicherheit einer Lademaschine [3.249]

a) sehr gute Standsicherheit (Pendelachse hinten, Knickgelenk mittig)
b) gute Standsicherheit (Knick-Pendelgelenk mittig)
c) befriedigende Standsicherheit (Pendel-Knickgelenk mittig)
d) unbefriedigende Standsicherheit (Pendelachse vorn, Knickgelenk mittig)

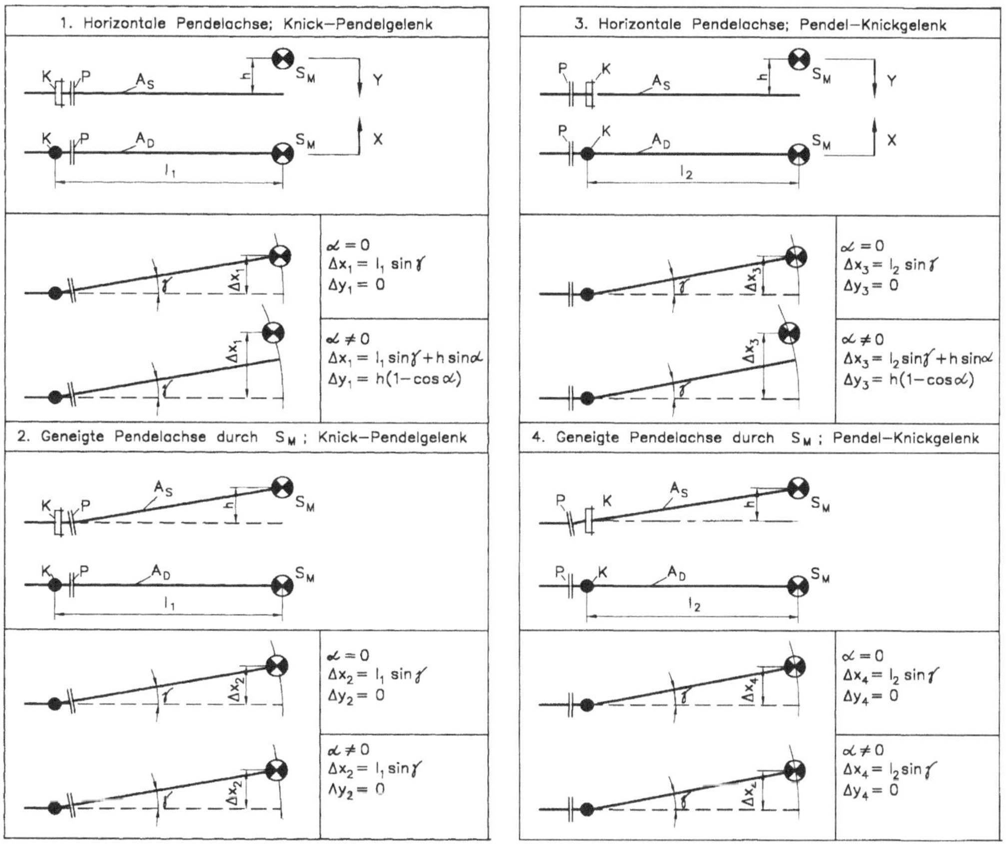

Tafel 3-50 Einfluss von Gelenkanordnung und Lage der Pendelgelenkachse auf die Standsicherheit

Die Knickgelenkstelle und der sie umgebende Maschinenbereich ist eine Gefahrenquelle für unerlaubte Aufenthalte von Personen. Sie muss besonders gekennzeichnet oder abgesperrt werden. Vor übermäßiger Verschmutzung und Beschädigung im Gelände ist das Knickgelenk im Vergleich zu einem Spurstangengelenk geschützt, da es sehr viel höher angeordnet und robuster ausgeführt ist. Zu einer Knicklenkung gehört neben dem Knickgelenk ein Lenkgetriebe und ein Antrieb, in der Regel sind das Differential-Hydraulikzylinder. Mit diesen Elementen einer Knicklenkung bestimmt man deren Lenkmoment und Lenkgeschwindigkeit. Neben den immer zu beachtenden Forderungen bezüglich Lebensdauer, Zuverlässigkeit und Kosten, muss der Konstrukteur hier auch auf die Unabhängigkeit (Ungleichförmigkeit) von Lenkgeschwindigkeit und Lenkmoment vom Lenk-Knickwinkel achten.
Als Lenkgetriebe kommen Stangen-, Zahnrad- und Kettengetriebe infrage. In Baumaschinen dominiert das Stangengetriebe mit zwei Differential-Hydraulikzylindern (Bild 3-195a). Es verfügt über die Robustheit und Fähigkeit, große Kräfte zu übertragen. In [3.245] werden weiter topologische Strukturen ebener Stangengetriebe untersucht und nach den o.g. Merkmalen bewertet (Bilder 3-195b bis f). Als Ergebnis entstehen Konstruktionsempfehlungen, siehe Bild 3-196. Für das einfachste und meist verwendete Stangengetriebe zeigt Bild 3-197 die optimalen geometrischen Größen maßstabsgerecht. Hier bildet das Viereck, dessen Spitzen die Gelenkpunkte der Lenkzylinder darstellen, ein Trapez. Die beiden Parallelen weisen einen deutlichen Längenunterschied auf. Konkrete Geometrieverhältnisse hängen von den Maschinenabmessungen und von den Eigenschaften der Lenkzylinder ab. Für jeden Anwendungsfall muss eine gesonderte Untersuchung durchgeführt werden [3.245].
Für die Lenkkinematik einer zweiachsigen Knick-Lenkmaschine im Stand lassen sich für die Bedingungen nach Bild 3-198a Bestimmungsgleichungen angeben. Während der Lenkbewegung entfernen sich die äußeren Räder voneinander, und die innern nähern sich an. Für den vorderen und hinteren Knickwinkel gelten

$$\gamma_v = arc\sin\frac{l_h \sin\gamma}{l} + arc\sin\frac{/\,y_h(\gamma)\,/-/\,y_v(\gamma)\,/}{l};$$

$$\gamma_h = \gamma - \gamma_v .$$

Der Abstand l zwischen den Mittelpunkten der Achsen ändert sich in Abhängigkeit von geometrischen Abmessungen und vom Lenk-Knickwinkel γ

$$l = \sqrt{2\frac{l_v}{l_v + l_h}\left(1 - \frac{l_v}{l_v + l_h}\right)(\cos\gamma - 1) + 1}\,.$$

Bei dieser analytischen Betrachtung muss man bedenken, dass die Knick-Lenkmaschine mehrere Freiheitsgrade besitzt und Richtung sowie Größe der Verschiebungen von den tatsächlichen Bewegungswiderständen abhängig sind. Deshalb empfiehlt es sich, für alle weiteren Untersuchungen zwei Modelle zu benutzen, die diesbezüglich sehr unterschiedliche Verhaltensweisen aufzeigen. Die Bedingungen für Modell I sind von einer Knick-Lenkmaschine mit zwei angetriebenen und je mit Differentialgetriebe ausgestatteten Achsen geprägt. Wenn sich die Räder auf gleichem Untergrund und das Knickgelenk in der Maschinenmitte befinden, dann wird das Knickgelenk K auf einer Senkrechten zur Maschinenlängsachse versetzt, siehe Bild 3-198b. Modell II wird von einer Knick-Lenkmaschine mit nur einer angetriebenen Achse gekennzeichnet. Hier dreht sich die Triebachse um ihren Mittelpunkt, und das Knickgelenk bewegt sich auf einer Kreisbahn, siehe Bild 3-198c. Fortan soll nur das Modell I betrachtet werden, weil die meisten Geländemaschinen diese Bedingung erfüllen.

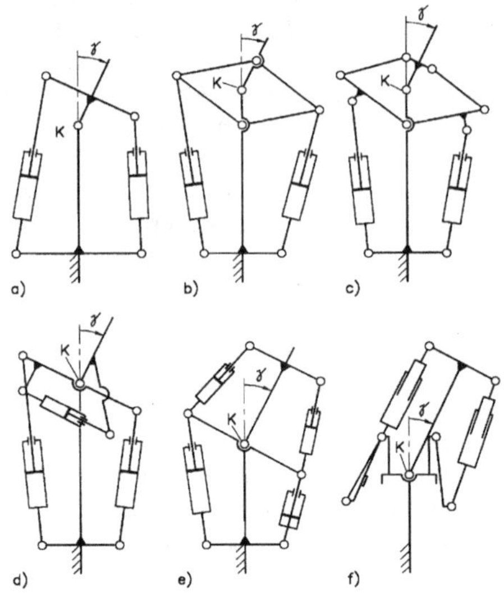

Bild 3-195 Funktionsschemen von Stangen-Knicklenkgetrieben

a), b) und c) mit zwei Differential-Hydraulikzylindern
d) mit drei Differential-Hydraulikzylindern
e) mit vier Differential-Hydraulikzylindern
f) mit zwei Plunger-Hydraulikzylindern

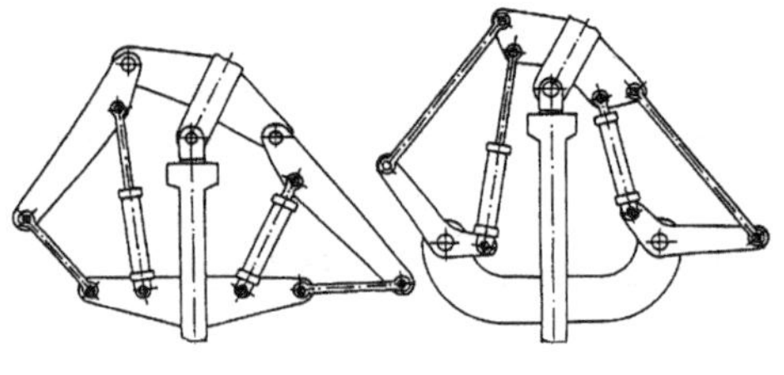

Bild 3-196 Konstruktionslösungen für Pleuelstangen-Knicklenkgetriebe [3.245]

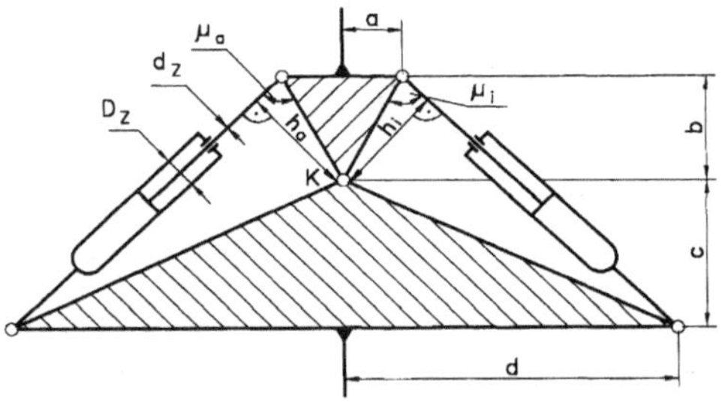

Bild 3-197 Optimale Größenverhältnisse (maßstäblich) für die Geometrie eines Stangenlenkgetriebes [3.245]

Wenn die Lenkzylinder der Knick-Lenkmaschine nach Bild 3-199 mit konstantem Ölstrom Q versorgt werden, besteht folgende Abhängigkeit zwischen Lenkzeit t und Lenk-Knickwinkel γ

$$t = \frac{\pi D_Z^2}{4Q}\left[\Delta l_{Za}(a,b,c,d,\gamma) + \Delta l_{Zi}(a,b,c,d,\gamma)\frac{D_Z^2 - d_Z^2}{D_Z^2}\right].$$

Für die weitere Berechnung werden die Hilfsgröße s_a und s_i eingeführt. Damit gilt nach [3.245]

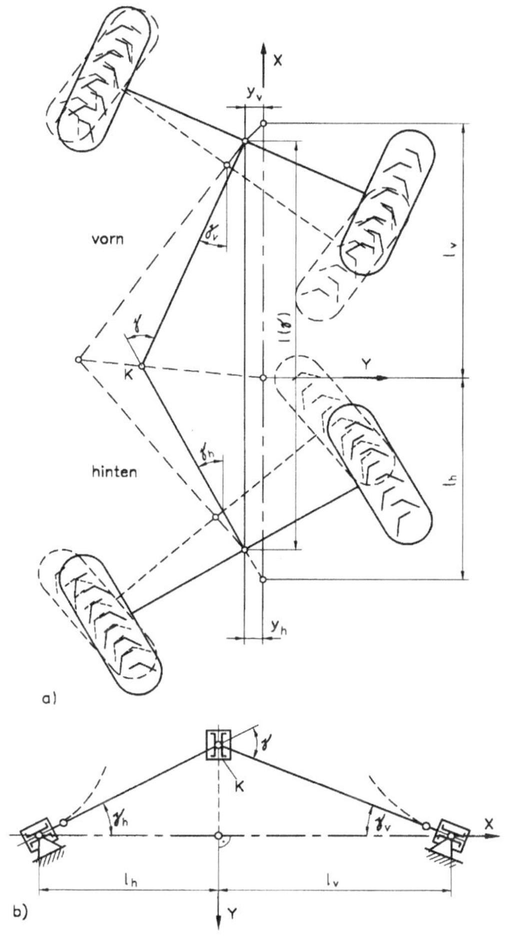

Bild 3-198 Modelle zur Untersuchung der Knick-Lenkbewegung im Stillstand

a) geometrische Verhältnisse
b) Modell I, gültig für zwei angetriebene Achsen mit Differentialgetrieben
c) Modell II, gültig für eine angetriebene Achse

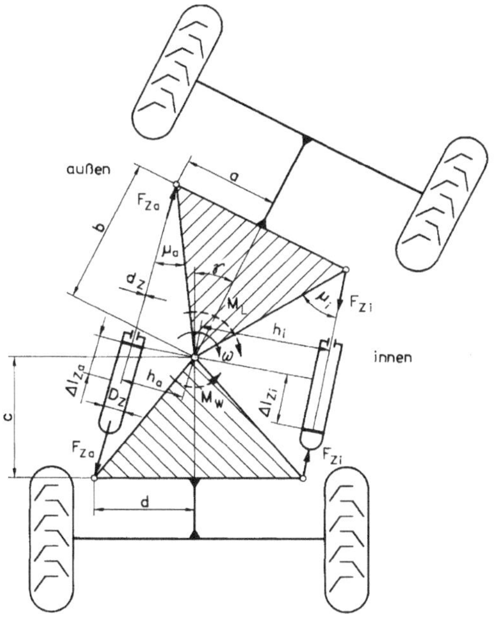

Bild 3-199 Bestimmungsgrößen am Modell einer Knick-Lenkmaschine

$$s_a^2(\gamma) = a^2 + b^2 + c^2 + d^2 - 2\sqrt{a^2+b^2}\sqrt{c^2+d^2}\cos(arc\tan\frac{b}{a} + arc\tan\frac{c}{d} + \gamma);$$

$$\Delta l_{Za}(\gamma) = s_a(\gamma) - s_a(\gamma = 0);$$

$$s_i^2(\gamma) = a^2 + b^2 + c^2 + d^2 - 2\sqrt{a^2+b^2}\sqrt{c^2+d^2}\cos(arc\tan\frac{b}{a} + arc\tan\frac{c}{d} - \gamma);$$

$$\Delta l_{Zi}(\gamma) = s_i(\gamma) - s_i(\gamma = 0).$$

Beispielrechnungen zeigen, dass zwischen Lenkzeit und Lenk-Knickwinkel ein nahezu linearer Zusammenhang besteht.

Die Lenk-Winkelgeschwindigkeiten ω_i (im Uhrzeigersinn) und ω_a (entgegen dem Uhrzeigersinn) berechnen sich mit den im Bild 3-199 angegebenen Übertragungswinkeln μ_a und μ_i wie folgt [3.245]

$$\omega_i = \frac{4Q}{\pi\sqrt{a^2+b^2}\left[D_Z^2 \sin\mu_a + (D_Z^2 - d_Z^2)\sin\mu_i\right]};$$

$$\omega_a = \frac{4Q}{\pi\sqrt{a^2+b^2}\left[D_Z^2 \sin\mu_i + (D_Z^2 - d_Z^2)\sin\mu_a\right]}.$$

Für die Berechnung dieser Winkel werden Hilfsgrößen A bis F eingeführt, und es gilt mit

$$A = b\sin\gamma - a\cos\gamma; \quad B = -(b\cos\gamma + a\sin\gamma);$$

$$C = b\sin\gamma - a\cos\gamma + d; \quad D = -c - (b\cos\gamma + a\sin\gamma);$$

$$\mu_a = arc\cos\left(\frac{AC + BD}{\sqrt{A^2+B^2}\sqrt{C^2+D^2}}\right) \quad \text{bzw.}$$

$$F = b\cos\gamma - a\sin\gamma; \quad E = -(a\cos\gamma + b\sin\gamma);$$

$$H = b\cos\gamma - a\sin\gamma + c; \quad G = d - (a\cos\gamma + b\sin\gamma);$$

$$\mu_i = arc\cos\left(\frac{GE + HF}{\sqrt{G^2+H^2}\sqrt{E^2+F^2}}\right).$$

Wenn $\cos\mu_a \geq 0$ ist, gilt $\mu_a = \mu_a$, und wenn $\cos\mu_a < 0$ ist, gilt $\mu_a = \pi - \mu_a$. Die gleichen Bedingungen gelten für μ_i. In Bild 3-200a sind die Lenk-Winkelgeschwindigkeiten aus einer Beispielrechnung dargestellt.

Die Kenntnis des Lenkwiderstandsmoments M_w im Stand einer Knickmaschine ist von besonderer Bedeutung für das Bemessen der Lenkanlage. Vom Lenkantrieb muss ein Moment M_L aufgebracht werden, was den Widerstand überwindet. Nach [3.245] gilt mit dem Wirkungsgrad η und Betriebsdruck Δp im Lenkantrieb

$$M_L = \frac{\pi D_Z^2 \eta}{4}\Delta p\left[h_a(\gamma) + \frac{D_Z^2 - d_Z^2}{D_Z^2} h_i(\gamma)\right] \geq M_w.$$

Darin bestimmen $h_a(\gamma)$ und $h_i(\gamma)$ die Hebelarme der angreifenden Hydraulikzylinder (Bild 3-199)

$$h_a(\gamma) = \frac{c(b\sin\gamma - a\cos\gamma) - d(b\cos\gamma + a\sin\gamma)}{\left[(c\sin\gamma - a\cos\gamma + d)^2 + (a\sin\gamma + b\cos\gamma + c)^2\right]^{\frac{1}{2}}};$$

$$h_i(\gamma) = \frac{c(b\sin\gamma + a\cos\gamma) + d(b\cos\gamma - a\sin\gamma)}{\left[(d - b\sin\gamma - a\cos\gamma)^2 + (b\cos\gamma - a\sin\gamma + c)^2\right]^{\frac{1}{2}}}.$$

In Bild 3-200b sind errechnete Lenkmomente in Abhängigkeit vom Knickwinkel (Beispielrechnung) dargestellt.

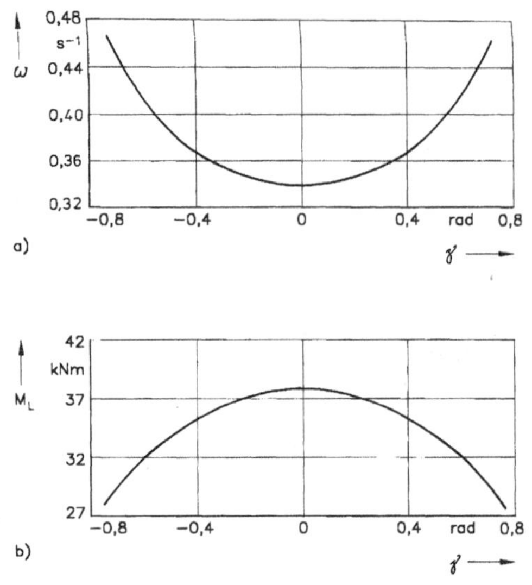

Bild 3-200 Parameterkenngrößen einer Knick-Lenkmaschine in Abhängigkeit vom Knick-Lenkwinkel γ [3.245]

a) Lenkgeschwindigkeiten ω
b) Lenkmomente M_L

Beispieldaten (s. Bild 3-199):

$a = 218$ mm	$d = 288$ mm	$Q = 1{,}33 \cdot 10^{-3}$ m³/s
$b = 990$ mm	$D_Z = 100$ mm	$\Delta p = 10$ N/mm²
$c = 0$	$d_Z = 50$ mm	$\eta = 0{,}9$

Die Bestimmung des Lenkwiderstands ist schwierig. Deshalb hat sich in der Praxis eine sehr einfache Beziehung durchgesetzt, wonach in Abhängigkeit von der Eigen- und Nutzmasse m_e, m_n der Knickmaschine eine Orientierung für die Größe des erforderlichen Lenkmoments gegeben wird

$$0{,}35 \le \frac{M_L(\gamma = 0)}{2(m_e + m_n)} \le 0{,}8.$$

Mit dieser Gleichung wird der physikalische Sachverhalt nicht beschrieben. Ein analytisches Modell zur Berechnung des Lenkwiderstandsmoments wird in [3.245] und [3.251] vorgestellt. Es basiert auf der Berechnung von Radlastverteilung, Radreifenverformungen, Laufflächensteifigkeiten und dem Kräftegleichgewicht am gesamten System.

Beispielergebnisse über Lenkwiderstandsmomente aus Messungen enthält Bild 3-201. Dabei zeigt sich, dass der Lenkwiderstand einer Knickmaschine nach Modell I (4x2) sehr viel größer ist als der nach Modell II (4x4).

Beim Befahren von plastischen, feuchten Erdstoffen ist dieser Unterschied nicht mehr so groß. Durch das Abkoppeln der Räder einer Achse im Maschinenmodell II kommt es zu einem längsschlupffreien Abrollen dieser Räder. Erst wenn der Rollwiderstand selbst eine große Wirkung zeigt, verliert sich der Einfluss des Schlupfes. Der Lenkwiderstand einer beladenen Maschine auf Beton ist kleiner als der einer unbeladenen. Die Beladung führt zur Entlastung der Hinterachse, was zu einem zwangloseren Schlupfausgleich zwischen den Achsen beiträgt. Auf verformbarem Untergrund wachsen die Bewegungswiderstände, aber auch die erforderlichen Kräfte für den Schlupfausgleich an. Hier muss mit den größten Lenkwiderständen gerechnet werden.

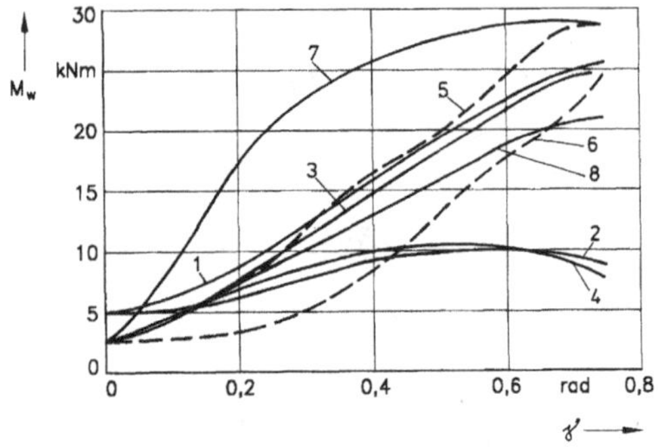

Bild 3-201 Lenkwiderstandsmoment M_w (gemessen) in Abhängigkeit vom Knick-Lenkwinkel γ am Beispiel einer Lademaschine ($m_e = 10{,}5$ t) im Stand:

ohne Beladung ($m_n = 0$ t)
1 Antrieb 4x4 auf Beton
2 Antrieb 4x2 auf Beton
3 Antrieb 4x4 auf verdichtetem Erdstoff
4 Antrieb 4x2 auf verdichtetem Erdstoff
5 Antrieb 4x4 auf plastischem, feuchtem Erdstoff
6 Antrieb 4x2 auf plastischem, feuchtem Erdstoff

mit Beladung ($m_n = 2{,}6$ t)
7 Antrieb 4x4 auf plastischem, feuchtem Erdstoff
8 Antrieb 4x4 auf Beton

Im Umgang mit Knicklenkungen wurde festgestellt, dass es beim Anfahren eines Hindernisses große Rückstellkräfte im Lenkgetriebe gibt, die auch bis in die Lenkhydraulik wirken. Es darf aus solchen Gründen nicht zum Ansprechen des Überdruckventils kommen, weil dadurch ein ungewolltes Einknicken der Maschine hervorgerufen wird. Praktische Erfahrungen orientieren deshalb auf die Einhaltung folgender Bedingung

$$\frac{M_L(\gamma = 0)}{2 b_S} \le (0{,}4...0{,}5) F_z .$$

Es bezeichnen: b_s Breite der Ladeschaufel
F_Z max. Zugkraft der Knickmaschine.

Antriebslenkung

Eine Antriebs- oder Bremslenkung (Bild 3-189b) benötigt zum Lenken einer Maschine kein geometrisches Lenksystem. Gelenkt wird durch Veränderung der Fahrgeschwindigkeiten, bezogen auf die Fahrwerksseiten, was antreibend, bremsend oder kombiniert erfolgen kann. Je nach Fahrwerk benutzt man dafür auch die Bezeichnungen Ketten- bzw. Rad-Seitenlenkung (Skidlenkung). Die Maschine erfährt keine Lenkbewegung im bisher behandelten Sinne. Aus der Antriebs- oder Bremswirkung entsteht eine Fahrgeschwindigkeitsdifferenz zwischen den beiden Fahrwerksseiten und damit ein seitliches Verschieben mit einem großen Gleitanteil zwischen Kette bzw. Radreifen und Fahrbahn. Daraus folgen Bauteilverschleiß und Einflussnahme auf die Fahrbahn.

Das Lenken (Kurvenfahrt) einer Maschine mit Raupenfahrwerk ist im Abschnitt 3.6.3 behandelt. Über das Bewegungsverhalten einer Maschine mit *Rad-Seitenlenkung* sind keine grundlegenden Untersuchungen bekannt. Prinzipiell ist zu erwarten, dass die Lenkbewegung von der Radlastverteilung sehr stark beeinflusst wird. Aus Beobachtungen sind die im Bild 3-202 dargestellten Bewegungsformen bekannt. Die Nachteile der Rad-Seitenlenkung nimmt man immer dann in Kauf, wenn es um höchste Manövrierfähigkeit geht, siehe Abschnitt 4.5.1.

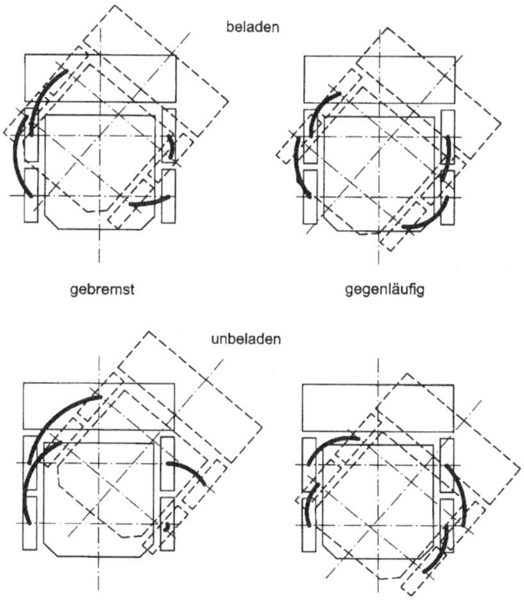

Bild 3-202 Lenkbewegungen einer Maschine mit Rad-Seitenlenkung (Kompaktlader)

3.6.4.2 Vergleich von Lenkanlagen

Die Bewertung der verschiedenen Lenksysteme lässt erkennen, dass die Auswahl einer geeigneten Bauart ernst zu nehmen ist. Ein in allen Merkmalen überragendes System gibt es nicht.

Vergleichende Bewertungen werden für Lenkungen an Lademaschinen angestellt, weil sie hier eine besondere Bedeutung besitzt. Die Hersteller benutzen oft den wegen der Lenkwiderstände zu installierenden Anteil an Antriebsleistung als maßgebendes Entscheidungskriterium. Deshalb findet man bei Maschinen bis etwa 60 kW alle Bauarten (Achsschenkel-, Knick- und Antriebslenkung). Darüber hinaus werden fast ausnahmslos Knicklenkungen benutzt weil dann der Leistungsanteil für die Lenkung an Bedeutung verliert. Die Gegenüberstellung von Achsschenkel- und Knicklenkung, siehe Bild 3-203, zeigt Unterschiede für die Inanspruchnahme des Fahrraums r_{fa} - r_{fi} in Prozent, wobei r_{fa} und r_{fi} den äußeren bzw. inneren Wenderadius für die Fahrbegrenzung bei maximalem Lenkeinschlag bezeichnen. Kleine Wenderadien reduzieren aber die übertragbare Zugkraft. Für eine Maschine mit 16,3 t Eigenmasse auf verformbarem Boden werden die Auswirkungen kleiner Wenderadien auf die übertragbaren Zugkräfte von Bild 3-204 dargestellt.

Ohne Zweifel ist die Knicklenkung bezüglich ihrer Auswirkung auf die Querstandsicherheit von Maschinen benachteiligt. Die Lage des Schwerpunkts ändert sich außer durch Querneigung auch durch Lenkeinschlag, siehe Bild 3-205. Um die Sicherheit für den Maschinenbediener nicht nur durch passive Maßnahmen (z. B. ROPS, Abschn. 3.7.2) zu gewährleisten, wurden aktive Standsicherheits-Überwachungssysteme entwickelt [3.245]. Sie bedienen sich einer ständigen messtechnischen Überwachung aller Radstützkräfte und kündigen den labilen Zustand an, wenn ein zweites Rad keine Auflast mehr erfährt. Solche Systeme haben aus Kostengründen bisher keine praktische Bedeutung erlangt.

Eine knickgelenkte Maschine bedarf bei vergleichbarem Lenkmanöver immer größerer Lenkkräfte und damit auch mehr Lenkenergie als eine Maschine mit Starrahmen und Achsschenkellenkung, siehe Bild 3-206. In Tafel 3-51 sind die angesprochenen Eigenschaften der verschiedenen Lenksysteme noch einmal zusammengefasst und verbal gegenübergestellt.

Tafel 3-51 Verbale Beurteilung der Lenk- und Traktionssysteme von sehr gut **** bis schlecht * [3.250]

1 Traktion 3 Standsicherheit
2 Manövrierfähigkeit 4 Kosten

Lenk- und Traktionssystem	1	2	3	4
Achsschenkel-Vorderradlenkung				
mit Hinterradantrieb (4x2)	*	***	*	****
mit Allradantrieb (4x4), ungleiche Raddurchmesser	**	**	***	***
mit Allradantrieb (4x4), gleiche Raddurchmesser	***	*	***	***
mit Allradantrieb (4x4)	****	***	**	*
Knicklenkung				
mit Allradantrieb (4x4)	****	***	****	*

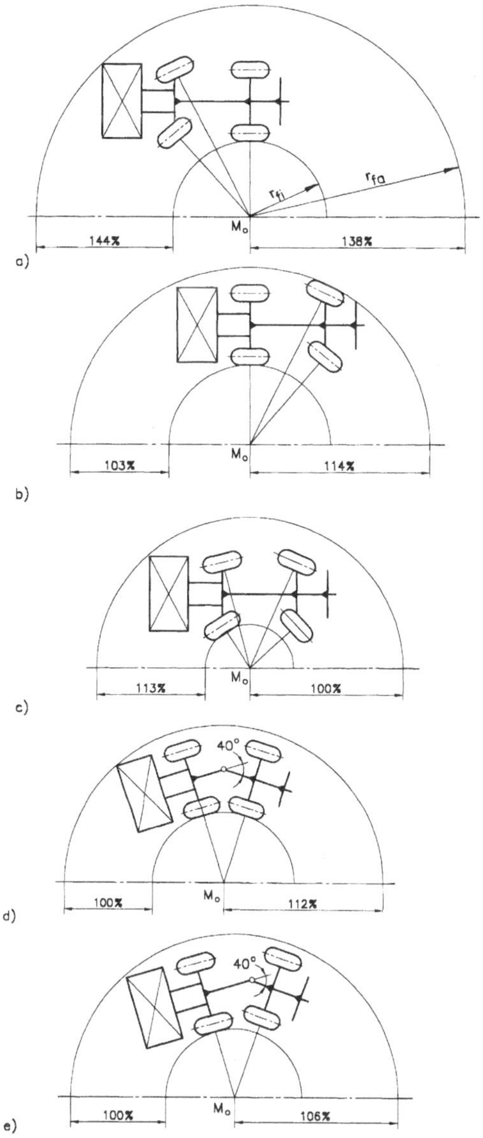

Bild 3-203 Vergleich der Manövrierfähigkeit unter beengten Verhältnissen bei verschiedenen Lenkungsbauarten einer Lademaschine [3.245]

a) Achsschenkel-Vorderradlenkung
b) Achsschenkel-Hinterradlenkung
c) Achsschenkel-Allradlenkung
d) Knicklenkung (zentral)
e) Knicklenkung (dezentral 2/3)

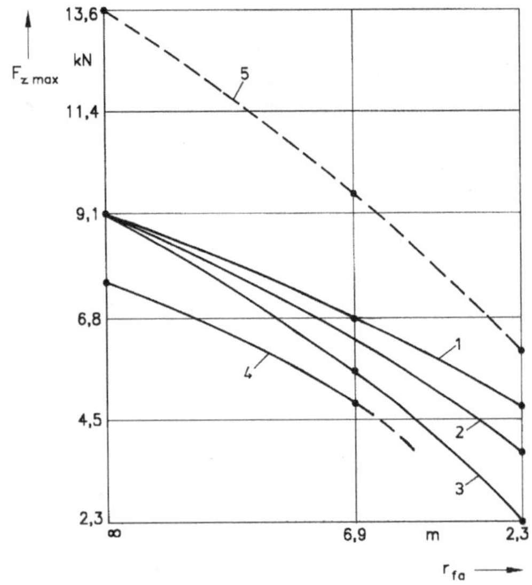

Bild 3-204 Einfluss des Wenderadius r_{fa} auf die maximale Zugkraft F_{zmax} [3.245]

1 Knicklenkung mit Allradantrieb (4x4)
2 Achsschenkel-Allradlenkung mit Allradantrieb
3 Antriebslenkung mit Allradantrieb
4 Achsschenkel-Vorderradlenkung mit Einachsantrieb (4x2)
5 Antriebslenkung mit Kettenantrieb

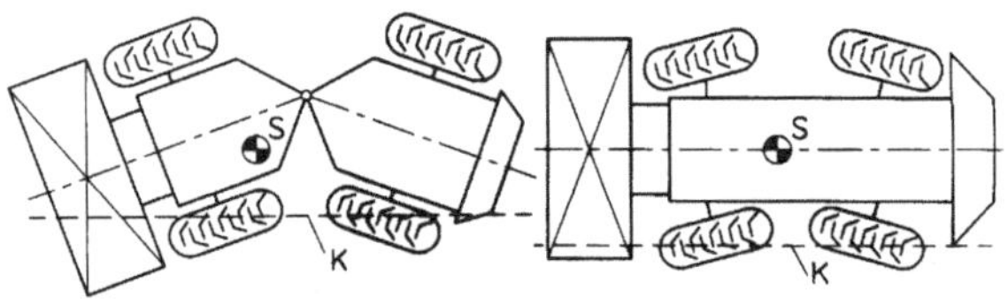

Bild 3-205 Einfluss der Lenkung auf die Standsicherheit bei Querneigung einer Lademaschine

a) Achsschenkel-Allradlenkung
b) Knicklenkung

S Schwerpunkt
K Kipplinie

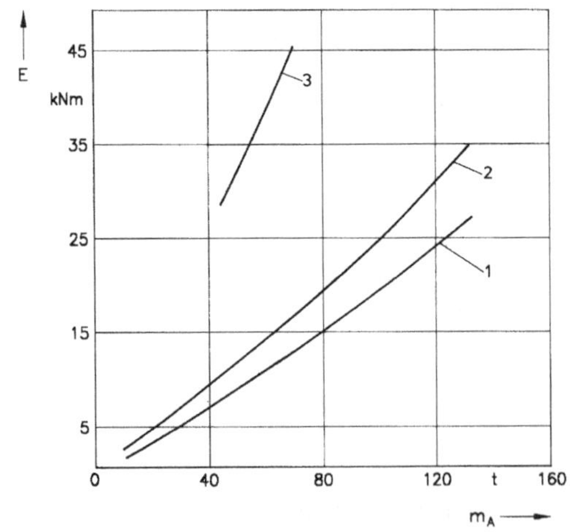

Bild 3-206 Energiebedarf E zum Fahren bei verschiedenen Lenksystemen in Abhängigkeit von der auf die Achse bezogenen Maschineneigenmasse m_A [3.245]

1 Achsschenkellenkung, nicht angetriebene Räder
2 Achsschenkellenkung, angetriebene Räder
3 Knicklenkung, angetriebene Räder

3.6.4.3 Konstruktionen von Lenkanlagen

Die Manövrierfähigkeit einer Maschine wird nicht nur von der Bauart des Lenkgetriebes, sondern auch von den Eigenschaften der Lenkkrafterzeugung (Antrieb) bestimmt. Grundsätzlich unterscheidet man Muskelkraft-, Hilfskraft- und Fremdkraftantriebe. Zu einer Lenkanlage gehört neben dem Antrieb eine Betätigungseinrichtung (z. B. Lenkrad) und das Lenkgetriebe.

Achsschenkel- und Knicklenkung
Reine Muskelkraft-Lenkanlagen sind nicht mehr anzutreffen, auch wenn mechanische Lenkgetriebe die aufzubringenden manuellen Kräfte reduzieren. Bei Hilfskraftanlagen (Servolenkung) wird die Muskelkraft des Fahrers mittels Zusatzeinrichtungen (meist hydromechanisch) unterstützt. Zwischen Lenkrad und Rad besteht immer eine mechanische Verbindung (Lenkgestänge). Hilfskraftanlagen werden in Kraftfahrzeugen eingesetzt [3.247].
Die mobile Baumaschine wird von *Fremdkraft-Lenkanlagen* mit hydrostatischen Antrieben bestimmt. Dabei werden die mechanischen Übertragungsglieder zum Rad von einem hydrostatischen „Gestänge“ (Hydraulikleitungen) ersetzt. Die Entwicklung und Anwendung der hydrostatisch betriebenen Fremdkraft-Lenkanlagen begann erst in den 1950er Jahren. Pneumatische oder elektrische Wirkprinzipien haben keine Bedeutung erlangt.
Aus Sicherheitsgründen gelten für die verschiedenen Lenkanlagen gewisse Einschränkungen im Straßenverkehr, siehe Tafel 3-52. Bei der Einführung von Fremdkraft-Lenkanlagen hat es lange Zeit sicherheitstechnische Bedenken gegeben. Heute sorgen strenge Prüf- und Zulassungsvorschriften für ausreichende Sicherheit ([3.252], DIN EN 1264, ISO 5010). Inzwischen beginnt man, über elektrohydraulische Lösungen nachzudenken [3.72]. Weil diese keinerlei Notlenkeigenschaften besitzen, unterliegen sie Sonderzulassungen und sind der Zukunft vorbehalten.

Tafel 3-52 Technische Anforderungen an Lenkanlagen [3.251] [3.252]

v_{max} Höchstgeschwindigkeit
F_b zulässige Betätigungskraft ohne Hilfskraft

Lenkanlage	v_{max} in km/h	F_b in N
Muskelkraft		
mechanisches Lenkgetriebe	> 62	250
Hilfskraft		
hydromechanisch mit Nebenverbraucher	50	250
hydromechanisch mit 1 Hilfskraftquelle	50	600
hydromechanisch mit 2 Hilfskraftquellen	50	> 620
hydromechanisch, 2-Kreissystem bzw. mit motorunabhängiger Hilfskraftquelle	62	> 620
Lenkgetriebe mit Hilfskraft und Nebenverbraucheranschluss	> 62	250
Lenkgetriebe mit Hilfskraft und eigener Hilfskraftquelle	> 62	600
Lenkgetriebe mit 2 Hilfskraftkreisen und 2 voneinander unabhängigen Hilfskraftquellen	> 62	> 620
Fremdkraft		
hydrostatisch mit 1 Pumpe	25	keine
hydrostatisch mit 2 motorunabhängig angetriebenen Fremdkraftquellen	50	

Die fehlende mechanische Verbindung zwischen Lenkrad und gelenkten Rädern hinterlässt beim Maschinenbediener kein Fahrbahngefühl (taktile oder haptische Informationen über den Lenkwiderstand). Sie bietet aber dem Maschinenkonstrukteur eine sehr große Flexibilität bei der Anordnung und Gestaltung aller Lenkkomponenten.
Mit der hydrostatischen Lenkung wurden überhaupt erst Knicklenkungen wegen ihrer großen Lenkwiderstände und Allradlenkungen wegen ihrer örtlichen Verzweigungen möglich.
Die Lenkbewegung einer hydrostatischen Lenkeinheit in Drehschieber- oder Längsschieberbauart (Ventil) wird durch Verdrehen (Lenkrad) des inneren Schiebers eingeleitet, Bild 3-207. Dabei verändert sich der Steuerquerschnitt, und es wird ein Volumenstrom für den Lenkzylinder freigegeben. Bestandteil der Lenkeinheit ist die Dosiereinheit (Zahnring- bzw. Flügelzellenmaschine). Ihr wird der Volumenstrom des Schiebers zugeführt. Da sie mechanisch mit dem äußeren Teil des Schiebers verbunden ist, wird dieser nachgeführt. Bleibt das Lenkrad stehen, verschließt der äußere Schieber den Steuerquerschnitt wieder. Der mechanische Anschlag sorgt dafür, dass bei Ausfall der Primärhydraulik ein Notbetrieb entsteht, denn die Dosiereinheit wird dann über den Antrieb „Lenkrad" zur Notlenkpumpe. Die Drehschieberbauweise mit Zahnringmaschine ist heute die am meisten benutzte Bauart.

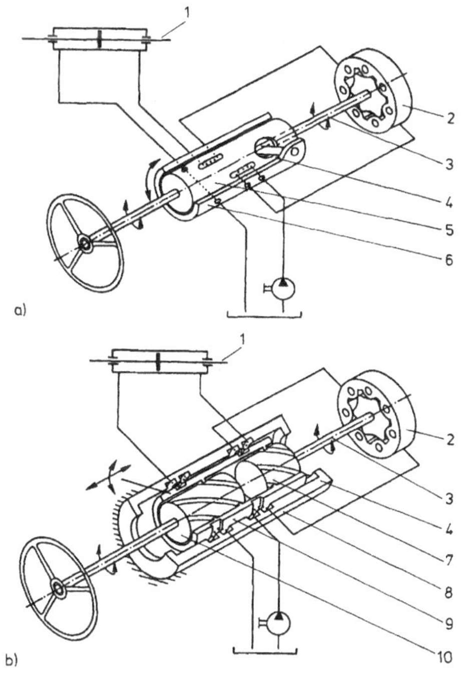

Bild 3-207 Schematischer Aufbau hydrostatischer Lenkeinheiten [3.258]

a) Drehschieberbauweise b) Längsschieberbauweise

1 Lenkzylinder
2 Dosiereinheit
3 Kardanwelle
4 mechanischer Anschlag
5 innerer Drehschieber
6 äußerer Drehschieber
7 hinteres Drehteil
8 Gehäuse
9 Längsschieber
10 vorderes Drehteil

Hydrostatische Lenkeinheiten werden in zwei verschiedenen Ausführungen benutzt. In der Ausführung Non-Reaction ist der Lenkzylinder in der Neutralstellung des Ventils nicht mit der Dosiereinheit verbunden. Besteht diese Verbindung im Ventil, dann ist es die Reaction-Ausführung (Bild 3-208). Bei der Einwirkung kleiner, äußerer Kräfte auf den Lenkzylinder wird hier die Dosiereinheit verstellt und über die Zentrierfeder als Reaktion auf das Lenkrad übertragen. Der Fahrer bekommt diese Wirkungen zu spüren (Lenkgefühl). Handelt es sich um größere Verstellungen, so wird automatisch ein Volumenstrom im Lenkventil angeregelt, welcher der äußeren Kraft entgegen wirkt.
Auch hier bekommt der Fahrer nur das Drehmoment der Rückholfeder zu spüren, das bekannte Reißen am Lenkrad bleibt aus [3.72]. Im Gegensatz dazu ruft die Ausführung Non-Reaction keinerlei Lenkgefühl hervor.

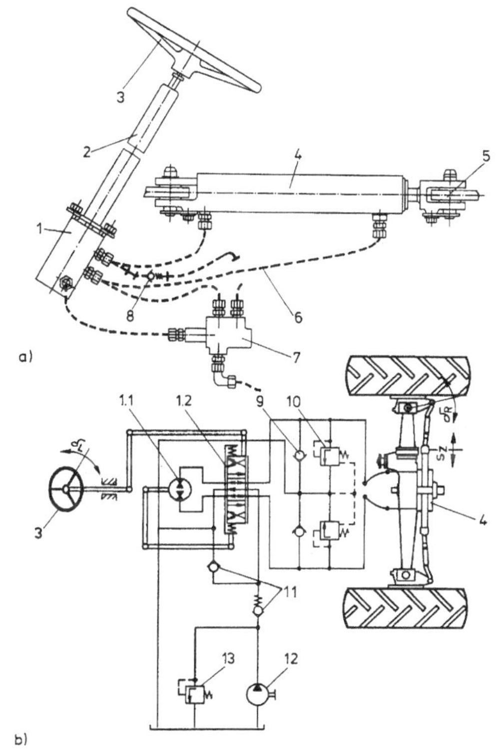

Bild 3-208 Aufbau der hydrostatischen Lenkanlage

a) Baugruppen der Lenkanlage für Knicklenkung
b) Schaltplan der Lenkanlage für Achsschenkellenkung

1 Lenkeinheit
1.1 Dosiereinheit
1.2 Drehschieber
2 Lenkaufsatz
3 Lenkrad
4 Lenkzylinder
5 Gelenklager des Knicklenkgetriebes
6 Schlauchleitungen
7 Prioritätsventil
8 Rückschlagventil und Verbinder
9 Nachsaugventil
10 Schockventil
11 Rückschlagventil
12 Konstantpumpe
13 Druckbegrenzungsventil

Die Reaction-Lenkung kommt den Forderungen einer modernen Lenkung nahe. Sie schafft einen Kompromiss aus Komfort und Sicherheit bei hohen Fahrgeschwindigkeiten im Straßenverkehr, aber auch die hohen Belastungen betreffend im Gelände und beim Arbeiten. Die wichtigsten Anforderungen und Merkmale einer hydrostatischen Lenkung sind in Tafel 3-53 zusammengestellt. Es wäre wünschenswert, die Lenkübersetzung und die Wahl zwischen Reaction und Non-Reaction wahlweise den Bedingungen von Straßen- und Geländefahrt anzupassen.
Die hydrostatische Lenkung (Bild 3-208) besteht im Wesentlichen aus der am Lenkrad angeflanschten Lenkeinheit, die von einer Hydraulikpumpe (Primärhydraulik) versorgt wird. An der Lenkeinheit ist der zum Lenkgetriebe gehörende Lenkzylinder (Gleichlaufzylinder) angeschlossen.

Tafel 3-53 Anforderungen an hydrostatische Lenkanlagen [3.254]

Anforderung	Zielsetzung Straße	Zielsetzung Gelände	Stand
min. Lenkraddrehzahl bei Motorleerlauf in s^{-1}	1,5...2,0	1,5...2,0	1,0...1,5
max. Lenkraddrehzahl in s^{-1}	1,8...2,5	2,5...3,0	2,0...2,5
max. Lenkradmoment in Nm	3,0...4,0	2,0...3,0	2,5...3,5
Anzahl Lenkradumdrehungen bei $\delta_R = \pm 40°$	3,5...4,5	2,0...3,0	2,3...5,0
Totwinkel bis zum Ansprechen der Lenkung	1,0...2,0°	4,0.. 6,0°	3,5...4,5°
Ausführung der Lenkeinheit	Reaction	Non-Reaction	Reaction Non-Reaction

Der Lenkradwinkel δ_L verursacht über den Zylinderstellweg s_Z einen entsprechenden Radeinschlagwinkel δ_R (hydraulisch-mechanisches Stellglied). Jede Lenkeinheit enthält zusätzliche Ventile (Bild 3-208b), zwei Schockventile für die sekundärseitige Absicherung, Nachsaugventile zur Verhinderung von Kavitation beim Ansprechen der Schockventile, Rückschlagventile und ein primärseitiges Druckbegrenzungsventil. Die zwei Schockventile sind auch als Sicherheitsventile zu verstehen, die dann ansprechen, wenn beim Lenken gegen ein Hindernis eine Drucküberschreitung eintritt. Diese Ventile müssen auf mindestens 50 bar über, aber nicht mehr als auf den 2,2fachen Wert des Primärdruckventils eingestellt sein. Für den einwandfreien Notbetrieb durch Nachsaugen von Hydrauliköl dient das Rückschlagventil. Zu diesem Zweck liegt auch die Einmündung der Rücklaufleitung in den Tank tiefer als die Ansaugleitung. Um zu verhindern, dass ohne Lenkbefehle auf die Maschine aus äußeren Geländewiderständen eine Lenkbewegung ausgeübt wird (Schlingerbewegung), erhält der Hydraulikkreis eine geringe konstante Kapazität. Die Ablaufleitung wird mit rd. 10 bar angedrosselt.

Weil Lenkrad, Drehschieber und Dosiereinheit mechanisch verbunden sind (Bild 3-207), stellt die bisher beschriebene Drehschieberbauweise eine Lenkanlage mit innerer mechanischer Rückkopplung dar. Verbindet man Dosiereinheit und Drehschieber hydraulisch, so bezeichnet man dieses Prinzip als Lenkanlage mit innerer hydraulischer Rückkopplung. Schließlich ist als ein weiteres Prinzip die Lenkanlage mit äußerer hydraulischer Rückkopplung (Bild 3-209) bekannt, wo in zwei voneinander unabhängigen Hydraulikkreisen die Steuerung und die Lenkenergieübertragung getrennt sind [3.253]. Dieses Prinzip besitzt den Vorzug, dass die Lenkübersetzung von der Leistungsfähigkeit der Dosiereinheit unabhängig ist. Es können mehrstufige Lenkübersetzungen realisiert werden.

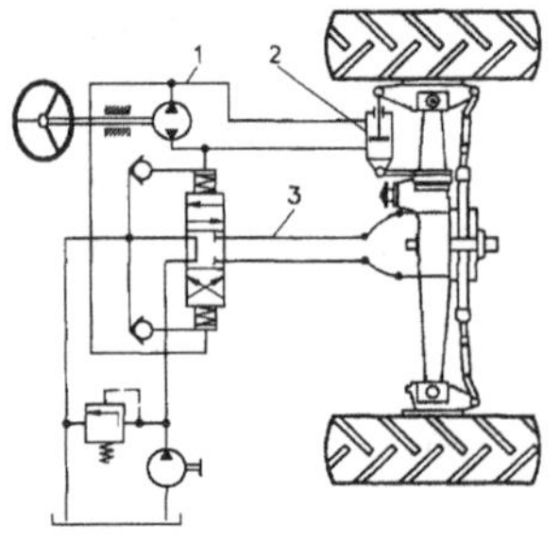

1 Steuerkreislauf
2 Rückführzylinder
3 Lenkkreislauf (weitere Bezeichnungen s. Bild 3-208)

Bild 3-209 Hydrostatische Lenkanlage mit äußerer Rückführung

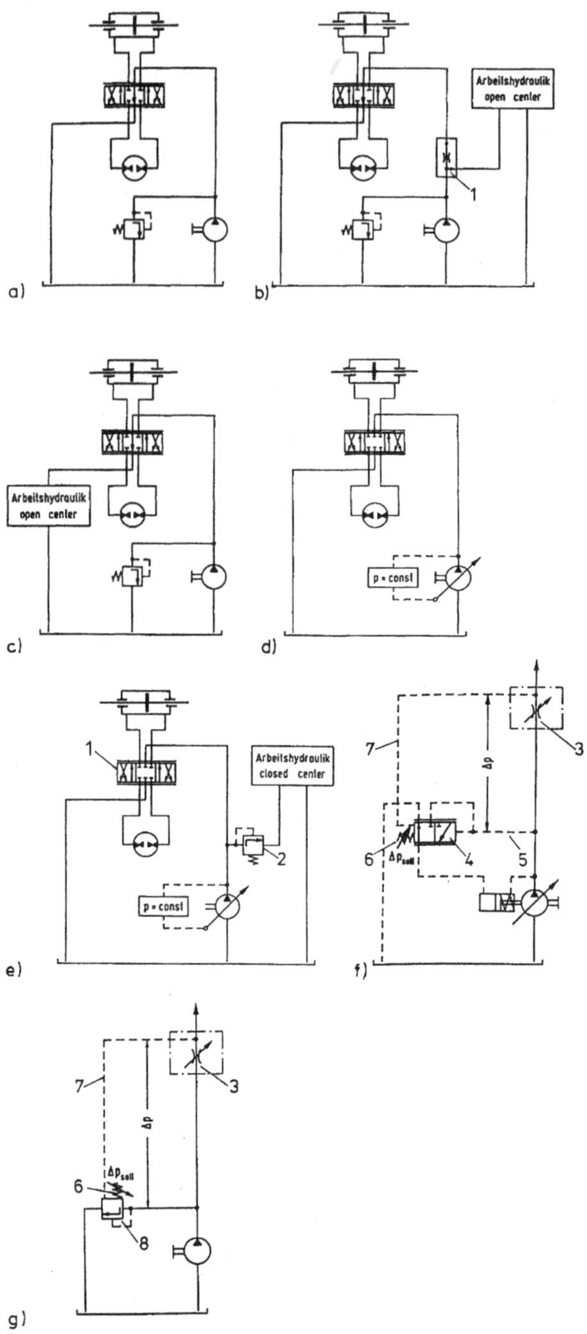

Bild 3-210 Schaltschemen für hydrostatische Lenkungen [3.254]

a) Konstantstromsystem mit gesonderter Lenk-Konstantpumpe
b) Konstantstromsystem mit Stromregelventil und parallel geschalteter Arbeitshydraulik
c) Konstantstromsystem mit in Reihe geschalteter Arbeitshydraulik
d) Konstantdrucksystem mit gesonderter Lenk-Verstellpumpe
e) Konstantdrucksystem mit Folgeventil und parallel geschalteter Arbeitshydraulik
f) LS-System mit Verstellpumpe
g) LS-System mit Druckwaage

1 3-Wege-Stromventil
2 Folgeventil (Prioritätsventil)
3 Lenkeinheit mit Messblende
4 Pumpenregelventil
5 Steuerleitung
6 Regelfeder
7 LS-Leitung
8 Druckwaage

Die Primärhydraulik kann als Konstantstrom-, Konstantdruck- oder LS-System (s. Abschn. 3.1.4) ausgeführt sein. In einem Konstantstromsystem muss man das Lenkventil als Open-Center-Ventil gestalten, um in der Neutralstellung den unbehinderten Umlauf des Primärstroms zu ermöglichen.

Bild 3-210 zeigt mehrere Schaltungsvarianten. Am einfachsten baut das System mit eigener Konstantpumpe auf (Bild 3-210a). Hier ist nachteilig, dass der Volumenstrom von der Drehzahl abhängt und während der Neutralstellung Verluste hervorruft. Er ist bei Nenndrehzahl etwa dreimal so groß wie bei Leerlaufdrehzahl des Dieselmotors. Die Pumpe muss so groß ausgelegt werden, dass sie auch bei Leerlauf ausreichend Volumenstrom erzeugt. Das System mit 3-Wege-Stromregelventil (Bild 3-210b) versorgt außerdem eine als Open Center ausgeführte Arbeits- und/oder Bremshydraulik. Auch hier besteht die Drehzahlabhängigkeit des Volumenstroms. Die Reihenschaltung von Lenk- und Arbeitshydraulik zeigt Bild 3-210c. Beide Verbraucher werden mit dem gesamten Volumenstrom der Pumpe versorgt. Es ist zu beachten, dass der maximal zulässige Betriebsdruck der Arbeitshydraulik begrenzt ist, da der Tankanschluss einer Lenkhydraulik nur mit einem Dauerdruck von 50 bar (kurzzeitig 140 bar) belastet werden darf [3.254]. Außerdem spürt der Maschinenbediener die Druckschwankungen aus der Arbeitshydraulik auch am Lenkrad. Der Vorteil einer mit konstantem Druck geregelten Verstellpumpe (Bild 3-210d) besteht darin, dass sich der erzeugte Volumenstrom dem Bedarf der Lenkung anpasst. Bei niedrigem Lastdruck muss der Volumenstrom vom hohen Pumpendruck gedrosselt werden, was hohe Verluste verursacht. Wenn man in einem Konstantdrucksystem Lenk- und Arbeitshydraulik parallel schaltet (Bild 3-210e), dann muss die Vorrangversorgung der Lenkung mit einem Folgeventil (Prioritätsventil) sichergestellt sein [3.255]. Es sperrt den Volumenstrom zur Arbeitshydraulik, sobald der Pumpendruck infolge eines zu großen Bedarfs unter einen am Folgeventil eingestellten Wert abfällt. LS-Systeme sind sowohl druck- als auch förderstromgeregelte Systeme (Bild 3-210f,g), die entweder mit einer geregelten Verstellpumpe oder mit einer Konstantpumpe in Verbindung mit einer Druckwaage versehen sind [3.256]. Im Hauptstrom der Lenkeinheit ist eine Messblende integriert, deren Öffnungsfläche sich mit dem Relativwinkel zwischen innerem und äußerem Schieber verändert. Es entsteht in dieser Messblende ein Druckabfall Δp (Differenz zwischen Last- und Pumpendruck). Der Lastdruck p_L wird dem Pumpenregler über die LS-Leitung gemeldet, während in der Steuerleitung der Pumpendruck p_P wirkt. Außerdem steht lastdruckseitig im Regler der Druck p_F einer Feder an, so dass folgendes Gleichgewicht bestehen muss

$$p_L + p_F = p_P \,. \tag{3.69}$$

Dabei entspricht der einstellbare Federdruck der Steuerdruckdifferenz, quasi einem Δp_{soll}. Der erzeugte Volumenstrom wird infolge LS-Regelung so lange durch Pumpenverstellung verändert, bis der Druckabfall über der Messblende genau dem eingestellten Sollwert entspricht. Die Regelung des Volumenstroms Q durch Veränderung des Messblendenquerschnitts A infolge Lenkbewegung gehorcht der allgemeinen Drosselgleichung

$$Q = \alpha\, A \sqrt{\frac{2\Delta p}{\rho}} \,.$$

Darin bezeichnen α die Durchflusskennzahl und ρ die Dichte. Bei dem LS-System nach Bild Bild 3-210g übernimmt die Regelung des Volumenstroms eine Druckwaage (s. Abschn. 3.1.4), für die auch die Bedingungen von Gl. (3.69) gelten. Der einstellbare Federdruck gibt einen Sollwert für die Druckdifferenz Δp an der Messblende vor. Unterschreitet die Druckdifferenz den Sollwert aufgrund eines vergrößerten Messblendenquerschnitts im Lenkventil, dann drosselt die Druckwaage den Volumenstrom stärker und sorgt somit zu seiner Vergrößerung in Richtung Lenkzylinder.

Es hat sich gezeigt, dass infolge des Regelaufwands die Dynamik des LS-Systems schwieriger zu beherrschen ist, aber verlustärmer arbeitet. Bei großen Radladern wird von Kraftstoffeinsparungen bis 15 % berichtet [3.257]. Das zeitverzögerte Ansprechen der LS-Pumpenregelung äußert sich durch Volumenstrommangel, was als schwergängiges Lenken (harter Punkt) empfunden wird. Jede Lenkeinheit besitzt nach maximaler Auslenkung des Lenkventils (rd. ±10...15°) einen mechanischen Anschlag, der eine solche harte Wirkung verspüren lässt. Harte Lenkpunkte können bei Leerlaufdrehzahl des Motors auch im Konstantstromsystem auftreten. Hier ist nicht die zeitverzögerte Regelung sondern der zu geringe Volumenstrom die Ursache.

Da mit einer weiteren Integration von Elektronik und Hydraulik zu rechnen ist und die Lenkung einen hohen funktions- sowie sicherheitsbedingten Einfluss hat, werden elektrohydraulische Konzepte an Bedeutung gewinnen, um zusätzliche Steuer- und Regeleffekte zu ermöglichen (Tafel 3-53). Mit steigender Belastung gelenkter Achsen wird es zunehmend schwieriger, die zulässige Hand-Lenkkraft für den Notbetrieb zu garantieren, ohne sehr hohe Lenkübersetzungen benutzen zu müssen. Außerdem werden zur Verbesserung des Rangier- und Arbeitsverhaltens immer höhere Radeinschlagwinkel (von 25 bis auf 50°) gewünscht. Sie erfordern größere Lenkzylinderwege und deshalb mehrere Lenkradumdrehungen (bis $i_u = 5$). Wegen der positiven Überdeckung des Drehschiebers (Lenkventil) muss bei hydrostatischen Lenkungen mit einem Lenkspiel (Totgang) von bis zu ±5° gerechnet werden. In Verbindung mit der fehlenden Information über das Lenkdrehmoment (Lenkwiderstand) wird davon besonders das Geradeausfahren beeinträchtigt. Bei schnell fahrenden Maschinen (> 20 km/h) müssen deshalb sehr hohe Anforderungen an den Lenkregelkreis Mensch-Maschine gestellt werden.

Elektrohydraulische Lenksysteme sind bisher nur in selbstfahrenden Landmaschinen [3.72] [3.258] [3.259] und in Schwerlastfahrzeugen mit vielen Lenkachsen [3.260] [3.261] bekannt. Den schematischen Aufbau zeigt Bild 3-211.

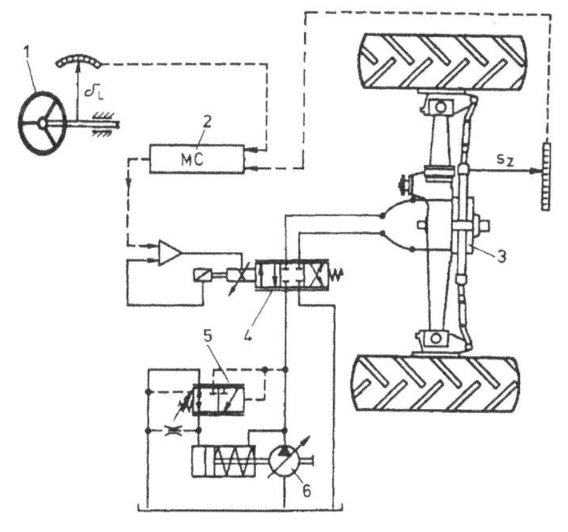

Bild 3-211 Schema einer elektrohydraulischen Lenkung

1 Lenkrad
2 Microcontroller (MC)
3 Lenkzylinder
4 elektrohydraulisches Lenkventil
5 Druckregler
6 Verstellpumpe

Das elektrohydraulische Lenkventil versorgt eine Verstellpumpe. Die vorgestellte Lösung ist als digitale Lageregelung zu verstehen, in welcher der Lenkradwinkel δ_L als Sollwert und der Lenkzylinderweg s_Z bzw. der mittlere Radeinschlagwinkel δ_{Rm} als Istwert gelten. Beide Werte werden dem Regler vom Microcontroller (MC) zugeführt, der einen entsprechenden Regelalgorithmus abarbeitet und das elektrohydraulische Lenkventil ansteuert. In den Regelalgorithmus kann die gemessene Größe der Fahrgeschwindigkeit, aber auch der Unterschied von Straßen- und Geländefahrt eingearbeitet werden.

Nach DIN 70000 ist die Lenkübersetzung das Verhältnis aus Lenkradwinkel δ_L und mittlerem Radeinschlagwinkel δ_{Rm}. Sie wird auch als theoretische oder kinematische Lenkübersetzung

$$i_L = \frac{\Delta\delta_L}{\Delta\delta_{Rm}}$$

bezeichnet [3.247]. Die Übersetzung der vorrangig bei Straßenfahrzeugen verwendeten mechanischen oder servohydraulischen Lenkungen liegt konstruktiv (Geometrie) fest. In der Regel ist sie so gestaltet, dass sich mit größer werdendem Radeinschlagwinkel auch die Übersetzung verändert. Für den mechanischen Teil der Lenkung, bestehend aus Lenkrad, Lenkgetriebe, Lenkgestänge, Lenkachse und Lenkrädern, muss bei der Lenkwinkelübertragung die Lenksteifigkeit c_L beachtet werden [3.262]

$$\frac{\delta_L}{i_L} = \delta_R + \frac{M_L i_L f_L}{c_L}.$$

Mit f_L wird der Lenkverstärkungsfaktor bei servohydraulischen Lenkungen (Hilfskraftlenkung) bezeichnet. Die tatsächliche Lenkübersetzung ist, bedingt durch die Lenksteifigkeit, größer als die kinematische Übersetzung.

Von hydrostatischen Lenkungen berechnet sich die Übersetzung nach [3.263]

$$\frac{1}{i_L} = \frac{\Delta\delta_R}{\Delta\delta_L} = \frac{\Delta s_Z}{\Delta\delta_L} = \frac{V_D}{A_Z \eta_V}.$$

Es bezeichnen:
- s_Z Kolbenweg des Lenkzylinders
- A_Z Kolbenfläche des Lenkzylinders
- V_D Schluckvolumen der Dosiereinheit
- η_V volumetrischer Wirkungsgrad.

Da der volumetrische Wirkungsgrad vom hydrostatischen Lastdruck und dieser im Wesentlichen von der Radlast abhängt, verändert sich auch die Lenkübersetzung mit der Radlast (Bild 3-212). Die Lenksteifigkeit (Elastizität) ist bei einer hydrostatischen im Vergleich zur rein mechanischen Lenkung etwa zehn mal größer [3.264].

Auch das dynamische Verhalten einer Lenkung kann von Bedeutung sein. Als Maß dafür wird die Zeitverzögerung in den Bewegungen von Lenkrad und gelenktem Rad benutzt [3.254]. Experimente haben gezeigt, dass das Lenkspiel und die Lenkübersetzung einen großen Einfluss auf die Fahrstabilität haben [3.72]. Deshalb wird empfohlen, das bei hydrostatischen Lenkungen übliche Spiel von rd. ±5° auf ±2° zu verringern. Die Lenkübersetzung ist nicht nur von der Größe der Dosiereinheit, sondern auch von der des Zylinders und vom geometrischen Übertragungsverhalten zwischen Zylinderweg und Radeinschlagwinkel abhängig.

Da der Entwicklungstrend auf hohe Lenkmomente und Einschlagwinkel orientiert, sollte das geometrische Übertragungsverhalten so bestimmt werden, dass die Lenkübersetzung mit ansteigendem Einschlagwinkel sinkt (hyperbolische Abhängigkeit). Bild 3-213 zeigt insgesamt sechs Lenkübersetzungskennlinien, die aus einzelnen Geraden unterschiedlicher Steigung zusammengesetzt sind. Dadurch wird man den Bedingungen des Rangierens (Anzahl von Lenkradumdrehungen), des Fahrens im Gelände (Lenkkraft) und des sicheren Lenkens bei Straßenfahrt besser gerecht. Untersuchungen [3.72] haben ergeben, dass bei häufigem Wende- und Rangierbetrieb (z. B. Lademaschinen) maximal zwei Lenkradumdrehungen (bisher i_u = 3...5) bis zum Radanschlag entstehen dürfen. Dieser Bedingung ist die Übersetzung unterzuordnen, ansonsten sollte auf einen Wert im Bereich von i_L = 18...24 orientiert werden (Bild 3-213).

Zweistufige Lenkübersetzungen (Gelände/Straße) erfordern bezüglich der elektrohydraulischen Lösungen einen Kompromiss. Sie lassen sich nur durch Hinzufügen einer zweiten, zuschaltbaren Dosiereinheit technisch realisieren.

Dem Fahr- und Lenkverhalten von Maschinen mit Radfahrwerken unter Einbeziehung verschiedener Lenkanlagen wurden vielfältige experimentelle und theoretische Arbeiten zuteil. Rechenmodelle zur Beschreibung hydrostatischer Regelabweichungen und der Dynamik von Traktoren sowie Radladern stehen zur Verfügung [3.246] [3.72] [3.254]. Es können viele grundsätzliche Erkenntnisse vom Kraftfahrzeug [3.247] [3.262] [3.265] und von der Landmaschine [3.254] [3.264] übernommen werden. Hierzu gehören vor allem das statische und dynamische Übertragungsverhalten, das Lenkübersetzungsverhältnis, der Zeitverzug zwischen Beginn von Lenkrad- und Radbewegung sowie die Lenkstrategien bei der Allradlenkung.

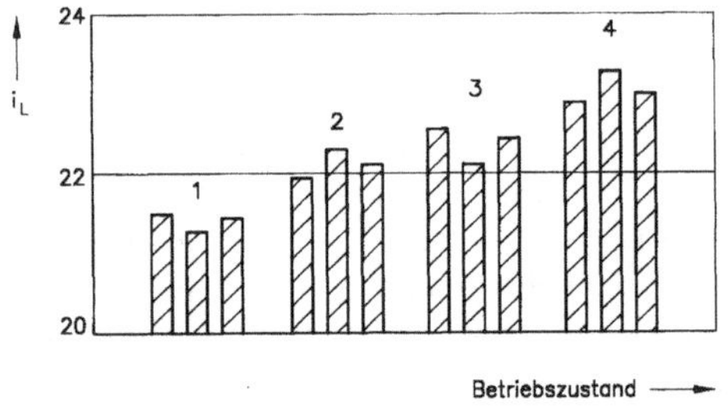

Bild 3-212 Lenkwinkelübersetzung i_L einer hydrostatischen Lenkung für 3 typischen Lenksituationen in Abhängigkeit vom Betriebszustand [3.263]

1 ohne Vorderachslast
2 Fahrgeschwindigkeit v = 10 km/h
3 v = 1 km/h
4 mit Vorderachslast und v = 0 km/h

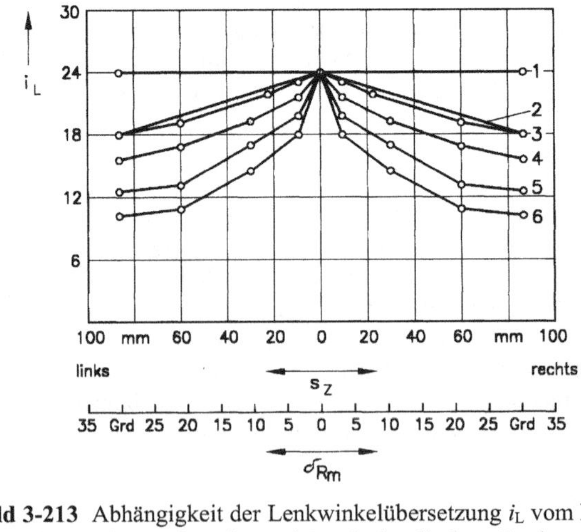

Bild 3-213 Abhängigkeit der Lenkwinkelübersetzung i_L vom Radeinschlag s_Z bzw. δ_{Rm} eines elektrohydraulischen Lenksystems [3.72]

1 bis 6: untersuchte Lenkübersetzungskennlinien

Antriebslenkung

Kettenfahrwerke verfügen über eine große Kontaktfläche zur Fahrbahn, was ihnen eine gute Richtungsstabilität (Geradeausfahrt) garantiert. Jede Lenkbewegung muss durch Drehzahldifferenz der beiden Fahrantriebe hervorgerufen werden und erfordert eine nicht unerhebliche Lenkenergie. Fahrwerk und Fahrantrieb werden in den Abschnitten 3.6.3, 4.2.2.2 und 4.5.2 behandelt. Ein ergänzender Hinweis auf den Fahrantrieb einer kompakten Lademaschinen mit Skidlenkung ist erforderlich. Seine Konstruktion entspricht der Ausführung nach Bild 3-214. Auf jeder Fahrwerksseite wird der bekannte Einzelrad-Fahrantrieb über die mechanische Kopplung eines Kettentriebs mit zwei Rädern verbunden. Damit verhält sich die Kompaktmaschine mit einem solchen Antrieb beim Lenken wie ein Kettenfahrzeug.

Es sind folgende Lenk-Antriebskonzepte zu unterscheiden:

1. mechanisches Getriebe (Schaltgetriebe oder Lastschaltgetriebe Differential mit oder ohne hydrodynamischen Wandler) sowie Lenkkupplungen bzw. -bremsen (Lamellen), siehe Bild 3-215a
2. ein hydrostatisches Getriebe (eine Verstellhydropumpe, ein Verstell- oder Konstanthydromotor) Differential sowie Lenkkupplungen bzw. -bremsen (Lamellen), siehe Bild 3-215b
3. zwei hydrostatische Getriebe (je Fahrwerksseite eine Verstellhydropumpe und ein Verstell- oder Konstanthydromotor), siehe Bild 3-215c und d
4. mechanisch oder hydrostatisch angetriebenes Lenkdifferential mit zusätzlichem Lenkantrieb, siehe Bild 3-215e.

Die Lenk-Antriebskonzepte nach 1. und 2. besitzen vergleichbares Verhalten. Der Antrieb wirkt über das Differential auf beide Fahrwerke. Wegen der Richtungsstabilität ist die ungestörte Geradeausfahrt nicht gefährdet. Zur Einleitung einer Lenkbewegung muss der Widerstand aus der Richtungsstabilität überwunden werden. Das wird durch mechanisch, hydraulisch oder pneumatisch betätigtes Kuppeln bzw. Anbremsen der Fahrwerksseiten erreicht. Die auf diese Weise erzeugten Lenkbewegungen rufen ein unstetiges, ruckartiges Kurvenfahren hervor. Beim Abbremsen einer Fahrwerksseite reduziert sich die Fahrantriebsleistung um den Anteil der Bremsleistung. Das Lenk-Antriebskonzept unter 3. sieht für jede Fahrwerksseite einen getrennten Antrieben vor. Es ist bekannt, dass dieser Lenkantrieb feinfühliger reagiert.

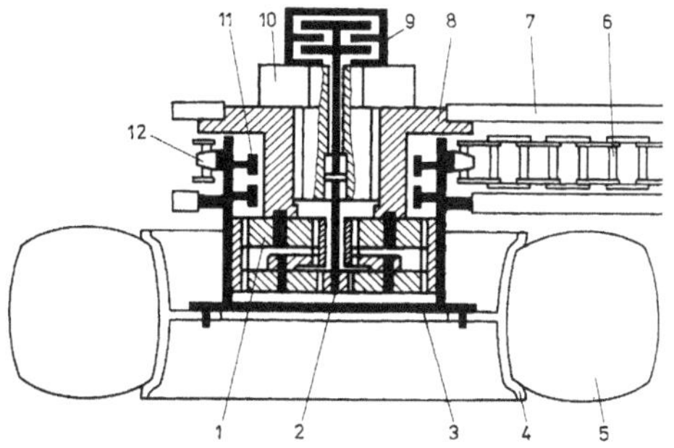

Bild 3-214 Fahrantrieb für Skidlenkung (Lohmann und Stolterfoht GmbH, Witten)

1 Umlaufrädergetriebe	7 Fahrzeugrahmen
2 Antriebswelle	8 Antriebsgehäuse
3 Radnabe, Abtrieb	9 Bremse
4 Felge	10 Hydromotor
5 Reifen	11 Radlager
6 Rollenkette	12 Kettenrad

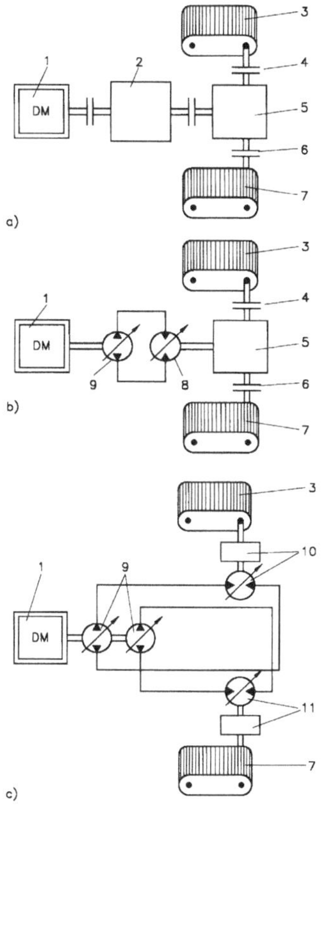

Bild 3-215 Lenk- und Fahrantriebskonzepte

a) mechanischer Antrieb
b) hydrostatischer Antrieb mit einem hydrostatischen Getriebe
c) hydrostatischer Antrieb mit zwei hydrostatischen Getrieben und Tandempumpen
d) hydrostatischer Antrieb mit zwei hydrostatischen Getrieben und Pumpenverteilergetriebe
e) Lenkdifferential mit zusätzlichem Lenkantrieb

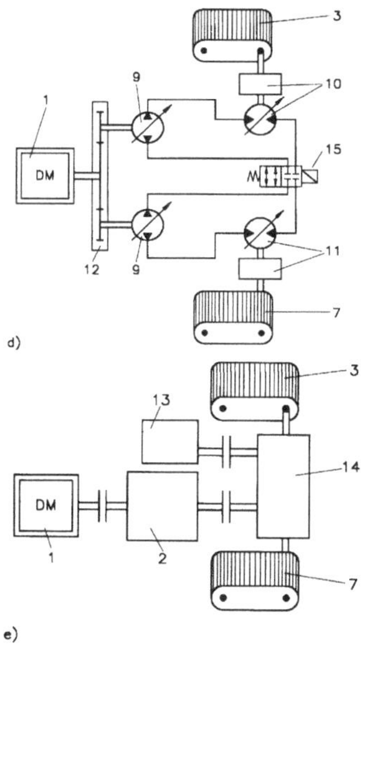

1 Dieselmotor
2 mechanische Getriebe
3 Fahrwerk links
4 Lenkkupplung bzw. -bremse links
5 Differential
6 Lenkkupplung bzw. -bremse rechts
7 Fahrwerk rechts
8 Verstell- oder Konstanthydromotor
9 Verstellhydropumpe
10 kompakter Fahrantrieb links (Verstellhydromotor Getriebe Haltebremse)
11 kompakter Fahrantrieb rechts
12 Pumpenverteilergetriebe
13 Lenkmotor
14 Lenkdifferentialsachse
15 Differentialventil

Der Lenkhebelausschlag ruft eine proportionale Lenkbewegung hervor. Es kommt nicht mehr zu der unstetigen, ruckartigen Kurvenfahrt, dafür müssen Maßnahmen zur Vermeidung von Gleichlaufproblemen (Geradeauslauf) ergriffen werden. Sie haben folgende Ursachen:

- Das Leckverhalten zweier Hydraulikantriebe gleichen Typs ist aus Toleranzgründen niemals wirklich gleich.
- Die Abtriebsdrehzahl eines hydrostatischen Getriebes ist bei konstanter Antriebsdrehzahl und konstantem Pumpenfördervolumen weitestgehend laststabil, d. h., bei mechanischer Kopplung (Synchronisation) zweier Abtriebsdrehzahlen steigt bei geringster Drehzahldifferenz der Betriebsdruck des schneller laufenden Antriebs.

Für eine geeignete hydrostatische Synchronisation sind verschiedene Schaltungen bekannt [3.266]. Zwei zu einer Doppelverstellpumpe zusammengefasste reversierbare Primäraggregate versorgen getrennt die ihnen zugeordneten Hydraulikmotoren, siehe Bild 3-215d. Für die Fahrgeschwindigkeitssteuerung erfolgt die Pumpenverstellung gleichsinnig und für das Kurvenfahren gegensinnig. Um in der Lenkstellung null Gleichlaufprobleme im gesamten Drehzahlbereich zu vermeiden, wird hier ein Differentialventil aktiv, von dem die Durchflussdifferenzen ausgeglichen werden. Der Ausgleichsstrom verursacht im Differentialventil einen kleinen Druckunterschied. Dieser darf den Wert der Mindestdruckdifferenz, die zur Einleitung einer Lenkbewegung erforderlich ist, nicht überschreiten. Bei Einleitung einer Lenkbewegung muss das Differentialventil abgeschaltet werden, da es sonst nicht zum Aufbau eines Lenkdrucks kommt. Dieser Abschaltvorgang kann je nach Größe und Richtung der Gleichlauffehler auch ruckartige Lenkbewegungen hervorrufen.

Eine weitere Schaltungsvariante zur Synchronisation zeigt Bild 3-216a. Hier werden die Rückstellkräfte einer Verstellpumpe zur Gleichlaufregelung genutzt. Mittels direkt betätigter Stelleinrichtung (Federrückführung) kann die Pumpe bei Druckbeaufschlagung der beiden Anschlüsse des Stellzylinders in die jeweilige Richtung ausgeschwenkt werden. Der Verstellwinkel ist dabei vom Steuer- und Betriebsdruck abhängig (Bild 3-216b). Bei konstantem Steuerdruck p_{St} verändert der Betriebsdruck p_B über die Pumpenrückstellkräfte den Schwenkwinkel hochdruckabhängig.

Auf einer Fahrwerksseite ergibt sich mit steigendem Betriebsdruck im Hydromotor bei konstanter Pumpendrehzahl eine fallende Abtriebsdrehzahl n_a. Dabei ist der Drehzahlabfall von der Größe der Rückstellkräfte abhängig. Werden zwei gleiche Hydrauliksysteme wie nach Bild 3-216a parallel geschaltet, dann ist unter Ausnutzung der Pumpenrückstellung eine Synchronisation möglich, wenn in beiden Systemen eine Druckunsymmetrie von Δp_B zulässig ist. Auch hier gilt, dass Δp_B kleiner als die zur Einleitung einer Lenkbewegung benötigte Druckdifferenz sein muss. Die Verstellung der Fahrgeschwindigkeit erfolgt über eine Veränderung des Steuerdrucks mittels Druckbegrenzungsventil (mechanisch, hydraulisch, elektrisch oder pneumatisch betätigt), welches über eine Steuerpumpe und Stromteiler beide Fahrwerksseiten synchron versorgt. Zur Veränderung der Fahrtrichtung dienen Wegeventile.

Mit der bisher erläuterten Schaltung (Bild 3-216a) schließt man den Einfluss der Pumpenrückstellkräfte auf die Laststabilität der Fahrgeschwindigkeit nicht aus. Das heißt, bei konstanter Stellung des Fahrgeschwindigkeitshebels und steigendem Kurvenfahrwiderstand wird die Fahrgeschwindigkeit unbeabsichtigt heruntergeregelt.

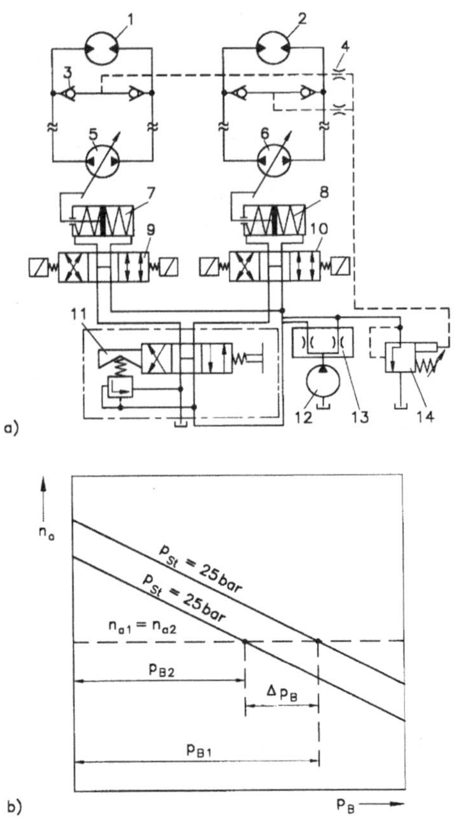

Bild 3-216 Schaltplan eines hydrostatischen Lenk-Fahrantriebs mit zwei hydrostatischen Getrieben und Gleichlaufregelung [3.266]

a) Schaltplan
b) Abhängigkeit der Abtriebsdrehzahl n_a vom Betriebsdruck p_B

1 Konstanthydromotor links
2 Konstanthydromotor rechts
3 Sperrventil
4 Drossel
5 Verstellhydropumpe links
6 Verstellhydropumpe rechts
7 Stelleinrichtung für Pumpe 5
8 Stelleinrichtung für Pumpe 6
9 Fahrtrichtungswegeventil für Pumpe 5
10 Fahrtrichtungswegeventil für Pumpe 6
11 Lenkventil
12 Pumpe der Steuerhydraulik
13 Stromteiler
14 Fahrgeschwindigkeitsventil

Um diese Wirkung zu umgehen, wird das Druckbegrenzungsventil durch ein Signal aus der Summe $p_{B1} + p_{B2}$ beider Betriebsdrücke beeinflusst, das in den vorgeschalteten Drosseln gebildet wird. Der Steuerdruck kann dadurch lastabhängig so erhöht werden, dass die Abtriebsdrehzahlen unabhängig vom Fahrwiderstand konstant bleiben (Laststabilität der Fahrgeschwindigkeit).

Das Lenken erfolgt durch ein Wegeventil mit Druckfunktion (Lenkventil). Es beaufschlagt alternativ auch die unbelastete Seite des Stellzylinders. Dadurch kann das vorgegebene Fahrgeschwindigkeitssignal p_{St} aus dem Geschwindigkeitsventil durch ein Gegendrucksignal aus dem Lenkventil teilweise oder vollständig in der Stelleinrichtung aufgehoben werden. Ist der Gegendruck größer als der Steuerdruck, dann kommt es zu der entgegengesetzten Fahrbewegung zweier Fahrwerke. Die Maschine dreht sich auf der Stelle.

Als Schaltungsvariante für Lenk-Antriebe dominiert heute immer stärker die elektronische Steuerung, die neben dem automotiven Fahren und der Lenkfunktion auch die Inchfunktion, eine Dieselmotor-Grenzlastregelung und eine Eigendiagnose beinhaltet (s. Abschn. 3.1.4).

Für das Lenk-Antriebskonzept nach 4. wird die Bezeichnung Differentiallenkung benutzt (Bild 3-215e). Das Lenkdifferential besteht aus drei Planetensätzen, dem Lenk-, Antriebs- und Ausgleichsplanetensatz, siehe Bild 3-217.
Auf den Antriebsplanetensatz wird die Fahrantriebsleistung über eine Kegelradstufe eingetragen. Von hier wird sie über den Lenkplanetensatz zu gleichen Anteilen auf den linken Turasabtrieb und auf die Hauptwelle verteilt. Der rechte Turasabtrieb ist über einen Ausgleichsplanetensatz mit der Hauptwelle verbunden, wobei das Hohlrad gestellfest (Gehäuse) ausgeführt ist. Vom Ausgleichsplanetensatz werden Drehzahl- und Drehmomentenunterschiede zwischen den Fahrwerksseiten ausgeglichen. Bei Geradeausfahrt hält der Lenkmotor das Hohlrad des Lenkplanetensatzes fest. Zur Erzeugung einer Lenkbewegung muss der Lenkmotor antreiben. Von seiner Drehrichtung und Drehzahl werden Lenkradius und Lenkrichtung bestimmt. Beim Wenden auf der Stelle steht der Antriebsplanetensatz still, und allein der Lenkplanetensatz wird angetrieben. Die vom Lenkantrieb eingetragene Leistung verteilt sich dabei zu gleichen Anteilen auf die beiden Fahrwerke (Leistungsverzweigung). Das Lenkdifferential vermag auch einen Unterschied in der Traktion zweier Fahrwerke auszugleichen. Hier werden die Antriebsdrehmomente so aufgeteilt, dass ohne Lenkkorrekturen trotzdem eine Geradeausfahrt garantiert ist.

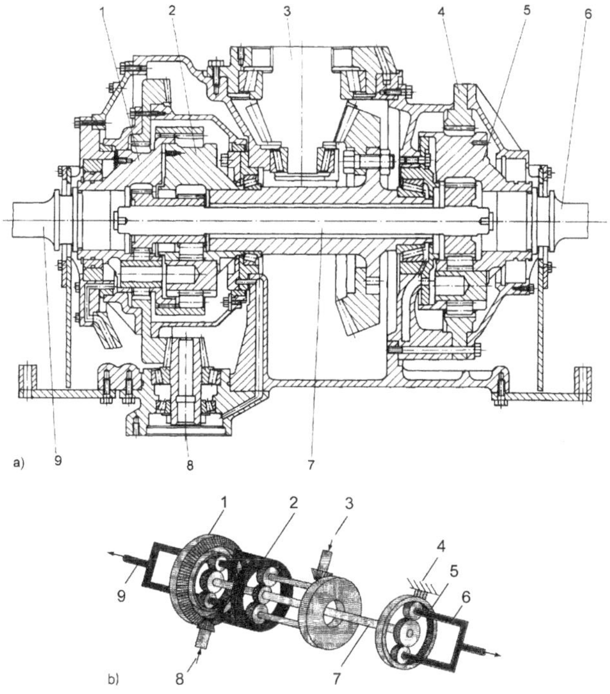

Bild 3-217 Lenkdifferential [3.267]
a) Schnittdarstellung
b) vereinfachtes Getriebeprinzip

1 Lenkplanetensatz
2 Antriebsplanetensatz
3 Fahrantriebs-Kegelradstufe (Fahrmotor)
4 Gehäuse
5 Ausgleichsplanetensatz
6 Turasabtrieb rechts
7 Hauptwelle
8 Lenkantriebs-Kegelradstufe (Lenkmotor)
9 Turasabtrieb links

3.7 Sicherheitshinweise und Vorschriften für Erdbaumaschinen

Bei der Entwicklung, Herstellung und dem Betreiben von Erdbaumaschinen sind Vorschriften einzuhalten, auf deren Inhalte nicht im Detail eingegangen werden kann. Dennoch sollen Orientierungen und Hinweise auf Quellen gegeben werden. Trotz Harmonisierung auf europäischer Ebene, ist der gewissenhafte Umgang mit den sehr vielfältigen sicherheitstechnischen Regelungen noch immer als beschwerlich zu bezeichnen.
Grundlegende Ausführungen über die angewandte Sicherheitstechnik vermittelt [3.268].

3.7.1 Verkehrsrechtliche Vorschriften

Da Baumaschinen als *Arbeitsmaschinen* vielfach auch am öffentlichen Straßenverkehr teilnehmen, sind dafür spezielle Vorschriften erlassen worden. Wegen vielfältiger Bauarten und Ausrüstungen unterscheiden sich diese zum Teil erheblich. Das betrifft insbesondere Zulassungspflicht, Betriebserlaubnis, amtliche Kennzeichnung, lichttechnische Einrichtungen, Maschinenabmessungen, Höchstgeschwindigkeiten, Schwerlasttransportbedingungen u. a., wofür Teile vom StVG (Straßenverkehrsgesetz), der StVZO (Straßenverkehrszulassungsordnung) und der StVO (Straßenverkehrsordnung) gelten. Eine wertvolle Zusammenstellung und Kommentierung dieser Vorschriften für Baumaschinen enthalten [3.269] bezüglich der verkehrsrechtlicher Vorschriften und [3.270] bezüglich der Schwerlasttransportgenehmigungen.

3.7.2 Sicherheitsvorschriften für Bau und Betrieb

Seit 1993 wird das Vorschriftenwerk für Bau und Betrieb von Erdbaumaschinen vom Europäischen Komitee für Normung vereinheitlicht. Vorerst wird dabei auf die Harmonisierung der Bauvorschriften orientiert, während die Regelungen zum Betreiben meist noch nationalen Kompetenzen unterliegen. Die wichtigste Grundlage bildet die *Europäische Maschinenrichtlinie* 2006/42/EG [3.271], die ihrerseits inhaltliche Orientierungen aus dem in Deutschland gültigen Gerätesicherheitsgesetz [3.272] erfahren hat. Danach trugen bis 1993 alle hergestellten und geprüften Maschinen das Sicherheitszeichen GS (Geprüfte Sicherheit). Die heute geltende Europäische Maschinenrichtlinie wurde in Deutschland in nationales Recht umgesetzt. Sie zwingt immer dann einen Hersteller zur Einhaltung der grundlegenden Sicherheits- und Gesundheitsanforderungen, wenn von der Maschine entsprechende *Gefährdungen* ausgehen. Für spezielle Maschinen wird deshalb die Durchführung von *Gefährdungsanalysen* empfohlen. Zu diesem Zweck kann der Hersteller auf festgeschriebene, konkrete Anforderungsprofile zurückgreifen, die im Rahmen einer harmonisierten europäischen Normung (*EN-Normen*) entstehen. Diese Normen geben keine rechtliche Sicherheit. Bei ihrer Anwendung kann man nur von der widerlegbaren Vermutung ausgehen, dass die Maschinenrichtlinie erfüllt ist [3.273].
Von den EN-Normen werden wichtige sicherheitstechnische Entscheidungen getroffen, die oft auch betriebswirtschaftliche Folgen hervorrufen. Sie entstehen im Konsens unter Mitwirkung nationaler Arbeitsgruppen aus EG- und EFTA-Ländern und unter der organisatorischen Betreuung von CEN (Europäisches Komitee für Normung) sowie

CENELEC (Europäisches Komitee für elektronische Normung). Jede EG-Richtlinie oder EN-Norm wird unverändert in nationales Vorschriftenwerk (DIN, UVV, VBG u. a.) übernommen.
Alle Maschinenhersteller in Europa dokumentieren die *Konformität* ihrer Produkte mit den sicherheitstechnischen Anforderungen der Maschinenrichtlinie durch eine *CE-Kennzeichnung*. Das Verfahren wird als Zertifizierung (Qualitätsbewertung) bezeichnet und kann vom Hersteller selbst bzw. von einem Bevollmächtigten durchgeführt werden. Im Sinne eines Bevollmächtigten bietet z. B. die BG (Berufsgenossenschaft) ihre Leistungen zur freiwilligen Baumusterprüfung an. Bestandteil einer jeden Konformitätserklärung ist die technische Produktdokumentation (Fertigungspläne, Betriebsanleitungen, Gefährdungsanalysen u. a.).
Das technische Komitee für Bau- und Baustoffmaschinen (CEN/TC 151) ist in mehrere Arbeitsgruppen aufgeteilt, von denen sich z. B. die WG 1 (Working Group) mit den EN-Normen für *Erdbaumaschinen* befasst. Der Geltungsbereich wird von DIN EN ISO 6165 festgelegt. Sicherheitstechnische Anforderungen für den Bau und die Ausrüstungen finden vor allem in der DIN EN 474 und national in der BGR 500 ihren inhaltlichen Niederschlag, siehe Tafel 3-54.

Tafel 3-54 Europäische Sicherheitsrichtlinien und -normen

EG-Richtlinien	EN-Normen
Allg. Maschinen-Sicherheitsanforderungen	Harmonisierte Maschinen-Sicherheitsnormen für Erdbaumaschinen
2006/42/EG 98/37 EG	DIN EN 474-1: Allg. Anforderungen DIN EN 474-2: Planiermaschinen DIN EN 474-3: Lader DIN EN 474-4: Baggerlader DIN EN 474-5: Hydraulikbagger DIN EN 474-6: Muldenfahrzeuge DIN EN 474-7: Scraper DIN EN 474-8: Grader DIN EN 474-9: Rohrleger DIN EN 474-10: Grabenfräsen DIN EN 474-11: Erd- u. Müllverdichter DIN EN 474-12: Seilbagger

3.7.3 Hinweise zur sicherheitstechnischen Gestaltung

Bei der Ausarbeitung der Normen für Erdbaumaschinen hat vor allem die Unfallstatistik und die Unfallursachenforschung eine große Rolle gespielt [3.274]. Der gesamte Inhalt aller Normen kann hier nicht wiedergegeben werden. In Tafel 3-58 ist lediglich das Inhaltsverzeichnis der Teile 1 und 5 von EN 474 aufgeführt. Es soll deutlich machen, wie vielfältig die aus sicherheitstechnischen Überlegungen bestehenden Anforderungen sind. Jeder Maschinenhersteller muss sich mit der Originalfassung aller zutreffenden Richtlinien und Normen auseinandersetzen und dabei beachten, dass Vorschriften auch immer Gültigkeitsfristen unterliegen.
Über die in den genannten Richtlinien und Normen hinausgehenden Anforderungen berichtet eine Sammlung inhaltlich wertvoller Sicherheitshinweise [3.275]. Sie vermittelt praktische Erfahrungen der TBG für den Bau und Betrieb von Erdbaumaschinen, die über die Anforderungen der bestehenden Richtlinien und Normen hinausgehen.

Der sicherheitstechnische und arbeitswissenschaftliche Aspekt spielt im Bedienerumfeld der Maschine eine besondere Rolle. Hier muss der Konstrukteur auch ergonomische Gesichtspunkte aus der Mensch-Maschine-Umweltbeziehung berücksichtigen [3.276] [3.277].
Aus den vielfältigen Sicherheitsanforderungen werden nachstehend auf der Basis von [3.275] ausgewählte Gestaltungshinweise zum Bedienerumfeld gegeben, die auf eine Weiterentwicklung bestehender Vorschriften orientieren.

Klassifikation
Erdbaumaschinen werden bisher uneinheitlich nach installierten Antriebsleistungen (Abmessungen der Kabinen), Eigenmassen (ROPS bzw. FOPS Ausführungen) oder Bauarten (Lenkung) klassifiziert.
Dafür gibt es keine sicherheitstechnisch bzw. ergonomisch begründbare Notwendigkeit. Es wird deshalb die einheitliche Klassifikation nach Maschineneigenmassen empfohlen. Der Grenzwert für so genannte Kompaktgeräte soll 4,5 t betragen.

Tafel 3-55 Auszug aus dem Inhaltsverzeichnis der DIN EN 474, Sicherheitsvorschriften für den Bau und die Ausrüstung von Erdbaumaschinen

DIN EN 474-1 Erdbaumaschinen – Sicherheit – Teil 1 Allgemeine Anforderungen	DIN EN 474-5 Erdbaumaschinen – Sicherheit – Teil 5 Anforderungen für Hydraulikbagger
1 Sicherheitsanforderungen und/oder Maßnahmen 1.1 Allgemeines 1.2 Zugänge 1.3 Maschinenführerplatz 1.4 Sitze 1.5 Stellteile und Kontrollanzeigen 1.6 Lenksysteme 1.7 Bremssysteme 1.8 Sicht 1.9 Warneinrichtungen und Sicherheitskennzeichen 1.10 Reifen und Felgen 1.11 Standsicherheit 1.12 Hebezeugbetrieb 1.13 Lärm 1.14 Schutzmaßnahmen und Einrichtungen 1.15 Bergen, Transportieren, Heben und Abschleppen 1.16 Elektromagnetische Verträglichkeit 1.17 Elektrische-, elektronische Systeme 1.18 Drucksysteme 1.19 Kraftstofftanks, Hydrauliktanks und Druckbehälter 1.20 Brandschutz 1.21 Arbeitsausrüstungen und Schnellwechseleinrichtungen 1.22 Instandhaltung 1.23 Einsatz unter Tage in nicht explosiver Atmosphäre	5 Sicherheitsanforderungen und/oder Maßnahmen 5.1 Allgemeines 5.2 Zugänge 5.3 Maschinenführerplatz 5.4 Stellteile für Fahren und Lenken 5.5 Schwenkbremsen 5.6 Standsicherheit und Sicherheitseinrichtungen 5.7 Feststellbremse für Kompakt-Raupenbagger 5.8 Spezifische Anforderungen für Schreitbagger

Fahrerkabinen und Schutzaufbauten

Jede Erdbaumaschine mit einer Eigenmasse ≥ 4,5 t muss über eine Fahrerkabine verfügen. Der für den Maschinenbediener verbleibende Innenraum ist nach anthropometrischen Gesichtspunkten zu bestimmen [3.278], und unter Bezug auf DIN EN ISO 3411 ist die Innenraumhöhe mit mindestens 1000 mm (gemessen vom Seat Index Point) und die Innenraumbreite mit 920 mm festzulegen.
Die unerschöpfliche Verwendungsvielfalt mobiler Baumaschinen birgt Sicherheitsrisiken für den Bediener. Er soll durch passive Maßnahmen (Schutzaufbauten) vor Verletzungen infolge von Sonderereignissen (z. B. Umkippen) geschützt werden. Schaufellader, Flachbagger, knickgelenkte Muldenkipper und Baggerlader mit einer installierten Antriebsleistung ≥ 15 kW (ISO 9249), sind deshalb mit einem Überrollschutz (ROPS: Roll Over Protective Structure) zu versehen. Sinngemäß gilt das auch für Kompaktbagger (DIN EN ISO 6165) mit Eigenmassen zwischen 1,0 und 6,0 t, hier wird der Schutzaufbau als TOPS (Tip Over Protective Structure) bezeichnet. Grundsätzlich soll die Verletzungsgefahr (z. B. Quetschen) mit einem Schutzaufbau für den angeschnallten Bediener eingeschränkt werden. Der ROPS muss dafür die Anforderungen nach DIN ISO 3471 bzw. CEN 23471-1 und der TOPS nach ISO 12117 erfüllen. Zusätzlich werden bei Erdbaumaschinen unter bestimmten Einsatzbedingungen (Abrissarbeiten) Schutzdächer mit der Bezeichnung FOPS (Falling Object Protective Structure) erforderlich, um den Bediener vor herabfallenden Gegenständen zu schützen. Der FOPS muss die Anforderungen nach DIN ISO 3449 bzw. CEN 23449 erfüllen.
Schutzaufbauten (ROPS, FOPS, TOPS) stellen aus konstruktiver Sicht zusätzliche oder in die Kabine der Maschine integrierte Rahmenbauteile (Überrollbügel) dar. Hinweise über die Gestaltung und Prüfung von Schutzaufbauten enthalten [3.279] bis [3.281].
Schutzaufbauten müssen statischen Baumusterprüfungen unterzogen werden, deren Bedingungen in den genannten Normen festgelegt sind. Hierbei wird üblicherweise der Schutzaufbau zerstört. Mit den vorgesehenen Prüfmethoden ist nicht garantiert, dass Bauteilveränderungen nachgebildet werden, die dem tatsächlichen Sonderereignis (Umkippen, Überrollen) entsprechen. Trotzdem kann man erwarten, und die Erfahrungen der letzten 30 Jahre bestätigen es, dass mit der Baumusterprüfung eine äquivalente Bewertung möglich ist.
Bild 3-218 stellt die Bedingungen für den ROPS-Baumustertest dar. Die horizontal am oberen Längsträger des ROPS aufzubringende statische Prüfkraft F_h wird in Abhängigkeit von der Maschineneigenmasse m_e festgelegt. Der Prüfablauf sieht vor, dass die Verformungen Δs im Angriffspunkt der Horizontalkraft in Schritten von ≤ 25 mm aufgebracht werden. Die Fläche unter den Messpunkten der aufgezeichneten Funktion $F_h = f(\Delta s)$ entspricht dann der Verformungsenergie E, die vom Schutzaufbau aufgenommen wurde.
Grundsätzlich darf sich der Schutzaufbau unter Einwirkung der Prüflasten vom Maschinenrahmen nicht ablösen. Außerdem ist es nicht erlaubt, dass Aufbauteile in den festgelegten Verformungsgrenzbereich der Kabine (Schutzbereich nach DIN ISO 3164 bzw. CEN 23164; Deflection Limiting Volume DLV) eindringen. Damit soll verhindert werden, dass verformte Aufbauteile den Bediener verletzen. DLV entspricht einem angenommenen rechtwinkligen Raum, den ein Maschinenbediener in sitzender Position einnimmt (Bild 3-218).

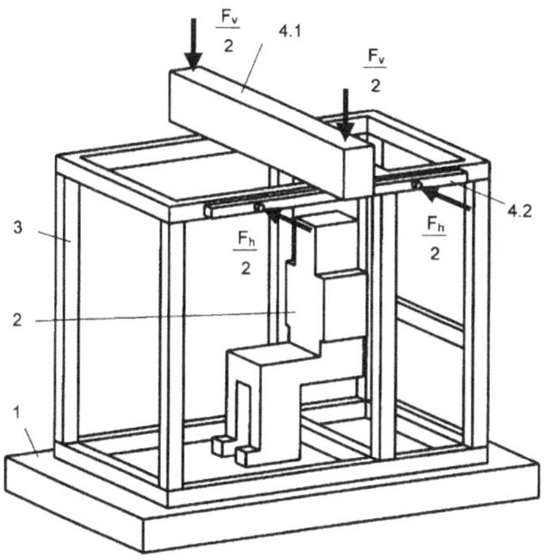

Bilder 3-218 Bedingungen für den ROPS-Baumustertest

1 Maschinenrahmen
2 Verformungsgrenzbereich
3 Vertikalstütze
4.1 Hilfsträger zur Einleitung der vertikalen Prüfkraft
4.2 Hilfsträger zur Einleitung der horizontalen Prüfkraft

Am Beispiel des ROPS-Baumustertests eines Schaufelladers muss diese Verformungsbedingung bei der Wirkung einer Horizontalkraft nach

$$F_h = 60000 \left[\frac{m_e}{10000} \right]^{1,20}$$

erfüllt sein, wenn F_h in N und m_e in kg eingesetzt werden. Gleichzeitig muss das betreffende Baumuster dabei mindestens eine Verformungsenergie E in J nach der Beziehung

$$E = 12500 \left[\frac{m_e}{10000} \right]^{1,25}$$

aufnehmen. Damit soll sichergestellt werden, dass der ROPS auch einen Mindestanteil an Verformungsenergie verbraucht, wenn er selbst auf eine sehr harte Oberfläche aufschlägt. Ohne Einwirkung von F_h ist außerdem zu prüfen, dass der ROPS mindestens über eine Zeitdauer von 5 Minuten die vertikale Prüfkraft $F_v = 2\, m_e\, g$ erträgt.

Klima in Fahrerkabinen

Umgebungstemperaturen von 18...23 °C im Sommer und 17...21 °C im Winter werden als behaglich empfunden. Kabinen sind ständig mit Frischluft (mindestens 20 m^3/h) zu versorgen. Dabei darf die Luftgeschwindigkeit 0,1 m/s nicht übersteigen. Gefährliche Gase oder Stäube erfordern geeignete Filtersysteme oder das Mitführen von Atemluft in Druckflaschen. Mit geringfügigem Überdruck in der Kabine kann das Eindringen von unzulässiger Atemluft verhindert werden. Moderne Fahrerkabinen sollten serienmäßig mit Klimaanlagen ausgerüstet werden, die auch eine Luftfeuchteregulierung beinhalten (DIN 1946).

Fahrersicht

Viele Unfälle mit Erdbaumaschinen sind auf Sichteinschränkungen zurückzuführen. Als Hauptursachen werden die Sichtverdeckung mit Maschinenausrüstungen und zu große tote Sichtwinkelbereiche beim Arbeiten erkannt. Den Maßnahmen zur Unfallverhütung muss in allen Fällen eine Sichtfeldbestimmung vorausgehen. Sie sind meist mit erheblichen konstruktiven Veränderungen verbunden [3.282]. Als wirkungsvollste Hilfsmittel zur Sichtunterstützung haben sich Panoramaspiegel, Fernseh- und Ultraschallanlagen erwiesen.

Stellteile

Als Stellteile werden Hebel, Pedale, Schalter und Lenkrad zur Steuerung einer Maschine bezeichnet. Ihre Klassifizierung wird in DIN EN 6682 nach beeinflussbaren Maschinenfunktionen vorgenommen. Für die Stellteile am Hydraulikbagger (Beispiel) ergibt sich gemäß ihrer Wertigkeit und Benutzungshäufigkeit folgende Reihenfolge: Stellteil für Grabgefäß, Ausleger, Löffelstiel und Drehwerk. Die Gestaltung und Positionierung der Stellteile hat auch nach antropometrischen Merkmalen zu erfolgen, wobei gemäß DIN EN 6682 die Anordnung im so genannten Bequemlichkeits- oder Reichweitenbereich von der Benutzungshäufigkeit abhängt [3.283]. Außerdem muss die Bewegungsrichtung des Stellelements mit jener der Maschine übereinstimmen [3.284]. Da die Bediener sehr oft die Maschinen wechseln, kann mit einheitlicher Stellteilanordung das Unfallrisiko durch Vermeidung von Verhaltensfehlern vermindert werden.

Aus Unfallanalysen ist auch bekannt, dass beim Verlassen (bzw. Zusteigen) der Kabine unbeabsichtigte Stellbewegungen ausgelöst werden. Zur Vermeidung daraus resultierender Unfälle muss das Verlassen einer Kabine sensorisch erfasst und mit der Außerbetriebnahme jeglicher Arbeitsbewegungen gekoppelt werden.

Moderne Baumaschinen erfordern qualifiziertes und trainiertes Bedienpersonal. Neben dem vom Gesetzgeber geforderten Mindeststandard an Sicherheit ist auch zu beachten, dass die Arbeitsleistung einer Maschine von den Arbeitsbedingungen und den Fertigkeiten des Bedieners maßgeblich beeinflusst wird. Hierzu findet der Konstrukteur ergänzende Anregungen in [3.285] bis [3.288].

4 Bagger und Lademaschinen

Als für die Gewinnung von Erdstoffen geringer bis mittlerer Festigkeit wichtigstes Verfahren wurde im Abschnitt 2 das Graben herausgestellt (Gewinnen mit Werkzeugeingriff). Die für diese Aufgabe geschaffenen Maschinen sind die Bagger und Lademaschinen, die nach der Vielfalt ihrer Bauformen und der Häufigkeit der Anwendung die größte Gruppe der Erdbau- bzw. Gewinnungsmaschinen bilden. In der übertägigen Erdstoffgewinnung und -bewegung herrschen sie eindeutig vor. Sie dienen dem Bergbau im Bereich Steine-Erden und dem Bauwesen im Bereich Tiefbau. Bagger sind vorrangig zum Gewinnen und Laden natürlich gewachsener Erdstoffe geeignet. Funktionsbedingt sind sie in der Lage, die größeren Gewinnungskräfte aufzubringen. Lademaschinen benutzt man hauptsächlich für den Umschlag geschütteter Erdstoffe bzw. Schüttgüter. Hier wird auf große Ladeleistungen orientiert.

[3.1] verfolgt die Entwicklungsgeschichte der maschinellen Erdbewegung etwa ein halbes Jahrtausend zurück. Mit überraschenden technischen Details und beeindruckenden Bildern werden alle Veränderungen vom einfachen Werkzeug bis zur hochentwickelten Maschine aufgezeigt. Neben den klassischen Erdbaumaschinen werden auch kuriose Abarten vorgestellt.

4.1 Übersicht, Gliederung und Anwendung, Entwicklungstendenzen

Als Werkzeuge benutzen Bagger und Lademaschinen ein oder mehrere Grab- bzw. Ladegefäße. Ein mit nur einem derartigen Gefäß ausgerüsteter Bagger arbeitet unstetig (zyklisch), d. h. mit zeitlich aufeinanderfolgenden und nur teilweise überlagerten Prozessschritten. Maschinen mit mehreren Gefäßen bewegen diese kontinuierlich, sie arbeiten stetig. In der Maschine überlagern sich die Einzelprozesse mehrerer Gefäße. Ein weiterer Unterschied in der Arbeitsweise besteht darin, dass sie entweder ihr Werkzeug durch Verfahren der gesamten Maschine füllen und entleeren (Flachbagger) oder dass sie den Grabprozess im Stand durch alleiniges Bewegen ihrer Arbeitsausrüstung ausführen (Eingefäßbagger).

Eine Sondergruppe bilden die hier nicht behandelten Schwimm- und Saugbagger. Sie benutzen andere Gewinnungs- und Ladeverfahren (hydraulisch, pneumatisch). Eine Übersicht über diese Maschinen verschaffen [4.1] und [4.2].

Aus den unterschiedlichen Arbeitsprinzipien ergibt sich die Einteilung der Maschinen nach Tafel 4-1. Die dort aufgeführten Bauarten und Arbeitsausrüstungen werden in den nachfolgenden Abschnitten genauer behandelt. Andere Einteilungen, wie Nass- und Trockenbagger, Hoch-, Tief-, Schwenk-, Verbundbagger usw., Raupen-, Reifen- (Rad-), Schienen- und Schreitbagger, geben nur zusätzliche technologische oder konstruktive Merkmale an.

Einsatzgebiet und Hauptgruppe bzw. Bauform der Bagger sind einander nicht streng zugeordnet, meist stehen mehrere Bauarten zur Auswahl. Maßgebend für die bessere Eignung einer bestimmten Maschine sind neben wirtschaftlichen Gesichtspunkten vor allem technologische Bedingungen, z. B. Gegebenheit der Baustelle oder Lagerstätte, Art und Festigkeit des anstehenden Erdstoffs, aber auch Art und Länge der nachgeschalteten Transportstrecke. Da dieses Fachbuch eine konstruktionstechnische Orientierung besitzt, kann hier nur auf die sehr umfangreiche Literatur über technologische Aspekte verwiesen werden, siehe [4.3] bis [4.11] und [3.205].

Unter den Eingefäßbaggern sind zunächst die Seil- und Hydraulikbagger als Einzweckmaschinen aufgeführt, die für einen gleichbleibenden Einsatzort bestimmt und für eine dort zu übernehmende Gewinnungsaufgabe ausgelegt sind. Daneben gibt es die so genannten Universalbagger, die im Sinne universeller Verwendung im Bauwesen durch Wechsel verschiedener Arbeitsausrüstungen für vielfältige Aufgaben Verwendung finden. Dies hat nur dann Bedeutung, wenn die Maschine häufig zu anderen Einsatzorten umgesetzt werden kann, weshalb die Dienstmasse von Universalbaggern 30 t nicht überschreitet.

Noch heute bilden die von *Dombrowski* [3.34] geschaffenen Grundlagen die Basis zur Bestimmung technologischer Maschinendaten, insbesondere für den Löffelbagger. Hersteller bauen darauf auf, ergänzen sie mit ihren Erfahrungen und geben in Handbüchern (z. B. [4.12]) konkrete Maschinendaten an, Beispiele siehe Tafel 4-2.

Die Leistungsfähigkeit einer Erdbaumaschine wird schließlich an den von ihr verursachten Kosten für die zu gewinnende und zu bewegende Erdstoffmenge gemessen. Die Grundlagen für wirtschaftliche Einsatzbewertungen werden in der Baugeräteliste gelegt [4.13]. Vielfach sind wissenschaftliche Arbeiten auch technologischen Fragestellungen gewidmet, wo der zu gewinnende Stoff und das technische Gewinnungs- sowie Transportkonzept in ihren Systemmerkmalen untersucht werden. Beispielhaft können hierzu [3.138] und [4.14] genannt werden (s. auch Abschn. 4.4.1).

Der weltweite Trend nach immer höherer Qualität, Produktivität und Sicherheit fordert auch auf dem Gebiet des Erdbaus präzises Arbeiten und rationellen Materialverbrauch. Einen großen Beitrag dazu liefert hier die Anwendung der Mechatronik durch elektronisches Antriebsmanagement, optoelektronische (Laser) oder akustische (Ultraschall) Steuerung von Arbeitsbewegungen und Vermeidung von Maschinenausfällen mit Hilfe elektronischer Diagnosesysteme [4.15] [4.16].

Folgende als Beispiele erwähnte Maschinenausrüstungen gehören immer mehr zum Standardprogramm namhafter Hersteller:

- elektronische Motor-Grenzlastregelung für das Arbeiten im optimalen Drehmomenten- und Leistungsbereich (s. Abschn. 3.1.2)
- elektronische, belastungsabhängige Leistungszuteilung in einem Hydrauliksystem mit mehreren Verbrauchern (s. Abschn. 3.1.4)
- elektronische Steuerung für Lastschaltgetriebe, einschließlich mikroprozessorgesteuerter Fahrautomatik (s. Abschn. 3.1.3 und 4.2.2)
- elektronische Gleichlaufregelung für Raupenfahrzeuge (s. Abschn. 3.1.4 und 3.6.3)
- Bord-Control-Info-Systeme (BCS) mit Klarschriftdisplay für direkte Betriebskontrolle durch Bediener.

Tafel 4-1 Gliederung der Lademaschinen und Bagger

Hauptgruppe	Untergruppe	Bauform bzw. Ausrüstung	Sonstige Bezeichnungen (Beispiele)
Eingefäß-Lademaschinen (Unstetiglader)	Schaufellader	Frontschaufellader Schwenkschaufellader Laderaupe Überkopflader Baggerlader	Rad-, Reifen-, Schaufelfahr-, Frontlader, Fahr-, Knick-, Gelenklader Schwenklader Kettenlader Mehrzweck-, Universallader
	Stacker Schrapper Pflugbagger		Teleskopmaschinen
Mehrgefäß-Lademaschinen (Stetiglader)		Kratzerkettenlader Stoßschaufellader Becherwerks-, Frässcheiben-, Entenschnabel-, Schaufelradlader, Kugelschaufler	Kratzerlader Stoßlader
Eingefäßbagger	Seilbagger	Hochlöffelbagger Schleppschaufelbagger	Löffelbagger Schürfkübel-, Schleppkübel-, Zugschaufelbagger, Dragline
	Hydraulikbagger	(Hydraulik-)Raupenbagger (Hydraulik-)Mobilbagger Anbau-, Teleskopbagger, Baggerlader	Hydroraupen-, Hydrobagger Hydromobilbagger
	Universalbagger, Grundmaschine Seilbagger	Hochlöffel-, Tieflöffel-, Schleppschaufel-, Kran- (Haken bzw. Greifer), Bohr-, Ramm- (Mäkler), Stampfausrüstung, Fallbirne, Planierschild,	
	Universalbagger, Grundmaschine Hydraulikbagger	Tieflöffel-, Hochlöffel-, Kran- (Haken bzw. Greifer), Ladeschaufel-, Bohr-, Rammausrüstung, Knickausleger, Planierschild	
Flachbagger	Planiermaschinen (Dozer)	Planierraupe Radplanierer Aufreißer	Raupe, Ketten-, Bull-, Schubdozer, Schubraupe Raddozer, Reifenplaniergerät Heckaufreißer, Tiefreißer
	Schürfkübelmaschinen (Scraper)	Anhänge-Schürfkübelwagen Motor-Schürfkübelwagen mit 1 Schürfkübel Motor-Schürfkübelwagen mit 2 bis 3 Schürfkübeln Motor-Schürfkübelwagen mit Kratzerkettenförderer Schürfkübelraupe	Anhängeschürfwagen, Schürfkübelanhänger Motorschürfwagen, Motorscraper, Schürfzug Electric Digger Elevator-Scraper, Selbstlade-Schürfzug Schürfraupe
	Erdhobel (Grader)		Straßenhobel, Motorgrader
Mehrgefäßbagger	Eimerkettenbagger	Hochbagger, Tiefbagger, Verbundbagger	
	Schaufelradbagger	mit Vorschub, ohne Vorschub	
	Grabenbagger	Eimerkette, Fräserkette, Kratzerkette, Schaufelrad	

Große Fortschritte wurden bei der Entwicklung und Praxisanwendung von ultraschall- und lasergesteuerten Arbeitsausrüstungen an Erdbaumaschinen gemacht [4.17]. Dabei wird unabhängig von der Maschinengruppe festgestellt, dass automatische oder lasergeführte Steuerungen von Arbeitsbewegungen nur dann sinnvoll sind, wenn die Mechanik der Arbeitsausrüstung keine verschleiß- oder gewaltbedingten Bewegungsungenauigkeiten hervorbringt.
Auch wenn die Maschinenentwicklung einen klaren Trend bei der verstärkten Anwendung von Mechatronik erkennen lässt, wird die fahrerlose, vollautomatische Erdbaumaschine in nächster Zukunft nicht zum Standard auf Baustellen gehören. Aus Sicherheits- und Kostengründen wird sie die Ausnahme bleiben.
Neben der Mechatronik sind auch andere Entwicklungsinhalte zu erkennen. Leider muss man die Erdbau- und Gewinnungsmaschinen aus technischer Sicht eher als konservativ bezeichnen, so dass technische Neuentwicklungen sich zuerst in der Kraftfahrzeug- oder Landtechnik bewähren dürfen, bevor man sie übernimmt. Aus vielfältigen Sichtweisen sind Entwicklungstrends für Erdbaumaschinen in [4.18] bis [4.24] beschrieben.

Tafel 4-2 Auswahl maschinenbezogener technischer und technologischer Daten am Beispiel von 3 Eingefäßbaggertypen

Parameter	Radbagger	Raupenbagger	Raupenbagger
Dienstmasse in t	13	20	30
Dieselmotorleistung in kW	80	100	160
Löffelinhalt in m^3	0,3...0,8	0,7...1,5	0,8...2,1
Zugkraft in kN	90	180	260
Fahrgeschwindigkeit in km/h	20	5	5
Transportlänge mit Arbeitsausrüstung in mm	7800	9300	11000
Transportbreite in mm	2490	2800	3200
Transporthöhe in mm	3100	2900	3150
Spurbreite in mm	2400	2200	2600
Laufwerkslänge in mm		4065	4065
Standardbreite der Raupenplatten in mm		600	750
Bodenpressung in N/mm^2		45	55
Löffelstiellänge in mm	2100	2500	3300
Grabkurvenabmessungen in mm (s. Bild 4-26): a	5500	6500	7500
b	8000	9500	11000
c	5000	6500	7500
d	3500	5600	6500
e	4500	6000	7000
f	7000	8000	9500
g	8000	9500	10500
Hublast in t, längs im Abstand von 4,5 m	4,3	8,3	15,5
Hublast in t, längs im Abstand von 6,0 m	2,7	5,3	10,0
Hublast in t, längs im Abstand von 7,5 m		3,7	7,0
Hublast in t, seitlich im Abstand von 4,5 m	4,3	5,1	10,6
Hublast in t, seitlich im Abstand von 6,0 m	2,7	3,3	6,8
Hublast in t, seitlich im Abstand von 7,5 m		2,3	4,8
Löffelradius in mm Losbrechkraft in kN Reißkraft in kN	1200 7 5 50	1550 1 20 100	1650 1 75 140
Arbeitsspieldauer in s (füllen, schwenken, entleeren, zurückschwenken)	15...20	15...25	20...30

4.2 Eingefäßbagger

4.2.1 Aufbau, Funktions- und Arbeitsweise

Eingefäßbagger werden überwiegend zum Gewinnen und Laden von Erdstoffen sowie zum Umschlagen von Gütern aller Art eingesetzt. Sie benutzen dafür einen einzelnen Baggerlöffel (Shovel) als Grab- und Ladewerkzeug.
Bagger gibt es seit etwa 170 Jahren. Bis zum Beginn der Serienproduktion von Hydraulikbaggern vor etwa 50 Jahren wurden *Seilbagger* gebaut. Die *Hydraulikbagger* haben die Seilbagger in den meisten Einsatzgebieten abgelöst, sie sind leistungsfähiger, siehe [4.25] bis [4.28]. Ihre Entwicklung wird ständig von der Erhöhung der Arbeitsleistung durch Steigerung von Nutzlast, Grabkraft und Bewegungsgeschwindigkeit geprägt.

DIN 24095 bildet die Grundlage für die rechnerische Bestimmung der Arbeitsleistung eines Baggers.
Auch Seilbagger besitzen heute hydrostatische Antriebe. Nur die Arbeitsbewegung des Werkzeugs wird nach wie vor von einem Seil ausgeführt. Seilbagger finden bevorzugt Anwendung, wenn große Reichweiten oder Spezialwerkzeuge (Greifer, Schleppschaufel) erforderlich sind.

Grundlagen über die technische Entwicklung, Arbeitsweise und Aufbau der Eingefäßbagger findet man in [3.227] [4.29] bis [4.34].

4.2.1.1 Seilbagger

Ein Seilbagger erzeugt die Grabkurve mit Hilfe von zwei Seiltrieben, von denen einer auch durch ein anderes mechanisches Triebwerk ersetzt werden kann. Die Bauformen, *Hochlöffelbagger*, *Schleppschaufelbagger* und *Kranbagger* (Bild 4-1), stellen Einzweckmaschinen oder sehr schwere Gewinnungsmaschinen für den Tagebau, Steinbruch bzw. große Erdbaustellen in einer seit über 100 Jahren nahezu unverändert gebliebenen Bauweise dar. Die größten Maschinen dieser Art werden fast ausschließlich in den USA und in Russland hergestellt; sie werden in diesen Ländern auch künftig vorherrschen [4.33].

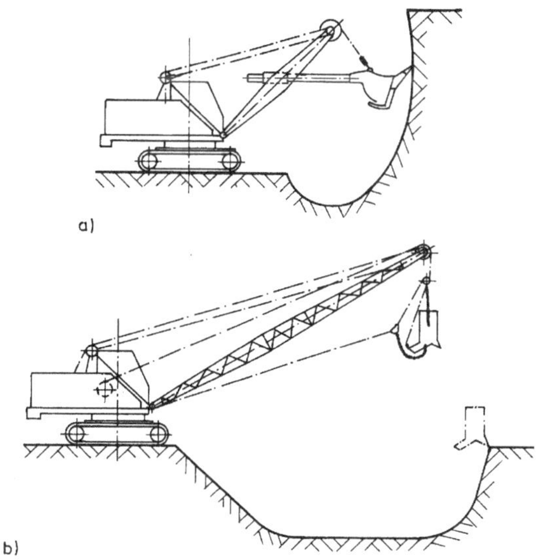

Bild 4-1 Seilbagger

a) Hochlöffelbagger
b) Schleppschaufelbagger

Hochlöffelbagger
Mittelgroße Hochlöffelbagger bis etwa 30 m^3 Löffelinhalt werden zur Gewinnung von Kohle, Erz, Gestein, teils im vorgesprengten Zustand, eingesetzt (Shovel and Truck); größere Hochlöffelbagger und Schleppschaufelbagger vorwiegend für die Abraumbewegung, vorrangig im Direktversturz (Strip Mining Betrieb). Meist enthalten diese großen Maschinen Mehrmotoren-Elektroantriebe mit Energiezufuhr über Schleppkabel.
Für die Hauptparameter der Seilbagger gibt [4.34] folgende Proportionalitäten an:

$$\frac{V_1}{V_2} \sim \frac{m_1}{m_2} \sim \frac{P_1}{P_2} \sim \left(\frac{l_1}{l_2}\right)^3 \sim \left(\frac{F_1}{F_2}\right)^{\frac{3}{2}} \sim \left(\frac{v_1}{v_2}\right)^3 \sim \left(\frac{t_1}{t_2}\right)^5 .$$

Es bezeichnen: V Füllvolumen des Grabwerkzeugs
m_e Eigenmasse der Maschine
P Antriebsleistung
l Hauptabmessungen
F Grabkraft
v Arbeitsgeschwindigkeit Grabwerkzeug
t Spieldauer
Index 1 bzw. 2 die Maschinenausführung.

Die Gegenüberstellung der technischen Daten ausgeführter Maschinen verschiedener Hersteller in Bild 4-2 bekräftigt diese Zusammenhänge. Besonders auffällig ist die nahezu linear mit dem Gefäßvolumen V wachsende Eigenmasse m_e. Die Spielzahl z_{Sp} fällt mit zunehmender Baugröße auf einen Wert von rd. 60 je Stunde ab. Diese Leistungsdaten machen bei großen Geräten hohe Antriebsleistungen bis 37000 kW erforderlich, um Durchsätze bis 10000 m³/h zu erzielen.

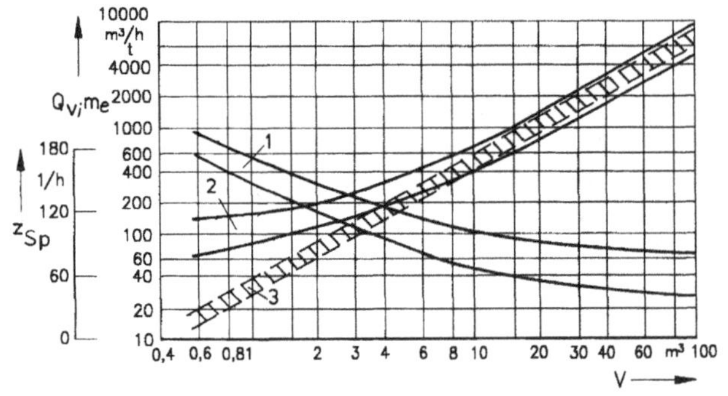

Bild 4-2 Analyse technischer Daten ausgeführter Seilbagger

1 Spielzahl z_{Sp}
2 Volumendurchsatz Q_V
3 Eigenmasse m_e

Weitere Informationen über Bauweise und Anwendung von Seilbaggern vermitteln u. a. [3.227] [3.132] und [4.33] bis [4.40].

Der *Hochlöffel* ist das älteste Grab- und Ladewerkzeug der Seilbagger. Arbeitsausrüstungen mit *Tieflöffel* werden nicht mehr gebaut. Hochlöffel sind am besten geeignet, um relativ feste oder grobstückig gesprengte Erdstoffe zu gewinnen und umzuschlagen. Hier handelt es sich überwiegend um Aufgaben, bei denen die verfügbaren Grabkräfte der Mehrgefäßbagger nicht ausreichen.

In der Grundform des Baggers mit Hochlöffelausrüstung (Bild 4-3) ist der Ausleger 8 vorn am Rahmen des Oberbaus 3 gelagert; das Nackenseil 4 hält ihn in einer Neigung von 45 bis 50° zur Waagerechten. Das Nackenseil ist bei schweren Baggern ein Abspannseil mit einer der gewünschten Neigung des Auslegers entsprechenden Länge, bei leichten Baggern ein von einer Seilwinde angetriebenes Verstellseil. Der Löffelstiel 7 mit dem Löffel 6 wird verschieb- und drehbar in einer Lagertasche (Sattellager) 9 etwa in der Mitte des Auslegers gestützt. Es werden Ausleger aus zwei durch Verstrebungen miteinander verbundenen Holmen (A-Ausleger) und einteilige, aus einem Rohr gefertigte Löffelstiele bevorzugt.

Das als Baggerlöffel bezeichnete Grabwerkzeug (Bild 4-4) ist mit einer vorgezogenen Schneide ausgerüstet. Sie trägt in Taschen eingesteckte Reißzähne 6. Die Unterseite des Löffels ist überwiegend als Pendelklappe 1 mit einem federbelasteten Verriegelungsmechanismus 5 ausgebildet. Über Klappenseil und Entriegelungskette 4 wird der Bolzen zum Öffnen des Löffels zurückgezogen, so dass die Pendelklappe unter der Wirkung ihrer Schwerkraft nach unten schwenkt.

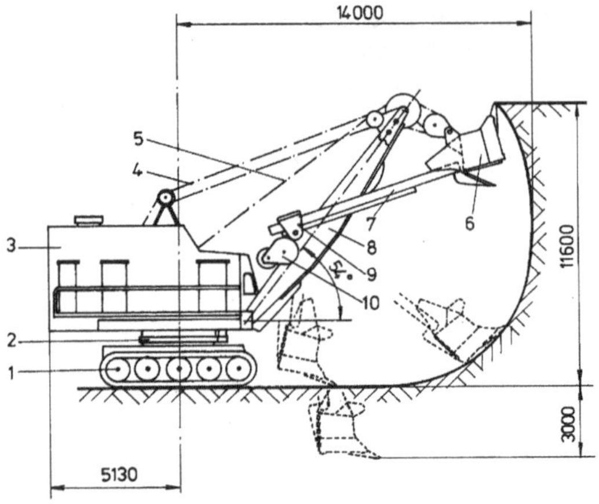

Bild 4-3 Hochlöffelbagger mit Elektroantrieb für den Einsatz im Steinbruch

$V = 3{,}6$ m³
$m_e = 160$ t
$P = 180$ kW (Hubwerk)
$P = 80$ kW (jeweils für Vorstoß- und Fahrwerk)
$P = 100$ kW (Drehwerk)

1 Raupenfahrwerk	6 Löffel
2 Drehverbindung	7 Löffelstiel
3 Oberwagen mit Triebwerken	8 Ausleger
4 Auslegerverstellseil	9 Sattellager
5 Hubseil	10 Vorstoß-Zahnstangenantrieb

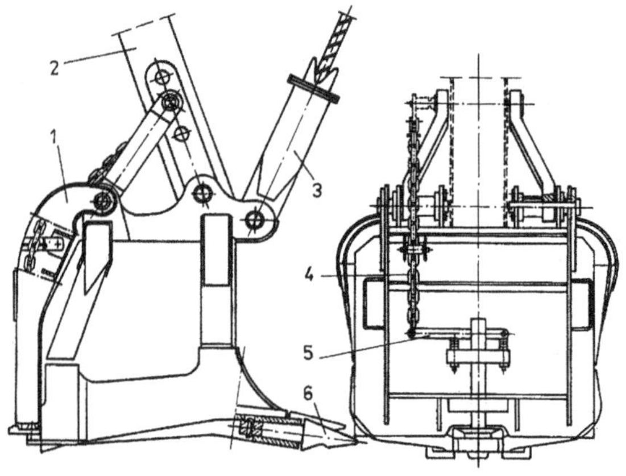

Bild 4-4 Baggerlöffel mit Pendelklappe

1 Pendelklappe bzw. -schieber	5 Verriegelungsmechanismus
2 Stiel	6 Reißzahn
3 Hubseilbefestigung (Umlenkrolle)	7 Anschlag
4 Entriegelungskette	8 Abstreichklappe

Der leere Löffel schließt sich wiederum mit Hilfe der Schwerkraft in seiner untersten Stellung. Sie bildet deshalb stets die Ausgangslage für die nächste Grabbewegung. Der Antrieb für das Klappenseil liegt am Ausleger, bei größeren Geräten auch an der Löffelbefestigung. Eine einstellbare Öffnungsweite und damit gesteuerte Löffelentleerung lässt sich dadurch erzielen, dass der Löffelboden als Segment gestaltet wird, das sich um zwei oben seitlich angebrachte Lager drehen kann. Diese Lösung ist nicht dargestellt.

Das Zusammenwirken von Hubseiltrieb und Vorstoßwerk erzeugt die Grabkurve als Bewegungsbahn der Löffelschneide (Bild 4-3). Um die Hubkraft (Reißkraft) zu vergrößern (übersetzen), wird das Hubseil zwischen Löffel und Auslegerkopf in einem Seilflaschenzug geführt. Vorstoßwerke gibt es in unterschiedlicher Bauweise (Bild 4-5), wobei das auch vorkommende Kniehebelprinzip nicht dargestellt ist. Näher soll auf die im Bild 4-5c vorgestellte vielgliedrige Arbeitsausrüstung eingegangen werden. In ihr bewirken drei Mechanismen die Grabbewegung des Löffels:

- Hubwerk mit den Elementen 1 bis 4
- Vorstoßwerk mit den Elementen 5 bis 7
- Löffeldrehwerk mit den Elementen 9 bis 15.

Das besondere Kennzeichen der Ausrüstung ist das Dreieckgestell 7, das durch die Stangen 9 und 10 mit dem Löffel 15 verbunden ist. An dem Gestell wirken Hub- und Vorstoßwerk zusammen. Der Hub- und Vorstoßbewegung wird eine Löffeldrehung im Gelenkpunkt G_4 überlagert. Das am Rahmen befestigte Seil 11 hält über die Profilscheibe 14 und das Begrenzungsseil 12 den Löffel 15 gegen eine Drehung im entgegengesetzten Uhrzeigersinn fest. Ein weiteres Begrenzungsseil 13 (schlaff gezeichnet) schränkt die mögliche Drehung des Löffels im Uhrzeigersinn um G_4 ein. Als Vorzüge dieser Bauart werden um ein Drittel größere Löffelvolumina, bis 2,5fach höhere Grabkräfte und stellbare Schnittwinkel angegeben. Alle Auslegerelemente sind lediglich auf Zug bzw. Druck beansprucht, und der Gesamtschwerpunkt rückt näher an die Drehachse des Baggers heran.

Hochlöffelbagger haben grundsätzlich Raupenfahrwerke mit 2 oder 4 Raupen, größere Bagger ab etwa 40 m^3 Löffelvolumen 4 Raupenpaare, die sich mit Hilfe von 4 hydraulischen Horizontierzylindern am Unterbau abstützen. Es werden mittlere Bodenpressungen bis p_m = 0,4 N/mm^2 zugelassen. An die Stelle der üblichen Spindellenkung tritt zunehmend die Antriebslenkung (Abschn. 3.6.4).

Die technischen Hauptdaten der Hochlöffelbagger überspannen weite Bereiche. Ihre Löffelvolumina reichen von 3,5 bis 138,0 m^3, die Geräteeigenmassen von 170 bis 12620 t und die Auslegerlängen bis 70 m. Tafel 4-3 gibt die Bereiche der Arbeitsgeschwindigkeiten an. Es ist die Tendenz zu erkennen, neue Bagger nur für Löffelvolumina von maximal 35 bis 45 m^3 zu konzipieren. Das gilt vor allem, wenn Transportfahrzeuge (Muldenkipper) mit Tragfähigkeiten zwischen 170 und 320 t zu beladen sind. Hier rechnet man mit 4 bis 6 Ladespielen, um ein Fahrzeug zu füllen.

Tafel 4-3 Arbeitsgeschwindigkeiten der Seilbagger

Arbeits-bewegungen	Hochlöffelbagger		Schlepp-schaufel-bagger
	Rohstoff-gewinnung	Abraum-bewegung	
Heben in m/s	0,7 ... 1,2	1,0 ... 1,8	2,0 ... 3,5
Vorstoßen in m/s	0,4 ... 0,8	0,4 ... 0,8	-
Ziehen in m/s	-	-	1,3 ... 3,5
Drehen in U/min	2,5 ... 3,5	2,0 ... 3,0	1,0 ... 2,0
Fahren in m/s	0,7 ... 1,5	0,2 ... 0,9	0,5 ... 0,6
Schreiten in m/s	-	-	0,02 ... 0,15

Schleppschaufelbagger

Auch der Schleppschaufelbagger ist in den USA vor etwa 100 Jahren entwickelt worden. Wie die Darstellung des Wirkprinzips im Bild 4-1b zeigt, wird bei diesem Bagger die Grabkraft durch das Zugseil annähernd horizontal und direkt, ohne Umweg über den Ausleger, in den Oberbau eingeleitet. Dies ergibt kleinere Kippmomente, geringere Auslegerbelastungen und erlaubt größere Auslegerlängen bei gleicher Eigenmasse im Vergleich zum Löffelbagger. Außerdem eignet sich der Schleppschaufelbagger auch für Arbeiten im Tiefschnitt mit Sohlentiefen von 20 bis 50 m, siehe Bild 4-6. Ein Nachteil ist die ungenaue Führung der *Schleppschaufel* (Zugschaufel, Seileimer, Dragline) beim Aufsetzen, Graben und Entleeren, der diesen Baggertyp vor allem für großräumige Erdarbeiten geeignet erscheinen lässt. Folgerichtig wird er vorzugsweise für die Abraumbewegung mit Direktversturz in Tagebauen und zum Schütten von Halden o. ä. eingesetzt. Daneben spielt er eine Rolle im Straßen- und Wasserbau.

Wie die konstruktive Ausführung eines modernen Schleppschaufelbaggers (Bild 4-7) zeigt, kann der Ausleger 6 in einer gewünschten Neigung zwischen 25 und 35° zur

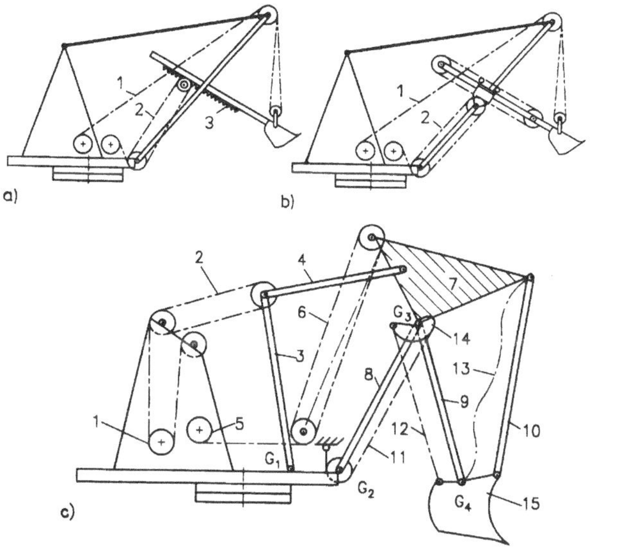

Bild 4-5 Funktionsschemata für Hub- und Vorstoßwerke am Hochlöffelbagger

a) Zahnstangenantrieb — 1 Hubseil
b) Seilflaschenantrieb — 2 Vorstoßseil
3 Zahnstange

c) Arbeitsausrüstung "Superfront" [4.41]

1 Seiltrommel I	8 Ausleger
2 Seiltrieb I	9 Löffelstiel
3 Stütze	10 Hubstange
4 Stange	11 12 13 Begrenzungsseile
5 Seiltrommel II	14 Profilscheibe
6 Seiltrieb II	15 Löffel
7 Dreieckgestell	

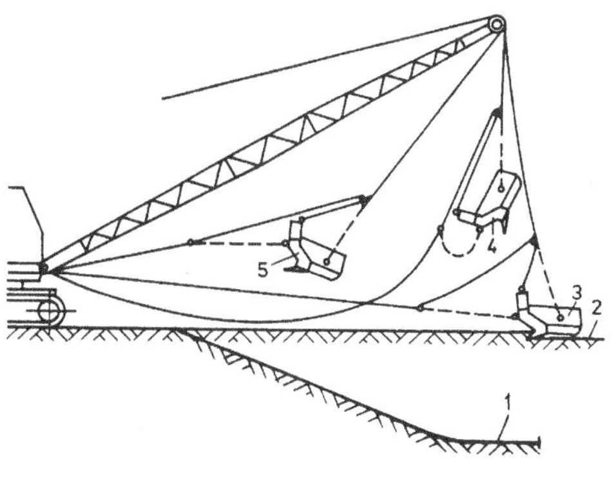

Bild 4-6 Arbeitsweise des Schleppschaufelbaggers

1 Tiefschnitt
2 Horizontalschnitt (Hochschnitt)
3 Schleppschaufel in Grabstellung
4 in Entleerungsstellung
5 in Transportstellung

Waagerechten verstellt werden. Fast immer ist es ein trapez- oder dreieckförmiger Fachwerkausleger, dessen Länge mit Zwischenstücken angepasst werden kann und über eine Abspannbeseilung 2, 3, 4 verfügt. Hier wird die Verstellung mittels Ausleger-Verstellwinde 1 vorgenommen. Es werden auch Ausleger-Verstellzylinder benutzt. Aus Sicherheitsgründen muss das Überschlagen des Auslegers bei Lastabsturz verhindert werden. Dafür benutzt man die Überschlagsicherung 16, deren Teleskop die Auslegerbewegung zulässt und deren Federpaket einen möglichen Überschlag aus der Wirkung dynamischer Kräfte verhindert.
Die größte Auslegerbelastung auf Druck und Biegung tritt nicht beim Graben sondern in der Transportstellung auf, wenn die gefüllte Schaufel 9 von beiden an ihr angreifenden Seilen 5, 12 in der Schwebe gehalten werden muss. In den USA werden die Rohrausleger hochbeanspruchter Schleppschaufelbagger mit Inertgas (N_2) unter einem Druck von rd. 0,7 MPa gefüllt, um etwaige Anrisse über einen dann eintretenden Druckabfall sofort zu bemerken [4.41] [4.42].
Zwei getrennte Seiltriebe (Bild 4-7), Hubseil 5 und Zugseil 12, vollziehen die Arbeitsbewegungen der Schleppschaufel. Die zugehörigen Seilwinden, 14 und 15, sind hydrostatisch, elektrisch oder direkt mechanisch angetrieben. Der mechanische Windenantrieb wird noch immer bevorzugt, da der Schleppschaufelbetrieb auf höchste Zugkräfte orientiert. Die Übertragungs- und Wandlungsverluste sind dabei am geringsten. Die Motorleistung wird über Verteilergetriebe mit integrierten oder angebauten Reibungskupplungen und -bremsen (Scheiben- oder Bandbremsen) übertragen.
Die Anordnung der Baugruppen und Komponenten auf dem Oberwagen (Bild 4-8) muss verschiedenen Gesichtspunkten genügen. Mit dem Ort der Fahrerkabine bestimmt man das Sichtfeld des Bedieners. Komponenten mit großen Massen sind unter Berücksichtigung der Standsicherheit anzuordnen, und alle bewegten Seile sollen möglichst ohne einer zusätzlichen Führung auf die Trommeln auflaufen. Das bedeutet insbesondere für die Zugseilwinde, dass deren Abstand von der Einziehseilführung möglichst groß ist.
Da jedes Arbeitsspiel eine abgestimmte Betätigung der Kupplungen und Bremsen von Hub- und Zugseilwinde erforderlich macht, wird schaltungstechnisch die so genannte "Totmannschaltung" benutzt (Bild 4-9). Man versteht darunter, dass mit Betätigung einer Windenkupplung automatisch und zeitverzögert die Bremse dieser Winde öffnet

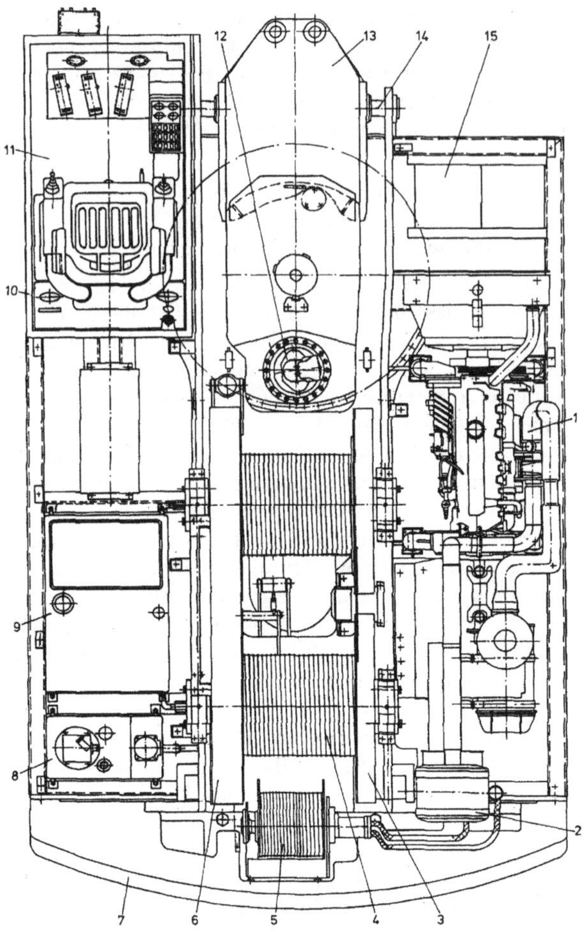

Bild 4-8 Aufteilung der Baugruppen auf dem Oberwagen eines Schleppschaufelbaggers (Nobas GmbH, Nordhausen)

1 Dieselmotor
2 Hydraulikpumpe für Auslegerwinde
3 Windengetriebe
4 Zug- und Hubwinde
5 Auslegerwinde
6 Trommelkupplungen und Bandbremsen
7 Gegengewicht
8 Hydraulikanlage
9 Kraftstofftank
10 Schutzhaus
11 Fahrerkabine
12 Drehwerksantrieb
13 Grundplatte
14 Achse für Auslegeranschluss
15 elektrische Anlage

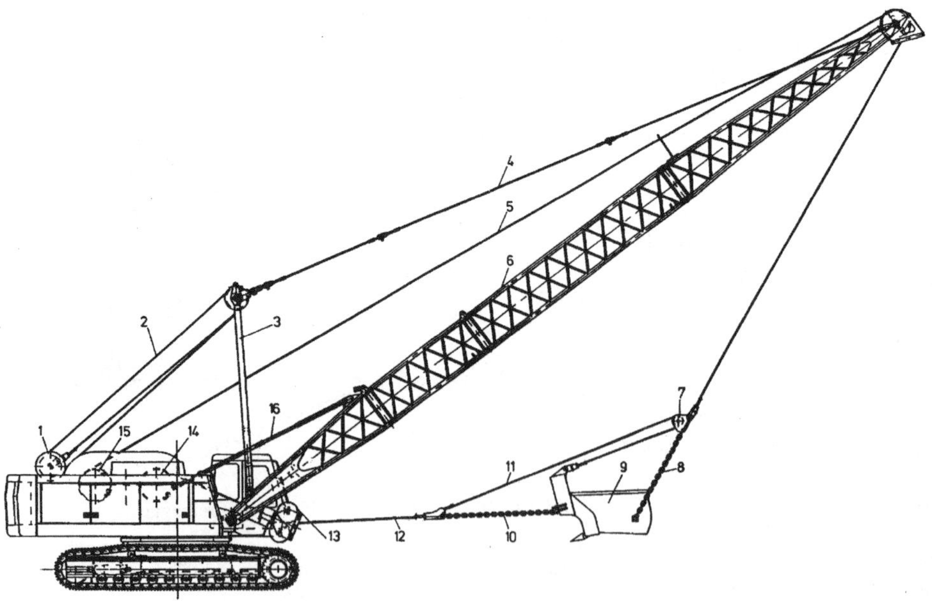

Bild 4-7 Schleppschaufelbagger (Nobas GmbH, Nordhausen)

1 Ausleger-Verstellwinde
2 Windenseil
3 Abspannstütze
4 Nackenseil
5 Hubseil
6 Gitterausleger
7 Rollenbock
8 Hubkette
9 Schleppschaufel
10 Zugkette
11 Entleerungsseil
12 Zugseil
13 Einziehseilführung
14 Zugseilwinde
15 Hubseilwinde
16 Überschlagsicherung

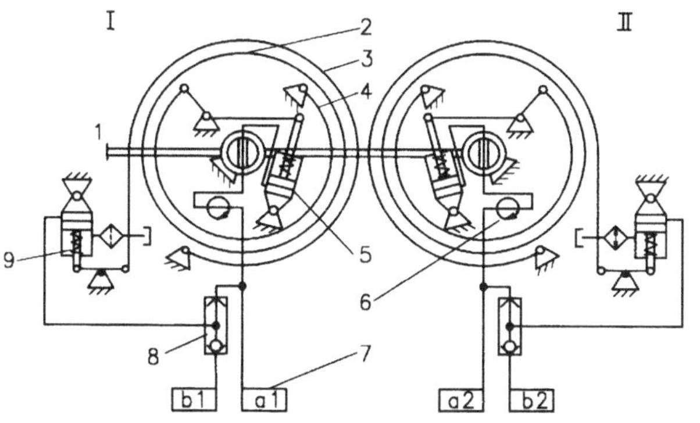

Bild 4-9 Totmannschaltung für Trommelkupplungen und Bandbremsen am Seilbagger

I Kupplung/Bremse für Hubseil
II Kupplung/Bremse für Zugseil

1 Antriebswelle
2 Trommel
3 Bremse
4 Kupplung
5 Hydraulikzylinder für Kupplungsbetätigung
6 Drehdurchführung
7 Steueranschlüsse
8 Sperrventil
9 Hydraulikzylinder für Bremsenbetätigung

bzw. schließt (Sperrventil 8). Dadurch wird auch das Halten einer Seillast mit der Bremse in jeder Arbeitssituation garantiert.

Die Schleppschaufel (Bild 4-10a) ist ein mit Zähnen an der Vorderschneide ausgerüstetes, vorn und oben offenes prismatisches Gefäß 9, dessen Wände bei Unterwasserarbeiten mit Bohrungen versehen sind. Im Verlauf der Grabbewegung soll sich die Schaufel vollständig füllen, aber möglichst nur mit den Zähnen auf dem Erdstoff gleiten. Da während der Grabbewegung das Hubseil 5 und das Entleerungsseil 11 schlaff sind, muss das Kräftegleichgewicht aus Grabwiderstand F_g, Zugseilkraft F_z und der Schwerkraft mg der Schleppschaufel bestehen, siehe Bild 4-10b. Mit zunehmender Schaufelfüllung wird sich der Schwerpunkt parallel zur Gleitebene verschieben. Darauf kann die Schleppschaufel nur mit einer Kippbewegung um die Schneidkante reagieren, was wiederum auch den Schnittwinkel und die Richtung der Zugseilkraft verändert. In der Praxis wird angenommen, dass die Wirkrichtung von F_g konstant ist, und aus Sicherheitsgründen sollte mit einem Verhältnis $\psi_{max} = F_{gn}/F_g = 0{,}45...0{,}50$ gerechnet werden [3.227]. Dabei muss die Reibung zwischen Schaufelboden und Erdstoff in F_g enthalten sein.

Die Spantiefe t wird während des Grabvorgangs immer größer. Sie lässt sich für jeden Punkt der Schürfbahn mit der spezifische Grabkraft k_A und der Spanbreite b aus dem Gleichgewicht aller Normalkräfte abschätzen

$$\psi\, F_g = \psi\, k_A b t = mg \cos\gamma\,;$$

$$t = \frac{mg \cos\gamma}{\psi\, k_A b}\,. \tag{4.1}$$

Eine große Spantiefe wird nach Gl. (4.1) mit einer schweren Schleppschaufel erzeugt. Da in der Regel ein genügend langer Schürfweg zur Verfügung steht, spielt die Anfangsschürftiefe keine große Rolle. Experimentelle Erkenntnisse über die Formen der sich einstellenden Schürfprofile findet man in [3.227] dargestellt. Es wird festgestellt, dass der Schürfweg zum Füllen einer Schleppschaufel das Dreifache der Schaufellänge bei leichten und das Fünffache bei schweren Erdstoffen beträgt. Die Bildung eines Erdstoffprismas vor der Schaufel ist unerwünscht, weil es beim Anheben ohnehin verlorengeht.

Für die Bemessung des Zugseils ist deren Zugkraft F_z ausschlaggebend. Sie errechnet sich mit dem Reibwert μ zwischen Schaufelboden und Erdstoff aus den Kraftkomponenten in Zugrichtung

$$F_z = k_A b t + mg \sin\gamma + \mu\, mg \cos\gamma\,.$$

Außerdem sind die Kräfte im Zugseil F_z und im Hubseil F_h während des Transports zu bestimmen. Sie sind umso größer, je größer der Winkel α ist, der die Richtung beider Seile bestimmt ($\alpha \approx 135°$). Den Kräfteplan einer gefüllten Schleppschaufel zeigt Bild 4-10c. Die äußeren Kräfte F_z, F_h und mg haben einen gemeinsamen Schnittpunkt. Der Seildurchhang kann bei überschläglichen Berechnungen vernachlässigt werden.

Die Befestigungspunkte für die Hub- und Zugkette sowie für das Entleerungsseil bestimmt man aus den Kräftegleichgewichten in den Kauschen. Die Kräftepaare F_z, - F_{zK}, - F_{zE} und F_h, - F_{hK}, -2 F_{zE} sowie mg, F_{zK}, F_{hK}, - F_{zE} müssen im Gleichgewicht stehen (Indizes: z Zug, h Hub, K Kette, E Entleerungsseil). Aus den gewählten Richtungen bzw. Abständen der Angriffs- und Befestigungspunkte ergeben sich aus dem Kräfteplan die gesuchten Kraftgrößen.

Um die Schleppschaufel an den jeweiligen Erdstoff anzupassen, können Eigenmasse, Aufhängung, Schneidenform usw. verändert werden. Meist stehen deshalb für einen Schleppschaufelbagger wahlweise verschiedene Ausleger und Schaufeln zur Verfügung.

Die Aufhängung der Schaufel stellt die Besonderheit des Schleppschaufelbaggers dar, siehe Bild 4-10a. Am Hubseil 5 sind der Rollenblock 7 und die Hubkette 8 befestigt am Zugseil 12 je ein Ende des Entleerungsseils 11 und der Zugkette 10. Je nach Stellung wird die Schleppschaufel allein von der Hubkette bzw. von der Zugkette getragen bzw. gezogen oder von beiden Ketten und dem Entleerungsseil gehalten. Ketten, statt Seile, werden wegen ihrer höheren Verschleißfestigkeit im direkten Kontakt mit dem Erdstoff eingesetzt. Wegen der rauhen Betriebsbedingungen empfiehlt es sich, verdichtete Rundlitzenseile zu benutzen. Das sind Seile mit einer groben Litzenstruktur, die außen eine verdichtete Oberfläche aufweisen. Dadurch wird das Eindringen von Schmutz verhindert und die Standzeit erhöht.

Wird allein das Zugseil betätigt, dann befindet sich die Schaufel in Grabstellung 3, siehe Bild 4-6. Erst durch zusätzliches Straffen des Hubseils hebt sie sich ab, stellt sich schräg nach hinten und befindet sich in der Transportstellung 5. Durch Nachlassen des Zugseils und weiteres Anheben mittels des Hubseils entsteht schließlich die Entleerungsstellung 4.

Schleppschaufelbagger mit Eigenmassen bis 600 t und Schaufelvolumina bis 15 m^3 ändern ihren Einsatzort mit Hilfe von Raupenfahrwerken. Schreitwerke sind noch größeren Maschinen vorbehalten. Sie können nur Steigungen bis 1 : 10 überwinden und sind heute nur noch selten anzutreffen [4.33].

Die technischen Daten der Schleppschaufelbagger sind weit gestreut. [4.33] enthält eine Liste der ausgeführten Typen. Ihre Schaufelvolumina liegen im Bereich von 6 bis 139 m^3, die Auslegerlängen zwischen 20 und 125 m, die Eigenmassen zwischen 300 und 10300 t. Der größte bisher gebaute und eingesetzte Bagger (Typbezeichnung Bucyrus-Erie 4250 W) hat ein Schaufelvolumen von 168 m^3 und eine Eigenmassen von 12300 t. Sein Ausleger ist 94,5 m lang.

Der Seilbagger hat sich im Bereich um 40 t Eigenmasse zu einer modernen Universalmaschine entwickelt. Er kann als Umschlaggerät (Greifer, Lasthaken), als Gewinnungsmaschine (Zugschaufel, Greifer), als Gerät für Abbrucharbei-

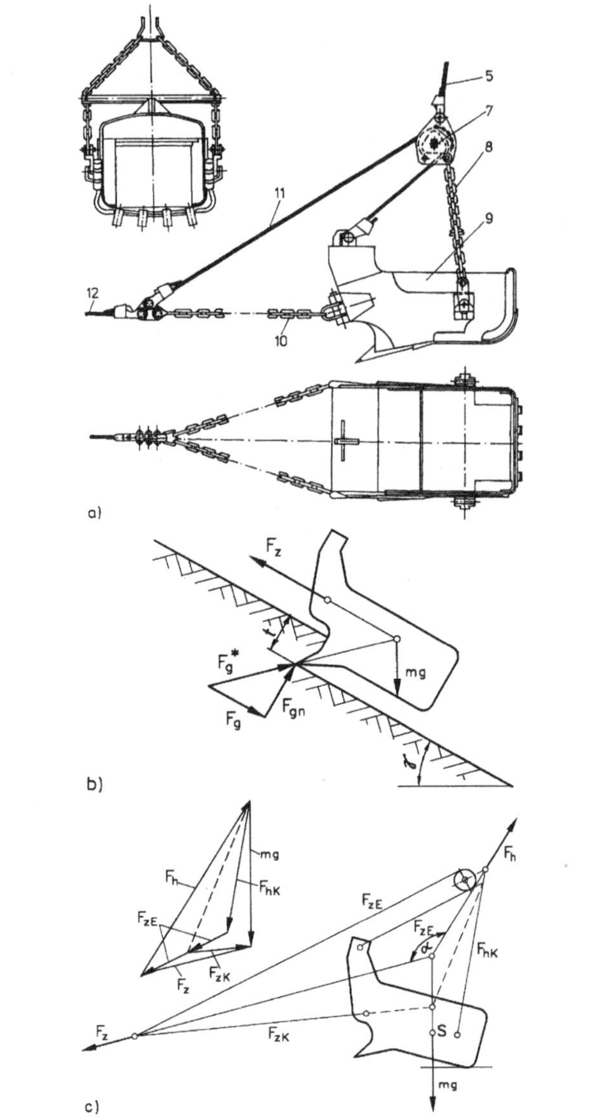

Bild 4-10 Schleppschaufel (Bezeichnungen s. Bild 4-7)

a) Konstruktive Ausführung
b) Kräfte beim Grabvorgang
c) Kräfte beim Transportvorgang

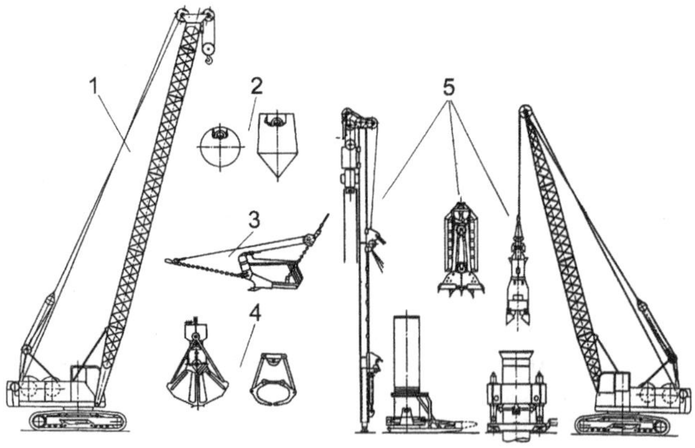

Bild 4-11 Anbauvarianten für Arbeitsausrüstungen am Universal-Seilbagger (Nobas GmbH, Nordhausen)

1 Hammerkopfausleger
2 Abbruchelemente (Stahlkugel, -birne)
3 Schleppschaufel
4 Greifer
5 Mäkler, Ramm-, Zieh-, Schachtgreifer-, Verrohrungseinrichtung u. a.

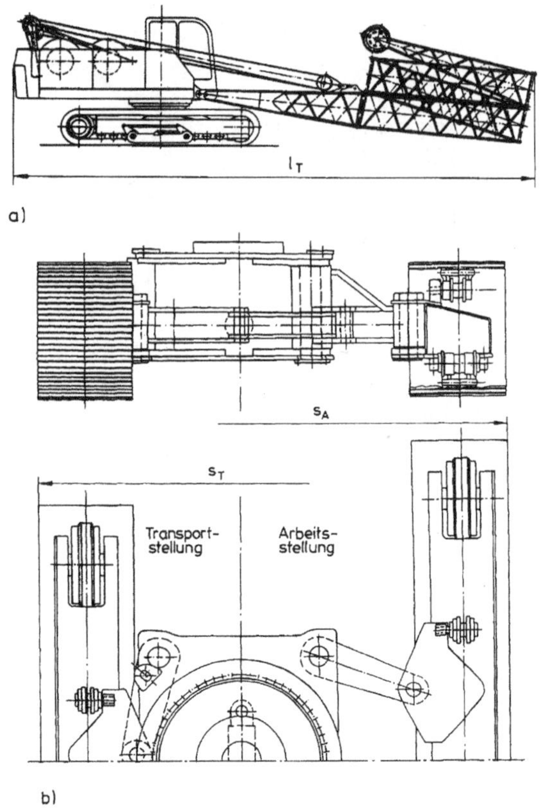

Bild 4-12 Arbeits- und Transportstellungen am Universal-Seilbagger (Nobas GmbH, Nordhausen)

a) Gittermastausleger in Transportstellung gefaltet
b) Spurverstellung mittels Fahrwerksschwingen

ten (Stahlkugel, -birne) sowie als Maschine für Gründung und Tiefbau (Ramm-, Zieh-, Verrohrungseinrichtungen) ausgestattet werden, siehe Bild 4-11. Hierfür sind ein Hauptwindwerk mit zwei Trommeln in Tandemanordnung, ein Auslegerwindwerk und ein Hilfswindwerk erforderlich. Als technisches Konzept hat sich eine modulare Bauweise durchgesetzt, die hydrostatische und mechanische Komponenten miteinander koppelt [4.43]. Die Ausleger (Normal- oder Hammerkopfausleger) sind als mehrteilige Rohrgitter ausgeführt, so dass auch in dieser Geräteklasse große Auslegerlängen entstehen.
Jüngste Entwicklungen erlauben für den Straßentransport das seitliche Zusammenklappen des Auslegers auf eine Transportlänge von l_T = 12900 mm und die Breitenverstellung des Raupenfahrwerks von der Arbeits-Spurbreite s_A = 4100 mm auf die Transport-Spurbreite s_T = 2980 mm, siehe Bild 4-12. Durch die Spureinstellung erhöht sich bei dem hier betrachteten Beispielgerät mit seiner Eigenmasse von 17 t das Standmoment in der Arbeitsstellung um 32 %.

4.2.1.2 Hydraulikbagger

Obwohl das Prinzip der Leistungsübertragung mittels strömender Flüssigkeiten (Ölhydraulik) sehr viel länger bekannt ist, wurden vollhydraulische Bagger erst vor etwa 50 Jahren gebaut. Heute dominiert diese Technik in nahezu allen Geräteklassen.
Die Vorzüge der Hydrostatik bei der Leistungsübertragung und -wandlung, kommen ganz besonders beim Bagger zur Geltung, siehe Abschnitte 3.1.4 und 4.2.2. Nach DIN 24080 werden die Hydraulikbagger in Einzweckmaschinen mit nur einer Arbeitsverrichtung und in Universalbagger mit vielfäl-

tigen Verrichtungsmöglichkeiten eingeteilt. Sie unterscheiden sich vorrangig in der Ausführung ihrer Arbeitsausrüstungen (DIN 24086).
Erste in Serie gefertigte Hydraulikbagger hatten Eigenmassen bis 20 t und Grabgefäße bis 1 m^3 Nenninhalt. Die größten Hydraulikbagger für Tage- und Erdbau haben heute Eigenmassen von etwa 800 t und sind mit Grabgefäßen bis etwa 40 m^3 Nenninhalt ausgerüstet [4.44]. Sie verfügen über ein modernes Antriebsmanagement mit teilautomatischer Arbeitsweise [4.45], was ihre Wirtschaftlichkeit in der Gewinnungstechnik unübertroffen macht. Bild 4-13 zeigt beispielhaft einen solchen Vertreter.
Für Arbeiten unter beengten Verhältnissen sowie für den Einsatz im Garten-, Landschaft- und Kommunalbau wurde in den letzten Jahren eine Vielzahl leistungsfähiger und universell einsetzbarer Klein- und Minibagger (Kompaktbagger) entwickelt [4.46]. Die Arbeitsausrüstungen dieser Bagger sind in der Regel mit zusätzlichen Gelenken ausgestattet, um den Anforderungen beim Arbeiten unter engsten Verhältnissen gerecht zu werden. Hierbei handelt es sich nicht nur um Erdarbeiten. *Minibagger* haben Eigenmassen von etwa 0,5 bis 6 t und Grabgefäße ab 10 l Nenninhalt (Bild 4-14). Es sind meist Raupenbagger (Gummiketten), deren Entwicklung vor 30 Jahren in Japan begonnen hat [4.47].
Hydraulikbagger werden nach der Eigenmasse in Größenklassen eingeteilt, was auf die direkte Beeinflussung des Arbeitsvermögens durch das Standmoment zurückzuführen ist. Das Angebot der Hersteller umfaßt in allen Größenklassen mehr als 150 Typen, wobei die Typenvielfalt der *Raupenbagger* und die produzierte Stückzahl der *Radbagger* (Mobilbagger) kennzeichnend sind. Weitere technische Kenngrößen sind Motorleistung und Grabgefäßvolumen. Sie benutzt man, um insgesamt drei Gruppen nach den Gesichtspunkten der Maschinenverwendung zu bilden (Bild 4-15). Maschinen mit Kleinst- und Größtkennwerten sind in dieser Zuordnung nicht berücksichtigt. Die Gruppe I umfaßt Mobil- und Raupenbagger der Gewichtsklassen 10 bis 25 t mit Verstellausleger und vielfältigen Werkzeugen. In dieser Gruppe wird die größte Stückzahl Hydraulikbagger produziert, etwa 15 000 Stück pro Jahr in Westeuropa. Bei der Gruppe II reicht die Eigenmasse bis 60 t; es sind ausschließlich Raupenbagger mit Monoblockausleger. Maschinen beider Gruppen werden vorrangig im Erd- und Tiefbau eingesetzt. Ihr Transport zu Baustellen erfolgt bei Mobilbaggern (Radfahrwerk) auf eigener Achse, ansonsten mittels Tieflader. Die Gewichtsklassen der Gruppe III reichen bis 235 t. Sie kommen ausschließlich im Gewinnungsprozess (Tagebau, Steine-Erden-Industrie) zur Anwendung und müssen am Einsatzort aus Baugruppen endmontiert werden. Maschinen mit sehr großen Eigenmassen werden nicht mehr in Serie produziert. Wenn man ihre ausgeführten Gefäßvolumina V_L, installierten Motorleistungen P und Eigenmassen m_e analysiert, erhält man die in Bild 4-16 dargestellten Zusammenhänge.
Raupenbagger sind für Fahrgeschwindigkeiten bis maximal 6 km/h ausgelegt. Mobilbagger und auch Radlader (Abschn. 4.5) sind im Sinne des Straßenverkehrsgesetzes (StVG) Arbeitsmaschinen und dürfen am öffentlichen Straßenverkehr teilnehmen. Weil öffentliche Verkehrsflächen nur gelegentlich befahren werden, gilt nach § 18 der Straßen-Verkehrszulassungsordnung (STVZO) die Befreiung von der Zulassungs- und Versicherungspflicht für Fahrgeschwindigkeiten ≤ 20 km/h. Daran orientiert sich in der Regel auch das Konzept für den Fahrantrieb der Maschine. Erst in den letzten Jahren sind einzelne Lösungen entstanden, die Fahrgeschwindigkeiten bis 50 km/h ermöglichen [4.48].
Die Gesamtabmessungen eines Baggers sind aus straßenverkehrstechnischen Gründen begrenzt, siehe STVZO. Beim Fahren im Straßenverkehr ist der Ausleger über die Vorderachse zu stellen, alle Stützelemente sind einzufahren und der Oberwagen ist gegen Verdrehen mit einem Bolzen zu sichern. Außerdem ist der Auslegerzylinder aus- und der Brustzylinder einzufahren. Dabei muss das Werkzeug (Löffel, Greifer) auf den Haltebügel am Unterwagen aufgelegt sein. Es ist auch erlaubt, den Löffelzylinder durch Absperren seiner Kugelhähne zu arretieren.
Tieflader- und Bahntransporte sind für große Entfernungen oder ausschließlich für Raupenbagger notwendig. Auch hier ist der Oberwagen gegen Verdrehen zu sichern. Die Arbeitsausrüstung wird während des Transports abgebaut oder im montierten Zustand auf die Ladefläche aufgelegt.

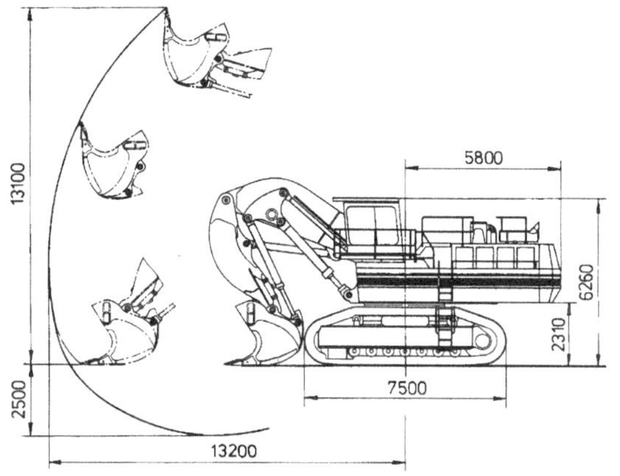

Bild 4-13 Hydraulik-Großbagger mit Tripower-Kinematik-Ladeschaufelausrüstung (O&K, Dortmund und Berlin)

P = 834 kW
m_e = 212 t
Ladeschaufel mit V_L = 13 m^3

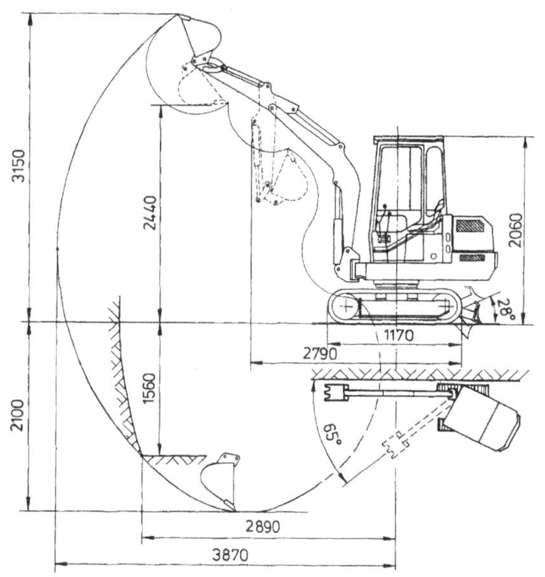

Bild 4-14 Hydraulik-Minibagger Typ Pel-Job (La Combe, Alby S/Cheran, Frankreich),

P = 12 kW
m_e = 1,6 t
Tieflöffel mit V_L = 0,03...0,06 m^3

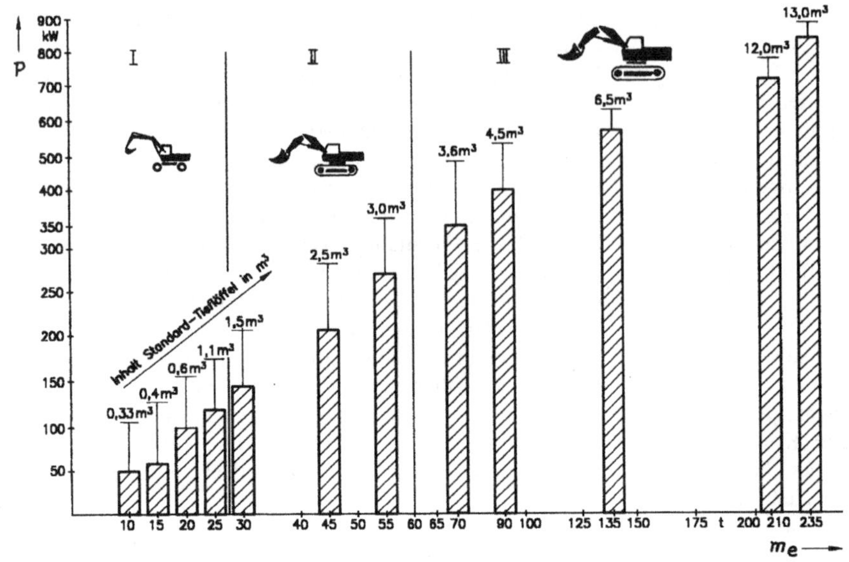

Bild 4-15 Übersicht über Baugrößen und Klassen von Hydraulikbaggern [4.10]

I – Gruppe von Baugrößen aus Mobil- und Raupenbaggern für Erdbau und Ladearbeiten im Bauwesen

II – Gruppe von Baugrößen aus Raupenbaggern für Erdbau im Bauwesen und bedingt für Gewinnungsprozesse

III – Gruppe von Baugrößen aus Raupenbaggern für Gewinnungsprozesse

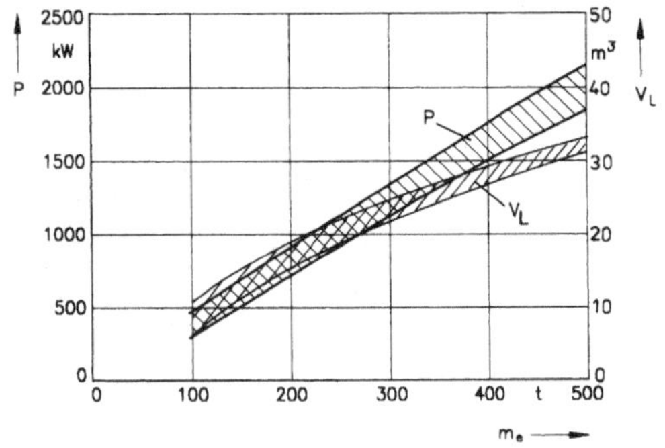

Bild 4-16 Analyse der Kennwerte ausgeführter Hydraulik-Großbagger

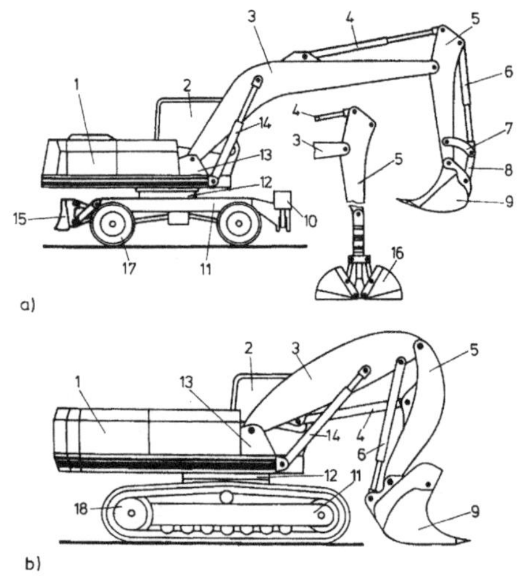

Bild 4-17 Hydraulikbagger

a) Radbagger (Mobilbagger) mit Tieflöffel oder Greifer
b) Raupenbagger mit Ladeschaufel

1 Oberwagen	10 Stützpratzen
2 Fahrerkabine	11 Unterwagen
3 Ausleger	12 Großwälzlager
4 Stielzylinder	13 Stützbock
5 Stiel	14 Auslegerzylinder
6 Löffel- bzw. Schaufelzylinder	15 Planier- und Stützschild
7 Schwinge	16 Greifer
8 Koppel	17 Radfahrwerk
9 Werkzeug (Tieflöffel bzw. Ladeschaufel)	18 Raupenfahrwerk

Bagger können üblicherweise eine Querneigung bis 10 % befahren. Längsneigungen > 20 % sind ansteigend mit ausgestrecktem und abschüssig mit eingezogenem Löffelstiel zu befahren. Mit diesem Verhalten trägt man zur Standsicherheit in kritischen Situationen bei.

Der moderne Hydraulikbagger wird mit vielfältigen Arbeitsausrüstungen angeboten, weshalb man ihn auch als *Universalbagger* (Universalität) bezeichnet. Er besteht aus Grundgerät, Arbeitsausrüstung und Werkzeug (Bild 4-17). Zum Grundgerät gehören Unter- und Oberwagen, die über eine Drehverbindung miteinander verbunden sind. Eine Arbeitsbewegung entsteht aus dem Drehen des Oberwagens (bis 360°) und aus der Bewegung von mindestens 3 Schubschwingen (Ausleger, Stiel, Werkzeug), die einer offenen kinematischen Kette entsprechen.

Oberwagen

Das Gestell des Oberwagens (Plattform) trägt den Antrieb einschließlich Öl- und Kraftstoffbehälter sowie Kühler, Filter, Steuerventile, Stellteile, Fahrerkabine und das Gegengewicht. Die Anordnung dieser Komponenten wird davon bestimmt, dass, bezogen zur Drehachse, eine ausgeglichene Massenverteilung entsteht und demzufolge der Antrieb sowie zusätzliche Gegenmassen gegenüber vom Auslegerstützbock angebracht werden müssen, siehe Bild 4-18. Wichtige Gesichtspunkte ergeben sich auch aus ergonomischen und sicherheitstechnischen Überlegungen (z. B. Sichtverhältnisse) für die Kabine, Trittroste, Aufstiege, Beleuchtungseinrichtungen u. a. Hierzu werden ausgewählte Hinweise im Abschnitt 3.7 gegeben.

Maschinenausstattung und Ergonomie

Die elektrische Anlage eines Baggers wird von einer Drehstromlichtmaschine mit Starterbatterien gespeist. Neben den bekannten elektrischen Verbrauchern (Lüfter, Beleuchtung, u. a.) werden die Maschinen zunehmend mit modernen Bordcomputern ausgestattet. Die Bordelektronik dient der Überwachung (Öldruck, Temperatur, Überlast u. a.) und zunehmend dem Management des Antriebs, siehe [4.49] und Abschnitt 3.1.4.5.

Obwohl es auch für Bagger seit Jahren Fernbedienungen gibt (Funk, Kabel), wird auf ihre Verwendung verzichtet, und es werden die Bedingungen für einen auf der Maschine sitzenden Bediener bevorzugt. Ansätze zur Automatisierung sind gerätetechnisch nur bedingt umgesetzt worden [4.45] [4.50]. Das Wissen über die Interaktionen (Rückwirkungen) zwischen Bediener und Maschine garantiert Arbeitssicherheit und Leistungsvermögen. Der Bediener ist dabei unmittelbar allen Einflüssen (Erschütterungen u. a.) ausgesetzt. Um ermüdungsfreies Arbeiten zu ermöglichen, werden die Bedienkräfte durch Vorsteuertechnik reduziert und die Sitze mit Feder- und Dämpferelementen versehen (s. VDI Richtlinien 2057 u. 2782).

Fahrerkabinen (Bild 4-19) sind großflächig verglast und elastisch auf dem Oberwagen befestigt. Sie werden in unterschiedlichen Ausstattungsvarianten (z. B. Klimaanlage) angeboten. Meist besitzen sie Einschubfenster, mit Lärmdämmmaterial ausgegleitete Wandungen, ergonomisch gestaltete Sitze sowie Bedien- und Anzeigeelemente. Bei der Gestaltung und Anordnung dieser Elementen (Bilder 4-20, 4-21) ist es empfehlenswert, die Hinweise der Arbeitswissenschaft und Arbeitsspsychologie einzuholen (s. Abschn. 3.7). Gestaltungsfehler lassen nicht nur den Bediener ermüden, sondern sie reduzieren auch die Arbeitsleistung der Maschine.

Die in einer Kabine herrschenden Arbeitsbedingungen haben erheblichen Einfluss auf die Konzentration, Motivation und Gesundheit des Bedieners. Bei Maschinen die in einer Umgebung arbeiten, wo Schadstoffe aus kontaminierten Substanzen zu Gesundheitsgefährdungen des Bedieners führen können, sind besondere Vorkehrungen zu treffen. Diese sind auf den konkreten Bedarfsfall exakt abzustimmen und betreffen insbesondere spezielle Kabinenluftfiltersysteme mit Staubabscheidung durch Partikel- und ggf. Aktivkohlefilter, wirksame Kabinenabdichtungen zum Erzeugen eines Kabinenüberdrucks und Klimaanlagen [4.51].

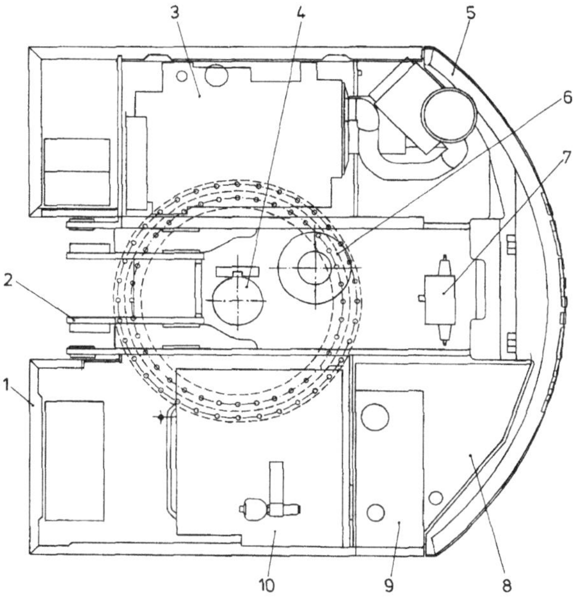

Bild 4-18 Baugruppenanordnung auf dem Oberwagen eines Hydraulikbaggers

1 Kabine
2 Ausleger-Stützbock
3 Dieselmotor und Hydraulikpumpe
4 Drehdurchführung
5 Gegenmasse und Verkleidung
6 Drehantrieb und Kugeldrehverbindung
7 Ventilblock
8 Kraftstofftank
9 Elektrik
10 Hydrauliktank

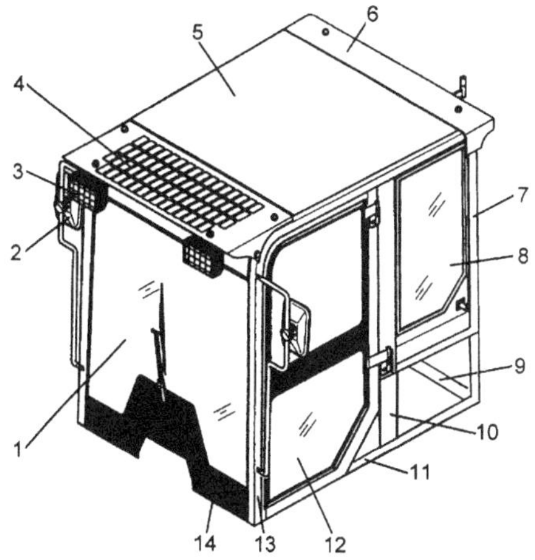

Bild 4-19 Grundaufbau der Fahrerkabine eines Hydraulikbaggers (Matec GmbH, Döbeln)

1 Frontverglasung
2 Seitenspiegel
3 Außenbeleuchtung
4 vordere Abdeckung mit Belüftung
5 Dach
6 hintere Abdeckung
7 C-Holm
8 Seitenwand mit Verglasung
9 Heckprofil unten
10 B-Holm
11 Schwelle
12 Tür
13 A-Holm
14 Frontprofil unten

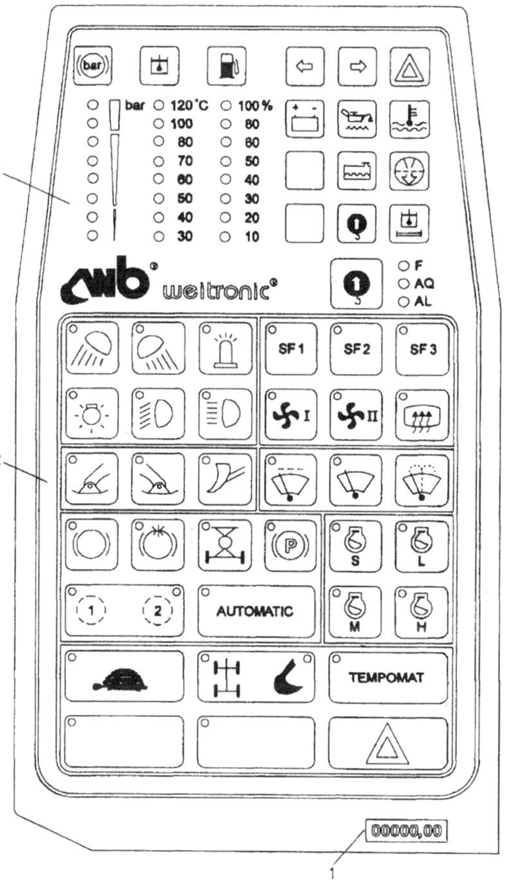

Bild 4-20 Anzeigeelemente eines Hydraulikbaggers (Weimar Baumaschinen GmbH, Weimar)

Anzeige- und Bedienpult:
1 Betriebsstundenzähler
2 Schalter und Tasten
3 Kontrolleuchte und Bargraphen

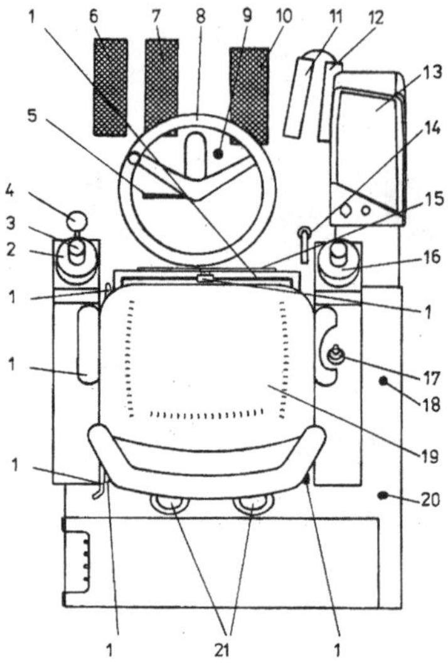

Bild 4-21 Kabinenausstattung und Bedienelemente eines Hydraulikbaggers (Weimar Baumaschinen GmbH, Weimar)

1 Sitzverstellungen
2 Kreuzschalthebel für Löffelstiel/Drehwerk
3 Wippschalter für Zusatzverbraucher ZV2
4 Schalter für die Sicherheitsabschaltung beim Aussteigen (Vermeidung ungewollter Arbeitsbewegungen)
5 Lenksäulenschalter für Fahrtrichtungsanzeige
6 Pedalwippe für Zusatzverbraucher ZV1 (z. B. Hammer)
7 Pedalwippe für Brustzylinder
8 Lenkrad
9 Fußschalter für Hupe
10 Fahrbremspedal (Betriebsbremse)
11 Fahrpedal vorwärts
12 Fahrpedal rückwärts
13 Anzeige- und Bedienpult
14 Bolzen für Oberwagenarretierung
15 Belüftungsklappen
16 Kreuzschalthebel für Arbeitswerkzeug/Ausleger
17 Schalthebel Abstützung/Schiebeschild
18 Einspritzverstellung manuell
19 Sitz
20 Heizungshahn
21 Luftdüsen

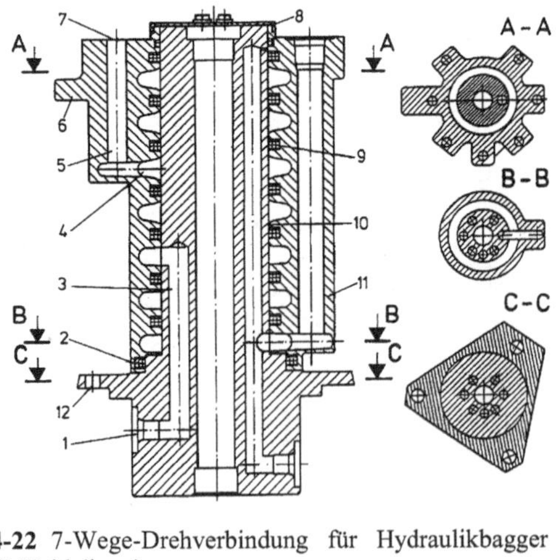

Bild 4-22 7-Wege-Drehverbindung für Hydraulikbagger (Grau GmbH, Heidelberg)

1 radialer Anschluss
2 Labyrinthdichtung
3 Axialbohrung
4 Ringkammer
5 Kanal
6 Mitnehmer
7 axialer Anschluss
8 Deckel
9 Dichtung
10 Rotor
11 Gehäuse
12 Befestigungsflansch

Drehdurchführung

Die hydraulische Leistung für den Fahrantrieb wird zum Unterwagen über eine Drehdurchführung und zur Arbeitseinrichtung über fest verlegte Rohre sowie Schlauchleitungen übertragen. Die Drehdurchführung (Bild 4-22) ist eine drehbare Leitungsverbindung für die Zuführung von Hydraulikflüssigkeit vom drehenden Ober- in den ruhenden Unterwagen. Dort werden mit einer 7-Wege-Drehverbindung der zentrale Hydromotor des Fahrantriebs, die Hydraulikzylider der Abstützung und die Lenkzylinder versorgt. Raupenbagger haben nur eine 5-Wege-Drehverbindung für zwei Fahrantriebe nötig. In jedem Falle ist eine der Drehverbindungen für Lecköl (bis 5 bar) vorgesehen.

Im Gehäuse 11 ist der Rotor 10 drehbar gelagert. Die Anschlüsse 7 an der Gehäuseoberseite werden über Kanäle 5 mit den Ringkammern 4 verbunden. Sie sind durch Spezialdichtungen 9 untereinander abgedichtet. Jede Ringkammer ist wiederum über eine Axialbohrung 3 mit einem radialen Anschluss 1 im Rotor verbunden. Die Labyrinthdichtungen 2 verhindern das Eindringen von Schmutz und Spritzwasser in die Gleitzone zwischen Rotor und Gehäuse, die einer Schmierung aus eigenem Lecköl bedarf. Der Deckel 8 fixiert Gehäuse und Rotor axial zueinander; die Befestigung am Unterwagen erfolgt am Flansch 12 (Rotor). Am Mitnehmer 6 wird die Drehbewegung eingeleitet. Die Anschlüsse 1 können mit Rohr- und die Anschlüsse 7 müssen mit Schlauchleitungen versehen sein.

Arbeitsausrüstung und Arbeitsbewegung

Von der Arbeitsausrüstung werden die technologischen Eigenschaften eines Baggers bestimmt. Bild 4-23 zeigt die am häufigsten benutzte Ausstattung für *Tieflöffelbetrieb.* Tiefe Ausschachtarbeiten im engen Verbau, das Ziehen von Böschungen, das Laden von Felsbrocken (*Ladeschaufelbetrieb*) oder der *Greiferbetrieb* in Schächten benennen nur beispielhaft die weitaus größere Verwendungsvielfalt eines Baggers, was auch immer zur Gestaltung spezieller Arbeitsausrüstungen zwingt, siehe Bild 4-24. Die Grundgeräte dieser Bagger (Ober- und Unterwagen) sind meist identisch.

Hydraulikbagger stellen zyklisch arbeitende Maschinen dar, die ihren Standort während eines Arbeitsspiels normalerweise nicht verändern.

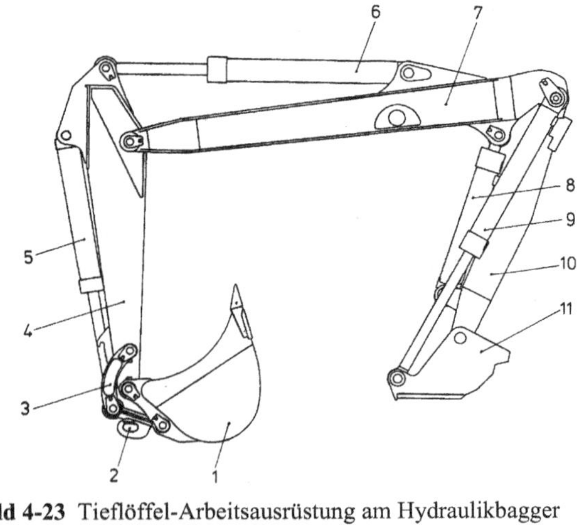

Bild 4-23 Tieflöffel-Arbeitsausrüstung am Hydraulikbagger

1 Grabwerkzeug (Löffel)
2 Haken für Kranbetrieb
3 Schwinge
4 Stiel
5 Löffelzylinder
6 Stielzylinder
7 Auslegerkopfstück
8 Verstellzylinder (Nackenzylinder, Brustzylinder)
9 Auslegerzylinder
10 Auslegerfußstück
11 Auslegerbock oder Schwenksäule

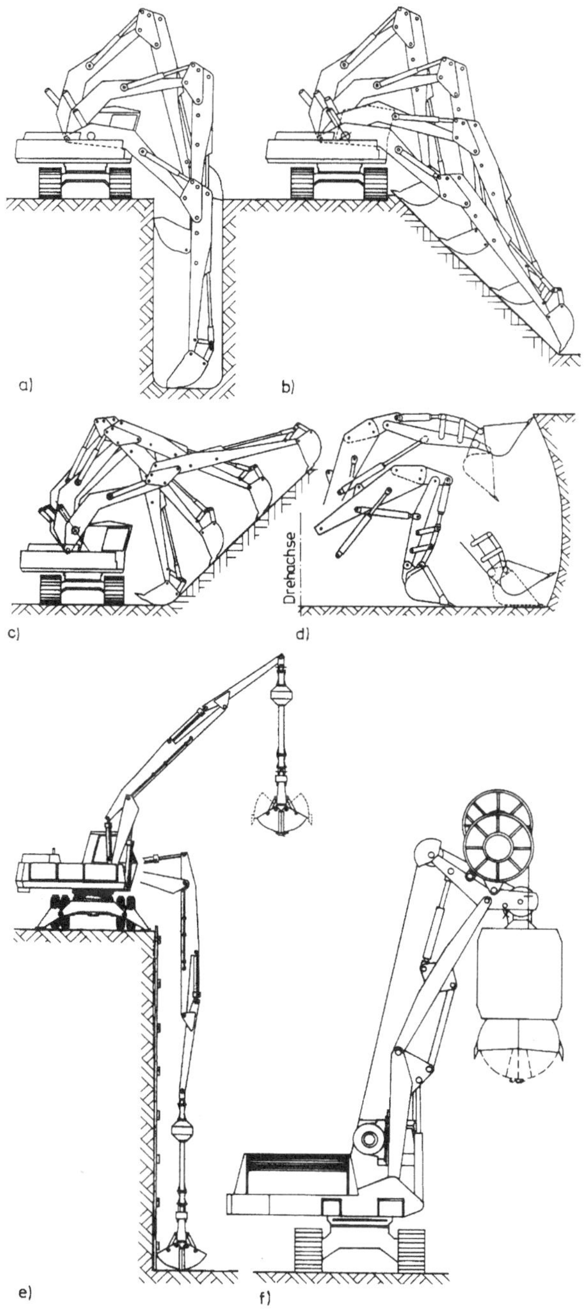

Bild 4-24 Ausrüstungsvielfalt der Hydraulikbagger

a) Ausrüstung für Schachtarbeiten mit Tieflöffel im Verbau
b) Ausrüstung für das Ziehen von Böschungsprofil unter Planum
c) Ausrüstung für das Ziehen von Böschungsprofil über Planum
d) Ausrüstung für das Laden von Fels und Geröll mit parallel geführter Ladeschaufel
e) Ausrüstung für tiefe Schachtarbeiten mit Schachtgreifer
f) Ausrüstung für Gründungsarbeiten mit Schlitzwandgreifer

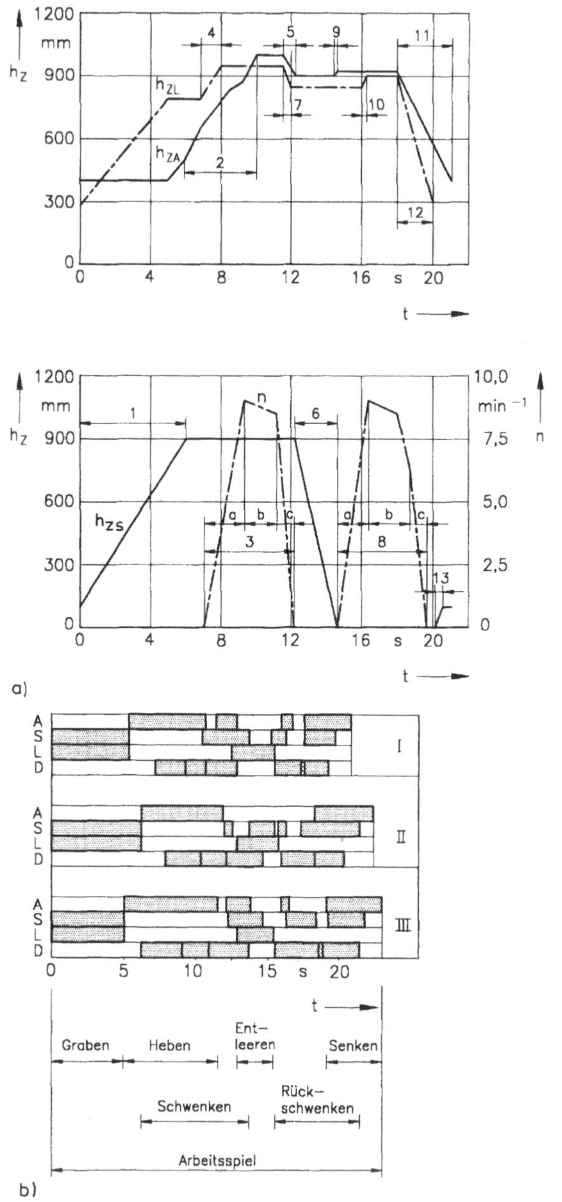

Bild 4-25 Abfolge und Überlagerung von Teilbewegungen eines typischen Arbeitsspiels beim Erdaushub (Mittelwerte aus Messungen an einem Hydraulikbagger mit Tieflöffel-Arbeitsausrüstung, Beispiel) [4.52]

a) Bewegungs-Zeitdiagramm:
h_{ZA} Hub des Auslegerzylinders
h_{ZS} Hub des Stielzylinders
h_{ZL} Hub des Löffelzylinders
n Drehzahl des Oberwagens
a Beschleunigungsphase
b Freilaufphase
c Bremsphase
1 Graben
2 Heben
3 Drehen
4 Stielverstellung beim Drehen
5 Auslegerverstellung beim Drehen
6 Entleeren
7 Stielverstellung beim Entleeren
8 Drehen
9 Auslegerverstellung beim Drehen
10 Stielverstellung beim Drehen
11 Senken
12 Stielverstellung beim Senken
13 Löffelverstellung beim Senken

b) Überlagerungsgrafik für Teilbewegungen:
A Auslegerzylinder
S Stielzylinder
L Löffelzylinder
D Drehwerk

I Oberwagen-Drehwinkel 54°; Arbeitsspieldauer 20,8 s
II Oberwagen-Drehwinkel 84°; Arbeitsspieldauer 22,1 s
III Oberwagen-Drehwinkel 185°; Arbeitsspieldauer 22,7 s

Das typische Arbeitsspiel besteht aus sich überlagernden Teilbewegungen, siehe Bild 4-25. Je nach Arbeitsaufgabe kann der Bediener die Abfolge und Überlagerung der Arbeitsbewegungen individuell gestalten. Graben erfolgt im Wesentlichen mit Stiel- und Löffelzylinder. Das Heben und Senken des Grabwerkzeugs übernimmt der Auslegerzylinder. Dem Heben und Senken wird das Drehen des Oberwagens überlagert. Entleert wird mittels Löffelzylinder. Bewegungen von Ausleger- und Stielzylinder können allen Arbeitsschritten überlagert werden.

Zur Kennzeichnung der Leistungsfähigkeit eines Hydraulikbaggers dienen:

- Tragfähigkeit in Abhängigkeit von Ausladung und Abstützung (DIN 15019)
- Grabtiefe, Ausschütthöhe, Reichweite (Bild 4-26)
- Reißkraft, Losbrechkraft (DIN 24086 und Bild 4-27)
- Werkzeuganpassung, Löffelfüllvolumen
- Dauer eines repräsentativen Arbeitsspiels.

Es handelt sich bei diesen technischen Maschinenparametern meist um Maximalwerte und bei den betreffenden Normen um Hinweise über deren bestimmungsgemäße Definition. Besonders wichtig ist die Angabe von Grabkräften, die gemäß DIN 24086 als Reiß-, Losbrech-, Vorstoß- oder Schließkräfte definiert werden. Eine *Schließkraft* wird am Zahn (bzw. Schneide) des Greifers erzeugt, ihre Wirklinie steht senkrecht auf der Verbindungslinie zwischen Schaufeldrehpunkt und Zahnspitze. Die *Reißkraft* F_r wird vom Stielzylinder hervorgerufen, wobei ihre Wirklinie durch die Zahnspitze des Baggerlöffels geht und senkrecht auf der Verbindungslinie zwischen Stieldrehpunkt am Ausleger und der Zahnspitze steht (Bild 4-27a). Ihr Nennwert ist erreicht, wenn der Stielzylinder Z_S ein maximales Moment um den Stieldrehpunkt bewirkt und sich die Arbeitsausrüstung dabei in einer üblichen Stellung befindet. Im Gegensatz dazu

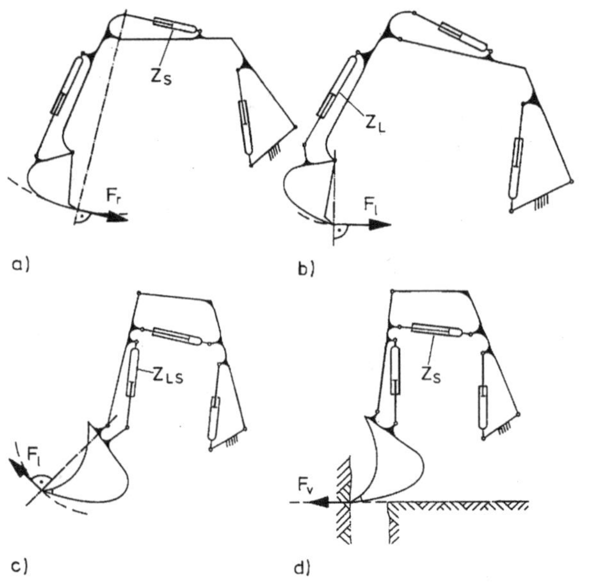

Bild 4-27 Definition der Grabkräfte am Hydraulikbagger nach DIN 24086

a) F_r Reißkraft bei Tieflöffel-, Hochlöffel- und Reißzahnausrüstung, hervorgerufen vom Stielzylinder Z_S

b) F_l Losbrechkraft bei Tieflöffel-, Hochlöffel- und Reißzahnausrüstung, hervorgerufen vom Löffelzylinder Z_L

c) F_l Losbrechkraft bei Ladeschaufelausrüstung, hervorgerufen vom Ladeschaufelzylinder Z_{LS}

d) F_v Vorstoßkraft bei Ladeschaufelausrüstung, hervorgerufen - vom Stielzylinder Z_S

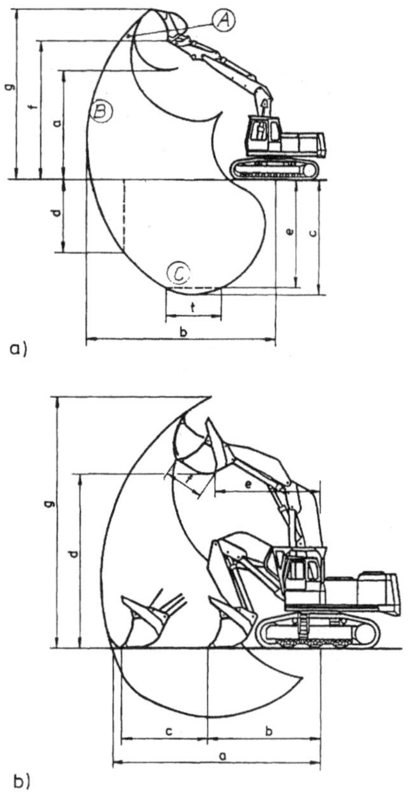

Bild 4-26 Grabkurven des Hydraulikbaggers

a) Tieflöffelausrüstung

a max. Ladehöhe
b max. Reichweite auf Planum
c max. Grabtiefe
d max. vertikale Abstechtiefe
e Grabtiefe bei Sohlenbreite t
f max. Höhe am Löffeldrehpunkt
g max. Reichhöhe
A, B, C siehe Bild 4-31

b) Ladeschaufelausrüstung

a max. Reichweite auf Planum
b min Reichweite auf Planum
c max. Vorschubweg auf Planum
d max. Ladehöhe
e Reichweite bei max. Ladehöhe
f Weite der Klappschaufelöffnung
g max. Reichhöhe

wird die *Losbrechkraft* F_l am Baggerlöffel durch den Löffelzylinder erzeugt, ihre Wirklinie geht durch die Zahnspitze und steht senkrecht auf der Verbindungslinie zwischen Löffeldrehpunkt am Stiel und Zahnspitze (Bild 4-27b). Der Nennwert wird vom maximalen Moment um den Löffeldrehpunkt vom Löffelzylinder Z_L erzeugt.

Bei Arbeitsausrüstungen mit Ladeschaufel wird die *Losbrechkraft* F_l durch den Schaufelzylinder Z_{LS} hervorgerufen (Bild 4-27c). Dabei geht ihre Wirklinie durch die Zahnspitze und steht senkrecht auf der Verbindungslinie zwischen Schaufeldrehpunkt am Stiel und Zahnspitze. Bei maximalem Moment um den Schaufeldrehpunkt entsteht der Nennwert. Für die Erzeugung der *Vorstoßkraft* F_v wird der Stielzylinder Z_S benutzt. Die Wirklinie geht auch durch die Zahnspitze, verläuft aber waagerecht auf der Standebene der Maschine (Bild 4-27c). Der Nennwert ergibt sich bei maximaler Zylinderkraft.

Die Arbeitsbewegungen in der vertikalen Maschinenebene werden von 3 Schubschwingen (Ausleger, Stiel, Werkzeug) bestimmt, so dass als äußere Werkzeugbahnkurve (Grabkurve) für jede einzelne Schubschwinge ein Kreisbogen und bei Bewegungsüberlagerung eine Zykloide entsteht, siehe Bild 4-26. Unter Einbeziehung der Oberwagendrehbewegung ergibt sich daraus der Arbeitsraum. Mit der Tieflöffelausrüstung wird vorzugsweise unterhalb der Standebene des Baggers gegraben. Zum Lösen und Aufnehmen des Materials wird der Tieflöffel auf den Bagger zu bewegt. Die Tieflöffelausrüstung wird vorzugsweise bei Hydraulikbaggern bis zu einer Eigenmasse von 50 t eingesetzt.

Auch die Lage des Ausleger- und Zylinderanlenkpunktes auf dem Oberwagen bestimmen den Arbeitsbereich und die mechanische Übersetzung einer Arbeitsausrüstung. Es werden Stütz- von Hängesystemen sowie Abachs- von Zuachssystemen unterschieden (Bild 4-28a,b). Bei dem Abachssystem schneidet die Achse der Kolbenstange die Drehachse des Baggers unterhalb der Drehebene und bei dem Zuachssystem oberhalb. Für vergleichbare Auskipphöhen bringt das Abachssystem größere Auslegerschwenkwinkel (bis 90°) und Grabtiefen hervor. Der Vorzug des Zuachssystems liegt bei dem deutlich größeren Hebelarm für die Übersetzung der Auslegerzylinderkraft. Um Funktionsnachteile zu vermeiden, kann man am Zuachssystem den Stiel verlängern oder den Ort für die Zylinderbefestigung verändern, siehe Bild 4-28c.

Hängesysteme nach Bild 4-29 benutzt man nur für die Arbeitsausrüstung am Heckbagger (Baggerlader, s. Abschn. 4.2.1.3). Der Arbeitsbereich ist vom Schwenkwinkel und von weiteren Verstellmöglichkeiten abhängig. Kurbel-Hängesysteme werden am Teleskopbagger eingesetzt.

Für die rechnerische Analyse der Arbeitsstellungen von 3 oder mehr Schubschwingen kommen die bekannten Methoden für ebene Gelenkgetriebe zur Anwendung [4.53] bis [4.55]. Das Ziel der Berechnungen besteht darin, in Abhängigkeit von der Lage aller Getriebeglieder die Kräfte am Grabgefäß, in den Gelenken oder an Schnittstellen der Stahlbauteile zu bestimmen. Heute sind die grafischen Methoden (Holographie) [4.54] von rechnerischen Verfahren [4.53] abgelöst. Unter der Voraussetzung, dass alle Getriebeglieder verformungssteif sind und keine Trägheitskräfte wirken, beschränkt sich das einfache, lineare Rechenmodell auf ein Kräftegleichgewicht an der statisch bestimmten Konstruktion einer Arbeitsausrüstung. Sämtliche Gleichungen sind für die Bezeichnungen nach Bild 4-30 in Tafel 4-4 angeführt. Sie stellen Beziehungen zwischen den Zylinderkräften F_Z und der Grabkraft F_g am Grabwerkzeug her. Dabei zeigt sich, dass wegen der zusammengesetzten Wirkung des ebenen Getriebes und aus dem Einfluss von im Schwerpunkt angetragenen Eigenlasten F_m keine Proportionalität zwischen F_Z und F_g besteht.

Für eine unveränderte Stellung des Löffelzylinders werden die Grabkräfte F_g in Abhängigkeit von den Zylinderkräften F_{ZS} und F_{ZA} errechnet und als Vektoren im Bild 4-31 dargestellt. Die drei Ergebnisvarianten A,B und C beziehen sich auf die jeweilige im Bild 4-26 gekennzeichnete Werkzeugposition innnerhalb der Grabkurve. Es lässt sich nachweisen, dass für dieses Rechenbeispiel in der Position B bei Zunahme der relativen Zylinderkräfte F_{ZS}^* und F_{ZA}^* von 0,5 auf 1,0 die Grabkraft F_g auf den dreifachen Wert ansteigt, ohne ihre Richtung nennenswert zu verändern. Relative Zylinderkräfte entstehen aus dem Bezug auf ihre Nenngrößen. Außerdem erhält man die größten Grabkräfte bei kleiner Zylinderkraft F_{ZA} am Ausleger. Auf diese Weise lassen sich die Arbeitskräfte am Werkzeug untersuchen und optimieren.

Anstelle des Tieflöffels wird für den Aushub verbauter Gräben oder enger Schächte der *Greifer* eingesetzt (Bild 4-17a). Zum Graben werden die Greiferschalen mit Hilfe von Hydraulikzylindern aktiv betätigt. Der Greifer ist mit einem Kreuzgelenk am Stiel befestigt und kann mittels Hydraulik-Schwenkmotor um seine vertikale Achse gedreht werden. Dadurch kann man in beliebigen Stellungen zum Oberwagen graben.

Mit der *Ladeschaufelausrüstung* (Bild 4-17b) wird vorzugsweise oberhalb der Standebene Erdstoff aufgenommen. Zu dem Zweck muss sich die Ladeschaufel von der Grundmaschine wegbewegen. Das aufgenommene Material wird in der Regel auf ein Transportfahrzeug geladen, das auf der gleichen Ebene wie der Bagger steht. Ladeschaufelausrüstungen werden bei großen Baggern (ab 50 t) in der Rohstoffgewinnung oder im schweren Erdbau eingesetzt.

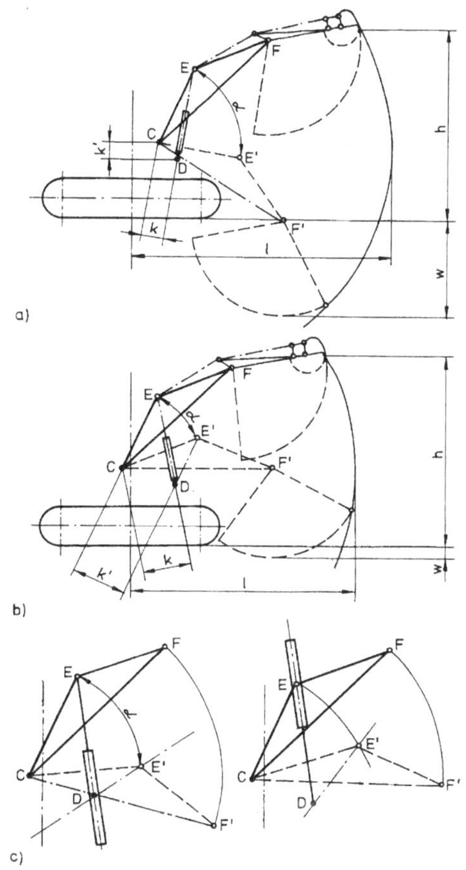

Bild 4-28 Stützsysteme für Tieflöffel-Arbeitsausrüstungen

a) Abachs-Stützsystem
b) Zuachs-Stützsystem
c) Zuachs-Stützsystem mit veränderter Zylinderbefestigung

α Auslegerhubwinkel
h Auskipphöhe
w Grabtiefe
l Reichweite
k Hebelarm der Kraftübersetzung

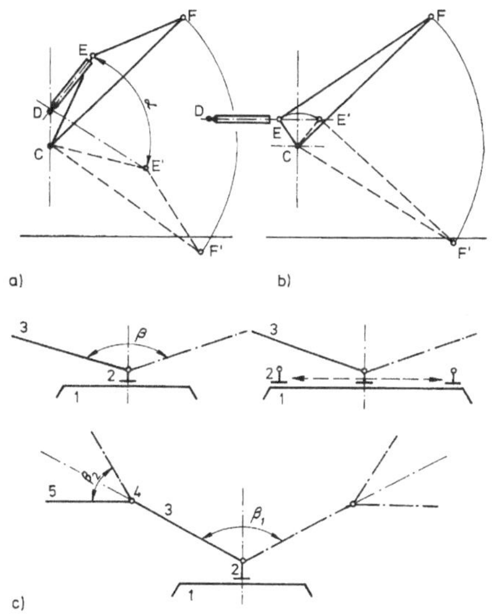

Bild 4-29 Hängesysteme für Tieflöffel-Arbeitsausrüstungen

a) Hängesystem
b) Kurbel-Hängesystem
c) Anordnungsvarianten am Heckbagger

α Auslegerhubwinkel
1 Anschlussrahmen
2 Schwenklager
3 Ausleger
β Auslegerschwenkwinkel;
4 Schwenklager
5 Stiel

Tafel 4-4 Gleichungen für Geometrie und Kräfte einer Tieflöffel-Arbeitsausrüstungen nach Bild 4-30 [4.55]

Hilfsgrößen

$$r=\frac{l_{CQ}}{l_{PQ\min}};\quad w=\frac{l_{CP}}{l_{PQ\min}};\quad u=\frac{l_{DR}}{l_{SR\min}};\quad t=\frac{l_{DS}}{l_{SR\min}}$$

$$k_1=\frac{r\,w\sin(\alpha+\varepsilon_P+\delta_Q)}{\sqrt{r^2+w^2-2r\,w\cos(\alpha+\varepsilon_P+\delta_Q)}}$$

$$k_2=\frac{t\,u\sin(\beta+\vartheta_R+\varepsilon_S)}{\sqrt{t^2+u^2+2t\,u\cos(\beta+\vartheta_R+\varepsilon_S)}}$$

Veränderliche

$$x_{DF}=l_{DF}\cos(\alpha+\beta);\quad x_{CF}=l_{CD}\cos\alpha+l_{DF}\cos(\alpha+\beta)$$

$$z_{DF}=l_{DF}\sin(\alpha+\beta);\quad z_{CF}=l_{CD}\sin\alpha+l_{DF}\sin(\alpha+\beta)$$

$$M_{CG}=F_{mA}l_{CJ}\cos(\alpha+\varepsilon_J)$$
$$+F_{mSL}\left[l_{DK}\cos(\beta-\alpha+\vartheta_K)+l_{CD}\cos\alpha\right]$$

$$M_{DG}=F_{mSL}\,l_{DK}\cos(\beta-\alpha+\vartheta_K)$$

$$M_C=k_1F_{ZA}\,l_{PQ\min};\quad M_D=k_2F_{ZS}\,l_{SR\min}$$

Kräfte

$$F_{gx}=\frac{(M_D+M_{DG})x_{CF}-(M_C+M_{CG})x_{DF}}{x_{DF}\,z_{CF}-x_{CF}\,z_{DF}}$$

$$F_{gz}=\frac{(M_D+M_{DG})z_{CF}-(M_C+M_{CG})z_{DF}}{x_{DF}\,z_{CF}-x_{CF}\,z_{DF}}$$

$$F_g=\sqrt{F_{gx}^2+F_{gz}^2};\quad \zeta=arc\tan\frac{F_{gz}}{F_{gx}}$$

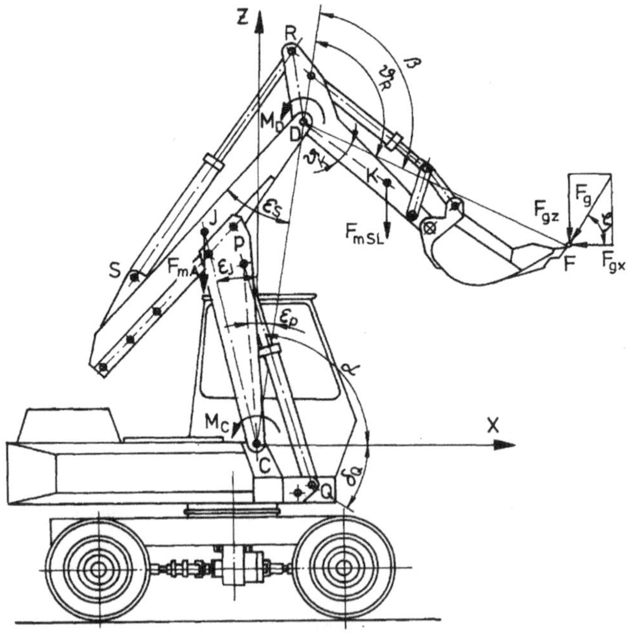

Bild 4-30 Geometrie- und Kraftgrößen an einer Tieflöffel Arbeitsausrüstung

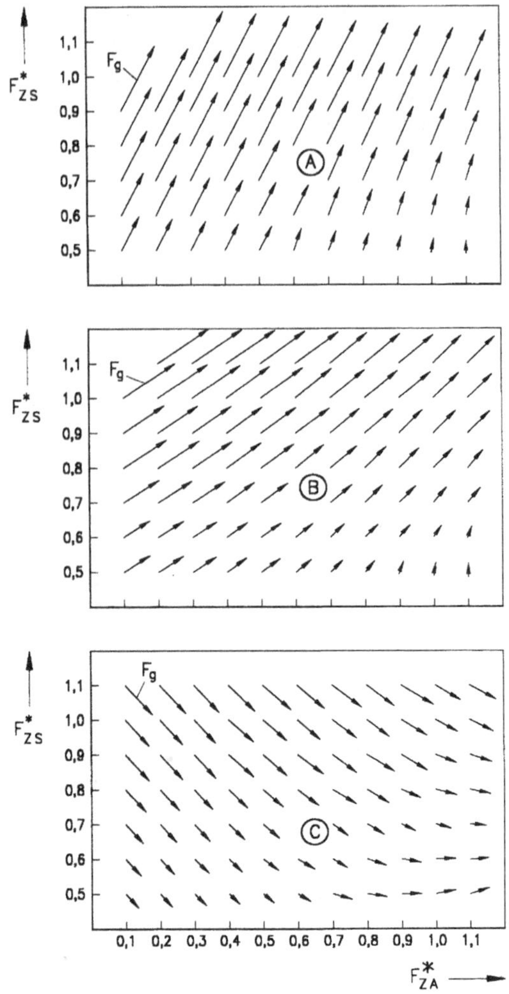

Bild 4-31 Vektoren der Grabkraft F_g in Abhängigkeit von den spezifischen Ausleger- und Stiel-Zylinderkräften $F_{ZA}{}^*$ und $F_{ZS}{}^*$ (Werkzeugpositionen A, B, C, s. Bild 4-26)

Eine schnelle und vollständige Schaufelfüllung wird durch horizontales Einstechen und anschließendes Ankippen der Ladeschaufel erreicht. Lagekonstante Bewegungen der Schaufel erfordern hierbei aber ein Nachführen des Ausleger- und Schaufelkippzylinders, siehe Bild 4-32. Um die Parallelführung der Schaufel ohne Nachführen nahezu allein aus der Bewegung des Stiels 2 zu erreichen, wird der Schaufelkippzylinder 4 am Ausleger angelenkt. Dadurch werden nur noch geringfügige Lagekorrekturen erforderlich, wofür man auch separate Ausgleichszylinder einsetzt. Grundsätzlich wird der manuelle Steueraufwand vereinfacht, es entstehen größere Grabkräfte, und Füllungsverluste lassen sich vermeiden.

Mit der Koppellenker-Kinematik (Tri-Power-System) erzielt man eine doppelte Parallelführung der Ladeschaufel beim Bewegen von Ausleger und Stiel [4.56]. Der Schaufelkippzylinder 4 wird hier gemeinsam mit einer Koppelstange 8 und dem Auslegerzylinder 6 über einen Koppellenker 7 am Ausleger befestigt (Bild 4-32). Hierdurch wird der Maschinenbediener auch vom Nachführen zusätzlicher Ausgleichszylinder befreit. Die Koppellenker-Kinematik hält die Ladeschaufel in winkelkonstanter Lage, beim Ab- und Anschwenken des Schaufelstiels, beim Heben und Senken des Auslegers und auch bei der Kombination von Bewegungen. Bild 4-33a ist zu entnehmen, dass die Gelenkpunkte H, I, J, K ein dem Parallelogramm ähnelndes Viereck bilden. Beim Aus- oder Einfahren des Stielzylinders (Strecke CL) bleibt die Neigung der Strecken IH und JK nahezu unverändert. Die Ladeschaufel bewegt sich nur horizontal. Bei Kippschaufeln ist im Vergleich zu Klappschaufeln ein großer Auskipp-Schwenkwinkel erwünscht. Sie bedürfen einer Koppel mit Schwinge. Deshalb wird das Parallelogramm eigentlich von den Gelenkpunkten J‘ und K‘ gebildet.

Auch beim Hochschwenken ändert sich der Lagewinkel α der Ladeschaufel nicht. Das wird durch die Anlenkung des Schaufelkippzylinders am Koppellenker im Punkt H bewirkt. In der Schwenkbewegung des Auslegers führt der Koppellenker um E eine Drehbewegung mit dem Winkel γ aus. Die Lage des in H angelenkten Schaufelkippzylinders wird dadurch korrigiert, ohne dass sich seine Länge (KH) ändern muss. Neben der Lageführung der Ladeschaufel ist das ebene Gelenkgetriebe auch so zu gestalten, dass in den Extremstellungen (gestreckt, angehoben) mindesten ein Auskippwinkel von 45° entsteht (Bild 4-33b).

Mit der Koppellenker-Kinematik erreicht man auch eine höhere Übersetzung der Zylinderkräfte. In der Arbeitsstellung nach Bild 4-34a wird die Ladeschaufel mit dem Auslegerzylinder gegen einen Böschungswiderstand bewegt. Zahnspitze, Ladeschaufel- und Auslegergelenk bilden eine Gerade. Hierbei entsteht ein auf die Schaufel wirkendes Zusatzdrehmoment aus der Wirkung des Schaufelzylinders und der Koppelübersetzung

$$M_z = \frac{a\,c\,f\,F_L}{b\,d}.$$

Die Reaktion der Ladeschaufelkraft F_L wird vom Ladeschaufelkippzylinder (KH) aufgenommen und von der Koppelstange (GB) in den Oberwagen geleitet. Dadurch wird das vom Auslegerzylinder hervorgerufene Drehmoment $F_{ZA}\,e$ vergleichbarer Maschinen um etwa 40 % größer [4.56]. Wenn dabei der Grabwiderstand entfällt (nur Heben), bewirkt das Zusatzdrehmoment nur eine Erhöhung um 10 %.

In der Arbeitsstellung nach Bild 4-34b ruft die Stielzylinderkraft F_{ZS} an der Ladeschaufel die Reißkraft F_r und die Vorstoßkraft F_v hervor (s. auch Bild 4-27). Bei Arbeitsausrüstungen ohne Koppellenker gilt mit der aktiven Stielzylinderkraft F_{ZS}

$$F_v = \frac{l\,F_{ZS}}{m_v}; \quad F_r = \frac{l\,F_{ZS}}{m_r}.$$

Aus der Wirkung des Koppellenkers entsteht auch hier eine Verstärkung in der Form

$$F_v = \frac{l\,F_{ZS}}{m_v} + \frac{k\,F_{ZL}}{m_v}; \quad F_r = \frac{l\,F_{ZS}}{m_r} + \frac{k\,F_{ZL}}{m_r}.$$

Sie wird durch die Kopplung mit dem Ladeschaufelzylinder hervorgerufen. Dabei ist F_{ZL} im Gegensatz zu F_{ZS} keine aktive Zylinderkraft.

Bei herkömmlicher Arbeitsausrüstung verringert sich beim Heben das vom Auslegerzylinder erzeugte Drehmoment mit der Hubhöhe, weil der Hebelarm e (Bild 4-34a) ist. Bei der Koppelkinematik wird der Auslegerzylinder bewusst unterhalb vom Drehpunkt E angelenkt. Die Größe der wirksamen Hebellängen g, d, f lässt sich dabei so gestalten, dass das Drehmoment M_A aus der Wirkung des Auslegerzylinders über der gesamten Hubhöhe nahezu konstant bleibt, es gilt

$$M_A = e\,F_{ZA} + \frac{g\,f\,F_{ZA}}{d}.$$

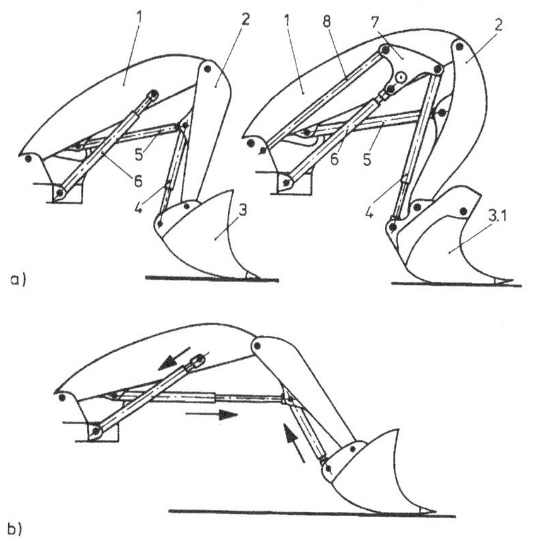

Bild 4-32 Arbeitsausrüstung mit Ladeschaufel

a) Stellung zu Beginn des Füllvorgangs, ohne und mit Koppelkinematik

b) horizontale Verschiebung ohne Lageänderung der Ladeschaufel

1 Ausleger	3.1 Klappschaufel	6 Auslegerzylinder
2 Stiel	4 Schaufelkippzylinder	7 Koppellenker
3 Kippschaufel	5 Stielzylinder	8 Koppelstange

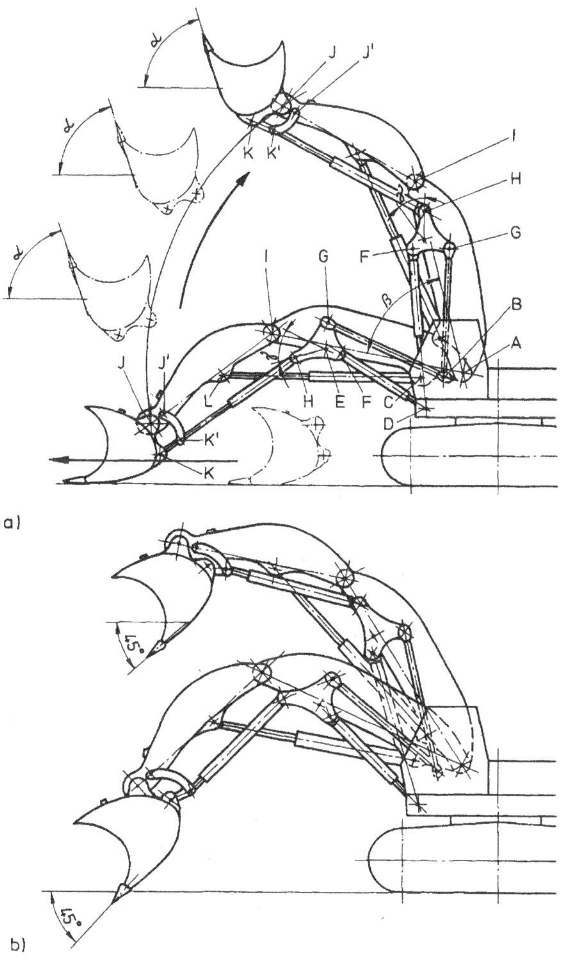

Bild 4-33 Arbeitsstellungen einer Ladekippschaufel mit Koppellenker-Kinematik und Schwinge [4.56]

a) horizontales Einstechen und Heben

b) Auskippen in oberster, gestreckter und in unterster Stellung

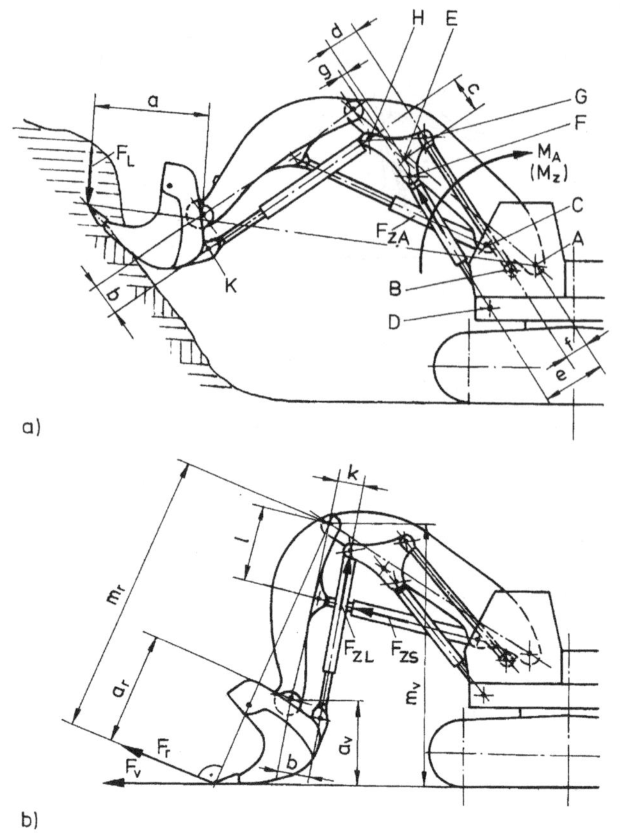

Bild 4-34 Kraftübersetzung einer Ladekippschaufel mit Koppellenker-Kinematik

a) Übersetzung beim Arbeiten in einer Böschung
b) Übersetzung der Reiß- und Vorstoßkraft

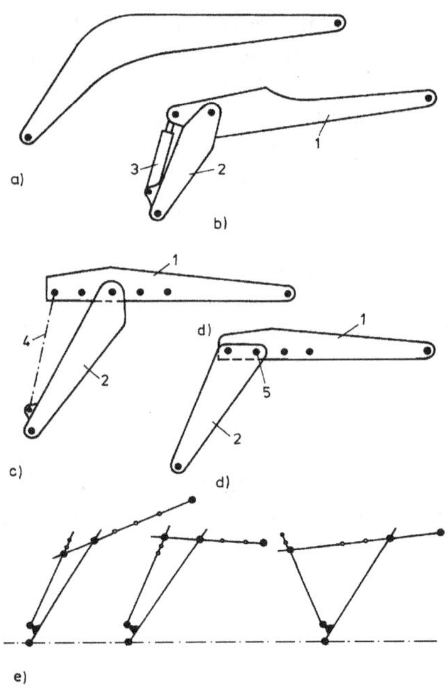

Bild 4-35 Konstruktionsvarianten für Ausleger

a) Monoblockausleger
b) zweiteiliger Verstellausleger mit Verstellzylinder
c) zweiteiliger Verstellausleger mit Strebe und Einfachverbolzung
d) zweiteiliger Verstellausleger mit Doppelverbolzung
e) schematische Darstellung der Verstellwirkung

1 Auslegerkopfstück
2 Auslegerfußstück
3 Verstellzylinder (Nackenzylinder; Brustzylinder)
4 Zugstrebe
5 Verbolzung

Eine einmal aufgenommene Last wird dadurch mit unveränderter Ausladung sicher in die Auskippstellung gehoben. Bei der Koppellenker-Kinematik entfällt ein sehr großer Teil von Nachstellbewegungen für die Ladeschaufel. Es wird deshalb auch eingeschätzt, dass diese Technik hohe Energieersparnisse hervorbringt [4.56].

Die Ausleger der Bagger werden als einteilige Monoblock- (Bild 4-35a) oder als zweiteilige Verstellausleger (Bild 4-35b) gestaltet. Bei gleicher Biege- und Torsionssteifigkeit sind Monoblockausleger leichter und billiger in der Herstellung. Verstellausleger erlauben die Anpassung an beengte Arbeitsverhältnisse, aber auch die Einstellung einer gewünschten Grabtiefe, Auskipphöhe, Reichweite bzw. Kraftübersetzung der Hydraulikzylinder. Verstellausleger werden in zwei Ausführungen gebaut. Bei der einen Ausführung kann das Auslegerkopfstück 1 gegenüber dem Auslegerfußstück 2 verschoben und verdreht werden, siehe Bild 4-35c,e. Bei der anderen Ausführung lässt sich das Auslegerkopfstück 1 nur verschieben, siehe Bild 4-35d. Auf beide Varianten kann man durch mechanisches Umstecken (Verbolzen, Strebe 4) bzw. mittels Verstellzylinder 3 Einfluss nehmen.

Sehr beliebt sind bei mobilen Universalmaschinen zusätzliche Knickgelenke und Stielverlängerungen in der Arbeitsausrüstung, siehe Bilder 4-36 und 4-37. Sie erlauben das Baggern parallel zur Maschinenlängsachse und verfügen über größere Reichweiten, Grabtiefen sowie Auskipphöhen. Diese technologische Aufwertung setzt das Anbringen zusätzlicher Gelenke (Knick- und Faltgelenke) in der Arbeitsausrüstung voraus, wodurch sie an Robustheit verliert.

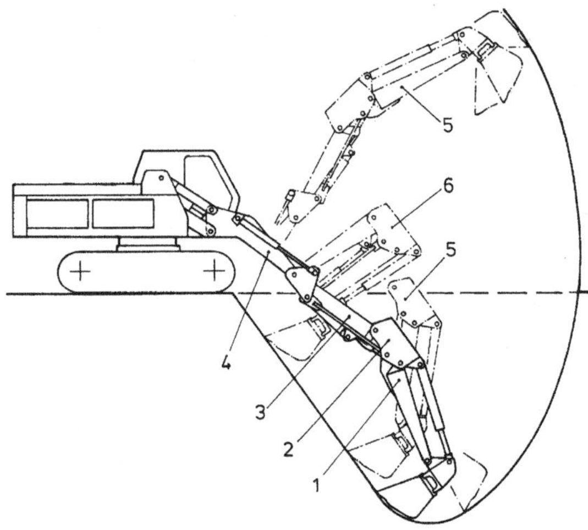

Bild 4-36 Hydraulikbagger mit Stielverlängerung und Stielfaltausrüstung

1 Stiel
2 Stielverbindungsstück
3 Stielverlängerung
4 Ausleger
5 extreme Arbeitsstellungen
6 Faltzustand

Die Arbeitsausrüstung wird als Schweißkonstruktionen in Kastenbauweise ausgeführt (Bild 4-38). Der Querschnitt des Kastenprofils ist dem Verlauf des Biegemoments angepasst. Wegen der örtlichen Krafteinleitung sind im Bereich der Gelenke zusätzliche Verrippungen, aber auch Blechdickenversteifungen erforderlich. Statische Lastannahmen für den Gewaltbruchnachweis liefern die maximalen Kräfte der Hydraulikzylinder beim Ansprechdruck der Überdruckventile. Bei einem Seilbagger müssen die maximalen Seilkräfte

(Anfahren aus Schlaffseil) zusätzlich mit einem Dynamikfaktor von 2 bis 3 multipliziert werden.

Da die Einsatzprofile eines Baggers sehr verschieden sind, lassen sich exakte Lastannahmen für den Betriebsfestigkeitsnachweis (s. [0.1]) an der Arbeitsausrüstung nur bedingt ermitteln. Von Betreibern wird eingeschätzt, dass das Einsatzprofil der Bagger mit Eigenmassen ≤ 25 t von 60 % Tieflöffel-, 30 % Greifer- und 10 % Meißelbetrieb gekennzeichnet ist. Bei größeren Baggern bis 40 t verändern sich die Zeitanteile auf 40 % Tieflöffel-, 20 % Greifer- und 40 % Meißelbetrieb. Die wirtschaftliche Nutzungsdauer eines Hydraulikbaggers beträgt 7 Jahre und bis zu 15000 Betriebsstunden [4.13]. Wenn man im Bagger- oder Greiferbetrieb von 3...5 Arbeitsspielen pro Minute ausgeht (Bild 4-25), so hat jedes Bauteil der Arbeitsausrüstung bei einem rechnerischen Auslastungsfaktor von 0,5 insgesamt $(1{,}35...2{,}25)\cdot 10^6$ Arbeitszyklen zu ertragen.

Ein typischer aus Messungen stammender Arbeitszyklus wird im Bild 4-39 dargestellt. Hier zeigt sich, dass die Anzahl der Spannungszyklen infolge dynamischer Reaktionen mindestens um den Faktor 10 größer ist. Es ergeben sich somit Zyklenzahlen von rd. $2\cdot 10^7$. Sie erfordern für das betreffende Bauteil einen Betriebs- oder Dauerfestigkeitsnachweis, wofür die Lastannahmen in Form von Lastkollektiven vorliegen müssen.

Forschungsergebnisse über die Bestimmung der Völligkeit von Lastkollektiven, zwecks Quantifizierung der Belastungsmerkmale, stehen für Baumaschinen im Allgemeinen und für Arbeitsausrüstungen im besonderen nicht zur Verfügung. Methoden und erste Arbeitsergebnisse werden hierzu in [3.199] [4.57] und [4.58] genannt.

Unterwagen

Das wichtigste Unterscheidungsmerkmal für Unterwagen ergibt sich aus den bereits erwähnten Rad- und Raupenfahrwerken (Bild 4-17). Stabile, verwindungssteife Rahmenkonstruktionen, bevorzugt in Kastenbauweise, mit starren Spezialachsen bestimmen den Mobilbagger, siehe Bild 4-40. Die Längsträger 2 sind zusätzlich im Bereich der Drehverbindung durch Querträger 10 verbunden. Am Kopf und Fuß dominieren kräftige Anschlussbleche für das Schiebeschild 7 und die Stützen 11.

Schwere Tragrahmen sind in Kastenbauweise als geschlossene, verwindungssteife Rahmenzellen oder in Verbundbauweise mit angesetztem Raupenträger ausgeführt, siehe Bild 4-41. Dabei wird zwischen Längs- und Querträger unterschieden. In der Vergangenheit wurde die Fahrwerkskonstruktion des Unterwagens in H-, heute meist in X-Form ausgeführt. Dafür kann als Hauptgrund die bessere Kraftübertragung von den Laufwerken zur Kugeldrehverbindung angeführt werden. Im Zentrum auf der Plattform des Tragrahmens befindet sich ein kreisförmiger Zentrierflansch mit Anschlüssen an die Drehverbindung. Außerdem sind am Tragrahmen die Anschlüsse für Stützen, Achsen oder Laufwerkskomponenten (Antrieb, Umlenkung, Laufrollen, Stützrollen) vorgesehen.

Für die Bemessung der Tragrahmen gibt es wie bei der Arbeitsausrüstung keine einheitlichen Bestimmungen zur Festlegung von Lastannahmen. Die Erfahrungen der Hersteller bilden auch hier die wichtigste Bemessungsgrundlage. Meist wird von sehr einfachen Lastfällen ausgegangen, siehe Bild 4-42. Hier werden alle Rahmenteile gelenkig miteinander verbunden. Die Punkte A bis D bilden Radstützen und die Punkte F, E Anschlüsse zwischen Längs- und Querträgern. Als Lastfall wird die Diagonalstellung BDL der Arbeitsausrüstung angenommen. Dadurch erfährt die Radabstützung in D eine maximale Auflast.

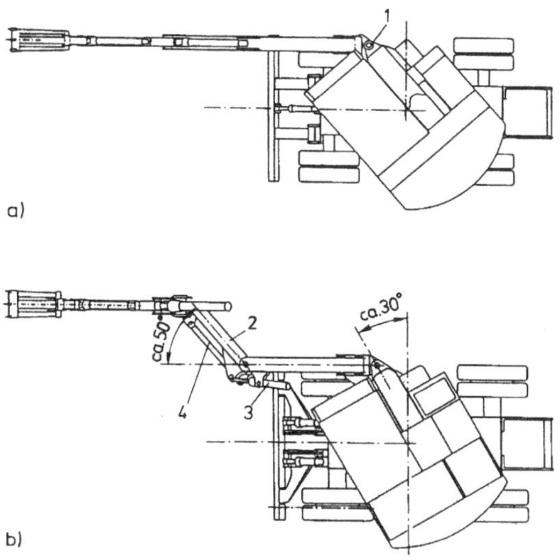

Bild 4-37 Hydraulikbagger mit zusätzlichem Knickgelenk an der Arbeitsausrüstung

a) Knickgelenk zwischen Oberwagen und Ausleger
b) Doppelknickgelenk zwischen Ausleger und Stiel

1 Knickgelenkbock
2 Doppelknickgelenkarm
3 Verstellzylinder
4 Doppelknickgelenkschwinge

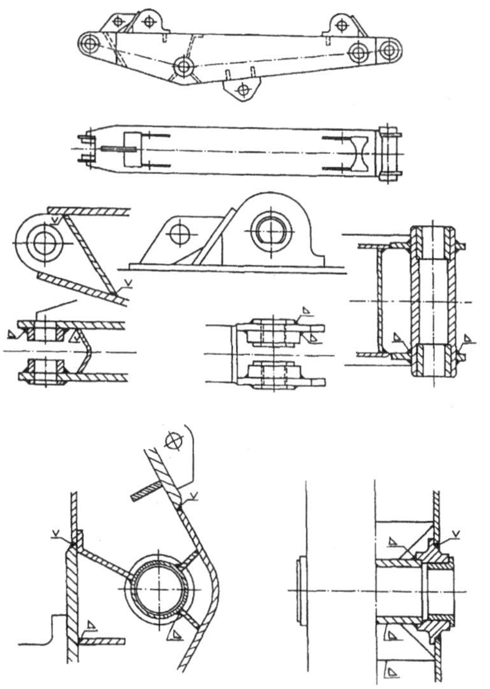

Bild 4-38 Gestaltungsbeispiele für Schweißkonstruktionen der Arbeitsausrüstung

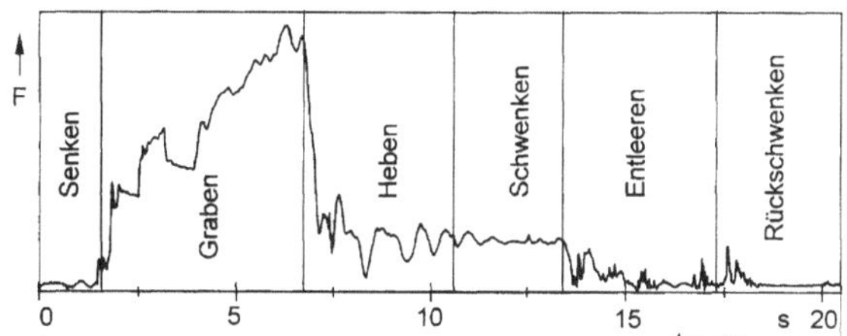

Bild 4-39 Kraft-Zeitverlauf am Löffelgelenk eines Baggers während eines Arbeitsspiels (Messbeispiel)

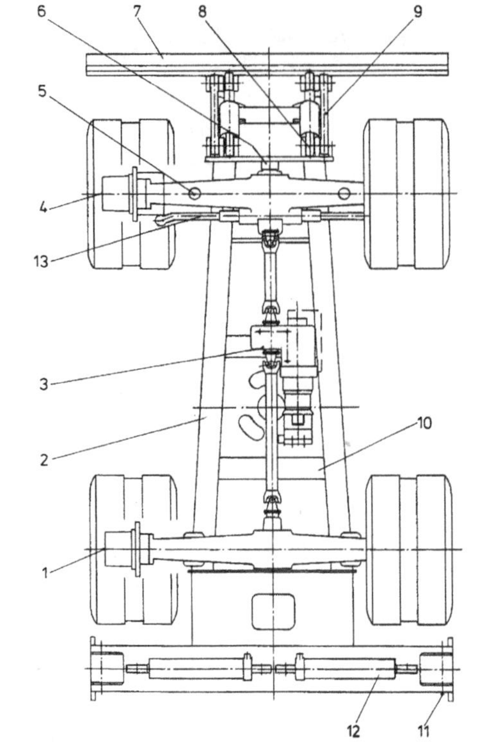

Bild 4-40 Unterwagen eines Baggers mit Radfahrwerk

1 Hinterachse mit Rad- und Planetengetriebe (Starrachse)
2 Längsträger
3 Fahrgetriebe mit Kardanwellen zur Vorder- und Hinterachse
4 Vorderachse mit Rad- und Planetengetriebe (Lenkachse)
5 Gleitstück Pendelzylinder
6 Pendelbolzen der Vorderachse
7 Planier- und Stützschild
8 Schildzylinder
9 Koppel und Schwinge des Planier- und Stützschildes
10 Querträger
11 Stützfuß
12 Fußzylinder
13 Lenkgestänge

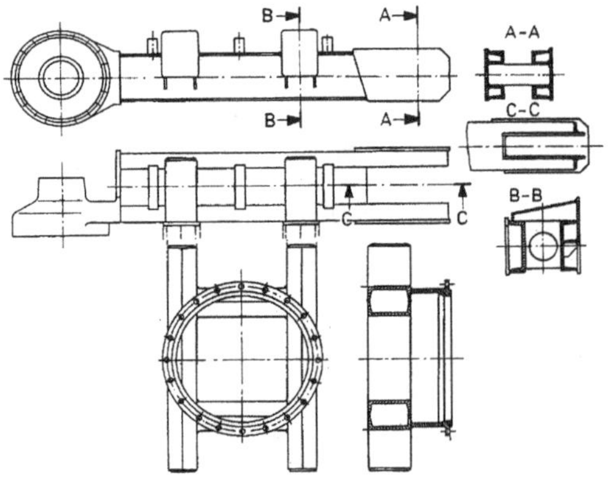

Bild 4-41 Konstruktionsvariante eines Unterwagen-Tragrahmens für Raupenfahrwerk

Die Bedingungen führen schließlich zu den Stützkräften:

$$F_D = \frac{mg\, l_2}{l_2 - l_1} \quad \textit{und} \quad F_R = \frac{mg\, l_2 (l_3 + l_4)}{l_4 (l_2 - l_1)}.$$

Maschinen, die vorrangig mit Tieflöffelausrüstung im Grabenbau eingesetzt werden, erhalten aus technologischen Gründen manchmal einen Pendelrahmen (Bild 4-43a,b). Mit

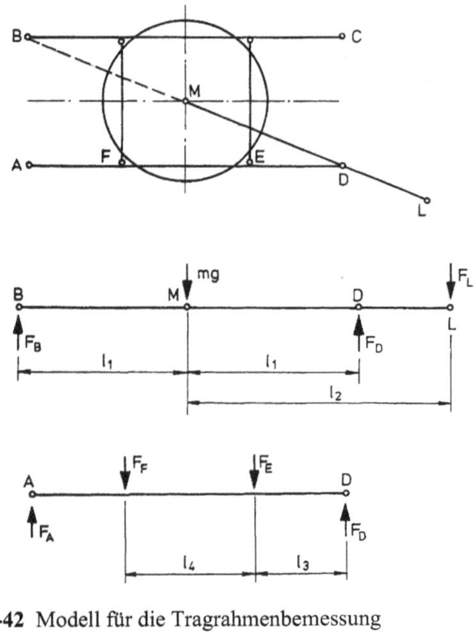

Bild 4-42 Modell für die Tragrahmenbemessung

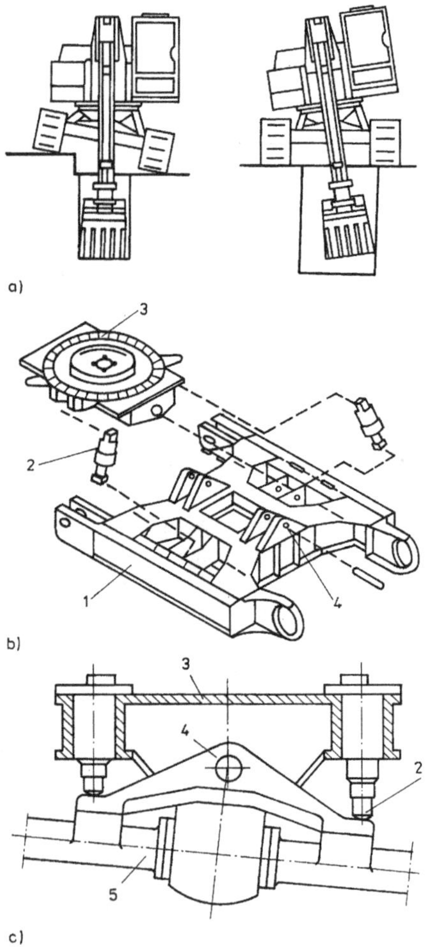

Bild 4-43 Ausgleich durch Pendelbewegung am Bagger

a) Verwendung des Pendelrahmens
b) Konstruktion des Pendelrahmens
c) Pendelachse für Radfahrwerke

1 unterer Tragrahmen mit Raupen-Fahrwerksanschlüssen
2 Pendel-Verstellzylinder
3 oberer Tragrahmen mit Zentrierflansch für Drehverbindung
4 Pendelgelenk
5 Pendelachse

der zusätzlichen Pendelbewegung erfolgt die Anpassung an das Gelände. Sie unterstützt aber auch das exakte Graben in Ecken bei hoher Erdstoffestigkeit. Jedes Radfahrwerk verfügt über eine Lenk- und Starrachse (Bild 4-40). Die Lenkachse ist pendelnd aufgehängt, siehe Bild 4-43c. Im Gelände ist wegen der Pendelausgleichsbewegung beim Fahren dadurch eine sichere Traktion über 4 Räder gewährleistet. Beim Arbeiten im Stillstand kann der Pendelausgleich über Pendelzylinder so gesperrt werden, dass eine Vierpunktabstützung (Standsicherheit) entsteht.
Am Rahmen sind auch Planier- und Stützschild sowie Stützböcke (Pratzen) angebracht. Hierfür gibt es vielfältige konstruktive Lösungen. Bild 4-44 zeigt nur zwei ausgewählte und schematisch dargestellte Varianten.

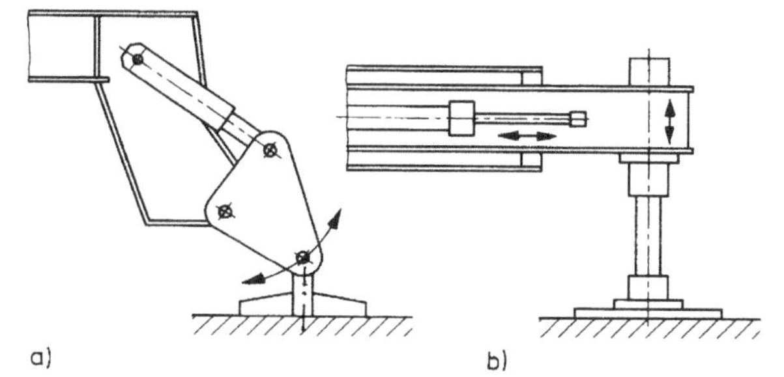

Bild 4-44 Stützböcke am Bagger

a) Stützbock mit Schwinge
b) Stützbock mit Teleskoparm

Drehverbindung

Als Drehverbindungen werden einbaufertige Großwälzlager benutzt. Sie sind zwischen Ober- und Unterwagen aufliegend angeordnet (Bild 4-45) und übertragen alle Reaktionskräfte weitestgehend spielfrei. Auf die verschiedenen Bauarten und auf Grundlagen der Lagerbemessung (Tragfähigkeit, Härtetiefe, Reibungsmoment, Schraubenkräfte) wird in [0.1] und auf die eingeprägten resultierenden Belastungen in [4.59] ausführlich eingegangen.
Für Bagger werden im Durchmesserbreich von 300 bis 2000 mm einreihige Kugellager (Vierpunktlager VPL), seltener Kreuzrollenlager (KRL), benutzt, siehe Bild 4-45 und Tafel 4-5. Dabei spielen die Kosten, aber auch die Tatsache eine Rolle, dass der Kugel-Laufbahnkontakt (Punktberührung) eine weniger verwindungssteife Rahmenkonstruktion zulässt als der einer Laufrolle (Linienberührung). Das Vierpunktlager ist so ausgelegt, dass es Axialkräfte, Kippmomente und vor allem große Radialkräfte übertragen kann, was den Bedingungen eines Baggers gut entspricht. Die Vierpunktlager werden außen- wie innenverzahnt angeboten, haben eine relativ geringe Eigenmasse und kleinere Lagerspiele als beispielsweise zweireihige Kugeldrehverbindungen. Dafür sind bei ihnen die Anforderungen an eine steife Anschlusskonstruktion höher.

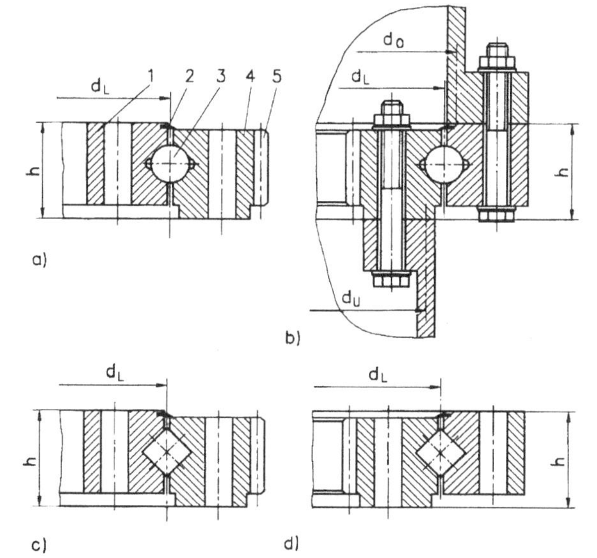

Bild 4-45 Drehverbindungen für Bagger

a) Vierpunktlager (VPL), außenverzahnt
b) Vierpunktlager, innenverzahnt
c) Kreuzrollenlager (KRL), innenverzahnt
d) Kreuzrollenlager, außenverzahnt

1 Lagerinnenring 3 Wälzkörper 5 Verzahnung
2 Dichtung 4 Lageraußenring

Die Qualität und Ausführung der induktiv gehärteten Laufbahnen bestimmt die Tragfähigkeit einer Drehverbindung. Dem Kunden überlassen die Hersteller eine Vorauswahl nach Katalogdaten und übernehmen die rechnerische Überprüfung bei Auftragserteilung selbst. Die Axial- und Radialkräfte F_a, F_r sowie Kippmomente M_{res} auf die Drehverbindung gelten für die im Bild 4-46 angegebenen Bedingungen:

$$F_a = m_e g + F_{gv}(x, y);$$

$$F_r = F_{gh}(x, y);$$

$$M_{res} = m_e g\, x_m(x, y) + F_{gv}(x, y)\, x_v + F_{gh}(x, y)(h + y_h).$$

Dabei sind Windbelastungen und Reaktionskräfte aus der Benutzung des Drehantriebs unberücksichtigt geblieben. Im Schwerpunkt greift die Schwerkraft $m_e g$ an, deren Abstand x_m(x, y) zur Drehachse sich mit der Arbeitsstellung der Ausrüstung ständig ändert. Die vertikal und horizontal gerichteteten Grabkräfte F_{gv}, F_{gh} entsprechen den Reiß- und Losbrechkräften (Bild 4-27), die eine Arbeitsausrüstung mit ihren Hydraulikzylindern in Abhängigkeit von ihrer Arbeitsstellung (x, y) an der Spitze des Werkzeugs maximal hervorrufen kann. Außerdem ist im Sinne eines Betriebsfestigkeitsnachweises für das Lager der Drehverbindung zu beachten, dass die Komponenten der Grabkräfte auch ihre Richtung ändern können und dabei zu einer Momentenentlastung beitragen. Die Bestimmung der Lastannahmen muss

Typ	d_L mm	h mm	m mm	z $x \cdot m$=0	$F_{a\,stat}$ kN	$M_{res\,stat}$ kN·m	$F_{a\,dyn}$ kN	$M_{res\,dyn}$ kN·m
VPL	750	58	8	144	0/1850	320/0	0/1550	260/0
außen-	:	:	:	:	:	:	:	:
verzahnt	:	:	:	:	:	:	:	:
	2120	120	14	166	0/9400	4500/0	0/10600	5100/0
KRL	780	62	8	95	0/850	140/0	0/800	130/0
außen-	:	:	:	:	:	:	:	:
verzahnt	:	:	:	:	:	:	:	:
	2765	120	20	152	0/10400	7000/0	0/7600	5200/0

Tafel 4-5 Statische und dynamische Tragfähigkeiten für 30000 Volllastumdrehungen von Laufbahnen, Auszug aus Projektierungsdaten für Drehverbindungen [4.60]

(siehe Bilder 4-45 und 4-46;
m, z, xm Verzahnungsdaten des Zahnkranzes)

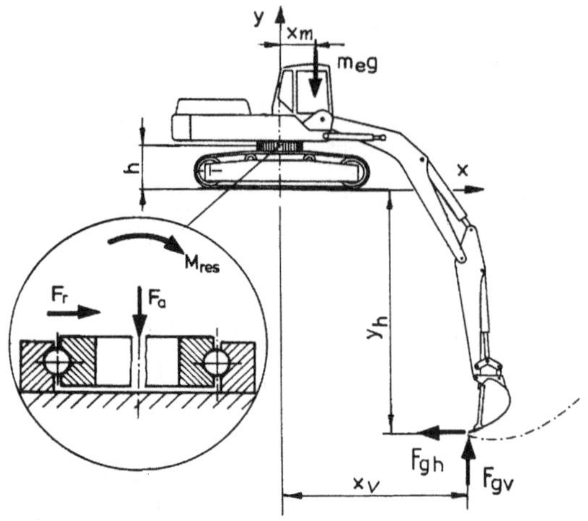

Bild 4-46 Lastannahmen für die Bemessung der Drehverbindung am Bagger

deshalb unter Beachtung der kombinierten Wirkung von F_a, F_r und M_{res} erfolgen.

Nach statischen und dynamischen Tragfähigkeiten erfolgt die Auswahl einer Baugröße. Dabei dürfen die Radialkräfte nicht vernachlässigt werden, da auf die Drehverbindung wegen auftretender Reiß- und Losbrechkräfte (siehe Tafel 4-8) Radial- und Axialkräfte in gleicher Größenordnung wirken.

Es ist außerdem zu beachten, dass wegen vielfältiger Einsatzbedingungen Lastfaktoren f gelten. Sie dienen zur Berechnung der für die Bemessung benutzten Lastannahmen $F'_a = fF_a$, $F'_r = fF_r$ und $M'_{res} = fM_{res}$. Für die Anwendung im Hydraulikbagger werden die größten Lastfaktoren im Vergleich zum Kran wie folgt angegeben [4.60]:

Maschinentyp	f_{stat}	f_{dyn}
Hydraulikbagger V≤1,5 m³	1,50	-
Hydraulikbagger V>1,5 m³	1,80	-
Seilbagger	1,30	-
Schaufelradbagger	1,70	2,25
Absetzer	1,15	-

Für nicht angegebene Faktoren f_{dyn} können sehr unterschiedliche Betriebsbedingungen gelten. Eine Auslegung nach Lagergebrauchsdauer ist deshalb nur bei Kenntnis der Einschaltdauer des Drehwerks und der Häufigkeit der Drehbewegungen nach Drehwinkeln möglich.

Die Querschnitte vom Großwälzlager sind im Vergleich zu seinem Durchmesser klein. Zur Ausnutzung der Lagertragfähigkeit ist eine ausreichend dimensionierte Anschlusskonstruktion erforderlich, um zu verhindern, dass die Wälzkörper durch Zwängung überlastet werden. Es kommt auf eine ebene und ausreichend sowie gleichmäßig steife Rahmenkonstruktion an. Hierfür benutzt man beim Bagger den zylindrischen Topf mit Flanschring im Ober- und Unterwagen (Bilder 4-41 und 4-45b) jeweils für den Anschluss zum Lagerinnen- und Lageraußenring. Die Hersteller empfehlen stärkere Wanddicken für Topf und Flanschring statt Aussteifung durch Rippen. Tafel 4-6 gibt eine Orientierung für Anschlussbedingungen und -abmessungen.

Der Lagerring muss in voller Breite auf dem Flanschring aufliegen. Um einen geradlinigen Kraftfluss zu erzielen, ist der zylindrische Topf über und unter dem Lager anzuordnen; dabei ist $d_L \approx d_O \approx d_U$ anzustreben (Bild 4-45 b).

Die Paarung der Verzahnung einer Drehverbindung stellt ein Getriebe in offener Bauweise, überwiegend in Stirnrad-Geradverzahnung ausgeführt, dar. Durch die einseitige, fliegende Lagerung des Antriebsrades werden die Eingriffsverhältnisse hauptsächlich infolge Biegung der Antriebswelle negativ beeinflusst. Da man beim Bagger mit höchsten Beanspruchungen in der Verzahnung rechnen muss, versieht man das Ritzel mit einer Kopfkantenrücknahme (≈ 0,2m) und einem Kopfrundungsradius (≈ 0,02m). Dadurch wird das vielfach beobachtete „Ausgraben" im unteren Bereich der Zahnflanken am Drehkranz verhindert. Ritzel haben immer eine einsatzgehärtete Verzahnung. Die Verzahnung der Drehkränze ist vergütet oder oberflächengehärtet. Wegen dieser Unterschiede muss die Verzahnungsbreite des Ritzels gleich oder größer der des Drehkranzes sein. Alle übrigen Verzahnungsbedingungen sind DIN 867 (Bezugsprofil) und DIN 9361/2 (Qualität, Tragfähigkeit) zu entnehmen.

Tafel 4-6 Anschlussbedingungen und -abmessungen für Drehverbindungen [4.60]

d_L	Flanschdicke	zul. Planabweichung		zul. Verformung
		Kugellager	Rollenlager	
mm	mm	mm	mm	mm
500	25	0,10	0,10	0,4
1000	35	0,15	0,12	0,5
1500	45	0,19	0,15	0,8
2000	55	0,22	0,18	1,0
2500	65	0,25	0,20	1,3

Werkzeuge, Werkzeuganpassung und Werkzeugwechseleinrichtungen

Aus [3.142] lässt sich zitieren: „Es gibt Maschinen, die so unmögliche Werkzeuge (Löffel, Schaufel, Reißzähne usw.) besitzen, dass sie einfach keine Arbeitsleistung erbringen können". Im Sinne von Werkzeuganpassung ist deshalb immer die funktionelle Einheit von Grundmaschine, installierter Antriebsleistung sowie Gestaltung von Arbeitsausrüstung und Werkzeug zu verstehen [4.61]. In diese Systembetrachtung ist natürlich auch die vorgesehene Arbeitsaufgabe der Maschine mit einzubeziehen. Vielfach hat man sich bemüht, hierfür Bewertungsregeln aufzustellen. Dazu gehört der Versuch, Faktoren für die Motor- bzw. Eigenmassenausnutzung, für „Volumenarbeitsleistung", Stabilität, Arbeitsbereich und Fahrtauglichkeit zu definieren [4.62]. Da sich eine solche Maschinenbewertung nicht durchsetzen konnte, soll darauf auch nicht näher eingegangen werden.

Auf dem Gebiet der Systemgestaltung ist in der Vergangenheit nur sehr wenig geforscht worden. Noch immer kaufen viele Betreiber aus Unwissenheit ihre Maschinen ausschließlich nach dem geometrischen Grabgefäßvolumen, und noch heute beruhen die wichtigsten Erkenntnisse zum Systemverhalten nur auf Erfahrungen (s. auch Abschn. 3.4 und 3.5). In [3.119] wird z. B. empfohlen, zwecks Optimierung des Systems Maschine-Grabwerkzeug-Erdstoff bei Leistungsmaschinen die Methode der „Probierlöffel" anzuwenden.

Dem Baggerkunden steht eine sehr große Auswahl von Systemkombinationen einer einzelnen Maschine zur Verfügung. Bild 4-47 gibt einen Überblick über das modular gestaltete Maschinenkonzept und zeigt die Variantenvielfalt auf. Ein ausgewählter Unterwagen kann mit verschiedenen Oberwagenbauformen, Arbeitsausrüstungen und Werkzeugen kombiniert werden. Jede Endvariante besitzt dann die Eignung für eine spezielle Verwendung. Der Universalität eines Hydraulikbaggers wird man durch schnelles Auswechseln von Werkzeugen gerecht. Tafel 4-7 gibt einen Überblick über angebotene Werkzeuge. Zu den Standardausrüstungen gehören Tieflöffel, Greifer und Ladeschaufel.

Tafel 4-7 Übersicht über Anbauwerkzeuge an den Hydraulikbagger

Lade- und Grabwerkzeuge	Abbruchwerkzeuge; Werkzeuge zum Fräsen und Sägen	Werkzeuge zum Bohren, Rammen und Verdichten	Einrichtungen zum Heben von Lasten und sonstige Werkzeuge
Universaltieflöffel	Betonpulverisierer	Erdbohrantrieb	Lasthaken
Felstieflöffel	Betonbeißer	Bohrglocke	Vakuumhebesystem
Löffel/Auswerfer	Abbruchzange		Lasthebemagnet
Gesteinslöffel	Schrottschere	Vibrationsrammbär	Kabeltrommel
Verbaulöffel	Hydraulikhammer	Rammbär	Hubarbeitsbühne
Drainagelöffel	Abrißzahn		Räum-, Planierschild
Grabenprofillöffel	Holzspalter	Vibrationsverdichter	Grabenreiniger
Grabenräumlöffel	Roderechen		Trichter mit Verfüllförderband
Sortierlöffel	Freifallbär		Schlackengabel
Vibrationslöffel			pneumatische Saugeinrichtung
Ladeschaufel	Betonfräse		Betonspritzmast
	Grabenfräse		Kehrmaschine
Rundschalengreifer	Baumstumpffräse		Winde
Zweischalengreifer			Schlägelmähwerk
Universalgreifer	Greifsäge		Häckseleinrichtung
Mehrschalengreifer	Beton-Asphaltsäge		Manipulator
Holzgreifer	Felssäge		Kombinationswerkzeug
Rohrklammer			
Steinstapelzange			

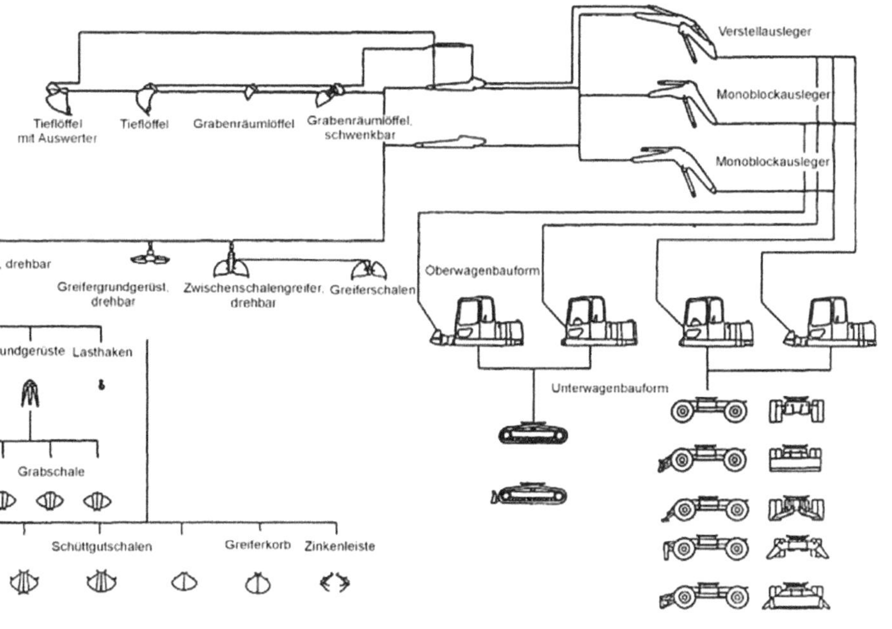

Bild 4-47 Systemkombinationen einer Baggertype (Mobil-Hydraulikbagger) (Weimar Baumaschinen GmbH, Weimar)

Bei aktiven, mit Energie versorgten Werkzeugen (z. B. Hydraulikhammer) ist bei deren Auslegung die verfügbare Antriebsleistung zu überprüfen. Die Tragfähigkeit nach ISO 10567 ist bei Grab- und Ladewerkzeugen (z. B. Löffel, Greifer) ausschlaggebend. Dabei muss man beachten, dass die Tragfähigkeit immer vom Gesamtkonzept der Maschine bestimmt wird.

Die Daten in Tafel 4-8 geben eine Orientierung über die Zuordnung von Maschineneigenmassen und eigens dafür definierten Löffelklassen [4.63]. Einer konkreten Maschine sind schließlich nach den Bedingungen der ISO 10567 (Tragfähigkeit) auch die konkret zulässigen Werkzeuge zuzuordnen. Hierfür benutzt man in der Praxis ein Arbeits- bzw. Reichweitendiagramm, wie es Bild 4-48 beispielhaft zeigt. Es wird die zulässige Gesamtmasse des gefüllten Werkzeugs für verschiedene Baggervarianten angeben. Die Werte werden für den Löffel- und Greiferbetrieb nach ISO 10567 (75 % Kipplast oder 87 % hydraulische Kraft) auf festem, ebenem Untergrund ohne Neigung und für den gesamten Schwenkbereich (360°) ermittelt. In dem über die Arbeitsfläche verteilten Zahlenfeldern (Bild 4-48) sind hier die zulässigen Nutzmassen in Abhängigkeit von Reichweite und -höhe genannt. Dabei können deren zulässige Werte aufgrund einer begrenzten hydrostatischen Zylinderkraft (mit * gekennzeichnet) oder wegen der Kippgefahr entstehen. Mit dieser einfachen und übersichtlichen Darstellung kommt auch ein Bediener auf der Baustelle zurecht.

Die nacheinander folgende Benutzung vielfältiger Werkzeuge von einer Maschine hat zur Entwicklung von Wechseleinrichtungen geführt. Bild 4-49 zeigt den prinzipiellen Aufbau und die Anwendung. Wechseleinrichtungen werden meist als *Schnellwechsler* oder Vielzweckadapter bezeichnet und sind in ebensolcher Vielfalt auf dem Markt wie Werkzeuge. Funktionell stellen Schnellwechsler die Verbindung (Schnittstelle) zwischen Stiel und Werkzeug her. Das Andocken eines Werkzeugs vollzieht der Maschienenbediener mit der Bewegung der Arbeitsausrüstung (Bild 4-50). Nachdem der Wechsler 1 mit seinen Klauen 2 in die

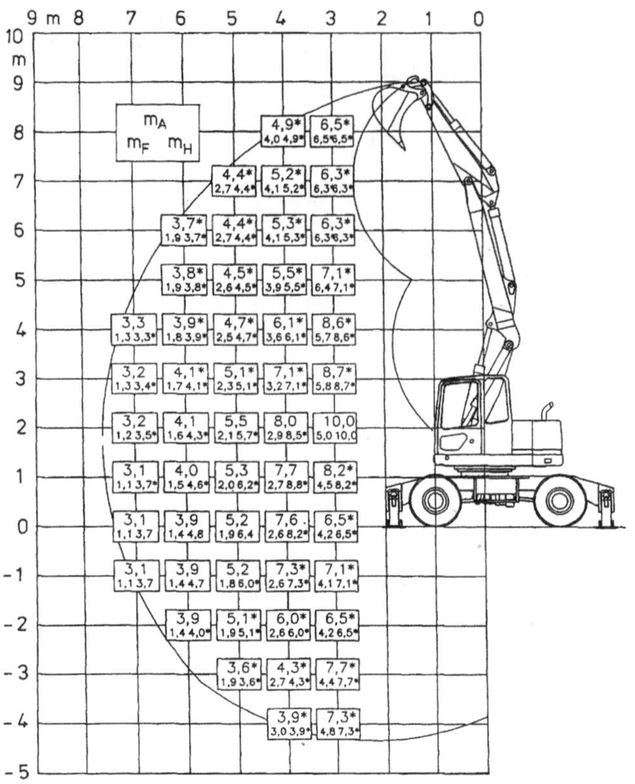

Bild 4-48 Reichweitendiagramm für 15 t-Bagger mit Hebezeugbetrieb, Verstellausleger Typ V5.3, Löffelstiel Typ L2.0 und Unterwagen Typ U4 (Weimar Baumaschinen GmbH, Weimar)

m_F zul. Hakenlast in t bei freistehendem Bagger im gesamten Schwenkbereich
m_A zul. Hakenlast in t bei abgestütztem Bagger im gesamten Schwenkbereich
m_H zul. Hakenlast in t bei abgestütztem Bagger und Ausleger über der Hinterachse im Schwenkbereich ±30°

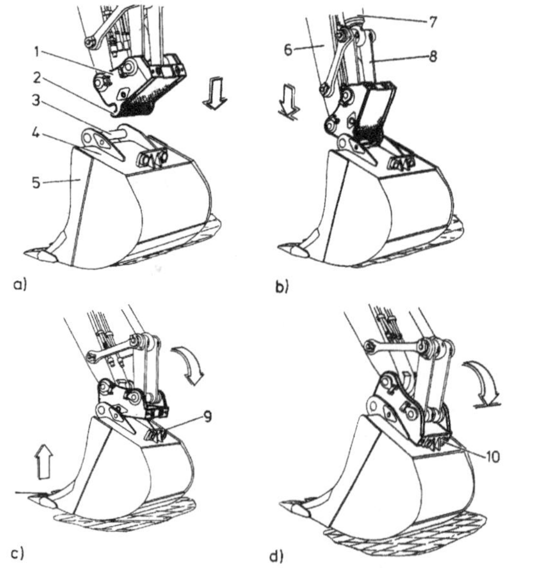

Bild 4-49 Arbeitsweise einer Wechseleinrichtung (Lehnhoff Hartstahl GmbH & Co., Baden Baden)

a) Einfahren c) Anheben/Ankippen
b) Einklinken d) Verriegeln

1 Wechsler 5 Werkzeug (Löffel) 8 Schwinge
2 Klauen 6 Stiel 9 Riegelplatte
3 Kupplungsachse 7 Löffelzylinder 10 Riegelbolzen
4 Adapter

Tafel 4-8 Zuordnung von Maschinen- und Werkzeugdaten

m_e Maschineneigenmasse F_r/F_l Reißkraft/Losbrechkraft
LK Löffelklasse *V* Löffelinhalt
b Löffelbreite *z* Zähnezahl

m_e t	F_r/F_l kN	LK	*b* mm	*V* (SAE) Liter	*z*
< 1,5	10/15	1	220... 600	35...95	2...4
1,5...4	15/25	2	260...700	50...140	2...5
4...6	20/35	3	300...1000	100...360	3...6
6...8	35/50	3S	300...1000	110...400	3...6
8...10	45/60	4	300...1000	130...450	3...6
10...12	70/85	5	500...1200	250...690	3...6
12...13	85/110	5S	500...1300	300...880	3...6
13...18	135/135	6	500...1500	350...1130	3...6
18...23	140/150	6S	500...1500	420...1230	3...6
23... 29	160/170	7	500...1700	410...1800	3...6
29...33	200/225	7S	600...1800	700...2300	3...7
33...42	240/240	8	800...2000	1050...2850	3...7

Kupplungsachse 3 des Adapters 4 eingeklinkt ist, wird das Werkzeug 5 vom Boden angehoben, bis der Wechsler auf der Adapterplatte aufliegt und die Riegelbolzen 10 in die Riegelplatte 9 einfahren können. Um diesen Wechselvorgang und ein sicheres Arbeiten zu garantieren, müssen Wechseleinrichtungen bestimmte technische Anforderungen erfüllen:

- Formschluss durch sichere Verriegelung
- Kontrollanzeige des Verriegelzustands
- Spielfreiheit in der Verbindung Stiel/Werkzeug
- Werkzeugaufnahme ohne zusätzliches Positionieren.

Das Betätigen eines Wechslers kann von Hand (Hebel) (Bild 4-50) oder mittels Hydraulikzylinder (Bild 4-51) erfolgen. Heute werden nur noch selbsttätige Verriegelungen gebaut, so dass man den Bedienerarbeitsplatz für den Werkzeugwechsel nicht verlassen muss. Die jüngste Entwicklung ermöglicht auf diese Weise auch die Kopplung der Hydraulikanschlüsse für aktive Werkzeuge.

Die Baugrößen der Wechsler sind immer einer Baggerklasse zugeordnet. Jedes Werkzeug bedarf zusätzlicher Adapterkonstruktionen. Der Einsatz von Schnellwechslern ist heute nicht mehr wegzudenken. Es wird auch in Kauf genommen, dass der Wechsler eine Hebelarmveränderung zu ungunsten der Losbrechkraft hervorruft.

Die Kompatibilität zwischen Wechsler und Werkzeugadapter verschiedener Hersteller ist eine Katastrophe für jeden Betreiber [4.64]. Immer wieder sind Anpassmaßnahmen (Adapterplatten) nötig, die technische Nachteile und zusätzlichen Aufwand verursachen. Zu dieser Entwicklung hat aus heutiger Sicht ein falscher Wettbewerbsgedanke geführt. Eine Standardisierung ist zwingend nötig, aber nicht in Sicht.

4.2.1.3 Spezialmaschinen

Obwohl der Standard-Hydraulikbagger in seinen vielfältigen Systemlösungen den meisten Anforderungen genügt, muss man immer dann auf Spezialmaschinen zurückgreifen, wenn es um besondere Aufgaben geht. Zwei auch im Erdbau eingesetzte spezielle Konstruktionen betreffen den Schreit- und Teleskopbagger.

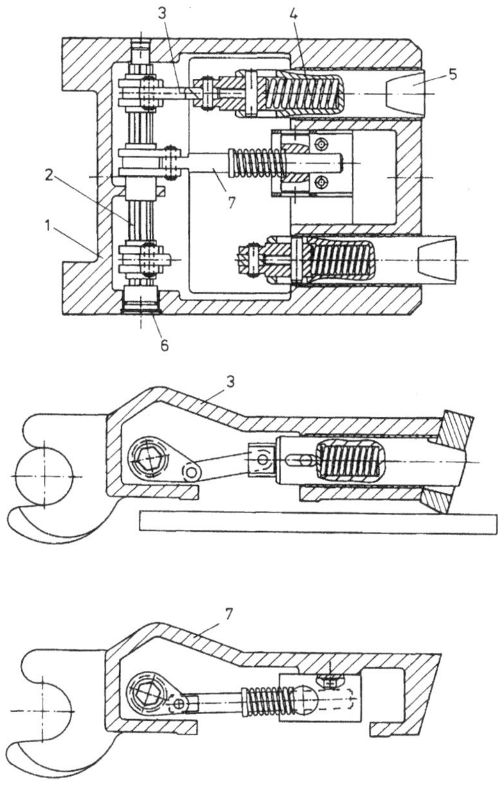

Bild 4-50 Aufbau eines mechanischen Wechslermechanismus für Handbetätigung mit Totpunktverriegelung (Lehnhoff Hartstahl GmbH & Co., Baden Baden)

1 Gehäuse
2 Schaltwelle
3 Umlenkhebelmechanismus
4 Druckfeder
5 Riegelbolzen
6 Öffnung für Steckschlüssel zur Handbetätigung
7 Sperrmechanismus

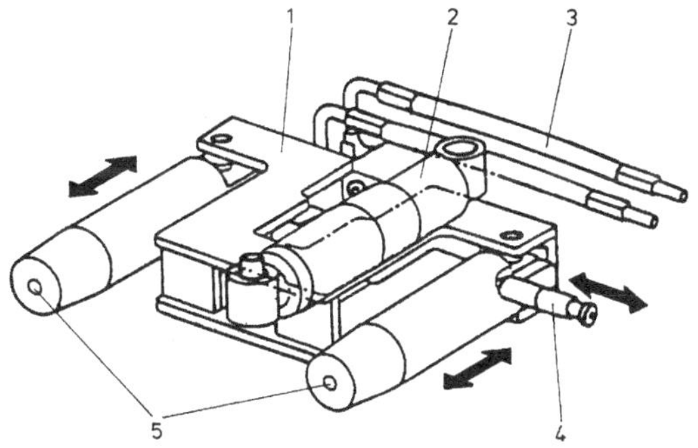

Bild 4-51 Wechslermechanismus für selbsttätige, hydrostatische Betätigung (Lehnhoff Hartstahl GmbH & Co., Baden Baden)

1 Hebelbrücke
2 Hydraulikzylinder
3 Hydraulikleitung
4 Anzeige- und Kontrollstift
5 Riegelbolzen

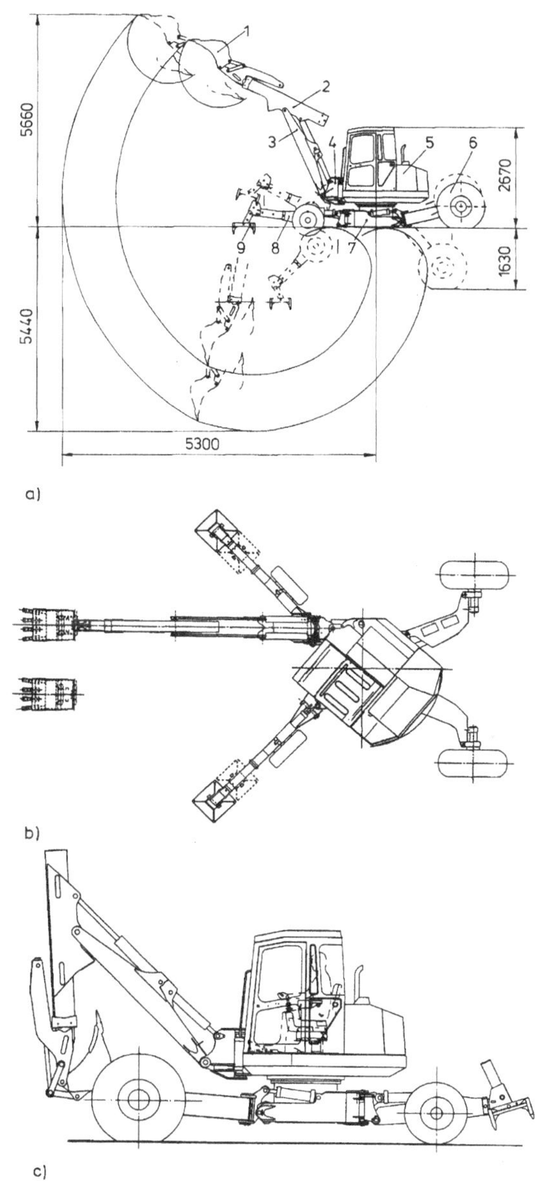

Bild 4-52 Schreitbagger (Schaeff GmbH, Langenburg)

a) Seitenansicht in Arbeitsstellung mit Grabkurve
b) Draufsicht in Arbeitsstellung
c) Seitenansicht in Fahrstellung

1 Löffel
2 Teleskopstiel
3 Ausleger
4 Schwenksäule
5 Oberwagen mit Aufbauten (Antrieb, Fahrerkabine)
6 Abstützrad
7 Unterwagen mit Anbauten
8 Abstützbein
9 Abstützplatte mit Dornen

Der *Schreitbagger* (Bild 4-52) wird für Erdarbeiten im unwegsamen Gelände benutzt und besitzt aus diesem Grunde eine Reihe zusätzlicher Funktionen. Zwei Abstützbeine 8 und zwei Abstützräder 6 können dem Geländeprofil durch Heben/Senken und Spreizen so angepasst werden, dass die Maschine in jeder Position über vier Aufstellpunkte verfügt. Nicht immer sind an den zwei Abstützbeinen zusätzlich Räder (meist Vollgummi) angebracht. Über Räder erfolgt die Fortbewegung nur, wenn es das Gelände zulässt. Hier kommen die konstruktiven Vorzüge von hydrostatischen Einzelradantrieben in den Abstützrädern voll zur Geltung. Sie verfügen außerdem über eine spezielle Achsschenkellenkung und lassen Fahrgeschwindigkeiten bis 6 km/h zu.

Ohne diese Räder erfolgt der Antrieb für die Fortbewegung ausschließlich mittels Arbeitsausrüstung nach folgenden Schritten:

- Unterwagen 7 anheben (Bodenfreiheit)
- Arbeitsausrüstung über die Abstützbeine 8 bringen
- Stielteleskop 2 vollständig ausfahren
- Arbeitsausrüstung mittels Auslegerzylinder aufsetzen und Maschine von den Abstützbeinen 8 abheben
- Radverriegelung lösen
- Fortbewegen durch Betätigung von Löffelstiel-, Ausleger- und/oder Teleskopzylinder.

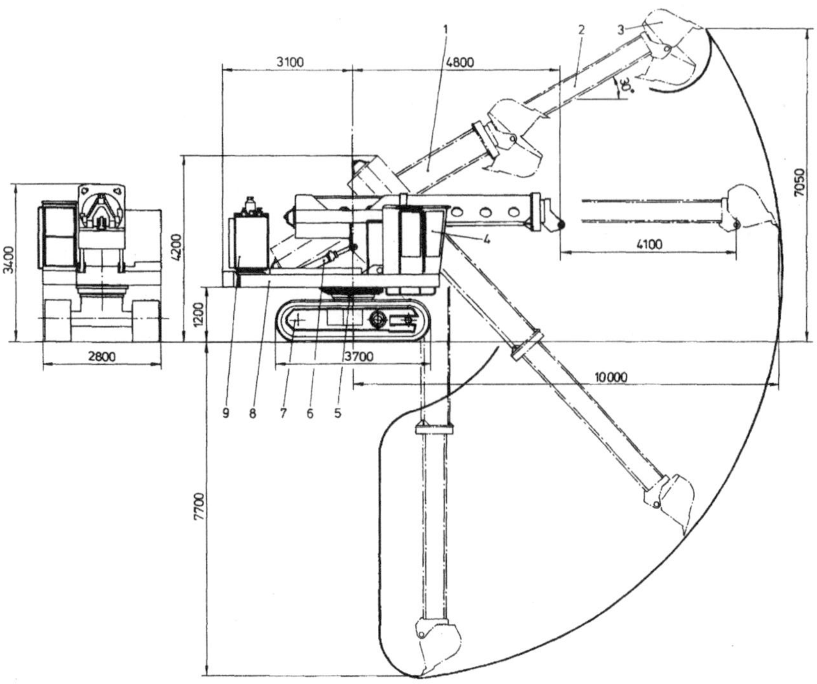

Bild 4-53 Teleskopbagger (Warner & Swasey, New Philadelphia USA),

P = 125 kW
m_e = 25 t

1 Grundausleger
2 Auslegerschuß teleskopierbar
3 Grabwerkzeug
4 Fahrerkabine
5 Drehverbindung
6 Auslerschwenkzylinder
7 Raupenfahrwerk
8 Oberwagen
9 Antriebsaggregate

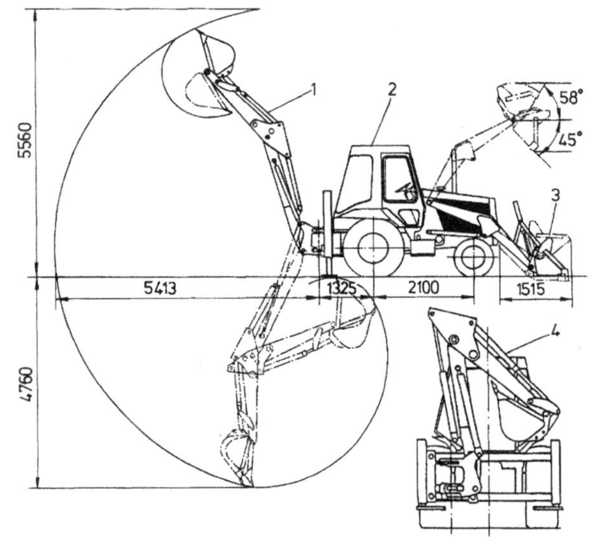

Bild 4-54 Baggerlader (Caterpillar, USA),

P = 52 kW V = 0,6 m^3 (Löffel)
m_e = 7 t V = 1,0 m^3 (Ladeschaufel)
1 Ausrüstung für Baggerarbeiten am Heck in Arbeitsstellung
2 Traktor-Grundgerät
3 Ausrüstung für Ladearbeiten
4 Ausrüstung für Baggerarbeiten in Fahrstellung

Mit dieser schreitenden Fortbewegung entsteht ein Schrittweg von maximal 5 m. Er ist von den Abmessungen der Arbeitsausrüstung und von den Geländebedingungen abhängig. Am Hang sind die Abstützräder 6 immer zur Bergseite zu richten. Die Abstützplatten 9 an den Stützbeinen 8 garantieren einen sicheren Halt, auch beim Verrichten von Erdarbeiten. Sie sind meist mit Dornen versehen. Der Hangausgleich durch das Schreitwerk beträgt quer zum Hang bis 70 % und längs bis 100 %, bei einer maximalen Wattiefe von etwa 2 m. Diese Werte kann man so absolut angeben, weil Schreitbagger nahezu nur in einer Klasse gebaut werden. Ihre Eigenmassen liegen zwischen 8 und 12 t bei einer Motorleistung von 60 bis 80 kW und einem Grabgefäßvolumen von 0,2 bis 0,4 m^3.

Mit dem Teleskopstiel 2 verleiht man dem Schreitbagger einen zusätzlichen Freiheitsgrad. Dieser teleskopierbare Stielausleger besteht aus einem Trägerteil zur Befestigung am Ausleger und einem Innenteil, an dem die Löffelschwinge montiert ist. Gleitplatten übernehmen die Teleskopführung zwischen Träger- und Innenteil.
Wegen der zahlreichen zusätzlichen Funktionen bedarf es Überlegungen zur Gestaltung und Anordnung der Stell- und Anzeigeelemente. Der Hydraulik- und Elektroplan eines Schreitbaggers wird im Abschnitt 4.2.2 gezeigt.
Standardbagger mit Teleskopausleger werden für Spezialarbeiten, z. B. für präzises Planieren von Böschungen, aber auch für Grabenzieh-, Reiß- und Bohrarbeiten eingesetzt. Mit ihnen erzielt man große Reichweiten. Die Arbeitsausrüstung besteht nur aus einem einzelnen geraden, teleskopierbaren Ausleger, siehe Bild 4-53. Das Werkzeug an der Spitze des Auslegers kann man vorstoßen, einziehen, schwenken, drehen, heben und senken. Der Teleskopbagger liefert das Grundkonzept für Teleskop-Lademaschinen (Abschn. 4.5).
Mit den üblichen Arbeitsausrüstungen der Hydraulikbagger werden vielfältige Maschinen ausgestattet, so Motorgrader, Planiermaschine, Traktor, LKW u. a. Dabei wird das Konzept der Vielzweckmaschine verfolgt. Die Leistungsfähigkeit von Einzweckmaschinen erreichen solche Geräte nicht. Häufig begegnet man dem Baggerlader (Bild 4-54) und seltener dem Spezial-LKW (Bild 4-55).

4.2.2 Antriebe

4.2.2.1 Antriebskonzepte

Hydrostatische Antriebe
Die Bagger waren die ersten mobilen Arbeitsmaschinen, die serienmäßig mit hydrostatischen Antrieben ausgestattet wurden. Aus der Forderung von gleichzeitigem Antreiben örtlich verzweigter Linear- und Rotationsmotoren sind heute sehr stabile Lösungen entstanden. Schließlich stammt daher auch die immer noch verwendete Bezeichnung *Hydraulikbagger*, obwohl zwischenzeitlich auch alle anderen mobilen Baumaschinen und selbst Seilbagger über diese Antriebe verfügen.

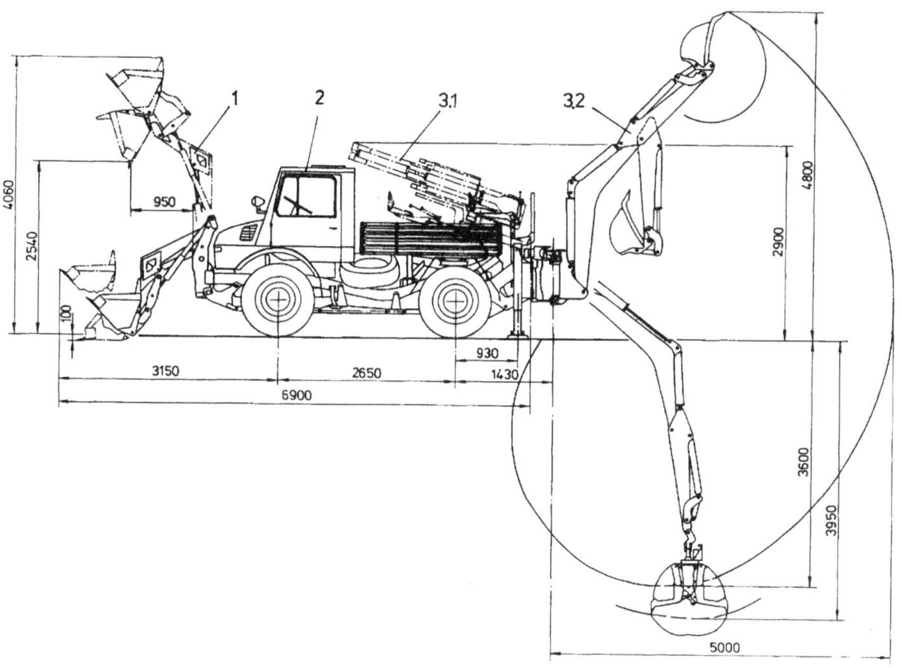

Bild 4-55 Unimog-Transporter (Schaeff GmbH, Langenburg),

$V = 0{,}2\ m^3$ (Löffel)
$V = 0{,}6\ m^3$ (Ladeschaufel)

1 Ausrüstung für Ladearbeiten
2 LKW-Grundgerät
3.1 Ausrüstung für Baggerarbeiten in Fahrstellung
3.2 Ausrüstung für Baggerarbeiten in Arbeitsstellung

Bild 4-56 gibt einen Überblick über die aufgelöste Bauweise der hydrostatischen Antriebe. Sie bestehen aus den Linearantrieben (Hydraulikzylinder) für die Arbeitsbewegungen und aus den Rotationsantrieben (meist Axialkolbenmaschinen) für die Fahr- und Drehbewegungen. Entsprechend der notwendigen hydrostatischen Kopplung sind die jeweiligen Verbraucher mit ihren zugeordneten Stromerzeugern in einem offenen oder geschlossenen Kreislauf angeordnet und schaltungstechnisch miteinander verbunden (s. Abschn. 3.1.4).

Für den geschlossenen Kreislauf gilt, dass der dem Verbraucher zugeführte Volumenstrom gleich dem abgeführten ist. Bei Verdrängereinheiten (z. B. Axialkolbenmaschinen) ist diese Forderung erfüllt. Differenzmengen (Leckage, Kompressionsvolumen) müssen durch eine zusätzliche Einspeisung ausgeglichen werden. Die Arbeitshydraulik mit ihren Differentialzylindern wäre dagegen im geschlossenen Kreislauf nur unter Verwendung von rotierenden Volumenstromteilern zu verwirklichen.

Der Vorteil geschlossener Kreisläufe besteht darin, dass beide Verdrängereinheiten (Stromerzeuger, -verbraucher) direkt koppelbar und im Vier-Quadrantenbetrieb betreibbar sind. Reversiervorgänge, aber auch Beschleunigen und Bremsen können allein durch den Förderstrom und durch die Förderrichtung der Pumpe gesteuert werden. Das Ausweichen in vier Quadranten bedeutet, dass die Verdrängereinheiten nacheinander motorisch oder generatorisch arbeiten.

Sollen Fahr- oder Drehwerksantriebe nach diesem Prinzip gestaltet werden, dann ist diesem ein Stromerzeuger (Pumpe) zuzuordnen, der ausschließlich dafür dient. Alle anderen Verbraucher bedürfen in gleicher Weise einer eigenen Pumpe.

Unter Beachtung der Überlagerung von Arbeitsbewegungen und ihrer Leistungsanteile (s. Abschn. 3.1.4) steht bei dem Bagger besonders die Versorgung von Arbeitshydraulik und Drehwerk im Vordergrund. Je nach anliegendem Arbeitszyklus werden von den verschiedenen Verbrauchern sehr unterschiedliche Ölmengen benötigt und wegen der Differentialwirkung von den Zylindern in abweichenden Mengen zurückgeführt.

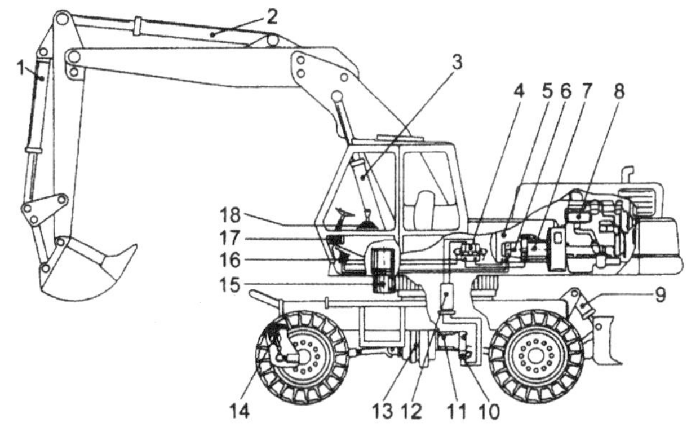

Bild 4-56 Aufgelöste Bauweise hydrostatischer Antriebe am Löffelbagger

1 Löffelzylinder
2 Stielzylinder
3 Auslegerzylinder
4 Ventilblock
5 Öltank
6 Speisepumpe
7 Regelpumpe
8 Dieselmotor
9 Verstellzylinder für Schiebeschild
10 Fahrbremsventil
11 Hydraulik-Fahrmotor
12 Drehdurchführung
13 Getriebe mit Verzweigung auf Vorder- und Hinterachse
14 Lenkzylinder
15 Drehwerk
16 Fahrventil
17 Lenkventil
18 Steuerventil für Arbeitsausrüstung

Jede Pumpe bedient sich aus einem ausreichend bemessenen Ölvorrat (Tank). Der einzelne Verbraucher gibt seinen Volumenstrom an den gemeinsamen Tank zurück. Aus den voranstehenden Gründen werden in der Regel die Arbeitshydraulik und der Fahrwerksantrieb im offenen, aber der Drehwerksantrieb im geschlossenen Kreislauf ausgeführt.

Die Anforderungen an den hydrostatischen Antrieb bestehen weiterhin aus:

- hohem Betriebsdruck und Wirkungsgrad
- Überlagerung aller Arbeitsbewegungen
- hohen Arbeitsgeschwindigkeiten, geringen Bauteilbeanspruchungen
- Leistungsverteilung auf alle oder Konzentration auf einen Verbraucher
- guter Steuer- und Regelbarkeit.

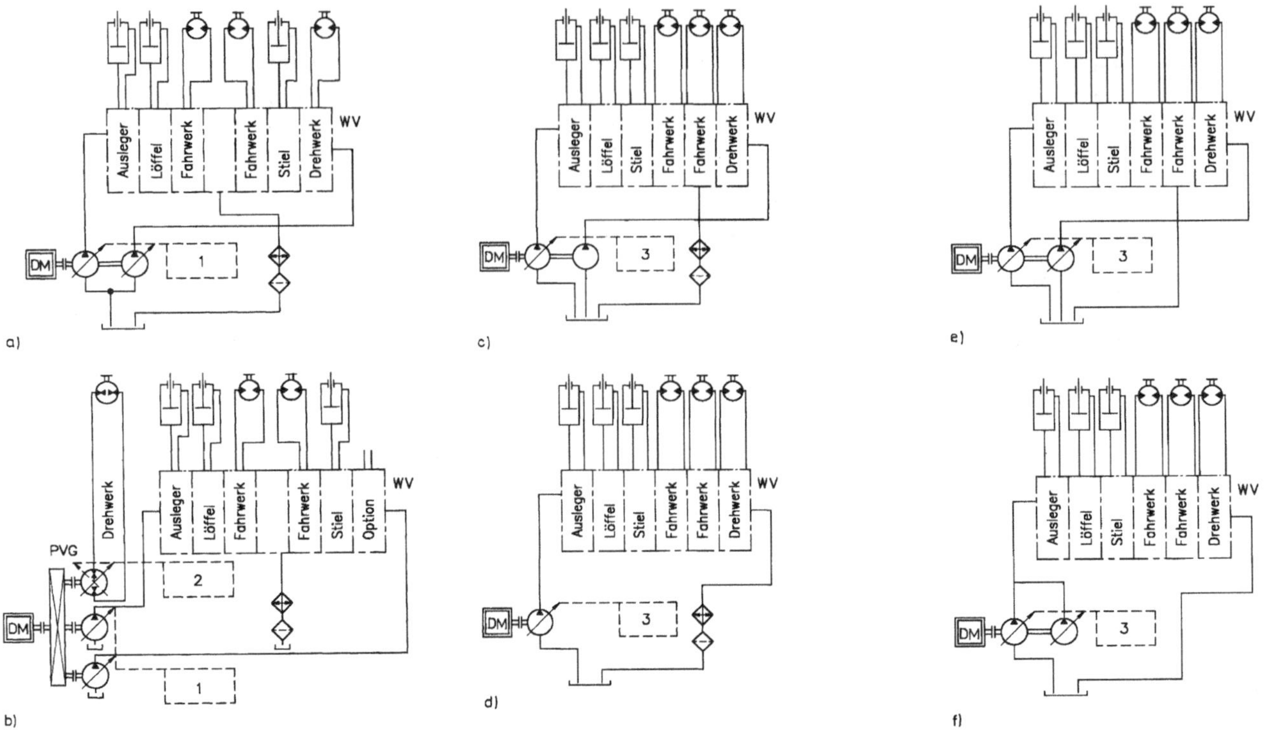

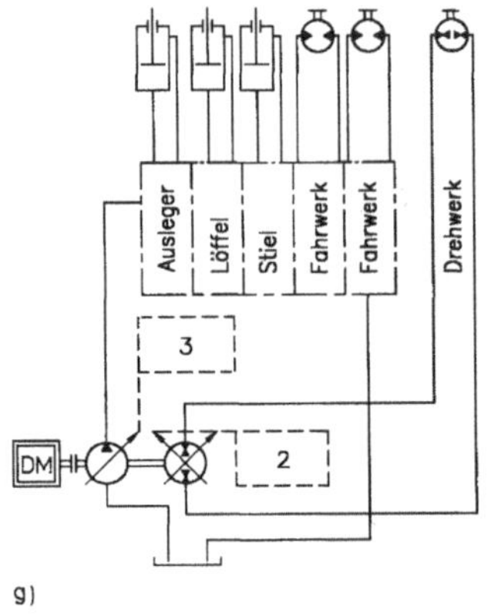

Bild 4-57 Antriebssysteme mit mindestens einer Verstellpumpe

a) Drosselsteuerung (Zweikreissystem) mit Drehwerksantrieb im offenen Kreislauf ohne eigene Hydraulikpumpe
b) Drosselsteuerung (Dreikreissystem) mit Drehwerksantrieb im offenen Kreislauf sowie eigener Hydraulikpumpe
c) Load Sensing Regelung mit eigenem Drehwerksantrieb (Konstantpumpe)
d) Load Sensing Regelung mit einer Verstellpumpe und integriertem Drehwerksantrieb
e) Load Sensing Regelung mit separatem Drehwerksantrieb im offenen Kreislauf (Verstellpumpe)
f) Load Sensing Regelung mit zwei Verstellpumpen und integriertem Drehwerksantrieb
g) Load Sensing Regelung mit separatem Drehwerksantrieb im geschlossenen Kreislauf (Verstellpumpe)

WV Wegeventil
DM Dieselmotor
PVG Pumpenverteilergetriebe

1 Leistungsregelung, Druckabschneidung, Bedarfsstromsteuerung
2 Drehmomentensteuerung
3 Load Sensing Regelung, Leistungsregelung, Druckabschneidung

Bagger mit Dienstmassen >10 t werden serienmäßig mit Betriebsdrücken bis 400 bar ausgeführt, normalerweise arbeitet man mit Drücken von 250 bar. Dadurch können mit kleinen Antriebselementen große Kräfte und mit kleinen Volumenströmen große Leistungen übertragen werden.

Die große Anzahl der Baggerhersteller bedient sich oft auch aus Kostengründen einer Vielzahl unterschiedlicher hydrostatischer Antriebssysteme. Den aktuellen technischen Stand findet man hierzu in [3.35] und [4.65] bis [4.77] aufgezeigt.

In Hydraulikbaggern kommen meist Zweikreis- oder Mehrkreis-Hydrauliksysteme zur Anwendung, siehe Bild 4-57. Konstantpumpen werden nicht mehr benutzt, da der Dieselmotor nach der Eckleistung ausgelegt werden müßte. Heute verwendet man regelbare Verstellpumpen, deren Volumenstrom in Abhängigkeit vom Betriebsdruck eingestellt wird. Hierfür werden die Leistungs- und Grenzlastregelung sowie Drehmomenten- und Volumenstromsteuerung benutzt, siehe Abschn. 3.1.4.

Bei einem Bagger mit Leistungsregelung fällt die installierte Antriebsleistung des Dieselmotors kleiner aus, weil man sie den Arbeitszyklen besser zuordnen kann. Im Regelbereich entspricht die hydraulische Leistung dem Leistungsvermögen des Dieselmotors. Der Betriebspunkt der Pumpe liegt auf der Leistungshyperbel (Vollastbereich). Die Leistungsregelung verhält sich bei niedrigen Drücken wie ein Konstantstromsystem (Open Center System). Bei geringen Belastungen (niedriger Druck) oder bei Neutralstellung der Ventile wird der maximale Förderstrom erzeugt. Erst nach Erreichen des eingestellten Primärgrenzdrucks bleibt dieser konstant. Es führt dazu, dass vor allem im Feinsteuerbereich, bei geringem Volumenstrom- und hohem Druckbedarf, sehr hohe Systemverluste auftreten.

Neben der Regelung der hydraulischen Leistung muss auch die Bewegung des Verbrauchers gesteuert werden. Bei herkömmlichen leistungsgeregelten Pumpen wird der Volumenstrom im Regelbereich mit einem 6/3 Proportional-Wegeventil druckabhängig gesteuert (Drosselsteuerung).

Wegen der Druckabhängigkeit (Druckdifferenz im Ventil) lässt sich die Arbeitsgeschwindigkeit eines Verbrauchers nur über ständige Ventilbetätigung konstant halten. Im Teillastbereich wird die nicht verbrauchte hydraulische Leistung über den Umlaufkanal des Wegeventils weggedrosselt. Um diese hohen Verluste zu vermeiden, wurden Steuereinrichtungen für Verstellpumpen geschaffen, die auch das Anfahren von Betriebspunkten unterhalb der Leistungshyperbel (Teillastbereich) erlauben. Dabei wird der Volumenstrom den Bedarfsbedingungen angepasst. Im Baggerbau begegnet man deshalb folgenden Steuerungen für Verstellpumpen (s. Abschn. 3.1.4):

- steuerdruckgeführte Pumpen
- Umlaufstromreduzierung
- Load Sensing.

Bei *steuerdruckgeführten Pumpen* wird das Verdrängungsvolumen proportional zum Steuerdruck reguliert. Hierfür wird meist der Steuerdruck des Wegeventils benutzt, die Volumenstromkennlinie der Pumpe muss darauf abgestimmt werden. Bei der Steuerung eines einzelnen Verbrauchers im Teillastbereich sind die Verluste vergleichsweise gering. Sollen mehrere Verbraucher gleichzeitig gesteuert werden, kann der Volumenstrom nur über einen (höchsten) Steuerdruck eingestellt werden. Für die anderen Verbraucher gilt wieder das verlustreiche Wegdrosseln. Die maximale hydraulische Leistung muss gleichzeitig von einer überlagerten Leistungsregelung begrenzt werden.

Bei der *Umlaufstromreduzierung* wird mit einem Sensor der Staudruck des weggedrosselten Rücköls erfasst und für die Regelung des Verdrängungsvolumens der Verstellpumpe genutzt. Dieses Prinzip hat keine nennenswerte Bedeutung erlangt. Anders verhält es sich bei den Systemen mit *Load Sensing* (LS) [4.78] bis [4.80]. Für die Steuerung der Arbeitsbewegungen werden in der Regel 4/3 Wegeventile mit einer Lastdruckmeldeleitung eingesetzt. Darüber wird der Pumpe an deren Differenzdruckregler der höchste Lastdruck gemeldet. Er regelt den Pumpenvolumenstrom derart, dass die Differenz zwischen höchstem Last- und Pumpendruck konstant bleibt. Wird nur ein Verbraucher benutzt, dann ist der erzeugte Volumenstrom proportional dem eingestellten Durchflussquerschitt des Wegeventils und unabhängig vom Lastdruck.

Um die Druckdifferenz an den Wegeventilen mehrerer Verbraucher konstant zu halten, müssen Druckwaagen eingesetzt werden (s. Abschn. 3.1.4). Da bei einem Arbeitsspiel mehrere Verbraucher mit unterschiedlichen Lastdrücken benutzt werden, ist eine LS-Steuerung nur für solche Bagger geeignet, bei denen eine lastdruckunabhängige Steuerung der Arbeitsbewegungen wichtiger ist als die Ausnutzung der installierten Leistung. Die Verluste ergeben sich aus dem ständig wirkenden Differenzdruck. Sie sind damit in den Bereichen großer Leistungen auch besonders hoch.

Im Vergleich zur herkömmlichen Drosselsteuerung verbessert man mit LS die Energiebilanz. Es wird immer nur der gerade benötigte Volumenstrom erzeugt und der Pumpendruck an den höchsten Verbraucherdruck angepasst. Das geschieht im Zusammenspiel von LS-Pumpenregelung, Druckwaage und Messblende im Wegeventil. Vor einem Primärüberdruck schützt das an die Pumpenregelung gemeldete Steuerdrucksignal (Druckabschneidung) oder eine separate Druckbegrenzungseinrichtung.

Die Druckwaage wirkt wie ein Vorspannventil, das die Druckdifferenz zwischen Verbraucher- und höchstem Lastdruck an der Messblende erzeugt. Von der Regelung wird der Pumpendruck so eingestellt, dass der Differenzdruck am Regler, und mittels Druckwaage auch am Wegeventil, immer konstant bleibt. Somit ist die einmal eingestellte Verbrauchergeschwindigkeit auch bei Laständerung konstant und damit lastunabhängig. Man hat dafür die Bezeichnung LUDV-System (lastunabhängige Durchflussverteilung) eingeführt. Bei einem Überbedarf an Volumenstrom ändert sich das Druckgefälle an allen Verbraucherdruckwaagen gleichermaßen. Die einzelnen Verbrauchergeschwindigkeiten werden geringer, ihre Relationen bleiben erhalten. Diese Eigenschaft wird oft als "soziale Verteilung" bezeichnet.

Der Trend zu LUDV-Systemen im Hydraulikbagger hat sich verstärkt. Die hohen Anforderungen an Feinsteuerbarkeit der Verbraucher, verbunden mit einem Minimum an Beeinflussbarkeit bei Überlagerung, sind mit herkömmlichen Zwei- oder Mehrkreissystemen und 6/3 Wegeventilsteuerungen technisch wie preislich nicht mehr zu realisieren.

Bild 4-58 zeigt als Beispiel das Schaltschema eines Löffelbaggers mit Zusatzanschluss für einen Abbruchhammer. Hier wird an den 5 fachen LUDV-Steuerblock noch ein einfacher Drosselsteuerblock für das Drehwerk angeflanscht. Die zusätzliche Drehwerkspumpe versorgt auch das Gesamtsystem mit Speise- und Kühlstrom. Separat ist das Steuerventil für den Hammer gestaltet. Es enthält eine Druckwaage zur verlustfreien Druckregelung.

Ergänzend zeigt Bild 4-59 das Dreikreissystem für einen Seilbagger. Auch er ist vollhydraulisch angetrieben und wird in seinen beiden Hauptkreisen mit einem LUDV-System geregelt. Hier hat man die Verbraucher mit großen unterschiedlichen Betriebsdrücken (z. B. Hubwinde und Vorstoßwinde) in unterschiedlichen LUDV-Systemen untergebracht. Für das Drehwerk ist aus energetischen Gründen separat ein geschlossener Kreislauf gestaltet.

Der meist sehr kompakt bauende LUDV-Steuerblock versorgt alle Verbraucher des Baggers. Separat wird nur das Drehwerk, auch in einen so genannten 1,5-Kreis mit LS-Steuerung und LUDV-System bedient. In modernen LUDV-Steuerblöcken sind weitere Funktionen (z. B. Überdruckventile für Lastmomentbegrenzung oder Rückschlagventile für Teilstromkühlung) integriert, um Montage- und Verrohrungsaufwand zu reduzieren.

Die Fördermenge der Pumpe wird für normale Arbeitsspiele unter Berücksichtigung von Überlagerungen ausgelegt. Kommt es zu extremen Bedingungen, wo mehrer maximale Arbeitsgeschwindigkeiten gebraucht werden, entsteht eine Untersättigung.

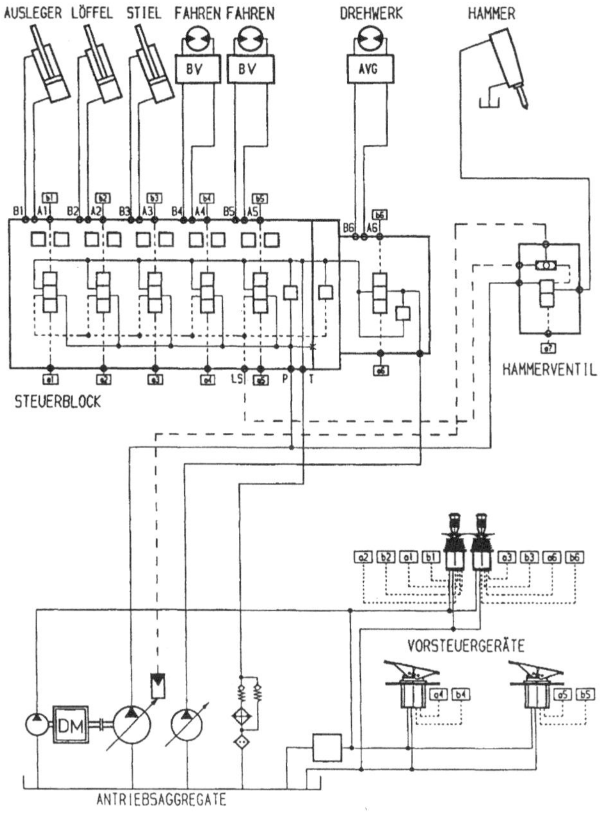

Bild 4-58 Schaltschema eines LS-Systems mit LUDV-Regelung für Löffelbagger (Bosch Rexroth AG, Lohr a. Main)

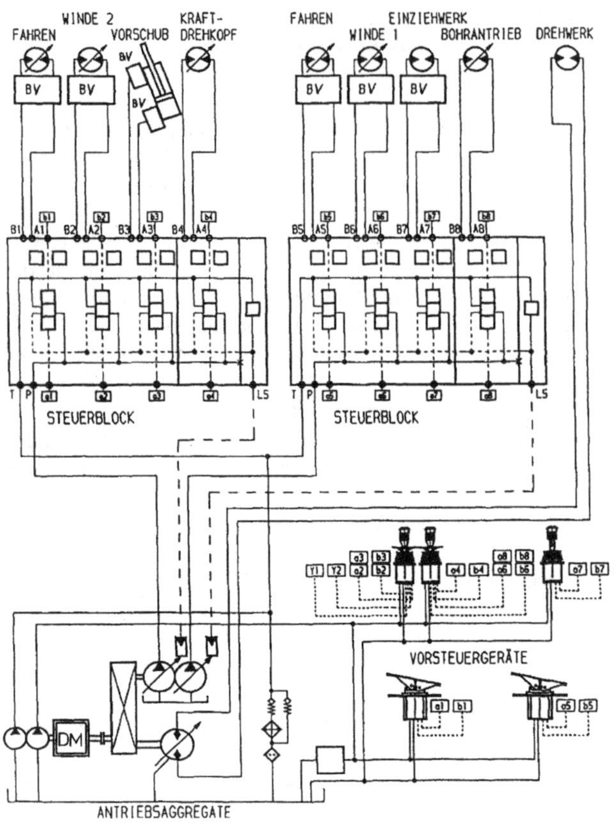

Bild 4-59 Schaltschema eines LS-Systems mit LUDV-Regelung für Seilbagger (Bosch Rexroth AG, Lohr a. Main)

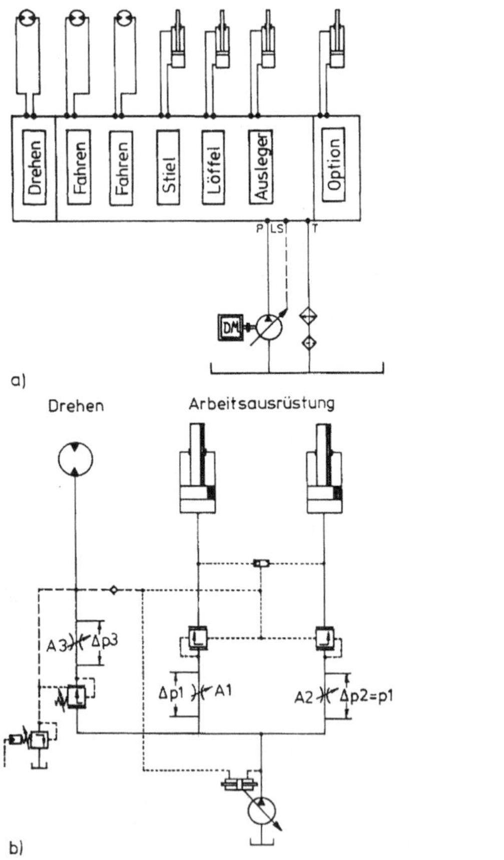

Bild 4-60 Einkreissystem mit LS und LUDV (Bosch Rexroth AG, Lohr a. Main)

a) Hydraulikschema b) Schaltplan mit 2-Wegezulaufdruckwaage

Bei reiner LS-Steuerung würde sich die Bewegung des lasthöheren Verbrauchers ungewollt verringern (bis zum Stillstand). Das LUDV-System sorgt für gleichermaßen Verringerung aller Bewegungsabläufe [4.81]. Die Priorität für die Versorgung des Drehwerks ist durch einen eigenen Kreis gegeben.

Diesbezüglich mussten auch andere Lösungen für das Einkreis-LUDV-System (Bild 4-60a) geschaffen werden. Seine Markteroberung steht bevor. Hier wird das Drehwerk nicht mit einer nachgeschalteten Druckwaage, sondern mit einer 2-Wegezulaufdruckwaage ausgerüstet. Das in dieser Druckwaage eingelagerte Δp_3 liegt deutlich unter dem Regelwert Δp_1 der Pumpe. Durch diese Kombination von LUDV mit einem LS-Verbraucher wird die Drehwerkspriorität erreicht [4.76]. Mit einem Rückschlagventil in der LS-Leitung kann die Drehwerksbeeinflussung durch parallele, lasthöhere Verbraucher ausgeschlossen werden. Wenn der Betriebsdruck im Drehwerk zum Beschleunigen höher ist als z. B. der des Auslegerzylinders, so wird das Drucksignal zur Pumpe und zu den Druckwaagen im LUDV-Block gemeldet. Die LUDV-Druckwaagen schließen, damit das Drehwerk auch bei hoher Belastung ausreichend Volumenstrom bekommt.

Bild 4-60b ist weiterhin zu entnehmen, dass in der Drehwerksleitung ein steuerdruckgeführtes Druckbegrenzungsventil enthalten ist. Es erlaubt eine stufenlose Druck- und damit Drehmomentensteuerung. Das Drehwerk wird nur mit dem Betriebsdruck und dem Volumenstrom versorgt, das es abverlangt. Der Beschleunigungsvorgang erfolgt also ohne Systemverluste. Für das Einkreissystem empfiehlt [4.76] sehr, dass für die Hauptbewegungen (Drehen, Heben) ein annähernd gleiches Druckniveau erreicht wird. Dem System steht mehr Volumenstrom zur Verfügung, da der Leistungsregler der Pumpe nicht auf den Beschleunigungsdruck des Drehwerks, sondern auf den aktuellen Druck in der Arbeitshydraulik plus Reglerdruck zurückschwenkt. Hierfür ist ein Bypass im Kolben der Arbeitshydraulik erforderlich, der bei Überlagerung die Drücke ausgleicht. Sobald die Arbeitshydraulik abgeschaltet wird, kann das maximale Beschleunigungsdrehmoment für den Drehvorgang genutzt werden.

Die Entwicklung der Hydrauliksysteme und ihrer Komponenten geht weiter. Es wird an der so genannten aufgelösten Bauweise (Bild 4-61) gearbeitet, die teilweise auch schon Praxisreife erreicht hat. Man versteht darunter eine direkte Kombination von Einzelventil und Verbraucher. Einfache Montage, Vermeiden von Rohrbruchsicherungen und Erreichen von Leckagefreiheit durch integrierte, entsperrbare Rückschlagventile sind wichtige Gründe, die für diesen Trend sprechen. Wenn der Markt einmal auch für Standardbagger kostengünstige elektro-hydraulische Ansteuerungen anbietet, kann auf diese Bauweise nicht mehr verzichtet werden. Gleichbedeutend ist die Entwicklung von elektronischen Grenzlastreglern, siehe Abschnitt 3.1.4.

Bild 4-62 soll am Beispiel des Hydraulikbaggers die Vielfältigkeit der hydrostatischen Triebwerkskomponenten aufzeigen. Sie sind keinesfalls vollständig dargestellt. Prinzipiell gehören dazu: Ventile (Block), Pumpen, Fahr-, Drehwerksantrieb, Drehdurchführungen, Hydraulikzylinder, Stellelemente, Vorsteuergeräte, Ölbehälter mit Filter und Kühler, Leitungssysteme und Speicher. Dabei sind die vielen Verschraubungen, Adapter, Winkelsteckverbindungen und Schläuche nicht zu vergessen, mit denen die Verbindungen herzustellen sind, siehe Bild 4-63.

Heute versteht man unter einem hydrostatischen Antrieb extrem kompakte Antriebseinheiten, die in einem Gehäuse,

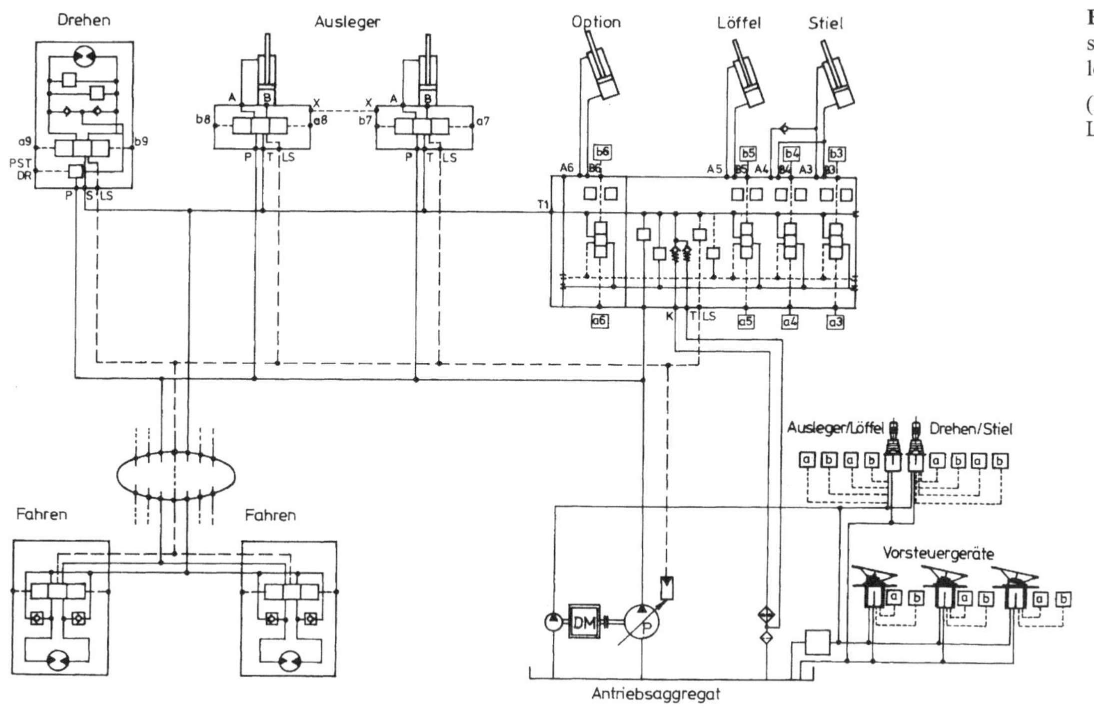

Bild 4-61 Schaltschema mit aufgelöster Bauweise

(Bosch Rexroth AG, Lohr a. Main)

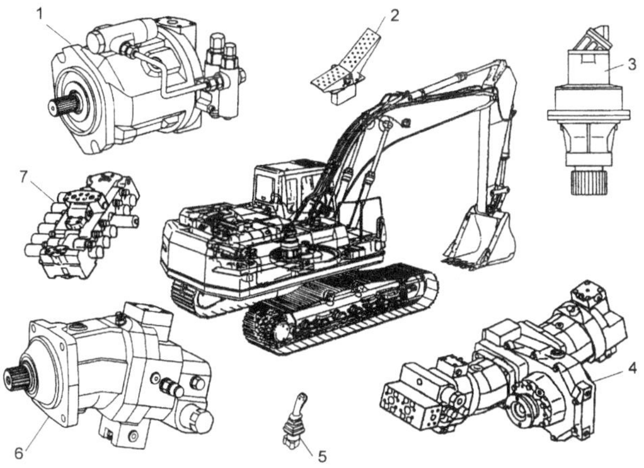

Bild 4-62 Hydraulikkomponenten für Bagger (Bosch Rexroth AG, Lohr a. Main)

1 Verstellpumpe	5 Vorsteuergerät (Joistick)
2 Vorsteuergerät (Fahrpedal)	6 Verstellmotor mit Bremsventil
3 Drehwerksantrieb	
4 Mehrmotoren-Fahrwerksantrieb	7 Ventilblock

Ventile, Hydraulikmotoren, mechanische Bremsen, mechanische Getriebe, Lager und Dichtungen vereinen [4.82] [4.83]. Auf diese Weise lässt sich besonders bei mobilen Geräten der hohe Anspruch an eingeschränkten Bauraum und weniger Eigenmasse verwirklichen. Von verschiedenen Herstellern werden solche kompakten Antriebe in Baureihen angeboten. Bild 4-64 zeigt beispielhaft die Leistungsbreite eines Anbieters.

Minibagger bis 1,5 t Eigenmasse werden vorrangig mit Mehrfach-Zahnradpumpen ausgestattet. Bei größeren Geräten (bis etwa 6,5 t) wurde diese Lösung durch Drosselsteuerung mit variablen Axialkolbenmaschinen und angebauten Zahnradpumpen ersetzt. Auch Schrägscheiben-Verstelldoppelpumpen kommen zur Anwendung. In den Pumpen sind Magnetventile für die Vorsteuerung zum Um- und Abschalten der Fahrantriebe sowie ein Druckbegrenzungsventil enthalten. Diese Lösungen stammen aus Japan. Wegen des gemeinsamen Sauganschlusses und zusätzlich integrierter Ventilfunktionen spart man auf diese Weise Verrohrung. Die Hauptpumpen haben eine gemeinsame Summenleistungs- bzw. Dreikreisregelung mit Priorität für die Zahnradpumpe. Das verhindert die Überlastung des Dieselmotors. Modernere Antriebskonzepte für Minibagger besitzen LS-Steuerung mit einem 1,5-Kreissystem.

Standardbagger der Gewichtsklasse 6 bis 24 t werden in zunehmendem Maße mit LS in leistungsoptimiertem 1,5-Kreissystem mit separater Drehwerkspumpe oder dem Einkreissystem mit LS- und LUDV-Funktion ausgeführt. Dafür sind Hochdruck-Verstell-Axialkolbenpumpen in Schrägscheibenbauweise besonders geeignet. Sie ermöglichen in einer Baureihe (rd. 5 Baugrößen) bei Drehzahlen zwischen 3500 und 2000 min^{-1} maximale Fördervolumen von 28 und 160 cm^3 [4.75]. Bei einem Betriebsdruck von 200 bar bedürfen sie einer Antriebsleistung von 30 bis 150 kW.

Großbagger bis zu einer Dienstmasse von 800 t machen die Installation großer hydrostatischer Leistungen erforderlich. Mehrere Pumpen mit maximalem Fördervolumen zwischen 250 und 1000 cm^3 werden gleichzeitig über ein Pumpenverteilergetriebe angetrieben. Es gibt Beispiele, wo bis zu 7 Pumpen dafür nötig waren. Hier kommen zukünftig nur noch elektronische Regelsysteme zur Anwendung.

Elektroantriebe der Seilbagger

Bagger (Seilbagger), die an einen festen Einsatzort gebunden sind, erhalten meist Elektroantriebe mit Energieeinspeisung über flexible Kabel. Wegen der hohen Geschwindigkeiten und Beschleunigungen dieser zyklisch arbeitenden Maschinen (10 m/s bzw. 1 m/s^2 – Auslegerspitze Schleppschaufelbagger), wurden regelbare Gleichstromantriebe mit Maschinenumformern (Leonardsätzen) verwendet, siehe hierzu [0.1, Abschn. 3.2.1.5]. Inzwischen gehören zur Standardausrüstung moderner Seilbagger statische Umrichter mit Thyristoren. Sie erhöhen den Gesamtwirkungsgrad um 10 bis 15 %, vermindern die Schwingungs- und Lärmbelastung und erlauben wegen ihrer günstigeren Kennlinienfelder höhere Geschwindigkeiten und Beschleunigungen in den Arbeitsbewegungen. Die jüngste Entwicklung ist vom Übergang der Gleichstrom- zu Drehstromantrieben mit fre-

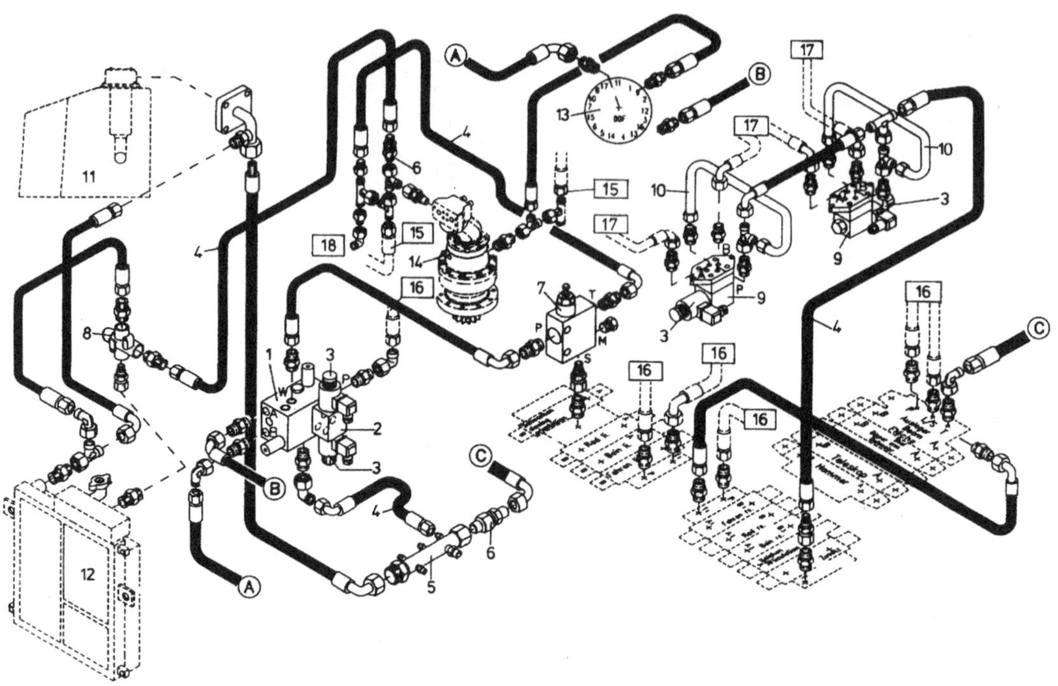

Bild 4-63 Hydraulik-Installationsplan für den Verbraucherkreis eines Schreitbaggers (Schaeff GmbH, Langenburg)

A, B, C Anschlüsse an die Vorsteuerung

1 Anbaublock
2 4/3-Wegeventil
3 Magnet
4 Schlauchleitung
5 Rücklaufsammler
6 Rückschlagventil
7 Druckabschaltventil
8 Temperaturregler
9 4/2-Wegeventil
10 Rohrleitung
11 Öltank
12 Öl-Wasserkühler (Dieselmotor)
13 Drehdurchführung
14 Drehwerksantrieb
15 Hydraulikplan Drehen, Knicken
16 Hydraulikplan Pumpenantrieb
17 Hydraulikplan Fahrwerksantrieb
18 Hydraulikplan Vorsteuerung

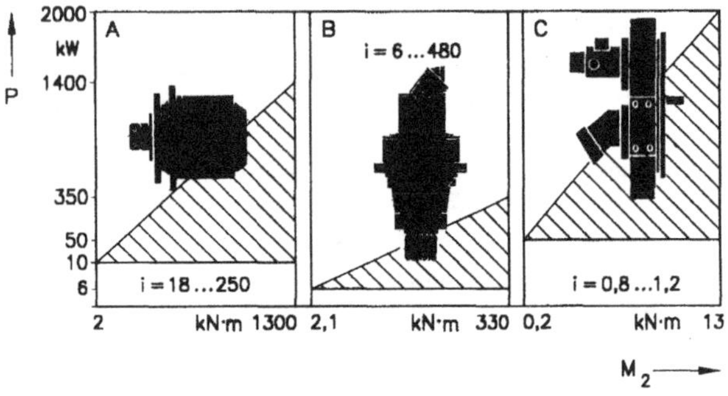

Bild 4-64 Leistungsbereiche für kompakte Antriebe mobiler Baumaschinen (Lohmann und Stolterfoht GmbH, Witten)

A Fahrwerksantriebe
B Schwenkwerksantriebe
C Pumpen-Verteilergetriebe

P Antriebsleistung
i mechanische Getriebeuntersetzung
M_2 Abtriebsdrehmoment

quenzgesteuerten Drehstrommotoren gekennzeichnet. Parallel zur Veränderung der elektrischen Antriebe ersetzen Mehrfachplanetengetriebe die klassischen Stirnrad- bzw. Kegelradgetriebe, wodurch sich die Eigenmasse der Triebwerke weiter vermindert.

Zur Ausrüstung der Seilbagger zählen heute auch Mikrorechner, sie erleichtern die Überwachung und Steuerung. Es werden alle wichtigen Betriebsdaten, z. B. die Momentanwerte des Motorstroms, die Stellung und Füllung des Grabgefäßes, der Durchsatz usw., erfasst und zusätzlich Überwachungs- und Steuerungsfunktionen bis hin zum halbautomatischen Betrieb übernommen.

In Seilbaggern mit sehr hohen Antriebsleistungen vervielfacht man die Anzahl der Antriebe, anstatt sie zu vergrößern. Dies führt zugunsten der Vereinheitlichung zur Erhöhung von Eigenmasse und Platzbedarf.

4.2.2.2 Fahrwerksantriebe

Wegen der aufgelösten Triebwerksbauweise, eines lastunabhängigen Geschwindigkeitsverhaltens und wegen Drehrichtungsumkehr ohne Wendegetriebe werden die Fahrantriebe ausschließlich hydrostatisch und meist im offenen Kreislauf ausgeführt. Dadurch sind der Fahrtrichtungswechsel durch Umkehrung der Pumpenförderrichtung und der Aufbau eines Bremsdrucks durch Zurückschwenken der Pumpe nicht möglich. Es werden ein zusätzliches Wegeventil und ein Fahrbremsventil benötigt, was die Anzahl der Komponenten und die Systemverluste erhöht (Bild 4-65).

Auf diese Weise werden hydrostatische Gesamtkonzepte möglich, wo ein Stromerzeuger mehrere Verbraucher versorgt.

Der hydrostatische Antrieb muss die Betriebsphasen Beschleunigen, Antreiben, Bremsen und Anhalten zulassen. Zum Fahren mit antreibender Bewegung werden Fahrtrichtung und Fahrgeschwindigkeit nur vom Wegeventil 3 bestimmt, das Fahrbremsventil 7 ist dabei offen. Wie in Verbindung mit Bild 4-65 das Bild 4-66a zeigt, ist die Drehzahl des Hydraulikmotors 9 bzw. die Fahrgeschwindigkeit der Maschine von der Stellung des Wegeventilschiebers abhängig. Das Wegeventil öffnet sehr schnell. Zu Beginn der Beschleunigung reicht der am Hydraulikmotor durchgesetzte Volumenstrom nicht aus, um an der Messblende des Wegeventils die LS-Druckdifferenz zu erzeugen, deshalb schwenkt die Pumpe aus [4.84]. Daraufhin steigt der Zulaufdruck bis auf den Einstellwert der Druckabschneidung an. Nunmehr schwenkt die Pumpe soweit zurück, dass bei Maximaldruck der benötigte Volumenstrom erzeugt wird. Mit der Fahrgeschwindigkeit nehmen auch der Schluckvolumenstrom und die Druckdifferenz an der Messblende des Wegeventils zu. Sobald die eingestellte LS-Druckdifferenz erreicht ist, wird die weitere Beschleunigung von der Regelung vorgenommen.

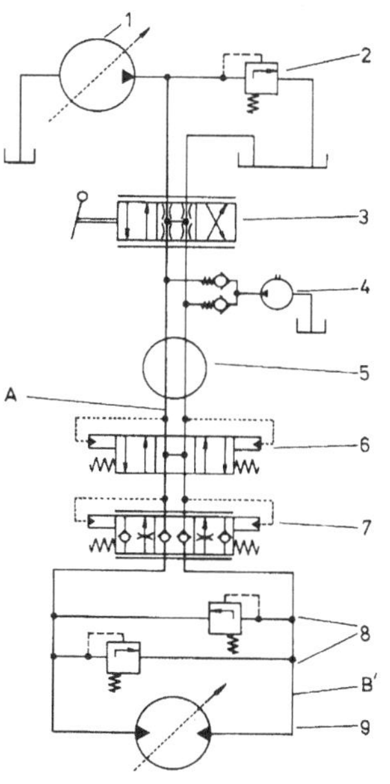

Bild 4-65 Schaltschema für einen hydrostatischen Fahrwerksantrieb im offenen Kreislauf [4.84]

1 Hydraulikpumpe
2 Primär-Druckbegrenzungsventil
3 Proportional-Wegeventil mit Fahrtrichtungsverstellung
4 Einspeisung
5 Drehdurchführung
6 Nachsaugventil
7 Bremsventil
8 Sekundär-Druckbegrenzungsventile (für Bremsdruck)
9 Hydraulikmotor A, B' siehe Bild 4-66

Verlangt der Hydaulikmotor 9 einen größeren Volumenstrom als vorhanden, sinkt der Druck auf der Zulaufseite. Das geschieht bei Talfahrt, wenn der Hydraulikmotor angetrieben wird (Lastumkehr). Daraufhin verringert der Schieber des Fahrbremsventiles 7 den Strömungsquerschnitt auf der Ablaufseite. Infolgedessen kehren sich die Druckverhältnisse am Motor um, und die Motordrehzahl wird verringert, siehe Bild 4-66b. Das Gleichgewicht des zu- und ablaufenden Volumenstroms regelt somit das Fahrbremsventil in Abhängigkeit vom Zulaufdruck. Das sich ergebende Bremsmoment ist nur so groß wie das äußere treibende Drehmoment. Durch bewusste Beeinflussung des Steuerdrucks am Fahrbremsventil kann man den Volumenstrom so stellen, dass es zum Anhalten der Fahrbewegung kommt, siehe Bild 4-66c. Bei Verringerung des Volumenstroms sinkt der Druck auf der Zulaufseite, das Fahrbremsventil schließt, damit unter der Wirkung des Maximaldrucks die Maschine über die Sekundärdruckbegrenzung 8 bis auf Stillstand abgebremst werden kann. Gleichzeitig verschließt das Wegeventil den Zulauf. Der gesamte Differenzvolumenstrom muss über die Nachsaug- und Einspeisevorrichtung 4 zugeführt werden.

Praktische Bedeutung kann auch ein plötzlicher Fahrtrichtungswechsel (Gefahrensituationen) haben, um den Bremsweg durch Gegensteuern zu verkürzen. Er stellt in der Ebene das Überlagern der Bewegungsabläufe Anhalten und Anfahren dar, siehe Bild 4-66d. Dabei ist der Bremsdruck aber nur so lange für die Verzögerung maßgebend, wie dieser größer als der Pumpendruck ist. Die Bremsphase beginnt mit dem Umsteuern des Wegeventils. Danach bricht der Druck auf der Zulaufseite zusammen, das Fahrbremsventil schließt und die Bewegung wird bei maximalem Druck gegen die Sekundärdruckbegrenzung verzögert. Das Umsteuern des Wegeventils erfolgt unabhängig vom Bremsvorgang und schneller als die Änderung der Fahrtrichtung. Dadurch

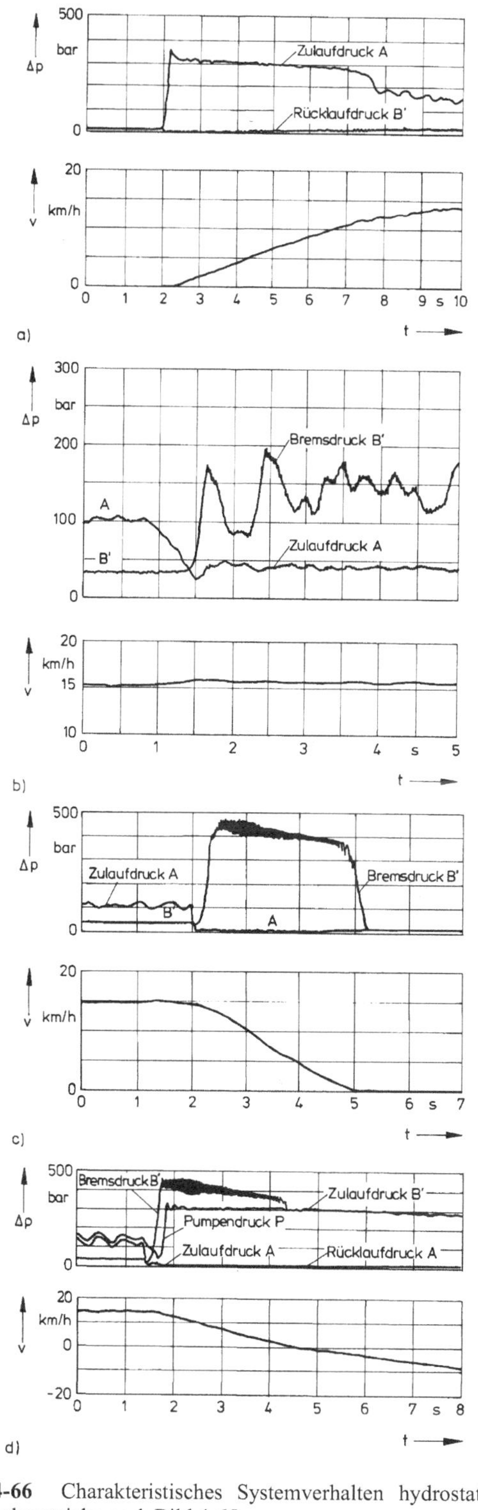

Bild 4-66 Charakteristisches Systemverhalten hydrostatischer Fahrwerksantriebe nach Bild 4-65

a) Beschleunigungs- und Antriebsphase
b) Bremsphase
c) Bremsen bis Stillstand
d) Fahrtrichtungswechsel durch Umsteuern und Bremsen

wird die Rücklaufseite der Pumpe zur Zulaufseite, bevor es zum Anhalten kommt. Über die Messblende des Wegeventils erhält der Regler das Signal, die Pumpe auszuschwenken. Der Zulaufdruck steigt bis auf den Einstellwert der Druckabschneidung. Die Pumpe wird dadurch soweit zurückgeschwenkt, dass sie nur noch den Leckölvolumenstrom bei Maximaldruck fördert. Der hohe Druck schaltet das Fahrbremsventil um und verbindet dabei die Zulauf- mit der Ablaufseite des Hydraulikmotors. Jetzt wird der Motor mit maximalem Pumpendruck bis zum Stillstand abgebremst und anschließend ruckfrei in entgegengesetzter Richtung beschleunigt.

Als Fahrwerksantriebe werden fast ausschließlich extrem kompakte Antriebskomponenten eingesetzt (Bild 4-64). Das geschieht beim Bagger für die unterschiedlichen Konzepte als Einzelrad-, Turas- oder zentraler Achsantrieb, siehe Bild 4-67. Besonders Einzelradantriebe lassen neuartige konstruktive Lösungen zu. Wie Bild 4-68 zeigt, vereint die sehr kompakte Bauweise in einem Gehäuse die Bestandteile Getriebe 7, Hydromotor 1, hydraulisch betätigte Lamellenbremse 6, Turas- oder Radlagerung 5 und Hydraulikventile (Druckbegrenzungsventil, Fahrbremsventil). Dadurch werden Bauraum, Eigenmasse und Montageaufwand gespart.

Die Bauweise ist so kompakt, dass der gesamte Antrieb praktisch nur den Freiraum einer Felge oder Kette beansprucht, was die Antriebe vor Beschädigung beim Fahren im Gelände und auf Baustellen schützt. Motor- und Bremsengehäuse bilden quasi den Steg der letzten Getriebestufe und das Tragrohr für die Antriebs- und Radlagerung. Die Lager sind in O-Anordnung eingebaut, um alle Stützmomente (Lenk- und Sturzbelastungen) des Antriebs aufnehmen zu können.

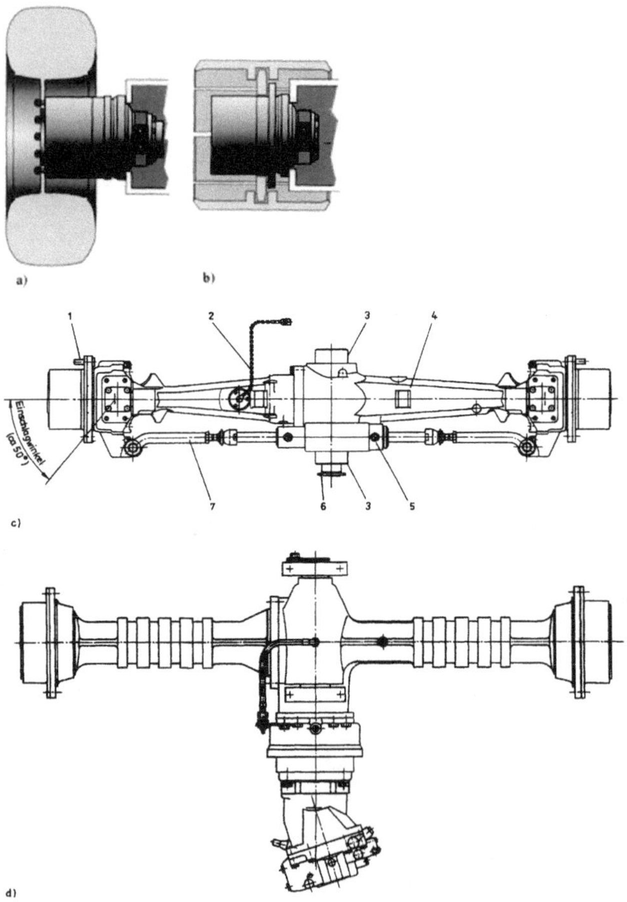

Bild 4-67 Anordnung der Fahrwerksantriebe

a) Einzelradantrieb
b) Turasantrieb
c) zentraler Achsantrieb lenkbar
d) zentraler Achsantrieb nicht lenkbar

1 Radbefestigung
2 Anschluss für Lenkwinkelsensor
3 Achsaufhängung
4 Pendelanschlag
5 Hydraulikanschluss für integrierten Lenkzylinder
6 Antriebsflansch
7 Spurstange

Das Getriebe ist vorwiegend in der Planetenbauart ausgeführt. Alle Planetenstufen wirken über ihr jeweiliges Hohlrad direkt auf den Abtrieb. Die Planetenträger der vorgeschalteten Stufe treiben das Ritzel der nachfolgenden Stufe an. Dadurch ergibt sich die im Bild 4-69 gezeigte mehrfache Leistungsverzweigung, weil alle Planetenstufen am Abtrieb beteiligt sind. Die Gesamtübersetzung beträgt demnach

$$i_G = 1 - i_1\, i_2\, i_3 \quad \text{mit}$$

$$i_{1;2;3} = 1 - \frac{z_{H1;2;3}}{z_{R1;2;3}} \quad \text{und} \quad z_{H1;2;3} < 0.$$

Um das Fahrzeug bei Antriebsausfall abschleppen zu können, werden sehr häufig das Ritzel der ersten Planetenstufe

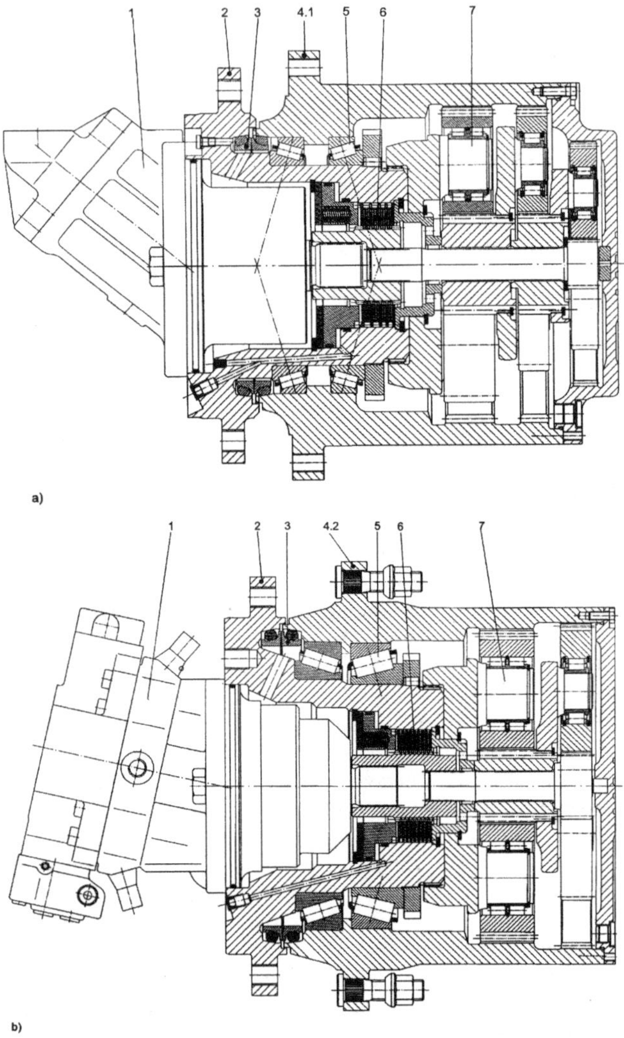

Bild 4-68 Kompakte hydrostatische Fahrwerksantriebe Typ GFT (Lohmann und Stolterfoht GmbH, Witten)

a) Turasantrieb mit Einschubmotor
b) Radnabenantrieb mit Einschubmotor

1 Hydromotor (Axialkolbenmotor in Schrägachsen- oder Schrägscheibenbauweise)
2 Gestell, Rahmenanschluss
3 Gleitringdichtung
4.1 Abtrieb, Turasanschluss
4.2 Abtrieb, Felgenanschluss
5 Turas- bzw. Radlager
6 Lemellenbremse
7 mehrstufiges Planetengetriebe

und die Ritzelwelle zum Motor zweiteilig ausgeführt und mit einer Schiebeverzahnung versehen. Die Vorrichtung zum Betätigen dieser Schiebeverzahnung ist im Getriebedeckel untergebracht.

Alle Zahnräder mit Außenverzahnung sind einsatzgehärtet und geschliffen. Das Hohlrad besteht aus hochwertigem Vergütungsstahl. Die Anzahl der Planetenstufen bestimmt die Höhe der Untersetzung. Sie reicht von $i = 20$ bis 350. Auf der Antriebsseite befindet sich eine Lamellenbremse, deren Reibpaarung in der Regel in Stahl/Sinterbronze ausgeführt ist und Nasslaufeigenschaften (Öl) besitzt. Sie ist federbelastet und wird hydraulisch gelüftet. Da die Bremse auf die Motorwelle wirkt, kann die Getriebeübersetzung auch beim Bremsen genutzt werden. Die Planetenstufen besitzen 3 oder 5 Planetenräder, wobei das antreibende Ritzel und alle anderen Getriebeteile im nichttragenden Bereich zwecks Regulierung der Lastverteilung radial beweglich sein müssen.

Alle Drehmomente übertragenden Bauteile (außer bei Hubwerken) und die Lagerung sind nach Gesichtspunkten einer ausreichenden Zeitfestigkeit bemessen. Wenn man für einen Bagger 8000 bis 12000 Betriebsstunden rechnet, dann entfällt auf den Fahrantrieb nur ein Bruchteil dieser Arbeitsdauer. Auslegungskriterien bilden neben der Übersetzung die Traglast der Lagerung, die Drehzahl und das Abtriebsdrehmoment. Alle Größen treten als Lastkollektive in Erscheinung, sie sind für Fahrantriebe von mobilen Baumaschinen nicht bekannt [3.21] [4.57] [4.85]. Die Hersteller verfügen jedoch über Erfahrungen ableiten zu können. Der Überlastfall lässt sich bei hydrostatischen Antrieben sehr einfach und wirksam mit, um aus vergleichbaren Anwendungsfällen äquivalente Lastannahmen entsprechend eingestellten Überdruckventilen verhindern.

Erst ab einer Geräteeigenmasse von etwa 130 t ist die integrierte Lagerung, wie sie Bild 4-68 zeigt, nicht mehr wirtschaftlich. In solchen Fällen benutzt man separate Lager nach den im Bild 4-70 dargestellten Bauweisen.

Zahlenbeispiel

Das Beispiel einer kompakten Radlagerung mit Zwillingsbereifung nach Bild 4-71 soll dazu dienen, den Einfluss der Radkraft und ihrer Wirkebene auf die Lebensdauer der integrierten Radlager zu demonstrieren. Die Axialkraft wird als vernachlässigbar angenommen, die Raddrehzahl beträgt $n_R = 100\ \text{min}^{-1}$, und die dynamische Lagertragzahl hat einen Wert von $C = 200$ kN bei einer Lagerbreite von 140 mm. Die Lagerkraft F_L wird zunächst für alle Radkraftpositionen I bis III bestimmt:

$$F_{LI} = \frac{100\,kN \cdot 200\,mm}{140\,mm} = 142{,}86\,kN;$$

$$F_{LII} = 100\,kN; \qquad F_{LIII} = 71{,}43\,kN.$$

Mit den ermittelten Zahlenwerten und angegebenen Maßeinheiten berechnet sich die Lagerlebensdauer nach

$$L_{hI} = \left(\frac{C}{F_L}\right)^{3,33} \cdot \frac{10^6}{60\,n_R} = \left(\frac{200kN}{142{,}86kN}\right)^{3,33} \cdot \frac{10^6\,\text{min}}{60 \cdot 100} = 510h;$$

$$L_{hII} = 1680h; \qquad L_{hIII} = 5150h.$$

Das Zahlenbeispiel soll zeigen, dass die unterschiedlichen Wirkebenen I, II und III der Radialkraft einen großen Einfluss auf die Lagerlebensdauer haben. Fall III stellt die günstigste Lösung dar.

In kompakten Antrieben sind Zahnwellenverbindungen nach DIN 5480 vorherrschend. Außerdem werden Spezial dichtungen erforderlich, um die Bauteile gegen Schmutz

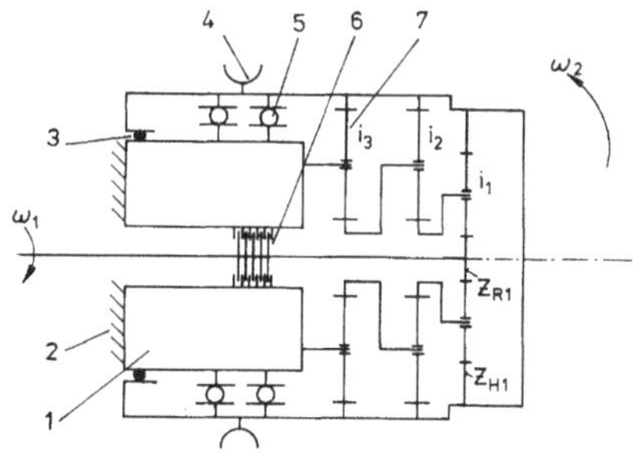

Bild 4-69 Funktionsschema eines kompakten Fahrwerksantriebs (Positionsnummern s. Bild 4-68)

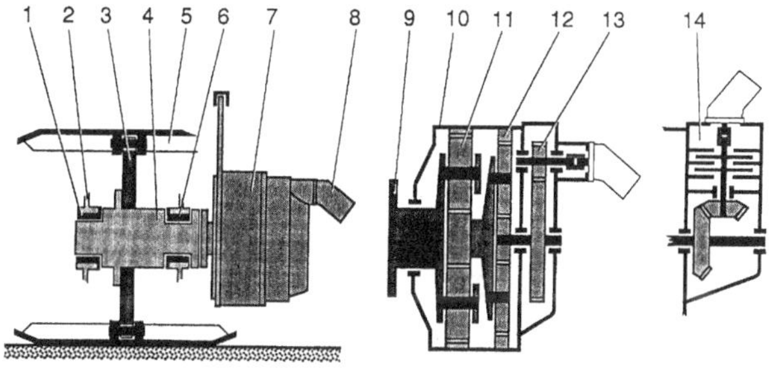

Bild 4-70 Turas-Fahrwerksantriebe mit separater Turaslagerung

1/6 Turaslagerung
2 Gestell, Rahmenanschluss
3 Turas
4 Turaswelle
5 Kette
7 Fahrgetriebe
8 Hydromotor
9 Flansch-Abtriebswelle
10 Gehäuse mit Drehmomentenstütze
11/12 Planetenstufen
13 Stirnradvorstufe
14 Winkelvorstufe mit Lamellenbremse

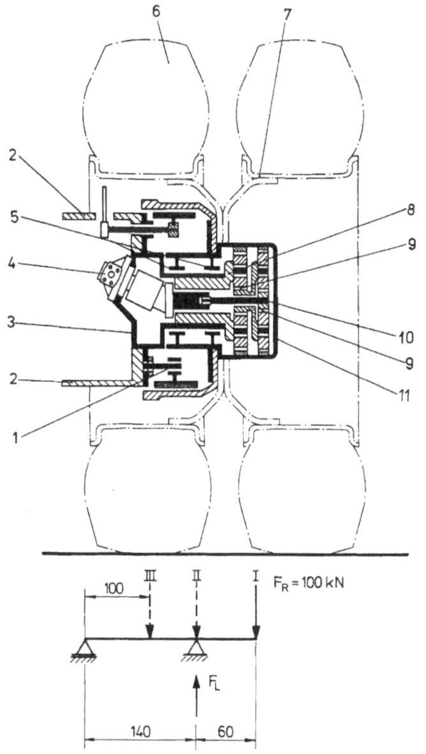

Bild 4-71 Schema eines kompakten Radantriebs (Lohmann und Stolterfoht GmbH, Witten)

1 Bremse
2 Maschinenrahmen
3 Gehäuse
4 Hydromotor
5 Radlager
6 Zwillingsreifen
7 Felge
8 Achsschenkel
9 Planetenstufe
10 Antriebswelle
11 Radnabe

Type	M_2 kN·m	V_{gmax} cm³	i	M_{Br} kN·m	l / d mm	m_{eA} t	m_{eB} t
GFT 3	3	9...18	43...55	-	285 / 235	0,03	3
GFT 7	7	14...28	48...55	42	300 / 285	0,05	6
GFT 13	13	28...55	20...40	350	235 / 335	0,09	10
GFT 17	17	28...63	30...100	400	285 / 330	0,11	12
GFT 36	36	45...90	70...120	710	380 / 380	0,17	24
GFT 60	60	80...107	85...200	720	420 / 490	0,24	33
GFT 110	110	107...180	95...170	1020	500 / 540	0,40	55
GFT 220	220	107...180	100...300	1100	565 / 735	0,85	85
GFT 260	260	180...250	100...300	1900	620 / 800	1,00	110
GFT 330	330	250...355	100...300	2500	700 / 800	1,25	160
GFT 800	800	2 x 250	280	-	1300/1150	3,70	250
GFT 1300	1300	2 x 355	350	-	1725/1135	6,30	450

Tafel 4-9 Technische Parameter einer Baureihe (Auszug) kompakter Fahrwerksantriebe (Lohmann und Stolterfoht GmbH, Witten)

M_2 Abtriebsdrehmoment
V_{gmax} maximales Motorschluckvolumen
i Getriebeuntersetzung
M_{Br} statisches Bremsmoment
l größte Baulänge ohne Motor (bis GFT 7 mit Motor)
d größter Durchmesser
m_{eA} Eigenmasse Antrieb
m_{eB} Eigenmasse Bagger

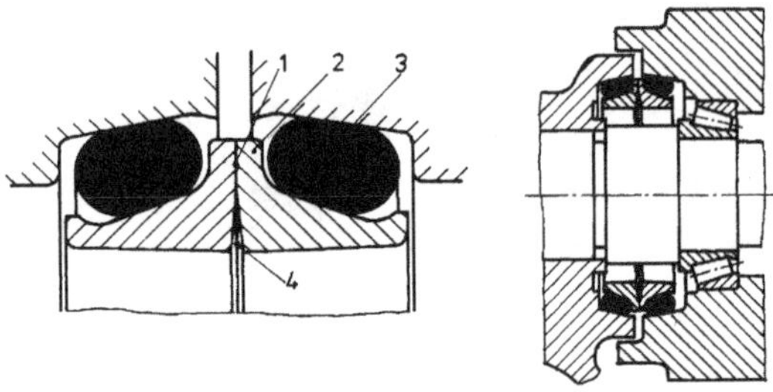

Bild 4-72 Gleitringdichtung

1 Gleitstelle
2 Gleitring
3 elastischer Rundring
4 Gleitringspalt

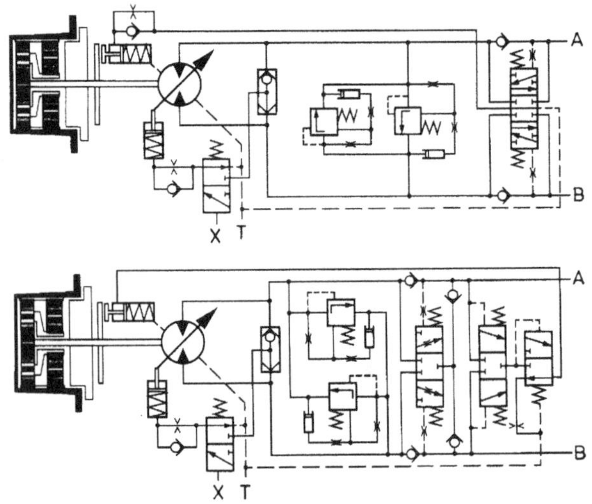

Bild 4-73 Schaltpläne für Fahrwerksantriebe (Lohmann und Stolterfoht GmbH, Witten)

A,B Arbeitsanschlüsse
X Steuerdruckanschluss
T Leckölanschluss

von außen und gegen Schmierölverluste zu schützen. Hier haben sich verschiedene Lösungen bewährt [4.86]. Unübertroffen unter den schweren Bedingungen des Baumaschineneinsatzes ist die Gleitringdichtung, Bild 4-72 zeigt ihren Aufbau. Sie dichtet in der Gleitstelle 1 zwischen zwei Gleitringen 2 aus Hartguss (60 HRC, geläppt) ab. Im Gleitringspalt 4 kann sich ein Schmierstoffdepot (Öl oder Fett) bilden. Außerdem steht dieser Spalt bei Verschleiß der Gleitringflächen als Reserve zur Verfügung. Von den elastischen Rundringen 3 wird erwartet, dass sie eine Federwirkung, eine statische Abdichtung und eine Traktionskraft auf die Gleitringe hervorbringen. Sie werden aus Fluor-Kautschuk (FPM) hergestellt, wenn es um Temperaturbeständigkeiten zwischen -40 und +180 °C geht. Gleitringdichtungen dieser Bauart finden auch in vielen anderen Triebelementen (z. B. Laufrollen von Kettenfahrwerken) Anwendung.

Kompakte Fahrwerksantriebe werden in Baureihen angeboten. Tafel 4-9 enthält auszugsweise eine Übersicht wichtiger technischer Daten. Die im Bild 4-73 gezeigte Lösung wird hauptsächlich für Turas- oder Einzelradantriebe kleiner Maschinen (Minibagger) benutzt. Das Schaltschema gilt für einen Schaltmotor mit integriertem Druckbegrenzungsventil, angebautem Fahrbremsventil und mechanischer Haltebremse. Die Bremse wird ohne zusätzliche Leitungen und Anschlüsse intern mit Hochdruck versorgt und dadurch beim Fahren gelüftet. Integrierte Shockless-Sekundärventile ermöglichen ein weiches Anfahren oder Abbremsen. Das Bremsventil schützt den Motor bei Generatorbetrieb vor Kavitation.

Die Turasantriebe der Standardbagger (bis 24 t) sind vergleichbar ausgeführt. Es überwiegen Schaltmotoren in Schrägachsenbauweise für den offenen Kreislauf. Auch hier wird das Bremsventil integriert. Mit einem Druckreduzierventil wird der Steuerdruck auf niedrigerem Niveau zur Betätigung der Haltebremse erzeugt. Drücke kleiner als der Bremsenschaltdruck werden nicht auf die Bremse geleitet, um bei jedem Umlaufdruck die volle Bremswirkung zu erhalten. Nach diesem Prinzip lässt sich mit wenigen Schaltmotorbaugrößen und mit Motorschluckvolumen zwischen 55 und 107 cm³ die Baureihe für Standardbagger abdecken.

Einzelradantriebe garantieren eine bessere Bodenfreiheit. Das kann im Gelände von großem Vorteil sein. Trotzdem besitzen die Standardbagger mit Radfahrwerk (Mobilgeräte) in der Regel Achsantriebe (Bild 4-67). Auch diese stehen als kompakte Antriebskomponenten zur Verfügung. Die Baureihen namhafter Hersteller reichen für Maschinenbreiten von 1,5 bis 3,5 m, Achslasten bis 45 t und Raddrehmomente bis 220 kN·m. Schematisch ist der Aufbau einer solchen Triebachse im Bild 4-74 dargestellt. Der in der Mitte des Baggers angeordnete Antrieb 9 (Schalt- und Verteilergetriebe; Hydromotor) kann über Kardanwellen auch zwei Achsen gleichzeitig bedienen. Eine davon muss als Lenk-Antriebsachse ausgeführt werden (Bild 4-75). Sie unterscheidet sich von der nicht gelenkten Ausführung darin, dass der Antrieb über eine Kardanwelle 5 erfolgt, deren Gelenkmittelpunkt exakt auf der Drehachse des Achsschenkelgelenks 8 am gabelförmigen Ende liegt.

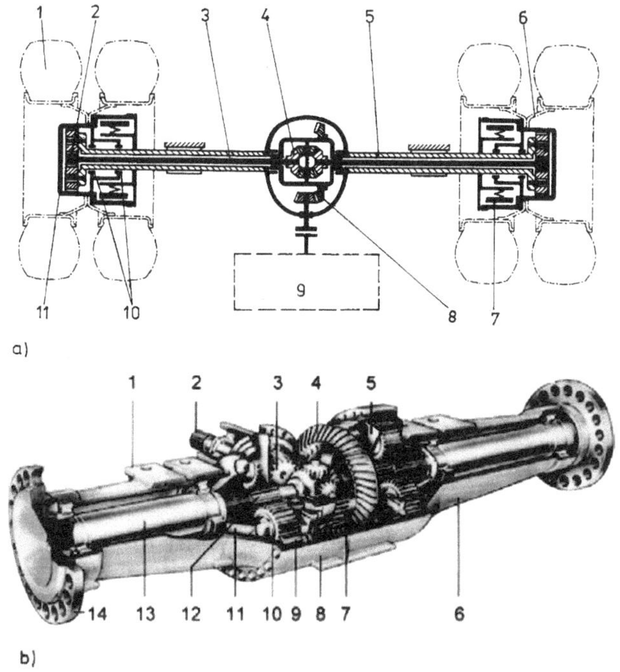

Bild 4-74 Triebachsen

a) Funktionsschema mit Planetenstufe in der Felge

1 Zwillingsreifen	7 Betriebsbremse
2 Planetenstufe	8 Kegelradstufe
3 Steck-Achswelle	9 Hydraulikmotor und Schaltgetriebe
4 Differential	10 Radlager
5 Achsgehäuse (-brücke) und Planetenträger	11 Radnabe
6 Felge	

b) Schnittdarstellung mit Planetenstufe im Differential

1 Rahmenstützfläche	8 Mittelgehäuse
2 Kegelradwelle für Antrieb	9 Hohlrad
3 Kegelrad	10 Planetenrad
4 Tellerrad	11 Planetenträger
5 Scheibenbremse	12 Sonnenrad
6 Achsgehäuse (Achsbrücke)	13 Achswelle
7 Differential	14 Achsnabe

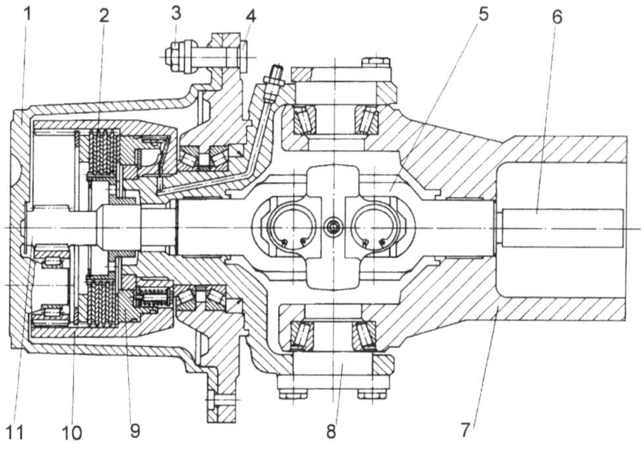

Bild 4-75 Lenk-Antriebsachse [3.267]

1 Radnabe und Planetenträger	7 Achsgehäuse (Achsbrücke)
2 Lamellenbremse	8 Achsschenkelgelenk
3 Radmutter	9 Bremsenbetätigung (Kolben)
4 Radbolzen	10 Planetenhohlrad
5 Kardangelenk	11 äußere Achswelle mit Sonnenrad
6 innere Steckachswelle	

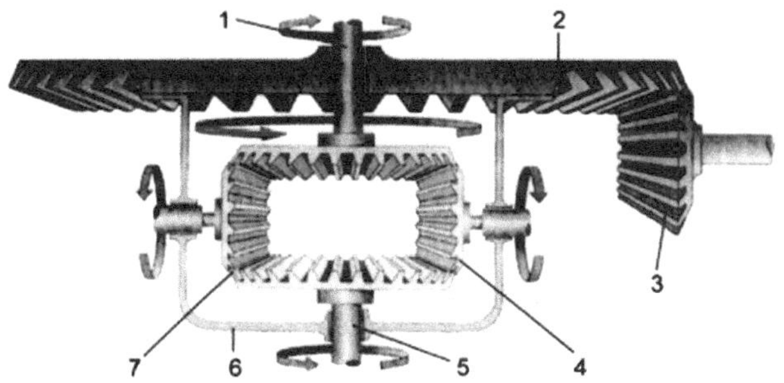

Bild 4-76 Kegelraddifferential [3.267]

1 Achswelle links	5 Achswelle rechts
2 Tellerrad	6 Differentialkorb
3 Antriebskegelrad	7 Achskegelrad (2 Stück)
4 Ausgleichskegelrad (4 Stück)	

Das große Fahrantriebsdrehmoment wird immer erst unmittelbar am Rad erzeugt. Deshalb besitzen diese Achsen ein mechanisches Untersetzungsgetriebe (Planetenstufe 2, s. Bild 4-74a). Es kann in der Radnabe 11 oder im Mittelgehäuse unmittelbar nach dem Differential (Bild 4-74b) angeordnet sein. Ansonsten sind Antriebsachsen von zweiteiligen hohlen Achsbrücken 5 mit Steckwellen 3 und einem Ausgleichsgetriebe 4 (Differential) gekennzeichnet.

Das Differential (Kegel- oder Schneckenraddifferential; NoSpin-Differential) gleicht Drehzahldifferenzen der Räder einer Achse (z. B. bei Kurvenfahrt) aus und verteilt das Antriebsdrehmoment gleichmäßig. Am häufigsten werden Kegelraddifferentiale (Bild 4-76) eingesetzt. Sie bestehen aus vier Ausgleichskegelrädern 4, die über ein Achsenkreuz im Differentialkorb 6 gelagert sind. Im Eingriff mit diesen befinden sich weitere zwei Achskegelräder 7, die ihrerseits mit den nach links und rechts abgehenden Achswellen 1 und 5 verbunden sind. Am Differentialkorb ist das die Antriebsleistung einleitende Tellerrad 2 befestigt.

Bei ungestörter Geradeausfahrt werden Antriebsdrehzahl und -drehmoment zu gleichen Anteilen auf beide Abtriebsseiten übertragen. Unterschiedliche Abtriebsdrehzahlen (z. B. Kurven- oder Geländefahrt) wirken auf die Achskegelräder zurück. Sobald diese einen Drehzahlunterschied aufweisen, beginnen die Ausgleichskegelräder sich um ihre eigene Achse zu drehen und wälzen sich dabei auf den Achskegelrädern ab. Die kurveninnere Fahrwerksseite läuft langsamer, erfährt aber das gleiche Drehmoment.

Besonders bei Geländemaschinen ist von Nachteil, dass nur so viel Drehmoment übertragen werden kann, wie es die Fahrwerksseite mit der geringsten Traktion zulässt. Die Achse erzeugt keinen Vortrieb mehr, wenn die traktionsfähige Seite zum Stillstand kommt und die andere Seite durchdreht. Deshalb werden Differentiale bevorzugt, bei denen im Bedarfsfall die Ausgleichswirkung ausgeschaltet oder begrenzt werden kann. Das geschieht konstruktiv, indem man eine starre Verbindung zwischen den Seiten herstellt, die durchdrehende Seite abtrennt oder abbremst.

In mobilen Baumaschinen werden bevorzugt schaltbare Sperrdifferentiale eingesetzt. Das Ausführungsbeispiel nach Bild 4-77 enthält dafür zwei zusätzliche Druckringe 11 sowie Lamellenkupplungen (8, 9). Die beiden Druckringe nehmen in vier Ausfräsungen 5 (Keilflächen) die Achsen 2 der Ausgleichskegelräder 4 auf und greifen mit ihren Mitnehmern in den Differentialkorb 6 ein. Dadurch sind sie drehfest mit dem Korb verbunden, können sich aber längs in Achsrichtung verschieben. Die Lamellenkupplungen verbinden den Korb mit den Achskegelrädern kraftschlüssig.

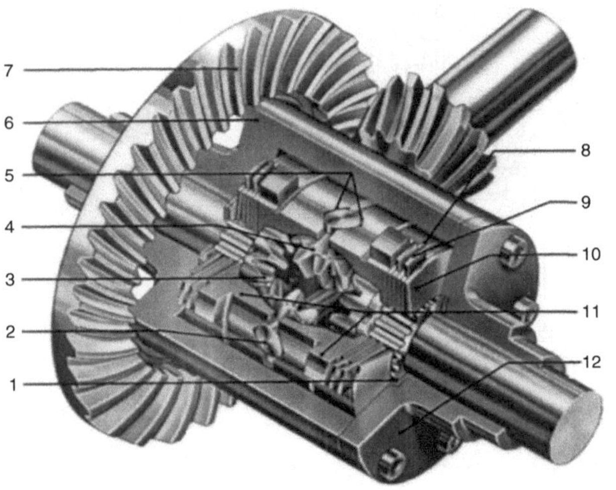

Bild 4-77 Selbstsperr-Kegelraddifferential mit Lamellenkupplung [3.267]

1 Anlaufscheiben
2 Achse des Ausgleichskegelrads
3 Achskegelrad
4 Ausgleichskegelrad
5 Keilflächen (Ausfräsung) zur Spreizung der Druckringe
6 Differentialkorb
7 Tellerrad
8 Innenlamelle
9 Außenlamelle
10 Tellerfeder
11 Druckring
12 Deckel

Bei ungestörter Geradeausfahrt wird über die Druckringe und Ausgleichskegelräder der größere Anteil und über die Lamellen der Rest des Drehmoments geleitet. Wenn es zum Durchdrehen einer Abtriebsseite kommt, so verdrehen sich die Ausgleichskegelräder um ihre eigene Achse (konisch) und spreizen dabei die Druckringe auseinander. Daraus entsteht auf das Lamellenpaket eine Anpresskraft, die zur Übertragung eines höheren, lastabhängigen Drehmoments beiträgt. Das Aufteilungsverhältnis des Drehmoments wird vom Winkel der Keilflächen und der Anzahl Lamellenreibpaarungen bestimmt. Die erzielbare Drehmomentendifferenz zwischen den Fahrwerksseiten wird als Sperrwert bezeichnet. Er beträgt etwa 40 bis 45 % vom eingeleiteten Antriebsdrehmoment.

Standardbagger werden fast ausschließlich mit Verstellmotoren hoher Wandlung ausgerüstet. Diese Lösung ergibt sich aus Kostengründen. Sie sollen hohe Fahrgeschwindigkeiten im Straßenverkehr (bis 50 km/h) erreichen, aber ebenso manövrierfähig im Gelände sein. Zweistufen-Lastschaltgetriebe oder im Stillstand schaltbare Getriebe reichten bisher aus, um mit der Verstellung von Pumpe und Motor eine ausreichende Wandlung zu erzeugen. An neuen Konzepten für hohe Wandlungen bei geringem Verlust und ohne Zugkraftunterbrechung wird gearbeitet. Lösungen, die sich beim Radlader bewährt haben (s. Abschn. 4.5), finden auch beim Bagger Anwendung. Es handelt sich dabei um Zweimotorenantriebe im offenen Kreislauf, wobei der größere Motor als Nullhubmotor ausgeführt ist. Bekanntlich kann man diesen Nullhubmotor auch noch mechanisch abkoppeln, um den Wirkungsgrad zu verbessern (s. Abschn. 3.1.3).

Turasantriebe von Großbaggern werden zunehmend auch mit Verstellmotoren ausgestattet. Wenn die Leistung eines einzelnen Motors nicht ausreicht, werden Turasgetriebe für den Anschluss mehrerer Axialkolbenmaschinen gestaltet (s. Tafel 4-9).

Zahlenbeispiel

Gesucht: Auswahlgrößen für einen Turasantrieb

Gegeben:	Eigenmasse des Baggers	$m_e = 33$ t
	Turasdurchmesser	$d_T = 753$ mm
	Betriebsdruck	$\Delta p = 350$ bar
	Fahrgeschwindigkeit	$v_F = 3$ km/h
	Steigungswinkel	$\alpha = 15°$
	Wirkungsgrad (Triebelemente)	$\eta = 0{,}9$
	Kette mit 3-Stegplatten auf Erdstoff.	

Lösung:

Die rechnerische Bemessung zwecks Auswahl kompletter Fahrwerksantriebe kann vereinfachend vorgenommen werden. Exakte Fahrwiderstandsmodelle, wie im Abschnitt 3.6 behandelt, sind nicht erforderlich. Die Bemessung orientiert sich an der Traktionsfähigkeit der Kette und damit am maximalen Turasdrehmoment. Der Kraftschlussbeiwert beträgt $\mu_K = 0{,}85$ und der Bewegungswiderstand $\mu_B = 0{,}08$ (s. Tafel 3-47). Für das maximal übertragbare Abtriebsdrehmoment gilt dann

$$M_2 = \frac{m_e\, g\, d_T\, \mu_K}{4} = \frac{33000\, kg \cdot 9{,}81 \frac{m}{s} \cdot 753\, mm \cdot 0{,}85}{4} = 51800\, N \cdot m.$$

Beide Antriebe verfügen damit an der Steigung über eine maximale Zugkraft von:

$$F_Z = \frac{4 M_2\, \eta \cos\alpha}{d_T} = \frac{4 \cdot 51800\, N \cdot m \cdot 0{,}9 \cdot 0{,}966}{753\, mm} = 239211\, N.$$

Sie muss mindestens die Anteile aus reinem Fahrwiderstand (Geradeausfahrt) mit

$$F_F = m_e g\, \mu_B \cos\alpha = 33000 kg \cdot 9{,}81 \frac{m}{s^2} \cdot 0{,}08 \cdot 0{,}966 = 25016 N$$

und aus dem Steigungswiderstand mit

$$F_S = m_e g \sin\alpha = 33000\, kg \cdot 9{,}81 \frac{m}{s^2} \cdot 0{,}259 = 83787 N$$

enthalten. Es zeigt sich, dass genügend Reserven für Kurvenfahrt oder zum Verrichten von Arbeiten (Planieren) vorhanden sind.

Bei diesem Antrieb wird auf einen Hydraulikmotor der Type A2FE 80 (Mannesmann Rexroth AG, Lohr a. Main) orientiert. Er hat ein Schluckvolumen von $V_g = 80{,}4$ cm^3 und besitzt bei Vernachlässigung der Verluste ein Drehmoment

$$M_1 = \frac{V_g\, \Delta p\, \eta_{hm}}{20 \cdot \pi} = \frac{80{,}4\, cm^3 \cdot 350\, bar \cdot 1{,}0}{20 \cdot \pi} = 448\, N \cdot m.$$

Daraus errechnet sich die notwendige Untersetzung für das integrierte Getriebe mit

$$i = \frac{M_2}{M_1} = \frac{51800\, N \cdot m}{448\, N \cdot m} = 116.$$

Der Hersteller des kompakten Fahrantriebs gibt in seinen Unterlagen eine Standarduntersetzung von $i = 120{,}5$ an, sie wird gewählt. Unter diesen Bedingungen beträgt die Turasdrehzahl

$$n_2 = \frac{v_F}{\pi\, d_T} = \frac{3\, km/h \cdot 1000}{\pi \cdot 60 \cdot 0{,}753\, m} = 21{,}1\, \text{min}^{-1}$$

und die Motordrehzahl mit $n_1 = i\, n_2 = 120{,}5 \cdot 21{,}1$ min^{-1} = 2543 min^{-1}. Abschließend sind Drehzahlgrenzwerte des Hydraulikmotors zu überprüfen. Den zulässigen Wert für die maximale Drehzahl gibt der Hersteller mit $n_{1max} = 3350$ min^{-1} an.

Als minimaler Wert kann für Axialkolbenmotoren $n_{1\min} = 50\ \text{min}^{-1}$ gelten, um ungleichförmige Drehbewegungen auszuschließen. Mit den Daten dieses Beispiels errechnet sich dann eine einstellbare minimale Fahrgeschwindigkeit von

$$v_F = \frac{\pi n_1 d_T}{i} = \frac{\pi \cdot 50\,\text{min}^{-1} \cdot 753\,mm}{120{,}5} = 0{,}06\,km/h.$$

Für die Auslegung und Bemessung von Fahrwerksantrieben oder die allgemeine Simulation hydrostatischer Antriebsvorgänge stehen auch geeignete Softwareprodukte zur Verfügung [3.57] [4.87] bis [4.90], die eine genauere Analyse erlauben.

4.2.2.3 Drehwerksantriebe

Für die Drehbewegung des Oberwagens wird wie bei den Fahrwerken ein kompakter, hydrostatischer Antrieb 1 benutzt, siehe Bild 4-78. Er überträgt das Drehmoment zwischen Ober- und Unterwagen über eine offene Stirnradverzahnung (Ritzel 2 und Radkranz 3). Da die Drehbewegung einen hohen Anteil der Arbeitsspieldauer ausmacht, beeinflusst man mit der Gestaltung dieses Antriebs die Leistungsfähigkeit eines Baggers in hohem Maße. Untersuchungen haben ergeben, dass mit einem optimalen Drehwerk die Arbeitsleistung des Baggers um bis zu 20 % verbessert werden kann [3.34]. Das ist verständlich, da die Drehbewegung bis zu 70 % der Arbeitsspieldauer ausmachen kann (Bild 4-25).

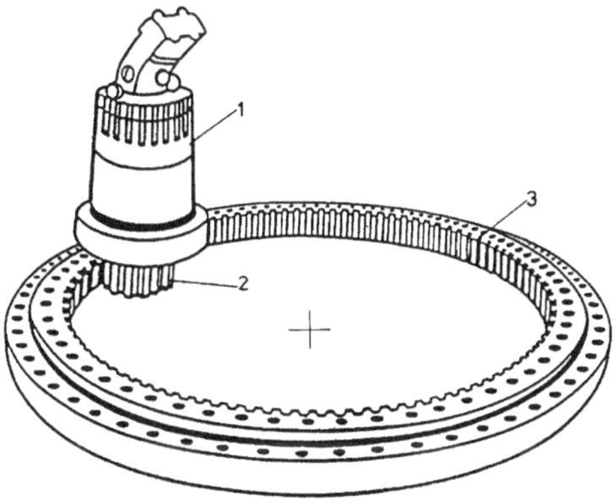

Bild 4-78 Drehwerksantrieb

1 kompakter hydrostatischer Antrieb
2 Ritzel
3 Radkranz

Bei der Beschreibung der hydrostatischen Konzepte wurde gezeigt, dass Drehwerksantriebe häufig im geschlossenen Kreislauf und mit eigenen Stromerzeugern ausgestattet sind [4.91] [4.92]. Man kann dadurch Eigenmasse und vor allem Energie einsparen. Welchen Einfluss das Antriebskonzept auf die Verlustenergie haben kann, zeigt Bild 3-57. Dabei fällt die Drehmomentensteuerung als besonders verlustarm auf. Sie ist heute sehr verbreitet und besteht, wie Bild 4-79 zeigt, aus der Kopplung von Verstellpumpe und Konstantmotor im geschlossenen Kreislauf. Der 4-Quadrantenbetrieb der Verdrängermaschinen ermöglicht es, dass die Bremsenergie in das System zurückgeführt wird. Mit Hilfe eines Regelventils wird das Verdrängervolumen der Pumpe so beeinflusst, dass gewollte Betriebsdrücke p_1, p_2 entstehen, die unabhängig vom Volumenstrom bleiben. Die Einstellung des Betriebsdrucks und die Vorwahl der Drehrichtung erfolgt stufenlos über die Steuerdrücke p_{V1}, p_{V2}.

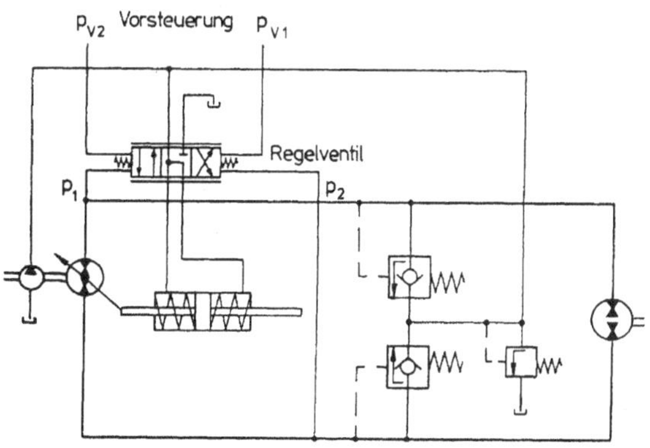

Bild 4-79 Drehmomentensteuerung eines Drehwerks

Wegen dieser Drehmomentensteuerung ist unbedingt eine Grenzlastregelung nötig, was die Kosten dieser Lösung ansteigen lässt. Die Druckbegrenzung spricht nur bei Druckspitzen an, die nicht ausgeregelt werden können. Es wird die Leistungsaufnahme der Pumpen über die lastabhängige Drehzahl des Dieselmotors beeinflusst. In [4.91] bis [4.93] werden mechanisch-hydraulische und elektrisch-hydraulische Regeleinrichtungen beschrieben.
Heute finden zunehmend elektronische Regelungen Verwendung [4.74]. Eine Lösung mit Microcontroller (MC) in Verbindung mit Proportionaltechnik wird im Bild 4-80 vorgestellt. Die Verstelleinrichtung der Pumpe besitzt eine induktive Wegrückführung zum MC. Dadurch entsteht ein unterlagerter Regelkreis. Die am Hydromotor anstehenden Systemdrücke p_A, p_B und die Istdrehzahl n_M werden gemessen und stehen für Regelstrategien zur Verfügung. Das Wegeventil wird von Proportionalmagneten gesteuert. Ein Handsteuergeber gibt die gewünschte Drehzahl des Antriebs als Sollwert vor. Jeder Drehzahl ist ein Schwenkwinkel der Verstellpumpe zugeordnet, und der von der Pumpe erzeugte Volumenstrom ist den Magnetströmen I_A und I_B proportional. Wird vom Handsteuergerät kein Drehzahlsollwert vorgegeben, so schließt das Ventil die beiden Pumpenverstellkammern kurz, und die Pumpe schwenkt in die Nullage.
Neben dieser Regelung der Pumpenverstellung ist eine Druckbegrenzung zwingend nötig, da es ganz bestimmte Betriebszustände gibt, wo der sich einstellende Betriebsdruck zum Ansprechen der Überdruckventile führt. Um die dabei erzeugten Verluste zu vermeiden, wird der Systemdruck überwacht. Bei unzulässigen Werten reagiert die Pumpe mit Rückschwenken. Außerdem ist wegen der notwendigen Überlagerung von Arbeitsbewegungen die übliche Leistungsbegrenzung der Pumpe vorzunehmen. Die erforderlichen Regelsignale werden dem MC aus übergeordneten Quellen (Dieselmotor, Arbeitshydraulik) zugeführt. Weitere Regel-, Überwachungs- oder Diagnosewünsche sind nur noch durch entsprechende Gestaltung der Software umzusetzen (s. Abschn. 3.1.4.5).
Die Gegenüberstellung der Antriebsverluste zeigt, dass es sich nur bei großen Maschinen lohnt, die noch immer hohen Kosten für Regeleinrichtungen aufzubringen. Große Bagger werden als Leistungsmaschinen bezeichnet und auch als solche eingesetzt. Hier rechnen sich in der Gesamtbilanz von Treibstoffeinsparungen auch die Mehrkosten für Regeleinrichtungen. Bei kleinen Maschinen überwiegt die Universalität und Verfügbarkeit im Bedarfsfall. Deshalb kann man die Größe der Verluste als Kostenfaktor vernachlässigen. Die Vielfalt antriebstechnischer Lösungen ist hier berechtigt.

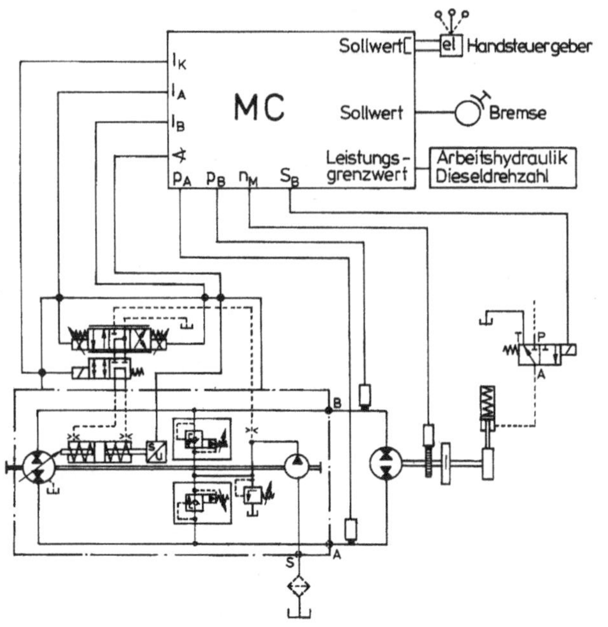

Bild 4-80 Drehmomentensteuerung eines Drehwerksmittels Microcontroller MC (Bosch Rexroth AG, Lohr a. Main)

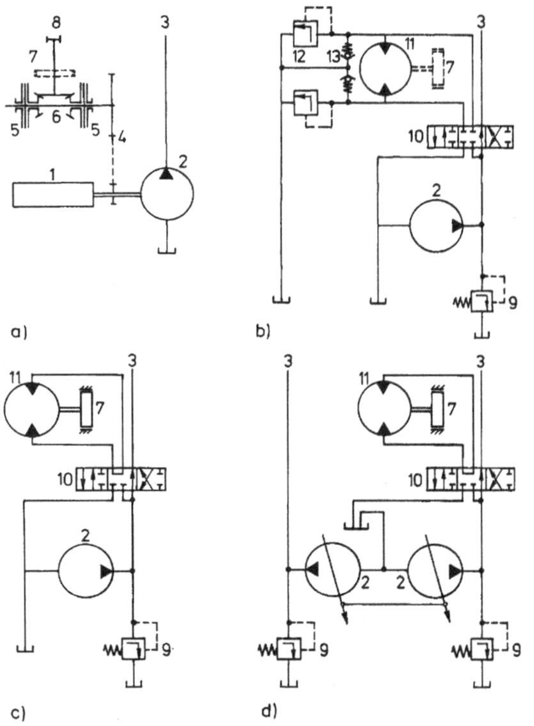

Bild 4-81 Schaltschemata für Drehwerksantriebe

a) mechanischer Antrieb
b) hydrostatischer Antrieb im offenen Kreislauf für hydrostatisches Bremsen
c) hydrostatischer Antrieb im offenen Kreislauf für mechanisches Bremsen
d) hydrostatischer Antrieb im offenen Kreislauf für mechanisches Bremsen und mit Summenleistungsregelung

1 Dieselmotor
2 Pumpe
3 andere hydrostatische Verbraucher
4 offenes Vorgelege
5 Reibungskupplung
6 Kegelradstufen
7 mechanische Bremse
8 Drehwerksritzel
9 Druckventil
10 Wegeventil
11 Motor
12 Druckventil
13 Rückschlagventil

Zusammenfassend ergeben sich für Drehwerksantriebe die folgenden komplexen Anforderungen:

- Drehmomentensteuerung (Einleiten eines Beschleunigungsmoments in Abhängigkeit von der Drehzahl)
- hydrostatisches Bremsen in beiden Drehrichtungen
- Leistungsbegrenzung der Drehwerkspumpe.

Bild 4-81 zeigt einige Ausführungen klassischer Drehwerksantriebe. Den mechanischen Antrieb nach Bild 4-81a findet man nur noch selten, bei sonst ausschließlich hydrostatischen Lösungen. Der Vorzug der Mechanik besteht darin, dass sich das Abbremsen einer großen Oberwagenträgheit durch Kontern der Reibungskupplungen 5 einfach realisieren lässt. Mechanische Bremsen 7 dienen dabei zur Unterstützung und zum Halten (Haltebremse) des Oberwagens. Die Kupplungen werden thermisch hoch belastet. Antriebsverluste entstehen durch Reibungswärme. Wenn keine der Kupplungen bzw. Bremsen betätigt wird, entsteht Freilauf.

Der hydrostatische Antrieb im Bild 4-81b ist als offener Kreislauf gestaltet. Mit dem Wegeventil 10 wird die Drehrichtung bestimmt. In der Ventilmittelstellung erfolgt hydrostatisches Bremsen, wenn der Oberwagen mit seiner Trägheit den Hydraulikomotor 11 antreibt und ihn dabei zur Pumpe werden lässt. Hydrauliköl wird über das Rückschlagventil 13 angesaugt. Der Bremsdruck kann an den Druckventilen 12 eingestellt werden. Beschleunigungs- und Bremsmoment haben etwa die gleiche Größe. Auch hier besitzt die mechanische Bremse 7 ergänzende Eigenschaften oder Haltefunktionen.

Mit der Antriebsvariante nach Bild 4-81c kann nur mechanisch verzögert werden. Hiermit lassen sich wunschgemäß größere Brems- als Beschleunigungsmomente erzielen. Schließlich ergibt sich auch die Möglichkeit einer Summenleistungsregelung für zwei Pumpen nach Bild 4-81d. Alle gezeigten Ausführungen können untereinander gekoppelt werden.

Unter der Annahme einer konstanten Drehzahl (Dieselmotor), eines konstanten Massenträgheitsmoments (Oberwagen) und Wirkungsgrads, lassen sich die Unterschiede des Beschleunigungs- und Bremsverhaltens der Antriebsausführungen nach Bild 4-81 auch analytisch bewerten [4.94]:

Drehbeschleunigung mit mechanischem Antrieb oder Hydraulikkonstantpumpe (Bild 4-81a)

Das Antriebsmoment M_A von einer mechanischen Kupplung oder einem Hydraulikmotor ist konstant. Demnach wird im Zeitintervall von $0 \le t \le t_2$ auch die Beschleunigung konstant sein. Es ergeben sich dafür die nachstehenden Beziehungen und die in Bild 4-82a gezeigten grafischen Zusammenhänge

$$\ddot{\varphi} = \frac{M_A}{J} = konst.; \quad \dot{\varphi} = \frac{M_A}{J}t\,; \quad \omega_2 = \frac{M_A}{J}t_2\,;$$

$$\varphi = \frac{M_A}{J}\frac{t^2}{2}; \quad \varphi_2 = \frac{M_A}{J}\frac{t_2^2}{2}; \quad P_b = \frac{M_A \omega_2}{2}. \tag{4.2}$$

Es bezeichnen:
J Massenträgheitsmoment
φ Drehwinkel
ω Winkelgeschwindigkeit
P_b Beschleunigungsleistung.

Mechanischer und hydrostatischer Antrieb unterscheiden sich in ihrer Beschleunigungsphase nur durch die dabei entstehenden Verluste. Sie werden entweder als Reibungs- oder als Drosselverluste hervorgerufen.

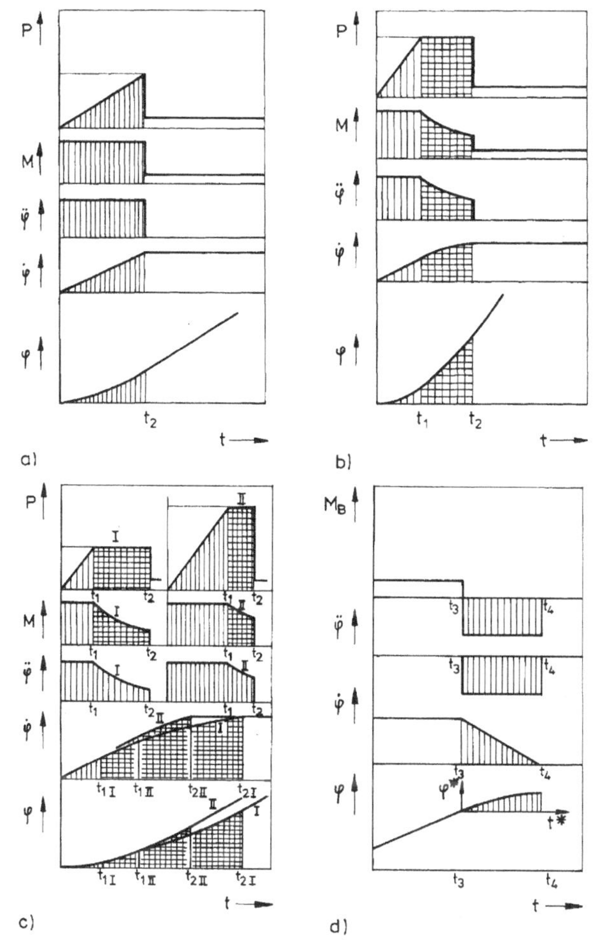

Bild 4-82 Verhältnisse beim Drehen

a) Drehbeschleunigung mit mechanischem Antrieb oder Hydraulikkonstantpumpe
b) Drehbeschleunigung mit Einzelregelpumpe
c) Drehbeschleunigung mit Summenleistungsregelpumpen
d) Drehverzögerung (Bremsen) mit mechanischer Bremse oder hydraulischer Drosse

Drehbeschleunigung mit Einzelregelpumpe (Bild 4-81b, aber mit Verstellpumpe)
Wie bei der Konstantpumpe steht auch hier dem Drehwerk zu Beginn der Beschleunigung die gesamte Pumpenleistung zur Verfügung ($0 \leq t \leq t_1$). Erst im Zeitintervall $t_1 \leq t \leq t_2$ werden Pumpendruck und -volumenstrom von der Leistungshyperbel bestimmt. Es ergeben sich die nachstehenden Beziehungen und die in Bild 4-82b gezeigten Zusammenhänge für M_A = konst. im Zeitintervall $0 \leq t \leq t_1$ und P = konst. im Intervall $t_1 \leq t \leq t_2$

$$\ddot{\varphi}\dot{\varphi} = \frac{M_{A1}\,\omega_1}{J}; \quad \dot{\varphi} = \sqrt{\frac{2M_{A1}\,\omega_1 t}{J} - \omega_1^2}\;;$$

$$\omega_2 = \sqrt{\frac{2M_{A1}\,\omega_1\, t_2}{J} - \omega_1^2} \quad \text{für } t_1 \leq t \leq t_2\,. \tag{4.3}$$

Mit dem Regelverhältnis der Pumpe $R = \omega_2/\omega_1$ wird aus Gl. (4.3)

$$t_2 = \frac{J}{2M_{A1}}\omega_1(R^2+1) \quad \text{bzw.} \quad t_2 = \frac{t_1}{2}(R^2+1). \tag{4.4}$$

Der Winkel, mit dem sich der Oberwagen verdreht, berechnet sich nach

$\varphi = \int \dot{\varphi}(t)\,dt + C$ und mit Gl. (4.3) nach

$$\varphi = \frac{J}{6M_{A1}\,\omega_1}(2\omega^3 + \omega_1^3) \quad \text{für } t_1 \leq t \leq t_2\,;$$

$$\varphi_2 = \frac{J}{6M_{A1}}\omega_1^2(2R^3+1) \quad \text{bzw.} \quad \varphi_2 = \frac{\varphi_1}{3}(2R^3+1)\,. \tag{4.5}$$

Drehbeschleunigung mit Summenleistungsregelpumpen (Bild 4-81d)
Die Summe der Leistungen beider Pumpen im Intervall $t_1 \leq t \leq t_2$ ist konstant. Auf das Drehwerk kann die gesamte hydrostatische Leistung übertragen werden, wenn kein anderer Leistungsbedarf ansteht. Die Leistungshyperbel im Abschnitt I in Bild 4-82c gilt für den Fall, dass beide Pumpen gleiche Leistungsanteile beanspruchen. Wenn auf eine Pumpe die gesamte Motorleistung gelenkt wird, gilt die Leistungshyperbel für den Abschnitt II. Wegen der mechanischen Kopplung beider Pumpen ist deren Schwenkwinkel und damit auch deren Förderstrom gleich groß. Zum Zeitpunkt t_1 beträgt er $Q_{11} = Q_{12}$. Die Regelung erfolgt über die Summe p_{11} und p_{12} beider Pumpendrücke. Damit gilt $P_b = (p_{11} + p_{12})Q_{11}$. Im praktischen Betrieb werden die Arbeitszustände zwischen den Leistungshyperbeln I und II liegen. Analytisch lässt sich die Summenleistungsregelung mit den bereits abgeleiteten Gln. (4.2) bis (4.5) beschreiben.

Drehverzögerung (Bremsen) mit hydraulischer Drossel oder mechanischer Bremse (Bild 4-81b oder c)
Es wird angenommen, dass das Druckbegrenzungsventil bzw. die mechanische Bremse ein konstantes Bremsmoment (s. Bild 4-82d) im Intervall $t_3 \leq t \leq t_4$ hervorbringen. Zum Zeitpunkt t_3 besitzt der Oberwagen die Winkelgeschwindigkeit $\dot{\varphi}_3$, und es beginnt die Wirkung des Bremsmoments M_B = konst. Daraus ergibt sich eine Verzögerung

$$\ddot{\varphi} = -\frac{M_B}{J} \quad \text{im Zeitintervall } t_3 \leq t \leq t_4\,. \tag{4.6}$$

Gl. (4.6) gilt nur für konstante Brems- und Massenträgheitsmomente, obwohl J eine Funktion von der Arbeitsstellung des Oberwagens ist. Durch Integration von Gl. (4.6) bestimmt man die Winkelgeschwindigkeit im Intervall $t_3 \leq t \leq t_4$ mit

$$\dot{\varphi} = -\frac{M_B}{J}t + C, \text{ und wegen } \dot{\varphi}_4 = 0 \text{ bei } t = t_4$$

werden $C = \frac{M_B}{J}t_4$ sowie $\dot{\varphi} = -\frac{M_B}{J}(t_4 - t)$.

Durch eine Koordinatentransformation der Formen

$$\varphi = \varphi^* + \varphi_3\,; \quad \varphi_4 = \varphi_4^* + \varphi_3 \text{ bzw. } t = t^* + t_3;\; t_4 = t_4^* + t_3$$

in Gl. (4.6) erhält man nach mehrmaliger Integration

$$\dot{\varphi}^* = \frac{M_B}{J}(t_4^* - t^*) \text{ und } \varphi^* = \frac{M_B}{J}\left(t^* t_4^* - \frac{t^{*2}}{2}\right)$$

für das Intervall $0 \leq t^* \leq t_4^*$.

Nach Rückführung der Transformation wird

$$\varphi - \varphi_3 = \frac{M_B}{J}\left[(t_4 - t_3)(t - t_3) - 0{,}5(t - t_3)^2\right], \text{ und mit}$$

$$t_4 = \frac{J}{M_B}\dot{\varphi}_3 + t_3 \text{ entsteht die Beziehung}$$

$$\varphi = \dot{\varphi}_3(t - t_3) - \frac{M_B}{2J}(t - t_3)^2 + \varphi_3 \text{ im Intervall } t_3 \leq t \leq t_4\,.$$

Durch weitere Bearbeitung ergibt sich schließlich

$$\varphi_4 = \frac{M_B}{J}\frac{(t_4 - t_3)^2}{2} + \varphi_3 \text{ bzw. } \varphi_4 = \frac{1}{2}\frac{J}{M_B}\varphi_3^2 + \varphi_3 . \qquad (4.7)$$

Optimale Oberwagendrehzahl

Bild 4-83 zeigt schematisch die Spielzeitanteile eines Schwenkarbeitsspiels mit den Bewegungsphasen Beschleunigen, Beharren und Bremsen. Dabei wird angenommen, dass die Hin- und Rückschwenkwinkel Φ gleich groß sind. Ungleich ist in jedem Falle das Massenträgheitsmoment ($J > J_0$), da beim Rückschwenken das Arbeitswerkzeug entleert ist, siehe Bild 4-84.

Demnach gilt $t_E > t_B$, und die gesamte Spielzeit einer Schwenkbewegung beträgt

$t_{ges} = t_A + t_B + t_C + t_D + t_E + t_F$.

Mit Gl. (4.4) wird

$$t_A = \frac{J}{2M}\omega_1(R^2+1) = \frac{J}{2M}\frac{\omega_2}{R}(R^2+1).$$

Im Intervall $t_2 \le t \le t_3$ beträgt die Schwenkzeit bei konstanter Winkelgeschwindigkeit $t_B = \varphi_B / \omega_2$, und mit

$$\Phi = \varphi_A + \varphi_B + \varphi_C \text{ gilt dann } t_B = \frac{\Phi - (\varphi_A + \varphi_C)}{\omega_2}.$$

Benutzt man die Gln. (4.5) und (4.7) mit $\omega_2 = \omega_3$ und dem Drehmomentenverhältnis $k = M_B / M_A$, so ergibt sich

$$t_B = \frac{1}{\omega_2}\left[\Phi - \frac{J\omega_2^2}{6M_A R^2}(2R^3 + 3\frac{R^2}{k} + 1)\right].$$

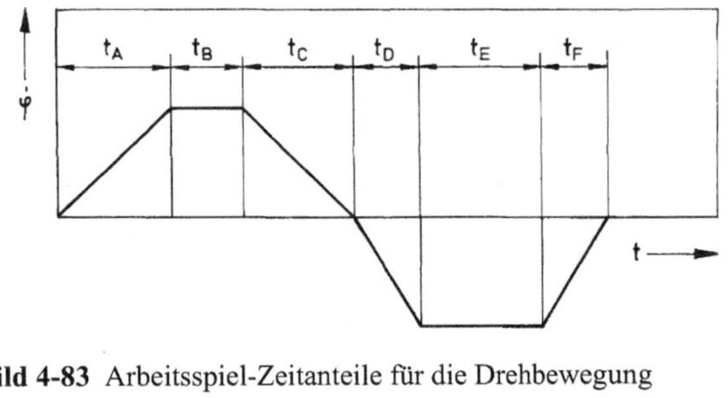

Bild 4-83 Arbeitsspiel-Zeitanteile für die Drehbewegung

$t_A + t_B + t_C$ Zeitanteile des Grabvorgangs (gefüllter Löffel)
$t_D + t_E + t_F$ Zeitanteile des Entleerungsvorgangs (entleerter Löffel)

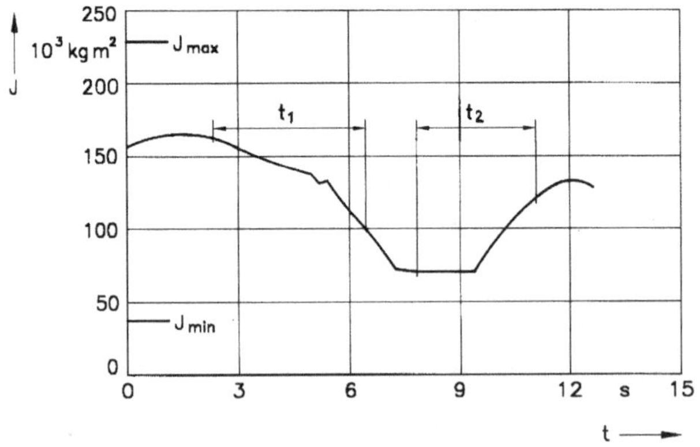

Bild 4-84 Veränderung des Oberwagen-Massenträgheitsmoments für einen Bagger mit m_{eB} = 22 t über ein Arbeitsspiel mit 90° Drehwinkel [4.52]

t_1 Drehen mit gefülltem Löffel
t_2 Rückdrehen mit entleertem Löffel

Für einen weiteren Spielzeitanteil gilt

$$t_C = t_4 - t_3 = \frac{J}{M_B}\omega_2 = \frac{J}{k M_A}\omega_2 .$$

Analoge Beziehungen erhält man für die Spielzeitanteile t_D, t_E und t_F mit entleertem Grabgefäß, indem J durch J_0 ersetzt wird.

Optimal arbeitet ein Drehwerk, wenn die Dauer des Drehspiels minimal ist, d. h., wenn $dt_{ges} / d\omega_2 = 0$ wird. Das Ergebnis dieser Optimierung lautet dann

$$\omega_2 = \sqrt{\frac{12 M_A \Phi}{(J_0 + J)(R + \frac{3}{R} + \frac{3}{k} - \frac{1}{R^2})}} . \qquad (4.8)$$

Für die grafische Auswertung von Gl. (4.8) in Bild 4-85 wird die Hilfsfunktion

$$B(R,k) = R + \frac{3}{R} + \frac{3}{k} - \frac{1}{R^2}$$

eingeführt. Außerdem erhält man mit $\omega_2 = \pi n_2 / 30$ und $\Phi(°) = (180/\pi)\Phi(rad)$ eine praktisch handhabbare Gleichung der Form

$$n_2 = 264\sqrt{\frac{M_A \Phi(°)}{(J + J_0)B}} . \qquad (4.9)$$

Setzt man in

$$t_{ges} = \frac{(J + J_0)B\omega_2}{6M_A} + 2\frac{\Phi(rad)}{\omega_2} \qquad (4.10)$$

die Gl. (4.8) bzw. (4.9) ein, so erhält man die Spieldauer für das Drehen bei optimaler Oberwagendrehzahl

$$t_{opt} = 0{,}153\sqrt{\frac{(J + J_0)B\Phi(°)}{M_A}} . \qquad (4.11)$$

Die Zeit t_{opt} ist die kleinste erzielbare Spieldauer für das Drehen. Sie gilt für den Arbeitsbereich Φ, der auch bereits zur Bestimmung der optimalen Drehzahl n_2 nach Gl. (4.9) benutzt wurde. Es kann der Arbeitsbereich Φ_{vorh} von dem in Gl. (4.9) verwendeten abweichen. Unter diesen Bedingungen wird aus Gl. (4.10)

$$t_{ges} = (0{,}0773 + 0{,}0757\frac{\Phi_{vorh}(°)}{\Phi(°)})\sqrt{\frac{(J + J_0)B\Phi(°)}{M_A}} . \qquad (4.12)$$

Zahlenbeispiel

Gesucht: erforderliche Antriebsleistung P_{erf}
optimale Abtriebsdrehzahl n_2
optimale Spielzeit t_{opt}
Bewertung der Einflussgrößen und der Antriebsvarianten nach Bild 4-81

Gegeben: Eigenmasse des Baggers m_e = 20 t
Schwenkwinkel Φ = 90...120°
Massenträgheitsmoment J_0 = 146000 kgm^2 (Oberwagen, entleerter Löffel)
Massenträgheitsmoment J = 262800 kgm^2 (Oberwagen, gefüllter Löffel)
Drehmoment M_A = 76000 N·m

Lösung für Konstantpumpe und hydrostatisches Bremsen:
Mit R = 1 und k = 1 folgt aus Bild 4-85 B = 6,0, und mit Gl. (4.9) errechnet man die optimale Abtriebsdrehzahl nach

$$n_2 = 264\sqrt{\frac{M_A\Phi}{(J + J_0)B}} = 264\sqrt{\frac{76000\,N\cdot m\cdot 90°}{408800\,kgm^2\cdot 6{,}0}} = 7{,}35\,\text{min}^{-1} .$$

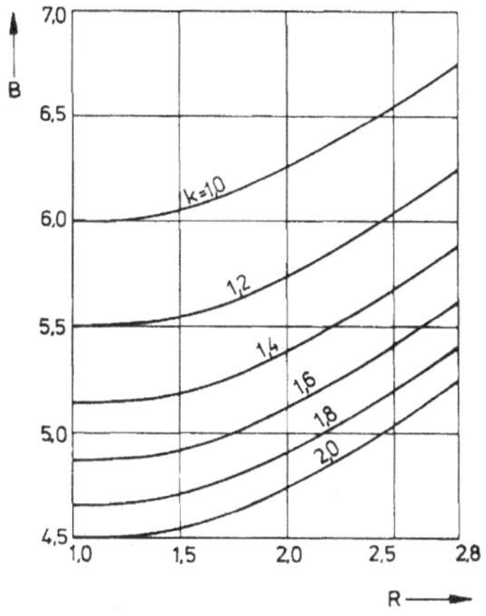

Bild 4-85 Hilfsfunktion $B(R, k)$

Die Spieldauer beträgt dann nach Gl. (4.11)

$$t_{opt} = 0{,}153 \sqrt{\frac{408800\,kgm^2 \cdot 6{,}0 \cdot 90°}{76000\,N \cdot m}} = 8{,}25\ s.$$

Für die erforderliche Antriebsleistung gilt

$$P_{erf} = M_A\,\omega_2 = 76000\,N \cdot m \cdot 2 \cdot \pi \cdot 7{,}35\,\text{min}^{-1} = 57{,}4\,kW.$$

Lösung für Konstantpumpe und mechanisches Bremsen:
Das Bremsmoment ist doppelt so groß wie das Beschleunigungsmoment. Mit $R = 1$ und $k = 2$ folgt aus Bild 4-85 $B = 4{,}5$. Nach dem gleichen Rechenweg ergeben sich folgende Ergebnisdaten: $n_2 = 8{,}50\ \text{min}^{-1}$
$t_{opt} = 7{,}15$ s
$P_{erf} = 66{,}0$ kW.

Lösung für Regelpumpe und hydrostatisches Bremsen:
Mit $R = 2{,}5$ und $k = 2$ folgt aus Bild 4-85 $B = 6{,}54$. Es ergeben sich folgende Ergebnisdaten: $n_2 = 7{,}05\ \text{min}^{-1}$
$t_{opt} = 8{,}60$ s
$P_{erf} = 23{,}0$ kW.

Lösung für Summenleistungregelung und hydrostatisches Bremsen:
Mit $R = 2{,}5{:}2 = 1{,}25$ und $k = 1$ folgt aus Bild 4-85 $B = 6{,}0$. Die beiden Pumpen besitzen das gleiche Leistungsvermögen. Eine Pumpe wird ausschließlich zum Drehen benutzt. Es ergeben sich folgende Ergebnisdaten: $n_2 = 7{,}35\ \text{min}^{-1}$
$t_{opt} = 8{,}24$ s
$P_{erf} = 45{,}9$ kW.

Im Ergebnis dieser Beispielrechnung wird festgestellt, dass sich die verwendeten, einfachen Modellbeziehungen eignen, um notwendige Antriebsleistungen und Spielzeiten für das Drehen abzuschätzen. Große installierte Motorleistungen müssen nicht immer kleine Spielzeiten hervorbringen. Der Einfluss des gewählten Antriebskonzepts spielt dabei auch eine Rolle.

Die Merkmale zur Kompaktheit der Konstruktion gelten für das Drehwerk ebenso wie für das Fahrwerk, siehe Bild 4-86. Das Getriebe des Antriebs besitzt eine hochwertige Verzahnung und ist als Planetengetriebe ausgeführt. Ritzel und Abtriebswelle 7 sind aus einem Stück gefertigt. Die Ritzelverzahnung richtet sich nach den Verzahnungsdaten des Drehkranzes. Es wird immer auf Einsatzhärtung und geringe Ritzelzähnezahlen orientiert ($z \leq 14$), um mit weniger Getriebeübersetzung auszukommen. Außerdem sollte das Ritzel breiter als die Außen- oder Innenverzahnung des Drehkranzes (Vergütungsstahl) ausgeführt sein. Dadurch lassen sich unliebsame Folgen des Einlaufens (Verschleiß) vermeiden. Die im Bild 4-86 angedeutete Exzentrizität (e = 1,5 mm bei mittleren Baugrößen) zwischen Verzahnungsachse und Drehachse wird benutzt, um das Verdrehflankenspiel beim Montieren des Antriebs einzustellen.

Unter Ausnutzung der Gestaltungsfreiheiten wurden Antriebe mit kurzem oder langem Triebstock bzw. mit oder ohne vorgelagerte Radsätze zur Anordnung von Antriebsmotor und Bremse geschaffen, Beispiele zeigt Bild 4-87.

Der Maschinenkonstrukteur wählt einen geeigneten Drehwerksantrieb nach Katalogdaten aus. In Tafel 4-10 sind beispielhaft einige Typen mit ihren technischen Daten zusammengestellt. Dabei ist die Zuordnung der Baggereigenmasse m_{eB} als Orientierung zu verstehen. Die rechnerische Auslegung erfolgt unter der Voraussetzung einer gleichmäßig beschleunigten Drehbewegung und unter Beachtung der im Bild 4-88 dargestellten Bedingungen.

Es gelten

$$\frac{n_1}{n_2} = i_G\,; \quad \frac{n_2}{n_0} = i_D\,; \quad \frac{n_1}{n_0} = i_G\,i_D = i\,;$$

$$M_0 = \frac{\omega_0}{t} J_0 = \frac{2\pi\,n_0}{t} \sum_{j=1} m_j\,r_j^2 + M_W + M_K\,; \qquad (4.13)$$

$$M_2 = 1{,}25 \frac{\pi\,n_2}{t\,i_D} \sum_{j=1} m_j\,r_j^2.$$

In den Gln. von (4.13) bezeichnen:

n_0 Oberwagendrehzahl,
n_1 Motordrehzahl,
n_2 Ritzeldrehzahl,
i_G Getriebeübersetzung,
i_D Drehkranzübersetzung,
M_0 Oberwagen-Drehmoment,
M_2 Abtriebsdrehmoment,
M_W Drehmoment infolge Wind,
M_K Drehmoment infolge Krägung,
t Spielzeit,
J_0 Oberwagen-Massenträgheitsmoment,
j Anzahl der Einzelmassen und r Schwerpunktabstand der Einzelmassen.

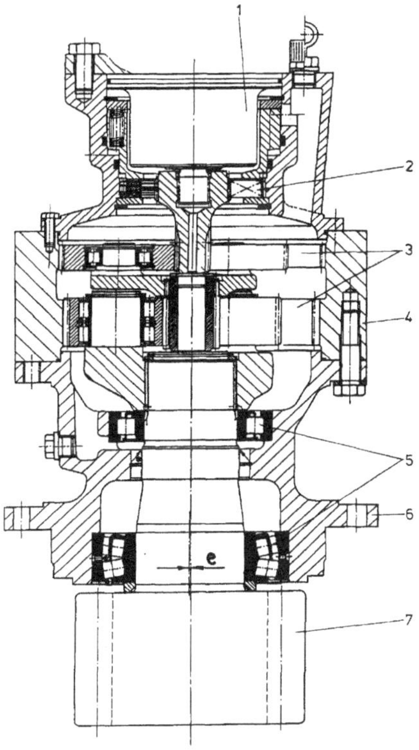

Bild 4-86 Kompakter hydrostatischer Drehwerksantrieb vom Typ GFT (Lohmann und Stolterfoht GmbH, Witten)

1 Anschluss für Hydraulik-Einschubmotor
2 Lamellen-Haltebremse
3 mehrstufiges Planetengetriebe
5 Ritzellager
6 Anschlussflansch
7 Abtriebsritzel

4 Gehäuse *e* Exzentrizität

Type	M_{2B} kN·m	M_{2K} kN·m	V_{gmax} cm³	i	l / d mm	m_{eA} t	m_{eB} t
GFB 17	7,7	12,7	28 ...63	25...100	500 / 340	0,14	10
GFB 26	10,0	16,5	45...90	25...60	550 / 380	0,16	20
GFB 36	17,5	28,5	45...125	25...120	575 / 380	0,22	30
GFB 50	22,0	38,0	45...125	25...150	680 / 420	0,42	45
GFB 60	27,8	48,5	45...180	35...170	780 / 540	0,48	55
GFB 80	38,2	68,3	80...180	35...185	860 / 530	0,59	75
GFB 110	52,0	93,3	107...250	80...295	1260/710	1,27	110
GFB 330	158,0	290,0	180...250	170...300	1160/790	1,58	230

Tafel 4-10 Technische Parameter einer Baureihe (Auszug) kompakter Drehwerksantriebe (Lohmann und Stolterfoht GmbH, Witten)

M_{2B} Abtriebsdrehmoment für Baggeranwendung
M_{2K} Abtriebsdrehmoment für Krananwendung
$M_{Br} = 1{,}3M_2/i$ (s. Tafel 4-9)

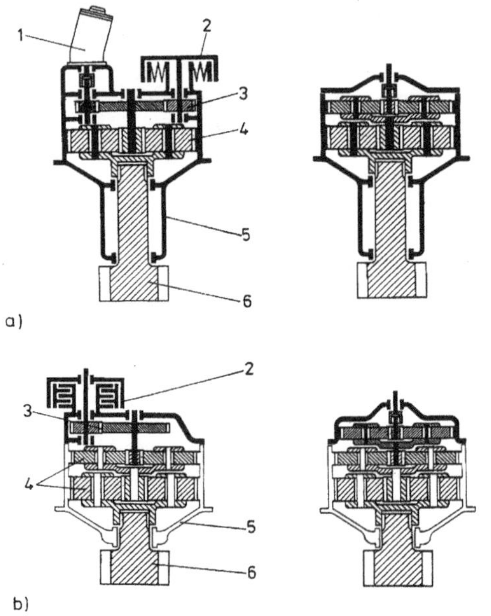

Bild 4-87 Bauarten von Drehwerksantrieben

a) Ausführungen mit langem Triebstock
b) Ausführungen mit kurzem Triebstock

1 Hydraulikmotor 4 Planetenradstufe
2 Bremse 5 Gehäuse
3 Stirnradstufe 6 Ritzel (Triebstock)

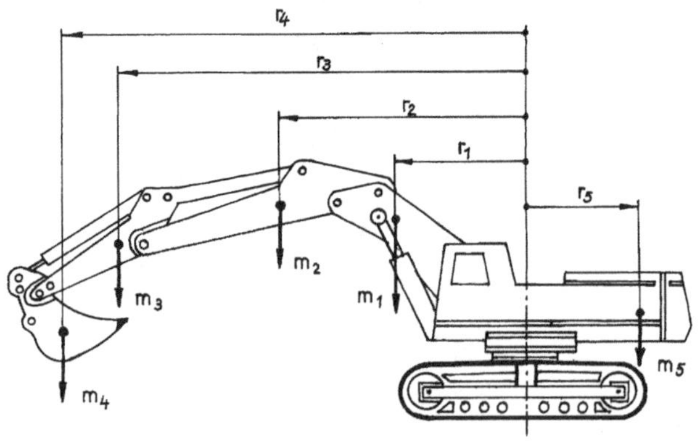

Bild 4-88 Massenaufteilung am Oberwagen und an der Arbeitsausrüstung

4.2.2.4 Antriebe der Arbeitsausrüstung

Die Arbeitshydraulik am Bagger wird von Hydraulikzylindern (Ausleger-, Stiel- und Löffelzylinder) und am Seilbagger von Winden bestimmt. Bezüglich der Windentechnik wird auf [0.1] und [0.3] verwiesen.

Mit den Hydraulikzylindern werden Reiß-, Losbrech- und Hubkräfte, aber auch die Arbeitsgeschwindigkeiten bestimmt. Eine große Aufmerksamkeit ist der gegenseitigen Beeinflussbarkeit zu widmen. Die einfachste Lösung besteht darin, jedem Verbraucher der Arbeitshydraulik einen eigenen Stromerzeuger zur Verfügung zu stellen. Mit der einfachsten Drosselsteuerung lassen sich dann die Arbeitsbewegungen unabhängig und feinfühlig einstellen. In jüngster Zeit wird diesbezüglich über die Kombination von Konstantpumpen mit drehzahlgeregelten Elektromotoren nachgedacht. Da die installierte Motorleistung weit unter der Summe der Eckleistungen aller Stromerzeuger liegt, ist auch hier eine Grenzlastregelung erforderlich, die ihrerseits bisher auf Verstellpumpen basiert. Hier müssen ganzheitliche, neue Antriebskonzepte entstehen, siehe [4.72] [4.95].
Den Stand der Technik verkörpern die im Abschnitt 4.2.2.1 dargestellten Steuer- und Regelungskonzepte auf der Basis von Mehrpumpensystemen, Summen- und Einzelleistungsregelung bzw. Load Sensing (LS) in Verbindung mit Grenzlastregelung und lastdruckunabhängiger Verbrauchersteuerung. Manche Maschinenhersteller bezeichnen auch ein einfaches System mit Druckabschneidung als LS-System. Am häufigsten scheint die LS-Technik in Verbindung mit Mehrpumpensystemen zur Anwendung zu gelangen, weil zwei oder mehrere Verbraucher mit unterschiedlichem Druckbedarf zu versorgen sind [4.73]. Besonders bei der Arbeitshydraulik lässt sich keine einheitliche Lösung für das Antriebskonzept erkennen. Der Einfluss von Größenklassen und unterschiedlichen Verwendungen der Maschinen bestimmt die Antriebsvariante aus einer großen Vielfalt technischer Möglichkeiten, siehe Tafel 3-18.
Jeder Bagger ist mit einer Notabsenkung für die Arbeitsausrüstung ausgestattet. Das kann ein im Steuerkreislauf angebrachter Druckspeicher mit Handventil sein. Oftmals besitzen aber auch die Rohrbruchventile von Hand betätigbare Ventile für diesen Zweck.
Immer wieder wird über die Erhöhung des Druckniveaus in der Arbeitshydraulik nachgedacht. Maschinenhersteller haben einen Kompromiß der Form gefunden, dass man durch vorgeschaltete Ventile kurzzeitig der Hydraulikanlage eine Druckerhöhung um rd. 20 % zumutet (Druckzuschaltstufe). Dadurch werden bessere Losbrech- und Hubkräfte erzielt. Diese höheren Belastungen müssen von den betroffenen Bauteilen kurzzeitig ertragen werden.
Eine besondere Bedeutung kommt dem Arbeitszylinder als Linearmotor in dem hydrostatischen Getriebe zu. Im Gegensatz zu den Baureihen kompakter Fahr- oder Drehwerksantriebe werden Hydraulikzylinder nicht in feststehenden Baugrößen angeboten. Ihr vielseitiger Verwendungszweck zwingt insbesondere zur Anpassfähigkeit von Hub, Einbaulänge, Betriebsdruck und Befestigung. Grundsätzlich unterscheidet man die in den Bilder 4-89 und 4-90 dargestellten Funktions- und Bauarten.

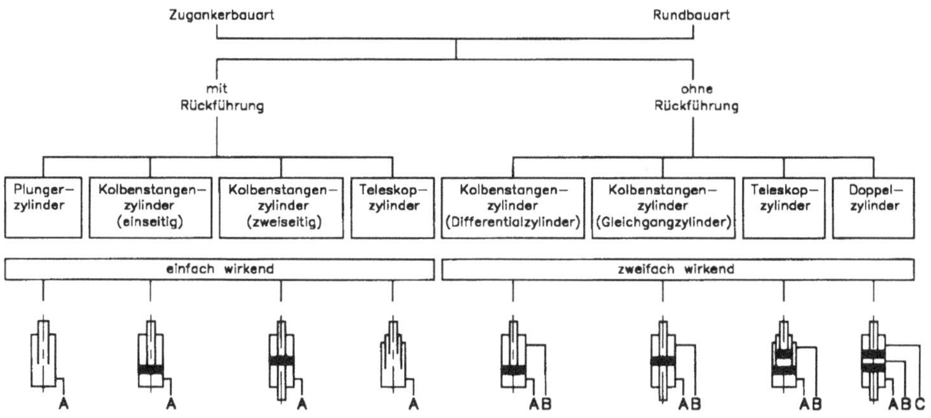

Bild 4-89 Übersicht über die Funktionen und Bauarten von Hydraulikzylindern

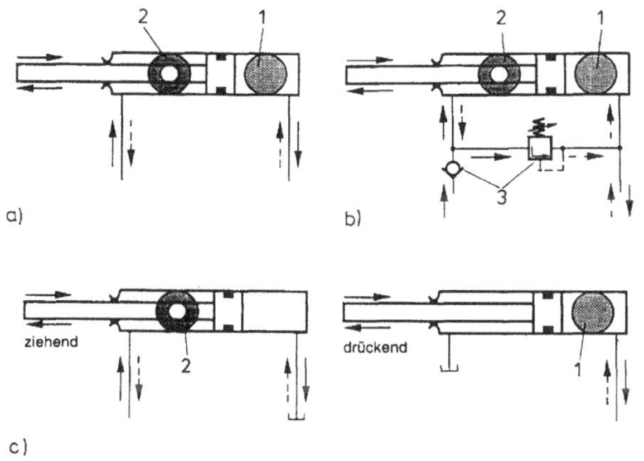

Bild 4-90 Funktionsschemata der Hydraulikzylinder

a) doppelt wirkende Funktion
b) doppelt wirkende Funktion mit Differentialschaltung
c) einfach wirkende Funktion

1 Fläche kolbenseitig
2 Fläche stangenseitig
3 Ventile für Differentialschaltung

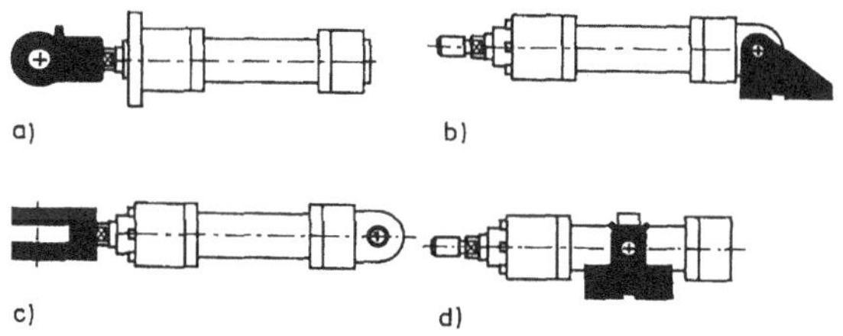

Bild 4-91 Befestigungsarten für Hydraulikzylinder

a) Gelenkkopf (DIN 24338; DIN 24555; ISO 6982)
b) Gabel-Lagerbock (DIN 24556; ISO 8132)
c) Gabelkopf (ISO 8132)
d) Schwenkzapfen-Lagerbock (ISO 8132)

Handelsübliche Hydraulikzylinder werden für Hubwege bis zu mehreren Metern, Kolbendurchmesser bis 500 mm, Kolbenflächenverhältnisse φ = 1,4...2,0 und maximale Kolbengeschwindigkeiten bis 0,5 m/s gebaut. Einfach wirkende Zylinder rufen im Gegensatz zu den doppelt wirkenden nur in einer Richtung eine Zylinderkraft hervor (Bild 4-90a). Im doppelt wirkenden Zylinder mit Differentialschaltung (Bild 4-90b) wird der Rückölstrom der Kolbenstangenseite in die Kolbenseite umgeleitet, um auf diese Weise eine höhere Arbeitsgeschwindigkeit zu erreichen.

Den Hydraulikzylinder betrachtet man aus Stabilitätsgründen bekanntlich als Stab und muss demzufolge auch entsprechende gelenkige Befestigungen vorsehen, siehe Bild 4-91. Weitere Hinweise über Befestigungsarten, Wirkungsgrade, Bemessung und Knicklängen können [0.1] [4.96] sowie DIN 24554, 24333 und ISO 6020/2, 6022 entnommen werden.

Der prinzipielle Aufbau eines Hydraulikzylinders ist Bild 4-92 zu entnehmen. Die Arbeitsdrücke reichen bis 350 bar, und die zulässige Einsatztemperatur kann zwischen -30 und 100 °C liegen. Kolbenstangen bestehen aus hochwertigem Stahl (C 45; 42 CrMo 4) mit feinstbearbeiteten Oberflächen (R_{tmax} = 2...3 µm; f7) und sind hartverchromt (30 µm dick; Härte ≤ 7000 N/mm^2), seltener mit Keramik, Kupfer oder Nickel beschichtet.

Für Gleitführungen existieren vielfältige werkstofftechnische Lösungen. Sie reichen vom Gusseisen (GG 25; GGG 40) über Bronze (G-SnPbBz 15; GZ-Rg 7, CuSn 8) bis hin zu so genannten eingepressten Führungsbändern (synthetische Gewebe mit Polyester getränkt; PTFE; PA). Führungen müssen in der Lage sein, sehr hohe stoßartige Axialbelastungen aufzunehmen. Exzentrizitäten, Passungsspiele, Fliehkräfte und das Aufweiten des Zylinders infolge Innendruck lenken die Kolbenstange gegenüber der Gleitführung um einen gewissen Winkelbetrag aus. Dadurch rufen Axialbelastungen auch anteilige Radialkräfte in den Führungen hervor. Im Fachbereichsstandard TGL 21548 wird die Tragsicherheit für vielfältige Belastungsfälle auch unter der Wirkung von Radialkräften bewertet.

Führungen mit langem und engem Spalt sind mit einem so genannten Schleppöl-Rücklaufkanal versehen. Er wird als Spiralnut ausgeführt, deren Querschnitt größer als die Spaltringfläche ist und verhindert, dass sich ein Schleppdruck im Schmierfilm des Dichtraums ausbildet. Für leckagefreie Abdichtungen an bewegten Stellen sorgt ein synthetischer Gummi (Polyurethan), der außerdem extrusionsbeständig sein muss.

Um die hydraulische Energie möglichst verlustfrei in mechanische umsetzen zu können ist auch der Kolben mit einer solchen Dichtung zu versehen. Das Zylinderrohr wird meist spanlos hergestellt (HP-Rohre). Es handelt sich dabei um nahtlose Präzisionsrohre mit einer mittleren Rauigkeit der Innenfläche von R_a = 1,3 µm und einer Bohrungstoleranz H8. Das Kolbenstangenauge wird reibgeschweißt.

Zylinderschäden können von der Luft im Hydraulikmedium hervorgerufen werden. Die größte Zerstörungskraft verursacht der so genannte Dieseleffekt. Bei hohen Arbeitsgeschwindigkeiten werden aufgrund der Schleppeffekte die Dicht- und Führungsspalten leergepumpt. Dabei treten im Hydraulikmedium Zustände auf, die gelöste Luft austreten lassen. Sie lagert sich in den Nuten oder in Hohlräumen der Führungsbänder (poröses Gewebe) ein und erfährt bei plötzlicher Druckerhöhung (Belastungsstoß) eine Eigenerwärmung, die zum Entzünden des Ölnebel-Luftgemisches führen kann. Brandspuren und Riefenbildung an allen Führungselementen sind die Folge dieses Effekts. Solche Schäden bilden den Keim für nachträglichen Spülverschleiß, bedingt durch die hohe Durchströmgeschwindigkeit des Hydraulikmediums [4.97].

Unter Kompressibilität des Hydraulikmediums versteht man die Verringerung des Volumens bei anliegendem Druck. Dabei wird im Medium die dafür nötige Kompressionsenergie gespeichert und bei jedem Umschaltvorgang in Gegenrichtung freigesetzt. Man spricht von so genannten Entspannungsschlägen, die als Druckwellen mit der im Hydraulikmedium auftretenden Schallgeschwindigkeit (rd. 1200 m/s) in Rücklaufleitungen wirken und dabei Bauteilschäden hervorrufen kann. Außerdem ist der wegen Kompression fehlende Volumenanteil im aktiven Arbeitsspiel durch Erhöhung des Pumpenstroms zu erzeugen (Verlustanteil). Volumen- und Hubänderung infolge Kompression berechnen sich nach

$$\Delta V = V\,\beta(p)\,\Delta p; \qquad \Delta h = h\,\beta(p)\,\Delta p. \tag{4.14}$$

In Gl. (4.14) bezeichnen:

V Volumen im Zylinder ohne Kompression, $\beta(p)$ Kompressibilitätsfaktor ($\beta(p) = 63...77 \cdot 10^{-5}$ mm²/N) und Δp Druckänderung bei Kompression.

Entspannungsschläge sind in einem Zylinder nur unter den im Bild 4-93 angegebenen Volumen- und Druckbedingungen zu erwarten. Wenn auch bei wechselnder Kraftrichtung sehr hohe Anforderungen an die Gleichförmigkeit einer Zylinderbewegung gestellt werden, spielt die Steifigkeit des Hydrauliköls eine nicht zu vernachlässigende Rolle [4.98]. Allgemein kann man davon ausgehen, dass die Hydraulikölsäule etwa 140 mal elastischer ist als ein gleichartiges metallisches Bauteil.

Eine *Endlagenbremseinrichtung* (Endlagendämpfung) am Hydraulikzylinder ist immer dann erforderlich, wenn zu hohe Massenkräfte beim Anfahren der Zylinderendlagen entstehen. Ihre Anwendung wird prinzipiell für Kolbengeschwindigkeiten $v_K \geq 0{,}1$ m/s empfohlen. In der Arbeitshydraulik am Bagger sind Endlagenbremseinrichtungen die Regel. Man unterscheidet zwischen Tauchkolben- und Sperrkolbenbremsen. Mit Bild 4-94 soll das Funktionsprinzip einer Sperrkolbenbremse näher erläutert werden. Beim Einfahren der konischen Dämpfungsbuchse 2 in die Bohrung des Zylinderbodens 5 verringert sich der Querschnitt für das abfließende Medium aus dem Kolbenringraum 8. Das Abfließen kann nur noch über das einstellbare Drosselventil 4 erfolgen, wodurch die Bremswirkung entsteht. Die kinetische Bremsenergie wird in der Drossel in Wärme umgesetzt. Beim Ausfahren aus der Endlage ist ein Rückschlagventil 6 nötig, um die Drosselstellung zu umgehen und den gesamten Kolbenquerschnitt zur Verfügung zu haben.

Unter Berücksichtigung des Druckverlustes p_D in der Drossel, mit dem Querschnitt A_D und der Durchflussgeschwindigkeit v_D, ergeben sich Rechenansätze für die erforderliche Dämpfungsleistung. Zunächst gilt

$$p_D = \frac{1}{2}\,\xi\,\varsigma\,v_D^2,$$

wobei ξ Verlustbeiwert und ς Dichte bezeichnen.

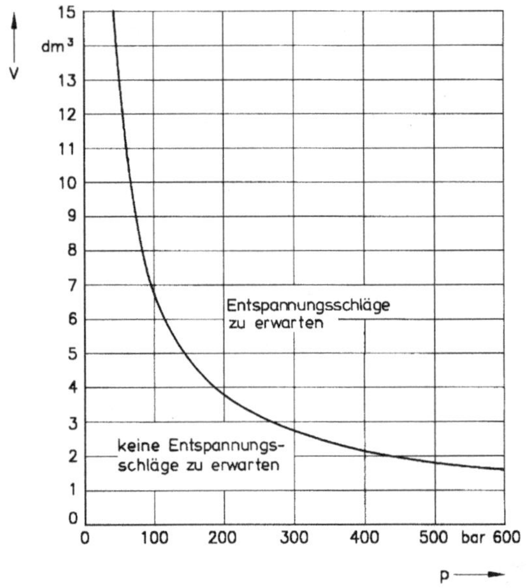

Bild 4-93 Grenzwerte für das Auftreten von Entspannungsschlägen in Hydraulikzylindern [4.98]

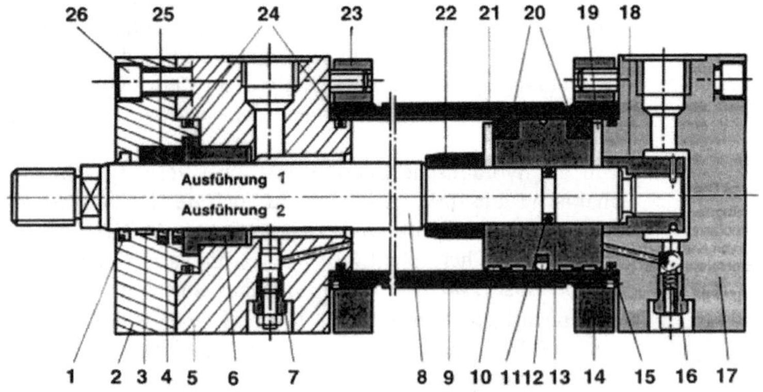

Bild 4-92 Stiel- bzw. Auslegerzylinder (Differentialzylinder) für Hydraulikbagger [4.97]

1 Abstreifer
2 Deckel
3 Führungsband
4 Stangendichtung
5 Zylinderkopf
6 Führungsbuchse Gleitführung
7 Drosselventil (auch im Zylinderboden)
8 Kolbenstange
9 Zylinderrohr
10 Führungsband
11 Dichtring
12 Kolbendichtung
13 Kolben
14 Flansch
15 Dichtring
16 Rückschlagventil und Entlüftung (auch im Zylinderkopf)
17 Zylinderboden
18 Dämpfungsbüchse kolbenseitig
19 Scheibe
20 Kolbendichtung
21 Scheibe
22 Dämpfungsbüchse stangenseitig
23 Flansch
24 Dichtring
25 Stangendichtung
26 Verschraubung

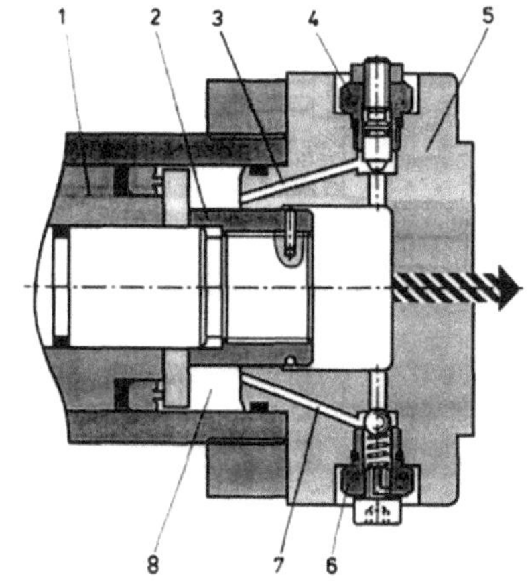

Bild 4-94 Endlagendämpfung am Hydraulikzylinder [4.97]

1 Kolben	5 Zylinderboden
2 Dämpfungsbuchse	6 Rückschlagventil
3 Ausströmkanal	7 Einströmkanal
4 Drosselventil	8 Kolbenringraum

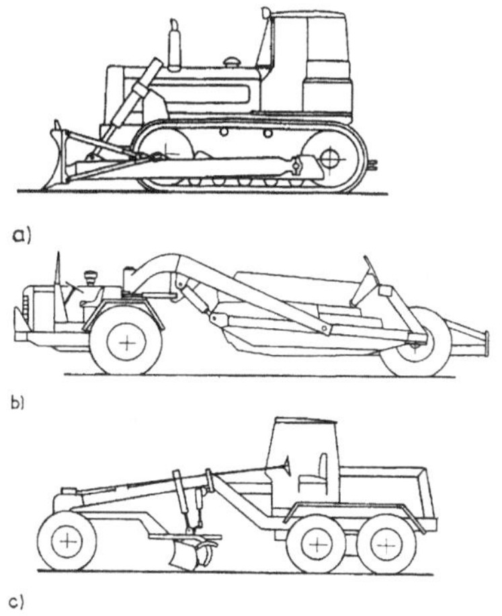

Bild 4-95 Flachbagger

a) Planiermaschine
b) Schürfkübelwagen
c) Erdhobel

Die von der Drossel ausgeübte Bremskraft F_b auf den Kolben, bezogen auf den Kolbenringquerschnitt A_K, beträgt

$$F_b = p_D\, A_K = \frac{1}{2}\,\xi\,\varsigma\, v_D^2\, A_K\,. \tag{4.15}$$

Aus der Gleichsetzung von Brems- und Dämpfungsenergie erhält man mit der auf den Kolben reduzierten und abzubremsenden Masse m_{red} (Anfangsgeschwindigkeit v_1; Endgeschwindigkeit v_2) nach einigen Rechenschritten eine Beziehung für den dafür erforderlichen Kolbenhub l_b.
Es gilt

$$\frac{1}{2} m_{red}\,(v_1^2 - v_2^2) = \int_0^{l_b} F_b\, dx\,, \tag{4.16}$$

und mit (4.15) sowie $v_D A_D = v_2 A_K$ wird (4.16) zu

$$l_b = \frac{m_{red}\,(v_1^2 - v_2^2)\, A_D^2}{v_2^2\, \xi\, \varsigma\, A_K^3}\,.$$

Die Endlagendämpfung ist so auszulegen bzw. einzustellen, dass der zulässige Systemdruck p_D nicht überschritten wird.

4.3 Flachbagger

4.3.1 Aufbau, Funktions- und Arbeitsweise

Flachbagger sind Gewinnungs- und Transportmaschinen für Erdarbeiten von flächenhafter Ausdehnung. Sie lösen den Erdstoff während des Fahrens in Schichten geringer Dicke und verschieben ihn bzw. nehmen ihn in einem Kübel auf. Einsatzgebiete sind der Bau von Verkehrsanlagen, Kanälen und der Betrieb von Schüttgutlagern oder Deponien.
Die *Planiermaschinen* (Bild 4-95a), fahrende Maschinen mit einem Planierschild als Grabwerkzeug, schneiden den Erdstoff, häufen ihn frontal auf und verschieben ihn oder legen ihn seitlich ab. Man kann auch aufgeschüttete Erdstoffe verteilen, ein Grobplanum herstellen und Gräben zuschütten.
Die *Schürfkübelmaschinen* (Bild 4-95b) nehmen im Gegensatz dazu den geschnittenen Erdstoff in ihrem Kübel auf, transportieren ihn über mittlere bis große Entfernungen und geben ihn in dünner Schicht wieder ab, wobei sie ihn durch die eigenen Hinterräder vorverdichten.

Tafel 4-11 Transportentfernungen bei Erdbaumaschinen

Maschine	Transportentfernungen in m vertretbar	wirtschaftlich
Planiermaschinen		
Planierraupe	1...6; 60...100	6...60
Radplanierer	2...6; 150...250	6...150
Erdhobel	3...5	1...3
Schürfkübelwagen		
Schürfkübelraupe	15...20; 400...600	20...400
Anhänge-Schürfkübel	60...80; 400...600	80...500
Motor-Schürfkübel	80...150; 2000...6000	150...2000
Schürfkübel, Kratzer	60...80; 1000...2000	80...1000
Lademaschinen		
Schaufellader	4...10; 200...300	10...200
Eingefäßbagger		
Löffelbagger, LKW	200...400	400...10000

Die *Erd-* oder *Straßenhobel* (Bild 4-95c) sind sehr universelle Erdbaumaschinen für das genauere Verteilen, Einebnen und Planieren, das Anlegen von Böschungen, Gräben usw. Ihr zwischen den Radachsen angeordnetes Planierschild kann in mehreren Ebenen verstellt und dadurch der bezweckten Profilform angepasst werden.
Das Ursprungsland der Flachbagger sind die USA; in Tafel 4-1 ist deshalb auch die englische Bezeichnung aufgeführt. Richtwerte für wirtschaftliche Einsatzgrenzen (Transportentfernungen) sind Tafel 4-11 zu entnehmen. Die technologischen Bedingungen sowie die Art von Erdstoff und Gelände beeinflussen die Wahl der geeigneten Maschine, siehe hierzu [4.4] [4.99] bis [4.101].
Weil alle Flachbagger die Grabkraft durch Kraftschluss zwischen Fahrbahn und Fahrwerk übertragen, eignen sie sich nur für Erdstoffe geringer Festigkeit, wie Mutterboden, Sand, Kies, sandigen Lehm, Ton und loses Geröll. Die mittleren spezifischen Schnittkräfte liegen im Bereich $k_s = 0{,}01...0{,}15$ N/mm^2 (s. Abschn. 3.5). Dies entspricht den Gewinnungsklassen 1, 3 und 4 (DIN 18300) bzw. 2 bis 4 (TGL 11482/01) sowie den Erdstoffklassen I bis III laut Tafel 3-41.
Fachbücher auf dem Gebiet der Flachbagger sind nicht sehr zahlreich und behandeln vorrangig die Technologie des Erdbaus. Empfohlen werden [3.200] [3.205] [4.6] [4.9] [4.35] [4.102] [4.103].

4.3.1.1 Planiermaschinen

Planiermaschinen bestehen aus einem Schlepper mit Raupen- oder Radfahrwerk und einer Planiereinrichtung als Arbeitsausrüstung. Nach dem Fahrwerk bezeichnet man sie als Planierraupen bzw. Radplanierer. Zusatzausrüstungen für Spezialarbeiten, wie Heckaufreißer, Rodeausrüstung, Gesträuchschneider, Steinharke und Schneeräumschild, erweitern das Einsatzgebiet.

Die Grundmaschine der *Planierraupe* (Bild 4-96) ist ein Raupenschlepper mit einem vor dem Fahrersitz liegendem Dieselmotor mit Triebwerken für zwei Raupenketten über je einen hinten liegenden Kettenturas. Die Eigenmassen liegen zwischen 5 und 100 t, die Nennleistungen der Motoren zwischen 30 und 600 kW. Von den Antrieben werden Arbeitsgeschwindigkeiten im Mittel von 2 km/h und Fahrgeschwindigkeiten bis 15 km/h realisiert.

Nur in kleineren Maschinen findet man noch mechanische Triebwerke mit 2 bis 8 schaltbaren Vorwärts- und Rückwärtsgängen, wobei die Rückwärtsgänge meist für eine höhere Fahrgeschwindigkeit ausgelegt sind als die entsprechenden Vorwärtsgänge. Planierraupen mit Antriebsleistungen über 100 kW haben stets hydrodynamische Drehmomentwandler und unter Belastung schaltbare zwei- bis vierstufige Wechselgetriebe, meist in kompakter Bauweise unter Verwendung von Planetenstufen.

Ist der Antriebsmotor am Heck der Maschine angebracht, verschlechtert sich die Massenverteilung. Zudem wird der Blickwinkel des Fahrers zur Schneidkante sehr steil, was die Steuerung der Planierarbeiten erschwert. Auch bei Heckmaschinen sollte sich der Gesamtschwerpunkt in der Fahrwerksmitte befinden [4.104].

Die beiden Raupenketten haben, je nach Größe der Planiermaschine, Breiten zwischen 200 und 800 mm. Raupenlänge und Breite werden so ausgelegt, dass die mittlere Bodenpressung im Bereich $p_m = 0{,}04...0{,}12$ N/mm^2 bleibt. Für den Einsatz auf wenig tragfähigem Untergrund, wie Moor- oder Sumpfboden, werden bis 1200 mm breite Raupenketten vorgesehen, die den Wert der mittleren Bodenpressung unter $p_m = 0{,}03$ N/mm^2 senken. Gelenkt werden die Raupenfahrwerke durch Abbremsen bzw. Gegensteuern einer Raupe (Abschn. 3.6.4). Die Erläuterungen zum hydrostatischen Fahrantrieb im Abschnitt 4.2.2 gelten grundsätzlich auch für Flachbagger. Ergänzende Hinweise enthält [4.105]. Planierraupen können Steigungen bis 100 % befahren. Das muss auch zur Sicherstellung der Standsicherheit (s. Abschn. 3.3) und ausreichenden Schmierung von Motor und Getriebe konstruktiv beachtet werden. Weil an steilen oder geneigten Geländestrecken Kippgefahr besteht, erhalten sie fast immer Schutzaufbauten und Sicherheitsgurte (s. Abschn. 3.7).

Der Hauptparameter einer Planiermaschine ist die Nennzugkraft F_z, die bei Nennleistung P des Motors im kleinsten Gang übertragen wird (Bild 4-97). Wegen der Gesetzmäßigkeiten des Kraftschlusses muss die Eigenmasse m_e der Maschine in einem bestimmten Verhältnis zur geforderten Zugkraft stehen. Nach [4.12] gelten die Verhältnisse

$$\frac{P}{F_z} = 0{,}3\ldots 0{,}5\,\frac{kW}{kN};\quad \frac{m_e}{F_z} = 0{,}05\ldots 0{,}08\,\frac{t}{kN}\,. \qquad (4.17)$$

Eine Besonderheit stellen die in Japan entwickelten Planierraupen für Unterwassereinsatz dar. Sie werden über Kabel mit Energie versorgt, ferngesteuert und arbeiten mit Fernsehkameras und Ultraschallortung [4.106]. Weitere Spezialmaschinen kommen auf Deponien, im Moor und im Forst zum Einsatz.

Eine Planierraupe ist stets die am besten geeignete Maschine, wenn es um hohe Schubkraft und geringe Bodenpressung geht. Der *Radplanierer* (Bild 4-98) bietet sich an, sobald es auf Schnelligkeit und Wendigkeit ankommt. Besonders großvolumige Spezial-Niederdruckreifen mit Reifendrücken von $p_{ü} = 0{,}08$ MPa verringern die Bodenpressung. Die maximalen Fahrgeschwindigkeiten liegen zwischen 30 und 50 km/h; dies bedingt hohe Antriebsleistungen des am Heck angebrachten Dieselmotors (bis 1200 kW). Neben den dieselhydraulischen werden bei größeren Radplanierern dieselelektrische Antriebe verwendet. Bei Maschinen mit kleinem Radstand kommen auch Antriebslenkungen vor (s. Abschn. 3.6.4).

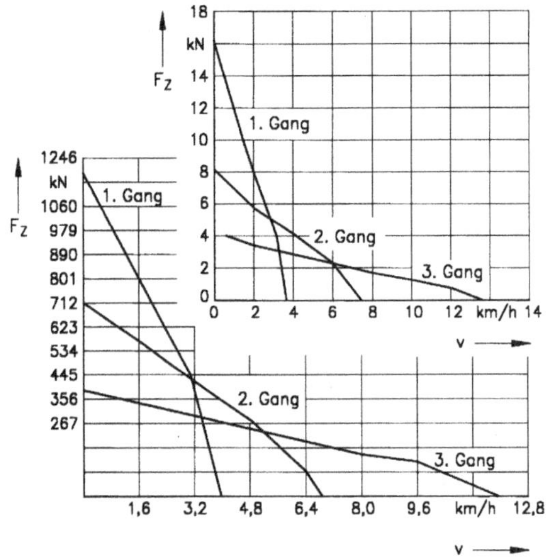

Bild 4-97 Fahrdiagramme einer kleinen und großen Planiermaschine vom Typ D3C und D11N (Caterpillar, USA)

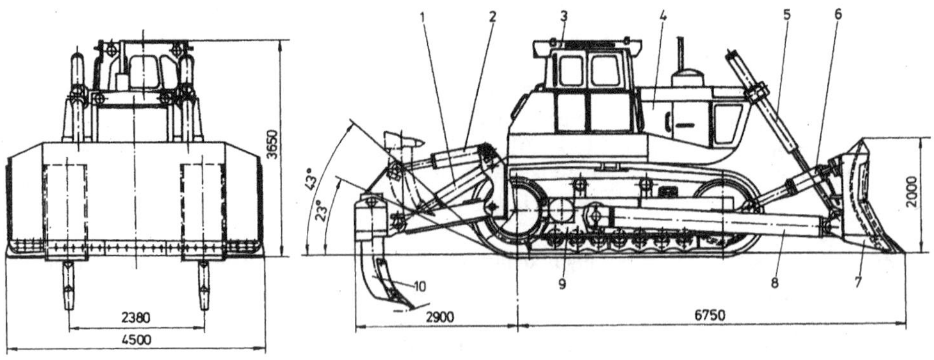

Bild 4-96 Planierraupe

$P = 350$ kW
$m_e = 55$ t
$p_m = 0{,}12$ N/mm^2

1 Schwenkzylinder Heckaufreißer
2 Hubzylinder Heckaufreißer
3 Fahrerkabine
4 Dieselmotor
5 Hubzylinder Planierschild
6 Schwenkzylinder Planierschild
7 Planierschild
8 Schubarm
9 Raupenfahrwerk
10 Heckaufreißer

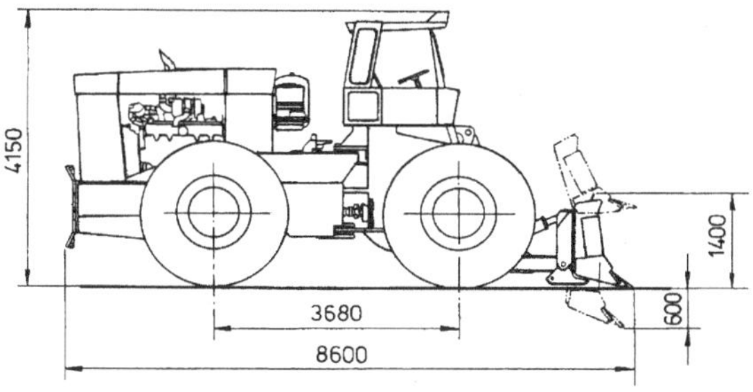

Bild 4-98 Radplanierer mit Knicklenkung

$P = 450$ kW
$m_e = 58$ t $b = 4100$ mm (Schildbreite)

4.3.1.2 Schürfkübelmaschinen

Schürfkübelmaschinen füllen den während der Fahrbewegung in dünner Schicht gelösten Erdstoff in einen innerhalb der Radbasis liegenden Kübel, transportieren ihn bodenfrei und geben ihn, gehäuft oder schichtweise verteilt, während des Fahrens wieder ab. Nach der Art des Fahrwerks unterscheidet man die luftbereiften Schürfkübelwagen, die eindeutig vorherrschen und die bei sehr schwierigen Betriebsbedingungen bevorzugten Schürfkübelraupen.
Ein *Schürfkübelwagen* besteht in der Standardbauform (Bild 4-95b) aus einem Einachs-Radschlepper und einem über den Tragholmen sich abstützenden einachsigen Kübelwagen. Dieses Grundprinzip kann variiert werden, siehe Bild 4-99.
Um seine Aufgabe erfüllen zu können, muss der Schürfkübelwagen aufeinanderfolgend drei Betriebszustände einnehmen, siehe Bild 4-100. Der Kübel ist deshalb mehrteilig ausgeführt. Vorder- und Rückwand sind relativ zueinander zu bewegen, der Kübel insgesamt in seiner Höhenlage zu verstellen.
Maßgebend für die Eignung von Schürfkübelwagen sind neben der benötigten Schnittkraft die Ladefähigkeit für den Kübel und die Tragfähigkeit der befahrenen Erdstoffoberfläche. Günstig sind schwachbindige bis bindige Erdstoffe geringer Festigkeit (Gewinnungsklassen 2.25 und 2.26 nach DIN 18300 bzw. 3 bis 5 nach TGL 11482/01). Nicht angebracht ist der Einsatz dieser Maschinen bei festen Erdstoffen (Gewinnungsklassen 2.27 bzw. 6 und 7, nur nach vorherigem Aufreißen), rolligen Erdstoffen, mit denen keine ausreichende Füllung zu erzielen ist, und stark wasserhaltigen Erdstoffen, deren Tragfähigkeit nicht ausreicht [4.4].
Die Schnittiefe der Schürfkübelwagen liegt in Abhängigkeit von Erdstoffart und Maschinengröße zwischen 50 und 200 mm. Es werden Schneiden mit gerader oder kreisförmig gebogener Schneidkante, auch geteilte Schneiden mit vorgezogenem Mittelteil verwendet. [4.107] schlägt Kübel mit zwei hintereinanderliegenden, höhenversetzten Schneiden vor.
Das Füllvolumen des Schürfkübels beträgt 1 bis 40 m^3. Die Motor-Schürfwagen brauchen Antriebsleistungen von mindestens 6 kW je Tonne Eigenmasse, dies ergibt, je nach Größe des Wagens, 20 bis 700 kW, um Fahrgeschwindigkeiten zwischen 10 und 50 km/h zu erreichen. Die Pressungen unter den mit Niederdruckreifen ausgerüsteten Zweirad- und Vierradachsen werden mit 0,030 bis 0,035 N/mm^2 sehr niedrig gehalten, damit auch weiches bis sumpfiges Gelände befahren werden kann. Als obere Grenzwerte können Steigungen von 5 % angesehen werden [4.4].
Weil die Vorderräder einen größeren Anteil der Gewichtskraft der Maschine und damit eine größere Normalkraft übertragen als die Hinterräder, herrscht der Vorderradantrieb vor. Um über größere Schubkräfte zu verfügen, geht man zum Allradantrieb über. Es werden halbautomatische Lastschaltgetriebe mit bis zu 8 Gängen benutzt (Bild 4-101).
Wenn die durch Kraftschluss zu übertragende Schubkraft eines Schürfkübelwagens zum Schürfen festerer Erdstoffe

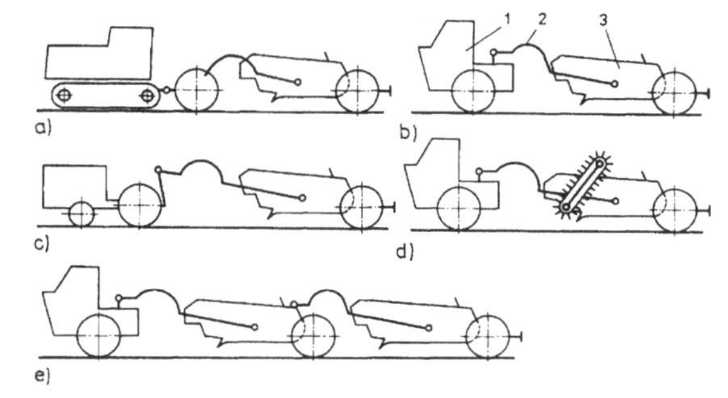

Bild 4-99 Bauarten der Schürfkübelwagen [4.102]

a) Anhänge-Schürfkübelwagen mit Raupenschlepper
b) Motor-Schürfkübelwagen (Standardbauform)
c) Anhänge-Schürfkübelwagen mit Zweiachs-Radschlepper
d) Motor-Schürfkübelwagen mit Kratzerkettenförderer
e) Motor-Schürfkübelwagen mit zwei Schürfkübeln

1 Radschlepper 3 Kübelwagen
2 Tragholm

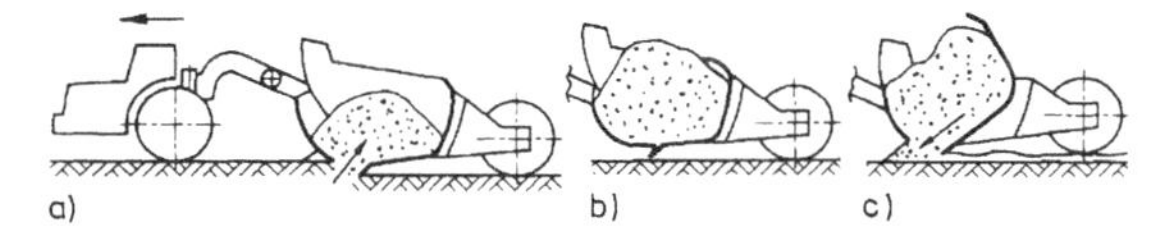

Bild 4-100 Betriebszustände des Schürfkübelwagens [3.200]

a) Schürfen c) Entleeren, Verteilen, Vorverdichten
b) Transportieren

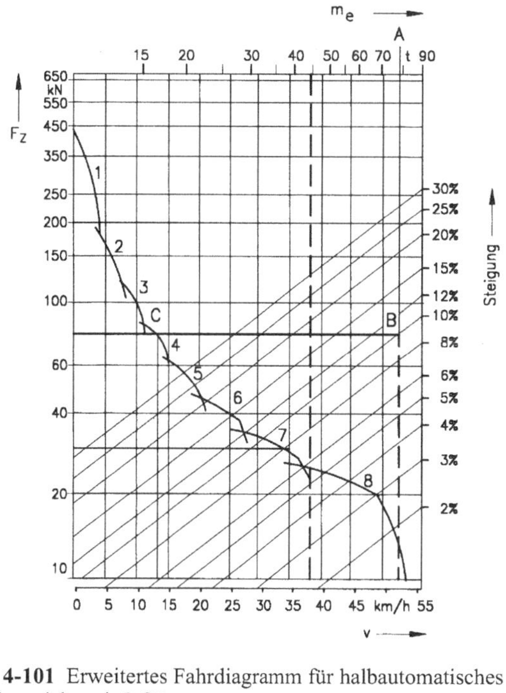

Bild 4-101 Erweitertes Fahrdiagramm für halbautomatisches Lastschaltgetriebe mit 8 Gängen

A Eigenmasse beladen $m_e = 78$ t
B Schnittpunkt mit 10 % Steigungslinie
C Schnittpunkt mit Zugkraftlinie (4. Gang),
$F_z = 78$ kN bei Höchstgeschwindigkeit $v = 13$ km/h

nicht ausreicht, unterstützt ihn eine Schubraupe während des Füllens. Planierschilder von Planiermaschinen werden dabei hoch beansprucht, man ersetzt sie meist durch plattenförmige Schubhilfsgeräte mit Stoßdämpfer [4.108]. Es werden im so genannten Push-Pull-Verfahren zwei Schürfkübelwagen miteinander gekoppelt, die mit der Schubkraft beider Maschinen nacheinander den einen und anschließend den zweiten Kübel füllen.

Um die Füllkraft und über die Verkleinerung des Erdstoffdrucks auch die Schnittkraft zu senken sowie die Füllung des Kübels zu beschleunigen, sind Schürfkübelwagen auch mit geneigten Kratzerkettenförderern versehen (Bild 4-99d). Sie kommen deshalb ohne Schubraupe aus. Nach [4.107] kann auch ein Schneckenförderer als Eintraghilfe den Füllwiderstand herabsetzen, besonders bei lockeren Erdstoffen.

Die Verbindungskonstruktion zwischen dem vorderen Motorwagen und dem hinteren Kübelwagen wird als Schwanenhals bezeichnet. Hier findet man meist eine zusätzliche hydraulische Federung zur Stabilisierung des Fahrverhaltens bei hohen Geschwindigkeiten im Gelände.

Die Einsatzbereiche für verschiedene Bau- und Betriebsarten sind im Bild 4-102 in Abhängigkeit von Transportstrecke s und Bewegungswiderstandsbeiwert μ_B (s. Tafel 3-47) angegeben.

Als Beispiel für den Öffnungsmechanismus eines Schürfkübels ist im Bild 4-103 die technische Lösung für die gesteuerte Entleerung bis hin zur Schnellentleerung des Kübels in einem Schürfkübelwagen mit Kratzerkettenförderer dargestellt. Die in den Gelenken 4 über dem Seitenblech 7 drehbar gelagerte Bodenplatte 9 wird durch ein hydraulisch betätigtes Gelenkgetriebe, das aus zwei in den Gelenken 2 befestigten Rückzughebeln 10 und je einer Zugstange 8 besteht, nach hinten oben gedreht. Der Kratzerkettenförderer 5 ist durch die Gelenke 3 so mit den Seitenblechen 7 verbunden, dass er beim Öffnen der Bodenklappe etwas vorgeschoben wird.

Die *Schürfkübelraupe* (Bild 4-104) eignet sich wegen der größeren Vortriebskraft zum Abtrag festerer Erdstoffe und, angesichts der größeren Wendigkeit, für den Aushub von Baugruben, Gräben und Einschnitten. Ein Planierschild als Anbaugerät erlaubt Planierarbeiten. An seiner Stelle kann auch ein Aufreißer angebracht werden. Wegen der geringeren Fahrgeschwindigkeit von maximal 15 km/h sind die wirtschaftlichen Transportentfernungen kleiner als die der Schürfkübelwagen, siehe Tafel 4-11. Dafür erhöht sich die

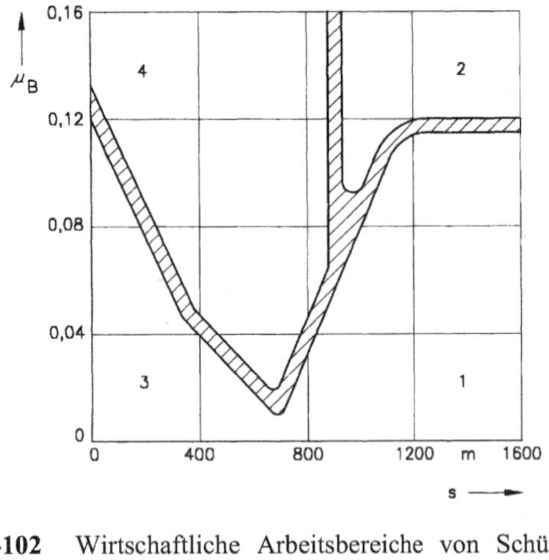

Bild 4-102 Wirtschaftliche Arbeitsbereiche von Schürfkübelwagen auf ebenen Fahrbahnen [4.4]

1 Einachsantrieb	3 Kratzerkettenförderer
2 Doppelachsantrieb	4 Push-Pull-Verfahren

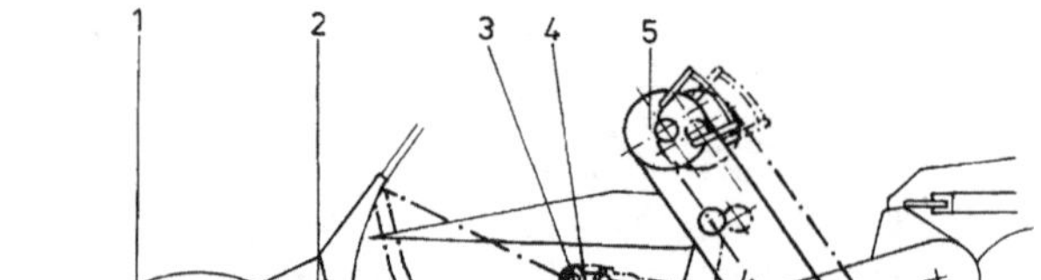

Bild 4-103 Öffnungsmechanismus eines Motor-Schürfkübelwagen mit Kratzerkettenförderer (Caterpillar, USA)

1 Hydraulikzylinder	7 Seitenblech	$V = 24{,}5\ m^3$
2 bis 4 Gelenke	8 Zugstange	$m_e = 71$ t (beladen)
5 Kratzerkettenförderer	9 Bodenplatte	$P = 300$ kW
6 Schneide	10 Rückzughebel	

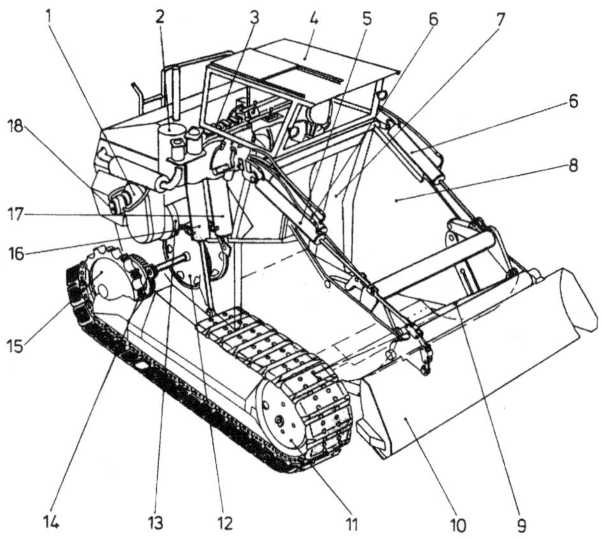

Bild 4-104 Schürfkübelraupe (Koehring GmbH, Ellerau)

$V = 8{,}5\ m^3$ $m_e = 20$ t (unbeladen) $P = 162$ kW

1 Lastschaltgetriebe	8 Kübelseitenwand	13 Lenkkupplung
2 Hydrauliktank	9 Klappe	14 Endantrieb
3 Dieselmotor	10 Brustschild (Zusatzgerät)	15 Kettenrad
4 Fahrerkabine	11 Leitrad	16 Kübelhubzylinder
5 Schildzylinder	12 mittlerer Antrieb	17 Rückwandzylinder
6 Klappenzylinder		18 Hydraulikpumpe
7 Rückwand		

Steigfähigkeit, in günstigen Fällen auf 70 % im gefüllten und 100 % im leeren Zustand des Kübels. Über Konstruktionen berichten u. a. [4.109] [4.110].

4.3.1.3 Erdhobel

Wie der Schürfkübelwagen ist auch der Erdhobel (Bild 4-105) vorrangig eine Maschine für den Erdbau (Straßenbau) und keine ausgesprochene Gewinnungsmaschine. Die Arbeitsausrüstung, ein vielseitig verstellbares Drehschar, ist im Gegensatz zum Schild einer Planiermaschine mittig zwischen Vorder- und Hinterachse gelagert. Durch diese Anordnung verkleinern sich die Vertikalbewegungen des Schars beim Überfahren von Bodenunebenheiten, weil die Hebelverhältnisse im Vergleich zu denen einer Planiermaschine günstiger sind.

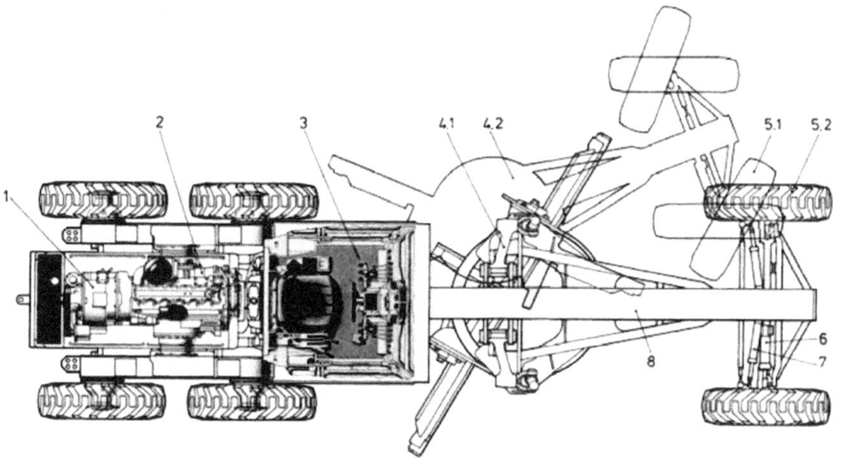

Bild 4-105 Erdhobel (Zeppelin-Metallwerke GmbH, Garching)

1 Hydrostatik mit Kühler
2 Dieselmotor mit Direktantrieb auf Lastschaltgetriebe und Tandemachse einschließlich Lamellenbremsen
3 Fahrerkabine mit verstellbarem Schwingsitz sowie Bedien- und elektronischen Anzeigeelementen
4.1 Drehkranz mit Drehschar in Geradeausfahrt
4.2 dto. in Kurvenfahrt durch Knicklenkung
5.1 Vorderachse in Kurvenfahrt durch Achsschenkellenkung
5.2 Vorderachse in Geradeausfahrt
6 Lenkzylinder
7 Zylinder zur Radsturzverstellung
8 Schartragrahmen

Das mit Luftreifen ausgerüstete Fahrwerk hat selten 2, meist 3 Achsen, von denen 2 als Doppelachse (Tandemachse) ausgebildet werden (s. Abschn. 3.6). Die Einzelachse ist Lenkachse; es gibt aber auch Allrad- und Knicklenkung mit besserer Kurvengängigkeit. Achsschenkelgelenkte Vorderräder (Lenkwinkel bis 50°), Rahmenknicklenkung (Lenkwinkel bis 30°) und ein Radsturz der Lenkräder bis 18° bilden die Voraussetzung für den wichtigen Spurversatz bei Tandemmaschinen.
Der Dieselmotor mit einer Nennleistung zwischen 30 und 210 kW treibt die Doppelachse, seltener alle Achsen über 4 bis 12 Vorwärts- bzw. 4 Rückwärtsgänge an. Die Fahrgeschwindigkeit kann dadurch im Bereich von 2 bis 40 km/h feinstufig an die jeweilige Arbeitsaufgabe angepasst werden. Die Eigenmassen gebräuchlicher Erdhobel liegen im Bereich von 5 bis 30 t, der Achsabstand zwischen 4,5 und 7 m. Der größte Erdhobel verfügt bei einer Dienstmasse von 91 t und 530 kW Antriebsleistung über eine Scharabmessung von 7,3x1,4 m [4.111].
Mit der Formel *Anzahl gelenkter Achsen* x *Anzahl angetriebener Achsen* x *Gesamtanzahl Achsen* wird die Bauart eines Erdhobels gekennzeichnet. Es ergeben sich daraus die bekannten Radformeln, wie 1x2x3, 2x2x2 oder 3x3x3. Gelenkte Vorderräder erhalten einen Einzelradantrieb (s. Abschn. 4.2.2.2). Grundsätzlich setzt sich der Allradantrieb durch.
Für den Fahrantrieb werden mechanische, hydrodynamische oder hydrostatische Leistungsübertragungen auf Basis einer dieselmotorischen Antriebsquelle benutzt, wobei sich hydrostatische Lösungen behaupten. Gründe dafür sind im Abschnitt 3.1.4 aufgeführt, hier sind die freizügige Anordnung der Komponenten und der hohe Wandlungsbereich bei minimalem Getriebeaufwand von besonderer Bedeutung.
Bild 4-106 zeigt beispielhaft die Aufteilung der Fahrantriebskomponenten und das Fahrdiagramm für ein Zweiganggetriebe mit großer Fahrgeschwindigkeitsspreizung. In der Fahrstufe 1 wird eine Geschwindigkeit von $v = 6$ km/h erreicht (Arbeitsbereich mit höchster Zugkraft F_z), das Getriebe 5 steht in Stellung I auf großer Übersetzung, und der Mengenstromteiler 1 versorgt über ein vorgegebenes festes Verhältnis die Hydromotoren 6, 7 (Verstellung konstant auf α_{max}) von Vorder- und Hinterachse. Durch feinfühlige Pumpenverstellung entsteht eine Geschwindigkeitsänderung bis hin zum Kriechgang von rd. 300 m/h. Die Endgeschwindigkeit von rd. 15 km/h der Fahrstufe 2 wird nur durch Abschalten des Mengenstromteilers und durch Verstellen beider Hydromotoren erreicht. In Fahrstufe 3 ist eine weitere Beschleunigung auf rd. 40 km/h erzielbar, indem das Getriebe 5 auf Stellung II (kleine Getriebeübersetzung) umgeschaltet wird. Auch hier erfolgt die Wandlung bei ausgeschaltetem Mengenstromteiler durch Motorverstellung. Neben der Fahrantriebspumpe 2 muss eine separate Pumpe für Bremse, Lenkung und Arbeitshydraulik vorgesehen werden. In der Regel wird eine Zweikreis-Hydraulikanlage mit Servotechnik und LS-System benutzt (s. Abschn. 3.1.4, [4.112]).
Mit Bild 4-107 soll auf die Vielfalt der Bedienelemente hingewiesen werden, die dem hohen technologischen Arbeitsvermögen eines Erdhobels gerecht werden müssen. Es sind insgesamt etwa 60 Anzeige- und Bedienelemente, von denen nur die für Arbeitsbewegungen erklärt werden.
Kastenprofilrahmen in Schweißausführung bestimmen die Tragkonstruktion (Bild 4-108). Der Hauptrahmen besteht aus einem typischen, langgestreckten und portalartigen Schartragrahmen 1, an dessen Vorderseite der Achsschemel 2, in der Mitte der Drehkranz 3 und am Ende das Knickgelenk 4 angebracht sind.

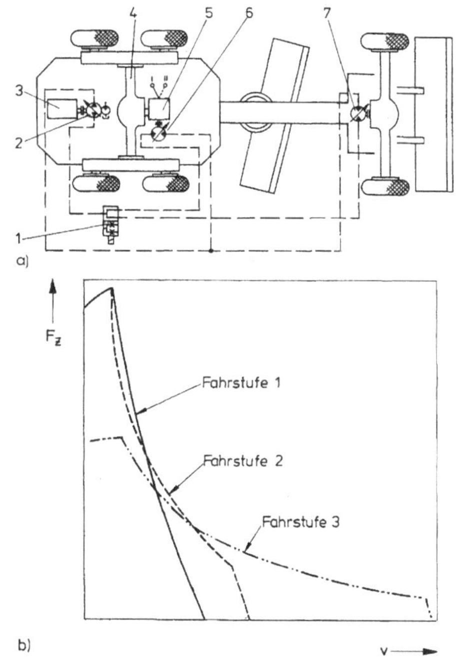

Bild 4-106 Hydrostatischer Fahrantrieb für Erdhobel

a) Aufteilung der Antriebskomponenten b) Fahrdiagramm

1 Mengenteiler
2 Verstellpumpe
3 Dieselmotor
4 Tandemachse mit Differential
5 Schaltgetriebe (2 Stufen)
6 Verstellmotor Hinterachse
7 Verstellmotor Vorderachse

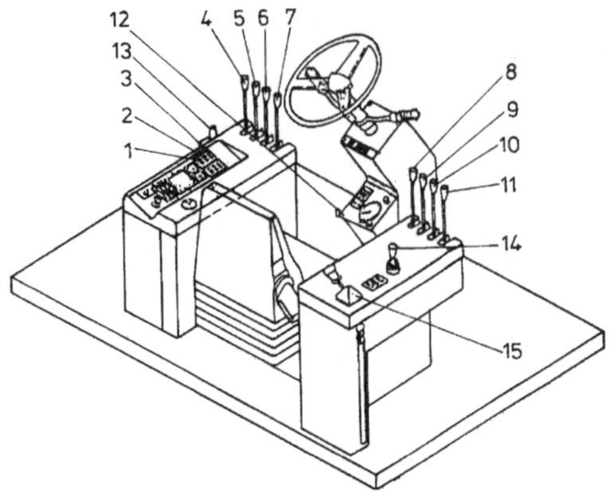

Bild 4-107 Bedienelemente der Arbeitsausrüstung für Erdhobel (Maschinenbau GmbH, Ulm)

1 Schalter Allrad
2 Schalter Getriebestufen
3 Schalter Arbeitshydraulik
4 Betätigung Auslegerzylinder
5 Betätigung Drehkranz
6 Betätigung Scharverschiebung
7 Betätigung Scharzylinder links
8 Betätigung Scharzylinder rechts
9 Betätigung Frontzylinder
10 Betätigung Schnittwinkelverstellung
11 Betätigung Zusatzausrüstung
12 Schalter Jochverstellung
13 Schalter Knicklenkung
14 Geschwindigkeitsregler
15 Handbremshebel

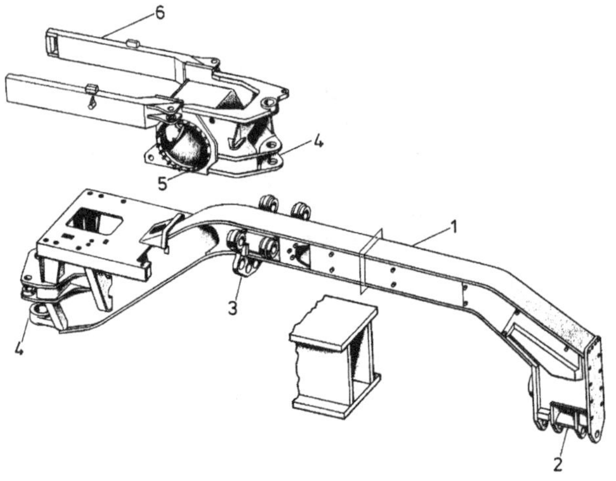

Bild 4-108 Rahmenkonstruktion für Erdhobel (Zeppelin-Metallwerke GmbH, Garching)

1 Schartragrahmen
2 Achsschenkelanschluss
3 Anschluss für Drehkranz
4 Knickgelenk
5 Gehäuse für Differential
6 hinterer Kastenprofilrahmen

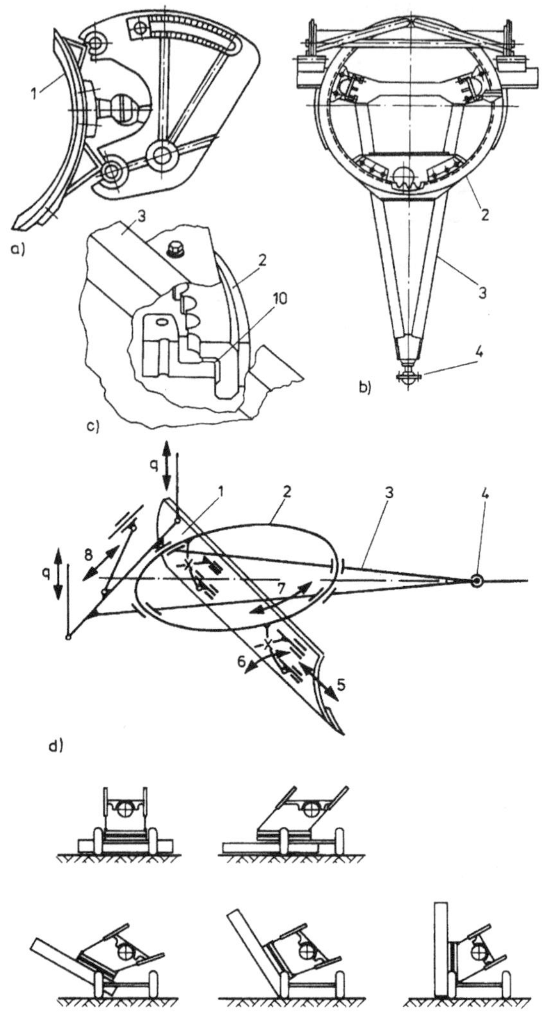

Bild 4-109 Drehschar für Erdhobel

a) Scharbefestigung
b) Zugrahmen mit Drehkranz
c) Drehkranz
d) Schema für Lagerung und Freiheitsgrade [4.102]
e) Scharstellungen im Einsatz

1 Drehschar
2 Drehkranz
3 Zugrahmen
4 Kugelgelenk
5 Querverschiebung
6 Neigungsänderung
7 Drehung im Drehkranz
8 Schwenken
9 Heben/Senken
10 Verschleißstreifen der Gleitpaarung

Der am Knickgelenk anschließende hintere Kastenprofilrahmen 6 ist als Plattform für die Antriebsaggregate ausgeführt und integriert das Gehäuse vom Differential 5 der Hinterachse. Bei Maschinen ohne Knickgelenk sind die beiden Rahmen starr miteinander verbunden.

Wie bei der Planiermaschine ist auch beim Erdhobel die Nennschubkraft in Abhängigkeit von Motornennleistung und Eigenmasse der Maschine ein wichtiger Parameter, siehe Gl. (4.17). Die wirkenden Belastungen werden von dynamischen Einflüssen und von der Stochastik der Arbeitsweise bestimmt [4.113] [4.114]. Für das Verhältnis aus Antriebsleistung P und Maschineneigenmasse m_e gilt

$$\text{bei 2x2x2 - Erdhobel} \quad \frac{P}{m_e} = 9\ldots10\,kW/t \quad \text{und}$$

$$\text{bei 1x2x3 - Erdhobel} \quad \frac{P}{m_{ges}} = 7\ldots8\,kW/t\,.$$

Die Besonderheiten des Erdhobels sind die Verstellmöglichkeiten für das 2,5 bis 4,8 m lange Drehschar. Die Bilder 4-109a bis c zeigen Konstruktionslösungen und die Bilder 4-109d und e die Prinzipien für Lagerung sowie Bewegung des Schars in insgesamt 5 Freiheitsgraden:

- Querverschieben - Position 5 in Bild 4-109d
- Neigungsänderung (Schnittwinkel 25...80°) - Position 6
- Drehen (bis 360°) im Drehkranz - Position 7
- Schwenken (bis 90°) des Zugrahmens um eine senkrechte Achse durch das Kugelgelenk - Position 8
- Schwenken (bis 90°) des Zugrahmens um eine waagerechte Achse durch das Kugelgelenk - Position 9.

Damit erreicht man die technologisch notwendigen Scharstellungen, siehe Bild 4-109e. Es gibt mehrere konstruktive Lösungen für die vielfältige, meist hydrostatische Scharbewegung mit unterschiedlich begrenzten Verstellbereichen (Gelenk-, Torsionswellen- und Drehbrückensystem). Am

Scharzugrahmen ist der Drehkranz meist an 6 Punkten aufgehängt, die horizontal wie vertikal eine Einstellbarkeit besitzen. Zwischen Drehkranz und Zugrahmen sind Gleit- und Verschleißstreifen aus speziellen Werkstoffen (z. B. Bronzelegierungen) eingelegt. Der Drehkranz ist als Ringschmiedestück mit vergüteter Verzahnung und als "Schuhprofil" ausgeführt (Bild 4-109c). Um große Schwenkwinkel zu erreichen, erfolgt die Scharverstellung über eine Drehkranzverzahnung mit Drehantrieb.

Von der Planiergenauigkeit wird die Arbeitsqualität des Erdhobels bestimmt. Sie ergibt sich aus dem Maß einer ungewollten Scharverstellung infolge Geländeunebenheit. Es lässt sich leicht nachweisen, dass Planiermaschinen wegen der frontalen Schildanordnung bei gleicher Geländeunebenheit eine schlechtere Planiergenauigkeit hervorrufen. Die Unterschiede lassen sich rechnerisch belegen. So kann man zeigen, dass die Planiergenauigkeit bei Tandemachsen mit Schwinge größer ist und insgesamt von dem Verhältnis l_1/l_0 abhängt. l_1 bezeichnet den Abstand zwischen Hinterachse und Schar, l_0 den Achsabstand.

Wenn die vertikale Lageabweichung s_1 des Schars beim Durchfahren einer Geländeunebenheit t mit der Vorderachse und s_2 bei gleicher Geländeunebenheit t mit der Hinterachse beträgt, dann gilt nach dem Strahlensatz für eine Zweiachsmaschine

$$s_1 = t\,\frac{l_1}{l_0}; \qquad s_2 = t\left(\frac{l_0 - l_1}{l_0}\right)$$

und mit s_1' bzw. s_2' für den Dreiachser

$$s_1' = t\frac{l_1}{l_0}; s_2' = \frac{t}{2}\left(\frac{l_0 - l_1}{l_0}\right).$$

Nach praktischen Erkenntnissen kann man die rechnerischen Unterschiede vernachlässigen. Tandemachsen haben nur einen nachweisbaren Qualitätsvorteil bei Bodenwellen im Abstand ≤ 2 m, und diese treten in der Praxis nach einem Scharschnitt bei überwiegender Vorwärtsfahrt nicht auf.

Ein weiterer Einfluss auf die Planiergenauigkeit ergibt sich beim Kurveneinbau. Außer, dass Zweiachsmaschinen meist einen kleineren Wenderadius haben, radieren (zerstören) die Hinterräder einer Tandemachse im Kurvenbereich. Der Bewegungsausgleich erfolgt nur zwischen rechter und linker Radpaarseite (Differential), aber nicht zwischen den Rädern einer Seite (starrer Antrieb mittels Ketten).

Es zeigt sich, dass das Verhältnis l_1/l_0 bei Geländeunebenheiten an Vorder- oder Hinterachse eine unterschiedliche Auswirkung auf die Scharabweichungen hat. Deshalb muss man für die Wahl des Scharanlenkpunkts einen Kompromiß finden. Der Anlenkpunkt ist optimal, wenn er den Schnittpunkt der Geraden für die Scharabweichungen s_1, s_2 bzw. s_1', s_2' bildet [4.102]. Bild 4-110 stellt diesen Zusammenhang dar. Außerdem ist zu beachten, dass große Radstände die Manövrierfähigkeit einschränken. Hier ist ein weiterer Kompromiß erforderlich.

Zur Verbesserung der Planiergenauigkeit werden moderne Maschinen mit Niveliereinrichtungen ausgerüstet. Es stehen dafür zwei Systeme zur Verfügung. Besonders im Straßenbau arbeitet man mit Referenzen (Drahtseil, Bordstein, planierte Flächen), die mittels Ultraschall berührungslos abgetastet werden. Im Sportstätten- und Hallenbau empfiehlt sich eine Lasersteuerung (Laser: Light Amplification by Stimulated Emission of Radiation). Hierfür müssen am Schar entsprechende Laserempfänger montiert werden, die von einem Linear- oder rotierenden Laserstrahl die Stellimpulse erhalten. Der Rotationslaser erzeugt eine Lichtebene, die als Referenzebene eines Feinplanums dient. Auch Quer- bzw. Längsneigungssensoren gehören zur Ausstattung.

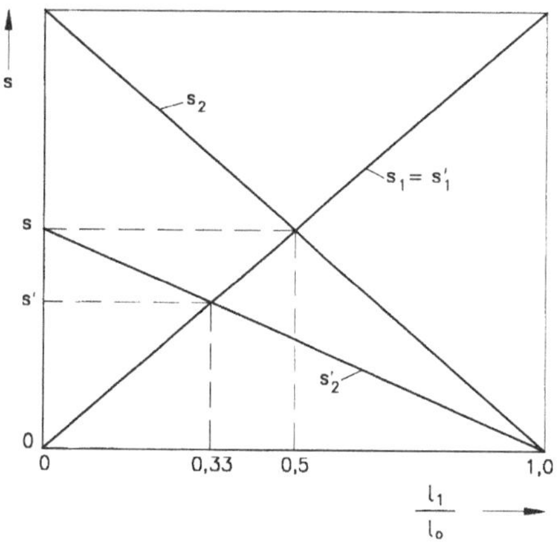

Bild 4-110 Verhältnisse bei der Drehscharanordnung zur Beeinflussung der Planiergenauigkeit

Bei automatischer Scharsteuerung werden die von den Sensoren empfangenen Höhen- und Neigungsimpulse verstärkt, in einem Bordcomputer ausgewertet und als Stellbefehle mittels Proportionalventiltechnik auf die Scharzylinder übertragen. Mit dieser Technik werden auch Dozer und Großbagger ausgerüstet, um exakt vorgegebene Erdbauprofile in Höhe, Richtung und Querneigung zu erstellen. Laser werden für Reichweiten bis 400 m angeboten. Die damit erzeugten Referenzen besitzen Abweichungen von rd. 5 mm auf 100 m Arbeitslänge [4.115].

Zusatzausrüstungen am Erdhobel bilden vorn ein Planierschild und hinten Aufreißer. Weitere Anbaugeräte sind Scharkübel, Anbauschürfkübel, Straßenverbreiterer, Bodenfräse (Erdstoffverbesserung), Böschungs- oder Grabenebener, Kehrmaschine, Verdichter, Scheibenegge, Baggerausrüstung u. a. Damit wird das Einsatzgebiet der Erdhobel sehr breit, sie bleiben aber Spezialmaschinen für den Verkehrswegebau. Mit ihnen kann man Erdstoffe verteilen, ein Feinplanum herstellen, Trassen und Böschungen anlegen, Gräben ziehen, Schnee räumen und vieles mehr.

4.3.2 Arbeitsausrüstungen, Arbeitsbedingungen

Das *Querschild,* die am meisten angewendete Planiereinrichtung, ist in seiner Form so ausgebildet, dass anstehender Erdstoff geschnitten, vor dem Schild aufgehäuft und, nach dem Anheben in die Schubstellung, bis zum Einbauort verschoben werden kann. Für während des Transports seitwärts abfließendes Gut muss ständig neues gewonnen werden. Um dieses seitliche Abfließen zu begrenzen, können abnehmbare Seitenbleche montiert werden (Bild 4-111a). Für sehr lockere Schüttgüter, z. B. Kohle, eignen sich geknickte Schilder (U-Schild) besser (Bild 4-111b). Ein das Querschild nach oben verlängerndes Zusatzblech verhindert das Fließen der Erdstoffe über die obere Schildkante.

Das *Schwenkschild* soll den geschnittenen oder bereits aufgehäuften Erdstoff seitwärts ablegen. Dazu muss es in eine ausreichende Neigung zur Fahrtrichtung gestellt werden (Bild 4-111c). Es ist meist breiter und niedriger als das Querschild. Über Einsatzgebiete der Schildarten informiert u. a. [4.116].

Ein Querschild ist an zwei seitlich am hinteren Teil des Raupenträgers gelagerten Schildbalken (Stoß-, Schubarmen) befestigt (Bild 4-96). Die Höhenlage des Schilds wird durch zwei hydraulische Hubzylinder verändert.

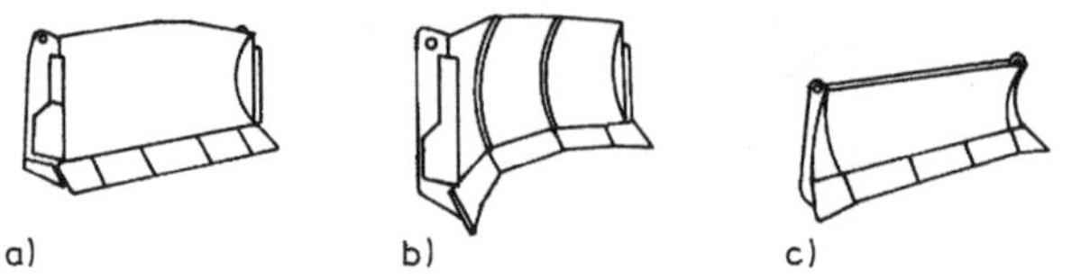

Bild 4-111 Bauformen des Planierschilds

a) Querschild mit Seitenblechen (Brustschild)
b) Querschild, geknickt (U-Schild)
c) Schwenkschild

Bei einem so genannten *Tiltschild* erzeugt der Kippzylinder über den zusätzlichen kinematischen Freiheitsgrad eine Querneigung des Planierschilds. Dies vergrößert die spezifische Schnittkraft des nur mit einer Ecke schneidenden Schilds und erleichtert das Eindringen in festere Erdstoffe.
Der Anstellwinkel und damit Schnittwinkel des Schilds wird vor Beginn der Arbeit durch Streben unterschiedlicher Länge eingestellt, bei neueren Planierraupen mit Hilfe zweier hydraulischer Schwenkzylinder während des Betriebs nach Bedarf verändert (Bild 4-96). Das Schwenkschild ist gelenkig an einem Schubrahmen gelagert und von seitlichen Holmen in der gewünschten Schräglage zur Fahrtrichtung gehalten.
Verfahrensbedingt muss bei dem hydraulisch betätigten Planier- oder Schubschild auch eine so genannte Schwimmstellung im Steuerblock vorgesehen sein (s. Abschn. 4.5.2).
Die für Funktion und Konstruktion eines Planierschilds wichtigsten Maße und Winkel zeigt Bild 4-112, Vorzugswerte für diese Winkel Tafel 4-12. Der Radius r_S des Kreisbogens am Schild nach Bild 4-112a beträgt

$$r_S = \frac{h_S - a \sin\delta}{\cos\delta + \cos\psi}.$$

Die Fläche $A_S = h_S\, b_S$ des Planierschilds muss mit der Schubkraft F_z der Planierraupe abgestimmt werden. Dafür gibt [4.103] empirische Beziehungen an

$$h_S = C_1 \sqrt[3]{F_z} - \frac{F_z}{2};\quad b_S = C_2\, h_S. \tag{4.18}$$

In Gl. (4.18) sind h_S, b_S in mm und F_z in kN einzusetzen. Für Querschilder gelten C_1 = 232, C_2 = 2,8...3,0 und für Schwenkschilder C_1 = 209, C_2 = 4,0...4,4.
Die Schildhöhe h_S und damit auch die Schildbreite b_S, die zwischen 2,2 und 5,5 m liegt, sowie die Fläche A_S wachsen unterproportional mit der Nennschubkraft F_z. Deshalb sind schwere Planiermaschinen festeren Erdstoffen besser angepasst als leichte. Unabhängig von den Richtwerten der Gl. (4.18) müssen Querschild wie schräggestelltes Schwenkschild die Außenkontur der Planierraupe an beiden Seiten um mindestens 100 mm überragen.

Tafel 4-12 Vorzugswerte für Winkel am Planierschild (s. Bild 4-112)

Bezeichnung	Symbol	Querschild	Schwenkschild
Schnittwinkel	δ	50...55°	50...55°
Freiwinkel	β	20...25°	20°
Keilwinkel	α	30...35°	30...35°
Neigungswinkel	ε	75...80°	75°
Austrittswinkel	ψ	70...75°	65...75°
Rückflusswinkel	χ	90...100°	90...100°
Schwenkwinkel	ω	-	40...45°
Tiltwinkel	υ	6...12°	-

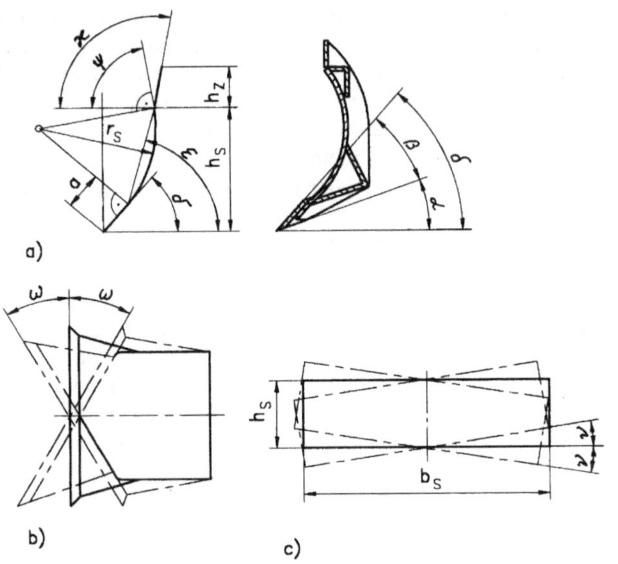

Bild 4-112 Maße und Winkel am Planierschild

a) Querschild b) Schwenkschild c) Tiltschild

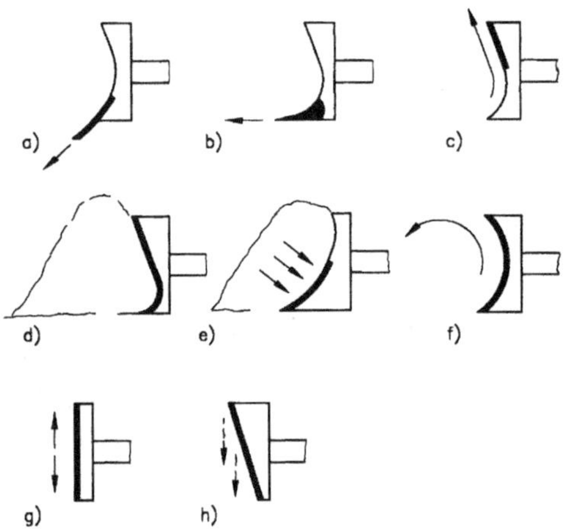

Bild 4-113 Profilelemente am Planierschild [4.6]

a) Eindringen
b) Schneiden
c) Häufen
d) Festhalten
e) Tragen
f) Rollen
g) Planieren
h) Entladen

Zur Feststellung der günstigsten Planierschildform sind zahlreiche Untersuchungen in mehreren Ländern durchgeführt worden [3.200] [4.6] [4.102] [4.117] bis [4.119]. Die gewünschten Eigenschaften, wie gutes Schneiden, Häufen und Festhalten, sind mit einer Schildform nur bei einem bestimmten Erdstoff und unter eingegrenzten technologischen Bedingungen zu erreichen.
Von einem Planierschild sind unterschiedliche Funktionen zu kombinieren, wofür auch entsprechende Profilelemente zuständig sind. Bild 4-113 ist zu entnehmen, dass sich die erforderlichen Krümmungen und Neigungen des Schilds beträchtlich unterscheiden, so dass im Sinne der Werkzeugvielfalt Kompromisse notwendig werden. Nach [4.6] führt dies zu drei Gruppen von Schildprofilen, deren Krümmungsverlauf voneinander abweicht. Die Schildform nach Bild 4-114a begünstigt die gleichmäßige Verdichtung des Erdstoffs und die Ausbildung einer Erdstoffwalze. Bei der Schildform nach Bild 4-114c verhindert der obere, stärker gekrümmte Teil des Schilds das freie Emporsteigen des

Erdstoffs. Die Schildform nach Bild 4-114b erleichtert dieses Hochquellen und bringt die besten Ergebnisse hervor.

Daß sich parabolische Profile besonders gut für Planierschilder eignen, wird durch mehrere Beobachtungen gestützt [4.117] [4.118]. [4.118] und [4.119] entwickeln für solche Profile eine Konstruktionsmethode, deren Kerngedanke die Gestaltung verschiedener Schildprofile von nur einer symmetrischen Ausgangsparabel mit den konstanten Parametern Schildhöhe h_S und Schnittwinkel δ ist (Bild 4-115). Die Gleichung der Parabel lautet:

$$y^2 = 2p\,x = h_S\,\tan\delta.$$

Als Parameter für ableitbare Profile wird das Verhältnis $n = g\,/\,h_S$ benutzt. Bild 4-115 sind drei Schildprofile AB, A_1B_1 und A_2B_2 zu entnehmen, deren Krümmungsverlauf dem der Profilgruppen im Bild 4-114 entspricht. Versuche im lehmigen Sand weisen das im Bild 4-116 dargestellte Schildprofil als günstigste Form aus. Um Schwierigkeiten in der Fertigung auszuschließen, kann dabei die Parabel durch einen Kreis und ein gerades Schneidenstück von der Länge a angenähert werden [3.200].

Der Einfluss des Scharprofils auf den Schürfprozess des Erdhobels wird in [4.120] untersucht.

Verschiebeleistung und Planiergüte sind nicht nur von der installierten Motorleistung abhängig. Um Planiermaschinen untereinander vergleichbar zu machen und eine Vorausberechnung der Arbeitsleistung durchführen zu können, muss die Schildfüllung V_S auch für unterschiedliche Schildformen und -abmessungen berechenbar sein. In der Praxis wird für Überschlagsrechnungen sehr häufig eine von [4.12] empirisch ermittelte Formel benutzt. Sie geht davon aus, dass die Planiermaschine am Ende einer Verschiebestrecke ein Haufwerk aus einer einzelnen Schildfüllung hinterlässt (Bild 4-117). In der Flucht von Innenkanten deutlicher Kettenspuren können Höhe h_H und Tiefe t_H des Haufwerks vermessen werden. Aus den Messdaten der linken und rechten Haufwerksseite wird ein Mittelwert gebildet nach

$$h_H = \frac{1}{2}(h_{Hl} + h_{Hr}); \quad t_H = \frac{1}{2}(t_{Hl} + t_{Hr});$$

$$V_S = 0{,}483\,h_H\,t_H\,b_S.$$

Die Schildfüllung kann man auch nach SAE J 1265 berechnen. Mit der in Arbeitsrichtung projizierten Schildfläche A_S und Schildbreite b_S wird die wirksame Schildhöhe nach $h_S = A_S/b_S$ bestimmt. Für Brust- und Schwenkschilder gilt

$$V_S = 0{,}8\,b_S\,h_S^2$$

und für U-Schilder

$$V_S = 0{,}8\,b_S\,h_S^2 + b_1\,h_S(b_S - b_1)\tan\alpha, \text{ siehe Bild 4-118.}$$

Bei allen rechnerischen Betrachtungen ist zu beachten, dass es sich bei der Schildfüllung immer um Erdstoffe im aufgelockerten Zustand handelt. Für die Auflockerung einiger Erdstoffe gilt:

Erdstoff	Auflockerungsfaktor
leichter, trockener Sand	0,90
mittelschwerer Kiesboden	0,80
schwerer bindiger Erdstoff	0,70
Fels	0,65

Modelle zur Bestimmung der Grabkräfte am Planierschild und Schürfkübel werden im Abschnitt 3.5.6 behandelt.

Für den Erdhobel stehen auch empirisch ermittelte Konstruktionsdaten zur Verfügung [4.121], z. B. das Verhältnis aus installierter Antriebsleistung P und Scharfläche A_S:

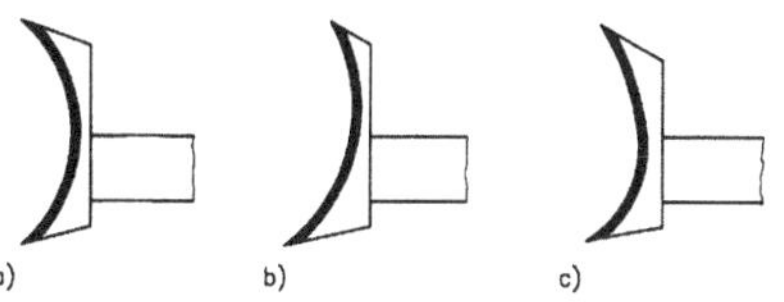

Bild 4-114 Schildprofile [4.6]

a) Krümmung konstant
b) Krümmung zunehmend
c) Krümmung abnehmend

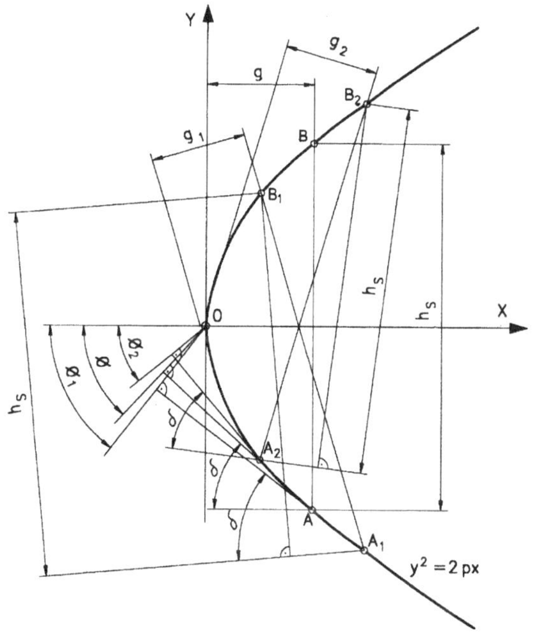

Bild 4-115 Konstruktion parabolischer Schildprofile [3.200]

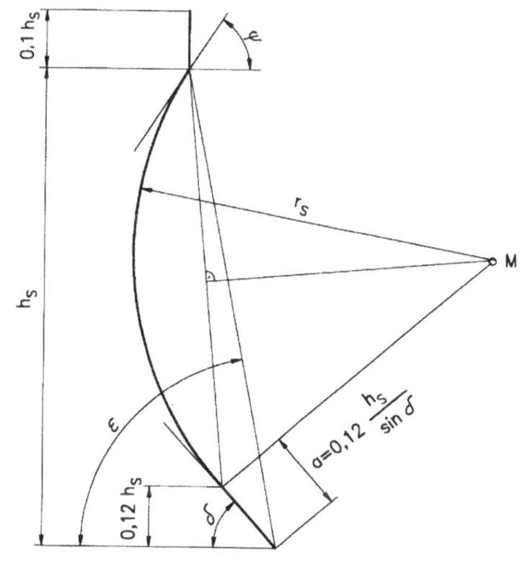

Bild 4-116 Schildform für lehmigen Sand [3.200]

$r_S = 0{,}74\,h_S$ $\delta = 50°$ $\varepsilon = 80°$ $\psi = 62°$

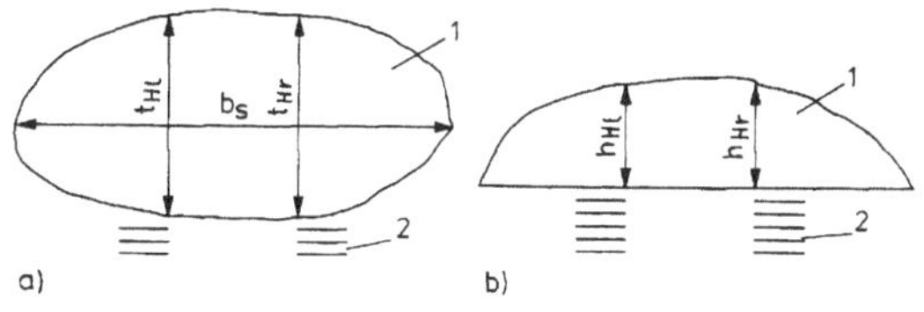

Bild 4-117 Füllvolumenbestimmung am Haufwerk

a) Draufsicht b) Frontansicht

1 Haufwerkskontur 2 Kettenabdruck

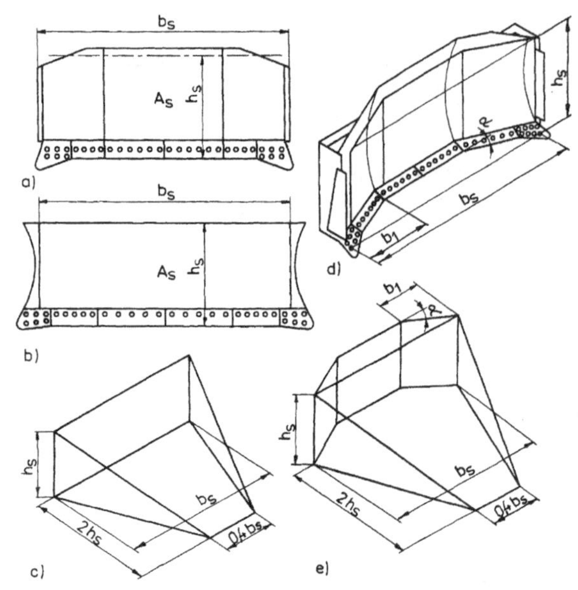

Bild 4-118 Abmessungen zur Bestimmung der Schildfüllung

a) Querschild
b) Schwenkschild
c) Volumenkörper der Schildfüllung für das Quer- und Schwenkschild
d) U-Schild
e) Volumenkörper der Schildfüllung für das U-Schild

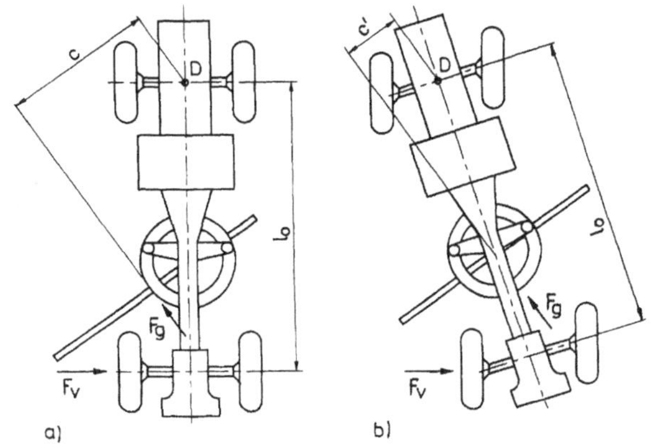

Bild 4-119 Seitenkräfte am Erdhobel, Radstellung

a) ungelenkt b) gelenkt (Hundegang)

2x2x2 - Erdhobel $P/A_S = 40$ kW/m^2
1x2x3 - Erdhobel $P/A_S = 30$ kW/m^2 ($P \leq 55$ kW)
$P/A_S = 35$ kW/m^2 ($55 < P \leq 100$ kW)
$P/A_S = 40$ kW/m^2 ($P > 100$ kW)

sowie das Verhältnis aus Scharhöhe h_S und Scharbreite b_S der Form $h_S^2/b_S = 0{,}07$ m^2/m.

Insbesondere beim Erdhobel ruft das Schar in Abhängigkeit von seiner Stellung äußere Kräfte auf die gesamte Maschine hervor, siehe Bild 4-119. Diese Kräfte erzeugen ein Drehmoment, mit dem sie die gesamte Maschine um den Punkt D aus der Arbeitsrichtung herausdrehen. F_g ist der in Scharmitte angreifende Grabwiderstand bei gleichmäßiger Belastung über der Scharbreite. Bei Radstellung ohne Lenkeinschlag ergibt sich ein Versetzdrehmoment $M = F_g c$, was von den Seitenkräften der Vorderräder F_V aufgenommen werden muss. Für die Seitenkräfte gilt mit der Achslast F_{eV} und dem Kraftschlussbeiwert μ_K die Übertragungsbedingung $F_V = F_{eV}\mu_K$.

Berücksichtigt man weiter, dass bei 1x2x3 Maschinen die Vorderachse rd. 33 % der gesamten Maschineneigenlast F_e trägt und bei 2x2x2 Maschinen sich dieser Anteil auf rd. 40 % erhöht, dann ergeben sich folgende Beziehungen für die Grabkraft

am Zweiachsgrader $$F_g = 0{,}33\frac{F_e\,\mu_K\,l_0}{c}$$

und am Dreiachsgrader $$F_g = 0{,}40\frac{F_e\,\mu_K\,l_0}{c}.$$

Bei dem Erdhobel mit Allradlenkung kann man die Hinterachse in D aus der Arbeitsrichtung drehen, so dass sich der Hebelarm auf c' reduziert (Bild 4-119). Das wird mit Fahren bei versetzter Spur oder im Hundegang bezeichnet. Die gleiche Wirkung erzielt man mit auf Sturz gestellten Rädern oder angetriebenen und eingelenkten Vorderrädern. Der Lenkwinkel kann dabei dem Bestreben des Herausdrehens aus der Arbeitsrichtung gut angepasst werden.

Es wurde schon gezeigt, dass die Achslastverteilung einen Einfluss auf die Arbeitsfähigkeit (Traktion) hat. Achslasten bilden sich am Erdhobel nicht nur aus der Maschineneigenmasse. Auch der Grabprozess am Schar ruft vertikale Kraftkomponenten hervor, die zu einer nennenswerten Achsentlastung (Vorderachse) führen können.

Kübelhöhe h_K und Kübellänge l_K von Schürfkübelmaschinen haben einen großen Einfluss auf den Füllwiderstand (s. Abschn. 3.5.6) und auf das erreichbare Füllvolumen. Die Kübelbreite wird nur von Verkehrsvorschriften bestimmt. [3.203] und [3.204] haben diese Einflüsse untersucht und geben mit der Schnittiefe h die Abhängigkeiten $h_K = (5...6)h$ bzw. $l_K = (1{,}1...1{,}2)\,h_K$ an.

Die Verwendung des Flachbaggers lässt sich auf Erdstoffe mittlerer Festigkeit (Gewinnungsklassen 5 und 6 nach DIN 18300 bzw. 6 und 7 nach TGL 11482/01) erweitern, wenn diese vor dem Aufnehmen mit *Heckaufreißern* aufgelockert werden. Geeignete Erdstoffe sind harte Tone und Mergel, Sedimentgesteine, wie Schiefer, Sand- und Kalkstein. Ungeeignet sind alle dichteren und festeren, metamorphen, magmatischen Gesteine oder stark bindige Erdstoffe.

Maßgebend für die Reißbarkeit sind neben der örtlichen Festigkeit die Verbandsfestigkeit und das Gefüge des Erdstoffs. Die spezifische Schnittkraft k_s hat hierfür wenig Aussagekraft. Es ist vielmehr üblich, die Strukturfestigkeit des Erdstoffs mit Hilfe der Ausbreitungsgeschwindigkeit künstlich erzeugter seismischer Wellen zu beurteilen. Diese Wellengeschwindigkeit beträgt rd. 300 m/s in lockeren Erdstoffen und steigt auf Werte um 6000 m/s in harten Gesteinen. Gut reißbar sind nach [4.122] und [4.123] Erdstoffe mit Ausbreitungsgeschwindigkeiten zwischen 600 und 2600 m/s, wobei die oberen Grenzwerte von der Erdstoffart abhängen. Für die Entscheidung, Erdstoffe zu reißen und dann mit Flachbaggern zu gewinnen, sind weitere technische und wirtschaftliche Gesichtspunkte in Betracht zu ziehen, siehe hierzu [4.124].

Heckaufreißer können an alle Flachbagger angebaut werden. Schwere Planierraupen haben sie meist als bleibende, nach oben aus dem Arbeitsbereich herausschwenkbare Einrichtung (Bild 4-96). Nach der Reißtiefe sind Flach- und Tiefaufreißer, nach der Anzahl der Reißschenkel Einschenkel- und Mehrschenkelaufreißer sowie nach der Art des Verstellgetriebes Schwenk- und Parallelaufreißer zu unterscheiden, siehe Bild 4-120.

Flachaufreißer haben, über die gesamte Breite der Maschine verteilt, zahlreiche kurze Reißschenkel. Die von Ihnen erzeugte Lockerungstiefe ist ≤ 300 mm und liegt damit nur

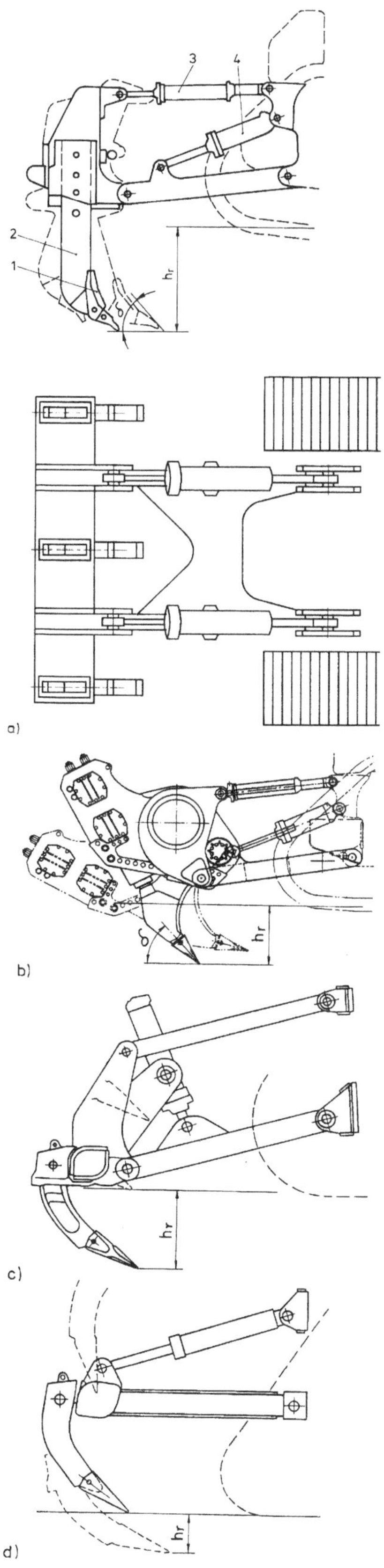

Bild 4-120 Bauformen der Heckaufreißer

a) verstellbarer Parallelaufreißer in Arbeitsstellung
b) Parallelaufreißer mit Hydraulikhammer
c) feststehender Parallelaufreißer
d) Radialaufreißer

1 Zahnspitze 3 Aufreißzylinder
2 Reißschenkel 4 Hubzylinder

wenig über der Schnittiefe eines Flachbaggers. Tiefaufreißer weisen 1 bis 5 Reißschenkel auf, die in einem seitlichen Abstand von 0,5 bis 1,5 m angeordnet sind. Die Reißtiefe geht, abhängig von Maschinengröße und Erdstoffart, bis 1 m bei Mehrschenkel- und bis 2 m bei Einschenkelaufreißern. Zum Reißen wird eine Fahrgeschwindigkeit zwischen 1,5 und 3,0 km/h benötigt.

Bei einem Schwenk- bzw. Radialaufreißer (Bild 4-120) verstellt sich mit der Reißtiefe h_r auch der Schnittwinkel δ des Reißzahns. In dieser Form werden vorwiegend nur Einschenkelaufaufreißer gebaut. Günstiger ist der Parallelaufreißer, dessen Schnittwinkel unabhängig von der Schnittiefe bleibt. Schwere Planierraupen erhalten heute vorzugsweise zwei hydraulische Verstellzylinder. Sie können dadurch Schnittiefe und Schnittwinkel getrennt voneinander verändern.

Die Reißschenkel haben unterschiedliche Längen und Formen (Bild 4-121). Der gerade Schenkel trennt grobe Erdstoffblöcke gut, der gebogene Schenkel mit seinem kleineren Schnittwinkel δ bricht schollenbildende Erdstoffe nach oben auf. Häufig wird die Kombination beider Formen, der Schnellaufreißer (Bild 4-121c), vorgezogen. [4.125] berichtet über die Aufrüstung eines Reißschenkels mit einem hydraulischen Schlaghammer, um damit festere Erdstoffe zu reißen und größere Steine zu zertrümmern.

Die Reißkraft F_r folgt wegen der Abhängigkeit von zahlreichen Parametern komplizierten Gesetzmäßigkeiten [4.107]. Stark vereinfachend kann in Analogie zum Grabprozess (s. Abschn. 3.5) ein empirischer Ansatz mit spezifischer Reißkraft k_r formuliert werden [4.126]. Danach gilt

$$F_r = k_r\, h_r\, b_a,$$

mit dem Faktor b_a für die Breite des Reißzahns und der spezifischen Reißkraft k_r = (0,09...0,11) N/mm^2 bei einem Einschenkelaufreißer sowie dem Faktor b_a für die Auflockerungsbreite (Abstand der Außenkanten der äußeren Reißzähne) und der spezifischen Reißkraft k_r = (0,16...0,18) N/mm^2 bei einem Mehrschenkelaufreißer. Diese Angaben sind wegen des engen Bereichs der genannten spezifischen Reißkraft und wegen ihres Bezugs auf eine fiktive, rechteckige Ausbruchfläche wahrscheinlich allein für eine bestimmte, nicht genau bezeichnete Erdstoffgruppe gültig.

Bild 4-122 gibt neuere Richtwerte für eine spezifische Reißkraft k_r' als Funktion der Druckfestigkeit σ_D des Erdstoffs an, wobei die Abhängigkeit von Gefüge und Textur des Erdstoffs über eine große qualitative Stufung nach der Verbandsfestigkeit berücksichtigt wird. k_r' ist hier auf den meist dreieckförmigen, tatsächlichen Ausbruch- bzw. Reißfurchenquerschnitt A_a bezogen. Es gilt für die erforderliche Reißkraft in Fahrtrichtung

$$F_{rh} = k_r'\, A_a.$$

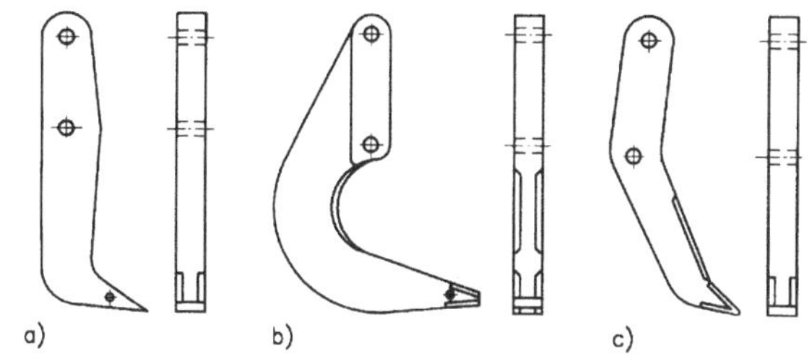

Bild 4-121 Bauformen der Reißschenkel

a) gerader Reißschenkel
b) gebogener Reißschenkel
c) Schnellreißschenkel

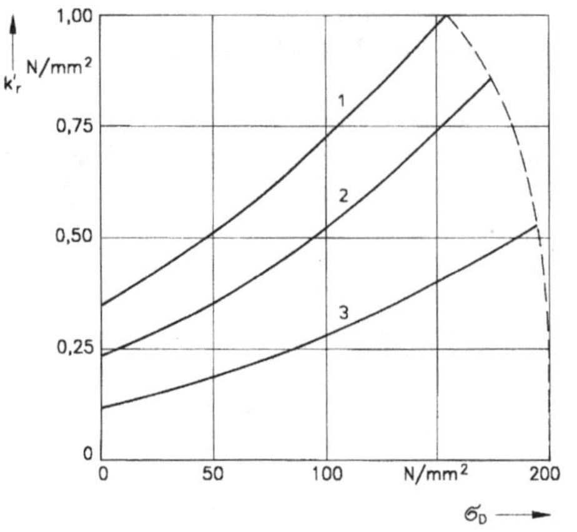

Bild 4-122 Spezifische Reißkraft k_r` als Funktion der Druckfestigkeit σ_D des Erdstoffs [3.205]

Verbandsfestigkeiten: 1 groß; 2 mittel; 3 klein

Der von der Maschine in Reißrichtung aufzubringende Maximalwert der Horizontalkomponente F_{rh} hängt von der Eigenmasse m_e des Flachbaggers, dem Kraftschlussbeiwert μ_K und dem Neigungswinkel ε der Reißstrecke ab. Damit gilt

$$F_{rh} = m_e \, g \, (\sin\varepsilon + \mu_K \, \cos\varepsilon).$$

Aus Erfahrung kann man mit $F_{rh} \approx 0{,}3 F_{rv}$ rechnen.

[4.125] enthält den Hinweis, dass die Reißmaschine bei festeren Erdstoffen mit ausgeprägter Lagerungsrichtung durch seitlich am Reißwerkzeug wirkende Kräfte horizontal ausweichen kann. Dadurch verringert sich die verfügbare horizontale Reißkraft auf

$$\bar{F}_{rh} = F_{rh} \sqrt{1 - \nu^2}.$$

Aus Versuchen wird festgestellt, dass der Seitenkraftbeiwert ν je nach Einfallrichtung der Erdstofflagerung Werte zwischen 0 und $1/\sqrt{2}$ annimmt.

Auf das Reißwerkzeug eines Parallelaufreißers kann man auch zusätzliche Kräfte mittels Hydraulikzylinder aufbringen. Die Ausbrechkraft ist die vom Hubzylinder (Bild 4-120) und die Eindringkraft die vom Aufreißerzylinder aufgebrachte und an der Meißelspitze wirkende Kraft. In Abhängigkeit von der Gerätebaugröße nehmen sie Werte von 60...540 kN (Ausbrechkraft) und 25...340 kN (Eindringkraft) an.

4.4 Mehrgefäßbagger

Zu den wichtigsten Mehrgefäßbaggern gehören der *Schaufelradbagger* und der *Eimerkettenbagger.* Auf ihre Unterscheidungsmerkmale wurde bereits im Abschnitt 4.1 eingegangen. Die Entwicklung der Gewinnungsverfahren hat in den letzten Jahren zu einer neuen Gewinnungsmaschine geführt, dem *Continuous Surface Miner* (CSM). Wenn auch der CSM streng genommen nicht der Mehrgefäßtechnik zuzurechnen ist, gehört er doch in die Gruppe kontinuierlich arbeitender Gewinnungsmaschinen und wird hier mit behandelt.

Mehrgefäßbagger haben in Deutschland eine große Tradition. Sie verkörpern die größten und schwersten auf dem Lande eingesetzten Arbeitsmaschinen und dienen ausschließlich dem Gewinnen oder Aufnehmen von Rohstoffen bzw. dem Erdbau. Das Verhältnis aus Eigenmasse und Arbeitsleistung hat sich im Laufe der technischen Entwicklung ständig verbessert. Der Trend zu immer größeren Maschinen ist aber seit einigen Jahren gestoppt, da energiepolitisch neue Orientierungen bestehen. Sie haben über mehrere Jahrzehnte als Spezialmaschinen eine eigene technische Entwicklung erfahren, die nur wenigen Fachleuten bekannt ist.

Der umfangreichen Fachliteratur [3.106] [3.227] [3.132] [4.127] [4.128] kann das grundlegende ingenieurtechnische Wissen entnommen werden. Deshalb können sich die nachfolgenden Ausführungen auf ausgewählte Ergänzungen zu technischen Neuheiten beschränken. Auf Erläuterungen zur Tagebautechnologie, Bergbauplanung und Geomechanik wird vollständig verzichtet. Hier bieten die Abschnitte 2 und 5 sowie die genannte Fachliteratur dem Maschinenkonstrukteur eine ausreichende Grundlage.

Der kontinuierliche Gewinnungsvorgang mit Mehrgefäßbaggern hat in der Zeit von 1960 bis 1985 seine größte Bedeutung erlangt. Es wurden leistungsfähige Bagger gebaut und mit Erfolg eingesetzt, siehe [4.129] bis [4.154]. Weil Tagebaumaschinen für 50000 und mehr Betriebsstunden ausgelegt werden, sind heute die großen Lagerstätten mit Geräten versorgt oder bereits ausgebeutet. Die Restnutzungsdauer von Tragwerkskonstruktionen ist sehr viel höher, so dass gegenwärtig viele Modernisierungen auf dem Gebiet der Antriebs-, Steuer- und Überwachungstechnik an älteren Geräten durchgeführt werden.

Für die Hersteller kontinuierliche arbeitender Gewinnungsmaschinen gewinnen kleine, regionale Abbaustätten bis 10 Mio m^3/a immer mehr an Bedeutung. Es handelt sich um Lagerstätten mit sehr viel geringeren Abmessungen, aber einer großen Vielfalt abzubauender Rohstoffe (Kohle, Schiefer, Kaolin, Bauxid, Kreide, Kalkstein, Mergel, Ton u. a.). Ohne Anspruch auf Vollständigkeit wird mit den Angaben in Bild 4-123 und Tafel 4-13 der Versuch unternommen, die Grenzen nach der Druckfestigkeit σ_D abzubauender Stoffe der im Erd- und Tagebau eingesetzten Gewinnungsmaschinen gegenüberzustellen. In die Betrachtungen werden neben den kontinuierlich arbeitenden Maschinen auch die diskontinuierlich arbeitenden (Eingefäßbagger, s. Abschn. 4.2) mit einbezogen.

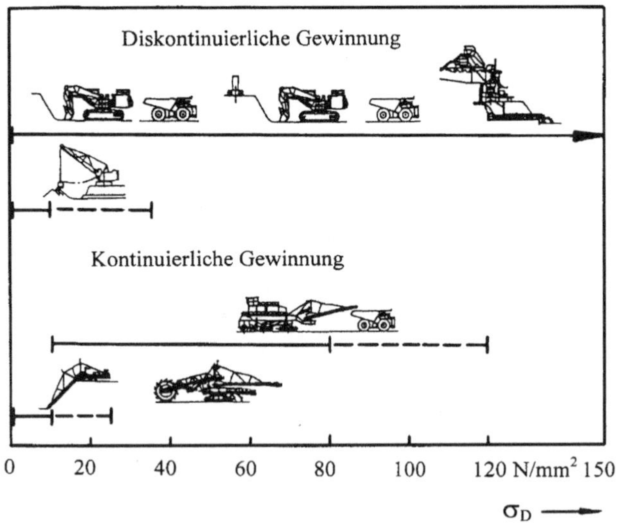

Bild 4-123 Einsatzgrenzen für Gewinnungstechnik im Tagebau [4.129]

(diskontinuierlich mit Löffelbagger, Truck, Bohrwagen, Sprengstoff, Brecher, Schleppschaufelbagger und kontinuierlich mit Continuous Surface Miner, Eimerkettenbagger, Schaufelradbagger)

Parameter	Kompakt-schaufelradbagger	Continuous Surface Miner	Löffelbagger
Werkzeugdurchmesser in m	4...5,6	0,8 ... 4,0	---
Werkzeugbreite in m	bis 1,5	bis 5,3	bis 2,6
Anzahl Grabgefäße	6...10	keine	1
Grabgefäßvolumen in m^3	0,15...2,0	---	bis 40
Werkzeugdrehzahl in min^{-1}	3,5...10,0	bis 78	(Spieldauer)
Lösegeschwindigkeit in m/s	1,9...3,0	1,9 ... 5,0	0,4...3,5
Schüttungszahl in min^{-1}	30...110	---	1...4
spezifische Grabkraft in N/mm^2	bis 2,5	bis 5,4	bis 2,5
Haufgutkantenlänge in mm	bis 300	bis 200	bis 800
Abbauhöhe in m	2,7...10,0	0,2 ... 5,0	bis 19,0
Eigenmasse in t	bis 380	bis 530	bis 1500
Gewinnungsleistung in fm^3/h	bis 5000	bis 2000	bis 1125
spezifischer Lösearbeit in kWh/fm^3	0,2...0,3	0,5...1,5	0,3...2,2
Beispiele für gewinnbare Erdstoffe	Braunkohle, Abraum, Ton	Bauxit, Kalkstein, Steinkohle	Kalkstein, Lockergestein
Druckfestigkeit für gewinnbare Erdstoffe in N/mm^2	bis 25	bis 120	≥ 120 bei Auflockerung

Tafel 4-13 Technische Parameter der Gewinnungsmaschinen im Überblick

Die Vorschrift BG`86 [4.155] für Lastannahmen, Bemessungsmethoden und Lieferung von Stahlbauteilen für Tragwerke ist für die Anwendung in Deutschland entstanden. Sie hat auch internationale Bedeutung erlangt [4.156] und bildet die Grundlage für DIN 22261. Eine vergleichbare zentrale Vorschrift für Triebwerke gibt es nicht. In der Praxis wird auch heute noch sehr oft auf TGL 13472 und TGL 20-359 540 zurückgegriffen. Die spezialisierten Hersteller von Gewinnungsmaschinen verfügen über langjährige Erfahrungen. Es musste vielfältige Forschungsarbeit geleistet werden, um das dynamische Betriebsverhalten und die Eigenschaft von Lastkollektiven zu bestimmen. Hierzu findet man Hinweise in [4.157] bis [4.162].

Lastkollektive geben Auskunft über die Größe und Häufigkeit auftretender Belastungen. Obwohl jede reale Triebwerksausführung und Einsatztechnologie ihr eigenes Belastungskollektiv hervorbringt, kann es für den Betriebsfestigkeitsnachweis hilfreich sein, eine gewisse Orientierung in Analogie zu ISO 4301/1 (Krantriebwerke) zu schaffen. Dabei geht es um die Klassifizierung der Einsatzbedingungen beim Betreiber zwecks Abstimmung mit der Auslegung durch den Hersteller. Hierzu wird vorgeschlagen, Benutzungs- und Belastungsklassen für Gewinnungsgeräte nach Tafel 4-14 zu bilden. Die Gruppierung der Benutzung richtet sich nach der Vielfalt vorkommender Betriebsdauer verschiedener Triebwerke. Für die Belastung werden nur drei Einstufungen nach dem bekannten Äquivalenzfaktor [0.1] vorgeschlagen.

In Tafel 4-15 sind Richtwerte für Lebensdauer *LD* und Äquivalenzfaktor *k* unter Bezug auf die Benutzungs- und Belastungsklassen der verschiedenen Triebwerke genannt. Sie machen besonders die Unterschiede zwischen den verschiedenen Triebwerken deutlich. Es ist zu beachten, dass die Antriebe für den unmittelbaren Gewinnungsvorgang (SR, DW, EK, s. Tafel 4-15) im Dauerbetrieb arbeiten und meist für sehr hohe rechnerische Lebensdauerwerte (bis 75000 Betriebsstunden) ausgelegt werden müssen.

Tafel 4-14 Klassifizierung von Benutzung und Belastung der Triebwerke an Mehrgefäßbaggern

Benutzungsklassen	Betriebsdauer *BD* in h/a
A1	≤ 250
A2	250 ... 1000
A3	1000 ... 3000
A4	> 3000
Belastungsklassen	**Belastungsfaktor *k***
B1	≤ 0,5
B2	0,5 ... 0,7
B3	> 0,70

Tafel 4-15 Einstufung der Triebwerke an Mehrgefäßbaggern mit Orientierung auf Lebensdauerwerte *LD* bei Äquivalenzfaktoren *k*

HW	Hubwerksantrieb	FWL	Fahrwerks-Lenkantrieb
DW	Drehwerksantrieb	OB	Oberbau
FW	Fahrwerksantrieb	VA	Verladeausleger
SR	Schaufelradantrieb bzw. Schaufelradausleger	EL	Eimerleiter
		ER	Eimerrinne
EK	Eimerkettenantrieb		

Triebwerke	Klassen-kombinationen	*LD* in h	*k*
Schaufelradbagger			
HW-SR	A2/B3	3000	0,8
HW-VA	A1/B2	1000	0,7
DW-OB	A3/B2	50000	0,7
DW-VA	A1/B2	1000	0,5
SR	A4/B2	50000	0,7
FW (Raupe)	A2/B2	7500	0,5
FWL	A1/B3	1000	1,0
Eimerkettenbagger			
HW-EL	A2/B3	5000	0,8
HW-ER	A1/B3	1000	0,8
DW-OB	A4/B3	50000	0,7
EK	A4/B2	50000	0,8
FW (Raupe)	A1/B2	2500	0,5

4.4.1 Technischer Überblick

4.4.1.1 Schaufelradbagger

Das Arbeitsorgan eines Mehrgefäßbaggers verfügt über eine endlose Reihe von Grabgefäßen, wobei jedes einzelne Gefäß spezielle Schneidkonturen besitzt und dieses während der Arbeitsbewegung kontinuierlich auffüllt. An den als Gewinnung bezeichneten Vorgang schließt sich auf der Maschine auch immer ein gewisser Stofftransport an. Deshalb muss sich jedes Grabgefäß an einer vorbestimmten Stelle selbsttätig auf andere Transporteinrichtungen (Bandförderer) entleeren.

Der Schaufelradbagger, in typischer Ausführung nach Bild 4-124, besteht aus einem drehbaren Oberbau 6, 7 mit neigbarem Radausleger 3, einem Unterbau mit Raupenfahrwerken 10 und einer Verladeeinrichtung 8, 9 (Verladeausleger und/oder Verladegerät). Während des Baggerns dreht sich der Oberbau periodisch hin und her; ein neuer Schnitt entsteht durch Fahrbewegung des gesamten Gerätes. Bagger mit separaten Vorschubeinrichtungen (Teleskopausleger) haben keine Bedeutung erlangt und werden deshalb nicht beschrieben [4.127].

Mit dem drehenden Schaufelrad 1 wird der Erdstoff gelöst und so hoch ausgetragen, dass er auf einen Gurtförderer (Radbandförderer 3) gelangt. Der Weitertransport erfolgt nach der Übergabe im Bereich der Drehachse mittels Verladebandförderer 8.

Der große Bereich theoretischer Arbeitsleistungen von rd. 200 bis 20000 fm^3/h kann nur mit verschiedenen Gerätegrößen und Bauformen abgedeckt werden. Nach grundlegenden Gestaltungsmerkmalen unterscheidet man folgende Baggerkonzepte:

- *Kompaktschaufelradbagger* KSB (Bild 4-125) mit Eigenmassen m_e = 40...2000 t, theoretischen Gewinnungsleistungen Q_t = 3500...60000 fm^3/d, Schaufelraddurchmessern d_S = 4,0...15,0 m, Grabgefäßvolumen V = 0,15...2,0 m^3, Schaufelradauslegerlängen $l_S \approx 1{,}5\ d_S$, Abwurfbandlängen $l_A \leq 25$ m (aber auch $l_S \leq 25$ m bei d_S = 10 m und Längen der Abwurfbrücke l_B = 100 m), Schaufelradantriebsleistungen P_S = 75...1000 kW, Schaufelradabtriebsdrehmomenten M_{S2} = 75...2000 kN·m
- *Schaufelradbagger der mittleren Leistungsklasse* (Bild 4-124) mit m_e = 2000...6000 t, Q_t = 60000...100000 fm^3/d, d_S = 8,5...15,0 m, V = 1,0.. 3,0 m^3, $l_S \approx 40$ m, $l_A \approx$ 40 m, $l_B \approx 100$ m, P_S = 750...1500 kW, M_{S2} = 2000...7000 kN·m
- *Schaufelradbagger als Großgeräte* (Bild 4-126) mit m_e = 6000...13000 t, Q_t = 100000...240000 fm^3/d, d_S = 17,5...21,5 m, V = 3,0...6,3 m^3, $l_S \approx 70$ m, $l_B \approx 120$ m, $P_S \leq 5000$ kW, $M_{S2} \leq 12000$ kN·m.

Die über mehrere Jahrzehnte andauernde intensive Geräteentwicklung bewegt sich für alle drei Geräteklassen technisch weitestgehend auf einer Ebene. Trotz Weiterentwicklungen im Detail blieb das Gesamtkonzept nahezu unverändert. Neuere Entwicklungen betreffen vor allem die Automatisierung der Betriebsabläufe und die Verringerung von Emissionen.

Schaufelradbagger der mittleren Leistungsklasse

Das klassische Gerätekonzept für Schaufelradbagger der mittleren Leistungsklasse wird von folgenden Konstruktionsmerkmalen geprägt (Bild 4-124):

- konsolartiger Oberbau in mehreren Ebenen, so genannte C-Form
- Gleichgewicht für Oberbau durch Gestaltung von individuellem und hochliegendem Ausgleichsballast
- Fahrwerke mit drei Einzel- oder Doppelraupen
- Gutübergabe direkt auf Verladebandförderer oder Verladebrücke.

Der relativ hoch liegende Anlenkpunkt des Radauslegers bedingt eine große Bauhöhe. Infolgedessen muss der Ausleger eine große Baulänge aufweisen, um den Neigungsgrenzwinkel (16°...20°) des Radbandförderers nicht zu überschreiten. Die Höhe des Tragwerks erreicht das 2,0- bis 2,5fache der Höhe des Anlenkpunktes.

Allein die bekannten Schaufelformen (Trapez-, Rundform, Kettenkorb) und Radkörper (Zellenrad, zellenloses Rad, Einscheibenrad, Speichenrad) haben in Verbindung mit der Radkörperlagerung, der Einleitung des Abtriebsdrehmoments und der Freischnittanordnung am Kopf des Radauslegers zu sehr vielfältigen konstruktiven Schaufelradausführungen geführt, die in ihrer Vielfalt wegen unterschiedlicher Einsatzbedingungen auch begründet sind [3.106] [4.163].

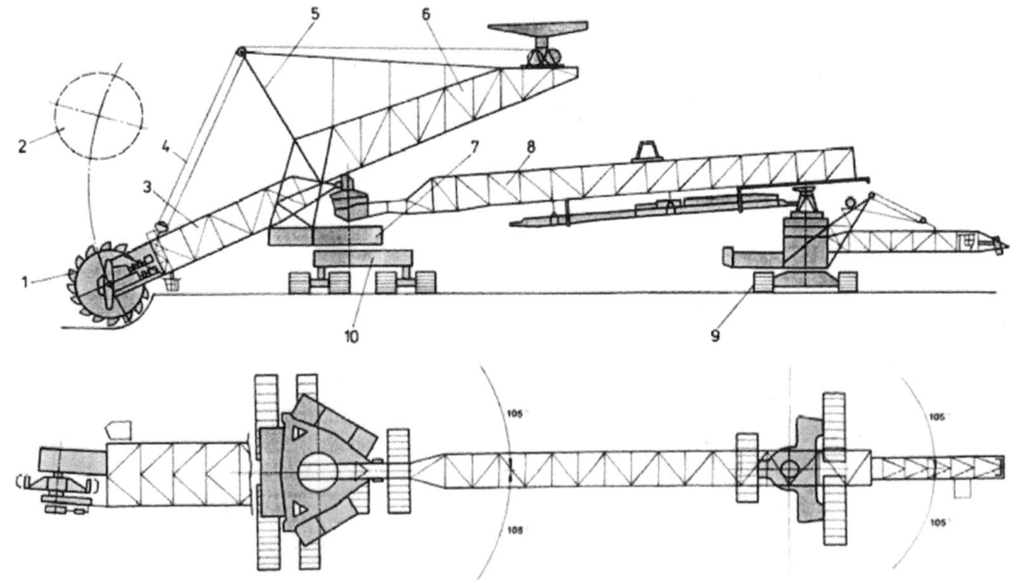

Bild 4-124 Gestaltungsgrundsätze für Schaufelradbagger der mittleren Leistungsklasse

1 Schaufelrad in Tiefstellung
2 Schaufelrad in Hochstellung
3 Radausleger mit Radbandförderer
4 Spannseile (Zugbänder)
5 Stütze (Pylone)
6 Gegengewichtsausleger mit Montagekran und Seilwinden
7 Plattform Oberbau (Drehscheibe)
8 Verbindungsbrücke mit Verladebandförderer
9 Beladewagen
10 Plattform Unterbau mit Raupenfahrwerken

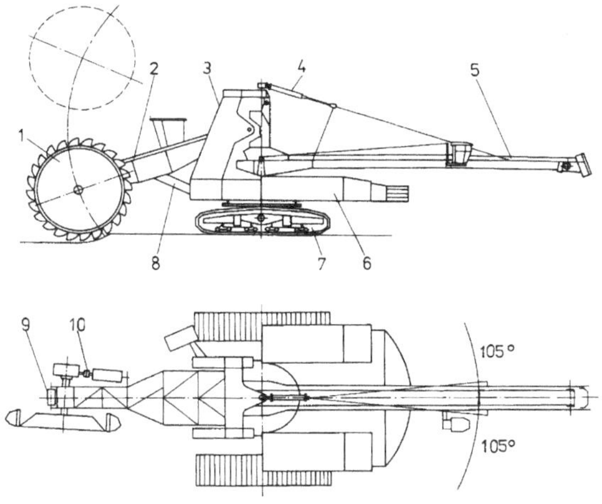

Bild 4-125 Gestaltungsgrundsätze für Kompaktschaufelradbagger (KSB)

1 Schaufelrad
2 Radausleger mit Radbandförderer
3 Gerüst am Oberbau
4 Hydraulikzylinder für Verladeausleger
5 Verladeausleger mit Verladebandförderer
6 Drehscheibe, Oberbau mit Antriebsaggregaten und Ballast
7 Raupenfahrwerk
8 Hydraulikzylinder für Radausleger
9 Antriebstrommel vom Radbandförderer
10 Schaufelradantrieb

Die Schaufelraddaten (Durchmesser, Schaufelanzahl, Winkelgeschwindigkeit) eines Baggers sind in erster Linie von der erforderlichen Gewinnungsleistung abhängig. Dagegen wird die zu installierende Antriebsleistung außerdem von der Festigkeit des zu gewinnenden Erdstoffs bestimmt. In [4.149] werden diese Zusammenhänge analytisch aufbereitet und grafisch dargestellt. Danach müssen von dem Schaufelradantrieb Leistungsanteile zum Gewinnen (Graben, Lösen), Beschleunigen und Anheben des Erdstoffs aufgebracht werden.

Für eine sichere Prognose der Grabkräfte (s. Abschn. 3.5) sind langjährige Erfahrungen erforderlich. Als grobe Orientierung kann der im Bild 4-127 dargestellte Zusammenhang benutzt werden. Es ist üblich, die spezifische Lösearbeit w_e in Abhängigkeit von der Gewinnungsleistung Q_V zu benutzen, die gemäß Bild 4-127 mit zunehmender Gerätegröße für den gleichen Erdstoff kleinere Werte annimmt, weil er bei einem kleineren Grabwerkzeug feiner zerspant werden muss. Im Gegensatz dazu steigt die spezifische Hubarbeit w_h bei zunehmender Gerätegröße (Schaufelraddurchmesser d_S) an, so dass die erforderliche spezifische Gesamtarbeit nach [4.149] weitgehend unabhängig von der Gerätegröße ist.

Großgeräte

Neue Geräte mit höheren funktionellen Anforderungen müssen stets dem Kriterium ihrer Standsicherheit angepasst werden. Das erfordert Eigenmassenerhöhung, Erweiterung des Drehkranzdurchmessers am Untergestell und zusätzliche Fahrwerke mit erhöhter Kettenzugkraft. Die konsolartige Tragwerkskonstruktion wurde zum Hindernis für die Weiterentwicklung. Deshalb setzte in den siebziger Jahren insbesondere bei den Großgeräten die Entwicklung schlanker und schwenkbarer Stützkonstruktionen ein. Das Gerüst für Ballast wird starr oder gelenkig am Drehkranz befestigt. Bei gelenkiger Ausführung ergibt sich in Verbindung mit einem so genannten Aushubgelenk (Kippgelenk) zwischen Rad- und Ballastausleger eine Wippe [3.106]. Auf dieser Wippe ist die vertikale Scheibe, gebildet aus Radausleger, Stütze und Zugstange (Seil), abgestützt. Sie stellt einen Hebelmechanismus dar, der auch beim Auflegen des Schaufelrades die Stabilität des Oberbaus nicht gefährdet.

Bei den neueren Großgeräten (Bild 4-126) kommt die Wippe nicht mehr zur Anwendung. Hier werden Schaufelrad- und Ballastausleger über zwei Stützen (Pylone) mittels stehenden und bewegten Drahtseilen verspannt. Auf diese Weise entstehen Bagger mit einem sehr tief liegenden Schwerpunkt. Die Gestaltungsmerkmale dieser Großgeräte werden gekennzeichnet von

- zwei Stützen
- Seilverspannung und Hubwerke am Gegengewichtsausleger
- Fahrwerke mit drei Doppel- oder Vierraupen
- Gutübergabe in der Drehscheibe auf einen Zwischenbandförderer im Unterwagen und weiter zur Verladebrücke.

Großgeräte wurden ausschließlich für Abraum und Braunkohle gebaut. Auf ihre technische Entwicklung haben vor allem wirtschaftliche Aspekte einen Einfluss ausgeübt. Es wird erwartet, dass sie für Gewinnungsleistungen von 240000 fm^3/d nicht mehr gebaut werden und dass es zu keiner weiteren Leistungssteigerung kommt [4.5]. 1995 nahm der letzte Bagger dieser Leistungsklasse mit einer Eigenmasse von rd. 13000 t, einer Bauhöhe von rd. 70 m und einer Baulänge von rd. 200 m seinen Betrieb im Tagebau Hambach auf [4.135]. Im Vergleich zu seinen gleichgroßen Vorgängern wurden die Dreh- bzw. Schwenkgeschwindigkeit von 30 auf 40 m/min, die Hubgeschwindigkeit von 5,0 auf 7,5 m/min und die Schüttungszahl von 48 auf 72 min^{-1}

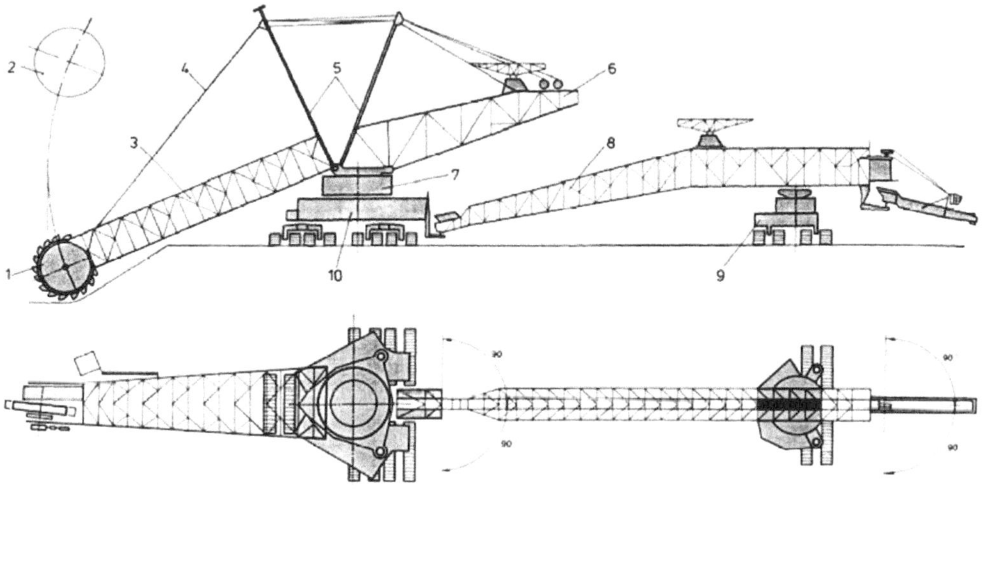

Bild 4-126 Gestaltungsgrundsätze für Großgeräte

1 Schaufelrad in Tiefstellung
2 Schaufelrad in Hochstellung
3 Radausleger mit Radbandförderer
4 Spannseile (Zugbänder)
5 Stütze (Pylone)
6 Gegengewichtsausleger mit Montagekran und Seilwinden
7 Plattform Oberbau (Drehscheibe)
8 Verbindungsbrücke mit Verladebandförderer
9 Beladewagen

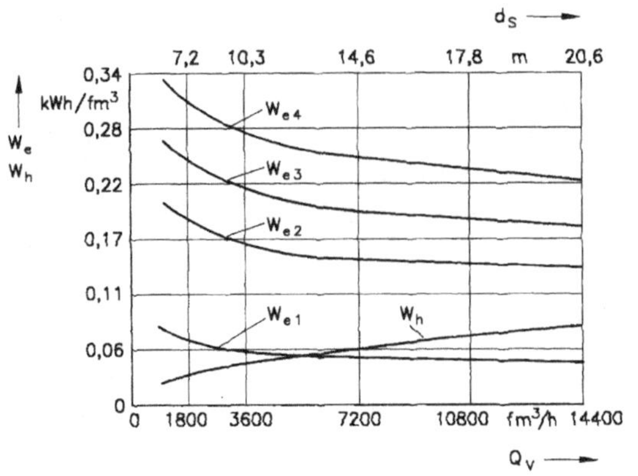

Bild 4-127 Abhängigkeit der Gewinnungsleistung Q_v von der spezifischen Lösearbeit w_e und Hubarbeit w_h für unterschiedliche Schaufelraddurchmesser d_S [4.149]

w_{e1} Sand w_{e3} fester Abraum
w_{e2} fester Ton w_{e4} feste Kohle

erhöht. Bei diesen Daten handelt es sich immer um Maximalwerte. Die Plattform des Oberbaus stützt sich über einen Kugelring von rd. 16 m Durchmesser auf dem Ringträger der Plattform des Unterbaus ab. Großgeräte verfügen über eine in ihrer Länge konstante oder veränderbare Verbindungsbrücke mit Beladewagen. Sie arbeiten zumeist im Blockverhieb im Hochschnitt und realisieren aufgrund ihrer vertikalen Baufreiheit gegenüber dem ebenfalls auf Raupenfahrwerken abgestützten Beladewagen eine Abtragshöhe bis 90 m. Der Verdrehwinkel des Oberbaus ist von der Hubstellung sowie vom Abstand zur Zwischenbrücke abhängig. Er kann Werte zwischen ± 20° und ± 150° annehmen.

Wegen der großen Eigenmassen sind bei Großgeräten Mehrraupenfahrwerke auf der Basis von Doppelzwillingsraupen mit je vier einbahnigen Raupenketten erforderlich (s. Abschn. 3.6.3). Jede Doppelzwillingsraupe erhält die Stützkraft von einer senkrechten Stützsäule übertragen. Um möglichst statisch bestimmte Verhältnisse hervorzurufen, sind diese in Pratzen gelagert, die ihrerseits am Ringträger der Unterbauplattform befestigt werden. Außerdem finden im Unterbau solcher Geräte die Drehantriebe, die Leitungstrommel für Elektroenergie, ein Zwischenbandförderer und die Abstützung des Verladegerätes in einer Kugel ihren Platz. Der Zwischenbandförderer übernimmt das gewonnene Gut in der Drehmitte vom Radbandförderer und übergibt es über eine Austragschurre an den Verladebandförderer.

Für die Weiterleitung des elektrischen Stroms vom feststehenden Unterbau auf den drehenden Oberbau wird ein so genanntes Leitungstraggerät benutzt. Auf der stehenden Plattform sind außerdem Aufbauten für die Geräte der Leistungs- und Steuerelektrik sowie für Werkstätten enthalten. Die Plattform des Oberbaus stellt die Anlenkpunkte für den Gegengewichts- und Radausleger, für Zugbänder sowie für die Stützpunkte der Pylonen.

Die obere Kugelringhälfte enthält einen Zahnkranz zur Einleitung des Drehmoments aus den Drehwerken. Ausleger und Verbindungsbrücke sind als Fachwerk-, die Plattformen in Vollwandkonstruktion ausgebildet. Bei den meisten Geräten ist der Gegengewichtsausleger nur mit seinem Untergurt an der Plattform angelenkt. Wenn das Schaufelrad im Begriff ist, sich aufzusetzen, wird durch Absenken des Gegengewichts mittels Hubwinde die Kippsicherheit für das Gesamtgerät gewährleistet. Die Laufkatze der Hubwinde ist auf dem Gegengewichtsausleger verfahrbar und nimmt die über die Mastspitze der Pylone geführten Zugseile des Radauslegers auf. Durch das Verfahren der Laufkatze (Seilwinden-Fahrantrieb) kann der Radausleger höhenverstellt werden. Bei relativ kleinen Hubgeschwindigkeiten für den Radausleger von rd. 3 m/min kommen technisch komplizierte Mehrfachseilaufhängungen und Seilflaschungen vor. Hier sind sensorisch unterstützte Steuer- und Überwachungs- oder mechanische Seilausgleichseinrichtungen unerläßlich. Auch der Gegengewichtsausleger enthält Aufbauten (Kran, Maschinenhäuser, Laufstege u. a.).

Interne Untersuchungen bei Herstellern haben ergeben, dass Schaufelradbagger mit Gewinnungsleistungen von 300000 fm^3/d eine technische und wirtschaftliche Grenze bilden würden. Als Gründe werden dafür die Dauerfestigkeit und Verarbeitbarkeit hochwertiger Stahlwerkstoffe und der Steifigkeitsverlust am Tragwerk (Schwingungen) angeführt. Die hohe technische Komplexität und ihre Beherrschbarkeit ist eine wesentliche Ursache für die geringe zeitliche Auslastung der Geräte von nur 50 %. Als Beispiel kann das zentrale Schmiersystem genannt werden, mit dem mehrere hundert Schmierstellen versorgt werden müssen. Jeder Ausfall einer Schmierstelle führt zum Gerätestillstand.

Kompaktschaufelradbagger (KBS)

Um auf kleine und mittlere Lagerstätten die wirtschaftliche, kontinuierliche Abbautechnologie übertragen zu können, wird das technische Gerätekonzept auch bei kleinen Maschinen angewandt [4.5] [4.164] [4.165]. Es wird eine konstruktive Kopplung der Tragwerkskonstruktion vom Oberbau mit dem Gegengewicht gebildet, die man als L-Bauform bezeichnet (Bild 4-125). Auf dieser gestalterischen Basis entwickeln die meisten Hersteller kleine Baureihen mit der Bezeichnung Kompaktschaufelradbagger, die auch neue Schaufelradkonstruktionen, z. B. die integrierte Schaufelbauweise [4.166], hervorbringen.

KBS sind wirtschaftlicher, weil sie in größeren Stückzahlen und nach Gesichtspunkten von Baumaschinen gebaut werden. Sie haben in den letzten Jahren eine große Bedeutung erlangt. Wesentliche Gestaltungsmerkmale sind:

- Zweiraupenfahrwerk
- in die Drehscheibe integrierter tiefliegender Ballast
- Vollwandkonstruktion in Schweißausführung
- Hydraulikantrieb für Heben und Senken des Schaufelradauslegers
- Verhältnis von Schaufelraddurchmesser zu Radauslegerlänge 1:1 bis 1:2
- Gutübergabe direkt auf den Verladebandförderer.

Die KSB besitzen sehr anspruchsvolle Steuer- und Überwachungssysteme, sind modular aufgebaut, hydrostatisch oder elektrisch angetrieben und vereinen in einer sehr kompakten sowie tief liegenden Tragwerkskonstruktion den Verlade- und Radausleger nebst Gegengewicht. Sie verfügen dadurch über eine hohe Mobilität, sind preiswert und montagefreundlich. Mit dieser Entwicklung wurde auch immer die Absicht verbunden, den Schaufelradbagger für die Gewinnung hochfester Stoffe (Festgestein) einzusetzen.

KSB sind mit einem vergleichsweise kurzen Schaufelradausleger 2 ausgestattet (Bild 4-125). Sie müssen trotzdem einen Vorschnitt von rd. 60 % des Schaufelraddurchmessers ermöglichen, um bei tiefliegendem Radauslegeranlenkpunkt die Höhenlage des Geräteschwerpunkts zu beeinflussen. Beide Ziele lassen sich am besten mit einem Zweiraupenfahrwerk 7 verwirklichen [4.146]. Um die Schwerpunktsverlagerung in unterschiedlichen Arbeitsneigungen gering zu halten, ist das Gegengewicht in Form einer rückwärtigen Verlängerung der Drehscheibe 6 möglichst tiefliegend anzuordnen. Neben Ballast werden hier die elektrischen und hydraulischen Antriebe untergebracht. Der Schaufelradausleger 2 ist im Gerüst des Oberbaus 3 drehbar gelagert und kann mittels Hydraulikzylinder 8 angehoben werden. Als vorteilhaft für den Freischnittwinkel wird die fliegende Lagerung des Schaufelrads 1 auf einer Seite des Radauslegers mit Anordnung des Schaufelradantriebs 10 auf der gegenüberliegenden Seite bezeichnet [4.165]. Den Ausleger 2 kann man als einfachen Torsionsträger ausbilden.

Der Verladeausleger 5 für das Verladeförderband wird auf einer zweiten Drehscheibe auf dem Oberbau abgestützt und im Gerüst mittels Hydraulikzylinder 4 heb- sowie senkbar aufgehängt. Die Hauptabmessungen der KSB, Schaufelradausladung r_S und -raddurchmesser d_S, stehen mit der theoretischen Gewinnungsleistung Q_V in einem Verhältnis, siehe Bild 4-128a. Alle anderen Geräteabmessungen sind technisch zwingend und lassen sich daraus ableiten. Es werden meist Förderbandbreiten zwischen 1,0 und 1,4 m eingesetzt, sie reichen aber auch bis 2,2 m. Die zu installierende Schaufelradantriebsleistung ist von den erforderlichen Grabkräften abhängig. Für grobe Abschätzungen gilt als Richtwert für $Q_V = 1000$ fm^3/h [4.164]:

- kleine Grabkräfte rd. 100 kW
- mittlere Grabkräfte rd. 150 kW
- große Grabkräfte rd. 250 kW

Die Eigenmasse m_e eines KSB ist von der Stofftransport- und Schaufelradantriebsleistung sowie von den Hauptabmessungen abhängig, siehe Bild 4-128b.

Die technische Entwicklung in der Geräteklasse der KSB wurde in den letzten Jahren auch von der Standardisierung beeinflusst. Der Begriff Standard-Schaufelradbagger wird geprägt [4.5] [4.140].

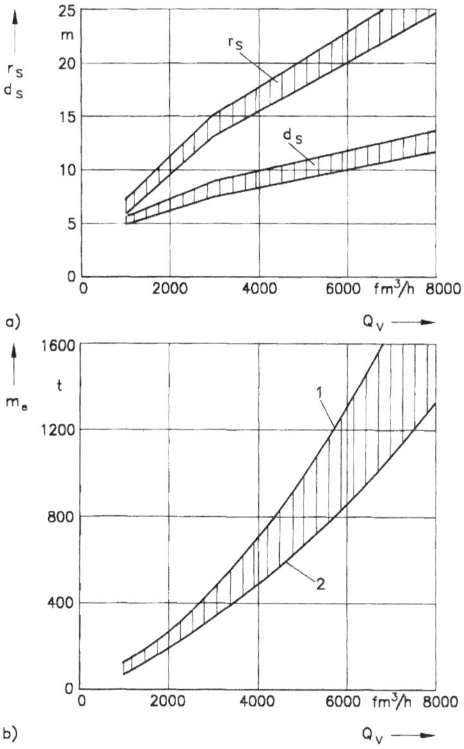

Bild 4-128 Abhängigkeit konstruktiver Gerätedaten von der Gewinnungsleistung Q_V bei Kompaktschaufelradbaggern [4.146]

a) Hauptabmessungen Schaufelradausladung r_S und -raddurchmesser d_S

b) Eigenmasse m_e

1 bei hoher – und 2 bei geringer installierter Antriebsleistung am Schaufelrad

Die Hersteller haben auf neue Wettbewerbssituationen reagiert und Baureihen entwickelt, die auf modular kombinierbaren Baugruppen (Schaufelrad, Antrieb, Rad- und Verladeausleger, Gerüst mit Drehscheibe, Fahrwerk mit Drehverbindung) beruhen. Sie erlauben auf der Basis von 5 bis 10 Grundtypen eine mögliche Bandbreite von Gerätekonfigurationen unter wirtschaftlicheren Bedingungen.

Hierzu gehört auch die Entwicklung von KSB zur kontinuierlichen Gewinnung und diskontinuierlichen Beladung von SKWs (Trucks) [4.165]. Die kontinuierliche Technologie des Gewinnens wurde mit der diskontinuierlichen Transportlösung gekoppelt, was besonders beim wirtschaftlichen Abbau von härteren Stoffen von Bedeutung ist. Ausgehend von dem am häufigsten eingesetzten SKW mit 85 t Beladung und den sich mit Eingefäßbaggern ergebenden Beladezeiten wird das technische Konzept entworfen. Es beruht im Wesentlichen auf der Entwicklung eines integrierten Gurtförderers, der die Fähigkeit des Zwischenspeicherns (Pufferung eines Förderstroms) während der Wechselzeiten von zwei SKWs besitzt. Zu diesem Zweck wird der Verladebandförderer mit drehzahlvariablen Antrieben und einem erhöhten Beladequerschnitt durch zusätzliche Schurren ausgestattet. Sobald der neue SKW für die Beladung zur Verfügung steht, wird der Speichervorgang beendet und der gefüllte Verladebandförderer mit erhöhter Geschwindigkeit entleert. Für den Rest der Beladung kann die Förderbandgeschwindigkeit reduziert werden.

Antriebe

Es ist unbestritten, dass auch eine neue Antriebstechnik wichtige Impulse für die Geräteentwicklung bei Groß- und Kompaktgeräten gegeben hat. Grundsätzlich gibt es vielfältige Gestaltungs- und Anordnungsvarianten für den *Schaufelradtrieb*. Er wird vom Schaufelrad, von der Schaufelradwelle, vom Schaufelradträger, vom Lager und vom Antrieb (Getriebe, Kupplung, Motor) bestimmt. Grundlegende Hinweise hierzu findet man in [3.106] und [3.227].

Die allgemeine Entwicklung in der Antriebstechnik wirkt auch auf den Schaufelradbagger, sofern sie nicht von den großen Bauteilabmessungen und geringen Stückzahlen behindert wird, siehe Abschnitt 3.1 und [4.167] bis [4.169]. Schließlich sind auf dem Großgerät im Tagebau Hambach Antriebsleistungen am Schaufelrad von 3 x 1680 kW, am Drehwerk von 4 x 110 kW und am Hubwerk von 4 x 630 kW installiert worden [4.135].

Schaufelradwellen werden heute mit angesetztem Anschlussflansch aus Legierungsstahl (34CrNiMo6V) geschmiedet. Dabei wird gleichzeitig die hohe Werkstoffestigkeit und der gestalterische Vorzug für die Flanschverbindung zum Rad mit hochfest vorgespannten Bolzen genutzt. Die bekannten Zahnwellen- oder Schrumpfverbindungen sind möglichst zu vermeiden.

Außerdem werden am Schaufelradtrieb die Bauteile zur Übertragung des Drehmoments von denen zur Aufnahme der Stützkräfte getrennt [4.163]. Bild 4-129 zeigt die neue Lösung für ein Großgerät. Die Schaufelradachse 1 ist als Schmiedeteil und aus Gewichtsgründen hohl ausgeführt. Sie wird über Wälzlager 7 und auf der Festseite durch eine zusätzliche Kalottenverlagerung in der Stahlkonstruktion 6 des Radauslegers abgestützt. Dabei stellt die Lagerung von Schaufelrad 2 und Getriebeabtriebswelle 4 eine Systemlösung dar, von der die Verformungen zueinander in besonderer Weise berücksichtigt werden. Die bei Durchbiegung der Schaufelradachse 1 hervorgerufenen Verformungsdifferenzen zwischen Schaufelrad 2 und Getriebewelle 4 werden von den Membranscheiben 3 und 8 ausgeglichen. Dadurch lassen sich Zwangskräfte vermeiden bzw. kalkulieren.

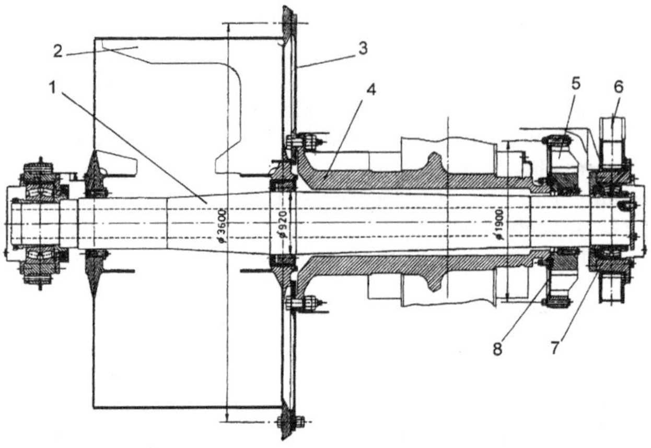

Bild 4-129 Schaufelradtrieb für ein Großgerät [4.163]

1 Schaufelradachse
2 Schaufelrad
3 große Membranscheibe
4 Getriebeabtriebswelle
5 Speichenrad
6 Stahlbau des Radauslegers
7 Lagerung
8 kleine Membranscheibe

Durch die torsionsweiche Lagerung (Speichenrad 5) der angetriebenen Membranscheibe 8 wird die Übertragung des Drehmoments auf kurzem Wege vom Getriebeabtriebsrad über die Abtriebshohlwelle 4 und eine Membranscheibe 3 in das Schaufelrad gewährleistet.
Als *Antriebsquellen* kommen am Schaufelradantrieb bevorzugt Elektromotoren (Nieder- oder Hochspannungsmotoren als Käfig- oder Schleifringläufer, Gleichstrommotoren) und bei kleinen Kompaktschaufelradbaggern auch Hydraulikmotoren (gute Regelbarkeit) vor [4.170]. Die seit langem gehegte Wunschvorstellung nach einem langsamlaufenden Direktantrieb konnte bisher nur bei kleinen Geräten hydrostatisch realisiert werden. Da die Nenndrehzahlen der Elektromotoren zwischen 1000 und 1500 min^{-1} liegen, das Schaufelrad aber nur mit einer Drehzahl zwischen 2 und 8 min^{-1} arbeitet, ist eine entsprechend hohe Untersetzung erforderlich. Die dafür traditionell eingesetzten Stirnradgetriebe werden heute durch sehr viel leichtere Planetengetriebe ersetzt. Das Getriebeprinzip muss außerdem die Summierung und Verteilung von Leistung erlauben, da auf der Basis von maximal 1680 kW Einzelleistung eines Motors Antriebslösungen mit mehreren Motoren erforderlich werden.
Für die *Überlastsicherung* kommen drehmomentgeschaltete Kupplungen, Strömungskupplungen und Scheibenbremsen mit elektronischer Lastbegrenzung zur Anwendung [4.171] [4.172].
Die Bauart des *Schaufelradgetriebes* wird sehr deutlich von der konstruktiven Lösung für den Schaufelradanschluss und die Getriebeabstützung beeinflusst. Grundsätzlich werden die Getriebe im unteren Drehmomentenbereich wahlweise fliegend oder reitend mit der Schaufelradwelle verbunden. Im oberen Drehmomentenbereich kommt wegen der hohen Reaktionskräfte ausschließlich die reitende Ausführung mit zwei Unterstützungspunkten für die Getriebeabtriebswelle zur Anwendung.

Es lassen sich folgende technische Anforderungen an moderne Getriebe nennen:

- geringe Eigenmasse, weil jedes Kilogramm zusätzlicher Masse am Kopf des Radauslegers die Gesamtmasse des Gerätes um mehrere Kilogramm erhöht
- schlanke Bauweise mit Winkelantrieb, um die Arbeits- und Freischnittbedingungen beim Drehen des Oberbaus zu erfüllen
- hochwertige, mehrfach geteilte Schweißkonstruktion für das Getriebegehäuse mit integrierter Drehmomentenstütze und aufgesetzten Motoren
- Ölumlaufschmierung mit Doppelpumpen, Durchflusswächter und Heizpatronen in Frostregionen zur Garantie der Lebensdauer und Betriebssicherheit
- normale Einsatzbedingungen bei Umgebungstemperaturen von – 25 °C bis 40 °C und Neigungen längs von ± 25° sowie quer von ± 3°
- hohe Bemessungssicherheit nach gültigen Vorschriften, meist DIN 3990 oder AGMA (American Gear Manufacturer Association), mit Anwendungsfaktoren k_A = 1,5...1,75 sowie Stoßfaktoren von rd. 3,0
- zulässige rechnerische Verzahnungsfestigkeiten von $p = 1000$ N/mm² und $\sigma_{Fuß} = 100$ N/mm²
- begrenzte Zahnbreiten von (15...18)m zur Beherrschung der Breitenlastverteilung gemäß gültiger Vorschriften und begrenzte Abmessungen für Abtriebsräder (Großrad) von rd. 3200 mm wegen des Härteverfahrens
- einsatzgehärtete und geschliffene Außenverzahnungen sowie einsatzgehärtete und hartverzahnte, geräuscharme Kegelradsätze zur Tragfähigkeitssteigerung
- Wälzlager mit rechnerischer Lebensdauer von rd. 50000 Betriebsstunden und Festlager der Kegelräder mit einstellbaren Beilagen.

Um hohe Leistungen mit geringen Konstruktionsmassen zu übertragen, wird das Prinzip der Leistungsverzweigung angewandt (Abschn. 3.1.3). Als besonders betriebssicher haben sich dafür die konstruktiven Getriebeprinzipien

- Kegelrad – Stirnrad – Planetengetriebe und
- Kegelrad – Planeten – Stirnradgetriebe

erwiesen [4.173].

Darüber hinaus werden aber auch Kegelrad-Planetengetriebe, Stirnrad-Planeten-Stirnradgetriebe gebaut. Aus der Analyse ausgeführter Geräte lässt sich beispielhaft die Auswirkung von Antriebskonzepten auf die Getriebeeigenmasse ablesen:

E-Motoren – Antriebslösung	Getriebeeigenmasse → Masse-Leistungsverhältnis
2 x 610 kW = 1220 kW mit Leistungsverzweigung	37,0 t → 0,030 t/kW
1 x 1260 kW = 1260 kW ohne Leistungsverzweigung	52,0 t → 0,041 t/kW
1 x 1000 kW = 1000 kW mit Leistungsverzweigung	27,5 t → 0,028 t/kW

Den Ausführungen ist gemeinsam, dass die Antriebsmotoren senkrecht zur Achse des Schaufelrads auf den zum Getriebe gehörenden Drehmomentstützen stehen, einen integrierten Hilfsantriebe besitzen und mehrsträngig als Flansch- oder Steckausführung gestaltet sein können. Auf diese Weise entsteht eine schlanke, eng an den Radausleger anliegende Konstruktion (Bilder 4-124 bis 4-126). Die meisten Getriebeprinzipien lassen auch das Schalten in einer der schnelllaufenden Stufen zu und sind in beiden Drehrichtungen für Hoch- sowie Tiefschnitt einsetzbar.
Die Bauart *Kegel–Stirnrad–Planetengetriebe* (Bild 4-130) wird für mittlere Leistungen bis 1000 kW bei maximalen Abtriebs-Nenndrehmomenten von rd. 2000 kN·m, Übersetzungen zwischen 150 und 230 sowie Getriebeeigenmassen bis rd. 26 t benutzt. Der Antrieb erfolgt meist über einen Kegelradsatz. Diesem sind zwei bis drei Stirnradstufen nachgeschaltet. Der Abtrieb besteht aus einer Planetenstufe.
Die Bauart *Kegel–Planeten–Stirnradgetriebe* (Bild 4-131)

kann für mittlere bis hohe Leistungen von etwa 500 bis 5000 kW bei maximalen Abtriebs-Nenndrehmomenten von rd. 12000 kN·m, Übersetzungen zwischen 150 und 300 sowie Getriebeeigenmassen bis rd. 170 t benutzt werden. Der Antrieb erfolgt je nach Höhe der zu übertragenden Leistung mehrsträngig über ein bis vier Motoren, die jeweils mit einer Kegelradstufe 9 verbunden sind. Dabei ist die Kopplung von zwei Getriebesträngen an der Kegelradstufe mit einem Motor aus Kosten- und Massegründen von Vorteil.
Vom Kegelrad wird das Ritzel eines Differentialplanetengetriebes 4 angetrieben. Im Planetengetriebe teilt sich die Leistung und wird zu einer Hälfte vom Planetenträger (Steg) 3 direkt auf ein Ritzel I der Abtriebsstufe 8 und zur anderen Hälfte vom innenverzahnten Hohlrad 2 durch Zwischenschaltung einer Stirnrad-Übersetzungsstufe auf ein zweites Ritzel II der Abtriebsstufe 5 weitergegeben. Beide Ritzel treiben mit gleich großem Drehmoment auf das Großrad 6. Bei 1 bis 4 Antrieben wirken demzufolge 2 bis 8 Ritzel auf das Großrad und gewährleisten durch diese Leistungsaufteilung eine deutliche Reduzierung der Getriebeeigenmasse, erfordern aber auch einen höheren Herstellungsaufwand (Teilezahl). Die Motoren sind bei mehrsträngigen Ausführung vorzugsweise übereinander anzuordnen.

Gleichzeitig mit der drehenden Grabbewegung des Schaufelrads muss ein Antrieb den Oberbau in Drehbewegung versetzen. Bei normalen Abbaubedingungen beträgt die zu überwindende Seitenkraft durch das Drehwerk ein Drittel der Umfangskraft vom Schaufelrad. Mit zunehmender Härte kann diese Seitenkraft auch die Größenordnung der Umfangskraft annehmen [4.174]. Die Drehwerksantriebe sind dann vergleichbaren Belastungen ausgesetzt und müssen zusätzlich den besonderen Bedingungen eines schweren Reversierbetriebs gehorchen. Der Anwendungsfaktor für die Bemessung der Verzahnung und der Wellen wird deshalb mit $k_A = 1{,}5$ angesetzt.
An die elektrische Ausrüstung und Antriebsregelung werden hohe Anforderungen gestellt [4.155]. Meist wird eine Getriebekombination aus Kegel-Stirnrad-Vorgetriebe und zwei Planetengetriebestufen verwendet (Bild 4-132). Es kommen aber auch Getriebe mit zwei Abtriebswellen und innenliegendem Planetendifferential oder einstufige Planetengetriebe mit langsam laufendem Hydraulikmotor zur Anwendung. Verzahnungstechnisch gelten die gleichen Bedingungen wie für Schaufelradgetriebe (s. Abschn. 4.2.2.3).

Bei Geräten der mittleren Leistungsklasse werden zwei Drehwerksantriebe mit 2x2 Abtriebsritzeln um 180° versetzt angeordnet. Der Zahnkranz von einem Großgerät kann einen Durchmesser bis 22,0 m haben. Auch bei den Großgeräten mit 4x2 Abtriebsritzeln kommt es auf symmetrische (gegenüberliegende) Anordnung an. Dabei ist ein Antriebspaar um etwa 30° gespreizt angeordnet. Es soll sichergestellt werden, dass sich die Reaktionskräfte aus der Stirnradpaarung am Abtrieb kompensieren und somit keine zusätzlichen Horizontalkräfte in der Kugeldrehverbindung entstehen. Überlastungsschutz wird bei hydrostatischen Antrieben mittels Druckbegrenzung realisiert. Elektrische Antriebe sind elektrisch bei 1,3 M_{Nenn} und zusätzlich mechanisch (antriebsseitig) bei 1,5 M_{Nenn} abgesichert. In Tafel 4-16 sind Beispieldaten von Drehwerksantrieben für alle drei Geräteklassen aufgeführt.
Als Drehverbindungen werden einreihige oder zweireihige offene Kugellaufringe aus weichem Kohlenstoffstahl (z. B. Ck45N) mit Kugeln bis zu einem Durchmesser von 320 mm bevorzugt. Sie selbst haben Abmessungen, die bis zu einem Durchmesser von 20 m reichen und mehrere hundert Kugeln aufnehmen. Um das Abkippen des Oberbaus bei

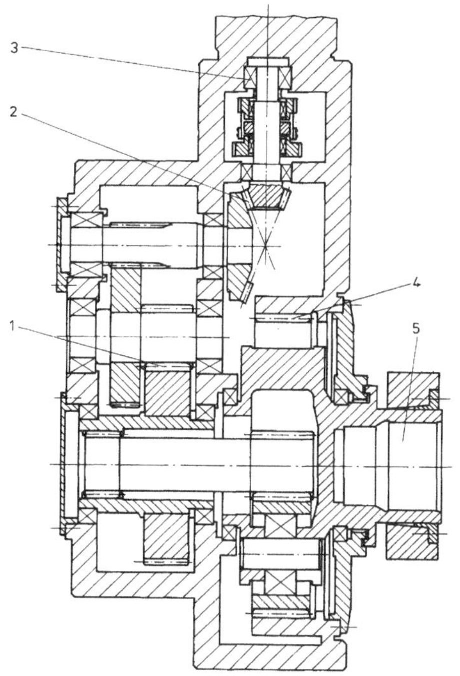

Bild 4-130 Schaufelradgetriebe der Bauart Kegel-Stirnrad-Planetengetriebe

1 Stirnradstufen
2 Kegelradstufe
3 Antrieb
4 Planetengetriebestufe
5 Abtrieb

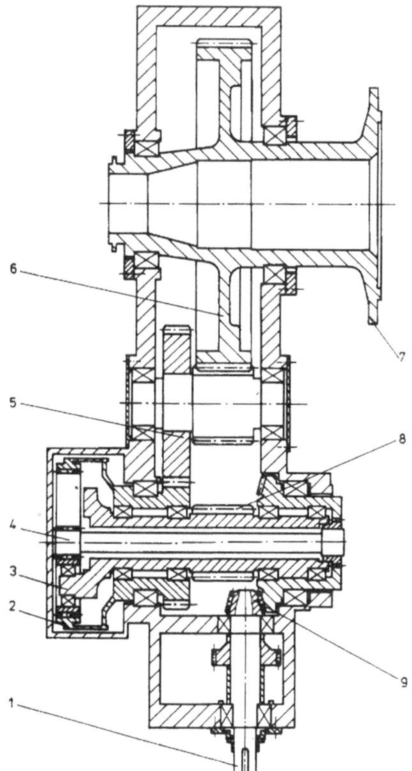

Bild 4-131 Schaufelradgetriebe der Bauart Kegel-Planeten-Stirnradgetriebe

1 Antrieb
2 Hohlrad
3 Planetenträger (Steg)
4 Ritzel des Differentialplanetengetriebes
5 Stirnrad-Übersetzung mit Ritzel I der Abtriebsstufe auf Großrad
6 Abtriebsrad (Großrad)
7 Abtrieb
8 Ritzel II am Planetenträger der Abtriebsstufe auf Großrad
9 Kegelradstufe

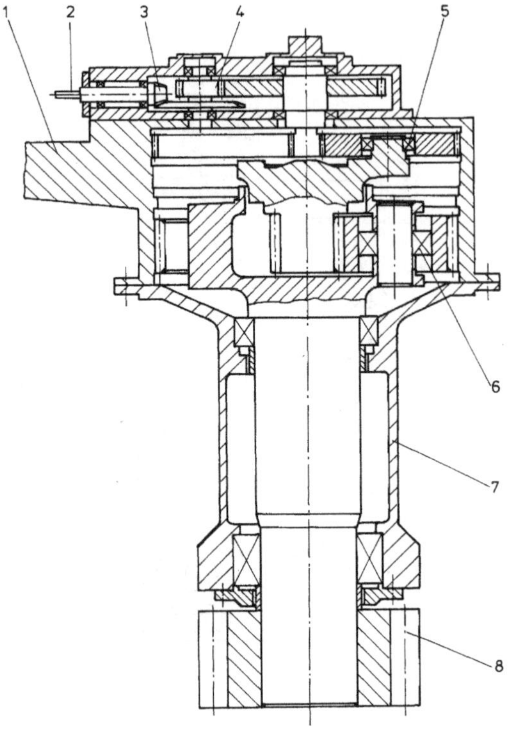

Bild 4-132 Drehwerksgetriebe der Bauart Kegel-Stirnrad-Vorgetriebe mit zwei Planetengetriebestufen

1 Motorrahmen integriert
2 Antrieb
3 Kegelradstufe
4 Stirnradstufe
5 Planetengetriebestufe I
6 Planetengetriebestufe II
7 Triebstock
8 Abtriebsritzel

Tafel 4-16 Technische Daten für Drehwerksantriebe der Schaufelradbagger von je einem Beispielgerät der kleinen, mittleren und großen Geräte

m_{De} Eigenmasse
M_{D2} Abtriebsdrehmoment
P_D Drehwerksantriebsleistung
i_D Getriebeübersetzung

Parameter	Schaufelradbagger klein	mittel	groß
Antrieb	hydraulisch	elektrisch	elektrisch
m_{De} in kg	1800	14500	11400
P_D in kW	35	80	100
M_{D2} in kN·m	1 x 60	2 x 200	2 x 100
$i_D = n_{D1}: n_{D2}$	200:5	1000:4	1000:5; 200:1
Antriebe- x Ritzelanzahl	4 x 1	2 x 2	4 x 2

offenen Ringen im Havariefall zu vermeiden, werden Fanghaken vorgesehen. Die Ringe erreichen eine Lebensdauer von 15 bis 20 Jahren. Geschlossene Rollendreh- oder Kugeldrehverbindungen (s. Abschn. 4.2.1.2), erfordern solche technisch bedenklichen Sicherheitsmaßnahmen nicht. Ihre Abmessungen sind aber begrenzt (max. Durchmesser 6000 mm), so dass sie für Großgeräte nicht zur Anwendung gelangen.

4.4.1.2 Eimerkettenbagger

Eimerkettenbagger mit zweisträngigen Eimerketten haben eine große Bedeutung im Braunkohlenbergbau und in dem Wirtschaftszweig Steine/Erden erlangt. Moderne Geräte verfügen über einen schwenkbaren Oberbau, um gleichzeitig von einer Arbeitsebene im Tief- und Hochschnitt bei gleicher Mächtigkeit arbeiten zu können. Daraus ergibt sich gegenüber den Schaufelradbaggern der Vorteil, dass eine Arbeitsebene eingespart werden kann. Dieser Vorzug gilt sowohl für Eimerkettenbagger mit Schienenfahrwerken, die meist im Frontverhieb arbeiten, wie für solche mit Raupenfahrwerken, die im Blockverhieb eingesetzt werden [3.227]. Mit einem Eimerkettenbagger sind auch immer gute Bedingungen für die Direktförderung von Abraum verbunden, siehe Abschnitt 5.1. Es ist nachgewiesen, dass die Förderbrücken- im Gegensatz zur Strossentechnologie und der Direktversturz über bessere Eigenschaften bezüglich Arbeitsproduktivität und Kosten verfügt [4.132] [4.134] [4.135] [4.137]. Das hat zu der Bedeutung der Eimerkettenbagger im Braunkohlenbergbau Europas sehr wesentlich beigetragen. Einen ausführlichen Vergleich zwischen Schaufelrad- und Eimerkettenbagger auf technischem und wirtschaftlichem Gebiet sowie konstruktive Grundlagen über die Bauprinzipien der Eimerkettenbagger findet man in [3.132] und [3.227].

Große Eimerkettenbagger mit 4800 t Eigenmasse verfügen bei spezifischen Grabkräften von 70 N/mm über maximale Gewinnungsleistungen von 14500 lm^3/h. Sie werden auf Gleis-, seltener auf Raupenfahrwerken verfahren und gewinnen im Frontverhieb, bevorzugt im Tiefschnitt. Abtraghöhe und Abtragtiefe bei 40° Böschungswinkel betragen dann rd. 30 m. Sie arbeiten mit einem Eimerinhalt von 3750 l bei einer Schüttungszahl von 27 min^{-1} ($v_{Kette} = 1{,}6$ m/s) und benötigen dafür die Antriebsleistung von 2 x 2000 kW .

Eimerkettenbagger mittlerer Größe werden meist als Säulenbagger ausgeführt, siehe Bild 4-133. Die Baugruppen Ausgleichsschwinge 5 und Oberbau 7 sind übereinander um eine am Unterbau 10 eingespannte Säule 6 gegeneinander drehbar angeordnet und an dieser so abgespannt, dass die Drehachse des Seil-Abstützdreiecks durch die Mittelachse dieser Säule geht. Da die Säule dem Schüttgutstrom im Wege steht, muss dieser mittels Drehteller umgelenkt werden. Die Weiterentwicklung dieses Bauprinzips hat zu einem Drehscheibenbagger geführt [3.227], weil die so genannte C–Bauweise (Bild 4-134) auf mittlere Baugrößen nicht anwendbar ist [4.175].

Die Bagger mittlerer Größe mit Raupenfahrwerk haben eine Eigenmasse von maximal 1000 t und verfügen bei einer installierten Eimerkettenantriebsleistung von 500 kW sowie einem Eimerinhalt von rd. 700 l über maximale Gewinnungsleistungen von 2000 lm^3/h. Dabei beträgt die spezifische Grabkraft im Tiefschnitt 60 N/mm, die Abtragsmächtigkeit rd. 15 m und die Schüttungszahl 22 min^{-1}. Maschinen dieser Ausführung, die vor 20 bis 40 Jahren gebaut wurden, sind heute noch im Einsatz. Sie wurden meist einer gründlichen Modernisierung unterworfen [4.176].

Heute werden fast ausschließlich *kleine Eimerkettenbagger* mit Raupenfahrwerk gebaut. Sie finden bevorzugt in kleinen Tagebauen (z. B. Kies- und Tongruben) Verwendung. Auf sie wird die vom Schaufelradbagger bekannte C-Bauweise übertragen und es kommen Gestaltungsprinzipien zur Anwendung, die man sonst nur bei Erdbaumaschinen findet (Bild 4-134). Das gleiche Grundgerät 4 mit Ober- und Unterbau wird nach modularen Gesichtspunkten mit der Arbeitsausrüstung Bandwagen 1, Eimerleiter 2 oder Radausleger 3 kombiniert. Auf diesem Prinzip basiert eine Baureihe mit insgesamt 10 Baugrößen (Tafel 4-17).

Der Eimerkettenbagger ist ein kontinuierlich arbeitendes Gewinnungsgerät für lose aber auch gewachsene Stoffe mit einer theoretischen Arbeitsleistung aus dem Produkt von Eimerinhalt und Schüttungszahl. Erfahrungsgemäß ist das tatsächliche Gewinnungsvermögen wegen der sich einstellenden Vorfüllung der Eimer sehr viel größer. Es kann unter optimalen Arbeitsbedingungen mehr als doppelt so groß sein. In [4.181] werden zur analytischen Bewertung dieser Zusammenhänge neue Grundlagen geschaffen.

Tafel 4-17 Auswahl technischer Parameter einer Baureihe kleiner Eimerkettenbagger ERs [4.194]

Q_t theoretische Gewinnungsleistung
m_e Eigenmasse
P_E Eimerkettenantriebsleistung
h Abtragtiefe bzw. -höhe
l_A Abwurfbandlänge
p_B Bodenpressung am Fahrwerk

Baureihe ERs	Typ I	Typ II	Typ III
Q_t in lm^3/h	150	300	850
m_e in t	55	95	350
P_E in kW	75	90	320
h in m	12	13	16
l_A in m	15	20	22
p_B in N/mm^2	0,1	0,1	0,1

Wegen der Kopplung von Graben und Transportieren muss der Eimerkettenantrieb nach den erforderlichen Anteilen von Löse-, Hub- und Reibungsleistung bemessen werden, siehe hierzu [3.227]. Aufgrund des langen Füllwegs der Eimer ist der Spanquerschnitt relativ klein. Diese Eigenschaft ist für die Bemessung der erforderlichen Leistungsanteile zum Lösen (Graben) vorteilhaft. Plötzliche Festigkeitsänderungen im gewachsenen Erdstoff werden problemlos kompensiert. Da der resultierende Lösewiderstand am Eimer einen relativ kurzen Hebelarm auf die Zugkette hat, erfolgen auch keine unliebsamen Reaktionen in der Baggerkonstruktion.

Noch immer findet man die spezifische Grabkraft unter Bezug auf die schneidende Messerlänge k_l in N/mm oder auf den Spanquerschnitt k_A in N/mm^2 angegeben (s. Abschn. 3.5). k_l wird meist für leicht und k_A für schwer gewinnbare Erdstoffe benutzt. Wenn bei einem Schaufel- und Eimerkettenbagger die gleiche Rechengröße für die spezifische Grabkraft k_l gilt, dann ist der errechnete Wert für k_A beim Eimerkettenbagger um rd. 70 % größer. Darin findet man die in der Praxis geschätzten Eigenschaften (Grabkraftreserven) des Eimerkettenbaggers bestätigt.

Analytisch wird festgestellt, dass ein Eimerkettenbagger mittlerer Größe die in Tafel 4-18 aufgeführten Anteile am Gesamtwiderstand hervorbringt. Die Zahlenwerte gelten als Orientierung. Im angegebenen Reibwiderstand sind alle Kräfte aus der relativen Bewegung von Bauteilen der Eimerkette erfasst, die auf den Antriebsturas wirken. Der gleiche Eimerkettenbagger verfügt bei Reduzierung der theoretischen Gewinnungsleistung Q_t bzw. Minderung des Eimerfüllgrads $f_{fü}$ über hohe Reserven bezüglich seiner maximal möglichen spezifischen Schnittkraft. Orientierungswerte liefert hierzu Tafel 4-19.

Breite und flache Eimer, mit einem Verhältnis Höhen zu Breite von rd. 1 : 2, besitzen gute Entleerungseigenschaften.

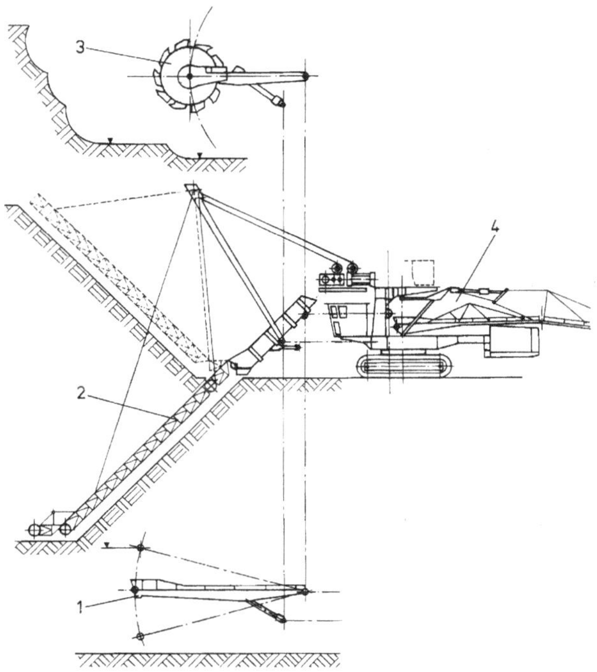

Bild 4-134 Modularer Aufbau eines Gewinnungsgerätes [4.194]

1 Arbeitsausrüstung für Bandwagen
2 Arbeitsausrüstung für Eimerkettenbagger
3 Arbeitsausrüstung für Schaufelradbagger
4 Grundgerät in C-Bauweise

Bild 4-133 Eimerkettenbagger in Säulenbauweise mit Raupenfahrwerken

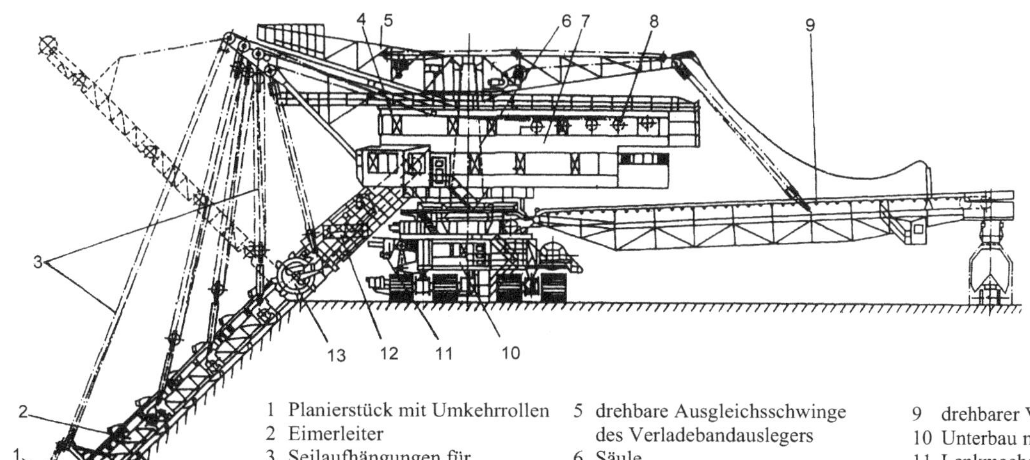

1 Planierstück mit Umkehrrollen
2 Eimerleiter
3 Seilaufhängungen für Eimerleiter und Eimerrinne
4 Antrieb Eimerkette
5 drehbare Ausgleichsschwinge des Verladebandauslegers
6 Säule
7 drehbarer Oberbau mit Baggerhaus
8 Windwerke für Eimerrinne und Eimerleiter
9 drehbarer Verladebandausleger
10 Unterbau mit Raupenfahrwerk
11 Lenkmechanismus
12 Eimerrinne
13 Schaufelrad (Planierpflug) für Böschungskante

Tafel 4-18 Anteile der Bewegungswiderstände für einen Eimerkettenbagger mittlerer Größe im Blockverhieb [4.177]

Bewegungswiderstände in %	Tiefschnitt	Hochschnitt
Hubwiderstand	36	21
Grabwiderstand	37	37
Reibwiderstand	27	42

Bekanntlich ist die Haftfähigkeit bindiger Erdstoffe von der Größe der Gefäßkontaktfläche abhängig. Allein die Auswirkungen aus der Vorfüllung des Eimers und die sonst ungewollten stoßartigen Bewegungen infolge Polygoneffekts rufen positive Entleerungseigenschaften hervor. Bei Erdstoffen, wo diese Einwirkungen noch nicht genügen, werden so genannte Eimerausschälvorrichtungen oder die vom Schaufelradgefäß bekannten Kettengehänge benutzt [3.106].

Der relativ hohe Reibverschleiß aller bewegten Bauteile eines Eimerkettenbaggers, insbesondere von Kette, Antriebsturas, Führungselementen und Grabgefäßen, ist betriebswirtschaftlich von bedeutendem Nachteil. Trotz verschleißfester Werkstoffe beträgt beispielsweise die Liegezeit von Ketten und deren Führungselementen im Kohleabraum nur 3 bis 4 Monate, beim Einsatz in der Kohle 1 bis 2 Jahre. Heute werden Bauteilaustausch oder -wiederaufarbeitung durch moderne Konstruktionen (s. Abschn. 3.4) und Technologien ([4.178] bis [4.180]) unterstützt.

Grundsätzliche Entwicklungen am Eimerkettenbagger hat es auf der in [3.227] dargestellten technischen Basis nur für die Antriebstechnik einschließlich Steuerung und Überwachung gegeben. Die vor mehr als zwanzig Jahren vorgeschlagenen Neuheiten, wie

- verfahrens- und gerätetechnische Trennung von Grab- und Transportvorgang [4.181]
- gerätetechnische Lösungen zur Reduzierung von Verschleiß durch Einführung rollender statt gleitender Reibpaarungen [4.182]

wurden praktisch nicht verwirklicht. Zu den Weiterentwicklungen, die in den letzten Jahren mit Erfolg umgesetzt wurden, gehören:

- Schwingungstilger zur Reduzierung des Polygoneffekts [4.183] bis [4.186]
- Direktantrieb (Elektro-Synchronmotor) zur Reduzierung dynamischer Belastungen und Betriebskosten [4.187]
- Vorschneiden durch mehrteilige Eimermesser zur Reduzierung der Verschleißteilkosten [4.179] [4.180] [4.188] bis [4.190]
- Optimierung der Werkstoffe und Umgestaltung der Kettengelenke sowie Schaken zur Reduzierung der Verschleißteilkosten [4.179] [4.180] [4.191] bis [4.193].

4.4.1.3 Continuous Surface Miner

Schaufelrad- und Eimerkettenbagger sind nur im Lockergestein oder im Festgestein mit starker Klüftung (Bild 4-123 und Tafel 4-13) einsetzbar. Es hat vielfältige Bemühungen gegeben, sie immer härteren Stoffen anzupassen [4.195] [4.196]. Um die Einsatzgrenzen zu erweitern, wurden diese Bagger mit höheren Antriebsleistungen am Graborgan versehen, die Anzahl der Grabgefäße wurde erhöht und ihre Schneiden umgestaltet.

Eine größere Bedeutung für das Gewinnen von Festgestein in Verbindung mit trennscharfer, selektiver Technologie geringmächtiger Schichten haben *Continuous Surface Miner* (CSM) in den letzten Jahren erlangt [4.129] [4.133] [4.166] [4.197] bis [4.204]. Hier wird das aus der Stoffformung bekannte mechanische Fräsen auf den bergbautechnischen Lösevorgang umgesetzt, weshalb die Geräte auch als *Tagebaufräsen* bezeichnet werden. Für das spanabhebende Lösen sind natürliche Trennflächen nicht mehr erforderlich. Das Gewinnungswerkzeug wird von speziell ausgeführten Meißeln und deren Anordnung bestimmt. In die Entwicklung dieser Werkzeuge ist das Wissen aus der Schneidtechnik von Streckenvortriebs- und Schrämmschinen eingeflossen [4.205] bis [4.214].

Mit Tagebaufräsen sollen auch im Bereich des Festgesteins die Nachteile der diskontinuierlichen Bohr-, Spreng- und Ladetechnologie beseitigt werden. Hierzu zählen vor allem das Sicherheitsrisiko und die Kosten sowie Umwelteinflüsse durch die Benutzung von Sprengstoff. Es geht aber auch um technische Lösungen, bei denen die Beeinflussung der Korngrößenverteilung und eine exakte Stofftrennung möglich wird, um höhere Produktqualitäten zu erzielen.

Die Abtraghöhe eines Schaufelradbaggers beträgt das 0,5- bis 0,6fache des Schaufelraddurchmessers [4.149]. Kleine Bagger mit einem Raddurchmesser von rd. 4,0 m erfordern immer noch wirtschaftliche Flözabmessungen von rd. 2,0 m. Für entsprechende Gewinnungsleistungen bei noch kleineren Flözen reichen die aus Schwenken und Drehen (Schaufelrad) bestehenden Arbeitsbewegungen nicht mehr aus. Die Entwicklung des CSM orientierte deshalb auf eine

Tafel 4-19 Analyse möglicher spezifischer Grabkräfte k_l und erforderlicher Antriebsleistungen P_E am Antriebsturas eines Eimerkettenbaggers mittlerer Größe im Blockverhieb [4.177]

Stoffe geschüttet	Dichte t/m^3	Auflockerung lm^3/fm^3	Winkel innerer Reibung
I sandige Böden	1,5	1,2	32°
II Lehm, Mergel	1,6	1,3	26°
III tonige Böden	1,4	1,4	14°
IV Braunkohle	0,8	1,4	30°

$f_{fü}$ %	Q_t lm^3/h	k_l/P_E (P_E in kW) Tiefschnitt				Hochschnitt			
		I	II	III	IV	I	II	III	IV
0,4	560	40/319	34/291	23/230	37/263	30/251	26/233	17/184	30/227
0,8	1120	35/414	30/388	20/308	31/314	24/296	20/274	14/228	24/249
1,2	1680	29/462	28/435	19/388	28/360	20/334	17/319	12/267	20/267
1,6	2240	18/480	16/480	18/460	27/415	18/379	16/372	11/310	18/291
2,0	2800	- / -	- / -	12/480	26/463	17/428	14/412	10/350	17/319

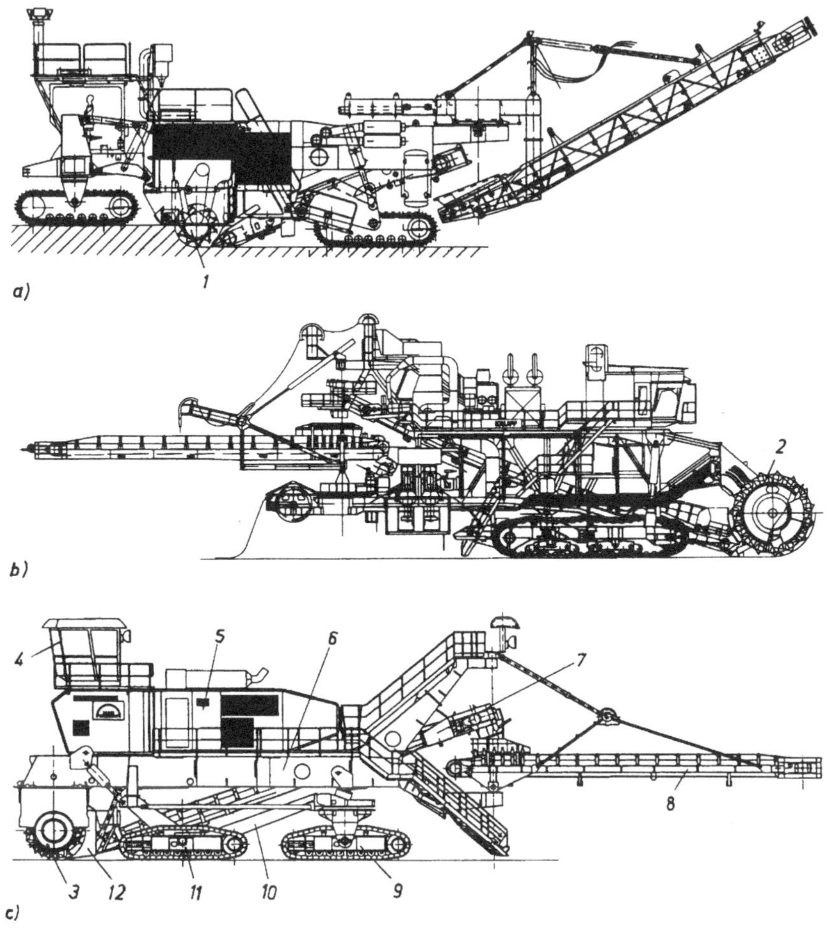

Bild 4-135 Ausführungsvarianten von Continuous Surface Miner (CSM)

a) Oberflächenfräse SM 3700 (Wirtgen GmbH, Windhagen)
b) Auslegerfräse KSM 2000 R (Krupp Fördertechnik GmbH, Essen
c) Surface Miner MTS 1250 (TAKRAF GmbH, Leipzig)

1 Mittelfräswalze
2 Gefäßfräswalze
3 Frontfräswalze
4 Fahrerkabine
5 Antriebscontainer
6 Grundrahmen
7 Abzugsbandförderer
8 Verladeausleger mit Verladebandförderer, heb- und schwenkbar
9 Raupenfahrwerk einzeln (Lenkraupe)
10 Unterbau
11 Raupenfahrwerk doppelt
12 Aufnahmeschurre

Gerätefunktion, die bei großer Abtragbreite (bis 7,1 m) und kleiner Abtragtiefe (0,2...2,4 m) ein schichtweises Ablösen durch Drehbewegung eines trommelartigen Gewinnungswerkzeugs sowie geradlinige Fahrbewegung des Gerätes ausführt. Dabei gelten die genannten Abmessungsbereiche für mehrere Baugrößen, denn auch CSM werden von verschiedenen Herstellern in Baureihen angeboten.

Die Schneid- bzw. Umfangsgeschwindigkeit des Gewinnungsorgans beträgt 0...7 m/s und die Fahrgeschwindigkeit 0...30 m/min. Demnach errechnet sich die Gewinnungsleistung eines CSM aus dem Produkt von Abtragbreite, Abtragtiefe und Fahrgeschwindigkeit. Die in Baureihen konzipierten und noch nicht in jedem Fall gebauten Geräte sind für Gewinnungsleistungen bis 8000 lm^3/h ausgelegt [4.133], was in dieser Größenordnung aber nur für Lockergestein (z. B. Braunkohle) gilt. Bild 4-135 zeigt die grundsätzlichen Bauarten. Alle drei beinhalten Maschinenkomponenten zum Lösen, Knäppern, Vorzerkleinern und Laden des betreffenden Stoffs.

Das Funktionsprinzip der Bauart nach Bild 4-135a ist von der bekannten Straßendeckenfräse abgeleitet und wird als CSM mit *Mittelfräswalze* bezeichnet. Die Arbeitsweise ist in der Regel *oberschlächtig*, d. h., die Drehrichtung der Fräswalze ruft einen aufwärts gerichteten Frässchnitt hervor. Auf die in der Mitte des Geräts angeordnete Fräswalze wirkt die gesamte Schwerkraft, was für die Meißelreaktionskräfte beim Lösen von Festgestein von großer Bedeutung ist. Das vordere Raupenfahrwerk muss um die Schnitthöhe höhenversetzt angeordnet werden. Die Manövrierfähigkeit und das selektive Gewinnen bis zum Strossenende eines Abbaufeldes ist wegen der gewählten Anordnung eingeschränkt. Bedingt durch die beiderseitige Lagerung des Werkzeugs ist die Gerätebreite immer größer als die Abtragbreite und die Abtragtiefe kleiner als der Fräswalzenradius.

Tafel 4-20 enthält ausgewählte Parameter dieser CSM-Bauart, und [4.202] beschreibt Einsatzerfahrungen. Darin kommt zum Ausdruck, dass der CSM vom Typ I (Tafel 4-20) von den in Tafel 4-21 aufgeführten optimalen und maximalen Einsatzbedingungen gekennzeichnet ist. Unter optimalen Bedingungen erreicht das Gerät die höchste Gewinnungsleistung, und unter maximalen Bedingungen ist die Grenzfestigkeit des zu lösenden Festgesteins erreicht.

Das Funktionsprinzip der Ausführung nach Bild 4-135b ist vom Schaufelrad- bzw. Grabradbagger abgeleitet und wird als CSM mit *Gefäßfräswalze* bezeichnet. Die Arbeitsweise ist auch hier oberschlächtig und beruht auf der Zwangs- oder Schwerkraftentleerung der Grabgefäße auf einen Ab-

Tafel 4-20 Auswahl technischer Parameter aus einer Baureihe CSM mit Mittelfräswalze [4.202]

Q_t theoretische Gewinnungsleistung bei 10 m/min Fahrgeschwindigkeit
m_e Eigenmasse
P_A installierte Antriebsleistung
h Abtragtiefe
b Abtragbreite
p_B Bodenpressung am Fahrwerk

Baureihe CSM	Typ I	Typ II	Typ III
Q_t in fm^3/h	240	720	1512
m_e in t	35	60	185
P_A in kW	448	559	1193
h in mm	200	400	600
b in mm	2000	3000	4200
p_{Bmax} in N/mm^2	0,17	0,16	0,26

zugsbandförderer. Das Gewinnungswerkzeug besteht aus mehreren nebeneinander angeordneten Schaufelrädern in robuster Ausführung. An die Schaufeln sind Schneidkanten mit aufgesetzten und austauschbaren Flach- bzw. Rundschaftmeißeln integriert. Hinter der Gefäßfräswalze ist ein Planierschild angebracht, um das Schnittplanum zu ebenen.

Es wird davon berichtet, dass der nach diesem Prinzip aufgebaute CSM (m_e = 527 t, P_S = 1100 kW, v_F = 1,36 m/min, v_U = 1,5 m/s, h = 2,4 m, b = 7,1 m) über eine Gewinnungsleistung von Q_v = 1800 fm^3/h bzw. 4482 t/h in Aleurolith (σ_D = 20...30 N/mm^2; σ_D/σ_Z = 7...10; w_e = 0,7 kWh/fm^3) verfügt und auch in einer Sideritschicht sehr viel höherer Festigkeit (σ_D = 60...70 N/mm^2; w_e = 2,1 kWh/fm^3) noch arbeitsfähig ist [4.199]. Die positiven Eigenschaften werden u. a. darauf zurückgeführt, dass das Gewinnungsprinzip des Schneidens mit einer sehr viel größeren Anzahl im Eingriff befindlicher Grabgefäße und Meißel kleinere dynamische Reaktionen an der Maschine hervorruft. Während beim Schaufelradbagger rd. 10 Schneidelemente im Eingriff sind und dabei bis zu 6fache Lastüberhöhungen aus dynamischen Systembedingungen entstehen, werden trotz sehr viel härterer Abbaustoffe am CSM mit rd. 50 Schneidelementen nur noch 2fache Lastüberhöhungen festgestellt [4.200].

Das Funktionsprinzip des CSM bringt immer anteilige Reaktionskräfte am Fräswerkzeug hervor, die der Fahrbewegung (horizontal), aber auch der Maschinenschwerkraft (vertikal) entgegen wirken. Bei unterschlächtiger Arbeitsweise (abwärts gerichteter Frässchnitt) wird deshalb die Gewinnungsfähigkeit im Festgestein eines CSM mit *Frontfräswalze* (Bild 4-135c) noch sehr viel stärker von dem Gleichgewicht aller Kräfte bestimmt. Seriöse Untersuchungen, die unter Beachtung dieser Zusammenhänge die verfahrenstechnischen Grenzen der CSM-Prinzipien mit Front- und Mittelfräswalze belegen, sind nicht bekannt, aber für die Weiterentwicklung der Geräte unerläßlich.

CSM mit Frontfräswalze verfügen über die von Tagebaubetreibern gewünschte Manövrierfähigkeit und garantieren ein sauberes Ausfräsen beengter Abbaufelder. Sie haben deshalb regen Zuspruch gefunden. Die im Bild 4-135c gezeigte Tagebaufräse, wichtige Hauptbaugruppen siehe Bilder 4-136 und 4-137, stützt sich über den Unterbau 10 statisch bestimmt auf drei baugleichen, angetriebenen Raupenfahrwerken 9 und 11 ab, von denen die Einzelraupe 9 lenkbar ist. Dabei liegt der Grundrahmen 6 über einer Drehgabel 17 mit Kugeldrehverbindung auf der Lenkraupe 9. Das Lenken ruft ein Hydraulikzylinder 15 hervor, der die Drehgabel auslenkt.

Durch die Anordnung der Fräswalze 3 vor dem Fahrwerk, fahren die Raupen immer auf einem frisch geschnittenen Planum. Auf dem Obergurt des Grundrahmens 6 sind Antriebscontainer 5 sowie Fahrerkabine 4 und zwischen zwei Hauptträgern der Abzugsbandförderer 7 angeordnet. Der Grundrahmen 6 stützt sich im hinteren Bereich über eine Stützkugel 16 und im vorderen Bereich über zwei Hydraulikzylinder 13 auf dem Unterbau ab. Neben beiden Hydraulikzylindern befinden sich Gleitführungen 14, die die Zentrierung und Ausgleichsbewegung zwischen Grundrahmen und Unterbau gewährleisten. Sie müssen auch die Seitenkräfte der vorderen Abstützung aufnehmen können. Die Hydraulikzylinder 13 werden gleichzeitig oder einzeln verstellt, um dem Grundrahmen mit starr angeflanschter Frontfräswalze eine technologisch bedingte Längs- bzw. Querneigung zu geben (Fräsen von Rampen oder geneigten Flözen).

Mit Bild 4-137 wird die starre Kopplung von Fräswalze 3, Aufnahmeschurre 12 und Abzugsförderer 7 verdeutlicht.

Tafel 4-21 Grenzbedingungen für die Arbeitsweise des CSM vom Typ I nach Tafel 4-20 [4.202]

σ_D Druckfestigkeit
σ_Z Zugfestigkeit des Festgesteins
v_F Fahrgeschwindigkeit (Vorschub)
v_U Umfangsgeschwindigkeit (Drehung)
h Abtragtiefe
b Abtragbreite
Q Gewinnungsleistung
M_W Fräswalzendrehmoment
F_v Vorschubkraft
P_W Fräswalzenantriebsleistung
P_F Fahrantriebsleistung
w_e spezifische Lösearbeit

Einsatzmerkmale	CSM vom Typ I optimale	maximal
σ_D in N/mm^2	69	127
σ_Z in N/mm^2	10	10
v_F in m/min	13,0	3,8
v_U in m/s	4,16	4,16
h in mm	200	168
b in mm	2000	2000
Q in fm^3/h	312	77
M_W in kNm	33,6	48,5
F_v in kN	99,5	101,9
P_W in %	30,2	9,1
P_F in %	62,0	84,9
w_e in kWh/fm^3	1,4	5,8

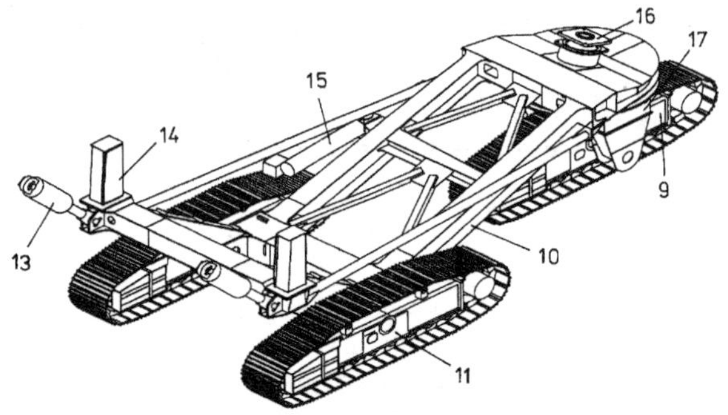

Bild 4-136 Unterbau mit drei Raupenfahrwerken des Surface Miner MTS 1250 (TAKRAF GmbH, Leipzig), siehe Bild 4-135c

13 Stütz-Hydraulikzylinder für den Grundrahmen
14 Gleitführungen
15 Lenk-Hydraulikzylinder
16 Stützkugel
17 Drehgabel

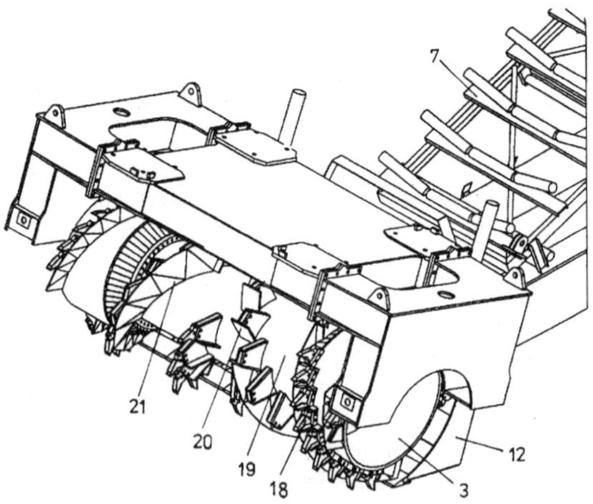

Bild 4-137 Gewinnungsorgan des Surface Miner MTS 1250 (TAKRAF GmbH, Leipzig), siehe Bild 4-135c

18 Meißelhalter mit Flachmeißel
19 Walzenkörper
20 Auswerfer
21 spiralförmig angeordnete Leitbleche

Das Gewinnungsorgan bildet somit konstruktiv eine eigene Baugruppe (Typ MTS 1250: Schneidkreisdurchmesser 2400 mm; Abtragbreite 5000 mm) und kann modular den Einsatzbedingungen angepasst werden. Um eine möglichst große Abtraghöhe (Typ MTS 1250: 1200 mm) zu erreichen, wird der hydrostatische Walzenantrieb beiderseitig in die Walzenlagerung integriert.
Der Walzenkörper 19 ist als Blech-Schweißkonstruktion ausgeführt und besteht aus abgesetzten zylindrischen sowie kegeligen Paßstücken. Auf ihm sind Meißelhalter 18 aufgeschweißt, die die bekannten Meißelbauformen (Flach-, Rundschaft-, Diskmeißel) austauschbar aufnehmen können. Die Meißel werden je nach Bedarf durch spiralförmig ausgeführte Leitbleche (Schnecke) 21 und ggf. durch rechteckige Auswurfbleche 20 ergänzt. Damit wird der Quertransport des gelösten Stoffs auf die Breite der in der Aufnahmeschurre 12 eingebrachten Abzugsöffnung vorgenommen. Dahinter befindet sich der Abzugsbandförderer 7. Der mit 1000 kW ausgestattete CSM vom Typ MTS 1250 erreicht mit seiner Eigenmasse von rd. 190 t im Test (Braunkohle) die Nenngewinnungsleistung von 1250 fm^3/h bei einem spezifischen Energiebedarf von 0,25 kWh/fm^3.
Es werden auch CSM gebaut, wo die Frontfräswalze neben ihrer Drehbewegung eine zusätzliche vertikale Schwenkbewegung mit oder ohne überlagerter horizintaler Oszillation ausführt [4.204]. Mit solchen Tagebaufräsen können große Blockhöhen bis 5 m bei einer Abtragbreite von 5,25 m abgebaut werden.
Die CSM-Technologie beruht auf dem so genannten Gewinnungsverfahren mit Werkzeugeingriff. Dabei wird eine hohe Krafteinwirkung des Meißels auf den abzubauenden Stoff vorausgesetzt. Sie ist immer mit Relativbewegungen und dadurch mit Werkzeugverschleiß verbunden. Jede Meißelbauart (Bild 4-138) verfügt über besondere Gestaltungs- und Gebrauchsmerkmale. Eine wichtige auch vom Meißel bestimmte Eigenschaft des Gewinnungsvorgangs stellt die *spezifische Lösearbeit* dar. Tafel 4-13 kann entnommen werden, dass die KSB vorrangig für Werte zwischen 0,2 und 0,3 kWh/fm^3 und die CSM bisher für solche zwischen 0,5 und 1,5 kWh/fm^3 eingesetzt werden. Die Eignung der CSM für noch höhere spezifische Lösearbeiten bringt deren bevorzugten Einsatz im Festgestein zum Ausdruck. Hier werden Rundschaftmeißel mit Hartmetallspitzen benutzt. Sie ertragen beim Überwinden der Gesteinsdruckfestigkeiten σ_D die erforderlichen hohen Bauteilbelastungen.
Auch die Zugfestigkeit σ_Z hat einen Einfluss auf den Gewinnungswiderstand. Bild 4-139 gibt experimentell ermittelte Zusammenhänge zwischen spezifischer Lösearbeit w_e, Druckfestigkeit σ_D und Sprödigkeit $\chi = \sigma_D/\sigma_Z$ wieder. Die Darstellung wird als *Energie-Festigkeitsdiagramm* bezeichnet und hat eine große Bedeutung für Entscheidungen beim Bemessen und Gestalten von Gewinnungsmaschinen.

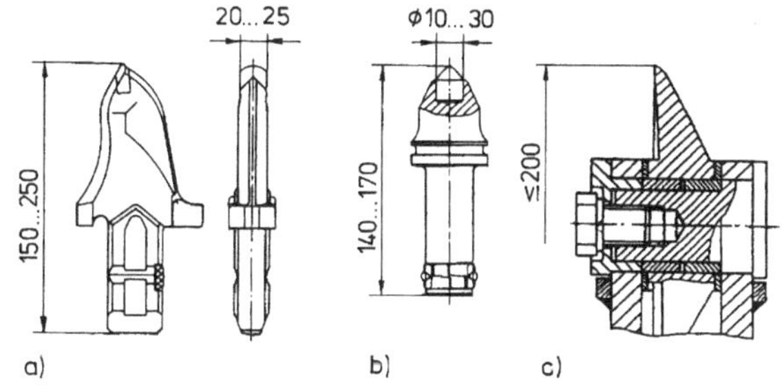

Bild 4-138 Meißelbauarten

a) Flachmeißel b) Rundschaftmeißel c) Mini-Diskmeißel

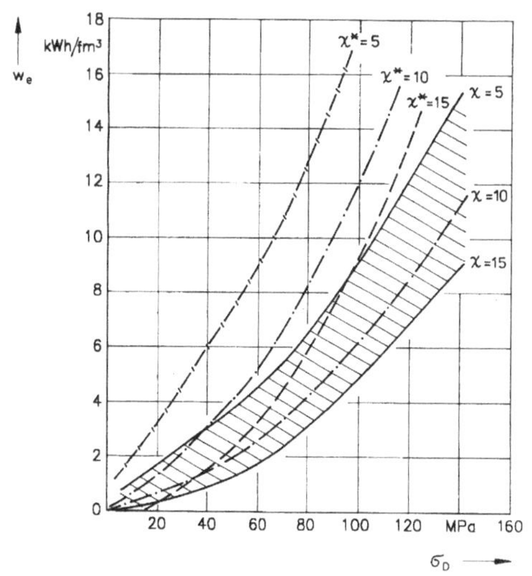

Bild 4-139 Energie-Festigkeitsdiagramm für Gewinnungswerkzeuge [4.203]

χ* 1972 veröffentlichte Prognosewerte χ Erkenntnisstand

Neuere Forschungsergebnisse (z. B. [4.215]) erlauben auch die Zuordnung der spezifischen Lösearbeit zu verschiedenen Meißelbauarten. Dabei wird nachgewiesen, dass der Rundschaftmeißel eine relativ kleine spezifische Lösearbeit aufweist. Bei σ_D = 10 N/mm^2 beträgt w_e = 0,6 kWh/fm^3. Im Bereich von σ_D = 10 bis 30 N/mm^2 führt die Erhöhung der Druckfestigkeit um 10 N/mm^2 zu einem Anstieg um etwa w_e = 1,0 kWh/fm^3. Überträgt man diese Erkenntnisse in das Energie-Festigkeitsdiagramm von Bild 4-139, so kann man entnehmen, dass bei χ = 5 Festgestein bis $\sigma_D \leq$ 30 N/mm^2 und bei χ = 15 bis σ_D = 70 N/mm^2 mit dem Rundschaftmeißel abgebaut werden kann.
Rundschaftmeißel bestimmen heute die Werkzeuge von Tagebaufräsen. Unter Beachtung der Betriebskosten infolge des Meißelverschleißes werden als obere Gewinnungsgrenzen die Druckfestigkeit mit 80 bis 120 N/mm^2, die Zugfestigkeit mit 7 bis 10 N/mm^2 und der Verschleißkoeffizient (s. Gl. 4.19) mit 0,5 bis 0,7 N/mm angegeben. Schaft und Kopf des Rundschaftmeißels (Bild 4-138) bestehen aus legiertem Stahl mit hoher Grundfestigkeit (≥ 45 HRC an der Oberfläche). Als Schneideinsatz wird ein Hartmetall (Sintern) auf der Basis von Wolframkarbid (WC) und Kobalt (Co) benutzt. Bei richtiger Meißelanordnung und Arbeitsweise wird der Verschleißwiderstand allein von dem Schneideinsatz bestimmt. Wenn dieser verbraucht ist, muss der Meißel ausgetauscht werden. Mit zunehmendem Verschleiß eines Meißels reduziert sich der Freiwinkel an der Schneide bis auf 0°. Die Gewinnungskräfte steigen dadurch an. Während das Verhältnis von Andruckkraft zu Schneidkraft bei einem neuen Meißel in Abhängigkeit vom Festgestein zwischen 0,8:1 und 3,5:1 variiert, erfährt es einen verschleißabhängigen Endwert von rd. 5:1.
Über den Meißelverbrauch gibt es keine allgemeingültigen Aussagen, obwohl einige Maschinenhersteller sich mit wirtschaftlichen Gesichtspunkten des CSM-Einsatzes intensiv beschäftigen [4.201] [4.204]. Das Festgesteinsfräsen stellt ein offenes Abrasivverschleißsystem zwischen Meißel und Gestein dar, wo nur der Meißel selbst auf die Wechselwirkungen abgestimmt werden kann. Besonders die Abrasivität des Gesteins beeinflusst den Meißelverbrauch. Unterschiedliche Kennwerte werden zur Verschleißprognose gebildet, von denen der Verschleißkoeffizient *f* am häufigsten benutzt wird [4.216] [4.217].

Er stellt mit der Beziehung

$$f = \frac{q}{100} d_{sm} \sigma_Z \qquad (4.19)$$

eine Korrelation zwischen Abrasivverschleiß am Meißel und dem zu gewinnenden Gestein her.

Es bezeichnen: q Prozentanteil schleißender Mineralien bezogen auf Quarz
d_{sm} mittlerer Durchmesser der schleißenden Bestandteile in mm
σ_Z Gesteinszugfestigkeit in N/mm^2.

Experimentell lässt sich nachweisen, dass Meißel mit großen Hartmetallabmessungen (Durchmesser bis 30 mm, s. Bild 4-138) im Vergleich zu solchen mit kleinen Abmessungen (19 mm) einen sehr viel geringeren Gewichtsverlust erfahren [4.206]. Außerdem wird festgestellt, dass der Längen- und nicht der Gewichtsverlust dem geschnittenen Gesteinsvolumen proportional ist und etwa 90 % der im Reibkontakt entstehenden Wärme vom Meißel abgeleitet wird [4.218]. Kobalt besitzt bei Temperaturen von 450 °C im Vergleich zu Raumtemperaturen nur noch rd. 50 % seiner Festigkeit. Vielfach wird deshalb eine Meißelbedüsung zwecks Kühlung erforderlich.

Die starke Abhängigkeit zwischen Abrasivverschleiß und Schneidgeschwindigkeit ist mehrfach nachgewiesen [4.208] [4.219]. Nur bei Schneidgeschwindigkeiten < 2 m/s kann man diese Abhängigkeit nicht feststellen.

Prüfstandsversuche haben bei > 2 m/s einen Meißelverschleiß von rd. 5 Stück/fm^3 ergeben [4.208]. Der im Versuch geschnittene Natursandstein verfügt über σ_D = 80 N/mm^2, σ_Z = 8 N/mm^2 und q = 71 %, woraus sich der Verschleißkoeffizient nach Gl. 4.19 mit f = 1,75 N/mm errechnet. Erst bei Schneidgeschwindigkeiten < 2 m/s reduziert sich der Verschleiß des Hartmetalls auf rd. 20 %. Mit der verschleißbedingten Verringerung der Arbeitsgeschwindigkeit wird aber gleichzeitig auch die Gewinnungsleistung reduziert.

Der Rundschaftmeißel muss sich während des Schneidvorgangs drehen. Nur dann ist eine gleichmäßige Abnutzung am Meißelkopf gewährleistet. Das Drehverhalten wird von sehr vielen Einflüssen bestimmt. Entgegen bisheriger Vermutungen zeigen Untersuchungen, dass die Drehbewegung aus den während des Schneidens resultierenden Maschinenschwingungen entstehen und kein direkter Zusammenhang zu den Schneidkräften besteht [4.208] [4.220] [4.221].

Neuartig sind Überlegungen, den aus der Tunnelvortriebs- und Schrämtechnik bekannten Diskmeißel (Rollmeißel) auch auf dem CSM einzusetzen. Hierbei spielen die Schneidbedingungen mit den Bezeichnungen *Hinterschneiden* und *wiederholt blockiertes Schneiden* eine große Rolle, siehe [4.210] [4.222]. Überraschende Untersuchungsergebnisse mit Minidiskmeißeln beim Gewinnen von Sandstein, Aleurolith und Steinkohle im Untertagebergbau beweisen, dass sie unter den Bedingungen des wiederholt blockierten Schneidens nur 10 Prozent der spezifischen Lösearbeit vom Rundschaftmeißel benötigen ([4.222] bis [4.225]). Dabei erhöht sich die Spanfläche (Grobstückigkeit) und die Staubemission sinkt. Außerdem wird beim Gewinnen von Steinkohle nachgewiesen, dass sich der spezifische Verbrauch von 216 Flachmeißel pro 1000 t auf 0,25 Diskmeißel reduziert. Diese Erkenntnisse sind so gravierend, dass sie zur Fortführung der Forschungsarbeit auf diesem Gebiet auffordern, um die in [4.201] bereits vorgeschlagene Verwendung der Diskmeißel auf Tagebaufräsen zu verwirklichen.

4.5 Schaufellader

4.5.1 Aufbau, Funktions- und Arbeitsweise

Schaufellader sind sehr mobile Erdbaumaschinen, die mit ihrer Ladeschaufel oberhalb der eigenen Fahrebene bzw. geringfügig darunter Erdstoffe lösen (gewinnen), laden, transportieren und einbauen können. Tafel 4-11 definiert die Einsatzbereiche im Vergleich zu anderen Maschinen. Dabei fällt auf, dass dem Schaufellader eine relativ große Transportentfernung zugemutet werden kann. Die Überlegenheit liegt in der hohen Mobilität und Anpassungsfähigkeit begründet. Zahllose Einsatzfälle haben besonders im Erd- und Straßenbau zu hohen wirtschaftlichen Effekten geführt [4.226].

Vorläufer der Schaufellader bildeten umfunktionierte Ackerschlepper. Erst um 1960 brachte die Firma Hanomag den ersten Radlader mit der heute noch gültigen Grundkonzeption heraus. Gleichzeitig entwickelte sich in den USA aus dem Rad- und Raupendozer von *Le Tourneau*, durch Austauschen des Planierschilds gegen eine Ladeschaufel, der heutige Radlader [3.1].

Nach dem Ladeprinzip unterscheidet man Frontlader (Bild 4-140), Schwenklader (Bild 4-141), Überkopflader, Fahrlader (Bandlader) und nach dem Fahrwerk Radlader (Knick- oder Achsschenkellenkung) sowie Raupenlader. Die Prinzipien können untereinander entsprechend gekoppelt werden. Im Unterschied zum Bagger verrichtet neben der Arbeitsausrüstung auch das Fahrwerk einen wichtigen Anteil an der Arbeitsbewegung. Grundlegende Hinweise über Bemessung, Gestaltung und Einsatz der Lademaschinen geben [4.226] bis [4.233].

Die größte Bedeutung hat der *Frontlader* mit Radfahrwerk erlangt (Bild 4-140). Am Vorderrahmen (Hubrahmen) ist die Arbeitsausrüstung angebaut. Sie stellt ein mehrgliedriges Getriebe mit linearen Antrieben und einer Ladeschaufel dar. Beim Laden von Erdstoff wird die Ladeschaufel in Fahrbahnhöhe gehalten. Die gesamte Maschine muss in dieser Position in das aufzunehmende Haufwerk „fahren", d. h., den Eindring- und Füllwiderstand muss vorrangig das Fahrwerk überwinden. Anschließend wird die gefüllte Ladeschaufel von den Hydraulikzylindern in Transportstellung versetzt (angehoben). Der Ladevorgang mit einem Schaufellader (z. B. Beladen eines LKWs) erfolgt im so genannten V-Betrieb, durch wechselseitiges Vor- und Rückwärtsfahren zwischen Haufwerk und LKW.

Die Maschine hat dabei folgende Arbeitsschritte auszuführen:

- Vorwärtsfahren zum Füllen der Ladeschaufel
- Kippen und Anheben der Ladeschaufel in Transportstellung
- Rückwärtsfahren zum Umlenkpunkt
- Vorwärtsfahren zum Zielort zwecks Entleeren
- Anheben in Auskipphöhe und Entleeren der Ladeschaufel durch Kippen
- Absenken der Ladeschaufel und Rückwärtsfahren zum Umlenkpunkt
- Vorwärtsfahren zum Quellort für erneutes Füllen.

Ausnahmen bilden *Schwenklader*, wo die Arbeitsausrüstung auf dem Drehschemel des Vorderrahmens aufgebaut ist (Bild 4-141). Sie können im Stand, ähnlich wie ein Eingefäßbagger, die Ladeschaufel zur Seite drehen (Auslegerschwenkwinkel rd. 180°) und entleeren.

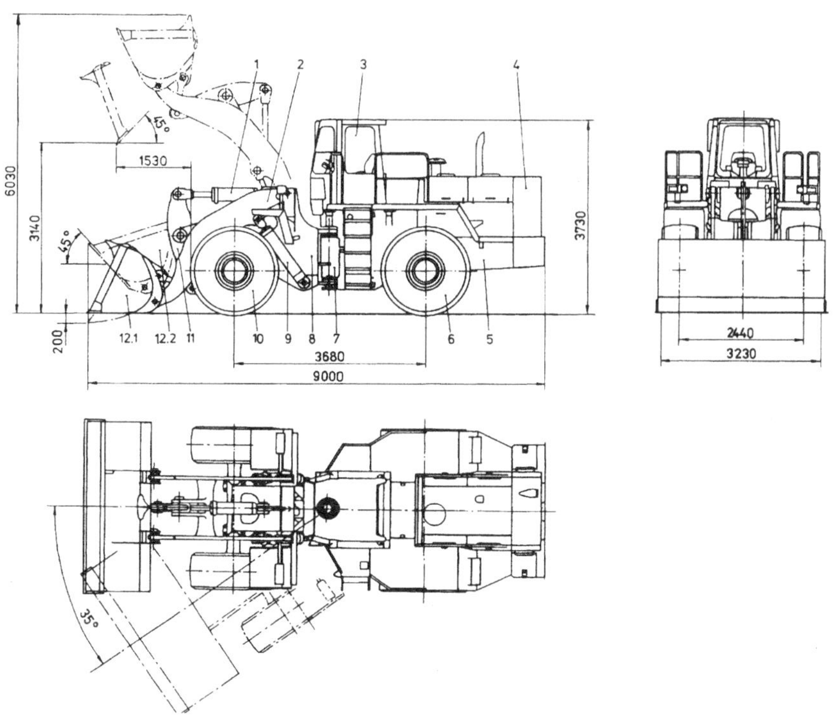

Bild 4-140 Frontlader mit Radfahrwerk und Knicklenkung (Orenstein & Koppel AG, Berlin)

1 Kippzylinder
2 Ausleger
3 Fahrerkabine
4 Antrieb
5 Hinterrahmen (Motorrahmen)
6 Hinterachse
7 Knicklenksäule
8 Vorderrahmen (Hubrahmen)
9 Hubzylinder
10 Vorderachse
11 Kipphebel
12.1 Ladeschaufel in Füllstellung
12.2 Ladeschaufel in unterster Transportstellung

Standard-Ladeschaufelvolumen	$V_L = 4{,}2\ m^3$
installierte Dieselmotorleistung	$P = 231$ kW
Eigenmasse	$m_e = 27{,}5$ t

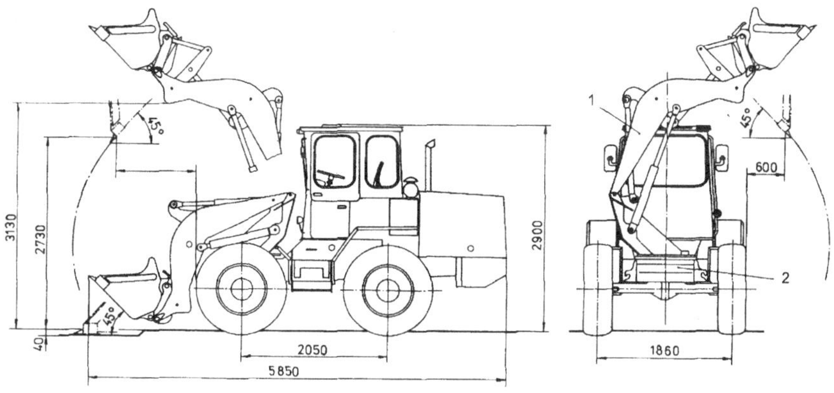

Bild 4-141 Schwenklader mit Radfahrwerk und Knicklenkung (Ahlmann Maschinenbau GmbH, Rendsburg)

1 Arbeitsausrüstung
2 Drehschemel
(s. auch Bild 4-140)

$V_L = 1{,}0...2{,}0\ m^3$
$P = 78$ kW
$m_e = 8{,}5$ t

Das Entleeren muss meist über eine hochliegende Bordwand erfolgen, weswegen die Überladehöhe eines Schaufelladers von Bedeutung ist.
Der Hinterrahmen (Motorrahmen) bildet mit den Antriebsaggregaten die Gegenmasse zur Arbeitsausrüstung. Das Knickgelenk (s. Abschn. 3.6.4) verbindet Vorder- und Hinterrahmen.
Die kleinsten Lademaschinen heißen *Kompaktlader* (s. Bild 4-142). Sie besitzen wegen ihres sehr kurzen Radstands eine Radseitenlenkung (Antriebslenkung bzw. Skid-Steer-Lenkung, s. Abschn. 3.6.4), sind nur für Geschwindigkeiten bis 12 km/h ausgeführt und werden immer dort eingesetzt, wo unter beengten Platzverhältnissen eine hohe Manövrierfähigkeit verlangt wird. Je nach Ausführung des Arbeitsmechanismus wird zwischen Radialhub- und Vertikalhublademaschinen unterschieden.
Kompaktlader sind Universalmaschinen. Sie können mit vielfältigen Anbaugeräten (Kehrschaufel, Mischer, Pflanzer, Stubbenfräse, Erdbohrer, Hammer u. a.) versehen werden und finden auch in der Industrie, Landwirtschaft und im Gartenbau Verwendung. Die Maschinen besitzen einen wannenförmigen Rahmen und dadurch auch einen sehr tiefen Schwerpunkt (Fahrbahnfreiheiten ≥ 165 mm), mit einer ebenso tief angeordneten Fahrerkabine.

Um Schütthöhen von 1850...2300 mm und Schüttweiten von 600...700 mm zu erreichen, muss die Arbeitsausrüstung (Hubarm) sehr hoch und am Heck der Maschine angelenkt werden. Dadurch ist die Kabine praktisch vom Arbeitsmechanismus umgeben und wird über die Ladeschaufel bzw. Arbeitsausrüstung bestiegen. Der Bediener ist sehr nahe am Arbeitsgeschehen und muss durch sicherheitstechnische Maßnahmen geschützt werden (Überrollschutz, Rückhaltegurte, Einstiegsvorrichtungen, Bedienblockierung, Sicherheitsbügel u. a., s. Abschn. 3.7). Erwähnenswert ist der steife, wannenförmige Hauptrahmen aus einer Kasten-Schweißkonstruktion. Die darauf aufgesetzte Kabine erlaubt gute Rundumsicht und besitzt meist nach oben ein Sichtfenster.
Der die Gegenmasse bildende hydrostatische Antrieb versorgt Kipp- und Hubzylinder sowie den Allrad-Fahrantrieb. Bei extrem kurzen Radständen von 750...1050 mm und Radseitenlenkung der paarweise zusammengefassten Antriebsräder einer Seite erreicht man wie bei einem Kettenfahrzeug die Drehbewegung der Maschine im Stand mit Wenderadien von 1550...2000 mm. Die Standsicherheit ist trotz tiefliegender Schwerpunkte vergleichsweise gering, und es besteht eine Neigung zur Nickbewegung bei unebenen Fahrbahnen. Die Kompaktlader haben eine sehr schmale Bauweise.

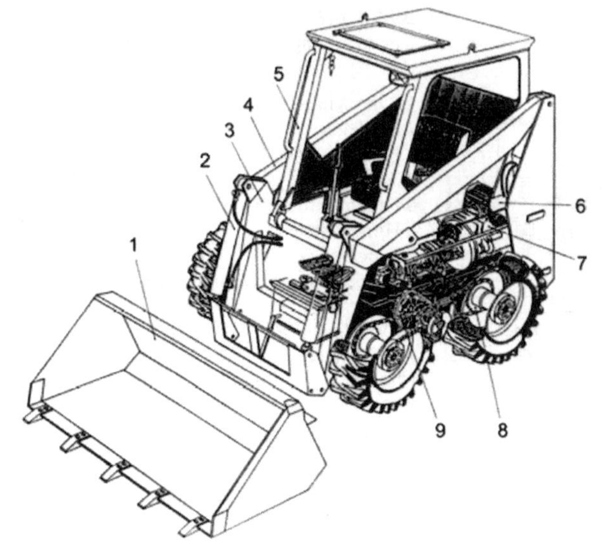

Bild 4-142 Kompaktlader (Gehl GmbH, Neuenkirchen)

1 Ladeschaufel	4 Ausleger	7 Antriebsmotor
2 Kippzylinder	5 Fahrerkabine	8 Kettenübertrieb
3 Hauptrahmen	6 Hubzylinder	9 Seitenfahrantrieb

Jeder Lenkvorgang ist mit einem unerwünschten, seitlichen Schlupf zwischen den Rädern und der Fahrbahn verbunden. Diesen Nachteil nimmt man in Kauf, weil nur mit der Radseitenlenkung die Mobilität erzielt wird. Jede Radpaarseite wird über Rollenketten mechanisch starr gekoppelt und auf einen Einzelradantrieb geführt (Bild 4-142). Der Schlupf ruft unvermeidbare Fahr- bzw. Lenkspuren und Reifenverschleiß hervor.

Zu den Lademaschinen gehören auch die *Teleskopmaschinen* und Baggerlader (s. Abschn. 4.2.1). Teleskopmaschinen (Bild 4-143a) dienen ausschließlich dem Ladevorgang von Stück- und Schüttgütern. Sie sind hervorragende geländegängige Lademaschinen und können Lasten mit dem teleskopierbaren Ausleger auch horizontal versetzen, z. B. in die Fassadenöffnung eines Gebäudes. Gabel, Lasthaken, Seilwinde, Ladeschaufel, Betonkübel, Arbeitsbühne, Greifer u. a. gehören zu den bevorzugten Werkzeugen. Meist ist der Ausleger starr bzw. seitlich nur geringfügig (bis 500 mm) verschiebbar. Bei einem Teleskoplader mit etwa 10 t Eigenmasse reicht die Hubhöhe bis 15 m und die Reichweite bis 11 m. Die Tragfähigkeit ist einer Traglastkurve zu entnehmen (Bild 4-143b). Teleskopmaschinen mit drehbarem Oberwagen machen auch den kleinen Mobilkranen Konkurrenz.

Schaufellader werden nach der installierten Motorleistung klassifiziert, dafür sind 10 Klassen festgelegt (≤ 29 kW; 44 kW; 59 kW; 74 kW; 88 kW; 110 kW; 147 kW; 184 kW; 220 kW; > 220 kW). Weitere Kennzeichen der Schaufellader bilden der Schaufelinhalt und die Maschineneigenmasse. Einige technische Parameterkombinationen ausgeführter Maschinen sind in Tafel 4-22 aufgeführt. Die anhand solcher Ausführungsdaten ermittelten Bildungsregeln lauten (Bezeichnungen und Maßeinheiten s. Tafel 4-22; Ladeschaufelbreite b in mm) [4.227]:

$$P = 7{,}75\, m_e - 5{,}3 \quad \text{(obere Grenze)}$$

$$P = 8{,}6\, m_e - 1{,}43 \quad \text{(untere Grenze)}$$

$$F_l = 10^{\,(0{,}82 \lg m_e + 0{,}16)}$$

$$V = 7{,}21 \lg m_e - 5{,}7$$

$$b = 2{,}25 \lg m_e + 0{,}1\,.$$

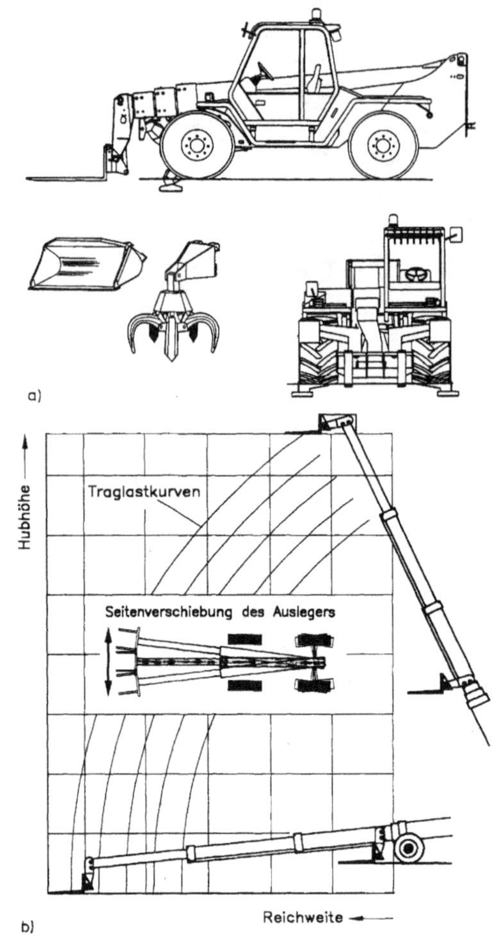

Bild 4-143 Teleskopmaschine (Merlo GmbH, Bremen)

a) Ansichten und Ladewerkzeuge
b) Arbeitsbereiche und Traglastkurven

Tafel 4-22 Technische Parameter ausgeführter Lademaschinen

m_e Eigenmasse
V Inhalt der Standard-Ladeschaufel
P installierte Motorleistung
F_h maximale Hubkraft
F_r maximale Reißkraft

m_e in t	V in m³	P in kW	F_h/F_r in kN
0,8...3,0	0,15...1,0	13...44	-
3,0	0,4	25	16 / 19
3,5	0,5	27	33 / 31
4,5	0,8	40	40 / 35
6,0	1,0	50	60 / 55
8,0	1,4	70	85 / 90
11,0	2,0	95	110 / 115
13,0	2,5	120	135 / 155
18,0	3,0	145	200 / 235
20,0	3,5	175	210 / 225
27,5	4,2	230	220 / 250
175	10...31	995	1100/ 1200

Wie kaum eine andere Erdbaumaschine ist der Schaufellader von einer temperamentvollen Arbeits- und Fahrweise abhängig. Ohne Abstützung, Überlastwarneinrichtung oder Lastmomentbegrenzung fahren Schaufellader mit ihrer Last im Gelände. Dabei ändern sich ihr Last- und Stabilitätszustand ständig. Sie unterscheiden sich darin von den Hebezeugen (Kran) und Flurförderern (Stapler). Oft werden Schaufellader bis an die Kippgrenze (Abheben eines Rades) belastet. Falsche Bewertungen durch Bediener haben schon Sachschaden und schwere Unfälle hervorgebracht. Obwohl die Schaufellader als die vielseitigsten Maschinen auf allen Baustellen bezeichnet werden, stellen sie auch ein gefährliches Transportmittel und Hebezeug dar [4.232]. Es sei daran erinnert, dass sie nach EN 474-3 und ISO 8313 im Gelände nur 60 % ihrer eigentlichen Kipplast aufnehmen dürfen. Leider regelt hier die Vorschrift nicht einmal die Einheitlichkeit der Angaben über zulässige Traglasten.

Wegen der geschilderten Arbeitsbedingungen haben die konstruktiven Lösungen für

- Antriebe der Fahr- und Arbeitsbewegungen (s. Abschn. 3.1 und 4.5.2)
- Lenkung und Wenderadius (s. Abschn. 3.6.4)
- Bereifung (s. Abschn. 3.6.2)
- Standsicherheit (s. Abschn. 3.3)
- Vertikaldynamik, Tilgung, Bedienelemente, Sichtbedingungen (s. Abschn. 4.5.3 und 4.5.4)

eine große Bedeutung.

Insbesondere der Reifen soll genügend Federung und Dämpfung geben, damit Geschwindigkeiten > 20 km/h möglich werden. Sie sollen aber auch bei hoher Traktionsfähigkeit so widerstandsfähig sein, dass im schweren Einsatz ihre Lauf- und Seitenflächen nicht übermäßig schnell verschleißen (Verschleißschutzketten). Die Schubkraft zum Überwinden des Ladewiderstands muss bis an die Traktionsgrenzen der Räder ausgenutzt werden. Sie soll mindesten 80 % der Schwerkraft einer beladenen Maschine betragen. Deshalb macht sich bei Lademaschinen auch Allradantrieb erforderlich, in seltenen Fällen ist nur die am höchsten belastete Vorderachse angetrieben.

Schub- und Reißkraft F_r sollen etwa gleich groß sein. Nach ISO 8313 ist F_r die senkrecht zur Fahrbahn wirkende Kraft nach oben, die im Abstand von 100 mm hinter der äußersten Schaufelschneide angreift und vom Kippzylinder der Arbeitsausrüstung hervorgerufen wird, siehe Bild 4-144. Auf die im Bild 4-144 gezeigten speziellen Mechanismen für Arbeitsausrüstungen wird erst im Abschnitt 4.5.3 eingegangen.

Analog zur Reißkraft wird F_h als die senkrecht zur Fahrbahn wirkende Hubkraft definiert, die der Hubzylinder erzeugt und die im Schwerpunkt der unbeladenen Schaufel angreift (Bild 4-144). Mit den festgelegten Größen für F_r und F_h eines Maschinentyps muss gleichzeitig deren Standsicherheit bestimmt werden (s. Abschn. 3.3). Beginnt der Schaufellader infolge von F_r oder F_h mit seiner Hinterachse von der Fahrbahn abzuheben, so wird dieser Zustand als Grenzwert für die Standsicherheit definiert.

Wenn die Wirkrichtung und Größe des resultierenden Grabwiderstands F_g in definierten Schaufelstellungen bekannt ist, kann man die Kräfte in den Gelenken der Arbeitsausrüstung, den Stützpunkten der Maschine und in den Hydraulikzylindern rechnerisch oder grafisch bestimmen, siehe Bild 4-145. Damit lassen sich die Auswirkungen auf gestalterische Veränderungen untersuchen. Bei Vernachlässigung der Schwerkräfte aus Nutz- und Eigenmassen gilt mit den Angaben in Bild 4-145 für das Gleichgewicht äußerer Kräfte

$$\vec{F}_g + \vec{F}_B + \vec{F}_A + \vec{F}_M = 0$$

und für innere Kräfte

$$\vec{F}_g + \vec{F}_F + \vec{F}_K = 0$$

$$\vec{F}_I + \vec{F}_G + \vec{F}_H = 0; \quad \vec{F}_H + \vec{F}_E = \vec{F}_1$$

$$\vec{F}_F + \vec{F}_D + \vec{F}_{C1} = 0; \quad \vec{F}_{C1} + \vec{F}_1 = \vec{F}_2$$

$$\vec{F}_2 + \vec{F}_M + \vec{F}_A = 0; \quad \vec{F}_{C1} + \vec{F}_A = \vec{F}_C.$$

Schaufellader müssen beim Füllen ihres Grabgefäßes in das Haufwerk stoßen, um tief einzudringen und einen hohen Füllungsgrad zu erlangen. Dazu nutzt man auch die kinetische Energie der fahrenden Maschine aus. Für die rechnerische Abschätzung des Leistungsbedarfs wird der sonst sehr komplex ablaufende Eindringvorgang aufgespaltet in

- Wirkung der kinetischen Energie
- „Nachfassen" durch Fahrantrieb und Schaufelkipp- sowie Hubzylinder.

Die kinetische Wirkung aus der fahrenden Maschine wird mit dem Impulssatz

$$\int F\,dt = m(v_1 - v_2)$$

beschrieben. Da es sich um sehr kleine Eindringzeiten (t = 0,8 bis 1,5 s) handelt und der Vorgang mit $v_2 = 0$ abschließt, kann man die Eindringkraft F_e aus der Maschineneigenmasse m_e und der Fahrgeschwindigkeit v_1 zu Beginn des Füllvorganges berechnen

$$F_e = \frac{m_e\, v_1}{t}.$$

Die maximale Größe der Eindringkraft beim "Nachfassen" mittels Fahrantrieb entspricht der Traktionsfähigkeit (μ_k Kraftschlussbeiwert, s. Abschn. 3.6)

$$F_t = \mu_k\, m_e\, g \cos\alpha\,. \tag{4.20}$$

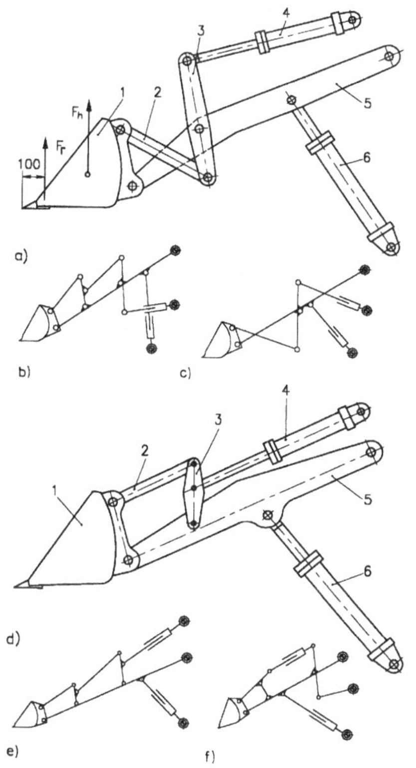

Bild 4-144 Mechanismen der Arbeitsausrüstung

a) Z-Mechanismus
b) Z-Mechanismus System Caterpillar
c) Z-Mechanismus System Volvo
d) P-Mechanismus
e) P-Mechanismus System Volvo
f) P-Mechanismus System Komatsu

1 Ladeschaufel 3 Schwinge 5 Ausleger (Hubarm)
2 Zugstange 4 Kippzylinder 6 Hubzylinder

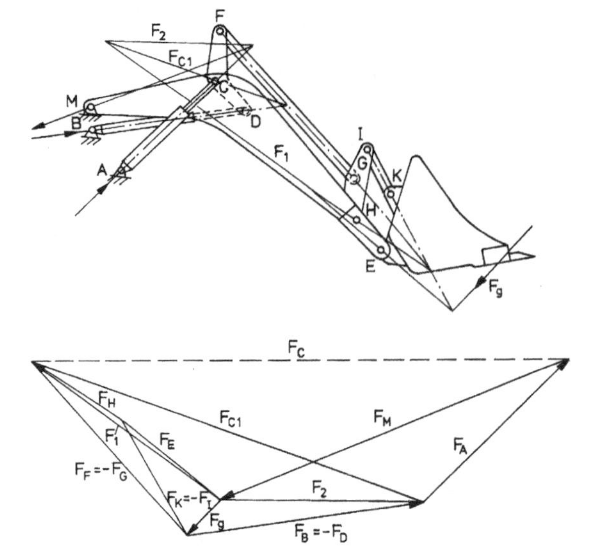

Bild 4-145 Kräfteverteilung am Mechanismus der Arbeitsausrüstung

F_A...F_K Kräfte in den Gelenken A...K
F_g resultierender Grabwiderstand
F_1, F_2 Hilfskräfte

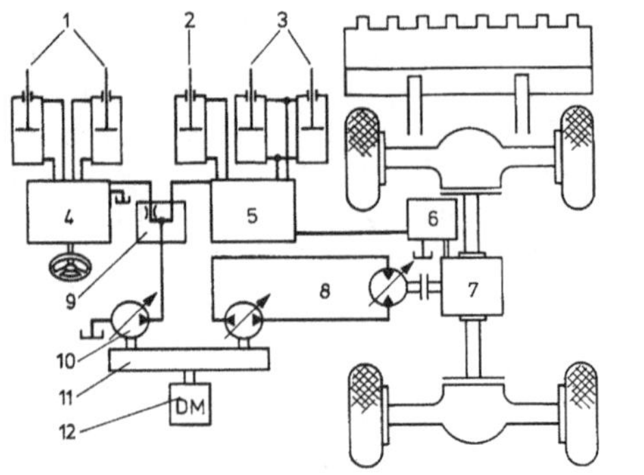

Bild 4-146 Antriebe am Schaufellader

1 Lenkzylinder
2 Schaufelkippzylinder
3 Hubzylinder
4 Lenkventil
5 Steuerblock
6 Vorsteuergeber
7 Achsverteilergetriebe
8 Fahrantrieb mit Verstellpumpe und Verstellmotor im geschlossenen Kreislauf
9 Prioritätsventil
10 Pumpe für die Arbeitshydraulik im offenen Kreislauf
11 Pumpenverteilergetriebe
12 Dieselmotor

Gl. (4.20) gilt für Allradantrieb (gleiche Radlasten) und für den Steigungswinkel α.

Hub- und Fahrgeschwindigkeit sollten aufeinander abgestimmt sein, da sich die Arbeitsbewegungen überlagern. Unabhängig von der Baugröße kann von folgenden Arbeitsspielzeiten (Relationen) ausgegangen werden: Heben ≥5,0 s; Senken ≥3,0 s; Ankippen ≥1,0 s; Abkippen ≥1,2 s. Von der erzielbaren Fahrgeschwindigkeit und vom Fahrweg ist der Spielanteil für den Transport abhängig. Der Fahrantrieb muss bei ununterbrochener kraftschlüssiger Übertragung eine belastungsabhängige Leistungsumsetzung ermöglichen.
Die Lebenserwartung der Schaufellader in Betriebsstunden ist von der Gerätegröße abhängig. Auf Erfahrungen basieren folgende Richtwerte [4.234]:

Leistungsklassen in kW

bis 29	30...59	60...110	> 110

Betriebsstunden in h

rd. 6000	7500...9000	10000...12000	150000...18000

Es sei darauf hingewiesen, dass Schaufellader ebenso wie Mobilbagger nach dem Straßenverkehrsgesetz (StVG) in die Rubrik der selbstfahrenden Arbeitsmaschinen gehören. Maßgebende Festlegungen zu technischen Ausstattungen aus verkehrstechnischer Sicht findet man in der StVZO, so z. B. über Kennzeichnung, Höchstgeschwindigkeit, Versicherungspflicht (§ 18), Fahrverhalten (§ 30), Lenkung (§ 38), Sichtfeld (§ 35), Tragfähigkeit der Räder (§ 36) und die Bremsenrichtlinie (§ 41).

4.5.2 Antriebe

Die Weiterentwicklung wird gegenwärtig von einer Erhöhung der installierten Antriebsleistung und von neuen technischen Lösungen zur bedienerfreundlichen Leistungswandlung bestimmt. Prinzipiell muss der Schaufellader über Antriebe für Arbeitsausrüstung, Lenkung und Fahrwerk verfügen, siehe Bild 4-146. Dabei lässt sich eine relativ klare Abhängigkeit der Fahrantriebsgestaltung von der Geräteklasse erkennen [4.228], siehe Bild 4-147:

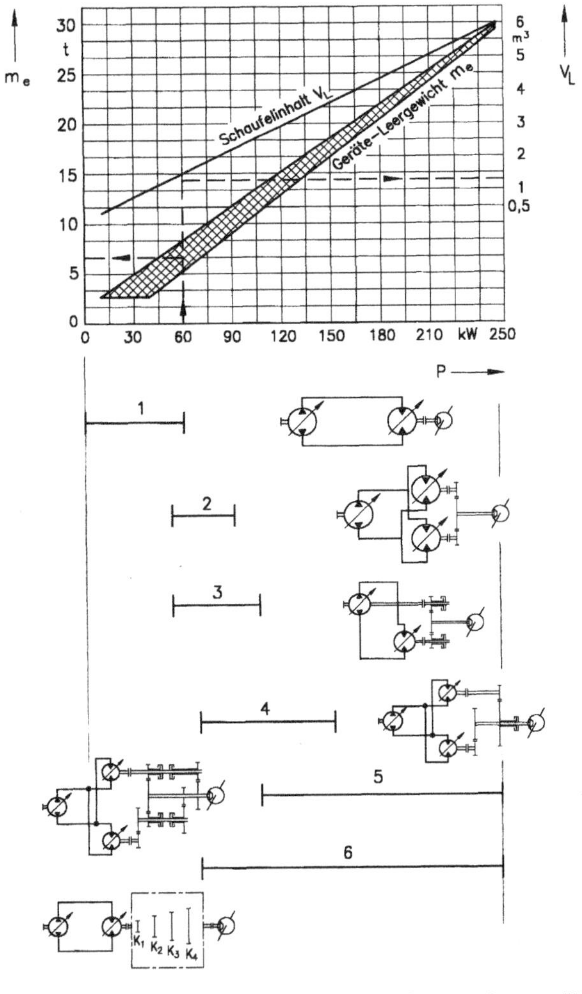

Bild 4-147 Zuordnung von Fahrantriebsvarianten mit verstellbaren Hydrostaten [4.228]

1 Leistungsbereich für hydrostatischen Verstellantrieb
2 Summierungsgetriebe (2 Motoren)
3 mechanischer Direktdurchtrieb
4 Summierungsgetriebe (2 Motoren, 1 Kupplung)
5 Summierungsgetriebe (2 Motoren, 3 Kupplung)
6 Lastschaltgetriebe

m_e Eigenmasse V_L Inhalt der Ladeschaufel P Antriebsleistung

Schaufellader bis 59 kW
Es überwiegt der hydrostatische Fahrantrieb, weil die absoluten Verluste noch relativ gering sind. Die Fahrgeschwindigkeit beträgt maximal 25 km/h, bei vorwiegender Achsschenkellenkung.

Schaufellader von 59 bis 110 kW
Die Leistungübertragung erfolgt mit Lastschaltgetriebe und Drehmomentenwandler, in einigen Maschinen auch schon hydrostatisch. Es werden Maschinen mit Knick- und Achsschenkellenkung (Allradlenkung) für Fahrgeschwindigkeiten bis 40 km/h gebaut.

Schaufellader > 110 kW
Große Schaufellader werden ausschließlich mit Lastschaltgetriebe, Drehmomentenwandler und Knicklenkung ausgerüstet. Die erreichbaren maximalen Fahrgeschwindigkeiten liegen zwischen 35 und 45 km/h. Diese Maschinen besitzen in der Regel keine allgemeine Betriebserlaubnis für den Straßenverkehr.

4.5.2.1 Fahrwerksantriebe und Lenkungen

Beim Fahren mit hydrostatischer Verstellung kann eine begrenzte Geschwindigkeitswandlung stufenlos durchfahren werden, ohne dass es eine Zugkraftunterbrechung gibt (s. Abschn. 3.1.3). Meist werden Hydromotoren (Schrägachsenmotoren) mit einer Zweipunkt-Schaltung (α_{min}; α_{max}) und eine Primäraggregatverstellung (Pumpe) benutzt. Es ergibt sich der in Bild 4-148 dargestellte Aufbau mit einer Kennlinie (Zugkraft F und Fahrgeschwindigkeit v) für den Arbeitsbereich (Laden, Entleeren) bis etwa 12 km/h und den Transportbereich (Fahren bei großen Entfernungen) bis 25 km/h. Wegen des geschlossenen Hydraulikkreislaufs ist das Drehmoment in beide Richtungen (4 Quadrantenbetrieb) übertragbar, und die Maschine kann sich auf dem Dieselmotor abstützen (bremsen). Bei der Verstellung des Primäraggregats unterscheidet man [4.229]:

- wegabhängige hydraulische Verstellung (HW)
- steuerdruckabhängige hydraulische Verstellung (HD)
- elektrisch betätigte hydraulische Verstellung (EL)
- drehzahlabhängige hydraulische Verstellung (DA)
- Drehmomentensteuerung (MS).

Außerdem können diese Verstellungen untereinander aber auch mit der Druckabschneidung (DR) und mit der Leistungsbegrenzung (LV) kombiniert werden (s. Abschn. 3.1.4). Gerade bei Lademaschinen hat die Mobilität durch automotives Fahren eine große Bedeutung für die Leistungsfähigkeit der Maschine. In modernen Fahrantrieben wird dafür eine drehzahlabhängige hydraulische Verstellung (DA Pumpenregelventil) eingesetzt.
Bild 4-149a zeigt das übliche Schaltschema vom Primärkreis eines Fahrantriebs mit automotiver Steuerung. Sie arbeitet stufenlos und ist immer dann für Fahrantriebe vorzusehen, wenn es um automotive Eigenschaften (nur Fahrpedalbetätigung) geht. Die Fahrgeschwindigkeit hängt dabei von der Stellung des Fahrpedals (Drehzahl Dieselmotor), dem Fahrwiderstand und dem Verbrauch hydrostatischer Leistung für Arbeitshydraulik bzw. Lenkung ab. Es ist außerdem nicht möglich, den Dieselmotor wegen Überlastung abzuwürgen oder dem Hydromotor ein unzulässiges Drehmoment abzuverlangen, weil in solchen Fällen die Pumpe zurückschwenkt (Grenzlastregelung). Zu der drehzahlabhängigen Verstellung gehören das DA-Regelventil (Bild 4-149b) und eine Hilfspumpe (meist Zahnradpumpe) für die Einspeisung von Leckvolumen in den geschlossenen Kreislauf, für die Messung der Pumpendrehzahl (= Drehzahl Dieselmotor) sowie für die Versorgung der Pumpenverstelleinrichtung. Das DA-Regelventil verarbeitet den von der Hilfspumpe gelieferten Drehzahlwert in einen entsprechenden Steuerdruck, der seinerseits die Pumpenverstellung vornimmt. Gleichermaßen kann man bei Bedarf von außen (Hebel, Pedal) den Steuerdruck reduzieren und erzielt dadurch eine Übersteuerung der Vorgaben (Inchen). Der Volumenstrom der Hilfspumpe erfährt an der Blende des Stufenkolbens eine Druckdifferenz Δp, die der Drehzahl des Dieselmotors entspricht. Diese ergibt auf der Fläche A_1 des Regelkolbens eine Kraft, die ihn verschiebt und dabei eine Öffnung (Kolbenringfläche A_2) zur Steuerleitung freisetzt. Daraufhin baut sich auch darin ein Steuerdruck p_2 auf, der auf den Pumpenverstellkolben wirkt und eine entsprechende Pumpenverstellung hervorruft. Die beiden Kräfte $\Delta p A_1$ und $p_2 A_2$ müssen im Gleichgewicht stehen, und der Steuerdruck p_2 ist dem Druckabfall in der Blende Δp proportional.

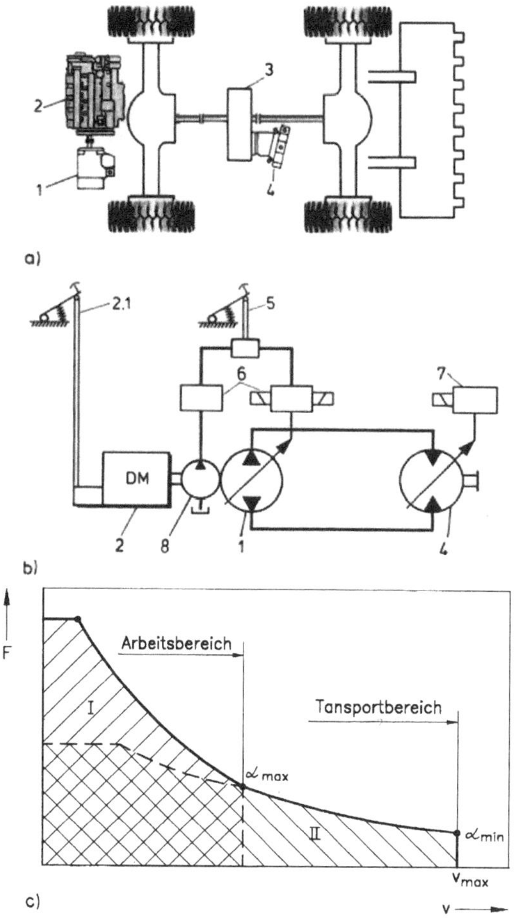

Bild 4-148 Fahrantrieb mit hydrostatischer Verstellung

a) Anordnung der Antriebselemente
b) Schaltschema
c) Zugkraftkennlinie

1 Verstellpumpe
2 Dieselmotor
2.1 Fahrpedal (Vorsteuergerät) zur Steuerung der Einspritzmenge
3 Achsverteilergetriebe
4 Verstellmotor
5 Pedal (Vorsteuergerät) zum Inchen
6 Pumpenverstellventil (DA) für Fahrtrichtung, Drehzahlverstellung, Grenzlastregelung, Inchfunktion, Druckabschneidung
7 Motorverstellventil für lastabhängige Regelung (Drehzahlverstellung bei α_{min} α_{max})
8 Konstantpumpe
I Bereich der Pumpenverstellung
II Bereich der Motorverstellung

Im Bild 4-149b ist nicht dargestellt, dass der Steuerkolben gegen einer Feder abgestützt wird und mit einer mechanischen Verstelleinrichtung die Lage des Kolbens beeinflusst werden kann. Diese Verstelleinrichtung nennt man *Inchpedal*. Es ergibt sich durch die äußere Stellbewegung eine gewollte Verringerung des Steuerdrucks (rückschwenken der Fahrpumpe) ohne Reduzierung der Dieselmotordrehzahl. Inchen bewirkt damit einen Steuervorgang in mobilen, hydrostatischen Fahrantrieben mit einem bestimmten Zusammenhang (mechanisch oder elektronisch) zwischen Fahrpedalstellung und Fahrgeschwindigkeit. Das ist immer dann erforderlich, wenn die Fahrgeschwindigkeit kleiner sein soll, als es der Drehzahl des Dieselmotors entspricht. Sie wird oft zum Verrichten von Ladevorgängen benötigt, während das hydrostatische Fahren abgebremst werden muss.

Den Inchvorgang kann man auch über eine hydrostatisch betätigte Bremse erreichen. Überlastungen im Antrieb werden vermieden, weil sich der Förderstrom der Hilfspumpe aus der Reaktion des Dieselmotors (Drehzahldrückung um rd. 200 min^{-1}) reduziert. Es vermindern sich Δp sowie p_2, und die Verstellpumpe reagiert mit Reduzierung ihrer Leistung. Die Vorzüge der drehzahlabhängigen Pumpenverstellung werden auch in vielen anderen Maschinen mit ausgeprägtem Fahrantrieb (Planiermaschinen, Grader u. a.) benutzt. Wenn große Wandlungsbereiche erforderlich sind, bezieht man in die drehzahlabhängige Verstellung auch den Verstellmoter mit ein (DA/DA Verstellung).

Vielfach wird heute die hydromechanische DA-Reglung durch eine elektronische Lösung ersetzt [4.230]. Anstelle des DA-Regelventils wird ein elektrisches Druckreduzierventil für die Vorgabe der Pumpenverstellung benutzt (Bild 4-150). Die Funktion Steuerdruck in Abhängigkeit von der Drehzahl ist in diesem Falle im Mikroprozessor abgelegt. Hier kann man unterschiedliches automotives Verhalten (Arbeitsbetrieb, Fahrbetrieb), aber auch ergänzende Zusatzfunktionen (Zugkraftlimitierung, Kriechgang, ECO-Drive) vorsehen.

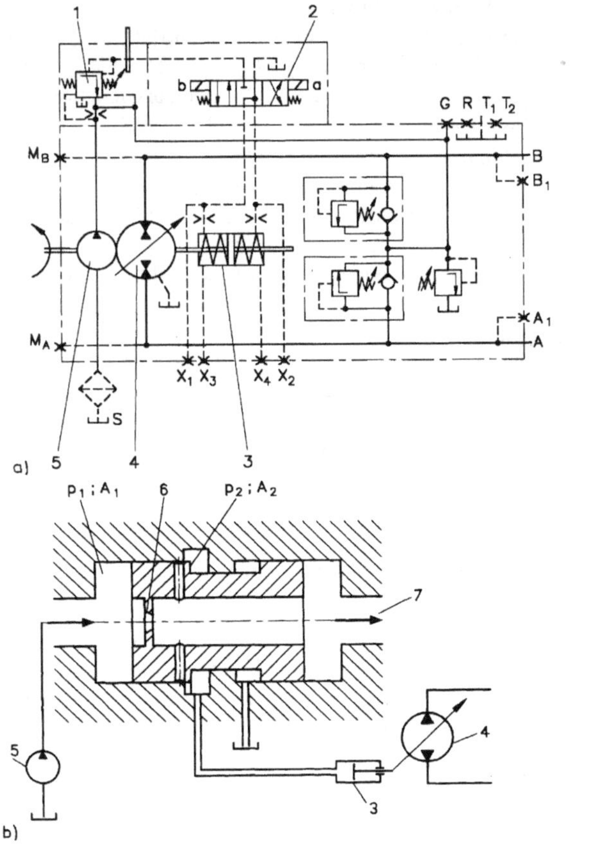

Bild 4-149 Automotive Verstellung eines hydrostatischen Fahrantriebs

a) Schaltschema des Primärkreises
b) Funktionsschema der DA-Regelung

1 DA-Regelventil
2 Steuerblock
3 Pumpenverstellventil
4 Verstellpumpe
5 Hilfspumpe
6 Blende
7 Anschluss zum Speisedruckventil

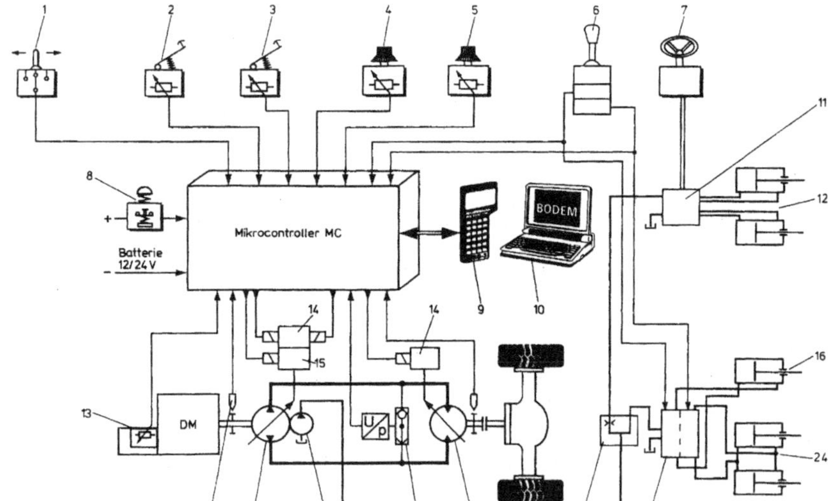

Bild 4-150 Elektronische Antriebssteuerung für einen hydrostatischen Antrieb [4.230]

1 Schalter (Vorsteuergerät) für Fahrtrichtung
2 Fahrpedal (Vorsteuergerät) zur Steuerung der Einspritzmenge
3 Inchpedal (Vorsteuergerät) zum Inchen
4 Potentiometer (Vorsteuergerät) für Zugkraftbegrenzung
5 Potentiometer (Vorsteuergerät) für Geschwindigkeitsvorgabe
6 Joystick (Vorsteuergerät) für Arbeitshydraulik
7 Lenkrad (Vorsteuergerät) für Lenkung
8 Not-Aus-Taster
9 Bedienbox
10 PC-Software Bodem
11 Lenkventil
12 Lenkzylinder
13 Stellsystem Dieselmotor
14 Pumpenverstellventil (EP)
15 Pumpenverstellventil für Druckreduzierung (DRE)
16 Ladeschaufelzylinder
17 Drehzahlsensor
18 Verstellpumpe
19 Konstantpumpe
20 Drucksensor
21 Verstellmotor
22 Proportionalventil
23 Steuerblock Arbeitshydraulik
24 Auslegerzylinder

Bei der üblichen Auslegung von Fahrantrieben entspricht die installierte maximale Zugkraft etwa 80 % der Schwerkraft einer Lademaschine, um das Durchdrehen der Räder zu vermeiden. Der oft diskutierte und im Abschnitt 3.1.3 behandelte Unterschied zwischen dem Zugkraftverhalten eines hydrostatischen und hydrodynamischen Wandlers soll hier noch einmal erwähnt und mit Hilfe von Bild 4-151 gegenübergestellt werden. Beim Einstechen in ein Haufwerk muss die höchste Zugkraft aufgebracht werden, um den Grab- und Füllwiderstand zu überwinden. Hier erzeugt der hydrodynamische Wandler mit 100 % am Fahrantrieb zur Verfügung stehender Antriebsleistung die höchsten Zugkräfte (Bild 4-151a). Wenn die Antriebsleistung zu gleichen Anteilen an Arbeits- und Fahrhydraulik abgeht (Bild 4-151b), dann steht beim hydrostatischen Wandler die maximale Zugkraft zur Verfügung. Wegen der Motordrückung verzeichnet der hydrodynamische Wandler eine deutliche Zugkrafteinbuße [4.228].

Weiterhin ist zu beachten, dass das vom hydrodynamischen Wandler übertragbare Drehmoment dem Quadrat der Drehzahl des Dieselmotors proportional ist. Dem maximalen Drehmoment ist bei konstant gefülltem Wandler immer nur eine Motordrehzahl zugeordnet. Im Sinne ökologischer Maßnahmen werden Dieselmotoren aber mit unterschiedlichen Drehzahlen betrieben (Verbrauch, Geräusch, s. Bild 4-151c). Auch hier lässt sich nur mit einer hydrostatischen Wandlung unabhängig von der Drehzahl immer die gleiche maximale Zugkraft erzielen. Diese Umstände sind bei der Entscheidung über das Antriebskonzept von Bedeutung, da mit dem Zugkraftverhalten die Spielzeit einer Lademaschine beeinflusst wird.

Überall dort, wo eine große Fahrgeschwindigkeitswandlung benötigt wird, können Mehrmotoren-Antriebe (Multi-Motor-Systeme) oder hydrostatische Antriebe mit Summierungsgetriebe eingesetzt werden (s. Abschn. 3.1.3). Ein solcher Antrieb (s. Bild 4-152a) besteht meist aus einer Verstellpumpe, einem Verstellmotor und einem Nullhub-Verstellmotor. Beide Motoren treiben auf das Achsverteilergetriebe (mit und ohne Schaltkupplungen) und sind in dem System bezüglich ihrer Maximaldrehzahlen, Drehmomente und Getriebeübersetzungsstufen so abgestimmt, dass eine stoßfreie Zugkraftübertragung beim Gangwechsel entsteht. In dem gezeigten Beispiel von Bild 4-152b stehen drei mechanische Gänge zur Verfügung. Nach dem ersten Gangwechsel erzeugt nur noch ein Hydromotor das Drehmoment, während der andere Motor in seiner Nullstellung lastfrei wird.

Die Komplexität des Antriebssystems erfordert einen automatisierten Schaltungsablauf, meist über Mikroprozessoren. Der Ablauf ist dann in das gesamte Antriebsmanagement (s. Abschn. 3.1.4.5) eingebunden, was auch die Regulierung der Dieseleinspritzmenge, Inchfunktion, Druckabschneidung und lastabhängige Regelung übernimmt. Solche Lösungen sind aus wirtschaftlichen Gründen zwischen 50 und 75 kW installierter Antriebsleistung bei Summierungsgetrieben ohne Schaltkupplungen vertreten und kommen mit Schaltkupplungen für den Bereich von 150 bis 280 kW infrage [4.228].

Der Trend zu immer höheren Transportgeschwindigkeiten hat zu der Entwicklung eines hydromechanischen Antriebssystems geführt, wo nach Ausnutzung der hydrostatischen Wandlung der Dieselmotor nur noch mechanisch mit dem Achsverteilergetriebe gekoppelt wird, (s. Bild 4-153). Diese Lösung vereint die Vorzüge beider Leistungsübertragungen. Nach wirtschaftlichen Gesichtspunkten kann man sie bis zu einer installierten Antriebsleistung von 120 kW einsetzen [4.228].

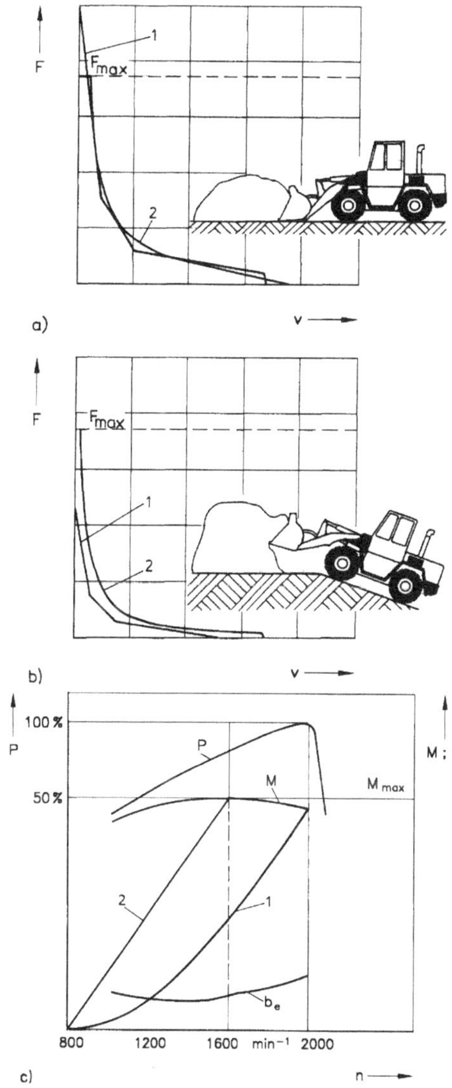

Bild 4-151 Gegenüberstellung der Fahrantriebe mit hydrostatischer und hydrodynamischer Wandlung

a) Zugkraftkennlinie für eine Lademaschine, deren Fahrantrieb mit 100 % installierter Antriebsleistung arbeitet
b) Zugkraftkennlinie für eine Lademaschine, deren Fahrantrieb und Arbeitshydraulik mit je 50 % installierter Antriebsleistung gleichzeitig arbeiten
c) Antriebskennfeld

1 hydrodynamische Wandlung
2 hydrostatische Wandlung
P Dieselmotorleistung
M Dieselmotordrehmoment
b_e spezifischer Kraftstoffverbrauch
n Drehzahl

Lademaschinen bis 25 t Dienstmasse bei Schaufelinhalten bis 4 m^3 und 200 kW installierter Antriebsleistung werden mit einem hydrostatischen Antrieb und Lastschaltgetriebe ausgerüstet. Es ist zu beobachten, dass hydrostatische Fahrantriebe in immer größeren Maschinen zur Anwendung kommen. Der hydrostatische Wandlungsbereich kann durch unter Last geschaltete Getriebestufen unbegrenzt erweitert werden. Die Gangstufung wird in Abhängigkeit von der hydrostatischen Wandlung und dem Wirkungsgrad festgelegt. Das Schalten erfolgt über Lamellen-Reibungskupplungen, die mit hoher Schaltgeschwindigkeit betätigt werden müssen. Dadurch entstehen kaum wahrnehmbare Zugkraftunterbrechungen, mit Unterbrechungszeiten zwischen 0 und 500 ms.

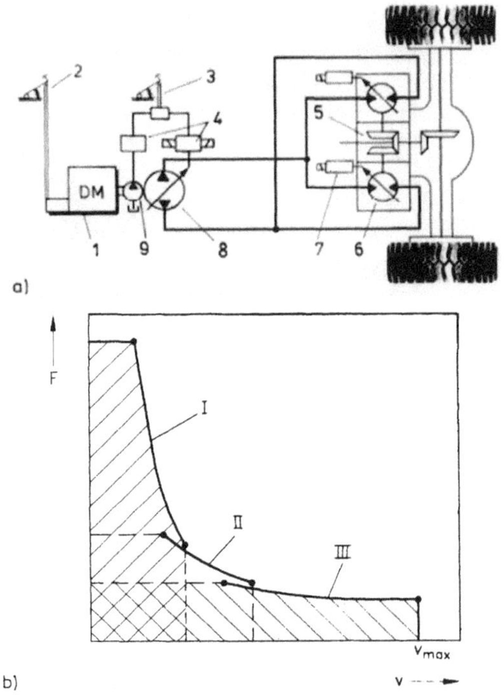

Bild 4-152 Fahrantrieb mit Summierungsgetriebe und hydrostatischem Zweimotorenkonzept

a) Schaltschema
b) Zugkraftkennlinie

I Bereich der Pumpenverstellung mit zwei treibenden Verstellmotoren
II und III Bereiche der Motorverstellung bei je einem treibenden Verstellmotor

1 Dieselmotor
2 Fahrpedal (Vorsteuergerät) zur Steuerung der Einspritzmenge
3 Inchpedal (Vorsteuergerät) zum Inchen
4 Pumpenverstellventil (DA) für Fahrtrichtung, Drehzahlverstellung, Grenzlastregelung, Inchfunktion, Druckabschneidung
5 Summierungsgetriebe mit oder ohne Schaltkupplungen
6 Verstellmotoren
7 Motorverstellventil für lastabhängige Regelung (Drehzahlverstellung)
8 Verstellpumpe
9 Konstantpumpe

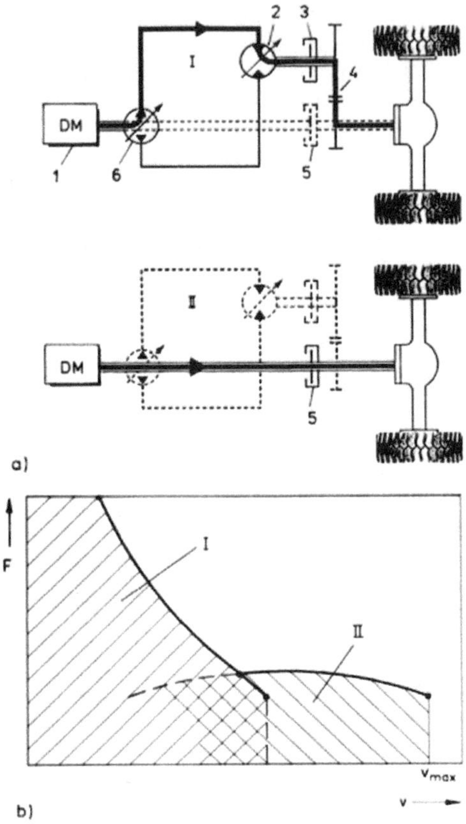

Bild 4-153 Hydromechanischer Fahrantrieb

a) Schaltschema
b) Zugkraftkennlinie

I hydrostatischer Antriebszustand bzw. Bereich der Pumpen- und Motorverstellung
II mechanischer Antriebszustand bzw. Bereiche der Dieselmotorverstellung durch Veränderung der Einspritzmenge

1 Dieselmotor
2 Verstellmotor
3 Kupplung für Verstellmotor
4 Achsverteilergetriebe
5 Kupplung für mechanischen Durchtrieb
6 Verstellpumpe

Für das Steuern und Regeln solcher Schaltfahrvorgänge werden Mikroprozessoren eingesetzt, wie sie sinngemäß im Bild 4-150 dargestellt sind.

Lademaschinen werden sehr häufig auch mit hydrodynamisch-mechanischen Antrieben ausgestattet. Hier erfolgt die Leistungsübertragung mittels Drehmomentenwandler und Lastschaltgeriebe (s. Abschn. 3.1.3). Das Beispiel nach Bild 4-154a zeigt einen Allradantrieb über zwei Achsen mit integriertem Differential und Planetengetriebe-Radnaben. Das Planetengetriebe erhöht das Drehmoment erst unmittelbar am Rad. Deshalb besitzen alle davor liegenden Übertragungselemente kleine Abmessungen. Bei Radladern der unteren Leistungsklassen verzichtet man auch auf die zusätzlichen Planetengetriebe und benutzt wegen größerer Bodenfreiheit so genannte Portalachsen. Der Achskörper liegt dann um etwa 100 bis 200 mm über der Radachse. Für die Merkmale dieser Antriebslösung gilt:

- beim Anlassen des Dieselmotors ist keine Trennkupplung erforderlich.
- kleine Turbinenraddrehzahlen rufen ein großes Abtriebsdrehmoment hervor, man erreicht weiches Anfahren und schnelles Beschleunigen
- das Abtriebsdrehmoment des hydrodynamischen Wandlers passt sich automatisch und stufenlos dem Arbeitswiderstand an
- eine hohe Elastizität des hydrodynamischen Wandlers verhindert die Überlastung des Dieselmotors
- das Durchdrehen angetriebener Räder wird vermieden, was sich auch positiv auf den Reifenverschleiß auswirkt
- der schlechte Wirkungsgrad des hydrodynamischen Wandlers zwingt zu höherer Motorisierung.

Bei dem Getriebe nach Bild 4-154b handelt es sich um ein unter Last schaltbares Power Shift Getriebe (4-Ganggetriebe). Die Zahnräder sind im ständigen Eingriff, und die jeweilige Übersetzungsstufe wird über Lamellenkupplungen zugeschaltet. Jeweils drei Lamellenkupplungen sind immer kraftschlüssig. Da es sich in der Regel um hydraulisch geschaltete Kupplungen handelt, erfolgt die Gangwahl auch durch das Bedienen eines hydraulischen Steuerventils. Bei der gezeigten Lösung ist das Wende- und Verteilergetriebe mit eingeschlossen. Die Abtriebswelle ist geteilt und mit einer mechanisch betätigbaren Schaltmuffe versehen. Sie dient zum Abschalten der Hinterachse bei Straßenfahrten mit hohen Geschwindigkeiten.

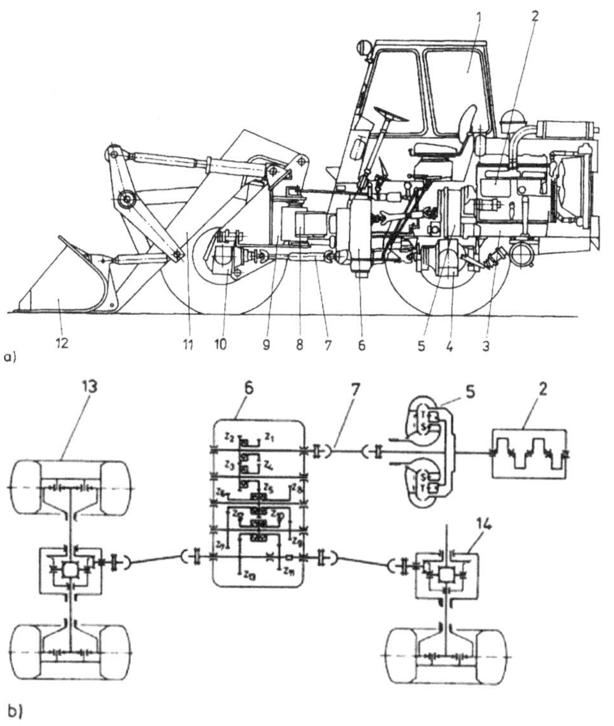

Bild 4-154 Hydrodynamisch-mechanischer Fahrantrieb

a) Anordnung der Antriebskomponenten
b) Getriebeschema [4.226]

1 Fahrerkabine mit Bedienelementen	8 Knickgelenk
2 Dieselmotor	9 Vorderrahmen
3 Hinterrahmen	10 Vorderachse
4 Hinterachse	11 Arbeitsausrüstung
5 Drehmomentenwandler	12 Ladeschaufel
6 Lastschaltgetriebe	13 Starrachse mit Planetengetriebe-radnaben und Differential
7 Gelenkwelle	14 Pendelachse wie 13

Mit neuartigen, so genannten Gegenwellengetrieben wird das Konzept der Planetenlastschaltgetriebe bezüglich Wartungsaufwand und Lebensdauer verbessert, und es wird von guten Erfahrungen mit diesel-elektrischen sowie schwungradintegrierten Fahrantrieben berichtet [4.235].

Unabhängig vom Fahrantriebskonzept werden eine oder beide Achsen mit zuschaltbaren Differentialsperren versehen. Es können aber auch so genannte Traktionsregelsysteme zur Anwendung kommen, die heute in Serie für derartige Anwendungen hergestellt werden. Sensoren überwachen die tatsächliche Umfangsgeschwindigkeit der vier Räder und regeln das Abbremsen schlupfender Räder. Diese Lösung vereint die Vorteile des offenen Differentials mit denen einer Schlupfbegrenzung und verhindert aktiv das Auftreten von Schlupf.

Hydrostatische Fahrantriebe besitzen zwei Bremssysteme, die mit einem Pedal (Inch-Bremspedal) betätigt werden. In der ersten Verzögerungsphase erfolgt das Bremsen nur durch Inchen. Mit zunehmender Verzögerungsabsicht werden Reibungsbremsen hinzugezogen, die auf alle vier Räder wirken. Da die Lademaschine ständig ihre Fahrtrichtung verändert, hat das sichere, schnelle und verschleißfreie Abbremsen durch Inchen eine große Bedeutung erlangt. Durch Betätigung des Inchpedals kann die Fahrgeschwindigkeit trotz hoher Motordrehzahl bis zum Stillstand verringert werden. Diese Eigenschaft wird benötigt, wenn die Ladeschaufel bei Stillstand oder Langsamfahrt hydrostatische Leistung zum Heben oder Absenken von Lasten benötigt.

Während bei kleinen Radladern eine hydrostatisch betätigte Scheibenbremse genügt, sind bei schweren und schnell fahrenden Maschinen technisch anspruchsvolle, im Ölbad laufende Lamellen- oder Mehrscheibenbremsen erforderlich. Beim mechanischen Bremsen kann über einen Wahlschalter die Übertragung von Antriebskraft unterbrochen werden. Aus Sicherheitsgründen sollte es sich bei der Betätigungseinrichtung um eine Zweikreisanlage mit füllbarem Druckspeicher handeln, siehe Bild 4-155. Hier versorgt eine systemunabhängige Pumpe die Vorsteuergeräte und die Bremsanlage. Auch bei den Feststellbremsen handelt es sich in der Regel um geschlossene, nasslaufende und federbetätigte Lamellenbremsen.

In den Fahrantrieb des Kompaktladers ist die Antriebslenkung (Drehzahlunterschiede zwischen linker n_1 und rechter n_2 Radseite) einzubeziehen. Deshalb besteht ein solcher Antrieb meist aus zwei Mitteldruck-Verstellpumpen und zwei langsamlaufenden Hydromotoren (Radialkolben), siehe Bild 4-156. Beim Einsatz von Axial- statt Radialkolbenmotoren werden zusätzlich Untersetzungsgetriebe benötigt. Mechanisch sind die Räder einer Fahrwerksseite über Rollenketten gekoppelt. Mit diesem hydrostatischen Zweikreisantrieb wird die Radseitenlenkung (Skidlenkung s. Abschn. 3.6.4) realisiert. Nach hergebrachter Art erfolgt die Steuerung von Fahrtrichtung, Geschwindigkeit und Kurvenfahrt über ein Steuergestänge (je Fahrzeugseite ein Hebel) auf die Schwenkwinkelverstellungen beider Pumpen. Auf Grenzlastregelung wird meist verzichtet. Die Drehzahl des Dieselmotors kann mittels Feststellhebel angepasst werden. Modernere Konzepte beruhen wie bei den größeren Lademaschinen auf hydraulischer Vorsteuerung der Fahrpumpen in Verbindung mit einem DA-Regelventil [4.229] [4.230].

Bei Lademaschinen überwiegt die Knicklenkung, obwohl allradgelenkte Radlader eine höhere Mobilität und Standsicherheit besitzen (s. Abschn. 3.6.4).

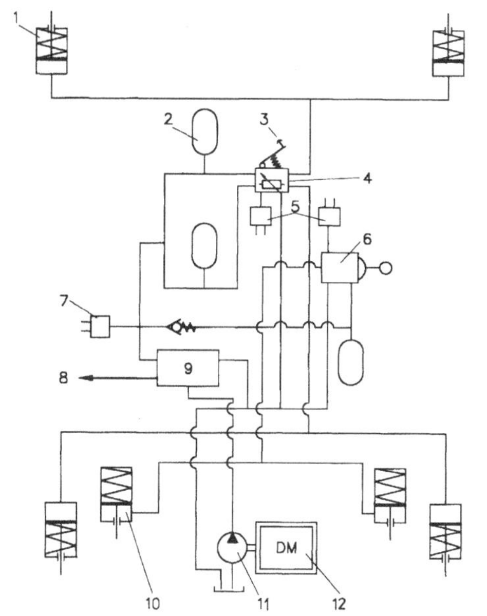

Bild 4-155 Schaltschema für die hydrostatische Betätigung von Fremdkraftbremsen

1 Bremszylinder mit Federspeicher für die Fahrverzögerung	7 Speicherdruckwarnschalter
2 Hydospeicher	8 Zusatzverbraucher
3 Bremspedal	9 Speicherladeventil
4 2-Kreisbremsventil	10 Parkbremszylinder
5 Bremslichtschalter	11 Hydropumpe
6 Parkbremsventil	12 Dieselmotor

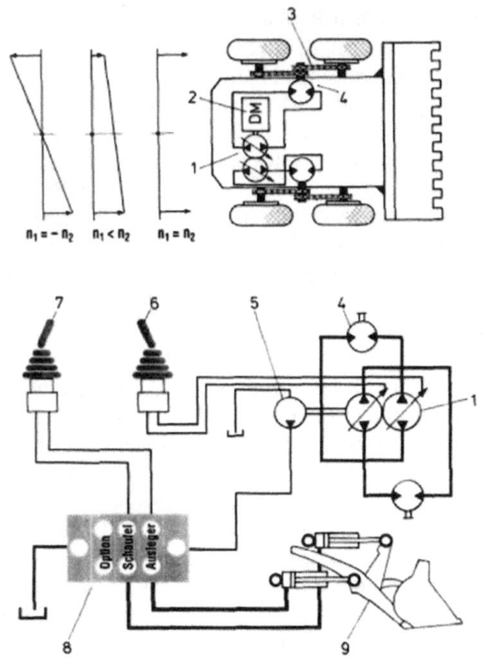

Bild 4-156 Hydrostatischer Antrieb für Kompaktlader

1 Verstellpumpen für Fahrantrieb
2 Dieselmotor
3 Kettentrieb
4 Hydromotoren
5 Pumpe zur Versorgung der Arbeitshydraulik
6 Joystick für Fahrhydraulik
7 Joystick für Arbeitshydraulik
8 Steuerblock für Arbeitshydraulik
9 Arbeitsausrüstung

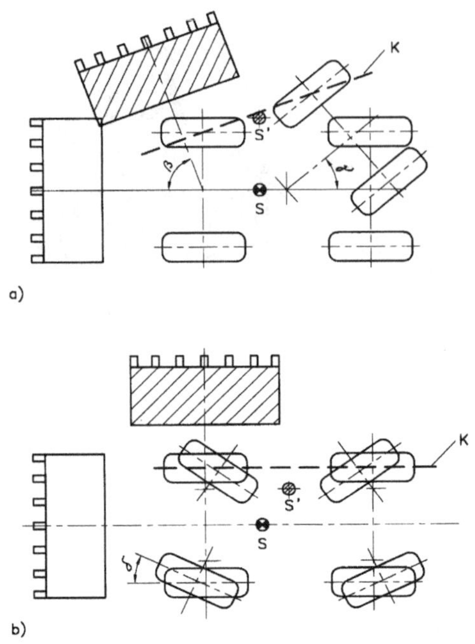

Bild 4-157 Standsicherheit am Schwenklader

a) Knicklenkung
b) Achsschenkel-Allradlenkung

K Kippkante
S Maschinenschwerpunkt ohne Lenk- und Schwenkbewegung
S` Maschinenschwerpunkt mit Lenk- und Schwenkbewegung

Schwenkwinkel $\beta \leq 90°$
Knick-Lenkwinkel $\gamma \leq 50°$
Radeinschlagwinkel $\delta \leq 60°$

Es werden hydrostatische Knick- oder Achsschenkellenkungen mit Lenkkraftverstärkung und entsprechenden Achs- oder Rahmengelenken für den Lastausgleich auf alle vier Räder gebaut. Bei einem üblichen Knicklenkwinkel von $\gamma = 40°$ verliert ein Radlader in maximaler Lenkstellung etwa 10 % seines Standmoments (Bild 4-157a). Besonders gefährdet sind knickgelenkte Schwenklader, wenn gleichzeitig die Arbeitsausrüstung um den Schwenkwinkel β zur Seite gedreht wird. Hier haben Achsschenkel-Allradlenkungen eindeutige Vorteile (Bild 4-157b).

Es kann nicht sichergestellt werden, dass der Maschinenbediener die Lastzustände in jeder Betriebssituation im Sinne ausreichender Standsicherheit einzuschätzen vermag (s. Abschn. 3.3). Bei einigen Maschinentypen wird deshalb das Gegengewicht (rd. 20 % der Nutzlast) direkt auf dem Drehtisch der Schwenk-Arbeitsausrüstung angebracht. Grundsätzlich orientiert man darauf, dass die seitliche Kipplast mindestens 80 % der Frontlast beträgt. Sie wird nicht nur von der Anordnung der Gegenlast, sondern auch vom Verhältnis aus Radspurweite und Achsabstand bestimmt. Empfehlenswert ist eine Verhältniszahl zwischen 0,8 und 0,9 bei Achsschenkellenkungen, was bei Schwenkladern einer annähernd quadratischen Aufstellfläche entspricht. Wegen der erforderlichen Baulänge eines Knickgelenks beträgt das erzielbare Verhältnis bei knickgelenkten Maschinen nur etwa 0,7.

Der Fahrer benötigt einerseits ein Lenkgefühl, muss aber andererseits von Lenkstößen und übermäßigen Lenkkräften befreit werden. Es wird auf Betätigungskräfte zwischen 10 und 15 N am Lenkrad während der Ladevorgänge orientiert. Bei vorrangigen Transportvorgängen über große Entfernungen sind Betätigungskräfte zwischen 35 und 50 N (LKW) zulässig. Die Knicklenkung hat eine separate Ölversorgung für ihre doppeltwirkenden Hydraulikzylinder.

Spricht man bei Erdbaumaschinen von hohen Fahrgeschwindigkeiten, so handelt es sich dabei maximal um 50 km/h. Die Gesetzgebung in Deutschland fordert in Abhängigkeit von der zulässigen Höchstgeschwindigkeit eine hydrostatische Zweikreislenkanlage. Es gilt bis 25 km/h der Grundsatz, dass im Falle eines technischen Schadens die Maschine schneller gebremst als gelenkt werden kann. Deshalb sind die hydrostatischen Lenkungen in geschlossener Ausführung eingebaut, nur Schnellläufer verlangen offene Lenksysteme, siehe Abschnitt 3.6.4 und [4.236]. Wenn die eingeleiteten Reaktions-Radkräfte nicht auf das Lenkrad übertragen werden, bezeichnet man solche Maschinen als lenkinstabil (Einringeln). Lenken im Stand ist bei Lademaschinen von großer Bedeutung, um das Arbeiten auf engstem Raum zu ermöglichen. Bei der Bemessung von Lenkanlagen wird davon ausgegangen, dass die erforderliche Lenkkraft beim Fahren nur 50 bis 65 % der im Stand entspricht.

Das Lenken ohne Kraftanstrengung entlastet den Bediener. Mit Drehknöpfen am Lenkrad muss ein schneller, direkter und präziser Lenkvorgang möglich sein. Die Krafteinleitung darf nicht so direkt auftreten, dass bereits unvermeidbare Körperbewegungen in Lenkreaktionen ausarten.

Die Fahreigenschaften verschiedener Lenkungsausführungen an Lademaschinen werden in [3.246] vergleichend auf Arbeitssicherheit untersucht und bewertet. Zahlreiche Fahrversuche mit Radladern einer Leistungsklasse (40 bis 50 kW) stellen wichtige Erkenntnissen heraus, die bei Gestaltungsfragen Berücksichtigung finden sollten:

1. Beim Wechsel (Verreißen) von Geradeausfahrt in eine Kurve ($v = 20$ km/h) und anschließendem Festhalten des Lenkrads, lässt sich das querdynamische Übergangsverhalten anhand des Lenkradwinkels δ, der Gierwinkelgeschwindigkeit ψ und der Maschinenquerbeschleunigung a in Höhe des Fahrers beurteilen, siehe Bild 4-158.

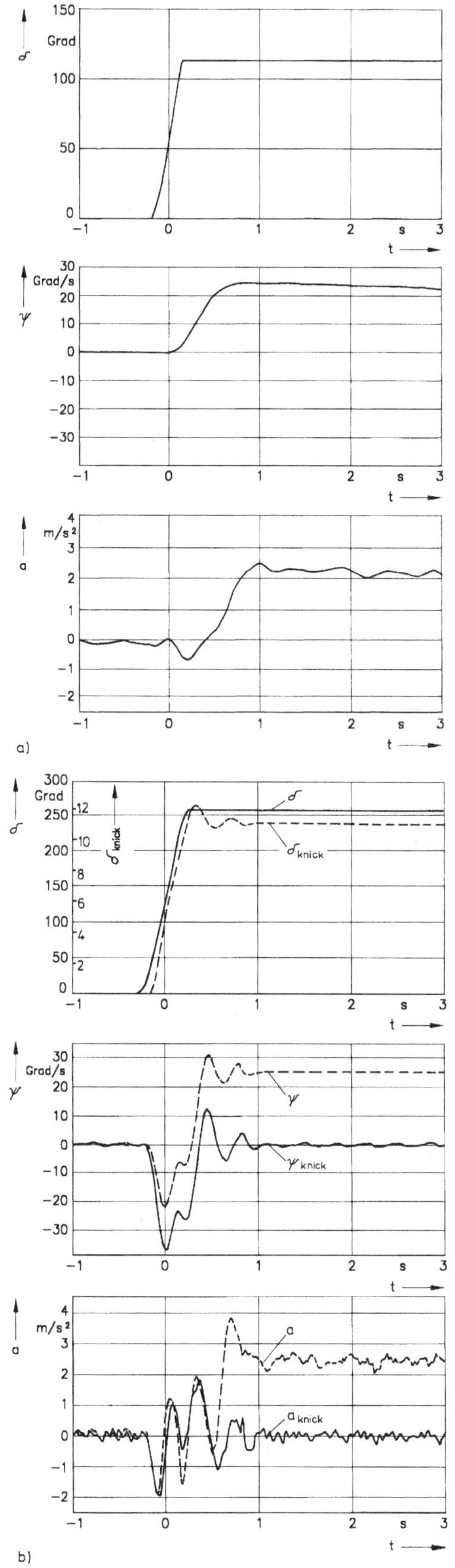

Bild 4-158 Fahr- und Lenkverhalten von Lademaschinen der Leistungsklasse 40 bis 50 kW mit unterschiedlichen Lenkungen [3.246]

a) Achsschenkel-Allradlenkung b) Knicklenkung

δ Lenkradwinkel, a Maschinenquerbeschleunigung

ψ Gierwinkelgeschwindigkeit

Bewertet werden dabei der Zeitverzug (Ansprechzeit) zwischen Maschinenanregung und Maschinenreaktion sowie das Überschwingverhalten (ψ_{max}/ψ_{nenn}; a_{max}/a_{nenn}). Kurze Ansprechzeiten und geringes Überschwingen stehen für gute Lenk- und Fahreigenschaften. Bei einer allradgelenkten Maschine mit starrem Rahmen folgt der Lenkanregung sofort eine direkte Kursänderung. Dagegen ist bei der knickgelenkten Maschine zusätzlich zwischen der Reaktion des Einknickens am Knickgelenk und einer Kursänderung der Maschine zu unterscheiden.

Bevor sich bei der allradgelenkten Maschine (Bild 4-158a) eine stabile Kurvenfahrt einstellt, rufen die hinteren Räder zunächst eine verstärkte Gierbewegung mit verzögerter Querbeschleunigung hervor. Das Heck der Maschine wird in dieser Phase zur Kurvenaußenseite bewegt. Die erste Reaktion einer knickgelenkten Maschine wird vom Einknicken bestimmt. Sie ist der sich anschließenden Bewegung entgegengerichtet (Bild 4-158b). Das Vorzeichen von ψ kehrt sich dabei um, a weist ein hohes dynamisches Verhalten auf, und beide Größen schwingen stark über. Dieser Zustand wird kritisch bewertet, da der Bediener die empfundenen Reaktionen ψ und a zur Abschätzung des Fahrkurses benutzt und daraus seine Steuerbewegungen ableitet. Die Untersuchungen bestätigen, dass das Bedienen knickgelenkter Lademaschinen sehr gewöhnungsbedürftig ist.

2. Das Geradeauslaufverhalten bei v = 20 km/h wird anhand der Häufigkeitsverteilung des dabei eingestellten Lenkradwinkels δ beurteilt, siehe Bild 4-159. Es treten bei mehreren Bedienern unterschiedliche Schwierigkeiten beim Herausfinden der Lenkradmittelstellung auf. Dabei erweist sich das Fehlen eines spürbaren Lenkwiderstands als Nachteil. Während bei den knickgelenkten Maschinen der am häufigsten benutzte Lenkradwinkel nur geringfügig neben der Nullstellung liegt, weist die allradgelenkte Maschine rechts und links vom Mittelpunkt ein deutliches Maximum für δ auf. Zwischen der Lenkvorgabe δ = 0 wird hin und her gependelt. Der aus der Lenkübersetzung resultierende Gierverstärkungsfaktor wird als zu groß empfunden. Eine indirekte Lenkübersetzung um die Mittelstellung ist empfehlenswert.
3. Besonders bei v > 20 km/h müssen Rückstellkräfte aus der Fahrbewegung auf das Lenkrad übertragen werden. Hydrostatische Lenkanlagen mit offenem Kreislauf sind deshalb zu bevorzugen. Bei der Achsschenkellenkung ist an der Vorderachse ein Nachlauf und an der Hinterachse ein Vorlauf vorzusehen, damit die Seitenkräfte ein rückstellendes Moment in die Lenkanlage einleiten. Für knickgelenkte Maschinen besteht kein fester Zusammenhang zwischen der Seitenkraft und dem Drehmoment um das Knickgelenk. Deshalb gibt es hier auch keine entsprechende Lenkinformation am Lenkrad. Um dennoch eine Lenkrückstellung zu erreichen, werden die Antriebsdrehmomente bewusst ungleichmäßig verteilt, damit ein rückstellendes Drehmoment um das Knickgelenk entsteht.
4. Das instationäre Lenkverhalten bei doppeltem Fahrspurwechsel (Ausweichmanöver) spielt bei v = 20 km/h eine zentrale Rolle. Hierbei wird das Übergangsverhalten der knickgelenkten Lademaschine als sehr gewöhnungsbedürftig empfunden. Trotz Sichteinschränkung wird die Strecke rückwärts besser gemeistert, weil der Bediener dann auf dem Vorderwagen sitzt und beim

Einlenken eine der Lenkreaktion angepasste Drehrichtung erfährt. Der Bediener sollte deshalb stets auf dem Vorderwagen positioniert werden.

Weitere Hinweise unter Einbeziehung unterschiedlicher Pendelgelenke vermittelt [3.246].

Zur Steigerung von Mobilität und Auslastungsgrad wird in zunehmendem Maße auch Wert auf hohe Fahrgeschwindigkeiten (> 20 km/h) gelegt. Daraus ergeben sich Anforderungen an das Wandlungsvermögen des Fahrantriebs (s. Abschn. 3.1.3) aber auch an die Maschinenfederung [4.48] [4.236]. Der bei Straßenfahrzeugen gewohnte Fahrkomfort wird von Erdbaumaschinen nicht erreicht. In der Regel sind die Achsen starr (pendelnd) am Rahmen befestigt. Es entstehen ungewollte Wank- und Nickbewegungen an der gesamten Maschine [4.237]. Auch Luftreifen besitzen nur ein geringes Federungs- und kaum ein Dämpfungsvermögen. In Extremfällen können die Wank- und Nickbewegungen bis zum Abheben der Räder führen. Dabei werden Traktions- und Lenkfähigkeit unterbrochen. Nur durch den Einsatz abgestimmter und lastabhängiger Feder-Dämpfer-Systeme kann die Fahrstabilität wiederhergestellt werden.

An ein solches System werden besondere Anforderungen gestellt, weil es große Achslastschwankungen bei möglichst gleichbleibendem Federungsverhalten zu berücksichtigen hat. Jedes Maschinengestell mit lastaktiver Federung muss zusätzlich eine Niveauregulierung und eine Umstellung auf ungefederten Zustand ermöglichen. Mechanische Federsysteme erfüllen diese komplexen Bedingungen nicht. Da Erdbaumaschinen immer über Hochdruckhydraulik verfügen, werden hydropneumatische Federungen auf der Basis kombinierter Hoch- und Niederdruckspeicher benutzt. In die als Federbeine ausgebildeten Hydraulikzylinder werden die vertikalen Stützkräfte eingeleitet. Seitenkräfte kann man mit einem so genannten Panhardstab und Längskräfte (Anfahren, Bremsen) mit einem Schubrohr aufnehmen. Meist wird das Schubrohr gleichzeitig als Schutzrohr für die Antriebswelle ausgebildet [4.238].

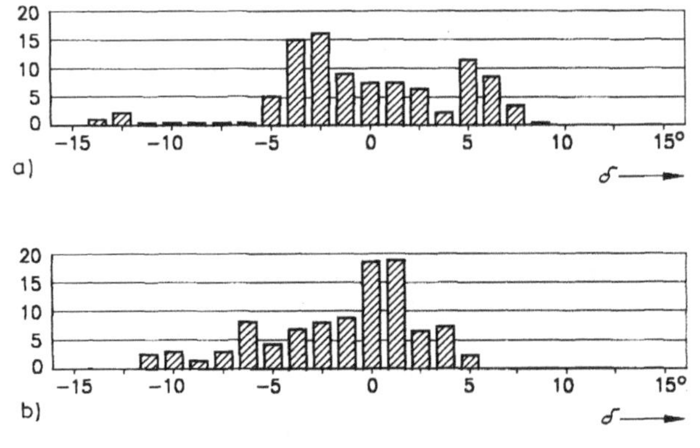

Bild 4-159 Häufigkeitsverteilung des Lenkradwinkels δ bei Geradeausfahrt mit $v = 20$ km/h [3.246]

a) Achsschenkel-Allradlenkung b) Knicklenkung

4.5.2.2 Antriebe der Arbeitsausrüstung

Schubkraft und Schubgeschwindigkeit des Fahrantriebs sowie Hubkraft und Hubgeschwindigkeit der Arbeitsausrüstung einer Lademaschine sind aufeinander abzustimmen. Als Abstimmungsziel wird immer die Minimierung der Arbeitsspielzeit eines Ladevorgangs verstanden. Dabei wird die Hubkraft außerdem an die Grenze der Standsicherheit angepasst.

Die Arbeitshydraulik besteht in der Regel aus einem offenen System mit Vorsteuerung. Sie versorgt die Antriebe von Lenk- und Ladebewegung und benutzt dafür eine eigene Pumpe (s. Bild 4-146). Üblicherweise wird zur Steuerung ein doppeltwirkendes Dreikammerventil (Steuerblock) benutzt, das von einem Vorsteuergerät angesteuert werden muss (Bild 4-160). In der Hubfunktion verfügt das Ventil über vier Betriebsstellungen: Heben, Neutralstellung, Absenken, Schwimmstellung und in der Kippfunktion über drei: Zurückkippen, Neutralstellung, Vorwärtskippen. Moderne Maschinen besitzen außerdem eine einstellbare Hub- und Kippautomatik. Endpunkte für Hubhöhe, Reichweite und Kippwinkel können damit festgelegt werden. Ein installiertes Wegmesssystem sorgt dafür, dass die Arbeitsbewegungen automatisch beendet werden.

Die Schwimmstellung am Steuerventil ist für das Abschleppen eines Planums im Erdbau von besonderer Bedeutung. Hierbei muss das Schleppwerkzeug mit Schneide oder Boden unter Wirkung der Eigenmasse auf dem zu ebnenden Untergrund aufliegen und wird gezogen bzw. geschoben. Im Steuerblock ist während dieses Betriebs der Hydraulikkreis zwischen Pumpe, Hydraulikzylinder und -behälter offen. Die vertikale Lage des Werkzeugs wird dadurch nicht fixiert, es kann sich den Unebenheiten anpassen.

Da die Arbeits- und Lenkzylinder von einem Stromerzeuger versorgt werden, muss das Lenkaggregat über ein Prioritätsventil immer mit Vorrang behandelt werden (s. Bild 4-160). Zu den Verbrauchern der Arbeitsausrüstung gehören Hubzylinder, Schaufelkippzylinder und ggf. Verriegelungszylinder für Schnellwechsler. Der Anschluss des Verriegelungszylinders ist dann mit einer hydraulischen Schnellkupplung ausgestattet, um weitere Verbraucher (z. B. Klappschaufel) antreiben zu können.

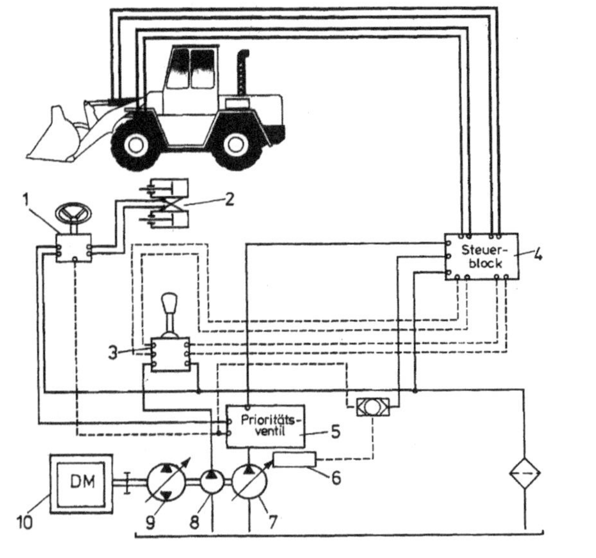

Bild 4-160 Schaltplan für den hydrostatischen Antrieb der Arbeitshydraulik von Lademaschinen

1 Lenkrad (Vorsteuergerät)
2 Lenkzylinder
3 Joystick (Vorsteuergerät) für Hub- und Kippzylinder
4 Steuerblock
5 Prioritätsventil
6 Pumpenverstellventil
7 Verstellpumpe für Arbeitshydraulik
8 Hilfspumpe
9 Verstellpumpe für Fahrhydraulik
10 Dieselmotor

In der Arbeitshydraulik werden Drosselsteuerungen mit Abschaltventil, Mengenbedarfs- oder Druckbedarfssteuerungen eingesetzt, siehe Abschnitt 3.1.4 und [4.239]. Im Gegensatz zur Mengen- wird mit der Druckbedarfssteuerung der Pumpendruck vorgewählt. Ohne Steuersignal ist die Pumpe im Stand-By-Betrieb. Mit einem Vorsteuergeber wird der Hauptschieber des Wegeventils hydraulisch betätigt und der Pumpendruck eingestellt. Wenn das Vorsteuergerät Feinsteuerkerben besitzt, kann man die Last sehr feinfühlig positionieren. Überhaupt wird in der Feinsteuerbarkeit wegen Wegfalls von ungewollten Steuerdruckspitzen, höheren Leistungen und Kraftstoffersparnis ein Vorteil der Druckbedarfssteuerung gesehen.

Moderne technische Konzepte sind von der Regelhydraulik geprägt. Im Falle einfacher Zahnradpumpen in Form einer Mehrstufenanordnung einzelner Kreise bzw. bei Kolbenpumpen nach Möglichkeit mit Verstellregelung. Die Arbeitshydraulik benötigt im Betriebspunkt der maximalen Reiß- bzw. Hubkraft nicht gleichzeitig die maximale Hubgeschwindigkeit. Ein nicht geregeltes System würde in dem Zustand die Eckleistung aufnehmen und den nicht benötigten Anteil als Wärme (Verlust) abführen.

Geregelte Antriebe sparen bis zu 30 % der Leistung ein oder erhöhen den Leistungsanteil für das Fahrwerk [4.234]. Es wird festgestellt, dass mit Load-Sensing (s. Abschn. 3.1.4) im Vergleich zu konventionellen Hydrauliksystemen eine hohe Reduzierung des Leistungsbedarfs für Lenk- und Arbeitshydraulik möglich ist [4.238]. Tafel 4-23 enthält Beispieldaten. Die Kraftstoffeinsparung beträgt 10...15 % bei einem ausgeglichenen Wärmehaushalt und geringerem Bauteilverschleiß.

Tafel 4-23 Gegenüberstellung des Leistungsbedarfs am Beispiel des Radladers Typ ZL 1801 [4.238]

Merkmale	Leistungsbedarf in kW	
	konventionell	Load Sensing
Lenkhydraulik häufiges Lenken	11,5	0,15
Lenken bei Überdruck (max. Knickwinkel)	29,4	0,40
kein Lenken bei Streckenfahrt	2,4	0,007
Arbeitshydraulik Reißen bei max. Druck	51,3	0,57
Heben von Last	46,2	46,2
kein hydrostatischer Leistungsbedarf	2,05	0,02

Bei Lademaschinen mit hydrostatischen Fahrantrieben wird die Verstellregelung der Pumpen auch für die Arbeitshydraulik benutzt. Das erfolgt immer häufiger für alle Antriebe elektronisch und erlaubt dadurch auch die Realisierung von Sonderfunktionen wie Parallelführung, Hubendabschaltung, Schaufelrückführautomatik und Schaufelanschlagdämpfung ohne zusätzliche Bauteile (Bild 4-150). Aus Gründen der Betriebssicherheit muss der Bediener seine Aufmerksamkeit vor allem dem Fahren widmen. Für die Bedienung der Arbeitsausrüstung wird deshalb immer öfter eine Schaufel- oder Hubautomatik benutzt. Sie sorgt mindestens dafür, dass die Bedienelemente für Heben und Kippen beim Fahren von selbst in Neutralstellung übergehen oder von der Arbeitsausrüstung Ladepositionen (Grabwinkel, Auskipphöhe u. a.) automatisch angefahren werden.

Die Mehrstufenhydraulik kommt bei Maschinen mit Lastschaltgetrieben zur Anwendung. Hier wird die zweite bzw. dritte Stufe für die Arbeitsbewegung erst dann zugeschaltet, wenn es der Bedarf an Kraft oder Geschwindigkeit erfordert. Das gewählte hydrostatische Konzept ist auch immer ein Kompromiss aus Kosten und technischer Funktionalität. Während es bei der Fahrhydraulik keinen Unterschied gibt, haben Baggerlader (s. Abschn. 4.2.1) und Teleskopmaschinen wegen ihrer speziellen Arbeitsausrüstungen auch immer eine andere Arbeitshydraulik nötig. Sie ist beim Baggerlader um die Baggerhydraulik zu ergänzen und bei Teleskopmaschinen durch Teleskop- und Neigungsausgleichstatt Schaufelkippzylinder zu ersetzen. Bild 4-161 verdeutlicht die erforderliche hydrostatische Erweiterung für zusätzliche Funktionen. Die Antriebskonzepte sind grundsätzlich mit denen der Schaufellader oder Bagger (s. Abschn. 4.2.2) vergleichbar.

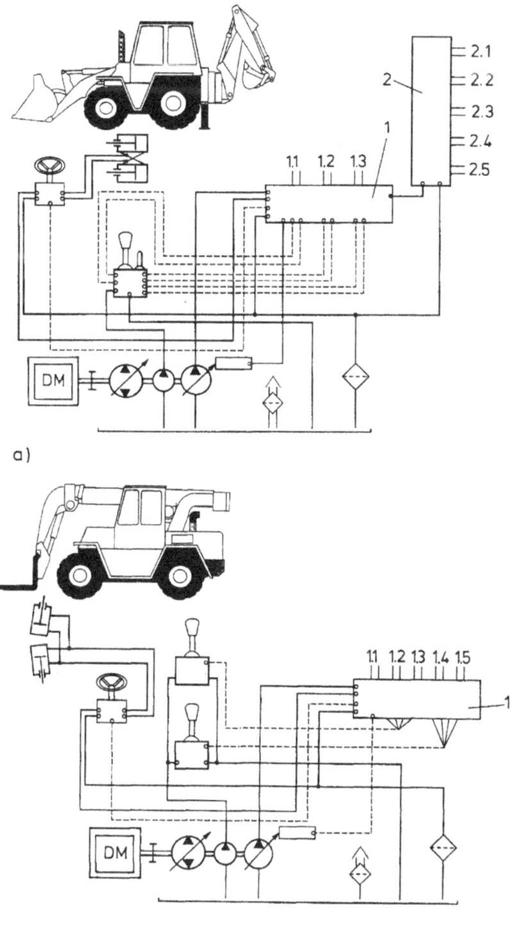

Bild 4-161 Schaltplan für den hydrostatischen Antrieb der Arbeitshydraulik von Baggerladern und Teleskopmaschinen

a) Baggerlader
1 Steuerblock der Ladehydraulik mit der Versorgung für:
1.1 Auslegerhubzylinder 1.3 Zusatzausrüstung
1.2 Schaufelschwenkzylinder
2 Steuerblock der Baggerhydraulik mit der Versorgung für:
2.1 Schwenkwerk 2.4 Stielzylinder
2.2 Abstützzylinder 2.5 Löffelzylinder
2.3 Auslegerzylinder

b) Teleskopmaschine
1 Steuerblock der Arbeitshydraulik mit der Versorgung für:
1.1 Auslegerhubzylinder 1.4 Zusatzausrüstung
1.2 Teleskopzylinder 1.5 Abstützzylinder
1.3 Neigungsausgleichzylinder

4.5.3 Arbeitsausrüstungen, Rahmen, Bedienelemente

Maschinen mit installierten Antriebsleistungen von $P > 74$ kW werden fast ausschließlich im Schüttgutumschlag eingesetzt, während die kleineren Maschinen je nach Ausrüstung auch andere Arbeiten verrichten können. Voraussetzung für vielfältige Verwendungen ist der schnelle Werkzeugwechsel, siehe Abschnitt 3.4. Dass die Lademaschinen nicht mehr nur "Schaufelmaschinen" sind, besagt die Ausstattung von 83 % ausgelieferter Maschinen mit hydraulischem Schnellwechsler [4.240]. Er erlaubt den Werkzeugwechsel in Sekunden, ohne dass der Fahrer seinen Arbeitsplatz verlassen muss. Das Gerät ist damit Lademaschine, Hebezeug (Kran), Stapler und Planiermaschine in einem. Diese Eigenschaften werden nicht nur im Erdbau geschätzt.

Hubrahmen und Arbeitsausrüstung bilden eine Einheit.

Die an sie gestellten Anforderungen lauten:

- große Reißkraft für Ladeschaufelbtrieb
- große Auskipphöhe einschließlich Reichweite und Einstechtiefe
- gute Sichtverhältnisse für den Bediener.

Jedem Radlader wird neben einer Standardschaufel (Schüttgewicht $\rho = 1{,}8$ t/m^3) ein mehr oder weniger breites Sonderschaufelprogramm zugeordnet. Dazu gehören Leichtgutschaufeln ($\rho = 1{,}2$ t/m^3), Spezial-Felsschaufeln (V-Schneiden Zähne; $\rho = 2{,}0$ t/m^3), Kombi-Schaufeln ($\rho = 1{,}3$ bis 1,7 t/m^3), Schwergutschaufeln, Planierschaufeln, Skelettschaufeln u. a.

Bei keiner anderen Erdbaumaschine findet man eine so breite, aber auch nützliche Palette von Arbeitswerkzeugen. Insbesondere die Kompaktmaschinen und kleinen Radlader kommen mit ihren vielfältigsten Ausrüstungen zur Anwendung in der Industrie, Landwirtschaft, Landschaftsbau u. a. Bei mittleren und großen Maschinen werden anstelle einer Ladeschaufel auch Schneepflug, Planierschild, Kranarm, Steinklammer, Stapeleinrichtung (Palettengabel, Sortiergabel), Rundholzzange, Frontaufreißer, Kehreinrichtung u. a. eingesetzt. Bild 4-162 zeigt die Lademaschine mit einigen ausgewählten Arbeitswerkzeugen.

Die Merkmale der *Arbeitsausrüstung* eines Schaufelladers werden von der Kinematik und Kinetostatik des ebenen Hub- und Kippgetriebes bestimmt. Grundsätzlich unterscheidet man zwischen Z- und P-Mechanismen (Z- und P-Kinematik). Keiner dieser beiden Grundbauformen wird ein eindeutiger Vorrang eingeräumt, obwohl sie Unterscheidungsmerkmale besitzen. Die Anordnung des Kippzylinders, der Schwinge und der Zugstange in einer Z-Form (Bild 4-144a) führt zu der Bezeichnung. Der Z-Mechanismus erzielt beim Reißen und Ankippen vor allem im unteren Arbeitsbereich größere Kräfte, da der Hydraulikdruck im Kippzylinder auf die gesamte Kolbenfläche wirkt.

Beim Auskippen kommt die Kolbenstangenseite des Zylinders zur Wirkung, so dass eine höhere Arbeitsgeschwindigkeit entsteht. Z-Mechanismen finden vorrangig im Erdbau Verwendung. Sie enthalten bei großen Maschinen zwei Schwingen sowie zwei mittig angeordnete Kippzylinder und sind im Vergleich zu den Parallelmechanismen einfacher und robuster aufgebaut. Die Baulänge einer vergleichbaren Maschine ist deshalb auch etwas kleiner. Mit zusätzlichen Schwingen kann der Kippwinkel einer Ladeschaufel vergrößert werden (Bild 4-144b). Außerdem entstehen durch die unterschiedliche Anordnung der Anlenkpunkte im Hubrahmen firmeneigene Lösungen (Bilder 4-144b,c,e,f).

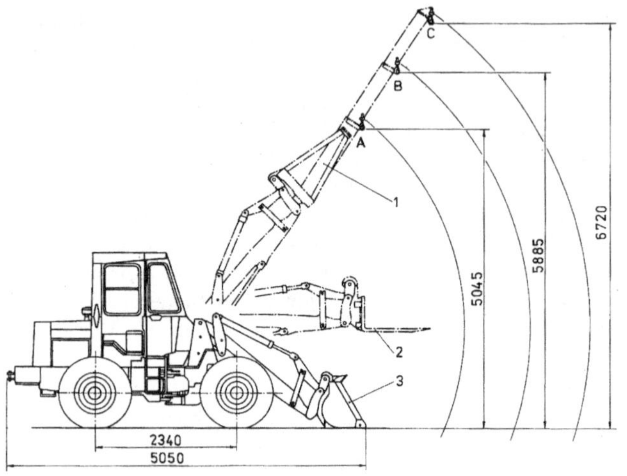

Bild 4-162 Universallademaschine mit Knicklenkung (Zeppelin & Caterpillar, Garching)

1 Kranarm 2 Palettengabel 3 Ladeschaufel

Tragfähigkeiten:
$m_{LA} = 1{,}06$ t $m_{LB} = 0{,}83$ t, $m_{LC} = 0{,}68$ t
installierte Dieselmotorleistung: $P = 48$ kW
Eigenmasse $m_e = 7{,}5$ t

Bei dem P-Mechanismus (Bild 4-144d) bilden Schwinge, Zugstange, Schaufel und Ausleger (langgestreckter Hubarm) ein Parallelogramm. Jede Schwinge hat einen eigenen Kippzylinder. Der Vorzug dieser Ausführung liegt in der sicheren und exakten Parallelführung der Ladeschaufel über den gesamten Hubbereich, in großen Haltekräften des Kippwerks und in gleichbleibenderen Reißkräften. Sie hat einen festen Platz in der mittleren und großen Radladerklasse und wird vorrangig für Industriemaschinen benutzt.

Die auf dem Z- und P-Mechanismus aufbauenden Weiterentwicklungen werden als TP- (Torque-Parallel-Linkage), PZ- oder LEAR-Mechanismus bezeichnet und vereinen die Vorzüge der exakten Parallelführung mit der hohen und konstanten Reißkraft. Ihre konstruktiven Besonderheiten bestehen in veränderten Mechanismenformen und korrigierten Anlenkpunkten. Grundsätzlich muss jeder Mechanismus gewährleisten, dass es während des Hubvorgangs nicht zu einer unzulässigen Lageveränderung des Ladewerkzeugs kommt. Dadurch wird das vorzeitige Entleeren verhindert bzw. die Benutzung von Palettengabeln für Ladearbeiten überhaupt möglich.

Den Schaufelgrundpositionen Füllen, Heben und Entleeren werden im Bild 4-163 Ankippwinkel α zugeordnet. Die Veränderung $\Delta\alpha$ über dem Hubweg h muss in Grenzen gehalten werden (Bild 4-164a). Ohne Nachsteuerung (Kippzylinder) beträgt $\Delta\alpha$ beim Z-Mechanismus 5...10°. Für den TP- und Z-Mechanismus wird in unterster Schaufelstellung die Reißkraft in Abhängigkeit vom Ankippwinkel α in Bild 4-164b angegeben. Danach steht in der typischen Reißposition ($\alpha = 0$) bei beiden Mechanismen eine hohe Reißkraft zur Verfügung. In den An- und Auskipppositionen (α_e; α_a) verringert sich die Reißkraft beim TP-Mechanismus nur geringfügig um 10...20 %. Bei einem normalen Z-Mechanismus beträgt die Verringerung bis 60 %. Die Kräftebilanz ist auch bei angehobener Ladeschaufel von Bedeutung, da in dieser Position der Kippzylinder beim kontrollierten Entleeren entsprechende Rückhaltekräfte aufbringen muss. Vergleichbar gute Eigenschaften weist auch der LEAR-Mechanismus auf [4.241].

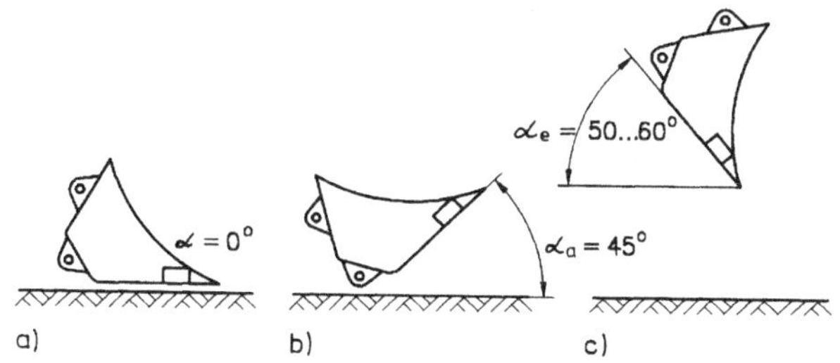

Bild 4-163 Ankippwinkel für Schaufelpositionen

a) Füllen b) Heben c) Entleeren

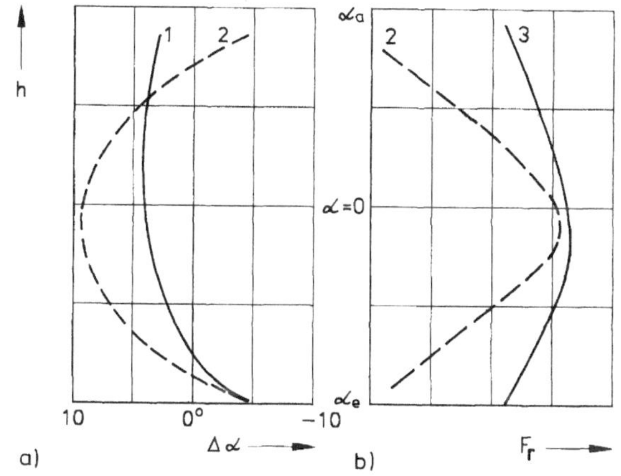

Bild 4-164 Eigenschaften der Z- und P-Mechanismen [4.238]

a) Ankippwinkeländerung $\Delta\alpha$ in Abhängigkeit vom Hubweg h

b) Reißkraft F_r in Abhängigkeit vom Ankippwinkel α in unterster Stellung der Ladeschaufel

1 P-Mechanismus
2 Z-Mechanismus
3 TP-Mechanismus

Eine Lademaschine besitzt immer zwei *Ausleger* (Hubarme, s. Bilder 4-140, 4-142 und 4-144), die in Massiv- oder Hohlprofilbauweise gefertigt sind. Beide Hubarme sind meist durch eine eingeschweißte Querstrebe miteinander verbunden. Bei großen Maschinen liegt diese Verbindungsstelle in der Hubarmmitte und bildet gleichzeitig die Gelenkstelle für den Schaufel-Kippzylinder. Nur bei den Kompaktmaschinen wird die Querstrebe unmittelbar vor der Ladeschaufel angebracht. Der Ausleger eines Z-Mechanismus ist gekröpft, der des Parallelmechanismus gestreckt.

Die *Rahmen* der Frontlader sind konstruktiv denen von Transportfahrzeugen ähnlich, aber meist starr abgestützt (lastaktive Federung, s. Abschn. 4.5.2.1). Sie bestehen bei knickgelenkten Maschinen aus einem jeweils einteiligen Vorder- und Hinterrahmenteil (Bild 4-165). Die Verbindung der Rahmenteile kann als Knick- oder Pendel-Knickgelenk (s. Bild 4-166 und Abschn. 3.6.4) ausgeführt sein, und jedes Rahmenteil trägt eine Achse. In den Gelenken werden Doppelschrägrollenlager oder Kugelgelenklager in Stahl/Stahl-Ausführung eingesetzt. Meist ist die Vorderachse starr mit dem Vorderrahmen verschraubt. Die Hinterachse muss dann pendelnd aufgehängt sein, wenn das Knickgelenk keine zusätzliche Pendelbewegung ausführen kann. Der Rahmen ist als Verbundkonstruktion (Stahlguss, geschweißtes Kastenprofil) oder generell als Schweißkonstruktion (St 52) in Kastenbauweise gestaltet.

Im Ausführungsbeispiel nach Bild 4-165 ist der Vorderrahmen (Hub- oder Laderahmen) aus großformatigen Blechplatten gestaltet. Hier wird für die Anlenkpunkte der Arbeitsausrüstung eine hohe Biegesteifigkeit gefordert. Der Hinterrahmen (Hauptrahmen) ist als Kasten- und teilweise als offenes Profil ausgeführt. Das Geheimnis hoher Standsicherheit ist ohne Zweifel mit einem ungeteilten Rahmen (Bild 4-167) in Verbindung zu bringen. Spezielle Lenkachsen für Allradlenkung sind diesen Lösungen angepasst. In der Rahmenkonstruktion zeigt sich eine hohe Individualität der Hersteller. Die Bilder stellen nur ausgewählte Beispiele dar.

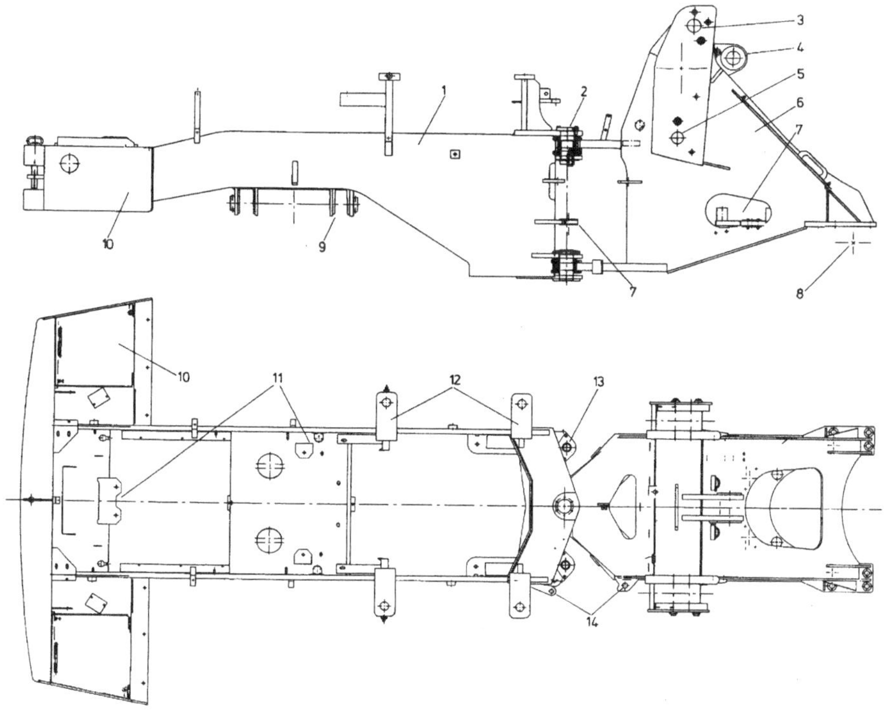

Bild 4-165 Rahmenkonstruktion des Frontladers vom Typ L 25 für Knicklenkung (Orenstein & Koppel AG, Berlin)

1 Hinterrahmen
2 Knickgelenk
3 Anschluss Hubgerüst
4 Anschluss Kippzylinder
5 Anschluss Hubzylinder
6 Vorderrahmen
7 Anschluss Lenkzylinder (Zwischenlager für Gelenkwelle)
8 Anschluss Vorderachse
9 Anschluss pendelnde Hinterachse
10 Heck-Gegengewichte mit Kästen für Batterie, Druckspeicher u. a.
11 Plattform für Antriebsaggregate (Dieselmotor, Wandler, Lastschaltgetriebe u. a.)
12 Plattform für Kabine
13 Anschluss Lenkzylinder
14 Anschluss Knickgelenksperre

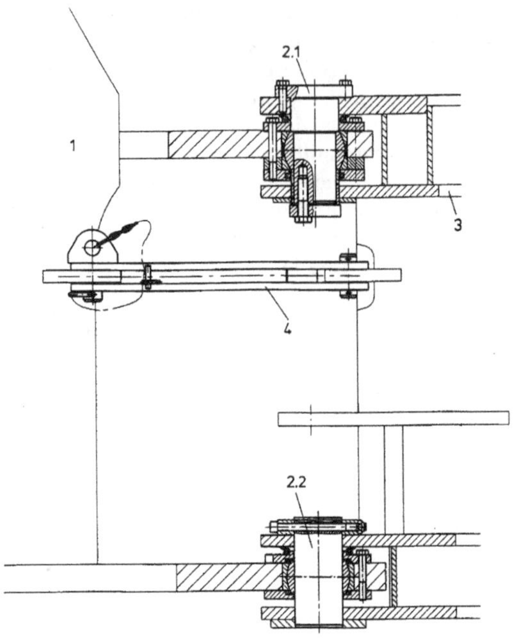

Bild 4-166 Knickgelenk des Frontladers vom Typ L 25 (Orenstein & Koppel AG, Berlin)

1 Hinterrahmen
2.1 Knickgelenk oben für radiale und axiale Gelenkkräfte
2.2 Knickgelenk unten für radiale Gelenkkräfte
3 Vorderrahmen
4 Knickgelenksperre

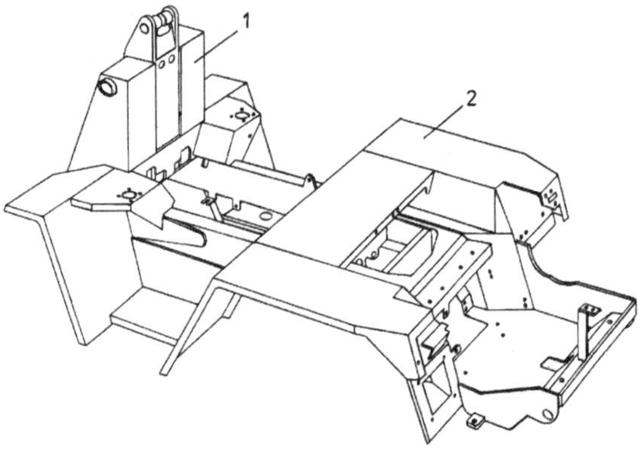

Bild 4-167 Rahmenkonstruktion eines Frontladers für Achsschenkellenkung (Kramer-Werke GmbH, Überlingen)

1 Baugruppe Hubrahmen 2 Baugruppe Heckrahmen

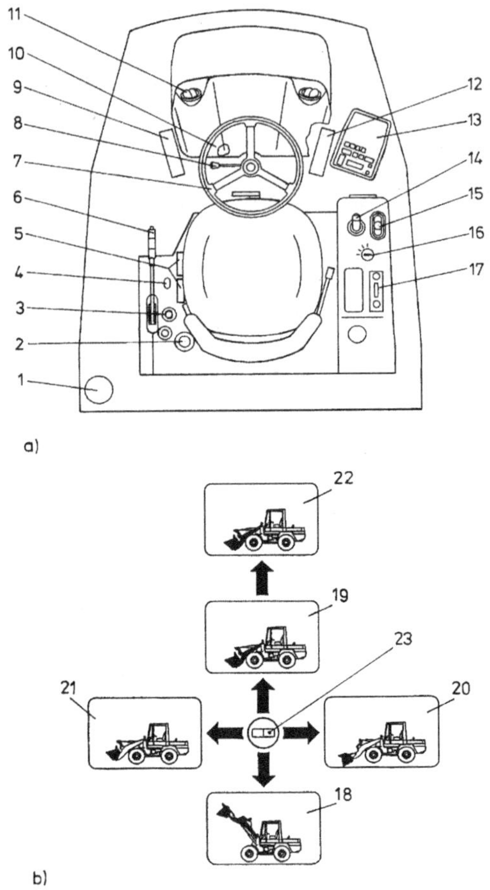

Bild 4-168 Ausstattung der Kabine einer Lademaschine mit Bedienelementen (Hydrema GmbH, Weimar)

a) Aufteilung in der Kabine
b) Bedeutung von 5 Schaltstellungen am Kreuzschalthebel

1 Feuerlöscher
2 Bremsflüssigkeitsbehälter
3 Schalter für Heizung
4 Frischluft-Umschaltung
5 Sicherungskasten
6 Handbremshebel
7 Lenkrad
8 Lenksäulenschalter für Fahrtrichtung, Hupe und Licht
9 Inch-Bremspedal
10 Luftdüsen unten
11 Luftdüsen oben
12 Fahrpedal
13 Instrumententafel
14 Kreuzschalthebel
15 Schalter für Schnellwechsler
16 Schalter für Starterschlüssel
17 Radio
18 Hubarm heben
19 Hubarm senken
20 Schaufel auskippen
21 Schaufel ankippen
22 Schwimmstellung
23 Fahrtrichtungs-Kippschalter für Vorwärtsfahrt, Stillstand und Rückwärtsfahrt

Die Mobilität und unerschöpfliche Verwendungsvielfalt der Schaufellader stellt hohe Anforderungen an die ergonomische Anordnung und Gestaltung der *Bedien- und Kontrolleinrichtungen.* Das typische Beispiel einer Gesamtanordnung aller Ausrüstungen in der Kabine einer Lademaschine zeigt Bild 4-168. Fahrbewegungen werden mit den Füßen angesteuert. Die linke Hand dient während der Ladevorgänge zum Lenken. Mit der rechten Hand wird ein Kreuzschalthebel zum Steuern der Fahrtrichtung und Hubbewegung bedient.

Fahrerkabinen werden auf dem Vorder- oder Hinterrahmen aufgebaut. Vor- und Nachteile der Anordnung regen immer wieder zur Diskussion an. Auf grundsätzliche Aussagen kann man nur bedingt zurückgreifen. Steht die Kabine auf dem Vorderrahmen, dann ist sie vom Motor weitgehend lärm- und schwingungsisoliert. Bei der Anordnung auf dem Hinterrahmen übersieht der Fahrer stets den Knickzustand und kann somit Kippsicherheit und Rückwärtsfahrt besser beurteilen. Außerdem sind die Wege für die Motor- und Hydrauliksteuerleitungen kürzer. Eine ergonomisch gestaltete Fahrerkabine soll leistungsfördernde Eigenschaften hervorbringen. Hierzu gehören die Verstellbarkeit von Lenksäule und Schwingsitz ebenso wie die Sichtverhältnisse des Bedieners. Schnelle Gang- und Richtungswechsel werden durch Einhebelschalter ermöglicht. Mit einem elektronischen Überwachungssystem kann man den Bediener teilweise vom Kontrollieren bestimmter Gerätefunktionen befreien. Erst bei Grenzwerten (Überhitzung, Bremsdruck, Standsicherheit) wird eine Warnung ausgegeben. Bei den kleineren Maschinen ist die Kabine von beiden Seiten begehbar. Sie kann zwecks Wartung auch abgenommen bzw. abgeschwenkt werden. Kabinen sind schall- und schwing-

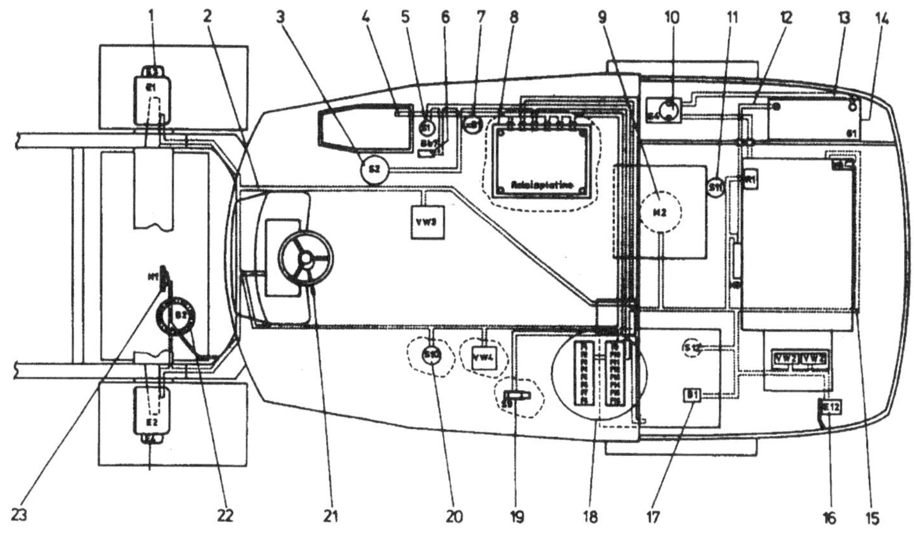

Bild 4-169 Anordnung von Elektrogeräten auf einer Lademaschine (Hydrema GmbH, Weimar)

1 Scheinwerfer, Blinkleuchte
2 Kabel Hubarm
3 Flachstecker
4 Kabel Instrumententafel
5 Kabel Zündschloss
6 Kabel Betriebsstundenzähler
7 Kabel Zigarettenanzünder
8 Relaisplatine
9 Kabel Ölkühler
10 Batterietrennschalter
11 Wartungsschalter
12 Batteriekabel "+"
13 Batteriekabel "-"
14 Starterbatterie
15 Kabel Motor
16 Schlusslicht mit Rückstrahler
17 Kabel Temperaturgeber
18 Sicherungsdose und Zentralsteckerset
19 Mikroschalter
20 Wartungsschalter
21 Lenksäulenschalter
22 Kabel Kraftstoffmesser
23 Kabel Hupe

ungsgedämpft auf mehreren Gummielementen gelagert und innen mit Schalldämmstoff ausgegleitet. Die Verglasung (getöntes Verbundglas) muss ausreichend Sicht in alle Richtungen bieten. Außerdem bilden Schiebefenster, aufstellbare Türen, Innenheizung bzw. Klimaanlage, verstellbare Fahrersitze und Hüftgurte die Ausstattungsmöglichkeiten. Besonders bei Lademaschinen kann man auch die Auswirkungen gelungener technischer Designlösungen beobachten.
Die Elektroanlage wird von einer Drehstromlichtmaschine und Batterie versorgt. Bei deren Projektierung ist die Vielfalt vorgesehener Verbrauchern zu beachten. Bild 4-169 gibt einen Überblick über gewöhnliche Verbraucher und über die beispielhafte Anordnung der elektrischen Bauelemente.

4.5.4 Laststabilisatoren

Schon bei geringen Fahrgeschwindigkeiten können mobile, ungefederte Arbeitsmaschinen, insbesondere Lademaschinen, zu betriebsbedingten Schwingungen infolge Fahrbahnunebenheiten angeregt werden. Sie äußern sich in Wank-, Hub- und Nickbewegungen der gesamten Maschine und können zu Maschinen- sowie Personenschäden führen [4.242]. Der Reifen ist das einzige Feder-Dämpferelement zur Reduzierung von Schwingungen. Untersuchungen haben ergeben, dass durch Verringerung der Reifenfedersteifigkeit und Erhöhung der Reifendämpfung die Maschinenfahrdynamik positiv beeinflusst werden kann. Ein weicher Reifen mit hoher Dämpfung ist aber sehr viel verschleißanfälliger und führt zu einem höheren Fahrwiderstand.
Die Stabilisierung der Fahrbewegung erreicht man sehr wirkungsvoll mit einem lastaktiven Federungssystem zwischen Achse und Fahrgestell [4.238] oder nach neueren Gesichtspunkten mit Hilfe einer teilaktiven Fahrwerksregelung [4.243]. Es handelt sich hierbei um hydropneumatische Federungsanlagen, die aus einer Achsaufhängung mit Stabilisatoren, Federungszylindern, Federungspumpen, Niveauventilen und Speichern bestehen. Die lastaktive Federung reduziert auftretende Fremd- und Eigenschwingungen auf

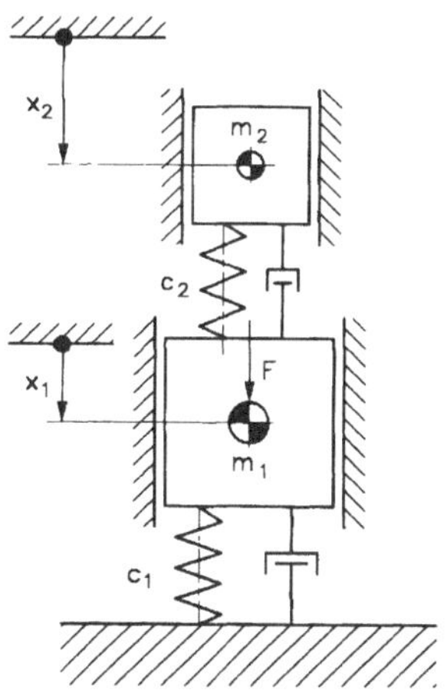

Bild 4-170 Schema eines dynamischen Schwingungstilgers

ein Minimum, unabhängig davon, ob die Maschine fährt oder im Stillstand arbeitet. Die technische Lösung ist wirkungsvoll, aber auch aufwendig.
Eine weitere wirkungsvolle und kostengünstige Laststabilisierung während des Fahrens stellt die hydropneumatische Schwingungstilgung dar [4.244] [4.245]. Schwingungen werden dynamisch unterdrückt, wenn ein Tilgersystem nach Bild 4-170 zur Wirkung kommt. m_2 und c_2 kennzeichnen das einer Maschine aufgesetzte System, sie selbst wird von m_1 und c_1 beschrieben. Der Tilger nach Bild 4-170 besitzt zwei Freiheitsgrade und lässt sich ungedämpft analytisch beschreiben.

Wenn auf m_1 die Erregerkraft $F = \hat{F} \sin \Omega t$ wirkt, dann lauten die Bewegungsgleichungen

$$m_1 \ddot{x}_1 + c_1 x_1 + c_2 (x_1 - x_2) = \hat{F} \sin \Omega t;$$

$$m_2 \ddot{x}_2 - c_2 (x_1 - x_2) = 0.$$

Mit den Ansätzen

$$x_1 = A_1 \sin \Omega t \quad \text{und} \quad x_2 = A_2 \sin \Omega t$$

ergeben sich als stationäre Lösungen (A Schwingungsamplituden der Massen)

$$A_1\left(1+\gamma-\frac{\Omega^2}{\lambda_1^2}\right)-A_2\gamma=x_{st}\,;$$
$$-A_1+A_2\left(1-\frac{\Omega^2}{\lambda_2^2}\right)=0. \qquad (4.21)$$

Gleichung (4.21) enthält die Abkürzungen

$\lambda_1^2=\frac{c_1}{m_1};\ \lambda_2^2=\frac{c_2}{m_2};\ \gamma=\frac{c_2}{c_1};\ x_{st}=\frac{\hat{F}}{c_1}$ und hat folgende Lösungen:

$$A_1=\frac{x_{st}\left(1-\frac{\Omega^2}{\lambda_2^2}\right)}{\left(1+\gamma-\frac{\Omega^2}{\lambda_1^2}\right)\left(1-\frac{\Omega^2}{\lambda_2^2}\right)-\gamma}; \qquad (4.22)$$

$$A_2=\frac{x_{st}}{\left(1+\gamma-\frac{\Omega^2}{\lambda_1^2}\right)\left(1-\frac{\Omega^2}{\lambda_2^2}\right)-\gamma}. \qquad (4.23)$$

Setzt man in den Gln. (4.22) und (4.23) $\left(1-\frac{\Omega^2}{\lambda_2^2}\right)=0$, d. h.,

$\Omega^2=\lambda_2^2=\frac{c_2}{m_2}$, so werden $A_1=0$ und $A_2=-\frac{x_{st}}{\gamma}=-\frac{\hat{F}}{c_2}$.

Bei Abstimmung des aufgesetzten Systems (m_2, c_2) auf die Erregerfrequenz Ω werden die Schwingungsamplituden $A_1 = 0$ und A_2 endlich groß. Am Vorzeichen für A_2 erkennt man, dass die Bewegungsrichtungen entgegengesetzt sind. Daraus erwächst der Tilgungseffekt.

A_1 und A_2 werden unendlich groß, wenn der gemeinsame Nenner Null ist. Aus dieser Bedingung entsteht die biquadratische Gleichung für zwei Eigenfrequenzen ω_1 und ω_2. Ein Resonanzfall liegt unterhalb und der andere oberhalb der Erregerfrequenz Ω. Der Tilgereffekt ist also immer mit dem Durchfahren einer Resonanz verbunden und bedarf einer Abstimmung auf die vorhandene Erregung.

Bei selbstfahrenden Arbeitsmaschinen wird das Tilgersystem konstruktiv über eine elastische (c_A) und zusätzlich dämpfende Abstützung (k_A) der Arbeitsausrüstung mit ihrer Masse m_A gegenüber dem Grundgerät (m_G, c_G, k_G) geschaffen, siehe Bild 4-171. Nicht ohne Einfluss auf das dynamische Verhalten ist die Lage der Schwerpunkte, in denen m_A und m_G angreifen. Mit den dynamischen Ersatzmodellen nach Bild 4-171 kann eine Modalanalyse durchgeführt werden [4.244] [4.246] [4.247]. Die Anzahl der Eigenformen entspricht der Anzahl der Freiheitsgrade des Mehrkörpersystems. Während das ebene Modell ohne Tilgersystem drei Eigenformen (Nicken, Auslegernicken, Heben/Senken) aufweist, muss man bei dem räumlichen Modell von fünf Eigenformen (zusätzlich Wanken, Achspendeln) ausgehen. Das Tilgersystem erhöht die Anzahl der Eigenformen entsprechend.

Jede rechnerische Simulation ist von der Benutzung realistischer Maschinenparameter abhängig. Selbst die Kenngrößen Eigenmasse, Schwerpunkt und Massenträgheitsmoment müssen meist experimentell bestimmt werden (s. Abschn. 3.3). Problematisch sind die erforderlichen Kenndaten für EM-Reifen, da statisch ermittelte Feder- und Dämpfungswerte von denen rollender Reifen erheblich (rd. 25 %) abweichen können [4.237].

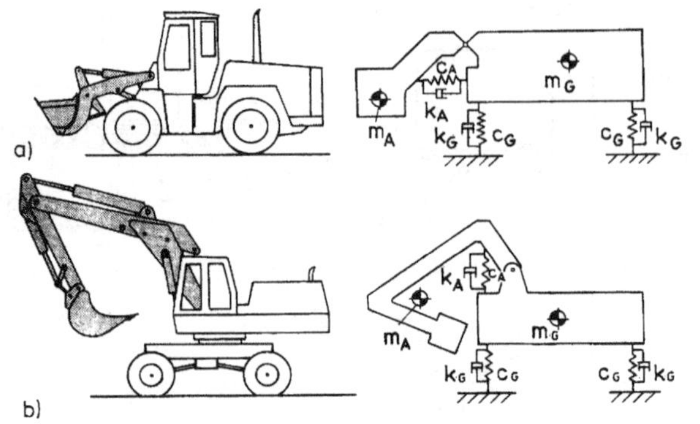

Bild 4-171 Dynamische Ersatzmodelle mit Tilgersystem für selbstfahrende Arbeitsmaschinen [4.244]

a) Lademaschine b) Mobilbagger

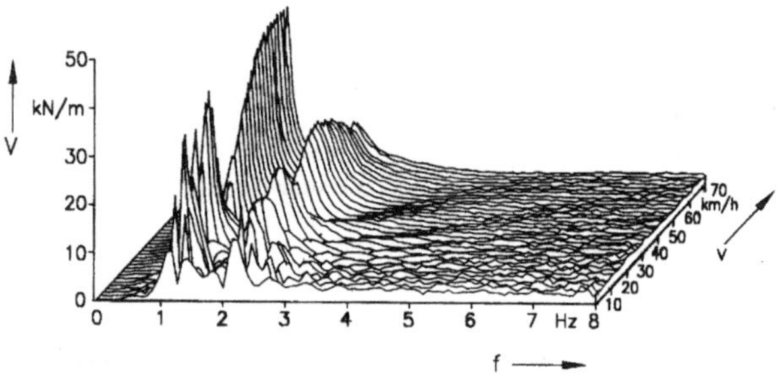

Bild 4-172 Vergrößerungsfunktion V der dynamischen Achslast ohne Tilgersystem in Abhängigkeit von Frequenz f und Fahrgeschwindigkeit v [4.244]

Alle außerhalb des Radstands angebrachten Massen (Ladeschaufel) führen dazu, dass schon bei geringen Fahrgeschwindigkeiten große Maschinenbewegungen auftreten. Charakteristisch sind außerdem zwei Resonanzstellen für die dynamischen Radlasten (Bild 4-172). Die erste wird vom Nicken und die zweite vom Heben/Senken bestimmt, d. h., die größten dynamischen Radkräfte stammen aus der Nickbeschleunigung. Zur Bewertung dieser Beschleunigungskräfte muss deren Einfluss auf Fahrsicherheit und Fahrkomfort dienen, wobei zur Fahrsicherheit unbedingt der Erhalt von Traktion und Lenkvermögen gehören. Deshalb soll unter dynamischen Fahrverhältnissen für die Radkraft immer $F_{dyn} \geq 0$ gelten. Überträgt man die Erkenntnisse aus der Fahrzeugtechnik auf Arbeitsmaschinen, dann muss $F_{dyn}/F_{stat} \leq 0{,}33$ betragen [4.248].

Der Fahrkomfort hat auch bei mobilen Erdbaumaschinen eine Bedeutung. Er wird von subjektiven Wahrnehmungen des Maschinenbedieners bestimmt. Versuche mit zahlreichen Probanden haben zur Bewertung der Schwingstärke geführt. Das Maß dafür wird aus Komfortempfinden und vertikalen, dynamischen Kräften auf den Sitz des Bedieners gebildet. Festlegungen findet man in VDI 2057, ISO 7096 und ISO/DIN 2631. Es gibt Bemühungen, Fahrsicherheit und Fahrkomfort in einem rechnerischen Bewertungsansatz, dem so genannten Gütefunktional, zusammenzufassen [4.249]. Allgemein ist bekannt, dass der Komfort auf Baumaschinen wegen starrer Rahmenkonstruktionen und niedriger Reifendämpfung relativ gering ist und damit nur noch von der Sitzbefestigung sowie -gestaltung abhängt. Da im Maschinenschwerpunkt die vertikalen dynamischen Kräfte am geringsten sind, bietet sich dieser Ort für die Sitzbefestigung an. Nicht immer kann das konstruktiv realisiert werden.

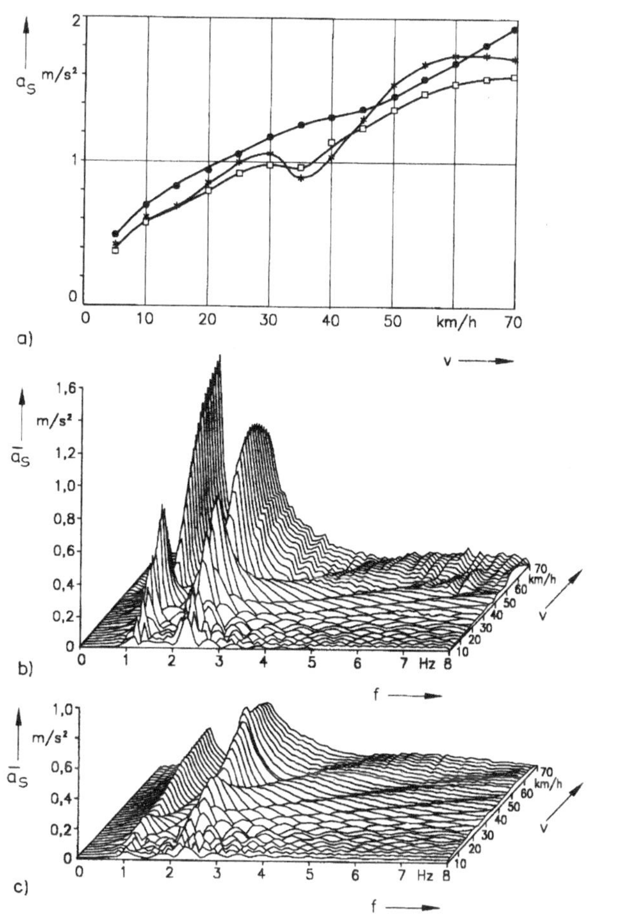

Bild 4-173 Sitzdynamik (Beschleunigung) eines Radladers in Abhängigkeit von Fahrgeschwindigkeit und Tilgerabstimmung aus einer rechnerischen Simulation [4.244]

a) vertikale Sitzbeschleunigung a_S
●—●—● $f_A = 1{,}00$ Hz; $D = 0{,}3$
——* $f_A = 1{,}40$ Hz; $D = 1{,}0$
○—○—○ $f_A = 1{,}75$ Hz; $D = 0{,}3$
b) Linearspektrum bei starr abgestützter Arbeitsausrüstung
c) Linearspektrum bei elastisch abgestützter Arbeitsausrüstung

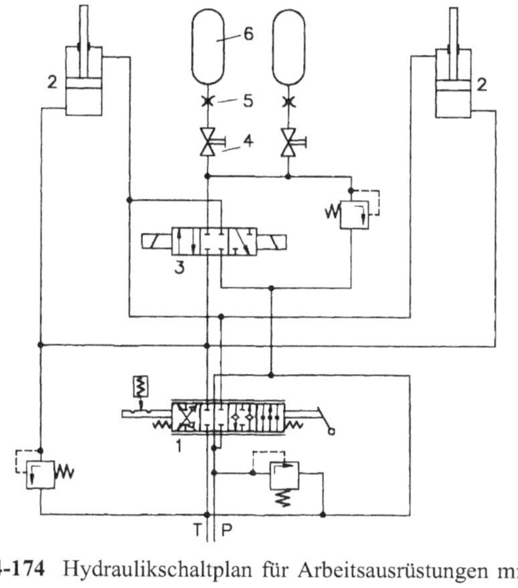

Bild 4-174 Hydraulikschaltplan für Arbeitsausrüstungen mit Tilger

1 Steuerventil für Hubzylinder
2 Hubzylinder
3 4/3 Wegeventil
4 Absperrventil
5 Drossel
6 Speicher

Die rechnerische Simulation dynamischer Verhältnisse am Radlader führen zu den im Bild 4-173 dargestellten Ergebnissen [4.244]. Bei der Wahl einer günstigen Tilgerabstimmung ergeben sich für die Merkmale Radkraft und Sitzbeschleunigung a_S unterschiedliche Tilgerfrequenzen. Einen Kompromiss stellt der Wert $f \approx 1{,}4$ Hz dar. Die Tilgerdämpfung kann für beide Merkmale mit $D \approx 0{,}3$ festgelegt werden. Da dieser Wert praktisch nicht realisierbar ist, wird nur mit $D \approx 1$ gerechnet.

Bei Verwendung der Arbeitsausrüstung als Tilgermasse (Bild 4-171) muss auch beachtet werden, dass die Tilgerbewegung (Relativbewegung zwischen Maschine und Arbeitsausrüstung) möglichst gering sein soll. Mit der Simulation werden Tilgeramplituden bis ± 30 mm errechnet. Bei einer Tilgerdämpfung von $D \approx 1$ reduziert sich dieser Wert auf rd. ± 15 mm.

Feder- und Dämpfer des Tilgers werden von einem Hydrospeicher und einstellbarem Drosselventil im Kreislauf der Arbeitshydraulik gebildet, siehe Bild 4-174. Wenn die Dämpfung aus Gelenk- und Zylinderreibung groß genug ist, kann auf das Drosselventil verzichtet werden. Bei zugeschaltetem Hydrospeicher muss die unbelastete Seite des Zylinders drucklos (Tank T) sein, damit eine Ausgleichsbewegung zustande kommt. Die Steifigkeit der Feder wird von den Zustandsgrößen Druck und Volumen des Gas-Hydrospeichers bestimmt. Da die Gasfüllung thermodynamisch ein geschlossenes System bildet, das mit seiner Umgebung Energie austauscht, gilt hier die polytrope Zustandsgleichung $p_i V_i^n =$ konst. Der Polytropenexponent n strebt im isothermen Zustand gegen den Wert 1 und im adiabaten gegen den Adiabatenexponenten χ ($\chi = 1{,}4$ für Stickstoff). Davon ausgehend gilt für die Federsteifigkeit einer Gasfeder [4.244]

$$c = \frac{n\, p_i\, A_K^2}{V_i} \left(\frac{1}{1 - \frac{A_K}{V_i} s} \right)^{n+1} .$$

Es bezeichnen:
p_i Systemdruck im Zustand i
A_K Kolbenfläche
V_i Stickstoffvolumen im Zustand i
s Kolbenweg.

Bei kleinen Volumenänderungen $A_K\, s < V_i$ ruft der Systemdruck ("Tragedruck") das Stickstoffvolumen V_0 hervor, mit dem der Speicher in der Ruhelage zu füllen ist

$$V_0 = \frac{\pi\; n F_0\, d_K^2}{2c} .$$

Es bezeichnen:
F_0 statische Stützkraft der Hubzylinder
d_K Kolbendurchmesser.

Da es sich um schnelle Druckänderungen handelt, kann man einen adiabaten Zustand mit $n = \chi = 1{,}4$ annehmen. Der Druck im Hydrospeicher ist in Abhängigkeit vom Kolbenweg bestimmbar

$$p = p_0 \left(\frac{V_0}{V_0 - \frac{\pi\, s\, d_K^2}{2}} \right)^n .$$

Große Federwege setzen eine progressive Beziehung zwischen Federkraft und Federweg voraus. Ferner muss die sich einstellende dynamische Steifigkeit der Gasfeder nicht mit der für den statischen Zustand rechnerisch bestimmten Federsteifigkeit übereinstimmen. Wegen großer Systemdruckunterschiede eignen sich für solche Tilger deshalb besonders Membranspeicher. Bei der Montage der Tilgerelemente ist darauf zu achten, dass zwischen Speicher und Hydraulikzylinder eine kurze Leitung mit großem Querschnitt verlegt wird.

Die Tilgereffekte werden durch Messungen am Radlader nachgewiesen, siehe Bild 4-175. Die Messergebnisse beweisen, dass sowohl bei Last- als auch bei Leerfahrten die dynamischen Radkräfte und Sitzbeschleunigungen bei eingeschaltetem Tilger um 40 bis 65 % reduziert werden. Der größte Effekt wird bei Lastfahrt und hohen Geschwindigkeiten erzielt. Die Spektren zeigen zwei Resonanzstellen für Nick- und Hubbewegungen. Während die erste Resonanzüberhöhung bei f = 1,64 Hz nur gering ausgebildet ist, ruft die zweite bei f = 2,58 Hz (Hubbewegung) die größten dynamischen Wirkungen hervor.

Im praktischen Einsatz müssen Tilger und lastaktive Federungssysteme für den statischen Betrieb mit maximalen Kräften abschaltbar sein. Um dem Bediener das ständige Zu- und Abschalten zu ersparen, werden selbsttätige, geschwindigkeitsgeregelte Schalter verwendet. Hersteller berichten davon, dass mit dem Einsatz von Tilgersystemen folgende Vorteile verbunden sind [4.245]:

- größere Fahrgeschwindigkeit bei Transportfahrt
- höhere Ausnutzung des Ladeschaufelfüllungsgrads
- Vermeidung hoher Bediener- und Bauteilbelastungen.

Das Tilgersystem ist wartungs- und nahezu verschleißfrei, so dass nur zusätzliche Anschaffungskosten entstehen.

Teilaktive, strukturdynamische Fahrwerksregelungen können aus Komfortgründen auch grundsätzlich von Bedeutung sein. Sie bestehen dann aus einer hydropneumatischen Federung mit Aktuatoren in Trennzylinder-Anordnung [4.243]. Bei schnellfahrenden Arbeitsmaschinen kann darauf zukünftig nicht mehr verzichtet werden.

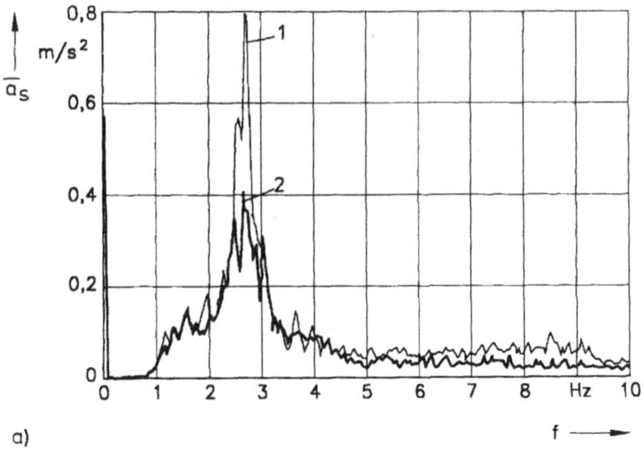

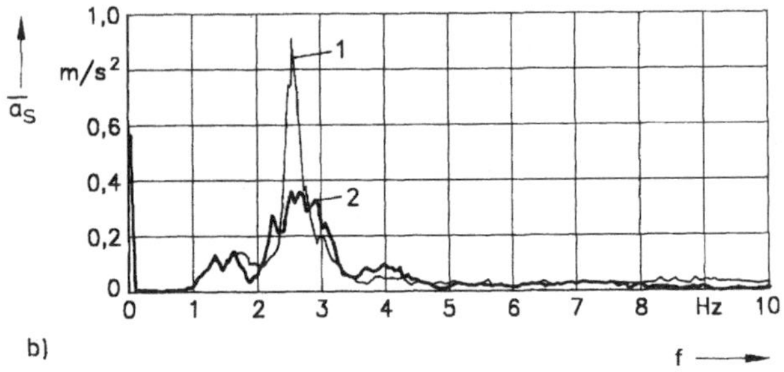

Bild 4-175 Messergebnisse zur Bewertung des Tilgereffekts am Radlader [4.244]

a) Linearspektrum der vertikalen Sitzbeschleunigung bei ungefüllter Ladeschaufel (f_A = 1,2 Hz, v = 12 km/h)

b) Linearspektrum der vertikalen Sitzbeschleunigung bei gefüllter Ladeschaufel, (f_A = 0,8 Hz, v = 12 km/h)

1 ohne Tilgersystem

2 mit Tilgersystem

5 Maschinen für Transport und Verkippung

5.1 Übersicht, Gliederung und Anwendung

5.1.1 Entwicklungstendenzen

Die Entwicklung von immer leistungsfähigeren und zuverlässigeren Gewinnungs-, Transport- und Verkippungsmaschinen hat zu einer ständig steigenden Anwendung der Tagebautechnik geführt. Durch die Vergrößerung des Durchsatzes und der möglichen Abtragshöhe der Bagger wurden die Voraussetzungen geschaffen, um immer größere und tiefere Tagebaue zu erschließen und zu betreiben.
Auch die Vorteile des Tagebaubetriebs gegenüber dem Tiefbau haben zu dieser Entwicklung nicht unerheblich beigetragen.

Hierzu gehören u. a.:
- geringere Selbstkosten und geringere Abbauverluste (bei ungestörter Flözlage und richtiger Planung nahezu 0 % und bei gestörter Flözlage rd. 5 %)
- hohe Leistungsfähigkeit
- Voll- bzw. Teilautomatisierung ist möglich
- die Arbeitsproduktivität ist mehrfach höher
- geringere körperliche Belastung der Arbeitskräfte
- leichtere selektive Gewinnung des Minerals.

Zu den Nachteilen des Tagebaubetriebs gehören:
- Bewegung großer, unproduktiver Massen
- höhere Investitionskosten
- Abhängigkeit von den klimatischen Verhältnissen.

Die weltweite Bedeutung der Tagebautechnik wird auch durch die Darstellung im Bild 5-1 demonstriert.
Dieses zeigt, dass die Rohstoffe der Stein- und Erdenindustrie nahezu 100 % im Tagebau gewonnen werden. Auch für die anderen Mineralien wie Eisenerz, Braunkohle, Kupfererz, Phosphat, Bauxit und Mangan werden sehr hohe Prozentzahlen ausgewiesen [5.1] [6.1]. Beim Abbau muss in Abhängigkeit von den abzubauenden Mineralien und den darüberliegenden Schichten zwischen Locker- und Festgestein differenziert werden.
Im Bild 5-2 ist eine Aufgliederung der Massenbewegung in Tagebaue mit Locker- und Festgestein für die Mineralien angegeben. Wie dieses Bild zeigt, gliedert sich die Massenbewegung mit 48 % auf Lockergesteins- und mit 52 % auf Festgesteinstagebau recht ausgewogen auf. Es handelt sich hierbei um eine vereinfachte Zusammenfassung, da in vielen Fällen der Übergang vom lockeren zum festen Gestein fließend ist [5.1].
In den letzten Jahrzehnten war, nicht zuletzt durch die technische Weiterentwicklung der entsprechenden Maschinen, ein ständiger Anstieg der geförderten Mengen an Mineral und Abraum zu verzeichnen. So wurden im Jahr 1992 $3{,}7 \cdot 10^9$ t Steinkohle, $1{,}2 \cdot 10^9$ t Braunkohle, $0{,}97 \cdot 10^9$ t Eisenerz und $7{,}5 \cdot 10^6$ t Kupfererz gewonnen. Diese Werte berücksichtigen nicht den Abraumtransport. Dieser Anteil ist z. B. bei einem Verhältnis von 4:1 zwischen Abraum zu Kohle bzw. Mineral um rd. das 4fache größer.
Auch in den folgenden Jahren sind konstante Zuwachsraten bei Kohle, Kupfer und Eisenerz zu erwarten [5.2].

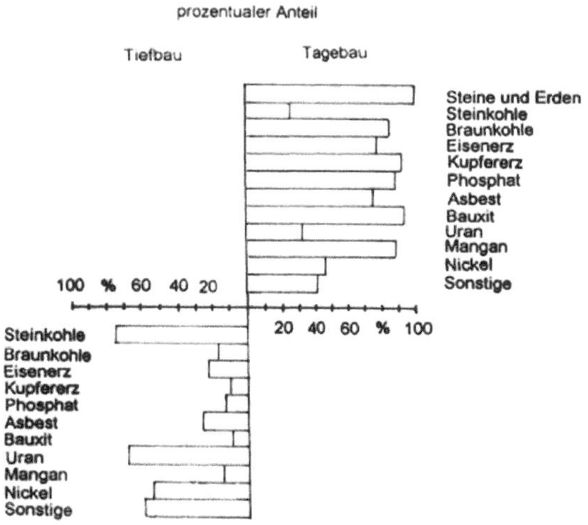

Bild 5-1 Prozentuelle Verteilung der Massenbewegungen der wichtigsten mineralischen Rohstoffe und der „Steine und Erden" in Tief- und Tagebauen [5.1] [6.1]

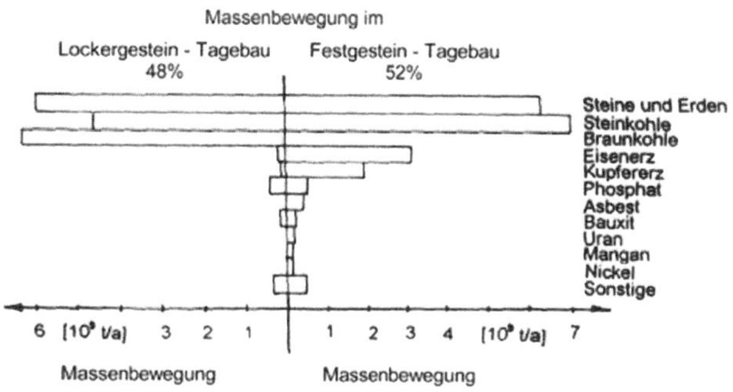

Bild 5-2 Verteilung der Massenbewegung auf Locker- und Festgesteinstagebaue [5.1] [6.1]

Diese Entwicklungstendenzen für die Massenbewegung im Tagebau stellen die Grundlage für eine zielgerichtete Weiterentwicklung der Maschinen dar.

Hierbei sind folgende Schwerpunkte zu sehen:
- Entwicklung neuer, wirtschaftlicherer Gewinnungs- und Transportsysteme
- Weiterentwicklung der zur Zeit wirtschaftlichsten Systeme, um die Herstellungs- und Betriebskosten zu senken und den Einsatzbereich zu vergrößern.

5.1.2 Übersicht und Einsatzbedingungen der Transportsysteme

Fördersysteme auf dem Gebiet des Tage- und Erdbaus lassen sich in
- Gewinnungs- bzw. Ladevorgang
- Transportsystem
- Verkippungs- bzw. Entladevorgang

untergliedern. Wobei das Transportsystem, abgesehen von ganz kurzen Transportentfernungen, den Anteil darstellt, der die Kosten des Fördersystems maßgebend beeinflusst [5.1] [5.3].

Auf Grund der Bedeutung des Transportsystems kommt der Wahl der zweckmäßigsten Variante eine dominierende Rolle zu. Eine unwirtschaftliche Variante kann in den meisten Fällen nicht durch die optimale Gestaltung einzelner Maschinen ausgeglichen werden.

Die Transportsysteme lassen sich nach mehreren Gesichtspunkten untergliedern. Wesentliche Kriterien hierfür sind:

- Länge des Transportsystems, Art des Schüttgutes
- Neigungen, insbesondere Steigungen im Bereich des Transportsystems
- Witterungseinflüsse (Temperatur, Niederschläge u. a.).

Da die Länge des Transportsystems einen großen Einfluss auf die Kosten besitzt, stellt diese Größe ein maßgebendes Kriterium dar.

Bei dem zurzeit bestehenden Verhältnis zwischen Abraum und Mineral bzw. fossilem Brennstoff stellt der Abraum den maßgebenden Anteil an den zu transportierenden Massen dar. Beim Aufschluss eines Tagebaues muss der Abraum, bis zur Verkippung auf der Innenkippe, auf einer Außenkippe deponiert werden. Da der Transport auf die Außenkippe höhere Transportkosten verursacht und eine zusätzliche Deponiefläche benötigt, ist die Minimierung dieses Anteils ein wesentliches Kriterium für die Bestimmung der Aufschlussstelle eines Tagebaues.

Bei der Verkippung des Abraums auf einer Außen- bzw. Innenkippe steht die Forderung nach einer stabilen Kippenböschung, da Böschungsrutschungen Menschen, Maschinen sowie den planmäßigen Abbau gefährden können.

Unter Berücksichtigung der Darstellungen im Tagebaubetrieb, aber auch bei analogen Verhältnissen im Erdbau, können die Fördersysteme wie folgt untergliedert werden [5.4]:

- Direktförderung bzw. Varianten zur Erreichung kurzer, steigungsarmer Transportwege bei Verwendung leistungsfähiger Fördermaschinen
- Strossenförderung d. h. Förderung um den Tagebauaufschluss bzw. über größere Entfernungen.

5.1.3 Direktförderung

Unter Direktförderung bzw. Direktversturz wird das Transportsystem zusammengefasst, bei denen der Abraum auf dem kürzesten Weg von Abbauort zur Innenkippe transportiert wird. Auf Bild 5-3 a bis c sind die wesentlichsten Varianten der Direktförderung (Transport- und Verkippung) dargestellt.

5.1.3.1 Abraumförderbrücke

Entwicklung der Abraumförderbrücken

Die Abraumförderbrücke (AFB) besteht aus einem fahrbaren Traggerüst auf dem die Gurtförderer gelagert sind. Diese überspannt den Tagebau und ermöglicht das Verkippen des Abraums auf der Innenkippe. Die AFB mit den angeschlossenen Eimerkettenbaggern ersetzt somit funktionsmäßig die drei Teile eines Fördersystems (s. Abschn. 5.3) [5.5] [5.6] [5.10].

Bereits in den 1980er Jahren des vorigen Jahrhunderts kam durch die Vergrößerung des durchschnittlichen Verhältnisses von Deckgebirge zu Kohle der Gedanke auf, die bisher verwendete Strossenförderung in Form der Zugförderung im Abraumbetrieb durch ein Fördermittel zu ersetzen, das den Abraum auf kürzestem Wege direkt über den offenen Tagebau hinweg bewegt und auf das freie Liegende verstürzt. Zur Verkürzung des Förderweges zwischen Bagger- und Kippenstrosse sahen erste Projekte feststehende Holzbrücken vor, die entsprechend dem Abbaufortschritt auf der Gewinnungsseite zu verlängern und auf der Verkippungsseite zu verkürzen waren. Der Weiterentwicklung dieses Gedankens entsprach ein dem Engländer *Clark* im Jahre 1883 verliehenes Patent, das vorsah, Erdmassen durch Kautschukbänder über ein an zwei Punkten abgestütztes brückenähnliches Bauwerk, also auf kürzestem Förderweg zwischen Gewinnungs- und Verkippungspunkt, zu fördern. Die Idee einer AFB war somit erstmals schriftlich fixiert.

In den folgenden Jahrzehnten wurde eine Fülle von Vorschlägen ausgearbeitet, die aus heutiger Sicht teilweise erstaunliche technische Lösungen darstellten. Ihre Realisierung war nach dem damaligen Stand der Technik allerdings mit einem erheblichen Risiko und nicht zuletzt mit einem hohen Kapitaleinsatz verbunden. Ein zwingender ökonomischer Anreiz bestand zunächst nicht, da die im Abbau befindlichen Kohlefelder noch ein günstiges Verhältnis von Abraum zu Kohle aufwiesen. Um 1920 wurde jedoch der Abbau ungünstigerer Kohlefelder notwendig. Das durchschnittliche Verhältnis von Abraum zu Kohle stieg in Deutschland auf 2:1 und erreichte im Jahre 1940 bereits etwa 3:1. Eine entscheidende Kostensenkung war damit zu einer Lebensfrage der Braunkohlegewinnung geworden.

Nachdem bereits vorher einige Varianten des Direktversturzes von Abraum praktisch ausgeführt wurden, ohne dass damit ein durchschlagender Erfolg erreicht werden konnte, wurde im Jahre 1924 in den damaligen Plessaer Braunkohlenwerken die erste funktionstüchtige AFB eingesetzt und in Betrieb genommen.

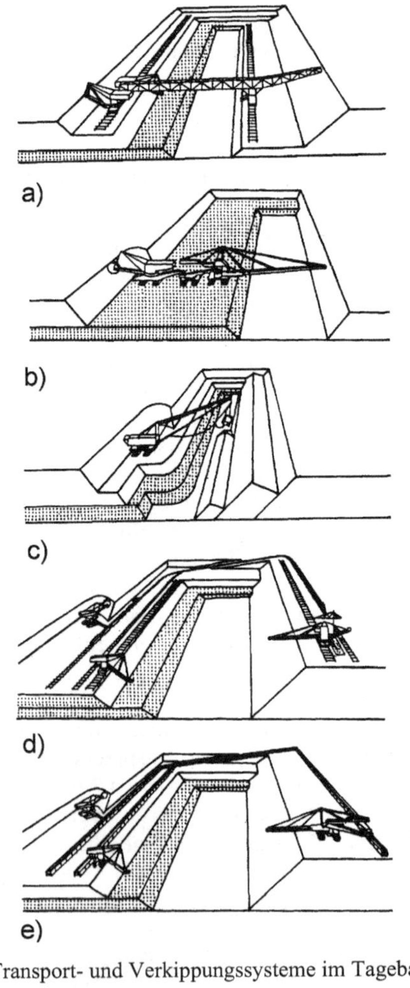

Bild 5-3 Transport- und Verkippungssysteme im Tagebau [5.5]

a) Abraumförderbrücke
b) Direktversturzkombinationen
c) Streifenabbau mit Eingefäßbaggern
d) Zugförderung
e) Bandförderung

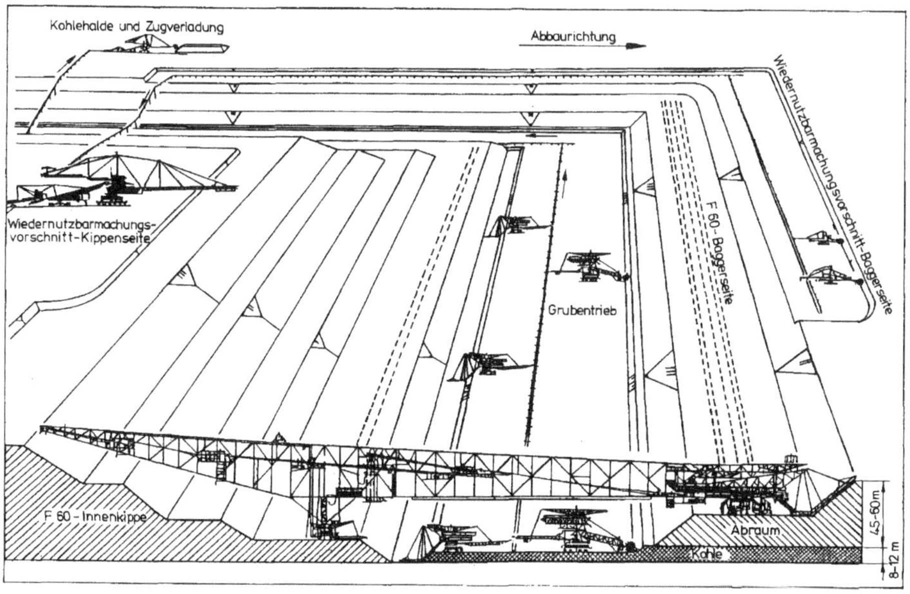

Bild 5-4 Übersicht des Tagebaus Reichwalde mit AFB F60, Grubenbetrieb und Wiedernutzbarmachung – Vorschnitt mit Verkippung

Damit wurde eine neue Epoche der Tagebautechnik eingeleitet. Arbeitsproduktivität und Selbstkosten der Abraumbewegung erreichten so günstige Werte, wie sie bis dahin noch nie erzielt werden konnten. Die Wirtschaftlichkeitsgrenze der Gewinnung im Tagebau verschob sich schlagartig weit in den Bereich größerer Abraummächtigkeiten. Diese günstigen Werte sind bis heute erhalten geblieben.

Auf Bild 5-66 sind die meistgebauten AFB mit den Hauptabmessungen dargestellt. Durch den starren Ausleger der AFB setzt sich als Verhiebsart der Frontverhieb durch. Für diese Verhiebsart sind die Eimerkettenbagger mit Gleisfahrwerken am besten geeignet. Schaufelradbagger und Gleis-Raupen-Fahrwerke an Brücken konnten sich nicht durchsetzen. Auch der direkte Einbau des Gewinnungsorgans in die Förderbrückenkonstruktion hat sich nicht bewährt, da die beim Grabvorgang entstehenden Erschütterungen auf die Brückenkonstruktion übertragen werden.

Im Bild 5-4 ist das Einsatzschema einer AFB F60 mit Vorschnitt und Grubenbetrieb dargestellt.

Annordnung der Eimerkettenbagger

Die im Hoch- und Tiefschnitt arbeitenden Eimerkettenbagger erreichen von einer Arbeitsebene eine große Abtragsmächtigkeit. Im Tiefschnitt können sie ihre Abbauhöhe den örtlichen Flözverwerfungen ohne große Probleme anpassen. Im Allgemeinen werden zwei gleiche Eimerkettenbagger an einer AFB eingesetzt, in Ausnahmefällen auch 1 bis 3 Stück. Die Bilder 5-5 und 5-6 zeigen die möglichen Varianten der Baggeranordnung auf einer bzw. auf zwei Arbeitsebenen. Die einseitige bzw. die unsymmetrische Anordnung ist beim Abbau im Schwenkbetrieb von Vorteil, da in diesem Falle die Strossenendbaggerung effektiver erfolgen kann. Werden zwei Bagger einseitig angeschlossen, dann muss das Freischneiden, wenn es notwendig wird, durch Hilfsgeräte erfolgen [5.4].

Abbaubedingungen

Die Stützweite der AFB und die Länge des Abwurfauslegers wird im Wesentlichen durch die Abbauhöhe, die zulässigen Böschungswinkel, die Breite für den Mineralabbau und den Sicherheitsabstand bestimmt. Das kippenseitige Böschungssystem bedarf besonders gründliche Voruntersuchungen. Um eine standsichere Kippe aufbauen zu können, ist vor allem bei größeren Abbauhöhen und damit Kippenhöhen ein Anteil an rolligem Fördergut für die Vorkippe erforderlich. Die exakten Abmessungen von Vorkippen und Vorberme sind für den Fall unter Beachtung der örtlichen Bedingungen zu ermitteln (Bild 5-7). Durch den starr angeordneten Abwurfausleger entsteht eine Rippenkippe. Der Abstand der Rippen wird durch die Rückbreite bestimmt.

Die AFB gehören zu den leistungsfähigsten Fördersystemen. Die Abraumbewegung kann bis zu 120 Mio. fm^3/a erreichen. Die Abbauhöhe kann bis zu 65 m betragen. Durch die Baggerung im Frontbetrieb wird eine hohe, gleichmäßige Auslastung des Querschnitts der Gurtförderer erreicht [5.8].

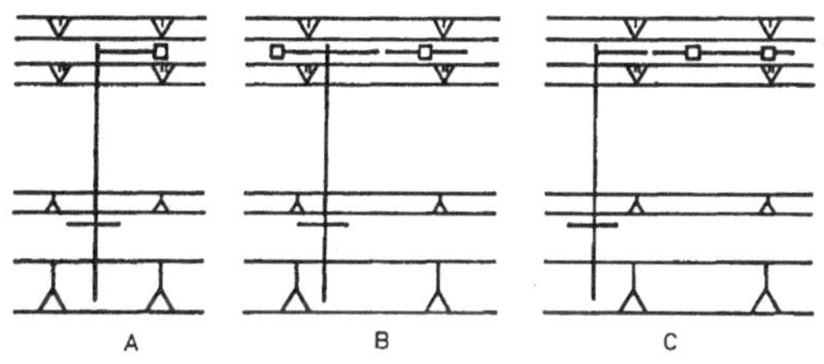

Bild 5-5 Baggeranordnung an einer AFB mit einer gewinnungsseitigen Arbeitsebene [5.4]

A mit einem Bagger
B beiderseitig je ein Bagger
C zwei Bagger auf einer Seite

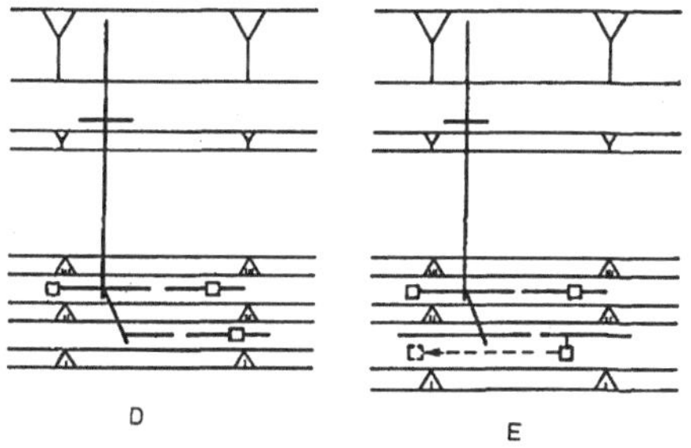

Bild 5-6 Baggeranordnung an einer AFB mit zwei gewinnungsseitigen Arbeitsebenen [5.4]

D zwei Bagger auf der unteren und ein Bagger (einseitig) auf der oberen Arbeitsebene
E zwei Bagger auf der unteren und ein Bagger (beiderseitig) auf der oberen Arbeitseben

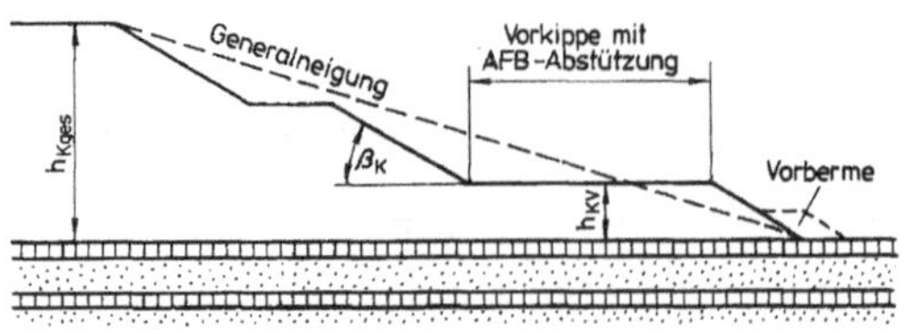

Bild 5-7 Kippenaufbau bei einer AFB F 60 [5.4]

h_{Kges} Gesamtkippenhöhe
h_{KV} Höhe der Vorkippe
β_K Böschungswinkel

Vor- und Nachteile der AFB

Die Vorteile der AFB gegenüber dem Band- und Zugbetrieb sind folgende:

- Verkürzung des Förderweges – der Abraum wird auf dem kürzesten Wege, quer über den Tagebau transportiert, die Förderweglänge ist von der Strossenlänge unabhängig
- hohe zeitliche Verfügbarkeit bzw. Auslastung – sie beträgt bei AFB mit durchgehendem Dreischichtbetrieb 6100 bis 7000 h/a, an der AFB F60 im Tagebau *Welzow* wurde bei 6877 h/a ein Durchsatz von 118 Mio. fm^3/a erreicht [5.10]
- spezifische Gewinnungs- und Transportkosten betragen 50 % im Vergleich zum Bandbetrieb [5.10]
- niedriger spezifischer Energieverbrauch – es wurden 1,05 kWh/m^3 an einer AFB F60 ermittelt
- Eimerkettenbagger im Frontbetrieb ermöglichen eine hohe gleichmäßige Auslastung des Fördersystems.

Nachteilig wirken folgende Faktoren:

- große Konstruktionsmasse, hohe Investitionskosten
- Erstellung des Aufschlussgrabens durch ein anderes Fördersystem.

5.1.3.2 Direktversturzkombination

Entwicklung und Einsatzbedingungen

Die kontinuierlich fördernde Direktversturzkombination (DVK) besteht im Allgemeinen aus einem Schaufelradbagger und einem Absetzer mit langem Abwurfausleger, der den Tagebau überbrückt. Diese Maschinen besitzen als Fortbewegungsmechanismus vorwiegend Raupenfahrwerke, sie arbeiten im Blockbetrieb (s. Abschn. 5.4) [5.4] [5.9] [5.13] [5.14].

Dieses Fördersystem unterscheidet sich gegenüber dem mit Bandbetrieb im Wesentlichen dadurch, dass die zwischen dem Bagger und dem Absetzer zwischengeschalteten Gurtförderer, die über 50 % der Betriebskosten verursachen, entfallen. Der Direktversturzabsetzer kann, wie Bild 5-8 zeigt, in zwei Varianten ausgeführt werden:

- Variante 1: Absetzer mit langem Abwurfausleger
- Variante 2: Absetzer mit langer Zwischenbrücke und relativ kurzem Abwurfausleger.

Die Masse des DV-Absetzers und damit auch die Herstellungskosten nach Variante 2 sind geringer, trotzdem werden vorwiegend, auf Grund der größeren Flexibilität durch die Anordnung von Bagger und DV-Absetzer auf einer Arbeitsebene, Ausführungen nach Variante 1 eingesetzt.

Die Abwurfauslegerlänge, mit der der Tagebau überbrückt wird, bestimmt in hohem Maße seine Arbeitsweise. Seine Länge ist aber auch für die Masse des DV-Absetzers maßgebend. Die zweckmäßige Wahl der Länge ist deshalb für die Wirtschaftlichkeit des DVK bzw. des Tagebaues sowie für die Höhe der Investitionskosten eine wesentliche Größe.

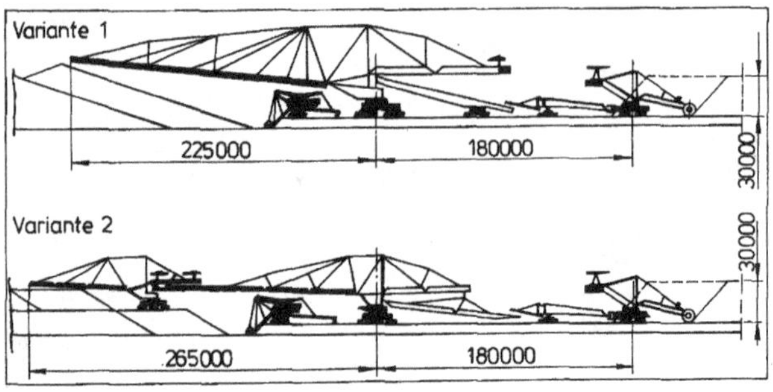

Bild 5-8 Zwei Varianten der Direktversturzkombination [5.13] (Längen in mm)

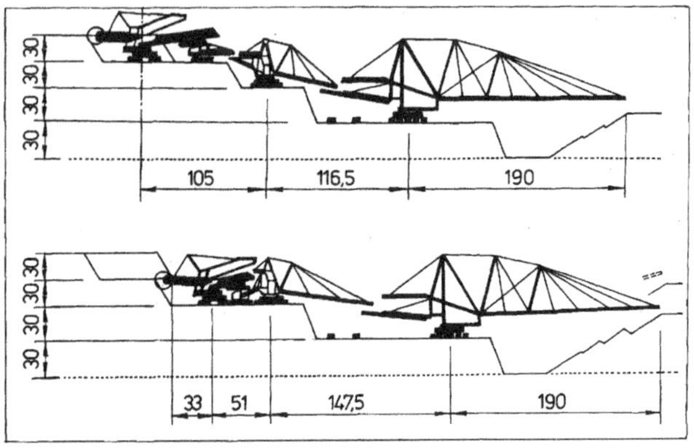

Bild 5-9 Abbauhöhe bis 60 m durch zwei Direktversturzkomplexe [5.13] [5.14] (Längen in m)

Im Abschnitt 5.4 bzw. 5.6 werden die Grundlagen zur Gestaltung der Abwurfausleger dargelegt. Die Größe des Volumenstromes und auch die Abtragshöhe wird durch die Parameter des Schaufelradbaggers und die Länge des Abwurfauslegers bestimmt. Durch den Einsatz von zwei DVK, wie im Bild 5-9 dargestellt, kann die Abtragshöhe und auch der Volumenstrom verdoppelt werden [5.13] [5.14].

Abbautechnologie

Für einen effektiven Einsatz einer DVK und für die relativ gleichmäßige Unterbringung des Abraumes auf der Kippe ist die Erstellung einer Abbautechnologie erforderlich. Mit den folgenden Darlegungen werden einige Hinweise zu Schwerpunkten gegeben.

Im Bild 5-10 ist die Arbeitsweise einer DVK, bestehend aus dem SRs 800 und dem ARs 4000, im Regelbetrieb dargestellt. Die Kohle wird durch einen ERs 500 gewonnen und durch ein rückbares Baggerstrossenband abgefordert. Die noch über dem Kohleflöz liegende Abraumschicht wird durch eine kleine DVK gewonnen und verkippt. Diese DVK mit den drei Gelenken war in einem Tagebau der *Laubag* (Dreiweibern) für mehrere Jahre im Einsatz [5.12]. Auf Grund der geplanten kurzen Einsatzzeit, wurde sie aus weitgehend vorhandenen Maschinen zusammengesetzt. Die vorgesehene Blockbreite musste infolge von Rutschungen der Baggerböschung von 25 auf 12,5 m verringert werden. Das geplante Fördervolumen pro Jahr wurde bei einer zeitlichen Auslastung von $\eta_T = 0{,}825$ trotzdem erreicht.

Die Arbeitsweise der DVK am Strossenende gehört zu dem komplizierteren Teil der Abbautechnologie. In Abhängigkeit von den Fahrspurabständen, speziell vom Schaufelradbagger und Verladegerät, und durch die gleichbleibende oder durch eine wechselnde Verhiebsrichtung ergeben sich verschiedene Varianten der Arbeitsweise.

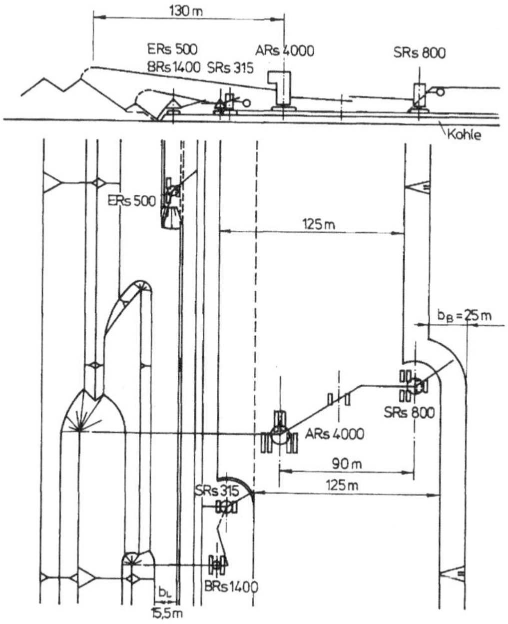

Bild 5-10 Grundtechnologie für den Tagebaubetrieb mit einer Direktversturzkombination (*Dreiweibern*) [5.6]

b_B Blockbreite b_L Abstand des Flözes von der Böschungskante

Im Bild 5-11 ist die Strossentechnologie bei gleichbleibender Verhiebsrichtung und einer Verlängerung der Strosse um Δl_{Stv} dargestellt. Bei dem angegebenen Fahrspurabstand muss die zur Verfügung stehende Kippenlänge l_{EK} der Baggerlänge l_{EB} weitgehend entsprechen, um den Abraum aufnehmen zu können. Das Einschneiden des Baggers in einen neuen Block bei gleicher Verhiebsrichtung wird im Bild 5-12 gezeigt.

Abbaubarer Kohlevorrat

Ein Kriterium für den Einsatz der DVK stellt auch der abbaubare Kohlevorrat dar, da die kontinuierliche Versorgung der Verbraucher bei Havarien und im Winter zu sichern ist. Der Kohlevorrat einer DVK wird bestimmt durch:

- Konstruktionsparameter der DV-Maschinen
- die zur Anwendung kommende Abbautechnologie
- die geologischen Bedingungen der Lagerstätte.

Im Bild 5-13 ist die mögliche Breite des Kohleblocks b_{Rv} unter einer DVK in Abhängigkeit von der h_A und der Auslegerlänge l_{AA} mit einem Vergleich zu den Abbaumöglichkeiten der AFB F34 angegeben.

Der normale Kohlevorrat unter einer DVK beträgt m_{B1} (Bild 5-14). Weitere sofort greifbare Kohlevorräte ergeben sich vor und hinter der DVK mit m_{B2} sowie durch das Zusammenfahren der DVK mit m_{B3}. Der letztgenannte Vorrat kann bei Extremsituationen genutzt werden, dieses hat aber den Nachteil, dass beim späteren Auseinanderziehen der DVK in gestreckte Stellung Schwierigkeiten bei der Kippengestaltung auftreten. Die einzelnen Kohlevorratsanteile können nach den Gleichungen in [5.15] bestimmt werden.

Beim Parallelabbau und der Gewinnung der Kohle in einem Schnitt bestehen unter Beachtung der angenommenen Parameter (Flözmächtigkeit 10 m, Strossenlänge 2000 m, Blockbreite 70 m) die Voraussetzungen, dass unter einer DV-Kombination ein Kohlevorrat von $1{,}9 \cdot 10^6$ t abgebaut werden kann. Weitere $1{,}54 \cdot 10^6$ t werden durch Zusammenfahren der DV-Kombination um eine Blockbreite frei, so dass im Extremfall fast $3{,}5 \cdot 10^6$ t Vorrat zur Verfügung stehen [5.4] [5.15].

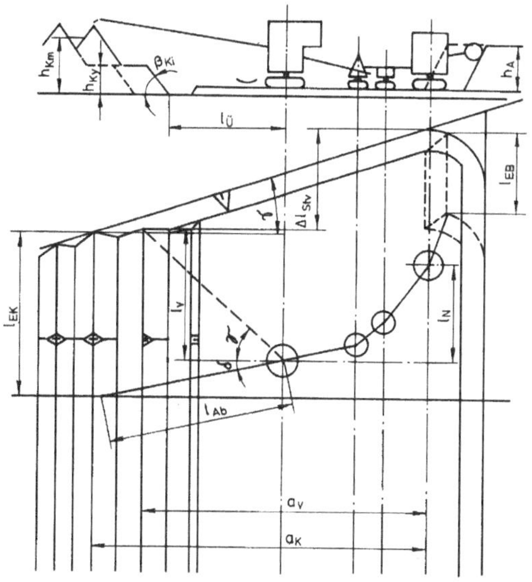

Bild 5-11 Strossenendbaggerung bei gleichbleibender Verhiebsrichtung [5.6]

a_v Abstand des Baggers von der Oberkante der Vorkippe
a_k Abstand des Baggers bis zur Kante der oberen Kippe
h_A Abbauhöhe h_{Km} Schütthöhe
h_{Ky} Höhe der Vorkippe
l_{Ab} Länge des Abwurfauslegers
l_{EB} abzubauende Länge auf der Baggerstrosse
l_{EK} zur Verfügung stehende Kippenlänge
l_N Abstand zwischen Bagger und DV-Absetzer
$l_Ü$ Abstand zwischen DV-Absetzer und Kippenfuß
l_V Abstand des DV-Absetzers von der Böschungskante
Δl_{Stv} Differenz der Strossenlänge
β_{Ki} Böschungswinkel der Vorkippe
γ Winkel der Strossenverlängerung
$\delta + \gamma$ Schwenkwinkel des Abwurfauslegers

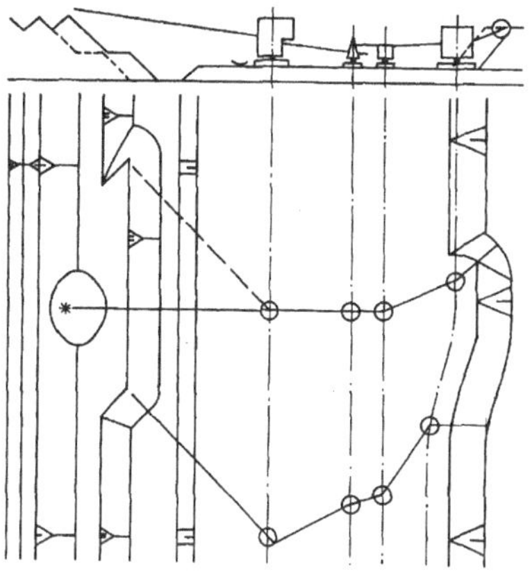

Bild 5-12 Einschneiden des Baggers in einen neuen Block bei gleichbleibender Verhiebsrichtung [5.6]

DV für den Grubenabraum

Ein weiteres Einsatzgebiet für den DV stellt die Verkippung von Grubenabraum bzw. von Zwischenmittel dar. Die Verkippung kann durch den Kohlebagger direkt erfolgen, wenn er einen ausreichend langen Abwurfausleger besitzt. Durch die Kombination des Baggers mit einem Bandwagen, der möglichst mit zwei gegeneinander verschwenkbaren Auslegern ausgerüstet ist, wird eine solche DVK universell einsetzbar (Bild 5-15). Diese Abbauvariante hat sich für die Tagebauführung als eine sehr flexible Lösung erwiesen, besonders bei der Schnitteinteilung und der Festlegung der Arbeitsebenen.

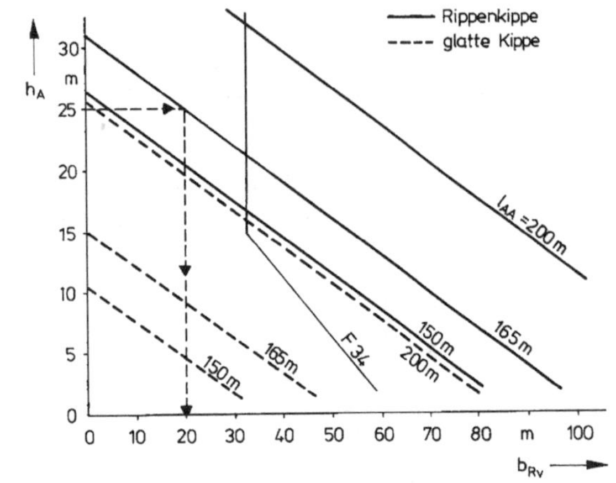

Bild 5-13 Breite des Kohlevorrats b_{Rv} unter einer Direktversturzkombination in Abhängigkeit von der Abtragsmächtigkeit h_A und der Auslegerlänge l_{AA} [5.15]

(F 34 Vergleichswerte beim Einsatz der AFB F 34)

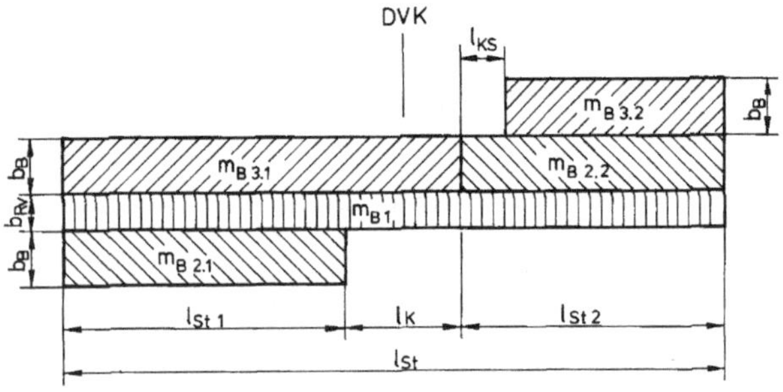

Bild 5-14 Darstellung des Kohlevorrats unter der Direktversturzkombination beim Parallelabbau [5.15]

m_{B1} normaler Kohlevorrat

m_{B21}, m_{B22} zur Verfügung stehender Kohlevorrat vor und hinter der DVK

m_{B31}, m_{B32} zusätzlicher Kohlevorrat beim Zusammenfahren der DVK

l_{St} Länge der Strosse

l_{St1}, l_{St2} Länge der Strosse vor und nach der DVK

l_K Länge der DVK

l_{KS} Sicherheitszuschlag zur Länge der DVK

b_B Blockbreite

b_{Bv} Abbaubreite

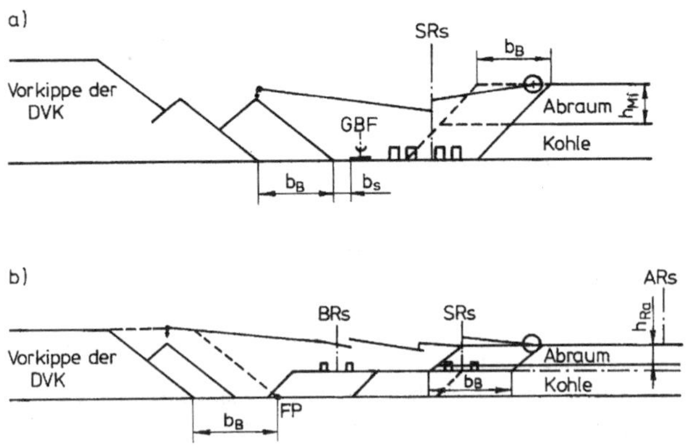

Bild 5-15 Direktversturz von Grubenabraum und Zwischenmittel [5.4]

a) Schaufelradbagger mit langem Ausleger
b) Bagger mit Bandwagen [5-11]

b_B Blockbreite
b_s Sicherheitsabstand
h_{Mi} Höhe der Abraummittelschicht
h_{Ra} Höhe des Restabraums

Vorteile der DVK

Die Vorteile des DVK gegenüber der AFB lassen sich in folgenden Punkten zusammenfassen:

- Der Abraum wird auf dem kürzesten Wege mit geringer Höhendifferenz auf die Innenkippe transportiert und verkippt; das Transportsystem besteht aus wenigen Gurtförderern.
- Das Raupenfahrwerk und die Gelenke im Fördersystem ermöglichen die Anpassung an komplizierte Tagebaubedingungen, körperlich schwere Gleisarbeiten entfallen
- Das Raupenfahrwerk ermöglicht das Befahren von Neigungen bis 1:10 und Kurven mit geringen Radien.
- Der Tagebau kann mit einer DVK aufgeschlossen werden, durch die Gelenke im Fördersystem wird mit der Verringerung des Fahrspurabstandes zwischen Bagger und Absetzer eine Minimierung des Volumens der Außenkippe ermöglicht.
- Die DVK kann in andere Tagebaue umgesetzt werden, so dass auch kleinere Tagebaue aufgeschlossen und betrieben werden können.
- Durch das Schwenken des Abwurfauslegers und das unabhängige Verfahren des DV-Absetzers kann der Kippenaufbau in Bezug auf die Kippenhöhe und -weite positiv gestaltet werden.
- Das Schaufelrad als Gewinnungsorgan ist gegenüber der Eimerkette energiesparend und geräuschärmer, Böden mit höherer Festigkeit können gebaggert werden
- Forderungen in Bezug auf einen Anteil an rolligem Fördergut bestehen nicht.

5.1.3.3 Direktförderung mit Eingefäßbagger

Einsatzbedingungen und Vorteile des Schürfkübelbaggers

Die Gewinnung, der Transport und die Verkippung des Abraum erfolgt im Streifenabbau (Strip-mining-Verfahren) durch diskontinuierlich arbeitende Schürfkübel- bzw. Löffelbagger [5.16]. Dieses Fördersystem wird auch als transportmittelloser Direktversturz bezeichnet.

Dieses Verfahren hat vor allem in den USA große Verbreitung gefunden. Von den rd. $300 \cdot 10^6$ t Kohle/a werden über 80 % nach dieser Abbaumethode gewonnen. Die größten Tagebaue befinden sich im mittleren Westen der USA; sie fördern jeweils über $2 \cdot 10^6$ t Kohle/a. Den Abraum bewegen große Schürfkübelbagger mit einem Kübelvolumen von 60 bis 120 m^3, einer maximalen Schnittiefe von 42 m und einem Arbeitsradius von 80 bis 100 m. Diese Maschinen besitzen einen Fördervolumenstrom von 1800 bis 3300 m^3/h [5.16].

Beim Streifenabbau wird zunächst ein Kohlestreifen mit einer Blockbreite von 20 bis 40 m an einer geeigneten Stelle freigelegt. Die Kohle wird mit Löffelbaggern gewonnen und mit Schwerlastkraftwagen abgefördert. Der nächste Kohlestreifen, der parallel zum Aufschlussgraben liegt, wird vom Schürfkübelbagger freigelegt und der Abraum in den Einschnitt verkippt, aus dem die Kohle bereits gewonnen wurde. Die Kippen werden mit zunehmendem Abbaufortschritt eingeebnet und rekultiviert.

Die Gewinnung und Verkippung des Abraums wird beim Strip-mining-Verfahren von einer einzigen Maschine, einem Löffelbagger oder einem Schürfkübelbagger, durchgeführt. In einigen Fällen werden auch beide Maschinen zusammen im Abraum eingesetzt. Der Löffelbagger arbeitet dann vom Kohlenhangenden aus im Hochschnitt, während der Schürfkübelbagger normalerweise von der Rasensohle aus den größten Teil des Abraums im Tiefschnitt gewinnt.

Beide Geräte schwenken mit ihren gefüllten Grabgefäßen über den offenen Tagebauraum und entleeren über der Kippe. Die Kosten für die Abraumgewinnung (ohne Bohr- und Sprengkosten) betragen etwa 30 bis 60 % der Gesamtgewinnungskosten.
In den letzten beiden Jahrzehnten haben die Schürfkübelbagger wegen ihrer Beweglichkeit und dem großen Fördervolumen an Bedeutung zugenommen. Zurzeit macht die Abraumgewinnung mit Schürfkübelbaggern etwa 60 % der im Tagebau gewonnenen Kohle aus. Dieser Anteil wird sich erhöhen, weil die Schürfkübelbagger gegenüber den Löffelbaggern folgende Vorteile aufweisen:

- leichterer Standortwechsel, größere Schnittiefe
- bessere Eignung für den Mehrflözabbau
- die Kippenentwicklung oder eine Überflutung der Grube beeinflusst nicht die Gewinnungsarbeiten
- geringe Kohlenflözverluste, geringe Wartungskosten
- unterschiedliche Kohleflözstrukturen beeinflussen die Gewinnungsarbeiten nicht
- Möglichkeit zur Herstellung eines Aufschlussgrabens.

Abraumgewinnung im Einflöztagebau [5.16]
Im Bild 5-16 sind die Varianten der Anordnung des Schürfkübelbaggers während der Herstellung des Aufschlussgrabens dargestellt.
Im Regelbetrieb wird der Abraum im Allgemeinen durch Auflockerungssprengung für die Gewinnung vorbereitet und nach folgendem Verfahren verkippt (Bild 5-17):

- einfache Seitenverkippung
- Verkippung mit vorgeschnittener Arbeitsebene
- Verkippung mit erweiterter Arbeitsebene.

Einfache Seitenverkippung
Bei diesem Verfahren (Bild 5-17a) arbeitet der Schürfkübelbagger von der Rasensohle aus im Tiefschnitt und verkippt den Abraum in den ausgekohlten Einschnitt. Der Gewinnungsvorgang gliedert sich in einen Erstschnitt und einen späteren Endschnitt.
Beim Erstschnitt wird das Abbaugut keilförmig längs der Böschung des neu anzulegenden Einschnitts gewonnen. Das ist erforderlich, um ein Böschungsgefälle im Einschnitt zu schaffen. Der Abraum vom Erstschnitt wird im unteren Teil der Kippe abgesetzt. Lockeres Material wird in den „V"-Einschnitt zwischen den beiden Kippenreihen oder oben auf die Abraumkippe verstürzt. Kulturfeindlicher Abraum wird selektiert und möglichst im unteren Bereich der Kippe eingebaut.
Diese einfache Seitenverkippung wird bei fast ebener Rasensohle und guter Tragfähigkeit angewendet. Der maximale Auslegerschwenkwinkel beträgt 90°, damit wird der effektivste Einsatz des Schürfkübelbaggers erreicht.

Gewinnung mit vorgeschnittener Arbeitsebene
Bei diesem Verfahren (Bild 5-17b) arbeitet der Schürfkübelbagger auf einer unter der Rasensohle liegenden Arbeitsebene, die er sich bei der Gewinnung des vorhergehenden Blockes selbst geschaffen hat (Vorschnitt). Während des Vorschnittes erreicht der Bagger nur 30 bis 50 % des normalen Schürfvolumens. Außerdem kann der Bagger den Abraum nur in geringerer Entfernung von der Gewinnungsseite und mit kleinerer Abwurfhöhe verkippen. Der Auslegerschwenkwinkel liegt zwischen 130° und 160°. Die Vorschnittmächtigkeit beträgt 3 bis 15 m, im Durchschnitt 4 m. Das Verfahren wird bei sanft welligem Relief angewendet, bei dem eine annähernd horizontale Arbeitsebene vorbereitet werden muss, oder wenn die Tragfähigkeit des Bodens nicht ausreicht.

Auf Grund der unproduktiven Arbeitsweise des Schürfkübelbaggers im Vorschnitt werden in erhöhtem Umfang DVK eingesetzt. Die Bilder 5-85 und 5-86 stellen zum Einsatz gekommene DVK dar.

Gewinnung mit erweiterter Arbeitsebene
Bei diesem Verfahren (Bild 5-17c) wird die Arbeitsebene zur Kippe hin mit verkipptem Abraum erweitert (Zwischenkippe). Das kann zur Verkippung des Abraums vom Erstschnitt und/oder vom Vorschnitt notwendig werden.
Von der erweiterten Arbeitsebene aus kann der Schürfkübelbagger den Abraum in größerer Entfernung verkippen und dadurch zusätzlichen Kippraum schaffen. Etwa 70 % des Abraums dieser Zwischenkippe wird nochmals in den nächsten Einschnitt umgesetzt. Mit diesem Verfahren lässt sich auch eine größere Einschnittbreite erzielen, die für eine größere Grubenbreite oder eine Böschungsabflachung benötigt wird.

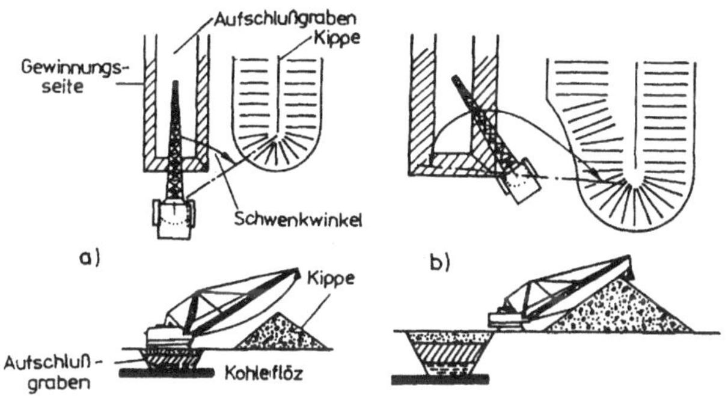

Bild 5-16 Herstellung des Aufschlussgrabens mit einem Schürfkübelbagger [5.16]

a) Schürfkübelbagger steht am Einschnittende in Richtung Aufschlussgrabenachse
b) Schürfkübelbagger steht seitlich des Aufschlussgrabens

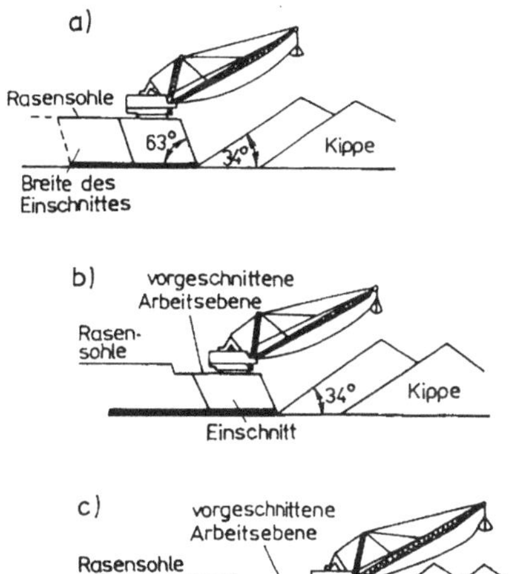

Bild 5-17 Abbauverfahren unter Verwendung von Schürfkübelbaggern [5.16]

a) einfache Seitenverkippung
b) Gewinnung mit vorgeschnittener Arbeitsebene
c) Gewinnung mit erweiterter Arbeitseben

Einsatz des Schürfkübelbaggers im Mehrflöztagebau
In den meisten Mehrflöztagebauen der USA werden zwei Flöze abgebaut, wofür in der Regel nur ein Schürfkübelbagger eingesetzt wird. Der Abbau erfolgt in Form eines Hufeisens oder mit erweiterter Arbeitsebene.

Abbau in Form eines Hufeisens
Bei diesem Verfahren (Bild 5-18) wird das obere Flöz von einem Schürfkübelbagger, der auf der Rasensohle (Gewinnungsseite) steht, abgedeckt (Baggerstellung A). Der Mittelabraum wird von demselben Bagger von der Kippenseite aus gewonnen (Baggerstellung B). Nachdem der Einschnitt von der Gewinnungsseite aus hergestellt ist, fährt der Bagger auf einer Rampe um den Tagebau herum auf die Kippe. Rampe und Strosse werden beim letzten gewinnungsseitigen Abraumschnitt vorbereitet. Von der Baggerstellung B aus wird der Mittelabraum abgetragen und das Unterflöz freigelegt. Zur Vorbereitung der Arbeitsebenen arbeitet mit dem Bagger ein Bulldozer zusammen. Das Verfahren ist anwendbar, wenn auch die Kippenseite für den Baggereinsatz ausreichend standfest ist.

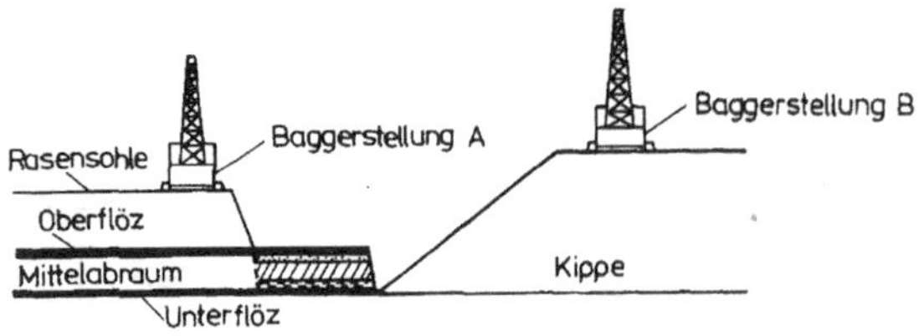

Bild 5-18 Zweiflözabbau [5.16]

Abbau mit erweiterter Arbeitsebene
Bei diesem Verfahren legt der Schürfkübelbagger von der Gewinnungsseite aus beide Kohlenflöze gleichzeitig frei. Die erweiterte Arbeitsebene vergrößert den Kippraum zur Aufnahme des Mittelabraums (analog dem Abbau mit einem Flöz, siehe Bild 5-17c). Das Verfahren wird angewendet, wenn die Beschaffenheit des Kippenmaterials ein Befahren der Kippe mit dem Bagger nicht zulässt und die Abraummächtigkeit nicht zu groß ist.
Die Mächtigkeit des Oberabraums und die Höhe des Vorschnitts beeinflussen dieses Gewinnungsverfahren. Mit zunehmender Abraummächtigkeit erhöht sich das Volumen an wieder umzusetzendem Abraum. Eine größere Vorschnittmächtigkeit dagegen vermindert dieses Volumen und vergrößert die Reichweite des Baggers. Ab 20 m Abraummächtigkeit wird dieses Verfahren in den Tagebauen des Westens der USA unwirtschaftlich [5.16].

Einsatz des Schürfkübelbaggers bei geneigtem Flöz
Die nachstehend beschriebenen Verfahren sind die gebräuchlichsten und für Flözneigungen kleiner 20° anwendbar. Bei Flözen mit einer größeren Neigung ist die Gewinnung mit Löffelbaggern und SLKW wirtschaftlicher. Das Verfahren nach Bild 5-19 ähnelt der Abraumbewegung bei flacher Lagerung des Kohlenflözes und ist anwendbar, wenn die Flözneigung kleiner 10° ist. Mit zunehmender Neigung des Flözes erhöht sich die Gefahr von Rutschungen an der Grenzfläche zwischen Abraum und Kohle.
Beim Verfahren nach Bild 5-20 gewinnt der Schürfkübelbagger den Abraum von der Kippenseite aus nach der Chop-down-Methode (Fall-Tiefschnitt). Der Schürfkübel fällt an der steileren Abraumböschung herab und gräbt dabei Abraum ab, der dann kippenseitig aufgenommen und verstürzt wird. Außer der Baggerstrosse auf der Kippenseite sind noch schmale Arbeitsebenen auf der Gewinnungsseite für Bohr- und Sprengarbeiten erforderlich. Das Fördervolumen bei der Chop-down-Methode beträgt etwa 50 % des Normalverfahrens. Außerdem ist der Schwenkwinkel beträchtlich größer [5.16].

5.1.3.4 Direktversturz mit Kabelkran, Seilschwebebahn

Entsprechend dem Stand der Technik wurden im letzten Jahrhundert für diese Direktversturzart verschiedene Lösungen, wie Kabelkran, Seilschwebebahn und Seilhängebrücken angeboten und für geringe zu transportierende Massen auch betrieben. Im Bild 5-21 ist der Einsatz eines Kabelbaggers dargestellt. Der besondere Nachteil von Kabelbaggern und zum Teil auch bei Schürfkübelbaggern besteht darin, dass die Bewegungsbahn des Grabgefäßes beim Baggern nur grob steuerbar ist, wodurch eine saubere Trennung des Abraums vom Mineral erschwert wird. Bei Löffelbaggern ist das wegen der Zwangsführung des Löffels besser möglich, so dass man ihn oft unmittelbar über dem Flöz einsetzt und den Hauptabraum mit Schürfkübelbaggern verstürzt (Bild 5-22).

5.1.3.5 Schrägabbau

Die Begrenzung der Abtragshöhe bei den sehr wirtschaftlich arbeitenden AFB und DVK ist Anlass, nach weiteren Lösungen zu suchen, mit denen größere Abtragsmächtigkeiten beherrscht werden können. Voraussetzungen hierfür könnte der Schrägabbau bieten [5.4] [5.7] [5.18]. Er ist dadurch gekennzeichnet, dass sich die Gewinnungs- und Verkippungsmaschinen auf geneigten Arbeitsebenen (6 bis 10°) befinden und der Transport durch rückbare Bänder erfolgt, die rechtwinklig zur Tagebaulängsachse auf dieser geneigten Ebene angeordnet sind (Bild 5-23). Der Abraum wird vom Gewinnungsort abwärts und kippenseitig wieder aufwärts gefördert, es treten erhebliche Höhenunterschiede im Förderweg auf. Die Abraummächtigkeit ist für die geometrische Größe und die Anzahl der Maschinen nicht mehr maßgebend. Bei einem Baggerdurchgang wird nur eine

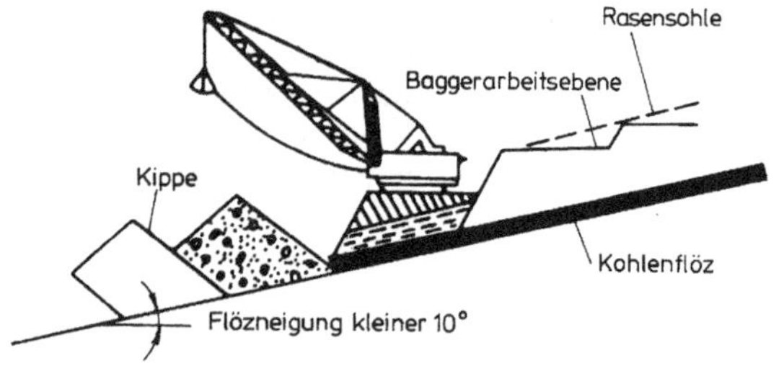

Bild 5-19 Abbau geneigter Flöze mit Schürfkübelbagger auf der Gewinnungsseite [5.16]

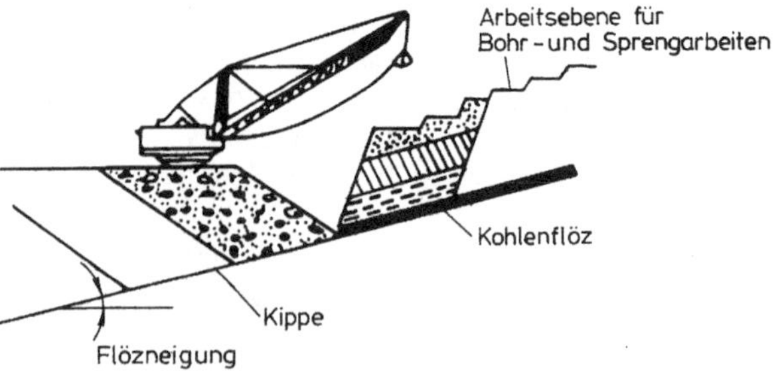

Bild 5-20 Abbau geneigter Flöze mit Schürfkübelbagger auf der Kippenseite [5.16]

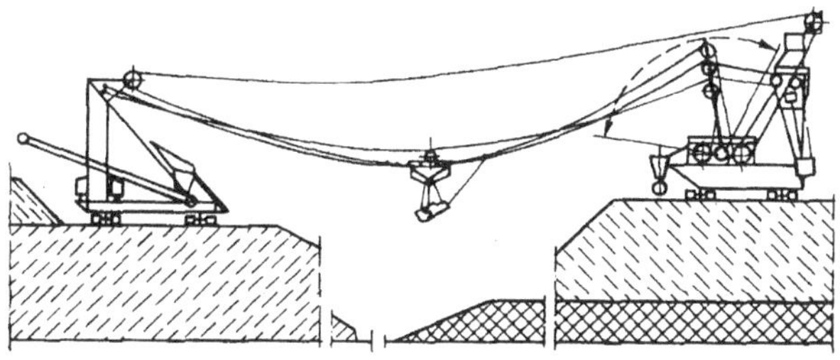

Bild 5-21 Kabelbagger beim Einsatz im Tagebau

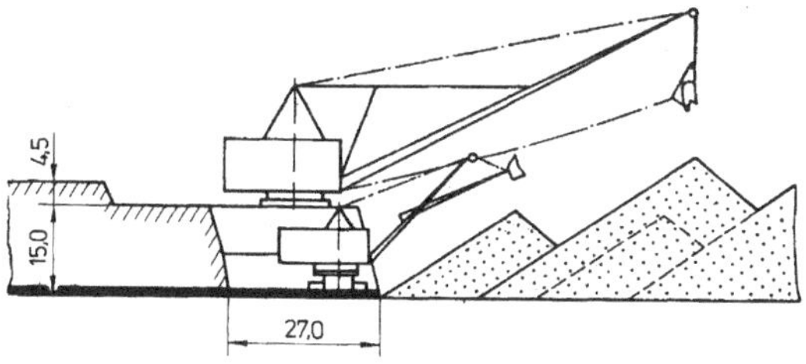

Bild 5-22 Kombination von Schürfkübel- und Löffelbagger (Längenmaße in m)

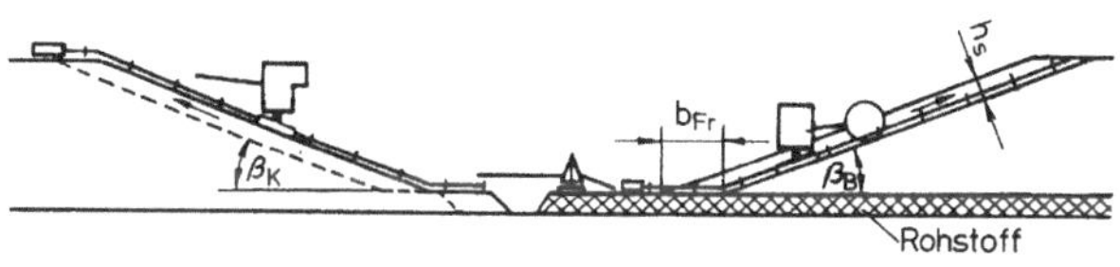

Bild 5-23 Schematische Darstellung des Schrägabbaus (überhöht) [5.4]

b_{Fr} Übergangsbereich h_s Schnitthöhe
β_B Neigung der Baggerseite β_K Neigung der Kippe

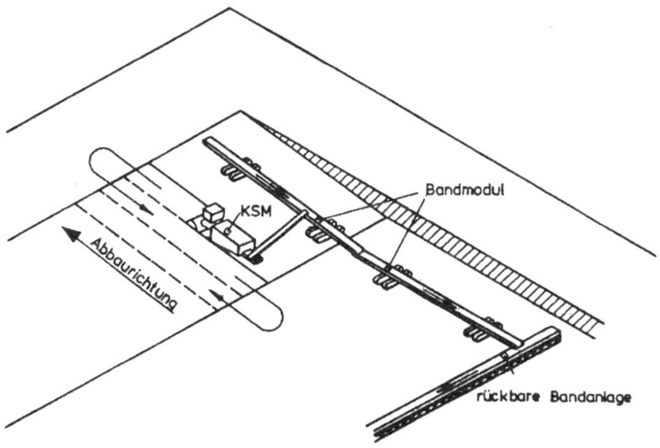

Bild 5-24 Schrägabbau mit Continuous Surface Miner vom Typ KSM (Krupp Surface Miner) [5.19]

Scheibe gewonnen. Die Maschinen können kompakter und damit leichter gebaut werden, aber sie müssen auch für das Fahren und Arbeiten unter den genannten Neigungen geeignet sein. Dieses erfordert eine Horizontrierung und entsprechend ausgebildete Fahrwerke. Ihre Anzahl wird durch das erforderliche Fördervolumen des Tagebaus bestimmt. Einfache und leichter beherrschbare Verhältnisse ergeben sich, wenn nur je ein Bagger und Absetzer eingesetzt wird. Beim Einsatz mehrerer Bagger sind auch die entsprechende Anzahl Bagger- und Sammelbänder erforderlich.
Die Blockbreite wird durch die Abtragshöhen und die Neigung der Arbeitsebene bestimmt. Eine geringe Neigung der Arbeitsebenen wirkt sich vorteilhaft auf die Gestaltung der Bagger und Absetzer aus, sie führt jedoch zu großen Öffnungsweiten des Tagebaues. So beträgt z. B. bei Böschungswinkeln β_B und β_K von 10° und einer Abtragshöhe von 50 m die Öffnungsweite rd. 650 m.
Bei der Festlegung der Neigung der Arbeitsebene auf der Bagger- und Kippenseite ist die maximal zulässige Neigung des Gurtförderers (16 bis 20°) zu berücksichtigen. Hierbei sind auch die konstruktiv bedingten Steigungen zu beachten.
Verwerfungen im Flöz des Minerals bzw. bei Flözen, die in mehreren Schichten abgelagert sind, erfordern Sondermaßnahmen gegenüber dem im Bild 5-23 dargestellten Regelbetrieb.
Im Bild 5-24 ist der Schrägabbau mit einem Surface Miner dargestellt [5.19]. In Zusammenarbeit mit auf Raupen fahrenden Gurtförderern werden ein großer Teil der technischen Probleme gegenüber einem Kompaktbagger und einem gegliederten Gurtförderer gelöst. Der Durchsatz des Surface Miners ist begrenzt.
Der Schrägabbau ist mit dem derzeit zur Verfügung stehenden technischen Mitteln für Tagebaue mit geringer Rohstoffförderung, wie sie besonders bei der Baustoffindustrie auftreten, realisierbar.

5.1.4 Strossenförderung

Bei der Strossenförderung wird der auf der Baggerstrosse gewonnene Abraum durch das Transportsystem um den Tagebauaufschluss herum auf die Kippe transportiert und verkippt. Bild 5-3d und e stellt mit dem Zug- und Bandbetrieb zwei auf diesem Gebiet wesentliche Transportsysteme dar.
Die Strossenförderung kommt beim Abraumabtransport zur Anwendung, wenn

- die geologischen Bedingungen eine Direktförderung nicht zulassen,
- durch die Mächtigkeit der anstehenden Abraumschicht die mögliche Abtragshöhe der AFB bzw. der DVK übersteigt und ein Vorschnitt notwendig ist,
- ein größerer Vorrat an freigelegtem Rohstoff gewährleistet werden muss.

Auch der Rohstofftransport erfolgt im Prinzip im Strossenbetrieb, da dieser bis zum Tagebaurand gefördert und zwischengelagert bzw. direkt zur Weiterverarbeitung oder zum Verbraucher befördert wird. Die Einsatzmöglichkeiten der Band-, Zug- und LKW-Förderung sind in der Tafel 5-1 zusammengestellt. Die Werte in Zeile 5 können in einem großen Bereich variieren.
In [5.20] wurden die Anteile der einzelnen Transportsysteme, die in den Kohletagebauen Europas zum Einsatz kamen, für den Zeitraum 1965 bis 1977 angegeben. Der Anteil der Bandförderung stieg zu Lasten der Zugförderung ständig an. Im Bild 5-25 ist der Förderanteil der einzelnen Transportsysteme für das *Lausitzer* Revier dargestellt. Während die Förderung im Direktversturz (AFB) mit rd. 60 % konstant bleibt, steigt die Bandförderung zu Lasten der Zugförderung an [5.21].

5.1.4.1 Bandförderung

Unter Bandförderung wird der kontinuierliche Transport der Schüttgutmassen von Gewinnungs- zu Verkippungsmaschine mit Gurtförderern verstanden (s. Abschn. 5.5). Dieses Fördersystem ist besonders für größere Schüttgutmassen und zur Überwindung von Höhendifferenzen geeignet. Sie können Neigungen bis zu 15° (in Ausnahmefällen bis zu 18°) ohne zusätzliche Maßnahmen überwinden.

Tafel 5-1 Richtwerte zur Bewertung der Fördersysteme Band-, Zug- und SLKW-Förderung

	Bandförderung	Zugförderung	SLKW-Förderung
1. max. Fördervolumen in m^3/h	rd. 23000	rd. 5000	rd. 3000
2. Fahr- bzw. Förderweg - mögl. Transportentfernung	rd.10km, größere Längen sind möglich	begrenzt durch vorhandenes Schienennetz	rd. 3 km, begrenzt durch Wirtschaftlichkeit
- mögliche Linienführung der Transportstrecke	geradlinig, Knickpunkte zwischen den Förderern, Kurvenradius R ≥ 750 m	beliebig mit minimalen Kurvenradius von R ≥ 150 m	beliebig mit minimalen Kurvenradius von R ≥ 15 m
- maximale Steigung	1:3	1:50 (25)	1:10
3. Fahrwiderstandsbeiwert	0,016 bis 0,023	0,005 bis 0,01	0,015 bis 0,2
4. Eigenschaften des Fördergutes	Beschränkung bei großer Stückigkeit	keine Beschränkungen	keine Beschränkungen
5. Verhältnis zwischen Nutz- und Leermasse der Fördereinrichtung (Mittelwert)	rd. 3,51 bei St-Gurte rd. 7 bei Gurten mit Gewebeeinlage	rd. 2,1	rd. 1,4
6. Massenanteile bei Steigungsüberwindung	Nutzmasse	Nutz- und Leermasse	Nutz- und Leermasse
7. Anpassungsfähigkeit an veränderliche Aufgabenstellung	klein	klein	groß
8. Arbeitsproduktivität und Automatisierbarkeit	groß	mittel	klein

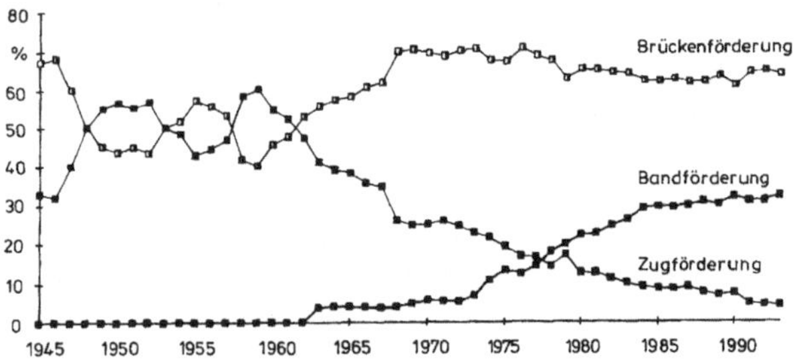

Bild 5-25 Anteile des Zug-, Brücken- und Bandbetriebes am Gesamtfördervolumen im *Lausitzer* Revier [5.21]

Gurtförderer wurden als rückbare und stationäre gegliederte Förderer bis zu einer Gurtbreite von 2,8 m und v = 7,5 m/s ausgeführt. Ein solches Fördersystem kann bis zu 23000 m^3/h transportieren.

Bandfördersysteme

Bandfördersysteme bestehen aus einer Anzahl von Förderern, die als einfache Ketten oder in Form von verzweigten Ketten ausgeführt werden. Das Funktionieren einer solchen Kette ist nur gewährleistet, wenn alle Kettenteile in Betrieb sind. Wichtige Gesichtspunkte beim Entwerfen eines solchen Fördersystems, das mit hoher Wirtschaftlichkeit und Zuverlässigkeit arbeiten soll, sind folgende:

- die Anzahl der Teile in einer Förderkette soll möglichst gering sein,
- die Zuverlässigkeit der Kettenteile soll hoch sein, sie wird durch ausgereifte Konstruktionen und qualifiziertes Bedienungspersonal wesentlich beeinflusst,
- die Querschnittsauslastung des Fördergutes soll gleichmäßig und hoch sein.

In den Bildern 5-26 bis 5-28 sind die drei wesentlichen Varianten für die Gestaltung des Bandfördersystems dargestellt.

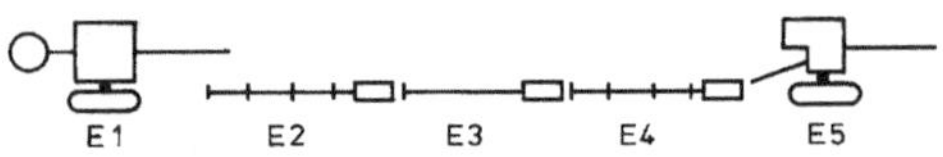

Bild 5-26 Bandfördersystem – einfache Kette [5.4]

E1 Schaufelradbagger
E2...E4 Gurtförderer E5 Absetzer

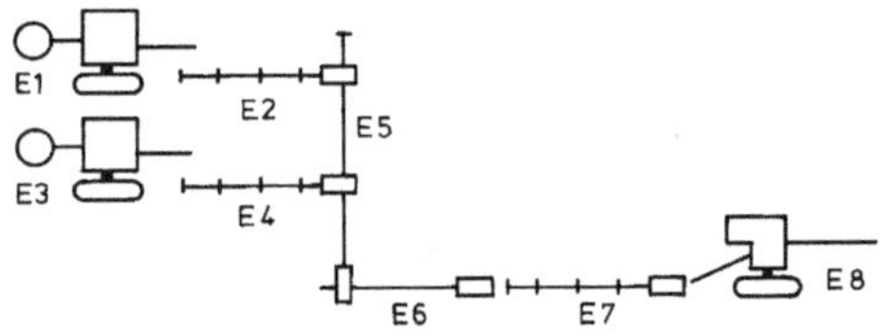

Bild 5-27 Bandfördersystem – verzweigte Kette [5.4]

E1, E3 Schaufelradbagger E2, E4, E6, E7 Gurtförderer
E5 Sammelförderer E8 Absetzer

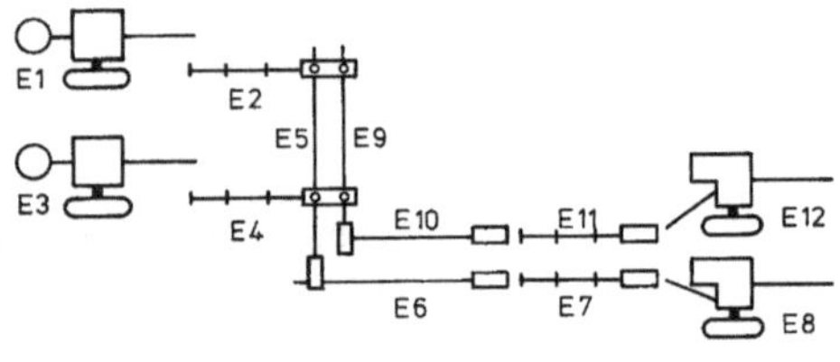

Bild 5-28 Bandfördersystem mit wählbarem Förderweg [5.4]

E1, E3 Schaufelradbagger E5, E9 Sammelförderer
E2, E4, E6, E7, E10, E11 Gurtförderer E8, E12 Absetzer

Die einfache Kette stellt das am leichtesten zu beherrschende Fördersystem dar. Seine Anwendung erfolgt, wenn der Bagger die volle anstehende Abtragshöhe abbauen kann oder der 1. Schnitt separat als oberste Schicht auf der Kippe aufgeschüttet wird. Bild 5-4 zeigt einen solchen Einsatzfall.

Das Besondere an der verzweigten Kette ist, dass das Fördergut der zwei unabhängig voneinander arbeitenden Bagger über je ein Baggerstrossenband E_2 und E_4 dem Sammelband E_5 zugeführt wird. Damit wird der Forderung nach Minimierung der Anzahl der Förderer bei Baggerung auf zwei Strossen entsprochen. Im Vergleich zu der einfachen Kette kommt als zusätzliches Problem die Steuerung und Begrenzung des Fördergutstromes der Bagger hinzu. Die gleichmäßige Auslastung der Sammelbandanlage erfordert eine Regelung, die das Fördervolumen der Bagger sowie ihren Standort (Förderzeit bis zum Sammelband) berücksichtigt.

In großen und vor allem tiefen Tagebauen wird der Einsatz mehrerer Förderketten erforderlich (Bilder 5-29 und 5-30). Besonders beim Auftreten von mehreren Flözen, wo Mineral und Abraum durch das gleiche Fördersystem abgebaut und abtransportiert wird, ist ein wählbarer Förderweg erforderlich. Auch hier ist zur Vermeidung einer Überschüttung des Sammelbandes eine Regelung notwendig. Die Vorteile einer solchen Anlage lassen sich wie folgt zusammenfassen:

- Eine feststehende Förderkette von der Gewinnung bis zur Verkippung des Fördergutes besteht nicht mehr. Die Teilketten können untereinander unterschiedlich geschaltet werden. Störungen, z. B. auf der Kippenseite, können unabhängig vom Ort des Auftretens von ausgewählten Baggern ferngehalten bzw. auf bestimmte Bagger konzentriert werden.
- Die freizügige Verteilung des Abraums ermöglicht die Beschickung jeder Kippenstrosse mit den am besten geeigneten Bodenqualitäten zum bodenmechanisch zweckmäßigen Aufbau der Kippe und zur Wiederurbarmachung.
- In Schnitten mit anstehendem Rohstoff kann dieser mit der Übergabe auf bestimmte Sammelbänder dem Verbraucher zugeführt werden.

Bandförderung im Tagebau Hambach und Belchatow

Im Bild 5-29 ist die Anordnung der Gurtförderer im Tagebau *Hambach* dargestellt. Mit einer Jahresförderung von $50 \cdot 10^6$ t Kohle ist er der zur Zeit größte Tagebau der Welt [5.24] bis [5.28].

Das Kohleflöz fällt in Richtung Nordosten mit einer Neigung von etwa 1:20 ein, so dass die Abraummächtigkeit mit dem Abbaufortschritt von 180 auf 450 m ansteigt. Die Kohlemächtigkeit nimmt von 20 bis 70 m zu. Daraus ergibt sich eine Tagebautiefe von 200 bis 520 m.

Im Endausbau sind acht Fördersysteme mit gleichen Schaufelradbaggern, Absetzern und Gurtförderern mit B = 2,8 m sowie v = 7,5 m/s im Einsatz. Die Gesamtförderlänge der eingesetzten Gurtförderer beträgt rd. 120 km.

Durch die Vereinheitlichung der Maschinen und Bauteile wird eine höhere Zuverlässigkeit und damit Effektivität der Gewinnungs- und Transportsysteme angestrebt. Es ist ein Abraum- und Kohleverteiler vorgesehen, um das auf den einzelnen Strossen gebaggerte Fördergut der Kippe bzw. der Kohleverbraucher zuzuführen.

Um die Außenkippe klein zu halten und um den ausgekohlten Tagebau *Fortuna* mit Abraum zu füllen, wurden zwei parallel angeordnete Fördersysteme, bestehend aus jeweils vier Gurtförderern mit B = 2,8 m und v = 7,5 m/s, mit einer Gesamtlänge von rd. 14,5 km gebaut. Über diese Fördersysteme wurden jährlich etwa $100 \cdot 10^6$ m^3 gewachsenen Boden transportiert [5.27] [5.28].

Der Tagebau *Belchatow* mit einer Jahresförderung von $40 \cdot 10^6$ t gehört zu den größten der Welt [5.22] [5.23]. Er liegt in Zentralpolen. Die Ablagerung entstand in einem Grabenbruch. Die Lagerstätte hat eine Länge von fast 40 km und eine Breite von 1,5 bis 2 km. Über dem Hauptflöz mit einer durchschnittlichen Mächtigkeit von 55 m liegen bis zu 150 m Abraum. Die im Tagebau eingesetzten Bagger, Absetzer und Gurtförderer sind im Bild 5-30 dargestellt. Der Abbau erfolgt auf Grund der langgestreckten Lagerstätte im Parallelabbau. Der Abraumtransport erfolgt über Gurtförderer mit B = 2,25 m und v = 6 m/s. Für die Kohleförderung einschließlich Transport der Mittelmassen an Abraum stehen 5 Transportsysteme mit Gurtförderern B = 1,8 m zur Verfügung. Die Verteilung erfolgt an der im Bild 5-30 dargestellten Verteilerstation [5.4].

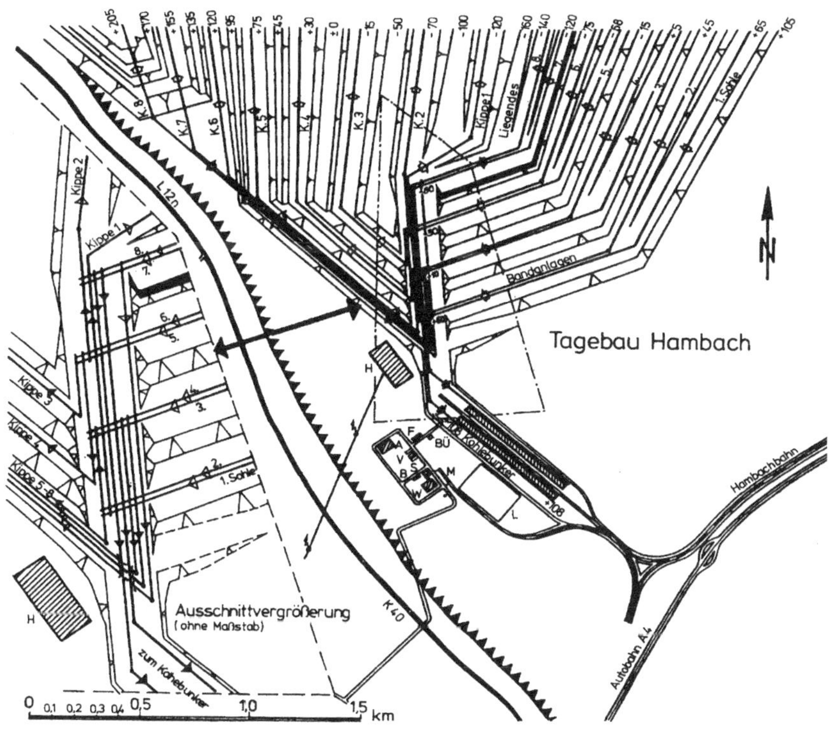

Bild 5-29 Tagebau *Hambach* – Bandanlagenanordnung an der Verteilerstation [5.25]

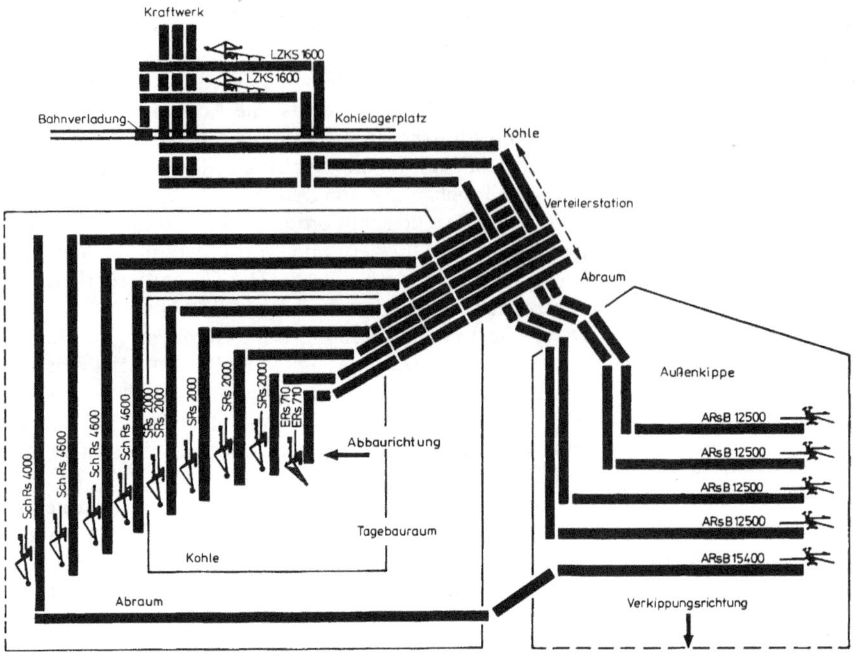

Bild 5-30 Einsatzschema der Maschinen und Gurtförderer im Tagebau *Belchatow* [5.23]

5.1.4.2 Zugförderung

Das diskontinuierlich arbeitende, gleisgebundene Transportsystem eignet sich für ein mittleres Fördervolumen. Seine Höhe hängt vom Wageninhalt, von der Größe des Baggers und der Länge der Fahrstrecke ab. Im Ergebnis der Betrachtungen durch [5.4] lassen sich folgende Orientierungswerte für das effektive Fördervolumen $\dot{V}_e$ in Abhängigkeit vom Wageninhalt angeben:

- 25 m^2 Abraumwagen $\dot{V}_e$ bis etwa 2000 m^3/h
- 40 m^2 Abraumwagen $\dot{V}_e$ bis etwa 3000 m^3/h
- 100 m^2 Abraumwagen $\dot{V}_e$ bis etwa 5000 m^3/h.

Die Vorzüge der Zugförderung liegen im niedrigen Fahrwiderstand und damit geringen Energiebedarf sowie in der einfachen Verteilung des Fördergutes bei vorhandenem Schienennetz an die Verbraucher.
Im Bild 5-3d ist der Strossenbetrieb im Tagebau dargestellt. Durch die Bindung an den Gleisrost besitzt der Zugbetrieb mit einem Adhäsionsantrieb eine geringe Steigefähigkeit. In der Regel wird eine Steigung bis 1:50 projektiert. Als maximal zulässige Steigung wird 1:25 angegeben. Ein eingleisiger, ununterbrochener Zugbetrieb auf der Baggerstrosse ist nur dann möglich, wenn ein Ringverkehr eingerichtet ist. Im Allgemeinen wird jedoch der Pendelbetrieb angewandt, dieser erfordert, wenn eine angemessene Auslastung des Baggers gewährleistet sein soll, die Anordnung von zwei Gleisen. Die Bereitstellung des zweiten Zuges muss während der Beladezeit des ersten erfolgen.
Problematisch ist die Strossenendbeladung im Tagebau, da der Bagger entsprechend der Auslegerlänge nur ein Teil der Wagen eines Zuges beladen kann. Für den Zugbetrieb ist der Schwenkbetrieb auf Grund der geringen Veränderungen der Gleise nach dem Rücken im Ausfahrbereich aus dem Tagebau das bevorzugte Abbausystem. Nachteilig hierbei wirkt sich der erhöhte Volumenanteil aus, der im Bereich des Strossenendes abzubaggern ist.
An die Beschaffenheit des Fördergutes werden keine hohen Anforderungen gestellt. Steine und Brocken, soweit sie vom Bagger gewonnen und transportiert werden können, werden problemlos aufgenommen und abtransportiert. Bei tiefen Temperaturen und längeren Transportzeiten können Anfrierungen an den Wänden der Wagen auftreten.
Die Kosten für die Instandhaltung der Gleisanlage stellen einen beachtlichen Anteil der Transportkosten dar. Bei bündigen Böden und Regenperioden können erhebliche zusätzliche Leistungen zur Stabilisierung der Gleise erforderlich werden.
Die Vergleiche der Kosten je m^3 im *Lausitzer* Revier haben gezeigt, dass diese im Durchschnitt für den Zugbetrieb gegenüber denen im Bandbetrieb rd. 1,5fach größer sind. Dieses hat auch dazu geführt, dass der Anteil des Zugbetriebes am Gesamtfördervolumen ständig zurückging (Bild 5-25).

5.1.4.3 Verkippung des Abraums

Die Steigerung der Abraumförderung erforderte Kippen mit größerer Aufnahmefähigkeit. Die zunächst üblichen Hand- und Pflugkippen entsprachen diesen erhöhten Anforderungen nicht. Bedingt durch den geringen Abstand zwischen Kippgleis und Böschungsoberkante konnte die Kipphöhe im Interesse der Sicherheit nicht wesentlich vergrößert werden. Außerdem war der Arbeitssaufwand auf diesen Kippen hoch.

Dieses führte zur Entwicklung von Absetzern, die sich für die Fördersysteme Zug- und Bandbetrieb eigneten und folgender Zielstellung entsprachen:

- Verkippung mit großen Kipphöhen und Blockbreiten von einer Arbeitsebene
- stärkere Verdichtung der Abraummassen, indem diese aus größerer Höhe verstürzt werden und der Aufbau der Kippe vom Kippenfuß aus erfolgen kann.

Eimerketten- oder Schaufelradabsetzerkippen
Der Abraum wird in Zügen oder mit LKW, also diskontinuierlich, zur Kippe befördert und in einen vom Absetzer geschaffenen Graben oder Bunker verkippt, der parallel zum Zuggleis verläuft (Bild 5-31) [5.29]. Der Absetzer besteht aus zwei Funktionsteilen, die entweder in einer gemeinsamen Stahlkonstruktion vereinigt oder durch einen Zwischenförderer verbunden sind.

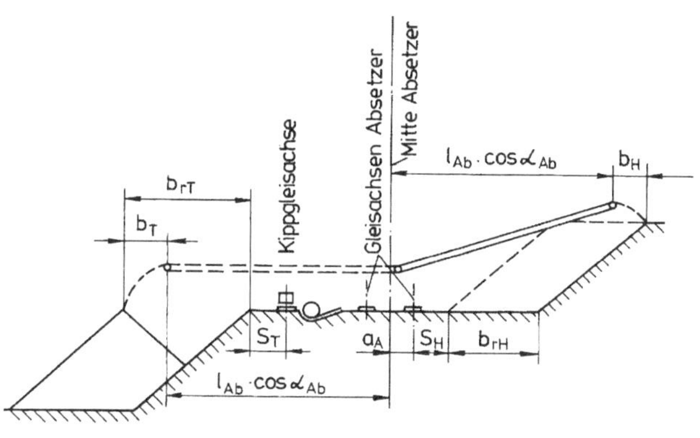

Bild 5-31 Verkippen mit Eimerkettenabsetzer in Hoch- und Tiefschüttung [5.29]

b_{rT}, b_{rH} Schüttbreite bei Tief- bzw. Hochschüttung
b_T, b_H Wurfweite auf der Tief- bzw. Hochkippe
S_T, S_H Sicherheitsabstand
l_{Ab} Länge des Abwurfauslegers
α_{Ab} Neigungswinkel des Abwurfauslegers

Der erste Teil, der Eimerketten- oder Schaufelradaufnehmer, dient zur Aufnahme und der gleichmäßigen Zuführung des Fördergutes an den zweiten Teil der Maschine, dem eigentlichen Absetzer. Die oftmals als nachteilig empfundene Notwendigkeit, den von den Zügen verkippten Abraum wieder baggern zu müssen, hat aber den Vorteil, dass sich die Einzelstörungen des Absetzers und des Zugbetriebs erst nach Ablauf einer bestimmten Zeit auswirken, weil der Kippgraben als Störungsdämpfer wirkt.
Der Kippenaufbau dieser Absetzer unterscheidet sich prinzipiell nicht von dem der im folgenden dargestellten Bandabsetzer, bei dem auf Grund des Abraumabtransports über Gurtförderer der Aufnahmeteil entfällt.

Löffel- oder Schürfkübelbaggerkippen

Werden diese Maschinen auf der Kippe eingesetzt, dann erfüllen sie eine ähnliche Funktion wie die Eimerketten- oder Schaufelradabsetzer. Die Schürfkübelbagger z. B. nehmen den aus den Waggons entleerten Abraum auf und transportieren ihn mit dem an einem langen Ausleger angeordneten Kübel bis zum Kippenfuß. Damit kann die Kippe von unten aufgebaut und sicher gestaltet werden.
Löffelbagger setzt man zweckmäßigerweise für solche Technologien nicht ein, da sie zur Erreichung annehmbarer Durchsätze eine gewisse Abbauhöhe bzw. Förderhöhe benötigen.

Bandabsetzerkippen

Der Abraum wird durch das auf der Kippenstrosse angeordnete rückbare Kippenstrossenband dem Bandabsetzer zugeführt. Der im Bereich der Bandgerüste des Kippenstrossenbandes auf Schienen- bzw. auf Raupen fahrende Abwurfwagen wirft das Fördergut über die Abwurftrommel ab. Durch den Austragsförderer des Abwurfwagens bzw. den Aufnahmeförderer des Absetzers wird dieses dann dem auf dem Abwurfausleger angeordneten Gurtförderer zugeführt und verkippt.
Außer einigen von den Grundausführungen stark abweichenden Bandabsetzern haben sich nach [5.9] sechs Varianten, wie sie in Bild 5-32 dargestellt sind, herausgebildet.
Diese besitzen ein Fahrwerk, das eine von der Auslegerstellung unabhängige Fahrtrichtung befahren kann. Der Oberbau ist gegenüber dem Unterbau um 360° und der Zwischenförderer gegenüber dem Oberbau um ±90 bis ±115° schwenkbar.

Die technologischen Einsatzmöglichkeiten dieser sechs Varianten lassen sich in zwei Ausführungsformen unterteilen. Die 1. Ausführungsform faßt die Varianten 1 bis 3 zusammen (Bild 5-32 a). Sie besitzen unter der Voraussetzung, dass die Länge des Zwischenförderbands und der Schwenkwinkel einander entsprechen, gleiche technologische Einsatzmöglichkeiten.
Die 2. Ausführungsform faßt die Varianten 4 bis 6 zusammen (Bild 5-32 b). Der Unterschied gegenüber der 1. Ausführungsform besteht darin, dass zwischen Abwurfwagen und Abwurfgerät zwei Gurtförderer angeordnet sind, die miteinander in der horizontalen Ebene gelenkig verbunden sind. Dabei kann der Austragungsförderer zum Abwurfwagen gehören.
Das Verkippen des Förderguts kann auf der Außen- oder Innenkippe in Hoch- und Tiefschüttung bzw. nur in Hoch- oder Tiefschüttung erfolgen. Bei der Außenkippe besteht das Hauptproblem darin, dass mit der Länge des Zwischenförderers und Auslegers sowie durch deren mögliche Winkelstellungen der Absetzer in der Lage sein muss, von der möglichen Übergabestelle des Kippenstrossenbands das nötige Vorland für die Umlenkstation des Kippenstrossenbands bzw. stationären Zuförderbands zu schütten.

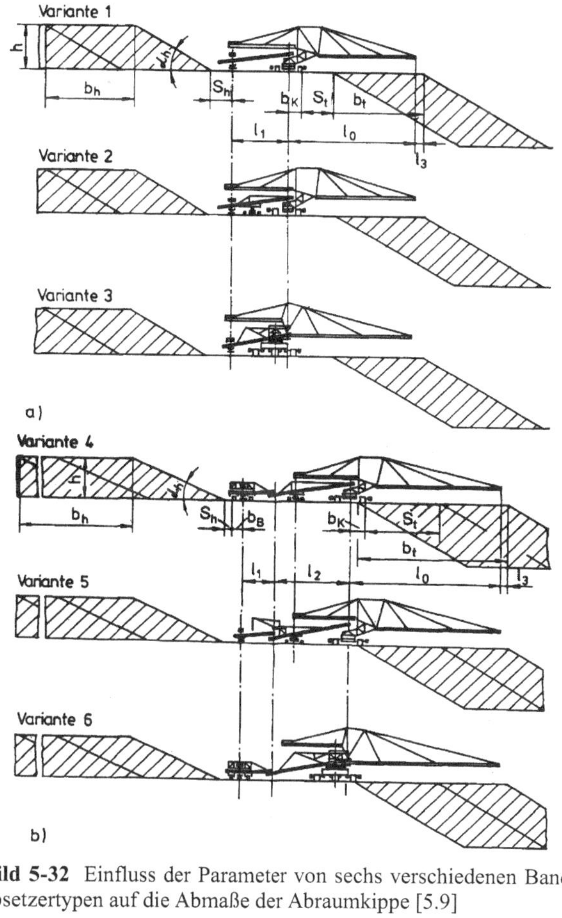

Bild 5-32 Einfluss der Parameter von sechs verschiedenen Bandabsetzertypen auf die Abmaße der Abraumkippe [5.9]

b_B Abstand der Außenkante des Abwurfwagens zur Mitte des Gurtförderers
b_K Abstand der Außenkante des Absetzers zu dessen Mitte
h Blockhöhe
b_h, b_t Blockbreite der Hoch- bzw. Tiefkippe
S_h, S_t Sicherheitsabstand zur Hoch- bzw. Tiefkippe
l_0 Länge des Abwurfauslegers
l_1 Länge des Aufnahmeauslegers
l_2 Länge des Zwischenförderers
l_3 Wurfweite des Fördergutes
α_h Böschungswinkel der Hochkippe

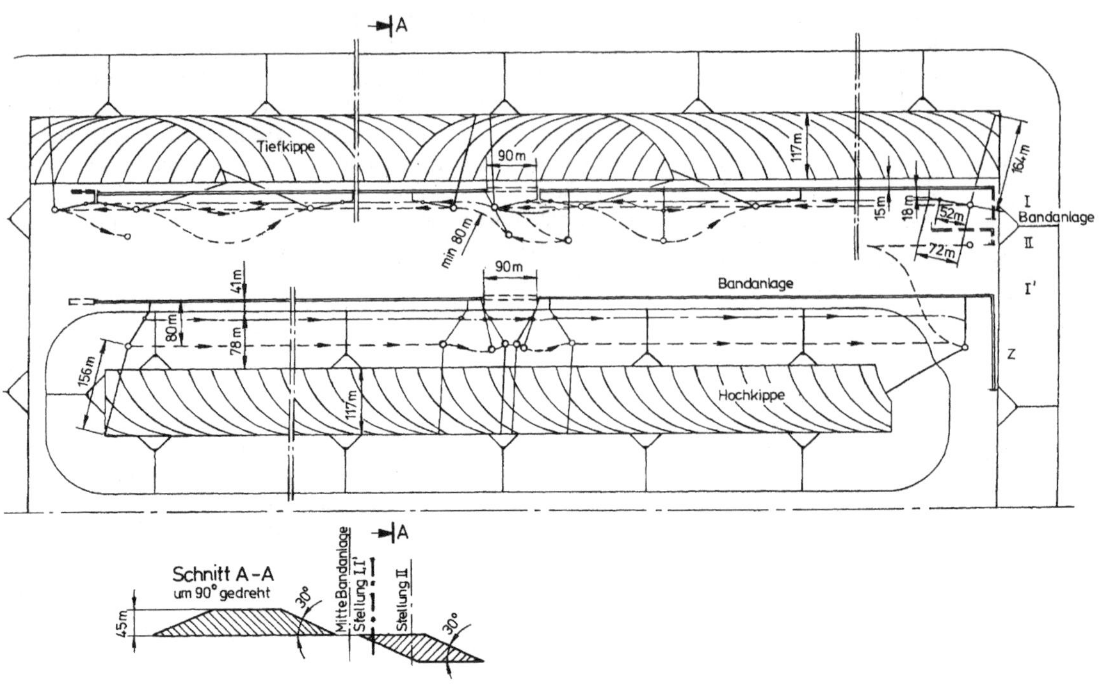

Bild 5-33 Verkippungsschema des zweiteiligen Bandabsetzers ARs 8800.150 beim Schütten einer Hoch- und Tiefkippe

Ähnlich verhält es sich bei der Innenkippe. Hier ist jedoch der kritische Fall das Schließen der Hochkippe. Entscheidend für das Schließen der Kippen sind auch die Bereiche des Kippenstrossenbands, die eine Abgabe des Förderguts nicht gestatten. In der folgenden Betrachtung werden sie als Überbrückungslänge bezeichnet. Die Länge dieser Bereiche hängt vom konstruktiven Gestalten des Abwurfwagens und der Antriebsstation und damit von der Gurtbreite und der Gurtspannung des Kippenstrossenbands ab (Bild 5-33).

Aus den vorstehenden Erläuterungen wird ersichtlich, dass ein Absetzer mit großen Förderlängen und Schwenkbarkeit der einzelnen Gurtörderer zueinander und zum Kippenstrossenband die Forderung zur Bildung einer geschlossenen Kippe am ehesten erfüllt.

Die Schüttung der Hoch- und Tiefkippe kann bei ein- bzw. bei beidseitiger Stellung des Bandabsetzers zum Kippenstrossenband in einer bzw. bei zwei Durchfahrten erfolgen. Beim Festlegen der zur Anwendung kommenden Schüttungsart ist die Energieeinspeisung zu beachten. Die Schüttung einer Hoch- und Tiefkippe ist bei der Fahrt des Bandabsetzers hochkippenseitig für die Varianten 1 bis 3 ohne große praktische Bedeutung, da eine diskutable Blockbreite nur bei sehr langen Abwurfauslegern erreicht werden kann. Für die Bandabsetzer der Varianten 4 bis 6 wird diese Schüttungsart oft angewandt, auch wenn die maximal erreichbare Blockbreite geringer ist. Ihre Größe hängt in erster Linie von der Länge des Abwurfauslegers und dem Abstand der Fahrspur vom Kippenstrossenband ab. Im Bild 5-33 ist das Verkippungsschema für den zweiteiligen Absetzer ARs 8800.150 dargestellt. Bei dieser Typenbezeichnung stellt die 1. Zahl das zu transportierende Fördervolumen und die 2. Zahl die Abwurfauslegerlänge bis Mitte Absetzer dar.

Die dargestellte Verkippungstechnologie für diesen Bandabsetzer zeigt, wie mit Hilfe des Zwischenförderers die Antriebsstation des Kippenstrossenbandes mit 90 m Länge überbrückt werden kann, ohne Lücken in der Hoch- oder Tiefkippe zu hinterlassen. Mit dem Einsatz der Stahlseilgurte sind größere Längen der Gurtförderer möglich, so dass derartige Überbrückungen meist entfallen. Die zu überbrückenden Längen am Anfang und Ende des Kippenstrossenbandes bleiben bestehen.

Zusammenfassend kann festgestellt werden, dass mit der Verlängerung der Förderstrecke und der Erhöhung der Anzahl der Gelenke am Absetzer die Blockbreite vergrößert werden kann und die Probleme bei der Schließung der Kippe an den Enden der Strosse sich reduzieren. Die Schütthöhe hängt im Wesentlichen von der Abwurfauslegerlänge ab.

Pflugkippen

Auf den Pflugkippen wird der aus Zügen neben das Gleis gekippte Abraum mit Pflügen seitlich über die Böschungskante gedrückt. Man verwendet fast ausschließlich schienenfahrbare Pflüge, die gleichzeitig als Rückmaschine für die Gleise eingesetzt werden (Bild 5-34). Die Pflugleistungen erreichen bei guter zeitlicher Ausnutzung und robuster Bauart bis zu 1000 m^3/h. Die entsprechend dem Fördergut vorgegebenen Böschungswinkel sind einzuhalten. Die Standsicherheit der Pflugkippe ist ein Grund dafür, dass die Kippenhöhe meist unter 10 m liegt. Sind größere Kippenhöhen notwendig, dann werden die Pflugkippen terrassenartig übereinander angeordnet. Die Abraummassen lassen sich dabei, um die Standfestigkeit der Kippe zu erhöhen, selektiv verkippen. Bei Einhaltung der Generalneigung der Kippe sind Kippenhöhen bis 100 m und mehr möglich.

Die Investitionskosten für die Kippgeräte sind relativ niedrig, dafür ist aber der Aufwand für die Gleisanlagen und die Gleisunterhaltung hoch, da jede Kippe eine eigene Zufahrt benötigt.

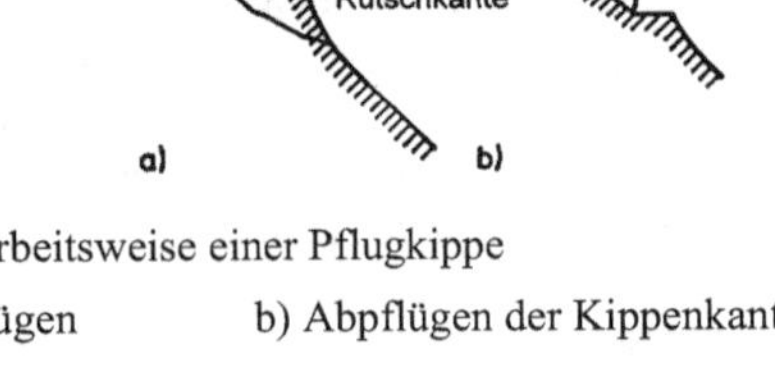

Bild 5-34 Arbeitsweise einer Pflugkippe

a) Planierpflügen b) Abpflügen der Kippenkante

5.1.5 LKW- und Schwerlastkipper-Förderung

Einsatzbereich und Ausführungen der LKW und SLKW

Das Transportmittel für den flexiblen Transportweg sind die LKW und die Schwerlastkipper (SLKW). Während der späten zwanziger Jahre wurden auf vielen Großbaustellen und in Tagebauen Amerikas gebrauchte, leicht umgerüstete Lastwagen zum Transport des Materials eingesetzt. Da diese nur zum Teil den gewünschten Anforderungen entsprachen, wurden Muldenkipper (SLKW) mit größerer Nutzmasse, größerer Breite und damit relativ geringer Höhe entwickelt [5.30].

Die Beladung kann durch kontinuierlich und diskontinuierlich arbeitende Gewinnungsmaschinen sowie aus Bunkern erfolgen. Im Festgesteinstagebau werden vorrangig Seilbagger (über 80 %) und teilweise Radlader (rd. 10 %) eingesetzt [5.3].

Das mögliche Fördervolumen eines solchen Transportsystems hängt im Wesentlichen von dem Volumen der Mulde, dem Ausnutzungsgrad des Volumens und der Beladezeit ab. Um ein maximales Fördervolumen von rd. 2500 m^3/h zu erreichen, müßten Kipper mit einem Volumen von 150 m^3 innerhalb von 3 bis 4 Minuten beladen werden (Ausnutzungsgrad 0,95).

In [5.31] ist eine Zusammenstellung der Hersteller mit den wichtigsten technischen Daten sowie dem Verhältnis zwischen Nutz- und Eigenmasse der SLKW enthalten. Die Nutzmasse der aufgeführten 131 SLKW erstreckt sich über den Bereich von 10,7 bis 317,5 t. Für ein Transportmittel stellt das Verhältnis Nutz- zur Eigenmasse eine wichtige Größe dar, dieses erstreckt sich für die aufgeführten Typen im Bereich von 0,6 bis 2,0, wobei der Durchschnittswert aller aufgeführten Typen 1,39 beträgt. Ein Einfluss der Größe der Nutzmasse auf den Verhältniswert ist bei den zusammengefassten Typen nicht erkennbar.

Die Vorteile der SLKW sind:

- ortsveränderliche Be- und Entladestellen
- geringe Abhängigkeit von Art und Stückigkeit des Fördergutes
- Fähigkeit zur Überwindung großer Neigungen
- einfache Fahrgeschwindigkeitsänderung
- geringe Empfindlichkeit des Fördersystems bei Störungen an einzelnen Fahrzeugen gegenüber Bandbetrieb.

Die Nachteile sind:

- hoher Kraftstoffverbrauch, besonders bei Steigungen auf der Fahrstrecke und bei schlechten Fahrwegen
- hoher Reifenverschleiß, besonders bei ungünstigen Fahrwegen
- hohe Bodenpressung
- hohe Anforderungen an die Fahrzeugpflege und Reparaturwerkstatt
- hoher Personalaufwand
- hohe Eigenmasse, besonders nachteilig beim Befahren von Steigungen.

Hinsichtlich der Entladung des Fördergutes lassen sich diese Transportmittel untergliedern in:

- Kipper – Entladung durch Kastenneigung nach hinten
- Seitenkipper – Entladung durch seitliche Kastenneigung
- Bodenentleerer – Entladung durch Öffnen von Bodenklappen
- Zwangsentleerer – Entladung mit bewegter Rückwand oder Entladeförderer.

Größe der Nutzmasse – Einfluss auf die Betriebskosten

In der Tagebautechnik stellt der Transport einen Schwerpunkt in Bezug auf die eingesetzte Technik und die Kosten dar. Die stetige Weiterentwicklung der Problematik Lösen und Laden von Locker- und Festgestein in den letzten Jahrzehnten führte zur ständigen Zunahme des Transportanteils an den Gesamtkosten. In den Festgesteinstagebauen ist z. Z. der SLKW mit rd. 90 % Anteil am Gesamttransportaufkommen das vorherrschende Transportmittel. Eingesetzt werden in den kleinen Tagebauen SLKW bis zu 100 t Nutzmasse. In den Großtagebauen haben sich SLKW mit 100 bis 240 t Nutzmasse als wirtschaftlich erwiesen. Die Vorteile der höheren Nutzmasse lassen sich aus der Darstellung in der Tafel 5-2 für fünf Größen von SLKW erkennen.

Trotz ansteigenden Kraftstoff-, Reifen- und Reparaturkosten tritt mit zunehmender Erhöhung der Nutzmasse eine Reduzierung der Kosten je t Fördergut auf.

In [5.33] wird dargestellt, dass in einem Steinbruch in Deutschland die Jahresproduktion von 500000 auf 650000 t gesteigert wurde, indem an Stelle von 4 Stück 2 technisch verbesserte SLKW mit höherer Nutzmasse eingesetzt wurden. Positiv haben sich hierbei aber auch die einzelnen Umlaufzeiten infolge der höheren spezifischen Antriebsleistung von 4,61 kW/t ausgewirkt, sie ermöglichten höhere Beschleunigungswerte und Fahrgeschwindigkeiten bis zu 65 km/h. Bei einer Fahrstrecke von nur 800 m war die Umlaufzeit genügend kurz, um beim Einsatz von nur zwei SKLW die geringen Wartezeiten des Baggers vernachlässigen zu können.

Der Markt der SLKW mit hohen Nutzmassen wird von wenigen, amerikanischen Herstellern umkämpft, nicht alle namhaften Anbieter konnten sich zum Bau der 220 t-Klasse entschließen. Auch Bodenentleerer werden heute schon mit einer Nutzmasse von 200 t gebaut. Die Mulde des BD-240 von Unit Pig fasst bei 2:1 Häufung 271 m^3 (220 t) Kohle. Bei diesem Ladevolumen benötigt ein Seilbagger mit 30 m^3 Löffelinhalt noch neun Ladespiele oder etwa 4 bis 5 Minuten zum Füllen der Mulde.

Elektrischer Fahrantrieb

Die wichtige Frage nach dem Energieverbrauch macht auch vor den Betrieben des Bergbaus nicht halt. Eine Möglichkeit bietet der Einsatz elektrischer Antriebe mit Oberleitungs-Stromzuführung besonders an langen Auffahrrampen.

Bild 5-35 stellt die Vorteile des elektrischen Antriebs beim Befahren einer Steigung dar. Neben der Verbesserung der Produktivität sind es vor allem die Erhöhung der Fahrgeschwindigkeit und die Reduzierung des Kraftstoffverbrauches, die sich positiv auf die Kosten auswirken.

In [5.35] wurde ein Einsatzbeispiel dargestellt. Weitere Angaben hierzu sind in Abschnitt 5.7.5.2 enthalten.

Tafel 5-2 Vergleich der Betriebskosten von fünf SLKW mit unterschiedlichen Nutzmassen (NM) [5.32]

NM (t)	Lohnkosten	Kraftstoffverbrauch	Reifenkosten	Reparaturkosten	Einsatzkosten	Kosten/100 t
100	0,65	0,23	0,65	0,75	2,28	2,28
150	0,65	0,35	1,10	1,00	3,10	2,07
180	0,65	0,40	1,30	1,05	3,40	1,89
200	0,65	0,45	1,50	1,10	3,70	1,85
220	0,65	0,50	1,60	1,20	3,95	1,80

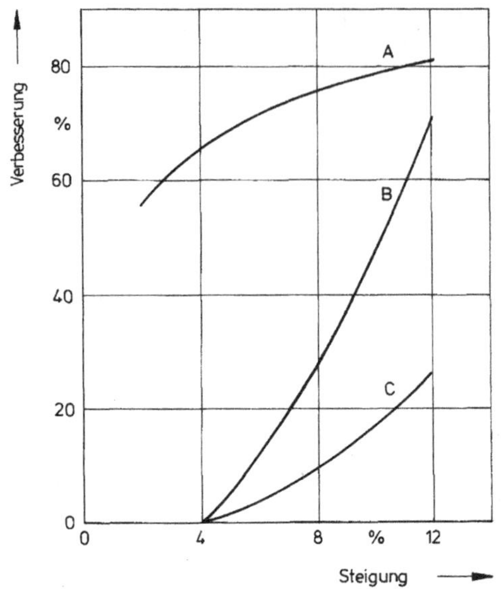

Bild 5-35 Vorteile der Oberleitungs-Stromzuführung für SLKW bei steigender Fahrstrecke [5.35]

A Verbesserung der Produktivität
B Erhöhung der Fahrgeschwindigkeit
C Reduzierung des Kraftstoffverbrauches

5.1.6 Kombinierte Förderung

Bei kombinierter Förderung werden Transportbereiche den Fördersystemen zugewiesen, die dafür am besten geeignet sind. Es handelt sich dabei fast immer darum, ein diskontinuierliches Fördersystem (SLKW- oder Zugförderung) mit der kontinuierlichen Bandförderung zu kombinieren.
Die Vorteile und die wesentlichen Eigenschaften der einzelnen Fördersysteme sind in der Tafel 5-1 dargestellt.
Am häufigsten werden kombinierte Fördersysteme beim Mineraltransport angewandt. Am Abbauort, vor allem bei verworfenen Lagerstätten und auch zur Gewährleistung eines Mischungsverhältnisses des Fördergutes (Erz), ist eine große Anpassungsfähigkeit erforderlich. Beim Transport aus dem Tagebau zur Rasensohle spielt die Überwindung der Förderhöhe die dominierende Rolle. Hierfür eignen sich besonders Gurtförderer, die eine geringe Eigenmasse besitzen und größere Steigungen auf kürzestem Wege überwinden können.
Für den Transport bis zur Verladungs- oder Verarbeitungsstelle sind bei der vorwiegend horizontalen Förderstreckenführung die Größe des Durchsatzes und die Entfernung maßgebende Faktoren. Natürlich hat auch die Fördergutart einen Einfluss auf den einzusetzenden Förderer.

5.1.6.1 SLKW-Bandförderung

Die SLKW-Bandförderung kommt vorrangig dann zum Einsatz, wenn große Transportentfernungen und Steigungen zu überwinden sind.
Der Einsatz des Gurtförderers im Festgesteinstagebau erfordert die Vorschaltung eines Arbeitsganges zur Herstellung eines transportfähigen Haufwerks. Als einsetzbares Betriebsmittel bietet sich in absehbarer Zeit der Brecher an. Auch sind erste Bestrebungen im Gange, Schaufelradbagger und andere Maschinen so umzugestalten, dass ein mittelhartes Gestein nicht mehr gebaggert sondern gefräst wird [5.37] [5.38].
Die ersten Einsatzfälle haben gezeigt, dass dieses Verbundfördersystem die Erwartungen erfüllen kann [5.3]. Die Tafel

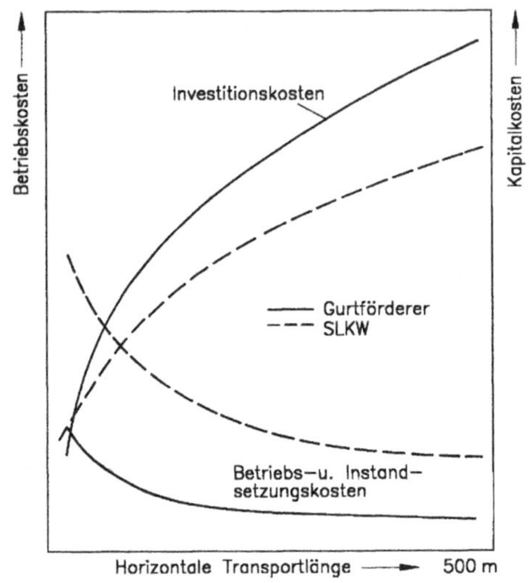

Bild 5-36 SLKW- und Gurtförderkosten bei horizontalem Transport [5.34]

5-3 enthält die wesentlichen Varianten dieses kombinierten Fördersystems mit den speziellen Merkmalen, den Investitions-, Betriebs- und Gesamtkosten. Die Gegenüberstellung zeigt, dass durch die Reduzierung der Transportentfernungen der SLKW bzw. durch den Wegfall dieser die Gesamtkosten sich reduzieren, die Investitionskosten jedoch ansteigen.
Auch der Kurvenverlauf in den Bildern 5-36 und 5-37 bestätigt die Angaben. In diesem wird der Verlauf der Betriebs- und der Kapitalkosten in Abhängigkeit von Transportentfernung beim horizontalen Transport sowie im Tieftagebau (200 m) dargestellt, die auf der Grundlage einer größeren Anzahl von Studien ermittelt wurden [5.34]. Der Kurvenverlauf zeigt, dass beim Einsatz von Gurtförderern die Investitionskosten beim horizontalen Transport gegenüber SLKW etwas größer sind. Bei den Betriebskosten ist ein entgegengesetztes Verhalten zu verzeichnen. Bei Tagebauen, die über einen längeren Zeitraum betrieben werden, besitzen jedoch die ständig anfallenden Betriebskosten einen höheren Stellenwert als die einmalig anfallenden Investitionskosten. Bei tiefen Tagebauen gleichen sich die Investitionskosten schon bei kürzeren Transportentfernungen an. Mobilbrecher werden entweder von herkömmlichen SLKW oder bei kürzeren Distanzen direkt von Baggern oder Radladern beschickt. Die an alle Einsatzgegebenheiten anpassungsfähigen SLKW sorgen hier nur noch für den horizontalen Transport des Fördergutes vom Ladegerät zum Brecher auf der Grubensohle oder auf einzelnen Abbausohlen (Bild 5-38).

5.1.6.2 SLKW-, Band- und Zugförderung sowie Schiffstransport

Dieses Transportsystem wird bei der Kohlegewinnung im Tagebau *El Cerrejon* (Kolumbien) und dem Transport bis zur Verladung im Hafen angewandt. Durch SLKW mit einer Nutzmasse von 154 t wird die Kohle dem zweistufigen Brecher mit 1740 t/h Durchsatz zugeführt, der die Stückgröße auf weniger als 50 mm reduziert. Mit einem Gurtförderer erfolgt der Transport aus dem Tagebau und die Beschickung des 67 m hohen Silos. Von diesem werden die Züge beladen, die den Transport zum 150 km entfernten Hafen vornehmen. Die Züge bestehen aus 93 Waggons (Bodenentleerung) mit je 90 t Tragfähigkeit, die durch 3 leistungsstarke Lokomotiven (8055 kW) gezogen werden.

Tafel 5-3 Vergleich der Transportalternativen SLKW und Gurtförderer mit Brecher [5.30]

	1	2	3	4
Transport-alternativen	SLKW	SLKW stationäre Brecher Gurtförderer Absetzer bzw. Haldengerät	SLKW halb mobile Brecher Gurtförderer Absetzer bzw. Haldengerät	voll mobile Brecher Gurtförderer Absetzer bzw. Haldengerät
Spezielle Merkmale	flexible Tagebaugestaltung und der Be- und Entladestellen des SLKW lange, teilweise ansteigende Fahrstrecken für SLKW	flexible Tagebaugestaltung und der Beladestelle des SLKW mittlere, weniger ansteigende Fahrstrecken für SLKW	mittlere Flexibilität in der Tagebaugestaltung und der Beladestelle des SLKW kurze, kaum ansteigende Fahrstrecken für SLKW	geringere Flexibilität in der Tagebauführung durch die eingesetzten Gurtförderer keine SLKW
Investkosten	niedrig	mittel	mittel	hoch
Betriebskosten	hoch	hoch	mittel	niedrig
Gesamtkosten	hoch	mittelhoch	mittel	mittel

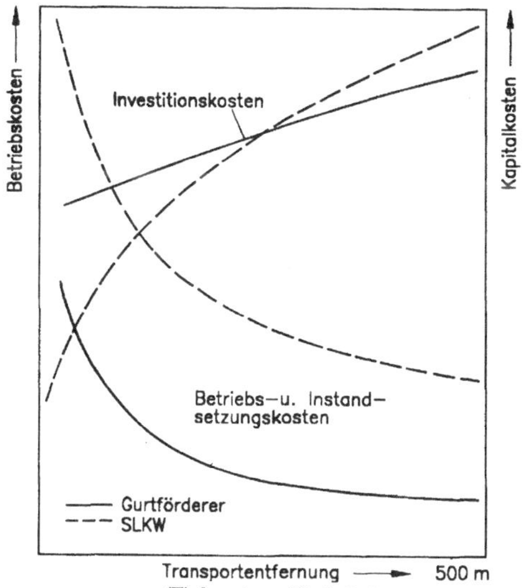

Bild 5-37 SLKW- und Gurtförderkosten im Tieftagebau, Förderhöhe 200 m [5.34]

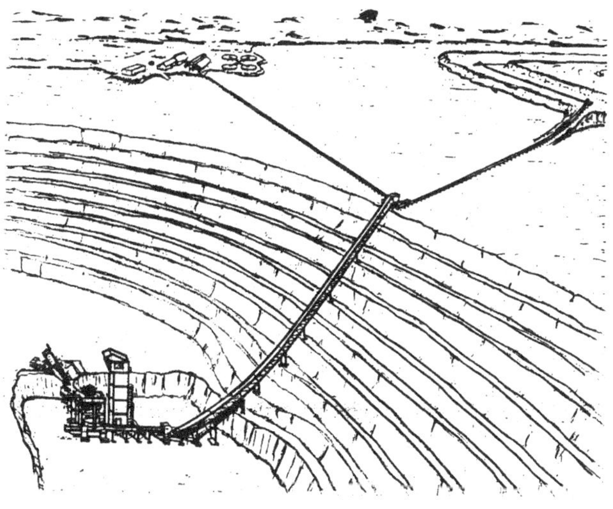

Bild 5-38 Vom SLKW beschickte Brecheranlage mit Fördergut-transport aus dem Tagebau durch Gurtförderer [5.34]

Die Beladung des Zuges mit 8300 t erfolgt in 1 Stunde, für die Entladung auf einer Halde im Hafen werden 1,5 Stunden benötigt. Durch 3 Schaufelrad-Haldengeräte mit je einem Fördervolumenstrom von 6000 m^3/h werden die Schiffe beladen [5.36].

Nach dem gleichen Prinzip erfolgt der Transport der Steinkohle aus den Tagebauen der Provinz *Wyoming* (USA), nur die Verladung der durch die Züge antransportierten Kohle erfolgt auf Flussschiffe.

5.1.6.3 Band- und Zugförderung

Bei Tagebauen mit großer Abbauhöhe und bei Belieferung mehrerer Verbraucher erfolgt der Transport auf der Baggerstrosse sowie der Schrägtransport zur Rasensohle mit Gurtförderern. Für den Schrägtransport zur Böschungskante kommen fahrbare, umsetzbare bzw. stationäre Schrägförderer zum Einsatz. Da ortsveränderliche Schrägförderer höhere Investitionen erfordern, ist ihr Einsatz dann zweckmäßig, wenn auf Grund des Abbaufortschrittes Umsetzungen in kürzeren Zeitabständen notwendig sind.

In vielen Fällen wird der Abwurfbereich des auf dem Schrägförderer angeordneten Gurtförderers gleich als Verladeeinrichtung ausgebildet. Bei Anordnung von zwei Zuggleisen und einer speziellen Übergabeschurre, die die Waggonlücken überbrückt, kann eine kontinuierliche Beladung gewährleistet werden. Mit zunehmendem Fördervolumen erfordert die Ausbildung der Übergabestelle eine an den Fördergutstrom angepasste Ausführung (Abschn. 5.5.).

Im Bild 5-39 sind 3 mögliche Varianten einer Verladeeinrichtung für größere Volumenströme dargestellt [5.39].

Ist eine kontinuierliche Beladung der Züge nicht realisierbar, dann muss die Zuförderung unterbrochen werden bzw. das Fördergut muss auf einer Halde zwischengelagert werden.

5.1.6.4 Zug- und Bandförderung

Ein Fördersystem, bei dem der Transport des Materials von Zug- in Bandbetrieb übergeht, ist vor allem dann wirtschaftlich einsetzbar, wenn aus verschiedenen, in größeren Abständen und von verschiedenen Orten Material antransportiert wird und dieses dann auf Grund der Steigung oder anderer durch den Zugbetrieb nicht realisierbarer Bedingungen durch Gurtförderer weitertransportiert werden muss.

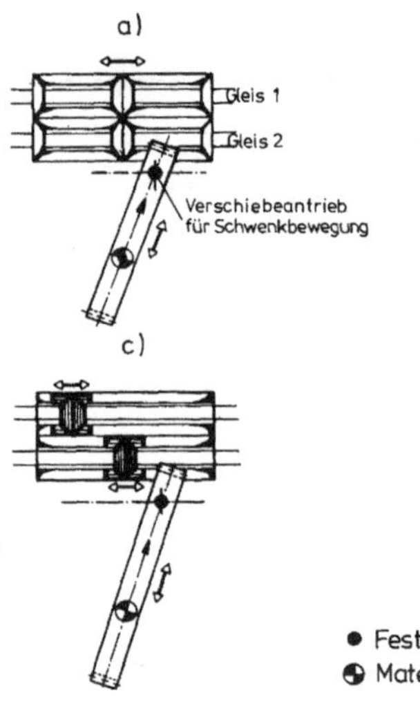

Bild 5-39 Varianten für Schwenkbandbeladeanlagen mit Sattel [5.39]

A Schwenkband mit Kreuzsattel
B Schwenkband mit Quersattel
C Schwenkband mit 2 Einzelsätteln

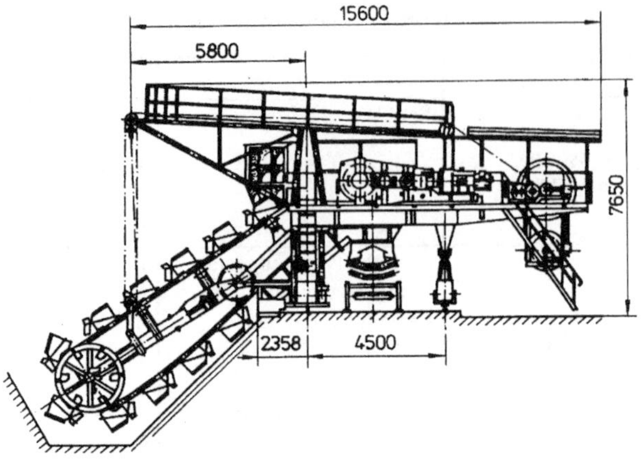

Bild 5-40 Grabenaufnahmegerät des Typs G 500 (Längen in mm)

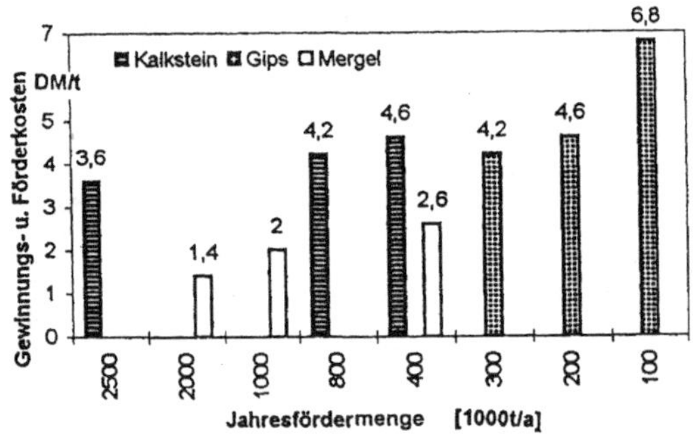

Bild 5-41 Mittlere Gewinnungs- und Förderkosten der zwei jeweils günstigsten Systemalternativen über der Jahresfördermenge und der Gesteinsart [5.41]

Ein Beispiel ist die Verkippung von Abraum auf der Außenkippe, hierbei sind große Steigungen bei kurzen Transportentfernungen zu überwinden. Beim Umladen wird das Material durch die Waggons in einen vom Grabenaufnahmegerät gebaggerten Graben geworfen und durch diesen mit einer Eimerkette bzw. durch ein Schaufelrad aufgenommen und auf den Gurtförderer aufgegeben. Auf Bild 5-40 ist ein Grabenaufnahmegerät der Type G 500 mit einem Durchsatz von 1600 m^3/h dargestellt.

5.1.7 Fördersysteme für kleine Tagebaue und sonstige Erdarbeiten

Neben den großen Tagebauen gibt es viele kleine, die ein Fördervolumen bis 2 Mio. t/a aufweisen. Piatkowiak [5.40] hat einen großen Teil der in den neuen Bundesländern Deutschlands liegenden kleinen Tagebaue untersucht und diese in Abhängigkeit von der Fördergutart in fünf Gruppen unterteilt.
Von den kleinen Tagebauen, die Sand und Kies fördern, wurden in der Auswertung 40 % dieser Tagebaue und damit 65 % des Fördervolumens erfasst. Von den 12 eingesetzten Fördersystemen besitzen, wie die Untersuchungsergebnisse zeigen, bei der Trockengewinnung mit Schaufelradbagger und Bandförderung und bei der Nassgewinnung mit Schwimmgreiferbagger und Schwimmbandförderung, die mit Abstand höchste Arbeitsproduktivität.
Die Untersuchung der Gewinnung von tonartigem Gestein (Ton, Kaolin, Lehm, Geschiebemergel u. a.) erfasst 80 % der Jahresförderung. Es handelt sich um wesentlich kleinere Tagebaue als bei der Sand- und Kiesförderung, so dass nur fünf Fördersysteme zur Anwendung kommen. Die größte Zahl dieser Tagebaue, rd. 59 %, ist mit Band-, Zug- bzw. LKW-Förderung ausgerüstet. Bei diesen Fördersystemen wurden die geringsten Selbstkosten bei relativ geringer Arbeitsproduktivität erreicht.
Die Kalksteingewinnung betrug im Jahr 1979 rd. 25 Mio. t. Die vier größten Tagebaue erbrachten 78,1 % der Fördermasse. Bei diesen Tagebauen hat sich die fahrbare Brechanlage mit Bandförderung durchgesetzt. Für die Arbeitsproduktivität und die Selbstkosten wurden dabei die weitaus besten Werte erzielt.

Zusammenfassend kann festgestellt werden, dass mit der Zunahme der Größe der Jahresförderung steigt die Arbeitsproduktivität und die Selbstkosten sinken. Die Transportsysteme LKW- und Zugförderung zeigen bei den kleinen Tagebauen die günstigeren Betriebsergebnisse. Ab 1000 bis 2000 kt/a ist der Einsatz der Bandförderung mit fahrbarem Brecher zu untersuchen und zu empfehlen.
Enger [5.41] hat schneidende und fräsende Gewinnungsmaschinen in Zusammenarbeit mit der Bandförderung beim Abbau von mittelhartem Gestein in 20 Festgesteinstagebauen des norddeutschen Raums untersucht.
Nach einer detaillierten Darstellung der Bedingungen beim Abbau des Festgesteins wurden die zweckmäßige Anordnung der Gurtförderer in Zusammenarbeit mit Bandwagen und Bandbrücke betrachtet.
Auf der Grundlage der ermittelten zweckmäßigen Verhiebsarten wurden Gewinnungs- und Nebenzeiten, das hierbei gewinnbare Fördergutvolumen und die erwarteten Kosten ermittelt. Aus dieser Betrachtung ist ersichtlich, dass die erforderliche spezifische Lösearbeit und das Jahresfördervolumen die Haupteinflussgrößen auf die spezifischen Kosten des Gewinnungs- und Förderprozesses darstellen. Im Bild 5-41 sind die mittleren Gewinnungs- und Förderkosten für drei Gesteinsarten gegenübergestellt.
In [5.19] wird über der Einsatz des Continuous Surface Miners (CSM) bei mittelhartem Gestein im Vergleich mit dem Löffelbagger berichtet. Der CSM übergibt das Fördergut auf SLKW oder auf Gurtförderer. Problematisch ist die Gestaltung der Übergabestellen, da die CSM mit Fahrgeschwindigkeiten im Bereich von 8...20 m/min arbeiten.
Schwieriger noch ist bei den hohen Vortriebsgeschwindigkeiten die Zusammenarbeit mit den Gurtförderern. Zwecks Überbrückung der sich verändernden Abstände zwischen

CSM und Baggerstrossenband wird ein Bandwagen zwischengeschaltet. An den zwei mechanisch nicht fixierten Übergabestellen kann es leicht zu Überschüttungen oder infolge Nachregulierung zu Betriebsunterbrechungen kommen. Die Bandwagenfahrwerke müssen konstruktiv für diese hohen Geschwindigkeiten angepasst werden. Hier liegt sicher auch ein Grund dafür, dass CSM-Einsätze bisher nur mit diskontinuierlich arbeitenden Transportsystemen bekannt sind. Eine Kostengegenüberstellung für drei Ausführungsvarianten ist im Bild 5-42 enthalten.

5.1.8 Transport mit Flachbagger

Flachbagger unterscheiden sich in der Arbeitsweise von den Löffelbaggern dadurch, dass sie das Fördergut mit geringer Spanhöhe durch die Fortbewegung auf dem Boden über kürzere Strecken verschieben oder freitragend über mittlere Entfernungen transportieren. Die Maschinen führen aufeinanderfolgend die Arbeitsgänge Lösen, Beladen, Transportieren, Entladen und Verteilen der Erdstoffe aus. Sie können darüber hinaus anstehende Erdstoffe einebnen und verdichten. Sie werden deshalb vor allem zur Geländeregulierung, zum Einebnen und Auftragen von Erdstoffen, zur Herstellung von Verkehrsstraßen und ähnlichen Prozessen eingesetzt. Häufig kommen sie auch als Hilfsmaschinen im Tagebau zur Anwendung.
Die Einsatzgrenzen der Flachbagger werden durch die Erdstofffestigkeit, die Transportentfernung und die Tragfähigkeit des Bodens bestimmt. Die vertretbaren und wirtschaftlichen Transportentfernungen sind im Bild 5-43 zusammengestellt. Diese Angaben stellen nur eine grobe Orientierung dar, weil die Art des Erdstoffes und die Technologie der Erdbewegung für die Wirtschaftlichkeit einen großen Einfluss besitzen.

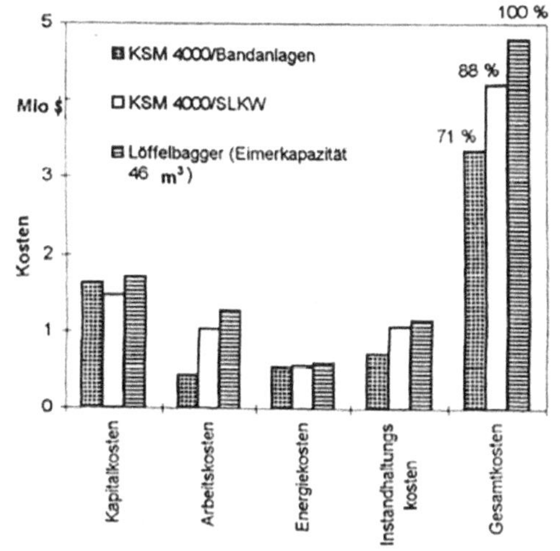

Bild 5-42 Kostenvergleich der KSM mit SLKW- bzw. Bandförderung mit der des Löffelbaggers [5.19]

KSM – Krupp Surface Miner

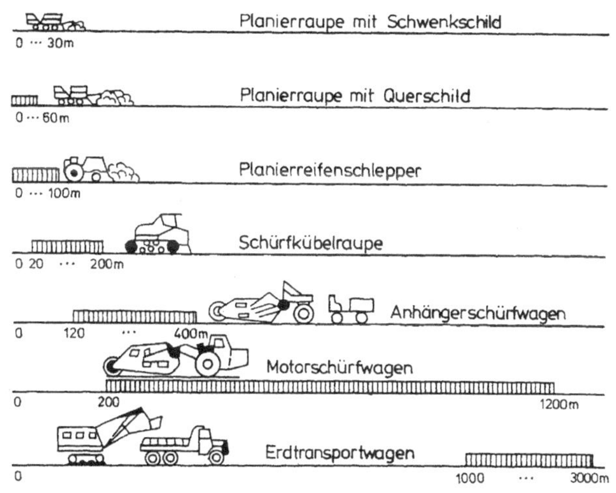

Bild 5-43 Wirtschaftliche Transportentfernungen für Flachbagger

5.2 Fördervolumen, Energieeinsparung, Lärmemission und Hinweise zum Bau der Maschinen

5.2.1 Volumenstrom des Fördersystems

5.2.1.1 Effektives Fördervolumen des Baggers

Die richtige Auswahl des Fördersystems und seine zweckmäßige Dimensionierung sind mit die Grundlage für einen wirtschaftlichen Betrieb. Ausgangspunkt zur Bestimmung des effektiven Fördervolumens ist im Allgemeinen das Jahresfördervolumen an Rohstoff. Mit dem vorliegenden Verhältnis zwischen Rohstoff und Abraum wird der zu bewegende Abraum, der nach dem Abbau der günstigsten Vorkommen im Allgemeinen den maßgebenden Anteil am zu transportierenden Fördervolumen darstellt, bestimmt.
Das effektive Gesamtjahresfördervolumen des Abraums $\dot{V}_{Eg}$ ist auf die einzelnen Abbaustrossen bzw. Fördersysteme aufzuteilen, wobei gleiche bzw. unterschiedliche Ausführungen der Fördersysteme in Abhängigkeit von vorherrschenden Bedingungen zum Einsatz kommen können. Es gilt

$$\dot{V}_{Eg} = \sum_{j=1}^{m} \dot{V}_{Ej} \,, \tag{5.1}$$

$\dot{V}_{Eg}$ Gesamtfördervolumen an Abraum in fm^3/a

$\dot{V}_{Ej}$ Fördervolumen eines Fördersystems in fm^3/a

m Anzahl der Fördersysteme.

Für den Rohstoffbereich gilt eine analoge Gleichung.
Die Ermittlung des Jahresfördervolumens eines Fördersystems kann auf verschiedenen Wegen erfolgen. In [5.44] sind dafür Lösungswege mit unterschiedlichem Aufwand und Genauigkeitsgrad eingehend beschrieben.
Für den Hersteller von Gewinnungsmaschinen bzw. Fördersystemen steht neben der Ermittlung des Fördervolumens vor allem die Kontrolle der ermittelten Größen im Vordergrund.
In den folgenden Ausführungen wird ein Berechnungsverfahren dargestellt, das bei vertretbarem Aufwand auch ausreichend genaue Ergebnisse liefert. Zur Berechnung von Fördersystemen wird eine analytische Methode angewandt, die auf der Theorie der *Markowschen* Ketten beruht. Der Förderstrom wird mit einer einheitlichen Qualität angenommen.
Zur Ermittlung des Jahresfördervolumens in fm^3/a eines Fördersystems wird folgende Ausgangsgleichung verwendet

$$\dot{V}_E = \dot{V}_{thB} \eta_B t_R = \dot{V}_{thB} \eta_B t_K \eta_{RK} \,. \tag{5.2}$$

Aus der Gl. (5.2) kann das effektive Fördervolumen $\dot{V}_e$ des Baggers pro Stunde abgeleitet und wie folgt dargestellt werden

$$\dot{V}_e = \dot{V}_{thB}\eta_B\,, \tag{5.3}$$

$\dot{V}_{thB}$ theoretisches Fördervolumen des Baggers in lm^3/h
η_B Baggereffekt in fm^3/lm^3 (f fest, l lose)
t_K Kalenderzeit eines Zeitabschnittes in h (z. B. 24 h · 365 Tage = 8760 h/a)
t_R Betriebszeit in h (Zeit, in der Massen bewegt oder die dafür erforderlichen Einstellvorgänge vorgenommen werden).

η_{RK} stellt mit dem Verhältnis der reinen Betriebszeit zur Kalenderzeit die zeitliche Nutzung bzw. Auslastung dar.

$$\eta_{RK} = \frac{t_R}{t_K}\,. \tag{5.4}$$

η_{RK} kann nur dann als Vergleichswert für verschiedene Fördersysteme dienen, wenn die Kalenderzeit nach gleichen Bedingungen ermittelt wird. Sie hängt von der Anzahl der arbeitsfreien Tage im Jahr und der Anzahl der Arbeitsstunden pro Tag ab.
Die Werte für t_R bzw. η_{RK} sind von der Auslegung des Fördersystems abhängig und werden wie folgt ermittelt [5.4] [5.43] [5.44] [5.46]

$$t_R = \frac{t_Z}{\left(1+\Sigma\chi_{Sn}\right)\left(1+\chi_N\right)} \tag{5.5}$$

Diese Gleichung ist gültig für einfache Ketten entsprechend Bild 5-26, hierbei ist

$$t_Z = t_K - t_{Sp}\,; \tag{5.6}$$

$$\chi_{Sn} = \frac{t_{Sn}}{t_B}\,; \tag{5.7}$$

$$\chi_N = \frac{t_N}{t_R}\,; \tag{5.8}$$

$$t_B = t_R + t_N\,, \tag{5.9}$$

t_Z Kalenderzeit, vermindert um die geplanten Stillstandszeiten (Betriebsruhe, Generalreparaturen, Umbauten) in h
χ_{Sn} Quotient aus der Summe der nicht planmäßigen Stillstandszeiten (Störungen), t_{Sn} eines Elementes und der Betriebszeit t_B
χ_N Quotient aus der Summe der Nebenarbeitszeiten t_N und der reinen Betriebszeit t_R.

Die Störzeiten t_{Sn} werden für jedes Element einer Förderkette gesondert erfasst, die Betriebszeit t_B ist für alle Elemente die gleiche. In dem Wert t_{Sn} als Summe aller Störzeiten drückt sich sowohl die Anzahl der Störungen als auch ihre Dauer aus. Die Anzahl der Störungen wird hauptsächlich durch:

- die technische Qualität und den Zustand der Anlage
- die Qualifikation der Bedienungskräfte
- die geologischen und technologischen Einsatzbedingungen bestimmt.

Die durchschnittliche Störungsdauer wird überwiegend durch organisatorische Abläufe (Transport von Reparaturkräften und Material), die Qualifikation der Reparaturhandwerker, Bereitstellung von Hebezeugen u.ä. beeinflusst. Daraus ergeben sich Ansatzpunkte zur Senkung der Störzeiten, wofür bereits bei der Projektierung die notwendigen Voraussetzungen geschaffen werden müssen.
Die Nebenarbeitszeit t_N wird bei der angegebenen Methode als eine von t_R abhängige Größe angegeben. In t_N gehen überwiegend Fahrbewegungen beim Wechsel des Einsatzortes auf der Strosse bzw. Schwenkbewegungen vom Hoch- zum Tiefschnitt ein, deren Häufigkeit auch von der erreichten reinen Betriebszeit abhängt. Es ist auch möglich, t_N als absolute Größe aufzufassen. Dann ist sie wie eine planmäßige Stillstandszeit bei der Ermittlung von t_Z mit zu subtrahieren, und im Nenner der Gl. (5.5) entfällt der zweite Klammerausdruck.

Die Ermittlung der χ-Werte muss durch Betriebsmessungen erfolgen. Bei einer über längere Zeit und in einer größeren Anzahl von Betrieben erfassten Datenmenge erhält man Werte mit ausreichender statistischer Sicherheit, die auch bei der Projektierung verwendet werden können. Eine Zusammenstellung von Störkennziffern als erste Eingabewerte bei der Projektierung enthält Tafel 5-4. Dabei gelten die kleineren Werte für kleinere Maschinen, größere Bagger haben dagegen die größeren Störkennziffern.
Die Länge der Gurtförderer besitzt nur einen geringen Einfluss auf die Größe der Störkennziffer, d. h. die Antriebsstation mit Übergabestelle beeinflusst diese Größe maßgebend. Die Störkennziffer für unterschiedliche Längen der Gurtförderer kann nach folgender Gleichung ermittelt werden [5.45]:

$$\chi = \chi_0 + 0{,}000009\,L\,, \tag{5.10}$$

L Länge des Gurtförderers in m

$\chi_0 = 0{,}0236.$

Die vorliegenden Störkennziffern stellen Mittelwerte dar, die laufend durch neue Auswertungen präzisiert werden sollten. In Ergänzung zur Gl. (5.10) wird für eine Kette von n Förderern die Berechnung nach Gl. (5.11) angegeben

$$\chi = n\chi_0 + 000009\,\Sigma L\,. \tag{5.11}$$

Damit wird die negative Wirkung einer großen Zahl von Gurtförderern unterstrichen und die auch aus anderen Gründen sinnvolle Forderung nach wenigen langen Förderern untermauert.

Tafel 5-4 Störkennziffern für Tagebaumaschinen [5.44]

χ_N gültig im Normalfall, bei extremen Einsatzbedingungen müssten höhere Werte technologisch nachgewiesen werden
χ_{Bg} es sind die Stillstände durch Wartung, Reparaturen (ohne Generalreparatur), Störungsbeseitigung durch Baggergut enthalten
χ_F Auswirkungen auf die Gewinnungs- und Verkippungsmaschinen durch Stillstände der Förderanlagen (Störungen und Rückarbeiten)
χ_{F-Z} Stillstände durch Zugpausen

	Bagger	Absetzer
χ_N	0,02...0,04	0,005...0,02
χ_{Bg}	0,05...0,20	0,05 ...0.20
χ_F (Zugförderung)	0,01...0,06	0,02 ...0,10
(Bandförderung)	0,15...0,3	0,05 ...0,30
χ_{F-Z} (Zugpausen)	0,4...0,8	0,5 ...0,9

Die Berechnung nach Gl. (5.2) gilt für einfache Ketten entsprechend Bild 5-26. Bei Fördersystemen mit wählbarem Förderweg (Bild 5-27 und 5-28) erfolgt die Förderung ebenfalls über einfache Teilketten, die zusammengeschaltet sind. Durch diese Variationsmöglichkeit ergeben sich Vorteile in der Massenverteilung und auch in der Verfügbarkeit einzelner Teilketten. Bei der Bestimmung der Verfügbarkeit kann das Fördersystem in Teilketten untergliedert und die Einzelwerte summiert werden.
Die zeitliche Auslastung bzw. Nutzung der Abraumbandanlagen ist im Bild 5-44 und die für die Kohlebandanlagen im Bild 5-45 für die Tagebaue in der *Laubag* für rd. 13 Jahre dargestellt. Im Säulenpaket „bis 1989“ sind die Durchschnittswerte der letzten 10 Jahre zusammengefasst.

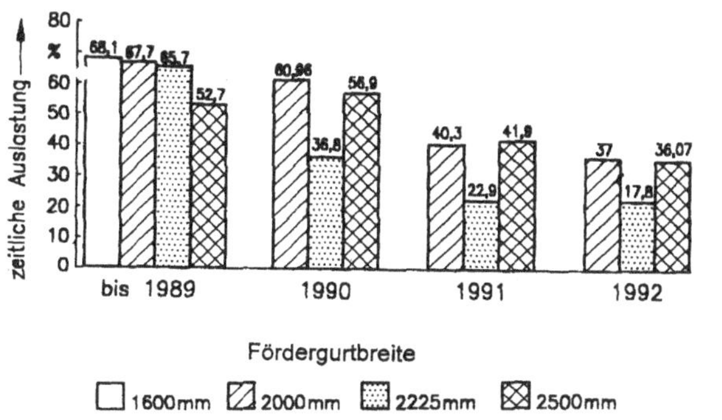

Bild 5-44 Zeitliche Auslastung der Abraumbandanlagen der *Laubag* [5.21]

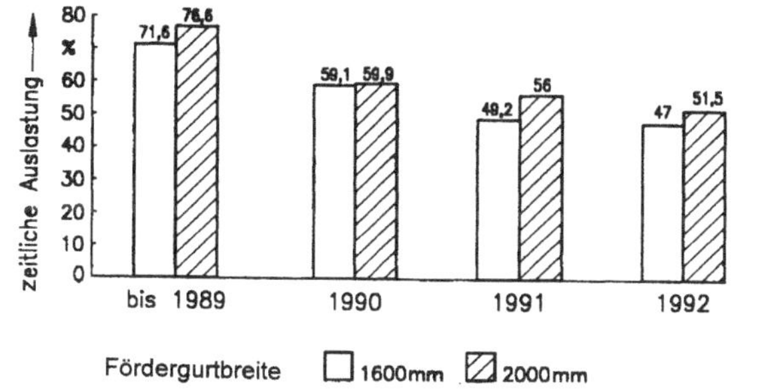

Bild 5-45 Zeitliche Auslastung der Kohlebandanlagen der *Laubag* [5.21]

Die Verringerung der zeitlichen Nutzung η_{RK} in den folgenden Jahren korreliert mit dem Rückgang des Volumenstroms infolge geringeren Bedarfs an Kohle. Bei der Abraumbandanlage reduziert sich η_{RK} um rd. 30 %, hiervon entfallen 18,2 % auf den Übergang der Förderung von 365 auf 300 Tage im Jahr. Die Absenkung beträgt 12,8 %. Bei den Kohlebandanlagen reduziert sich die zeitliche Nutzung um 7,2 %.

5.2.1.2 Theoretisches Fördervolumen des Baggers

Kontinuierlich arbeitende Maschinen

Das theoretische Fördervolumen $\dot{V}_{thB}$ des Baggers stellt die Grundlage für die Auslegung des Transportsystems dar. Mit den Gln. (5.2) und (5.3) gilt

$$\dot{V}_{thB} = \frac{\dot{V}_E}{\eta_B t_R} = \frac{\dot{V}_E}{\eta_B t_K \eta_{RK}} \qquad (5.12)$$

bzw.

$$\dot{V}_{thB} = \frac{\dot{V}_E f}{CAt_K \eta_{RK}}, \qquad (5.13)$$

C Standortfaktor
A Arbeitsfaktor
f Auflockerungsfaktor in lm^3/fm^3.

Das theoretische Fördervolumen stellt die Basis für die Auswahl des Baggers bzw. für die Festlegung der Parameter des Gewinnungsorgans dar

$$\dot{V}_{thB} = (V_N + aV_R)n \cdot 60\,, \qquad (5.14)$$

V_N Nennvolumen der Schaufel in m^3
V_R Ringraumvolumen des Schaufelrads in m^3
n Anzahl der Schüttungen/min.

Das theoretische Fördervolumen eines Schaufelradbaggers mit zellenlosem Schaufelrad errechnet sich aus dem Produkt von Schüttungszahl n und einem Volumen aufgelockerten Baggergutes, das der Summe aus Nennvolumen der Schaufel V_N und einem Anteil a des Ringraumvolumens V_R entspricht. Das anteilige Ringraumvolumen wird, wenn aus konstruktiven Gründen nicht anders vereinbart, im allgemeinen mit $a = 0{,}5$ (50 %) angesetzt. Für Eimerkettenbagger und Schaufelradbagger mit Zellenrad ist $a = 0$ zu setzen.

Baggereffekt

Der Baggereffekt η_B ist kein echter Wirkungsgrad, sondern nur eine Vergleichsgröße zwischen theoretischen und effektiven Fördervolumen, der zur Vorausberechnung des erreichbaren effektiven Fördervolumens benötigt wird. Einfluss auf den Baggereffekt und damit auf das effektive Fördervolumen haben im Wesentlichen [5.46]:

- Bodenart, Eimer- oder Schaufelvolumen
- Ausbildung der Eimer bzw. Schaufeln
- Fahr- und Schwenkgeschwindigkeit
- Abtragshöhe, Böschungswinkel, Witterung
- Blockbreite.

Durch die Vielzahl der Faktoren, die η_B beeinflussen, bereitet eine exakte Ermittlung große Schwierigkeiten. Für die Ermittlung dieser Vergleichsgröße haben sich zwei Methoden herausgebildet:

- In der Praxis werden für die Einsatzplanung auf Grund vorliegender Ergebnisse Vergleichswerte von unter gleichen oder ähnlichen Bedingungen eingesetzten Baggern gleicher Bauart herangezogen.
- Bei neuentwickelten Baggern bzw. beim Einsatz unter veränderten Bedingungen wird eine weitgehende Berechnung der Vergleichsgröße angestrebt.

Standort und Arbeitsfaktor

Der Baggereffekt η_B wird deshalb in die Anteile des Standortfaktors C, des Arbeitsfaktors A und des Auflockerungsfaktors f aufgegliedert

$$\eta_B = \frac{AC}{f}. \qquad (5.15)$$

Der Wert für den Standortfaktor C lässt sich nur abschätzen. In [5.46] werden folgende Standortfaktoren angegeben:

- schwer baggerfähige Böden $C = 0{,}89$
- mittelmäßig baggerfähige Böden $C = 0{,}95$
- leicht baggerfähige Böden $C = 0{,}97$.

Der Arbeitsfaktor A wird durch den Anteil der Leerlaufzeiten des Graborgans an der reinen Betriebszeit bestimmt. Er hängt von den erforderlichen Einstellzeiten zum Erreichen eines neuen Abbaublockes bzw. einer neuen Abbauscheibe, durch Hub- und Fahrbewegungen bzw. zur Schwenkrichtungsumkehr ab. Der Arbeitsfaktor eines Baggers wird damit durch die technologische Arbeitsweise bestimmt. Individuelle Einflüsse durch Bedienung bleiben dabei unberücksichtigt. Die detaillierten Angaben zur Berechnung des Arbeitsfaktors sind in Abschnitt 4 und in [5.46] angegeben.

Auflockerungsfaktor

In der Tafel 5-5 sind Dichtekennwerte für festen und aufgelockerten Boden bzw. Gestein zusammengestellt [5-46]. Aus diesen lässt sich der Auflockerungsfaktor f in lm^3/fm^3 ermitteln

$$f = \frac{\varsigma_f}{\varsigma_l}. \qquad (5.16)$$

Vergleichswerte für den Baggereffekt

Durch umfangreiche Auswertungsarbeiten wurden Richtwerte für die Ausnutzung von Baggern η_B erarbeitet [5.43].

Tafel 5-5 Dichtekennwerte für festen und aufgelockerten Boden und Gestein [5.46]

Boden/Gestein	ς_f in t/m^3 f	ς_l in t/m^3 l
Sand, trocken	1,92	1,60
nass	2,28	1,90
Erde bindig, trocken	1,56	1,25
nass	2,00	1,60
Kies 6 ... 50 mm, trocken	1,88	1,68
nass	2,13	1,90
Ton und Kies, trocken	1,89	1,35
nass	2,24	1,60
Ton, natürliche Lagerung	1,75	1,25
Braunkohle	1,10 ... 1,15	0,70 ... 0,75
Sandstein, gesprengt	2,46	1,60
Gips	2,96	1,70
Kalkstein	2,2 ... 2,65	1,00 ... 1,88
Eisenerz	2,48 ... 3,18	2,10 ... 2,70
Schlacke	1,85	1,50
Naturstein, gesprengt	2,65 ... 2,97	1,80 ... 1,90
Brechsand, 1 ... 3 mm	-	1,81
Splitt, 3 ... 30 mm	-	1,79 ... 1,59
Schotter, 30 ... 70 mm	-	1,58 ... 1,55

Die Tafel 5-6 enthält einen Auszug dieser Richtwerte. Für jeden Maschinentyp wurde der erreichte Baggereffekt in Abhängigkeit vom Anteil des bindigen Bodens ermittelt. Dabei wurde das Leistungsvermögen aller eingesetzten Maschinen über mehrere Jahre erfasst und so Mittelwerte errechnet. Die Einteilung nach dem bindigen Anteil des Bodens ist eine indirekte Methode, die unterschiedlichen Grabwiderstände und Füllungsgrade der Grabgefäße zu berücksichtigen. Sie ist ausreichend genau, wenn die Eigenschaften der Böden nur in gewissen Grenzen schwanken. Eine Übertragung dieser Zahlen auf andere geologische Bedingungen bedarf einer Überprüfung. Um weitere Einflussfaktoren erfassen zu können, wurden die Wertungsstufen LA und LB eingeführt. Die Kriterien dafür sind in Tafel 5-7 enthalten. Man sieht, dass vorwiegend technologische Einflussfaktoren aber auch weitere geologische Gegebenheiten je nach den örtlichen Bedingungen bei der Ermittlung des Baggereffektes beachtet werden müssen. Aus diesen Merkmalen kann auch abgeleitet werden, auf welche Einflüsse bereits im Rahmen der Projektierung geachtet werden muss, um günstige Einsatzbedingungen und damit größere Baggereffekte zu erreichen [5.4].

Aus den Angaben der Tafel 5-6 können folgende generelle Aussagen abgeleitet werden:

- Der Baggereffekt von Maschinen, die im Blockbetrieb arbeiten (SRs und ERs), ist in der Regel kleiner als 1. Bei großen Schaufelradbaggern beträgt er 0,5 bis 0,7. Ursachen sind die Sichelform des zu zerspanenden Gebirgskörpers, die unterschiedlichen Spandicken und damit die Eimerfüllungen während eines Schwenkvorganges sowie die Unterbrechungen der Gewinnung beim Wechsel der Schwenkrichtung. Eine Minderung dieser negativen Einflüsse kann durch programmgesteuerte oder geregelte Schwenkgeschwindigkeitsveränderung ($1/\cos\varphi$-Steuerung) sowie durch große Blockbreiten und eine optimale Scheibeneinteilung erreicht werden [5.47].
- Die Baggereffekte von Eimerkettenbaggern, die im Frontverhieb arbeiten, liegen zum größten Teil über 1, die höchsten Jahresdurchschnittswerte wurden mit 1,75 ausgewiesen. Voraussetzung für derart hohe Baggereffekte sind die über längere Betriebsperioden annähernd gleichen Zerspanungsverhältnisse, wenig Unterbrechungen durch Fahrtrichtungswechsel und geringe Anschnittverluste. Annähernd gleiche Maschinen, die sich nur in einigen Details bei der Gestaltung der Graborgane unterscheiden, erreichen recht unterschiedliche Baggereffekte (s. Tafel 5-6). Bei den Ausführungen I und II der Eimerkettenbagger Es 1120 wird der veränderte Baggereffekt im Wesentlichen durch den unterschiedlichen Abstand zwischen den Eimern (4- bzw. 6fach Schakung) ermöglicht. Bei Ausführung III werden mit noch höherer Kettengeschwindigkeit ähnliche Werte erreicht.
- Für ERs-Bagger kann eine durchgehende Reihe in Abhängigkeit von den Bodenarten nicht auszuweisen werden, weil diese Bagger fast ausschließlich zur Gewinnung von Kohle und Mittelabraum eingesetzt werden.

Auf Bild 5-46 sind die ermittelten Durchschnittswerte von η_B für Gurtförderer mit unterschiedlichen Gurtbreiten der *Laubag* dargestellt.

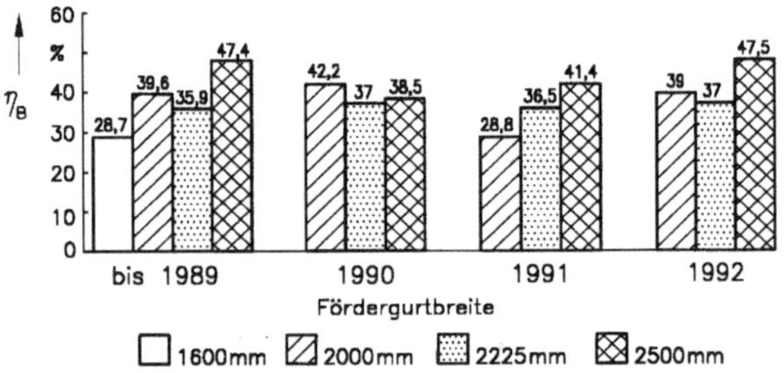

Bild 5-46 Auslastung des Förderquerschnitts der Gurtförderer der Abraumbandanlagen der *Laubag*, Baggereffekt η_B [5.56]

5.2.1.3 Fördervolumen des kontinuierlich arbeitenden Transport- und Verkippungssystems

Die Bandförderung mit Gurtförderern ist das am meisten angewandte kontinuierlich arbeitende Transportsystem. Die Gurtförderer müssen so dimensioniert sein, dass sie ständig den vom Bagger bzw. einem sonstigen Aufgabesystem ankommenden Volumenstrom sicher abtransportieren können. Auch kurzzeitig auftretende Beladespitzen müssen bewältigt werden.

Der erforderliche Volumenstrom des Gurtförderers $\dot{V}_{thG}$ in lm^3/h wird vom theoretischen Fördervolumen des Baggers $\dot{V}_{thB}$ abgeleitet. Die Dimensionierung erfolgt nach

$$\dot{V}_{thG} = \dot{V}_{thB}\, k_g . \qquad (5.17)$$

Der Koeffizient k_g ist ein Erfahrungswert, der gestützt auf die Angaben in [5.4] und [5.5] für die unterschiedlichen Fördergutarten angegeben wird. Die Maximalwerte gelten für Sand und Kies, sie werden bei der Auslegung des Gurtquerschnitts oft berücksichtigt. Die Verwendung kleinerer Werte ist zulässig und ist anzustreben, wenn ausschließlich Fördergutarten mit ungünstigen Eigenschaften über die gesamte Betriebszeit zu fördern sind oder durch Regelung des Baggers größere Volumenströme verhindert werden [5.52].

Wenn Sammelförderer durch mehrere Bagger oder sonstige Übergabestellen beschickt werden, wie auf den Bildern 5-30 bis 5-34 dargestellt, kann damit gerechnet werden, dass nicht alle Förderspitzen gleichzeitig anfallen und damit der Gurtförderer nicht für die Summe aller Spitzenwerte ausgelegt werden muss.

Tafel 5-6 Richtwerte für den Baggereffekt η_B

(Auszug aus [5.43]; leere Felder bedeuten, dass für diese Einsatzbedingungen keine ausreichenden Betriebsergebnisse verfügbar sind)

	Gerätetyp	Theoretisches Fördervolumen in m^3/h	Wertungsstufe	Bindiger Bodenanteil in %					
				0	20	40	60	80	100
1	SRs 630	1360	LA	0,935	0,865	0,795	0,730	0,660	0,590
			LB	0.875	0,805	0,740	0,670	0,600	0,530
2	SRs 6300 SRs 2400 SRs 1500	14000 6625 5130	LA	0,700	0,640	0,580	0,520	0,460	0,400
			LB	0,650	0,590	0,530	0,470	0,410	0,350
3	Es 1120 (I)	1920 $v_K = 1{,}26$ m/s	LA	1,200	1,105	1,015	0,925	0,830	0,740
			LB	1,030	0,950	0,870	0,790	0,710	0,630
	Es 1120 (II)	1920 $v_K = 1{,}35$ m/s	LA	1,750	1,500	1,300	1,190	1,100	1,010
			LB	1,615	1,330	1,120	1,060	1,010	0,960
	ES 1120 (III)	2200 $v_K = 1{,}55$ m/s	LA	1,600	1,500	1,410			
			LB	1,400	1,330	1,270			
4	Es 3150 Es 3750	5070 6030	LA		1,400	1,330			
			LB		1,300	1,220			
5	ERs 560 ERs 710	740 1400	LA					0,6...0,9	
			LB					0,5...0,75	

Merkmale	LA	LB
Gesteinseinlagerung	ohne bis gering	erheblich
Schnittmächtigkeit	normal	gering, leistungsmindernd
Wechsel der Schnittmächtigkeit	gering	erheblich
Anteil Tiefschnitt bei SRs	ohne	erheblich
Anschnittverluste bei E/Es	gering	erheblich
Blockbreite	normal	gering, leistungsmindernd
Einschränkungen durch Grabkräfte	nein	ja
Selektive Gewinnung notwendig	nein	ja

Tafel 5-7 Kriterien der Wertungsstufen für den Baggereffekt [5.43]

Tafel 5-8 Koeffizient k_g

Fördergutart	Schaufelradbagger	Eimerkettenbagger
Sand, Kies	1,3	1,8
Lehm, versandet	1,2	1,7
Ton	1,0	1,4
Geschiebelehm	0,9	1,0

Dieses kann bei der Ermittlung des theoretischen Fördervolumens durch den Faktor k_{Ba} berücksichtigt werden [5.5]. Es gilt dann:

$$\dot{V}_{thG} = k_{Ba}\Sigma\left(k_g \dot{V}_{thB}\right). \qquad (5.18)$$

Werte für k_{Ba} können aus der Tafel 5-9 entnommen werden. Es sind Erfahrungswerte, die eine Grundlage für die Berechnung darstellen.

Eine tiefere Durchdringung der Problematik erfordert exakte Messungen des von einer Baggertype unter bestimmten geologischen Bedingungen geförderten Volumenstromes in einem bestimmten Zeitraum. Die auf dieser Basis ermittelte, statisch gesicherte Verteilung der Höhe des Volumenstromes ermöglicht eine sinnvolle Zuordnung des Gurtfördererquerschnitts. Der Aufwand für derartige Messungen ist

Tafel 5-9 Faktor k_{Ba} für Sammelgurtförderer [5.5]

Beladung	Anzahl der Gewinnungsmaschinen		
	2	3	4
sehr gleichmäßig	1,00	1,00	1,00
begrenzt gleichmäßig (Beladung durch Eimerkettenbagger)	0,95	0,92	0,90
ungleichmäßig (Beladung durch Schaufelradbagger)	0,90	0,84	0,80
sehr ungleichmäßig (Ladegeräte)	0,80	0,75	0,70

hoch. Da diese Messergebnisse in erster Linie für ein neu auszulegendes Fördersystem benötigt werden, müßten sie an anderen, vorhandenen Systemen bei annähernd identischen Stoffarten erfolgen.

In [5.48] sind erste Messungen des Volumenstromes am SRs 6300 im Tagebau *Welzow Süd* und am Es 3150 im Tagebau *Klettwitz* dargestellt. Sie wurden an einem dem Gewinnungsorgan nachgeschalteten Gurtförderer aufgenommen. Auf den Bildern 5-47 und 5-48 ist die Häufigkeitsverteilung, die auf der Basis von Filmaufnahmen und Schichtprotokollen am Gurtförderer des Schaufelradauslegers ermittelt wurde, dargestellt. Die Volumenschwankungen wurden in Zeitintervallen von 0,4 bis 1,0 s erfasst.

Beim Schaufelradbagger erfolgt die zeitliche Verteilung des Volumenstroms nach den Gesetzmäßigkeiten der *Maxwellschen* Geschwindigkeitsverteilung. Die Volumenstromspitzen betragen etwa das 3fache des Durchschnittswertes.

Bei im Blockverhieb arbeitenden Eimerkettenbaggern folgt auf der Grundlage dieser Messungen die zeitliche Verteilung den Gesetzmäßigkeiten der Normalverteilung nach *Gauß*. Die Spitzen des Volumenstromes erreichen etwa das 2fache des Durchschnittswertes.

Die Spitzenwerte treten vor allem beim Einschneiden einer neuen Scheibe auf. Durch die Reduzierung des Nachlaufweges der Raupen und exakte Erfassung der zurückgelegten Fahrstrecke ist eine bessere Einhaltung der vorgegebenen Spantiefe möglich.

Eine andere Möglichkeit, die momentane Auslastung des Fördergurtquerschnitts zu erfassen, wird durch die Wägung der Fördergurtbeladung in kurzen Zeitabständen erreicht. Liegt die Schüttdichte vor, dann kann auf dem Volumenstrom und damit auf die Auslastung des Gurtquerschnitts geschlossen werden.

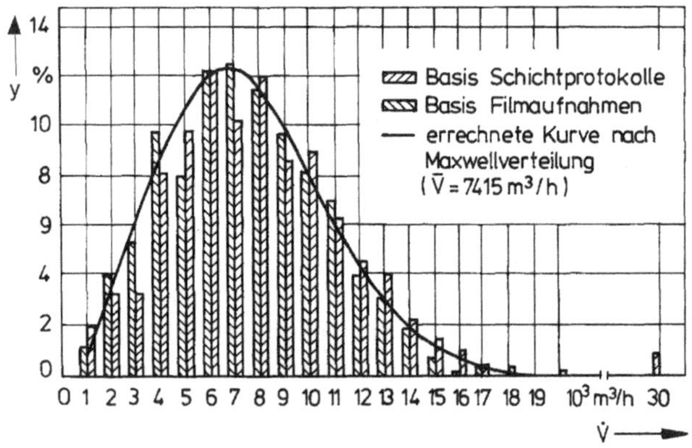

Bild 5-47 Häufigkeitsverteilung des Volumenstroms $\dot{V}$ am Schaufelradausleger des SRs 6300 - Tagebau *Welzow* [5.48]

($\bar{V}$ mittlerer Volumenstrom)

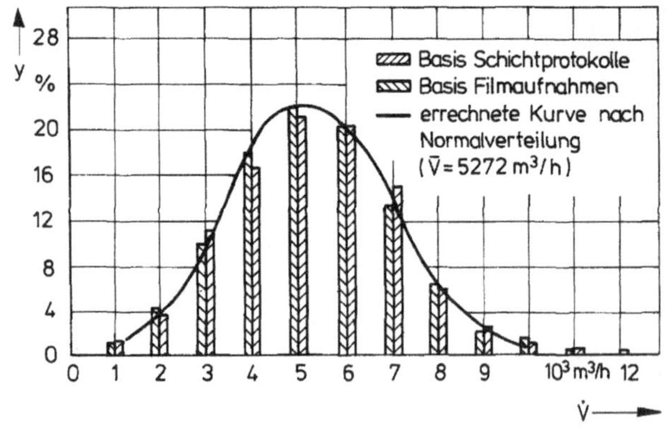

Bild 5-48 Häufigkeitsverteilung des Volumenstroms $\dot{V}$ am Es 3150 – Tagebau *Klettwitz* [5.48]

($\bar{V}$ mittlerer Volumenstrom)

5.2.1.4 Gurtbreite des Gurtförderers

Der theoretische Volumenstrom des Gurtförderers $\dot{V}_{thG}$ (bzw. J_{Vth} nach DIN 22101) wird durch die Füllquerschnitte und die Gurtgeschwindigkeit bestimmt

$$\dot{V}_{thG} = J_{Vth} = A_{th}\, v; \tag{5.19}$$

$$J_{VN} = \varphi_{Betr}\, \varphi_{St}\, A_{th}\, v, \tag{5.20}$$

A_{th} theoretischer Füllquerschnitt in m²
v Gurtgeschwindigkeit in m/s
J_{VN} Nennvolumenstrom in m³/s
φ_{Betr} Füllungsgrad (betriebsbedingte Minderungen des Nennvolumens infolge Schieflauf, Einengungen im Aufgabebereich u. a.; $\varphi_{Betr} \le 1$)
φ_{St} Abminderungsfaktor bei geneigter Förderung.

Für 1-, 2- und 3teilige Tragrollenstationen kann der theoretische Füllquerschnitt A_{th} unter Verwendung des Winkels β als Summe der Teilquerschnitte A_{1th} und A_{2th} bestimmt werden (Bild 5-49)

$$A_{th} = A_{1th} + A_{2th}; \tag{5.21}$$

$$A_{1th} = \left[l_M + (b - l_M)\cos\lambda\right]^2 \frac{\tan\beta}{4}; \tag{5.22}$$

$$A_{2th} = \left(l_M + \frac{b - l_M}{2}\cos\lambda\right)\frac{b - l_M}{2}\sin\lambda. \tag{5.23}$$

Die nutzbare Gurtbreite b wird in Abhängigkeit von der Gurtbreite B bestimmt:

- für $B \le 2000$ mm ist $b = 0{,}9\,B$ - 50 mm
- für $B \ge 2000$ mm ist $b =$ B - 250 mm,

l_M Länge der Mittelrolle in m
λ Muldungswinkel in Grad
β Böschungswinkel in Grad.

Für Schüttgüter mit normalem Böschungsverhalten, deren realer Böschungswinkel unbekannt ist, kann in der Gl. (5.22) in erster Näherung $\beta = 15°$ eingesetzt werden. Bei 1- und 2-teiligen Tragrollenanordnungen ist $l_M = 0$.

5.2.1.5 Einfluss des Fördergutes auf die Gurtbreite

Die Bestimmung des Volumenstromes in den Abschnitten 5.2.1.3 und 5.2.1.4 erfolgt unter ideellen Bedingungen, bei denen das theoretische Fördervolumen des Baggers multipliziert mit dem Faktor k_g mit dem des Gurtförderers übereinstimmt und beim Abbau des Blockes ein gleiches, „gutmütiges“ Fördergut gewonnen und abtransportiert wird. Diese ideellen Bedingungen werden in der Praxis selten auftreten, so dass bei der Wahl der Gurtbreite u. a. folgende Bedingungen zu beachten sind:

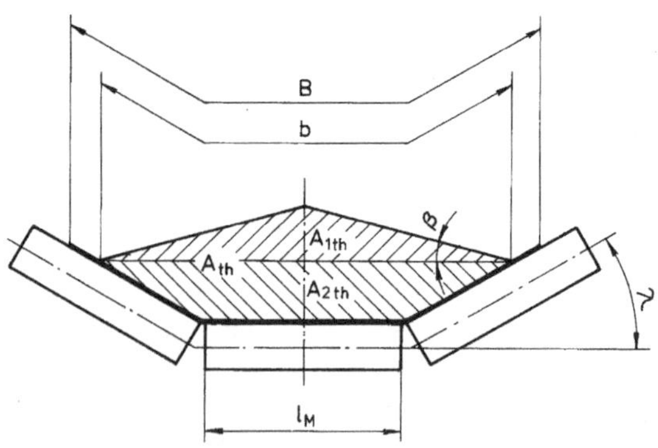

Bild 5-49 Theoretischer Füllquerschnitt bei horizontaler Förderung mit 3teiliger Tragrollenanordnung [5.49]

- Art des Fördergutes im Bereich des abzubauenden Blockes
- tatsächlicher Volumenstrom des Baggers bei dem abzubauenden Fördergut
- maximal zulässige Gurtgeschwindigkeit der Förderer innerhalb des Gewinnungs- und Transportsystems
- Neigung bzw. Steigung der Gurtförderer insbesondere im Bereich der Aufgabestelle
- Ausrichtungsgrad der rückbaren Gurtförderer und Führung der nicht mechanisch fixierten Übergabestellen
- Veränderung der Förderguteigenschaften während des Transports
- Brockengröße und ihr Anteil am Volumenstrom.

Einfluss des Fördergutes auf das Bagger-Fördervolumen

Die Wahl der Größe des theoretischen Fördervolumens des Baggers V_{thB} zu dem des Transportsystems wird durch wirtschaftliche Gesichtspunkte bestimmt. Da das Transport- und Verkippungssystem im Allgemeinen den höheren Anteil an den Investitionskosten besitzt, wird angestrebt, diesen Teil optimal auszulegen. Bei zu gering abgeklärten Abbaubedingungen werden oft Reserven im Leistungsvermögen der Bagger belassen, um auch bei auftretenden ungünstigeren Abbaubedingungen das erforderliche Mineral freilegen zu können.

Die in einer Blockhöhe auftretenden Fördergutarten können in der Zusammensetzung sehr unterschiedlich sein. Dieses kann sich auf die Höhe des Volumenstromes vom Bagger und auf die Fördereigenschaften des Gurtförderers auswirken. An einem im Bild 5-50 dargestellten idealisierten Block werden einige mögliche Probleme und Auswirkungen erläutert. Der Abbau des Blockes erfolgt in vier Schnitten.

Schon durch die Schnitteinteilung können durch Mischung verschiedener Fördergutarten negative Auswirkungen vermieden werden.

Im oberen Schnitt steht mit dem Sand ein günstiges, mit geringer Schneidkraft zu baggerndes Fördergut an. Das zellenlose Schaufelrad ist in dieser Auslegerstellung in der Lage, den Ringanteil weit über die vorgesehenen 50 % zu füllen, so dass eine Steigerung von $\dot{V}_{thB}$ auf das 1,5fache und mehr möglich wäre.

Der vom Bagger gewonnene, im Allgemeinen erdfeuchte Sand, trocknet beim Transport über größere Entfernungen ab, so dass sich bei dieser Förderart am Ende der Förderstrecke der dynamische Böschungswinkel verringern kann. Die Förderbedingungen auf dem Absetzer werden davon betroffen.

Beim 2. Schnitt, mit Anteilen von Sand und Schluff, wird es dazu führen, dass bei ausreichendem Anteil an Sand die ungünstigen Eigenschaften des Schluffs neutralisiert werden.

Im 3. Schnitt, der nur Schluff als Fördergut aufweist, wird der Bagger in den meisten Fällen das geplante Fördervolumen mit speziell ausgebildeten Schaufeln gewinnen können. Die Probleme bei dieser Fördergutart treten vor allem durch die Konsistenzänderung während des Transports auf. Der dynamische Böschungswinkel β_{dyn} verringert sich und erreicht zum Teil Werte von Null, so dass der theoretische Füllquerschnitt der Fördergurte beachtlich reduziert wird. An den Prallwänden der Übergabestellen treten Anbackungen auf, die bei Erreichen einer gewissen Eigenmasse herabfallen und Probleme in der Abförderung verursachen. Die Höhe des Volumenstromes wird in diesem Fall nicht vom Bagger sondern vom Fördersystem bestimmt. In der Praxis sind Fälle aufgetreten, wo eine Absenkung auf bis zu 60 % die Folge war.

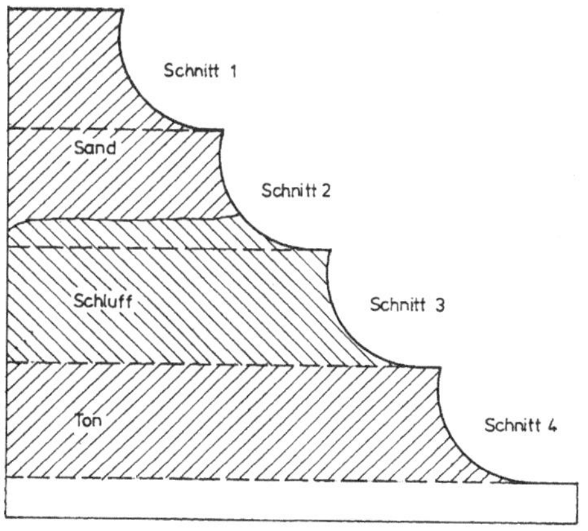

Bild 5-50 Idealisierter Block mit unterschiedlichen Fördergutarten

Auch bei anderen bindigen Schüttgütern kann durch Vibration das im Schüttgut enthaltene Porenwasser aktiviert werden. Es tritt eine Schmierfilmbildung an den Grenzflächen der Teilchen auf und bewirkt eine Abnahme des Winkels der inneren Reibung. Dieser Vorgang kann z. B. bei plastischem Ton mit sehr kleinen Korndurchmessern und hohem Feuchtigkeitsgehalt dazu führen, dass das vom Bagger als fester Tonbrocken aufgenommene Material nach der Förderung als teigige Masse am Absetzer ankommt.

Im 4. Schritt steht ein Fördergut an, das sich durch große Härte und Brockenbildung auszeichnet. Die mögliche Größe des Volumenstromes hängt von der Antriebsleistung des Schaufelrades ab. Die Brockenbildung kann durch die Verringerung der Spanbreite und Erhöhung der Anzahl der Eimer positiv beeinflusst werden.

Bei derartigen Abbauverhältnissen ist für jeden Schnitt der Volumenstrom zu ermitteln. Für die Schnitte mit günstigen Bedingungen ist gegebenenfalls eine Begrenzung der Höhe des Volumenstromes vorzusehen. Bei einem gut eingearbeiteten Baggerfahrer und mit einer modernen rechnergestützten Baggersteuerung ist eine sinnvolle Begrenzung möglich.

Im Bild 5-51 ist eine Häufigkeitsverteilung der Belastung am Verbindungsförderer, die bei den Messungen zur Ermittlung des Bewegungswiderstandes aufgenommen wurden, dargestellt. Durch den hohen Schluffanteil im Fördergut war nur eine 80 %ige Auslastung des Füllquerschnitts der Gurtförderer möglich. Der Kurvenverlauf zeigt, dass mit dem starken Abfall der Häufigkeitswerte über 75 % der Auslastung diese Vorgaben gut eingehalten wurden. Die Häufigkeitsverteilung nach Bild 5-47 wurde am gleichen Bagger SRs 6300 ermittelt. Die positiven Veränderungen in Bezug auf die Auslastungshöhe und Begrenzung bei der Häufigkeitsverteilung nach Bild 5-51 sind auf die zuvor genannten Einflüsse und auch auf den ausgleichenden Effekt der vorgeschalteten Fördergutübergaben zurückzuführen.

Einfluss der Gurtgeschwindigkeit und des effektiven Füllungsgrades auf den Volumenstrom

Der Volumenstrom eines Gewinnungs- und Transportsystems wird durch den Förderer mit dem geringsten Volumenstrom bestimmt, deshalb besteht die Zielstellung, bei dem zu transportierenden Fördergut einen gleich großen Volumenstrom auf der ganzen Förderstrecke zu gewährleisten. Der Nennvolumenstrom wird nach Gl. (5.20) unter Beachtung des effektiven Füllungsgrades φ ermittelt. Der theoretische Füllquerschnitt A_{th} wird vor allem durch die Fördergutbreite B und zum Teil auch durch den Muldungsquerschnitt (l_M, λ) bestimmt.

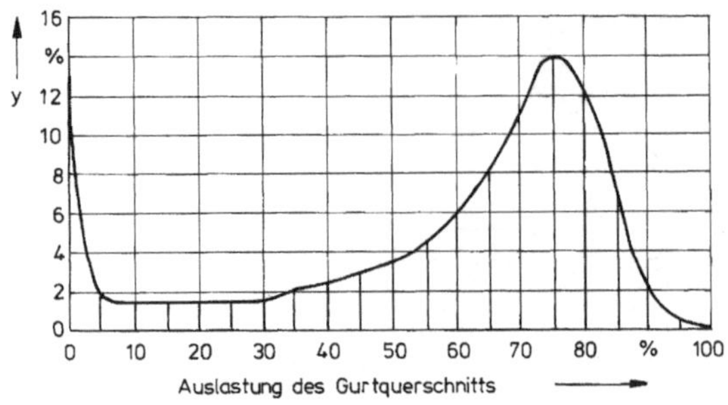

Bild 5-51 Häufigkeitsverteilung des Volumenstroms in Abhängigkeit von der Gurtquerschnittsauslastung am Verbindungsförderer des Tagebaues *Welzow*

Da die Gurtgeschwindigkeit v linear den möglichen Volumenstrom beeinflusst, ist ein großer Wert für v anzustreben. Die maximale Gurtgeschwindigkeit für rolliges und bindiges Fördergut mit geringem Anteil an Fördergutbrocken und kleinen Steinen beträgt zur Zeit bei Gurtförderern auf der Strosse 7,5 m/s und bei Anordnung auf dem Bagger bzw. Absetzer 5,2 bzw. 6,0 m/s. Der höhere Wert ist zulässig, wenn durch spezielle Gurtführung im Bereich der Übergabe (z. B. Vorabwurftrommel) ein größerer Fördergutstau vermieden wird. Für Gurtförderer auf Abwurfauslegern bzw. AFB wurde eine Gurtgeschwindigkeit bis 10 m/s ausgeführt.

Der effektive Füllungsgrad φ wird durch Faktoren bestimmt [5.49] [5.55]:

$$\varphi = \varphi_{Betr} \, \varphi_{St}. \tag{5.24}$$

Hierin ist der Füllungsgrad φ_{Betr} eine von den Eigenschaften des Fördergutes (Stückigkeit, Kantenlänge, Böschungswinkel β_{dyn}) und den Betriebsverhältnissen der Gurtförderanlage (Gleichmäßigkeit der Gutaufgabe, Gradlauf des Gurtes, Erhaltung einer bestimmten Reservekapazität) bestimmte Größe.

In Abhängigkeit von der Korn- und Brockengröße sollten folgende Richtwerte für die Mindestgurtbreite B_{min} Berücksichtigung finden [5.54]:

- Fördergut mit mehr als 60 % Gutbrocken der Größe d_{Kmax} : $B_{min} \geq 4\, d_{Kmax}$
- Fördergut mit bis zu 10 % Gutbrocken der Größe d_{Kmax} : $B_{min} \geq 3\, d_{Kmax}$
- Fördergut mit Gutbrocken zwischen 10 und 60 % der Größe d_{Kmax} : $3\, d_{Kmax} < B_{min} < 4\, d_{Kmax}$.

Treten nur einzelne Gutteilchen bzw. -brocken der Größe d_{Kmax} auf, sind bezüglich B_{min} Vereinbarungen zwischen Hersteller und Betreiber der Förderer zu treffen.

Die Übergabe- bzw. Aufgabestelle an Gurtförderer bestimmt, besonders bei den steigend angeordneten Förderern und stark klebrigem, bindigen Fördergut, den Nennvolumenstrom. Weitere Ausführungen hierzu sind im Abschnitt 5.5 enthalten.

Der Schieflauf bzw. das seitliche Auswandern des Fördergurtes hängt von der Ausrichtung der Bandgerüste, von der Qualität der Gurtverbindungen und von den Fördergutanbackungen an Tragrollen und Trommeln ab. Das Schüttgutverhalten bei seitlicher Auswanderung des gemuldeten Fördergurtes wurde von [5.50] untersucht.

Für die Schüttgutbeladung des Gurtes nach DIN 22101 und die dort angegebene Gurtbeladebreite b = 535 mm (Gurtbreite B = 650 mm) wurde die seitliche Gurtauslenkung s_{Bab} ermittelt, bei der das Schüttgut gerade noch nicht über den äußeren Gurtrand abwandert, So war es möglich, für verschiedene Muldungs- und Überhöhungswinkel sowie für die verwendeten Schüttgüter (Tafel 5-10) die maximal zulässige Gurtauslenkung festzulegen.

Die in Bild 5-52 dargestellten Messergebnisse zeigen, dass das Fördergut an der Außenseite einer Horizontalkurve etwa zur Hälfte und an der Innenseite im Durchschnitt rd. 75 % mit dem Fördergurt mitwandert. Der Einfluss des Muldungswinkels ist gering. Diese Untersuchungen haben weiterhin gezeigt, dass sich die Fläche des Fördergutes über der Mittelrolle bei der seitlichen Auslenkung bzw. bei einseitiger Überhöhung der Tragrollenstation kaum verändert. Über die Höhe der Belastung der Seitenrollen wurden ebenfalls Angaben gemacht. Für φ_{Betr} werden folgende Richtwerte genannt:

- φ_{Betr} = 0,9...1,0 (stationäre, gut ausgerichtet)
- φ_{Betr} = 0,85...0,95 (rückbar, zeitweilig stationär)
- φ_{Betr} = 0,80...0,9 (Gurtförderer am Ende eines Fördersystems, z. B. Absetzer).

Abminderungsfaktor

Der Abminderungsfaktor φ_{St} berücksichtigt die Veränderung des Teilquerschnitts A_{1th} bei geneigter Förderung

$$\varphi_{St} = 1 - \frac{A_{1th}}{A_{th}}\left(1 - \varphi_{St1}\right). \tag{5.25}$$

Bei gut ausgerichteten und mit Fördergut geringer Stückigkeit beladenen Förderer mit $\delta_{max} \leq \beta_{dyn}$ kann angesetzt werden

$$\varphi_{St1} = \sqrt{\frac{\cos^2 \delta_{max} - \cos^2 \beta_{dyn}}{1 - \cos^2 \beta_{dyn}}}, \tag{5.26}$$

δ_{max} maximaler Steigungswinkel
β_{dyn} Böschungswinkel.

Tafel 5-10 Verwendete Schüttgüter bei den Untersuchungen des Schüttgutverhaltens an gemuldeten Fördergurten

	Schüttgut I Sand		Schüttgut II Kunstst.gran. würfelig	Schüttgut III Kunstst.gran. kugelig	Schüttgut IV Flugasche gemahlen
	trocken	feucht			
Korngröße in mm	1-2	1-2	4-5	4-5	0,1
Schüttdichte in t/m³	1,34	1,20	0,57	0,55	0,64
Rütteldichte in t/m³	1,53	1,38	0,63	0,60	0,92
Reindichte in t/m³	2,00	2,00	1,00	0,85	1,58
Wassergehalt in %	0,0	2,4	0,0	0,0	0,0
stat. Böschungswinkel in Grad	30,0	35,0	29,0	19,0	12,0
dyn. Böschungswinkel in Grad	22,0	29,0	16,0	14,0	8,5
innerer Reibungsbeiwert	1,025	1,15	1,05	0,85	0,85

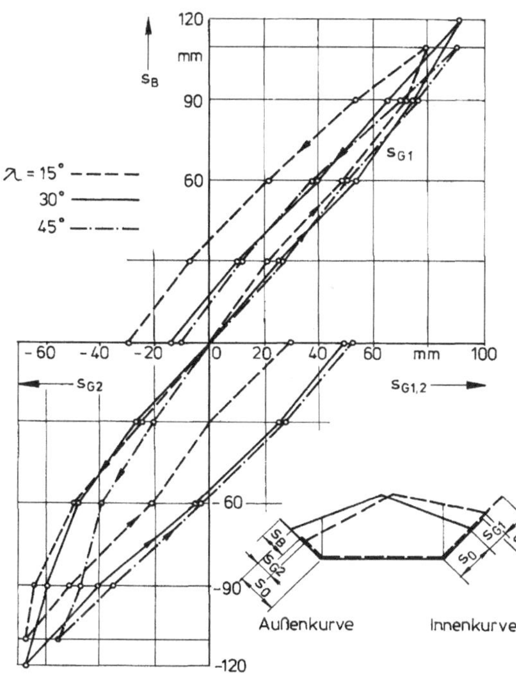

Bild 5-52 Gutauswanderung s_{G1} und s_{G2} an der Innenseite bzw. an der Außenseite einer Horizontalkurve in Abhängigkeit von der seitlichen Gurtauslenkung s_B bei Schüttgut I nach Tafel 5-10, trocken (Muldungswinkel λ = 15°, 30° und 45°) [5.50]

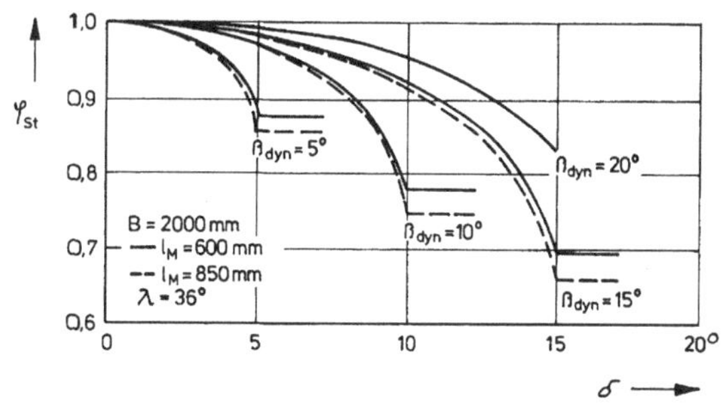

Bild 5-53 Abhängigkeit des Abminderungsfaktors φ_{st} vom Steigungswinkel δ des Gurtförderers und vom dynamischen Böschungswinkel β_{dyn} für die Gurtbreite B = 2000 mm

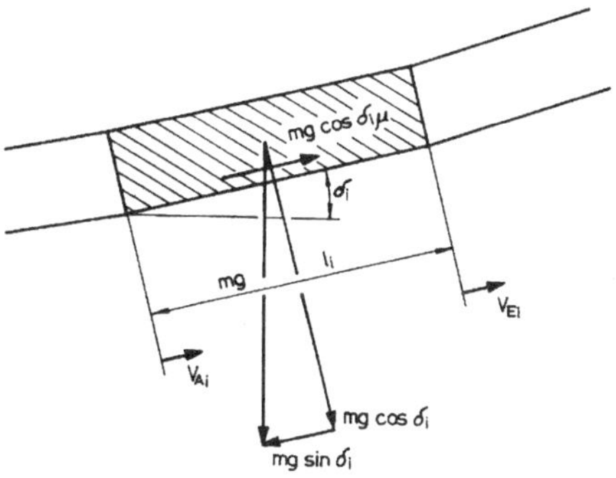

Bild 5-54 Kräfteverteilung am Förderabschnitt l_i [5.51]

Bei der Anwendung der Gln. (5.25) und (5.26) ist zu beachten, dass der Neigungswinkel bei geneigter Förderung höchstens gleich dem tatsächlichen dynamischen Böschungswinkel β_{dyn} sein kann. In diesem Fall steht nur noch der Teilquerschnitt A_{2th} für die Förderung zur Verfügung [5.49].

Im Bild 5-53 ist der Verlauf von φ_{St} in Abhängigkeit von der Steigung δ des Gurtförderers für verschiedene dynamische Böschungswinkel β_{dyn} für die Gurtbreite B = 2,0 m und l_M = 600 bzw. 850 mm dargestellt. Bei geringem β_{dyn} ist ein starker Abfall der Größe von φ_{St} zu verzeichnen. Der Einfluss der Länge der Mittelrolle auf φ_{St} ist gering.

Zwischen einem auf einer großen Länge ansteigend angeordneten Gurtförderer und einem mit kurzer ansteigender Länge nach einer annähernd horizontalen Förderung (Antriebsstation) bestehen durch die Stützung des nachfolgenden Fördergutes in der Auswirkung Unterschiede, die in Abhängigkeit vom Fördergut abzuschätzen ist.

Bei steigend angeordneten Gurtförderern kann das Fördergut auch zurückrutschen, wenn der Reibungsbeiwert zwischen Fördergurt und Fördergut bzw. seine Scherfestigkeit zu gering ist. Die Geschwindigkeit des Fördergutes $v_{E,i}$ am Ende des Abschnittes mit der Länge l_i kann bei verzögerter Bewegung gegenüber der am Anfang $v_{A,i}$ wie folgt erfasst werden (Bild 5-54)

$$v_{E,i} = v_{A,i} - a\, t_i\,. \qquad (5.27)$$

Mit den Funktionen

$$F_{b,i} = m\, a = m\, g\, (\sin \delta_i - \mu \cos \delta_i); \qquad (5.28)$$

$$t_i = \frac{2 l_i}{v_{A,i} + v_{E,i}} \qquad (5.29)$$

kann die Gl. (5.27) wie folgt abgewandelt werden

$$v_{E,i} = \sqrt{v_{A,i}^2 - 2 g l_i (\sin \delta_i - \mu \cos \delta_i)}\,. \qquad (5.30)$$

Die Gl. (5.30) hat nur Gültigkeit, wenn $\mu \cos \delta_i \leq \sin \delta_i$ ist und eine ausreichende Scherfestigkeit des Fördergutes besteht. In erster Näherung wurde für die Geschwindigkeit des Fördergutes der Mittelwert in Gl. (5.28) berücksichtigt.

Die Geschwindigkeit v_E am Ende eines Gurtförderers mit n Abschnitten beträgt

$$v_E = \sqrt{\sum_{i=1}^{n} \left[v_{A,i}^2 - 2 g l_i (\sin \delta_i - \mu \cos \delta_i) \right]}\,. \qquad (5.31)$$

Nach dieser Gleichung kann der tatsächliche Volumenstrom bei Rutschungen für den Gurtförderer bestimmt werden, wenn der Reibwert zwischen Fördergurt und Fördergut bekannt ist. Zur Erreichung einer hohen Endgeschwindigkeit des Fördergutes ist eine hohe Anfangsgeschwindigkeit sinnvoll [5.51]. Es bezeichnen:

$v_{E,i}$, $v_{A,i}$	Geschwindigkeit des Fördergutes am Ende und am Anfang des Förderabschnitts l_i in m/s
F_{bi}	Beschleunigungskraft in N
m	Masse des Fördergutes in kg/m
g	Erdbeschleunigung in m/s²
δ_i	Neigung des Förderabschnittes in Grad
μ	Reibungsbeiwert zwischen Fördergut und -gurt
t_i	mittlere Förderzeit für den Förderabschnitt l_i in s.

Zusammenfassung

Die Darstellungen zeigen, dass in einem kontinuierlich fördernden Gewinnungs- und Transportsystem die steigend angeordneten Gurtförderer den Schwachpunkt für den Volumenstrom darstellen.

Beim Schaufelradbagger betrifft dieses für den auf den Schaufelradausleger angeordneten Gurtförderer beim Schneiden in der unteren Scheibe zu. Da der Volumenanteil dieser Scheibe nur einen geringen Anteil am Gesamtvolumen besitzt, ist abzuwägen, ob eine Reduzierung des Volumenstromes in Kauf genommen oder A_{th} vergrößert wird.

Für den Gurtförderer auf der Strosse ist zwischen einer einfachen oder einer speziellen verzweigten Förderkette zu un-

terscheiden. Bei der einfachen Förderkette erfolgt der Transport in den meisten Fällen horizontal vom Bagger zum Absetzer.
Mit dem Einsatz einer verzweigten Förderkette wird das Fördergut meist über einen Schrägförderer (δ = 12...15°) einer Verteilerstelle zugeführt (Bild 5-30). Die Steigung am Schrägförderer bewirkt, dass der Nennvolumenstrom bei gleicher Bandbreite und Gurtgeschwindigkeit gegenüber den übrigen Gurtförderern beachtlich absinkt.
Am Bandabsetzer haben die Gurtförderer auf dem Zwischenförderer die Aufgabe, das Fördergut möglichst mit kurzer Förderstrecke auf die Höhe des Abwurfförderers anzuheben, d. h., sie werden mit maximal zulässigen Steigungswinkeln ausgeführt. Damit ergibt sich ein Schwachpunkt im Fördersystem, der einer angemessenen Betrachtung bedarf. Erschwerend kommt noch seine Lage am Ende des Fördersystems hinzu.
Bei der Auslegung des Fördersystems wird diesen Förderbedingungen Rechnung getragen. Im Tagebau *Fortuna* (Deutschland) wurde z. B. der Volumenstrom ausgehend von dem Gurtförderer des Schaufelradauslegers für die folgenden auf dem Bagger um das 1,14fache, für die Strossenförderer um das 1,48fache und für den Gurtförderer 1 des Absetzers um das 1,56fache erhöht [5.53].

5.2.1.6 Diskontinuierlich arbeitende Transportsysteme

Für diskontinuierlich arbeitenden Gewinnungsmaschinen gelten im Prinzip auch die zuvor dargestellten Zusammenhänge zur Bestimmung des theoretischen und effektiven Fördervolumens [5.46].
Das theoretische Fördervolumen V_{thB} beträgt

$$\dot{V}_{thB} = V_{Na} n_N \cdot 60\,, \tag{5.32}$$

V_{thB} theoretisches Fördervolumen in lm^3/h
V_{Na} Nennvolumen des Baggergefäßes in m^3
n_N Schüttungszahl in min^{-1}.

Die Schüttungszahl n_N lässt sich ermitteln nach

$$n_N = \frac{60}{t_f + t_{sv} + t_e + t_{se}}\,, \tag{5.33}$$

t_f Füllzeit des Gefäßes
t_{sv} Schwenkzeit des Auslegers
t_e Entleerungszeit des Gefäßes
t_{se} Schwenkzeit des Auslegers in die Ausgangslage (leer).

Das effektive Fördervolumen kann unter der Voraussetzung der vollständigen Auslastung der Lademaschine entsprechend Gl. (5.3) ermittelt werden. Für die zum Einsatz kommenden Maschinen sind die entsprechenden Werte für den Baggereffekt und die reine Betriebszeit einzusetzen. Das Verhältnis von Muldenvolumen zu Schaufelvolumen ergibt die Anzahl der notwendigen Lastspiele der Lademaschine. Anzustrebende Richtgrößen sind im Abschnitt 5.7.5.1 enthalten. Bei der Beladung einer SLKW-Mulde sind die Füllkoeffizienten zu beachten. Der Füllkoeffizient des Grabgefäßes der Lademaschinen ist abhängig vom Material.
Das Fassungsvermögen der SLKW-Mulde ist abhängig von der Größe und der Form der Mulde, der zulässigen Nutzmasse sowie einem Füllkoeffizienten. Stellt die Nutzmasse das Belastungskriterium dar, so können beim Einbau von Messelementen für die Belastung höhere Werte für k_F erreicht werden.
Das Fassungsvermögen V_F lässt sich bestimmen nach

$$V_F = V_{Fth} k_F\,. \tag{5.34}$$

Das theoretische Fassungsvermögen V_{Fth} wird von den Fahrzeugherstellern als Nennvolumen V_N, gehäuftes Volumen V_H mit einem Schüttwinkel von 18° bzw. einer Neigung von 1:3 oder durch das maximale Fassungsvermögen V_{max} mit einem Schüttwinkel von 27° angegeben. In [5.46] sind Angaben für das einzusetzende Volumen und den Füllkoeffizienten k_F unter Beachtung der entsprechenden Materialeigenschaften enthalten.

Geplanter SLKW-Bedarf
Unter der Voraussetzung der vollständigen Auslastung der Lademaschine kann der SLKW-Bedarf, wie nachfolgend dargestellt, ermittelt werden. In diesem Fall treten keine Stillstandszeiten durch SLKW-Mangel auf. Aus wirtschaftlicher Sicht ist diese Variante sinnvoll, wenn die Lademaschine den deutlich höheren Grundmittelwert besitzt. Die erforderliche SLKW-Anzahl z_w wird wie folgt ermittelt

$$z_w = \frac{\dot{V}_e f t_{Tz}}{V_F 60} f_r\,. \tag{5.35}$$

Ist die Masse des geförderten Fördergutes für das Aufnahmevermögen des SLKW maßgebend, dann ergibt sich

$$z_w = \frac{\dot{V}_e \varsigma f t_{Tz}}{m_B 60} f_r\,, \tag{5.36}$$

$\dot{V}_e$ effektives Fördervolumen der Lademaschine in fm^3/h, s. Gl. (5.3)
f Auflockerungsfaktor in lm^3/fm^3
t_{Tz} Dauer des Transportzyklus in min, s. Gl. (5.159)
V_F Fassungsvermögen der Mulde des SLKW in m^3
m_B zulässige Beladeмasse in t
ς Schüttdichte in t/m^3.

In t_{Tz} wird nur die reine Betriebszeit des SLKW erfasst, wobei im Fahrzyklus auftretende Wartezeiten zur Erhöhung von z_w führen. Für den Betriebsfaktor f_r können nach [5.46] folgende Werte angenommen werden:

- bei einer Fahrzeuganzahl > 5 SLKW gilt für neue Fahrzeuge f_r = 1,2, für ältere Fahrzeuge f_r = 1,35
- bei einer Fahrzeuganzahl ≤ 5 SLKW gilt f_r = 1,5.

5.2.2 Energieeinsparung

Die ökologischen Bedingungen gewinnen in der Volkswirtschaft ständig an Bedeutung. Zur Verbesserung des Umweltschutzes bestehen internationale Vereinbarungen, so hat sich in diesem Rahmen u. a. die Bundesrepublik Deutschland verpflichtet, den CO_2-Ausstoß von 1987 bis 2005 um 25 % zu senken. Die Energieerzeugung aus Kohle und Erdöl ist davon betroffen.
Die Gewinnungs- und vor allem die Transportmaschinen gehören zu den Maschinen, die einen hohen Energiebedarf aufweisen. Auf der Basis einer Analyse des Energiebedarfs für einen DVK werden Hinweise für seine Reduzierung dargestellt. Je mehr Fördersysteme bzw. Maschinen in die Betrachtung einbezogen werden, umso größer sind auch die Möglichkeiten der Einflussnahme und damit der Reduzierung.

5.2.2.1 Energieverbrauch im Tagebau in Abhängigkeit von eingesetzten Transportsystemen

Mit dieser Darstellung wird ein Überblick über die Größenordnung des Energiebedarfs in Abhängigkeit vom Fördersystem und dem Fördervolumen gegeben. Für die drei Typen der AFB werden folgende Durchschnittswerte für den spezifischen Energiebedarf genannt [5.57]:

- AFB F 34 bei 0,8...0,9 kWh/m³ (im *Lausitzer* Raum)
  bei 0,95...1,3 kWh/m³ (im *Leipziger* Raum)
- AFB F 45 bei 1,0 kWh/m³
- AFB F 60 bei 1,0...1,2 kWh/m³.

Der spezifische Energiebedarf an den DVK dürfte noch darunter liegen, da diese im Prinzip aus dem Schaufelradbagger und dem Absetzer bestehen. Für die DVK im Tagebau *Dreiweibern* betrug er 0,68 kWh/m³ [5.12].

Der Großtagebau *Greifenhain* förderte im Regelbetrieb Anfang der 80iger Jahre jährlich 12 Mio Tonnen Kohle und 62,4 Mio. m³ Abraum. Als Puffertagebau hat er die Rohkohleversorgung von Großabnehmern zu gewährleisten. Aus diesem Grunde wurde Bandbetrieb vorgesehen.

In der Verbraucherstruktur des Jahres 1980 betrug der Anteil der Abraumförderung mit den Fördersystemen SRs 6300 und Es 3150 insgesamt 56 % und der der beiden Grubenfördersysteme 19 % am Gesamtbedarf (Bild 5-55). Mit etwa 2,3 kWh/t liegt der spezifische Elektroenergieverbrauch des Großtagebaues *Greifenhain* mehr als 3fach höher gegenüber Tagebauen mit einer 34m-Förderbrücke. Der Leistungsbedarf in der Spitze ist bis zu 6fach größer. Die Abraumlinie des 1. Schnittes ist mit einem Schaufelradbagger SRs 6300, einer Gurtförderanlage (B = 2,5 m) und einem Absetzer A_2RsB 15400 ausgerüstet. Im 2. Abraumschnitt arbeitet ein Eimerkettenbagger Es 3150 mit einer Gurtförderanlage (B = 2,25 m) und einem Absetzer A_2RsB 12500 zusammen. Nach Aufnahme des Regelbetriebes des Tagebaues *Greifenhain* ab Juli 1979 ergab sich für den Verband SRs 6300 ein jährlicher spezifischer Elektroenergieverbrauch von 2,35 kWh/m³, für den Verband Es 3150 lag dieser bei 2,0 kWh/m³ [5.57].

Zum Vergleich wurden im Bild 5-56 die Kennziffern des Verbandes Es 3150 gleich 100 % gesetzt.

Der spezifische Jahres-Energieverbrauch bei dem neu entwickelten Bagger SRs 6300 beträgt mit 0,45 kWh/m³ nur 70 % des Wertes vom Bagger Es 3150 unter direkt vergleichbaren Einsatzbedingungen. Bei den Absetzern ARsB 15400 und ARsB 12500 liegt der spezifische Jahresverbrauch bei 0,37 kWh/m³, obwohl die Abwurfhöhe bei den erstgenannten Absetzer größer ist [5.57].

Für die Fördersysteme mit einer Länge von 5,9 km betrug der spezifische Energieverbrauch 1,5 kWh/m³ bei B = 2,5 m und 1,0 kWh/m³ bei B = 2,25 m, d. h. bei der größeren Gurtbreite ist er um das 1,5fache größer. Eine Ursache für große Differenz ist in der geringen Auslastung des Gurtquerschnitts zu suchen. Der höchste spezifische Energiebedarf tritt im I. und IV. Quartal bei relativ geringem effektiven Fördervolumen auf (Bilder 5-57 und 5-58).

5.2.2.2 Energiebedarf eines Gewinnungs-, Transport- und Verkippungssystems

Allgemeine Darstellung [5.59]

Zur Beurteilung des Energiebedarfs eines Gewinnungs-, Transport- und Verkippungssystem im Tagebau sowie für die Analyse und den Vergleich der Ausführungsformen sind folgende Größen maßgebend:

- Erforderliche Antriebsleistung bei ausgelastetem Fördersystem
- Energiebedarf je m³ in einem vorgegebenen Zeitintervall.

Während die erforderliche Antriebsleistung P_{erf} sich im Wesentlichen auf die Anlagekosten auswirkt, gibt der Energiebedarf je m³ den durchschnittlichen Energiebedarf in einem Zeitintervall t an. Unter dem Begriff der erforderlichen Antriebsleistung wird die Summe der Antriebsleistungen der im Dauerbetrieb $P_{D,i}$ und der im aussetzenden Betrieb $P_{A,j}$ arbeitenden Energieverbraucher verstanden. Die erforderliche Antriebsleistung in kW lässt sich demzufolge wie folgt

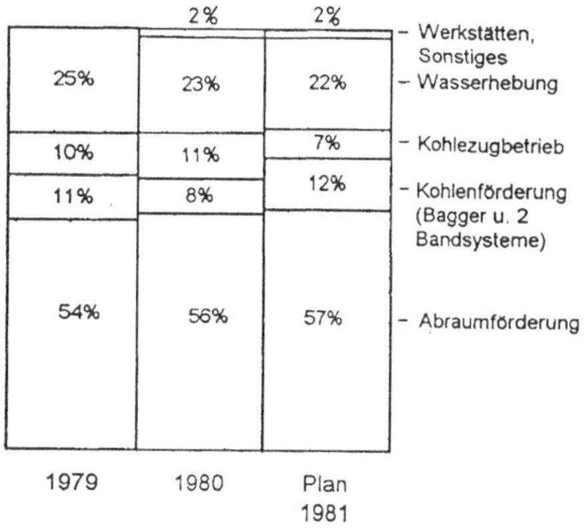

Bild 5-55 Struktur des Elektroenergieverbrauches im Großtagebau *Greifenhain* [5.57]

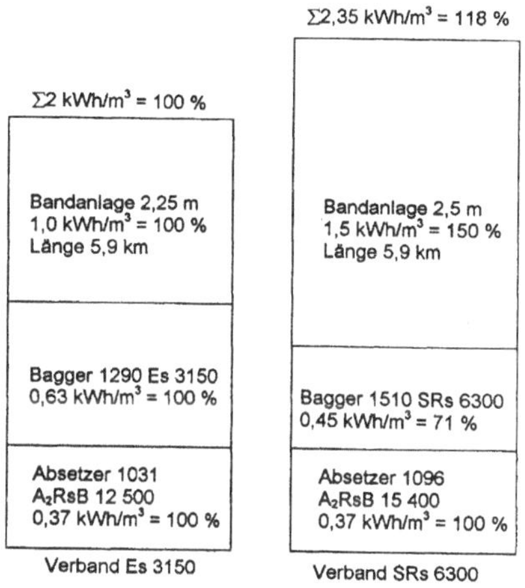

Bild 5-56 Vergleich des spezifischen Elektroenergieverbrauches des Fördersystems SRs 6300 mit dem vom Es 3150 (= 100 %) im Jahre 1980 [5.57]

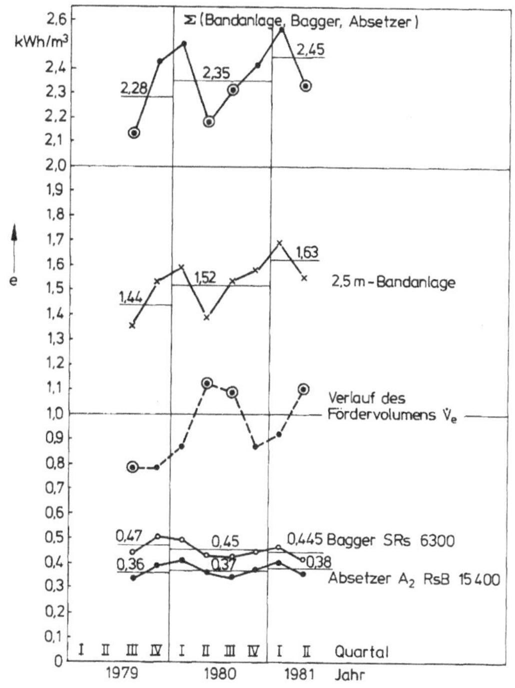

Bild 5-57 Zeitlicher Verlauf des spezifischen Elektroenergieverbrauches e und des Fördervolumens V_e je Quartal des Fördersystems SRs 6300, *Greifenhain* [5.57] (Angaben stellen Mittewerte dar)

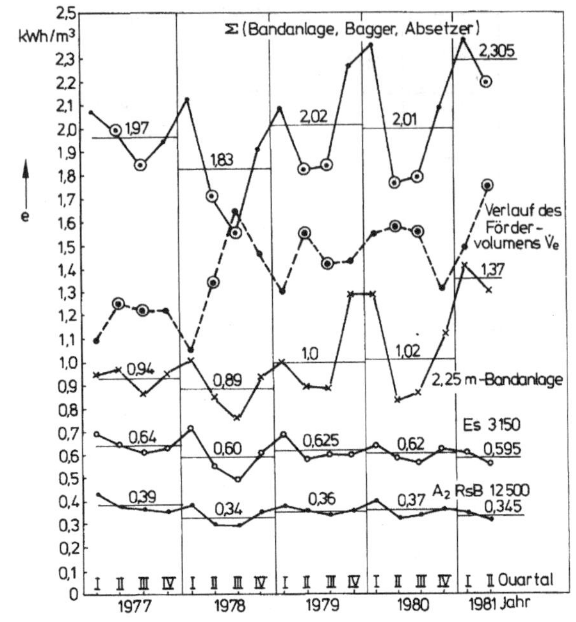

Bild 5-58 Zeitlicher Verlauf des spezifischen Elektroenergieverbrauches e und des Fördervolumens $\dot{V}_e$ je Quartal des Fördersystems Es 3150, *Greifenhain* [5.57] (Angaben stellen Mittewerte dar)

wie folgt erfassen

$$P_{erf} = \sum_{i=1}^{n} P_{D,i} + a_1 \sum_{j=1}^{m} P_{A,j}\,. \tag{5.36}$$

Da die im aussetzenden Betrieb arbeitenden Antriebe nicht gleichzeitig wirken, wird ein Gleichzeitigkeitsfaktor a_1 eingeführt.

Zu den wichtigsten Antrieben, die bei einem Direktversturz-Komplex im Dauerbetrieb arbeiten, gehören neben denen der Gurtförderer, die des Schaufelrades und der des Schwenkwerkes vom Schaufelradausleger. Die Antriebsleistungen der ebenfalls im Dauerbetrieb laufenden Schmutzbänder, der Pumpen für Schmieranlagen, der Bremslüfter u. a. Kleinverbraucher sind bei den betrachteten Fördervolumen und unter Beachtung der empirischen Funktionen zum Bestimmen der Antriebsleistung der drei wichtigsten Antriebe klein und von untergeordneter Bedeutung für die Anschlussleistung. Ein großer Teil der Antriebe, wie zum Beispiel die der Windwerke, der Spannvorrichtungen, der Fahrwerke, des Schwenkwerkes vom Absetzer und anderer Kleinverbraucher, wozu auch die Heizung und die Beleuchtung gehört, werden im aussetzenden Betrieb eingesetzt.

Der Energiebedarf e lässt sich wie folgt darstellen:

$$e = \left[\frac{\sum_{i=1}^{n} \int_{o}^{t_{D,i}} P_{D,i}(t)dt + \sum_{j=1}^{m} \int_{o}^{t_{A,j}} P_{A,j}(t)dt}{\int_{o}^{t} \dot{V}(t)dt} \right] c_0\,. \tag{5.37}$$

Die Größe des Zeitintervalls sollte, um auch eine repräsentative Aussage über den Energiebedarf je m³ zu erhalten, mindestens der Betriebszeit t_i entsprechen, die zum Abbaggern mehrerer Blöcke im Blockbetrieb arbeitenden Schaufelradbaggers erforderlich sind. Mit der Vergrößerung der Zeit t_i werden vor allem die Anteile der Nebenarbeiten exakter erfasst, so dass die Genauigkeit von e ansteigt. Der Faktor c_0 erfasst die Energieverluste aus dem Wirkungsgrad der E-Motore, der Spannungstransformation, der Energiezuführung, des Blindstromeinflusses und anderer Einflüsse.

Im Tagebaubetrieb hat sich neben dem effektiven Fördervolumen $\dot{V}_e$ die zeitliche Verfügbarkeit η_{RK} als eine wesentliche Größe für die Betriebszeit eines Komplexes herausgebildet. Diese auch bei der Projektierung eines Tagebaues zugrunde gelegten Größen werden beim Ermitteln des theoretischen Volumenstroms des Schaufelradbaggers und der Gurtförderer berücksichtigt.

Die Gl. (5.36) bzw. (5.37) kann, da der zeitliche Verlauf des Volumenstroms und damit auch der Antriebsleistung nicht bekannt ist, in der Phase der Projektierung eines Tagebaues nur durch Simulations- oder Näherungsverfahren einer Nutzung zugängig gemacht werden. Lösungsmöglichkeiten bieten der Mittelwertsatz der Integration und die Aufteilung des Zeitintervalls in Abschnitte, bei dem die Anlage mit vollem Volumenstrom $\dot{V}$ bzw. im Leerlauf betrieben wird.

Beide Lösungen setzen voraus, dass die Antriebsleistung proportional dem Volumenstrom ist.

Der im Block arbeitende Schaufelradbagger mit dem nachgeschalteten Gurtförderer entspricht mehr einem Fördersystem, das zeitweilig mit maximalem Volumenstrom und in der anderen Zeit im Leerlauf betrieben wird, deshalb wurde diese Variante zugrunde gelegt. Das Zeitintervall t wird damit in zwei Phasen (t_V Förderzeit mit dem Volumenstrom $\dot{V}$ und t_L Leerlaufzeit) aufgeteilt:

$$t = t_V + t_L\,; \tag{5.38}$$

$$e = \left[\frac{P_{G1} + P_{S1} + P_{R1} + \Sigma P_{K1}}{\dot{V}t} t_V + \frac{P_{G2} + P_{S2} + P_{R2} + \Sigma P_{K2}}{\dot{V}t}\left(t - t_V\right) + \frac{P_R t_R + P_W t_W + P_S t_S + \ldots}{\dot{V}t} \right] c_o\,, \tag{5.39}$$

P_{G1} Antriebsleistung der Gurtförderer
P_{S1} Antriebsleistung des Schaufelradantriebs
P_{R1} Antriebsleistung des Schwenkwerkes von SRs
P_{K1} Antriebsleistung der Kleinantriebe
(alle Leistungen bei vollem Volumenstrom)
P_{G2} Antriebsleistung der Gurtförderer im Leerlauf
P_{S2} Antrieblsleistung des Schaufelrades im Leerlauf
P_{R2} Antriebsleistung des Schwenkwerkes vom SRs im Leerlauf
P_{K2} Antriebsleistung der Kleinantriebe im Leerlauf
P_R Antriebsleistung des Raupenfahrwerk
P_W Antriebsleistung des Windwerkes
P_S Antriebsleistung des Schwenkwerkes vom Absetzer
t_R Fahrzeit des Raupenfahrwerks
t_W Arbeitszeit des Windwerks
t_S Schwenkzeit des Absetzers
(Leistung in kW, Zeit in h, Volumenstrom in m³/h, e in kWh/m³).

Auswertung der Gleichungen für den Energiebedarf

Es werden 9 Ausführungsformen von DVK in bezug auf den Energiebedarf untersucht und verglichen.

Im Bild 5-59 sind die Ausführungsformen der DVK, die bei der Auswertung gegenübergestellt wurden, schematisch dargestellt. Die Tafel 5-11 beinhaltet eine Zusammenstellung der wesentlichen Abmaße.

Bei der Gegenüberstellung des Energiebedarfs wurden Volumenströme $\dot{V}$ von 9000, 12500 und 18000 lm³/h berücksichtigt. Dabei werden als Gewinnungsmaschinen Schaufelradbagger der Typen SRs 2000, SRs 4000 und SRs 6300 mit ihren tatsächlichen Parametern zugrunde gelegt. Einige Parameter, wie die des SRs 2000 und des SRs 4000 wurden angepasst, damit sich eine sinnvolle Abstimmung ergibt. Für die DV-Absetzer wurden Typen aus dem Entwicklungsprogramm von *MAN TAKRAF* entnommen. Die Förderlängen

Tafel 5-11 Wesentliche Parameter der gegenübergestellten Ausführungsformen von DV-Kombinationen

(l_S Länge des Schaufelradauslegers l_{V1} ... l_{V3} Länge der Verbindungsförderer
l_A Länge des Abwurfauslegers alle Längenmaße in m)

Benennung	Fördervolumen in m³/h																						
	9000									12500									18000				
Baggertyp	SRs 2000									SRs 4000									SRs 6300				
DV-Absetzer	ARs 8800									ARs 12500									ARs 18000				
Abbauhöhe	24									32									40				
Schütthöhe	24									32									40				
Gurtbreite	2,0									2,25									2,5				
Förderlänge l_S	44	44	44	44	44	44	44	44	44	58	58	58	58	58	58	58	58	58	77	77	77	77	77
Ausführungsform	1	2	3	4	5	6	7	8	9	1	2	3	4	5	6	7	8	9	2	4	6	8	9
Anzahl der Gelenke	1	2	3				4			1	2	3				4			2	3		4	
Förderlänge l_A	100	195	195	195	195	195	195	195	195	100	195	195	195	195	195	195	195	195	225	225	225	225	225
Förderlänge l_{V1}	-	100	65	65	55	55	65	90	20	-	100	65	65	55	55	65	90	20	100	22	55	90	22
Förderlänge l_{V2}	-	-	65	65	75	75	60	35	40	-	-	65	65	75	75	60	35	40	-	108	75	35	40
Förderlänge l_{V3}	-	-	-	-	-	-	65	65	130	-	-	-	-	-	-	65	65	130	-	-	-	65	130
Σ d.Förderlänge	144	339	369	369	369	369	429	429	429	158	353	383	383	383	383	443	443	443	402	432	432	492	492

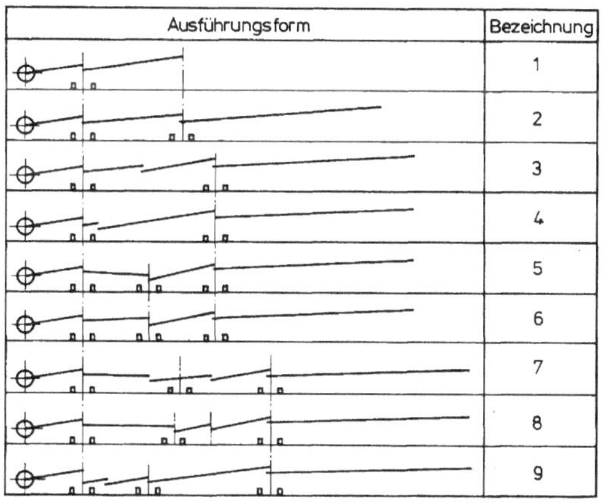

Bild 5-59 Schematische Darstellung der dem Vergleich unterzogenen Ausführungsformen der DVK [5.59]

der Gurtförderer des Verbindungsteils wurden so festgelegt, dass für bestimmte Ausführungsformen gleiche Längen entstehen. Der Abbau erfolgt in vier Schnitten. Die mittlere Abwurfhöhe ist gleich der Abbauhöhe.

Antriebsleistungen der Gurtförderer

Im Bild 5-60 ist die Summe der ermittelten Antriebsleistungen P_G der Gurtförderer dargestellt. Es zeigt sich, dass mit zunehmendem Volumenstrom und der ansteigenden Zahl der Gelenke am Verbindungsteil die erforderliche Antriebsleistung ansteigt. Die Ausführungsform mit einem Gelenk ist, wie zu erwarten war, die Variante, bei der der weitaus geringste Energiebedarf auftritt. Ein beachtlicher Anteil entfällt auf die Gurtförderer, die auf dem Schaufelausleger und auf dem Abwurfausleger des DV-Absetzers angeordnet sind, wobei der Anteil des letztgenannten Gurtförderers mit zunehmendem Fördervolumen und vor allem bei größerer Schütthöhe beachtlich ansteigt.

Im Bild 5-61 sind die prozentualen Anteile der Antriebsleistung der Gurtförderer untergliedert in die Anteile für den horizontalen Transport P_L, zur Überwindung der Hubhöhe P_H, für die Beschleunigung P_b und für die Reibung in der Schurre P_{Sch} dargestellt. Hierbei wurde die Antriebsleistung des Gurtförderers auf den Schaufelradausleger nicht berücksichtigt, da mit dem vorgegebenen Arbeitsschema und der Aufgabe durch das Schaufelrad keine wesentliche Reduzierung dieser Größe bei dem derzeitigen Stand der Technik erkennbar ist. Die Antriebsleistung zur Überwindung der Förderhöhe P_H hat mit rd. 50 % den größten Anteil an der erforderlichen Antriebsleistung. Dieser folgen die Anteile für die Beschleunigung des Fördergutes mit rd. 25 %, die für den horizontalen Transport mit rd. 15 % und die für die Reibung in der Aufgabeschurre mit rd. 10 %. Hierbei weist P_L mit der Anzahl der Gelenke bzw. der Förderlänge eine fallende und P_{Sch} eine steigende Tendenz auf.

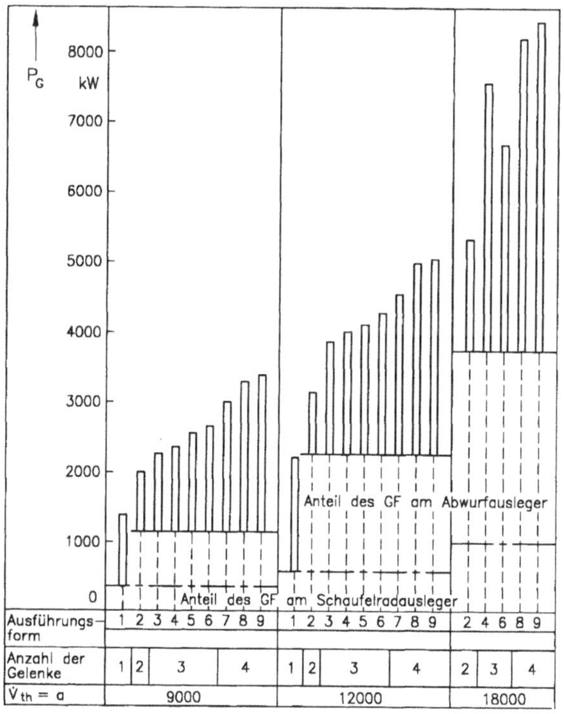

Bild 5-60 Erforderliche Antriebsleistung P_G der Gurtförderer der DVK [5.59]

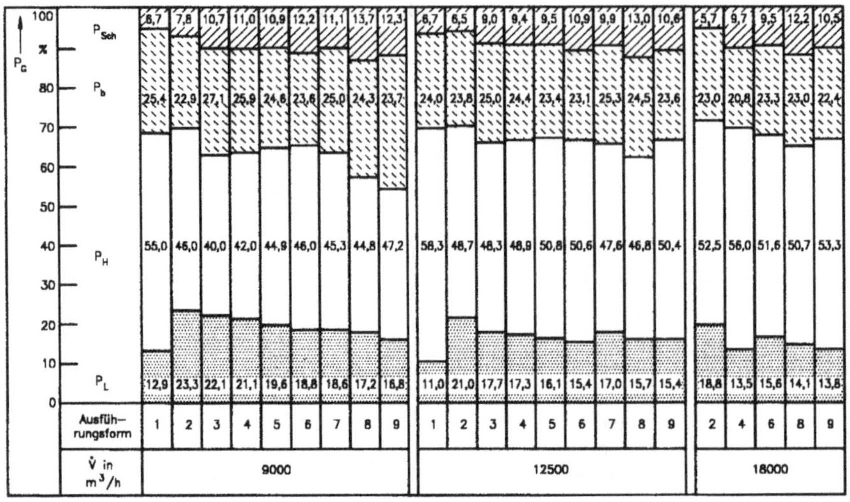

Bild 5-61 Prozentuelle Gegenüberstellung der Anteile der Antriebsleistung der Gurtförderer P_G für die verschiedenen Ausführungen (ohne Gurtförderer auf dem Schaufelradausleger) der DVK [5.59]

P_L Antriebsleistung im Leerlauf
P_H Antriebsleistung zur Überwindung der Förderhöhe
P_b Antriebsleistung aus Fördergutbeschleunigung
P_{Sch} Antriebsleistung infolge Schurrenreibung

Die Ausführungsform 6 stellt beim Volumenstrom von 18000 m³/h durch die c-förmige ausgebildete Turmkonstruktion des Schaufelradbaggers und die zweckmäßige Gestaltung der Gelenke und Auszüge besonders in Bezug auf die Anpassung an sich verändernde technologische Bedingungen sowie auch durch die mechanisch fixierte Übergabestelle eine Ausführung dar, die universell einsetzbar ist und besonders bei einem Volumenstrom von 18000 m³/h einen relativ geringen Energiebedarf besitzt. Bild 5-83 zeigt die von *MAN TAKRAF* ehemals geplante Ausführungsform. Sie besteht aus einem Schaufelradbagger SRs 4000 und einem DV-Absetzer ARs 18000.225 [5.60]. Für diese Ausführungsform sind auf Bild 5-62a der Energiebedarf der Gurtförderer und auf Bild 5-62b dessen prozentuelle Aufgliederung für drei Volumenströme dargestellt.

Energiebedarf je m³

In der Tafel 5-12 sind für die Ausführungsformen und die drei Volumenströme der Energiebedarf je m³ für den beladenen und im Leerlauf arbeitenden Gurtförderer zusammengestellt. Analog, wie für die erforderliche Antriebsleistung, ist ein Anstieg des Energiebedarfs mit zunehmender Anzahl von Gelenken und Förderlänge zu verzeichnen. Der Faktor c_0 wurde hierbei nicht berücksichtigt. Seine Größe kann aus Messungen, wie sie in den Bildern 5-55 bis 5-58 dargestellt sind, ermittelt werden.

Zusammenfassung

Mit dem Anstieg der Gelenke und damit der Anzahl der Gurtförderer, der Förderhöhe sowie der Förderlänge und des Volumenstromes steigt der Energiebedarf je m³ an. Etwa 66 % entfallen auf den Transport durch die Gurtförderer und rd. 50 % davon werden zur Überwindung der Förderhöhe benötigt.

Maßnahmen zur Reduzierung

Die Reduzierung der Summe der Antriebsleistungen der Gurtförderer sowie des spezifischen Energiebedarfs sind durch folgende Maßnahmen möglich:

- Reduzierung der Anzahl der Gelenke und damit auch der Anzahl der Gurtförderer auf das zur Realisierung der vorgegebenen Technologie notwendige Minimum.
- Der Anteil des Volumenstroms, der bei horizontal bzw. leicht geneigtem Abwurfausleger verkippt wird, ist zu steigern. Dieses wäre durch eine Unterteilung in eine Vor- und Hochkippe möglich, wobei die Vorkippe mit abgesenktem Abwurfausleger zu schütten ist. Auch sollte vermieden werden, zu große Reserven in die Schütthöhe des DV-Absetzers vorzusehen, um sich gegebenenfalls besser veränderten technologischen Bedingungen anpassen zu können.
- Der Turm des Baggers sollte entsprechend Bild 5-63a ausgeführt werden, da die Hubhöhe bei Anordnung des abfördernden Gurtförderer im unteren Ringträger erheblich größer ist.
- Zur Reduzierung der Hubhöhe an der Übergabestelle der Verbindungsförderer sollte eine Ausführung entsprechend Bild 5-64a angestrebt werden, da bei dieser Variante die Übergabehöhe verringert wird.

5.2.2.3 Energiebedarf einer Maschine

Bagger und Lademaschine

Der Gewinnungsprozess sollte ohne wesentliche zusätzliche Nebenbelastungen und Hubarbeiten erfolgen. Beim Eimerkettenbagger wirkt sich außer der Reibung der Schake in der Führung auch noch die hohe Totlast der Eimerkette negativ auf den Energiebedarf aus. Die auf den Bildern 5-56 bis 5-58 aufgeführten Mittelwerte für den Energiebedarf je m³ zeigen, dass der Verbrauch des Es 3150 gegenüber dem SRs 6300 um das 1,34fache höher ist. Der im Frontverhieb arbeitende Eimerkettenbagger ermöglicht jedoch eine höhere, gleichmäßigere Auslastung des Gurtquerschnitts, so dass dadurch im Bereich des Transportsystems ein geringerer Energiebedarf auftritt.

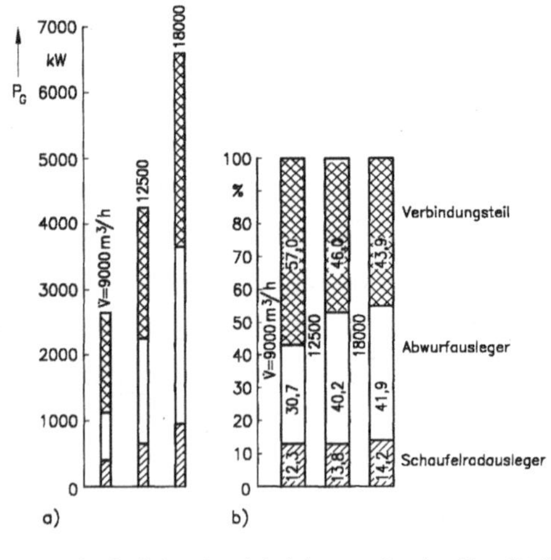

Bild 5-62 Erforderliche Antriebsleistung P_G der Gurtförderer für die Ausführungsform 6 der DVK

a) absolute Größe b) prozentuelle Aufgliederung

Tafel 5-12 Erforderliche Antriebsleistung und Energiebedarf je m³ für die Gurtförderer bei voller Beladung und im Leerlauf
G1 - volle Beladung G2 - Leerlauf

$\dot{V}$ in m³/h	9000			12000			18000		
Ausführungsform	P_{G1}	$P_{G1}/\dot{V}$	$P_{G2}/\dot{V}$	P_{G1}	$P_{G1}/\dot{V}$	$P_{G2}/\dot{V}$	P_{G1}	$P_{G1}/\dot{V}$	$P_{G2}/\dot{V}$
	kW	kWh/m³	kWh/m³	kW	kWh/m³	kWh/m³	kW	kWh/m³	kWh/m³
1	2	3	4	5	6	7	8	9	10
1	1390	0,155	0,009	2215	0,177	0,008	-	-	-
2	2009	0,223	0,020	3104	0,248	0,018	5293	0,294	0,019
3	2262	0,251	0,021	3828	0,306	0,019	-	-	-
4	2368	0,263	0,021	3939	0,314	0,020	7516	0,418	0,020
5	2535	0,279	0,021	4072	0,326	0,019	-	-	-
6	2683	0,298	0,021	4228	0,338	0,019	6609	0,363	0,020
7	3044	0,338	0,024	4560	0,365	0,022	-	-	-
8	3264	0,262	0,024	4921	0,394	0,022	8205	0,456	0,022
9	3334	0,371	0,024	5005	0,400	0,023	8378	0,465	0,022

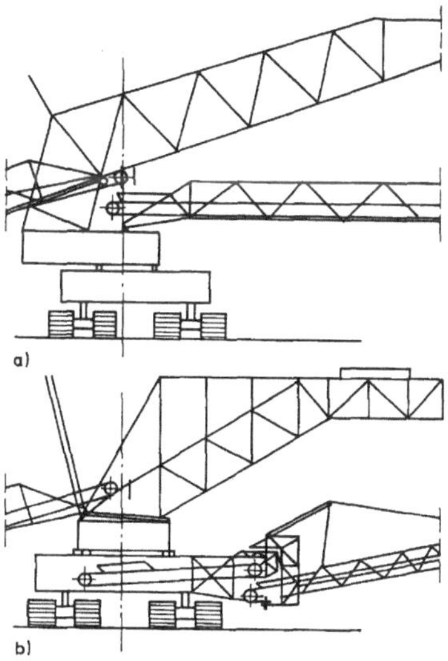

Bild 5-63 Fördergutübergabe am Schaufelradbagger

a) Anordnung des abfördernden Gurtförderers oberhalb des oberen Ringträgers
b) Abförderung durch einen Gurtförderer im Bereich des unteren Ringträgers

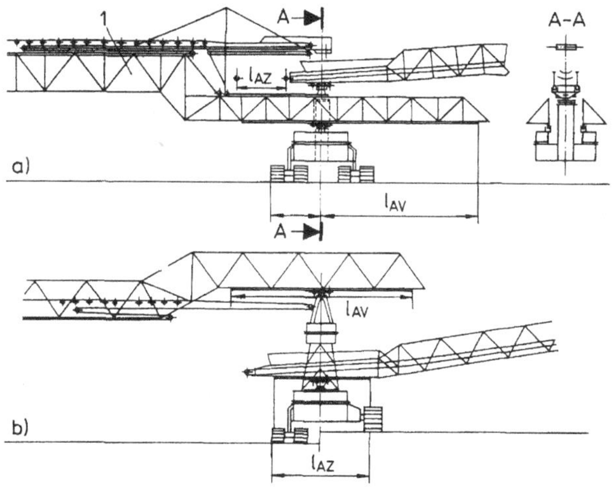

Bild 5-64 Stützung der Ausleger am Verbindungsteil einer DVK [5.59]

a) Ausführung mit geringer Übergabehöhe
b) Ausführung mit im Übergabebereich angeordneter Drehverbindung

l_{AV} Auszulänge des Verladegerätes
l_{AZ} Auszuglänge des Zwischenförderers

Auf dem Bild 5-63a und b sind zwei unterschiedliche Ausführungsformen der Turmkonstruktion eines Schaufelradbaggers dargestellt. Die Übergabehöhe zu dem abfördernden Gurtförderer auf Bild 5-63a ist erheblich geringer, so dass dieser Ausführung zwecks Reduzierung des Energiebedarfs der Vorzug zu geben ist.
Die Fördergutübergabe vom Schaufelradbagger zum DV-Absetzer eines DV-Komplexes, wie er im Bild 5-83 dargestellt ist, erfolgt z. Z. entsprechend Bild 5-64b. Mit der vorgestellten Anordnung der Auszüge und der Drehverbindung entsprechend Bild 5-64a könnte die Übergabehöhe zwischen Gurtförderer reduziert und Energie eingespart werden.

Bandabsetzer

Ein geringer Energiebedarf am Bandabsetzer wird erreicht, wenn die Anzahl der Gurtförderer und die Förderhöhe von der Übergabe durch das Kippenstrossenband bis zur Abwurftrommel des Abwurfauslegers gering ist.

Die minimale Bauhöhe der Abwurfmaschine wird durch die Höhe des Fahrwerkes und des Ringträgers maßgebend beeinflusst. Bei Abwurfmaschinen mit einem 2-Raupenfahrwerk sind die Raupen seitlich am unteren Ringträger befestigt. Diese Anordnung ermöglicht eine geringe Bauhöhe und damit eine geringe Abwurfhöhe bei Tiefkippenschüttung.

Band-, Zug- und SLKW-Förderung

In einem Fördersystem verursacht das Transportsystem den höchsten Energiebedarf (Bild 5-56). Durch Wahl des zweckmäßigen Transportsystems für die anstehenden Bedingungen besteht die Möglichkeit, Energie einzusparen.
Von den drei genannten Transportsystemen tritt für einen annähernd horizontalen Transport beim Zugbetrieb auf Grund des geringen Fahrwiderstandes, auch bei der etwas höheren Totlast, der geringste Bewegungswiderstand und damit auch Energiebedarf auf (Tafel 5-1).

Die erforderliche Antriebsleistung und damit der Energiebedarf beim horizontalen Transport mit SLKW hängt sehr stark von der Beschaffenheit des Fahrplanums ab. Durch Verfestigung der Fahrbahn kann, wie die Tafel 5-30 zeigt, der Bewegungswiderstand verringert werden.
Für die Überwindung größerer Höhendifferenzen ist der Bandtransport auf Grund der größeren zulässigen Neigung und des Ausgleichs der Totlast durch das zurücklaufende Untertrum vom energetischen Gesichtspunkt am besten geeignet.
Die Untersuchungen in den letzten Jahren haben gezeigt, dass durch die Abänderung einiger Baugruppen am Gurtförderer Reduzierungen des Hauptwiderstandes möglich sind [5.61] bis [5.64]. So kann durch Vergrößerung des Durchmesser und der Länge der Mittelrolle, der Hauptwiderstand im Obertrum aus Fördergutbeladung um rd. 20 % reduziert werden. Durch eine Veränderung der Gummimischung und der Dicke der Laufschicht des Fördergurtes sind weitere Reduzierungen möglich (Abschn. 5.5.4).
Durch den Einsatz einer schräggestellten Prallwand bzw. durch eine entsprechende Gestaltung dieser kann der Fördergutstrom in abfördernder Richtung abgelenkt werden, so dass die Gurtgeschwindigkeitskomponente v_o in abfördernder Richtung > 0 ist. Im Bild 5-170 sind die Messergebnisse der Bewegungswiderstandsanteile $F_{Sch}+F_{Anf}$ für die Neigungswinkel δ_2 an der Aufgabestelle dargestellt (B = 0,65 m). Die mit DIN 22101 und TGL 35378 bezeichneten Werte wurden nach diesen Vorschriften berechnet [5.65].
Der Eindrückrollwiderstand im Untertrum kann durch den Einsatz von Tragrollen mit Stahlmantel gegenüber denen mit Gummischeiben als Tragelement für den Fördergurt auf rd. 60 % reduziert werden.
Auch eine hohe Auslastung des Füllquerschnitts der Gurtförderer führt, wie auch die Bilder 5-56 und 5-58 zeigen, zur Reduzierung des spezifischen Energiebedarfs e.

5.2.3 Maschinenlärm

5.2.3.1 Allgemeine Betrachtung

Erd- und Tagebaumaschinen bzw. deren leistungsstarke Antriebe können zur Lärmgefährdung der auf der Maschine beschäftigten Arbeitskräfte sowie zur Lärmbelästigung der Menschen führen, die in den in der Nähe liegenden Wohngebieten wohnen. Besonders für den Tagebaubetrieb, der während des Abbaufortschritts zur Vermeidung größerer Abbauverluste, bewohnte Gebiete tangiert und dessen Maschinen 24 Stunden am Tag betrieben werden, besteht die Forderung zur Einhaltung des Geräuschpegels entsprechend den Landesvorschriften.
Bei der Gestaltung der Maschinen sollte generell beachtet werden, dass in den Arbeitsräumen der Schallpegel so niedrig gehalten wird, wie es nach der Art des Betriebes möglich ist. Der Schallpegel am Arbeitsplatz in Arbeitsräumen darf auch unter Berücksichtigung der von außen einwirkenden Geräusche höchstens betragen:

- bei überwiegend geistiger Tätigkeit 55 dB(A)
- bei einfacher oder überwiegend mechanischer Büroarbeit und vergleichbaren Tätigkeiten 70 dB(A)
- bei sonstigen Tätigkeiten 85 dB(A).

Bei Lärm mit Beurteilungspegeln von weniger als 85 dB(A) sind Gehörschäden nicht wahrscheinlich (VDI 2058 Blatt 2). Treten höhere Lärmbelastungen auf, dann sind Gehörschäden nicht zu erwarten, wenn folgende Wirkzeiten beachtet werden [5.67]: 88 dB(A) ≤ 4 h; 91 dB(A) ≤ 2 h; 94 dB(A) ≤ 1 h; 97 dB(A) ≤ 30 min; 100 dB(A) ≤ 15 min; 105 dB(A) ≤ 4,8 min. Für Wohngebiete hängen die zulässigen Werte von der Entfernung und der Art der Einrichtungen ab.
Grundlegende Erläuterungen zur Ermittlung des Schallleistungspegels werden im Abschnitt 3.1.5 gegeben. Ergänzende Verfahrenshinweise findet man in [5.66] und [5.67].

5.2.3.2 Möglichkeiten und Wirksamkeit technischer Schallschutzmaßnahmen

Schallschutzmaßnahmen können unterteilt werden in primäre und sekundäre Maßnahmen.
Die primären Maßnahmen beinhalten alle Mittel und Methoden zur Verhinderung von Schwingungen an deren Entstehungsort, d. h. die Unterbindung von Schwingungen, die in Form von Körperschall weitergeleitet und an geeigneter Stelle als Luftschall abgestrahlt werden können [5.67].
Die sekundären Maßnahmen beinhalten alle Mittel und Methoden zur Unterbrechung des Weges von Körper- und Luftschall zwischen Mess- und Emmissionsort. Zu den diesbezüglichen technischen Maßnahmen zählt unter anderem das Anbringen von Wänden, Schirmen und und die körperschallentkoppelte Aufstellung der Schallquellen.
Die Beurteilung der Wirksamkeit von primären und sekundären Schallschutzmaßnahmen ist problematisch, sind doch die Auswirkungen immer auf ein konkretes Objekt und dessen Einbindung, in die Gesamtstruktur einer Anlage bezogen, so dass die Übertragung der Ergebnisse von einem auf das andere Objekt nicht ohne weiteres möglich ist.
An Tagebaumaschinen sind u. a. folgende maßgebende Quellen für größere Lärmemissionen zu nennen:

- Kegel-Stirnradgetriebe der Gurtförderer
- Motore mit hoher Leistung
- Tragrollen für Fördergurte
- Eimerkette.

Kegel-Stirnradgetriebe der Gurtförderer
Zur Einstufung der Getriebegeräusche wird die VDI-Richtlinie 2159 zugrunde gelegt, die u. a. Beurteilungsmaßstäbe für das Verhältnis von Geräuschstärke und übertragbarer Leistung nennt. Beurteilungsschema ist eine Einteilung nach Güteklassen A bis E, wobei die Güteklasse A die geräuscharmen Getriebe erfasst [5.68].
Messungen an älteren 630-kW- und 1500-kW-Getrieben zeigten, dass diese ohne besondere geräuschmindernde Maßnahmen gefertigten Getriebe schwerpunktmäßig, wenn auch mit großem Streubereich, der Güteklasse D zugeordnet werden konnten. Frequenzanalysen lieferten den Nachweis, dass die Getriebegeräusche ganz überwiegend vom Geräuschanteil der Kegelradstufe bestimmt werden. Folglich werden von den Getriebeherstellern vorrangig geräuschmindernde Maßnahmen an den Kegelrädern vorgenommen. Die Vergrößerung des Spiralwinkels und die Verkleinerung des Eingriffswinkels bezwecken eine Vergrößerung des Überdeckungsgrades mit der Folge besserer Lastverteilung und weicheren Zahneingriffs. Die Wahl eines größeren Moduls verlagert die Zahneingriffsfrequenz zu niedrigeren und vorteilhafteren Frequenzen. Mit dem größeren Modul wird zugleich die Biegesteifigkeit der Zähne verbessert, so dass deren Verformungen unter wechselnder Last samt den sich daraus ergebenden dynamischen Zusatzkräften und daraus resultierenden Geräuschanteilen geringer werden.
Wegen der lastabhängigen Größe der Verformungen im Kegeltrieb ist die Einstellung so vorzunehmen, dass seine Eingriffsverhältnisse dann optimal sind, wenn die Belastung einen Wert erreicht, der im Zentrum der Belastungshäufigkeit liegt, in den meisten Fällen bei etwa 75 % der Nennlast.

Diese Maßnahme ist schon allein aus mechanischen Gründen zweckmäßig.
An den Stirnradstufen sollen Profilkorrekturen und ballig ausgeführte Zahnflanken den Eingriffsstoß mindern sowie Gefahr und Folgen des Kantentragens verhüten.
Alle gehärteten Zahnräder im Getriebe sollten geschliffen werden. Die Verringerung der Flankenrauhigkeit und die Beseitigung von Härteverzügen vor allem bei den Kegelrädern bedeuten neben der mechanischen Verbesserung auch eine Minderung der Geräuscherzeugung. Die Möglichkeit, Kegelräder für Getriebe mit großen Leistungen zu schleifen, ist gegenwärtig nur auf die Gleason-Verzahnung beschränkt. Seit jüngster Zeit wird eine neu entwickelte spanabhebende Bearbeitung der gehärteten Zahnflanken mittels Hartmetall in der Art eines Schälvorganges durchgeführt, die auch bei Zyklo-Palloid-Verzahnung angewandt werden kann [5.67] [5.68].
Die Maßnahmen zur Verminderung der Geräuscherzeugung an den Läuferteilen werden ergänzt durch Maßnahmen zur Verringerung der Geräuschabstrahlung. Gegossene Getriebegehäuse verhalten sich wegen ihrer Dämmeigenschaften besser als geschweißte Gehäuse. Dieser Vorteil ist für die Bandgetriebe nicht nutzbar, weil hier ein geschweißtes Gehäuse aus anderen Gründen günstiger ist. Bei geschweißten Gehäusen kommt zu der geringen Dämmwirkung der in allgemeinen dünnen Wände die Gefahr der Resonanz hinzu. Die dagegen anzuwendende Verrippung kann nur durch eine Schwingungsuntersuchung in ihrer richtigen Ausführung beurteilt werden.
Maßnahmen zur Tilgung von Körperschall können sowohl an großen Rädern als auch am Getriebegehäuse angesetzt werden. Dabei wird das Gehäuse mit einer Dämmasse versehen. Bessere Resultate werden durch eine doppelwandige Gehäuseausführung erzielt. Das Gehäuse wird dadurch sehr steif und die entstehenden Hohlräume können mit einem geeigneten Material gefüllt werden. Es muss aber eine wesentliche Erhöhung des Gewichts in Kauf genommen werden. Mit der „Schall-Isolierung" entsteht aber auch eine Wärmeisolierung. Zur Abführung der Verlustleistung muss das Getriebe gegebenenfalls mit einer Umlaufschmierung und Rückkühlung versehen werden [5.66].
Kegelstirnradgetriebe des Leistungsbereiches 630 bis 1000 kW wurden leistungsgesteigert und gleichzeitig der Schalleistungspegel reduziert. Dabei wurden die Kegelstirnradgetriebe von der Geräuschgüteklasse D in C überführt. Der Unterschied zwischen den Güteklassen beträgt 8 dB(A). Dieses wurde durch konstruktive und technologische Maßnahmen erreicht:

- Kegelradverzahnung (Verzahnungsmaschinenqualität, Einsatzhärtung, Verzahnungsschleifen)
- Stirnradverzahnung (Verzahnungsschleifen mit Profilkorrektur, hohe Verzahnungsqualität)
- Gehäuse (Versteifung nach vorheriger Schwingungsmessung zur Vermeidung von Resonanzen).

Die maximale Schalleistungspegelminderung ist durch den Einsatz von Kapselungen nach (VDI-Richtlinie) zu erreichen. Sie beträgt je nach Ausführung und Erfordernis zwischen 7 und 40 dB(A) bei einem Flächengewicht von 5 bis 25 kg/m^3. Die Kapselwandungen bestehen von außen nach innen gesehen im Allgemeinen aus 1 bis 3 mm dickem Blech, das nach Bedarf als Einfach-, Mehrschicht- oder Verbundblech ausgeführt werden kann. Dem schließt sich entsprechend dem Erfordernis ein Entdröhnungsbelag an. Als Schallabsorbtionsmaterial wird Mineralwolle verwendet. Diese wird als Schutz gegen Verschmutzung durch eine Rieselschutzfolie abgedeckt. Den Abschluss nach innen bildet ein 0,5 bis 1,5 mm dickes Lochblech, dessen Lochanteil wegen der Schallabsorption größer 20 % sein sollte [5.67].
Ein Vergleich von Primärmaßnahmen mit der Sekundärmaßnahme Kapselung für Antriebseinheiten ist auf Tafel 5-13 dargestellt.
Im Folgenden werden anhand von in der Praxis ausgeführten Beispielen Probleme und Möglichkeiten bei der Realisierung technischer Maßnahmen zur Verringerung der Emission dargestellt:
Am Bandabsetzer ARsB 15400.120 mit je 2x1120 kW Antriebsleistung an den Antrieben des Abwurf- und Zwischenförderers traten Schalleistungspegel von 115 bis 135 dB(A) und an den Gurtförderern 112 bis 114 dB(A) auf. Der Gesamtschalleistungspegel der Antriebsstation des dazugehörigen Kippenstrossenbandes mit einer installierten Antriebsleistung von 4 x 1500 kW betrug 126,8 dB(A), wobei die Einzelpegel der Antriebe zwischen 118 und 122 dB(A) und die des Förderers bei 111 dB(A) lagen. Vorgesehen wurde eine Kapselung, die als einschalige Vollkapselung nach dem Baukastensystem ausgebildet ist und Motor und Getriebe umgibt. Die Masse beträgt rd. 8 t. Zur Abführung der Verlustenergie von rd. 9 % ist eine Fremdbelüftung vorgesehen, die über zwei Elektrolüfter einen Luftstrom von 24000 m^3/h über Motor und Getriebe leitet.

Die Vergleichsmessungen an der Antriebsstation vor und nach der Kapselmontage ergaben für die oberen Antriebe ein Einfügedämmaß von 18 bis 20 dB(A) und für die unteren Antriebe von 9 bis 12 dB(A). Damit wurde eine Minderung von insgesamt 13 dB(A) auf den neuen Schallleistungspegel von 111 dB(A) erzielt. Die Differenzen der unteren zu den oberen Antrieben zeigen noch bestehende Reserven auf.

In [5.69] wird berichtet, dass durch die Kapselung der 2000 kW Bandantriebe eine Reduzierung des Schallleistungspegels von rd. 23 dB(A) erreicht wurde.

Schaufelradantrieb

Am ungekapselten Schaufelradantrieb des SRs 2000 wurde ein Schalleistungspegel von rd. 115 dB(A) ermittelt. Die Kapselung erfolgt ebenfalls einschalig und schließt gegenüber dem Schaufelrad mit einem schmalen Spalt ab. Sie ist begehbar. Die Messungen in Betrieb ergaben eine Schallleistungspegelsenkung von 16,8 dB(A) [5.67].

Tafel 5-13 Vergleich von Lärmschutzmaßnahmen [5.67]

	Primärmaßnahme	Sekundärmaßnahme Kapselung
Dämmwirkung	gering	hoch
Ableitung der Verlustleistung	meistens keine Zusatzkühlung	Zusatzkühlung erforderlich
Masseerhöhung	gering	groß
Wartungs- u. Reparaturmöglichkeiten	ungehindert	eingeschränkt
Baugruppenaustausch	ohne zusätzliche Einschränkungen	mit erhöhten Aufwendungen verbunden

Gurtförderer

Der Schalleistungspegel für Gurtförderer mit Gurtbreiten von $B = 2{,}0$ bis 2,5 m liegt nach Messungen im Bereich um 110 dB(A) [5.67].

Durch die Vergrößerung des Tragrollenabstandes von 1,25 auf 1,875 m wurde die Schallemission um 1,5 bis 2 dB(A) reduziert [5.69]. Eine erheblich größere Reduzierung mit rd. 10 dB(A) wurde durch das Abdrehen der Tragrollen erreicht. Allerdings erfordert das Abdrehen ein dynamisches Auswuchten und entsprechend dickeres Ausgangsmaterial für die Rollenmäntel [5.67] [5.69].

Zur Reduzierung der Lärmemission an der Abraumbandanlage von Tagebau *Hambach* zum Tagebau *Fortuna* mit einer Länge von rd. 14 km wurden 1500 kW Motore mit einem niedrigen Schalleistungspegel von 94 dB(A) und 630 kW Motore im Bereich von 81,5 bis 90 dB(A) geliefert. Diese Werte liegen offensichtlich an der unteren Grenze dessen, welches Hersteller ohne sekundäre Schallschutzmaßnahmen bei Motoren dieser Bauart erreichen können [5.69].

An der gleichen Abraumbandanlage wurden die Gurtförderer im Bereich des landwirtschaftlich genutzten Geländes zur Reduzierung der Lärmemission in einen bis 8 m tiefen Einschnitt verlegt und seitlich einen bis 8 m hoher Wall aufgeschüttet [5.53].

Eimerkettenbagger

Zwecks Klärung des Entstehungsmechanismus der Schwingungen und der Weiterleitung sowie zur Ermittlung von Ansatzpunkten zur Reduzierung der Geräuschemission wurden Untersuchungen geführt. Am Graborgan sind Körper- und Luftschallmessungen unmittelbar vor und nach dem Kettenwechsel bei einer Kettenliegezeit von 7 Wochen ausgeführt worden. Es sind die in der Tafel 5-14 dargestellten Schalleistungspegeln ermittelt worden.

Beim Betrieb mit der neuen Kette wurden als vorrangig die allgemeinen Maschinengeräusche und das Schlagen von Kette und Eimer auf den Turas vermerkt. Beim Betrieb mit der alten Kette traten die hochfrequenten Quietschgeräusche (3500...4000 Hz) und das tieffrequente Jaulen (630...800 Hz) besonders hervor. Die Ursache dieser Geräusche ist in der Abknickung des Eimerkettengelenkes beim Einlauf auf die Turasse sowie beim Eingriff der Turasecken begründet.

Im Ergebnis der Untersuchungen wurden folgende Sekundärmaßnahmen vorgeschlagen [5.67]:

- Kapselung des Bereichs vom Antriebsturas und des oberen Bereiches der Eimerrinne
- Einsatz eines entdröhnten Spitzenturasses.

Tafel 5-14 Ermittelte Schalleistungspegel am Eimerkettenbagger [5-67]

	alte Kette [dB(A)]	neue Kette [dB(A)]
Antriebsturas	128	110
Eimerleiter	121	116
Spitzenturas	132	113
Graborgan gesamt	134	118
Bagger vom 100 m entfernten Messpunkt	134	122
resultierender restlicher Bagger	–	120

5.2.4 Generelle Hinweise zur Projektierung, Konstruktion und Bau der Maschinen

Bei der Projektierung, Konstruktion, Fertigung und Montage der ortsveränderlichen Tagebaumaschinen, die eine Masse bis 14000 t besitzen können, sind in Ergänzung zu den allgemein üblichen noch einige zusätzliche Gesichtspunkte zu beachten. Hierbei wird von mitteleuropäischen Verhältnissen ausgegangen. Bei abweichender Qualifikation des Personals bzw. abweichenden Lohnkosten können sich diese ergänzenden Hinweise in positiver oder negativer Richtung verschieben.

Die Masse bzw. das Moment langer Ausleger an den Maschinen bestimmt deren Gesamtmasse. An den ortsveränderlichen Gewinnungsmaschinen, wie Schaufelrad-, Eimerketten-, Schürfkübel- und Löffelbagger, ist das Gewinnungsorgan am Ausleger angeordnet. Beim Absetzer betrifft es den Abwurfausleger. Masseeinsparungen an diesen Auslegern können 5...10fach höhere Massereduzierungen an der Maschine zur Folge haben, deshalb ist der Leichtbau vor allem an den Teilen, die ein großes Moment zur Mitte der Maschine besitzen, sinnvoll. Besonders vorteilhaft wirkt sich dieser Leichtbau aus, wenn dadurch andere Baugruppen wie z. B. das Fahrwerk mit weniger Raupen ausgeführt werden kann.

Als Fortbewegungsmechanismus werden zum großen Teil Raupenfahrwerke eingesetzt. Bei gleicher Bodenpressung wird eine geringe Masse erreicht, wenn zuerst die Raupenplattenbreite bis zum maximalen Wert und dann die Länge der Raupe vergrößert werden. Die Erhöhung der Anzahl der Raupen verursacht den größten Massezuwachs.

Weiterentwickelte bzw. leistungsgesteigerte Maschinen besitzen auch gegenüber neukonstruierten Maschinen das günstigste Masseleistungsverhältnis, da bei diesen Maschinen nur die Bauteile bzw. Stäbe verstärkt werden, die überbelastet sind. Der mittlere Auslastungsgrad der Bauteile bzw. der Stäbe wird dadurch erhöht. Natürlich muss auch bei der höheren Belastung die Standsicherheit gewährleistet sein.

Baugruppen mit einer geringeren Anzahl und annähernd gleicher Kompliziertheit an Bauteilen sind wirtschaftlicher in der Fertigung.

Eine geringe Anzahl von Montagestößen reduziert den Fertigungs- und Montageaufwand. Maßstab für die Größe der kompletten Baugruppen sind die Aufwendungen beim Transport.

Der Fertigungsaufwand zur Herstellung von Teilen ist auf der Baustelle auf Grund von weniger spezialisierten Arbeitskräften sowie Ausrüstungen im Durchschnitt 2 bis 3fach teurer.

Die Montage auch der großen Maschinen sollte weitestgehend zu ebener Erde erfolgen, da Hochmontagen ebenfalls im Durchschnitt 2 bis 3fach teurer sind. Aus diesem Grund sind die Maschinen so zu projektieren und zu konstruieren, dass große Bauteile möglichst komplett zu ebener Erde vormontiert werden. Das Zusammenfügen erfolgt mit einfachen Verbindungselementen (z. B. Bolzen).

Zu den Hauptaufgaben der Maschinen eines Fördersystems gehört das Gewinnen und Transportieren des Fördergutes. Bei der Projektierung und der Konstruktion dieser Baugruppen bzw. sogar der gesamten Maschine hat eine entsprechend tiefgründige Durchbildung zu erfolgen, um Engpässe im Fördersystem zu vermeiden. Spezielle Schwerpunkte bilden Übergabestellen.

5.3 Abraumförderbrücken

5.3.1 Allgemeine Angaben

Einführung

Die Technologie des Direktversturzes von Abraummassen ist für den Fall ihrer Anwendbarkeit eine ökonomisch sehr günstige Abbauvariante. Das Fördergut wird auf dem kürzesten Weg über den offenen Tagebau, d. h. über das freiliegende Mineral bewegt und auf das Liegende verstürzt. Die möglichen Varianten für den Direktversturz sind in Abschnitt 5.1.3 erläutert. Zu den Direktversturzsystemen mit kontinuierlichem Fördergutfluss gehören die Direktversturzkombinationen (DVK) und die Abraumförderbrücken (AFB), letztere waren und sind in größerer Zahl in den Tagebauen der *Laubag* zur Freilegung der Braunkohle eingesetzt.

Eine AFB ist ein fahrbares Traggerüst für Gurtförderer, mit denen der Abraum transportiert und verkippt wird. Die wesentlichen Vorteile und Nachteile einer AFB sind in Abschnitt 5.1.3 dargestellt.

Einsatzbedingungen

Der Einsatz der AFB ist an bestimmte Voraussetzungen gebunden, wobei die geologischen und hydrologischen Parameter der Lagerstätte von Bedeutung sind. Ihr Anwendungsgebiet wird durch folgende Merkmale charakterisiert:

- ein relativ gleichmäßig und annähernd eben abgelagertes Flöz sowie eine möglichst großflächige Feldform
- ein Mindestanteil an rolligem Boden, um beim Schütten des Kippensystems die bodenmechanischen Forderungen einhalten zu können. Nach [5.73] soll der bindige Anteil nicht mehr als 30 % betragen. Auf Grund der gesammelten Betriebsergebnisse ist ein Einsatz auch unter schwierigeren geologischen und hydrologischen Bedingungen möglich [5.74]
- begrenzte Abbau- und Kippenmächtigkeit auf Grund der technischen Parameter der AFB.

5.3.2 Konstruktive Ausführung

5.3.2.1 Konstruktive Entwicklung

Die Mehrzahl der seit 1924 gebauten und im Braunkohlentagebau eingesetzten AFB besteht aus dem Hauptträger und dem kippenseitigen Ausleger. Beide bilden das Traggerüst zur Aufnahme der Gurtförderer. Sie ist bagger- und kippenseitig auf Schienenfahrwerken abgestützt, die die Verfahrbarkeit der Förderbrücke entlang der Bagger- und Kippenstrosse ermöglichen. In einigen Fällen wird diese Hauptbrücke durch eine Zubringerbrücke ergänzt, die sich auf der einen Seite auf dem Arbeitsplanum des Abraumbaggers und auf der anderen Seite auf der Hauptbrücke abgestützt. Solche Zubringerbrücken sind erforderlich, wenn die angeschlossenen Bagger auf mehr als einer Arbeitsebene angeordnet werden (Bilder 5-6 und 5-73).

In der ersten Etappe der Entwicklung von AFB, die zeitlich zwischen 1924 und etwa 1945 liegt, entstand eine Vielzahl konstruktiver Lösungen. In [5.5] sind diese zusammengefasst dargestellt.

Eine weitere Gruppe von Förderbrücken ist dadurch gekennzeichnet, dass sie baggerseitig ebenfalls auf einem Abraumplanum, kippenseitig aber auf dem Kohleplanum abgestützt waren. Diese Bauart wurde gewählt, um auftretende Probleme, die sich aus der Standfestigkeit der Kippe ergeben, von der Brückenkonstruktion fernzuhalten. Auf Bild 5-65 sind diese zwei Ausführungsformen der AFB dargestellt. Eine Reihe weiterer Förderbrücken weist recht unterschiedliche Konstruktionen auf. Zum Teil weisen diese Konstruktionen bereits den Weg zu den heute bekannten Direktversturzkombinationen.

Als Gewinnungsmaschinen wurden überwiegend Eimerkettenbagger eingesetzt. In einigen Fällen kamen auch Schaufelradbagger zum Einsatz. Die Gewinnungsmaschinen waren überwiegend als gesonderte Maschinen neben der Förderbrücke angeordnet, teilweise aber auch in die Brückenkonstruktionen eingebaut. Das Entstehen dieser sehr unterschiedlichen Konstruktionen ist im Wesentlichen auf zwei Ursachen zurückzuführen. Es war eine Entwicklungsperiode für eine neue technische Lösung, die durch das Suchen nach der optimalen Ausführung gekennzeichnet war, zum anderen wurde die Anpassung an die jeweiligen geologischen Bedingungen in den einzelnen Konzernen auf eigenen Wegen betrieben. Eine koordinierte Entwicklung war nicht vorhanden.

5.3.2.2 Typisierung der AFB

Aus den Betriebserfahrungen mit den 25 AFB, die bis etwa 1950 in Betrieb gegangen waren und den vielfältigen Untersuchungen [5.73] bis [5.75], bestand die Grundlage für eine schrittweise Vereinheitlichung der Ausführung. Damit konnte der Entwicklungsaufwand reduziert und kürzere Einsatztermine ermöglicht werden.

Die AFB-Verbände wurden nach verschiedenen Kriterien entwickelt. Dabei erweist sich die Ausführungsform nach Bild 5-65a, auch unter Beachtung der Forderungen zur Herstellung eines stabilen Kippenböschungssystems, als die günstigste Variante. Die Auslegerlänge kann bei einer Stützung auf der Vorkippe gegenüber der Abstützung im Grubenbetrieb erheblich verkürzt werden, damit tritt eine Reduzierung der Konstruktionsmasse auf. Als Gewinnungsmaschinen werden ausschließlich Eimerkettenbagger eingesetzt, die von einer Arbeitsebene aus im Hoch- und Tiefschnitt arbeiten können und der Abbau erfolgt im Frontverhieb.

Die nach diesen Gesichtspunkten von *MAN TAKRAF* entwickelten drei Typen AFB sind mit ihren Hauptmaßen im Bild 5-66 dargestellt. Die Typenbezeichnung F 34, F 45 und F 60 beinhaltet mit der Zahl nach dem Buchstaben F für Förderbrücke die Abbauhöhe, die mit diesem AFB-Verband abgebaut werden kann. Die Hauptparameter für diese AFB sind in der Tafel 5-15 zusammengefasst.

Bei den einzelnen Typenausführungen bestehen in Abhängigkeit von geologischen Einsatzbedingungen in den Tagebauen und durch technische Weiterentwicklung Unterschiede in der Ausführung. Einen Überblick über diese Veränderungen an der F 34 gibt Bild 5-67 [5.76].

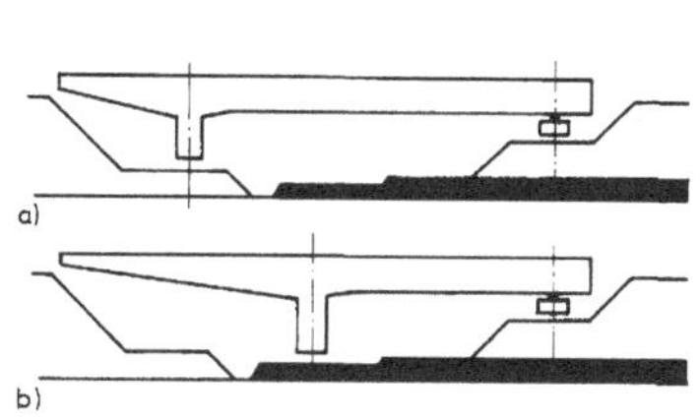

Bild 5-65 Bauformen von Abraumförderbrücken

a) Abstützung auf einer Vorkippe
b) Abstützung im Bereich des Grubenbetriebs

Tafel 5-15 Parameter der AFB

Technischer Parameter	Einheit	F 34	F 45	F 60
Abtragshöhe	m	34 / 42	45 / 53	60
theoretisches Fördervolumen	m³/h	7200/9000	10 300/14 400	25 600/36000
Stützweite Hauptbrücke Zubringerbrücke	 m m	 180 ± 6/ 200 ± 6 -	 255 ± 7,5 -	 272,5 ± 13,5 150^{+28}_{-14}
Länge des kippenseitigen Auslegers	m	75/94	126	191,5
Verschwenkbarkeit Hauptbrücke Zubringerbrücke	 ° °	 ± 20 –	 ± 20 –	 ± 23 ± 26
Stützhöhendifferenz der Arbeitsebenen Hauptbrücke	m	15±7	20±4,5	18±7
Fahrgeschwindigkeit	m/min	2,8...9,2	2,8...9,2	4...15
Breite des Hauptförderers	m	1,6	1,8/2,0	2,5/2,75
Gurtgeschwindigkeiten	m/s	bis 8,5	bis 9,05	bis 10
minimaler Kurvenradius mit Querförderer der Einzelmaschinen	 m m	 800 150	 1200 300	 1750/1400 300
Dienstmasse AFB	t	2650/2700	5600/6400	12900...14000
angeschlossene Bagger	-	2 x Es 1120	2 x Es 1600	2 x oder 3 x Es 3150/3750
theoretisches Fördervolumen	m³/h	je 1920/2200	je 2200/2950	je 5000/6000
Dienstmasse	t	1250/1350	2800/3200	4400/4600

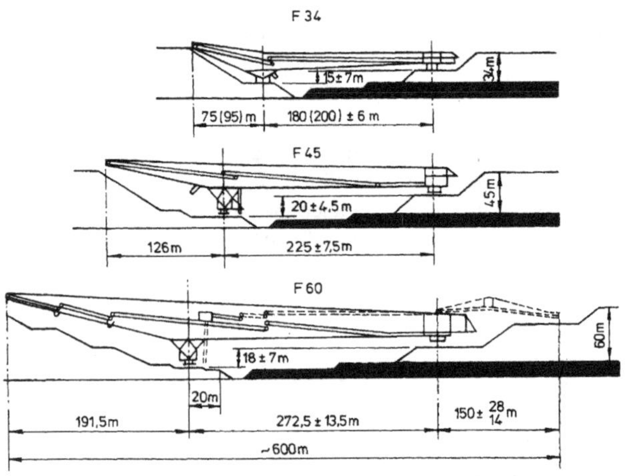

Bild 5-66 Ausführungsform und Hauptmaße der drei wesentlichen AFB-Typen [5.6]

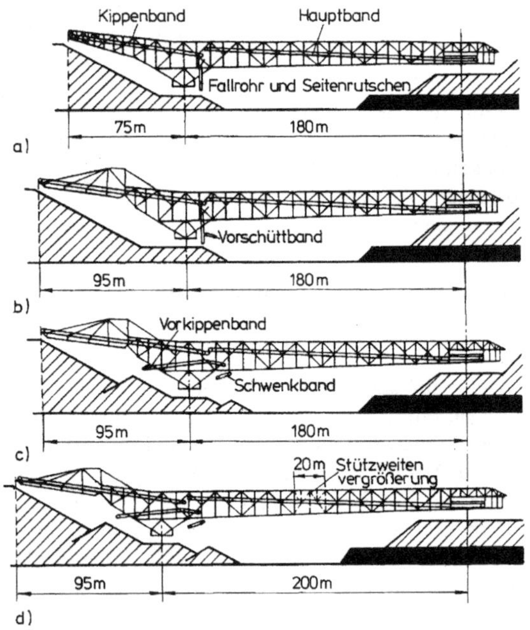

Bild 5-67 Weiterentwicklungs- und Umbaumaßnahmen an der AFB F 34 [5.4]

a) Grundkonzeption
b) Verlängerung des kippenseitigen Auslegers
c) Einbau eines Vorkippen- und Schwenkbandes
d) Stützweitenvergrößerung

Die Darstellung zeigt, dass auch die Typenförderbrücken durch Reduzierung des Durchsatzes und Verlängerung der Brückenkonstruktion bzw. des Kragarms an unterschiedliche geologische Bedingungen angepasst werden können. Durch Veränderungen des Kippensystems konnte der Anteil an bindigen Fördergut erhöht werden.

5.3.2.3 Konstruktion der AFB

Brücke auf zwei Stützen

Die konstruktive Gestaltung wird am Beispiel der F 34 erläutert. Auch die größeren AFB sind, abgesehen von einigen Abweichungen, ähnlich gestaltet, nur sind die Baugruppen dem größeren Fördervolumen und Stützkräften angepasst.

Die AFB stellt ein fahrbares Traggerüst (Hauptträger mit Abwurfausleger) für die Gurtförderer dar. Sie ist statisch bestimmt abgestützt und kann eine gewisse Winkelstellung zur Fahrtrichtung einnehmen. Dieses wird auch als horizontales Verschwenken bezeichnet. Im Bild 5-68 ist die AFB F 34 mit den wesentlichen Baugruppen dargestellt.

Die Masse der Tragkonstruktion der AFB wird durch die Konstruktionsmasse des Gurtförderers m'_K sowie dem aufliegenden Fördergut m'_L maßgebend bestimmt. Deshalb be-

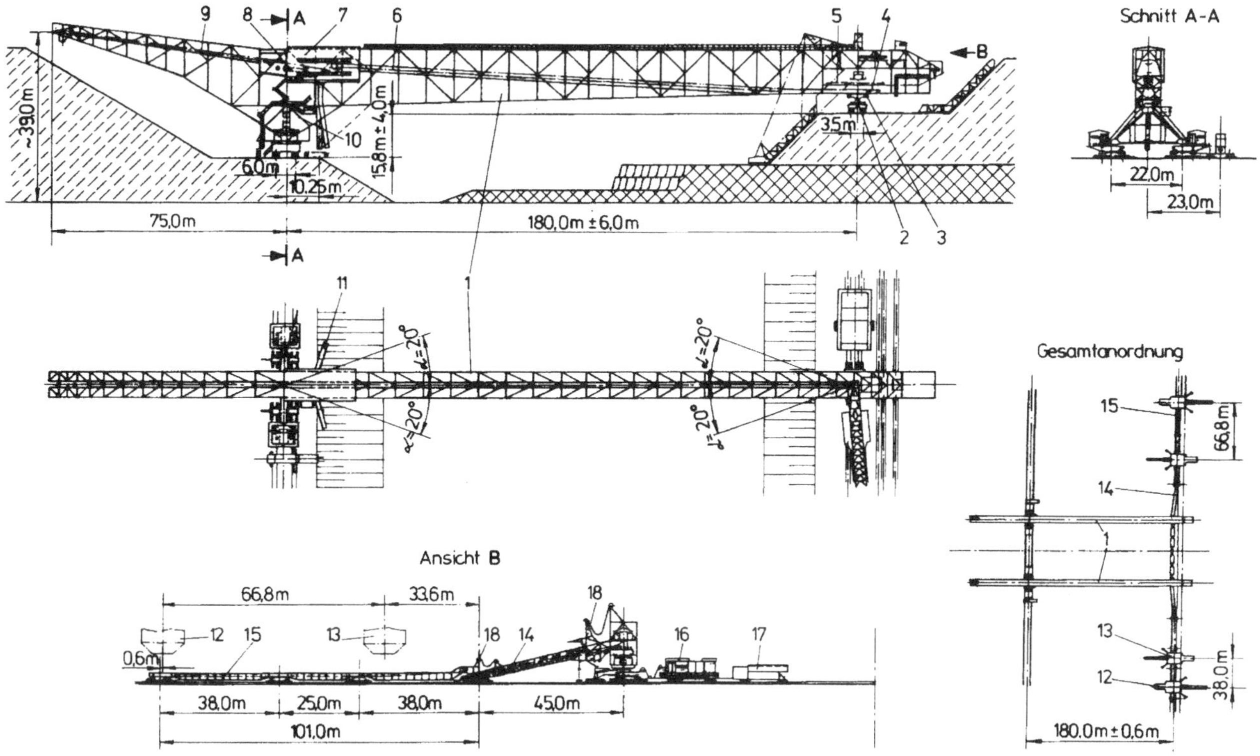

Bild 5-68 Abraumförderbrücke F 34 (MAN TAKRAF Fördertechnik GmbH, Leipzig)

1 Brücke mit Ausleger
2 bewegliche Stütze mit Schienenfahrwerk der Baggerseite
3 Rollentisch
4 Spannstation des Hauptbandes
5 Beschleunigungsband
6 Hauptband
7 Maschinenhaus mit den Antrieben für Haupt- und Haldenband
8 Spannstation des Haldenbands
9 Haldenband
10 Schwenkrahmen mit Drehstützenlager und Schienenfahrwerk der Haldenseite
11 Auslaufschurren für Selbstschüttung der Vorkippe
12 Eimerkettenbagger im Hochschnitt
13 Eimerkettenbagger im Tiefschnitt
14 Brückenquerförderer
15 Baggerquerförderer
16 Umspannwagen
17 fahrbare Kabeltrommel
18 Stromkabel

steht die Notwendigkeit, diese Belastungsgrößen zu minimieren. Positiv wirkt sich deshalb eine hohe Gurtgeschwindigkeit v aus. Die Gln. (5.17) und (5.19) zeigen die Abhängigkeit der Größen des Gurtförderers A_{th} und v von dem theoretischen Fördervolumen des Baggers V_{thB} auf. Eine hohe Gurtgeschwindigkeit v ermöglicht eine entsprechende Reduzierung von A_{th} und damit der Gurtbreite B. Auch die Streckenbelastung aus Fördergut m'_L ist proportional der Gurtgeschwindigkeit. Deshalb werden Gurtgeschwindigkeiten bis 10 m/s ausgeführt (Tafel 5-15).

Die Länge des Hauptträgers und des Abwurfauslegers sind die weiteren Parameter, die einen großen Einfluss auf die Masse besitzen. Diese Parameter werden durch die Abbaubedingungen bestimmt. Die Länge des Hauptträgers bzw. die Stützwerte der AFB ergibt sich aus der Abbauhöhe im Tiefschnitt, den Böschungswinkeln auf der Bagger- und Kippenseite, der erforderlichen Arbeitsbreite im Grubenbetrieb sowie den Sicherheitsabständen auf der Kippe. Die Abwurfauslegerlänge wird durch die Mächtigkeit, Art und Auflockerung des Deckgebirges, von den Grundwasserverhältnissen und vom erforderlichen Aufbau der Kippe sowie von den geologischen Eigenschaften des Liegenden bestimmt.

Für die Zusammenhänge zwischen Masse und der Länge des Hauptträgers, d. h. der Stützweite und damit auch ein Maß für die Breite des freigelegten Minerals, hat *Hagemann* [5.74] eine Beziehung entwickelt (Bild 5-69). Die Kurven widerspiegeln den damaligen Stand der Technik, aber sie zeigen auch, dass zur Reduzierung der Masse des Hauptträgers der Verringerung von m'_L und m'_K eine große Bedeutung zukommt. Bei der Entwicklung der AFB F 60 wurden, um die großen Stützwerte bei dem vorgegebenen Volumenstrom zu realisieren mit dem Einsatz hochfester Stähle, neue Wege beschritten [5-78].

Bei einem Stützabstand bis zu 200 m treten auf den Strossen unterschiedliche Neigungen auf, deshalb ist eine statisch bestimmte Abstützung erforderlich. Auf Bild 5-70 ist die Dreipunktabstützung für die vertikale und waagerechte Richtung dargestellt. Die Pendelstütze auf der Baggerseite ist über ein Kugelgelenk auf dem Fahrwerk gelagert. Den Längenausgleich zwischen den Gleisrosten auf der Bagger- und Kippenstrosse erfolgt über den an der Pendelstütze angeordneten Rolltisch und dem Hauptträger der AFB.

Diese Abstandänderungen treten auf:

- beim horizontalen Verschwenken der AFB zum Anpassen an die Abbaufeldgrenzen und zur besseren Massenverteilung
- bei Gleisabstandsänderungen zwischen den rückbaren Gleisanlagen der Bagger- und Kippenseite
- bei Höhenunterschieden zwischen bagger- und kipperseitigen Planum.

Die Schwenkbarkeit des Hauptträgers um ± 20 ° zum Gleisrost wird durch die Drehstütze 1 mit dem Drehstützlager 2 und dem Halslager 3 ermöglicht. Das Drehstützlager hat bei extrem geringen Drehbewegungen große Stützkräfte aus der Stützkraft vom Hauptträger und Abwurfausleger aufzunehmen. Eine hohe Funktionssicherheit ist entsprechend der Bedeutung dieses Bauteiles anzustreben. Das Drehstützlager mit zwei Axialpendelrollenlagern nach Bild 5-71 stellt

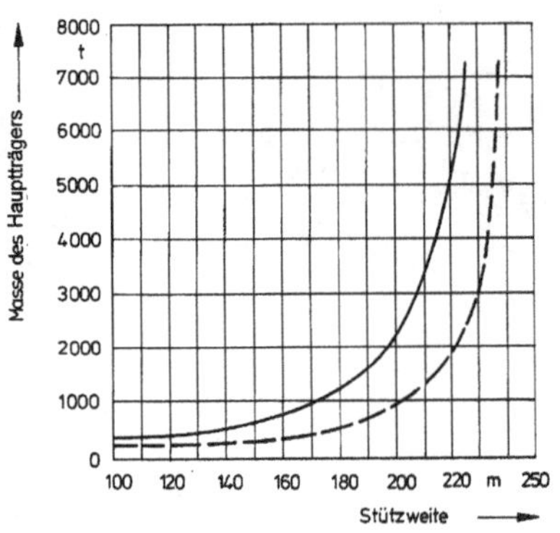

Bild 5-69 Masse des Hauptträgers in Abhängigkeit von der Stützweite für zwei Belastungsgrößen aus Gurtförderer und Fördergut *m'* [5.74]

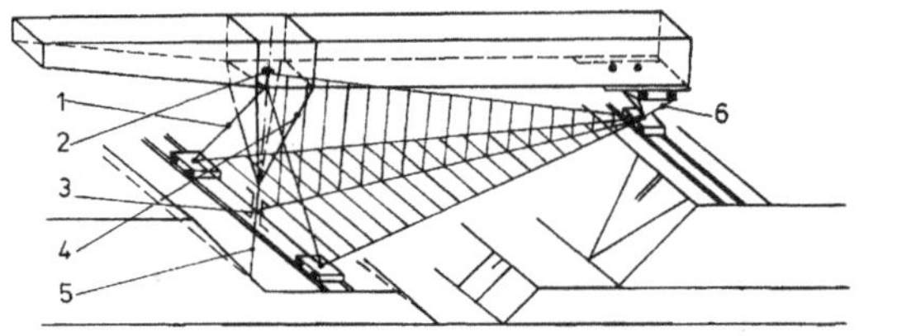

Bild 5-70 Vertikales und waagerechtes Stützdreieck einer AFB

1 Drehstütze
2 Drehstützenlager
3 Halslager
4 Brückenschaft
5 Drehstützenachse
6 Rollentisch

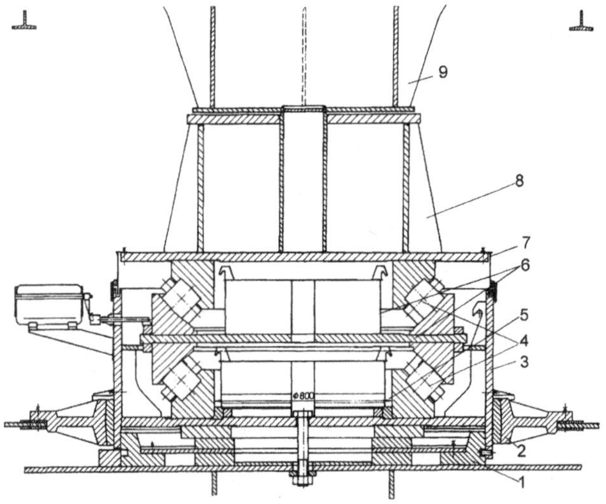

Bild 5-71 Drehstützlager mit zwei Axialpendelrollenlagern

1 Drehstützenkopf
2 Führungsring
3 Lagerfuß
4 zwei Axialpendelrollenlager
5 Füllkörper
6 Zwischenstück
7 Labyrinthring
8 Lagerdeckel
9 Querrahmen

eine Lösungsvariante für diesen Einsatz dar, bei denen die Stützkräfte von den Wälzlagern bei den geringen Drehbewegungen noch übertragen werden können. Für größere Stützkräfte, wie sie bei der AFB F 60 auftreten, wurde ein Axial-Gelenklager entwickelt, dessen hohlkugeliger Außenring mit auswechselbaren Gleitelementen aus Kunststoff bestückt ist. Die Oberfläche des kugeligen Ringes ist hartverchromt. Das Axiallager ist wartungsfrei und bedarf keiner Schmierung. Durch eine Ölfüllung wird es vor Korrosion und Staub geschützt.

Im Bild 5-72 ist das Halslager zur Drehstütze mit dem Lagergehäuse, dem Kugelring und den Gleitflächen dargestellt.

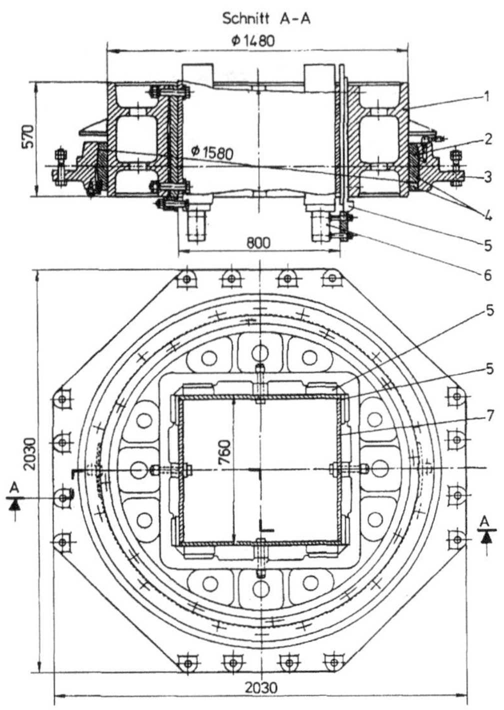

Bild 5-72 Unteres Halslager zur Drehstütze

1 Gleitstück
2 Kugelring
3 Lagergehäuse
4 Gleitflächen
5 Gegenkeil
6 Keilsicherung
7 Säule des Schwenkrahmens

Brücke auf 3 Stützen

Bei dieser Bauart (Bild 5-73) wird die Hauptbrücke auf zwei Fahrbahnen, wie bei der Ausführung mit zwei Stützen, abgestützt. Baggerseitig stützt sich die Zubringerbrücke auf diese über ein Fahrwerk sowie mit einer dritten Fahrspur auf der oberen Strosse ab. Der mögliche horizontale Verschwenkbereich der Zubringerbrücke mit ± 36° ist größer als der der Hauptbrücke gewählt, damit wird eine gewisse unabhängige Arbeitsweise des angeschlossenen dritten Baggers ermöglicht. Der Fahrweg auf Hauptbrücke mit 44 m gleicht auch die Abweichungen im Gleisabstand aus.

5.3.3 Anschluss der Bagger

Die ebenfalls auf Schienen fahrenden Eimerkettenbagger sind mit der Hauptbrücke durch einen Bagger- und Brückenquerförderer verbunden (Bilder 5-68 und 5-73). Der direkte Einbau einer Eimerleiter in die AFB hat sich auf Grund der aus dem Baggervorgang resultierenden Erschütterungen als unzweckmäßig erwiesen. An einer AFB werden im Normalfall zwei bis vier Bagger angeschlossen, sie fahren auf einer eigenen Fahrbahn. Durch die unterschiedliche Länge der Brückenförderer und dem damit im Zusammenhang stehenden Aufgabebereich der Bagger werden Fahrgeschwindigkeitsdifferenzen ausgeglichen und im gewissen Umfang auch eine unabhängige Arbeitsweise der Bagger ermöglicht. Auf den Bildern 5-5 und 5-6 sind die Varianten der Baggeranordnung für ein und zwei Arbeitsebenen dargestellt. Die im Frontverhieb arbeitenden schwenkbaren Eimerkettenbagger gewährleisten durch die langen Abbaustrecken mit gleichem Spanquerschnitt einen hohen Verhältniswert zwischen dem effektiven und theoretischen Volumenstrom. Dieses drückt sich auch durch die hohen Werte für η_B aus, der bei einem Anteil an bindigen Böden bis 40 % größer 1 ist (Tafel 5-6).

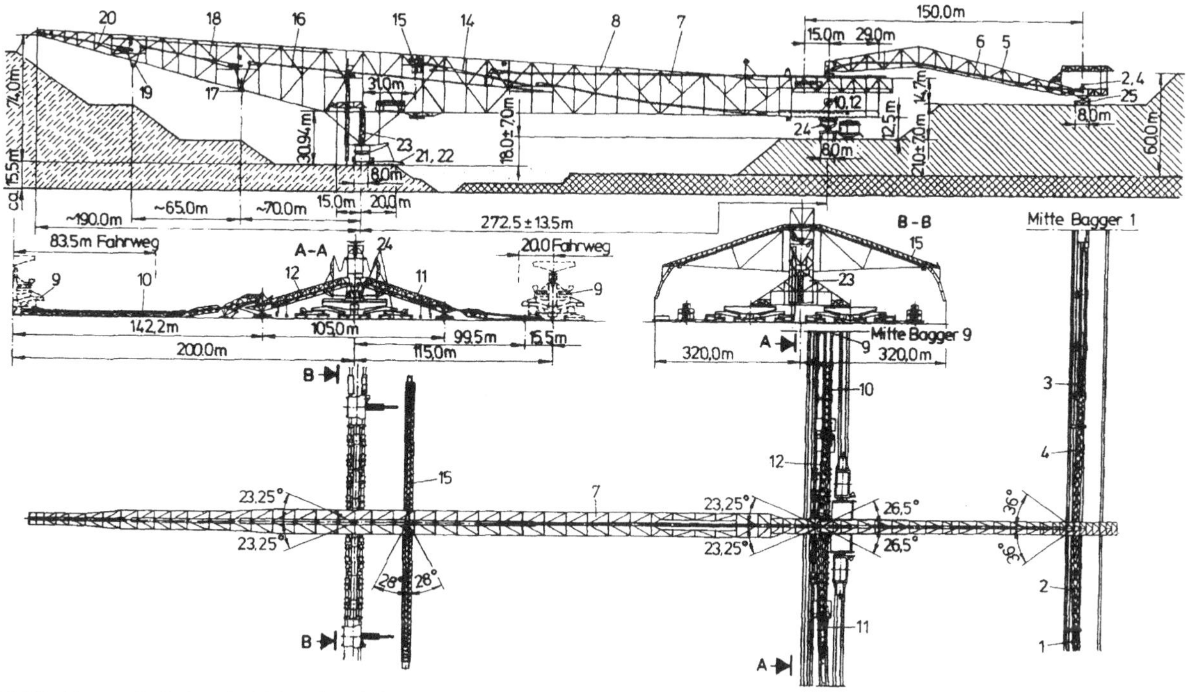

Bild 5-73 Abraumförderbrücke F 60 mit Zubringerbrücke (TAKRAF GmbH, Leipzig)

1 Eimerkettenschwenkbagger Es 1600
2 Querförderer I zur Zubringerbrücke
3 Baggerquerförderer
4 Querförderer II zur Zubringerbrücke
5 Zubringerbrücke
6 Gurtförderer der Zubringerbrücke
7 Brückenkörper der AFB
8 oberer Hauptförderer
9 Eimerkettenschwenkbagger Es 3150
10 Baggerquerförderer
11 Brückenquerförderer I
12 Brückenquerförderer II
13 unterer Hauptförderer
14 Zwischenförderer
15 seitlicher Austragsförderer
16 Haldenförderer I
17 Zwischenabwurf für Selbstschüttung der Vorkippe
18 Haldenförderer II
19 Auslaufschurre für Selbstschüttung der Vorkippe III
20 Haldenförderer III
21 Planierkratzer I
22 Planierkratzer II
23 Drehstütze mit Schienenfahrwerk
24 Baggerstütze mit Rollentisch und Schienenfahrwerk
25 Schienenfahrwerk der Zubringerbrücke

Die schwenkbar ausgeführten Eimerkettenbagger ermöglichen durch den Hoch- und Tiefschnitt von einer Arbeitsebene eine große Abbauhöhe. Durch die geringe Anzahl an Arbeitsebenen werden die Nebenarbeiten reduziert. Die schwenkbare Ausführung des Baggers ermöglicht auch das Freischneiden und die Böschungsgestaltung am Strossenende. Im Tiefschnitt können durch eine geknickte Eimerleiter Flözverwerfungen freigelegt werden.

5.3.4 Fördergutfluss und Gurtförderer

Für die AFB F 34 und F 60 ist auf den Bildern 5-68 und 5-73 die Anordnung der Gurtförderer dargestellt. Für die F 60 ergibt sich damit folgender Fördergutfluss, der durch die auf Bild 5-74 dargestellte Verteilung gesteuert werden kann.

Vom Bagger auf der oberen Strosse gelangen die Abraummassen über den Querförderer und den Zubringerförderer auf den oberen Hauptförderer der Brücke. Ihre Weiterführung kann durch den Zwischenförderer erfolgen, um sie dann durch die seitlichen Austragsförderer zu verkippen. Wird an der Übergabestelle zum Zwischenförderer ein Sattelwagen eingefahren, dann erfolgt eine Umleitung des Fördergutstromes auf Haldenförderer 4 zur Verkippung durch den Abwurfausleger vorgenommen.

Das Fördergut von den beiden Baggern auf der unteren Strosse wird über die Querförderer direkt dem unteren Hauptförderer der Brücke zugeführt. Durch die Gestaltung der Übergabe entsprechend Bild 5-74 kann das Fördergut sowohl auf dem Zwischen- als auch auf den Haldenförderer 4 übergeben werden, so dass die Verkippung sowohl durch die seitlichen Austragsförderer als auch durch die Förderer auf dem Abwurfausleger erfolgen kann [5.76] [5.77].

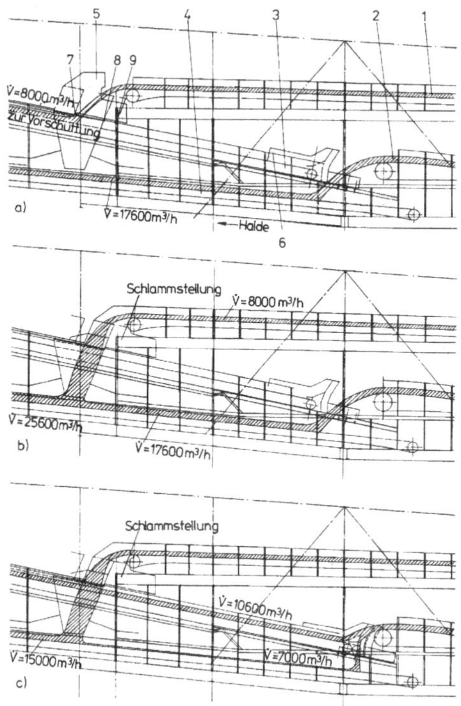

Bild 5-74 Lenkung des Fördergutstromes bei der Masseverteilung an der F60

1 oberer Hauptförderer (B = 1,8 m, v = 8 m/s)
2 unterer Hauptförderer (B = 2,25 m, v = 8,3 m/s)
3 Zwischenförderer (B = 2,25 m, v =4,06 m/s)
4 Haldenförderer (B = 2,5 m, v = 9,05 m/s)
5, 6 Stattelwagen

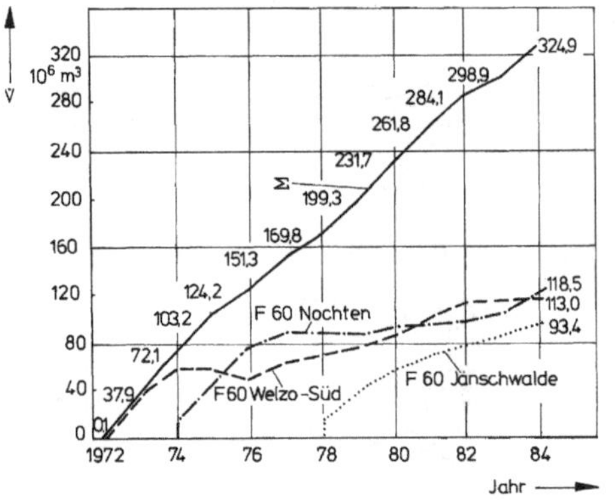

Bild 5-75 Verlauf des geförderten Volumenstromes über 12 Jahre für drei AFB F60

Das Fördergut muss den einzelnen Abwurfstellen der AFB so zugeführt werden, dass eine standsichere Kippe entsteht. Da das rollige Fördergut meist in den oberen Schichten ansteht, ist innerhalb des Fördersystems eine solche Lenkung bzw. Verteilung erforderlich, die eine Verkippung auf die Vorkippe ermöglicht.

Es werden mit Schleifringläufermotor angetriebene Gurtförderer mit Gurtbreiten bis 2,75 m und Gurtgeschwindigkeiten bis 10 m/s eingesetzt. Der mögliche Volumenstrom beträgt bis zu 34800 m^3/h. Zur Auslegung, Berechnung und Gestaltung der Bauteile der Gurtförderer enthält der Abschnitt 5.5 ausführliche Angaben.

Die AFB mit den Eimerkettenbaggern sind die leistungsstärksten Gewinnungs- und Transportsysteme. Auf Bild 5-75 ist der Verlauf des Volumenstromes über mehrere Jahre für die drei F60 AFB dargestellt. Bei der bisher höchsten Jahresförderung von $118 \cdot 10^6$ m^3/a betrug $\eta_{RK} = 0{,}685$ für die Bagger und 0,785 für die AFB. Der stündliche Volumenstrom von 16200 m^3/h der Bagger entspricht einem $\eta_B = 1{,}42$.

5.3.5 Fahrwerk

Die Schienenfahrwerke der drei Stützpunkte sind, um sich der Gleisanlage anzupassen, statisch bestimmt ausgeführt. Auf Grund der hohen Stützkräfte sind an der F 60 auf der Haldenseite 80 Vier-Rad- und auf der Baggerseite 48 Vier-Rad-Einheitsschienenfahrwerke, auf zwei Gleise verteilt, angeordnet. Die angeschlossenen Eimerkettenbagger besitzen die gleichen Schienenfahrwerke. Es handelt sich um eine unter diesen Einsatzbedingungen erprobte Konstruktion. Besonders zu beachten sind die erforderlichen Freigängigkeiten beim Befahren von Kurven, der Gleislage unter Tagebaubedingungen und die Verschmutzung durch Rieselgut. An den Stützkugeln mit größeren Durchmesser (> 800 mm) treten infolge der hohen Stützkräfte Verformungen auf, die das Tragbild beeinträchtigen können. Eine steife Ausführung ist deshalb anzustreben.

Die erforderliche Abtriebssicherheit infolge Wind und Neigung kann bei den großflächigen AFB dazu führen, dass, neben der Reibungskraft zwischen Rad und Schiene, Schienenzangen im Stillstand zum Einsatz kommen müssen. Während des Fahrvorganges muss die Abtriebssicherheit durch die Reibungskraft zwischen Rad und Schiene abgesichert sein. Als Reibungswert zwischen abgebremsten Rad und Schiene kann $\mu = 0{,}12$ (Sand auf der Schiene) bzw. $\mu = 0{,}08$ (Fett oder Kohle auf der Schiene) angesetzt werden. Als Fahrwiderstandswert für nicht angetriebene und folglich nicht gebremste Räder kann $\mu = 0{,}02$ angenommen werden.

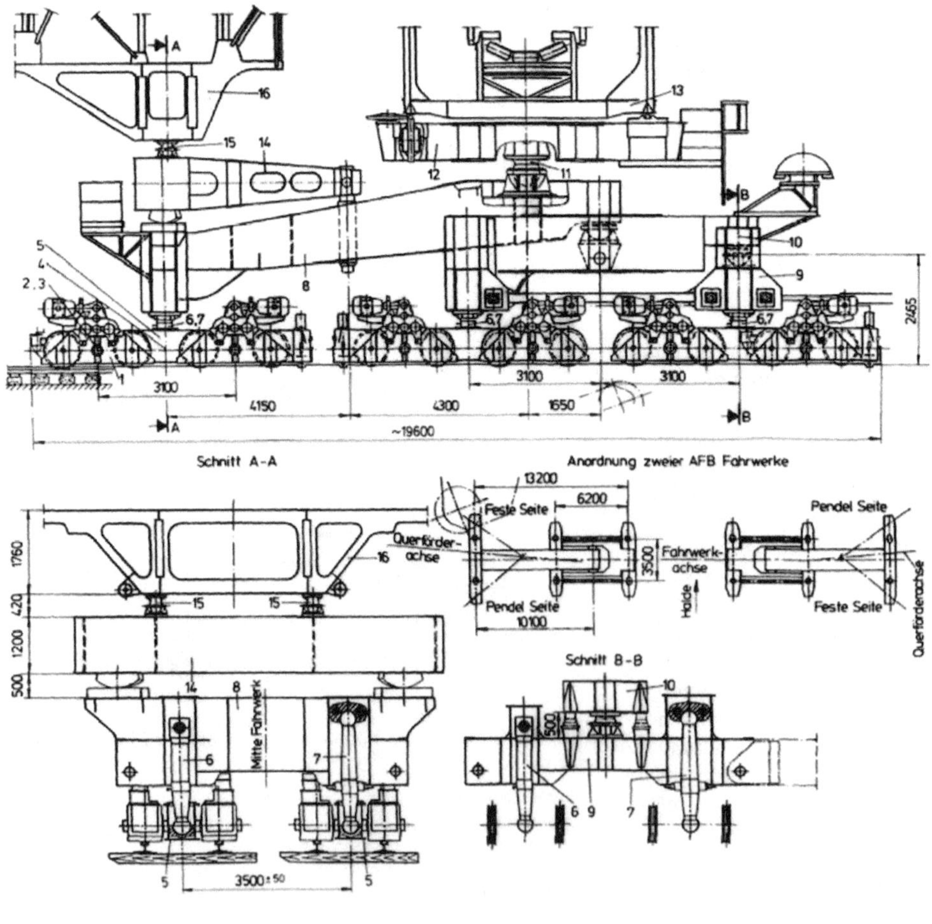

Bild 5-76 4-Schienenfahrwerk der Baggerseite der AFB F34

1 angetriebene 2-Rad-Schwinge
2 4-Rad-Querschwinge ohne Kugel
3 4-Rad-Querschwinge mit Kugelpfanne
4 Stützsäule mit Kugel
5 8-Rad-Längsschwinge
6 feste Stützsäule mit Kugel
7 Pendelsäule mit Kugel
8 obere Schwinge mit Stützsäulen und Kugel
9 16-Rad-Querschwinge
10 untere Längsschwinge
11 Stützkugel (630 mm Durchmesser)
12 Rollentisch mit Stützrollen
13 Brückenkopf des AFB
14 dreieckförmiger schwenkbarer Stützrahmen mit Kugelpfanne
15 Stützkugel (250 mm Durchmesser)
16 Querfördererkonstruktion

Weitere Angaben zum Schienenfahrwerk sind im Abschnitt 3.1 enthalten. Im Bild 5-76 ist der Aufbau und die statisch bestimmte Verteilung der Kräfte am Schienenfahrwerk der Baggerseite der F 34 dargestellt.

5.3.6 Sicherheitseinrichtungen

Die Sicherheit der teuren und leistungsstarken Tagebaumaschinen nimmt bei ihrer Entwicklung und beim Betrieb eine dominierende Stellung ein. Ein Schwerpunkt ist die Anordnung betriebssicherer Geber und Endschalter. Mit der Datenerfassung für das Automatisierungsprogramm werden diese mit überwacht.

In diesem Rahmen wird nur auf wesentliche Sicherheitseinrichtungen hingewiesen:

- Die relative Bewegung räumlich zusammenarbeitender Maschinen bzw. Baugruppen, wie z. B. der Eimerkettenbagger und Querförderer, sind durch die Endlichkeit der Fahrwege bzw. der Schwenkbereiche begrenzt. Die Grenzstellungen sind elektromechnisch abgesichert. Bei wesentlichen, für die Sicherheit der Anlage maßgebenden Bewegungsstellen sind zwei unabhängig voneinander wirkende Abschaltsysteme vorgesehen. Die Nachlaufwege sind zu beachten.
- Die Gurtförderer sind steuerungsmäßig so miteinander verriegelt, dass jeder Gurtförderer nur dann in Betrieb gesetzt werden kann, wenn die im Fördersystem nachgeschalteten in Betrieb sind.

Bei größeren Windgeschwindigkeiten (> 20 m/s) wird der Förderbetrieb unterbrochen. Die Fahrwerke werden selbstständig abgeschaltet und selbsttätig wirkende elektromechanische Schienenzangen können horizontale Kräfte in den Gleisrost übertragen.

5.4 Direktversturzkombinationen

5.4.1 Einführung

Direktversturzkombinationen (DVK) bestehen in der Regel aus je einem Bagger und einem Absetzer, die sich von den Maschinen, die mit anderen Transportmaschinen zusammenarbeiten, nicht wesentlich unterscheiden. Angaben zur Berechnung und konstruktiven Gestaltung der Baugruppen dieser Maschinen sind im Abschnitt 5.6 enthalten. In diesem Abschnitt wird der Schwerpunkt auf die Kombination, d. h. auf die Verbindung der Grundmaschinen gelegt. Zur Verbindung sind entsprechend angepasste oder zusätzlich entwickelte Elemente erforderlich, die dann zu recht unterschiedlichen Ausführungen der DVK führen können. Als Ordnungsprinzip wurde bei den nachfolgenden Ausführungen die Anzahl der Gelenke an der DVK gewählt, weil davon die Beweglichkeit der Kombination aber auch die Störanfälligkeit abhängt.

5.4.2 Ausführungsformen der Direktversturzkombinationen

5.4.2.1 Gestaltung der Grundmaschinen des Schaufelradbaggers und Absetzers [5.81]

Schaufelradbagger

Für die Gestaltung des Verbindungsteils zwischen Schaufelradbagger und DV-Absetzer sind die möglichen Ausführungsformen der Grundmaschinen von Bedeutung. Unter Grundmaschinen wird der Teil des Schaufelradbaggers bzw. DV-Absetzers ohne Austragsteil (Abwurfausleger oder Verladegerät) bzw. Aufnahmeteil (Aufnahmeausleger oder Zwischenförderer) verstanden.

Bei tieferen Tagebauen kommen neben der DVK andere Transportsysteme (meist Bandbetrieb) im Vorschnitt zum Einsatz. Die Grundmaschinen der Bagger werden bei beiden Transportsystemen nach gleicher oder ähnlicher Konzeption ausgeführt. Auf Grund des Blockverhiebes und der Gewinnung des Abraums im Hochschnitt werden vorwiegend Schaufelradbagger eingesetzt.

Im Bild 5-77 sind die gebräuchlichsten Ausführungsformen der Grundmaschinen der vorschublosen Schaufelradbagger einschließlich der Fördergutübergabe auf den abfördernden Gurtförderer dargestellt. Bei den Ausführungsformen nach Bild 5-77a und b ist die Turmkonstruktion c-förmig ausgebildet, so dass der abfördernde Gurtförderer oberhalb des oberen Ringträgers angeordnet werden kann. Die Fördergutübergabe kann zweckmäßig gestaltet werden. Die Turmkonstruktion begrenzt den möglichen Schwenkwinkel für den Abwurfausleger.

Bei der Ausführungsform nach Bild 5-77b wird durch einen zusätzlichen Gurtförderer die Einschränkung des Schwenkwinkels zwischen Schaufelradausleger und abfördernden Gurtförderer weitgehendst aufgehoben. Bei der im Bild unter 5-77c dargestellten Ausführungsform wird das Fördergut über den in der Drehachse des Oberbaus angeordneten Schüttschacht einem im unteren Ringträger starr angeordneten Gurtförderer zugeführt, der es durch eine Öffnung im Steg des Ringträgers nach außen transportiert und auf den abfördernden Gurtförderer übergibt. Die Steghöhe des Ringträgers muss zur Erreichung der erforderlichen Festigkeit und einer annähernd gleichen Steifigkeit entsprechend groß gewählt werden. Diese Ausführung ermöglicht einen weitgehend unabhängigen Schwenkbereich zwischen Schaufelradausleger und abförderndem Gurtförderer, sie erfordert aber einen zusätzlichen Gurtförderer mit großer Fallhöhe an der Übergabestelle. Der Einbau des Gurtförderers im unteren Ringträger erschwert die Zugängigkeit für die Bauteile und wirkt sich nachteilig bei der Beseitigung von Verschmutzungen bzw. Verstopfungen an der Übergabestelle aus.

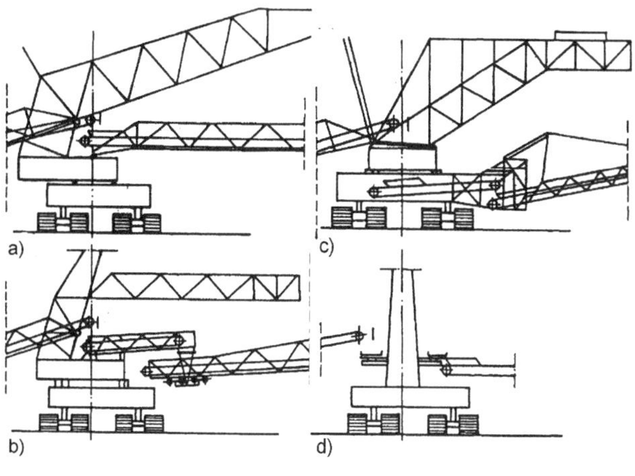

Bild 5-77 Ausbildung der Stützung des Verbindungsteils auf dem Schaufelradbagger [5.81]

a) Stützung auf dem oberen Ringträger
b) Stützung auf dem oberen Ringträger unter Zwischenschaltung eines kurzen Gurtförderers
c) Anhängung des Verbindungsteils an einem starr am unteren Ringträger angeordneten Gurtförderer
d) Stützung des Verbindungsteils am Unterbau im Bereich des Abstreifers vom Drehteller

Die Ausführungsform nach Bild 5-77d mit der außermittigen Fördergutübergabe stellt einen Sonderfall dar, die nur bei speziellen Tragkonstruktionen, wie z. B. beim Säulenbagger, angewandt wird. Bei einer Maschine, deren Aufgabe neben der Gewinnung der Transport des Fördergutes ist, sollte der zweckmäßigen Anordnung und Gestaltung des Fördersystems der Vorrang vor der einmal zu erstellenden Stahlkonstruktion eingeräumt werden.

Schaufelradbagger nach Bild 5-77a und c sind die am meisten ausgeführten Formen. Die Ausführungsform nach Bild 5-77a wurde bisher vorrangig bei Schaufelradbaggern mit kleinem und mittlerem Durchsatz angewandt. Auf Grund ihrer Vorteile erfolgt eine stetige Verschiebung der Grenze zum höheren Durchsatz. Für den SRs 4000, der schon zu den Schaufelradbaggern mit großem Durchsatz (Volumenstrom) zählt, kam diese Ausführungsform auch zum Einsatz [5.82].

Der Vorteil der Ausführung nach Bild 5-77c besteht darin, dass die Turmkonstruktion durch die direkte Lagerung des Schaufelrad- und Gegengewichtsauslegers aus dem oberen Ringträger in vertikaler Richtung steifer und relativ leichter ausgeführt werden kann. Sie kommt vorwiegend bei Maschinen mit großen Auslegerlängen und großem Durchsatz zur Anwendung.

DV-Absetzer

Für die Gestaltung des DV-Absetzers sind zwei Grundausführungsformen möglich (Bild 5-8) [5.13]. Obwohl die Masse des DV-Absetzers nach Variante 2 bei gleicher Aufschlussbreite etwas geringer ist, wird die Variante 1 bevorzugt eingesetzt. Weitere Ausführungen hierzu sind im Abschnitt 5.1 enthalten.

Das zugeführte Fördergut wird am Aufnahmeförderer des DV-Absetzers aufgegeben und auf den auf dem Abwurfausleger angeordneten Gurtförderer weitergeleitet und durch diesen verkippt. Die Übergabe zwischen diesen Gurtförderer erfolgt, wie die Darstellungen im Bild 5-78 zeigen, im Bereich der Schwenkachse des Oberbaus.

Bei der Ausführungsform nach Bild 5-78a ist der Turm c-förmig ausgebildet, so dass die Schwenkachse zwischen den zwei Gurtförderern mit der des Oberbaus der Maschine zusammenfällt, damit treten beim Schwenken der Ausleger keine negativen Auswirkungen im Zuführungs- und Abwurfbereich auf. Der mögliche Schwenkbereich zwischen dem zufördernden und dem auf dem Abwurfausleger angeordneten Gurtförderer liegt im Bereich von beidseitig 90 bis 115°. Dieser Winkel hängt im Wesentlichen von der Gestaltung der Turmkonstruktion und von der Breite des Aufnahmeauslegers in diesem Bereich ab. Hierfür gelten analog Gesichtspunkte wie beim Schaufelradbagger. Diese Ausführungsform wird bei einer großen Anzahl von Bandabsetzer- und auch bei DV-Absetzertypen angewandt.

Die Ausführungsform nach Bild 5-78 b besitzt einen exzentrischen, im Allgemeinen außerhalb des Turmes liegenden Drehpunkt für die Fördergutübergabe. Damit wird eine einfachere Stabführung und eine größere Steifigkeit der Stahlkonstruktion des Turmes erreicht. Diese Vorteile bei der Gestaltung der Stahlkonstruktion und damit auch die geringere Masse haben ungünstigere Bedingungen im Bereich des Fördergutflusses zur Folge. Die exzentrische Anordnung der Übergabestelle bewirkt beim Schwenken des Abwurfauslegers eine Verschiebung der Aufgabestelle am Aufnahmeausleger.

Bei der in Bild 5-78c dargestellten Ausführungsform erfolgt die Anordnung der Übergabestelle zwischen den zwei Gurtförderern ebenfalls exzentrisch, aber in diesem Fall ist diese in Bezug auf die Schwenkachse des Oberbaues in Förder-

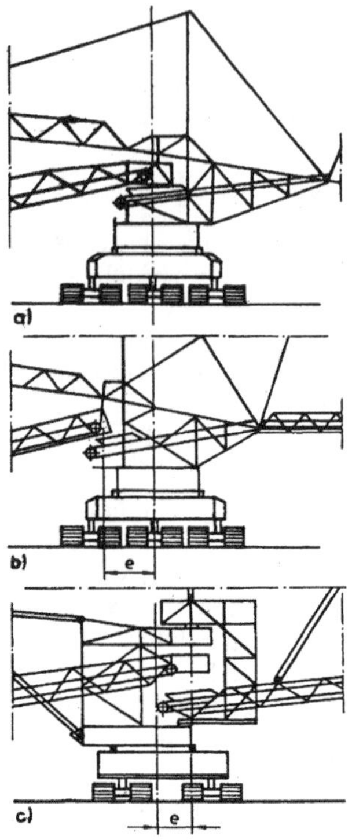

Bild 5-78 Ausbildung der Stützung des Verbindungsteils auf dem DV-Absetzer [5-81]

a) mittige Einhängung des Verbindungsteils in der c-förmig gestalteten Turmkonstruktion
b) außermittige Einhängung des Verbindungsteils
c) Verbindungsteil in der horizontalen Ebene starr mit der Turmkonstruktion verbunden

richtung versetzt angeordnet. Beim Schwenken des zufördernden Gurtförderers bewegt sich der Anlenkpunkt des Abwurfauslegers um einen Radius mit der Exzentrizität *e*. Die dabei auftretenden Verschiebungen am Anlenkpunkt des Auslegers wirken sich nur auf den Kippenaufbau aus, sie können durch Schwenken des Abwurfauslegers und Verfahren des Abwurfgerätes kompensiert werden. Bei den im Blockverhieb arbeitenden DV-Absetzern treten derartige Schwenkbewegungen selten auf. Die Aufgabestelle des Aufnahmeauslegers wird beim Schwenken des Abwurfauslegers nicht beeinflusst. Diese Ausführungsform wurde vorrangig bei einteiligen Bandabsetzern eingesetzt.

5.4.2.2 Gestaltung des Verbindungsteils

Verbindungsteil mit einem Gelenk

Als Verbindungsteil wird das Teil des Transportsystems bezeichnet, das sich zwischen den Einhängepunkten der Grundmaschinen vom Bagger und dem des DV-Absetzers befindet. Bei einteiligen Baggern, die das Fördergut mit dem Abwurfausleger direkt verkippen, stellt das Gelenk zum Abwurfausleger in diesem Sinne das Verbindungsteil dar. Da die Länge des Abwurfauslegers die Aufschlussbreite wesentlich bestimmt, werden solche Bagger nur dort zum Einsatz kommen, wo das Deckgebirge eine geringe Mächtigkeit besitzt und auch größere Böschungswinkel zulässig sind. Durch die Kopplung der zwei Ausleger beeinflussen die aus dem Gewinnungsprozess bedingten Schwingungserregungen auch den Abwurfausleger, so dass dessen mögliche Länge dadurch mit bestimmt wird [5.81].

Im Bild 5-79 ist ein solcher Schaufelradbagger dargestellt. Auf einem mit Raupenfahrwerken ausgestatteten Unterbau stützt sich schwenkbar der Oberbau ab. Der Schaufelradaus-

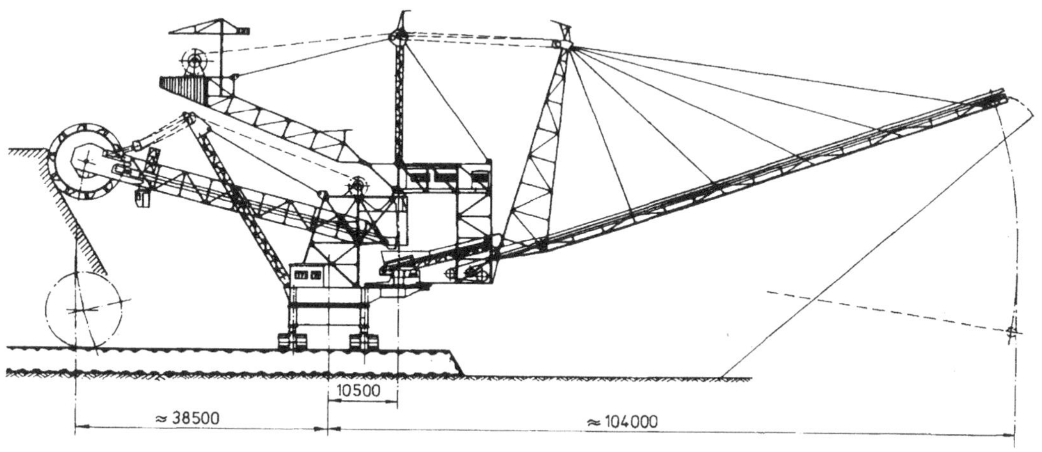

Bild 5-79 Einteiliger Schaufelradbagger mit schwenkbarem Abwurfausleger – ein Gelenk zwischen den Auslegern

leger und damit das Gelenk zwischen den zwei Auslegern ist in Förderrichtung versetzt angeordnet, damit wirkt die Masse des Abwurfausleger gleichzeitig als Gegenmoment. Natürlich besitzt ein solcher Schaufelradbagger, wenn er den technologischen Anforderungen entspricht, die besten Voraussetzungen mit nur zwei Gurtförderern, einer Übergabestelle und einem Raupenfahrwerk den Abraum mit geringsten Kosten zu gewinnen, zu transportieren und zu verkippen. Im Bild 5-79 ist auf dem Abwurfausleger noch ein zusätzlicher Gurtförderer vorgesehen.

Neben einigen Einsatzfällen zum Abtragen des Abraums im Hauptschnitt werden solche Maschinen mit kleinerem Fördervolumen oft im Bereich der Mineralgewinnung eingesetzt, um bei Flözen mit Zwischenmitteln, diese sowie die über dem Flöz liegende Abraumschicht, im Direktversturz zu verkippen. Der im Bild 5-79 dargestellte einteilige Schaufelradbagger mit exzentrisch angeordnetem Abwurfausleger wurde im Tagebau *Northern Illinois* (USA) zur Freilegung von Steinkohle eingesetzt [5.83]. Bei einer Schaufelradauslegerlänge von etwa 48 m und einer Abwurfauslegerlänge von etwa 93 m ist eine Abbauhöhe von 30,5 m bei einer Blockbreite von 35 m angegeben.

Bild 5-80 stellt neben der schematischen Darstellung des Schaufelradbaggers auch das Arbeitsschema im normalen Abbaubereich dar. Trotz der exzentrischen Anordnung des Abwurfauslegers wird bei einer relativ großen Blockbreite ein guter Kippenaufbau ermöglicht.

Verbindungsteil mit zwei Gelenken

Die Grundmaschine des Baggers und des DV-Absetzers sind durch eine Verbindungsbrücke (Bild 5-81) verbunden. Die Übergabestellen befinden sich im Bereich der Gelenke.

Die Länge der Verbindungsbrücke wird im Wesentlichen durch die notwendige Transportentfernung bestimmt. Um ein unabhängiges Schwenken der Ausleger zu gewährleisten, sollte deren minimale Länge größer als die Summe der beiden Gegenauslegerlängen sein. Bei den zulässigen Planumsunebenheiten und Neigungen im Tagebau ist eine statisch bestimmte Stützung der Verbindungsbrücke zweckmäßig. Die einfachste Ausführung für die Verbindungsbrücke ist dann gegeben, wenn die Einpunktstützung auf der Grundmaschine des Baggers gleichzeitig als Auszug ausgebildet wird. Die relativ geringe mögliche Auszugslänge wird maßgebend durch den Abstand der Stahlkonstruktion der c-förmig ausgebildeten Turmkonstruktion vom Drehpunkt bestimmt. Auf Grund dieser geringen Auszuglänge ist die mittige Einhängung der Verbindungsbrücke am DV-Absetzer notwendig. Der Vorteil dieser Ausführungsform liegt in der einfachen Ausbildung des Gurtförderers und der ihn tragenden Stahlkonstruktion.

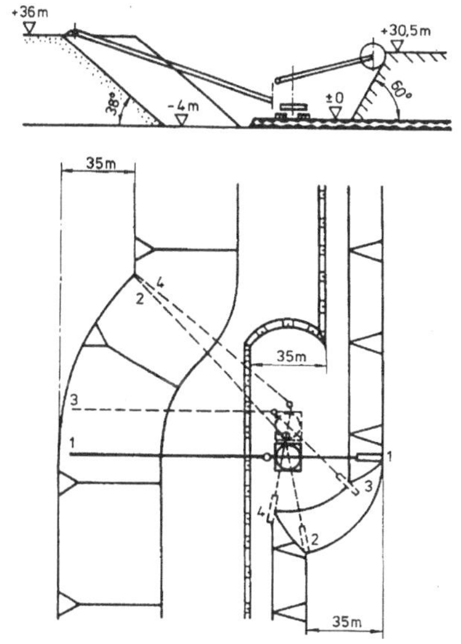

Bild 5-80 Arbeitsschema des Schaufelradbaggers nach Bild 5-79

Die Technologie für den Einsatz einer solchen DV-Kombination ist mit der Schwenkbarkeit in den zwei Gelenken bei einer relativ geringen Auszugslänge vorgegeben. Der Schaufelradbagger legt beim Abbau eines Blockes die mit s_B bezeichnete Wegstrecke zurück. Die günstigsten Betriebsbedingungen sind dann gegeben, wenn der DV-Absetzer oder eine Stützung am Zwischenförderer während dieser Zeit nicht verfahren werden muss. Ein Winkel zwischen Fahrtrichtung des Baggers und der Verbindungsbrücke von etwa 90° führt zu kurzen erforderlichen Auslegerlängen. Bei größeren Abweichungen von dieser Idealstellung ist eine entsprechende Auszuglänge l_{AZ} vorzusehen:

$$l_{AZ1,4} = \sqrt{l_V^{\,2} - s_B^2/4 \pm l_V s_B \cos\alpha} - l_V\,, \tag{5.41}$$

l_V Länge der Verbindungsbrücke
s_B Fahrstrecke des Baggers beim Abbau eines Blockes
α Winkel zwischen der Fahrtrichtungsachse des Baggers und der Verbindungsbrücke.

Verbindungsteil mit drei Gelenken

Bei diesen DV-Kombinationen bzw. Verbindungsteilen bestimmen die zusätzliche Stützung am Verbindungsteil und die Ausbildung der Fördergutübergabe am mittleren Gelenk wesentlich ihre Gestaltung. In den folgenden Darlegungen wird deshalb zwischen Verbindungsteilen mit und ohne zusätzlicher Stützung unterschieden.

Eine zusätzliche Stützung, zum Beispiel durch ein Raupenfahrwerk; ermöglicht die Ausführung des Verbindungsteils

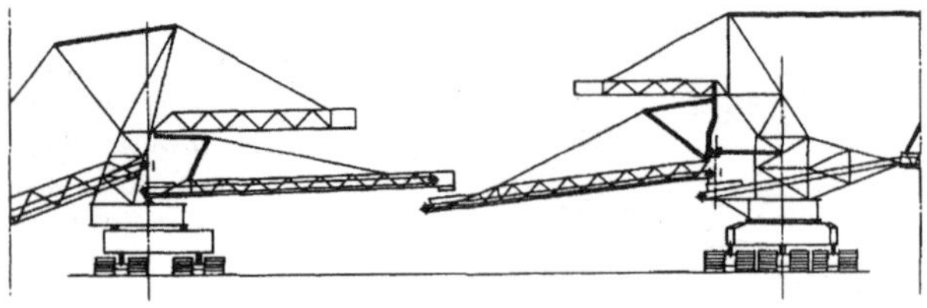

Bild 5-81 Verbindungsteil mit drei Gelenken

mit größerer Länge, da zumindest ein Auslegerende abgestützt ist. Das zusätzliche Raupenfahrwerk schränkt die für andere fördertechnische Prozesse zur Verfügung stehende Fläche ein und reduziert im gewissen Umfang die Beweglichkeit des DV-Komplexes.

Ausführung ohne zusätzliche Stützung

Im Bild 5-81 ist die wesentlichste Ausführungsform unter Beachtung der Grundmaschinen von Bagger und DV-Absetzer dargestellt. Sie besteht aus dem einteiligen Schaufelradbagger und einem DV-Absetzer mit einem mittig eingehangenen, frei auskragenden, schwenk- und hebbaren Abwurfausleger.

Bei kleinem Schwenkwinkel ist die Relativbewegung an der Übergabestelle auch bei außermittiger Einhängung gering, und die Masse des Aufnahmeauslegers wirkt damit gleichzeitig als Gegenmoment. Die Fördergutübergabestelle zwischen dem Abwurfausleger des Schaufelradbaggers und dem Aufnahmeausleger des DV-Absetzers ist mechanisch nicht fixiert, so dass bei Fahrbewegungen bzw. beim Schwenken des Abwurfauslegers mit außermittiger Einhängung des Aufnahmeauslegers eine entsprechende Nachjustierung der Fördergutübergabestelle erforderlich wird.

Der auskragende Aufnahmeausleger mit einer Fördergutaufgabestelle am Ende kann besonders bei großem Durchsatz auf Grund der auftretenden Kräfte nicht mit großer Länge ausgeführt werden. Deshalb gehört diese Ausführungsform zu denen, die vorrangig für einen kleineren und mittleren Durchsatz eingesetzt wird. Zwei weitere Ausführungsformen basieren auf den im Bild 5-77b und c dargestellten Baggern mit eingehangenen Zwischenförderer des DV-Absetzers. Sie stellen durch die relativ kurzen Austragsförderer des Baggers und besonders durch die starre Verbindung mit dem Unterbau eine Lösung dar, die sich in den technologischen Einsatzmöglichkeiten einer Ausführungsform mit zwei Gelenken sehr stark annähert. Der kurze Austragsförderer kann mit und ohne Schwenkwerk ausgeführt werden. Im letzten Fall entfällt der Auszug zwischen den zwei Auslegern. Der Schwenkbereich übernimmt dann die Funktion eines Auszuges [5.81].

Schaufelradbagger mit Verladeeinrichtungen entsprechend Bild 5.81 werden für alle Transportsysteme eingesetzt. Detailliertere Angaben zum Durchsatz, den Abmaßen und Massen sind in [5.84] bis [5.87] enthalten.

DV-Kombinationen nach Bild 5-81 wurden in der ehemaligen UdSSR in mehreren Größen gebaut und in verschiedenen Tagebauen in Betrieb genommen. Die erste DV-Kombination, bestehend aus einem Schaufelradbagger RV-1 und dem DV-Absetzer OŠ-1, wurde im Jahre 1955 im Tagebau *Casov-Jarsk* zum Einsatz gebracht [5.88]. Für den Schaufelradbagger wird ein Durchsatz von 500 bis 600 m^3/h angegeben.

Nach der Entwicklung und dem Einsatz von zwei weiteren DV-Komplexen mit Abwurfauslegerlängen von 75 und 125 m wurde im Jahre 1960 die Konstruktion eines DV-Komplexes mit einem Fördervolumen von 3000 m^3/h abgeschlossen. Sie besteht aus einem Schaufelradbagger ERG-1600 und einem DV-Absetzer OŠ-4500/150 [5.89]. Im Tagebau *Grusovsk* wurde dieser Schaufelradbagger mit einem DV-Absetzer OŠ-4500/180 im Jahr 1964 in Betrieb genommen [5.90] [5.91]. An der oberen Plattform ist in Förderrichtung der aus Rohrkonstruktion mit Seilabspannung ausgeführte 180 m lange Bandausleger befestigt. Der heb- und senkbare, frei auskragende Aufnahmeausleger ist gegenüber der Plattform und damit dem Abwurfausleger um 45° schwenkbar, so dass er gleichzeitig als Gegengewicht für den Abwurfausleger dient. Als Fahrwerk wurde ein neuentwickeltes Gleisschreitwerk eingesetzt. An den Eckpunkten der Plattform sind die Hydraulikzylinder für das Gleisschreitwerk befestigt, so dass der Schreitvorgang nur quer zur Abwurfauslegerrichtung erfolgen kann. Beim Verkippungsvorgang stützt sich die Maschine auf ein Rundponton ab, welches gegenüber der Plattform schwenkbar ausgeführt ist [5.92].

Für die Tagebaue *Katek* (Kantsk-Atschinsker-Becken) ist der Einsatz der DV-Kombination, bestehend aus dem Schaufelradbagger ERSchRD-5250 und dem DV-Absetzer OŠR-5250/190, vorgesehen [5.93].

Ausführung mit zusätzlicher Stützung

In den Bildern 5-82 und 5-83 sind die wesentlichsten Ausführungsformen mit einer zusätzlichen Stützung dargestellt. Die Ausführung nach Bild 5-82a unterscheidet sich gegenüber der im Bild 5-81 dadurch, dass der Aufnahmeausleger des Absetzers zusätzlich durch ein Fahrwerk gestützt ist. Erfolgt die Fördergutübergabe über dem Stützpunkt, dann tritt auch bei einer außermittigen Einhängung des Verbindungsteils keine Querverschiebung der Aufgabestelle auf, nur der Auszug und der Aufgabebereich sind entsprechend lang zu gestalten.

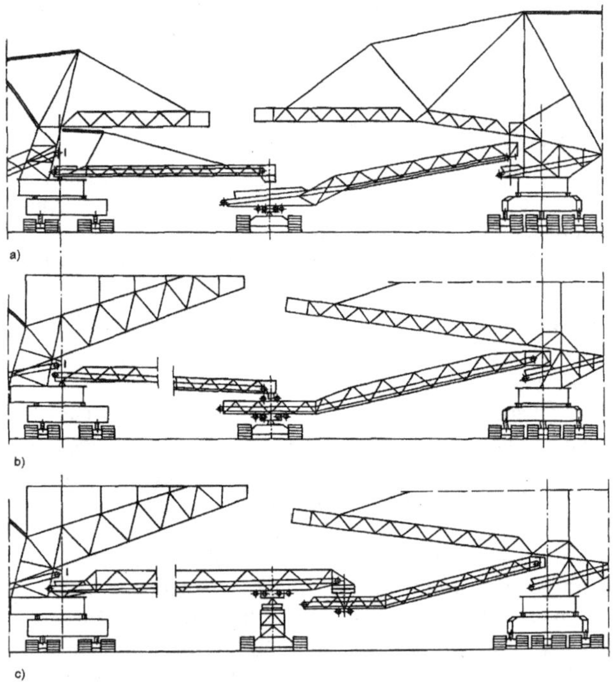

Bild 5-82 Wesentliche Ausführungsformen des Verbindungsteils eines DV-Komplexes mit drei Gelenken und einer zusätzlichen Stützung

a) Stützung des Zwischenförderers mit nicht fixierter Fördergutübergabe
b) Stützung des Zwischenförderers und Abstützung des Austragsförderers auf dem Zwischenförderer
c) Stützung des Austragsförderers und Einhängung des Zwischenförderers an den Austragsförderer

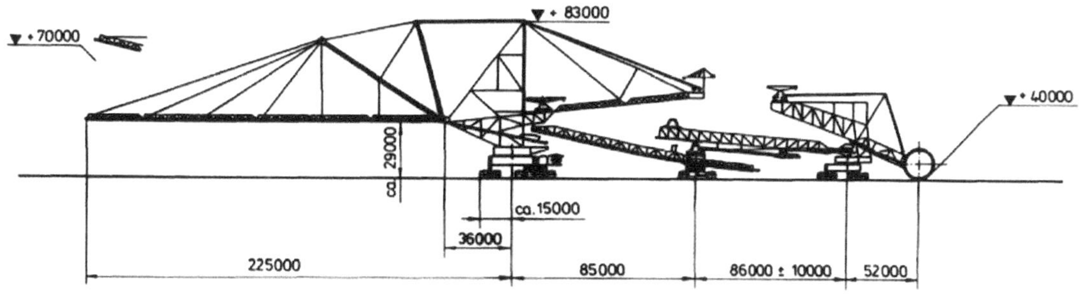

Bild 5-83 DVK SRs 4000-ARs 18000.225 (TAKRAF GmbH, Leipzig) [5.14]

Bei den Ausführungsformen nach Bild 5-82b und c ist durch die Abstützung des Auslegers vom Schaufelradbagger auf dem Aufnahmeausleger des DV-Absetzers bzw. auf dem Stützwagen eine mechanisch fixierte Fördergutübergabe vorhanden. Die Unterschiede zwischen diesen zwei Formen bestehen in der Gestaltung der Abstützung bzw. in der Anordnung der Auszüge. Auf Grund der drei voneinander getrennt verfahrbaren Fahrwerke sind, um Zwangskräfte zu vermeiden, zwei Auszüge erforderlich. Eine Trennung der Grundmaschine von Schaufelradbagger und DV-Absetzer ist bei großen Längen des Abwurf- bzw. des Aufnahmeauslegers und großem Durchsatz nur möglich, wenn diese durch einen zusätzlichen Stützwagen angehoben und abgestützt werden. Bei kleineren Abmaßen und geringerem Durchsatz ist eine Aufhängung am Gegenausleger realisierbar. Die Länge des jeweiligen Auszugs hängt von der mittigen bzw. exzentrischen Aufhängung im DV-Absetzer und von der Beeinflussung dieser untereinander ab.

Bei der Ausführungsform nach Bild 5-83 wirken beide Auszüge unabhängig voneinander, so dass am DV-Absetzer auch eine exzentrische Einhängung möglich ist. Durch die Fördergurtschleife und durch den gewählten Auszug über dem Stützwagen kann die Abbaggerung des Blockes ohne bzw. mit geringen Fahrbewegungen des Stützwagens erfolgen. Die Anordnung der Drehverbindung im Bereich der Übergabestelle führt zu größeren Fallhöhen für das Fördergut.

Bei der Ausführungsform nach Bild 5-82b gestaltet sich die Trennung der Grundmaschinen durch die Aufsattelung des Auslegers auf den Aufnahmeausleger einfacher, jedoch ist diese Form des Auszuges nur dann funktionssicher, wenn zwischen den zwei Auslegern der Winkel erheblich kleiner oder größer als 1,57 rad (90°) ist, da sonst eine Fahrspurabstandsänderung nicht ausgeglichen werden kann. Auch hier ist der Abbau eines Blockes bzw. eines Teils bei Betätigung nur eines Auszugs möglich. Die im Bereich des Auslegers des Schaufelradbaggers vorgesehene Abstützung nach Bild 5-82c hat zur Folge, dass bei einer alleinigen Fahrbewegung des Baggers beide Auszüge betätigt werden.

Von den dargestellten DV-Kombinationen bzw. DV-Absetzern wurden die Ausführungsformen nach Bild 5-82 a bis c und nach Bild 5-83 ausgeführt bzw. entwickelt. Auch hier handelt es sich um Schaufelradbagger, bei denen die Grundmaschinen und der Abwurfausleger bzw. das Verladegerät komplett oder teilweise von den für die Bandförderung ausgeführten Formen übernommen wurde.

Die behandelten und dargestellten DV-Absetzer kamen mit dem ARs 8800.150 vor etwa 20 Jahren im Tagebau *Ordshonikidze* (ehem. UdSSR) und mit dem ARs 4000.140 im Tagebau *Dreiweibern* (Niederlausitz) zum Einsatz [5.11] bis [5.13]. Der DV-Komplex SRsh mit dem ARsh 5200.165 ging im Jahre 1972 im Tagebau *Thorez* bei *Visonta* (Ungarn) in Betrieb [5.11] [5.12]. Beide Maschinen besitzen eine Horizontrierung, so dass in Verhiebsrichtung Neigungen von 1:10 befahren werden können.

Für den Einsatz in Tagebauen Mitteldeutschlands wurde mit der Entwicklung einer DV-Kombination SRs 4000 mit ARs 18000.225 begonnen, sie wurde später jedoch wegen geringen Bedarfs an Kohle eingestellt (Bild 5-83) [5.13][5.14].

Verbindungsteil mit vier Gelenken

Die wesentlichsten Ausführungsformen sind in [5.81] bildlich dargestellt. Die 1. Ausführungsform entspricht der nach Bild 5-81, nur ist hier ein Bandwagen zusätzlich zwischengeschaltet, so dass zwei mechanisch nicht fixierte Übergabestellen bestehen. Diese Lösungsvariante sollte dann Anwendung finden, wenn der Abstand zwischen den zwei Grundmaschinen zeitweilig vergrößert werden muss bzw. wenn Höhendifferenzen zu überwinden sind. Die 2. Ausführungsform stellt die Kopplung eines Schaufelradbaggers mit Verladegerät, wie sie bei Ausführungen mit größerem Durchsatz in Tagebauen mit Bandbetrieb zum Einsatz kommen, und einem DV-Absetzer mit angehängtem Abnahmeausleger dar. Der dritten Ausführung des Baggers liegt die Ausführungsform nach Bild 5-77c zugrunde. Der auskragende Ausleger übergibt das Fördergut über eine mechanisch nicht fixierte Übergabestelle auf den Zwischenförderer, der durch ein Fahrwerk gestüzt ist. Durch die mechanisch nicht fixierte Übergabestelle ist ein getrenntes Verfahren von Schaufelradbagger und DV-Absetzer ohne großen Aufwand möglich.

Die im Tagebau *Dreiweibern* im Jahr 1984 in Betrieb genommene DVK bestand aus dem Schaufelradbagger SRs 800 und dem DV-Absetzer ARs 4000.140 [5.12]. Im Aufbau entspricht sie der dritten Ausführungsform. Die große Anzahl der Gelenke bei dem relativ geringen Durchsatz ist auf den Einsatz eines vorhandenen Schaufelradbaggers älterer Bauart zurückzuführen.

In den Tagebauen *Neyveli* (Indien) und *Hohotoe* (Togo) wurden Direktversturzkombinationen mit Schaufelradbaggern sowie Absetzern mit kleinem Durchsatz und Auslegerlängen von etwa 60 m eingesetzt. Zur Vergrößerung des Abstandes bzw. zur Überbrückung von Höhendifferenzen wurden Bandwagen zwischengeschaltet [5.94] [5.95].

Verbindungsteil mit fünf und mehr Gelenken

Aus der Anzahl der möglichen Ausführungsformen sind in [5.81] zwei Ausführungsformen dargestellt.

Bei der 1. Ausführungsform ist zwischen dem Schaufelradbagger und dem DV-Absetzer mit frei auskragenden Auslegern ein Bandwagen angeordnet, der zwei gegeneinander schwenkbare und höhenverstellbare Ausleger hat. Dadurch ist nicht nur eine größere Anpassfähigkeit an sich verändernde Tagebaubedingungen gegeben, sondern es können auch größere Höhendifferenzen überbrückt werden. Für die Tagebaue des *Kantsk-Atschinsker* Beckens waren zwei DV-Kombinationen, bestehend aus dem Schaufelradbagger ER-SchRD-5250, Bandwagen und DV-Absetzer OSR-5250/190, zum Abbau bis zu 60 m Abraum bei Betriebstemperaturen von ± 40 °C vorgesehen [5.93].

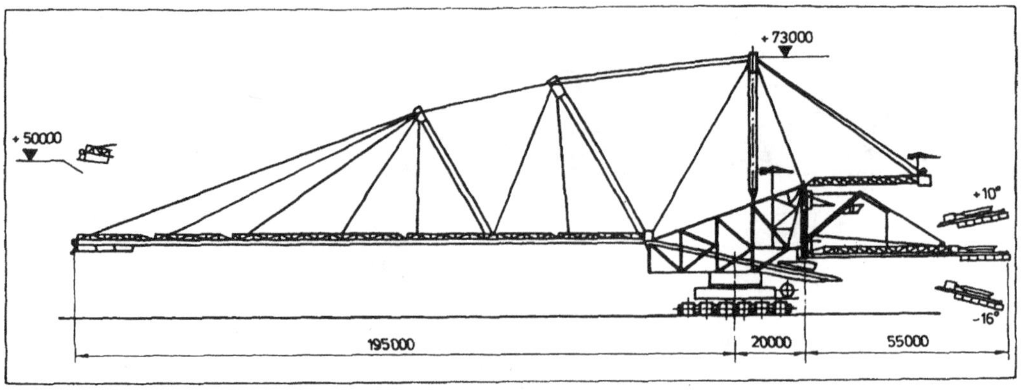

Bild 5-84 Einteiliger DV-Absetzer ARs (K) 8800.195 für den Einsatz im Kältegebiet bis -40 °C

(TAKRAF GmbH, Leipzig)

Der Abraum wird, wie in Bild 5-9 dargestellt, in zwei Schnitten abgebaut. Die DV-Kombination, bestehend aus SRs 4000, BRs 2000.46/87 und ARs 8800.195, wurden für den Abbau einer 60 m mächtigen Abraumschicht (Bild 5-9) entwickelt. Sie ist seit einigen Jahren in Betrieb (ohne Bandwagen) [5.14]. Der Schaufelradbagger SRs 4000 ist mit einem Verladegerät ausgeführt, so dass die Anzahl der Gelenke im Verbindungsteil auf sechs ansteigt.

Die Maschinen sind für Betriebstemperaturen von ± 40 °C ausgelegt. Der im Bild 5-84 dargestellte, einteilige DV-Absetzer besitzt eine Auslegerlänge von 195 m und einem exzentrisch eingehängten Aufnahmeausleger [5.103].

Eine 2. DVK, bestehend aus dem Schaufelradbagger SRs 2400 und dem DV-Absetzer ARs 8800.150, wurde Ende der 60er Jahre im Tagebau *Ordshonikidse* (Russland) zum Einsatz gebracht. Die Ausführungsform des Schaufelradbaggers einschließlich Verladegerät ist mit dem im Vorschnitt mit Bandförderung eingesetzten identisch. Damit ist auch die Begründung für die Länge und die große Anzahl der Gelenke des Verbindungsteils gegeben. Der zweiteilige DV-Absetzer mit mittig eingehängtem Aufnahmeausleger stellt eine Weiterentwicklung des Bandabsetzers mit gleicher Typenbezeichnung dar. Der Aufnahmeausleger stützt sich auf einem Raupenfahrwerk ab. Die DVK erreichte eine erheblich größere Verfügbarkeit als der Bandbetrieb mit analogen Maschinen. Die mechanisch nicht fixierte Übergabestelle zwischen den zwei Maschinen führt auf Grund der Länge des Verladegerätes und der Anzahl der Gelenke nicht zur Reduzierung der Verfügbarkeit des Fördersystems.

5.4.3 Spezielle Ausführungsformen

5.4.3.1 Einführung

Im Bestreben, die Kosten für den Abraumtransport weiter zu reduzieren, wurden spezielle Ausführungsformen von DV-Kombinationen entwickelt. Ihr Einsatz ist nur unter bestimmten Betriebsbedingungen möglich. Durch Einschränkung des Schwenkwinkels, der Anzahl der Gelenke und damit auch der Gurtförderer sowie anderer Parameter kann die Masse, der Energiebedarf, der Instandhaltungsaufwand und auch die Störanfälligkeit reduziert werden. Der Schaufelradbagger mit einem Gelenk (Bild 5-79) und daher mit nur zwei Gurtförderern sowie einem Raupenfahrwerk könnte schon zu den speziellen Ausführungsformen gezählt werden.

5.4.3.2 Einschränkung des Schwenkbereichs

Für den Steinkohlentagebau *River King* (USA) wurde eine Spezialausführung eines Schaufelradbaggers mit langem Abwurfausleger eingesetzt (Bild 5-85) [5.83] [5.94].

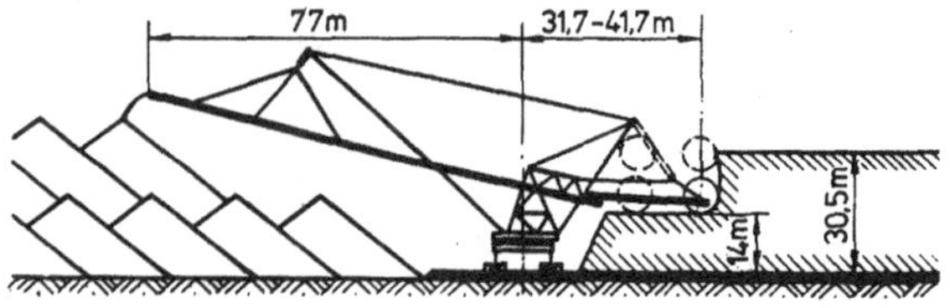

Bild 5-85 Schaufelradbagger für den Direktversturz im Tagebau *River King* (USA) [5.83]

Der mit einem Vorschub von 10 m ausgeführte Schaufelradausleger ist starr mit dem Abwurfausleger verbunden und wird demzufolge mitgeschwenkt. Der Schwenkbereich des Schaufelradauslegers bei der Baggerung des Seitenblockes bestimmt die Kippenbreite. Ein spezieller Kippenaufbau bzw. eine spezielle Verteilung des Abraums ist demzufolge nicht möglich. Außerdem kann das Schaufelrad bei den gewählten Abmaßen nicht bis auf das Fahrplanum abgesenkt werden.

Im Tagebau *Arjuzanx* (Frankreich) wurde eine DVK zur Freilegung eines Kohleflözes eingesetzt [5.95]. Sie besteht aus einem vorschublosen Schaufelradbagger, dessen Austragsförderer auf dem Aufnahmeausleger des DV-Absetzers aufgesattelt ist. Zum Ausgleich der Abstandsdifferenzen beim Fahren und Schwenken ist ein Teleskopauszug vorgesehen. Der Aufnahme- und Abwurfausleger des DV-Absetzers sind starr miteinander verbunden. Die Abwurftrommel ist im Bereich von + 26 bis + 48 m höhenverstellbar.

Der DV-Absetzer ARs 4400.95 ist ebenfalls eine Maschine mit starr verbundenen Abwurf- und Aufnahmeausleger, diese sind in vertikaler Richtung verstellbar. Der Einsatz erfolgte im Tagebau *Rovinari* (Rumänien) zur Verkippung des vom Schaufelradbagger SRs 1400 gebaggerten Zwischenmittels. Der Oberbau ist gegenüber dem mit einem Raupenfahrwerk ausgestatteten Unterbau um ± 300° schwenkbar. Das Fördersystem besteht aus einem Gurtförderer. Die mechanisch nicht fixierte Übergabe zwischen Schaufelradbagger und DV-Absetzer erfordert, dass der DV-Absetzer die Fahrbewegungen des Schaufelradbaggers mitvollzieht bzw. die Ausleger im Rahmen der möglichen Aufgabelänge zu verschwenken sind. Dieses bedeutet, dass der Kippenaufbau dadurch maßgebend beeinflusst wird. Diese mit starr zueinander angeordneten Auslegern ausgeführten DV-Absetzer haben sich auf Grund der Nachteile bei der Verkippung des Abraums nicht durchsetzen können.

Eine DVK, die von zwei auf einer Strosse arbeitenden Kompaktschaufelradbaggern beschickt wird, kam im Tagebau *Big Brown* in Texas (USA) zum Einsatz (Bild 5-86) [5.90] [5.98] [5.99]. Jedem Bagger ist ein schwenk- und höhenverstellbarer Aufnahmeausleger mit darauf angeordnetem Gurtförderer zugeordnet. Die Übergabestellen sind

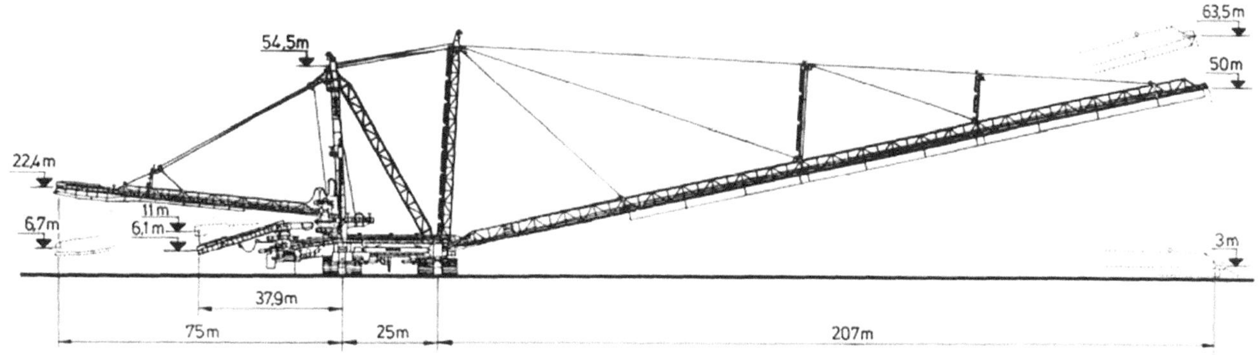

Bild 5-86 DV-Absetzer (Krupp Fördertechnik GmbH, Essen) im Tagebau *Big Brown* in Texas (USA) [5.98][5.99]

mechanisch nicht fixiert, so dass eine schnelle Trennung zwischen den Schaufelradbaggern und DV-Absetzer möglich ist. Der höhenverstellbare Abwurfausleger und auch das Raupenfahrwerk sind mit der tragenden Stahlkonstruktion starr verbunden, so dass der Abwurfausleger nur durch Kurvenfahrt der Maschine geschwenkt werden kann. Die drei individuell lenkbaren Dopellraupen werden über hydraulische Lenkzylinder von einem PC gesteuert[5.99]. Diese Einschränkungen des Schwenkbereichs wirken sich positiv auf die Masse aus.

Im Tagebau *Woskressensk* (Russland) werden DV-Kombinationen, bestehend aus jeweils zwei Eimerkettenbaggern Es 1120 und einem starren DV-Absetzer A 4800.105, auf Schienenfahrwerken eingesetzt. Ein Eimerkettenbagger ist stets mit dem DV-Absetzer gekoppelt. Er gewinnt im Hochschnitt den Abraum, der über einen Verbindungsförderer dem DV-Absetzer zugeführt und dann durch den starr angeordneten Abwurfausleger verkippt wird. Der zweite Eimerkettenbagger arbeitet im Tiefschnitt, er gewinnt und verlädt das Phosphorit in Züge. Zur Aushaltung und Verkippung von Zwischenmitteln besitzt der Eimerkettenbagger noch einen zusätzlichen, kürzeren Abwurfausleger.

Mehrere DV-Kombinationen mit diesem Aufbau, jedoch mit dem Eimerkettenbagger Es 400 und einem DV-Absetzer mit 70 m Auslegerlänge, sind seit Jahren in Russland erfolgreich im Einsatz.

5.4.3.3 Sonstige Ausführungsformen

Neben den DV-Kombinationen, bei denen der Abwurfausleger den Tagebau überbrückt, stellt die Ausführung nach Bild 5-87 eine Form dar, bei der die Bandbrücke den Abstand zwischen Gewinnungs- und Verkippungsgerät überspannt. Der Schaufelradbagger mit kurzen Auslegern übergibt das Fördergut auf die separat abgestützte Bandbrücke, die kippenseitig mittig im Absetzer eingehängt ist. Der Absetzer, nur mit einer kurzen Abwurfauslegerlänge ausgeführt, verkippt den Abraum. Die dargestellte Ausführungsform wurde für den Kanalbau in Pakistan eingesetzt [5.90] [5.101].

Eine zweite Ausführung mit ähnlichen Abmaßen und einem theoretischen Fördervolumen von 1800 m^3/h für die Bandbrücke und den Absetzer kam bei der Diamantengewinnung in Afrika zum Einsatz.

5.4.4 Kleine DV-Kombinationen

Zur Verkippung von Zwischenmittel bzw. der über dem Flöz verbleibenden Abraummasse mit geringer Mächtigkeit werden vorwiegend „kleine DV-Kombinationen“ eingesetzt. In [5.102] sind die technischen Daten der als Bandwagen der Bauform B bezeichneten Maschinen, die als Absetzer bei kleinen DVK eingesetzt werden, zusammengestellt.

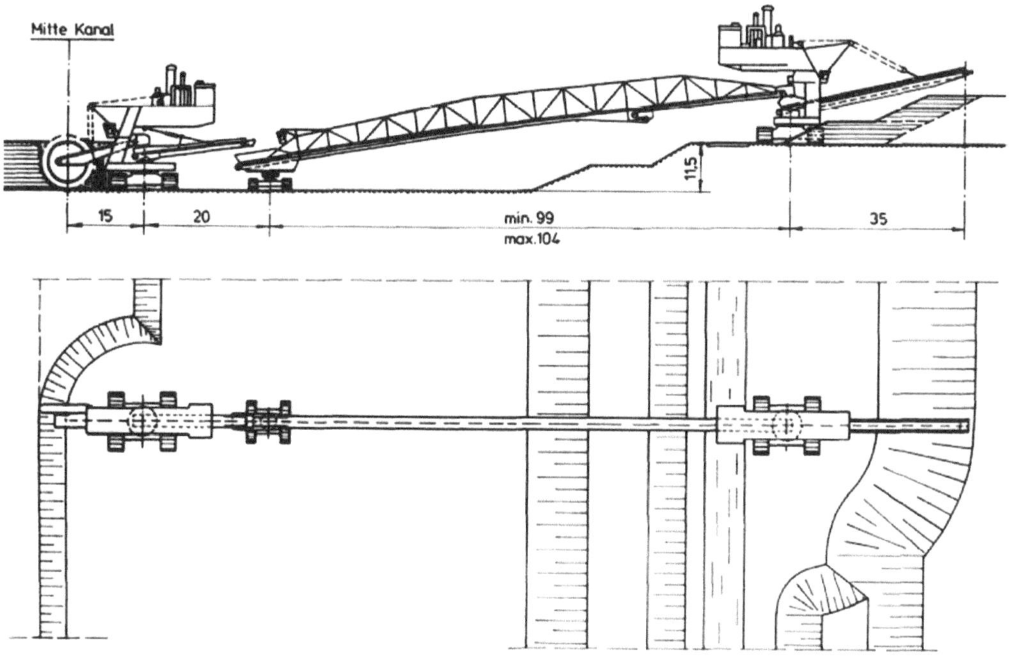

Bild 5-87 DV-Kombination mit Verbindungsbrücke [5.90]

Bild 7-5 stellt einen solchen Bandwagen mit einem statisch bestimmt ausgeführten Zweiraupenfahrwerk und mit einem um ± 210° schwenkbaren Oberbau dar. Die Fördergutübergabe zwischen den zwei Gurtförderern, die auf heb- und senkbaren sowie um ± 110° gegeneinander schwenkbaren Ausleger angeordnet sind, erfolgt exzentrisch zur Schwenkachse des Oberbaues. Die Masse des Aufnahmeauslegers einschließlich des Gegenauslegers wirkt damit als Gegenmoment für den Abwurfausleger. Die niedrige Bauhöhe der Maschinen ermöglicht die Durchfahrt unter den AFB und zum Teil auch unter den DV-Absetzerauslegern, ohne den Fördervorgang zu beeinträchtigen.

5.4.5 Typenreihe und spezielle Bauteile der DVK

Typenreihe

DVK mit großem Durchsatz und großer Abwurfauslegerlänge erfordern einen erheblichen Entwicklungsaufwand; aus diesem Grunde ist eine gewisse Typisierung anzustreben. Neben dem Durchsatz besitzen die Grabkraft, die Abtragshöhe, die Länge des Verbindungsteils und die Abwurfauslegerlänge einen maßgebenden Einfluss auf die Ausführungsform.

In [5.6] sind die Schaufelradbagger und DV-Absetzer mit den wesentlichen technischen Daten in fünf Typenklassen zusammengefasst dargestellt. Die Zuordnung erfolgt nach der Größe des theoretischen Fördervolumens. In [5.102] [5.104] sind weitere technische Daten von DV-Absetzern enthalten.

Die tatsächliche Zuordnung der Schaufelradbagger zu den DV-Absetzern erfolgt entsprechend den in Abschnitt 5.2.1 dargestellten Bedingungen. Änderungen einzelner Parameter im Variationsbereich des Typs sind möglich. Die Bezeichnung (k) gibt an, dass diese Maschinen auch in Kältegebieten (bis - 40 °C) betrieben werden können.

Spezielle Bauteile des DVK [5.81]

Für die DVK werden in den meisten Fällen die gleichen Grundmaschinen des Schaufelradbaggers und des Bandabsetzers, wie sie bei der Bandförderung zum Einsatz kommen, verwendet. Beim DV-Absetzer können einige Baugruppen, wie z. B. die Abwurfausleger, in der Ausführung abweichen. Das Verbindungsteil kann, wie die Darstellungen in Abschnitt 5.4.2.2 zeigen, entsprechend der Anzahl der Gelenke, der Art der Übergabe und der Stützung unterschiedlich ausgeführt werden, so dass der Anteil der übernehmbaren Baugruppen von Fall zu Fall unterschiedlich sein wird. Zur zweckmäßigsten Gestaltung der Abwurfausleger sind Angaben im Abschn. 5.6 enthalten.

Im Abschnitt 5.4.2.2 wurden die wesentlichsten Ausführungen des Verbindungsteils dargestellt. Die Anzahl der Gelenke und damit auch die der Gurtförderer ist auf das zur Realisierung der vorgegebenen Technologie notwendige Minimum zu reduzieren. Die Auszüge zur Korrektur der Fahrspurabstände sollten so gestaltet werden, dass jeder unabhängig vom anderen wirkt und der Abbau eines großen Teils eines Blockes nur durch das Verfahren des Schaufelradbaggers möglich ist.

Für eine DVK mit einem Durchsatz von 18000 m^3/h wurden die Ausführungsformen des Verbindungsteils verglichen [5.106]. Hierbei wurde dargestellt, dass bei einem hohen Durchsatz die mechanisch fixierte Übergabestelle mit einem relativ langen Auszug am Abwurfausleger des Schaufelradbaggers die zweckmäßigste Ausführungsform darstellt. Angaben zur Berechnung und konstruktiven Gestaltung der Bauteile des Gurtförderers sind in Abschnitt 5.5 enthalten.

5.5 Gurtförderer

5.5.1 Allgemeine Grundlagen

5.5.1.1 Einführung

Bei einem Gurtförderer mit kraftschlüssigem Antrieb dient der Fördergurt als Trag- und Zugelement, der mindestens um zwei Umlenktrommeln geführt und bis auf wenige Ausnahmen durch Tragrollen gestützt wird.

Der Gurtförderer hat sich infolge seiner hervorragenden Eigenschaften so durchgesetzt, dass er nicht nur der wichtigste Stetigförderer sondern überhaupt das verbreitetste Fördermittel ist. Eine wirtschaftlichere Förderung der Schütt- und Stückgüter in den verschiedenen Industriezweigen ist ohne Gurtförderer undenkbar. Der Massendurchsatz in den einzelnen Industriezweigen ist unterschiedlich, so dass demzufolge große Unterschiede in den Abmessungen der Baugruppen bestehen.

Eine sehr verbreitete Anwendung hat der Gurtförderer im Bergbau, zuerst untertage, heute vor allem im Tagebau gefunden. Auf den Gewinnungs- und Verkippungsmaschinen, den Abraumförderbrücken und DV-Absetzern sowie beim Bandbetrieb kommt er zum Einsatz. Auch beim Transport von Mineralien über große Entfernungen erhält er gegenüber anderen Fördersystemen immer mehr den Vorzug. Hierbei werden meist wenige, lange Gurtförderer eingesetzt. In [5.107] und [5.108] wird z. B. über eine 97 km lange, von der Firma *Krupp* gebaute Förderanlage berichtet, die aus Gurtförderern mit 9...11,8 km Länge für den Transport von 2000 t/h Rohphosphat besteht. Von der Firma *MAN TAKRAF* [5.109] wird ein 9,5 km langer Gurtförderer aus einem Fördersystem zum Transport von 8620 t/h kupferhaltigem Gestein vorgestellt, der eine Höhendifferenz von $H = -479$ m überwindet.

Durch das in den letzten Jahren forcierte Bestreben den Bewegungswiderstand und die Geräuschemission zu senken, wird sich der wirtschaftliche Einsatzbereich der Gurtförderer erweitern. Geringere Bewegungswiderstände haben neben der Reduzierung des Energieverbrauchs auch eine geringere Belastung der wesentlichen Bauteile zur Folge.

5.5.1.2 Vor- und Nachteile gegenüber anderen Stetigförderern

Vorteile

- Der Gurtförderer eignet sich für den Transport verschiedener Schütt- und Stückgutarten.
- Die Konstruktion ist einfach und er kann sich dem Geländeprofil anpassen.
- Der Gurtförderer ermöglicht große Volumenströme und Förderlängen. Gurtgeschwindigkeiten von 7,5 bzw. 10 m/s unter günstigen Förderbedingungen sind möglich.
- Neigungen können mit kurzen Förderlängen überwunden werden (12 bis 18° in Abhängigkeit von der Fördergutart).
- Der Gurtförderer hat von allen Stetigförderern den geringsten Bewegungswiderstand und damit auch Energiebedarf.
- Das Verhältnis Eigenmasse zum Volumenstrom ist niedriger als bei anderen Stetigförderern.
- Der Verschleiß der Bauteile und die Wartungs- sowie Betriebskosten sind vergleichsweise gering. Reparaturen lassen sich auf Grund der flachen Bauweise einfach durchführen.

- Der Gurtförderer bzw. das Fördersystem kann zentral gesteuert, geregelt und überwacht werden. Eine automatische Reglung ist möglich.
- Das Fördergut unterliegt beim Transport keiner strukturellen Veränderung. Eine Ausnahme kann bindiges Fördergut bei Zuführung bzw. bei freiwerdendem Wasser darstellen.
- Die gegliederten Gurtförderer können quer zur Förderrichtung gerückt werden. Sonderkonstruktionen ermöglichen die Kurvengängigkeit mit kleinem Radius.

Nachteile

- Grobstückiges und scharfkantiges Fördergut kann Schäden an der Aufgabestelle (Fördergurt und Tragkonstruktion) hervorrufen.
- Bindiges, stark wasserhaltiges Fördergut kann zu Anbackungen, besonders im Bereich der Übergabestelle, führen.
- Die Gurtförderer eines Fördersystems müssen in der verriegelten Form angefahren und stillgesetzt werden.
- Der Fördergurt ist gegenüber hohen Temperaturen, chemischen Einflüssen sowie Anbackungen an den Trommeln und Tragrollen empfindlich.
- Die Vor- und Nachteile gegenüber der Zug- und SLKW-Förderung sind im Abschnitt 5.1, Tafel 5-1 dargestellt.

5.5.2 Gestaltung

5.5.2.1 Ausführungsformen

Die Ausführungsformen werden im Wesentlichen durch die Abstützung und durch die zum Einsatz kommenden Bauteile bestimmt. Bei der Form der Abstützung wird zwischen rückbaren, umsetzbaren und stationären Gurtförderern unterschieden. Das Rücken bzw. Umsetzen kann mit eigenem Antrieb bzw. einem Fremdantrieb, wie zum Beispiel durch eine Transportraupe, erfolgen. Die stationären Gurtförderer können sich auf dem Planum bzw. auf einer Tragkonstruktion abstützen. Sonderkonstruktionen stellen die Steilförderer und die kurvengängigen Förderer dar.
Bei den Bauteilen sind es vor allem die erforderliche Anzahl an Antriebseinheiten und die Ausführung der Fördergurte, die die Gestaltung wesentlich beeinflussen.

5.5.2.2 Antriebsarten

Die möglichen Antriebsarten werden in Kurzfassung mit Angabe der Vor- und Nachteile dargestellt.

Kraftschlüssiger Antrieb
Der vorgespannte Fördergurt wird über eine bzw. mehrere Antriebstrommeln geführt und wird über diese kraftschlüssige Verbindung angetrieben. Die Antriebsart hat sich weitgehend durchgesetzt, so dass die folgenden Darstellungen im Abschnitt 5.5 auf dieser Antriebsart basieren.

Treibgurt
Die Übertragung der Antriebskraft bzw. ein Teil dieser auf den Fördergurt erfolgt durch einen zweiten, kürzeren Gurtförderer, dessen Obertrum (Treibgurt) zwischen Fördergurt und Tragrollen angeordnet ist. Die Übertragung der Treibkraft erfolgt durch die Reibkraft zwischen den Gurten. Als Reibwert zwischen diesen wird $\mu = 0{,}35...0{,}6$ genannt. Zeitliche fehlende Fördergutbeladung und damit geringere Treibkraft kann zu Antriebsschwierigkeiten führen. Bei Gurtförderern mit kraftschlüssigem Antrieb ermöglicht diese Ausführung als Zwischenantrieb eine Verlängerung des Förderers bei gleicher maximaler Gurtzugkraft [5.110] [5.111].

Reibrollenantrieb am Gurtwulst
Die Kraftübertragung durch gegeneinander verspannten Rollen erfordert eine größere Zahl von Antrieben Sie werden bevorzugt in dem Bereich angeordnet, in dem die Bewegungswiderstände auftreten. Dadurch können große Gurtzugkräfte vermieden werden. Es wird jedoch ein spezieller Fördergurt mit Wulst benötigt. Der Einsatzbereich liegt bei kurzen, kurvenreichen Gurtförderern mit kleinen Kurvenradien.

Antrieb mit Linearmotor
Der Sekundärteil des Motors ist im Fördergurt angeordnet (Spezialausführung). Der relativ große Abstand zwischen Primär- und Sekundärteil des Motors führt zu hohen Energieverlusten. Probleme bereiten außerdem die Verschmutzung und der Schieflauf des Fördergurtes.

5.5.2.3 Anordnung der Antriebseinheiten

- Die Anordnung der Antriebseinheiten sollte an den Stellen erfolgen, an denen die zu überwindenden Bewegungswiderstände bzw. die größten Gurtzugkräfte auftreten.
- Durch die Anordnung mehrerer Antriebstrommeln erhöht sich der Umschlingungswinkel. Die Durchrutschgefahr des Gurtes wird reduziert (Abschn. 5.5.5.1).
- Der Fördergurt ist vor allem bei klebrigem, feuchtem Fördergut mit der nichtbeaufschlagten Seite über die Antriebstrommel zu führen.
- Mehrere kleine Antriebseinheiten sind im Allgemeinen teurer als wenige große.
- Ablenktrommeln an den Antriebstrommeln vergrößern zwar den Umschlingungswinkel bis zu 30°, sie unterliegen aber einem hohen Verschleiß und Verschmutzung.

Im Bild 5-88 sind die möglichen Anordnungen der Antriebseinheiten dargestellt.

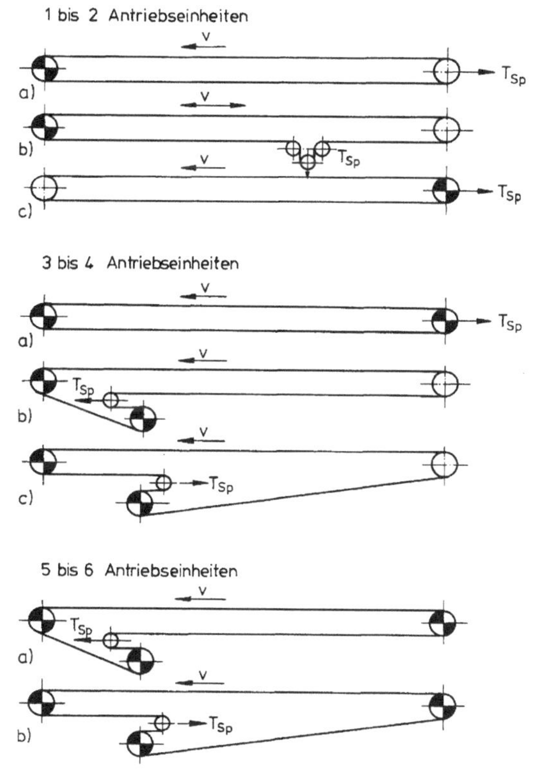

Bild 5-88 Mögliche Anordnung der Antriebseinheiten an Gurtförderern für eine bis sechs Antriebseinheiten

1 bis 2 Antriebseinheiten
Die Anordnung erfolgt an einer Antriebstrommel. Die Ausführung a mit der Anordnung der Antriebseinheiten an der Kopf- bzw. Abwurftrommel und der Spannvorrichtung an der Umlenktrommel stellt die zweckmäßigste Form für horizontal bzw. steigend angeordnete Gurtförderer dar, da die Krafteinleitung an einer Stelle erfolgt, an der die größten Gurtzugkräfte auftreten und nur zwei Trommeln zur Gurtumlenkung benötigt werden. Die Ausführung c ist für Gurtförderer sinnvoll, die abwärts fördern bzw. die auf einem Abwurfausleger angeordnet sind. Die Ausführung b besitzt zusätzlich eine Gurtschleife zum Spannen des Fördergurtes. Diese aufwändigere und störungsempfindliche Ausführung sollte nur dann Anwendung finden, wenn die Spannvorrichtung an der Abwurf- bzw. Umlenktrommel aus Platzgründen nicht angeordnet werden kann. Mit der Einführung der dehnungsarmen Stahlseilgurte hat diese Form an Bedeutung verloren.

3 bis 4 Antriebseinheiten
Bei den Ausführungen b und c sind zwei Antriebstrommeln mit Spannvorrichtung in der Antriebsstation vorgesehen, an denen 1 bis 4 Antriebseinheiten angeordnet werden können. Bei beiden Varianten wird der Fördergurt mit der nichtbeaufschlagten Seite über die Antriebstrommeln geführt. Der Vorteil der Ausführung b besteht darin, dass die Spannvorrichtung nach der 2. Antriebstrommel und damit im Bereich der geringsten Gurtzugkräfte angeordnet ist. Der Fördergurt wird parallel geführt. Nachteilig bei dieser Ausführung wirkt sich die Einlaufrichtung des Fördergurtes auf die Spanntrommel für die Entfernung des anhaftenden Fördergutes aus. Das abgestriffene Fördergut muss deshalb durch eine Vorrichtung (Pflugabstreifer) nach außen transportiert werden (Abschn. 5.5.6.9).

Die Ausführung a, die bisher wenig Anwendung gefunden hat, sollte in der Zukunft mehr Beachtung geschenkt werden. Durch den Wegfall der Gurtschleife kann die Antriebsstation viel einfacher gestaltet werden. Mit der Einführung der St-Gurte ist die mögliche Länge der Gurtförderer stark angestiegen, so dass der zufördernde Gurtförderer in den meisten Fällen unter einem solchen Winkel angeordnet ist, der die Anordnung einer Spannvorrichtung an der angetriebenen Umlenktrommel gestattet. Andernfalls könnte auch ein Teil des Spannweges an der Abwurftrommel vorgesehen werden, der dann nur für ein ausreichendes Entspannen des Fördergurtes im Stillstand sorgt.

5 bis 6 Antriebseinheiten
Die Ausführungen a und b entsprechen in Bezug auf die Gestaltung der Antriebsstation denen von b und c mit 3 bis 4 Antriebseinheiten. Zusätzlich wird die Umlenktrommel als Antriebstrommel ausgebildet.

Bei Kippenstrossenbändern mit einer zusätzlichen Gurtschleife zum Abwurf des Fördergutes könnte die Abwurftrommel auch als Antriebstrommel ausgebildet werden. Nachteilig für die Anordnung auf dem ortsveränderlichen Abwurfwagen ist die aufwändigere Energiezuführung und dessen erhöhte Masse.

5.5.3 Bewegungswiderstand nach DIN 22101

5.5.3.1 Bewegungswiderstand bei einfacher Streckenführung [5.49] [5.112]

Der Bewegungswiderstand F eines Gurtförderers im Beharrungszustand wird in die Anteile Hauptwiderstand F_H, Nebenwiderstand F_N, Steigungswiderstand F_{St} und Sonderwiderstand F_S aufgeteilt

$$F = F_H + F_N + F_{St} + F_S \,. \tag{5.42}$$

Hauptwiderstand der Förderstrecke F_H (einfache Streckenführung)
Der Hauptwiderstand F_H von Ober- und Untertrum wird vereinfachend unter der Annahme eines liniaren Zusammenhanges zwischen Widerstand und bewegter Masse für Ober- und Untertrum zusammen pauschal bestimmt

$$F_H = L f g [m'_R + (2m'_G + m'_L)\cos\delta] \,. \tag{5.43}$$

Es bezeichnen:

F_H	Hauptwiderstand in N
L	Förderlänge ≈ Achsabstand in m
f	fiktiver Reibungsbeiwert
g	Fallbeschleunigung (g = 9,81 m/s²)
m'_L	Masse des Fördergutes je m Förderweg in kg/m
m'_G	Masse des Fördergurtes je m Förderweg in kg/m
m'_R	Summe der Masse der drehenden Tragrollenteile im Ober- und Untertrum je m Förderweg in kg/m
δ	Neigungswinkel.

Hierbei ist f ein fiktiver Reibungsbeiwert von Obertrum und Untertrum und δ der mittlere Neigungswinkel der Anlage. Bei Anlagenneigungen mit $\delta \leq 15°$ kann $\cos\delta = 1$ gesetzt werden.
Für getrennte Betrachtung von Ober- und Untertrum gilt die Gl. (5.43) entsprechend unter Verwendung der zugehörigen Einzelwerte.
Bei Gurtförderern mit Füllungsgraden φ im Bereich 0,7 bis 1,1, einem relativen Gurtdurchhang $h_{rel} \leq 1$ % und Tragrollen mit Wälzlagerung und Labyrinthdichtung liegt der Wert f je nach Betrieb und Anlagenverhältnissen im Bereich von 0,012 bis 0,035. Für unbeladene Gurtförderer liegen keine gesicherten Werte für f vor, dieser kann sowohl kleiner als auch größer als im Nennbereich sein. Dieses ist besonders bei schwach einfallenden Anlagen zu beachten, bei denen die Antriebe nach der Leerlaufleistung zu bemessen sind.

Tafel 5-16 Richtwerte für Beiwert f bei Gurtförderanlagen mit Füllungsgraden φ im Bereich 0,7 bis 1,1

Horizontale, ansteigende und geringfügig abwärts fördernde Anlagen (motorischer Betrieb der Antriebe):	
- günstige Betriebsbedingungen: z. B. gute Ausrichtung, leichtlaufende Tragrollen und Fördergut mit geringer innerer Reibung, niedrige Geschwindigkeiten	0,017
- normal (standardgemäß) ausgeführte und betriebene Anlagen	0,020
- ungünstige Betriebsbedingungen: z. B. staubiger Betrieb, niedrige Temperaturen, Fördergut mit großer innerer Reibung, Überladungen, hohe Geschwindigkeiten	0,023 bis 0,027
- bei extrem niedrigen Temperaturen und sonst normal ausgeführten und betriebenen Anlagen	bis zu 0,035
Stark abwärts fördernde Anlagen [1]) (generatorischer Betrieb der Antriebe)	0,012 bis 0,016
[1]) Bei stark abwärts fördernden Anlagen - generatorischer Betrieb der Antriebe - führt ein kleinerer Wert f zu einer größeren Sicherheit bei der Auslegung; in den übrigen Fällen - motorischer Betrieb der Antriebe – wird dies durch einen größeren Wert f erreicht	

Für die bezogene Masse m'_L der drehenden Tragrollenteile gilt formal

$$m'_R = m'_{Ro} + m'_{Ru}\,; \tag{5.44}$$

$$m'_{Ro} = \frac{m_{Ro}}{l_o} \quad \text{bzw.} \quad m'_{Ru} = \frac{m_{Ru}}{l_u}\,, \tag{5.45}$$

m_{Ro}, m_{Ru} Masse der drehenden Teile der Tragrollenstation im Ober- bzw. Untertrum in kg
l_o, l_u Abstand der Tragrollenstation im Ober- bzw. Untertrum in m.

Die bezogene Masse m'_G des Fördergurts wird wie folgt berechnet

$$m'_G = \left[m''_K + (s_2 + s_3)\varsigma_G\right]B\,, \tag{5.46}$$

m''_K flächenbezogene Masse der Karkasse in kg/m²
B Gurtbreite in m
s_2 Deckplattendicke der Tragseite in m
s_3 Deckplattendicke der Laufseite in m
ς_G ≈ 1,12 kg/m² und mm Dicke des Gummis.

Die Werte für m'_R und m'_G hängen von den zum Einsatz kommenden Tragrollenstationen und Fördergurten ab. Die endgültige Größe ist aus den Unterlagen der Lieferfirma zu entnehmen, da besonders bei den Tragrollen durch die unterschiedliche Manteldicke größere Abweichungen möglich sind. Richtwerte sind in den Tafeln 5-17 und 5-18 enthalten. Die Streckenbelastung aus Fördergut ist

$$m'_L = \varphi_{Betr}\,\varphi_{St}\,\varsigma\,A_{th} = \varphi\,\varsigma\,A_{th}\,, \tag{5.47}$$

φ_{Betr} Betriebsbeiwert
φ_{St} Störungsbeiwert
ς Schüttdichte des Fördergutes in kg/m³
A_{th} Theoretischer Füllquerschnitt in m².

Tafel 5-17 Richtwerte für die Masse m_{Ro} der drehenden Teile der Tragrollenstationen im Obertrum in kg

B	Tragrollendurchmesser in mm			
in mm	108	133	159	194
650	13			
800	15			
1000	17	27		
1200	20	30	37	
1400	22	33	41	
1600		35	45	
1800			50	88
2000			53	95
2200			56	101
2400				106
2600				111
2800				117
3000				125

Der theoretische Füllquerschnitt A_{th} wird nach Gl. (5.21) ermittelt. Zur Größe von φ_{Betr} und φ_{St} sind Angaben im Abschnitt 5.2.1.5 enthalten.

Nebenwiderstand F_N, pauschal berechnet

Die Gesamtheit der Nebenwiderstände F_N kann pauschal durch den Beiwert C berücksichtigt werden

$$C = 1 + \frac{F_N}{F_H}\,. \tag{5.48}$$

Bei Füllungsgraden φ von etwa 0,7 bis 1,1 und verhältnismäßig geringen Anteil der Nebenwiderstände zum Gesamtwiderstand kann der Beiwert C der Tafel 5-19 entnommen werden.

Nebenwiderstand auf der Basis der Einzelwiderstände [5.49] [5.112]

Der prozentuelle Anteil der Nebenwiderstände am Gesamtwiderstand, z. B. bei Gurtförderern mit Längen $L < 80$ m und bei mehreren Aufgabestellen steigt, wie Bild 5-89 zeigt, stark an, so dass die Bestimmung der Einzelwiderstände erforderlich wird. Mit den nachfolgenden Gleichungen ergeben sich diese Einzelwiderstände F_{Ni} in N

$$F_N = F_{Anf} + F_{Schb} + F_{Gr} + F_{Gb} + F_{Trl}\,, \tag{5.49}$$

F_N Nebenwiderstand
F_{Anf} Anteil aus Beschleunigung des Fördergutes
F_{Schb} Anteil aus Schurrenreibung
F_{Gr} Anteil aus Reibung der Gurtreiniger am Fördergurt
F_{Gb} Anteil aus Biegung des Fördergurtes
F_{Trl} Anteil aus Lagerreibung der nichtangetriebenen Trommel.

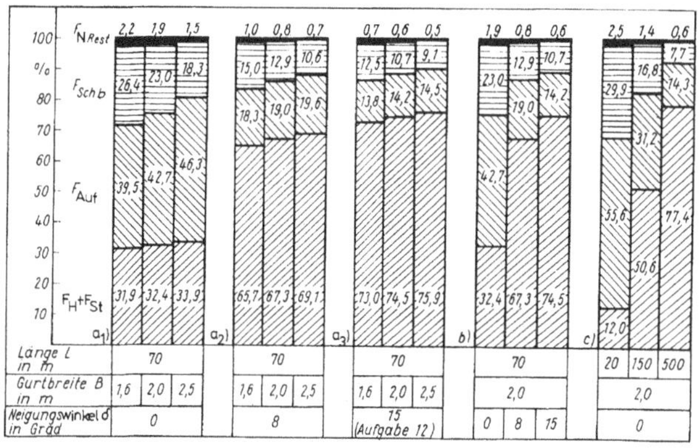

Bild 5-89 Prozentuelle Zusammensetzung des Bewegungswiderstandes für verschiedene Längen *L*, Gurtbreiten *B* und Neigungswinkel δ [5.118]

a1) ... a3) konstanter Förderlänge *L*, drei Fördergurtbreiten *B* und Neigungen δ von 0°, 8° und 15°
b) unterschiedliche Neigungen bei $L = 70$ m und $B = 2{,}0$ m
c) unterschiedliche Förderlängen bei $B = 2{,}0$ m und $\delta = 0$

Tafel 5-18 Richtwerte für die spezifische Masse m''_K der Karkasse der Stahlseilgurte in kg/m²

Fördergurt	St 1000	St 1250	St 1600	St 1800	St 2000	St 2500	St 3150	St 4000	St 4500	St5000	St 5400	St 6300
m''_K	8,5	9,5	12,6	13,3	13,8	18,8	21,3	26,0	29,0	31,0	32,2	41,8

Tafel 5-19 Richtwerte für Beiwert *C* bei Gurtförderanlagen mit Füllungsgraden φ im Bereich 0,7 bis 1,1

L in m	80	100	150	200	300	400	500	600	700	800	900	1000	1500	≥2000
C	1,92	1,78	1,58	1,45	1,31	1,25	1,20	1,17	1,14	1,12	1,10	1,09	1,06	1,05

Bewegungswiderstandsanteil F_{Anf} infolge Beschleunigung des Fördergutes an der Aufgabestelle

$$F_{Anf} = J_m (v - v_o) = m'_L v (v - v_o) \qquad (5.50)$$

Bewegungswiderstandsanteil F_{Schb} infolge der Reibung des Fördergutes an den Schurrenwänden der Aufgabestelle

$$F_{Schb} = c_{Schb} c_{Rank} \frac{\mu_2 m'^2_L v^2 g\, l_b}{\varsigma \left(\frac{v + v_o}{2} \right)^2 b^2_{Sch}}; \qquad (5.51)$$

$$l_b > l_{b\min} = \frac{v^2 - v_o^2}{2 g \mu_1}. \qquad (5.52)$$

Für Förderer üblicher Ausführung kann gelten

$$c_{Schb}\, c_{Rank} = 1. \qquad (5.53)$$

Bewegungswiderstandsanteil F_{Gr} infolge Reibung der Gurtreiniger am Fördergurt

$$F_{Gr} = p_R A_R \mu_3 \qquad (5.54)$$

Bewegungswiderstandsanteil F_{Gb} infolge Biegung des Fördergurtes an der Trommel

$$F_{Gb} = 0{,}12 B \left(\xi + \frac{T}{B} \right) \frac{s_1}{d_{Tr}} \qquad (5.55)$$

Bewegungswiderstandsanteil F_{Trl} infolge Lagerreibung der nichtangetriebenen Trommeln

$$F_{Trl} = \mu_4 \frac{d_z}{d_{Tr}} T_{Tr} \qquad (5.56)$$

Die Anteile von F_{Gb} und F_{Trl} sind im allgemeinen gegenüber den Werten von F_{Anf} und F_{Schb} gering. In den Gln. (5.50) bis (5.56) bedeuten:

- m'_L Masse des Fördergutes je m Förderweg in kg/m
- v Gurtgeschwindigkeit in m/s
- v_o Geschwindigkeit des Fördergutes in abfördernder Richtung an der Aufgabestelle in m/s
- μ_1, μ_2 = 0,5...0,7 Reibungsbeiwert für die Reibung an der Schurre (höhere Werte gelten für stark schleißende Fördergüter)
- l_b Länge der Beschleunigungsstrecke im Aufgabebereich in m
- ς Schüttdichte des Fördergutes in kg/m^3
- b_{Sch} lichte Weite zwischen den Schurrenwänden in m
- p_R = (2...8)·10^4 N/m^2 Flächenpressung
- A_R Anpreßfläche des Reinigers in m^2
- μ_3 = 0,6...0,8 Reibungsbeiwert zwischen Gurtreiniger und Fördergurt (höhere Werte gelten für stark schleißende Fördergüter)
- B Gurtbreite in m
- ξ Beiwert, es gelten ξ = 1,2 ·10^4 N/m für Fördergurte mit Gewebe einlage und ξ = 2·10^4 N/m für Fördergurte mit Stahlseileinlage
- T Fördergurtzugkraft in N
- s_1 Fördergurtdicke in m
- d_{Tr} Trommeldurchmesser in m
- μ_4 ≈ 0,008 Reibungsbeiwert für Wälzlagerung
- d_z mittlerer Wälzlagerdurchmesser in m
- T_{Tr} resultierende Radialkraft an der Trommel in N.

Steigungswiderstand F_{St} der Fördergutmasse

$$F_{St} = H g\, m'_L, \qquad (5.57)$$

- F_{St} Steigungswiderstand in N
- H Förderhöhe in m (H > 0 bei Aufwärtsförderung, H < 0 bei Abwärtsförderung)
- m'_L Masse des Fördergutes je m Förderweg in kg/m.

Sonderwiderstände F_S

Unter Sonderwiderstand F_S werden die Bewegungswiderstände zusammengefasst, die nur in Sonderfällen auftreten. Dazu gehören u. a. die Sturzstellung der Seitenrollen der Tragrollenstation, der Reibungswiderstand von seitlichen Schurren außerhalb der Aufgabestelle sowie Einrichtungen zur Fördergutabgabe auf der Förderstrecke.

5.5.3.2 Bewegungswiderstand bei beliebiger Streckenführung

Bei gegliederten Gurtförderern, deren Bauteile sich auf dem Planum abstützen und somit den Geländeunebenheiten unterworfen sind, ist die Bestimmung des Bewegungswiderstandes und der Gurtzugkräfte unter Betrachtung der unterschiedlichen Neigung der Wegabschnitte l_i durchzuführen. Im Bild 5-90 ist ein Wegabschnitt dargestellt.

Der Hauptwiderstand F_{Hk} für den Betriebsfall k ergibt sich aus der Summe der Anteile aller n-Wegabschnitte. Die Betriebsfälle k erfassen die Beladezustände im Beharrungszustand, während des Anlaufs und der Stillsetzung des Gurtförderers.

Die nachstehende Gleichung bezieht in den Hauptwiderstand F_{Hk} auch den Steigungswiderstand F_{St} nach Gl. (5-57) ein

$$F_{Hk} = \sum_{(i)=1}^{(n)} \left[\left(m'_{L(i)} + m'_G \right) w_{k(i)} + m'_{R(i)} \left(\vartheta \frac{\Delta v}{g\, t_k} + f_k \right) \right] l_{(i)} g. \qquad (5.58)$$

Die Beiwerte w_{ki} und ϑ werden durch folgende Gleichungen bestimmt

$$W_{k(i)} = \frac{(\Delta v)_k}{g f_k} + \sin\delta_{(i)} + f_k \cos\delta_{(i)}; \qquad (5.59)$$

$$\vartheta = \frac{4 J_R}{d_R^2 m'_R}. \qquad (5.60)$$

Für $|\delta_i| \leq 15°$ kann $\cos \delta_i \approx 1$ gesetzt werden.

Unter Bezug auf die Bezeichnungen in den Gln. (5.50) bis (5.56) gelten hier zusätzlich:

- Δv Geschwindigkeitsänderung in m/s
- t_k Zeitabschnitt der Geschwindigkeitsänderung in s
- f_k fiktiver Reibungsbeiwert im Betriebsfall k
- l_i Länge des i-ten Wegabschnittes in m
- J_R Massenträgheitsmoment der drehenden Teile der Tragrollen in kgm^2.

In die Gleichungen sind δ_i und $(\Delta v)_k$ mit Vorzeichen einzusetzen. Der Neigungswinkel δ_i ist positiv, wenn der Wegabschnitt l_i in Gurtlaufrichtung ansteigt und negativ, wenn er abfällt. Dabei ist der unterschiedliche Gurtlauf im Ober- und Untertrum zu beachten. Die Geschwindigkeitsänderung $(\Delta v)_k$ ist während des Anfahrvorganges positiv, während des Bremsvorganges negativ und im Beharrungszustand gleich Null.

Bei kurzen Gurtförderern sind gegebenenfalls neben dem Massenträgheitsmoment J_R auch die Trägheitsmomente der Trommeln und des Antriebs zu berücksichtigen.

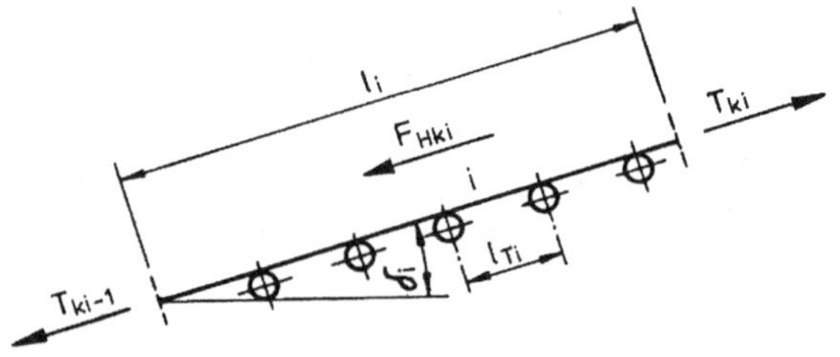

Bild 5-90 Wegabschnitt i mit konstanten Parametern δ_i, m'_{Li}, m'_{Ri} und l_{oi}

5.5.4 Hauptwiderstand auf der Basis der Einzelwiderstände

5.5.4.1 Einführung

Bei langen, annähernd horizontal angeordneten Gurtförderern, wie sie z. B. im Tagebau zum Einsatz kommen, bestimmt der Hauptwiderstand den Energiebedarf. Mit der Berechnung auf der Basis der Einzelwiderstände wird die Grunlage für eine Optimierung der Größe des Bewegungswiderstands geschaffen. Von diesem werden die Gurtzugkräfte abgeleitet, die dann die Bemessungsgrundlage für einen großen Teil der Bauelemente darstellen.
Der Hauptwiderstand F_H lässt sich in folgende Anteile aufgliedern:

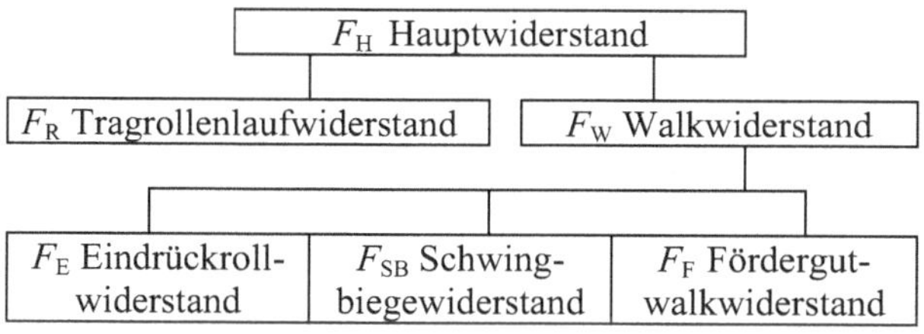

Die Erstellung einer allgemein anwendbaren, physikalisch begründeten Berechnungsgleichung bereitet Schwierigkeiten, da eine Vielzahl von Parametern, die sich zum Teil auch gegenseitig beeinflussen, die Größe bestimmen. Zwecks Klärung der Einflüsse der Parameter wurden seit einigen Jahrzehnten an verschiedenen Instituten und Hochschulen Messungen an Versuchsständen bzw. zum Teil auch an in Betrieb befindlichen Gurtförderern durchgeführt [5.61] bis [5.64] [5.116] bis [5.133].

5.5.4.2 Tragrollenlaufwiderstand F_R

Vom konstruktiven Aufbau stellt die Tragrolle ein einfaches Bauteil dar. Dennoch bereitet die Bestimmung des Laufwiderstandes auf Grund der vielen, in der Tafel 5-20 zusammengefassten Einflüsse Schwierigkeiten.
Der Laufwiderstand der Tragrolle F_r, der einer Umfangskraft am Rollenmantel entspricht, lässt sich getrennt von den sonstigen Bewegungswiderständen eines Gurtförderers auf Prüfständen ermitteln. Die Aussagekraft der Messwerte und damit die erstellten Berechnungsgleichungen hängen jedoch davon ab, inwieweit der Prüfstand den Betriebsbedingungen entspricht und das Sortiment sowie die Fertigungseinflüsse der Tragrollen ausreichend erfasst werden.
Die von *Vierling* [5.114] erstellte Berechnungsgleichung besteht aus einem konstanten und einem geschwindigkeitsabhängigen Anteil. Diese fand auch bei späteren Berechnungsansätzen [5.115] [5.127] Anwendung. Durch *Behrens* [5.116] und auch in [5.117] bis [5.119] wurde ein weiteres, belastungsabhängiges Glied aufgenommen. Temperaturabhängige Faktoren finden in den Gleichungen von [5.120] [5.122] [5.124] Berücksichtigung.
Der Einfluss der Belastung auf die Größe des Laufwiderstandes hängt im Wesentlichen von dem Verhältnis F_V zu d_R ab. Im Bild 5-91 sind der Verlauf von A_{th}, F_V und den derzeit eingesetzten Tragrollendurchmessern d_R über der Fördergurtbreite B dargestellt. F_V steigt mit zunehmender Fördergurtbreite überproportional an, während der Durchmesser d_R sich nur in engen Grenzen verändert. Aus diesem Sachverhalt sowie der an wenigen Tragrollen durchgeführten Messungen resultieren auch die unterschiedlichen Angaben für F_r in der Literatur [5.63] [5.117] [5.119].
Der Laufwiderstand F_r der Tragrolle in Abhängigkeit von v und F_{NR} (bei horizontal angeordneter Tragrolle) beträgt somit

$$F_r = (a + b\,v)\frac{d_{02}}{d_R}\,c_{TR} + c\,F_{NR}\,; \qquad (5.61)$$

$$c = f_L\,\frac{d_i}{d_R}\,, \qquad (5.62)$$

F_r	Laufwiderstand der Tragrolle in N
a	Faktor in N
b	Faktor in Ns/m
c	Faktor
v	Gurtgeschwindigkeit in m/s
F_{NR}	radiale Belastung der Tragrolle in N
d_i	Innendurchmesser des Wälzlagers in mm
d_R	Durchmesser der Tragrolle in mm
d_{o2}	Durchmesser der Tragrolle, bei dem F_r ermittelt wurde in mm
c_{TR}	Faktor für den Temperatureinfluss (Abschn. 5.5.4.7)
f_L	Rollwiderstand des Rillenkugellagers 0,0015 [5.135].

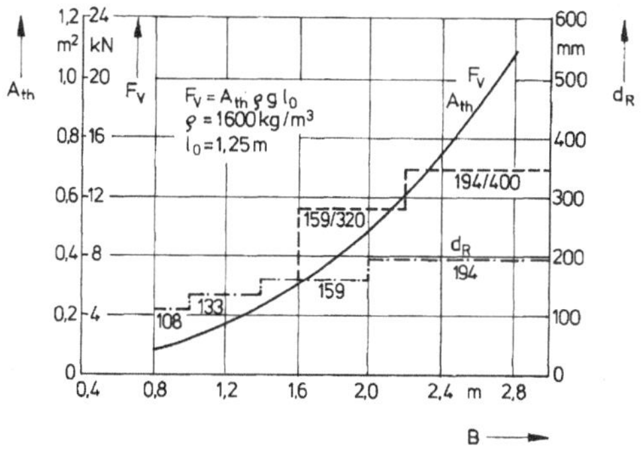

Bild 5-91 Zuordnung der Laufrollendurchmesser d_R und der Belastung der Tragrollenstation F_v aus Flächenquerschnitt A_{th} des Fördergutes zur Fördergurtbreite B [5.136]

Tafel 5-20 Einflussfaktoren auf die Größe des Tragrollenlaufwiderstandes [5.120]

Konstruktive Einflüsse	Fertigungseinflüsse	betriebliche Einflüsse
Länge	Unwucht	Gurtgeschwindigkeit
Achsdurchmesser	Unrundheit	Belastung
Tragrollendurchmesser	Montagegenauigkeit	Temperatur
Tragrollenboden	Fertigungsgenauigkeit	Temperaturschwankung
Lagerart	Fluchtung der Lager	Feuchtigkeit
Lagergröße		Material
Lagerluft		Schmutz und Staub
Dichtungsart		Betriebsdauer
Fett		Standort
Fettfüllungsgrad		
Passungen		

Tafel 5-21 Richtwerte zu den Faktoren des Laufwiderstandes der Tragrollen bei 20 °C [5.134]

[1]) bei gefetteter Dichtung lag F_r rd. 10 % höher

[2]) Der überproportionale Anstieg beim Lagertyp 6312 ist auf ein fertigungsbedingtes, geringes Lagerspiel zurückzuführen

Durchmesser d_R	Bohrungskennzahl	$F_r = a + b\,v$	v	gemessener Wert F_r [1])
mm	-	N	m/s	N
50	00	0,3 + 0,1 v	1,70	
63	01	0,6 + 0,1 v	2,14	
89	04	1,3 + 0,2 v	3,03	
108	04	1,1 + 0,2 v	3,68	
133	05	1,5 + 0,2 v	4,53	2,41
133	06	1,6 + 0,2 v	4,53	2,51
159	06	1,3 + 0,2 v	5,41	2,38
159	08	2,3 + 0,2 v	5,41	3,38
159	10	3,5 + 0,4 v	5,41	5,66
159	12	7,0 + 0,9 v	5,41	11,87 [2])
194	08	1,9 + 0,2 v	6,60	3,22
194	10	3,0 + 0,4 v	6,60	5,64
194	12	5,6 + 0,9 v		
219	10	2,5 + 0,5 v	7,45	5,48
219	12	5,0 + 0,9 v	7,45	11,71 [2])
245	12	4,3 + 0,9 v	8,34	11,80 [2])

Die Tafel 5-21 enthält Richtwerte für die Faktoren a und b für die Durchmesser d_R von 50 bis 245 mm. Die Messwerte wurden bei 650 Umdrehungen/min und einer Belastung F_{NR} = 250 N ermittelt. Es kamen neue Tragrollen zum Einsatz, die 20 h Betriebzeit aufwiesen.

Der Laufwiderstand einer Tragrollenstation mit gleichem Durchmesser d_R berechnet sich nach

$$F_R = z\,(a + bv)\,\frac{d_{02}}{d_R}\,c_{TR} + f_L f_{rL} F_v\,\frac{d_i}{d_R}\,, \tag{5.63}$$

F_R Laufwiderstand der Tragrollenstation in N
z Anzahl der Rollen einer Tragrollenstation
F_v vertikale Kräfte auf die Tragrollenstation in N
f_{rL} Faktor nach Gln. (5.130).

Bei unterschiedlichen Tragrollendurchmessern in einer Tragrollenstation wird F_R aus der Summe F_r ermittelt.

[5.119] hat an einem Versuchsstand, bei dem die Krafteintragung über fördergutbelastete Rollen erfolgt, den Rollwiderstand ermittelt. In den Bildern 5-92 und 5-93 ist F_r bzw. F^*_R in Abhängigkeit von der Fördergurtgeschwindigkeit v und dem Tragrollenabstand l_0 dargestellt.

Die durchgeführten experimentellen Untersuchungen zum Laufwiderstand der Tragrolle ermöglichen folgende qualitativen Aussagen:

- die Reduzierung der Rollenanzahl z und die Vergrößerung des Durchmessers d_R führen zur Reduzierung von F_R,
- Laufwiderstände sind geschwindigkeits- bzw. drehzahlabhängig,
- mit wachsender Bohrungskennziffer der verwendeten Wälzlager erhöht sich der Laufwiderstand,
- bei höheren Tragrollenbelastungen kann der Einfluss aus F_{NR} nicht vernachlässigt werden,
- die Gestaltung des Dichtungssystems, die Passungstoleranzen, die Achsverwinklung der Wälzlagerringe, die Fettmenge und dessen Grundölviskosität haben Einfluss auf die Größe des Laufwiderstandes.

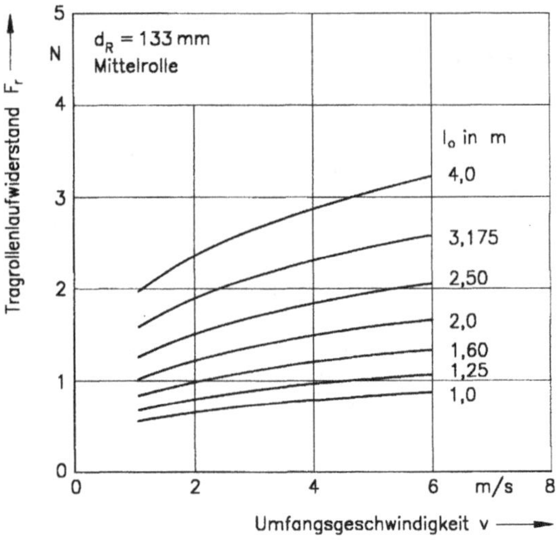

Bild 5-92 Tragrollenlaufwiderstand F_r einer Einzelrolle als Funktion von v und l_o [5.119]

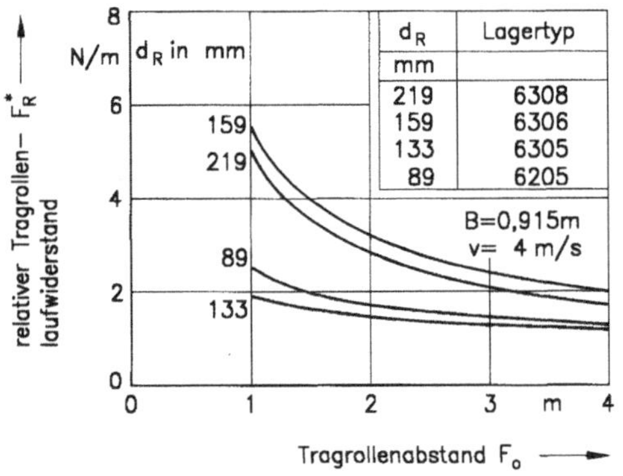

Bild 5-93 Relativer Tragrollenlaufwiderstand F_R* in Abhängigkeit von l_o für unterschiedliche Tragrollendurchmesser d_R [5.119]

5.5.4.3 Walkwiderstand F_W

Einführung

Der Walkwiderstand mit seinen Einzelkomponenten Eindrückrollwiderstand F_E, Fördergutwalkwiderstand F_F und Schwingbiegewiderstand F_{SB} ist für die Größe des Bewegungswiderstandes und damit für den Energiebedarf langer, annähernd horizontal angeordneter Gurtförderer maßgebend. Auf den Eindrückrollwiderstand F_E entfällt mit 50...70 % der größte Anteil des Walkwiderstandes. Die über den Fördergurt auf die Tragrollenstation wirkende Belastung führt beim Abrollen zu einer laufenden Eindrückung in den Deckplattengummi. Infolge der inneren Werkstoffdämpfung kann die beim Auflaufen des Fördergurtes auf die Tragrolle angewandte Verformungsarbeit nicht vollständig wiedergewonnen werden. Dieser Hystereseverlust ist in den viskoelastischen Eigenschaften des Gummis und in der Fördergurtkonstruktion begründet.

Der Fördergutwalkwiderstand F_F entsteht durch die inneren Reibungsverluste im Schüttgut und durch die äußeren Reibungsverluste zwischen Schüttgut und Fördergurt, die bei der Veränderung des Fördergurtprofils in Längs- und Querrichtung hervorgerufen werden. Der Schwingbiegewiderstand F_{SB} berücksichtigt die Biegeverlustarbeit des Fördergurtes, die bei seinem Lauf über die Tragrollenstationen entsteht. Diese Bewegungswiderstandsanteile werden durch die in der Tafel 5-22 zusammengefassten Parametern beeinflusst.

Vergleich der Berechnungsfunktionen aus Veröffentlichungen

Die von verschiedenen Autoren vorgestellten Gleichungen zur Berechnung des Walkwiderstands bzw. seiner Anteile sind in ihrem Aufbau und der Bewertung der Einflussfaktoren nur teilweise miteinander zu vergleichen. Mit den entsprechenden Werten der Berechnugnsmethode nach DIN 22101 kann eine Abschätzung des tatsächlichen Größenbereichs vorgenommen werden. Es wurde der Anteil für F_{Eo} mit 60 % und $f = 0{,}018$ eingesetzt.

Behrens [5.116] hat einen Vergleich der Berechnungsfunktionen für F_E und F_W von vier Autoren vorgenommen (Bild 5-94). Es bestehen beachtliche Unterschiede in der Höhe der Werte. Die Werte nach DIN 22101 liegen zwischen denen von *Schwarz* [5.123] und *Behrens* [5.116].

[5.123] hat bei seinen Messungen nur die Mittelrolle erfasst und bei [5.116] war die Mittelrolle in Förderrichtung versetzt angeordnet, so dass die tragende Länge der Mittelrolle l_M nur $0{,}3B$ betrug. Diese Ausführungsart verursacht höhere Bewegungswiderstände.

Limberg [5.126] hat mit Parametern und Messwerten von zwei Gurtförderern ($B = 2{,}2$ m) ebenfalls Vergleiche vorgenommen. Die von ihm angewandte Berechnungsmethode nach dem Potenzansatz wurde durch Faktoren ergänzt, um die Differenzen zwischen Messwert und Berechnungsfunktion auszugleichen.

Die Berechnungsfunktion nach [5.126] und die von [5.116] bei 30° Muldung weisen besonders bei höherer Belastung eine gleiche Höhe aus. Diese liegt in der Nähe der Vergleichswerte nach DIN 22101. Die Werte der übrigen Berechnungsfunktionen einschließlich der von [5.116] bei 45° liegen deutlich höher.

Ein Vergleich der erstellten empirischen Berechnungsgleichungen für den Fördergutwalkwiderstand wurde von *Gladysiewiez* und *Gollasch* [5.129] durchgeführt (Bild 5-95). Die Kurvenverläufe weisen eine große Streubreite auf. Wird der Kurvenverlauf nach Berechnungsfunktionen von *Winterberg* [5.118] wegen seiner extrem hohen Werte vernachlässigt, dann besteht immer noch ein Verhältnis von 2 zu 1 zwischen den Werten nach *Krause* und *Hettler* sowie denen von *van Leyen*.

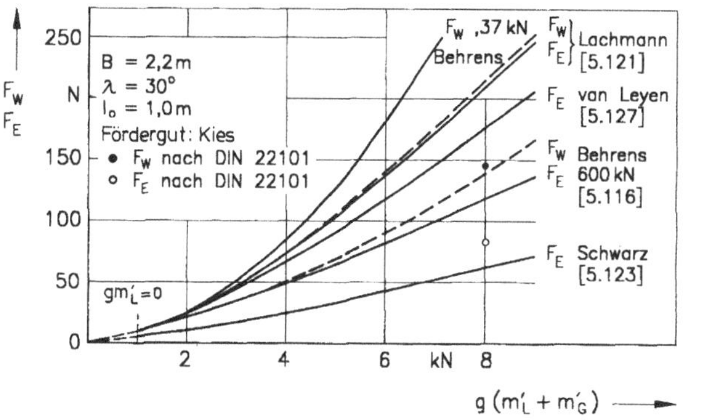

Bild 5-94 Vergleich der Berechnungsfunktionen für F_E und F_W verschiedener Autoren mit anteiligen Werten nach DIN 22101 [5.116]

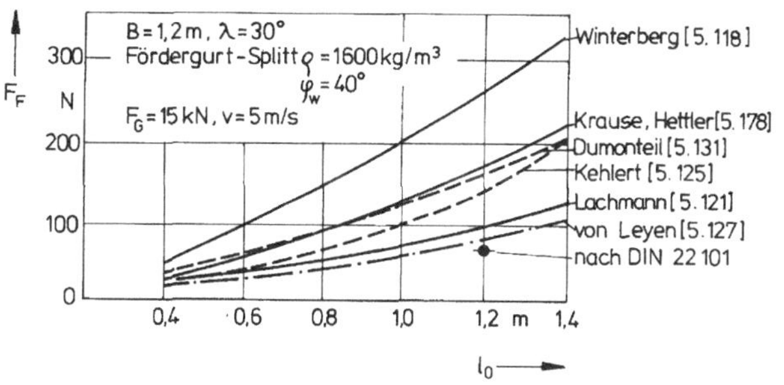

Bild 5-95 Födergurtwalkwiderstand F_F einer Tragrollenstation in Abhängigkeit vom Abstand l_o der Tragrollenstation nach verschiedenen Autoren und nach DIN 22101 [5.129]

Die Ursachen für die unterschiedlichen Berechnungswerte liegen nach [5.129] in folgendem:

- begrenzte Anwendungsbereiche der Gleichungen infolge fragmentarischen Messwertumfangs, die die Berechnungsgrundlage bilden – die Aussage gilt für einen großen Teil der Untersuchungen
- schwierige rechnerische Erfassung aller wichtigsten Einflussgrößen einschließlich des Fördergurtes und der Förderguteigenschaften.

Eindrückrollwiderstand	Fördergutwalk- und Schwingbiegewiderstand	
Tragrollenbelastung Länge der Mittelrolle Tragrollendurchmesser Tragrollenmantelwerkstoff Gurtbreite/Berührungslänge Muldungswinkel Fördergurtaufbau Deckplattenwerkstoff Karkassenwerkstoff Deckplattendicke Alterung der Gummimisch. Gurttemperatur Gurtgeschwindigkeit Tragrollenabstand	Masse des Fördergutes Korngröße Scherfestigkeit Gurtgeschwindigkeit Schüttwinkel Feuchte	Fördergurtaufbau Zugträger Gummiwerkstoffeigenschaften Gurttemperatur
	Gurtzugkraft Muldungswinkel Gurtbreite Tragrollenabstand Gurtdurchhang Gurtprofiländerung	

Tafel 5-22 Einflussgrößen auf die Walkwiderstandsanteile

5.5.4.4 Berechnungsfunktion für F_{Eo} und F_{Eu} [5.211]

Eindrückrollwiderstand F_{Eo} des Obertrums

Die Größe des Eindrückrollwiderstandes wird zum einem durch die Größe und die Verteilung der Kräfte in der Kontaktzone und zum anderen durch die viskoelastischen Materialeigenschaften des Gummis und der Gurtkonstruktion bestimmt. Alle anderen Einflussfaktoren, wie Tragrollendurchmesser, Abstand der Tragrollenstationen, Länge der Mittelrolle, Muldungswinkel, Gurtgeschwindigkeit, Gurtzugkraft und Temperatur wirken sich direkt auf die Kräfteverhältnisse oder indirekt durch Beeinflussung der Materialkennwerte aus.

Im Bild 5-96 ist die Kontaktzone zwischen Fördergurt und Tragrolle dargestellt. Auf Grund des großen Anteils von F_E am F_H ist besonderer Wert darauf zu legen, dass der Einfluss der wirkenden Parameter so genau wie möglich erfasst wird. Grundlage hierfür sind die Messungen durch die *TU Dresden* an den Originalgurtförderern (B = 2,0 m und 2,5 m) mit einer entsprechenden Messstandlänge bei Variation der Parameter Abstand der Tragrollenstation l_o, Länge der Mittelrolle l_M, Muldungswinkel λ, Querschnittsfüllung φ sowie des Fördergurtes [5.61] [5.62] [5.64]. Zwecks Erfassung des Einflusses verschiedener Parameter finden auch Messungen an Versuchsständen Berücksichtigung, jedoch muss die Versuchsanlage die tatsächlichen Bedingungen widerspiegeln [5.116] [5.126].

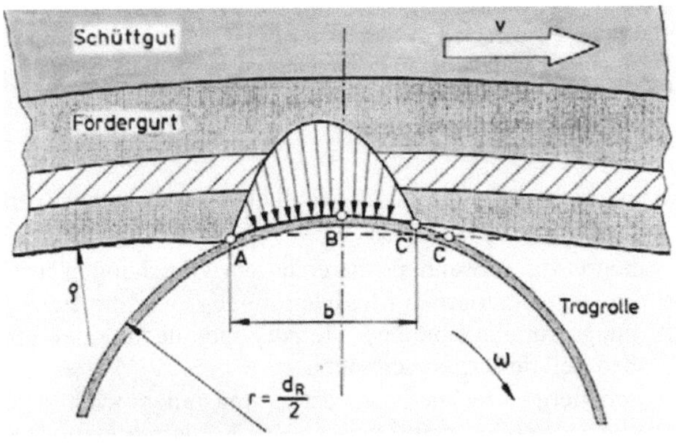

Bild 5-96 Eindrückung der Tragrolle in die laufseitige Deckplatte des Fördergurtes unter Berücksichtigung der Inkompressibilität von Gummi [5.63]

b Stützbreite des Gurtes auf der Tragrolle in mm

d_R Durchmesser der Tragrolle in mm ς Krümmungsradius in mm

Ausgangsbasis bildet die bisher meist angewandte Exponentenfunktion. Danach kann F_E wie folgt ermittelt werden

$$F_{Eo} = z_o \left[\frac{F_M^{1,33}}{d_{RM}^{0,65}\, l_M^{0,33}} + \frac{2F_S^{1,33}}{d_{RS}^{0,65}\, l_S^{*0,33}} \right] (v - v_1)^{0,06}\, c_{Go}\, c_{TEo}\, c_\lambda \tag{5.64}$$

F_{Eo} Eindrückrollwiderstand im Obertrum in N
F_M radiale Kraft der Mittelrolle in kN
F_S radiale Kraft der Seitenrolle in kN
B Fördergurtbreite in m
l_M Länge der Mittelrolle in m
l^*_S tragende Länge der Seitenrolle in m
d_{RM}, d_{RS} Durchmesser der Mittel- bzw. Seitenrolle in m
v Gurtgeschwindigkeit in m/s
v_1 Geschwindigkeit bei der Messung von c_{Go} in m/s
c_{Go} Faktor für den Fördergurteinfluss im Obertrum in $Nm^{0,92}\, s^{0,06}\, kN^{-1,33}$
c_{TEo} Faktor für den Temperatureinfluss im Obertrum
c_λ Faktor für den Einfluss des Muldungswinkels
z_o Anzahl der Tragrollenstationen im Obertrum

Angaben zur Berechnung der Belastung der Tragrollen F_M und F_S sind im Abschnitt 5.5.6.7 enthalten.

Die Angaben zur Größe des Exponenten n_N in der Literatur erstrecken sich von 1,14 bis 1,5, wobei Werte im Bereich von 1,33 überwiegen. Für n_R erstrecken sich diese von 0,5 bis 1,02, wobei sich die Werte um 0,65 und 0,8 häufen.

In den Gln. (5.67) wurden unter Beachtung der Darstellung im Abschnitt 5.5.4.5 folgende Werte berücksichtigt: n_N = 1,33 und n_R = 0,65.

Die Größe der Werte für den Exponenten n_V erstrecken sich über einen Bereich von 0,056 bis 0,27. Die Untersuchungen von [5.63] und [5.119] haben gezeigt, dass der Einfluss von v auf F_E relativ gering ist (Bild 5-97). Mit der Zunahme der Rückprallelastizität R steigt n_V an. n_V = 0,06 dürfte den derzeit eingesetzten Gummimischungen nahe kommen.

Die streckenbezogene Belastung über der Tragrollenlänge ist nicht konstant. Dieses trifft vor allem für die Seitenrolle zu. Untersuchungen über die Verteilung liegen von [5.138] [5.139] und der *TU Dresden* vor. In Bild 5-98 ist die streckenbezogene Belastung einer dreiteiligen Tragrollenstation nach [5.139] dargestellt.

Bei der Mittelrolle tritt an den Enden eine Belastungsspitze auf. Deren Größe wird durch den Muldungswinkel und durch die Länge der Mittelrolle beeinflusst. Die Differenz aus der Summe der Werte $F_{Mi}^{1,33} / l_{Mi}^{0,33}$ und der aus der mittleren Belastung über die gesamte Tragrollenlänge ist gering. Sie beträgt für gleich lange Tragrollen weniger als 1 %, so dass auf die Erfassung der Belastungsspitze in diesem Rahmen verzichtet werden kann.

Die streckenbezogene Belastung der Seitenrolle besitzt zum Teil einen hyperbolischen bzw. einen parabolischen Verlauf. Maßgebend hierfür ist neben der Länge der Seitenrolle die Auslastung des Fördergurtquerschnitts, die Fördergutart, der Gradlauf des Fördergurtes und Beladung an der Aufgabestelle. Der vereinfachte Ansatz nach Bild 5-98 stellt deshalb eine zweckmäßige Lösungsvariante dar. Die Stützlänge l_S^* kann bei hoher Auslastung des Fördergurtquerschnitts und unter Berücksichtigung der Messwerte in 1. Näherung wie folgt ermittelt werden

$$2l_S^* = b - l_M - 2s_Z \,. \tag{5.65}$$

Mit $2s_Z \approx (B - b)/2$ kann l_S^* wie folgt dargestellt werden

$$l_S^* = 0{,}22\,(3\,b - 2\,l_M - B)\,, \tag{5.66}$$

s_Z Zwischenraum zwischen den Tragrollen
B, b, l_M siehe Gl. (5.22).

Angaben zu den Faktoren c_{Go}, c_{TEo} und c_λ sind in den folgenden Abschnitten 5.5.4.5 bis 5.5.4.7 enthalten.

Eindrückrollwiderstand F_{Eu} des Untertrums

Untersuchungen zum Bewegungswiderstand im Untertrum liegen nur im geringen Umfang vor. [5.126] hat den Eindrückrollwiderstand F_{Eu} von dem im Obertrum abgeleitet. Die Stützung des Fördergurtes erfolgt über Scheibenrollen (Gummi) oder über Stahlmantelrollen.

Es gilt:

$$F_{Eu} = z_u \frac{F_v^{n_N} (v - v_1)^{0,06}}{d_{Ru}^{0,65}\, l_{Su}^{n_N - 1}}\, c_{Gu}\, c_{TEu}\,; \tag{5.67}$$

$$F_v = \frac{m'_G g l_u}{1000}, \qquad (5.68)$$

F_{Eu} Eindrückrollwiderstand im Untertrumm in N
F_v vertikale Kraft auf die Tragrollenstation im Untertrum in kN
v Gurtgeschwindigkeit in m/s
v_1 Gurtgeschwindigkeit bei der Messung von c_{Gu} in m/s
l_{Su} Stützlänge des Fördergurts auf der Tragrollenstation im Untertrum in m
l_u Abstand der Tragrollenstation im Untertrum in m
m'_G bezogene Masse aus Fördergurt in kg/m
g Fallbeschleunigung (9,81 m/s^2)
d_{Ru} Durchmesser der Untertrumtragrolle in m
c_{Gu} für den Fördergurteinfluss im Untertrum in Nm^{0,99} s^{0,06} kN$^{-1,33}$
n_N 1,33.
z_u Anzahl der Tragrollenstationen im Untertrum

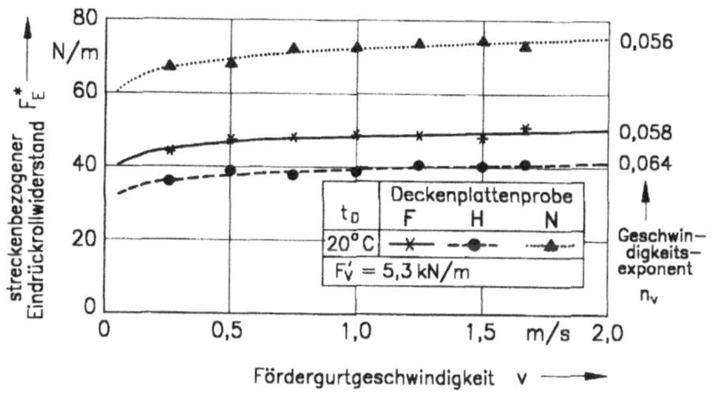

Bild 5-97 Streckenbezogener Eindrückrollwiderstand F_E* in Abhängigkeit von v mit Angabe von n_v für drei Fördergurttypen (F: R 40 %, SH 63; H: R 50 %, SH 50; N: R 36 %, SH 60) [5.63]

R Rückprallelastizität l_o Abstand der Tragrollenstationen
SH Shore-Härte-A

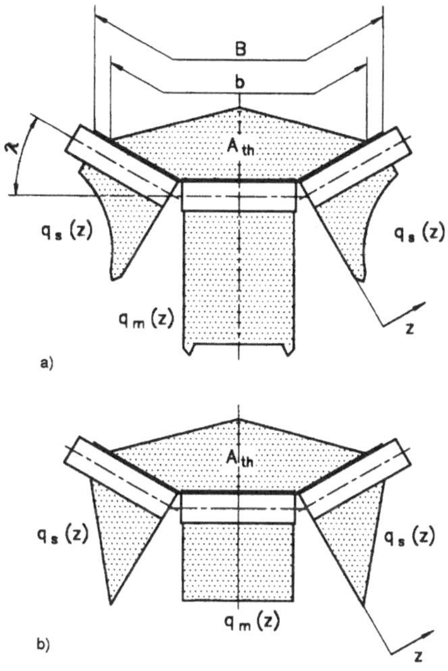

Bild 5-98 Streckenbezogene Belastung q für eine dreiteilige Tragrollenstation [5.63]

a) nach *Grabner* [5.139] b) vereinfachter Ansatz

Der Einfluss der Gummimischung der Laufschicht und der der Gummischeiben, der tatsächlichen Stützlänge sowie der Belastung auf F_{Eu} wurde an einem Versuchstand ermittelt [5.136]. Die Ergebnisse sind in der Tafel 5-24 dargestellt.

5.5.4.5 Einfluss des Fördergurtes auf den Eindrückrollwiderstand [5.211]

Einführung [5.63]

Der Fördergurt ist ein anisotroper Verbundkörper aus Bauteilen mit unterschiedlichen elastischen Eigenschaften (Bild 5-99). Die recht umfangreichen in der Literatur aufgeführten Werte der elastischen Kenngrößen von Gurten bzw. ihrer Komponenten unterscheiden sich nach dem Ermittlungsverfahren, dem Problemumfang und der Darstellung der Ergebnisse. Sie sind somit nicht direkt vergleichbar. Bei den folgenden Darstellungen wird deshalb auf Untersuchungen Bezug genommen, bei denen Fördergurte die Basis bilden.

Im Abschnitt 5.5.4.4 wurde die Bedeutung des Eindrückrollwiderstandes F_E auf die Größe von F_H hervorgehoben.

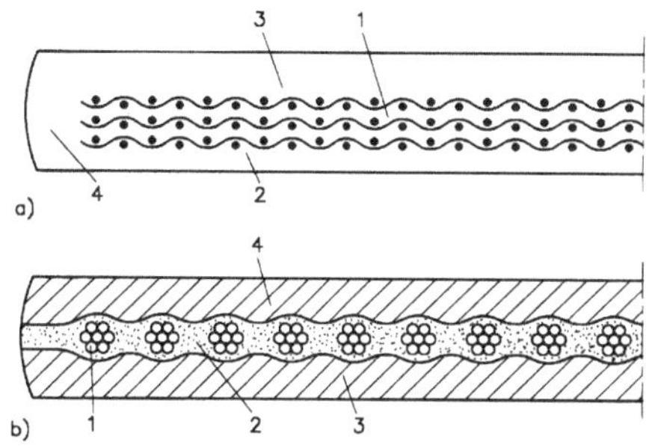

Bild 5-99 Querschnitt durch einen Stahl- und Gewebegurt [5.63]

a) Fördergurt mit Gewebeeinlagen
1 tragende Gewebeeinlagen 3 tragende Schicht
2 Laufschicht 4 Kantenschutz

b) Stahlseilgurt
1 Stahlseil 3 Laufschicht
2 Gummi der Karkasse 4 tragende Schicht

Eine möglichst genaue analytische Ermittlung von F_E setzt Kenntnisse über die physikalischen Vorgänge im Stützbereich des Fördergurtes auf der Tragrolle voraus. Dieses betrifft vor allem das Verhalten des Gummis der Deckplatte und der Karkasse des Fördergurtes.

Zur Herstellung von Kautschuk und schließlich von Gummi stehen über 30 verschiedene Grundmoleküle zur Verfügung. Durch die Polymerisation werden lange Molekülketten geschaffen. Mit der Beigabe von Aktivatoren werden die Doppeltverbindungen des Kohlenwasserstoffs aufgespalten und durch die Regler, Abstopper und Stabilisatoren wird der Prozess so gesteuert, dass sich Molekülketten bestimmter Länge bilden. Aus diesem so geschaffenen, vorwiegend plastischen Kautschuk entsteht durch den Vulkanisationsvorgang Gummi. Die Vernetzungsdichte bestimmt dabei den Vulkanisationsgrad, d. h. das gummielastische Verhalten.

In der Reaktion auf äußere Kräfte kommen die viskoelastischen Eigenschaften des Gummis zum Tragen. Bei dynamischen Belastungen reagieren sie mit Dämpfung, d. h. die eingetretene Verformung folgt dem äußeren Zwang nicht spontan sondern mit Verzögerung. Statisch belastete Gummielemente lassen in ihrer Wirkung mit der Zeit nach, weil der Gummi keine Fließgrenze besitzt. Das Abgleiten der Molekülketten wird durch das Auflösen von Vernetzungsbrücken und durch das Wiederverknüpfen an spannungsärmeren Stellen ermöglicht.

Der Einfluss des Fördergurtes auf den Bewegungswiderstand wurde bis vor wenigen Jahren nur durch die Lauf-

schichtdicke, die mit einem Exponenten > 0,2 versehen war, oder durch Faktoren mit unterschiedlicher Größe erfasst.
Der große Einfluss des Fördergurtes auf den Bewegungswiderstand wurde erstmalig bei Messungen an einem Originalförderer ermittelt (Bild 5-100) [5.61]. Der Fördergurt des Typs B weist gegenüber denen von A und C einen rd. 1,4-fach höheren Wert von f_o für das Obertrum bei gleicher Dicke der Laufschicht aus.

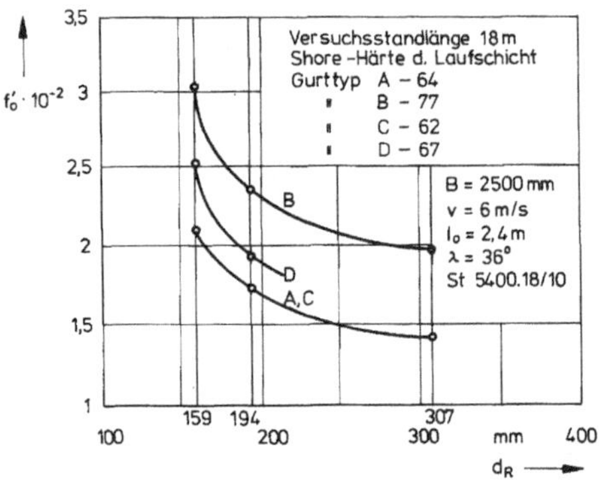

Bild 5-100 Bewegungwiderstandsbeiwert f'_o aus Fördergut für das Obertrum in Abhängigkeit vom Rollendurchmesser d_R für vier Fördergurttypen aus Messungen an einem Gurtförderer im Tagebau [5.61]

Signifikante Parameter für F_E

Bei der Suche nach Parametern, die signifikant zu F_E sind, hat sich gezeigt, dass die Rückprallelastizität *R* und die Shore-Härte (SH) der Laufschicht des Fördergurtes diese Forderung am besten erfüllen. Mit dem Anstieg von *R* der Laufschicht sinkt der Wert für c_G und damit auch der von F_E. Dieses wird vor allem durch die Erhöhung des Anteils an Naturkautschuk und Reduzierung des Rußanteils erreicht. Auch Butadienkautschuk-Mischungen weisen ähnliche geringe Werte für F_E auf [5.63]. Mit dem Anstieg der SH steigt F_E an.
Diese Ergebnisse wurden an St-Gurten ermittelt, die von einem Fördergurthersteller geliefert wurden. *Hintz* [5.63] hat bei seinen Messungen an Fördergurten mit stark veränderten Gummimischungen der Laufschicht auch abweichende Werte ermittelt.
Der Einfluss der Laufschichtdicke s_3 auf F_E wird ebenfalls durch *R* und die SH stark beeinflusst, wie die Messwerte von F_E^* im Bild 5-101 zeigen, die an einem Versuchstand ermittelt wurden. Nur bei hohen Werten von *R* und geringer SH sinkt F_E^* mit der Vergrößerung von s_3.

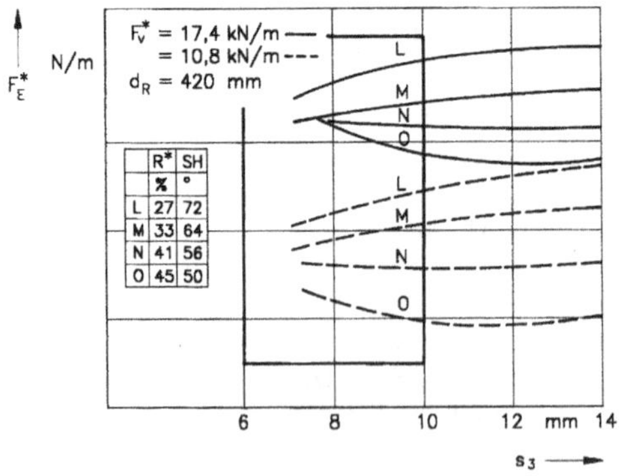

Bild 5-101 Einfluss der Laufschichtdicke s_3 und der Gummimischung auf F_E* [5.136]

Die Werte für *R* nach DIN 53512, die an einer in Größe und in der Anordnung vorgegebenen Gummiprobe ermittelt werden, weichen zum Teil von den Messungen am Fördergurt ab. Da nur die am Fördergurt gemessenen Werte für *R* aussagekräftige Werte liefern, wäre es sinnvoll, ein einheitliches Messmittel hierfür zu entwickeln.

Bestimmung der Faktoren für den Fördergurteinfluss im Ober- und Untertrum c_{Go} und c_{Gu} [5.211]

Zwecks Optimierung der Fördergurte bzw. deren Laufschicht wurden zur Reduzierung des Bewegungswiderstandes am der TU Dresden Messungen des Eindrückrollwiderstandes bei verschiedenen Belastungen und Rollendurchmessern durchgeführt. Die Fördergurtproben wurden von der Gummiindustrie bereitgestellt. Hierbei wurde der Fördergurt mit oben liegender Laufschicht auf einer Platte gelagert und unter der belasteten Tragrolle mit einer Geschwindigkeit von $v_1 = 0{,}012$ m/s verfahren (Bei einer 10-fachen Erhöhung von v_1 traten keine höheren Messwerte auf). Die Länge der Tragrolle betrug 0,3 m.
Die Werte in der Tafel 5-23 zeigen, dass diese Messwerte nicht nur quantitativ, sondern auch qualitativ aussagekräftig sind. Die gemessenen Bewegungswiderstände F_{Mw} für den Versuchsgurt G₃ (SH = 52, R = 48 %, s_D = 10 mm) wurden zwecks Bestimmung des Fördergurteinflusses c_{Go} mit den nach Gl. (5.70a) berechneten Werten F_{Bw} ins Verhältnis gesetzt.

$$c_{Go} = \frac{F_{Mw}}{F_{Bw}} \,. \tag{5.69}$$

$$F_{Bw} = \frac{F_v^{1,33}}{d_R^{0,65}\; l_v^{0,33}} \,. \tag{5.70a}$$

Tafel 5-23 Zusammenstellung der gemessenen und berechneten Werte für den Eindrückrollwiderstand und der ermittelten Werte für c_{Go} für den Fördergurt G_3 (Längenmasse in m, Bewegungswiderstände in N, streckenbezogene Belastung von 10,8 bis 17,4 kN/m)

		Belastung in kN				
Benennung	d_R	3,225	4,225	5,225	Summe	Mittelwert
F_{Bw}	0,217	19,1	27,4	36,3		
F_{Mw}		21,3	29,5	42,0		
$c_{Go} = F_{Mw}/F_{Bw}$		1,12	1,18	1,16	3,46	1,15
F_{Bw}	0,32	14,7	21,1	27,9		
F_{Mw}		17,2	24,2	32,9		
$c_{Go} = F_{Mw}/F_{Bw}$		1,17	1,15	1,18	3,50	1,17
F_{Bw}	0,42	12,8	18,4	24,4		
F_{Mw}		14,6	21,4	29,7		
$c_{Go} = F_{Mw}/F_{Bw}$		1,14	1,16	1,21	3,51	1,17

Die Werte der Tafel 5-23 zeigen, dass der Faktor c_{Go}, für den Fördergurteinfluss im Obertrum mit den in der Gl. (5.70a) dargestellten Parametern von der Belastung und dem Tragrollendurchmesser unabhängig ist. Diese Erkenntnis ermöglicht die Berechnung des Eindrückrollwiderstandes.
Wird die Stützlänge l_v verdoppelt, dann muss auch die Stützkraft F_v verdoppelt werden, um die gleiche streckenbezogene Belastung zu gewährleisten. Der Bewegungswi-

derstand F_{Bw} müsste dann, wenn die Gl. (5.70a) auch für veränderte Stützlängen l_v Gültigkeit haben soll, ebenfalls auf den doppelten Wert ansteigen.

$$2F_{Bw} = \frac{2F_v^{1,33}}{d_R^{0,65}\,(2l_v)^{0,33}}\,. \tag{5.70b}$$

Wird der Anteil der Gl. (5.70a) eliminiert, dann ist

$$\frac{2^{1,33}}{2^{0,33}} = \frac{2,514}{1,257} = 2$$

Damit ist der Nachweis erbracht, dass die Gl. (5.70a) auch für veränderte Stützlängen Gültigkeit besitzt. Bei s_D = 8 mm erhöht sich der Faktor c_{Go} auf 1,26.

Für den bei den Messungen im Tagebau (B = 2,0 m) berücksichtigten Fördergurt G_1 (SH = 71, R = 27 %, s_D = 8 mm) wurde ein Wert für c_{Go} = 1,67 ermittelt.

Im Untertrum läuft der Fördergurt mit der Tragseite über die Untertrumtragrollen. Der Gummi der Tragseite des Fördergurtes wird meist mit einer SH im Bereich von 62 bis 64 ausgeführt (Bild 5-100). In diesem Bereich besitzt die Dicke der Laufschicht keinen nennenswerten Einfluss auf den Bewegungswiderstand (Bild 5.101). Für die Bestimmung von c_{Gu} wird deshalb der Gurttyp 2 der Tafel 5-24 mit einer SH von 72 für die Gummischeiben zugrunde gelegt. Entsprechend der Gl. (5.69) ergeben sich für c_{Gu} folgende Werte:

c_{Gu} = 2,85 für 25 % tragende Länge (Abstand der Gummischeiben von 50 mm),

c_{Gu} = 2,58 für 50 % tragende Länge (dicht gesetzte Gummischeiben).

Die hohen Werte für c_{Gu} sind auf die Stützung von Gummi auf Gummi und auf die Zwischenräume zwischen den Scheiben zurückzuführen.

Durch die Erhöhung des Durchmessers d_{RU} und der Stützlänge l_S sowie der Verringerung der SH kann F_{Eu} reduziert werden. Eine größere Reduzierung ist durch die Verringerung der Stützkraft, z. B. durch den Einsatz eines Gurtes mit Gewebeeinlagen, zu erreichen. Der Einsatz von Tragrollen mit dicht gesetzten Scheiben und l_u = 6 m ergibt gegenüber Tragrollen mit im Abstand angeordneten Scheiben und l_u = 3 m eine Reduzierung von F_{Eu} um ca.10 %.

Alterung der Gummimischung c_A

Mit der Alterung der Gummimischung tritt eine Reduzierung von R ein, und damit erhöht sich der Eindrückrollwiderstand. Diesem Einfluss, der sich besonders bei weichen Gummimischungen auswirkt, wurde bisher wenig Beachtung geschenkt. Bei den Fördergurten G_1 und G_5 wurden jedoch nach rd. 1,5-jähriger Betriebsdauer gleiche Bewegungswiderstände im Tagebaubetrieb gemessen.

Aus diesem Grunde scheint es sinnvoll zu sein, dass vor der Ermittlung des Kurververlaufs die Fördergurtprobe einer künstlichen Alterung unterzogen wird.

5.5.4.6 Berechnungsfunktionen für F_{SB} und F_F

Die Größe des Schwingbiegewiderstands F_{SB} und des Fördergurtwalkwiderstands F_F kann messtechnisch nicht getrennt bestimmt werden, aus diesem Grunde werden in der letzten Zeit beide Widerstände bevorzugt zusammen erfasst. Diese Größe wird mit F_{SF} bezeichnet. Im Bild 5-102 ist die Veränderung des Fördergut- und Fördergurtprofils beim Lauf über die Tragrollenstationen dargestellt. Neben einem einfachen, empirischen Ansatz der Kräfte gehen einige Autoren von der Verformungsarbeit bzw. der Schüttgutmechanik aus.

Während des Förderprozesses wird das Fördergut dm unter Überwindung der Scherfestigkeit von der sich herausgebildeten Querschnittsform zwischen den Tragrollenstationen in den durch die Tragrollenstation vorgegebenen Querschnitt mit der Geschwindigkeit v gezwängt.

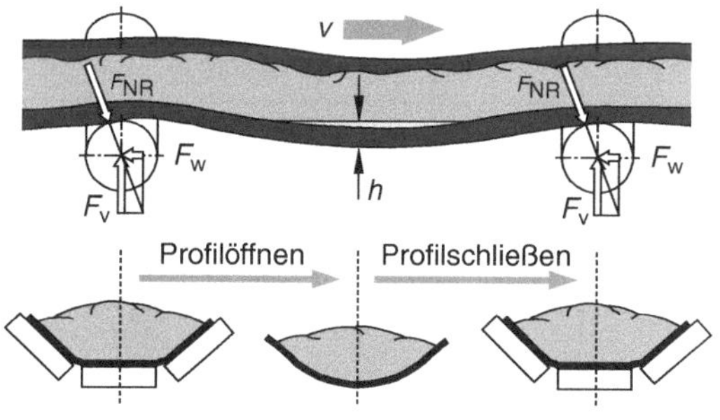

Bild 5-102 Schematische Darstellung der verlustbehafteten Veränderung des Fördergurt- und Fördergutprofils zwischen zwei Tragrollenstationen im Obertrum [5.63]

F_{NR} Belastung der Tragrolle in N
F_w Walkwiderstand in N
h Durchhang des Fördergurtes in m
F_v vertikale Kraft in N

Tafel 5-24 Zusammenstellung von Messwerten für den Eindrückrollwiderstand F_{Eu} mit unterschiedlichen Gummischeiben (G-Sch) bei zwei Belastungsstufen und drei unterschiedlichen Fördergurttypen (Typ 1: SH 53, 8 mm; Typ 2: SH 64, 10 mm; Typ 3: SH 45, 8 mm) l_v =0,3 m

Art der Gummischeiben						Eindrückrollwiderstand F_{Eu} in N					
Art	d_s [m]	l_s [m]	SH_s	Form der G-Scheibe	Gurttyp ↓	F_N 0,920 kN			1,400 kN		
					Anzahl d. Scheiben	2	3	6	2	3	6
G-Sch. (Berzdorf)	0,192	0,025	71	Trapez	1	22,0	16,7	12,0	39,3	29,2	21,3
					2	22,6	17,5	13,5	39,1	30,4	22,5
					3	14,4	11,8	9,8	23,9	20,0	17,5
G-Sch	0,214	0,025	72	Trapez	1	19,8	15,5	10,7	36,7	27,5	18,9
					2	20,6	16,3	11,7	35,7	28,6	20,6
					3	16,8	13,0	8,3	30,2	23,5	15,0
G-Sch	0,214	0,025	61192	Trapez	1	15,4	13,7	10,4	25,0	21,8	17,7
					2	15,5	13,7	10,9	24,2	21,5	18,4
					3	13,3	11,7	8,7	21,9	18,9	14,8

Tafel 5-25: Zusammenstellung der Parameter für $l_o = 1{,}2$ m
(Kräfte in kN, Massen (g/1000) in kN/m, Bewegungswiderstände in N, Abmaße in m, v in m/s)

c_{Go}	1,17			1,67			1,17		1,67	
l_M	0,85	0,725	0,6	0,85	0,725	0,6	0,85		0,85	
d_R	0,29	0,227	0,21	0,29	0,227	0,21	0,194	0,159	0,194	0,159
$F_{Eo\text{-}Messung} + F^*$	1071	1154	1469	1470	1735	2223	1188	1526	1749	2064
F_{Eo}	652	762	824	931	1088	1177	812	922	1159	1315
Differenz = F_{SBo}	419	392	645	539	647	1046	376	604	590	749
F_{SBo}/z	41,9	39,2	64,5	53,9	64,7	104,6	37,6	60,4	59,0	74,9
c_{dR}	1	1,13	1,18	1	1,13	1,18	1,22	1,35	1,22	1,35
c_{SB2}	1	1	1	1,4	1,4	1,4	1	1	1,4	1,4
$c_{lM/B}$	1	1,17	1,42	1	1,17	1,42	1	1	1	1
c_{lo}	1	0,71	0,92	0,86	0,78	1,02	0,63	0,91	1,02	0,89
Basiswert $F_{SBo,B}$	42	→							←	$c_{lo} = 0{,}95$
F_{SBo} berechnet/z	40	52,8	70,4	66,9	77,7	98,5	48,7	56,7	68,1	75,4
F_{SBo} berechnet	400	528	704	669	777	985	487	567	681	754
F_{Ro}	102	113	115	102	113	115	108	139	108	138
F_{Ho}	1154	1403	1643	1702	1978	2277	1407	1628	1948	2207
F_{Ho} DIN-0,023	2429	→								
F_{Ho} ber./ F_{Ho} DIN	0,48	0,59	0,68	0,70	0,81	0,94	0,58	0,67	0,80	0,98

Tafel 5-26: Zusammenstellung der Parameter für $l_o = 2{,}4$ m

c_{Go}	1,17			1,67			1,17		1,67	
l_M	0,85	0,725	0,6	0,85	0,725	0,6	0,85	0,85	0,85	0,85
d_R	0,29	0,227	0,21	0,29	0,227	0,21	0,194	0,159	0,144	0,159
$F_{Eo\text{-}Messung} + F^*$	1187	1285	1655	1598	1962	2295	1173	1669	1987	2193
F_{Eo}	821	956	1035	1171	1366	1477	1022	1110	1462	1657
Differenz = F_{SBo}	366	329	620	427	546	818	151	559	525	536
F_{SBo}/z	73,2	65,8	124,0	85,4	119,2	163,6	30,2	111,8	105	107,2
c_{dR}	1	1,13	1,18	1	1,13	1,18	1,22	1,35	1,22	1,35
c_{SB2}	1	1	1	1,4	1,4	146	1	1	1,4	1,4
$c_{lM/B}$	1	1,17	1,42	1	1,17	1,42	1	1	1	1
c_{lo}	1,74	1,18	1,76	1,45	1,53	1,66	0,59	1,96	1,46	1,35
Basiswert	42	→							←	$c_{lo} = 1{,}75$
F_{SBo} berechnet/z	73,5	97,28	123,2	102,9	136	172	89,7	99,2	125,5	138,9
F_{SBo} berechnet	368	486	616	515	680	862	448	496	628	695
F_{Ro}	73	84	86	73	84	86	80	102	80	102
F_{Ho}	1262	1526	1737	1710	2072	2363	1550	1708	2108	2374
F_{Ho} DIN-0,023	2429	→							←	
F_{Ho} ber./ F_{Ho} DIN	0,52	0,63	0,72	0,70	0,85	0,97	0,64	0,70	0,87	0,98

Tafel 5-27: Zusammenstellung der Parameter für $l_o = 3{,}6$ m

c_{Go}	1,17			1,67			1,17		1,67	
l_M	0,85	0,725	0,6	0,85	0,725	0,6	0,85	0,85	0,85	0,85
d_R	0,29	0,227	0,21	0,29	0,227	0,21	0,194	0,159	0,194	0,159
$F_{Eo\text{-}Messung} + F^*$	1130	1329	1535	1654	1901	2205	1344	1580	1907	2167
F_{Eo}	929	1083	1172	1327	1546	1671	1158	1287	1654	1878
Differenz = F_{SBo}	201	246	363	327	355	534	186	293	253	289
F_{SBo}/z	60,9	74,5	110,0	99,11	107,6	161,8	56,4	88,8	76,7	87,6
c_{dR}	1	1,13	1,18	1	1,13	1,18	1,22	1,35	1,22	1,35
c_{SB2}	1	1	1	1,4	1,4	1,4	1	1	1,4	1,4
$c_{lM/B}$	1	1,17	1,42	1	1,17	1,42	1	1	1	1
c_{lo}	1,45	1,36	1,56	1,68	1,38	1,63	1,1	1,57	1,07	1,1
Basiswert	42	→								$c_{lo} = 1{,}55$
F_{SBo} berechnet/z	65,1	86,1	109,1	91,1	120	153	79,4	87,9	111,2	123,0
F_{SBo} berechnet	215	284	360	301	396	504	262	290	367	406
F_{Ro}	62	73	75	62	73	75	71	89	71	89
F_{Ho}	1206	1440	1607	1690	2015	2250	1491	1666	2092	2373
F_{Ho} DIN-0,023	2429	→								
F_{Ho} ber./ F_{Ho} DIN	0,50	0,59	0,66	0,70	0,83	0,93	0,61	0,69	0,86	0,98

Die bei den Messungen am Gurtförderer $B = 2{,}0$ m ermittelten Werte beinhalten den Eindrückrollwiderstand im Obertrum F_{Eo}, den Schwingbiegewiderstand F_{SBo} und den Rollwiderstandanteil F_{R2} aus Belastung vermindert um den Eindrückrollwiderstand und Schwingbiegewiderstand aus der Masse des Fördergurtes ($F_{EoG} + F_{SBoG}$). Durch die mögliche Berechnung des Eindrückrollwiderstandes und der anderen Widerstände besteht die Voraussetzung, um F_{SBo} zu bestimmen.

$$F_{Eo,Messung} = F_{Eo} + F_{SBo} + F_{R2} - (F_{EoG} + F_{SBoG}) \tag{5.71a}$$

$$F_{Eo,Messung} + F_{EoG} + F_{SBoG} - F_{R2} = F_{Eo,Messung} + F^* = F_{Eo} + F_{SBo} \tag{5.71b}$$

In den Tafeln 5-25 bis 5-27 wurden für die Tragrollenabstände 1,2 m, 2,4 m und 3,6 m die gemessenen und berechneten Werte für 10 Varianten gegenübergestellt (Länge der Messstrecke 12 m, Muldungswinkel 36°).

Der Schwingbiegewiderstand F_{SBo} wird durch einen Basiswert $F_{SBo,B}$ mit Faktoren, die den Einfluss der unterschiedlichen Parameter erfassen, ermittelt. Der Wert für die Größe von $F_{SBo,B}$ wird mit 42 N festgelegt. Diese Größe entspricht dem Schwingbiegewiderstand, der bei den günstigsten Parametern ($l_o = 1{,}2$ m, $l_M = 0{,}85$ m, $d_R = 0{,}29$ m) ermittelt wurde. Dieser festgelegte Basiswert hat den Vorteil, dass er für die genannten Parameter alle Einflüsse erfasst.

$$F_{SBo,B} = \frac{\left(\dfrac{m'_L + m'_G}{100}\right)^2 v \cdot c_{SB1} \cdot a_B}{0{,}1 F_G^{0{,}8}} = \frac{8{,}5^2 \cdot 4{,}54}{15{,}6} 1{,}2 \cdot 1{,}665 = 42\ \text{N} \tag{5.72}$$

Mit der Geschwindigkeit v und dem Gurtzug F_G werden zwei Parameter berücksichtigt, die bei den Messungen am Gurtbandförderer nicht variiert werden konnten. Sollten sich diese Parameter in ihrem Einfluss verändern, dann kann dieses durch den Faktor a_B ausgeglichen werden. Messungen an einem Gurtbandförderer B = 0,65 m zeigen, dass die Parameter v und $F_G^{0{,}8}$ die Bedingungen ganz gut erfassen. Bei der Berechnung von F_{SB} wird F_G als mittlere Gurtzugkraft für die jeweilige Förderstrecke berücksichtigt.

Die Gurtzugkraft wurde an der starr eingestellten Spannvorrichtung mit 541 kN für den Messstellenbereich berechnet. Da einige Faktoren variieren können, wurde es für sinnvoll erachtet, die Gurtzugkraft auch aus dem maximalen Durchhang ($h = 0{,}05$ m; Bild 5-116) des Fördergurtes zwischen den Tragrollenstationen zu ermitteln. Durch die Verformung des flexiblen Fördergurtes zwischen den Tragrollenstationen erreicht der Gurtdurchhang bei sehr großen Tragrollenabständen nach [5.141] den doppelten Wert gegenüber der berechneten Größe.

$$F_G = \frac{(m'_L + m'_G) l_o^2}{\frac{8h}{2}} = 551\ \text{kN} \tag{5.73}$$

Die berechneten Werte für F_G stimmen gut überein.

Zur Bestimmung der Parameter, die die Größe von F_{SBo} beeinflussen, wird möglichst auf Größen zurückgegriffen, die am Gurtförderer auftreten. Die Grundlage für die Wahl und die Größe der Parameter besteht darin, dass der Faktor und Ausgleichswert c_{lo} für den jeweiligen Tragrollenabstand annähernd gleich groß ist.

Bei jedem Fahrvorgang ist der Tragrollendurchmesser bzw. dessen Radius umgekehrt proportional der Bewegungskraft. Die Verformung des Fördergurtes beim Einlauf in die von der Tragrollenstation vorgegebene Querschnittsform führt auch zur Belastung der Tragrollen. Der Einfluss des Durchmessers wird auch hier auf einen Basiswert $d_{R,B}$ (dem größten Durchmesser 0,29 m) bezogen.

$$c_{dR} = \left(\frac{2d_{R,B}}{2d_R}\right)^{0{,}5} = \left(\frac{0{,}29}{d_R}\right)^{0{,}5} \tag{5.74a}$$

Bei unterschiedlichen Durchmessern der Tragrollen wird ein Vergleichsdurchmesser nach folgender Funktion ermittelt:

$$d_R = f_{ML} d_M + f_{SL} d_S \tag{5.74b}$$

Der Faktor c_{SB} erfasst den Einfluss der Fördergurt- und Fördergutsteifigkeit, der beim Einlauf in den von der Tragrollenstation vorgegebenen Querschnitt zu überwinden ist. Zurzeit liegen noch keine Kenntnisse vor, die die Kräfte bei der Verformung explizit erfassen. Die ermittelten Werte für F_{SBo}/z zeigen, dass zwischen den Werten der Fördergurte G_1 und G_3 größere Differenzen bestehen. Diese sind annähernd proportional mit dem Faktor c_{Go}. Daraus kann geschlossen werden, dass der Fördergurt einen größeren Einfluss besitzt. Der Fördergurt setzt sich aus der Karkasse und der Deck- und Laufschicht zusammen. Die Karkasse des Stahlseilgurtes besteht aus den Stahlseilen, die in einer Gummischicht mit sehr hoher Shore-Härte eingebettet sind. Da die Karkasse im Mittelbereich liegt, werden die Kräfte bei den vorwiegend auftretenden Biegebeanspruchungen durch die Eigenschaften der Deck- und Laufschicht maßgebend bestimmt. Der Faktor c_{Go} der im Wesentlichen proportional der Share-Härte und umgekehrt proportional der Rückprallelastizität ist, stellt daher eine entsprechende Größe dar. Er erfasst, wie die folgende Darstellung in den Tafeln zeigt, die Verhältnisse recht gut.

$$c_{SB} = c_{SB1} c_{SB2} \approx c_{Go} \tag{5.75}$$

Der Faktor c_{SB1} ist im Basiswert enthalten, so dass der Faktor c_{SB2} für den Fördergurt G_3 gleich 1 und für den Fördergurt G_1 gleich 1,4 gesetzt wird.

Der Einfluss der Länge der Mittelrolle wird durch das Verhältnis B/l_M erfasst. Auch hier stellt $B/l_{M,B} = 2/0{,}85 = 2{,}35$ den Basiswert dar.

$$c_{lM/B} = \frac{B/l_{Mi}}{B/l_{M,B}} = \frac{B/l_M}{2{,}35} \tag{5.76}$$

Der Faktor c_{lo} erfasst den Einfluss des Abstandes der Tragrollenstationen und dient gleichzeitig als Ausgleichsfaktor.

Durch die Bildung der Differenz zwischen Messwert und F_{Eo} besitzen kleine Abweichungen der Messwerte keinen größeren Einfluss.

Die Funktion für F_{SBo} setzt sich danach aus dem Basiswert und Faktoren wie folgt zusammen:

$$F_{SBo} = \frac{z_o \left(\dfrac{m'_L + m'_G}{100}\right)^2 v \cdot a_B}{0{,}1 F_G^{0{,}8}} \cdot \left(\frac{0{,}29}{d_R}\right)^{0{,}5} \cdot \frac{B}{2{,}35 \cdot l_M} c_{SB} c_{lo} \varphi_S \tag{5.77}$$

F_{SBo}	Schwingbiegewiderstand im Obertrum in N
m'_L	bezogene Masse aus Fördergut in kg/m
m'_G	bezogene Masse aus Fördergurt in kg/m
F_G	Gurtzugkraft in kN
v	Gurtgeschwindigkeit in m/s
B	Fördergurtbreite in m

l_M Länge der Mittelrolle in m
d_R Durchmesser der Tragrolle in m
a_B Faktor in N s kN^{0,8} kg^{-2} m
c_{SB} Faktor für den Einfluss des Fördergurtes
c_{lo} Faktor für den Tragrollenabstand
φ_s Faktor für den Einfluss des Fördergutes

Der Schwingbiegewiderstand F_{SBu} für das Untertrum wird von der Gleichung (5.77) abgeleitet. Messwerte liegen nicht vor.

$$F_{SBu} = z_u \frac{(0{,}001 \cdot m'_G)^2}{(0{,}1 \cdot F_G)^{0,8}} \cdot \left(\frac{0{,}214}{d_{Ru}}\right)^{0,5} v c_{SB} \qquad (5.78)$$

Der Mittelwert von c_{lo} für alle 10 Varianten beträgt für l_o =1,2 m 0,9, für l_o = 2,4 m 1,57 und für l_o =3,6 m 1,38. Für die Berechnung von F_{SBo} wird für jeden Tragrollenabstand ein konstanter Wert für c_{lo} berücksichtigt, der mit 0,9; 1,75 und 1,55 jeweils um einige Prozent höher gewählt wurde. Damit wird abgesichert, dass der berechnete Wert für F_{SBo} gleich oder grösser als der gemessene Wert ist.
Die Abweichungen vom Mittelwert sind relativ gering und lassen keine Tendenz erkennen. Daraus kann geschlossen werden, dass die Parameter und ihre Größe zweckmäßig gewählt wurden.
Für die Bergabförderung sind die Werte mit c_{Go} = 1,67 und l_M = 0,6 m von Bedeutung, da in diesem Fall ein großer Bewegungswiderstand angestrebt wird.
Die Abweichungen sind als Messwertabweichungen (Tagebaubedingungen) einzustufen. Der Anteil von F_{SBo} ist gering, so dass diese Abweichungen auf den Wert von F_{Ho} nur einen geringen Einfluss haben.
Aus der Zusammenstellung der Werte in den Tabellen lassen sich folgende Einflüsse für die Parameter des Gurtförderers ableiten:

- In der untersten Spalte der Tafeln 5-25 bis 5-27 ist das Verhältnis von F_{Ho} ber./F_{Ho} DIN angegeben. Die Werte liegen im Bereich von 0,48 bis 0,98. Damit wird zum Ausdruck gebracht, dass durch eine zweckmäßige Wahl der Parameter der Hauptwiderstand im Obertrum gegenüber dem nach DIN 22101 berechneten Wert mit f = 0,023 bis auf 50 % reduziert werden kann.
- Die Durchschnittswerte des Eindrückrollwierstandes F_{Eo} im Obertrum steigen und die des Schwingbiegewiderstandes F_{SBo} fallen mit der Vergrößerung von l_o.
- Die Größenunterschiede des F_{Ho} sind für die einzelne Tragrollenabstände gering. Diese betragen 1941 N bei l_o= 1,2 m, 2079 N bei l_o = 2,4 m und 1991 N bei l_o = 3,6 m.
- Das Verhältnis zwischen dem Eindrückrollwiderstand F_{Eo} und dem Schwingbiegewiderstand F_{SBo} steigt mit der Vergrößerung von l_o. Bei l_o = 3,6 m und l_M = 0,85 m beträgt dieses das 4,04-fache.
- Der Wert von F_{Eo} ist bei l_M = 0,6 m gegenüber dem bei l_M =0,85 m um das 1,37-fache größer.
- Ein größerer Durchmesser führt zur Reduzierung von F_{Ho}. Bei dem Tragrollenabstand von 3,6 m tritt bei Vergrößerung von d_R = 0,159 m auf 0,29 m eine Reduzierung des F_{Ho} um rund 1,38-fache auf.
- Der berechnete Durchhang in der Mitte des Fördergurtes 0,6 m vor der Tragrollenstation verhält sich für die einzelnen Abstände der Trollenstationen 1,2:2,4:3,6 m wie 1:3:5, d. h., er übt auf die Größe des Schwingbiegewiderstandes F_{SBo} nur einen geringen Einfluss aus.

5.5.4.7 Angaben zur Größe der Faktoren

Faktor φ_s

Die in den Tafeln 5-25 bis 5-27 zusammengefassten Messwerte stellen Mittelwerte dar, die aus einer Vielzahl von Messwerten bei gleichen Abmaßen des Förderers ermittelt wurden.
Für einen Messwert wurden, wie Bild 5-103 zeigt, 20 Einzelwerte mit Angabe der Art des Fördergurtes dargestellt. Sie wurden bei den Abmessungen des Gurtförderes l_o = 3,6 m, l_M = 0,85 m ermittelt. Die Fördergutmischung aus Kies und Lätte entspricht im Wesentlichen dem Mittelwert. Abweichungen nach oben und unten werden durch die unterschiedlichen Anteile von Kies und Lätte verursacht. Da die Mittelwerte die Grundlage für die Bestimmung der Berechnungsfunktionen bilden, wird der Einfluss aus der Verformung von Fördergurt und Fördergut durch den Faktor c_{SB} mit erfasst, deshalb ist in diesem Fall der Faktor φ_s =1 einzusetzen.
Bei Lätte mit Brocken, die eine Kantenlänge bis 0,8 m haben, steigt der gemessene Bewegungswiderstand um bis zu 10 % an. Bei Kies liegt er bis zu 10 % niedriger.

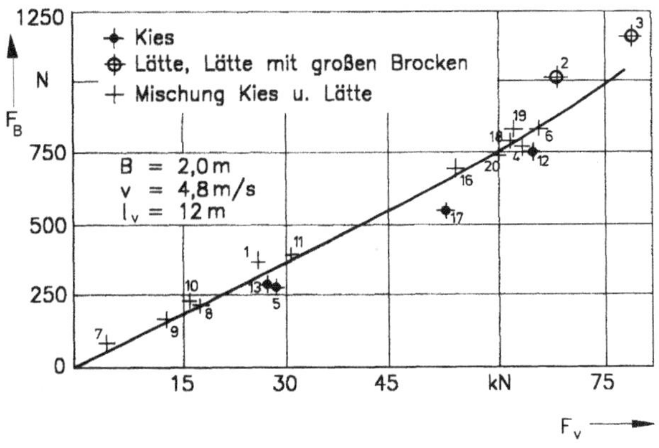

Bild 5-103 Bewegungswiderstand F_B aus Fördergutbelastung über der vertikalen Kraft F_v für verschiedene Fördergutarten und Darstellung der Abweichung vom Mittelwert

l_v Länge des Messstandes

Faktor c_λ

Der Einfluss des Muldungswinkels auf den Bewegungswiderstand, der durch den Faktor c_λ, erfasst wird, steigt mit der Vergrösserung des Muldungswinkels und mit der Verkürzung der Länge der Mittelrolle an.
Die Berechnungsfunktionen für F_{Eo} und F_{SBo} basieren auf den Messwerten, die bei einem Muldungswinkel von 36° ermittelt wurden. Die für die vier Fördergurttypen vorliegenden Messwerte wurden für die jeweiligen Muldungswinkel von 36°, 40° und 45° und l_M = 0,85 m und 0,6 m addiert und ins Verhältnis gesetzt.
Bei Vergrößerung des Muldungswinkels von 36°auf 45° und l_M = 0,85 m steigt der Bewegungswiderstand um ca. das 1,14-fache und von 36° auf 40° um ca. das 1,09-fache an. Bei l_M = 0,6 m liegen die Werte geringfügig höher.
Diese Erhöhung zwischen 36° auf 40° wurden auch bei einem Fördergut mit B = 0,65 m festgestellt.

Fördergurte mit hochfesten, dehnungsarmen Gewebeeinlagen

Neben den St-Gurten sind auch Fördergurte mit hochfesten, dehnungsarmen Gewebeeinlagen für den Einsatz an langen Gurtbandförderern geeignet. Für diese Fördergurtart liegen keine Messwerte über die Größe des Bewegungswiderstandes vor.

Hintz [5.63] hat den Eindrückrollwiderstand von ST-Gurten und solchen mit Gewebeeinlagen (EP100014, große Dehnung) bei streckenbezogener Belastung bis 5 kN/m ermittelt und festgestellt, dass die Werte für Fördergurte mit Gewebeeinlagen geringfügig höher liegen. Seine Empfehlung, zwecks Reduzierung des Energieverbrauchs, die Fördergurte mit Gewebeeinlagen durch St-Gurte zu ersetzen, kann nicht nachvollzogen werden, da der Einfluss der Masse nicht beachtet wurde.

Messungen an der TU Dresden mit einer streckenbezogenen Belastung im Bereich von 10 bis 15 kN/m haben für die Fördergurte mit Gewebeeinlagen gegenüber den St-Gurten geringere Werte für den Eindrückrollwiderstand ergeben. Die Fördergurte wurden von verschiedenen Herstellern geliefert, so dass bei gleicher Bezeichnung der Laufschicht Unterschiede in der Zusammensetzung nicht ausgeschlossen werden können.

Fördergurte mit Gewebeeinlagen sind 40 bis 50 % leichter. Die Stützkräfte werden bei F_E mit dem Exponenten von 1,33 und die von F_{SB} mit 2 berücksichtigt, so dass bei einer mittleren Auslastung des Gurtquerschnitts (B = 2 m) von 70 % für das Ober- und Untertrum eine Reduzierung des Hauptwiderstandes von mindestens 15 % zu erwarten ist. Allein der Anteil für das Untertrum beträgt mehr als 5 %.

Da hochfeste, dehnungsarme Gewebe zur Verfügung stehen, sollten diese auf Grund der zu erwartenden Einsparungen getestet und erprobt werden.

Faktoren c_{TR} und c_{TE} für den Temperatureinfluss

Der Temperatureinfluss wird durch die Veränderung der Eigenschaften der Bauteile und des Fördergutes hervorgerufen. Bei den Bauteilen handelt es sich in erster Linie um den Fördergurt und um das Fett zur Schmierung und Abdichtung der Wälzlager.

Beim Fördergut ist der Temperaturbereich als kritisch anzusehen, bei dem das aus dem Block gebaggerte, nicht gefrorene Fördergut auf der Förderstrecke gefriert bzw. anfriert. Durchgefrorenes Fördergut verhält sich wie entsprechendes, grobstückiges Fördergut, dieses könnte dann auch zur geringfügigen Erhöhung des Bewegungswiderstandes führen.

Barbey [5.120] hat zum Verhalten des Laufwiderstands der Tragrollen bei tieferen Temperaturen mit kleineren Tragrollendurchmessern (bis d_R = 152 mm, Wälzlager 6306) umfangreiche Versuche durchgeführt und festgestellt, dass der Rollwiderstand mit sinkender Temperatur überproportional ansteigt und bei –20 °C gegenüber 20 °C rd. 2,5-fach höhere Werte erreicht.

Die Ursache für den Anstieg liegt in der Viskositätszunahme des Fettes, wobei der Anstieg bei allen Fettsorten annähernd gleich groß ist (Bild 5-104). Die Messungen wurden bei einer 30 %igen Fettfüllung des Wälzlagers vorgenommen. Bei größeren Wälzlagertypen wird für die zuvor genannte Temperaturdifferenz ein 2-facher Anstieg genannt [5.134]. Für die unterschiedliche Beeinflussungshöhe liegt der Sachverhalt nahe, dass die Wälzlager 6310 und 6312 schon einen hohen Ausgangswert besitzen [5.130]. Es wird der gleiche Kurvenverlauf wie für die kleineren Wälzlager zugrunde gelegt. Im Bild 5-105 ist der Verlauf von c_{TR} über der Temperatur dargestellt.

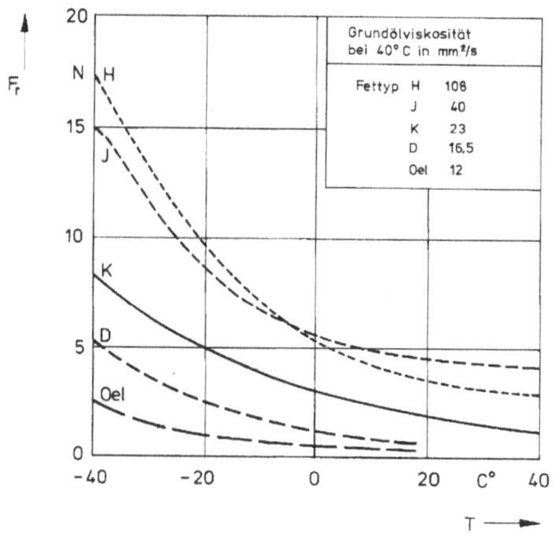

Bild 5-104 Rollwiderstand F_r der Tragrolle über der Temperatur T für unterschiedliche Fett- bzw. Ölsorten [5.120]

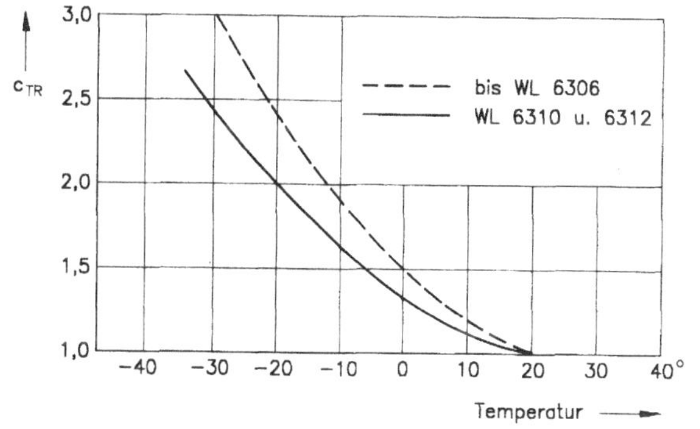

Bild 5-105 Faktor c_{TR} über der Gurttemperatur t_G beim Einsatz verschiedener Wälzlagertypen [5.211]

Hintz [5.63] hat für eine große Anzahl von Fördergurttypen den Verlauf von F^*_E in Abhängigkeit von der Temperatur ermittelt. Im Bild 5-106 ist der Verlauf für eine große Anzahl von Fördergurttypen dargestellt. Obwohl jeder Gummimischung ein spezieller Verlauf zugeordnet werden muss, ist aus dem Kurvenverlauf zu erkennen, dass im Temperaturbereich von +40 °C bis +10 °C nur ein geringer Anstieg von F^*_E auftritt. Im folgenden Bereich bis –20 °C bzw. zum Teil auch bis –30 °C ist ein größerer, annähernd stetiger Anstieg zu verzeichnen, um dann wieder in einen geringeren Anstieg überzugehen. Angaben über die Alterung der bei den Messungen verwendeten Fördergurttypen liegen nicht vor.

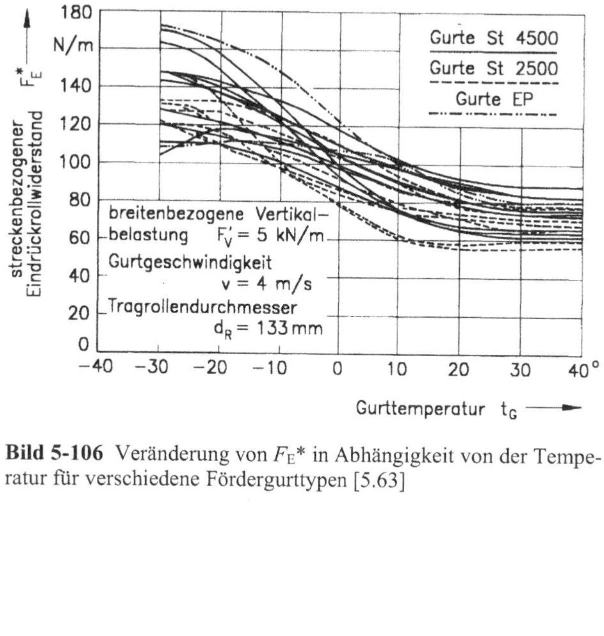

Bild 5-106 Veränderung von F_E* in Abhängigkeit von der Temperatur für verschiedene Fördergurttypen [5.63]

Die Größe der Faktoren c_{TEo} und c_{TEu} kann bis zum Zeitpunkt, bei dem vom Fördergurthersteller entsprechende Angaben zur jeweiligen Gummimischung vorliegen, aus den im Bild 5-106 dargestellten Messwerten sowie aus den weiteren Angaben in [5.63] abgeleitet werden.

Gurtablenkung in vertikaler Richtung

Im Bereich konkaver Kurven werden die Tragrollen entlastet, dadurch verringert sich der Eindrückrollwiderstand F_E. Konvexe Kurvenverläufe, wie auch die Ein- und Ausmuldungsstrecken, führen zur Erhöhung der Tragrollenbelastung und damit auch von F_E.

Ausrichtungsgrad c_{Ag}

Mit diesem Faktor sollten die Einflüsse auf den Bewegungswiderstand des Gurtförderers erfasst werden, die durch die Abweichung des Gurtbandförderers von der idealen Linie (Graden) auftreten.
Bei rückbaren Gurtförderern können Abweichungen in vertikaler Richtung nur an den Übergängen der Bandgerüste auftreten. Eine Untersuchung für den Fall, dass eine Tragrollenstation nicht belastet wird und die benachbarten eine 1,5-fache Belastung erhalten, zeigt, dass der Einfluss vernachlässigt werden kann.

Einfluss verschiedener Tragrollenstationen auf den Bewegungswiderstand

An einem Gurtförderer (B = 2,5 m, v = 6,04 m/s) im Tagebau Welzow wurden mit dem im Bild 5-107 dargestellten Tragrollenstationen Messungen mit verschiedenen Fördergurttypen vorgenommen. Die zum Einsatz vorgesehenen Tragrollenstationen waren so konzipiert, dass mit jeder folgenden Ausführungsform ein geringerer Bewegungswiderstand erwartet wurde. Die Mittelwerte der Messwerte $\overline{F}_{B6}$ für eine Förderweglänge von 6 m sind im Bild 5-108 dargestellt. Der Einfluss von l_M, d_{RM}, l_o und λ ist aus den Messwerten ersichtlich. Die Messwerte mit den Tragrollenstationen nach Nr. 4 sind um rd. 30 % niedriger als die nach Nr. 1.
Im Bild 5-109 sind die Mess- und die berechneten Werte nach Gl. (5.80) für die Fördergurttypen G_5 und G_6 gegenübergestellt.

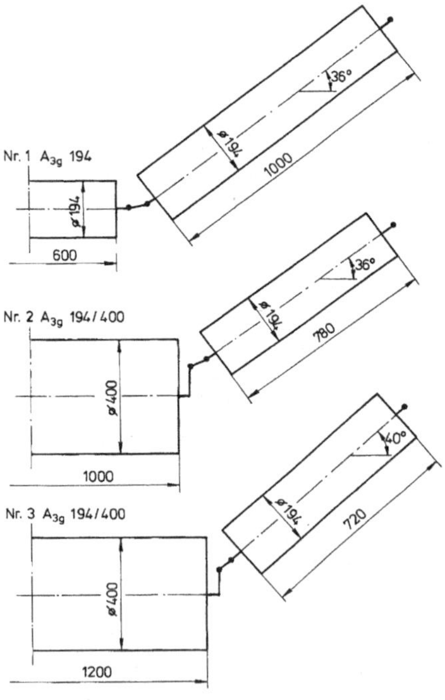

Bild 5-107 Prinzipskizze der vier Tragrollenstationen (Nr. 3 ist gleich Nr. 4, Bild 5-114)

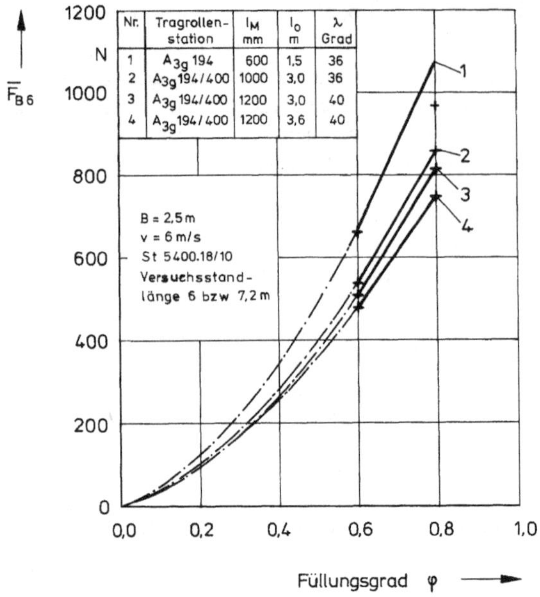

Bild 5-108 Mittelwert $\overline{F}_{B6}$ des Bewegungswiderstands aus Fördergutbeladung für vier Ausführungen der Tragrollenstation, bezogen auf eine Förderstrecke von 6 m, über dem Füllungsgrad φ des Gurtquerschnitts (Mittelwert aus Messungen an 9 Fördergurttypen, die Versuchsstandlänge von 7,2 m wurde auf 6 m umgerechnet) [5.137][5.211]

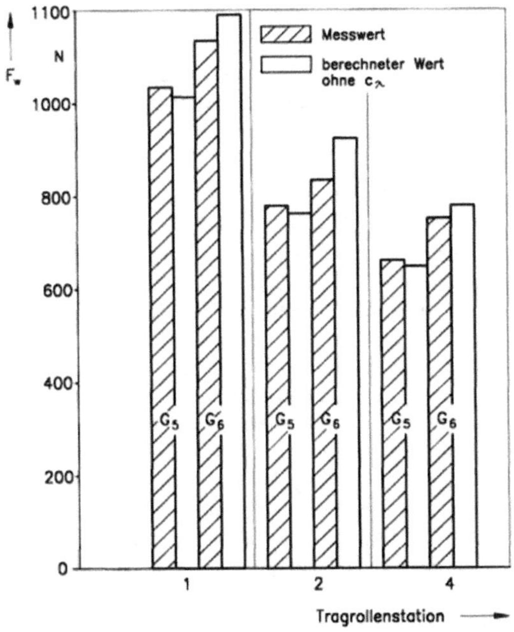

Bild 5-109 Gegenüberstellung der Mess- und berechneten Werte F_w* für die Tragrollenstationen Nr. 1, 2 und 4 für zwei Fördergurttypen G_5 und G_6 [5.211]

5.5.4.8 Konzentration des Fördergutes in der Fördergurtmitte und zulässiger Durchhang des Fördergurtes

Konzentration des Fördergutes in der Fördergurtmitte

Die Konzentration des Fördergutes in der Mitte des Fördergurtes ermöglicht eine höhere Auslastung des Fördergurtquerschnitts, eine geringere Verschmutzung der Anlage und geringere Betriebskosten.

Im Aufgabe- und Auslaufbereich des Gurtförderers tritt bei kleinstückigem Fördergut und einer mittigen Fördergutaufgabe durch den Staudruck eine gleichmäßige Verteilung über die gesamte Fördergurtbreite auf. Dieses Fördergut verhält sich ähnlich wie eine Flüssigkeit. Nach Beendigung der Beschleunigung weist die Oberfläche des Fördergutes einen annähernd horizontalen Verlauf auf.

Die Fördergutverteilung auf der Strecke wird damit durch die Muldungsform im Aufgabe- bzw. im Beschleunigungsbereich bestimmt, da nach dem Durchlaufen dieses Bereiches keine Durchmischung des Fördergutes mehr erfolgt.

Eine Konzentration des Fördergutes im Mittelbereich des Fördergutes wird durch die Verkürzung der Mittelrolle bei fünfteiligen Tragrollenstationen im Aufgabebereich erreicht. Bei einem Gurtförderer mit B = 2,0 m beträgt die Länge der gleichlangen Tragrollen im Aufgabenbereich 0,38 m. Wird die Länge der Mittelrolle auf l_M = 0,2 m reduziert, dann wird die Höhe der Mittelrolle um 0,1 m abgesenkt. Bei vergrößerter, gleicher Länge der übrigen vier Tragrollen treten keine wesentlichen Änderungen an der Aufhängung und Abdichtung auf.

Die Schütthöhe in der Mitte ist bei l_M = 0,2 m gegenüber der Ausführung mit gleich langen Mittelrollen um ca. 12 % höher und an den Schurrenwänden um ca. 10 % niedriger. Dies hat zur Folge, dass das Fördergut in der Fördergurtmitte konzentriert und der Schurrenreibwiderstand kleiner wird. Dies wirkt sich außerdem positiv auf den Verschleiß und die Verschmutzung der Anlage aus. Auch die Vergrößerung des Volumenteils unterhalb der Schurrenwände wirkt sich positiv bei der Beschleunigung des Fördergutes aus.

Zulässiger Durchhang des Fördergurtes

Bei der starken Reduzierung des Bewegungswiderstandes wird der zulässige Durchhang des Fördergurtes maßgebend für die Höhe der Gurtzugkraft.

In den Berechnungsvorschriften bzw. in der Literatur sind folgende Werte für das Verhältnis h/l_o festgelegt bzw. aufgeführt:

- DIN 22101: $h/l_o \leq 0{,}01$
- TGL 35378: $h/l_o \leq 0{,}015$ (Technisch gültige Lieferbedingungen)
- Fachbuch Stetigförderer: $h/l_o \leq 0{,}015$

Die Angabe in der DIN 22101 erfolgte ohne Begründung. Es wird zum Ausdruck gebracht, dass der Durchhang h umso geringer sein soll, je höher die Geschwindigkeit und je grobstückiger das Fördergut ist.

Von der herstellenden Industrie, für die diese Vorschriften Gültigkeit besaßen, wurden Gurtförderer mit dem Durchhang von $h/l_o \leq 0{,}015$ ohne Beanstandung ausgeführt.

Die Festlegung in der DIN erfolgte zu einem Zeitpunkt, als nur geringe Erkenntnisse über den Einfluss des Durchhangs vorlagen. Heute ist bekannt, dass der Durchhang nur einen geringen Einfluss auf den Bewegungswiderstand besitzt.

Die Praxis hat gezeigt, dass beim Transport des üblichen Fördergutes keine wesentlichen Unterschiede zwischen den Tragrollenabständen l_o = 1,2 m bzw. 3,6 m auftreten. Einzelne, nicht im Fördergut eingebettete größere Steine werden, unabhängig vom Tragrollenabstand, abgeworfen. Wesentlich ist, dass bei größeren Tragrollenabständen die Außenkante des Fördergurtes sich zwischen den Tragrollenstationen nach oben bewegt, so dass keine erhöhte Verschmutzung der Anlage entsteht (Bild 5-114).

Maßgebend für die Festlegung des Durchhangs sollte der Anstieg des Schwingbiegewiderstands F_{SBo} sein. Hierzu gibt es folgende Untersuchungen:

- *Könneker* [5.77] hat an 34 Gurtförderern den Bewegungswiderstand und den Durchhang gemessen. Obwohl der Durchhang im Bereich von 2 bis 3 % lag, wurden mit 0,012 bis 0,016 geringe f-Werte für den Hautwiderstand ermittelt.
- An einem Gurtbandförderer (B = 0,65 m) wurde der Bewegungswiderstand bei l_o = 1,2 und 2,4 m gemessen. Bei l_o = 1,2 m und h/l_o = 0,01 und bei l_o = 2,4 m und h/l_o = 0,018 trat eine gleiche Zunahme des Bewegungswiderstands auf.
- Der rechnerische Durchhang bei 0,6 m vor der Tragrollenstation verhält sich bei den Tragrollenabständen von 1,2 : 2,4 : 3,6 m wie: 1 : 3 : 5.
- Die ermittelten Werte für der Schwingbiegewiderstand F_{SBo} für eine Förderstrecke von 12 m sind für l_o von 1,2 m bis 3,6 m und l_M von 0,6 bis 0,85 m in der folgenden Tafel zusammengefasst (Auszug aus den Tafeln 5-25 bis 5-27 bei c_{Go} =1,17).

Tafel 5-28 Zusammenstellung der Werte für den Schwingbiegewiderstand F_{SBo}

l_M	0,85	0,72	0,6
l_o = 1,2 m	400	528	704
2,4 m	368	486	616
3,6 m	215	284	360

Die Werte für den Schwingbiegewiderstand F_{SBo} steigen mit Verkürzung der Länge der Mittelrolle und fallen mit der Vergrößerung des Abstandes der Tragrollenstation. Zusammenfassend kann festgestellt werden, dass die veralteten Vorschriften schnellstens korrigiert werden müssen. Bei der Festlegung von h/l_o ist auch die Länge der Mittelrolle und der Tragrollenabstand zu berücksichtigen, da diese die Höhe der Verformungsarbeit wesentlich beeinflussen.

Zusammenfassung

Eine Optimierung des Bewegungswiderstandes und damit des Energiebedarfs sowie der Gurtzugkraft ist nur möglich, wenn die bisher angewandte, pauschale Berechnungsmethode durch eine Berechnung auf der Basis der Einzelwiderstände ersetzt wird.

Die Grundlage zur Bestimmung des Eindrückroll- bzw. des Hauptwiderstandes auf der Basis der Einzelwiderstände wurde durch die Messung des Fördergurteinflusses auf einem Versuchsstand geschaffen.

Es wurden dabei außer den Einflüssen der Parameter des Fördergurtes auch die der Belastungsgröße und die des Tragrollendurchmessers erfasst.

Messungen haben ergeben, dass durch eine zweckmäßige Gestaltung der Tragrollenstation und des Abstandes l_o eine Reduzierung des Hauptwiderstandes F_H um 20 bis 28 % möglich ist.

Eine annähernd gleich große Reduzierung wird auch durch die Weiterentwicklung des Fördergurtes erwartet. Reduzierungen von 25 % konnten bereits nachgewiesen werden.

Bei Abwärtsförderung ist durch die zweckmäßige Auswahl der Bauteile eine 2- bis 3-fache Erhöhung des Hauptwiderstandes F_H möglich.

5.5.4.9 Berechnung des Hauptwiderstands

Der Hauptwiderstand eines Gurtförderers wird unter Berücksichtigung der Gln. (5.63), (5.64), (5.67), (5.77) und (5.78) wie folgt ermittelt:

$$F_H = F_{Ho} + F_{Hu}\,; \tag{5.79}$$

$$F_H = \frac{L}{10^3 l_o}\left(F_{Ro} + F_{Eo} + F_{SFo}\right) + \frac{L}{10^3 l_u}\left(F_{Ru} + F_{Eu} + F_{SBu}\right). \tag{5.80}$$

Treten im Bereich der Gurtförderlänge L Parameteränderungen auf, dann ist die Länge L in Unterabschnitte l_i zu untergliedern.

5.5.5 Auslegung des Antriebssystems

Die Angaben zur Auslegung des Antriebssystems sind in DIN 22101 dargestellt[5.49]:

- Auswahl der Lage und Anzahl der Antriebe
- Entscheidungen über Anfahrhilfen
- Bemessung der Antriebsmotoren (Nennleistung)
- Bestimmung der erforderlichen Bremskräfte (Stillsetzen und Halten einer Gurtförderanlage).

Eine Verteilung der Antriebe auf mehrere Antriebstrommeln an Anlagenkopf und -heck sowie gegebenenfalls auch auf Zwischenantriebe erfolgt, sofern keine anderen Gesichtspunkte dem entgegenstehen, im Sinne minimaler Gurtzugkräfte (s. auch Bild 5-88).

5.5.5.1 Übertragung der Kräfte und Arten der Spannvorrichtungen

Die Übertragung der beim Anfahren, Bremsen oder im stationären Betriebszustand auftretenden Trommelumfangskräfte durch Reibschluss an den einzelnen angetriebenen oder gebremsten Antriebstrommeln erfordert bestimmte Mindestgurtzugkräfte am Trommelauf- und Trommelablauf. Mit Rücksicht auf Beanspruchung und Auslegung des Fördergurtes und anderer Anlagenteile sollte die Gurtzugkraft geringstmögliche Werte aufweisen.
Der Zweitrommelantrieb bietet, wie die Gleichung (5.82) zeigt, mit der Summe der Umschlingungswinkel eine Verbesserung der Bedingungen für eine schlupffreie Kraftübertragung bzw. für eine Reduzierung der Vorspannkraft

$$\frac{T_1}{T_2} \le e^{\mu_1 \alpha_1}\,; \quad \frac{T_2}{T_3} \le e^{\mu_2 \alpha_2}. \tag{5.81}$$

Für $\mu_1 = \mu_2 = \mu$ gilt $\dfrac{T_1}{T_3} \le e^{\mu(\alpha_1 + \alpha_2)}$, (5.82)

T_1, T_2, T_3 Gurtzugkräfte in N
α_1, α_2 Trommelumschlingungswinkel [5.49]
μ Reibungsbeiwert zwischen Trommel und Gurt [5.49].

Bei den Gurtförderern kommen folgende Spannvorrichtungsarten zum Einsatz:

- Spannvorrichtung mit Gewichtsbelastung
- starr eingestellte Spannvorrichtungen
- Spannvorrichtung mit selbsttätiger Regelung der Vorspannhöhe.

Der Vorteil der Spannvorrichtungen mit Gewichtsbelastung besteht darin, dass die Vorspannung für alle Betriebszustände konstant ist. Sie kommt vor allem bei längeren, stationären Gurtförderern zum Einsatz, die kurzzeitig größeren Temperaturschwankungen und kleineren Längenänderungen unterworfen sind bzw. eine Gurtwendeeinrichtung im Untertrum besitzen.
Die starr eingestellte Spannvorrichtung basiert auf dem *Newton'schen* Gesetz, d. h., im Beanspruchungsbereich des Zugträgers (St-Seile, Polyamid-Gewebe) ist dessen Dehnung proportional der Zugkraft. In einem klar definierten Betriebszustand (Leerlauf) wird eine Vorspannung aufgebracht, deren Größe so bestimmt wird, dass für alle anderen Betriebszustände eine ausreichende Vorspannung besteht. Diese Ausführungsart hat sich durch ihre einfache Handhabung und Einstellung bewährt, obwohl sie für einige Bauteile höhere Beanspruchungen zur Folge hat.
Die Spannvorrichtung mit der selbsttätigen Regelung der Vorspannhöhe in einem vorgegebenen Bereich stellt belastungsmäßig die günstigste Ausführungsform dar. Sie konnte sich jedoch auf Grund ihres hohen Wartungsaufwandes und ihrer Störanfälligkeit bisher nicht durchsetzen.

5.5.5.2 Kräfteverlauf und Größe der Vorspannung

Starre Spannvorrichtung
Im Bild 5-110 ist der Kräfteverlauf im Fördergurt für einen horizontal angeordneten bzw. gleichmäßig ansteigenden Gurtförderer dargestellt. In diesem Fall treten beim Anlauf die höchsten Gurtzugkräfte auf

$F_A = a\,F$; $a = 1{,}3 \ldots 1{,}6$. (5.83)

Die Größe des Faktors a hängt von der Anlaufsteuerung ab. Er sollte in dem angegebenen Bereich liegen [0.1].

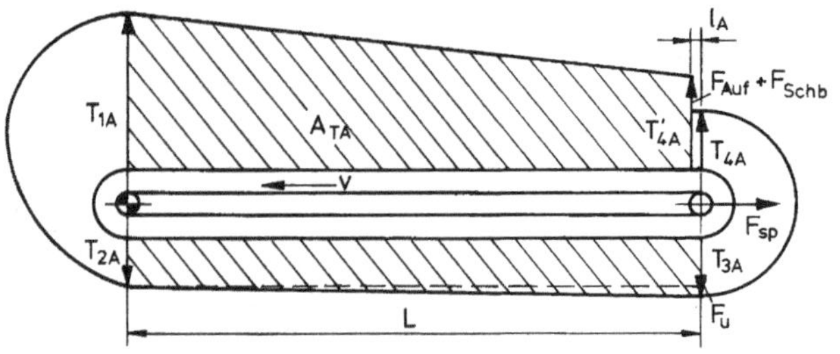

Bild 5-110 Gurtzugkräfteverlauf an einem horizontal bzw. gleichmäßig steigenden Gurtförderer mit Kopfantriebstrommel

A_{TA} Gurtkraftfläche in N m
$T_{1A} \ldots T_{4A}$ Gurtkräfte an den Trommeln in N
L Länge des Gurtförderers in m
l_A Abstand zwischen Aufgabestelle und Umlenktrommel in m
F_{sp} Spannkraft in N
F_u Bewegungswiderstand im Untertrum in N
F_{Auf}, F_{Schb} Nebenwiderstände in N

Bei einer starr eingestellten Spannvorrichtung sind die Gurtkraftflächen A_{Ti} während der Betriebszustände i (A_{TA} Anlauf, A_{TB} Beharrungszustand, A_{TL} Leerlauf) auf Grund des elastischen Verhaltens des Zugträgers im Belastungsbereich des Fördergurts gleich groß.
Bei Fördergutaufgabe in der Nähe der Umlenktrommel ($l_A << L$), der linearen Zuordnung der sonstigen Nebenwiderstände und der Vernachlässigung des im allgemeinem geringen Anteils der Fläche an den Antriebs- und Umlenktrommeln ergibt sich für die Gurtkraftfläche A_{TA} im Betriebszustand Anlauf absolut bzw. auf die Förderlänge L bezogen

$$A_{TA} = \left(T_{1A} + T_{2A} + T_{3A} + T_{4A}\right)\frac{L}{2}\,; \tag{5.84}$$

$$A^*_{TA} = \frac{2A_{TA}}{L} = 4T_{2A} + F_A + 2F_u + F_{Anf} + F_{Schb}\,. \tag{5.85}$$

Die Gurtzugkräfte betragen während des Anlaufvorgangs:

$$T_{1A} = T_{2A} + F_A\,; \tag{5.86}$$

$$T_{2A} = c_2 F_A = c_2 aF = \frac{aF}{e^{\mu a} - 1}\,; \tag{5.87}$$

$$T_{3A} = T_{4A} = T_{2A} + F_u\,; \tag{5.88}$$

$$T'_{4A} = T_{2A} + F_u + F_{Auf} + F_{Schb} \text{ (Fördergutaufgabe)}, \tag{5.89}$$

während des Beharrungszustands:

$$T_{2B} = \frac{A^*_{TA} - F - 2F_u - F_{Auf} - F_{Schb}}{4}\,; \tag{5.90}$$

$$T_{1B} = T_{2B} + F\,; \tag{5.91}$$

$$T_{3B} = T_{4B} = T_{2B} + F_u\,; \tag{5.92}$$

$$T'_{4B} = T_{2B} + F_u + F_{Auf} + F_{Schb} \text{ (Fördergutaufgabe)}, \tag{5.98}$$

während des Leerlaufs:

$$T_{2L} = \frac{A^*_{TA} - F_L - 2F_u}{4}\,; \tag{5.94}$$

$$T_{1L} = T_{2L} + F_L\,; \tag{5.95}$$

$$T_{3L} = T_{4L} = T_{2L} + F_u\,. \tag{5.96}$$

Es bezeichnen:

F Bewegungswiderstand im Beharrungszustand in N
F_A Bewegungswiderstand während des Anlaufvorganges in N
F_L Bewegungswiderstand während des Leerlaufs in N
F_u Bewegungswiderstand des Untertrums in N
F_{Auf} Bewegungswiderstand infolge Beschleunigung des Fördergutes an der Aufgabestelle, Gl. (5.50)
F_{Schb} Bewegungswiderstand infolge Reibung des Fördergutes an den Schurrenwänden, Gl. (5.51).

Da $T_{2L} > T_{2A}$ bzw. T_{2B} ist, wird die Umlenktrommel im Leerlauf am höchsten belastet.
Die Spannkraft F_{Sp} im Leerlauf beträgt

$$F_{Sp} = F_{3L} + F_{4L} = 2\left(F_{2L} + F_u\right). \tag{5.97}$$

Gewichtsbelastete Spannvorrichtung
Für den im Bild 5-110 dargestellten Gurtförderer treten beim Anlaufvorgang Gurtzugkräfte entsprechend den Gleichungen (5.86) bis (5.89) auf.
Für die Gurtzugkräfte während des Beharrungszustandes und des Leerlaufs ergeben sich, da die Gewichtskraft T_{2A} konstant ist, folgende Gleichungen

$$T^*_{1B} = T_{2A} + F \tag{5.98}$$

$$T^*_{3B} = T^*_{4B} = T_{2A} + F_u \tag{5.99}$$

$$T'^*_{4B} = T_{2A} + F_u + F_{Auf} + F_{Schb} \text{ (Fördergutaufgabe)} \tag{5.100}$$

$$T^*_{1L} = T_{2A} + F_L \tag{5.101}$$

$$T^*_{3L} = T^*_{4L} = T_{2A} + F_u\,. \tag{5.102}$$

5.5.5.3 Gurtförderer mit beliebigem Streckenprofil

Für Gurtförderer, die sich dem Geländeprofil anpassen, ist der im Bild 5-111 dargestellte Verlauf der Gurtzugkräfte für die Abschnitte l_i mit gleichen Parametern zu beachten. Es ist der maßgebende Belastungsfall k zu berücksichtigen. Hierzu gehören im Beharrungszustand für die Abschnitte l_i:

- alle Abschnitte sind beladen
- alle Abschnitte sind leer
- alle steigenden Abschnitte sind beladen
- alle fallenden Abschnitte sind beladen.

Auch die Nebenwiderstände sind hierbei, entsprechend ihrem Wirkungsbereich, zu berücksichtigen.

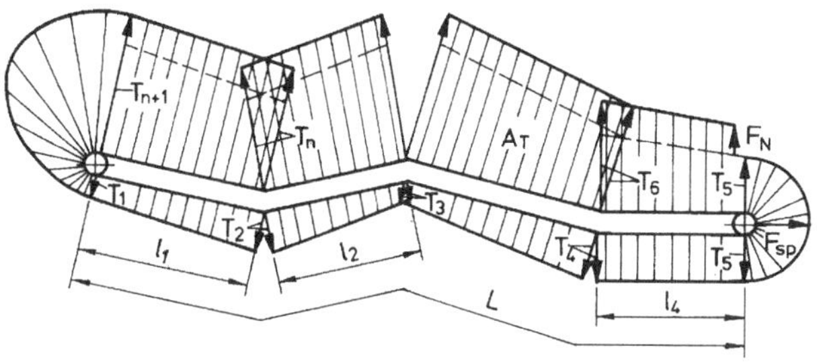

Bild 5-111 Gurtzugkräfteverlauf bei einem dem Geländeprofil angepassten Gurtförderverlauf

$T_1 \ldots T_{n+1}$ Gurtzugkräfte an Enden der Längenabschnitte in N
$l_1 \ldots l_4$ Längenabschnitte in m
F_N Nebenwiderstände in N

5.5.5.4 Geometrische Verformung und Durchhang des Fördergurtes

Beim Lauf über die Tragrollenstation verformt sich der Fördergurt, um sich der durch die Tragrollenstation vorgegebenen geometrischen Form anzupassen, und nimmt anschließend, d. h. zwischen den Tragrollenstationen, wieder eine von freiem Durchhang bestimmte Querschnittsform an.
Dieser Vorgang wiederholt sich periodisch und beeinflusst den Hauptwiderstand des Gurtförderers sowie die Wurfweite des Fördergutes beim Lauf über die Tragrollenstation.
In den Berechnungsvorschriften wird deshalb das Durchhangverhältnis h/l_o begrenzt. Um dieser Forderung zu entsprechen, musste deshalb teilweise der Gurtzug erhöht werden.
Die Messergebnisse des Bewegungswiderstands F_B haben jedoch gezeigt, dass trotz Vergrößerung des Tragrollenabstandes l_o und damit auch des Durchhanges h eine Reduzierung von F_B eingetreten ist. Auch in [5.117] wird über Messungen an drei Gurtförderern mit einem Durchhangverhältnis von 2 bis 3 % berichtet, dessen f-Werte im Bereich von 0,012 bis 0,016 liegen (siehe Abschnitt 5.5.4.8).

Durchhang des Fördergurtes
Die Gleichung zur Bestimmung des maximalen Gurtdurchhanges h zwischen zwei Tragrollenstationen wird analog zu der für ein biegeschlaffes bzw. biegesteifes Seil oder Balken hergeleitet:

biegeschlaffer Fördergurt

$$\frac{h}{l_o} = \frac{(m'_L + m'_G)g l_o}{8T}\,; \tag{5.103}$$

biegesteifer Fördergurt

$$\frac{h}{l_o} = \frac{(m'_L + m'_G)g l_o}{8T}\left(1 - \frac{4}{l_o}\sqrt{\frac{EI}{T}}\right) \text{ nach [5.127]}, \tag{5.104}$$

h Durchhang des Fördergurtes in m
l_o Abstand der Tragrollenstation im Obertrum in m
m'_L bezogene Masse aus Fördergut in kg/m
m'_G bezogene Masse aus Fördergurt in kg/m
g Fallbeschleunigung ($g = 9{,}81$ m/s²)
E Elastizitätsmodul in kg/m²
I Trägheitsmoment in m⁴
T Gurtzugkraft.

Auch *Behrens* [5.116] hat für die von ihm gemessenen Durchhänge eine Gleichung entwickelt, in der die in der Gl. (5.104) angegebenen Parameter Berücksichtigung fanden. Von [5.127] und [5.129] werden Krümmungsradien des biegesteifen Fördergurtes angegeben.

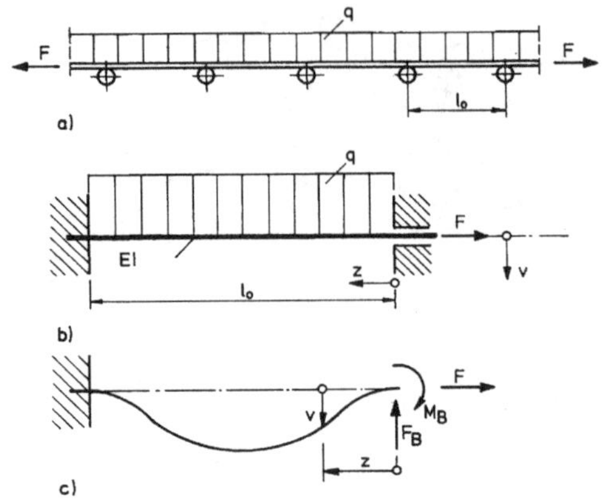

Bild 5-112 Berechnungsmodell für den Gurtdurchhang [5.157]

a) Teilstrecke eines Gurtförderers
b) Ersatzmodell
c) verformter Balken mit einer statisch Unbestimmten

F Zugkraft; M_B Moment am Stützpunkt B
E Elastizitätsmodul N/m²
I Trägheitsmoment in m⁴
q Streckenbelastung in kg/m
v, z Achsen des Koordinatensystems

Matthias [5.157] hat unter Einbeziehung der Gurtzugkraft *F* und des Momentes M_B an der Stützstelle (Bild 5-112) die Differentialgleichung für die Biegeverformung eines geraden Balkens erstellt

$$v'' - \lambda^2 v = \frac{q l_o^2}{2EI}\left[\left(\frac{z}{l_o}\right)^2 - \frac{z}{l_o} + \frac{2M_B}{q l_o^2}\right]. \qquad (5.105)$$

Hierbei wird zwecks einfacherer Darstellung der Faktor $\lambda^2 = F/EI$ eingeführt. Mit der dimensionslosen Schreibweise enthalten die Gleichungen nur noch die beiden Parameter λl_o und z/l_o

$$v'\frac{2EI}{q l_o^3} = \frac{1}{(\lambda l_o)^2}\left[1 - \frac{2z}{l_o} - \cosh(\lambda l_o \frac{z}{l_o}) + \frac{\sinh \lambda l_o}{\cosh \lambda l_o - 1}\sinh(\lambda l_o \frac{z}{l_o})\right]; \qquad (5.106)$$

$$\frac{v2EI}{q l_o^4} = \frac{1}{(\lambda l_o)^3}\cdot \left[\lambda l_o \frac{z}{l_o}(1 - \frac{z}{l_o}) + \sinh \lambda l_o \frac{\cosh(\lambda l_o \frac{z}{l_o}) - 1}{\cosh \lambda l_o - 1} - \sinh(\lambda l_o \frac{z}{l_o})\right]. \qquad (5.107)$$

Die Krümmung des Fördergurtes an der Stützstelle auf der Tragrolle beträgt nach der Theorie 1. Ordnung

$$v_o''(z=0) = \frac{q\, l_o^2}{12EI} \qquad (5.108)$$

und nach Gl. (5.111)

$$v_o''(z=0) = \frac{q\, l_o^2}{2EI(\lambda l_o)^2}\left(\frac{\lambda l_o \sinh \lambda l_o}{\cosh \lambda l_o - 1} - 2\right). \qquad (5.109)$$

Diese abgeleiteten Gleichungen gelten, wenn folgende Bedingung erfüllt ist

$$\frac{1}{v''(z=0)} > \frac{d_R}{2}. \qquad (5.110)$$

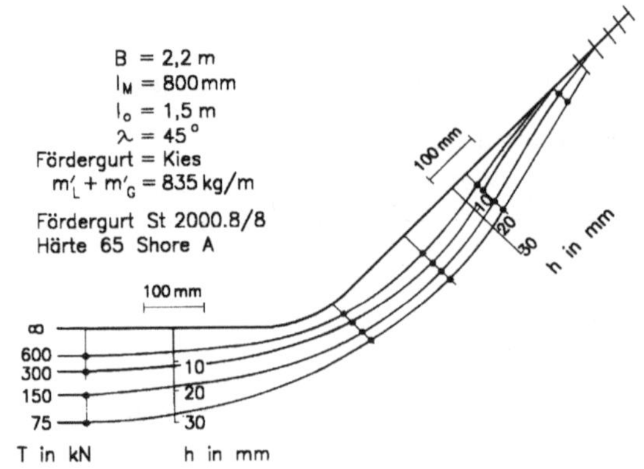

Bild 5-113 Durchhang *h* des beladenen Gurtes an der Mittel- und Seitenrolle (*h* 5-fach überhöht dargestellt) [5.116]

Der ermittelte Durchhang gilt für die Systemlinie des gemuldeten Fördergurtquerschnitts mit Fördergut bei einem konstanten Wert für *EI*. Dieser ist jedoch, wie die folgenden Darstellungen zeigen, einer gewissen Änderung unterworfen.

Geometrische Form des Fördergurtes zwischen den Tragrollenstationen

Von *Behrens* [5.116] wurde der Gurtdurchhang an einem Fördergurt mit *B* = 2,2 m für verschiedene Gurtzüge ermittelt (Bild 5-113).

Messtechnische Untersuchungen von *Oehmen* und *Alles* [5.141] an stillgesetzten und bewegten Stahlseil- und Textilfördergurten bei unterschiedlichen Gurtbreiten und Tragrollenabständen ergaben Durchhänge, die über den theoretisch ermittelten lagen. Von besonderem Interesse sind die Verschiebungen in der Gurtmitte und an der Gurtkante.

Im Bild 5-114 sind diese charakteristischen Linien der Gurtverschiebung für drei Gurttypen bei gleicher Gurtbreite (*B* = 1,2 m) und Sicherheitszahl (*S* = 12) sowie für unterschiedliche Tragrollenabstände l_o = 1,25; 2,50; 3,75 und 5,00 m maßstäblich dargestellt. Der Durchhang in der Gurtmitte steigt mit der Zunahme des Tragrollenabstands l_o überproportional an. Die stärkste Verformung des Gurtes im Bereich der Mittelrolle tritt im Übergang von dem geraden in den gemuldeten Bereich auf (rd. 0,7 m vor und hinter der Tragrollenstation). Bei größeren Tragrollenabständen erfolgt im anschließenden Bereich für die Gurtmitte und Gurtkante eine gleichmäßige Absenkung.

Demzufolge ist das Fördergut nur bei kleinen Tragrollenabständen einer ständigen Verformung unterworfen.

Die Gurtkante klappt nach dem Verlassen der stützenden Tragrolle nach innen. Dieses Zusammenklappen, das hauptsächlich zwischen der Stützung auf der Tragrolle und dem Messpunkt bei $l_o/8$ vor sich geht, hat ein Hochbiegen der Kante und ein Absenken der Gurtmitte zur Folge. Erst beim Tragrollenabstand l_o = 3,75 m sinkt die Gurtkante zusammen mit der gesamten Gurtfläche unter das Niveau der Tragrollen ab. Die Messungen wurden bei der Sicherheitszahl *S* = 12 durchgeführt. Werden bei den unterschiedlichen Gurttypen gleiche Gurtzugkräfte berücksichtigt, dann gleichen sich die Durchhänge an. Der Durchhang eines Fördergurtes in der Gurtmitte und an den Gurtkanten ist beim auflaufenden Fördergut größer als beim ablaufenden.

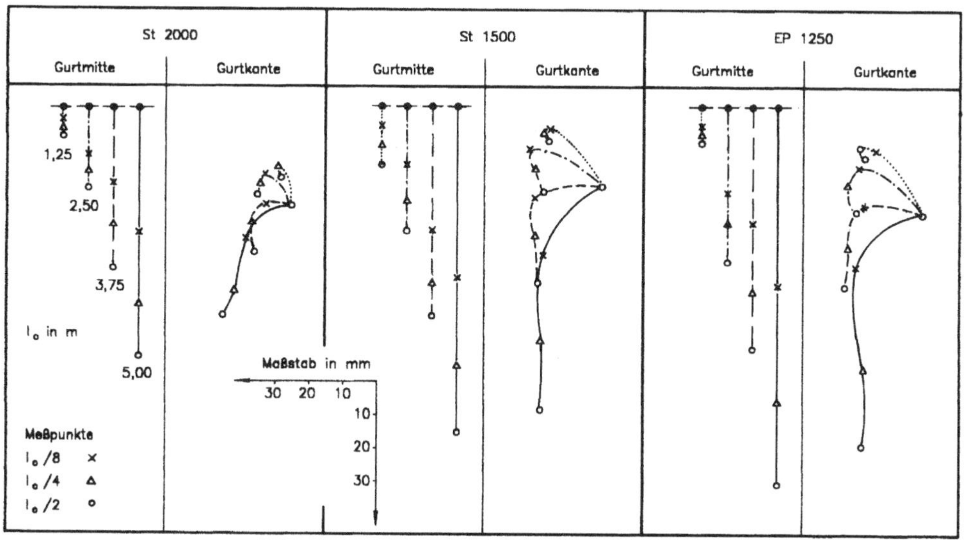

Bild 5-114 Charakteristische Linien der Durchhangsgröße in der Mitte und an der Kante des Fördergurtes im Stillstand für drei Gurttypen (B = 1,2 m, Gurtsicherheitszahl S = 12) [5.141]

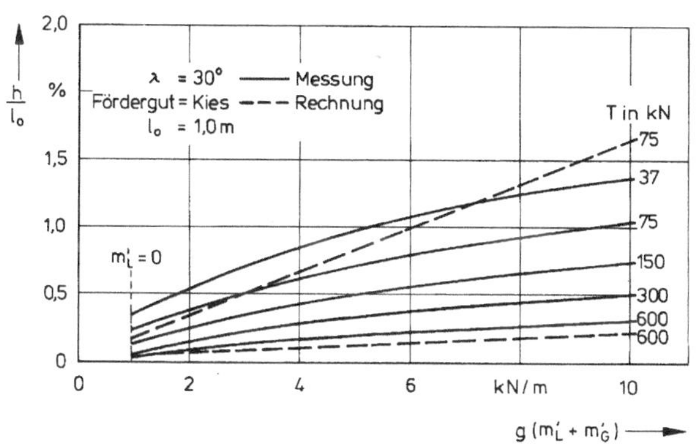

Bild 5-115 Durchhangverhältnis h/l_o in Abhängigkeit von der streckenbezogenen Beladung $g(m_L' + m_G')$ und der Gurtzugkraft T für Muldungswinkel $\lambda = 30°$ [5.116]

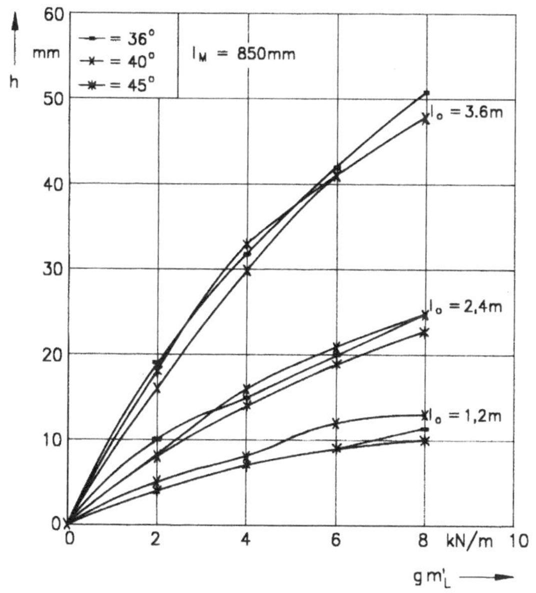

Bild 5-116 Mittiger Fördergurtdurchhang in Abhängigkeit von der Beladung gm_L' für die drei Muldungswinkel λ und Tragrollenabstände l_o bei l_M = 850 mm (l_o = 2,4 m, bei 3/8 l_o gemessen)

Im Bild 5-115 ist das Durchhangverhältnis für gemessene und nach Gl. (5.103) berechnete Werte über der Belastung und der Gurtzugkraft dargestellt. Die berechneten Werte liegen bei geringen Gurtzugkräften darüber und bei großen darunter. Die Messwerte zeigen eine Abhängigkeit des Durchhangs auch von der Länge der Mittelrolle l_M, dem Muldungswinkel λ, dem Tragrollenabstand l_o und der Auslastung des Gurtquerschnitts [5.62].

Der Gurtdurchhang steigt mit der Belastung degressiv an. Ursache hierfür dürfte eine Konzentration des Fördergutes in der Fördergurtmitte und seine Führung über die horizontal angeordnete Mittelrolle sein (Bild 5-116). Bei kurzen Mittelrollen l_M und besonders bei großen Tragrollenabständen ist ein größerer Einfluss des Muldungswinkels λ auf den Durchhang festzustellen.

Wurfweite des Fördergutes

Große Wurfweiten beim Lauf des Fördergutes über die Tragrollenstation können zur Beunruhigung des Fördergutes und sogar zum Herabspringen führen. Die Wurfweite x_f des Fördergutes an einer Tragrollenstation eines horizontalen Förderers kann, nach Drehung des Koordinatensystems um den Auslaufwinkel δ_B, mittels der Funktion der Wurfparabel bestimmt werden, wenn die Größe der Ein- und Auslaufwinkel des Fördergurtes bekannt ist

$$y = x \tan\delta_Z - \frac{x^2 g}{2v^2 \cos^2 \delta_Z}. \tag{5.111}$$

Mit $y = 0$, $\cos\delta_Z \approx 1$ ergibt sich eine Wurfweite von

$$x_f = \frac{2v^2 \tan\delta_Z}{g}. \tag{5.112}$$

Dabei stellt der Winkel δ_Z die Summe aus Ein- und Auslaufwinkel dar, d. h. $\delta_Z = \delta_{AZ} + \delta_{BZ}$. Die Größe der Winkel verändert sich mit dem Abstand z von der Fördergurtmitte. Unter dem Einlaufwinkel δ_{AZ} ist der Winkel zu verstehen, bei dem das Fördergut sich vom Fördergurt abhebt.

In 1. Näherung könnte gesetzt werden

$$\tan\delta_{AZ} \approx \frac{4h}{l_o}, \tag{5.113}$$

h Durchhang des Fördergutes bei $l_o/2$ in m
l_o Abstand der Tragrollenstation in m
v Gurtgeschwindigkeit in m/s.

5.5.6 Baugruppen

5.5.6.1 Antriebsaggregat

Das Antriebsaggregat besteht in den meisten Fällen aus dem Kegel-Stirnradgetriebe, dem Motor, der Kupplung und der Bremse, die auf einem Konsol gelagert sind. Die beim üblichen Leichtbau verwendete Dreipunktabstützung wird bei der starren Verbindung zwischen Trommelwelle mit der Abtriebsstufe des Getriebes durch die zwei Lager dieser Stufe und durch den dritten Abstützpunkt am Konsol gebildet. Die letztgenannte Lagerstelle wird bei Aufhängung an der Tragkonstruktion durch eine Zuglasche und bei Stützung auf diese durch ein Kreuzgelenk oder durch ein Laufrad bzw. Zapfen mit axialem Spiel ausgeführt. Der Abstand zwischen den Lagerstellen bestimmt die Belastung der Trommelwelle aus der Eigenmasse und die Verformung des Konsols. Letztere ist bei der Auswahl der Kupplung zwischen Motor und Getriebe zu beachten.

Das Kegel-Stirnradgetriebe wird je nach dem Übersetzungsbereich zwei- bzw. dreistufig ausgeführt. Zweistufige Ausführungen sind aus Gründen der geringeren Anzahl an Verschleißteilen anzustreben.

Zur Ausführung der Verzahnung und der Steife des Gehäuses zwecks Erreichung eines guten Tragbildes und geringer Geräuschemission erfolgten Angaben im Abschnitt 5.2.3.2.

In Bezug auf den Verschleiß und die Ausfallhäufigkeit stellt die Kegelradstufe den Schwachpunkt dar. Es ist eine wartungsarme Tauchschmierung anzustreben, die auch eine gewisse Getriebeneigung gestattet. Für Freiluftausführung (mitteleuropäischer Raum) sind Umgebungstemperaturen von –25 bis +40 °C anzustreben. Der Einsatz in Kältegebieten wird durch den Einbau einer elektrischen Heizung, die das Öl auf –25 °C erwärmt, ermöglicht.

5.5.6.2 Verbindung zwischen Getriebe und Antriebstrommel

Für die Verbindung zwischen Getriebe und Antriebstrommel werden folgende Ausführungsformen angewandt:

- Aufstecken der mit einer Hohlwelle ausgeführten Abtriebsstufe des Getriebes auf die Trommelwelle
- Anflanschen des Getriebes an die Trommelwelle.

An der Verbindungsstelle sind außer dem Drehmoment auch das Biegemoment aus der Eigenmasse des Antriebsaggregats zu übertragen.

In den Bildern 5-117 und 5-118 sind Ausführungsformen mit auf die Trommelwelle aufgestecktem Getriebe dargestellt. Die Verbindung zwischen Trommelwelle und Hohlwelle erfolgt im Bild 5-117 durch zwei geteilte Konusringsätze, die getrennt voneinander vorgespannt werden. Die Vorspannkraft ist so bemessen, dass die Hohlwelle und der Wellenzapfen eine Einheit darstellen, da bei Relativbewegungen (Biegung) an den Verbindungsstellen Verschleiß auftritt. Mit dem geteilten Lagerdeckel ist eine gute Zugängigkeit der Spannelemente gewährleistet. Um eine sichere Übertragung der Torsionskräfte zu gewährleisten, werden teilweise zusätzlich Passfedern angeordnet. Die Passung zwischen Hohl- und Trommelwelle sollte mit einem größeren Spiel ausgeführt werden, um das Abziehen des Getriebes auch nach längerer Betriebszeit zu gewährleisten (Passungsrost).

Die Verbindung bei der Ausführung nach Bild 5-118 wird durch einen breiten bzw. durch mehrere schmale Spannsätze vorgenommen. Spannsätze sind für die Übertragung von Torsionskräften entwickelt worden. Bei zusätzlicher Überlagerung von Biegebeanspruchungen ist die Flächenpressung herabzusetzen bzw. die Übertragung von Torsions- und Biegekräften voneinander getrennt durchzuführen [5.144] [5.152]. Für die Dimensionierung der Spannsätze gibt *Schmidt* [5.142] ‚nach Auswertung von Schadenfällen und Berechnung der wirkenden Kräfte mit der Finite-Elemente-Methode, die in Bild 5-119 zusammengestellten Richtwerte an.

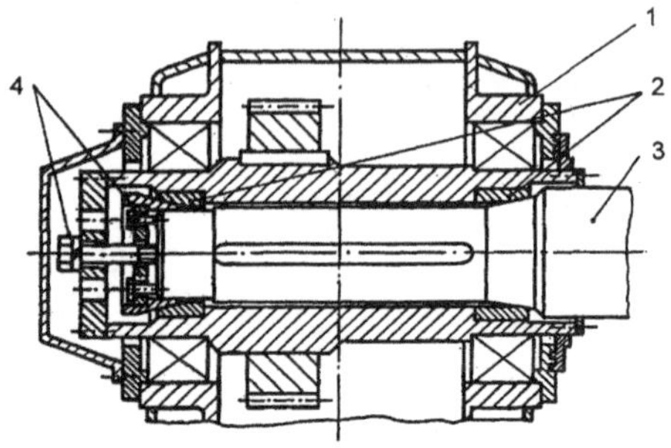

Bild 5-117 Verbindung zwischen Trommelwelle und Bandgetriebe mit Kegelringsätzen

1 Getriebegehäuse
2 Kegelringe
3 Wellenende der Trommel
4 Spanneinrichtung

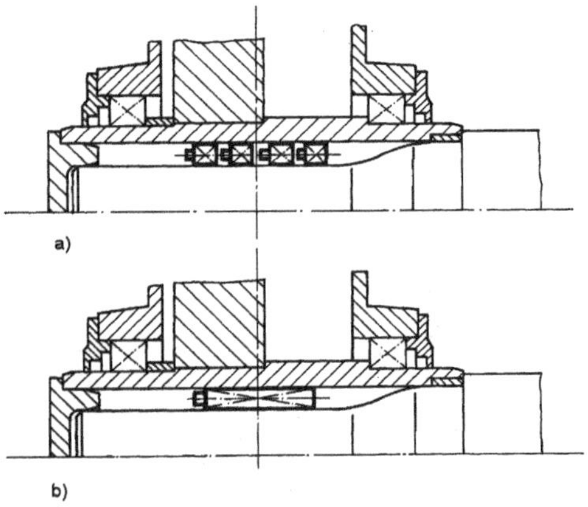

Bild 5-118 Verbindung zwischen Trommelwelle und Bandgetriebe mit Spannsätzen [5.143]

a) mehrere Spannsätze b) breiter Spannsatz

Type / Richtwerte	schmale Ausführung (RfN 7012)	breite Ausführung (RfN 7015.1)	(DobikonSK 194.1)
Pressung der Welle p_w	ohne Vorgabe (bis 210 N/mm)	≤160 N/mm für Verbindungen ohne Biegemomentanteil (Bandgetr.) ≤ 80 N/mm für Verbindungen mit Biegemomentanteil (Trommel)	
Kegelwinkel β_{ges}	ohne Vorgabe (~28°)	≥12°	≥12°
Reibungsbeiwerte lösen μ_{Lges}	ohne Vorgabe (≥0,4)	≥0,3	≥0,35
fügen μ_F (pro Fläche)		=0,12	=0,12
schrauben μ_S	ohne Vorgabe (0,14)	=0,14	=0,14
Funktionsnachweis für Fügereibungsbeiwerte μ_F	ohne Vorgabe	0,08 und 0,15	0,08 und 0,15

Bild 5-119 Richtwerte für die Auslegung von Spannsätzen mit Biegemoment [5.142]

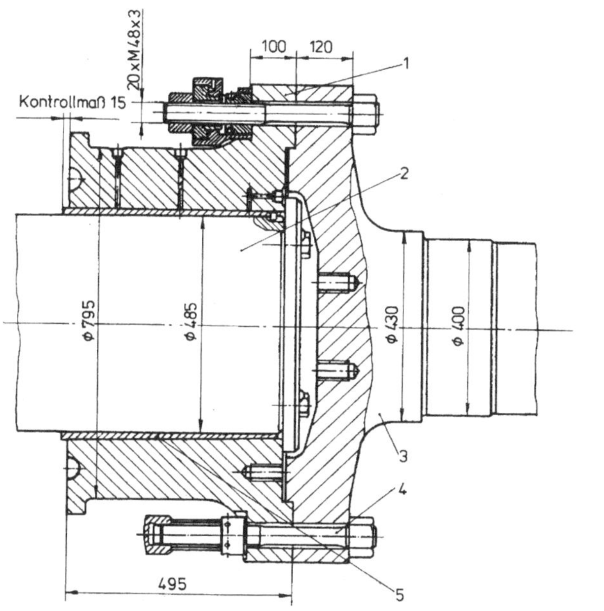

Bild 5-120 Verbindung des Flansches eines Bandantriebes (2000 kW) mit dem Kupplungsteil über hydraulisch vorgespannte Flanschschrauben [5.142]

1 aufgeschrumpftes Kupplungsteil 3 Getriebeflansch
2 Trommelwelle 4 vorgespannte Flanschschrauben

Nachteilig ist bei den in den Bildern 5-117 und 5-118 dargestellten Ausführungen der seitliche Platzbedarf für die Montage des Getriebes und seine Taumelbewegungen bei nicht paralleler Herstellung der Lagerstellen der Hohlwelle bzw. der nicht sachgerechten Montage der Spannsätze. Bei einem eventuellen Festfressen der Verbindungsstelle ist, mangels einer ausreichenden Zugängigkeit, ein Trennen nur durch Abbrennen des Wellenzapfens bzw. Zerstören der Hohlwelle möglich [5.144].

Bei der Entwicklung von Antriebsaggregaten mit größeren Leistungen (>1000 kW) wurde auf ein sicheres und schnelles Trennen der Verbindung Wert gelegt. Die Flanschverbindung, die sich bei den Raupenantrieben bewährt hat, wurde übernommen. Der Flansch der Abtriebswelle des Getriebes wird mit dem Kupplungsteil, das durch eine Pressverbindung mit dem Wellenzapfen der Trommel verbunden ist, verschraubt (Bild 5-120). Das Dreh- und Biegemoment wird durch die Flanschverbindung übertragen.

Die Montage (Wälzlagerwechsel) des Kupplungsteils auf den Wellenzapfen erfolgt durch eine hydraulische Vorrichtung, bei abgesetzter Bohrung bzw. konischer Bohrung (1:50) auch unter Zwischenschaltung einer Hülse (Bild 5-121) [5.142] bis [5.144]. Die Zwischenschaltung der Hülse erleichtert die Herstellung der Passung an der schweren Trommel. Bei Beschädigung kann durch Austausch der Hülse die Passung wieder hergestellt werden. Zum Lösen des Kupplungsteils vom Wellenzapfen der Trommel wird dieser über die Nuten durch Öldruck geweitet. Zum Aufziehen im Einlaufbereich ist eine Vorrichtung erforderlich.

Der Vorteil der Flachverbindung besteht darin, dass nach dem Lösen der Verbindungsschrauben und Verschiebung um einige Zentimeter das Antriebsaggregat von der Antriebstrommel getrennt ist. Nachteilig wirkt sich die etwas größere Masse durch die Flanschverbindung und der größere Abstand des Getriebes von der Lagerstelle (Biegemoment) aus.

5.5.6.3 Trommeln, Trommelbeläge und Lager

Trommelkörper

Es wird zwischen Antriebs-, Umlenk- und Ablenktrommeln unterschieden. Die gebräuchlichsten Ausführungsformen der eingesetzten Antriebstrommeln entsprechen auch denen der Umlenk- und Ablenktrommeln. Die Zuordnung des erforderlichen Trommeldurchmessers hängt vom Gurttyp und dessen Auslastung ab (Abschn. 5.5.6.8). Die Trommel wird nach der maximal auftretenden resultierenden Belastung durch die Gurtzugkräfte ausgelegt. Diese Werte sind mit dem Hersteller abzustimmen.

Im Bild 5-122 sind zwei Varianten der Trommelausführung dargestellt. Bei der Ausführung a ist das Bodenblech mit dem Trommelmantel und mit der aus schweißbarem Stahl bestehenden Welle verschweißt. Bei der Ausführung b erfolgt die Verbindung des Bodens mit der Welle über einen Spannsatz und mit dem Mantel über einer Schweißnaht.

Zur Bestimmung der Mantel- und Bodenblechdicken, der Schweißnähte und des Wellendurchmessers bestehen Rechenprogramme. Werden Spannsätze eingesetzt, dann sind die Hinweise im Bild 5-119 zu beachten.

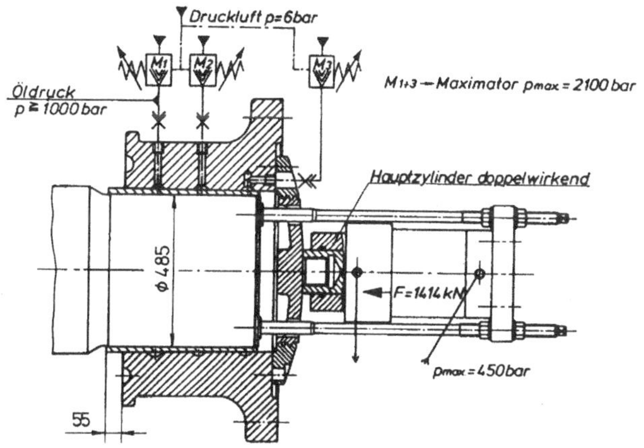

Bild 5-121 Vorrichtung zum Auf- und Abziehen von Kupplungsnaben [5.142]

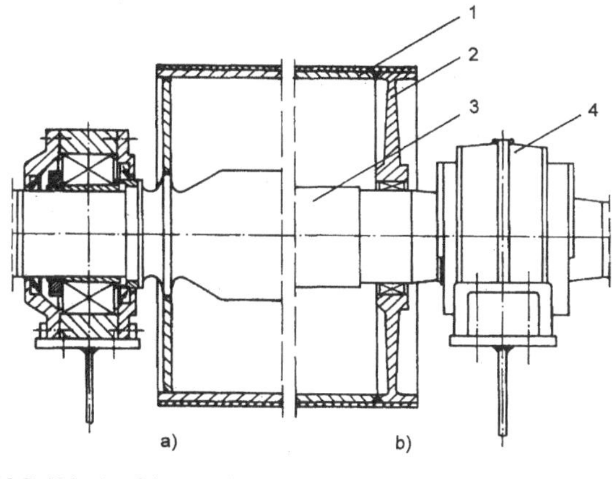

Bild 5-122 Ausführungsformen der Antriebstrommeln

a) Trommelboden mit Welle verschweißt
b) Trommelboden mit Welle durch Spansätze verbunden
1 Trommelmantel 2 Trommelboden 3 Welle 4 Lager

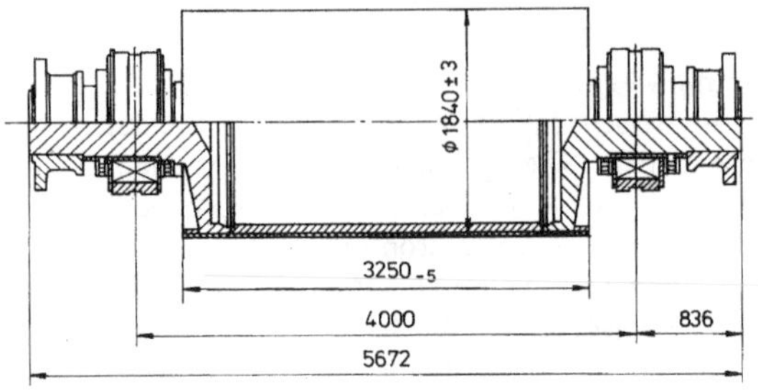

Bild 5-123 Antriebstrommel ohne durchgehende Achse [5.146]

Bei der Antriebstrommel nach Bild 5-123 wird der Trommelmantel mit dem gegossenen Wellenzapfen verschweißt. Diese Ausführungsform stellt für großen Fördergurtbreiten und größeren Gurtzugkräften eine sinnvolle Lösung dar, da sie eine bis zu 40 % geringere Masse aufweist [5.145].
Gleiche Vorteile in Bezug auf die Masse erreichen auch Trommeln mit einer Innenlagerung. Durch die Verbindung der Achse mit dem Boden der Trommel über ein Pendelrollenlager können größere Verformungen der Bauteile zugelassen werden. Nachteilig ist die Punktbelastung für den Innenring des Wälzlagers, wodurch gegebenenfalls größere Wälzlager erforderlich werden.

Trommelbelag
Als Trommelbelag hat sich der heißaufvulkanisierte, profilierte Gummibelag am besten bewährt. Er besitzt auch bei Verschmutzung und Nässe einen brauchbaren Reibungsbeiwert und trägt durch seine Elastizität zur Selbstreinigung bei. Der auf dem nichtüberdrehten Trommelmantel aufvulkanisierte Belag besteht aus der unteren Schicht, die auf Grund ihrer Zusammensetzung mit dem Stahlmantel eine gute Bindung erreicht, und der äußeren Schicht, die den Forderungen nach Erreichung eines hohen Reibungsbeiwertes und geringen Verschleißes entsprechen soll. Der Nachteil dieser Ausführung besteht darin, dass die Trommel zum Neubelegen ausgebaut und einer Spezialwerkstatt zugeführt werden muss [5.151].
Reibbeläge aus Keramik haben sich nicht durchgesetzt. Gründe hierfür sind die Reduzierung des Reibungsbeiwertes bei Ansetzen von Gut, Ausbrüche des spröden Belages bei stückigem Fördergut und hoher Verschleiß der Laufseite des Fördergurtes beim Durchrutschen. Über gleiche Erkenntnisse berichtet auch *Massen* [5.146].
Auch Kunststoffbeläge aus Polyurethan wurden in einigen Fällen mit Erfolg als Trommelbelag eingesetzt. Untersuchungen von *Grimmer* [5.147] zeigen, dass zwischen dem Reibungsbeiwert von Gummi und Polyurethan im trockenen Zustand kein wesentlicher Unterschied besteht. Bei nasser Oberfläche ist der Abfall des Reibungsbeiwertes bei Polyurethan sogar etwas geringer [5.148].
Die Standzeit der kalt aufgeklebten Beläge hängt von einer Reihe von Faktoren ab. Dazu gehören u. a. die gleichmäßige Vorspannung des aufzuklebenden Belags, saubere Flächen, die Temperatur und die Luftfeuchte. Die geringe durchschnittliche Lebensdauer und die Aushärtezeit des Klebers von mindestens 16 h haben dazu geführt, dass vom Belegen höher beanspruchter Trommeln vor Ort Abstand genommen wurde. Auch die in der Werkstatt kalt aufvulkanisierten Beläge besitzen eine geringere Lebensdauer als heiß aufvulkanisierten Beläge [5.147].
Zwecks schnellerer Erneuerung des Trommelbelages wurden auf den Trommelmantel mit Gummi belegte Stahlsegmente aufgeschraubt, aufgeschweißt bzw. in Halteleisten eingeschoben [5.149] [5.150]. Die Ausführung ist mit einer Erhöhung der Trommelmasse verbunden. Der Einsatz an Gurtförderern mit geringerem Durchsatz zeigte gute Ergebnisse [5.150]. Bei Gurtförderern mit großem Durchsatz traten Probleme beim Wechseln der Segmente auf.
Erfolgt der Einsatz der Gurtförderer unter schwierigen Betriebsbedingungen, dann ist es zweckmäßig, auch die Umlenk-, insbesondere aber die Ablenktrommeln mit einem profilierten Belag zu versehen. Die Profilierung ist deshalb sinnvoll, weil der Gummi nicht kompressibel ist. Die Freiräume ermöglichen eine örtliche Verformung und damit die Reduzierung des Verschleißes. Die Ausfallquote der Ablenktrommeln infolge Mantelverschleißes ist rund doppelt so hoch wie an den anderen Trommeln [5.151]. Die Lebensdauer einer Ablenktrommel an einem Absetzer konnte durch den Einsatz einer Trommel mit profilierten Gummibelag verdoppelt werden. Treten örtlich rillenartige, tiefe Verschleißstellen auf, dann empfiehlt es sich, diese durch kalt aufvulkanisierte Streifen zu schließen. Die Lebensdauer des Belages wird dadurch erhöht.

Trommellager und Abdichtung
Zur Lagerung der Trommeln werden meist Pendelrollenlager eingesetzt. Ihre Lebensdauer ist von großer Bedeutung, da nur die Werkstattmontage die erforderliche Qualität sichert, müssen bei ihrem Ausfall auch die Trommeln demontiert werden.
Die Auslegung der Wälzlager erfolgt in vielen Fällen nach der rechnerischen Lebensdauer (Ermüdungsberechnung). Die unter erschwerten Bedingungen eingesetzten Wälzlager fallen zum großen Teil infolge Verschleißes vorzeitig aus. Nur 12 bis 30 % erreichen nach [5.154] die errechnete Lebensdauer. Deshalb ist bei der Berechnung der Gebrauchsdauernachweis anzustreben, bei dem auch die Betriebsbedingungen, die Fertigungsqualität und der Einfluss der Schmierung Berücksichtigung finden [5.155] [5.156].
Die Gebrauchsdauer bzw. die Ermüdungslaufzeit L_{na} wird nach folgender Gleichung ermittelt

$$L_{na} = a_1 a_2 a_3 L_h\,, \tag{5.114}$$

L_{na} Gebrauchsdauer in h
a_1 Ausfallwahrscheinlichkeit in % (a_1 = 1 bei 10 %, a_1 = 0,62 bei 5 % Ausfallwahrscheinlichkeit)
a_2 Faktor für den Werkstoff
a_3 Faktor für die Betriebsbedingungen
L_h Lebensdauer in h.

Wegen der gegenseitigen Abhängigkeit der Faktoren a_2 und a_3 werden diese zum Faktor a_{23} zusammengefasst.
Im Bild 5-124 sind die Verschleißgrenzabmaße für Wälzlager in Abhängigkeit von der Einbaustelle und dem Bohrungsdurchmesser angegeben [5.153]. Diese Untersuchungen haben weiterhin ergeben, dass sich die belastete Zone trotz zunehmenden Lagerspiels infolge Verschleißes nur unwesentlich verändert und somit die Druckverhältnisse nahezu konstant bleiben. Mit der Zunahme des Lagerspiels tritt eine erhöhte Neigung zur Schwingungserregung auf und die Laufgeräusche steigen an.
Durch Verminderung der Verunreinigung und damit durch bessere, den Bedingungen angepasste Abdichtung der Wälzlager kann der Verschleiß reduziert werden. *Kipping* [5.154] hat Einzelabdichtungen und Kombinationen solcher unter besonders schmutzgefährdeten Bedingungen untersucht, dazu gehörten auch Trommellagerabdichtungen. Nur Kombinationen von Einzelabdichtungen, die so gewählt wurden, dass die Nachteile der einen durch die Vorteile der anderen weitgehend kompensiert wurden, erbringen eine ansprechende Abdichtungsqualität. Solche Kombinationen erscheinen aufwendig. Bereits ein relativ geringer Mehr-

aufwand bringt jedoch eine große Verbesserung der Lagerabdichtung und damit höhere Liegezeiten des Wälzlagers. Zu den zweckmäßigen Ausführungen gehört eine ständig nachgeschmierte Labyrinthabdichtung mit einer Vorabdichtung, durch die verhindert wird, dass das Fett der Abdichtung in das Lager gelangt.

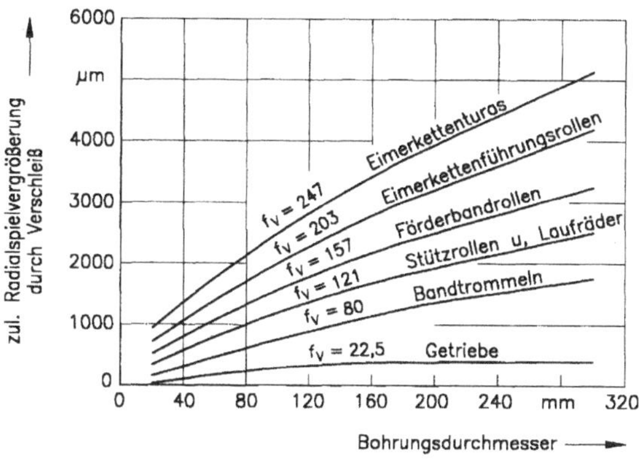

Bild 5-124 Zulässige Verschleißgrenzmaße für Wälzlagergruppen auf Tagebaumaschinen [5.153]

f_v Verlustfaktor

5.5.6.4 Antriebs-, Umlenkstation und Spannvorrichtung

Antriebsstation

Für gegliederte Gurtförderer, deren Bauteile sich im Wesentlichen auf dem Planum abstützen, werden aus Gründen der Wartung und des Transports wesentliche, für den Betrieb des Gurtförderers erforderliche Baugruppen, wie Antriebsaggregate mit den dazugehörigen Antriebstrommeln, die Spannvorrichtung und die dazugehörenden Elektroanlagen sowie Steuer-, Kontroll- und Kommunikationsanlagen, in der Antriebsstation zusammengefasst. Oft werden diese in Abhängigkeit von der Gurtbreite typisiert und damit für bestimmte Gurtzugkräfte ausgelegt. Treten geringere erforderliche Antriebskräfte auf, wird die Anzahl der Antriebsaggregate vermindert. Neben den Gurtzugkräften ist für die Tragkonstruktion die Art der Fortbewegungseinrichtung von Bedeutung. Aus den bisher bekannten Ausführungen haben sich zwei Varianten herauskristallisiert:

- Antriebsstationen auf Pontons, die mit Transportraupen verfahren werden (Bild 5-125)
- Antriebsstationen auf quer zur Förderrichtung angeordneten Raupen (Bild 5-126).

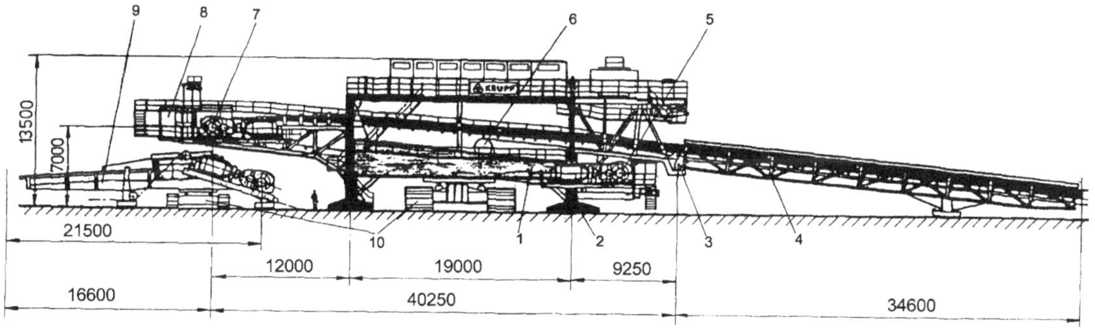

Bild 5-125 Transportable Antriebsstation (Antriebsleistung 4 x 2000 kW) und transportable Umlenkstation (2 x 2000 kW) mit Transportraupe [5.28]

1 Traggerüst
2 Ponton
3 Schwenkachse als Kreuzgelenk ausgebildet
4 schwenkbares Gerüstteil
5 hintere Antriebstrommel mit Antrieb
6 Spannwagen
7 vordere Antriebstrommel mit Antrieb
8 Prallwand
9 Umlenkstation mit Antrieb
10 Transportraupe

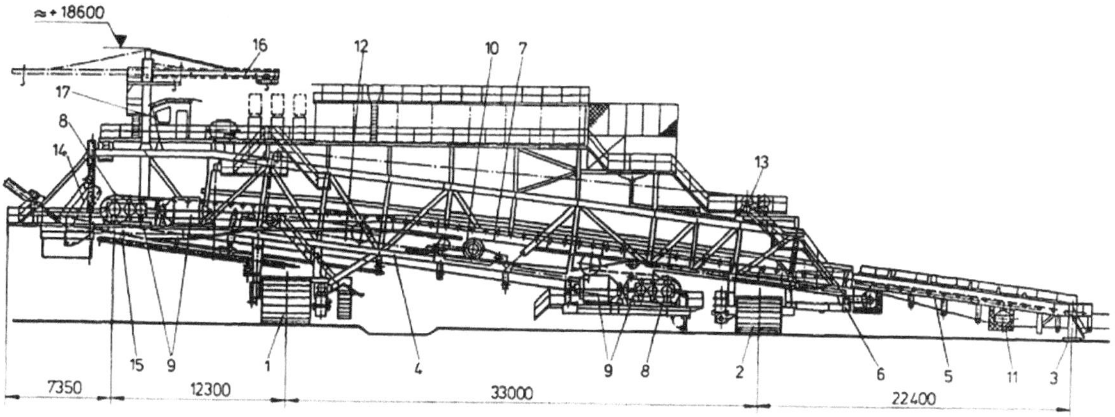

Bild 5-126 Transportable Antriebsstation auf Raupen (B = 2,5 m; 4 x 1500 kW)

1 Festraupe mit Fahrantrieb
2 Pendelraupe mit Fahrantrieb
3 Ponton
4 Traggerüst
5 schwenkbares Gerüstteil
6 Schwenkachse als Kreuzgelenk ausgebildet
7 Fördergut
8 Antriebstrommel (d_T = 1800 mm)
9 Antrieb mit Kegelstirnradgetriebe
10 Umlenktrommel auf dem Spannwagen
11 Ablenktrommel
12 Spannseil
13 Spannwinde
14 Prallwand
15 Schmutzgurtförderer
16 Reparaturkran
17 Bandwärterhaus

Befinden sich in einem Tagebau eine größere Anzahl von Antriebsstationen im Einsatz, dann bietet sich aus ökonomischen Gründen der Einsatz einer Transportraupe an. Bei Tagebauen mit wenigen Antriebsstationen und kurzen Rückzyklen kann die zweite Ausführungsform Vorteile besitzen. Umsetzbare, hydraulische Schreitfüße und auch Schienenfahrwerke haben sich auf Grund des zu großen Montageaufwandes nicht durchgesetzt.
Die Fahrwege, die Fahrgeschwindigkeit und die Fahrintervalle werden durch den Rückprozess der Gurtförderer sowie durch den Transport vom Montageplatz und durch eventuelle Umsetzungen bestimmt. Da die Gesamtfahrstrecke im Allgemeinen gering ist, kann ein großer Teil der Bauteile nach der Zeitfestigkeit ausgelegt werden. Die zulässige mittlere Bodenpressung hängt von den Bodenverhältnissen ab. Bodenpressungen von 12 N/cm^2 auf der Baggerstrosse und von 8 N/cm^2 auf der Kippenstrosse haben sich bei bindigen Böden als zulässig erwiesen. Hinweise zur Berechnung und Gestaltung der Raupenfahrwerke sind im Abschnitt 3.6 enthalten. Durch die auftretenden Kräfte bei Kurvenfahrt und Querrutschen wird die Tragkonstruktion zwischen den Raupen zusätzlich beansprucht.
Die tragende Stahlkonstruktion wird in Vollwand- und auch in Fachwerkkonstruktion ausgeführt, wobei letztere mit zunehmender Länge und größerer Bandbreite überwiegt. Die Länge einer Antriebsstation wird im Wesentlichen durch die Abwurfhöhe, die Spannweglänge und den Übergangsradius zu den Bandgerüsten bestimmt. Transportraupen wurden für Stützkräfte von 2000 bis 7000 kN entwickelt. Da diese zwischen den Pontons unter die portalartig ausgebildete Tragkonstruktion eingefahren werden, ist auch, um die Übergabehöhe gering zu halten, eine geringe Bauhöhe der Transportraupen anzustreben.
Die Gurtführung für 3 bis 4 Antriebseinheiten entspricht meist der im Bild 5-88b dargestellten Ausführungsform. Diese hat den Vorteil, dass die Spannkräfte klein sind und der Fördergurt im Übergangsbereich parallel geführt wird. Nachteilig wirkt sich die Entfernung des an der Spanntrommel abgestreiften Fördergutes aus (Abschn. 5.5.6.9). Die Spanntrommel ist auf einem innerhalb der Tragkonstruktion geführten Wagen gelagert. Das Spannen des Fördergurtes erfolgt durch eine elektromotorisch betriebene Spannwinde. Zur Höhe der Vorspannung, der erforderlichen Spannweglänge und Steuerung sind Angaben in den Abschnitten 5.5.5.1 und 5.5.6.8 enthalten. Die Spanntrommel sowie alle anderen dem Verschleiß und der Wartung unterliegenden Bauteile sind gut zugänglich und leicht montierbar anzuordnen.
Die Übergabehöhe ist so gering wie möglich zu halten. Weitere Angaben hierzu sowie zu den Reinigungseinrichtungen siehe Abschnitte 5.5.6.6 und 5.5.6.9. Zum Abtransport des Rieselgutes wird oft ein Schmutzband im Bereich der Abwurftrommel angeordnet. Um eine gute Betriebssicherheit (Geradlauf) zu erreichen, sollte der Fördergurt gemuldet und seine Länge >5 m sein.

Umlenkstation

Der Umlenkstation kommt mit der auf ihr gelagerten Umlenktrommel die Aufgabe zu, den Gurt in der Laufrichtung umzulenken und die Gurtzugkräfte abzuleiten. Bei der Ausführung ist zwischen solchen mit und ohne Antriebsaggregat sowie mit und ohne Aufgabestelle zu unterscheiden.
In der Ausführung mit und ohne Aufgabestelle wird oft aus Gründen der Vereinheitlichung und Austauschbarkeit in der Grundkonzeption kein Unterschied gemacht (Bild 5-127). Das aus Wartungsgründen portalartig ausgebildete Stahlgerüst mit Kragarm für die Lagerung der Trommel stützt sich auf Pontons ab. Diese Stützung wird sowohl für rückbare als auch für die stationäre Ausführung eingesetzt. An dem ausgemuldeten und zusätzlich gestützten, auflaufenden Untertrum sind zwecks Reinigung Innengurtreiniger vorzusehen (Abschn. 5.5.6.9). Bei einer Gutaufgabe ist es zweckmäßig, am auflaufenden Untertrum eine Lenkeinrichtung anzuordnen, so dass durch eine mittige Beladung der Gurtlauf verbessert wird.
An hintereinander geschalteten Gurtförderern erfolgt die Ableitung der resultierenden Gurtzugkräfte durch Verankerung der Umlenkstation an der in Förderrichtung vorgeschalteten Antriebsstation. Andernfalls sind, wenn diese Kräfte nicht über die Pontons und Schienen der Bandgerüste auf das Planum abgeleitet werden können, Erdanker bzw. Rollen aus Beton vorzusehen. Letztere lassen sich bei rückbaren Gurtförderern leicht in die neue Betriebsstellung transportieren.
Die Ausführung mit Antriebsaggregat an der Trommel unterscheidet sich durch die Masse, die Bauhöhe und durch das zusätzliche Elektrohaus für die Schaltanlagen wesentlich von den zuvor dargestellten Ausführungen. Auf Grund der Masse kommen Fortbewegungseinrichtungen zur Anwendung, wie sie bei der Antriebsstation dargestellt wurden.
Alle mit der Fördergutübergabe im Zusammenhang stehenden Probleme werden im Abschnitt 5.5.6.6 behandelt.

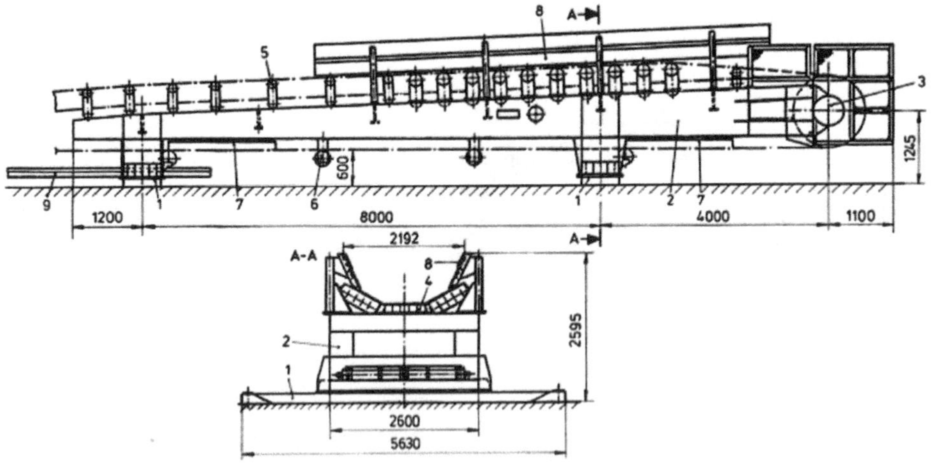

Bild 5-127 Umlenkstation mit Aufgabestelle auf Pontons ($B = 2{,}0$ m)

1 Ponton
2 Traggerüst
3 Umlenktrommel
4, 5, 6 Tragrollenstation
7 Innengurtreiniger
8 Aufgabeschurre
9 Rückschiene

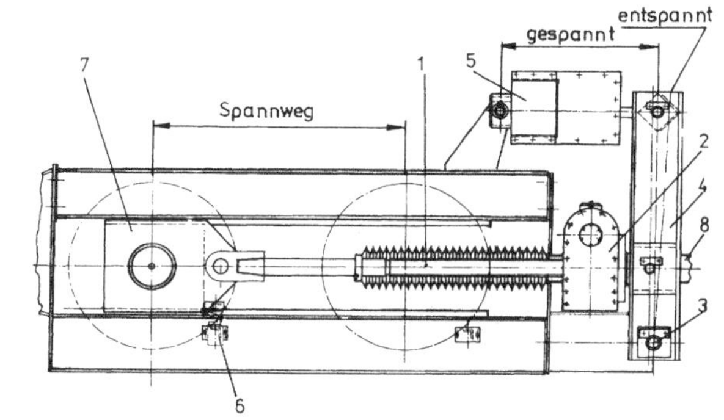

Bild 5-128 Spindelspannvorrichtung

1 Spindel
2 Getriebe und Motor
3 Gelenk
4 Schwinge
5 Geber
6 Endschlalter für Wegbegrenzung
7 Trommellager
8 Abdichtung für die Spindel

Spannvorrichtung

Mit der Spannvorrichtung wird die erforderliche Vorspannung für den kraftschlüssigen Antrieb erzeugt. Ihre Anordnung am Fördergurt wird durch die Funktionssicherheit und auch durch die Wirtschaftlichkeit bestimmt. Im Allgemeinen sollte sie hinter der Antriebstrommel, d. h. im Bereich der geringsten Gurtkräfte, angeordnet werden. Bei kurzen Gurtförderern wird die Umlenktrommel, in einigen Fällen auch die Antriebstrommel, zum Spannen verwendet.

Es kommen fast ausschließlich starre und gewichtsbelastete Spannvorrichtungen zum Einsatz, wobei der erstgenannten Ausführung auf Grund der einfacheren Gestaltung oft der Vorzug gegeben wird. Bei horizontal bzw. steigend angeordneten Gurtförderern tritt im Leerlauf die größte Belastung der Spannvorrichtung und auch der Umlenktrommel auf (Abschn. 5.5.5.1). Bei größeren Spannweglängen wird die in einem geführten Spannwagen eingebaute Trommel über ein Seilsystem mittels einer Spannwinde verfahren. Durch einen Geber wird die Gurtspannung erfasst und manuell bzw. durch ein Steuersystem in einen definierten Betriebszustand eingestellt. Angaben zur konstruktiven Gestaltung der Spannwinde und des Seilsystems sind in [0.1] enthalten.

Bei kürzeren Spannwegen werden weniger aufwendige Spindelspannvorrichtungen, wie sie im Bild 5-128 dargestellt ist, am Trommellager eingesetzt. Auch hier sind Maßnahmen zur Erfassung der Gurtspannung erforderlich, um die Bauteile gegen Überlastung zu schützen, da besonders bei kurzen Gurtförderern mit St-Fördergurten schon geringe Spannwegveränderungen zu hohen Gurtzugkräften und damit zur Zerstörung der Trommeln führen kann. Auch beim Spannen der Antriebstrommel wird diese Spannvorrichtung zur Erzeugung der erforderlichen Gurtvorspannung eingesetzt. Die Abstützung des dritten Punktes vom Antrieb erfolgt über eine auf der Achse verschiebbar ausgeführte Laufrolle. Angaben zur Spannlänge sind in Abschnitt5.5.6.8 enthalten. Zuschläge, die z. B. für das Vulkanisieren des getrennten Fördergurtes oder für das Entspannen des Gurtes beim Rückprozess benötigt werden, sind besonders dann zu beachten, wenn die Umlenkstation nicht verschoben werden kann.

5.5.6.5 Bandgerüste

Die Bandgerüste stellen Segmente dar, die zwischen der Antriebs- und Umlenkstation zur Stützung der Tragrollenstationen und damit des Fördergurtes dienen. Der wesentliche Unterschied zwischen den so genannten starren und gelenkigen rückbaren Bandgerüst, wie sie im Bild 5-129 dargestellt sind, bestehen im Verhalten beim Rückprozess.

Beim starren Bandgerüst sind die Stiele, an denen die Holme befestigt sind, direkt mit der Stahlhohlschwelle verbunden und bilden einen Rahmen. Jeweils zwei Schwellen sind durch einen horizontalen Verband starr gekoppelt. Diese starre Ausführung gestattet aus Gründen der Rückmöglichkeit nur die Anordnung einer Schiene. Beim gelenkigen Bandgerüst sind die Stiele, an denen die Holme befestigt sind, über einen Rahmen miteinander verbunden. Dieser Rahmen stützt sich über Gleitelemente auf der Schwelle ab. Die Zentrierung erfolgt durch auf den Schwellen aufgesetzte Zapfen, wobei eine Führungsstelle am Rahmen als Langloch ausgeführt ist, um ein zwangsfreies, paralleles Verschieben der Schwellen beim Rücken zu gewährleisten. Zur Führung der Schwellen beim Rückvorgang sind beiderseitig Schienen angeordnet.

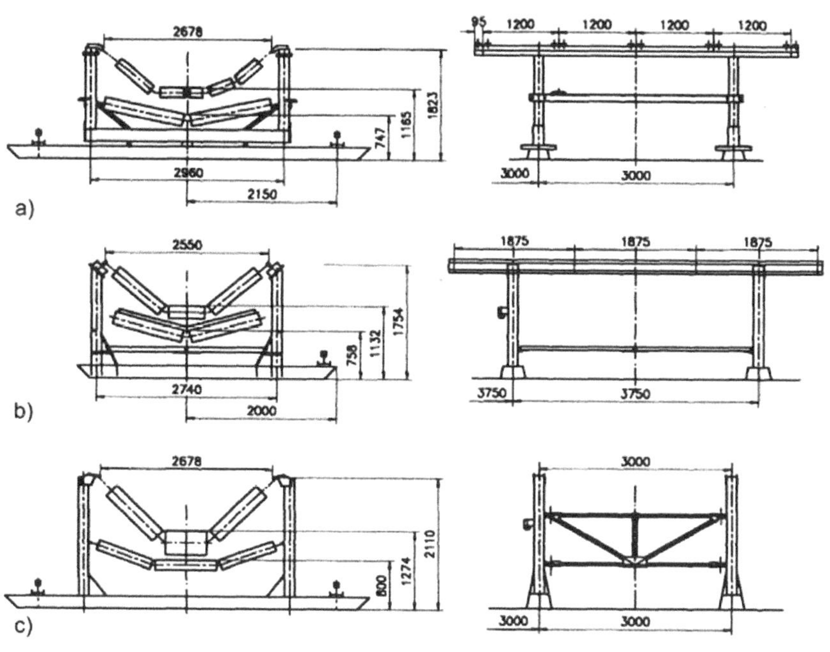

Bild 5-129 Rückbare Bandgerüste für Girlandentragrollen ($B = 2{,}5$ m)

a) gelenkige Ausführungsform
b) starre Ausführungsform
c) gelenkige Ausführungsform mit an den Streben aufgehängten Tragrollenstationen

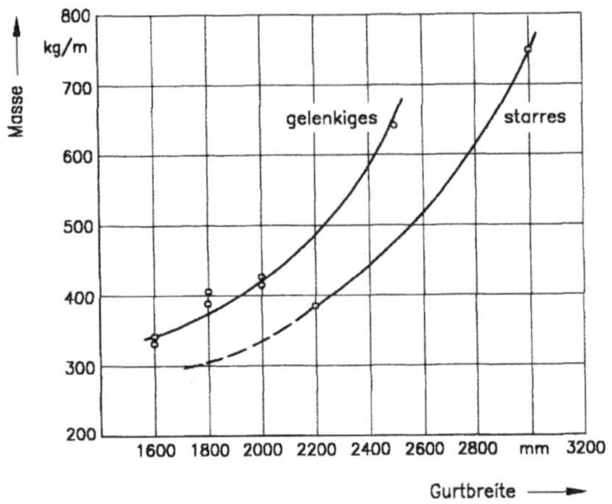

Bild 5-130 Masse der starren und gelenkigen, rückbaren Bandgerüste in Abhängigkeit von der Fördergurtbreite

Der Vorteil des starren Bandgerüstes liegt, wie Bild 5-130 zeigt, in seiner etwas geringeren Masse und der der gelenkigen Ausführung in der fast parallelen Verschiebung der Schwellen beim Rückvorgang sowie in der beiderseitigen Anordnung von Schienen als Fahrbahn für den Aufgabe- und Abwurfwagen. Bei der parallelen Verschiebung der Schwellen reduzieren sich die Rückkräfte. Sind Rückvorgänge bei gefrorenen Böden erforderlich, sollten gelenkige Bandgerüste vorrangig eingesetzt werden. Mit der Wahl einer der genannten Ausführungen der Bandgerüste wird auch die Gestaltung der Aufgabestelle auf dem Baggerstrossen-band einschließlich Bagger und beim Kippenstrossenband der Abwurfwagen und der Bandabsetzer maßgebend beeinflusst. Weitere Ausführungen hierzu sind im Abschnitt 5.5.6.6 enthalten. Das im Bild 5-129c vorgestellte Bandgerüst erfüllt die Funktionen des gelenkigen Bandgerüstes bei geringerer Masse. Jeweils zwei auf den Schwellen aufgeschweißte Stiele sind gelenkig (eine Seite mit Langloch quer zur Förderrichtung) über einen vertikalen Verband verbunden.
Durch die Gelenke ist eine parallele Verschiebung der Schwellen beim Rücken möglich. Die Tragrollenstationen sind an den Stielen aufgehangen. Diese Ausführung ermöglicht außerdem die Reduzierung des Aufwands beim Transport und bei der Montage.
Die Systemhöhe der Bandgerüste wird vor allem durch die Freigängigkeit zwischen Planum und Untertrum (600 bis 750 mm), zwischen Untertrum und Obertrum sowie durch den Muldungswinkel und die Länge der Mittelrolle bestimmt. Die Systembreite ergibt sich aus der Fördergurtbreite und einer erforderlichen Freigängigkeit zur Stahlkonstruktion. Diese sollte 250 bis 300 mm bei rückbaren Bandgerüsten betragen.

Die Belastung der rückbaren Bandgerüste wird durch die

- Einhänge- bzw. Stützkräfte der Tragrollenstation
- Kräfte infolge Verformung beim Rückvorgang

bestimmt. Durch den Ausfall und die zeitweilige Demontage einer Tragrollenstation kann sich die Belastung der benachbarten um das 1,5-fache erhöhen. In konvexen Übergangsbögen wirkt zusätzlich eine Komponente aus der Gurtzugkraft.

5.5.6.6 Auf- und Übergabe des Fördergutes an rückbaren Gurtförderern

Aufgabeeinrichtung

Die Ausführungsformen werden durch das Abstützsystem, d. h. durch die Ausführung der Bandgerüste, maßgebend beeinflusst.
Danach wird unterschieden zwischen:

- Aufgabetrichterwagen auf Schienen
- Aufgabetrichterwagen auf Raupen
- Aufgabevorrichtung am Ausleger des Baggers.

Aufgabeschlitten (Stützung auf den Tragrollenstationen) und Aufgabewagen mit kurzem Gurtförderer haben sich auf Grund ihrer Störanfälligkeit nicht durchgesetzt.
Bei der Übergabe vom Bagger auf den Aufgabetrichterwagen auf Schienen und Raupen besteht keine mechanisch fixierte Fördergutübergabe zwischen den zwei unabhängig voneinander verfahrbaren Maschinen. Eine außermittige Beladung kann deshalb nicht ausgeschlossen werden. Durch den relativ langen von Tragrollen nicht gestützten Gurtverlauf im Bereich des Übergangs zum Gurtförderer nimmt der Fördergurt durch seine geringe Eigensteifigkeit die tiefste Schwerpunktlage ein. Bei einseitiger Beladung führt dieses zum Schieflauf des Fördergurtes auf dem rückbaren Gurtförderer. Dieses kann zum seitlichen Abladen des Fördergutes und damit zur beachtlichen Verschmutzung der Anlage führen.
Aus diesem Grunde ist anzustreben, dass durch eine geringe Höhendifferenz zwischen den Tragrollenstationen die Länge des freien Durchhangs des Fördergurtes reduziert wird. Die Tragrollenstationen sind gleich nach der Aufgabestelle dem Gurtverlauf anzupassen. Bei Aufgabetrichterwagen, die während des Förderprozesses nicht verfahren werden, kann der Fördergurt durch einen Austragsträger, der sich einseitig auf die Bandgerüste abstützt, optimal geführt werden.

Aufgabetrichterwagen auf Schienen

Der Einsatz des Aufgabetrichterwagens setzt gelenkig ausgeführte Bandgerüste voraus, die auf ihren Schwellen beiderseitig Schienen besitzen (Bild 5-131).
Diese Ausführung ermöglicht nicht nur die Ableitung der Stützkräfte auf dem kürzesten Wege auf das Planum, sondern gewährleistet außerdem eine gute Zentrierung des Fördergurtes an der Aufgabestelle bei geringster Anhebung. Die Anordnung einer ausreichend langen Beruhigungsstrecke für das aufgegebene Fördergut ist möglich.
Die zur Lagerung der Aufgabetragrollenstationen und der Schurre dienende, portalartig ausgebildete Tragkonstruktion besitzt eine Dreipunktstützung. Die Verbindung mit dem Bagger besteht nur aus dem Leitungsgehänge für die Energieversorgung und Verrieglung, so dass eine leichte Trennung und ein Wechsel der Gewinnungsmaschinen ohne Probleme möglich sind. Durch so genannte Übergaberoboter, die in mehreren Varianten erprobt wurden, wird eine selbsttätige Steuerung der Übergabestelle angestrebt.
Der meist als Einzel- oder Zweiradantrieb ausgeführte Fahrantrieb ist so zu bemessen, dass in allen Betriebszuständen das Verfahren in beiden Richtungen möglich ist und ein Abtreiben verhindert wird. Der Gesamtfahrwiderstand F_{FA} ermittelt sich aus

$$F_{FA} = \Sigma F_{Ri\varsigma} + F_W + F_{St} \pm F_{Schb} \pm F_G\,; \tag{5.115}$$

$$\Sigma F_{Ri\varsigma} = \frac{2\Sigma F_{Ri}}{d_R}\left[\left(f + \frac{d_Z \mu}{2}\right) + \chi\right]; \tag{5.116}$$

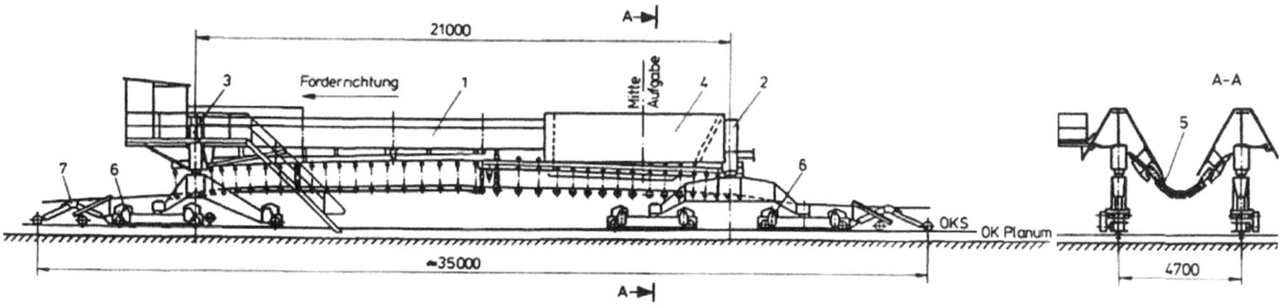

Bild 5-131 Aufgabetrichterwagen auf Schienen mit Beruhigungsstrecke für das Fördergut

1 Traggerüst mit Dreipunktstützung
2 mit Pos.1 fest verbundenes Portal
3 Portal mit mittig aufgehängter Pos.1
4 Aufgabeschurre
5 Girlandentragrollenstation des Obertrums
6 Fahrgestell mit Fahrantrieb
7 Puffer

$$F_W = c A_W q\,; \tag{5.117}$$

$$F_{St} = \Sigma F_{Ri} \sin\delta, \tag{5.118}$$

F_{FA} Gesamtfahrwiderstand in N
ΣF_{Ri} Summe der Radstützkräfte in N
ς spezifischer Fahrwiderstand
d_R Laufraddurchmesser in mm
f Hebelarm der rollenden Reibung (0,5 mm bei glatter Schiene)
d_Z Zapfendurchmesser in mm
μ_Z Beibungsbeiwert der Zapfenreibung
χ Kennzahl für die Spurkranzreibung
F_W Windkraft in N
c Gestaltungsbeiwert
A_W vom Wind getroffene Fläche in m²
q Staudruck in N/m²
F_{Schb} siehe Gl. (5.51)
F_G Komponente aus der Gurtzugkraft des beladenen Fördergurtes im Ein- und Auslaufbereich.

Die Wirkungsrichtung der Kräfte F_{Schb} und F_G hängt von der Fahrtrichtung des Aufgabetrichterwagens im Bezug zur Förderrichtung ab.
Bei der Neigung sind außer der Generalneigung auch örtliche Unebenheiten zu beachten. Bei der Anordnung von mehreren Einzelantrieben (statisch unbestimmt) ist, neben der Einengung der Durchmessertoleranzen der Laufrollen, Wert darauf zu legen, dass das Motormoment eine gewisse Drehzahlabhängigkeit aufweist (z. B. Dauerschlupfwiderstände bei Schleifringläufern). Außerdem ist der Verschmutzungsgrad zu beachten. Weitere Angaben zur Ausführung der Schienenfahrwerke sind in [0.1] enthalten.

Aufgabetrichterwagen auf Raupen
Der Aufgabetrichterwagen (Bild 5-132) auf Raupen erreicht durch das Raupenfahrwerk eine erheblich größere Masse. Durch die vom Gurtförderer unabhängige Stützung ist eine größere Anhebhöhe für den Fördergurt erforderlich, und es besteht die Gefahr, dass der Fördergurt ausgelenkt und außermittig beladen wird. Mit eine Horizontrierung und Verschiebeeinrichtung können diese Nachteile ausgeglichen werden. Zur Ausbildung des Raupenfahrwerks sind Angaben im Abschnitt 3.6 enthalten.

Aufgabevorrichtung am Ausleger des Baggers
Für rückbare Gurtförderer, die ohne Gleisrost ausgeführt sind, kann die Aufgabevorrichtung auch am Ausleger des Austragsbandes vom Bagger schwenkbar angehängt werden (Bild 5-133). Um die Fahrspur- und Höhendifferenzen auszugleichen, ist das Austragsband in Förderrichtung verfahrbar und in zwei Ebenen schwenkbar auf den Unterbau des Verladegerätes angeordnet. Mit der Aufhängung am Ende eines Auslegers ist die mögliche Länge der Aufgabevorrichtung begrenzt, so dass nur kurze Beruhigungsstrecken für das Fördergut ausführbar sind. Durch die Führung des Fördergurtes über die Aufgaberollen muss bei Trennung des Baggers vom rückbaren Gurtförderer die Aufgabevorrichtung abgehangen werden. Das Verladegerät muss parallel, mit der durch den Auszug vorgegebenen Toleranz, zum rückbaren Gurtförderer verfahren werden.

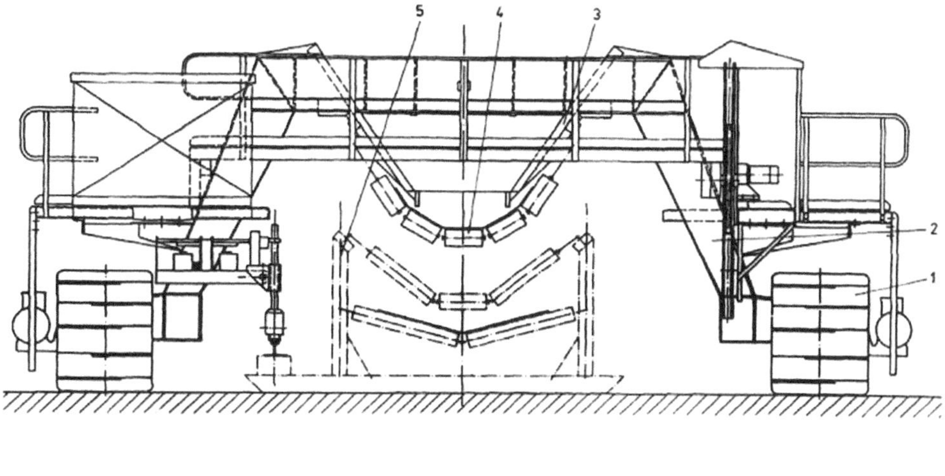

Bild 5-132 Aufgabetrichterwagen auf Raupen

1 Raupe
2 portalartiges Traggerüst
3 Schurre
4 Aufgabetragrollenstationen
5 Bandgerüste

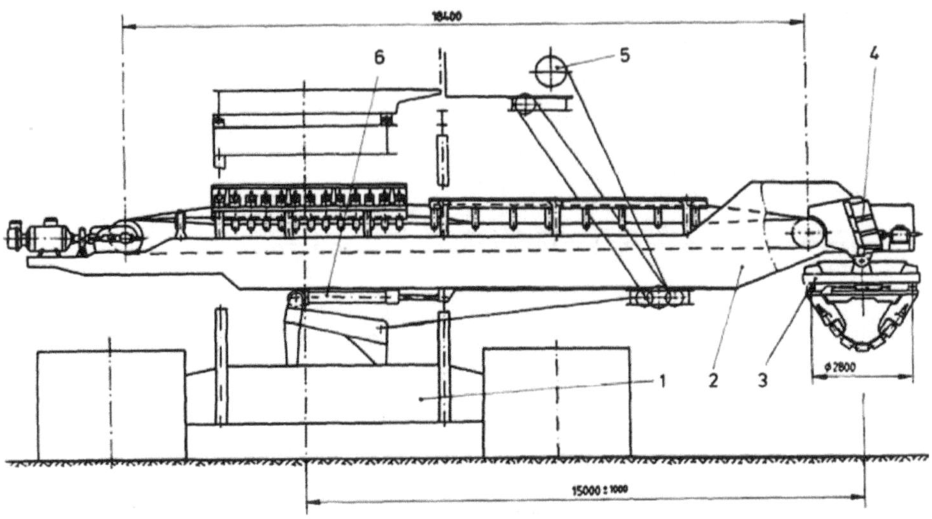

Bild 5-133 Aufgabevorrichtung am Ausleger des Baggers

1 Unterbau auf Raupen
2 Gerüst mit Gurtförderer
3 schwenkbare Aufgabevorrichtung
4 Prallwand
5 Hubwinde
6 horizontale Verschiebeeinrichtung

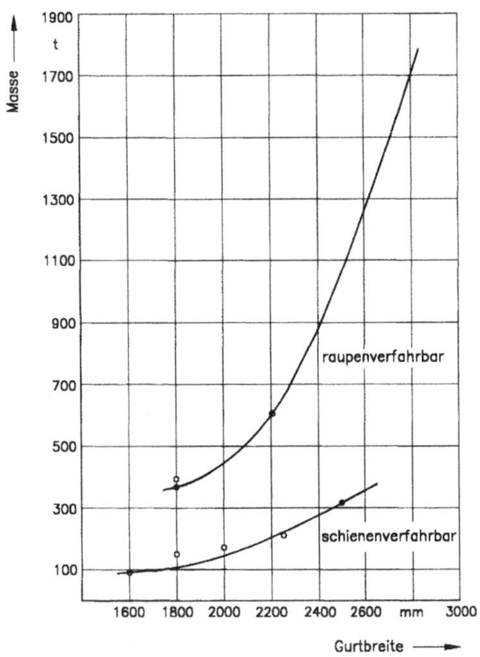

Bild 5-134 Masse des auf Schienen bzw. Raupen fahrbaren Abwurfwagens in Abhängigkeit von der Fördergurtbreite B

Übergabewagen

Die Übergabe des Fördergutes vom rückbaren Kippenstrossenband zum Bandabsetzer erfolgt durch die im Übergabewagen angeordnete Gurtschleife. Auf Grund der Ausführung der Bandgerüste (1 bzw. 2 Schienen) besteht der wesentliche Unterschied in der Ausführung des Fahrwerkes (Schienen- bzw. Raupenfahrwerk).

Die Vorteile des Schienenfahrwerks lassen sich wie folgt zusammenfassen:

- geringere Masse auch unter Betrachtung der Funktionseinheit (Bild 5-134)
- problemloses Verfahren auch während des Förderprozesses durch die Stützung auf den Schienen des Bandgerüstes
- kleine Übergabehöhe können eingehalten werden
- reduzierte Störanfälligkeit sowie geringere Verschmutzung durch Rieselgut infolge der mechanisch fixierten Übergabe zwischen Abwurfwagen und Aufnahmeförderer des Absetzers
- geringerer Energiebedarf zum Verfahren.

Als Nachteile können die zusätzlichen Schwellen und die etwas kompliziertere Entkopplung beim Trennen von Bandabsetzer und Kippenstrossenband angesehen werden.

Übergabewagen mit Schienenfahrwerk

Bild 5-135 stellt einen Übergabewagen mit Stützwagen auf Schienen für B = 2,5 m dar. Das aus einer torsionssteifen Stahlkonstruktion bestehende Vorderteil mit der auf dem Kragarm gelagerten Abwurftrommel ist statisch bestimmt abgestützt. Die jeweilige Verbindung mit dem Nachläufer gewährleistet die erforderliche Kurvengängigkeit. Die im Bild 5-135 dargestellte Ausführung mit der Höhenverstellung des Traggerüstes und damit auch der Abwurftrommel sowie der Verfahrbarkeit des vorderen Abstützpunktes stellen eine Sonderausführung dar. Sie ist erforderlich, wenn mehrere Kippenstrossenbänder hintereinander angeordnet sind und das Fördergut durch den Übergabewagen wieder auf das Kippenstrossenband aufgegeben werden muss. Mit den zurzeit zur Verfügung stehenden St-Gurten können im Allgemeinen ausreichend lange Gurtförderer ausgeführt werden, so dass die Bauteile der Sonderausführung entfallen können. Dies wirkt sich positiv auf die Masse und die Stützkräfte aus. Für die Auslegung des Fahrwerkes gelten die gleichen Gesichtspunkte wie beim Fahrwerk des Aufgabetrichterwagens, nur der Einfluss aus der Fördergurtübergabe F_{Schb} entfällt. Zur Minimierung der Anzahl der zusätzlich erforderlichen Schwellen sind größere Laufrollenabstände anzustreben.

Übergabewagen mit Raupenfahrwerk

Im Bild 5-136 ist ein Abwurfwagen mit Raupenfahrwerk dargestellt. Das torsionssteife Traggerüst stützt sich auf vier statisch bestimmt angeordnete, steuerbare Raupen ab, die beiderseitig vom Bandgerüst angeordnet sind.

Die Zweipunktabstützung kann in Abhängigkeit von der Raupenbelastung bei dem großräumigen Traggerüst sowohl an der vorderen als auch an der hinteren Stützung ausgeführt werden. Abwurfseitig stützt sich auf dem auskragenden Teil der Tragkonstruktion der heb- und schwenkbare Austragsförderer über eine Kugeldrehverbindung ab. Für die konstruktive Gestaltung des Austragsförderers mit Gegenausleger und Schwenkeinrichtung gelten die gleichen Gesichtspunkte wie für die entsprechenden Bauteile des Bandabsetzers.

Die Qualität der Planumsplanierung und die Tragfähigkeit des Bodens ist ein Maß für die Einsinktiefe und axiale Verschiebung der Abwurftrommel beim einseitigen Einsinken. Die Freigängigkeit zu den Bandgerüsten sowie die des Nachlaufträgers im Einlaufbereich sind entsprechend zu gestalten.

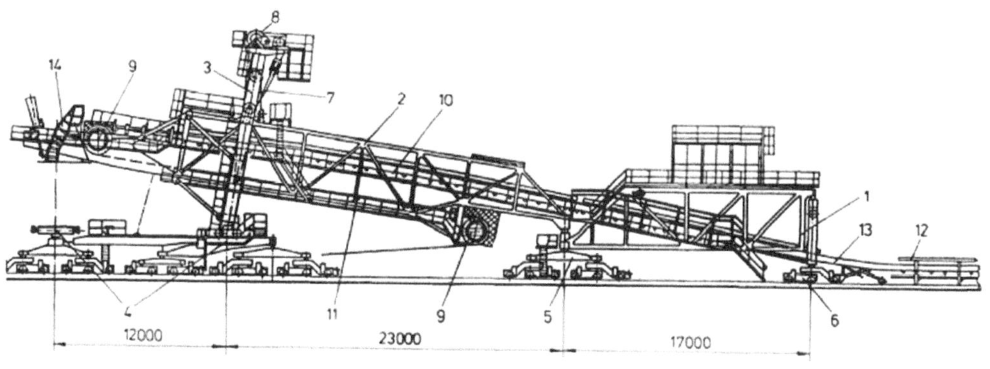

1 Nachlaufträger
2 Traggerüst
3, 7 und 8 Hubeinrichtung
4 Stützrahmen für den Aufnahmeförderer und den Übergabewagen
5 mittleres Fahrwerk
6 hinteres Fahrwerk
9 Umlenktrommel
10 und 11 Ober- und Untertrumtragrollenstationen
12 Bandgerüst
13 Fördergurt
14 Prallwand

Bild 5-135 Übergabewagen mit Stützwagen auf Schienen (B = 2,5 m)

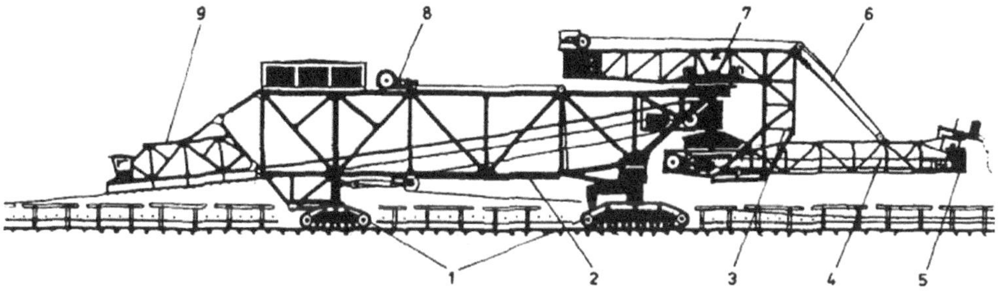

1 steuerbare Raupen
2 torsionsteife Traggerüst
3 Traggerüst für den Übergabeförderer
4 Übergabeförderer
5 Prallwand
6 Hubwerk für den Übergabeförderer
7 Schwenkwerk für das Traggerüst mit Übergabeförderer
8 Spannwinde für den Gurtförderer
9 Aufnahmeträger

Bild 5-136 Übergabewagen auf Raupen mit schwenkbaren Übergabeförderer

Bei beiden Ausführungen der Übergabewagen erfolgt bei kleinen Fördergurtbreiten zum Teil auch keine Abstützung des Aufnahmeförderers vom Bandabsetzer.

5.5.6.7 Tragrollenstation

Die Tragrollen in einem Gurtförderer beeinflussen wesentlich die Investitions- und Betriebskosten. Daher sind Konstruktionen anzustreben, die bei geringen Bewegungswiderständen kostengünstig hergestellt werden können und eine hohe, weitestgehend gleiche Lebensdauer der Bauteile aufweisen. Da sich die Nachschmierung, Wartung und Reparatur als unwirtschaftlich erwiesen haben, wird die Tragrolle mit Dauerschmierung ausgeführt. Sie wird als Einwegrolle bis zur Unbrauchbarkeit eingesetzt und dann verschrottet [5.119] [5.158].

Unter Beachtung dieser Forderungen wurde im Laufe der Jahre ein Tragrollentyp entwickelt, der durch Modifikation einzelner Baugruppen an spezielle betriebliche Erfordernisse angepasst werden kann. Bild 5-137 stellt das Prinzip der Lagerung und Abdichtung dar.

Es wird zwischen Obertrum- und Untertrumtragrollen sowie zwischen starren und gelenkigen Tragrollenstationen unterschieden. Gelenkige Tragrollenstationen, auch als Girlandentragrollenstationen bezeichnet, werden vor allem bei großen Volumenströmen, bei hohen Gurtgeschwindigkeiten und bei grobstückigem Fördergut eingesetzt. Der Unterschied der Ausführungen besteht in der Stützung der Rollen auf dem Traggerüst. Im Tagebau kommen im Obertrum fast ausschließlich 3-teilige Tragrollenstationen mit Muldungswinkeln im Bereich von 30 bis 45° zum Einsatz. Untertrumtragrollenstationen werden 1- bis 3-teilig mit Stahlmantelrollen bzw. mit auf diesen ausgeschrumpften Gummischeiben ausgeführt. Die gemuldete Ausführung fördert den Gurtgeradlauf.

Die Belastung F_T der Tragrolle setzt sich aus den statischen und dynamischen Einzelbelastungen zusammen [5.162]

$$F_T = F_L + F_G + F_R + F_A \,. \tag{5.119}$$

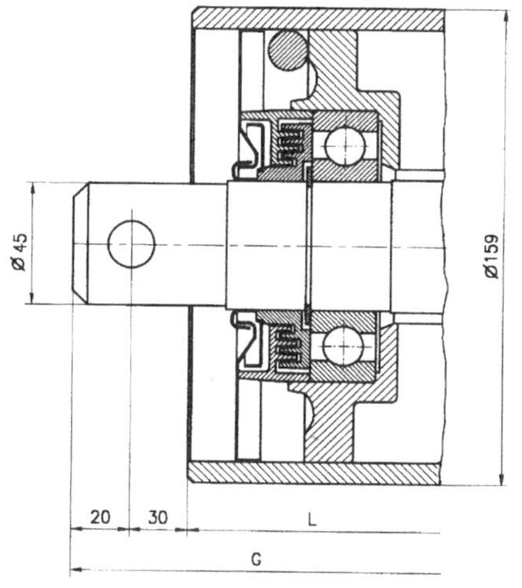

Bild 5-137 Tragrolle des Typs A 159-6310-5 mit Vor- und Labyrinthdichtung (Precismeca-Montan Fördertechnik GmbH, Leipzig)

Die Belastung der Mittel- und Seitenrollen einer dreiteiligen Tragrollenstation aus Fördergut und Fördergurt kann durch folgende Gleichungen bestimmt werden.

Hierbei ist zu beachten, dass die Werte durch Abweichungen im Beladequerschnitt gewissen Schwankungen unterliegen. Wie die Messwerte in den Bildern 5-140 und 5-141 zeigen, ist ein linearer Ansatz für die Belastung aus Fördergut gerechtfertigt

$$F_M = F_{ML} + F_{MG} = l_o g \left(f_{rL} f_{ML} \phi \, m'_{NL} + f_{rG} f_{MG} m'_G \right) \; ; \tag{5.120}$$

$$2F_S = 2F_{SL} + 2F_{SG} = l_o g \left(f_{rL} f_{SL} \varphi \, m'_{NL} + f_{rG} f_{SG} m'_G \right) ; \tag{5.121}$$

$$m'_{NL} = A_{th} \varsigma \; ; \tag{5.122}$$

$$m'_L = \varphi \, m'_{NL} \,. \tag{5.123}$$

Durch die Umleitung der vertikalen Kraft F_v in die radiale Kraftrichtung F_{rg} der Tragrollen erhöht sich diese um den Faktor f_r. Die Aufteilung auf die Mittel- und die Seitenrollen wird durch die Faktoren f_M und f_S erfasst (Index L Fördergut, G Fördergurt).

Die Faktoren f_{rL}, f_{ML} und f_{SL} werden durch folgende Kräfteverhältnisse bestimmt (Fördergutanteil)

$$f_{rL}=\frac{F_{rg}}{F_{vL}}\,; \qquad (5.124a)$$

$$f_{ML}=\frac{F_{ML}}{F_{rg}}\,; \qquad (5.124b)$$

$$f_{SL}=\frac{2F_{SL}}{F_{rg}}\,. \qquad (5.124c)$$

(Die Erläuterung der Parameter wird am Ende des Abschnitts zusammengefasst).

Ihre Größe wird vor allem durch die Parameter l_M und φ aber auch durch l_o, λ und das Fördergut beeinflusst. Zur Bestimmung der Belastungsgrößen wurden auf der Basis von theoretischen Betrachtungen sowie von Messungen Berechnungsfunktionen erstellt [5.114] [5.116] [5.120] [5.126] [5.127] [5.159] bis [5.161]. Die ermittelten Werte für f_r bzw. f_{rL} schwanken im Bereich von 1,03 bis 1,21.

Limberg [5.126] hat an einem Originalgurtförderer unter Betriebsbedingungen Messungen mit l_M = 530 und 800 mm durchgeführt. Bild 5-138 stellt den Verlauf der Belastungsfaktoren über der Streckenbelastung bei l_M = 800 mm dar. Die Größe von f_r steigt im untersuchten Belastungsbereich mit dem Füllquerschnitt φ leicht an und bei f_M tritt eine geringfügige Verringerung auf. Der Belastungsfaktor f_M beträgt ≈ 0,8 und f_r ≈ 1,12 (l_M = 0,36B; φ = 1,0; λ= 41,3°).

Grundlage für die folgende Berechnungsgleichung bildete ein angenommener Mittelwert f_{rL} = 1,14 bei l_M = 0,3B und λ = 36° sowie die Randbedingungen f_{rL} = 1,0 bei l_M = B

$$f_{rL}=\frac{e^{2z_i}+1}{e^{2z_i}-1}\,. \qquad (5.125)$$

Für die Exponenten z_i gilt in Abhängigkeit vom Muldungswinkel λ

$$z_1=2{,}6\frac{l_M}{B}+0{,}58 \qquad (\lambda=36 \text{ und } 40^\circ)\,; \qquad (5.126a)$$

$$z_2=2{,}5\frac{l_M}{B}+0{,}54 \qquad (\lambda=45^\circ). \qquad (5.126b)$$

Der Faktor f_r geht bei der Berechnung von F_E mit dem Exponenten n_N ein.

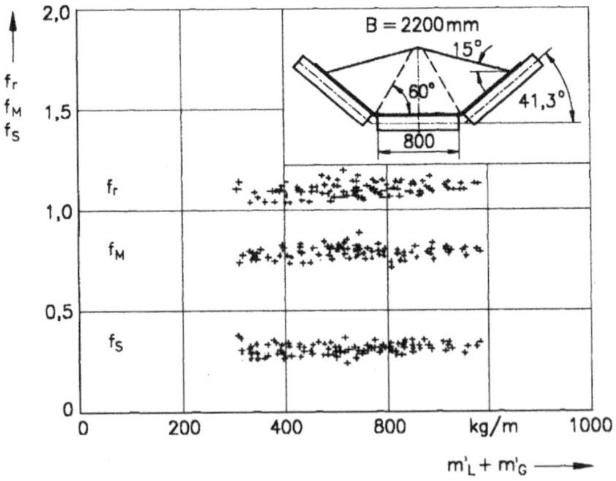

Bild 5-138 Belastungsfaktoren f_r, f_M und f_S aus Messungen an einem Gurtförderer B = 2,2 m über der bezogenen Masse aus Fördergut m_L' und Fördergurt m_G' [5.126]

Messergebnisse über die Belastung der Tragrollen wurden auch von [5.137] für verschiedene Parameter von l_o, λ und φ in den Bildern 5-139 bis 5-141 vorgestellt. Sie wurden an einen Gurtförderer mit der Fördergurtbreite B = 2 m unter Tagebaubedingungen ermittelt. Das transportierte Fördergut bestand aus Sand, Kies, Ton mit Brocken bis 1 m Durchmesser und Schluff.

Im Bild 5-139 ist der Belastungsverlauf F_{ML} der Mittelrolle aus Fördergut in Abhängigkeit von den Parametern l_M, l_o, und λ dargestellt. Die Länge der Mittelrolle ist der Parameter, der die Belastungshöhe der Tragrollen maßgebend beeinflusst. Mit der Verlängerung der Mittelrolle auf das 1,42fache verdoppelt sich ihr Belastungsanteil. Bei der Mittelrolle mit der Länge l_M = 600 mm tritt im untersuchten Muldungsbereich bei allen Tragrollenabständen ein analoger Verlauf von F_{ML} auf. Die größten Belastungswerte wurden bei λ ≈ 40° ermittelt. Bei größeren Längen l_M = 850 mm (l_M/B = 0,425) der Mittelrolle ist F_{ML} im untersuchten Muldungsbereich bei l_o ≈ 2,4 m annähernd gleich groß. Mit der Vergrößerung von l_o tritt bei λ ≈ 40° ein Maximum und bei Verkleinerung ein Minimum für F_{ML} auf. Der Einfluss des Tragrollenabstandes l_o auf F_{ML} wird im Bild 5-140 in Abhängigkeit von der Auslastung φ des Gurtquerschnitts und von λ bei l_M = 850 mm dargestellt. Es besteht, bis auf geringe Abweichungen, eine lineare Abhängigkeit zur Belastung aus Fördergut. Die Schnittpunkte der Kurven für λ = 36 und 40° verschieben sich in Abhängigkeit von der Auslastung des Querschnitts, so dass für φ = 1,0 der Schnittpunkt bei l_o ≈ 3,0 und für φ = 0,8 bei l_o≈ 2,4 m liegt. Für Tragrollenstationen mit l_M = 600 mm sind im Bild 5-141 die Messergebnisse für $2F_{SL}$ über l_o dargestellt. Die Tragrollenbelastung der Seitenrollen ist bei dieser Größe von l_M beachtlich größer als die der Mittelrolle. Der Einfluss

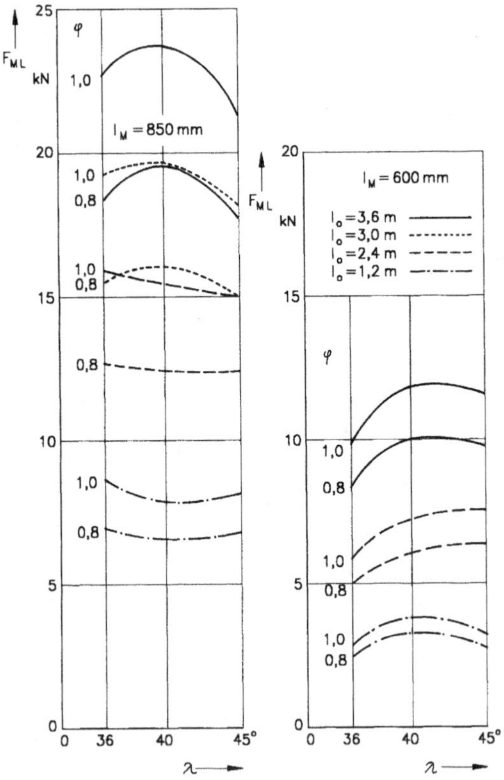

Bild 5-139 Belastung F_{ML} der Mittelrolle aus Fördergut in Abhängigkeit von dem Muldungswinkel λ, der Länge l_M der Mittelrolle und dem Tragrollenabstand l_o bei B = 2,0 m [5.137]

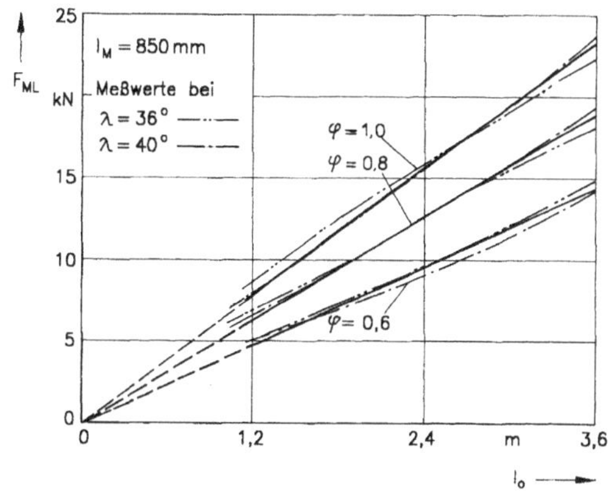

Bild 5-140 Tragrollenbelastung F_{ML} in Abhängigkeit von dem Tragrollenabstand l_o und der Auslastung φ des Gurtquerschnitts bei l_M = 850 mm (B = 2,0 m) [5.137]

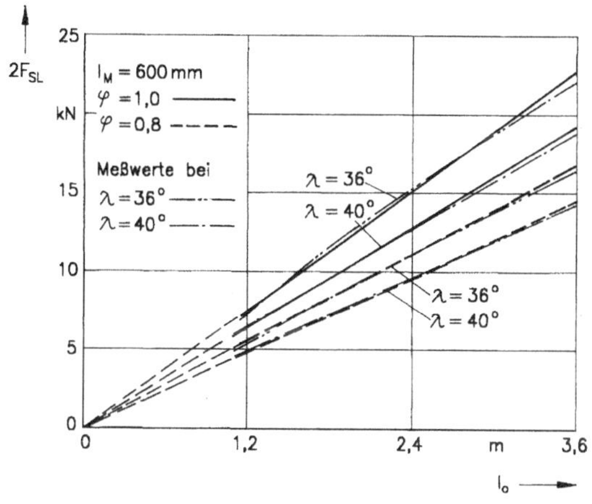

Bild 5-141 Tragrollenbelastung $2F_{SL}$ in Abhängigkeit vom Tragrollenabstand l_o, dem Muldungswinkel λ und Auslastung φ bei l_M = 600 mm (B = 2,0 m) [5.137]

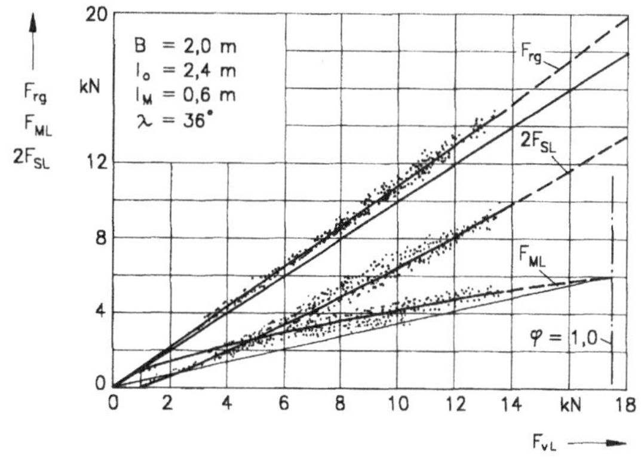

Bild 5-142 Belastungsanteile F_{rg}, F_{ML} und $2F_{SL}$ einer 3-teiligen Tragrollenstation mit l_M = 0,6 m über der vertikalen Belastung F_{vL} aus Fördergut [5.137]

φ Auslastung des Förderquerschnitts

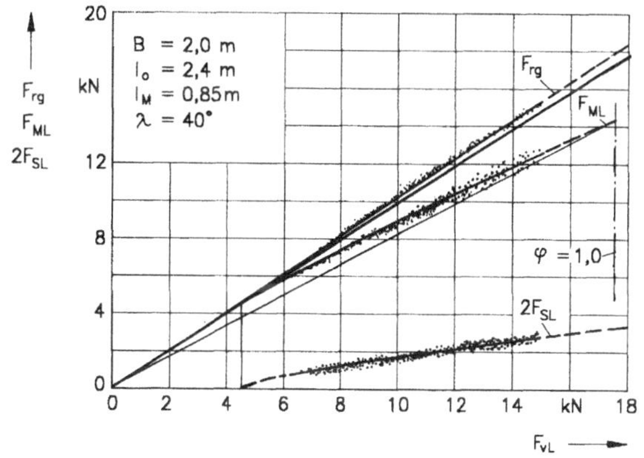

Bild 5-143 Belastungsanteile F_{rg}, F_{ML} und $2F_{SL}$ einer 3-teiligen Tragrollenstation mit l_M = 0,85 m über der vertikalen Belastung F_{vL} [5.137]

des Muldungswinkels ist größer und muss demzufolge beachtet werden. Die Kurvenverläufe in den Bildern 5-139 und 5-140 zeigen, dass l_o, wie in den Gl. (5.120) und (5.121) dargestellt, linear für den Belastungsbereich φ = 0,6 bis 1,0 berücksichtigt werden kann.

Basis zur Bestimmung der Belastungsfaktoren f_{ML} und f_{SL} bilden die Messwerte, die bei l_M = 0,85 und 0,6 m, l_o = 2,4 und 3,6 m, λ = 36 und 40° sowie φ = 1,0 ermittelt wurden. Mit den Randbedingungen

$$l_M = B\,;\; F_{ML} = F_{rg} \;\text{ sowie }\; l_M = 0\,;\; F_{ML} = 0$$

können auch in einem gewissen Umfang über den Untersuchungsbereich hinaus Angaben zu ihrer Größe erfolgen [5.137]. In den Bildern 5-142 und 5-143 sind die Messwerte für zwei Belastungsfälle dargestellt. Danach ergibt sich

$$f_{ML} = \frac{F_{ML}}{F_{rg}} = \frac{1}{1+e^{-2x}}\left[1+(1-\varphi)\frac{B^2\varphi^{1,3}}{25\,l_M^2}\right] \tag{5.127a}$$

$$f_{SL} = 1 - f_{ML}\,; \tag{5.127b}$$

$$\lambda = 36°;\quad x_1 = 8{,}85\frac{l_M}{B} - 3{,}055\,; \tag{5.128a}$$

$$\lambda = 40°;\quad x_2 = 7{,}6\frac{l_M}{B} - 2{,}51\,. \tag{5.128b}$$

Der Geltungsbereich der Gl. (5.127a und b) wird vorerst auf Größen von φ = 0,6 bis 1,0 begrenzt. Der in Klammern gesetzte Anteil der Gl. (5.127a) berücksichtigt die anteilige höhere Belastung der Mittelrolle bei geringerer Querschnittsauslastung.

Zur Bestimmung der Belastungsaufteilung durch die Masse des Fördergurtes, d. h. zur Bestimmung der Faktoren f_{MG} und f_{SG}, werden die Untersuchungen von [5.116] zugrunde gelegt. Diese Gleichungen beinhalten bereits die Kräfteumverteilung in radialer Richtung

$$f_{rG} f_{MG} = \frac{l_M}{B}\cos^2\lambda + \sin^2\lambda - c_{A1}\,; \tag{5.129a}$$

$$f_{rG} f_{SG} = \left(1 - \frac{l_M}{B}\right)\cos\lambda + c_{A1}\,. \tag{5.129b}$$

Der Faktor c_{A1} berücksichtigt den Einfluss der Biegesteife des Fördergurtes. Grundlage für die Einstufung sind die Messwerte für die Belastungsaufteilung an einem Fördergurt St 3150, B = 2,2 m, λ = 30° [5.116]. Seine Größe wird durch die Dicke und Art des Fördergurtes und den Muldungswinkel maßgebend bestimmt. Da keine weiteren Messergebnisse vorliegen, werden in 1. Näherung die Werte nach Tafel 5-29 vorgeschlagen.

Die Belastung der Mittelrolle durch die Masse m_R der drehenden Teile kann ermittelt werden nach

$$F_{MR} = m_R\, g\,. \tag{5.130}$$

Tafel 5-29 Faktor c_{A1} für St-Gurte

Dicke des Fördergurtes in mm	25	30	35	40
c_{A1}	0,08	0,10	0,125	0,16

In konvexen Übergangsbögen mit dem Radius R bzw. bei ungenügend ausgerichteten Gurtförderern treten Kräfte aus der Gurtablenkung auf. Nach [5.162] wird der Anteil, der durch die Mittelrolle aufzunehmen ist, durch den Faktor c_A bestimmt, es gilt

$$F_{MA} = c_A 2T \sin\frac{\delta}{2}; \quad (5.131)$$

$$\delta = 2 arc\sin\frac{l_o}{2R}; \quad (5.132)$$

$$c_A = (l_M + 20) / B. \quad (5.133)$$

Bei großen Gurtzugkräften und Ablenkwinkeln δ kann dieser Belastungsanteil eine beachtliche Größe erreichen und bei unzureichender Berücksichtigung zum vorzeitigen Ausfall der Tragrolle führen. Für die Seitenrollen gelten analoge Gleichungen.
Die dynamische Belastung der Tragrollen durch grobstückiges Fördergut ist von verschiedenen Faktoren abhängig und wird näherungsweise durch einen Stoßfaktor ψ berücksichtigt. Hierfür wird nach [5.162] folgende Gleichung angegeben

$$\psi = c_a v^2 + 1, \quad (5.134)$$

F_A Belastung infolge Fördergurtablenkung in N
F_G Belastung durch den Fördergurt in N
F_L Belastung durch das Fördergut in N
F_R Belastung durch die drehenden Teile der Tragrolle in N
F_{MA} Kräfte aus der Gutablenkung auf die Mittelrolle in N
F_M, F_{ML}, F_{MG} Belastung der Mittelrolle in N
F_S, F_{SL}, F_{SG} Belastung der Seitenrolle in N
A_{th} theoretischer Fördergurtquerschnitt in m²
F_{rg} Summe der radialen Belastungen der Tragrollen einer Tragrollenstation in N
F_v vertikale Belastung der Tragrollenstation in N
m'_{NL} bezogene Masse aus Fördergut bei Nennbelastung in kg/m
m'_G bezogene Masse des Fördergurts in kg/m
m_R Masse der drehenden Tragrollenteile in kg
B Gurtbreite in mm
l_o Tragrollenabstand in m
l_M Länge der Mittelrolle in mm
R Radius konvexer Übergangsbögen in m
T örtliche Gurtzugkraft in N
v Gurtgeschwindigkeit in m/s
g Fallbeschleunigung in m/s²
λ Muldundswinkel
δ Ablenkwinkel des Fördergurtes in Grad
φ Auslastung des Gurtquerschnitts
ς Schüttdichte in kg/m³.

Im Bild 5-98 ist die von [5.163] ermittelte längenbezogene Kraftaufteilung bei mittiger und horizontaler Gurtführung für einen bestimmten Belastungsfall dargestellt. Bei der Seitenrolle entfällt auf die untere Lagerstelle der größte Anteil [5.63] [5.163].
Die Wälzlager bestimmen maßgebend die Funktionsfähigkeit und damit die Lebensdauer der Tragrolle, da ein großer Teil der Ausfälle auf ihr Versagen zurückzuführen ist. [5.195] gibt als Richtwert für die rechnerische Lebensdauer f_L = 4,5 bis 5,0 (> 45000 h) für Tragrollen im Tagebau und f_L = 2,5 bis 3,5 für sonstige Einsatzfälle an.
Neben der Einhaltung der Lagerpassungen ist auf eine geringe Achsverwinklung der Lagerringe zu achten, da bei Überschreitung des zulässigen Schiefstellungswinkels Rückstellmomente auftreten. Sie reduzieren die Lebensdauer und erhöhen den Laufwiderstand. Die Achsverwinklung resultiert aus der Verformung infolge Belastung und den Fertigungstoleranzen.
Im Bild 5-144 sind zulässige Schiefstellungswinkel für Rillenkugellager in Abhängigkeit von der Lagerluft angegeben [5.164].
Bei abrasivem Fördergut und hohem Verschmutzungsgrad sollte eine hohe Abdichtungsqualität angestrebt werden. Die Abdichtung sollte aus einer nichtschleifenden, stabilen Labyrinthdichtung und einer Vorabdichtung bestehen, deren Spalt nahe an der Achse angeordnet ist und eine Spritzkante zum Abstreifen von Rieselgut besitzt. Die zweckmäßigste Dichtungsart hängt von den Einsatzbedingungen ab. [5.119] hat verschiedene Dichtungsausführungen untersucht und bewertet. Unter Beachtung der Forderungen für die Schüttgutförderung hat sich im Laufe der Jahre ein Tragrollentyp bzw. Abdichtung entwickelt, der in ähnlicher Form von vielen Herstellern produziert wird.
Heißgelaufene Tragrollenlager verursachen Störungen und können zum Brand des Fördergurtes führen [5.165]. Neben den Rillenkugellagern mit Stahlblechkäfigen werden seit einiger Zeit auch solche mit Kunststoffkäfigen aus Polyamid eingesetzt [5.119]. Diese haben folgende Vorteile:

- längere Schmierstoffgebrauchsdauer (rd. 20 % mehr)
- gute Notlaufeigenschaften (rd. 100-fache Laufzeit gegenüber Stahlblechkäfigen im Trockenlauf)
- wesentlich geringere Temperaturentwicklung beim Ausfall (Stahlblechkäfig rd. + 140 °C, Kunststoffkäfig rd. + 40 °C bei Trockenlauf).

Zwecks Reduzierung des Hauptwiderstandes, der Masse und der Kosten bietet sich neben der Tragrollenstation mit größerem Durchmesser der Mittelrolle auch eine Tragrollenstation mit zwei Mittelrollen an (Bild 5-145).
Bei auf Tragrollen aufgepressten Gummischeiben ist entsprechend den Darstellungen im Abschnitt 5.5.6.8 zu beachten, dass an Stellen mit sehr hoher Belastung sich die Vernetzung der Molekülketten des Gummis lösen und an Stellen mit geringer Belastung wieder verbinden, so dass Pressverbringung sich lösen können.

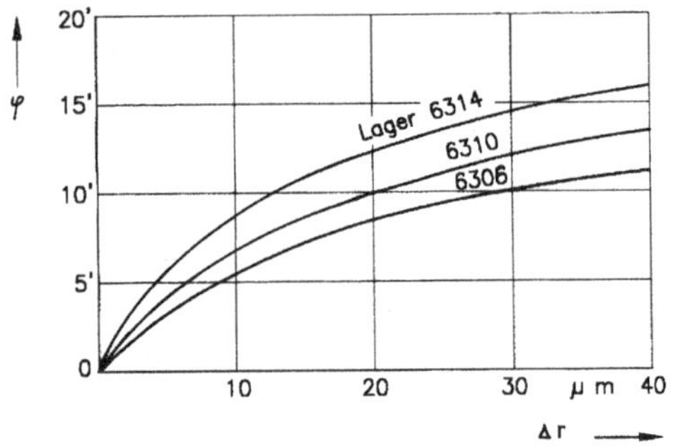

Bild 5-144 Zulässiger Schiefstellungswinkel φ zwischen Innen- und Außenring in Abhängigkeit von der Radialluft Δr bei Rillenkugellagern [5.164]

Tafel 5-30 Beiwert c_a für Stoßfaktor ψ [5.162]

Fördergut Eigenschaften	starre Station	Girlanden-station
feinkörnig	0,0	0,0
einzelne kleine Brocken	0,005	0,001
grobstückig mit Feinkorn	0,009	0,005
grobstückig ohne Feinkorn	0,014	0,009
ausschließlich grobe Brocken	0,05	0,02

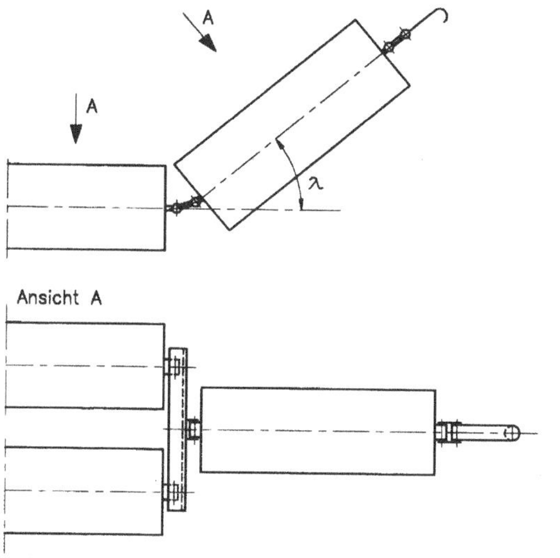

Bild 5-145 Prinzipskizze einer Tragrollenstation mit zwei Mittelrollen [5.63]

5.5.6.8 Fördergurt

Der Fördergurt gehört zu den wesentlichen Bauteilen eines Gurtförderers. Sein Anteil an den Gesamtkosten eines Gurtförderers kann 25 bis 30 % und an den Instandhaltungskosten bis 40 % betragen.
Der Fördergurt dient als Zug- und Tragelement. Diese Funktionsteilung spiegelt sich auch im Aufbau mit der Untergliederung in Zugträger und Deckplatten wieder (Bild 5-99). Der Zugträger besteht aus Textileinlagen oder Stahlseilen. Neben der Forderung nach hoher Festigkeit und Ermüdungsbeständigkeit wird auch Wert auf eine geringe Dehnung gelegt. Stahl und Aramid besitzen eine annähernd gleiche Festigkeit und gleiches Dehnungsverhalten. Die Dichte von Aramid beträgt jedoch nur 1,44 g/cm², es ist damit erheblich leichter als Stahl. Der Zugträger aus Aramid konnte sich, abgesehen von einigen Einsatzfällen, bisher nicht durchsetzen. Der im Kerngummi eingebettete Zugträger wird als Karkasse bezeichnet. In der Tafel 5-18 sind Richtwerte für die Masse der Karkasse von St-Gurten zusammengestellt.
Die Deckplatten schützen die Karkasse vor mechanischen Schäden infolge Verschleißes und dynamischen Beanspruchungen. Werden textile Schutzeinlagen vorgesehen, erhöht sich die Masse je Schutzeinlage pro mm auf rd. 1,4 kg/m². Ihre Dicke beträgt rd. 1,4 mm. Der Kantenschutz hat die Aufgabe, den Zugträger vor Beanspruchungen, besonders beim Schieflauf des Fördergutes, zu schützen. Zur Erhöhung der Schlitzfestigkeit werden Querarmierungen vorgesehen.

Bei der Ermittlung der erforderlichen Nennbruchkraft des Fördergurtes sind

- die höchsten Belastungen im in- und stationären Betriebszustand und
- der Festigkeitsverlust durch die Endlosverbindung

zu berücksichtigen. In der DIN 22101 sind die Angaben zur Auslegung einschließlich der zu berücksichtigenden Sicherheitsfaktoren enthalten [5.49]. Hierbei wird die Festigkeit der Verbindung nicht explizit erfasst, sondern durch Faktoren berücksichtigt. *Von der Wroge* [5.166] schlägt auf der Grundlage seiner Untersuchungen vor, die pauschale Berechnungsmethode zu untergliedern, um gegebenenfalls eine höhere Auslastung zu ermöglichen. Im Bild 5-146 ist der Zeitfestigkeitsverlauf der Fördergurtverbindung in Abhängigkeit von der Anzahl der Umläufe dargestellt [5.167].
Zur Aufnahme der elastischen Dehnung des Fördergurtes ist konstruktiv ein genügend großer Spannweg für die Spanntrommel vorzusehen. Die minimale Spannweglänge s_{sp}, unabhängig von der Art der Spannvorrichtung, beträgt

$$s_{sp} \geq \frac{A_{TA}}{2BE}, \tag{5.135}$$

wobei A_{TA} die maßgebende Fläche der Gurtzugkraft nach Gl. (5.84) darstellt und E ist der Elastizitätsmodul des Fördergurtes (Tafel 5-31). Bei der endgültigen Festlegung der Spannweglänge sind Zuschläge für die bleibende Dehnung und die Herstellung der Endlosverbindung entsprechend den Angaben des Gurtherstellers zu berücksichtigen. Vor allem Fördergurte mit textilem Zugträger besitzen ein größeres plastisches Dehnungsverhalten. Letzteres reduziert sich mit der Lastwechselzahl.
Bei gleichem metallischen Querschnitt der Seile kann durch Modifizierung der Corde der E-Modul in einem geringen Bereich variiert werden. Corde mit dünnen Drähten sind biegeweicher [5.166].

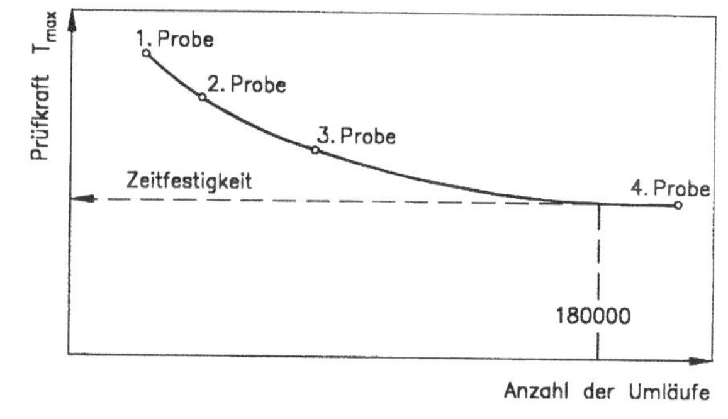

Bild 5-146 Zeitfestigkeit einer Gurtverbindung in Abhängigkeit von der Anzahl der Umläufe [5.167]

Tafel 5-31 Technische Daten und Dehnungsverhalten der Stahlseilfördergurte (Transportgummi GmbH, Bad Blankenburg)

Benennung	Fördergurt				
	St 1000	St 3150	St 4000	St 4500	St 5400
Seildurchmesser in mm	3,8	7,6	8,8	9,5	10,6
Seilteilung in mm	12	15	15	15	16
Elastische Dehnung in % (für 0,02 bis 0,2 F_N)	0,20	0,24	0,24	0,24	0,24
E-Modul des Gurtes in kN/mm	96,6	261	309	339	407
E-Modul des Seils in N/mm²	-	153 530	140 600	141 740	134 269

Deckplatten und Verschleißursachen
Die Deckplatten haben die Aufgabe, den wertvollen Textil- oder Stahlseil-Zugträger vor mechanischen Beschädigungen und vor Verrottung bzw. Korrosion zu schützen. Ihre Dicke bestimmt mit die Lebensdauer, den Energiebedarf und die Kosten des Fördergurtes.
Die Deckplatten bzw. auch der gesamte Fördergurt können entsprechend den Einsatzbedingungen in schwerentflammbarer, schmutzabweisender Ausführung sowie für höhere Beständigkeit gegen Abrieb und für alternative Klimagebiete ausgeführt werden.
Ein großer Teil der Fördergurte wird aus Verschleißgründen abgelegt. Der Verschleiß tritt in einem nahezu gleichmäßigen Abrieb der Deckplatten und in Form von örtlichen Schäden, wie Rissen, Deckplattenausbrüchen, Gurtdurchschlägen und Längsschlitzen, auf. Großen Einfluss auf die Höhe des Verschleißes haben die Art des Fördergutes, die Ausführung des Gurtförderers sowie die Wartung. Untersuchungen bei unterschiedlichen Betriebsbedingungen ergaben, bezogen auf 10^3 Umläufe, Verschleißbeträge zwischen 0,4 und 4,0 mm [5.168]. Andere Richtwerte beziehen sich auf den Volumenstrom und ergeben beispielsweise für Braunkohletagebaue Verschleißwerte von 0,1 mm/10^6 m^3. Der durch Abdichtungsleisten am Fördergurt hervorgerufene Verschleiß wird mit 0,2 bis 0,3 mm/10^6 m^3 angegeben [5.168] bis [5.170]. Feinkörniges Fördergut erfordert einen engen Abdichtungsspalt zwischen Schurre und Fördergurt im Aufgabebereich. Abrasives Fördergut bewirkt damit einen hohen, örtlichen Verschleiß der Deckplatte.

Richtwerte für die Mindestdicken der Deckplatten von Trag- und Laufseite sind in der DIN 22101 [5.49] und im Bild 5-147 enthalten. Weitere Vorschläge zur Ausführung der Laufseite in bezug auf den Bewegungswiderstand sind im Abschnitt 5.5.4.5 dargestellt.

Ausbildung der Bauteile des Gurtförderers zur Schonung des Gurtes
Durch die zweckmäßige Wahl und Anordnung der Bauteile und auch des Fördergurtes ist eine geringe Beanspruchung des Fördergurtes anzustreben. Bei der konstruktiven Gestaltung der Bauteile ist darauf zu achten, dass besonders bei hoher Auslastung der Zugkraft des Fördergurtes die Zusatzbeanspruchungen durch die Auf- und Ausmuldung sowie durch Biegeradien klein gehalten werden.

Durch konstruktive Maßnahmen ist den an vielen Stellen des Gurtförderers auftretenden Verschleißvorgängen entgegenzuwirken. Ein Schwerpunkt für den Verschleiß der Tragschicht stellt die Aufgabestelle dar. Die Steigung des abfördernden Gurtförderers, die Art des Fördergutes, die Länge der Beschleunigungsstrecke, die Ausführung der Schurre, die Fallhöhe u. a. Faktoren beeinflussen seine Größe. Auf der Förderstrecke wird seine Größe vor allem durch die Abstreifer, die Lenkvorrichtungen, schräggestellte, blockierte bzw. mit Fördergutanbackungen versehene Tragrollen, Lauf über die Trommel u. a. bestimmt. Es sollte vor allem vermieden werden, dass das auf dem Planum, den Konstruktionsteilen und auf den Abstreiferleisten abgelagerte Fördergut am Fördergurt schleift.
Verschmutzte Antriebstrommeln können nicht nur den Reibungsbeiwert gefährlich herabsetzen, sondern aufgrund von örtlichen Anbackungen den Fördergurt beschädigen. Anbackungen über den gesamten Trommelumfang führen zu unterschiedlichen Durchmessern und damit zu Relativbewegungen und Verschleiß.

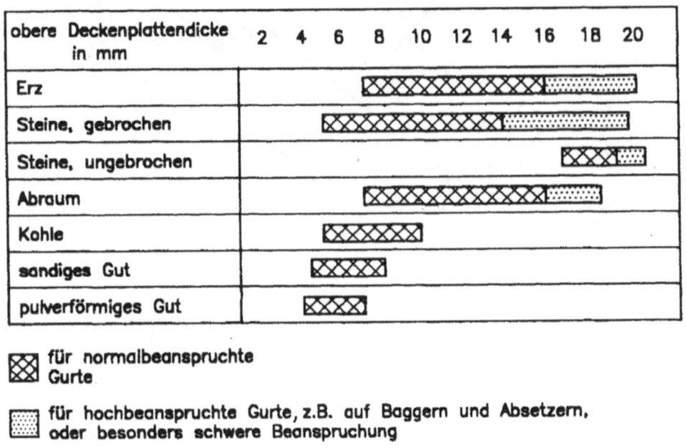

Bild 5-147 Empfohlene tragseitige Deckplattendicke für St-Gurte [5.171]

Durch den Einsatz von schmutzabweisenden Fördergurten mit glatten Gurtoberflächen kann die Verschmutzung bei einigen Fördergutarten verringert werden.

5.5.6.9 Reinigungseinrichtungen und Gurtwendung

Die Aufgabe der Reinigungseinrichtung besteht darin, den Fördergurt bzw. die Trommeln so zu säubern, dass der Förderbetrieb ohne Störungen möglich ist. Die Reinigungseinrichtungen können in

- Außengurtreiniger
- Innengurtreiniger
- Trommelreiniger

untergliedert werden. Es gibt eine Vielzahl von Ausführungen, die meist speziell für bestimmte Fördergutarten entwickelt wurden. Die wesentlichen Forderungen an eine Reinigungseinrichtung sind:

- das Reinigungselement soll mit konstanter Kraft angedrückt werden
- der Verschleiß an den Reinigungselementen und am Fördergurt ist gering zu halten
- das Nachstellen des Reinigungselementes sowie die gesamte Wartung muss ohne großen Aufwand möglich sein
- das abgestreifte Fördergut soll möglichst ohne zusätzliche Fördereinrichtung dem abfördernden Gurtförderer zugeführt werden, in einigen speziellen Fällen kann es auch auf das Planum abgeworfen werden
- im Bereich, in dem der Reiniger anliegt, ist der Gurt so zu führen, dass ein Ausweichen verhindert wird.

Außengurtreiniger
Zu den meist angewandten Außengurtreinigern gehören:

- Leistenabstreifer – einfach oder doppelt, starr angestellt bzw. mit Gewicht oder Feder belastet
- Reinigungsbürstenrolle – rotierend, mit und ohne Gegenrolle
- Lamellenabstreifer – ein- oder zweireihig mit versetzten Lamellen
- Spülvorrichtungen – Wasserbad, Wasserstrahl, Druckluft
- Wenden des Fördergurts im Untertrum.

Auf Bild 5-148 ist die Form und die Wirkungsweise der am meisten angewandten Leisten- und Lamellenabstreifer dargestellt. Mit der Spachtelausführung ist auch bei stark bindigem Fördergut eine gute Reinigung zu erwarten. Durch die Unterteilung des Abstreifelementes in schmale, federnd angesetzte Spachtel wird ein punktuelles Abstreifen er-

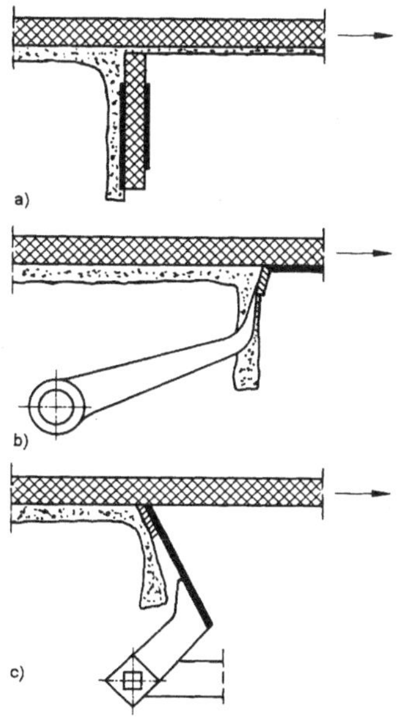

Bild 5-148 Wirkungsweise von Leisten- und Lamellenreinigern [5.173]

a) Leiste b) Schaber c) Spachtel

reicht. Bei örtlichen Fördergurtschäden wird nicht die gesamte Leiste abgehoben, sondern nur die im Bereich der Schadstelle befindlichen Spachteln. Dem allmählichen Verschleiß passen sich die unter Federdruck stehende Spachtel an [5.173]. Der zweckmäßigste Einbauort liegt im Umschlingungsbereich des Fördergurts auf der Abwurftrommel, da hier eine gute Führung vorhanden ist und das abgestreifte Fördergut in den Schüttschacht des abfördernden Gurtförderers fällt.
Der Leistenreiniger ist so anzuordnen, dass der 30 bis 60 mm dicke Abstreifgummi möglichst senkrecht zum Fördergurt steht. Der Anpressdruck sollte entsprechend dem abzustreifenden Fördergut im Bereich von 20 bis 40 kN/m^2 liegen. Eine weitere Steigerung des Anpressdruckes vergrößert den Verschleiß, ohne dass ein merkbar größerer Reinigungseffekt erreicht wird. Der Überstand des Abstreifgummis über die Klemmleisten darf erfahrungsgemäß das 1,2-fache seiner Dicke nicht übersteigen. Das selbsttätige Nachstellen bei Verschleiß und das Erzeugen des Anpressdruckes erfolgt durch ein gewichtbelastetes Hebelsystem. Federbelastete Systeme neigen zum Schwingen, wodurch der Reinigungseffekt negativ beeinflusst wird.
Da der Abstreifgummi im Wesentlichen im mittleren, d. h. im beaufschlagten Bereich des Fördergurtes verschleißt, ist es zweckmäßig, diesen aus einzelnen Teilstücken zusammenzusetzen. Bei vorwiegend bindigem und stark anhaftendem Fördergut sollte ein zweiter, so genannter Vorabstreifer vorgeschaltet werden, wobei dieser zwecks Reduzierung des Verschleißes mit einem Abstand von rd. 10 mm zum Fördergurt eingestellt wird. Der Anstellwinkel ist so zu wählen, dass ein starker Aufbau von Fördergut vermieden wird. Doppeltleistenreiniger haben sich auf Grund der unterschiedlichen Verteilung des Anpressdruckes und wegen des Zusetzens des Zwischenraums mit Fördergut nicht bewährt.

Innengurtreiniger

Zur Streugutbeseitigung auf der Innenseite (Laufseite) des Fördergurtes werden Innengurtreiniger eingesetzt. Zum Einsatz kommen Pflugabstreifer, die aus einem stabilen, dreieckförmigen (60°) Stahlrahmen bestehen, an dessen Außenseite der Abstreifgummi mittels Klemmen befestigt ist. Mit Laschen oder Seilen wird dieser an der Tragkonstruktion des Gurtförderers so befestigt, dass ein seitliches Auswandern unterbunden wird. Der Anpressdruck wird durch die Eigenmasse erzeugt. Für die Wahl des Abstreifgummis sowie dessen Befestigung gelten die gleichen Grundsätze wie beim Leistenreiniger. Bei langen Gurtförderern und bei hohem Rieselgutanfall sind mehrere Abstreifer hintereinander bzw. in Abständen anzuordnen. Der Fördergurt ist im Einsatzbereich auszumulden und durch Tragrollen zu führen.

Trommelreiniger

Das Anbacken von Fördergut an der Trommel steht in enger Verbindung mit der Qualität der Fördergurtreinigung. Auch der Schieflauf des Fördergurtes kann durch das auf das Untertrum fallende Fördergut zu erhöhter Trommelanbackung und damit zum Trommelverschleiß führen. Verschmutzte Trommelmäntel fördern den Gurtschieflauf. Örtliche Anbackungen können auch zu Karkasseschäden führen. Starke Anbackungen treten vor allem an Trommeln auf, über die die beaufschlagte Seite des Gurtes läuft und die keinen elastischen Belag besitzen.
Die Trommeln sind deshalb bei Fördergut, das zum Anbacken neigt, mit starren Stahlreinigern zu versehen, deren Abstand sollte 1 bis 3 mm beim nichtbelegten und etwa 10 mm beim mit Gummi belegten Trommelmantel betragen. Da die Verschleißintensität über die Trommelbreite unterschiedlich ist, sind aufgeschraubte Teilstücke mit Schneiden aus verschleißfestem Werkstoff zweckmäßig.
Bei Trommeln mit auflaufendem Untertrum ist eine seitliche Abführung des Rieselgutes erforderlich. Für eine wartungsarme Betriebsweise hat sich die Kombination mit einem Pflugabstreicher (Bild 5-149) am besten bewährt. Um größere Neigungswinkel der Abdeckung und der Pflugabstreifer zu vermeiden, kann letzterer bei großen Fördergurtbreiten auch geteilt werden. Die Rieselgutaustrag erfolgt dann bei zwei Umläufen.
Auffangwannen mit und ohne mechanischen Austrag des anfallenden Rieselgutes sind den an sie gestellten Anforderungen nicht gereicht geworden, da kurzfristig große Massen anfallen können und das Fördergut im Winter anfriert.

Schmutzbänder

Zum Schutz der unter den Gurtförderern angeordneten Bauteile bzw. um das in diesem Bereich abgestriffene Fördergut abzutransportieren, werden Schmutzbänder eingebaut. Die Gurtbreite sollte mindestens der des darüberliegenden Gurtförderers entsprechen. Zur guten Erfassung des

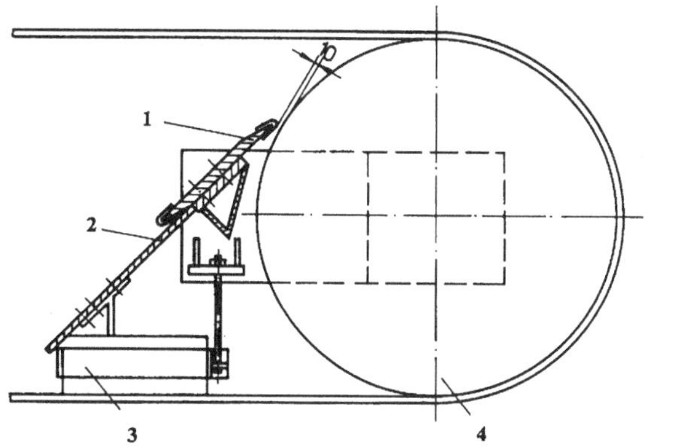

Bild 5-149 Trommelreiniger kombiniert mit einem Pflugreiniger zum Austrag des Rieselgutes

1 Trommelreiniger 3 Pflugreiniger
2 Gleitblech für das Fördergut 4 Spanntrommel

Rieselgutes ist der Zwischenraum zwischen dem Schmutzband und dem Gurtförderer gering zu halten. Das Schmutzband ist aus Gründen der Funktionssicherheit als eine Baueinheit zu betrachten, d. h., wesentliche Bauelemente sind auf einem eigenen Traggerüst zu lagern. Außerdem sollte dieser, um einen ausreichenden Geradlauf des Fördergurtes zu sichern, gemuldet ausgeführt werden. Der Antrieb ist auf Grund der spezifischen Betriebsbedingungen reichlich zu bemessen. Die Gurtgeschwindigkeit sollte im Bereich von 0,2 bis 1,0 m/s liegen. Eine Verriegelung mit dem Gurtförderer des Transportsystems ist nicht zu empfehlen.

Gurtwendung

Durch die Gurtwendung kann der Rieselgutanfall unterhalb des Untertrums reduziert bzw. vermieden werden. Die Gurtwendung stellt eine zusätzliche Störquelle dar, so dass beim Einsatz der Aufwand und der Nutzen gegenüber zu stellen ist.

Art der Wendung	Gurtbreite B in mm	Gurtwendelänge l_W	
		Textilgurte	Stahlseilgurte
freie Wendung 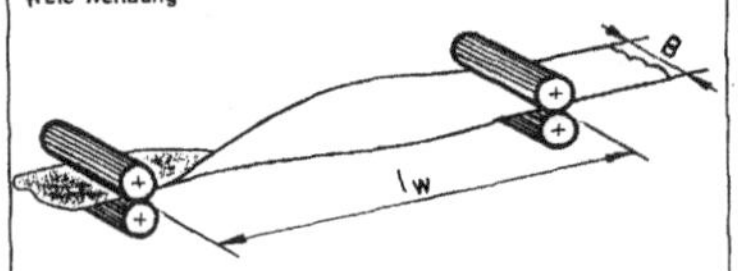	max. 1200	10 x B	–
geführte Wendung 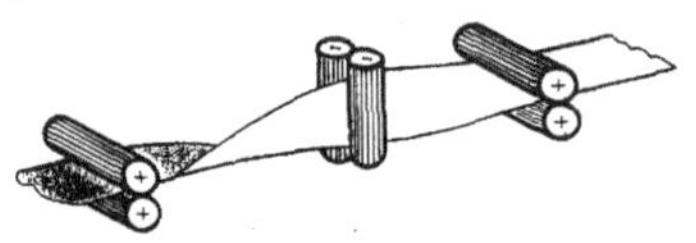	bis 1600	11x B	20 x B
gestützte Wendung 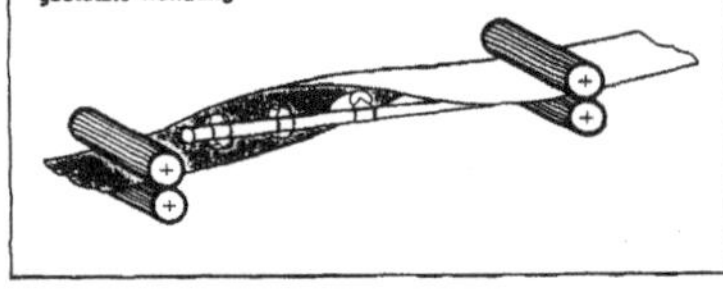	bis 2600	9 x B	18xB

Bild 5-150 Gebräuchliche Gurtwendungen des Untertrums mit Angabe der erforderlichen Mindestwendelänge l_W [5.174]

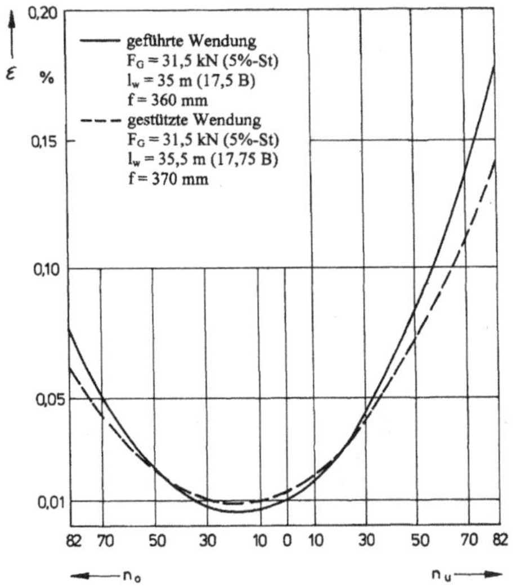

Bild 5-151 Dehnungsverhalten ε bei einer geführten und gestützten Gurtwendung

n_o, n_u Seilnummer von der Fördergurtmitte gezählt
F_G Fördergurtzugkraft
f Durchhang des Fördergurtes
l_w Wendelänge

Im Bild 5-150 sind die drei gebräuchlichsten Formen der Gurtwendung dargestellt. Zwischen den an den Enden der Wendestrecke angeordneten Trommeln hängt der Gurt frei durch. Die Führung erfolgt zum Teil durch Rollen. Für einen störungsfreien Betrieb ist Voraussetzung, dass der Gurtdurchhang in allen Betriebszuständen weitgehendst konstant ist. Dieses ist nur bei Gurtförderern mit einer gewichtsbelasteten Spannvorrichtung und Kopfantrieb gegeben.

Die Wendelänge l_W wird durch zulässige Dehnung im Bereich der Gurtkante bestimmt. Im Bild 5-151 ist die Dehnung ε der Seile an der Außenkante für eine geführte und gestützte Wendung eines Fördergurtes der Type St 3150 und B = 2,0 m dargestellt. Die Dehnung der Unterkante ist infolge des Durchhanges rd. doppelt so hoch wie die der Oberkante [5.175] bis [5.177]. Im Bild 5-150 sind Richtwerte für die Mindestlängen von l_W angegeben. Da der Fördergurt zu den teureren Bauteilen gehört, ist eine Abstimmung der Ausführung mit dem Lieferanten zweckmäßig. Im Bereich der Wendestrecke ist mit einem erhöhten Anfall an Rieselgut zu rechnen.

5.5.6.10 Verteilung bzw. Teilung des Fördergutstromes

Verteilung

Unter Verteilung wird die Übergabe des gesamten Fördergutstromes auf einen anderen zur Auswahl stehenden Gurtförderer verstanden. Dieses ist vor allen Dingen dann erforderlich, wenn von einem Fördersystem unterschiedliche Fördergutarten bzw. solche mit unterschiedlichen Eigenschaften transportiert werden und unterschiedlichen Lagerstätten zugeführt werden sollen. Beispiele hierfür sind die Fördersysteme, die bei der Kohlegewinnung auch Zwischenmittel abbauen sowie die AFB mit der Verteilung des Fördergutes zur Erreichung einer standsicheren Kippe.

Die Bilder 5-152 bis 5-155 enthalten die wesentlichen Ausführungsvarianten. Für die Verteilung des Fördergutes vom Gurtförderer GF_1 zum GF_2 bzw. GF_3 sind im Bild 5-152 vier Ausführungsformen dargestellt. Sie unterscheiden sich dadurch, dass die Verteilung jeweils durch die Lageveränderung eines anderen Bauteils vorgenommen wird.

Bei der Ausführungsform a wird die Prallwand geschwenkt. Durch das Verfahren der Abwurftrommel bzw. der Umlenktrommel mit Aufgabebereich erfolgt bei den Ausführungsformen b und c die Fördergutverteilung. Mit dem Einfahren eines Sattels in den Fördergutstrom vollzieht sich die Umverteilung bei der Ausführungsform d. Die Umstellung kann beim laufenden Förderprozess vorgenommen werden. Bei allen vier Ausführungsformen ist außerdem eine Teilung des Förderstroms möglich.

Die Verteilung bei den Varianten a bis d nach Bild 5-153 wird durch die Zwischenschaltung eines verfahrbaren, reversierbaren bzw. schwenkbaren Gurtförderers GF_4 erreicht. Extrem kurze Gurtförderer sind sehr störanfällig, deshalb sollte der Variante d, auch wegen der Fördergutaufgabe in Abförderrichtung, der Vorzug eingeräumt werden. Die Variante b kommt der zweckmäßigsten Lösung am nächsten. Eine Umstellung des Fördergutstromes auf einen anderen Gurtförderer ist nur bei Unterbrechung der Fördergutzuführung möglich.

Bei den Verteilungssystemen, die vor allen im Tagebau zum Einsatz kommen, sind die zufördernden und abfördernden Gurtförderer unter einem Winkel von rd. 90° zueinander angeordnet. Größere bis kleinere Winkel führen zu längeren Fahrwegen des Verteilungsförderers (Bilder 5-29 und 5-30). Diese Systeme lassen sich entsprechend ihrer Ausführung wie folgt untergliedern:

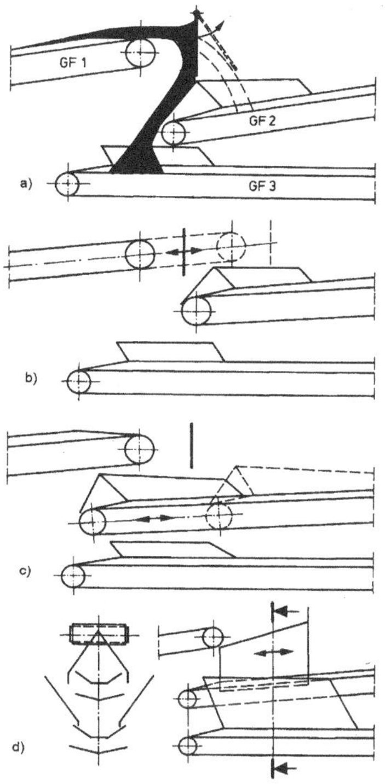

Bild 5-152 Ausführungsvarianten zur Fördergutverteilung mittels Verstellung der Prallwand, Verfahren der Trommel bzw. Aufgabestelle und Einfahren eines Sattels

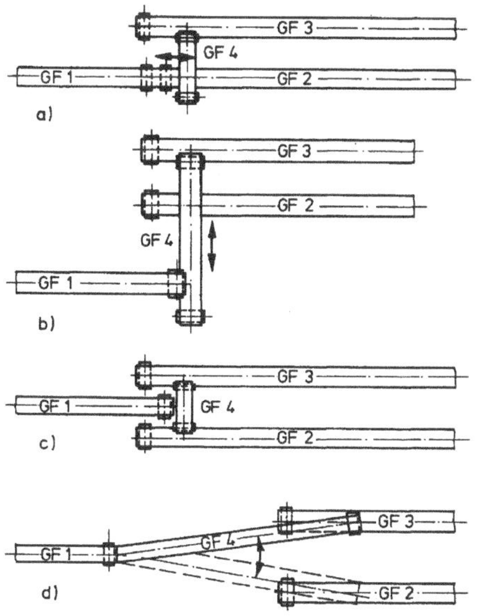

Bild 5-153 Fördergutverteilung über einen zusätzlichen Gurtförderer GF4

a) und b) verfahrbar c) reversierbar d) schwenkbar

a) zufördernder Gurtförderer mit fahrbarer Fördergurtschleife (Bild 5-154)
b) Antriebsstation mit fahrbarem Gurtförderer zwecks Verteilung des Fördergutes
c) Typenantriebsstation, Schrägförderer und Verteilerförderer (Bild 5-155).

Die unter a und b dargestellten Ausführungen unterscheiden sich dadurch, dass der bei der Ausführung b vorgesehene fahrbare Gurtförderer bei a entfällt und durch eine Fördergurtschleife ersetzt wird. Dadurch wird nicht nur eine Übergabestelle, sondern auch ein kurzer Gurtförderer mit Antrieb eingespart. Auf den Einfluss kurzer Gurtförderer wurde bereits zuvor hingewiesen. Die im Bild 5-155 dargestellte Ausführung ermöglicht den Einsatz einer Typenantriebsstation für den zufördernden Gurtförderer. Durch den Schrägförderer wird die Höhendifferenz überbrückt und durch den Verteilerförderer erfolgt die Verteilung auf die abfördernden Gurtförderer. Es werden gegenüber der Ausführung unter a zwei Gurtförderer mit den dazugehörigen Übergabestellen zusätzlich eingesetzt, die erhöhte Betriebs- und Energiekosten verursachen. Bei allen drei Ausführungen ist eine Änderung der Verteilung nur bei aussetzendem Förderstrom möglich.

Teilung des Volumenstroms

Die Teilung ist bei einem diskontinuierlichen bzw. unterschiedlich hohem zugeförderten Volumenstrom zweckmäßig, um im Verbund mit einem Lagerplatz eine kontinuierliche Versorgung eines Verbrauchers zu sichern bzw. den Querschnitt des abfördernden Gurtförderers gering zu halten.

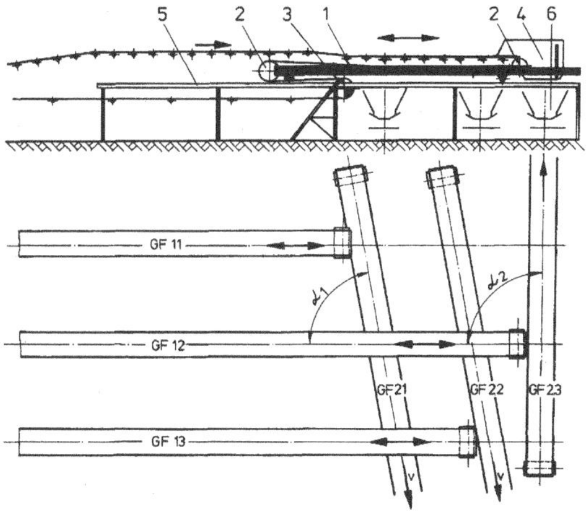

Bild 5-154 Verteilerstation mit verfahrbarer Fördergurtschleife

1 Wagen 4 Schüttschacht
2 Umlenktrommel 5 Traggerüst mit Fahrbahn
3 Antriebstrommel 6 Schurre des abfördernden Gurtförderers

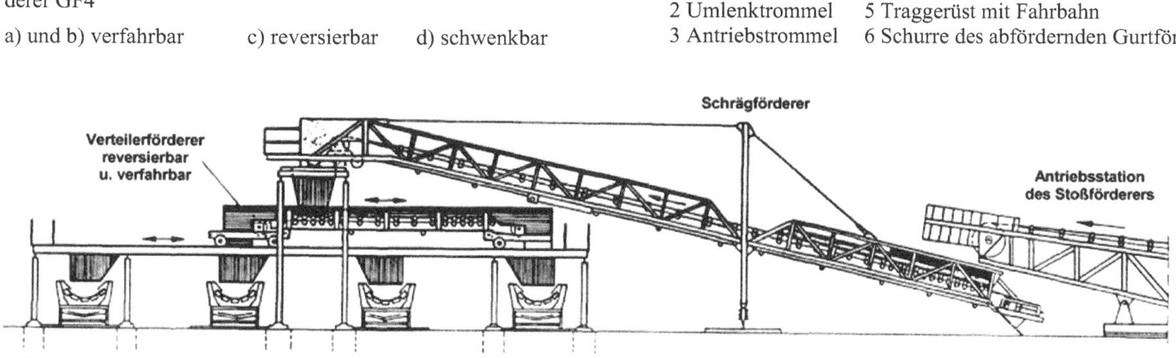

Bild 5-155 Verteilerstation mit Schrägförderer und reversierbarem Verteilerförderer

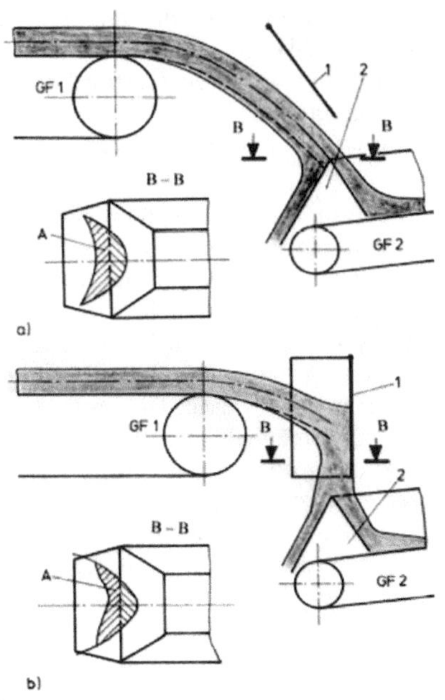

Bild 5-156 Teilung des Fördergutstroms ohne und mit Prallwand

A Querschnittsanteil, der dem Gurtförderer GF2 zugeführt wird
1 Prallwand 2 Sattelschurre

Im Bild 5-156 ist die konstruktive Gestaltung der Grundvarianten für eine Fördergutteilung dargestellt. Die Teilung erfolgt über einen quer zur Förderrichtung angeordneten Sattel. Die Varianten unterscheiden sich dadurch, ob der Fördergutstrom an der Prallwand abgelenkt wird oder nicht. Der Fördergutstrom, der durch die Prallwand bzw. den Querschnitt der Wurfparabel und den Sattel gebildet wird, stellt den Teil dar, der sich annähernd genau einstellen lässt. Eine genaue Teilung ist nicht möglich.

5.5.6.11 Fördergutauf- bzw. Fördergutübergabe

Bei den kontinuierlich transportierenden Gurtförderern stellen die Fördergutauf- bzw. Fördergutübergaben die kompliziertesten und damit auch die störungsverursachenden Abschnitte im Fördersystem dar.
Erfolgt die Fördergutübergabe durch einen vorgeschalteten Gurtförderer, dann ist eine kontinuierliche Fördergutzuführung gesichert. Die Gutaufgabe durch das Gewinnungsorgan des Schaufelrad- und des Eimerkettenbaggers sichert in den meisten Fällen bei entsprechender Abstimmung der Anzahl der Schüttungen, der Gurtgeschwindigkeit sowie der Schurrenausbildung eine ausreichende stetige Beladung. Bei der diskontinuierlichen Zuführung durch einen Eingefäßbagger ist eine spezielle Aufgabeeinrichtung erforderlich. Zu den Forderungen an eine zweckmäßig gestaltete Fördergutübergabe gehören:

- Das Fördergut ist mittig, ohne Seitenkomponenten auf den abfördernden Fördergurt und ohne großen Stau sowie mit einer möglichst großen Geschwindigkeitskomponente in abfördernder Richtung aufzugeben.
- Die Übergabehöhe ist zu minimieren.
- Der Fördergurt ist vor Durchschlägen und weitestgehend auch vor Verschleiß zu schützen.
- Das Rieselgut ist auf ein Minimum zu reduzieren. Abgestreiftes Fördergut ist durch die Schurre des abfördernden Gurtförderers aufzunehmen.
- Verstopfungen des Schüttschachtes und der Schurre sind zu vermeiden.

Die Fördergutübergabe von Gurtförderer zu Gurtförderer lässt sich untergliedern in den

- Abwurfbereich
- Fördergutstrom mit Ablenkeinrichtung und
- Aufgabebereich.

Abwurfbereich
Bei einem gemuldeten Gurtförderer wird der Abwurfbereich mit der Ausmuldung des Fördergurtes eingeleitet. Seine Länge wird durch den Muldungswinkel, die Auslastung der zulässigen Gurtzugkraft und die zulässige Randdehnung des Fördergurtes bestimmt.
Hinweise über das Verhalten des Fördergutes im Ausmuldungsbereich sind im Bild 5-157 dargestellt. Bei rolligem und auch bei stückigem Fördergut, besonders bei der Beladeform nach Bild 5-157b und langen Ausmuldungslängen können die an der Außenkante des Förderstroms befindlichen Massenteile durch die nach außen gerichtete Geschwindigkeitskomponente abgeworfen werden. Diese Tendenz nimmt mit der Länge der Förderstrecke und der Austrocknung des Fördergutes zu. An solchen, besonders im ansteigenden Bereich liegende Ausmuldungsstrecken sind, um den Anfall von Rieselgut einzuschränken, Gutführungen zweckmäßig.
Wird der Einfluss der Adhäsion und des Luftwiderstandes vernachlässigt, so kommt es zum Ablösen des Förderteils, wenn dessen Zentrifugalkraft $dF_Z = dm\ v^2/R_{Tr}$ die Radialkomponente der Schwerkraft $dG = dm\ g \cos\delta$ überwindet. Diese Geschwindigkeit wird als Grenzgeschwindigkeit v_{gr} bezeichnet und errechnet nach

$$v_{gr} = \sqrt{R_{Tr}\, g \cos\delta}\ , \qquad (5.136)$$

R_{Tr} Radius der Trommel in m
δ Neigung des Gurtförderers.

Obwohl die Grenzgeschwindigkeit relativ klein ist, kommt es bei Schluff und Fördergut mit analogen Eigenschaften vor, dass der Abwurfstrom sich erst bei höheren Gurtgeschwindigkeiten ausbildet (bis 8 m/s). Dem Einfluss der Adhäsion kann durch die Erhöhung der Geschwindigkeit und die Verringerung des Trommeldurchmessers entgegengewirkt werden.

Bild 5-157 Verhalten des Fördergutes im Ausmuldungsbereich

a) und b) rolliges Fördergut bei mittiger und seitlicher Beladung
c) bindiges Fördergut
d) stückiges Fördergut

Fördergutstrom mit Ablenkeinrichtung
Die Koordinaten der Achse des Fördergutstromes können nach der Gleichung des schiefen Wurfs ermittelt werden (Bild 5-158). Zu dem Neigungswinkel δ_z, dessen Größe sich im Ausmuldungsbereich in z-Richtung verändert, gehört außer δ_i auch der Einlaufwinkel δ_A aus dem Gurtdurchhang. Die Anteile des Winkels δ_z sind bei ansteigendem Gurtförderer positiv, bei fallendem negativ.
Die Versuche von *Krause* und *Henschel* [5.178] mit Kies, verschiedenen Füllquerschnitten und Gurtgeschwindigkeiten von 0,5...5,0 m/s haben gezeigt, dass sich der Fördergutstrom allmählich erweitert. Bei der Ausbildung der freien Wurfbahn werden die Teilchen innerhalb des Gutstromes in der oberen Strombegrenzung etwas nach oben und in der

unteren nach unten verschoben. Die Fördergutstrombegrenzungslinie kann man durch zwei Wurfparabeln mit verschobenen Ablösepunkten annähern, von denen die obere eine etwas erhöhte und die untere eine verringerte Wurfgeschwindigkeit besitzt. Zur Bestimmung der Größe der Wurfgeschwindigkeit ist das Verhältnis des Abstandes zur Trommelmitte zugrunde zu legen.

Bei Fördergutübergaben, bei denen die Gurtförderer gegeneinander schwenkbar sind bzw. von der gestreckten Lage abweichen, sind Prallwände zur Steuerung des Fördergutstromes erforderlich. Hierfür werden Prallwände mit parabolischem bzw. trapezförmigem Querschnitt eingesetzt. Sie zentrieren das Fördergut und ermöglichen durch eine Verstelleinrichtung eine annähernd vertikale Fördergutaufgabe.

Die in den letzten Jahrzehnten vorgenommenen Erhöhungen der Gurtgeschwindigkeit hat besonders bei steigend angeordneten Gurtförderern zu Auftreffwinkeln des Fördergutes an den Prallwänden geführt, die einen Fördergutstau, vor allem bei bindigem Fördergut, zur Folge haben. So können, wenn die vertikale Kraft aus der Eigenmasse den Staudruck überwindet, kurzzeitig größere Massen in die Schurre des abfördernden Gurtförderers fallen.

Im Bild 5-158 wird der Einfluss der Gurtgeschwindigkeit auf die Größe des Auftreffwinkels an der Prallwand dargestellt. Durch eine Vorabwurftrommel bzw. eine entsprechende Fördergurtführung mit Tragrollen kann, wie Bild 5-159 zeigt, der Auftreffwinkel verringert werden. Da die neue Abwurftrommel als Ablenktrommel ausgeführt wird, erhöht sie durch den kleinen Radius die Zentrifugalkraft. Die Gurtbiegung an der zweiten Trommel erhöht zusätzlich den Reinigungseffekt. Die Ausführung mit Tragrollen eignet sich nur für geringe Gurtzugkräfte.

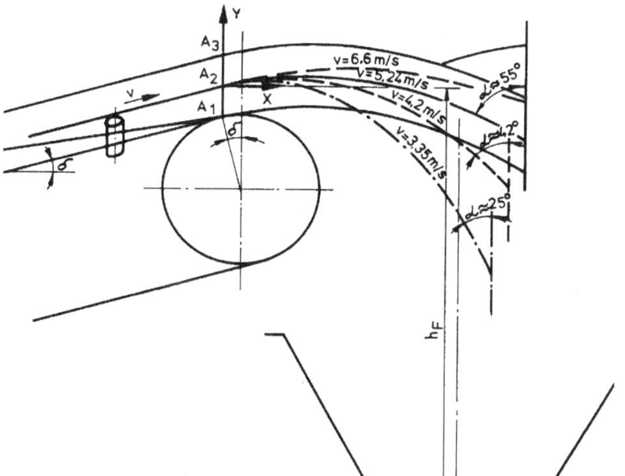

Bild 5-158 Einfluss der Gurtgeschwindigkeit v auf die Größe des Auftreffwinkels α des Fördergutes an die Prallwand

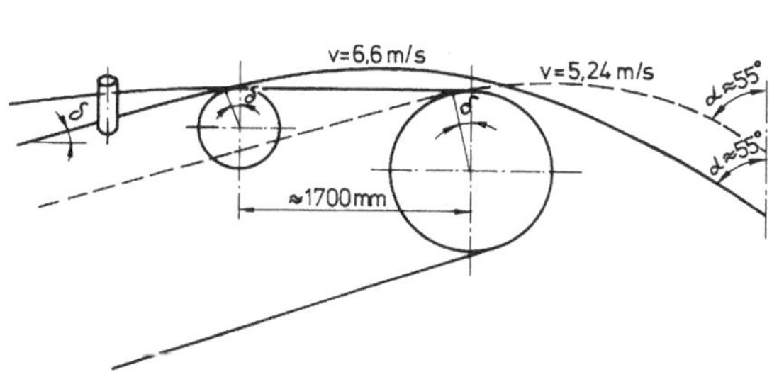

Bild 5-159 Fördergutübergabe mit Vorabwurftrommel [5.179]

Ein weiteres Ziel der Prallwand sollte darin bestehen, den Fördergutstrom in die abfördernde Richtung umzulenken, um eine stauarme, mittige Beladung zu erreichen. Hierdurch wird nicht nur der Bewegungswiderstand, sondern auch der Verschleiß der Deckschicht des Fördergurtes reduziert. Im Bild 5-160 sind die Geschwindigkeiten des Fördergutes ohne Berücksichtigung der Reibung an einer ebenen Prallwand dargestellt. Die Geschwindigkeitskomponente v_o an der Auftreffstelle des abfördernden Gurtförderers beträgt:

$$v_0 = v_1\cos\alpha\,\cos\delta_1\cos\delta_2 - \sin\delta_2\left(\sqrt{2gh_F} + v_1\sin\delta_1\right), \qquad (5.137)$$

v_1 Gurtgeschwindigkeit des Gurtförderers GF_1 in m/s
$\delta_1;\delta_2$ Steigungswinkel der GF_1 bzw. GF_2
α Winkel der Prallwand
h_F Fallhöhe in m.

v_0 erreicht größte Werte, wenn v_1 groß und die Parameter α, h_F und δ_2 klein sind.

Herzog [5.65] hat an einer Übergabestelle die Fördergutverteilung bei verschiedenen Winkelstellungen der Prallwände und des abfördernden Gurtförderers untersucht. Die Gurtbreite und die lichte Weite zwischen Trommel und Prallwand betrugen 0,65 m. Gefördert wurde Sand mit 10 % Kiesanteil. Der Wassergehalt lag bei 2,7...5 %.

Bild 5-161 stellt die Fördergutverteilung mit einer trapezförmigen Prallwand dar. Bei der Prallwandstellung α = 90° bildet sich neben dem Hauptförderstrom beiderseitig je ein Nebenstrom aus, deren Größe mit der Gurtgeschwindigkeit, d. h. mit dem Aufprallwinkel, ansteigt. Mit der Veränderung der Schrägstellung der Prallwand, α = 75° bzw. 60°, vergrößert sich einseitig der Nebenstromanteil, und der Schwerpunkt des Fördergutstromes verschiebt sich in abfördernder Richtung. Die Prallwand besteht aus Stahlblech, die mit R bezeichneten besitzen einen Wabenrost. Wesentliche Unterschiede sind nicht feststellbar.

Bei einer geraden Prallwand entfällt der zentrierende Einfluss, so dass bei α = 90° der Anteil der Nebenströme fast die Größe des Hauptstromes erreicht. Bei $\alpha \leq 60°$ tritt bei beiden Prallwandausführungen ein ähnlicher Verlauf auf, nur die Verteilungsbreite ist bei der geraden Prallwand größer.

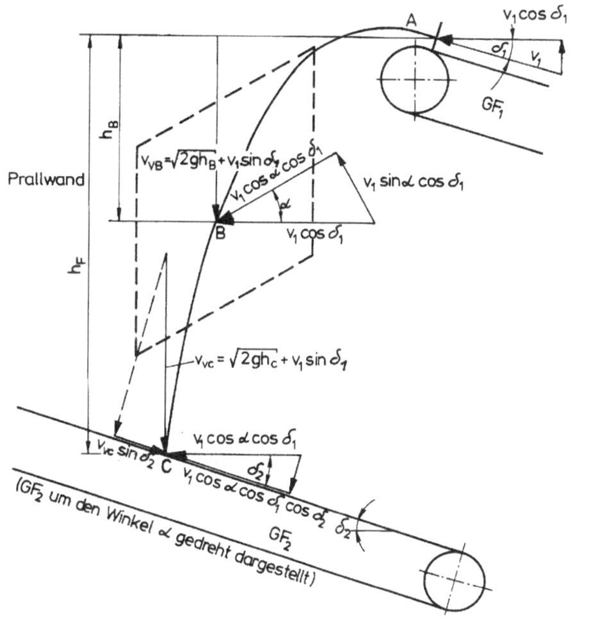

Bild 5-160 Fördergutgeschwindigkeiten bei Zwischenschaltung einer ebenen Prallwand zur Steuerung in die abfördernde Richtung (ohne Reibung; GF2 in die Darstellungsebene gedreht) [5.179]

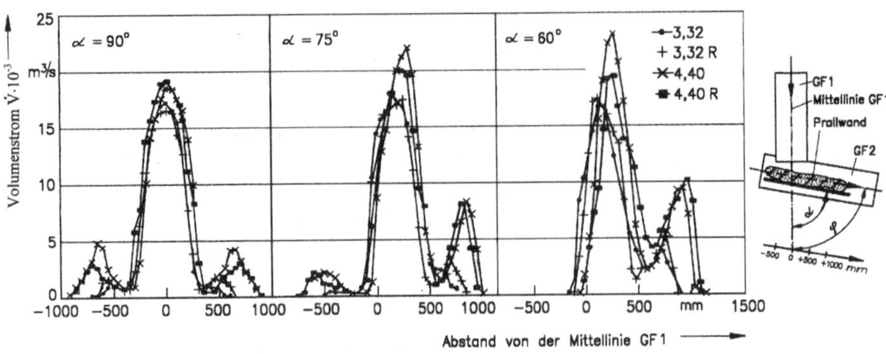

Bild 5-161 Fördergutverteilung mit einer verstellbaren, trapezförmigen Prallwand bei Gurtgeschwindigkeiten $v_1 = 3{,}32$ und 4,4 m/s, Schwenkwinkel des Gurtförderers $\varphi_1 = 90°$ und Auskleidung der Prallwand mit Wabenrost (R) bzw. Stahlblech [5.65]

α Schwenkwinkel der Prallwand
φ_1 Schwenkwinkel des abfördernden Förderers

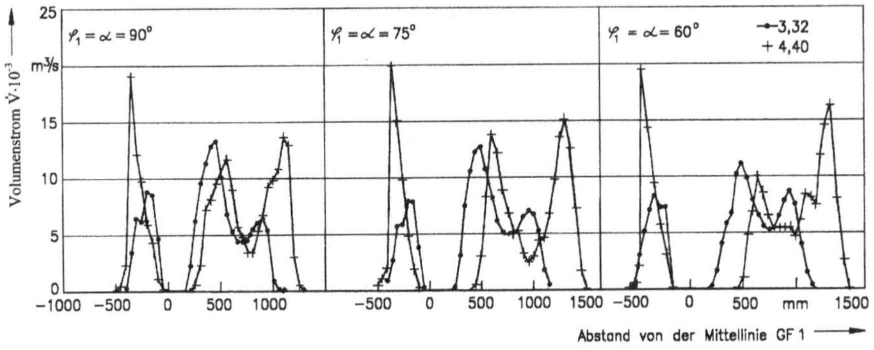

Bild 5-162 Fördergutverteilung mit einer schwenkbaren Prallwand bei $v_1 = 3{,}32$ und 4,4 m/s [5.65]

α Schwenkwinkel der Prallwand
φ_1 Schwenkwinkel des abfördernden Förderers

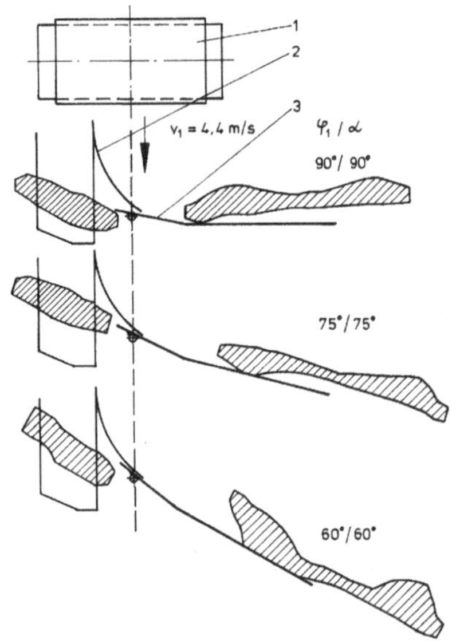

Bild 5-163 Aufgabequerschnitt des Fördergutes beim Einsatz einer schwenkbaren Prallwand [5.65]

α Schwenkwinkel des Prallwandflügels
φ_1 Schwenkwinkel des abfördernden Förderers
1 zufördernder Gurtförderer 1
2 starr angeordneter Teil der Prallwand
3 schwenkbarer Teil der Prallwand

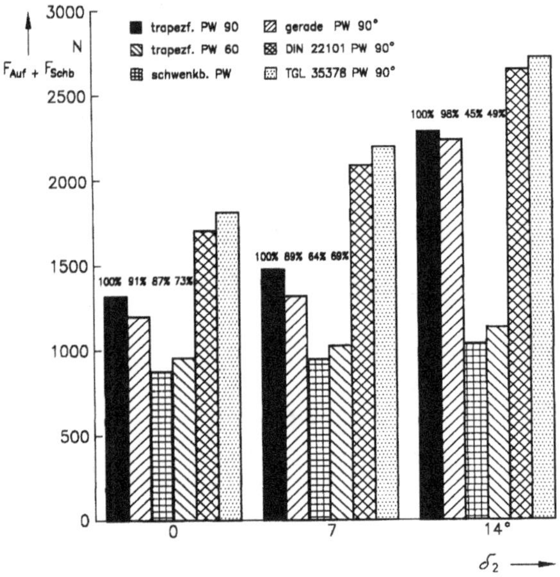

Bild 5-164 Gemessene und berechnete Bewegungswiderstandsanteile F_{Auf} und F_{Schb} beim Einsatz verschiedener Prallwände und Neigungswinkel δ_2 des abfördernden Gurtförderers ($B = 0{,}65$ m) [5.65]

Im Bild 5-162 ist die Fördergutverteilung bei einer verstellbaren Prallwand dargestellt. Diese besteht aus einem starr angeordneten Teil, der einen kleinen Teil des Fördergutes abbremst und vertikal nach unten fördert, und einer kurvenförmigen Ablenkeinrichtung mit schwenkbaren Flügel, der den größeren Teil in die abfördernde Richtung umlenkt.

Bei allen Winkelstellungen α ist eine ähnliche Verteilung erkennbar, nur nimmt die Wurfweite mit kleinem Winkel α und mit großer Gurtgeschwindigkeit zu. Durch den senkrecht herabfallenden Teil wird ein Polster geschaffen, dass den Gurtverschleiß reduziert und Stoßkräfte (Brocken) abbremst. Bild 5-163 zeigt die Aufgabequerschnitte beim Einsatz dieser Prallwand für $v = 4{,}4$ m/s und Schwenkwinkeln von 90, 75 und 60°. Im Bild 5-164 sind die gemessenen bzw. errechneten Bewegungswiderstände $F_{Auf} + F_{Schb}$ für die verschiedenen Prallwände und Neigungswinkel δ_2 des abfördernden Gurtförderers zusammengestellt. Der Einsatz der schwenkbaren und auch der geschwenkten, trapezförmigen Prallwand führen gegenüber der zurzeit üblichen trapezförmigen, festen Prallwand zu einer Reduzierung von $F_{Auf} + F_{Schb}$ auf rd. 70 bzw. 47 % bei den verschiedenen Neigungswinkeln δ_2. Die Berechnungen nach DIN 22101 und TGL 35378 ergeben Werte, die 1,15- bis 1,4-fach höher liegen. Diese Reduzierung der Bewegungswiderstandsanteile hat nicht nur eine Energieeinsparung zur Folge, sondern bewirkt auch eine Reduzierung des Verschleißes der Laufschicht des Fördergurtes.

Die untersuchten Prallwandausführungen lassen sich auch nachträglich in schon im Betrieb befindlichen Gurtförderer einbauen. In [5.179] wird eine Prallwandausführung vorgestellt, die für Übergabestellen konzipiert wurde, deren Gurtförderer im Bereich von $\varphi = \pm 90°$ schwenkbar sind.

Aufgabebereich

Die Problematik der Kraft- und Bewegungsverhältnisse an der Aufgabestelle haben Grimmer und Thormann [5.180] untersucht. Im Bild 5-165 ist das Strömungsverhalten des Fördergutes mit den Massen- und Reibungskräften dargestellt. Die Gesamtlänge des Aufgabebereichs kann neben der Aufschüttstrecke in die hintere Abböschung und in die Beschleunigungsstrecke untergliedert werden. Die Länge der hinteren Abböschungsstrecke hängt wesentlich von der Stauhöhe und der Neigung der Aufgabestelle ab. Die Rückwand der Schurre ist so anzuordnen, dass sich die hintere Abböschung ausbilden kann, da sonst die Verstopfungsgefahr stark ansteigt.

Die Berechnung der minimalen Länge der Beschleunigungsstrecke sowie der Kräfte für die Beschleunigung des Fördergutes und dessen Reibung an den Schurrenwänden sind mit den Gl. (5.50) bis (5.52) angegeben. Die Schurrenlänge bzw. die Leitschienen für die Beruhigungsstrecke sollten besonders bei grobstückigem Fördergut länger gewählt werden, um das seitliche Herabfallen des Fördergutes zu vermeiden.

Stoßbeanspruchung

Die beim Aufprall des Fördergutes auftretenden Beanspruchungen wurden von [5.180] bis [5.186] untersucht. Anlass dazu gab die Tatsache, dass hauptsächlich durch die Stöße an der Aufgabestelle Fördergurtschäden auftraten. Diese Gefährdung wächst mit der Korngröße, der Scharfkantigkeit und der Fallhöhe.

Die durch eine Masse m_1 erzeugte Fallenergie verursacht Stoßkräfte, deren Größe durch den Verformungsweg an der Masse und an der Stützkonstruktion maßgebend beeinflusst wird. Deshalb ist bei der Masse m_1 zu unterscheiden zwischen:

- elastischen bzw. starren Körpern mit scharfen oder abgerundeten Kanten und
- plastischen Massen.

Massen mit einem starren Körper rufen am Fördergurt und an der Tragrollenstation die größte Stoßbeanspruchung hervor, wenn die Beanspruchung über der Tragrolle erfolgt, da fördergurtseitig nur dessen Querverformung einfließt. Das elastische Verhalten der Tragrolle bzw. Tragrollenstation ist deshalb für die Größe der Stoßkraft F_s von maßgebender Bedeutung. Diese können entsprechend ihres Aufbaues wie folgt untergliedert werden:

- starre, glatte Tragrollen
- starre, mit Polsterringen bestückte Tragrollen,
- Girlandentragrollenstation mit glatten Tragrollen
- Girlandentragrollenstation mit Posterringen.

Die in den Bildern 5-166 und 5-167 dargestellten Messwerte zeigen, dass besonders die starren, glatten und zum Teil auch die mit Polsterringen versehenen Ausführungen zur Aufnahme großer Fallenergien nicht geeignet sind. Die Vorteile der gelenkigen Girlandentragrollenstationen sind ersichtlich. Die Girlandentragrollenstationen können auch mit elastischer Aufhängung ausgestattet werden, diese Aufhängung wirkt sich besonders positiv aus, wenn das Verhältnis m_1/m_2 groß ist, da die Trägheit der Tragrollenmasse m_2 zu überwinden ist.

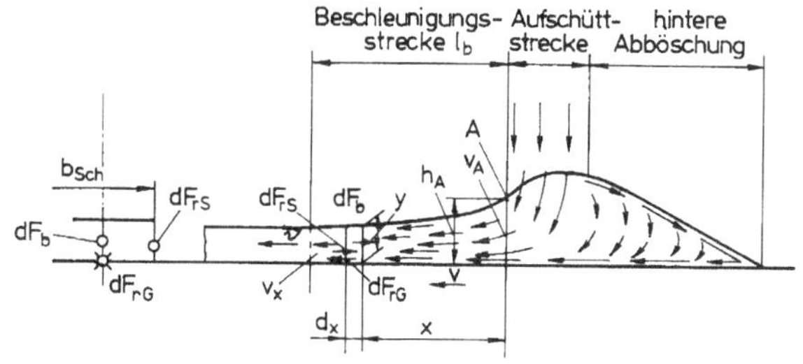

Bild 5-165 Strömungsverhalten des Fördergutes im Bereich der Aufgabestelle mit wirkenden Massen- und Reibungskräften nach [5.180]

F_b Beschleunigungskraft in N
F_{rs} Reibungskraft an der Schurre in N
F_{rG} Kraft aus der Bodenreibung in N
h_A Förderguthöhe am Punkt A in m
v_A Geschwindigkeit am Punkt A in m/s
b_{Sch} lichte Schurrenweite in m; l_b Beschleunigungsstrecke in m

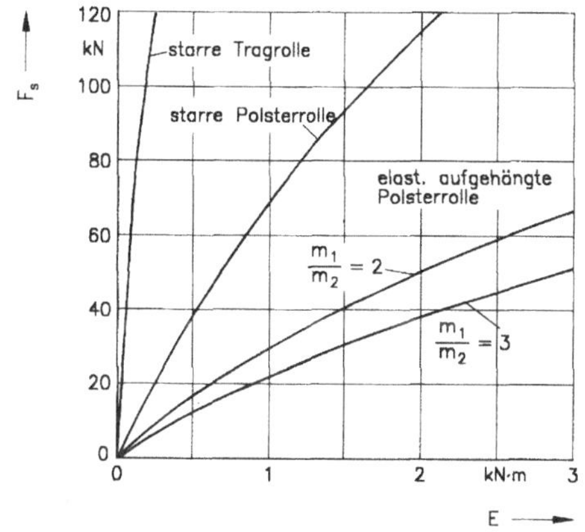

Bild 5-166 Stoßkraft F_S an starren und elastisch aufgehängten Tragrollen in Abhängigkeit von der Fallenergie E [5.183]

m_1 Fallkörpermasse in kg m_2 Tragrollenmasse in kg

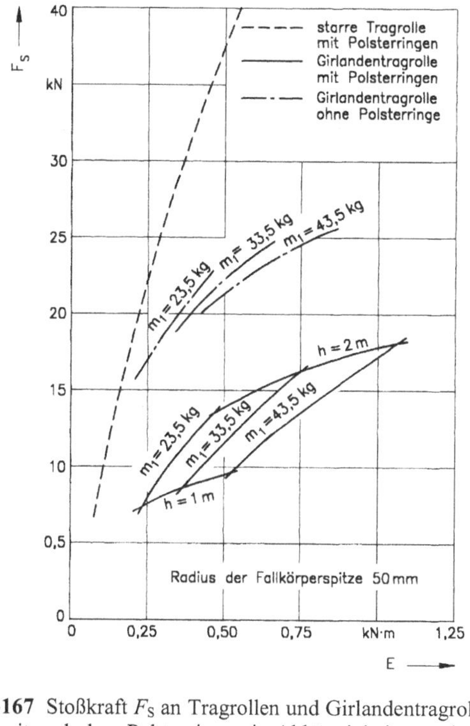

Bild 5-167 Stoßkraft F_S an Tragrollen und Girlandentragrollenstationen mit und ohne Polsterringen in Abhängigkeit von der Fallenergie E bei unterschiedlicher Fallhöhe h in m [5.183]

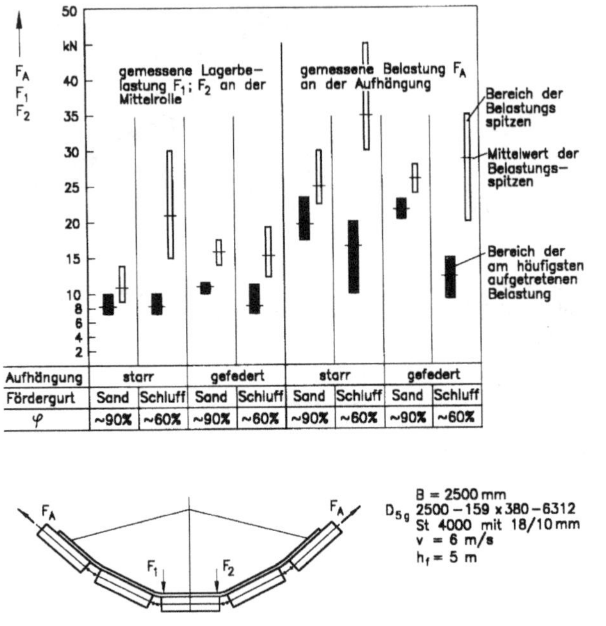

Bild 5-168 Belastung der Tragrollenlager und der Aufhängung bei starrer und gefederter Ausführung an einem Gurtförderer B = 2,5 m und der Fallhöhe h_f

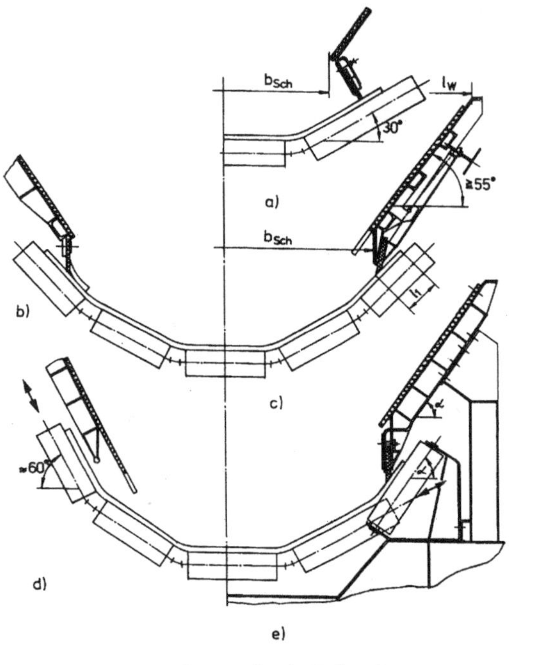

Bild 5-169 Abdichtungsformen der Aufgabeschurre

a) rechtwinklig zum Fördergurt angeordneter Abdichtungsgummi
b) einfache Ausführung mit vertikal angeschraubtem Abdichtungsgummi
c) leicht nachstellbare Abdichtgummileiste
d) berührungslose Abdichtung
e) Girlandentragrollenstation und feststehende Seitentragrolle

b_{Scb} lichte Weite der Schurre
l_w obere lichte Weite
l_l Überstand des Fördergurtes

Die elastische Aufhängung führt bei Belastung zur Absenkung der Tragrollenstation mit dem daraufliegenden Fördergurt. Dieses beeinträchtigt die Abdichtung zur Schurre. Durch Aufteilung der Tragrollenstation in eine starr angeordnete Tragrolle und eine Tragrollenstation mit geringerer Breite sowie durch den Einsatz einer vorgespannten elastischen Aufhängung kann die Abdichtung erhalten werden (Bild 5-169).

Im Bild 5-168 sind die unter Betriebsbedingungen ermittelten Belastungen der Tragrollen und der Aufhängung dargestellt.

Die am häufigsten aufgetretenen Lagerbelastungen der Tragrolle liegen bei der starren und gefederten Aufhängung in annähernd gleicher Höhe, obwohl bei der Auslastung des Querschnitts Unterschiede bestehen. Die Spitzenbelastungen bei starrer Aufhängung sind bei Schluff rd. 1,5-fach höher als bei Sand. Auch an der Aufhängung treten bei der Förderung von Schluff für den Bereich der Belastungsspitzen höhere Werte auf. Diese Spitzenwerte sind vor allem auf Klumpenbildung an der Prallwand zurückzuführen. Durch eine doppeltparabolische Prallwand bzw. durch Veränderung des Auftreffwinkels kann dem Anbacken entgegengewirkt werden.

Von [5.187] wurde die Beaufschlagungsfestigkeit der vorgespannten Fördergurte bei Belastung zwischen den Tragrollen untersucht. Der Tragrollenabstand l_o lag im Bereich von 0,38 bis 0,7 m. Bei Verdopplung des Tragrollenabstandes sinkt die Stoßkraft um rd. 18 %. Gummimischungen der Deckplatten mit höherer Shore-Härte A weisen auch eine höhere Durchschlagsfallenergie aus.

Steine und auch feste Fördergutbrocken sollten deshalb in feinkörnigem Fördergut eingebettet transportiert werden. *Kluge* [5.186] hat durch Messungen an einer starren Tragrollenstation ermittelt, dass ein Stein mit einer Masse von 170 kg in 200 kg Sand eingebettet einen Stoßfaktor f_z von 6,3 verursacht. Ohne Einbettung in Sand erzeugen Tonbrocken (26 kg) Werte von $f_z \approx 20$ und bei Steinen (36 kg) steigt der Wert für f_z sogar auf rd. 50 an.

Zur Auskleidung der Prallwände werden Wabenroste, profilierte Gummibalken, Verschleißbleche und Gummiplatten eingesetzt. Während die erstgenannten vorwiegend bei rolligem und trockenem Fördergut verwendet werden, kommen die letztgenannten vorwiegend bei bindigen Fördergut zum Einsatz. Tritt ein stark anbackendem Fördergut auf, werden oft zusätzlich leicht erneuerbare Gummischürzen aus abgelegten Fördergurten eingehängt.

Aufgabeschurre und Abdichtung

Die Aufgabeschurre hat das Fördergut so aufzunehmen, dass der geringste Stau entsteht, der Fördergurt möglichst mittig beladen wird, der Verschleiß an den Abdichtungen gering ist und der Rieselgutanfall auf ein Minimum reduziert wird.

Der Abdichtung und der lichten Schurrenbreite b_{Sch} kommt dabei eine große Bedeutung zu. Kleine Werte von b_{Sch} führen zum erhöhten Fördergutstau und zur Verlängerung der Beschleunigungsstrecke. Im Bild 5-169 sind 5 Ausführungsformen der Abdichtungen dargestellt. Bei der rechtwinkligen Anordnung des Abdichtgummis zum Fördergurt tritt auch bei dessen Verformung kein erhöhter Deckplattenverschleiß auf. Nachteilig ist dabei die geringe lichte Schurrenweite b_{Sch}. Aus diesem Grunde wird im Allgemeinen der Abdichtgummi senkrecht angeordnet. Um der Verformung entgegenzuwirken, sind dicke, nur gering über die Befestigungskonstruktion hinausragende Gummileisten zu wählen. Die Ausführung d und e ermöglichen den Einsatz von elastisch gestützten Tragrollenstationen. Die berührungslose Abdichtung erfordert einen großen Muldungswinkel im Außenbereich und lange Gummischürzen, so dass b_{Sch} stark reduziert wird. In einigen Fällen wurden sie eingesetzt. Auf Grund der Nachteile bei bindigem Fördergut konnten sie sich nicht generell durchsetzen. Die etwas aufwendige Ausführung e hat sich auch unter schweren Einsatzbedingungen bewährt. Die starr angeordneten Tragrollen müssen so angeordnet werden, dass sie durch herabfallende Steine nicht beansprucht werden.

Die lichte Weite l_W ist so zu wählen, dass im Schwenkbereich das vom Schüttschaft herabfallende Fördergut aufgenommen werden kann. Die Neigung der Schurrenwände sollte 55° nicht unterschreiten.

5.5.6.12 Gurtförderer mit Horizontalkurven

Bei der Ausführung von Gurtförderern mit Horizontalkurven wird unterschieden zwischen solchen mit Standard- und Spezialfördergurt Die Spezialausführung des Fördergurtes ermöglicht erheblich kleinere Kurvenradien.

Ausführung mit Standardfördergurt

Mit dem Einsatz der St-Gurte werden die Voraussetzungen geschaffen, um Gurtförderer mit großer Länge ausführen zu können. Erfordert die Strossenführung eine Abweichung von der geraden Förderstrecke, so kann aus wirtschaftlichen Gründen der Gurtförderer mit einer horizontalen Kurve verlegt werden.

Im Bereich der Horizontalkurve werden die Einlagen des Fördergurtes im Bereich der Außenkurve stärker gedehnt als diejenigen der Innenkurve. Die zulässigen Dehnungswerte dürfen dabei nicht überschritten werden. Im Bereich der Innenkurve sollte kein allzu großer Durchhang des Fördergurtes auftreten.

Beim Lauf des Fördergurtes durch eine Horizontalkurve entsteht eine Komponente aus der Gurtzugkraft F_T, die zur Innenkante gerichtet ist und die somit eine Ablaufneigung des Fördergurtes zur Innenkante hervorruft. Dieser Ablaufneigung muss mit entsprechenden Führungsmaßnahmen entgegengewirkt werden. Hierzu geeignete, zur Außenkurve gerichtete Kräfte F_G und F_R lassen sich aus der Masse des Fördergurtes und des Fördergutes sowie aus der Reibung zwischen Tragrollen mit Sturzstellung und dem Fördergurt erzeugen.

Bild 5-170 stellt die Wirkungsrichtung der Kräfte an einem Gurtfördererabschnitt dar. Fliehkräfte sowie die Kraftrückwirkung aus der Fördergurtsteife wurden nicht berücksichtigt, da sie bei den üblichen Anlagen vernachlässigt werden können.

Für eine betriebssichere Gurtführung in der Horizontalkurve müssen bei einer seitlichen Auswanderung des Fördergurtes in den Extremlagen auf der Innen- und Außenkurve des Traggerüsts stets die zur Muldenmitte gerichteten Kräfte überwiegen.

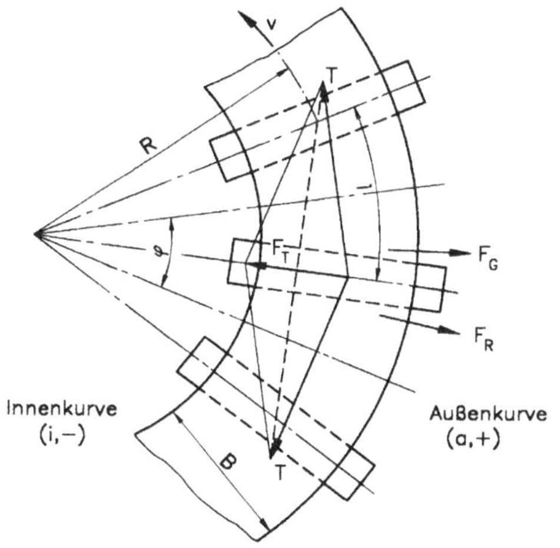

Bild 5-170 Kräfte am Fördergurt beim Lauf durch eine Horizontalkurve [5.188]

Es müssen daher folgende Ungleichungen erfüllt sein [5.188]

Innenkurve (i) $\quad F_T + F_{Gi} + F_{Ri} > 0\,;$ (5.138)

Außenkurve (a) $\quad F_T + F_{Ga} + F_{Ra} < 0\,.$ (5.139)

Die Komponente F_T wird nach folgender Gleichung bestimmt

$$F_T = -\frac{T\,l_0}{R}\,. \qquad (5.140)$$

Hierbei sind T die örtliche Gurtzugkraft, l_0 der Tragrollenabstand und R der Radius der Horizontalkurve.

Die Komponente F_G kann in die Anteile Fördergut und Fördergurt den jeweiligen Tragrollen zugeordnet werden.

Sind die radialen Belastungen F_{BSi}, F_{BM}, und F_{BSa} der Tragrollen aus Fördergut und die Belastung F_F der Tragrollenstation durch den Fördergurt bekannt, so kann die Führungskraft F_G für eine dreiteilige Tragrollenstation bestimmt werden (Bild 5-171)

$$F_G = F_F \cos\delta \left[\frac{l_{Si}}{B}\sin(\lambda_i + \gamma)\cos\lambda_i + \frac{l_M}{B}\sin\gamma - \frac{l_{Sa}}{B}\sin(\lambda_a - \gamma)\cos\lambda_a\right] +$$
$$+ F_{BSi}\tan(\lambda_i + \gamma)\cos\lambda_i + F_{BM}\tan\gamma - F_{BSa}\tan(\lambda_a - \gamma)\cos\lambda_a, \qquad (5.141)$$

F_F	radiale Belastung aus der Masse des Fördergurtes für die Tragrollenstation in N
F_{BM}, F_{BSi}, F_{Bsa}	radiale Tragrollenbelastung aus dem Fördergut in N
B	Fördergurtbreite in m
l_M	Länge der Mittelrolle in m
l_{Si}, l_{Sa}	Länge der Auflage des Fördergurtes auf der inneren und äußeren Seitenrolle in m
δ	Neigung des Gurtförderers in Grad
λ_i, λ_a	Muldungswinkel der Innen- und Außenrolle in Grad.

Aus der Literatur sind eine größere Anzahl von Messungen und Berechnungsverfahren bekannt, mit denen die radialen Kräfte an den Tragrollen ermittelt werden, die sich aus der Fördergutbelastung ergeben [5.114] [5.116] [5.122] [5.137] [5.159] bis [5.161] [5.188]. Sie zeigen, wie auch in [5.188] dargestellt, eine unbefriedigende Übereinstimmung in den Werten. Die Gln. (5.120) bis (5.134) zur Bestimmung der radialen Belastung basieren auf umfangreichen Messungen der Belastung aus Fördergut bei δ und $\gamma = 0$. Der Einfluss der Gurtauswanderung auf das Fördergutverhalten bei $\gamma = 0$ ist im Bild 5-52 dargestellt.

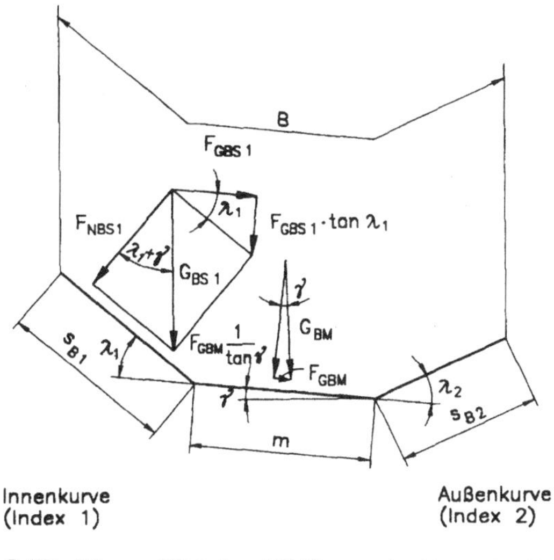

Bild 5-171 Längen, Winkel und Kräfte aus der Masse des Fördergutes bei seitlich verschobenem Fördergurt im Bereich der Horizontalkurve [5.188]

Die Führungskraft F_R durch auf Sturz gestellte Rollen kann unter Berücksichtigung der geometrischen Zusammenhänge wie folgt ermittelt werden (Bild 5-172)

$$F_R = \chi \mu_{Si} \cos \lambda_i [\frac{l_{Si}}{B} F_F \cos(\lambda_i + \gamma) \cos \delta + F_{BSi}]$$
$$+ \chi \mu_M [\frac{l_M}{B} F_F \cos \gamma \cos \delta + \frac{l_{Si}}{B} F_F \sin(\lambda_i + \gamma) \sin \lambda_i \cos \delta$$
$$+ \frac{l_{Sa}}{B} F_F \sin(\lambda_a - \gamma) \sin \lambda_a \cos \delta + F_{BM}]$$
$$- \chi \mu_{Sa} \cos \lambda_a [\frac{l_{Sa}}{B} F_F \cos(\lambda_a - \gamma) \cos \delta + F_{BSa}]. \tag{5.142}$$

μ_S, μ_M bezeichnen die Reibungsbeiwerte an der Seiten- bzw. Mittelrolle der Tragrollenstation. Angaben zu den Reibungsbeiwerten sind im Bild 5-173 enthalten. Diese nehmen mit der Belastung ab und mit dem Sturzwinkel zu, wobei ein Anstieg der Werte bei Winkeln über 3° bis 4° nicht mehr festgestellt werden konnte. Die unter trockenen Betriebsbedingungen ermittelten Reibungsbeiwerte können unter Witterungseinflüssen im Bereich von 70 bis 100 % in ihrer Größe schwanken, d. h. χ ist entsprechend mit 0,7 bis 1,0 zu berücksichtigen [5.189].

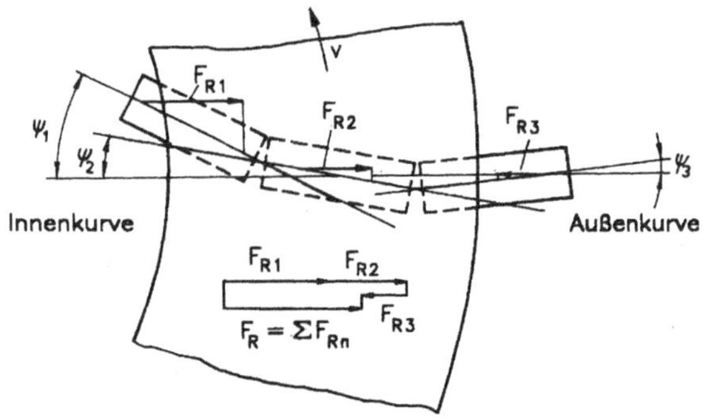

Bild 5-172 Führungskräfte aus Reibung zwischen Tragrollen und Fördergurt bei dessen Lauf durch eine Horizontalkurve [5.188]

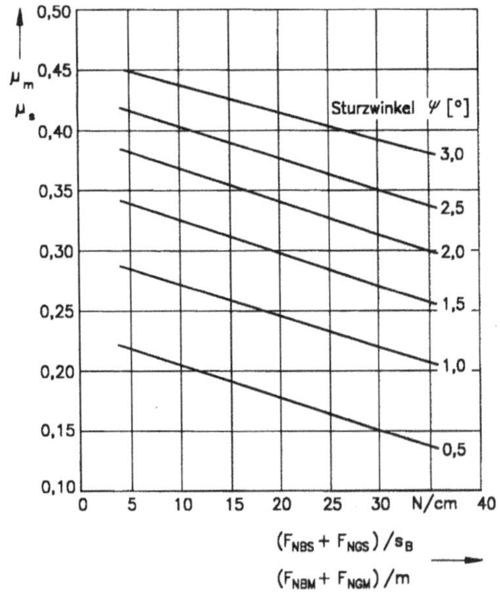

Bild 5-173 Reibungsbeiwerte (trocken) μ_s an Seiten- und μ_m an Mittelrolle in Abhängigkeit von der streckenbezogenen Belastung der Tragrolle und dem Sturzwinkel ψ [5.188]

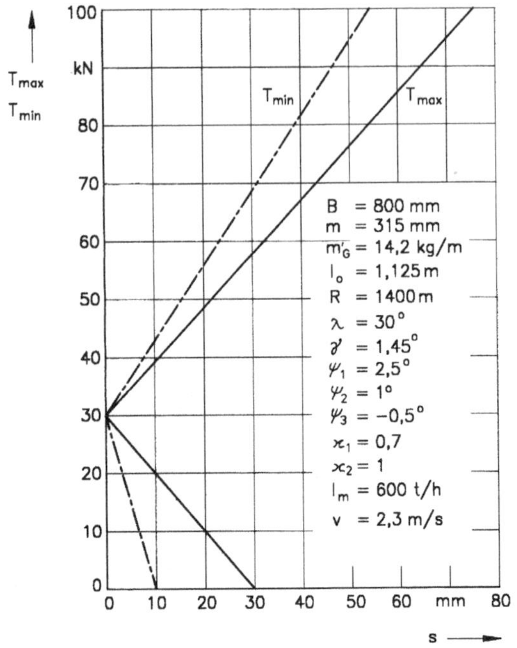

Bild 5-174 Maximale und minimale Gurtzugkraft T für einen einwandfreien Kurvenverlauf bei beladenem Fördergurt in Abhängigkeit von der seitlichen Auswanderung s [5.189]

Zur Auslegung der Gurtführung sind bei den verschiedenen Betriebszuständen die Komponenten der Gurtzugkräfte in Richtung Innenkurve und die Führungskräfte in Richtung Außenkurve für das Ober- und Untertrum zu ermitteln.
Im Bild 5-174 ist für einen Gurtförderer mit B = 0,8 m die seitliche Gurtauswanderung s bei unbeladenem und beladenem Fördergurt sowie maximalen und minimalen Gurtzugkräften dargestellt [5.189]. Über den Einsatz von kurvenläufigen Gurtförderern wird in einigen Veröffentlichungen berichtet [5.190] [5.191]. In [5.190] wird ein Gurtförderer (B = 0,8 m, St 2500) mit 5 Kurvenradien im Bereich von 1080 bis 1990 m vorgestellt.

Ausführung mit Spezialfördergurt

In den Bildern 5-175 und 5-176 sind die Anordnung der Antriebs- und Führungsstationen für das Obertrum dargestellt. Der Spezialfördergurt ist auf der Laufseite mit einem Wulst versehen, an dem die Führungs- und Antriebsrollen angreifen. Die Antriebsrollen sollten im Hinblick auf niedrige Walkwiderstände und hohe Kraftübertragbarkeit große Durchmesser und Breiten erhalten, wobei die maximalen Abmessungen durch die Platzverhältnisse am Gurtförderer begrenzt werden. Zwischen der mit Antriebsrollen erzielbaren Antriebskraft und der Rollenbreite besteht Proportionalität. Die sich berührenden Flächen von Antriebsrolle und Wulst sollen nach Möglichkeit derart gestaltet sein, dass sich ausschließlich Abrollbewegungen ergeben, da bereits konstruktiv vorgegebene Gleitbewegungen erhöhten Verschleiß und Leistungsverluste verursachen.
Die Wahl der Werkstoffe richtet sich nach den Einsatzbedingungen. Sofern Feuchtigkeit nicht ausgeschlossen werden kann, sollten elastomerbeschichtete oder profilierte Reibräder eingesetzt werden, wogegen in trockener Umgebung bereits unprofilierte und unbeschichtete Stahlrollen genügen. In den Bildern 5-177 und 5-178 sind die Reibungsbeiwerte für verschiedene Antriebsrollen bei trockener und nasser Fläche dargestellt. Für den kurvengängigen Fördergurt sind eine hohe Quersteife und ein niedrigerer Lagenmodul anzustreben.

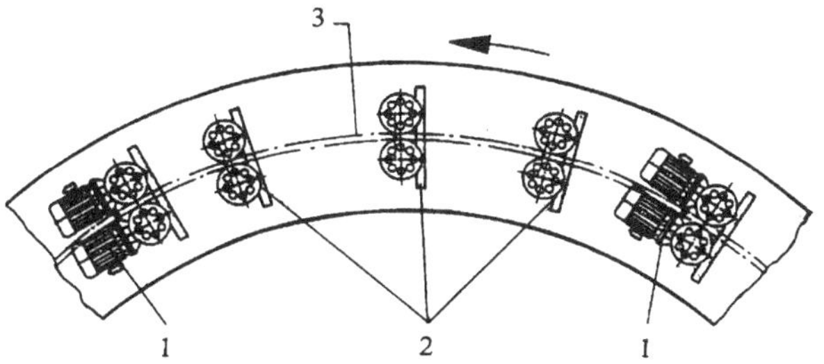

Bild 5-175 Anordnung der Führungs- und Antriebsstationen an einem mit einem Wulst versehenen Fördergurt [5.192]

1 Antriebsstation 2 Führungsstation 3 Führungsleiste

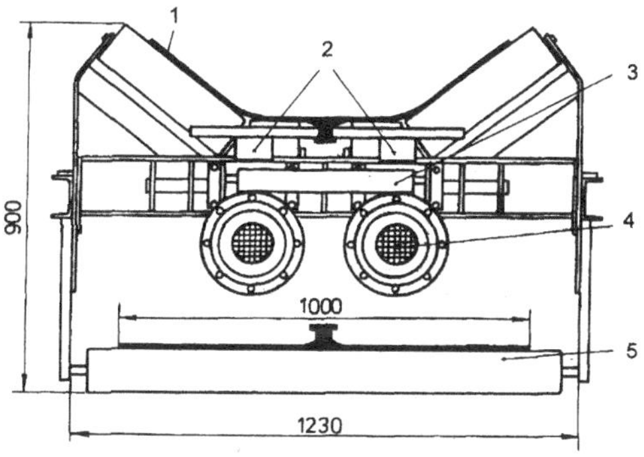

Bild 5-176 Querschnitt des kurvengängigen Gurtförderers mit Antrieb [5.192]

1 Fördergurt mit Führungsleiste
2 Antriebsräder
3 Spanneinheit
4 Elektromotor mit Winkelgetriebe
5 Untertrumtragrolle

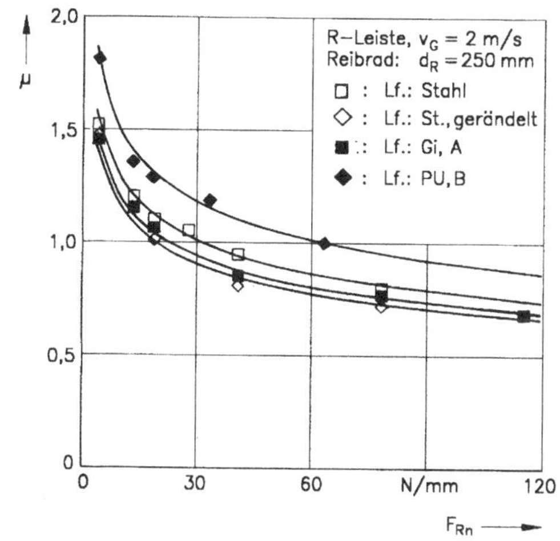

Bild 5-177 Reibungsbeiwert μ in Abhängigkeit von der Andrückkraft F_{Rn} für verschiedene Antriebsrollen (Reibräder) an einer rechteckigen Leiste (R-Leiste) bei trockener Lauffläche (Lf: Lauffläche; G_i, A: Gummi mit 79 Shore Härte A; PU, B: Polyurethan mit 85 Shore Härte A) [5.193]

5.5.6.13 Lenkeinrichtungen für den Fördergurt

Der Gurtgeradlauf wird durch Führungskräfte, die auf den Fördergurt wirken, unterstützt. Diese Führungskräfte entstehen durch Muldung des Fördergurtes, die mittige Beladung und die Gurtzugkraft. Einflussfaktoren, die einen Schieflauf verursachen, lassen sich unterteilen in:

- anlagenbedingte Einflüsse
- fördergurtbedingte Einflüsse
- fördergutbedingte Einflüsse
- äußere Einflüsse.

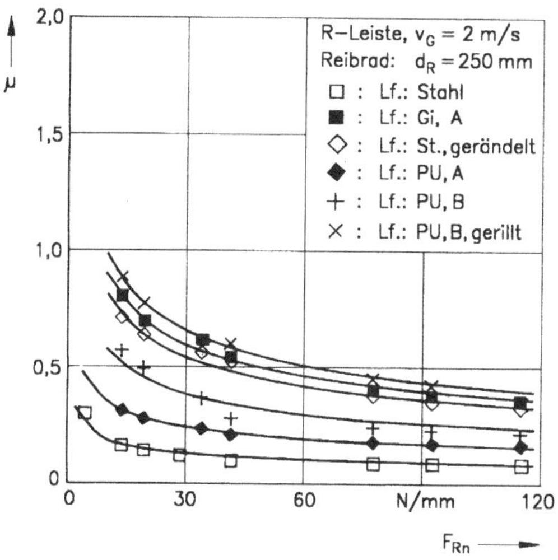

Bild 5-178 Reibungsbeiwert μ in Abhängigkeit von Andrückkraft F_{Rn} bei nasser Lauffläche (PU, A: Polyurethan-Shore-Härte 45 D) [5.193]

Zu den *anlagenbedingten Einflüssen* gehört der Ausrichtungsgrad der Bauteile, besonders bei den rückbaren Gurtförderern. Die Antriebs- und Umkehrstationen sowie die Gerüste müssen zur Bandachse ausgerichtet sein. Alle Trommeln und Tragrollenstationen sind so auszurichten, dass ihre Achsen senkrecht zur Bandachse stehen, Querneigungen sind auszuschließen.

Aufbackungen an Trommeln und Tragrollen bewirken Durchmesserveränderungen und damit Wanderbewegungen des Fördergurtes. Unsachgemäß eingestellte Beladeeinrichtungen bzw. versetzte Übergänge an Aufgabe- und Übergabewagen fördern ebenfalls den Gurtschieflauf.

Zu den *fördergurtbedingten Einflüssen* gehören die durch Herstellung, Endlosverbindung und Beschädigung der Karkasse hervorgerufenen, von der Mittellage abweichenden Laufeigenschaften. Neue Fördergurte sind während der Einlaufzeit in den Laufeigenschaften unstabil. Erst nach einer bestimmten Einlaufzeit tritt ein stabiler Gurtlauf auf. Während des Rückvorganges wandert der Fördergurt aus der Mittellage, so dass er beim Anlauf an der Tragkonstruktion schleift.

Fördergutbedingte Einflüsse sind vor allem im Zusammenhang mit Anbackungen und Rieselgut zu sehen. Abweichungen des Schwerpunktes vom Fördergutquerschnitt zur Achse des Gurtförderers fördern den Schieflauf.

Zu den *äußeren Einflüssen* gehören die Witterungseinflüsse. Diese vielfältigen Ursachen für einen möglichen Schieflauf des Fördergurtes sind Anlass dafür, dass zu jedem Gurtförderer auch Lenkeinrichtungen gehören sollten. Diese Fördergurtlenkung erfolgt im Wesentlichen durch Trommeln und Tragrollenstationen.

Durch die Um- bzw. Ablenkung des Fördergurtes ist eine reibschlüssige Gurtführung an der Trommel gewährleistet, so dass durch eine Lageverschiebung der Lenkeffekt erreicht wird. Der Lenkeinfluss einer Trommel erstreckt sich nur über eine gewisse Länge (rd. 120 m bei rückbaren Gurtförderern).

Im Bereich der Förderstrecke lassen sich auf folgende Art kraftschlüssige Führungskräfte von der Tragrolle auf den Fördergurt ausüben:

- Führungskräfte infolge Reibung zwischen Tragrolle und Fördergurt

– Führungskräfte infolge formschlüssiger Fördergurtführung.

Die Führungskraft F_{FS} infolge Sturzstellung einer Tragrolle im Untertrum ermittelt sich wie folgt

$$F_{FS} = \mu_S m'_G l_o g \cos\psi \cos\delta \,. \quad (5.143)$$

Die Führungskraft ist proportional der Belastung $m_G' l_o$ und dem Reibungsbeiwert μ_S. Durch Anhebung der Tragrolle kann die Belastung um F_A nach Gl. (5.131) erhöht werden. Werte für μ_S sind in den Bildern 5-173, 5-177 und 5-178 enthalten, diese können durch gummierte Tragrollen erhöht werden. Der Sturzwinkel ψ sollte 3° nicht übersteigen, da sich der Reibungsbeiwert nicht erhöht. Es tritt nur ein erhöhter Verschleiß auf.
Der Lenkeinfluss der Führungskraft der zwischen zwei Tragrollenstationen angeordneten Lenkeinrichtung nimmt mit der Vergrößerung des Tragrollenabstandes und der Reduzierung der Gurtzugkraft zu.
Formschlüssige Fördergurtführungen, wie durch entgegengesetzte Muldung, verursachen hohe zusätzliche Belastungen in der Randzone des Fördergurtes.

5.5.6.14 Steuerung und Verriegelung der Gurtförderer

Transportsysteme, die aus mehreren Gurtförderern bestehen, erfordern, dass bestimmte Vorgänge in das Verriegelungssystem einbezogen werden. Es sollten jedoch nur solche Vorgänge einbezogen werden, die dafür Sorge tragen, dass die Funktionssicherheit gewährleistet wird und große Schäden an Bauteilen vermieden werden.
Hierzu gehören:

– Anlauf und Stillsetzen der Gurtförderer
– Rutschen des Fördergurtes an der Antriebstrommel
– Verstopfung der Übergabestelle.

Sprechen diese Geber an, so wird das Fördersystem selbsttätig stillgesetzt. Zu den im zentralen Leitstand anzuzeigenden Betriebszuständen sollten gehören:

– Betriebszustand der Gurtförderer
– Betriebszustand der Schmutzbänder
– Größe der Fördergurtvorspannung
– Schieflauf der Fördergurte
– Strom- bzw. Leistungsaufnahme der Gurtförderer bzw. der Antriebe.

Bei hoher Auslastung des Gurtquerschnitts sowie bei ungünstigen Förderguteigenschaften ist anzustreben, dass die mittige Beladung der Gurtförderer an Monitoren überwacht und gegebenenfalls die Prallwandstellung korrigiert wird. In einigen Fällen wurde auch die Lagertemperatur der Trommeln und der Kegelradstufe der Fördergurtantriebe in die Überwachung einbezogen.
Bei abwärtsfördernden Gurtförderern ist dessen Stillsetzung auch bei Stromausfall zu gewährleisten [5.109].

5.6 Absetzer

5.6.1 Anforderungen an den Absetzer und Gliederung

Zu den Aufgaben des Absetzers in einem Fördersystem gehört, dass das Fördergut im Bereich der Maschine transportiert und auf einer Hoch- bzw. Tiefkippe standsicher, mit einer gewissen Verdichtung verkippt wird. Der Absetzer fährt dabei auf einem von ihm geschütteten Planum, das gegenüber dem gewachsenen Boden eine geringere zulässige Bodenpressung hat.

Weiterhin ist zu beachten, dass der Absetzer am Ende des Fördersystems angeordnet ist. Alle Störungen auf diesem verursachen größere Ausfallzeiten, da die miteinander verriegelten Gurtförderer neu angefahren werden müssen (Abschnitt 5.5.6.14). Auch eventuelle Veränderungen der Förderguteigenschaften durch den Transport über größere Entfernungen sind zu berücksichtigen. Schwerpunkte stellen dabei die Fördergutübergabestellen dar, bei denen der abfördernde Gurtförderer steigend angeordnet ist. Sie beeinflussen, besonders bei stark bindigem, mit einem relativ hohem Wassergehalt versehenes Fördergut, die Größe des Volumenstroms.
Die Kippenhöhe und Blockbreite werden im Allgemeinen durch die Tagebautechnologie vorgegeben. Der Aufbau des Absetzers und besonders die Länge des Abwurfauslegers wird dadurch beeinflusst (Abschnitt 5.1.4.3).
Die Kippen- bzw. die Strossenlänge ist bei Absetzern mit Raupenfahrwerk bzw. Schreitwerk unabhängig von der Absetzerausführung, nur die Energiezuführung muss gewährleistet sein.

Die Absetzer lassen sich entsprechend der Fördergutzuführung untergliedern in:

– Absetzer mit Fördergutzuführung durch Gurtförderer → Bandabsetzer.
– Absetzer mit eigenem Aufnahmeteil für das Fördergut → Eimerketten- bzw. Schaufelradabsetzer.

5.6.2 Ausführungsformen der Bandabsetzer

Durch die Gurtschleife am Abwurfwagen wird das Fördergut auf den Aufnahmeförderer des Absetzers übergeben. Für die Bandabsetzer sind zwei Ausführungsformen bekannt, die durch folgende Merkmale gekennzeichnet sind:

Ausführungsform A
Bei den ein- bzw. zweiteiligen Bandabsetzern wird während des Fördervorgangs der Aufnahme- bzw. Zwischenförderer zusätzlich abgestützt. Im Bild 5-32 sind mit den Varianten 1, 2, 4 und 5 die gebräuchlichsten Ausführungen im Prinzip mit ihren Möglichkeiten zur Kippengestaltung aufgeführt.

Ausführungsform B
Bei dieser Ausführungsform handelt es sich um einen einteiligen Bandabsetzer, bei dem die frei auskragenden Aufnahme- und Abwurfausleger in der horizontalen Ebene gegeneinander schwenkbar sind.

5.6.2.1 Funktionseinheit Abwurfwagen und Bandabsetzer

In einer Funktionseinheit werden die Maschinen und Baugruppen zusammengefasst und bewertet, die auf Grund ihrer Ausführung eine bestimmte Gestaltung der nachfolgenden Maschine bzw. Baugruppe bedingen.
Die Bandgerüste des Kippenstrossenbandes können in starrer oder gelenkiger Ausführung zum Einsatz kommen. Im Bild 5-129 sind die Ausführungsform und im Abschnitt 5.5.6.5 die Vor- und Nachteile dargestellt. Beim starren Bandgerüst wird nur einseitig eine Schiene angeordnet. Der Abwurfwagen des Kippenstrossenbandes muss demzufolge ein Fahrwerk besitzen, dass auf dem Planum neben dem Kippenstrossenband fährt. In fast allen Fällen kommen, wie Bild 5-136 zeigt, Raupenfahrwerke zum Einsatz.
Die gelenkigen Bandgerüste erfordern zwei Schienen, d. h., der Abwurfwagen kann mit dem leichteren Schienenfahrwerk ausgerüstet werden. Es sind jedoch zur Übertragung der Stützkräfte auf das Planum meist zusätzliche Schwellen

für den Gleisrost erforderlich. Diese unterschiedliche Ausführung der Bandgerüste und damit der Abwurfwagen hat wesentlich zur unterschiedlichen Gestaltung der Absetzer (Ausführungsform A und B) geführt.
In [5.9] werden die Massen des Abwurfwagens auf Raupen mit Austragsband denen des Abwurfwagens auf Schienen mit zusätzlichen Schwellen und Schienen sowie Aufnahmeförderer auf dem Bandabsetzer für eine Strossenlänge von 2000 m gegenübergestellt. Grundsätzlich zeigt sich, dass die Ausführung mit Abwurfwagen auf Raupen eine größere Masse besitzt. Die Differenz der Masse steigt mit zunehmender Gurtbreite an und erreicht bei B = 2,75 m über 1000 t. Von Bedeutung für die Herstellungskosten ist außerdem, dass die zusätzlich benötigten Schienen und Schwellen einen geringeren auf die Masse bezogenen Preis als das Raupenfahrwerk des Abwurfwagens haben.

5.6.2.2 Ausführung und Vergleich der Ausführungsformen

Ausführungsform A
Bei dieser Ausführungsform besteht der Bandabsetzer aus der Grundmaschine und dem Zwischenförderer. Zwischen den Grundmaschinen der ein- und zweiteiligen Maschinen bestehen keine wesentlichen Unterschiede. Der Oberbau ist gegenüber dem Unterbau um 360 bzw. ± 300° und gegenüber dem Zwischenförderer um ± 90 bis 115° schwenkbar.
Die Einhängung des Zwischenförderers in der Grundmaschine erfolgt bis auf wenige Ausnahmen mittig, d. h. in der Schwenkachse zwischen Ober- und Unterbau.
Der gelenkig am Turm des Oberbaus angeschlossene, heb- und senkbare Abwurfausleger trägt den Gurtförderer, mit dem das Fördergut abgeworfen wird. Zwecks Reduzierung der Schwerpunktwanderung werden die Momente des Abwurf- und Gegengewichtsauslegers in Abhängigkeit von der Beladung ausgeglichen.
Der Unterschied zwischen dem ein- und zweiteiligen Bandabsetzer liegt in der unterschiedlichen Ausführung des Zwischenförderers. Bei der *einteiligen Ausführung* besteht dieser aus einem Gurtförderer, der in der Grundmaschine eingehängt ist und sich auf dem Stützwagen abstützt (Bild 5-179). Diese Ausführung stellt, wenn sie die technologischen Bedingungen erfüllt, die Variante mit der geringsten Masse dar. Sie lässt sich jedoch nur für kürzere Abwurfauslegerlängen und für kleine sowie mittlere Volumenströme realisieren, da im Transportfall der Gurtförderer bzw. Zwischenförderer am Gegenausleger der Grundmaschine abgesetzt bzw. angehängt werden muss. Dieser Belastungsfall tritt für die Grundmaschine zusätzlich auf, so dass der Momentenausgleich für den Betriebs- und Transportfall zu optimieren ist. Bandabsetzer mit großen Abwurfauslegerlängen und Volumenströmen erfordern bis zum Einhängepunkt des Zwischenförderers eine größere Bauhöhe, wodurch die Länge und damit auch die Masse des Zwischenförderers ansteigt. Durch einen transportablen Ballast, der beim Einhängen des Zwischenförderers zur Maschinenmitte verfahren wird, kann die Grenze zu größeren Maschinen verschoben werden. Der Gegenausleger der Grundmaschine kann bei kleineren Maschinen ober- bzw. unterhalb des Zwischenförderers angeordnet werden.
Der *zweiteilige Bandabsetzer* besitzt im Bereich der Zwischenfördererkonstruktion eine zweite Abstützung (Bild 5-180).

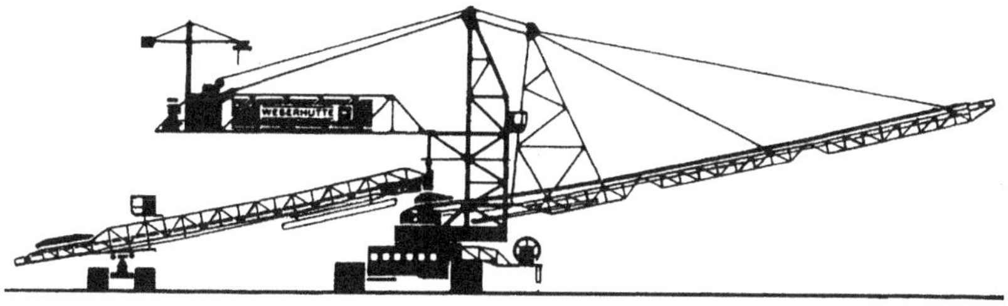

Bild 5-179 Einteiliger Bandabsetzer der Ausführungsform A mit zusätzlicher Stützung des Zwischerförderers

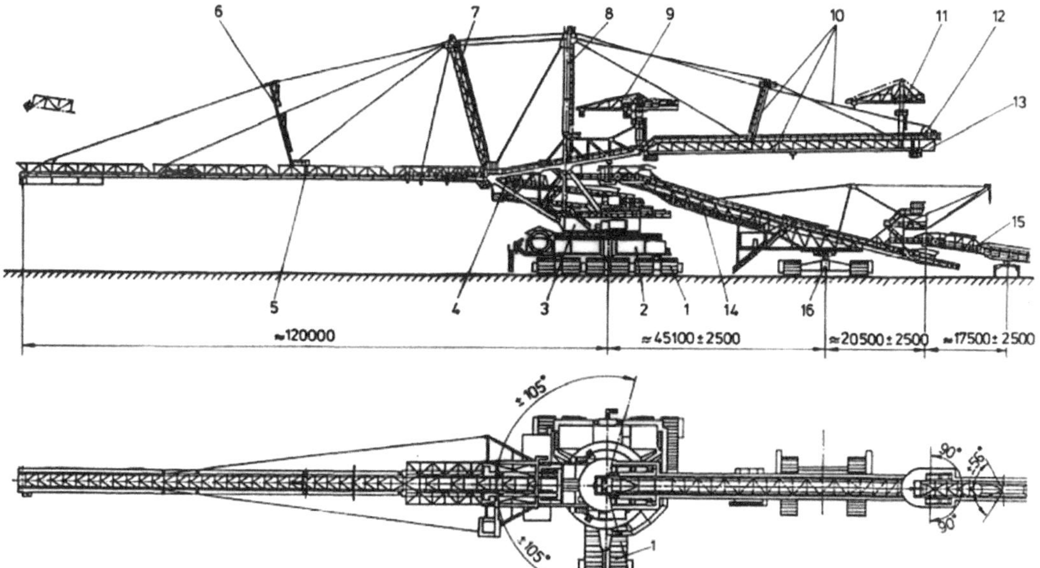

Bild 5-180 Zweiteiliger Bandabsetzer der Ausführungsform A, ARs 18000.120

1 Raupenfahrwerk mit drei Raupenpaaren
2 Pratzenringträger
3 oberer Ringträger
4 Turmkonstruktion
5 Bandauslegerfelder
6 Mast auf dem Bandausleger
7 Mast an der Turmspitze
8 Hauptmast
9 Montagekran
10 Gegengewichtsausleger mit Aufhängung
11 Kran auf dem Gegengewichtsausleger
12 Winde
13 Ballast
14 Gurtförderer auf dem Zwischenförderer
15 Aufnahmeförderer
16 Unterbau des Zwischenförderers

Dadurch kann die Länge des Zwischenförderers in einem größeren Bereich, ohne wesentlichen Einfluss auf die Grundmaschine, variiert werden. Eine größere Länge verringert den Steigungswinkel des Fördergurtes. Dieses kann sich auf die Fördergutaufgabe und den Volumenstrom positiv auswirken. Die größere Länge geht linear in die mögliche zu schüttende Blockbreite ein. Die Geschwindigkeitsdifferenzen der zwei Fahrwerke werden durch einen Auszug am Zwischenförderer ausgeglichen.
Der Aufnahmeförderer ist Bestandteil des Zwischenförderers. Er kann aber auch auf dem Abwurfwagen angeordnet sein. Die letztgenannte Ausführung ist vor allem bei Abwurfwagen mit Raupenfahrwerk üblich. Auch bei Abwurfwagen mit Schienenfahrwerk sind für geringere Volumenströme kurze Gurtförderer angeordnet worden. Extrem kurze Gurtförderer neigen u. a. durch hohen Gurtverschleiß und Gurtschieflauf zu höherer Störanfälligkeit.

Beim Zwischenförderer mit Aufnahmeförderer wird dieser am Traggerüst schwenk- und hebbar eingehängt. Der Schwenkbereich beträgt rd. ± 90°. Die zweite Stützung während des Förderbetriebs erfolgt auf den Stützwagen, der mit dem Abwurfwagen gekoppelt ist und mit diesem auf den Schienen der Bandgerüste fährt. Im Transportfall wird der Aufnahmeförderer in gestreckter Lage zum Zwischenförderer an diesen angehängt.
Bei der Stützung des Aufnahmeförderers auf den Stützwagen sind alle Übergabestellen mechanisch fixiert, so dass eine störungsfreie Förderung auch beim Verfahren gewährleistet ist. Nachteilig ist die etwas kompliziertere Entkopplung von Bandabsetzer und Abwurfwagen beim Rücken des Kippenstrossenbandes. Dieses tritt jedoch nur in größeren Zeitabständen auf und führt nicht zu höheren Stillstandszeiten, da dieser Vorgang Bestandteil des Rückvorganges ist.

Ausführungsform B

Bei dieser Ausführungsform handelt es sich, wie Bild 5-181 zeigt, um eine einteilige Maschine, bei der am Oberbau der heb- und senkbare Aufnahmeförderer und der Abwurfausleger eingehängt sind. Durch die in Förderrichtung versetzt angeordnete Fördergutübergabe (entsprechend Bild 5-78c) wird erreicht, dass der Abwurfausleger mit seinem Gegengewichtsausleger als Momentenausgleich für den Aufnahmeausleger dient. Der exakte Ausgleich wird jedoch dadurch erschwert, dass die Exzentrizität zu einem Zeitpunkt der Konstruktion festgelegt werden muss, bei dem die endgültige Masse dieser Bauteile noch nicht vorliegt. Eine spätere Korrektur führt zur Veränderung des statischen Systems. Die in Förderrichtung verschobene Anordnung der Fördergutübergabe ist aber für die Abraumverkippung sinnvoll, da beim Schwenken des Abwurfauslegers die Fördergutzuführung nicht beeinflusst wird.
Für kleinere Volumenströme und Auslegerlängen ist auch eine mittige Schwenkbarkeit beider Ausleger mit eigenen Gegengewichtsauslegern möglich. Der Gegengewichtsausleger für den Abwurfausleger befindet sich hierbei unterhalb des Aufnahmeauslegers. Der Aufnahmeausleger mit dem dazugehörigen Gegengewichtsausleger wird mittig mit einer Drehverbindung aufgesetzt.
Die Fördergutaufgabe erfolgt am Ende des frei auskragenden Aufnahmeauslegers, so dass dessen mögliche Länge begrenzt ist. Die Schwenkbarkeit der Ausleger gegeneinander führt in der ungünstigsten Stellung zu einer größeren Schwerpunktwanderung als bei den Absetzern der Ausführungsform A. Dadurch werden größere Ringträgerdurchmesser benötigt, und auch die maximale Bodenpressung unter den Raupen eines Stützpunktes ist gegenüber der mittleren Bodenpressung höher.
Die freiauskragenden Ausleger und die zuvor genannten Einflüsse führen zum Anstieg der Masse der Maschine gegenüber der in der Ausführungsform A.

Vergleich der Ausführungsformen

Von [5.196] wurde während der Entwicklungsphase des Bandabsetzers ($\dot{V}$ = 23000 m^3/h) ein Vergleich der Massen für diese zwei Ausführungsformen durchgeführt. Es zeigt sich, dass der Bandabsetzer der Ausführungsform A gegenüber der von B um rd. 1000 t, d. h. um 20 %, leichter war.
Die Ausführungsform B dürfte gegenüber der von A nur Vorteile besitzen bzw. gleichwertig sein, wenn die Maschine sich auf einem Zweiraupenfahrwerk abstützt und wegen der dadurch ermöglichten geringen Bauhöhe mit einem relativ kurzen Aufnahmeausleger auskommt. Damit wird aber auch die mögliche Kippenhöhe und Blockbreite begrenzt.
Zusammenfassend lassen sich für die Ausführungsform A folgende Vorteile angeben:

- bei größeren Volumenströmen und Auslegerlängen wird eine geringere Masse erreicht
- die Bauhöhe und der Durchmesser des Ringträgers der Grundmaschine ist geringer
- ein geringerer Anstieg der maximalen Bodenpressung unter einem Stützpunkt der Raupen gegenüber der mittleren Bodenpressung
- die Tragkonstruktion lässt sich einfacher und übersichtlicher gestalten
- bessere Zugängigkeit zu den Bauteilen führt zur Verkürzung der Instandsetzungsarbeiten
- durch die Aufgliederung in Grundmaschine und Zwischenförderer können große Baugruppen vormontiert werden, die Montagezeit wird beachtlich reduziert

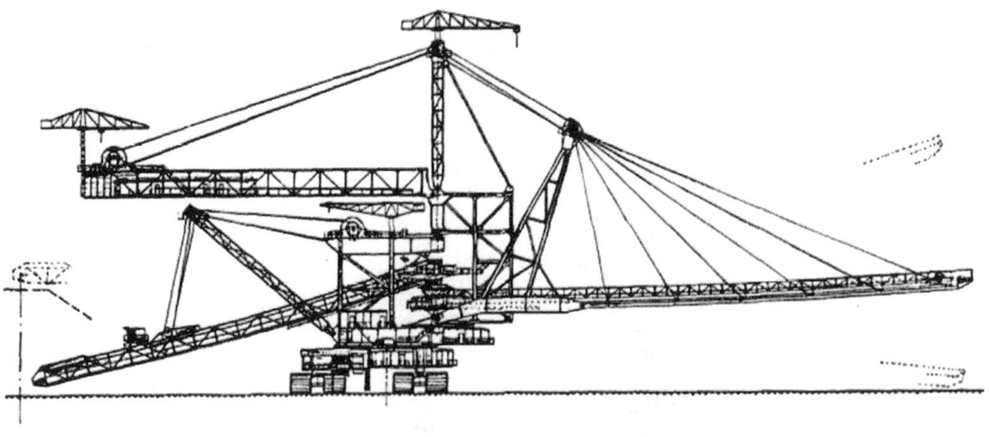

Bild 5- 181 Bandabsetzer der Ausführungsform B

- die Länge des Gurtförderers am Zwischenförderer kann, ohne größere Veränderung der Einhängekraft an der Grundmaschine, in einem gewissen Bereich variiert werden
- mit der Verlängerung des Zwischenförderers kann die Neigung an der Aufgabestelle reduziert und die mögliche zu schüttende Blockbreite vergrößert werden
- durch die mechanisch fixierte Übergabestelle ist eine störungsfreie Fördergutübergabe auch beim Verfahren gewährleistet.

Zu den Nachteilen gehören:

- beim Verfahren sind zwei Fahrwerke zu steuern
- die Entkopplung vom Kippenstrossenband bzw. Abwurfwagen ist aufwendiger.

5.6.3 Einfluss der Parameter auf die Masse

Durch die ständig fortschreitende mathematische Durchdringung der Prozessabläufe für die Planung, die Projektierung und für den Betrieb der Tagebaue sowie für die planmäßige Weiterentwicklung der Maschinen kommt der Kenntnis des Einflusses der einzelnen Parameter auf die Masse bzw. auf den Preis eine erhöhte Bedeutung zu.

Göhring [5.197] [5.198] und *Schmidt* [5.199] haben für die Grundmaschinen bzw. den Oberbau der Bandabsetzer mit vorwiegend mittig eingehangenem Zwischenförderer die Massen analysiert und in Abhängigkeit von den wichtigsten Parametern empirische Gleichungen zur Bestimmung der Masse erstellt.

Bei der Betrachtung der Einflüsse der Auslegerlänge und des Volumenstromes auf die Masse der Grundmaschine von Bandabsetzern gingen [5.197] und [5.198] von nach gleichen Grundkonzeptionen entwickelten Grundmaschinen aus. Für eine Bodenpressung von 8 N/cm^2 und vier unterschiedlichen Volumenströmen $\dot{V}$ wurden die mögliche Auslegerlänge l_A und die Masse m_8 der Maschine ermittelt (Bild 5-182). Die empirische Gleichung für diese mittlere Bodenpressung lautet:

$$m_8 = \left(\frac{b_1 \dot{V} \ v_e}{V_O v_A} + b_2 \right) \frac{l_A^2}{2} + b_3 \frac{\dot{V} v_e l_A}{V_O v_A} + b_4 . \qquad (5.144)$$

Die im folgenden aufgeführten Faktoren b_1, b_2, b_3 und b_4 sowie die Werte der Gurtgeschwindigkeit v_e am Gurtförderer des Abwurfauslegers berücksichtigen den Entwicklungsstand der in der Untersuchung zugrundegelegten Bandabsetzertypen:

$b_1 = 0{,}092$ t/m^2;
$b_2 = 0{,}115$ t/m^2;
$b_3 = 5$ t/m;
$b_4 = 50$ t; $\qquad V_O = 10^4$ m^3/h;
$v_e = 5{,}8$ m/s $\qquad$ für $\dot{V} < 6300$ m^3/h;
$v_e = 6{,}6$ m/s $\qquad$ für $6300 \geq \dot{V} \leq 12500$ m^3/h;
$v_e = 7{,}3$ m/s $\qquad$ für $\dot{V} > 12500$ m^3/h.

Der Volumenstrom $\dot{V}$ ist in m^3/h, die Auslegerlänge l_A in m und die Gurtgeschwindigkeit des Gurtförderers auf dem Abwurfausleger v_A in m/s einzusetzen.

In den letzten zwei Jahrzehnten fand eine beachtliche Steigerung der Gurtgeschwindigkeit (bis 9 m/s) insbesondere bei den Gurtförderern auf Abwurfauslegern statt, deshalb wurde das Verhältnis v_e/v_A in die Gleichung (5.144) eingeführt. Die Belastung m'_L des Traggerüstes aus Fördergut und auch der erforderliche Volumenstrom sind, wie die folgenden Gleichungen zeigen, von der Gurtgeschwindigkeit abhängig:

$$m'_L = \frac{\dot{V} \varsigma}{3600 \, v_A} ; \qquad (5.145)$$

$$\dot{V} \sim A_{th} v_A 3600 . \qquad (5.146)$$

Die Auslegerlänge wird im Allgemeinen durch die technologischen Bedingungen bestimmt. Unter diesen Voraussetzungen erstrecken sich die Maßnahmen zur Massereduzierung durch den Konstrukteur in erster Linie auf die Verminderung der Belastung aus dem Volumenstrom und auf die anteilige Masse der Stahl- und Maschinenbaukonstruktion.

Die möglichen Auswirkungen sind aus dem Kurvenverlauf in Bild 5-183 zu ersehen. Es wurde der Einfluss der Reduzierung des Volumenstroms um 10 und 20 % für drei Abwurfauslegerlängen dargestellt. Die Verminderung des Volumenstroms, d. h. der Belastung pro Meter m'_L, ist, wie die Gl. (5.145) zeigt, durch die Erhöhung der Gurtgeschwindigkeit möglich.

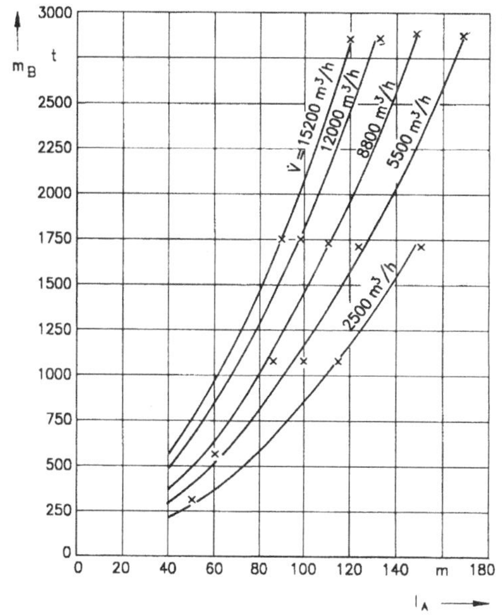

Bild 5-182 Abhängigkeit der Masse m_8 der Grundmaschine des Bandabsetzers von der Abwurfauslegerlänge l_A und dem Volumenstrom $\dot{V}$ [5.198]

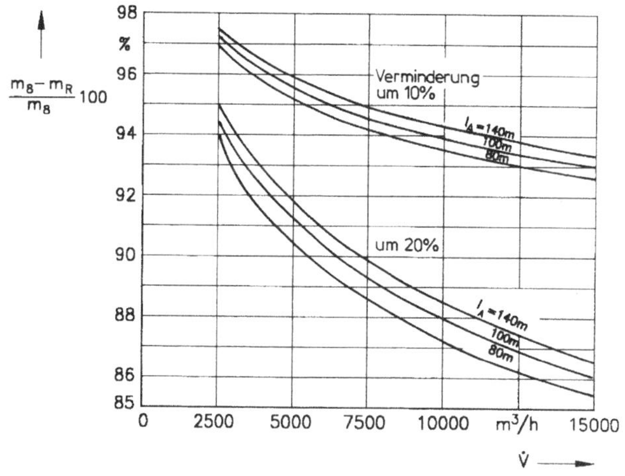

Bild 5-183 Reduzierung der Masse der Grundmaschine des Bandabsetzers bei Verminderung des Volumenstromes um 10 und 20 % [5.198]

l_A Länge des Auslegers $\qquad$ m_8 Masse des Absetzers
m_R Massereduzierug

Um jedoch die dargestellte Massereduzierung zu erreichen, ist die Fördergurtbreite und auch die Tragkonstruktion des Abwurfauslegers entsprechend zu verändern.
Die ermittelte Masse nach Gl. (5.144) berücksichtigt eine mittlere Bodenpressung von 8 N/cm^2, dies ist für die meisten Einsatzfälle ausreichend. Werden geringere mittlere Bodenpressungen angestrebt, so steigt die Masse der Maschine, wie Bild 5-184 zeigt, stark an. Die geringste Masse für ein Raupenfahrwerk und damit für eine Maschine wird dann erreicht, wenn zuerst die Raupenplattenbreite und dann die Raupenlänge auf maximale Abmaße erhöht werden.
Die Vergrößerung der Anzahl der Raupen sollte die letzte Maßnahme sein, da diese den größten Masseanstieg zur Folge hat. Weitere Angaben zur Gestaltung der Raupen sind im Abschnitt 3.6 enthalten.
Schmidt [5.199] hat die Masse m_{OB} des Oberbaues der Grundmaschinen analysiert. Im Bild 5-185 ist der Kurvenverlauf in Abhängigkeit von der Abwurfauslegerlänge l_A dargestellt. Die bezeichneten Punkte entsprechen der Masse ausgeführter bzw. projektierter Bandabsetzer. Die Masse des Oberbaues m'_{OB} für einen gegebenen Volumenstrom beträgt danach:

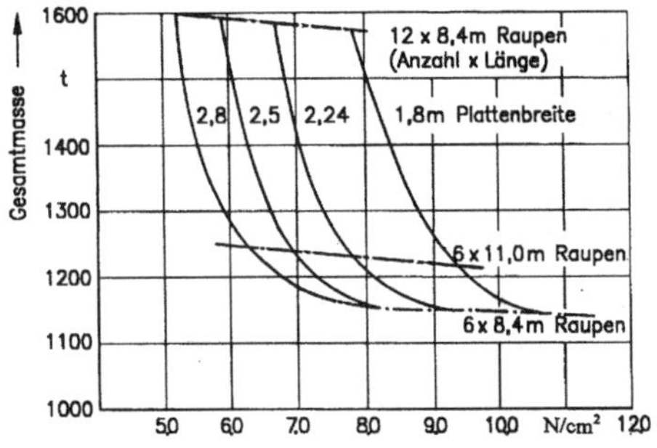

Bild 5-184 Abhängigkeit der Masse einer Grundmaschine von der mittleren Bodenpressung bei unterschiedlicher Raupenausführung [5.198]

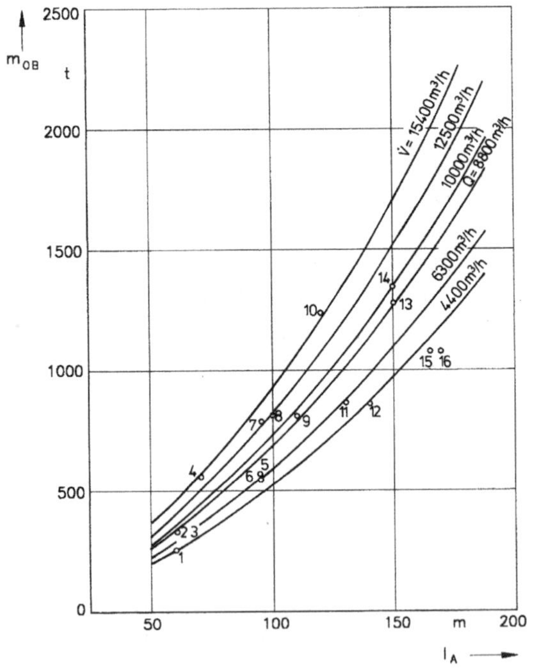

Bild 5-185 Abhängigkeit der Masse des Oberbaues m_{OB} der Bandabsetzer von der Abwurfauslegerlänge l_A [5.199]

$$m'_{OB} = a_1 l_A + a_2 l_A^2 \quad \text{in t}. \tag{5.147a}$$

Dabei ist die Auslegerlänge l_A in m und für die Faktoren sind $a_1 = 4$ t/m und $a_2 = 0{,}033$ t/m^2 einzusetzen.
Mit der Begründung, dass ein Teil der Masse des Oberbaues tragende Stahlkonstruktionen darstellt, wird nur ein Teil der Masse des Oberbaues mit dem Volumenstrom $\dot{V}$ variiert. Die Masse des Oberbaues kann mit der Einbeziehung des Volumenstromes durch folgende empirische Gleichung bestimmt werden:

$$m_{OB} = \left(1 + \frac{\dot{V}}{V_O}\right) \frac{a_1 l_A + a_2 l_A^2}{2} \quad \text{in t}. \tag{5.147b}$$

Für V_O ist 10^4 m^3/h einzusetzen.
Zur Bestimmung der Masse m_A des Abwurfauslegers bei einem Volumenstrom von 10000 m^3/h wird folgende Gleichung angegeben

$$m_A = b_1 l_A + b_2 l_A^2 , \tag{5.148}$$

$b_1 = 0{,}8$ t/m
$b_2 = 8{,}9.10^{-3}$ t/m^2.

Die Masse des Oberbaues m_{0B} und die des Fördergutes sowie die Einhängekraft des Zwischenförderers bzw. des Aufnahmeauslegers bestimmen die Stützkraft F_O, für die der Unterbau ausgelegt werden muss. Für die untersuchten Bandabsetzertypen ergibt sich für die Masse des Unterbaues mit $a_3 = 0{,}75...0{,}9$ t/kN folgende Beziehung [5.199]

$$m_{UB} = a_3 F_0 \quad \text{in t}. \tag{5.149}$$

Die kleineren Werte a_3 gelten für die Maschinen mit geringerer Masse.
Diese Darstellungen zeigen, dass zwischen der Masse der Grundmaschine und den wesentlichen Parametern folgende Zusammenhänge bestehen:

- die Masse steigt mit dem Quadrat der Auslegerlänge l_A
- die Masse ist in einem Teil proportional dem Volumenstrom $\dot{V}$
- zwischen der Masse und der Bodenpressung besteht ein hyperbolischer Zusammenhang
- bei der Gestaltung des Raupenfahrwerks sind zwecks Erreichung einer geringen Masse bzw. Bodenpressung die Raupenplatte und dann die Raupenlänge auf maximale Abmaße zu vergrößern. Die Erhöhung der Anzahl der Raupen erbringt den größten Massezuwachs.
- die Reduzierung der Masse bzw. des Momentes (Anteils aus Fördergut und Konstruktionsmasse) am Abwurfausleger eines Bandabsetzers ($\dot{V} = 12500$ m^3/h und $l_A = 100$ m) ermöglicht eine um rd. das 7-fache größere Massereduzierung an der gesamten Grundmaschine.

5.6.4 Baugruppen der Bandabsetzer

Abwurfausleger
Das Moment des Abwurfauslegers ist die Größe, die die Masse des Bandabsetzers maßgebend bestimmt. Um eine geringe Masse der Grundmaschine zu erreichen, ist dieses Moment zu minimieren. Bis auf kurze Abwurfausleger, die aus Fertigungsgründen in Vollwandkonstruktion ausgeführt werden, erfolgt die Ausführung der an Seilen aufgehängten Felder in Fachwerkkonstruktion (Bild 5-186). Bei der Wahl des Neigungswinkels α zwischen Auslegerfeld und Seil sind die Elastizität und der Durchhang des Seiles zu beachten ($\alpha > 18$ °).
Eine prozentuelle Aufgliederung der Massenanteile von Abwurfauslegerfeldern für zwei Gurtbreiten mit und ohne

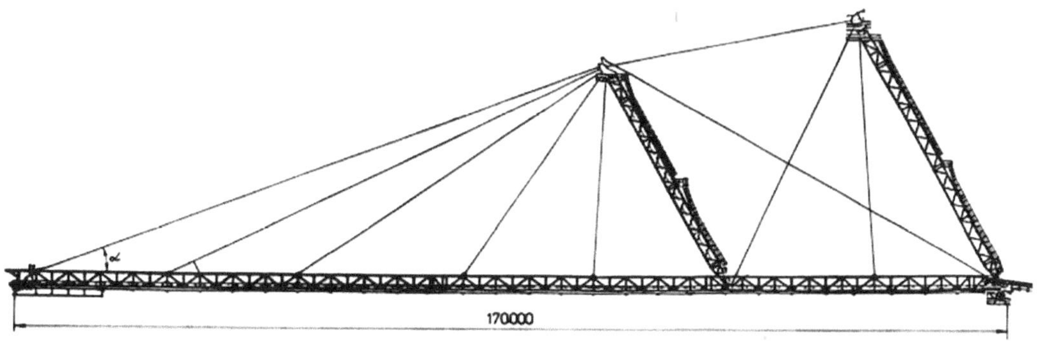

Bild 5-186 Vertikale Aufhängung der Auslegerfelder eines 170 m langen Auslegers mit Zwischenmast

Fördergut ist in Bild 5-187 dargestellt. Bei B = 1800mm liegt der Anteil des Gurtförderers und dessen Lagerung zwischen 40 und 50 %. Die gleiche Größe erreicht auch die Tragkonstruktion [5.197]. Eine Verringerung der Belastung aus Fördergut und auch der Gurtbreite kann durch die Vergrößerung der Gurtgeschwindigkeit v_A erreicht werden.
Die tragende Stahlkonstruktion des Abwurfauslegers dient zur Lagerung des Gurtförderers. Eine einfache Lagerung des Gurtförderers und optimale Gestaltung der tragenden Stahlkonstruktion ist deshalb anzustreben.

Einige Varianten der Abwurfausleger-Querschnitte sind im Bild 5-188 dargestellt. Sie lassen sich aus drei oder mehr Scheiben bilden. Für den Dreieckquerschnitt ergeben sich unter Beachtung der Lagerung des Gurtförderers an der horizontalen Scheibe die Varianten mit oberhalb und unterhalb liegender Dreieckspitze. Am rechtwinkligen Viereck können durch die Anordnung des Gurtförderers und der Aufhängung an der oberen bzw. unteren Scheibe vier unterschiedliche Varianten gebildet werden. Für die Viereckquerschnitte lassen sich theoretisch mit den ungleichmäßigen und ungleichwinkligen Vierecken noch weitere Möglichkeiten zusammenstellen. Sie haben, wie auch die Querschnittsformen mit mehr als vier Scheiben, aus Fertigungsgründen keine Bedeutung.

Die Ergebnisse des Massenvergleichs mit Eigenmassefunktionen plus dem Anteil bei konstruktiver Ausführung sind im Bild 5-189 dargestellt.

Folgende Tendenzen sind erkennbar [5.197]:

- bei den Abwurfauslegerfeldern 1, 2 und 3 weist die Variante 4, gefolgt von der Variante 6, die geringste Masse je Meter Abwurfauslegerlänge auf. Diese niedrigen Werte haben ihre Ursache in der Überlagerung der Zugbeanspruchung der Gurte des Hauptfachwerks aus Belastungen in vertikaler Richtung mit den Druckbeanspruchungen in Abwurfauslegerrichtung.
- mit Vergrößerung des Abstands der Abwurfauslegerfelder von der Abwurfauslegerspitze werden die Massendifferenzen zwischen den einzelnen Varianten durch das ständige Ansteigen der Anteile für Hauptträger immer geringer. Eine Ausnahme bildet die Variante 2, die die größten Werte aufweist.
- bei der Variante 6 treten durch die Aufhängung der Tragrollenstation an den Null-Stäben und die Anhängung des Feldes am Obergurt Vorteile gegenüber den anderen auf. Ein weiterer Vorteil liegt in der geringeren Verschmutzungsgefahr durch die Anordnung des Untertrums unterhalb der tragenden Stahlkonstruktion. Nachteilig ist die erforderliche Anordnung einer Schutzeinrichtung bei grobstückigem, springendem Fördergut infolge der Anordnung des Obertrums innerhalb der tragenden Stahlkonstruktion.

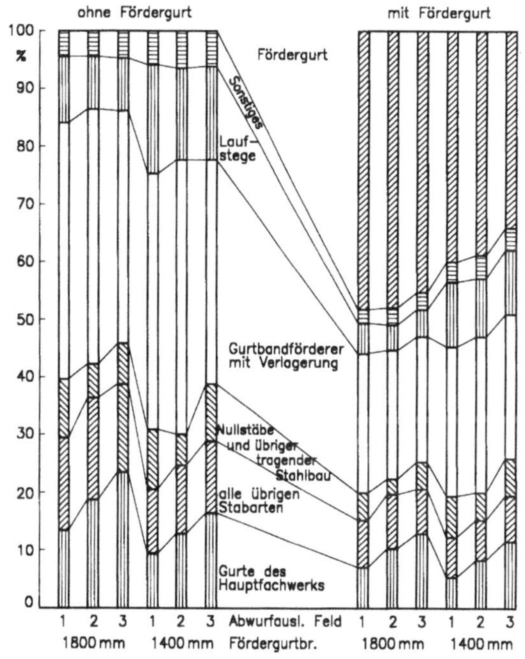

Bild 5-187 Prozentuelle Aufgliederung der Massen von Abwurfauslegerfeldern bei B = 1800 und 1400 mm für die Auslegerfelder 1 bis 3 (Feld 1 an der Auslegerspitze) [5.197] [5.198]

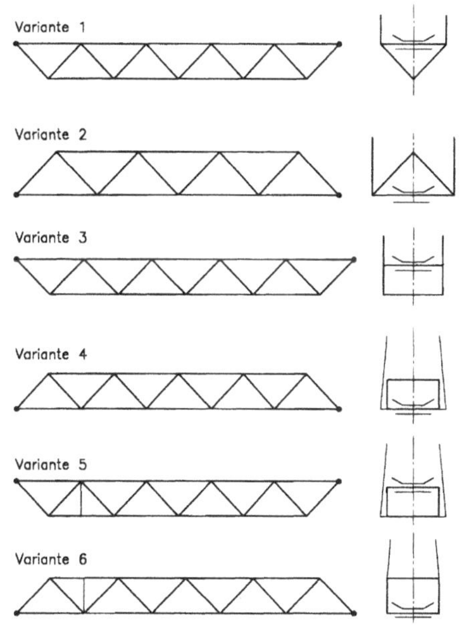

Bild 5-188 Varianten möglicher Abwurfauslegerquerschnitte [5.197] [5.198]

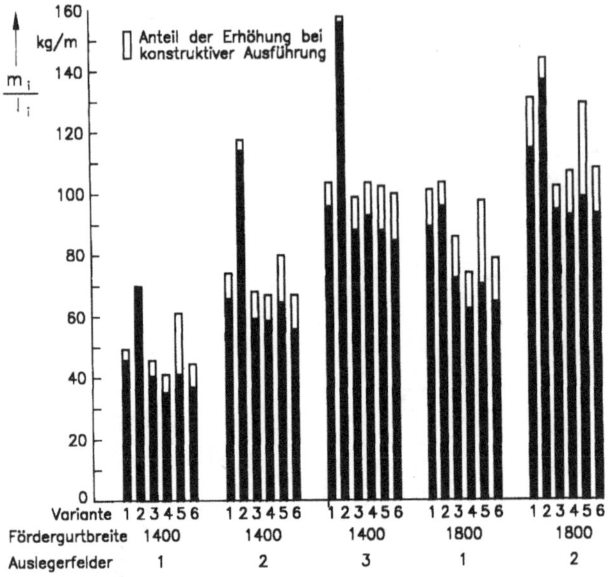

Bild 5-189 Zusammenstellung der Massen der tragenden Stahlkonstruktion je Meter Auslegerlänge nach Eigenmassefunktionen für die Abwurfauslegerfelder i [5.197]

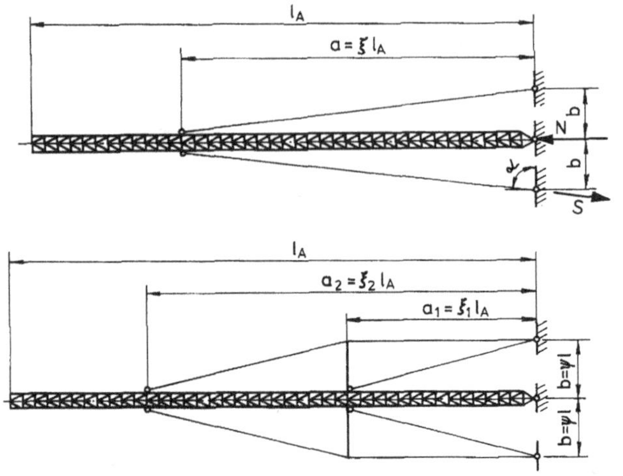

Bild 5-190 Ein- und zweifache horizontale Abspannung des Abwurfauslegers

l_A Abwurfauslegerlänge b Abspannbreite ξ, ξ_1, ξ_2 Faktoren

Auch die Windkräfte quer zum Abwurfausleger beeinflussen die tragende Stahlkonstruktion und die Schwenkeinrichtung. Ihre Größe wird durch folgende Gleichung bestimmt:

$$F_W = c\,q A_W\,, \tag{5.150}$$

F_W Windkraft in N

c Gestaltungsbeiwert, er hängt von der Querschnittsform des Teiles ab und beträgt 0,7 (Rohr) bis 1,6 (Fachwerkkonstruktion mit gegliederten Stäben bzw. Vollwandkonstruktionen mit Aussteifungen sowie herausstehenden Teilen)

q Staudruck in N/m^2 (250 N/m^2 im Betriebsfall und 800 N/m^2 im Außerbetriebsfall für Mitteleuropa)

A_W vom Wind getroffene Flächen in m^2.

Maßgebende Flächen sind der gemuldete Fördergurt und die Gutführung aus Blechkonstruktion. Durch eine veränderte Muldungsform (lange Mittelrolle) und durch den Einsatz von Rohren für die Gutführung kann A_W verringert werden. Für die Abwurfauslegerfelder am Förderende sind Rohrkonstruktionen einzusetzen.

Bei längeren Abwurfauslegern werden die horizontalen Kräfte durch Seilabspannungen aufgenommen. Sie reduzieren neben der Belastung der Hauptgurte auch die mögliche Verformung in dieser Ebene. Im Bild 5-190 sind zwei Varianten dargestellt. Wird $\xi = 0{,}707$ gewählt, dann ist bei der einfachen Abspannung das Feldmoment gleich dem Stützmoment. Für die zweifache Abspannung ergeben sich mit $\psi = 0{,}1$ und $\xi_1 = 0{,}375$ brauchbare Verhältniswerte.

Gurtförderer auf dem Bandabsetzer

Der Gurtförderer ist die Baugruppe, die den Volumenstrom bestimmt. Auf ihre Bedeutung, die Bemessung und Ausführung wurde bereits in den Abschnitten 5.1, 5.2 und 5.5 hingewiesen. Wegen der erheblich größeren Lebensdauer gegenüber den Gurten mit Gewebeeinlagen werden bei den Hochleistungsmaschinen nur noch St-Gurte eingesetzt. Als Spannvorrichtungen kommen beiderseitig an den Lagern der Spanntrommel motorisch betriebene Spannspindeln zum Einsatz, die vom Fahrerstand gemeinsam eingeschaltet und vor Ort zur Korrektur des Geradlaufes des Gurtes auch separat gesteuert werden können. Bei den kurzen Gurtförderern mit Stahlseilgurten führen schon kleine Spannwege zu einem beachtlichen Anstieg der Gurtzugkräfte, deshalb ist außer der Anzeige auch eine Abschalteinrichtung bei Überschreitung der zulässigen Kräfte unbedingt notwendig. Auf Bild 5-128 ist eine Spindel-Spanneinrichtung dargestellt.

Die Steigung des Fördergurtes im Aufgabebereich sollte für Gurtgeschwindigkeiten bis 6 m/s 12°, und bis 9 m/s 10° bei normalem Fördergut nicht überschreiten. Bei Schluff bzw. Fördergut mit einem dynamischen Böschungswinkel unter 5° empfiehlt es sich, die Neigungen weiter zu reduzieren. Weitere Angaben zur effektiveren Gestaltung der Übergabestelle sind in den Abschnitten 5.5.6.6 und 5.5.6.11 enthalten.

Auf der Grundmaschine nach Bild 5-179 ist nur ein Gurtförderer angeordnet, der dann im Bereich des Anlenkpunktes des heb- und senkbaren Abwurfauslegers über eine größere Anzahl von Tragrollen abgelenkt wird. Der Ablenkwinkel je Tragrollenstation führt zur Belastungserhöhung (Gl. 5.136) der Tragrollen. Die größte Ablenkung tritt beim horizontal angeordneten Abwurfausleger, d. h. bei einer geringeren erforderlichen Gurtzugkraft, auf. Zur Entlastung des Fördergurtes und der Tragrollen sollte bei hoher Auslastung dieser Bauteile die Vorspannung des Fördergurtes in Abhängigkeit von der Neigung des Abwurfauslegers verändert werden. Der Fördergurt im Ober- und Untertrum ist so anzuordnen, dass keine Längendifferenzen bei der Veränderung der Neigung auftreten.

Fahrwerk

In den meisten Fällen kommen auf Grund ihrer großen Beweglichkeit und einfachen Wartungsmöglichkeit Raupenfahrwerke zum Einsatz. Einige Hersteller (Russland und Tschechien) hatten zeitweilig auch Gleisschreitwerke bzw. Schreitwerke eingesetzt.

Die an den Absetzern eingesetzten Raupen unterscheiden sich im Aufbau, in der Berechnung und in den Bauteilen nicht von denen an anderen Tagebaumaschinen (Abschnitt 3.6). Wegen der geringeren zulässigen Bodenpressungen auf geschütteten Böden kommen größere Plattenbreiten und zum Teil auch größere Rollenabstände zum Einsatz. Im Allgemeinen sind auf geschütteten Böden mittlere Bodenpressungen von 8 N/cm^2 ausreichend. Bei weiterer Abminderung der Bodenpressung steigt die Masse des Fahrwerks und damit der Maschine, wie Bild 5-184 zeigt, stark an. Deshalb sind darüber hinausgehende Forderungen auf ihre Notwendigkeit zu prüfen. Hierbei ist zu beachten, dass großflächige, annähernd quadratische Flächen eine höhere Tragfähigkeit als schmale und langgestreckte besitzen. Maschinen mit einer Bodenpressung von rd. 6 N/cm^2 wurden gebaut [5.9].

Bei der Berechnung der Antriebsleistung sind zwei Belastungsfälle zu beachten:

- Kräfte aus der Summe von Geradeaus- und Kurvenfahrt
- Kräfte aus der Summe von Geradeaus- und Steigungsfahrt.

Der Bewegungswiderstand für Geradeausfahrt setzt sich aus einem inneren und äußeren Anteil zusammen. Der äußere Anteil erfasst die Bodenverformung, die im Wesentlichen von der Beschaffenheit des Bodens und der Bodenpressung abhängt. Die Beschaffenheit des Bodens kann im Einsatzbereich starken Schwankungen unterliegen, aus diesem Grunde wird in der Praxis meist eine pauschale Berechnungsmethode angewandt.

Für den spezifischen Fahrwiderstandsbeiwert bei Geradeausfahrt wird mit 0,08...0,1 berücksichtigt. Der niedrigere Wert wird bei ebenen Planum und geringer Einsinktiefe eingesetzt. Für den Reibungsbeiwert zwischen Planum und Bodenplatte kann bei Kurvenfahrt für geschüttete und gewachsene Böden $\mu_k = 0{,}6$ Berücksichtigung finden.

Um dem Verschleiß am Eingriffspunkte von Schake und Antriebsturas entgegen zu wirken, sollte die Teilung am Antriebsturas geringfügig größer als die an der Schake sein. Um diese Bedingungen auch beim Verschleiß in den Gelenken der Kette zu gewährleisten, müssten die Mitnehmer des Antriebsturasses entsprechend dem Verschleiß der Schakengelenke nach außen verschoben werden. Weitere Angaben zwecks Reduzierung des Verschleißes sind im Abschnitt 3.6.3 enthalten.

Zwei-Raupenfahrwerk

Das Zwei-Raupenfahrwerk ist auf Grund der einfachen Bauweise, der geringen Bauhöhe der Maschine und der einfachen Steuerung die zweckmäßigste Ausführung. In Abhängigkeit von Belastung und Moment kommen die in den Bildern 3-184, 3-186 und 3-188 dargestellten Ausführungsformen zum Einsatz. Bei großen Momenten werden neben der statisch unbestimmten Ausführung (nur für kleinere Maschinen) die statisch bestimmte mit Querschwinge eingesetzt, siehe Abschnitt 3.6.3.

Der größte Teil der Fahrstrecken wird in Geradeausfahrt zurückgelegt. Die Kurvenfahrt wird durch das Stillsetzen und Abbremsen einer Raupe bzw. durch das Betreiben mit geringerer Geschwindigkeit erreicht. Nachteilig sind die hohen Kräfte bei Kurvenfahrt, sie hängen vom gefahrenen Kurvenradius ab. Die Fahrwerksantriebe sind deshalb für ein hohes maximales Moment auszulegen. Für die E-Motoren kann aussetzender Betrieb mit geringem Anteil für Kurvenfahrt in Abstimmung mit dem Hersteller angesetzt werden. Um eine Überlastung des Antriebs zu vermeiden, ist eine Überlastsicherung vorzusehen.

Mehr-Raupenfahrwerk

Unter Mehr-Raupenfahrwerk werden solche mit mehr als zwei Raupen verstanden. Im Gegensatz zum Zwei-Raupenfahrwerk, bei dem die Raupen seitlich am Unterbau angeordnet werden, erfordert das Mehr-Raupenfahrwerk die Anhebung des Pratzenringträgers auf eine größere Höhe, um diese mit der Steuereinrichtung unterhalb anordnen zu können.

Die Steuerung zwecks Kurvenfahrt erfolgt, wie Bild 3-186 zeigt, durch das Ausschwenken der Raupen an einem bzw. zwei Stützpunkten. Das Raupenfahrwerk entsprechend Bild 3-193d, f, h besitzt gegenüber der Ausführung mit an zwei Stützpunkten gesteuerten Raupen folgende Vorteile:

- Die Querrutschkräfte zwischen den an zwei Stützpunkten fest angeordneten Raupengruppen sind geringer, da die Raupengruppe des jeweils am geringsten belasteten Stützpunktes rutscht. Bei der Ausführung mit zwei gesteuerten Raupengruppen ist die maximale Belastung der fest angeordneten Raupengruppe bzw. die minimale der zwei gesteuerten Raupengruppen maßgebend.
- Alle drei Stützpunkte können gleich ausgeführt werden.
- Der Kurvenradius ist in beiden Fahrtrichtungen gleich groß.
- Die Steuerkräfte sind, da nur eine Raupengruppe gesteuert wird, geringer.
- Einschränkungen aus Platzgründen, wie sie zwischen den zwei gesteuerten Raupengruppen auftreten können, bestehen nicht.
- Jede Raupengruppe besitzt eine eigene Fahrspur.

Bei Kurvenfahrt wird außer dem Einschlag der Steuerdeichsel auch die Drehzahl der einzelnen Raupen dem zurückzulegenden Weg angepasst. Neben der Thyristorsteuerung hat sich auch eine einfache und preisgünstige Ausführung mit Schlupfwiderständen bewährt. Dabei werden in Abhängigkeit vom Schwenkwinkel entsprechende Widerstände zugeschaltet und so die Drehzahl der Schleifringläufermotoren angepasst.

Ringträger des Unterbaus

Der Ringträger, als Verbindungselement zwischen Fahrwerk und Schwenkeinrichtung für den Oberbau, kann als Pratzenringträger bzw. als Dreieckträger mit eingebautem oder aufgesetztem Ringträger ausgeführt werden (Bild 5-191). Bei Absetzern mit kurzen Abwurfauslegerlängen, d. h. kleinen Momenten, kommen auch Schwenksäulen zur Anwendung.

Der in der Fertigung einfachere *Dreieckträger* erfährt durch den eingebauten Ringträger, speziell an den Durchdringungsstellen der Bleche, eine Komplizierung. Beim aufgesattelten Ringträger steigt die Bauhöhe an. Die Höhe des Ringträgers bzw. sein Trägheitsmoment sollte gewährleisten, dass zwischen den Stützstellen eine geringe Durchbiegung auftritt, um eine große Krafteintragungslänge aus der Belastung durch den oberen Ringträger zu erreichen.

Am *Pratzenringträger* sind, wie sein Name zum Ausdruck bringt, Pratzen am Ringträger angeordnet, mit denen er sich statisch bestimmt auf das Fahrwerk stützt. Der Pratzenringträger hat sich durchgesetzt, obwohl zu der vertikalen noch eine horizontale Verformung durch die exzentrische Stützung hinzukommt. Dieses ist besonders für die obere Scheibe von Bedeutung, da die Montage des Kugelrings auf der oberen Scheibe ohne Belastung durch den Oberbau erfolgt. Nachteilige Auswirkungen auf die Laufeigenschaften wurden bisher nicht festgestellt.

Für die Verbindung zwischen Pratze und Raupengruppe sind zwei Ausführungen üblich. Da an der Steuerraupe eine

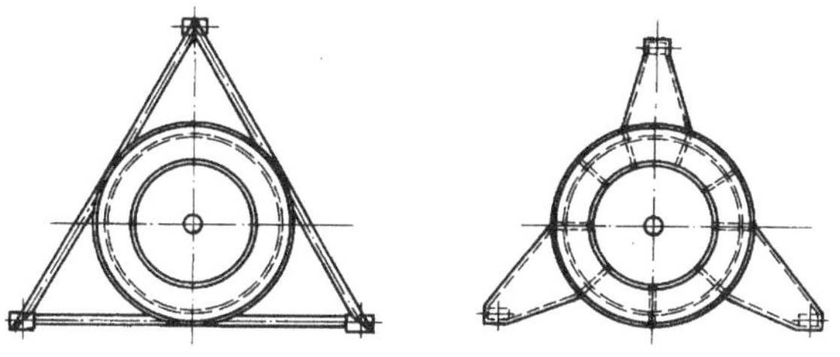

Bild 5-191 Dreieck- und Pratzenringträger

Steuerdeichsel erforderlich ist, sollten auch die zwei Raupengruppen an den Festpunkten wegen der eindeutigeren Kräfteeintragung mit Deichseln ausgeführt werden. Bei der Ausführung mit zwei hintereinander angeordneten, gesteuerten Raupengruppen wäre beim Einsatz einer Steuerdeichsel ein zusätzlicher Träger zur Aufnahme der Kräfte erforderlich, deshalb wird in den meisten Fällen die Befestigung an dieser Pratze über ein Kreuzgelenk vorgenommen. Bei der Ausführung mit Deichsel erfolgt die Stützung durch die Pratze über ein Kugelgelenk. Die Stützhöhe ist größer als beim Kreuzgelenk. Die größere Stützhöhe bewirkt größere Querrutschkräfte.

Die Verkippungstechnologie erfordert, dass der Oberbau gegenüber dem Unterbau um 360 bzw. ±300° schwenkbar ist. Außer einigen Ausführungen mit Drehsäule kommen Axiallager in der Ausführung mit Rollen- bzw. Kugeln zum Einsatz. Bei Maschinen mit geringerer Masse und kleineren Momenten werden zweireihige Kugeldrehverbindungen oder Vierpunktlager mit Zahnkranz eingesetzt. Sie gestatten, auf Grund der Möglichkeit Zugkräfte zu übertragen, kleinere Ringträgerdurchmesser, dieses wirkt sich positiv auf die Masse und die Herstellungskosten aus.

Bei größeren Maschinen kommen aus Segmenten bestehende einreihige Kugeldrehverbindungen zur Anwendung, die am Ringträger angeklemmt bzw. aufgeschraubt werden. Zur Aufnahme der horizontalen Kräfte werden nach dem Ausrichten Knacken angeschweißt bzw. wird beim Abdrehen der Auflage eine Anlage geschaffen.

Wesentlich für eine hohe Lebensdauer des Axiallagers ist die Begrenzung der Radien r_S der Schwerpunktswanderung im Vergleich zum Radius r_K des Kugelrings ($r_S \leq 0{,}7\ r_K$) und eine gute Ausrichtung in vertikaler Richtung. Da die Teile der Ringträger fast ausnahmslos bei der Montage verschweißt werden, kann das Bett für das Axiallager und für den Zahnkranz durch folgende Maßnahmen geschaffen werden:

- abdrehen nach der Montage durch einen Schwärmer
- ausgießen der Fläche mit Epoxidharz (flüssig)
- unterfüttern des ausgerichteten Kugelrings durch Mehrkomponenten- Epoxidharz mit Füllstoffen bzw. durch Stahlplatten.

Alle Varianten wurden von den verschiedenen Herstellern praktiziert. Da der Kugelring ein wichtiges Bauelement und sein Auswechseln mit großen Kosten verbunden ist, sollte den Varianten der Vorzug gegeben werden, die unter den Montagebedingungen eine hohe Ausrichtqualität garantieren. Die zwei erstgenannten Varianten haben den Vorteil, dass größere örtliche Höhendifferenzen weitgehend ausgeschlossen werden.

Die Kräfteübertragung über die Rollen- oder Kugelverbindung ist hochgradig statisch unbestimmt, da diese sich auf eine große Zahl von Wälzkörpern verteilt. Die Berechnung der sonstigen Wälzlager wird auf der Grundlage einer starren Stützkonstruktion vorgenommen. Sie berücksichtigt bei der Ermittlung der Lastverteilung nur die statischen Verformungen der Stützkörper. Bei den Tagebaumaschinen ist zusätzlich die Elastizität der Stützkonstruktion zu berücksichtigen. In den normalen Arbeitsstellungen des Oberbaus zum Unterbau steigt die maximale Wälzkörperbelastung an einem betrachteten Schaufelradbagger durch die elastische Stützung auf das zwei- bis dreifache gegenüber dem starren Unterbau an. In ungünstiger Stellung der Bauteile zueinander tritt sogar eine Erhöhung auf das 4,6-fache auf. Daraus stellt sich die Forderung nach einer möglichst steifen, gleichmäßig elastisch ausgeführten oberen und unteren Ringträger [5.203]. Von *Kurth* [5.201] und *Brändlein* [5.202] wurden Berechnungsgrundlagen geschaffen, die die Elastizität der Lagerkonstruktion mit erfasst.

Die Segmente der Kugellaufbahnen kommen in gehärteter und vergüteter Ausführung zum Einsatz. Die vergüteten Segmente aus Stahl der Güte 42CrMo4V erreichen eine Laufbahnhärte von 15 bis 20 HRC.

Die Härtetiefe der induktiv gehärteten Kugellaufbahnen sollte mindestens 8 bis 10 mm betragen, da die maximalen Beanspruchungen infolge der Überlagerung mit den Schubspannungen einige Millimeter unterhalb der Berührungsstelle auftreten. Der Verschleiß der Laufbahn in gehärteter Ausführung an einem Absetzer mit einem Volumenstrom von 10000 m^3/h und einer Auslegerlänge von 100 m wurde nach einem höheren Anlaufverschleiß mit rd. 0,4 mm/a gemessen.

Als Schmierung werden Ölumlaufschmierung, bei der die Schmutz- und die Verschleißteilchen aus dem umlaufenden Öl gefiltert werden, und Fettschmierung angewandt. Die niedrige Winkelgeschwindigkeit verlangt ein Öl mit hoher Grundölviskosität (> 120 mm^2/s bei 40 °C). Der sich bei einer Zentralschmieranlage bildende Fettkranz stellt eine gewisse zusätzliche Abdichtung dar, die jedoch bei Bränden zu einer Gefahrenquelle werden kann.

Der Zahnkranz kann am oberen und auch am unteren Ringträger angeordnet werden. Im Bild 5-192 ist die Befestigung am unteren Ringträger dargestellt. Bei Bandabsetzern empfiehlt es sich, den Zahnkranz an dem unteren Gurt des oberen Ringträgers stirnseitig zu befestigen. Der am Pratzenringträger angeordnete Antrieb kann gegen Rieselgut gut geschützt werden. Die in den Zahnkranz eingreifenden Ritzel bzw. die Getriebe sind so zu lagern, dass eine einfache Ausrichtung zwecks Erreichung eines guten Tragbildes an der Verzahnung möglich ist. Greifen mehrere Antriebe bzw. Ritzel am Zahnkranz an, dann ist eine möglichst gleichmäßige Kraftverteilung zu gewährleisten.

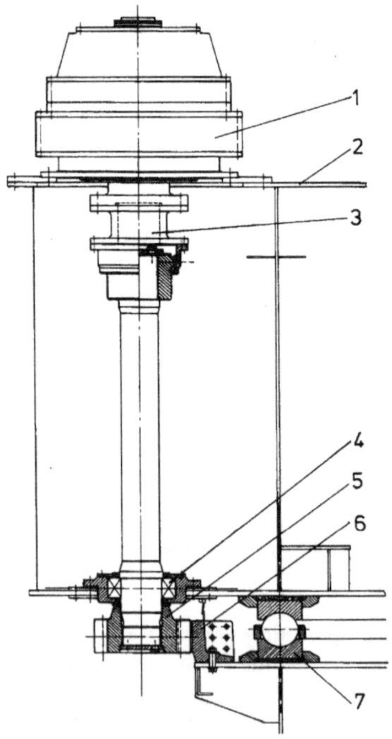

Bild 5-192 Anordnung des Schwenkantriebs am oberen und des Zahnkranzes am unteren Ringträger

1 Antrieb mit Umlaufrädergetiebe
2 oberer Ringträger
3 elastische Kupplung
4 Lagerung der Welle im oberen Ringträger
5 Antriebsritzel
6 Zahnkranz
7 Kugelring

Die Schwenkwerkskraft F_{SZ} am Zahnkranz setzt sich aus dem Rollwiderstand F'_R und den Bewegungswiderständen F'_N aus Neigung und F'_W aus Wind zusammen:

$$F_{SZ} = F'_R \pm F'_N \pm F'_W$$
$$= \frac{F_0}{r_Z}\left(2r_K f \pm r_S \tan\psi\right) \pm \frac{q}{r_Z}\left(\sum_{i=1}^{n} c_i l_i A_{Wi} - \sum_{j=1}^{m} c_j l_j A_{Wj}\right), \qquad (5.151)$$

F_{SZ} Schwenkwerkskraft in N
F_0 Stützkraft des Oberbaues in N
q Staudruck aus Wind in N/m^2
c_i Gestaltungsbeiwert (siehe Abwurfausleger)
f Hebelarm der rollenden Reibung (0,5 mm bei Stahl auf Stahl und 0,001 bei gehärteten Kugeln und Laufbahnen)
l_i, l_j Abstand der Windfläche A_{Wi} bzw. A_{Wj} zur Maschinenmitte in m
r_K Radius des Kugelrings in m
r_Z Radius der Krafteinleitung am Zahnkranz in m
r_S Radius der Schwerpunktswanderung in m
ψ Neigungswinkel der Maschine
A_{Wi}, A_{Wj} von Wind betroffene Fläche des Teilabschnittes i eines Auslegers und j des zweiten, kleineren Auslegers (Gegenausleger) in m^2.

Der Bewegungswiderstand aus Wind stellt den maßgebenden Anteil für F_{SZ} dar. Durch sinnvolle Gestaltung der Auslegerkonstruktion kann die Windfläche verringert werden. Weitere Ausführungen hierzu sind im Abschnitt Abwurfausleger enthalten. Es ist auch zu prüfen, ob der Ausleger mit der geringeren Windfläche während des Einsatzes teilweise durch Halden abgeschattet werden kann. In diesem Fall sollte diese Windfläche entsprechend reduziert werden.

Turmkonstruktion mit oberen Ringträger

Die torsionssteife Turmkonstruktion, die sich meist in den Viertelpunkten auf dem oberen Ringträger abstützt, ist bei einem in der Maschinenmitte eingehängten Zwischenförderer C-förmig ausgebildet. Mit der Wahl der Abstützpunkte wird die Systembreite der Turmkonstruktion festgelegt. Bei großem Durchmesser des Ringträgers wird in Abhängigkeit von den Kräften in und quer zur Auslegerrichtung zum Teil davon abgewichen. An Bandabsetzern mit kleinen Abwurfauslegerlängen wird die Turmkonstruktion, vor allem aus Fertigungsgründen, auch in Vollwandkonstruktionen ausgeführt. An den oberen Ringträger werden in bezug auf Steifigkeit und Lagerung des Kugelrings die gleichen Anforderungen wie an den unteren Ringträger gestellt.

Im Bild 5-193 sind die wesentlichen Formen der ausgeführten Turmkonstruktionen dargestellt. Sie lassen sich in stehende und liegende Turmkonstruktionen aufgliedern, wobei die letztgenannte Ausführung vor allem bei Bandabsetzern mit langen Abwurfauslegern sinnvoll ist. Die Ausführungen a bis d stellen stehende Turmkonstruktionen dar, bei denen der Zwischenförderer teilweise in diese bzw. im Gegenausleger eingehängt ist. Bei der Ausführung b ist der zentrale Mast zwecks Reduzierung des Moments in Gegenauslegerrichtung versetzt am Turm angeschlossen. Dieser Vorteil muss durch die Kräfteumleitung im Querteil erkauft werden.

Die Ausführungen c und d unterscheiden sich von a und b dadurch, dass sich bei der Absenkung des Auslegers auch die Neigung des Fördergurtes an der Aufgabestelle vermindert. Die Übertragung der horizontalen Kräfte vollzieht sich bei der Ausführung c über den Gelenkpunkt in Maschinenmitte, diese Kräfteumleitung hat eine Masseerhöhung zur Folge. Bei der Ausführung d wird der Abwurfausleger über ein Gelenkviereck am stehenden Turm angeschlossen, damit erhöht sich die Anzahl der Gelenke. Diese Ausführung stellt demzufolge, und auch wegen der Übertragung der horizontalen Kräfte quer zur Auslegerrichtung nur für kürzere Abwurfauslegerlängen und damit Gelenkbelastungen, eine zweckmäßige Lösungsvariante dar.

Die Ausführungen e bis g mit liegendem Turm zeigen die Weiterentwicklungsetappen auf. An der letztgenannten Ausführung werden die Kräfte ohne wesentliche Umleitung in der vertikalen und horizontalen Ebene weitergeleitet, damit wird eine leichte, fertigungsmäßig günstige Ausführung erreicht.

Die Ausführung h besitzt einen unterhalb des Zwischenförderers angeordneten Gegengewichtsausleger. Diese Ausführung vereinfacht diese Stützung des Zwischenförderers im Transportfall. Die erforderliche Freigängigkeit gestattet nur relativ kurze Gegengewichtsauslegerlängen.

Zur Stützung des Gurtförderers im Bereich der Turmkonstruktion wird in den meisten Fällen aus Gründen der Fertigung, Montage und Wartung eine eigene Tragkonstruktion eingesetzt, an der dann auch die Laufstege befestigt sind.

Gegengewichtsausleger mit Aufhängung

Durch den Gegengewichtsausleger wird das in Bandauslegerrichtung wirkende Moment so ausgeglichen, dass die Schwerpunktwanderung im beladenen und unbeladenen Zustand gleich groß ist. Als Richtwert für seine Länge wird $l_A/2$ angegeben [5.199]. Eine Längenveränderung um den genannten Richtwert hat auf die Masse des Bandabsetzers keinen großen Einfluss. Eine kürzere Länge führt zwar zu einer geringeren Konstruktionsmasse. Das größere Ballastgewicht wirkt sich jedoch masseerhöhend auf die darunterliegenden Baugruppen aus. Die Länge wird meist so gewählt, dass mit dem auf diesem Ausleger angeordneten Kran möglichst viele Bauteile am Zwischenförderer erfasst werden können.

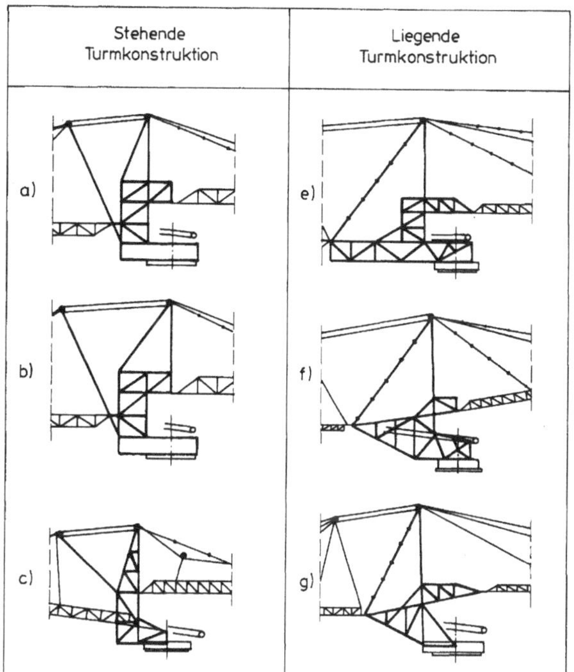

Bild 5-193 Wesentliche Ausführungsformen der Turmkonstruktion mit Anschlusspunkt für Abwurf- und Gegengewichtsausleger

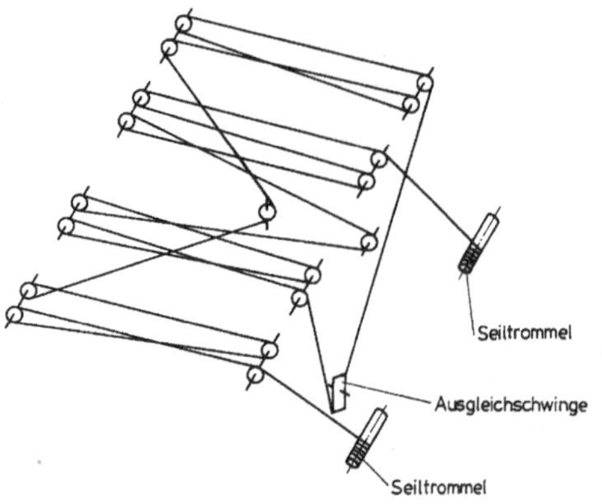

Bild 5-194 Schema eines Seilplans für eine Doppelseilaufhängung des Abwurfauslegers

Positiv auf die Gesamtmasse des Absetzers wirkt sich die Anordnung von Bauteilen auf dem Gegengewichtsausleger aus, die als Ballastersatz und windflächenerhöhend wirken. Hierzu gehören das Windwerk zum Anheben des Abwurfauslegers und Häuser für Elektroausrüstungen. Der Nachteil der längeren elektrischen Leitungen wird durch Anordnung in einem Bereich mit geringer Verschmutzung bereits zum Teil ausgeglichen.
Die Seilaufhängung und das Windwerk zur Höhenverstellung des Abwurfauslegers gehören zu den Bauteilen, die für die Sicherheit des Absetzers von großer Bedeutung sind. Bei Maschinen mit größeren Abwurfauslegerlängen wird deshalb eine Doppelseilaufhängung mit zwei Windwerken vorgesehen. Im Bild 5-194 ist ein Seilplan dargestellt. Das zweite Seilende ist an der Ausgleichsschwinge befestigt. Beim Reißen eines Seils legt sich diese an einem Anschlag an. Um den Anschlagweg der Ausgleichschwinge klein zu gestalten, sind die Durchmesserdifferenzen der zwei Seiltrommeln klein zu halten und die E-Motoren der Windwerke an dem zweiten Wellenstumpf mechanisch miteinander zu koppeln. Für die Seilführung ist der Reibungswiderstand, der beim Lauf des Seiles über eine Rolle entsteht, besonders bei torsionsweich ausgeführten Masten zu beachten. Die Seilrollen werden zu Seilrollenpaketen zusammengefasst. Angaben zur Auslegung des Windwerks, der Seile und Seilrollen sind in [0.1] enthalten.

Aus Schwingungsgründen sollen die Maste eine breite, torsionssteife Stützbasis besitzen. Dieses gilt besonders für die, bei denen im Mastkopf ein Teil des Flaschenzuges angebracht ist. Die Masse eines solchen Mastkopfes erreicht dann rd. 1/3 der Gesamtmasse des Mastes. Die Stützung von Masten im Bereich der torsionsweichen Auslegerfelder sollten deshalb vermieden werden.
Die vertikale Aufhängung und die horizontale Abspannung der Abwurfauslegerfelder erfolgt über verzinkte Spiralseile bzw. über vollverschlossene Seile. Als günstigste Verbindung mit den konisch ausgebildeten Einhänglaschen hat sich das Vergießen mit einer Weißmetallegierung bzw. mit Zink herausgebildet. Eine ausreichende Festigkeit und Beständigkeit gegen Korrosion wird erreicht, wenn sich nach dem Entfetten und Anwärmen der aufgedrillten Drähte eine gute Verbindung mit dem Vergussmaterial bildet. Der Übergangsbereich ist nach dem Vergießen entsprechend nachzukonservieren. Weitere Angaben zur Ausführung der Verbindung sind in [0.1] enthalten.
Im Bereich der Turmkonstruktion und für die Gegenauslegeraufhängung werden Laschenketten eingesetzt. Um Drillschwingungen bei einer bestimmten Windanströmungsrichtung zu vermeiden, sind bei langen Laschenketten zusätzliche schwingungshemmende Verbindungselemente vorzusehen [5.204] [5.205].

Zwischenförderer

Die Ausführungsarten der Zwischenförderer wurden im Abschnitt 5.6.2.1 und 5.6.2.2 dargestellt. Bei der Ausführung nach Bild 5-180 stützt sich die Tragkonstruktion für die Gurtförderer verfahrbar auf ein Zweiraupenfahrwerk mit Drehsäule und statisch bestimmt angeordneten Laufrollen ab. Damit wird die relative Beweglichkeit der zwei Fahrwerke gewährleistet.
Die Aufhängung des Zwischen- bzw. des Aufnahmeförderers wird über eine Drehsäule vorgenommen, wie sie im Bild 5-195 dargestellt ist. In einigen Fällen wurden auch Kugeldrehverbindungen eingesetzt. An der oberen Lagerstelle, an der außer den horizontalen auch die vertikalen Kräfte aufgenommen werden, wir die Stützung über ein sich den baulichen Gegebenheiten anpassendes Pendelrollenlager vorgenommen. Die Verbindung zwischen diesem und der Säule erfolgt über einen geteilten Ring mit der dazugehörigen Halteeinrichtung.

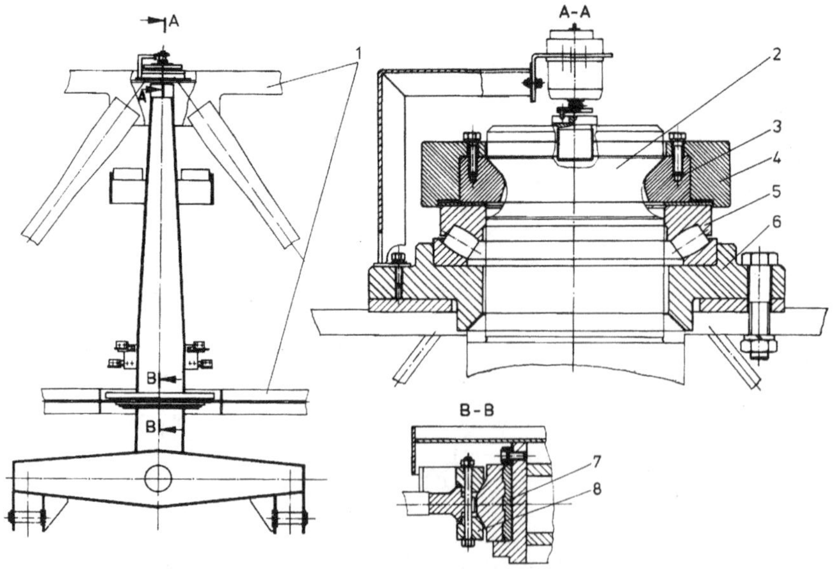

Bild 5-195 Aufhängung des Zwischen- bzw. Aufnahmeförderers mit Wälz- und Gleitlager

1 Turmkonstruktion
2 Drehsäule
3 geteilter Ring
4 Halteeinrichtung
5 Pendelrollenlager
6 unteres Lagergehäuse
7 Gleitlager
8 Nachstellung der Gleitlagerschalen

Die untere Lagerstelle (Gleitlager) ist mit einer Nachstelleinrichtung versehen, die das Spiel infolge Verschleißes kompensieren kann. Ausführungen mit nachstellbaren Laufrollen kommen wegen des größeren Herstellungsaufwandes kaum noch zum Einsatz. Die Gleitlagerung hat zur Folge, dass die Zuführung der Energie- und Steuerleitungen durch die Säule vorgenommen werden muss. Der Austritt der Leitungen erfolgt über eine Öffnung im oberen Bereich. Der zulässige Verdrehwinkel der Leitungen beträgt rd. 60°/m. Die Querschwinge kann entsprechend der Zwei- bzw. Einpunktabstützung starr oder über ein Gelenk an der Säule befestigt werden.

5.6.5 Schwingungsverhalten

Zum Schwingungsverhalten der Bauteile von Bandabsetzern fanden verschiedene Untersuchungen statt. Auf Grund der erforderlichen Idealisierungen konnten diese Ergebnisse nur als Hinweise zur konstruktiven Gestaltung dienen.
Bei der konstruktiven Ausbildung, besonders bei langen Auslegern, ist deshalb der Schwerpunkt auf eine Verminderung der Schwingungserregung und der Schwingungsempfindlichkeit der entsprechenden Bauteile zu richten.
Der Polygonantrieb des Raupenfahrwerks ist ein maßgebender Erreger, der sich besonders bei einer Fahrtrichtung auswirkt, die unter rd. 90° zur Auslegerrichtung steht. Durch die Reduzierung der Schakenlänge, die Erhöhung der Eckenzahl des Turas und der Anzahl der Raupen kann dieser Einfluss gemindert werden. Zur Ausbildung und Anordnung der Maste wurden bereits im Abschnitt zuvor Hinweise gegeben.
Die Beschleunigung und Abbremsung des Abwurfauslegers beim Schwenken sollte gleichmäßig erfolgen.
Im Bild 5-196 sind die fotogrammetrisch ermittelten Schwingungsamplituden an der Abwurfauslegerspitze in vertikaler Richtung bei einer Stellung des Abwurfauslegers von 90° zur Fahrtrichtung (v = 6 m/min) für zwei Bandabsetzer dargestellt. Durch den Abstand von 1000 mm der Lampen kann auf die Größe der Amplituden geschlossen werden. Der Bandabsetzer ARs(K) 8800.195 weist trotz der größeren Abwurfauslegerlänge durch eine zweckmäßige konstruktive Gestaltung ein günstigeres Schwingungsverhalten auf [5.205].

5.6.6 Sicherheitseinrichtungen

Die Sicherheitseinrichtungen und Bestimmungen zum Betrieb von Fördersystemen haben zum Ziel, das Bedienungspersonal und auch die Baugruppen der Maschine zu schützen.
Für das Bedienungspersonal sind sichere Bedienungswege und Podeste vorzusehen, von denen die Steuerungs- und Wartungsarbeiten erfolgen. Für die Gurtförderer gelten die im Abschnitt 5.5.6.14 dargestellten Maßnahmen.

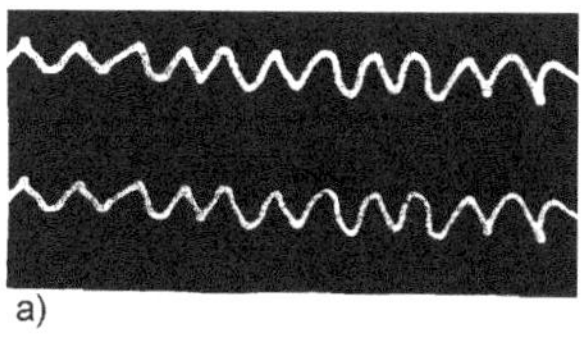
a)

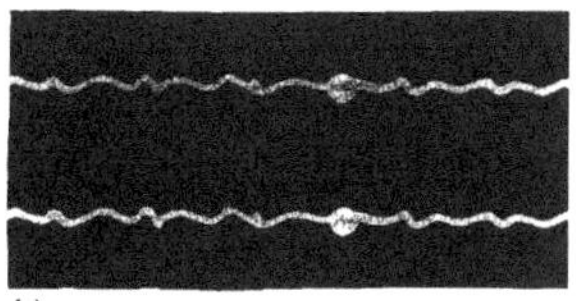
b)

Bild 5-196 Ausschnitt der Amplituden einer fotogrammetrischen Messung am Abwurfauslegerende bei Fahrtrichtung unter 90° zur Abwurfauslegerstellung [5.206]

a) ARs 15400.120 b) ARs(K) 8800.195

Alle Auszüge und Schwenkbereiche, bei deren Überschreitung größere Beschädigungen von Baugruppen eintreten, sollten mit zwei unabhängig voneinander wirkenden, für den Einsatzort geeigneten Schaltern versehen sein. Hierbei sind die Nachlaufwege zu beachten. Am Abwurfauslegerende ist ein Geber anzuordnen, der das Abstützen bzw. Berühren mit der Kippe anzeigt und Maßnahmen zur Freisetzung veranlaßt. Zwischen dem oberen und unteren Ringträger sowie am Auszugweg des Zwischenförderers sind mechanische Sicherungssysteme zweckmäßig, um ein Abklappen auch unter extremen Betriebsbedingungen zu vermeiden.
Die Raupenantriebe sind gegen Überlastung zu sichern. Durch eine Windmessanlage ist beim Überschreiten der zulässigen Windbelastung die Maschine stillzusetzen.

5.7 Schwerlastkraftwagen (SLKW)

5.7.1 Einführung

Der SLKW ist zur Zeit das dominierende Transportmittel im Festgesteinstagebau. Seine Vor- und Nachteile gegenüber anderen Transportsystemen wurden im Abschnitt 5.1.5 dargestellt.
Der Unterschied zwischen dem SLKW und dem LKW besteht in den Einsatzbedingungen, für die sie entwickelt wurden. Während der LKW für den öffentlichen Straßenverkehr konzipiert wird, bestehen für den SLKW auf Grund seines Einsatzes im Tagebau keine Beschränkungen in den Abmaßen und in der Masse.
In den 40-er und 50-er Jahren bestand auf Grund der vorhandenen technischen Kenntnisse nur die Möglichkeit, das Fördervolumen durch Vergrößerung der Maschinen bzw. der SLKW zu steigern. Die Fortschritte im Bereich der Konstruktion, Hydraulik, Antriebstechnik sowie in der Fertigung ermöglichen heute Steigerungen, an die vor zwanzig Jahren niemand zu denken vermochte. Eine bedeutende Rolle spielen hierbei computergestützte Konstruktionsmethoden. Wurden früher bei jeder Erhöhung des Ladevolumens die erheblich belasteten Baugruppen robust und damit schwer gebaut, bietet die beanspruchungsgerechte Konstruktion mit der Methode der finiten Elemente die Möglichkeit zur Masseoptimierung und damit zur Reduzierung der relativen Totlast [5.206].
Die möglichen Nutzlasten der zur Zeit gebauten SLKW liegen zwischen 10,7 und 318 t, die Motorleistungen für den Fahrantrieb reichen entsprechend von 129 bis 2238 kW [5.41].

5.7.2 Ausführungsformen

Die Aufgabe der SLKW als Transportmittel besteht darin, Fördergut von einem Punkt zu einem anderen zu transportieren und dort abzukippen. Diese Anforderungen bedingen zwei Hauptbaugruppen, die aus dem Fahr- und dem Transportgefäßsystem bestehen. Für diese Betriebsbedingungen haben sich die nachfolgenden Kombinationen herausgebildet:

– Einzelfahrzeug	Bodenentleerer
	Hinterkipper
– Sattelfahrzeuge	Bodenentleerer
	Hinterkipper
	Seitenkipper.

Eine weitere Untergliederung der Hinterkipper, der Bodenentleerer und der Seitenkipper mit Angabe der Anzahl der

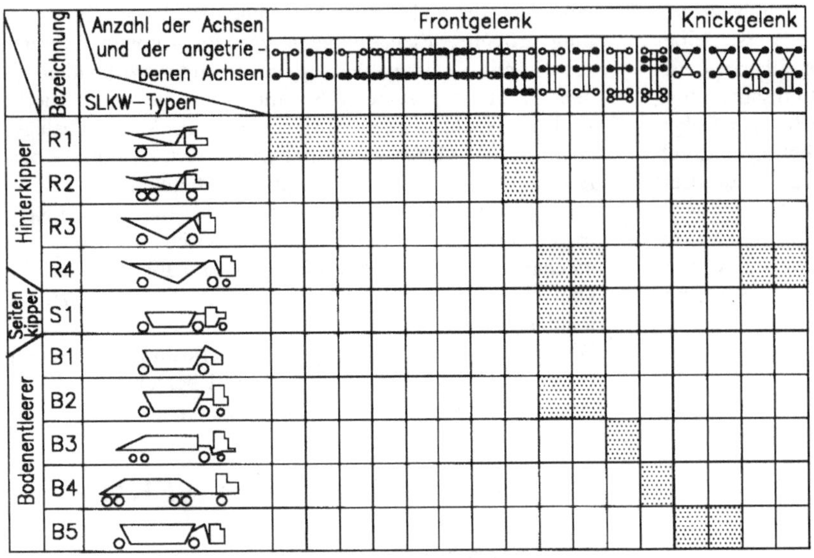

Bild 5-197 Untergliederung der SLKW-Typen [5.208]

Achsen bzw. der angetriebenen Achsen enthält die Darstellung im Bild 5-197.

Im Festgesteinstagebau werden die konventionellen, im Aufbau recht einfachen *Hinterkippen* mit starrem Rahmen und zwei Achsen in den Nutzlastklassen 32 bis 154 t am häufigsten eingesetzt. Der Transport erfolgt über planmäßig angelegte und instandgehaltene Fahrwege. Der Antrieb an der Hinterachse ist im allgemeinen ausreichend, da diese im beladenen Zustand höher belastet wird. In den kritischen Transportbereichen, Anfahren und Befahren einer Steigung, erhöht sich ihr Belastungsanteil zusätzlich.

Bei Einfachbereifung der Vorder- und Zwillingsbereifung der Hinterachse ist eine Masseverteilung von 1:2 möglich, so dass auch Steigungen bis 10 % im Dauerbetrieb befahren werden können. Zweiachsige SLKW verfügen durch den kleineren Radabstand über einen kleineren Wendekreis und damit eine gute Manövrierbarkeit (Bild 5-198).

Die Lastverteilung bei dreiachsigen SLKW gestattet bei gleicher Belastung den Einsatz kleinerer und damit wirtschaftlicherer Reifen. Bei Kurvenfahrten tritt ein zusätzliches Radieren der Hinterräder auf dem Fahrplanum auf, welches zu einem zusätzlichen Verschleiß der Reifen führt. Die Lebensdauer der Hinterreifen sinkt dadurch um rd. 4 % [5.30].

Bei erhöhten Anforderungen an die Geländegängigkeit und ungünstigerem Fahrplanum werden bevorzugt allradgetriebene SLKW eingesetzt.

Besonders knickgelenkte SLKW mit zwei oder drei angetriebenen Achsen weisen ein gutes Fahrverhalten auf weichem Boden sowie eine gute Manövrierfähigkeit auf. Sie werden jedoch meist für ein geringeres Fördervolumen ausgelegt und eignen sich eher für Sonderaufgaben, wie beim Tagebauaufschluss und anderen Einsatzfällen, für die die große Wendigkeit von großer Bedeutung ist (Bild 5-100).

Das kombinierte Knick- und Drehgelenk (Bild 5-200) stellt die Verbindung zwischen Vorder- und Hinterrahmen dar. Die weit auseinanderliegenden Drehpunkte des Knickgelenkes am Vorderrahmen, mit abgedichteten Kegelrollenlagern, erlauben einen Knickwinkel von 45°. Bei SLKW mit geringerem Muldeninhalt kommen auch Gleitlager zum Einsatz.

Bodenentleerer werden für Nutzlasten im Bereich von 27 bis 218 t angeboten [5.30]. Das Entladen des Fördergutes erfolgt durch Öffnen von Bodenklappen. Da sich das Entladen bei SLKW mit kurzem Radstand durch den Rahmen

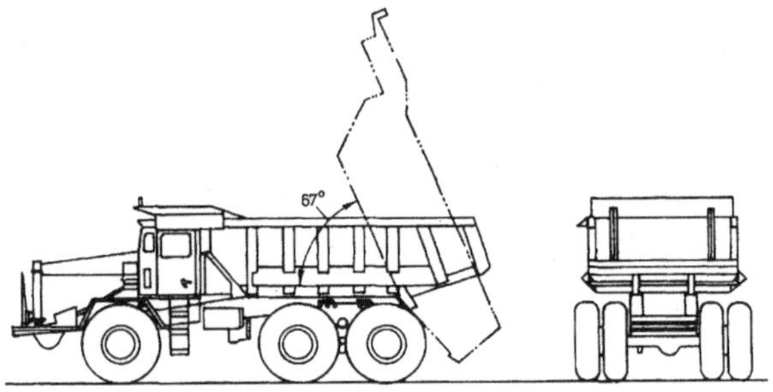

Bild 5-198 Hinterkipper mit zwei Hinterachsen

Motorleistung 390 kW	Fassungsvermögen 25 m^3
Lademasse 41 t	Gesamtmasse mit Ladung 75 t
Länge 9,89 m	Breite 3,77 m
Höhe 3,96 m	Wenderadius 9,45 m

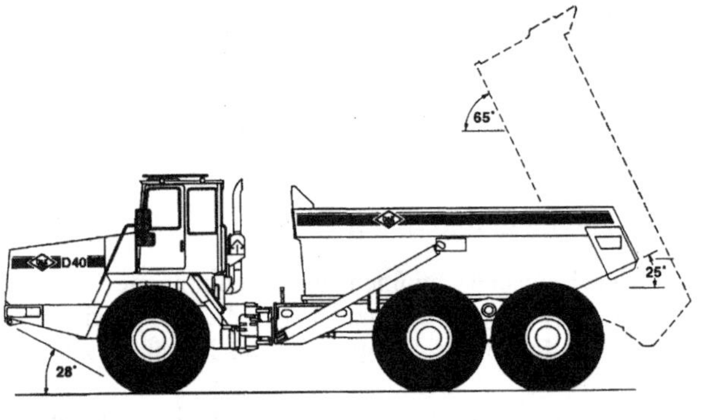

Bild 5-199 Hinterkipper mit Knick- und Drehgelenk vom Typ D40 (O&K Mining GmbH, Dortmund) [5.207]

Motorleistung 296 kW	Breite 4,24 m
Lademasse 36,5 t	Gesamtmasse mit Ladung 70,9 t
Länge 8,7 m	Wendekreisdurchmesser über
Höhe 4,45 m	Außenmaße 20 m
Fassungsvermögen 22 m^3	

hindurch nicht realisieren lässt, bestehen die Bodenentleerer in der Regel aus einer Zugmaschine mit einem entsprechend ausgebildeten Anhänger. Letzterer ist so ausgelegt, dass sich etwa die Hälfte der Masse auf der Zugmaschine abstützt (Bild 5-201). Diese Ausführungsform ermöglicht größere Abstände zwischen Zugmaschine und Anhängerachse und damit größere Längen der Mulde und der Bodenklappe.

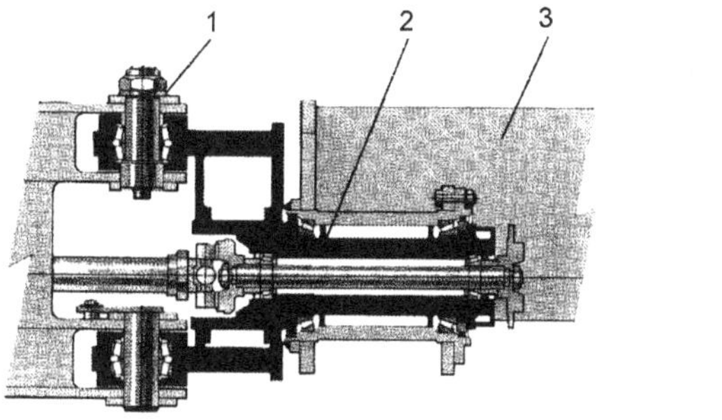

Bild 5-200 Knick- und Drehgelenk eines Muldenkippers vom Typ D 40 (O&K Mining GmbH, Dortmund) [5.207]

1 Knickgelenk 2 Drehgelenk 3 hinterer Teil des Kippers

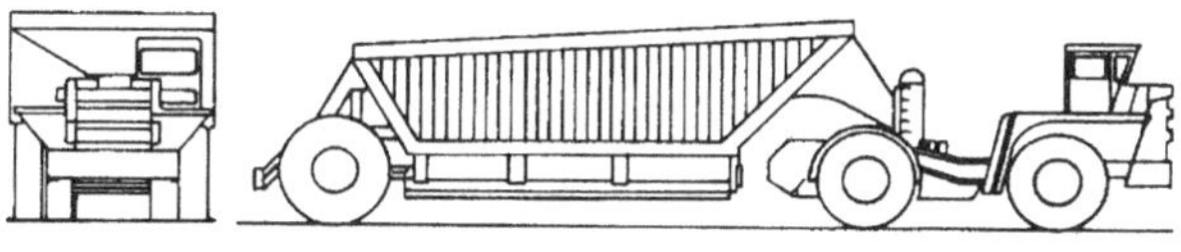

Bild 5-201 SLKW mit Bodenentleerung

Motorleistung 467 kW Fassungsvermögen 100 m^3
Lademasse 120 t Länge 18,91 m
Breite 4,22 m Höhe 3,79 m
Wenderadius 9,45 m

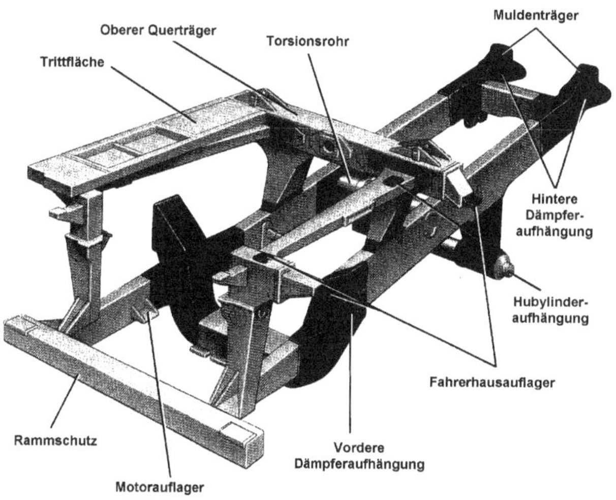

Bild 5-203 Rahmen eines starren Muldenkippers für eine Nutzmasse bis 86 t [5.210]

1 Rammschutz
2 Motorauflager
3 vordere Dämpferaufhängung
4 Fahrerhausauflager
5 Hubzylinderaufhängung
6 hintere Dämpferaufhängung
7 Muldenträger
8 Torsionsrohr
9 oberer Querträger
10 Trittfläche

Die mögliche Länge wird durch die Materialfestigkeit bestimmt. Derartige SLKW eignen sich deshalb besonders für den Transport von Materialien mit geringer Schüttdichte. Bodenentleerer haben ein schlechteres Steigungsvermögen als Hinterkippen. In Dauerbetrieb sollten Steigungen von 5 % nicht überschritten werden [5.209].
Die Bodenklappen ermöglichen ein schnelleres Entladen dieses kann auch während der Fahrt erfolgen, so dass sich die Entladezeit verkürzen lässt. Die geringere Muldenhöhe wirkt sich auch auf die Beladedauer positiv aus.
Seitenkipper werden als Transportmittel selten eingesetzt. Der Grund hierfür liegt in der ungünstigeren Gewichtsverteilung beim seitlichen Entladevorgang und in der relativ großen Eigenmasse.

5.7.3 Baugruppen des SLKW

Die Hauptbaugruppen des Fahr- bzw. Transportgefäßsystems lassen sich entsprechend Bild 5-202 untergliedern. Unter sonstigen Einrichtungen u. a. werden die Bedienungs- und Sicherheitseinrichtungen zusammengefasst.

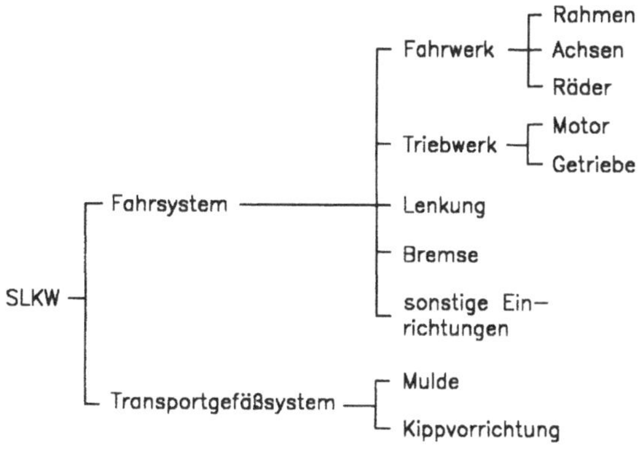

Bild 5-202 Untergliederung der Hauptbaugruppen des SLKW [5.208]

Fahrwerk
Den Rahmen des Fahrwerks bilden zwei Längsträger aus stabilen Kastenprofilen, die durch Querträger verbunden sind und damit die notwendige Steife erbringen, um die auftretenden Kräfte und Momente auf die Abstützpunkte übertragen zu können. Die Größe der Belastungen haben Einfluss darauf, welche Stähle beim Bau verwendet werden und inwieweit an stark beanspruchten Stellen des Rahmens zusätzlich Verstärkungen in Form einer Jochverstärkung bzw. von Stahlgussstücken im Rahmen angebracht werden. Im Bild 5-203 ist der Rahmen für einen Muldenkipper dargestellt.
Der Rahmen stützt sich über die Achsen auf den Rädern ab. Diese Abstützung ist statisch unbestimmt und erfordert ein Federungs- und Dämpfungssystem zwischen Rahmen und Achsen. Diese Systeme unterscheiden sich nach Prinzip, Aufbau und Einsatz der Feder- und Dämpfungselemente. Für SLKW aller Nutzlastklassen sind selbstregelnde hydropneumatische Systeme am verbreitetsten. Für SLKW bis 75 t Nutzlast werden auch Gummipuffer für die Federung eingesetzt, die Dämpfung erfolgt mit Stoßdämpfern.
In kombinierter Bauform spricht man von Gummi-Federbeinen, diese kommen in Nutzlastklassen von 40 bis 150 t zum Einsatz. Für leichtere SLKW-Typen bis 45 t Nutzlast werden auch noch konventionelle Blattfedern, Schraubenfedern oder Drehstabfedern mit Stoßdämpfern eingesetzt. Von geringerer Bedeutung sind rein hydraulische Federungen, welche die Kompressibilität von Flüssigkeiten für Federung und Dämpfung nutzen und für SLKW von 32 bis 160 t geeignet sind [5.208].
Die Radaufhängung an den Achsen kann als Einzelradaufhängung, als Starrachse oder in kombinierter Form (Einzelradaufhängung vorn, Starrachse hinten) ausgeführt sein. An mindestens einer Achse muss die Radaufhängung in der Radebene schwenkbar sein [5.209].
Da die Bereifung für SLKW einen erheblicher Kostenfaktor dargestellt (bis zu 10 % der Rohstoff-Gesamtselbstkosten), muss der Reifentyp für die Einsatzbedingungen sehr sorgfältig abgestimmt werden.

An dem in der Tafel 5-32 dargestellten Beispiel wird auf die wesentlichen zu beachtenden Parameter hingewiesen.
Die Angabe der Reifenbreite in der 1. Spalte erfolgt in Zoll. Die erste Zahl betrifft die Nennbreite und die zweite den Felgendurchmesser am Wulstsitz. Das Ply-Rating ist eine internationale Bezeichnung für die Karkassenklasse. Bei der in der 3. Spalte angegebene Typenbezeichnung, die nach der Klassifikation der Tire and Rim Association angegeben wird, steht das „E“ für den Einsatz bei Erdbewegungen. Die Zahl hinter den Buchstaben stellt eine weitere Untergliederung dar. So bedeuten die Bezeichnungen E-4 Felsprofil, E-5 tiefes Felsprofil usw. Die 4. Spalte gibt mit der TKPH-Zahl das Produkt aus durchschnittlicher Reifenbelastung und durchschnittlicher Geschwindigkeit an (t.km/h). Sie ist eine Kennzahl für die Ermittlung der maximal zulässigen Reifenerwärmung. Die Tafel 5-33 enthält Richtwerte für die Lebensdauer, diese steigt mit zunehmender Reifengröße an.

Tafel 5-32 Spezifizierung eines Standardreifens für SLKW [5-208]

Reifengröße	Ply-Rating	Typ	TKPH-Zahl	Tragfähigkeit (N)	Luftdruck (bar)
1	2	3	4	5	6
30,00—51	40	E-4	448	253710	4,10
	46	E-4	448	277650	4,80

Tafel 5-33 Richtwerte für die SLKW-Reifenlebensdauer [5-208]

	Reifenlebensdauer (h)		
Reifengröße	niedrigster Wert	Mittelwert	höchster Wert
18.00—25	1000	3176	6293
24.00—49	1300	3020	5700
27.00—49	1850	2866	4300
30.00—51	2800	3817	6000
36.00—51	2200	4340	6500

Triebwerk
Motor und Getriebe bilden zusammen das Triebwerk. Die meisten eingesetzten Antriebe sind schnellaufende (1500 bis 2650 U/min) Dieselmotoren mit Leistungen bis zu 1184 kW. Langsamlaufende (bis 900 U/min) Dieselmotoren finden nur in den oberen Nutzlastklassen Verwendung und weisen eine Leistungsbandbreite von 1220 bis 2442 kW auf. Für große Antriebsleistungen können auch Gasturbinentriebwerke eingesetzt werden.
Sie können bei kompakter Bauweise hohe Leistungen erzeugen, haben aber den entscheidenden Nachteil des deutlich höheren Kraftstoffverbrauchs.
Die charakteristischen Unterschiede dieser Antriebe sind aus der Gegenüberstellung in Tafel 5-34 zu ersehen. Die Leistung der Triebwerke wird mechanisch, hydrostatisch oder elektrisch auf die Räder übertragen.
Eine Möglichkeit, um die Kraftstoffkosten zu senken und die Produktivität zu erhöhen, bietet der elektrische Antrieb mit Oberleitungsstromzuführung. Ein selbsttätig wirkender Schaltkreis trennt bei Stromzuführung durch die Oberleitung die Radnabenmotoren vom Generator. Der Dieselmotor läuft mit niedriger Leerlaufdrehzahl weiter und liefert bei Unterbrechung der Stromzuführung die erforderliche Antriebsleistung.
Im Bild 5-35 sind die wesentlichen Vorteile des elektrischen Antriebs beim Befahren von Steigungen dargestellt. Neben der Verbesserung der Produktivität sind es vor allem die Erhöhung der Fahrgeschwindigkeit und die Reduzierung des Kraftstoffverbrauches, die sich positiv auf die Kosten auswirken.
In [5.34] wurde ein Einsatzbeispiel dargestellt. Im Kupfertagebau Palabora wurden die 78 SLKW (154 t Nutzmasse) beim Befahren einer Strecke (Steigung) auf Trolleystromzuführung umgestellt. Bei 1,7 Mill. Fahrkilometer konnten 38 Mill. Liter Kraftstoff eingespart werden. Durch die Umstellung von Diesel- und Elektroantriebe sanken die Betriebskosten von 7,8 auf 2,8 Dollar/km. In Bild 5-204 sind die Einsatzbereiche der einzelnen Kraftübertragungsbereiche, bezogen auf das derzeitige SLKW-Angebot, in Abhängigkeit von der Nutzlast dargestellt [5.209].

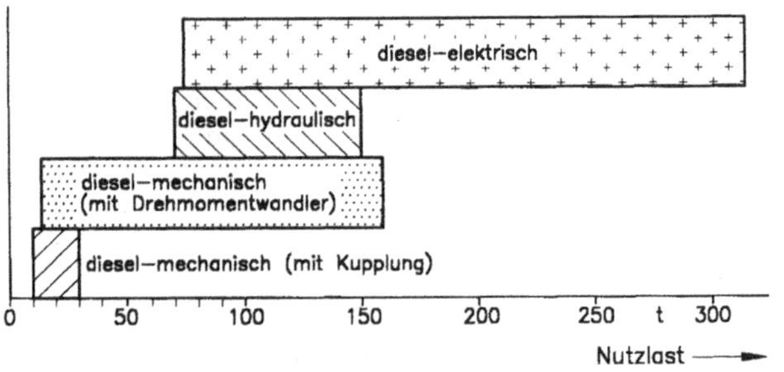

Bild 5-204 Einsatz der Kraftübertragungsarten in Abhängigkeit von der Nutzlast [5.209]

Transportgefäß mit Kippvorrichtung
Die Mulde dient zur Aufnahme des Transportgutes. Der Boden besitzt bei den meisten Muldentypen, von der Seite gesehen, eine V-Form oder V-ähnliche Form, die von rechteckigen Seitenwänden umschlossen wird. An der Frontseite ist zum Schutz des Fahrerhauses zusätzlich ein Dachschutz befestigt [5.208].
Durch die V-förmige Mulde wird ein niedriger Schwerpunkt des Transportgutes zwischen Vorder- und Hinterachse erreicht. Außerdem bewirkt diese Gestaltung des Muldenbodens eine teilweise selbsttätige Zentrierung des Ladegutes. Diese Bodenneigung verhindert auch, dass bei Steigungsfahrten das Fördergut herabfällt.

	Leistung	Umdrehungen	max.Drehmoment	Hubraum	Masse
Typ	kW	min^{-1}	Nm	l	kg
Dieselmotor					
schnellaufend	1180	1900	6200	40	4300
langsamlaufend	1220	900	13000	85	10000
Gasturbine	1370	13000			2750

Tafel 5-34 Gegenüberstellung der wesentlichen Parameter der Antriebe nach *Korak* [5-208]

Die Mulden sind, durch angeordnete Längs- und Querrippen an allen Außenflächen, selbsttragende Einheiten und werden aufgrund stark verschleißender Beanspruchung aus hochverschleißfestem Stahlblech gefertigt. Dämpfungsglieder zwischen Rahmen und Mulde sorgen für die Milderung von plötzlich auftretenden Spitzenbelastungen während der Fahrt und beim Beladen des SLKW.
Anbackungen des Transportmaterials an Muldenstößen und -ecken kann konstruktiv dadurch begegnet werden, dass einerseits Ecken abgerundet, andererseits die Abgase des Motors durch die Kastenquerschnitte der Mulde geleitet werden.
Die Kippvorrichtung dient beim Hinter- oder Rückwärtskippen zum Entleeren der Mulden. Ein Vorratsbehälter speist die Hydraulikanlage, die aus einer Pumpe, einem oder mehreren Teleskopzylindern, Steuerschiebern und Leitungssystemen besteht. Durch Ausfahren des oder der Zylinder wird die Mulde um die im Heckbereich gelagerte Achse gedreht. Ab einem vom Material abhängigen Winkel beginnt das Transportgut, der Schwerkraft folgend, aus der Mulde zu rutschen.

5.7.4 Fahrwiderstand

Der Fahrwiderstand F_F, auch als Felgenzugkraft bezeichnet, stellt die Summe der Widerstände dar, die durch den Fahrantrieb zu überwinden sind. Die Luft- und Kurvenfahrtwiderstände werden, da sie gegenüber den anderen Widerständen gering sind, vernachlässigt. Es gilt

$$F_F = F_{Ro} + F_{St} = g\left(m_E + m_L\right)\left(\omega_{Ro} + \omega_{St}\right); \qquad (5.152)$$

$$w_{St} = \sin\alpha \approx \tan\alpha, \qquad (5.153)$$

F_F Fahrwiderstand in N
F_{Ro} Rollwiderstand in N
F_{St} Widerstand beim Befahren von Steigungen in N
m_E Masse des SLKW (leer) in kg
m_L Masse des geladenen Fördergutes in kg
g Erdbeschleunigung m/s^2
ω_{Ro} spezifischer Rollwiderstand
ω_{St} spezifischer Steigungswiderstand
α Steigungswinkel.

Der Rollwiderstand stellt den Anteil am Fahrwiderstand dar, der durch die Formänderung an den Reifen und an der Fahrbahn entsteht. Für die unterschiedlichen Betriebsbedingungen kann der spezifische Rollwiderstand nicht exakt bestimmt werden. Richtwerte sind in Tafel 5-35 enthalten.
Beschleunigungskräfte F_{Be} sind dann zu berücksichtigen, wenn $F_{St,i} + F_{Be,i} > F_{St\,\max}$ im Streckenabschnitt i ist.

Tafel 5-35 Richtwerte für den spezifischen Rollwiderstand ω_{Ro} für SLKW [5-208]

Fahrbahnbeschaffenheit	ω_{Ro}
Mit Asphalt bzw. Zement befestigte Fahrbahn	0,015
Erdreich, kompakt	0,02
Erdreich, trocken geschüttet	0,03
Schlamm mit festem Untergrund	0,04
Schnee, festgefahren	0,025
Schnee, locker	0,045
Sand, Schotter	0,1
ausgefahrene Fahrbahn auf der Kippe	0,05 bis 0,2

5.7.5 Fördervolumen

Das Fördervolumen eines SLKW wird wesentlich durch folgende Parameter bestimmt:

- Tragfähigkeit bzw. Fassungsvermögen der Mulden
- Dauer des Transportzyklus.

5.7.5.1 Berechnung des Fördervolumens

Die Gleichungen zur Bestimmung des effektiven Fördervolumens der Lademaschine sowie erforderlichen Anzahl von SLKW zum Transport des Förderguts sind im Abschnitt 5.2.1.6 dargestellt. Hierbei wird davon ausgegangen, dass das Leistungsvermögen der Lademaschinen ausgeschöpft wird. Dieses entspricht auch der allgemeinen Forderung, die Lademaschinen und die SLKW so auszuwählen, dass Wartezeiten für beide vermieden werden.
Die im Allgemeinen eingesetzten Lademaschinen (Hydraulik- und Seilbagger sowie Ladegeräte) arbeiten diskontinuierlich. Neben der Forderung, dass die Lademaschine mit ihrer Reichweite und Reichhöhe eine vollständige Muldenfüllung zulässt, hat sich nach [5.208] für Bagger ein Verhältnis von Ladegefäß zu Muldeninhalt von 1:3 bis 1:6, für Lader von 1:3 bis 1:8 als günstig erwiesen. In [5.46] werden Werte von 1:5 bis 1:7 genannt.

5.7.5.2 Dauer des Transportzyklus

Im Bild 5-205 ist der Transportzyklus eines SLKW dargestellt. Seine Dauer setzt sich aus folgenden Anteilen zusammen:

$$t_{Tz} = t_L + \sum_{i=1}^{n}\left(f_{GR}\,t_{Vf}\right)_i + 2t_{We} + t_E + \sum_{j=1}^{m}\left(f_{GR}\,t_{Lf}\right)_j + t_{Wa}, \qquad (5.154)$$

t_{Tz} Dauer des Transportzyklus
t_L Ladedauer
t_{Vf} Fahrtdauer mit Last auf der Teilstrecke i
t_{Lf} Fahrtdauer des leeren SLKW auf der Teilstrecke j
t_{We} Wendedauer
t_E Entladedauer
t_{Wa} Wartedauer.

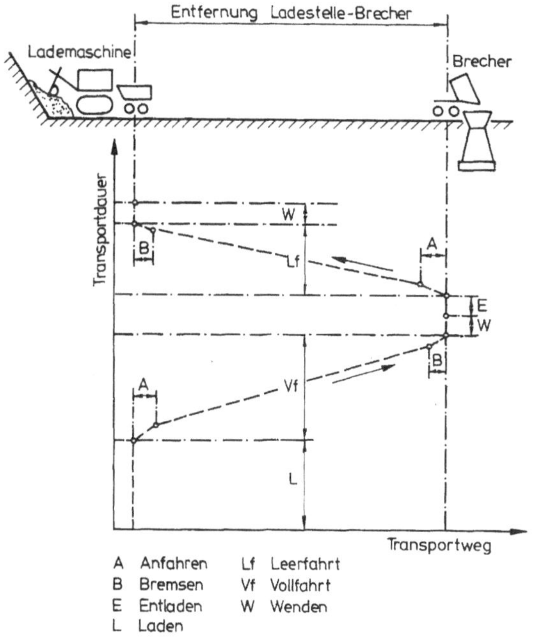

Bild 5-205 Schematische Darstellung des Transportzyklus eines SLKW [5.208]

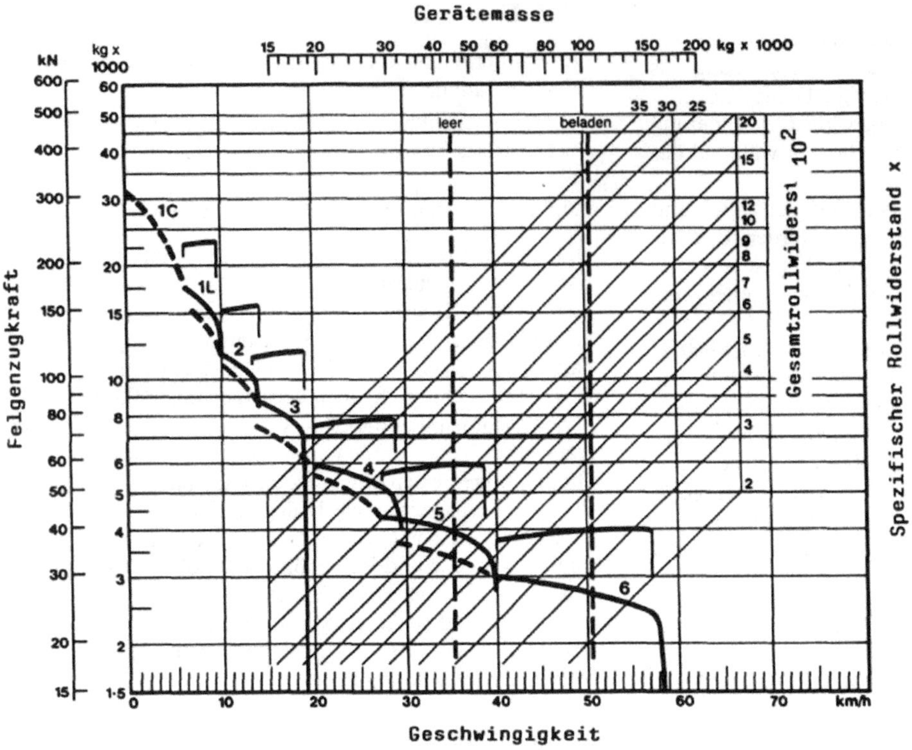

Bild 5-206 Felgenzugkraftdiagramm für SLKW der Type K70 (O&K Mining GmbH, Dortmund) [5.207]

Ladedauer

Das Produkt aus Dauer des Ladezyklus und Anzahl der Ladespiele ergibt die Ladedauer t_L.

Fahrdauer t_{Vf}, t_{Lf}

Die Summe aus Leer- und Vollastfahrtdauer ergibt die Fahrdauer, zu deren Ermittlung die gesamte Transportstrecke zunächst in Teilstrecken t_{Vfi} bzw. t_{Lfi} zerlegt wird, die den gleichen Fahrwiderstand aufweisen. Dieser ergibt sich aus dem spezifischen Roll- und Steigungswiderstand während der Fahrt. Mit Hilfe typenspezifischer Felgenzugkraftdiagramme (Bild 5-206) kann die Geschwindigkeit und damit die Fahrdauer für die Teilstrecken ermittelt werden. Diese hängt in hohem Maße von der spezifischen Antriebsleistung (kW/t) ab.

Dabei wird wie folgt vorgegangen:

1. Nachdem der Fahrwiderstand der untersuchten Teilstrecke ermittelt ist, und die Masse (vollbeladen und leer)des SLKW bekannt ist, wird der Schnittpunkt der senkrechten Masselinie und der schrägen Fahrwiderstandsgraden ermittelt.
2. Vom Schnittpunkt führt eine horizontale Grade zu einem Schnittpunkt mit der Kennlinie des Felgenzugkraftdiagramms.
3. Die maximal mögliche Geschwindigkeit wird durch das Fällen des Lotes vom Schnittpunkt auf die Geschwindigkeitsachse ermittelt.

Um den Einfluss der Beschleunigung bzw. der Verzögerung zu berücksichtigen, sind Angaben des Herstellers der SLKW zu erfragen, da diese durch die spezifischen Antriebsleistung stark beeinflusst wird.

Als Richtwert kann auch folgender Geschwindigkeitsreduktionsfaktor f_{GR} bezogen auf die Transportweglänge, zugrunde gelegt werden, s. Tafel 3-36.

Tafel 5-36 SLKW-Geschwindigkeitsreduktionsfaktor f_{GR} (gültig für SLKW mit einer pezifischen Antriebsleistung von 4,35 kW/t) [5.208]

Transportweg	Geschwindigkeitsreduktionsfaktor f_{GR} bei Fahrt mit		
länge (m)	$v_{anf} = 0$	$0 < v_{anf} < v_{max}$	$v_{anf} = v_{max}$
0— 60	0,00—0,33	0,00—0,55	1,00
61— 120	0,34—0,41	0,56—0,58	
121— 180	0,42—0,46	0,59—0,65	
181— 310	0,47—0,53	0,66—0,75	
311— 460	0,54—0,59	0,76—0,77	
461— 610	0,60—0,62	0,78—0,83	
611— 700	0,63—0,65	0,84—0,86	
701—1070	0,60—0,70	0,87—0,90	
< 1070	0,70—0,75	0,91—0,93	

Wende- bzw. Rangierdauer t_{We}
Die Rangierdauer wird maßgeblich dadurch bestimmt, wie genau die Beladeposition eingenommen werden muss und welcher Rangieraufwand dazu nötig ist. In der Tafel 5-37 sind Anhaltswerte für die Rangierdauer aufgeführt. Diese Werte gelten sinngemäß für die Belade- und Entladestelle.

Entladedauer t_E
Je nach der Konstruktion der SLKW-Kippvorrichtung liegt die Entladedauer im Allgemeinen zwischen 30 und 90 s.

Rangierbewegungen	ungefähre Zeit
–	s
Direkter Zugang zu einem fahrenden Ladegerät	8
Direkter Zugang zu einem stationären Ladegerät	10
Rückwärtiger Zugang um 90° zu einem fahrenden Ladegerät	15
Rückwärtiger Zugang um 90° zu einem stationären Ladegerät	20
Rückwärtiger Zugang um 180° zu einem fahrenden Ladegerät	30
Rückwärtiger Zugang um 180° zu einem stationären Ladegerät	40

Tafel 5-37 SLKW-Rangierzeiten [5.208]

6 Transportsysteme für Festgesteinstagebau

6.1 Einführung

Neben der Darstellung der Entwicklungstendenz der Massenbewegung wurde im Abschnitt 5.1.1 auch eine Aufgliederung in die Anteile, die als Locker- bzw. Festgestein gewonnen werden, vorgenommen [5.1]. Nach Bild 5-2 entfallen 52 % der Massenbewegung auf Festgesteinstagebaue.

Das Transportsystem bestimmt mit einem Anteil von rd. 60 % die Betriebs- und Investitionskosten. Im Festgesteinstagebau werden z. Z. etwa 90 % der Massen durch SLKW transportiert [6.1] [5.209].

Die inzwischen ausgereifte, wirtschaftliche Technik des kontinuierlichen Transports mit Gurtförderern in den Lockergesteinstagebauen bietet sich als Alternative auch für den Festgesteinstagebau an. Der Einsatz dieses Transportmittels erfordert jedoch, dass das zu transportierende Haufwerk durch eine vorgeschaltete Brechanlage fördergerecht zerkleinert wird.

In der Anfangsphase kam die Kombination ortsveränderliche Brecher mit Gurtförderern nur in Kalksteinbrüchen zum Einsatz. In großen Erztagebauen war keine Veränderung des Transportmittels im Tagebaubereich zu erkennen. Hier wurde das Fördergut traditionsgemäß mit SLKW bis zum Rand des Tagebaus gefördert und dort entweder verkippt oder in einem stationären Brecher vorgebrochen und anschließend der Aufbereitung zugeführt.

Mitte der 60-er Jahre wurde erstmalig in einem amerikanischen Festgesteinstagebau die Kombination Brecher/Gurtförderer eingesetzt. Sie diente dazu, täglich 160000 t Abraum und 45000 t Erz bei einer zu überwindenden Höhendifferenz von 350 m bzw. 225 m zu fördern [5.209]. Die Leistungsfähigkeit, die große Steigfähigkeit und die geringen Betriebskosten haben dazu geführt, dass dieses Fördersystem rasch an Bedeutung gewonnen hat. Am deutlichsten wird diese Entwicklung durch die im Bild 6-1 dargestellte rasche Zunahme der zum Einsatz gekommenen fahrbaren Brechanlagen dokumentiert.

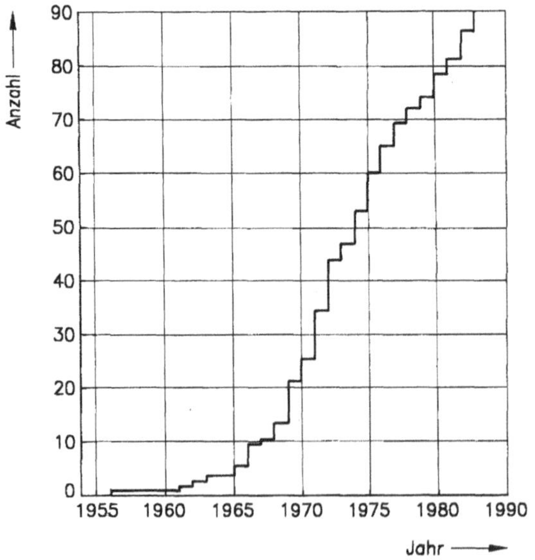

Bild 6-1 Überblick über die Anzahl eingesetzter Brecher [6.1]

6.2 Transportsystem

6.2.1 Ausführungsformen

Im Bild 6-2 sind die gebräuchlichsten Ausführungsformen der Transportsysteme schematisch dargestellt.

Das Lösen des gewachsenen Materials und die Aufnahme des Haufwerkes erfolgt bei allen Ausführungsformen nach der gleichen Methode bzw. durch gleiche Maschinen. Das Gestein wird meist durch Sprengen gelöst. Dieses sollte so erfolgen, dass die anfallenden Brocken von der Lademaschine bzw. vom Brecher aufgenommen werden können.

Die Transportsysteme unterscheiden sich dadurch, dass beim Einsatz der Ausführungsform A der Materialtransport ausschließlich durch SLKW erfolgt und bei denen von B und C Gurtförderer zur Überwindung des größten Teils der Transportstrecke zum Einsatz kommen. Während bei B die Lademaschine direkt auf den fahrbaren Brecher aufgibt, werden bei C für den Transport zwischen Lademaschine und dem umsetzbaren Brecher SLKW eingesetzt.

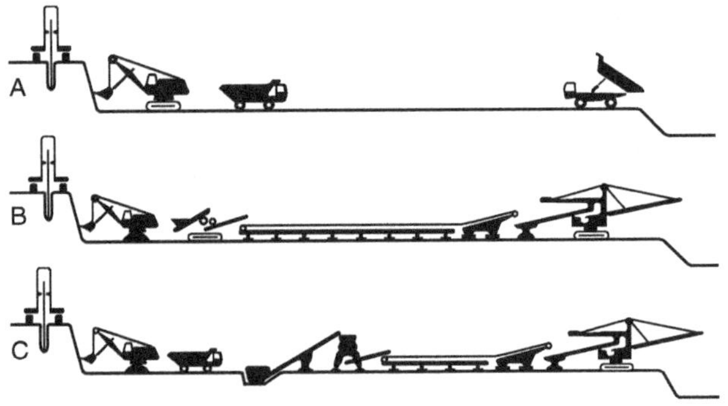

Bild 6-2 Schematische Darstellung wesentlicher Transportsysteme [6.3]

A Transport mit SLKW
B Transport mit Gurtförderer
C Transport mit SLKW und Gurtförderer

Die Ausführungsform A kommt vor allem beim Transport und der Verkippung von Abraum am gegenüberliegenden Tagebaurand zur Anwendung. Hierbei werden keine besonderen Anforderungen an die Beschaffenheit des Fördergutes gestellt. Bei der Zwischenschaltung von Gurtförderern muss der Abraum fördergerecht zerkleinert werden. Diese zusätzlichen Aufwendungen müssen sich durch die Einsparungen am Fördersystem amortisieren.

Für ein Fördergut, das einer Weiterverarbeitung unterzogen wird, ist eine Zerkleinerung grundsätzlich erforderlich. Beim Einsatz des kontinuierlichen Transports nach den Ausführungsformen B und C wird der Brecher neben bzw. in der Nähe der Lademaschine angeordnet.

6.2.2 Vor- und Nachteile der Fördersysteme

Im Abschnitt 5.1.6.1 sind bereits wesentliche Vor- und Nachteile der Ausführungsformen dargestellt.

Die Bilder 5-36 und 5-37 stellen den Verlauf der Betriebs- und der Kapitalkosten in Abhängigkeit von den Transportentfernung beim horizontalen Transport sowie im Tieftagebau (200 m Tiefe) dar, die auf der Grundlage einer größeren Anzahl von Studien ermittelt wurden [5.34]. Der Kurvenverlauf zeigt, dass beim Einsatz von Gurtförderern die Investitionskosten beim horizontalen Transport gegenüber SLKW größer sind. Bei den Betriebskosten ist ein entgegengesetztes Verhalten zu verzeichnen. Bei Tagebauen, die über einen längeren Zeitraum betrieben werden, besitzen jedoch die ständig anfallenden Betriebskosten einen höheren Stellenwert als die einmalig anfallenden Investitionskosten [6.1]. Bei tiefen Tagebauen gleichen sich die Investitionskosten schon bei kürzeren Transportentfernungen an. Die Betriebskosten beim Transport mit Gurtförderern sind gegenüber denen mit SLKW erheblich geringer.
Von [6.1] wurde ein Tagebau-Modell durchgerechnet. Danach ist die Kombination fahrbare Brechanlage mit Gurtförderer kapitalintensiver, aber, bezogen auf die Gesamtlebensdauer, ist diese Variante um rd. 16 % preiswerter.
Zusammenfassend lassen sich die Vorteile wie folgt darstellen:

- Gurtförderer als kontinuierliches Transportmittel eignen sich zum leistungsfähigen Massentransport über große Hubhöhen und Entfernungen
- große, zulässige Steigung bei Gurtförderern führt zu kurzen Transportwegen
- Gurtförderung lässt sich in hohem Maße automatisieren, dieses führt mit zu niedrigeren Betriebskosten
- Gurtförderer können auch auf weniger tragfähigen Böden gelagert werden. Hindernisse sind ohne großen Aufwand überbrückbar
- geringeren Staub- und Lärmentwicklung, umweltfreundlicher.
- geringerer spezifische Energieverbrauch bei Gurtförderern durch geringeren spezifischen Bewegungswiderstands und besseres Verhältnis zwischen Nutz- und Totlast
- Fördersysteme mit Gurtförderern sind relativ klimaunabhängig.

Zu den Nachteilen gehören:

- Fördersysteme mit Gurtförderern sind kapitalintensiver
- Gurtförderer erfordern eine relativ geradlinige Strossenführung. Die mögliche Flexibilität der Tagebaugestaltung ist geringer, besonders in der Aufschlussphase kann sich dieses negativ auf das Fördervolumen auswirken.
- Ausfall eines Gurtförderers in einer Förderkette führt zur Stillsetzung des Fördersystems
- transportgerechte Zerkleinerung des Haufwerks in der Abraumgewinnung verursacht zusätzliche Kosten.

6.3 Brechanlagen

6.3.1 Untergliederung der Brechanlagen

Die Primär-Brechanlagen werden entsprechend dem Mobilitätsgrad in stationäre, versetzbare und verfahrbare untergliedert. Die Tafel 6-1 gibt eine Übersicht über die Zuordnung und den zweckmäßigen Standort.
Die angegebenen Werte für den maximalen, theoretischen Durchsatz stellen den derzeitigen Stand der Technik dar. Stationäre und ortsveränderliche Brechanlagen unterscheiden sich in den wesentlichen Baugruppen nicht voneinander.

Tafel 6-1 Einteilung und Zuordnung der Primär-Brechanlagen [5.209] [6.1]

Mobilitätsgrad	stationär	ortsveränderlich	
		versetzbar	fahrbar
Standort	Rasensohle oder außerhalb des Tagebaubereiches	an einer geeigneten Stelle im engeren Tagebaubereich	an der Bruchwand
Zuordnung	Gesamttagebau bzw. mehrere Tagebaue	zu mehreren Abbaubetriebspunkten	zu einem Abbaubetriebspunkt
Theor. Durchsatz max. [t/h]	10000	6000	4000

Bei stationären Brechanlagen kann entsprechend den örtlichen Gegebenheiten der Materialantransport, um Steigungsfahrten zu vermeiden, in der Höhe des Aufgabebunkers erfolgen. Für die Stützung der Tragkonstruktion werden bevorzugt Betonfundamente angeordnet. Um hohe Durchsatzwerte zu erreichen, werden oft mehrere Aufgabestellen an einem Bunker vorgesehen.
Eine versetzbare Brechanlage wird im Förderschwerpunkt des zu fördernden Haufwerks aufgestellt. Dort werden ihr mehrere Ladebetriebspunkte zugeordnet. Die Lage des Förderschwerpunktes ist sowohl eine bergmännische als auch eine wirtschaftliche Größe. Unter Berücksichtigung der bergmännischen Gegebenheiten soll die Summe aller Transportkosten von den einzelnen Ladestellen zum Brecher über die Dauer eines Intervalls ein Minimum betragen [5.209].
Im Wesentlichen sollten dabei möglichst auftreten:

- wenig Steigungsfahrten, besonders mit beladenen SLKW
- geringe Transportentfernungen
- geringe Höhenverluste durch Abwärtsförderung.

Im Förderschwerpunkt wird das Fördergut gebrochen und mit einem Gurtförderer aus dem Tagebau heraustransportiert. Im Bild 6-3 ist das Prinzip eines solchen Abbauschemas dargestellt.

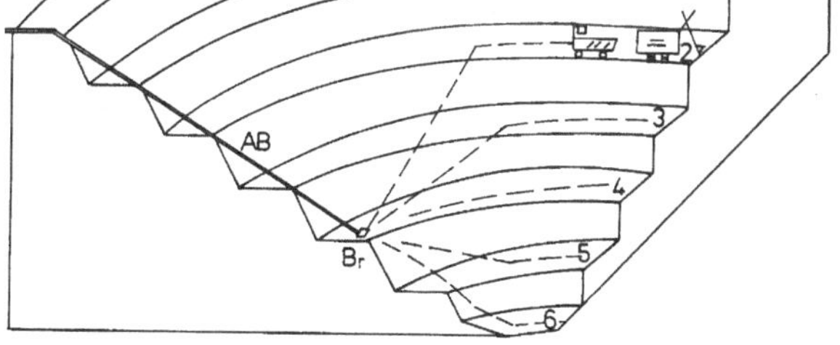

Bild 6-3 Beschickung einer Brechanlage von mehreren Abbaustrossen

AB Abraumbandanlage
Br Brecher
2...6 Bezeichnung der Strossen

Für einen Förderschwerpunkt ist die wirtschaftliche Grenze dann erreicht, wenn die gestiegenen Transportkosten zum Brecher die gesamten Kosten, die beim Versetzen der Anlage anfallen, überschreiten. Die Kosten zum Versetzen der Brechanlage setzen sich wie folgt zusammen [5.209]:

- Vorbereitung des neuen Standortes
- Umsetzen der Brechanlage
- Veränderung bzw. Verlängerung des Gurtförderers
- Förderausfall
- geringere zeitliche Auslastung der Betriebsmittel.

Für den Zwischentransport von der Lademaschine zur Brechanlage werden vorwiegend SLKW eingesetzt. Bei kurzen Entfernungen kann der Transport auch durch die Lademaschine übernommen werden.
Das Umsetzen der Brechanlage insgesamt bzw. in Teilen erfolgt durch Transportraupen bzw. durch Schreitwerke. Trotz des kostenintensiven Umsetzaufwandes bietet der Einsatz der versetzbaren Brechanlage folgende Vorteile:

- Haufwerk mehreren Ladestellen kann einer Brechanlage zugeführt werden
- größere Brecheinheiten kommen zum Einsatz, geringe Anzahl der Gurtförderer
- Zwischentransport mit SLKW-Förderung ermöglich Vorteile in bezug auf Anpassung an unregelmäßige Lagerstätten sowie selektive Gewinnung und Teilverfügbarkeit der Transportmittel.

Bei der fahrbaren Brechanlage ist diese der Lademaschine direkt zugeordnet, so dass der mögliche Durchsatz nicht nur von der Brechanlage, sondern auch von dem der Lademaschine abhängt. Auf einen abfördernden Gurtförderer können mehrere Brechanlagen aufgeben. Die Tafel 6-2 beinhaltet eine Gegenüberstellung der Fortbewegungseinrichtungen.

6.3.2 Aufbau einer ortsveränderlichen Brechanlage

Das Gesamtsystem einer ortsveränderlichen Brechanlage besteht funktionsbedingt aus mehreren Teilsystemen. Bild 6-4 zeigt den schematischen Aufbau einer fahrbaren Brechanlage mit den verschiedenen Baugruppen. Diese sind in einer Stahlkonstruktion gelagert. Die Stützung auf dem Planum wird in Abhängigkeit vom Zyklus der Ortsveränderung und der Masse unterschiedlich gestaltet.

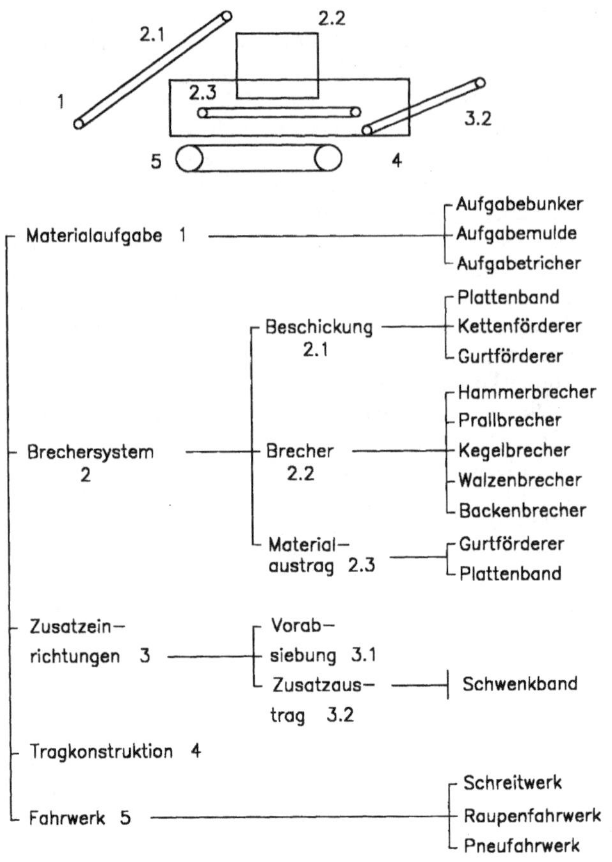

Bild 6-4 Aufbau einer fahrbaren Brechanlage

Durch die diskontinuierliche *Materialaufgabe* sind in Abhängigkeit vom Ladevorgang und den Randbedingungen der nachgeschalteten Teilsysteme folgende Aufgaben zu lösen:

- Ausgleich Massenstromschwankungen
- Verschleiß- und Aufschlagschutz der Beschickungseinrichtungen
- Verkürzung der Ladespielzeit durch vereinfachten Verfahrensablauf bei der Entleerung der Ladegeräte.

	Schreitwerk	Pneufahrwerk	Raupenfahrwerk	Radfahrwerk auf Gleisen
Dienstgewicht	+	-	- -	++
Richtungsbeweglichkeit	++	+	-	- -
häufiger Ortswechsel	- -	+	++	+
geneigter Standort	++	+	-	- -
Bauhöhe	++	-	- -	+
Wartung während Brechbetriebs	-	+	- -	+ +
Inst. elektr. Leitung für Bewegungseinrichtung (Raupe = 1)	3 ...4	0,7	1	0,4
Fahrgeschwindigkeit in m/min	0,5...2	15...30	5...10	5...20
Steigfähigkeit	1:5...1:10	1:10	1:5	1:25
Bodendruck in N/cm²	5...15	40	10...20	entfällt

Tafel 6-2 Bewertung verschiedener Fortbewegungseinrichtungen für fahrbare Brecheranlagen [6.3]

++ sehr günstig
- - sehr ungünstig

Die Materialaufgabe ist im Regelfall als einfacher Aufgabebunker ausgeführt, ohne besondere Austragsvorrichtung. Sogenannte Fahrtrichter und Aufgabemulden, entwickelt mit dem Ziel, das Haufwerk schonend auf die Beschickungseinrichtung aufzugeben, sind bisher nur vereinzelt im Einsatz. Im Ausnahmefall wird auf das Teilsystem Materialaufgabe verzichtet, und es wird unmittelbar auf den Brecher aufgegeben.

Dem *Brechsystem* wird verfahrensbezogen das Beschicken, Zerkleinern und Austragen des Materials zugeordnet. Aufgabe der Beschickung ist das gleichmäßige Zuführen des Haufwerks aus der Materialaufgabe zum Brecher. Hierfür hat sich das sehr robuste Plattenband oder Stahlgliederband auch bei der Aufnahme von Materialstücken großer Abmessungen und Haufwerk mit großen Korn-und Feuchtigkeitsschwankungen als sehr betriebssicher erwiesen. Bei 80 % der gebauten fahrbaren Brechanlagen wurden sie installiert.

Gurtförderer wurden in geringem Umfang verwendet, meistens aber in Verbindung mit Fahrtrichter oder Aufgabemulden, d. h. mit einer Einrichtung, die das Material stoßfrei auf den Fördergurt aufgibt. Vereinzelt werden noch Kettenförderer und Schubwagenspeiser eingesetzt. Plattenbänder können bis zu 30° Steigung gegenüber 18° Steigung bei den Gurtförderern ausgeführt werden; sie sind daher bei gleicher Förderhöhe um 60 % kürzer als Gurtförderer.

Andererseits haben Plattenbänder eine große Eigenmasse, so dass sie trotz geringerer Länge in der Anschaffung teurer als Gurtförderer sind [6.1]. Angaben zur Berechnung der Antriebsleistung sowie der Ausführung der Baugruppen sind für die Platten- und die Stahlgliederbänder in [0.4] und für die Gurtförderer im Abschnitt 5.5 und 6.5 enthalten.

Maßgebender Bestandteil der Brechanlage ist der Primär-Brecher. Mit seiner Hilfe ist sicherzustellen, dass das Haufwerk fördergerecht zerkleinert wird, um es mit Gurtförderern transportieren zu können. Angaben zur zulässigen Stückigkeit sind in DIN 22101 und im Abschnitt 5.2.1.5 enthalten.

Die Grundsätze und Erfahrungen, die für die Auswahl stationärer Brecher gelten, sind auch auf ortsveränderliche Brechanlagen anwendbar. Beim Einbau von Brechern in ortsveränderliche Anlagen muss jedoch mehr Rücksicht auf die Konzeption der gesamten Brechanlage genommen werden. Die Entscheidung für einen Brechertyp hängt neben der Masse, der Bauhöhe und dem Raumbedarf maßgeblich von der Beschaffenheit des Brechgutes ab.

Bei den bestehenden Anlagen ist der Hammerbrecher in seiner Ausführung als Einwellen- und Doppelwellenhammerbrecher der meisteingesetzte Brecher. Dieses dürfte wohl auch darin begründet sein, dass er ein gutes Zerkleinerungsverhältnis aufweist und unempfindlich gegen feuchtes Fördergut ist.

Erst in jüngster Zeit werden verstärkt Kegelbrecher und Backenbrecher eingesetzt. Beim Einbau von Backenbrechern in fahrbare Brechanlagen ist ein größerer Aufwand zum Ausgleich der bewegten Massen erforderlich, dieses hat einen erhöhten Anschaffungspreis der Brechanlage zur Folge. Zur Erzeugung eines fördergerechten Haufwerks mit hohen Durchsatzraten, auch bei härterem Material, wird sich der Backenbrecher sicher, wie auch die Analysen bei stationären Anlagen zeigen, weiter durchsetzen. Die Gegenüberstellung der einzelnen Brechertypen in Tafel 6-3 erlaubt einen Überblick über ihre wichtigsten Unterscheidungsmerkmale und Einsatzbereiche.

Für den *Materialaustrag* kommen meist Gurtförderer, selten Plattenbänder, vereinzelt auch Kettenförderer zum Einsatz [6.1].

Als *Zusatzeinrichtungen* sind diejenigen Einrichtungen anzusehen, die für fahrbare Brechanlagen erforderlich sind, um die Verbindung zu rückbaren Gurtförderern zu ermöglichen bzw. durch Vorabsiebung von fördergerechten Haufwerksanteilen eine Steigerung des Durchsatzes zu erreichen.

Tafel 6-3 Gegenüberstellung der Brechertypen [6.1]

T = Tiefstwert; M = Mittelwert; H = Höchstwert

Brechertyp					
	Backenbrecher	Kegelbrecher	Walzenbrecher	Prallbrecher	Hammerbrecher
Merkmal					
mechanisch-strukturelle Eigenschaften des Haufwerks	hart Basalt, Granit	hart Bauxit,Kalkstein	weich - mittelhart Kohle, Salze	hart Kalkstein Sandstein	mittelhart Kalkstein
Art der Zerkleinerung	Druck	Druck	Druck Druck u. Schlag	Schlag u. Prall	Schlag u. Prall
Zerkleinerungsverhältnis	1:5 bis 1:7	1:5 bis 1:8	1:5 bis 1:9	1:5 bis 1:15 und mehr	1:10 bis 1:15 und mehr
Konstruktive Ausführung	Einschwingen-, Doppelkniehebelbackenbrecher	Kegelbrecher, Backenkreiselbrecher	Einwalzen-, Doppelwalzenbrecher	Einwalzenprall-, Doppelwalzenprallbrecher	Einwellen-, Doppelwellenhammerbrecher
Bauhöhe niedrig = günstig hoch = ungünstig	mittel	hoch (normal) mittel (Sonderkonstruktion)	niedrig	mittel	niedrig
Anzahl der Geräte	3	7	6	14	35
 Zerkleinerungsverhältnis Durchsatzleistung (t/h) spez Energiebedarf (kWh/t)	T M H 1:5 1:6 1200 1500 0,15 –	T M H 1:6 1:10 1:15 400 760 1000 0,20 0,25 0,42	T M H 1:5 1:11 1:15 500 770 1200 0,36 0,61 1,19	T M H 1:5 1:13 1:60 325 1000 200 0,70 1,34 2,10	T M H 1:4 1:18 1:80 600 1500 0,38 1,31 1,92

Für die ortsveränderlichen Brecher obliegt es dem Fahrwerk, den erforderlichen Standortwechsel zu vollziehen. Bei der Gestaltung der Fahrwerke wurde auf die Erfahrungen, die beim Bau von Erdbau- und Tagebaumaschinen gesammelt wurden, zurückgegriffen. Die Fahrwerke der fahrbaren Brechanlagen sind als Raupenfahrwerk, Schreitwerk oder Reifenfahrwerk ausgebildet. Bei versetzbaren Anlagen werden vorwiegend Transportraupen eingesetzt. Die gebauten fahrbaren Brechanlagen sind in 46 % der Fälle mit Schreitwerk, in 43 % der Fälle mit Raupenfahrwerk und in 11 % der Fälle mit Reifenfahrwerk ausgestattet [6.1].

Bei der Gestaltung der Raupenfahrwerke können bis auf die Bedingungen, die durch das spezielle Fahrplanum hervorgerufen werden, die Grundsätze und Erfahrungen aus dem Bau der Tagebaumaschinen berücksichtigt werden, siehe Abschnitt 3.6.3. Bei einem unebenen, harten und scharfkantigen Fahrplanum ist die Blechdicke (12 bis 20 mm) der Raupenplatten zu erhöhen. Die Stirnseiten der Raupenplatten sind anzuschrägen. Die Plattenbreite sollte gering und die Schakenbreite größer ausgeführt werden, um die Torsionskräfte aus den speziellen Stützbedingungen zu übertragen. Besonders gefährdet ist u. a. der Übergangsbereich der Dickschake zum Bodenblech. Kerben und Querschweißnähte sind zu vermeiden. Beim Formschluss zwischen Raupenplatte und Planum können bei Kurvenfahrt die Reibungsbeiwerte bis auf 1,0 ansteigen. Eine gute Planierung der Fahrbahn ist deshalb anzustreben.

6.3.3 Einsatzschema

Im Bild 6-5 ist das mögliche Einsatzschema für eine fahrbare Brechanlage dargestellt. Das vom Bagger aufgenommene Fördergut wird von diesem in den Aufgabebunker geschüttet und mit einem Förderer dem Brecher zugeführt. Die Aufgabe auf den Gurtförderer wird durch den schwenkbaren Abwurfausleger vollzogen. Voraussetzung hierzu ist, dass die Länge des schwenkbaren Auslegers größer als die Blockbreite ist. Zur Überwindung des Abstands wird im 3. Block ein Bandwagen zwischengeschaltet. Ist ein größerer Sicherheitsabstand zwischen Bruchwand und rückbarem Gurtförderer erforderlich, kann dieser durch einen Bandwagen mit entsprechend langem Auslegern realisiert werden.

Die dargestellte Anordnung ermöglicht das Verfahren der Brechanlage und des Bandwagen entsprechend dem Abbaufortschritt ohne zeitraubende Kurvenfahrten auch bei starrer Anordnung der Raupen, wenn diese quer zur Transportrichtung angeordnet sind.

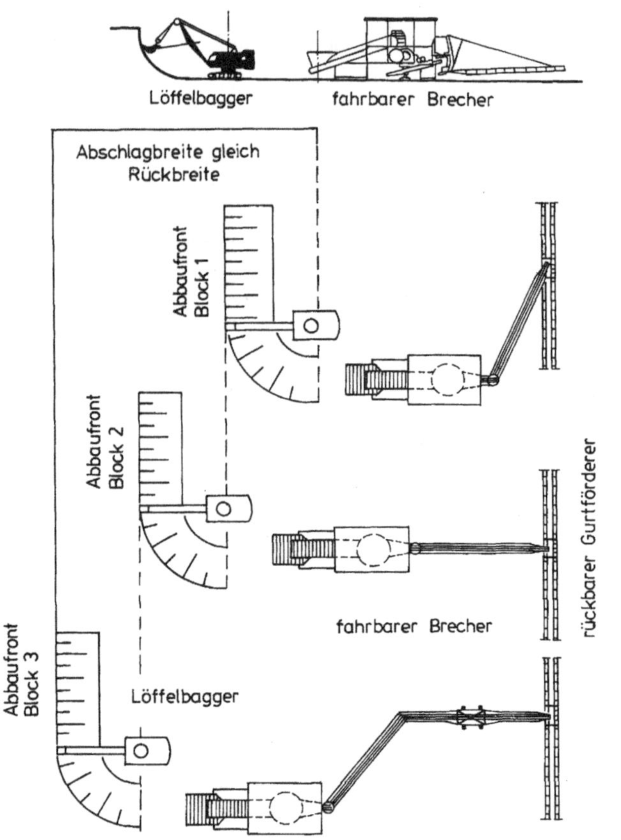

Bild 6-5 Einsatzschema einer fahrbaren Brechanlage mit Bandwagen

6.4 Gurtförderer für den Festgesteinstagebau und spezielle Gestaltung der Baugruppen

Die stationären und rückbaren Gurtförderer können im Prinzip nach den gleichen Gesichtspunkten ausgeführt werden, wie sie für den Lockergesteinstagebau entwickelt wurden, es sind nur die speziellen Einflüsse des Fördergutes und des Planums beim Verfahren und Rücken zu beachten.

6.4.1 Volumenstrom

Der Volumenstrom $\dot{V}_{thG}$, für den die Gurtförderer auszulegen sind, wird durch den Durchsatz $\dot{V}_B$ des Brechers und den Feinkornanteil des Haufwerks bestimmt, der durch eine Vorsiebanlage ausgehalten wird bzw. durch den Brecher fällt. Dieser Anteil wird durch den Faktor k_f erfasst

$$\dot{V}_{thG} = \dot{V}_B k_f . \qquad (6.1)$$

Ausführungen zur Bestimmung des Durchsatzes $\dot{V}_B$ für die Brechertypen sind in [6.4] angegeben.

Eine Untersuchung der Zusammensetzung des Haufwerks von 7 verschiedenen Natursteintagebauen nach der Sprengung hat ergeben, dass der Anteil des Haufwerks mit Kantenlänge < 200 mm 5,1 % und der mit < 400 mm 78,4 % betrug.

Nach [6.1] sollte für k_f = 1,3 bis 1,4 berücksichtigt werden, um Überschüttungen zu vermeiden. Die erforderliche Gurtbreite B kann entsprechend den Angaben im Abschnitt 5.2.1 bestimmt werden. Bei der Wahl der Gurtbreite ist die Stückigkeit bzw. die maximale Kantenlänge zu beachten. Angaben hierzu sind in der DIN 22101 [5.49] und im Abschnitt 5.2.1.5 enthalten.

6.4.2 Spezielle Gestaltung von Baugruppen

Für stückiges Fördergut sind St-Gurte gegenüber solchen mit Gewebeeinlagen auf Grund ihrer höheren Durchschlagfestigkeit besser geeignet.

Durch die unterschiedliche Geschwindigkeit von Fördergurt und Haufwerk an der Aufgabestelle treten Relativbewegungen auf, die einen erhöhten Abrieb und Verschleiß an der Gurtoberfläche verursachen können. Bei abrasivem Fördergut ist deshalb, besonders bei einer großen Beladehäufigkeit (kurze Gurtfördererlängen), die Dicke der Deckplatten zu vergrößern (Tafel 6-4), um eine ausreichende Lebensdauer zu erreichen.

Auf Grund ihres elastischen Verhaltens sollten für grobstückiges Fördergut vorrangig Girlandentragrollenstationen eingesetzt werden. Sehr hohe Gurtgeschwindigkeiten sind zu vermeiden. Die Aufgabestelle ist robust auszuführen. Angaben zur Größe der Stoßkräfte sind in den Bildern 5-166 und 5-167 enthalten.
Treten größere Unebenheiten im Planums auf, dann sind zwecks Verringerung der Rückkräfte gelenkige Bandgerüste von Vorteil, da bei diesen beim Rückvorgang die Querverschiebung der Schwellen gering ist.
Bei abrasiven Fördergut sollte die Übergabe des Fördergutes über eine Abwurftrommel bzw. eine ortsveränderliche Gurtschleife erfolgen. Der Einsatz von Abstreifern zur Entladung verursacht zusätzlichen Verschleiß.
Zwecks Reduzierung der Aufprallenergie sollte die Übergabehöhe minimiert werden. Mit der Zwischenschaltung eines Rostes kann die Aufprallenergie verringert werden. Durch die in abfördernder Richtung mit einem Winkel von 35 bis 50° geneigten Roststäbe wird eine Grobklassifizierung erreicht. Das zuerst auf den Fördergurt fallende, feinkörnige Fördergut dämpft den Aufprall und vermindert den Verschleiß.
Weitere Ausführungen hierzu sind im Abschnitt 5.5.6.11 enthalten.

Tafel 6-4 Zusätzliche verschleißbare, tragseitige Deckplattendicke in mm [6.2]

Beladungsverhältnisse	Beladungshäufigkeit	Förderguteigenschaften		
ungünstig bei großen Relativgeschwindigkeiten, Fall-	häufig bei kurzen Anlagen mit kleiner Umlaufzeit des	Korngröße fein	 mittel	 grob
höhen ohne Dämpfung und extremen Massenstrom	Gurtes, bei überwiegenden Dauerbetrieb oder	Dichte leicht	 mittel	 schwer
	hoch angesetzter Lebensdauer des Gurtes	Abrasivität gering	 mittel	 stark
ungünstig	häufig	3 — 6	6 — 10	> 10
mittel	mittel	1 — 3	3 — 6	6 — 10
günstig	selten	0 — 1	1 — 3	3 — 6

7 Bandwagen und Hilfsgeräte

7.1 Bandwagen

7.1.1 Einsatzbereich

Kontinuierlich gewinnende, fördernde und verkippende Transportsysteme verursachen im Allgemeinen gegenüber diskontinuierlich arbeitenden geringere Betriebskosten und ermöglichen einen größeren Durchsatz. Sie erfordern jedoch für das Transportsystem höhere Investitionskosten. Zwangsläufig besteht das Bestreben, bei der maschinentechnischen Ausrüstung eines Tagebaues mit wenigen Transportketten und bei den Gewinnungsmaschinen mit geringer Masse, d. h. mit kurzen Auslegern, auszukommen. Ferner geht es darum, die planmäßigen Stillstände zu minimieren, auch mit dem Ziel, durch höhere zeitliche Auslastung gegebenenfalls Maschinen mit geringem Durchsatz einzusetzen.
In den Tagebauen und auch bei der Gewinnung von Steinen und Erden werden deshalb vielfach Bandwagen eingesetzt, um den Arbeitsbereich der Gewinnungsmaschinen und die zeitliche Auslastung zu vergrößern. Ihr Einsatz ermöglicht u. a.:

- Vergrößerung der Abtragshöhe des Baggers bei einem Transportsystem
- Vergrößerung der Rückbreite bzw. Rückweite des DVK
- Vergrößerung der Reichweite bei Strossenendbaggerung und Überbrückung der Antriebsstationen von Gurtförderern
- Direktversturz von Abraum.

Im Bild 7-1 sind die wesentlichsten Einsatzmöglichkeiten des Bandwagens in Zusammenarbeit mit einem Schaufelradbagger schematisch dargestellt. Die mögliche Vergrößerung der Abtragshöhe eines Baggers beim Einsatz eines Bandwagens wird im Bild 7-2 anschaulich gezeigt.

7.1.2 Bauformen und Ausführung der Baugruppen

Der Bandwagen ist ein kontinuierlich förderndes und mobiles Transportmittel, d. h., ein Gurtförderer mit eigenem Fortbewegungsmechanismus. Er besteht aus dem Unter- und Oberbau. Die Verbindung zwischen beiden erfolgt meist über eine abhebsichere Drehverbindung. Das horizontale Verschwenken des Oberbaues gegenüber dem Unterbau wird motorisch vorgenommen.

Unterbau
Als Fortbewegungsmechanismus kommen fast ausschließlich Zwei-Raupenfahrwerke mit einer mittleren Bodenpressung von 7...15 N/cm^2 in Abhängigkeit von der Belastbarkeit des Planums zum Einsatz. Zwei-Raupenfahrwerke ermöglichen auf Grund der seitlichen Anordnung der Raupen an einem Verbindungsträger eine geringe Bauhöhe, die sich positiv auf die Gurtführung auswirkt. In Abhängigkeit von der Einsinktiefe der Raupen und dem Raupenabstand ist die Bodenfreigängigkeit zum Verbindungsträger im Bereich von 600 bis 800 mm zu gestalten.
Bandwagen mit einer Masse bis 200 t sind mit starrer oder mit statisch bestimmter Abstützung im Einsatz. Bei größeren Massen wird fast ausschließlich die letztgenannte Abstützungsform angewandt. Außer der Masse hat auch die Beschaffenheit des Planums einen Einfluss auf die Ausbildung der Raupen. Erfolgt der Einsatz auf weichen Böden, kann auf den Schwingungsausgleich für die Laufrollen verzichtet werden. Im Abschnitt 3.6.3 werden die gebräuchlichsten Ausführungen von Raupenanordnungen erläutert und bildlich dargestellt.
Die statisch unbestimmte Abstützung stellt fertigungsmäßig die einfachere Ausführung dar, da die Raupenträger starr am Verbindungsträger angeschlossen sind. Bei Bodenunebenheiten muss jedoch damit gerechnet werden, dass die Stützung nur über zwei diagonal zueinander stehende Schwingen erfolgt.
Bei statisch bestimmter Abstützung wird aufgrund der größeren Standfläche bevorzugt die Ausführungsform mit Querschwinge zwischen den Raupen eingesetzt. Aus Standsicherheitsgründen muss gegebenenfalls auch die Raupengestaltung in die Betrachtung einbezogen werden. So wurden z. B., um die erforderliche Standsicherheit bei dem auf Bild 7-5 dargestellten Bandwagen zu erreichen, die Stützpunkte der Schwingen in den Raupenträger nach außen verschoben und die Turasse bis auf das Planum abgesenkt. Die Gestaltung und die Berechnung der Bauteile und des Antriebs der Raupen erfolgt entsprechend den Angaben im Abschnitt 3.6.

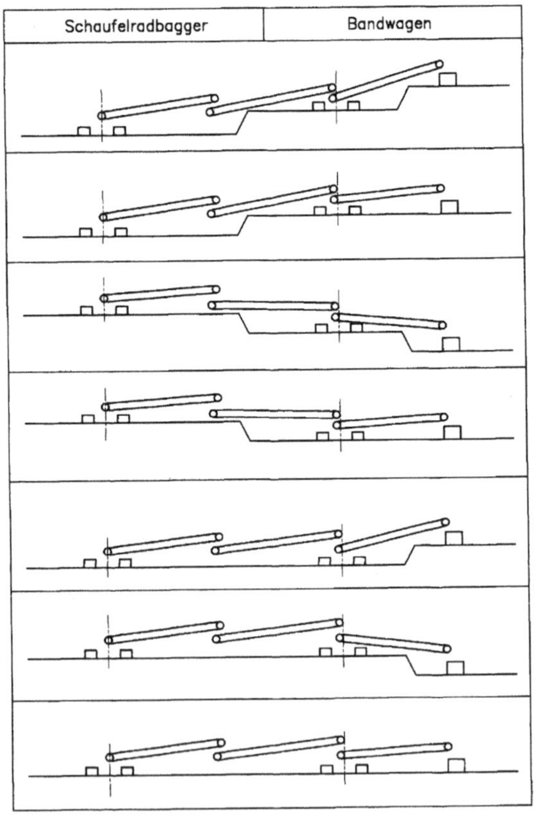

Bild 7-1 Schematische Darstellung der Einsatzmöglichkeiten eines Bandwagens in Zusammenarbeit mit einem Schaufelradbagger

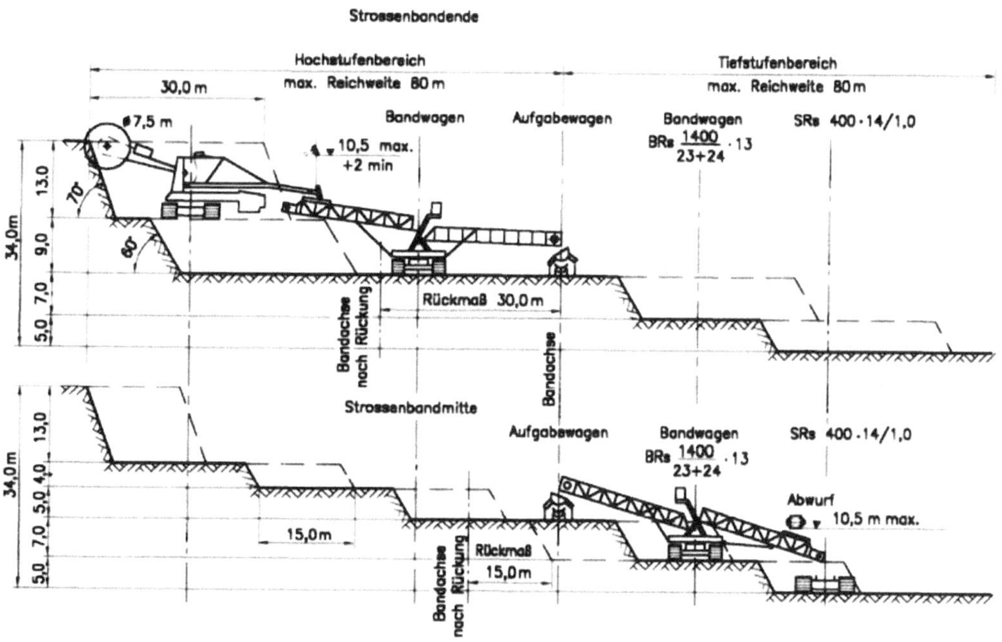

Bild 7-2 Abbausystem mit Schaufelradbagger und Bandwagen im Hauptschnittbereich des Tagebaues Oberdorf [7.1]

Die Gestaltung des Verbindungsträgers zwischen den Raupen wird durch die Drehverbindung zwischen Ober- und Unterbau bestimmt. Beim Einsatz einer Kugeldrehverbindung ist ein Ringträger mit möglichst hoher Steifigkeit erforderlich. Es können 1- bzw. 2-reihige Kugeldrehverbindungen eingesetzt werden. Die 2-reihige Kugeldrehverbindung erlaubt auf Grund der Übertragung von Zug- und Druckkräften einen kleineren Durchmesser. Diese Ausführungsform führt dadurch zu einer geringeren Masse der Ringträger und auch zu einem geringeren Montageaufwand. Einreihige Kugeldrehverbindungen, bei denen der Schwerpunkt für alle Betriebsfälle innerhalb des Kugelringes verbleiben muss, werden bei Bandwagen mit großen Fördervolumen und Auslegerlängen eingesetzt.

Kommt eine Drehsäule zum Einsatz, dann wird diese auf einen Kastenträger aufgesetzt. Die Ausführung der Stützung entspricht der im Bild 5-195 dargestellten Ausführung. Zur Vermeidung hoher horizontaler Stützkräfte an den Lagerstellen ist ein entsprechender Abstand zwischen diesen erforderlich. Da der Gurtförderer über der Drehsäule angeordnet wird, bedingt diese Ausführungsform eine größere Bauhöhe.

Die Schwenkeinrichtung kann entsprechend den im Abschnitt 4.2 und 5.6.4 dargestellten Bauformen ausgeführt werden. Für eine Ausführung mit Drehsäule und Zahnkranz wird ein zusätzliches Ringpodest benötigt. Die Berechnung der an der Schwenkeinrichtung wirkenden Kräfte erfolgt nach Gl. (5.156).

Oberbau

Die Ausführung des Oberbaus mit zum Teil in vertikaler Richtung heb- und senkbaren Auslegern wird durch die Einsatzbedingungen, durch die Förderlänge und das Fördervolumen maßgebend beeinflusst. Es wird unterschieden zwischen Bandwagen mit in horizontaler Ebene

- starr angeordneten Auslegern (Ausführungsform A) und
- gegeneinander schwenkbaren Auslegern (Ausführungsform B).

Im Bild 7-3 sind die meist ausgeführten Bandwagen der Ausführungsform A mit und ohne Überspannung, untergliedert in vier Untergruppen dargestellt [7.2]. Die Ausführungsform A1 stellt die in bezug auf den Herstellungsaufwand einfachste Form dar. Die Anpassungsmöglichkeit an sich verändernden Einsatzbedingungen ist wegen des starren Aufnahmeauslegers gering. Diese werden demzufolge auch meist nur für kleine Fördervolumen und Auslegerlängen ausgeführt. Der Antrieb des Gurtförderers wird in den meisten Fällen an der Trommel im Aufgabebereich angeordnet [7.3].

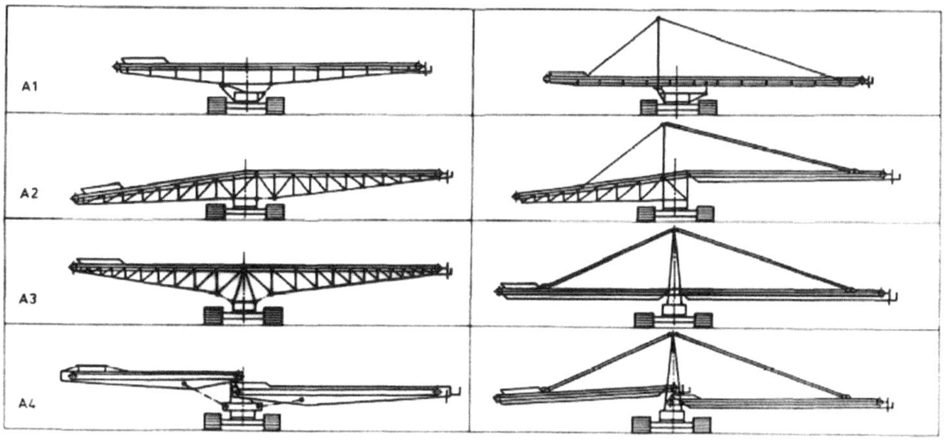

Bild 7-3 Bandwagen der Ausführungsform A mit starr ausgeführten Auslegern [7.2]

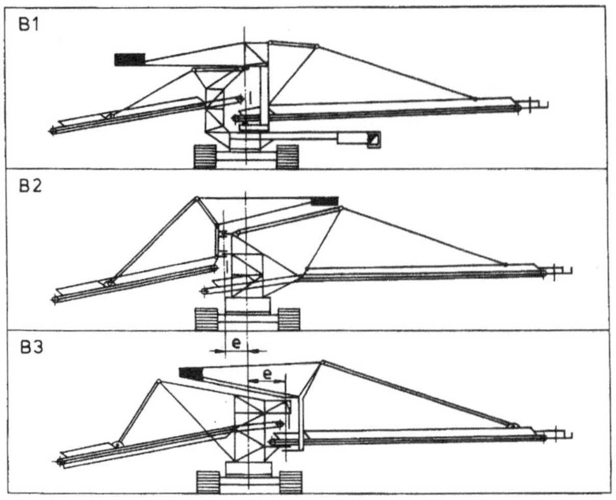

Bild 7-4 Bandwagen der Ausführungsform B mit gegeneinander schwenkbaren Auslegern [7.2]

Die Ausführungsformen A2 und A3 haben einen bzw. zwei in der vertikalen Ebene heb- und senkbare Ausleger. Der Höhenverstellbereich wird durch das Abheben des Obertrums vom Gurtförderers begrenzt. Diese Einschränkung wird bei der Ausführungsform A4 durch die Zuordnung je eines Gurtförderers für jeden Ausleger aufgehoben.

Mit dem Erhöhen der Anzahl der Gelenke und des Verstellbereiches der Ausleger steigt auch der Anteil an Maschinenbauteilen, dieses bewirkt eine höhere Masse und höhere Herstellungskosten. Solche höheren Anforderungen sind deshalb nur dann berechtigt, wenn dadurch die Betriebskosten des Fördersystems entsprechend positiv beeinflusst werden.

Im rechten Teil des Bildes 7-3 sind die entsprechenden Ausführungsformen mit Überspannung am Ausleger dargestellt. Diese Bauform wirkt sich besonders bei langen Auslegern und hohem Volumenstrom positiv auf die Masse aus. Die geringe Bauhöhe der wesentlichen Bauteile ermöglicht deren kompletten Versand, wodurch auch die Montagekosten reduziert werden.

Bei der Ausführungsform B sind unter Beachtung der Lage der Fördergutübergabestelle drei Ausführungsformen, wie sie im Bild 7-4 dargestellt sind, möglich [7.2] [7.4].

Die Ausführungsform B1, bei der die Schwenkachsen zwischen Ober- und Unterbau und den Auslegern zusammenfallen, ermöglicht das Schwenken eines Auslegers ohne nachteilige Auswirkungen auf die Fördergutübergabe des anderen. Es wird jedem Ausleger ein Gegenausleger zugeordnet Diese Bauweise bedingt eine etwas höhere Masse. Aus der Literatur ist ein Einsatzfall bekannt, bei dem eine derartige Maschine als Absetzer eingesetzt wurde [7.5].

Die Ausführungsformen B2 und B3 besitzen in Förderrichtung versetzt angeordnet Schwenkachsen der Ausleger. Damit dient die Masse des außermittig eingehängten Auslegers als Gegenmasse für den anderen Ausleger. Die Auswahl der Ausführungsform B2 bzw. B3 wird durch die Einsatzbedingungen bestimmt. Dem mit der Turmkonstruktion starr verbundenen Ausleger ist die Fördergutübergabe zuzuordnen, die den geringsten Veränderungen während des Förderprozesses unterworfen ist. Auf Bild 7-5 ist ein Bandwagen der Ausführungsform B2 dargestellt. Die Ausführungsform B3 entspricht dem Aufbau des einteiligen Bandabsetzers. Sie eignet sich demzufolge auch für den Direktversturz.

Das Anheben und Senken der Ausleger wird über Flaschenzüge mit Seilwinden, über motorisch betriebene Spindeln bzw. über Hydraulikzylinder vorgenommen. Die zuletzt genannten Ausführungen werden vor allem bei kürzeren Bewegungslängen eingesetzt, wobei der Hydraulikzylinder auf Grund seiner einfachen Einbaubedingungen immer breitere Anwendung findet.

Zur Ausführung der Gurtförderer, deren Übergabestellen und zur Berechnung der Antriebsleistung sowie Ausführung des Antriebs werden im Abschnitt 5.5 ausführliche Darlegungen gemacht.

Von besonderer Bedeutung für die Masse bzw. für die Standsicherheit des Bandwagens sind die Auf- und Übergabestellen für das Fördergut an den Auslegerenden. Die Aufgabeschurre ist so zu gestalten, dass bei einem eventuellen Stau bzw. einer Verstopfung das zusätzliche Moment aus diesem Fördergutanteil nicht zu groß wird. Das bedeutet, dass für die Schurrenhöhe und -länge minimale Abmaße anzustreben sind. Im unteren Bereich der Abwurfschurre sind zur Vermeidung einer Verstopfung und Führung des Rieselgutes elastische Elemente (Gummischürzen) einzusetzen.

Für die Gestaltung der Abwurfausleger gelten die gleichen Gesichtspunkte wie bei den Absetzern (Abschnitt 5.6).

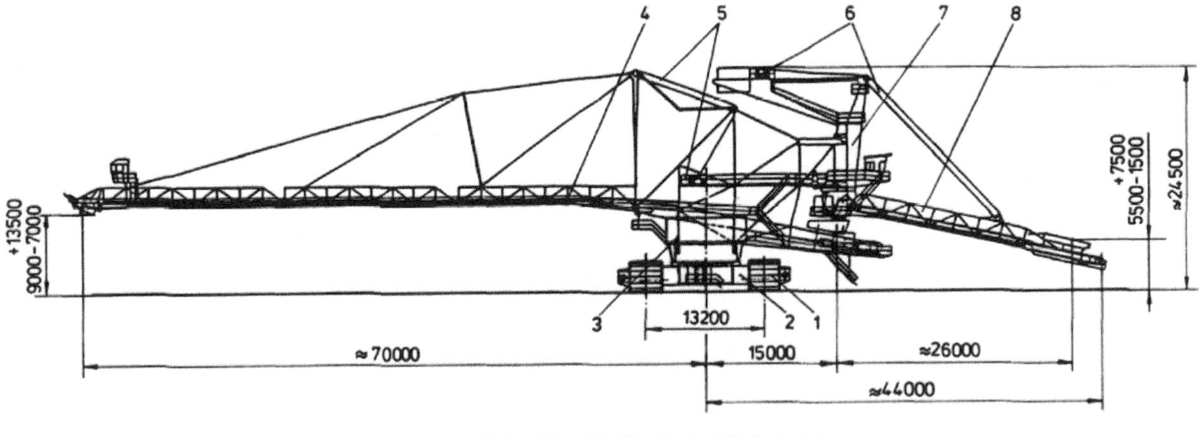

Bild 7-5 Bandwagen der Ausführungsform B - BRs 1200. 44/70 (TAKRAF GmbH, Leipzig)

1 Raupe mit Antrieb
2 unterer Ringträger
3 oberer Ringträger
4 Abwurfausleger
5 Flaschenzug mit Winde für den Abwurfausleger
6 Flaschenzug mit Winde für den Aufnahmeausleger
7 Schwenksäule
8 Aufnahmeausleger

7.1.3 Verhältnis der Auslegerlängen [7.2]

Am Aufnahmeausleger mit der Länge l_1 wird die Aufgabeschurre und am Abwurfausleger mit der Länge l_2 der Schüttschacht mit Prallwand zur Steuerung des Fördergutes angebracht. Beim kontinuierlichen Förderbetrieb und im gewissen Umfang auch im Leerlauf sind die Momente durch die Ausleger annähernd ausgeglichen. Die maßgebenden Belastungsfälle sind der Anlauf des Volumenstromes für den Aufnahmeausleger und der Auslauf für den Abwurfausleger. Sonderlastfälle und maximale Momente treten bei Fördergutstauungen im Aufgabebereich bzw. im Schüttschacht auf.

Sind die Momente M_1 am Aufnahmeausleger und M_2 am Abwurfausleger während des Fördervorgangs gleich groß, dann werden wesentliche Baugruppen gleich hoch belastet, und es besteht die gleiche Standsicherheit in beiden Auslegerrichtungen

$$M_1 = M_2 . \qquad (7.1)$$

Unter Berücksichtigung von

$$q = \frac{\dot{V} \varsigma g}{3600 v} \qquad (7.2)$$

kann die Gl. (7.1) wie folgt dargestellt werden:

$$q\left(\frac{1+a_1}{2}\right) b_1^2 l_1^2 + F_1 b_1 l_1 = q\left(\frac{1+a_2}{2}\right) l_2^2 + F_2 b_2 l_2 . \qquad (7.3)$$

Die Faktoren a_1 und a_2 berücksichtigen den Anteil der Masse der Stahlkonstruktion einschließlich der des Gurtförderers im Verhältnis zu q

$$a_{1,2} = \frac{q_{St1,2} + q_{G1,2}}{q} , \qquad (7.4)$$

q bezogene Belastung aus Fördergut in N/m
$q_{St\,1,2}$ bezogene Belastung aus der Stahlkonstruktion in N/m
$q_{G\,1,2}$ bezogene Belastung aus dem Gurtförderer in N/m
$\dot{V}$ Volumenstrom in m^3/h
ς Schüttdichte in kg/m^3
v Gurtgeschwindigkeit in m/s
$a_{1,2}$ Faktor.

Werden die Kräfte aus dem angestauten Fördergut mit F_1 und F_2 bezeichnet und als Verhältnis von q dargestellt

$$\frac{2F_1}{q(1+a_1)} = a_3 b_1 l_1 \text{ und } \frac{2F_2}{q(1+a_2)} = a_4 b_2 l_2 , \qquad (7.5a,b)$$

dann kann das zweckmäßige Verhältnis zwischen den Auslegerlängen bei $a_1 = a_2$ wie folgt angegeben werden

$$\frac{l_1}{l_2} = \frac{1}{b_1}\sqrt{\frac{1+a_4 b_2^2}{1+a_3}} . \qquad (7.6)$$

Hierbei werden für l_1, l_2, l'_1 und l'_2 die im Bild 7-6 dargestellten Längen zugrunde gelegt. Für die Faktoren b_1 und b_2 können folgende Beziehungen zugrunde gelegt werden

$$b_2 = \frac{l'_2}{l_2} \approx 1 + \frac{0{,}6\,B}{l_1} . \qquad (7.7b)$$

Die bei der Untersuchung berücksichtigten, von sieben Herstellern gelieferten Bandwagen, sind in [7.2] aufgeführt. Hierbei wurde auch das Verhältnis von l_2/l_1 angegeben. Für die Ausführungsformen A_3 und A_4 beträgt der Mittelwert 1,37, und für die Ausführungsformen A_1 und A_2 sowie die Bandwagen russischer Hersteller liegen sie geringfügig über 2. Bei der Ausführungsform B_2 liegt der Mittelwert bei 1,56.

Der lichte Abstand zwischen Abwurftrommel und Prallwand wird im Wesentlichen durch die Bandbreite B, das Fördergut, dessen Auftreffwinkel auf die Prallwand und das Profil der Prallwand sowie deren Auskleidung bestimmt. Als Mittelwert kann hierfür $0{,}8B$ angenommen werden. Der Abstand zwischen Umlenktrommel und Mitte Aufgabestelle wird durch die Gurtbreite, die Neigung des Fördergurtes, die Stauung des Fördergutes in der Schurre und die zulässige Belastung der Tragrollenstationen im wenig gemuldeten Bereich beeinflusst. Der Abstand kann im Bereich von $0{,}7B$ und $3{,}0B$ liegen. Bei dem kleinsten Wert liegt das Schurrenende über der Umlenktrommel. Die Richtwerte sind im Bild 7-6 angegeben.

Die Ausführung ohne Schüttschacht kommt dann zur Anwendung, wenn der Bandwagen als Abwurfgerät eingesetzt wird. Hierzu liegen nur wenige Werte über ausgeführte Bandwagen vor. Entfällt der Schüttschacht, dann kann l_2 um rd. das 1,1-fache verlängert werden.

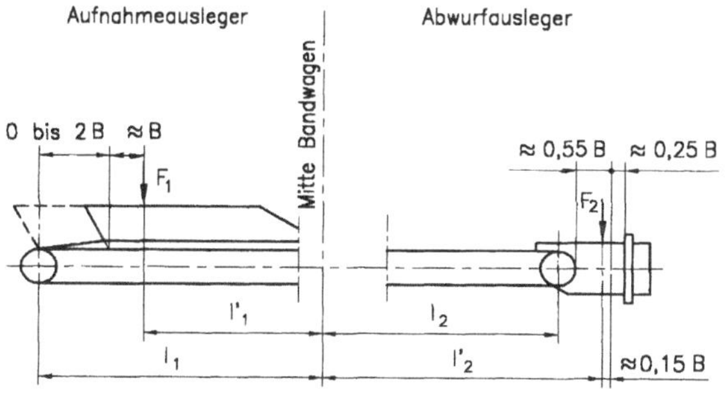

Bild 7-6 Übergabe- und Auslegerlängen an Bandwagen [7.2]

7.1.4 Einfluss der Parameter auf die Masse

Bei den Bandwagen wird auch wie bei den Bandabsetzern die Masse im Wesentlichen durch den Volumenstrom $\dot{V}$ und die Abwurfauslegerlänge l_2 bestimmt [5.198] [5.199]. Das maximale Moment entsteht jedoch durch den Stau des Fördergutes im Schüttschacht.

Auf der Basis der in [7.2] [7.7] [7.8] aufgeführten Bandwagen wurden, untergliedert nach den Ausführungsformen, Beziehungen zwischen den genannten Parametern ermittelt. Hierbei wurde berücksichtigt, dass der Volumenstrom bei einer maximalen Gurtgeschwindigkeit annähernd proportional den Staumassen im Schüttschacht ist, da dessen Breite und lichte Weite von der Gurtbreite und damit vom Fördervolumen abhängt.

Im Bild 7-7 ist über dem Produkt aus dem Volumenstrom V und der Abwurfauslegerlänge l_2 die Masse m der Bandwagen aufgetragen. Für die Ausführungsformen A wurden die Werte im nachstehenden Regressionsansatz zusammengefasst. Der Verlauf der Funktionen wurde so gewählt, dass sie geringfügig über den Bestwerten liegen. Sie gelten für proportional mit der Auslegerlänge ansteigende Volumenströme. Der statistisch gesicherte Einfluss des Volumenstromes und der Abwurfauslegerlänge kann nur dann erfasst werden, wenn eine bestimmte Anzahl von Bandwagen zur Auswertung vorliegen, die nach annähernd gleichen konstruktiven Gesichtspunkten entwickelt wurden.

Es gilt

$$m_i = \frac{\dot{V} l_2}{V_o}\left(d_i - c_i \frac{\dot{V} l_2}{V_o}\right). \qquad (7.8)$$

Die Faktoren c_i und d_i haben bei $V_o = 10^3$ m^3/h folgende Größe:

Ausführungsformen A_1 und A_2 - $c_1 = 2{,}0 \cdot 10^{-3}$ t/m^2; $d_1 = 1{,}7$ t/m
Ausführungsformen A_3 und A_4 - $c_2 = 1{,}6 \cdot 10^{-3}$ t/m^2; $d_2 = 2{,}0$ t/m.

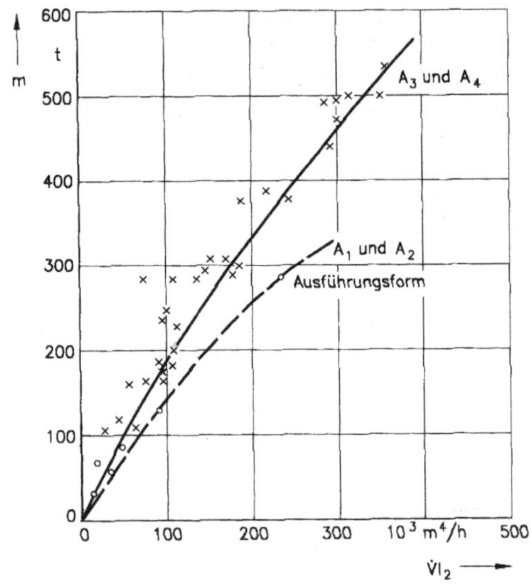

Bild 7-7 Abhängigkeit der Masse m von Volumenstrom $\dot{V}$ und Auslegerlänge l_2 bei der Ausführungsform A [7.2]

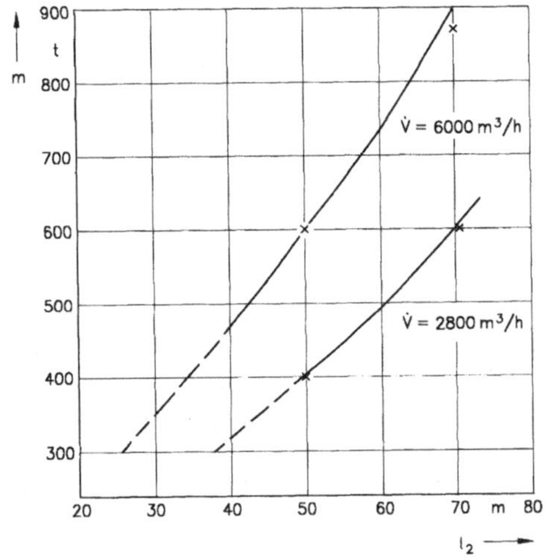

Bild 7-8 Abhängigkeit der Bandwagenmasse m von Volumenstrom $\dot{V}$ und Auslegerlänge l_2 bei der Ausführungsform B_2 [7.2]

Die Ausführungsform B, dessen Aufbau im Bild 7-5 dargestellt ist, entspricht mit den gegeneinander schwenkbaren Auslegern im Aufbau etwa dem einteiligen Bandabsetzer. Obwohl für diese nach gleichen Gesichtspunkten konstruierten Bandwagen nur wenige Typengrößen vorliegen, wurden für sie, die im Bild 7-8 dargestellten Funktionen ermittelt

$$m = \left(\frac{\dot{V}}{V_o} + 2{,}4\right) f \,\frac{l_2^2}{10^2} + \left(\frac{\dot{V}}{V_o} + 3{,}9\right) k\, l_2 \,. \tag{7.9}$$

Die Faktoren haben folgende Werte: $f = 0{,}5$ t/m²; $k = 1{,}0$ t/m; $V_o = 10^3$ m³/h.

Von *Enger* [7.6] wurde ebenfalls auf der Basis der Daten von 120 gefertigten Bandwagen der *Hersteller Orenstein & Koppel*, *Voest-Alpine* und *Buckau* eine funktionale Abhängigkeit der Dienstmasse vom Volumenstrom und Förderlänge ermittelt. Es ist eine exponentielle Abhängigkeit erkennbar. Die eingezeichnete Linie basiert auf folgender Gleichung

$$m = a_5\, L^{2,6}; \tag{7.10}$$

$$L = l_1 + l_2 \,, \tag{7.11}$$

m Masse des Bandwagen in t
L Förderlänge in m
$a_5 = 0{,}006$ t/m^{2,6}.

Da wesentliche Parameter in der Gl. (7.10) keine Berücksichtigung fanden, treten bei einer Anzahl von Bandwagen größere Massedifferenzen auf. Mit Hilfe einer Regressionsrechnung wurde der mathematische Zusammenhang zwischen den Einflussgrößen Förderlänge und Volumenstrom zur Masse wie folgt bestimmt

$$m = a_6 L^{2,6} + a_7\, \dot{V} \,, \tag{7.12}$$

$\dot{V}$ Volumenstrom in m³/h
$a_6 = 0{,}002153$ t/m^{2,6}; $a_7 = 0{,}0263$ th/m³.

Trotz der fehlenden Untergliederung in Ausführungsformen und die entsprechende Einbeziehung der Abwurfauslegerlänge tritt bei der Auswertung mit dieser Gleichung bei >50 % der Bandwagen eine Abweichung der Masse vom realen Wert <20 % auf.

7.2 Transportraupen

7.2.1 Einführung und Arbeitsweise

In vielen Bereichen der Technik, wie z. B. bei der Montage großer Einzelteile und beim Transport schwerer Ausrüstungen, werden Transportgeräte benötigt, die den Transport ohne große Rüstzeiten bewältigen. Mit der Entwicklung der Transportraupe wurde hierfür eine geeignete Transporteinrichtung geschaffen. Auf Grund der speziellen Einsatzbedingungen ergeben sich für die konstruktive Ausführung folgende Forderungen:

- geringe Bauhöhe bei Einhaltung der Bodenfreigängigkeit
- möglichst geringe Abmessungen in der Länge und Breite bei Einhaltung der zulässigen Bodenpressung und Unterbringung der Antriebe sowie Bedienungseinrichtungen
- einfache Aufnahme der zu transportierenden Bauteile
- große Steigfähigkeit
- hohe Umsetzgeschwindigkeit im unbeladenen Zustand.

Die Transportraupe ist ein Hilfsgerät, das nur zeitweilig für bestimmte Transporte eingesetzt wird. Die zeitliche Auslastung steigt mit der Anzahl der zu transportierenden Bauteile und den zurückzulegenden Wegstrecken. Im Tagebau werden sie vorwiegend zum Umsetzungen der Antriebs- und Umlenkstationen von Gurtförderern, von Brechern und anderen umzusetzenden Maschinen eingesetzt.

Nach dem Einfahren der Transportraupe unter das zu transportierende Bauteil wird die Plattform bis zum Anschlag angehoben und mittels hydraulisch betätigter Klemmelemente mit diesem verbunden. Durch die Kennzeichnung bzw. die Korrektur des Anschlagpunktes werden Momente zur Transportraupenmitte durch die Masse des Bauteils weitestgehend ausgeschlossen. Verbleibende Momente aus Neigung des Fahrplanums, Einsinken der Raupen und Wind sind durch das Stützsystem der Plattform aufzunehmen.

Die Kurvenfahrt eines Zwei-Raupenfahrwerks erfordert große Antriebskräfte. Wird das zu transportierende Bauteil abgesetzt, so kann die mit Bauteil verbundene, entlastete Transportraupe mit eigenem Raupenantrieb in die neue Fahrtrichtung geschwenkt werden. Nach dem Anheben des Bauteils erfolgt der Transport in der neuen Richtung.

7.2.2 Gestaltung der Transportraupe

Bei der konstruktiven Gestaltung wurde auf die langjährigen Erfahrungen aus dem Bau von Tagebaumaschinen zurückgegriffen. Im Bild 7-9 ist eine Transportraupe in mehreren Ansichten dargestellt. Sie besteht aus einem statisch bestimmt ausgeführten Unterbau und einer höhenverstellbaren, durch einen Zapfen geführte Plattform. Mit dieser Hubhöhe wird das Einsinken der Raupen und die Planungsunebenheiten beim Einfahren und beim Transport ausgeglichen. Die Tafel 7-1 enthält eine Zusammenstellung wesentlicher Parameter von Transportraupen für Zulademassen im Bereich von 75 bis 2000 t.

Überschreitet die Zuladung 1000 t, dann steigt die Höhe der Plattform bei eingefahrenen Hubzylindern überproportional an. Eine wesentliche Ursache hierfür ist die Bauhöhe der Raupen.

7.2.3 Konstruktive Ausführung der Bauteile

Raupenfahrwerk

Die gelenkige Stützung der Raupen über die Raupentragachse und über die Querschwinge ermöglicht eine statisch bestimmte Ausführung mit großem Stützdreieck (Bild 7-9). Es handelt sich hierbei um eine bei Tagebaumaschinen gebräuchlicher Ausführungsformen (s. Abschn. 3.6 und 5.6).

Eine geringe Bauhöhe der Transportraupe wird dann erreicht, wenn die Raupenhöhe gering ist, da die Plattform über die Raupen hinwegschwenkt. Ausgehend von der erforderlichen Freigängigkeit zwischen dem Verbindungsträger der Raupen und dem Fahrplanum (≈ 600 mm, abhängig vom Fahrplanum), stellt der Anschluss der Raupentragachse mit der erforderlichen Trägerhöhe zur Überleitung der Kräfte ein Kriterium für die Bauhöhe der Raupe dar. Der Einsatz von Gleitelementen anstelle von Rollen zur Kettenführung im Obertrum reduziert die Bauhöhe erheblich. Eine kleine Kettenteilung gestattet auch bei einem 8-Eckturas die horizontale Kettenführung im Obertrum.

Der hydrostatische Raupenantrieb ermöglicht eine stufenlose Geschwindigkeitsregelung und geringe Bauabmaße. Wird von der im Abschnitt 7.2.1 dargestellten Verfahrensweise bei Kurvenfahrt ausgegangen, dann beträgt der Fahrwiderstand F_{FT} für das Raupenfahrwerk:

$$F_{FT} = g\left(m_{TR} + m_L\right)\left(w_G + w_{St}\right). \qquad (7.13)$$

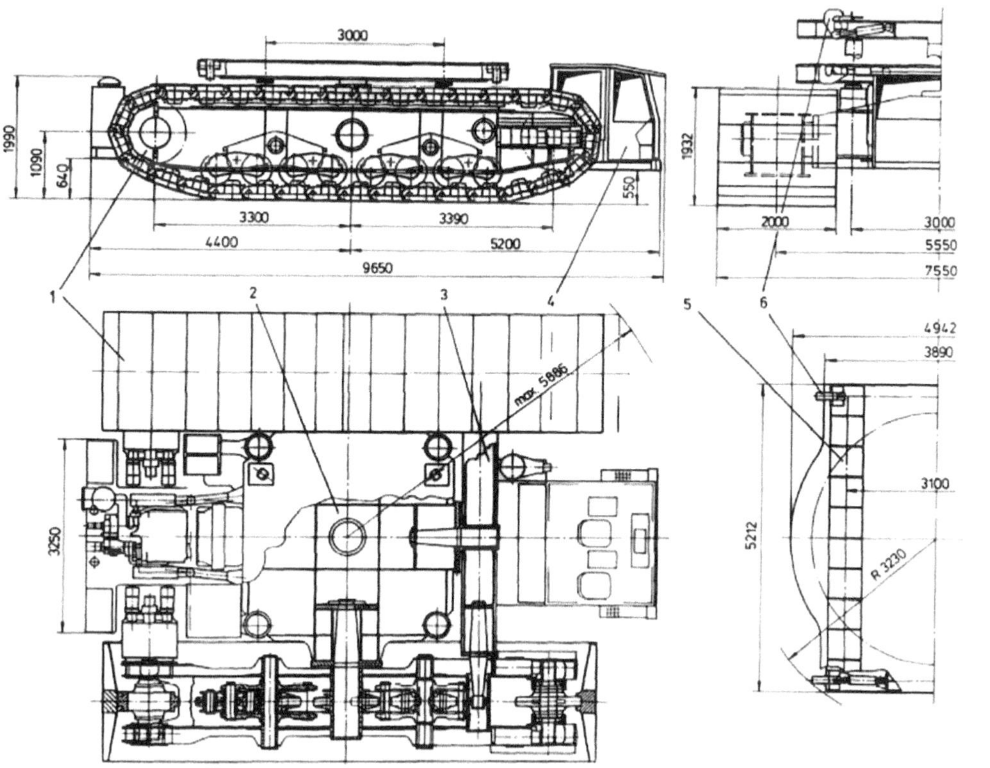

Bild 7-9 Aufbau der Transportraupe für 450 t Zuladung in mehreren Ansichten (Krupp Fördertechnik GmbH, Essen)

1 Raupe mit Antrieb
2 Querträger zwischen den Raupen
3 Querschwinge
4 Fahrerhaus
5 Plattform
6 hydraulisch betätigte Arretierung

Tafel 7-1 Parameter von Transportraupen in Standardausführung (Krupp Fördertechnik GmbH, Essen)

		T 75	T 150	T 250	T 355	T 450	T 560	T 710	T 850	T 1000	T 1500	T 2000
Länge	m	6,1	7,6	7,6	8,7	9,9	11,6	11,7	12,4	12,4	15,8	17,8
Breite	m	4,1	5,1	6,5	7,1	7,6	8,4	9,5	10,1	10,1	12,7	15
Höhe bei eingef. Hubzylindern	m	1,3	1,4	1,6	2,2	2,35	2,6	2,63	2,8	2,8	3,8	4
Hubweg der Plattform	m	0,3	0,4	0,5	0,6	0,7	0,8	0,8	0,8	0,8	0,9	1,0
Masse der Zuladung	t	75	150	250	355	450	560	710	850	1000	1500	2000
Steigfähigkeit mit Zuladung		1 : 5	1 : 5	1 : 5	1 : 5	1 : 5	1 : 5	1 : 5	1 : 8	1 : 8	1 : 10	1 : 10
zulässige Querneigung		1 : 10	1 : 10	1 : 10	1 : 10	1 : 10	1 : 10	1 : 10	1 : 10	1 : 10	1 : 15	1 : 15
Fahrgeschwindigkeit, leer	m/min	0...33	0...33	0...33	0...33	0...33	0...33	0...33	0...30	0...30	0...25	0...25
Fahrgeschw. mit Zuladung	m/min	0...15	0...15	0...15	0...15	0...15	0...15	0...15	0...15	0...12	0...10	0...10
Leistung des Dieselmotors	kW	157	157	206	270	270	367	367	498	498	610	610
mittl. Bodendruck mit Zuladung	kPa	174	189	213	197	208	223	212	242	287	253	260

Bei großen Steigungen wird die mögliche Fahrgeschwindigkeit v_m durch die installierte Leistung P und die zu befahrende Steigung begrenzt

$$v_m = \frac{P\,\eta_A}{g\left(m_{TR}+m_L\right)\left(w_G+w_{St}\right)}, \tag{7.14}$$

F_{FT} Fahrwiderstand des Raupenfahrwerks in N
m_{TR} Masse der Transportraupe in kg
m_L Masse des zu transportierenden Bauteils in kg
w_G spez. Bewegungswiderstand bei Geradeausfahrt (0,08 bis 0,1; der niedrige Wert bei glattem Planum und geringer Einsinktiefe)
w_{St} Steigungsbeiwert
P Antiebsleistung in W
η_A Wirkungsgrad des Antriebs.

Für die entlastete Transportraupe ist neben der Geradeausfahrt und Steigungsfahrt auch die Kurvenfahrt zu berücksichtigen.
Die zulässige mittlere Bodenpressung ist von der Beschaffenheit des zu befahrenden Planums abhängig. Sie kann, da nur mit geringen Schwerpunktswanderungen zu rechnen ist, gegenüber der von Tagebaumaschinen mit größerer Schwerpunktwanderung und damit höherer Belastung der Stützpunkte bei gleichem Planumum, höher sein. Das Fahrplanum ist besonders bei Festgesteinstagebauen entsprechend zu planieren, andernfalls sind die Raupenketten entsprechend zu gestalten (Abschnitt 6.3.2).

Antrieb und Plattform

Die unabhängige Beweglichkeit wird durch ein eigenes Antriebsaggregat (Verbrennungsmotor) erreicht. Angaben über Verbrennungsmotore, Hydraulik und Steuerung sind in Abschnitt 3 enthalten. Bild 3-61 stellt die elektronische Steuerung eines hydrostatischen Antriebs für Raupenfahrwerke dar.
Voraussetzung für den Transport unterschiedlicher Bauteile sind gleiche bzw. angepasste Anschlüsse für die Arretierung auf der Plattform erforderlich.

7.3 Rückeinrichtung

7.3.1 Einleitung

Die gegliederten, rückbaren Gurtförderer müssen in Abhängigkeit von Abbaufortschnitt quer zur Förderrichtung gerückt werden. Maßgebend für die Rückintervalle ist das in einer Zeiteinheit abzubauende Fördervolumen unter Berücksichtigung der Flözmächtigkeit und der Strossenlänge. Die Rückbreite wird durch die Blockbreite der Gewinnungsmaschine bzw. durch die Überbrückungslänge des Verladegerätes bestimmt. Für die rückbaren Gurtförderer auf der Kippe ist deren Aufnahmevermögen unter Berücksichtigung der Abwurfausleger- und Zwischenförderlänge maßgebend (s. Abschn. 5.1.4.3).
Sind mehrere rückbare Gurtförderer auf einer Baggerstrosse angeordnet, so können diese, bei einer entsprechend abgestimmten Abbautechnologie, bis auf den in Förderrichtung letzten, während der planmäßigen Förderzeiten gerückt werden.

7.3.2 Rückfahrzeug mit Rückkopf

Rückfahrzeuge (Planierraupen, Radlader) sind seitlich mit einem Auslegerkran ausgerüstet. Daran wird beim Rückeinsatz der Rückkopf angehängt. Dieser besteht aus Rollenpaaren mit Klemmvorrichtung, mit der diese radial zusammengedrückt werden. Einseitig, der Wirkungsrichtung der Rückkraft entgegengesetzt, werden die Rollen federnd gelagert, dadurch werden bei der rollenden Bewegung die Toleranzen des Schienenkopfes ausgeglichen. Die beiderseitig mit Spurkränzen versehenen Rollen umschließen den Kopf der Rückschiene (Bild 7-10). Über das Verbindungsgestänge ist der Rückkopf mit dem Rückfahrzeug verbunden.
Das gleislose, einseitig hebende, deformierende Rücken von Bandanlagen ist die gebräuchliche Querverschiebung. Hierzu fährt das Rückfahrzeug parallel entlang der Bandstraße, dabei wird die Bandanlage einseitig angehoben und um die Rückweite w verzogen (Bild 7-11). Die am Rückkopf in der horizontalen Ebene wirkende Rückkraft F_{Rq} und die Längskraft F_{Rl} sind durch das Rückfahrzeug zu überwinden. Über die Raupenketten werden diese Kräfte auf das Planum übertragen. Die quer zur Fahrtrichtung wirkende Kraft F_{Rq} erfordert eine zweckmäßige Führung der Raupenkette, damit der Verschleiß in Grenzen gehalten wird.
Um einen Gurtförderer mit einem Rückfahrzeug rücken zu können, müssen folgende Ungleichungen erfüllt sein:

$$\left(F_h + m_{Rf}\;g\right)\mu_R > F_{Rq}; \tag{7.15}$$

$$\Sigma\; F_{Fa} > \left(F_h + m_{Rf}\;g\right)\mu_F + F_{Rl}, \tag{7.16}$$

F_h Hubkraft zum einseitigen Anheben der Bandstraße in N
F_{Rq} Querrückkraft in N
F_{Fa} Fahrantriebskraft der Raupen in N
F_{Rl} Längskraft beim Rücken in N
m_{Rf} Masse des Rückfahrzeuges in kg
μ_R Reibungsbeiwert zwischen Planum und Raupenplatte, siehe Tafel 7.2 (μ_R = 0,3 bis 0,4 bei Braunkohle)
μ_F spezifischer Fahrwiderstandsbeiwert für Raupen ($\mu_F \approx 0{,}1$).

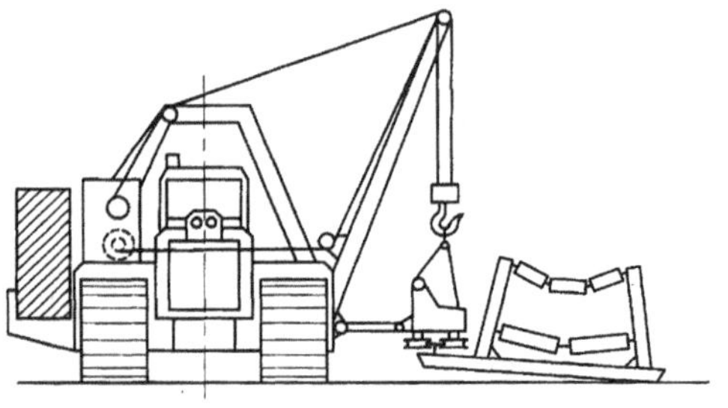

Bild 7-10 Darstellung des einseitig hebenden, deformierenden Rückens mit Rückraupe [5.209]

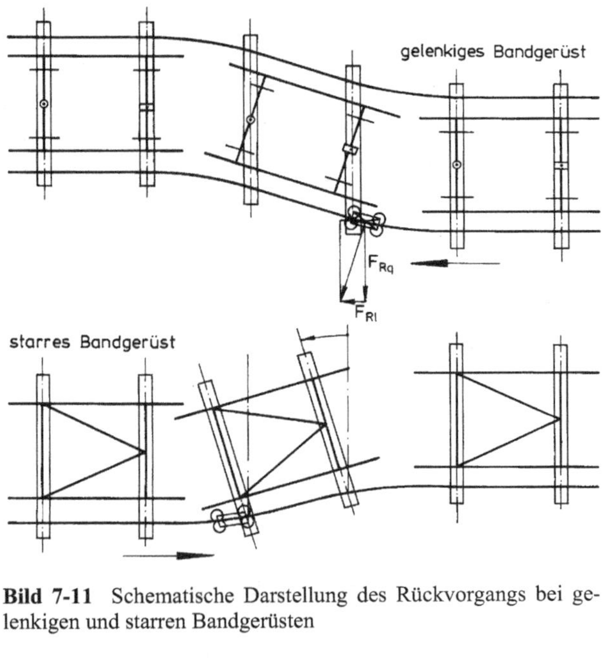

Bild 7-11 Schematische Darstellung des Rückvorgangs bei gelenkigen und starren Bandgerüsten

Tafel 7-2 Reibwert μ_R für das Raupenfahrwerk [7.14]

μ_R	Fahrbahnbeschaffenheit
0,30	Kies (fest); Sand (erdfeucht)
0,35	Mutterboden (nass)
0,55	Sandiger Lehm (trocken); mittl. Lehm und Ton (nass, fetter Lehm und Ton (trocken)),
0,60	fetter Lehm und Ton (nass)
0,65	Mutterboden (trocken); mittl. Lehm und Ton
0,70	(trocken)
0,80	Sandiger Lehm (nass); Grasnarbe (nass)
0,90	Sandiger Lehm (erdfeucht); Grasnarbe (feucht); Mutterboden (erdfeucht)
	Mittlerer Lehm und Ton (erdfeucht)
	Grasnarbe (erdfeucht);
	fetter Lehm und Ton (trocken)

Hierbei ist zu beachten, dass durch die außerhalb des Raupenfahrwerks angreifende Kraft F_{Rl} die Fahrantriebe der Raupen unterschiedlich hoch belastet werden.

Zwecks gleichmäßigerer Belastung der Raupen wird zum Ausgleich der Hubkraft F_h auf der Gegenseite des Rückfahrzeugs ein Ballast angeordnet. Ein geringer Abstand zwischen Rückkopf und Rückfahrzeug wirkt sich positiv auf die Größe der Momente in der vertikalen und horizontalen Ebene aus.

Das Rückverhalten der Bandgerüste und damit die Größe der Rückkräfte werden, wie Bild 7-11 zeigt, durch ihre Ausführungsform maßgebend beeinflusst. Beim starren Bandgerüst tritt im Gegensatz zum gelenkigen eine große Querbewegung der Schwellen auf.

7.3.3 Kräfte beim gleislosen, deformierenden Rücken von Bandanlagen [7.9] [7.10]

Annahmen

Zur theoretischen Erfassung der Rückkräfte muss eine Reihe von Annahmen und Vereinfachungen getroffen werden. Der Einfluss dieser Vereinfachungen kann z. T. abgeschätzt werden. Außerdem erfolgte durch Modellversuche die Überprüfung der Annahmen sowie der theoretischen Ergebnisse.

Die wichtigste Annahme ist die Einführung eines Ersatzträgers anstelle der Bandstraße. Die zwängungsfreie Lagerung des gelenkigen Bandgerüstes auf dem Gleisrost gestattet es, den Verformungszustand der Bandstraße auf die Deformation des Gleisrostes zurückzuführen und diesen als Ersatzträger zu betrachten. Eine Verbindung zwischen den einzelnen gelenkigen Bandgerüsten besteht durch die Schienen des Gleisrostes und im durchgehenden Ober- und Untertrum des Fördergurts. Die Verbindung zwischen Schiene und Schwelle ist in der Ebene des Schienenfußes gelenkig ausgeführt, während der Fördergurt beim Rückvorgang stets entspannt ist und an seinem seitlichen Auswandern nur wenig behindert wird. Vernachlässigt man also die Steife des Fördergurts, so besteht das Ersatzträgheitsmoment der Bandstraße für die Deformation in der Horizontalebene aus der Summe der Schienenträgheitsmomente I_z (Bild 7-12).

Beim einseitigen Anheben werden die Bandgerüste und der Fördergurt auch in der Vertikalebene deformiert. Als Ersatzträgheitsmoment für diesen Fall wird das Trägheitsmoment I_{y1} einer Schiene berücksichtigt. Das geringfügige Anheben der zweiten Schiene kann vernachlässigt werden, wie eine Abschätzung ergeben hat.

Eine weitere Vereinfachung besteht darin, dass der Ersatzträger als auf starrem Untergrund eben aufliegend angenommen und die Längsverschiebung l_S vernachlässigt wird (Bild 7-13). Auch muss vorausgesetzt werden, dass die Schwellen am Boden nicht angefroren sind, da dann völlig andere Verhältnisse vorliegen.

Hubkraft F_{h0}

Bild 7-12 stellt eine schematische Darstellung der im Rückvorgang deformierten Bandstraße (ohne Bandgerüste und Gurt gezeichnet) und die Lage der Rückkräfte dar. Mit dem in diesem Bild eingezeichneten Koordinatensystem wird der entsprechende Ersatzbalken betrachtet. Sehr einfach lässt sich die Hubkraft ermitteln, wenn man zunächst annimmt, dass im Schienenstrang keine Längskraft vorhanden ist.

Setzt man voraus, dass die Schiene außerhalb der Hublänge s unverformt ist, so lässt sich aus

$$\frac{d^2z}{dx^2} = \frac{M}{EI_y} \qquad (7.17)$$

und den entsprechenden Randbedingungen folgende Gleichung für die Hubkraft finden

$$F_{h0} = \frac{4}{3}\sqrt[4]{9EI_y q_B{}^3 h}\,. \qquad (7.18)$$

Alle Parameter werden im Abschnitt 7.3.4 erklärt.

Auf Grund der Stützbedingungen beim einseitigen Anheben des Bandgerüstes wurde in der Gl. (7.18) $q \approx 0{,}5\ q_B$ eingesetzt.

Wird die Längskraft F_{N1} im Schienenstrang berücksichtigt, muss von folgender Differentialgleichung ausgegangen werden

$$z^{IV} - \frac{F_{N1}}{EI_y} z'' = -\frac{q}{EI_y}\,. \qquad (7.19)$$

Unter Beachtung der Randbedingungen lassen sich die Integrationskonstanten eliminieren. Mit den Bestimmungsgleichungen für F_h und s lässt sich die Funktion $F_h = f(F_{N1})$ aufzeichnen und folgende Näherung für F_h finden

$$F_h = 3{,}9\sqrt[4]{EI_y q^3 h} + 0{,}76\,F_{N1}\sqrt[4]{\frac{qh^3}{EI_y}}\,. \qquad (7.20)$$

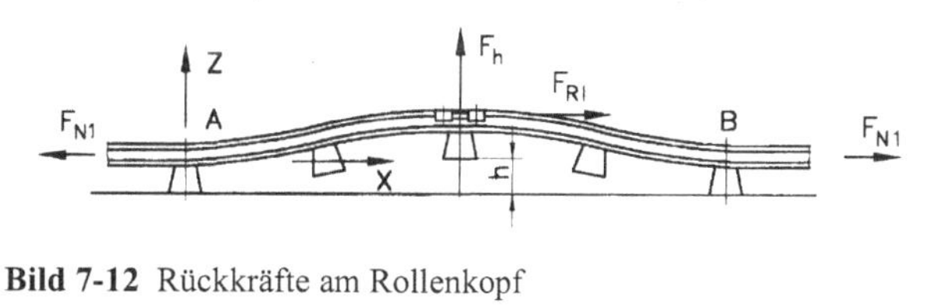

Bild 7-12 Rückkräfte am Rollenkopf

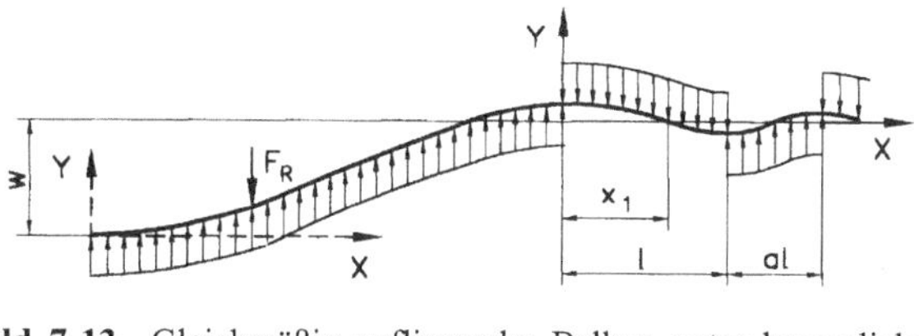

Bild 7-13 Gleichmäßig aufliegender Balken unter beweglicher, horizontaler Belastung

Der Anteil aus der Längskraft F_{Nl} ist, wie folgendes Beispiel zeigt, gering. EI_y = 3780 kN m^2, q_B = 5 kN/m, h = 0,2 m, F_{Nl} = 120 kN ergeben eine Hubkraft von F_h= 40,7 + 4,4 = 45,1 kN. Der Anteil aus der Längskraft, zweite Summand, beträgt lediglich rd. 10 %.

Querrückkraft F_{Rq}
Bei der Berechnung der Querrückkraft unter Berücksichtigung der Längskraft werden angenäherte Randbedingungen verwendet. Um die Ungenauigkeit abschätzen zu können, ist es zweckmäßig, vorher die Querrückkraft mit den genauen Randbedingungen ohne Einbeziehung der Längskraft zu ermitteln.
Wird ein gleichmäßig aufliegender langer Balken mit einer konstanten Einzelkraft F_R belastet und diese parallel zu ihrer Wirkungslinie verschoben, so entsteht der im Bild 7-13 skizzierte Belastungsfall. Während der gerückte Balken hinter dem S-Bogen unverformt ist, wird vor dem S-Bogen eine theoretisch unendliche Anzahl von Halbwellen verschoben. Die Ursache der Verformung ist die wandernde Kraft F_R; die Reaktion ist die der jeweiligen Balkenverschiebung entgegengerichtete Reiblinienlast q aus der Balkeneigenlast. Da die Lage der elastischen Linie relativ zur wandernden Einzellast unverändert bleibt, ändert sich die Richtung der Reiblinienlast mit dem Vorzeichen des Anstiegs der elastischen Linie.
Die Halbwellenbetrachtung liefert für alle Balkenquerschnitte mit der Durchbiegung Null gleiche Übergangsbedingungen, so dass sich schließlich aus der anzusetzenden Differentialgleichung

$$EI_y^{IV} = \operatorname{sgn} y' q \tag{7.21}$$

folgende Gleichungen für die Querrückkraft gewinnen lässt

$$F_{Rq0} = 2{,}91\sqrt[4]{wq^3 EI_z}\ , \tag{7.22a}$$

mit q für einseitig angehobener Bandanlage

$$q = \frac{\mu\, q_B}{2}. \tag{7.22b}$$

Bei Berücksichtigung einer Längskraft F_N im Balken wird von folgender Differentialgleichung ausgegangen

$$y^{IV} - \frac{F_N}{EI_z} y'' = \frac{q}{EI_z}. \tag{7.23a}$$

Neben den genauen wird hier die angenäherte Randbedingung $y'(l_2)$ = 0 verwendet. Nach einem der Hubkraftbestimmung analogen Rechnungsgang gelangt man zu folgender angenäherter Gleichung für die Querrückkraft

$$F_{Rq} = 2{,}91\sqrt[4]{wq^3 EI_z} + 0{,}3\,F_N \sqrt{\frac{q\,w^3}{EI_z}}. \tag{7.23b}$$

Die Abweichung gegenüber der Gl. (7.22) ist sehr gering und liegt außerhalb der angegebenen Stellenzahl. Für größer werdende Kräfte F_N wird die Randbedingung $y'(l_2) = 0$ immer besser erfüllt, so dass die Näherungsgleichung genügend genaue Werte liefert.

Längsrückkraft F_{Rl}
Die Längsrückkraft F_{Rl} (Bild 7-12) kann man sehr einfach aus einer Energiebetrachtung ableiten. Da die Deformation der Rückschienen wieder vollständig zurückgeht (d. h. die Formänderungsarbeit Null ist), ist mit den getroffenen Annahmen beim Rückvorgang allein die Reibungsarbeit zwischen Schwellen und Boden zu überwinden. Diese Reibarbeit beträgt bei einer Rückweite w und der Verschiebung des Rollenkopfs um die Strecke e, wenn man die verschwindend kleine Reibarbeit im Bereich der Halbwellen vernachlässigt

$$W_{rl} = q\,w\,e. \tag{7.24}$$

Die zu leistende Arbeit W_{rl} kann allein von der Längsrückkraft F_{Rl} aufgebracht werden, da nur sie in ihrer Wirkungslinie verschoben wird. F_{Rl} leistet auf der Verschiebungsstrecke e die Arbeit

$$W_{Rl} = F_{Rl}\ e. \tag{7.25}$$

Die Gleichsetzung liefert die gesuchte Gleichung für die Längsrückkraft

$$F_{Rl} = q\,w. \tag{7.26}$$

Erforderliche Hubhöhe h
Beim hebenden Rücken muss so weit angehoben werden, dass im Bereich des S-Bogens die Bandanlage nur auf einer Seite abgestützt ist und somit für die Reibung zwischen Schwellen und Boden nur die halbe streckenbezogene Belastung der Bandstraße wirksam wird. Die Hubhöhe h muss also so groß sein, dass die angehobene Länge $s > l_2$ ist (Bild 7-12). Aus dieser Bedingung lässt sich mit den angeführten Beziehungen folgende Forderung für die Hubhöhe finden

$$h > \frac{w I_z}{10 \mu I_y}. \tag{7.27}$$

Grenzrückweite w_{gz}
Der Rückweite sind kinematisch und festigkeitsmäßig Grenzen gesetzt. Die kinematische Grenze wird durch die:

- mögliche Verdrehung der Schiene gegen die Schwelle, zwängungsfreie Bewegungsmöglichkeit der Bandgerüste auf dem Schwellenrost
- Verschiebung des Gummigurts im S-Bogen bestimmt.

Festigkeitsmäßig ist die Rückweite durch die am Rollenkopf auftretende maximale Spannung in der Rückschiene begrenzt, die durch F_{Rq} und F_h über beide Achsen auf Biegungsbeansprucht wird. In Abhängigkeit von der zulässigen Biegespannung δ_{zul} kann man folgende Funktion der Grenzrückweite w_{gz} für hebendes Rücken ableiten

$$w_{gz} = \frac{\delta_{zul}^2}{0{,}16\mu\, q_B EI_{z1}\left(\frac{1}{\mu W_y} + \frac{1}{W_{z1}}\right)}. \tag{7.28}$$

In bezug auf die Aussagekraft dieser Beziehung ist zu bemerken, dass die sekundäre Verbiegung der Rückschiene zwischen den einzelnen Schwellen vernachlässigt wurde. Andererseits werden aber die Rückkräfte nicht an einer Stelle, sondern durch die beiden Rückrollenpaare mit größerem Abstand (etwa 0,8 m) in die Rückschiene eingeleitet. Beide Vereinfachungen haben gegenteilige Auswirkung auf die maximale Biegespannung in der Rückschiene, so dass letztere Gleichung brauchbare Ergebnisse liefert.

7.3.4 Zusammenfassung der Gleichungen und Gegenüberstellung mit Messwerten

Im folgenden werden die für die Praxis interessierenden Gleichungen für das Rücken von gelenkigen Bandgerüsten zusammengestellt:

Hubkraft

$$F_h = \frac{4}{3}\sqrt[4]{9hq_B^3 EI_y} + 0{,}76\,F_{N1}\sqrt[4]{\frac{q_B h^3}{2EI_y}}\ ; \tag{7.29}$$

Hubhöhe für hebendes Rücken

$$h > h_o + \frac{wI_z}{10\mu I_y}; \quad (7.30)$$

Querrückkraft für hebendes Rücken

$$F_{Rq} = 2{,}91\sqrt[4]{w\left(\frac{\mu q_B}{2}\right)^3 EI_z} + 0{,}3F_N\sqrt[4]{\frac{\mu q_B w^3}{2EI_z}}; \quad (7.31)$$

Querrückkraft für schleifendes Rücken (h = 0)

$$F_{Rq} = 2{,}91\sqrt[4]{w\mu^3 q_B^3 EI_z} + 0{,}3F_N\sqrt[4]{\frac{\mu q_B w^3}{EI_z}}; \quad (7.32)$$

Längsrückkraft für hebendes Rücken

$$F_{Rl} = \frac{1}{2}\mu q_B w + \mu_f F_{Rq} + \mu_h F_H; \quad (7.33)$$

Längsrückkraft für schleifendes Rücken

$$F_{Rl} = \mu q_B w + \mu_f F_{Rq}; \quad (7.34)$$

Grenzwerte für hebendes Rücken ($F_N = 0$)

$$w_{gz} = \frac{12{,}5\,\delta_{zul}^2}{\mu q_B EI_z\left(1/(\mu W_y) + 2/W_z\right)^2}; \quad (7.35)$$

Grenzrückwerte für schleifendes Rücken ($F_N = 0$)

$$w_{gz} = \frac{1{,}39\,\delta_{zul}^2 W_z^2}{\mu q_B EI_z}. \quad (7.36)$$

Es bezeichnen:

- F_h Hubkraft in N
- F_{Rl} Längsrückkraft in N
- F_{Rq} Querrückkraft in N
- h_o Hubhöhenzuschlag für Bodenunebenheiten (≈ 100 mm) in mm
- w Rückweite in mm
- E Elastizitätsmodul der Schiene in N/mm²
- I_y Flächenträgheitsmoment der Schiene, bezogen auf die waagerechte Schwerachse, in mm⁴
- W_y Flächenwiderstandsmoment einer Schiene, bezogen auf die waagerechte Achse, in mm³
- I_z Summe der Flächenträgheitsmomente beider Schienen, bezogen auf die senkrechte Achse, bzw. eine Schiene, wenn nur eine vorhanden
- W_z Summe der Flächenwiderstandsmomente beider Schienen, bezogen auf die senkrechte Achse (bzw. einer Schiene, wenn nur eine vorhanden)
- F_{Nl} Zugkraft einer Schiene in N
- F_N Summe der Zugkräfte beider Schienen in N
- q_B auf die Längeneinheit bezogene Eigenlast der Bandstraße in N/mm
- μ Reibungsbeiwert zwischen Schwellen und Planum (≈ 0,4 bei Kohle, ≈ 0,6 bei Abraum)
- μ_f Fahrwiderstandsbeiwert des Rollenkopfs für die Querrückkraft (≈ 0,08)
- μ_h Fahrwiderstandsbeiwert des Rollenkopfs für die Hubkraft (≈ 0,1)
- σ_{zul} höchstzulässige Biegespannung in der Schiene (σ_{zul} ≈ 400 N/mm² für St 70).

Die Querrückkraft beim schleifenden Rücken ist etwa 1,7fach größer als die beim hebenden Rücken. Die Rückkraft bei Rücken von starren Baugerüsten ist in Abhängigkeit von den Planumsverhältnissen 1,3 bis 2,0fach größer als beim gelenkigen Bandgerüsten.

Der untere Wert gilt für ein gut planiertes, ebenes Planum. Bei gefrorenem bzw. Festgesteins-Planum sowie bei großem Anfall von Rieselgut kann der hohe Wert erreicht werden.

Die Rückweite w sollte auf Grund der Gurtverschiebung, der Materialverschiebung in Rückrichtung und der Belastung der Schiene im Bereich von 0,8 bis 1,0 m liegen. Beim Lösen der Schwellen bzw. beim Herausziehen aus den Rieselgutablagerungen sind geringe Rückweiten sinnvoll.

In [7.14] sind Messergebnisse zur Größe der Querrückkraft F_{Rq} veröffentlicht, und in [7.10] erfolgt eine Gegenüberstellung mit der Berechnungsgleichung. Für eine Versuchsanlage mit B = 1,6 m wurden folgende Parameter zugrunde gelegt: EI'_z = 1600 kNm²; μ = 1,0 (Kippenstrosse, Reibauch Formschluss); q_B = 5 kN/m; F_N = 150 kN.

Im Bild 7-14 sind die gemessenen und berechneten Kräfte für F_{Rq} in Abhängigkeit von der Rückweite w dargestellt. Aus den Messwerten wurden die Maximalwerte berücksichtigt, sie können auf Grund der stark schwankenden Hubhöhe h als Werte für h = 0 angesehen werden. Trotz der Differenzen im Kurvenverlauf kann für den interessierenden Rückweitenbereich (w = 0,6 bis 1,0 m) eine zufriedenstellende Übereinstimmung zwischen berechneten und gemessenen Werten festgestellt werden.

Auch die Rückweite w besitzt einen Einfluss auf die Größe der Rückkräfte. [5.11] gibt in Tafel 7-3 hierfür Werte an.

Da die Planumsverhältnisse und die Reibungsbeiwerte zwischen dem Boden und der Schwelle die Größe der Rückkräfte beeinflusse, sind diese Werte als Richtwerte zu betrachten.

Tafel 7-3 Rückkräfte in Abhängigkeit von der Rückweite w bei bereits gelockerten Schwellen für B = 1,6 m [5.11]

w	F_{Rq}	F_{Rl}
m	kN	kN
0,5	52	27
0,75	70	33
1,0	83	33
1,2	86	32

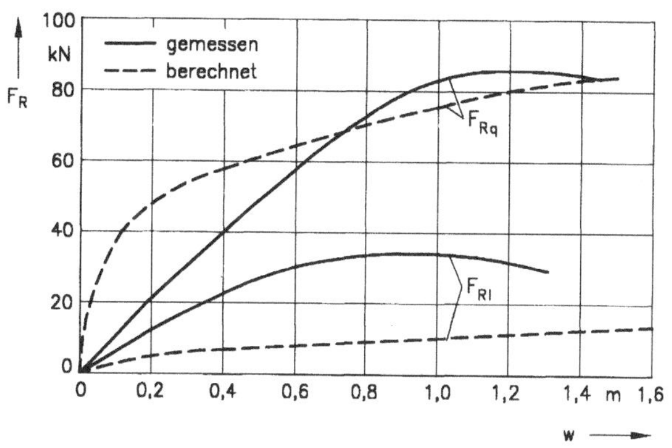

Bild 7-14 Gegenüberstellung der gemessenen und berechneten Rückkräfte in Abhängigkeit von der Rückweite w für Gurtförderer mit B = 1,6 m (Kippenstrossenband) [7.10] [7.11]

8 Technische Regeln

zu Kapitel 2

DIN 1054	(11.76/ E 12.00)	Zulässige Belastung des Baugrundes
DIN 1960 VOB/A	(12.00)	Allgemeine Bestimmungen für die Vergabe von Bauleistungen
DIN 1961 VOB/B	(12.00)	Allgemeine Vertragsbedingungen für die Ausführung von Bauleistungen
DIN 3620	(04.87)	Brunnenbohrgeräte
DIN 4020	(10.90)	Geotechnische Untersuchungen für bautechnische Zwecke
DIN 4021	(10.90)	Baugrunderkundung Schürfe, Bohrungen, Probenahmen
DIN 4022	(09.87)	Baugrund und Grundwasser – Benennen und Beschreiben von Boden und Fels
DIN 4023	(03.84)	Darstellung von Bohrergebnissen
DIN 4026	(08.75)	Rammpfähle
DIN 4026	(08.75)	Rammpfähle
DIN 4084	(07.81)	Standsicherheit von Böschungen
DIN 4093	(09.87)	Injektionen
DIN 4094	(12.90)	Ramm- und Drucksondiergeräte
DIN 4095	(06.90)	Dränung des Untergrundes
DIN 4096	(05.80)	Flügelsondierungen
DIN 4123	(09.00)	Gebäudesicherung im Bereich von Ausschachtungen
DIN 4124	(08.81/ E 08.00)	Baugruben und Gräben
DIN 4125	(11.90)	Erd- und Felsanker
DIN 4126	(08.86)	Schlitzwände
DIN 4127	(08.86)	Schlitzwände
DIN 4128	(04.83)	Verpresspfähle
DIN 18 121	(04.98)	Untersuchung von Bodenproben
DIN 18 124	(07.97)	Bestimmung der Korndichte – Pyknometer
DIN 18 125	(08.97)	Bestimmung der Dichte des Bodens
DIN 18 126	(11.96)	Bestimmung der Dichte nichtbindiger Böden bei lockerster und dichtester Lagerung
DIN 18 127	(11.97)	Versuche und Versuchsgeräte – Proctorversuch
DIN 18 134	(01.93/ E 08.95)	Plattendruckversuch
DIN 18 136	(08.96)	Bestimmung der einaxialen Druckfestigkeit
DIN 18 137	(08.90)	Bestimmung der Scherfestigkeit
DIN 18 196	(10.88)	Erd- und Grundbau – Bodenklassifikation für bautechnische Zwecke
DIN 18 299 ATV VOB/C	(12.00)	Allgemeine Regelungen für Bauarbeiten jeder Art
DIN 18 300 ATV	(12.00)	Erdarbeiten
DIN 18 301 ATV	(12.00)	Bohrarbeiten
DIN 18 302 ATV	(12.00)	Brunnenbauarbeiten
DIN 18 303 ATV	(12.00)	Verbauarbeiten
DIN 18 304 ATV	(12.00)	Rammarbeiten
DIN 18 305 ATV	(12.00)	Wasserhaltungsarbeiten
DIN 18 306 ATV	(12.00)	Entwässerungsarbeiten, Leitungsgräben
DIN 18 308 ATV	(12.00)	Dränarbeiten
DIN 18 309 ATV	(12.00)	Einpressarbeiten
DIN 18 311 ATV	(12.00)	Nassbaggerarbeiten
DIN 18 312 ATV	(12.00)	Untertagearbeiten
DIN 18 313 ATV	(12.00)	Schlitzwandarbeiten mit stützenden Flüssigkeiten
DIN 18 319 ATV	(12.00)	Rohrvortriebsarbeiten
DIN 18 320 ATV	(12.00)	Landschaftsbauarbeiten
DIN 18 551	(03.92)	Spritzbeton
DIN 20 301	(01.99)	Gesteinsbohrtechnik, VBG 38
DIN 20 302	(02.74)	Gesteinsbohreinrichtungen

zu Kapitel 3 und 4

DIN 3990		Tragfähigkeitsberechnung von Stirnrädern
	(12. 87)	Teil 1: Einführung und allgemeine Einflussfaktoren
	(12. 87)	Teil 2: Berechnung der Grübchentragfähigkeit
	(12. 87)	Teil 3: Berechnung der Zahnfußtragfähigkeit
	(12. 87)	Teil 4: Berechnung der Freßtragfähigkeit
	(12. 87)	Teil 5: Dauerfestigkeitswerte und Werkstoffqualitäten
	(12.94)	Teil 6: Betriebsfestigkeitsberechnung
DIN 5480	(03.06)	Passverzahnungen mit Evolventenflanken
DIN 7798	(01.88)	Reifen für Erdbaumaschinen, Muldenfahrzeuge und Speziafahrzeuge auf und abseits der Straße Teil 1: Reifen in Diagonalbauart, Nennquerschnittsverhältnis >90 % Teil 2: Breitfelgen-Reifen in Diagonalbauart Teil 3: Reifen in Radialbauart, Nennquerschnittsverhältnis >90 % Teil 4: Breitfelgen-Reifen in Radialbauart

DIN 7799	(10.81)	Reifen für Straßenbaumaschinen, Erdbaumaschinen und Zugmaschinen (Tractor-Grader-Reifen) Teil 1: Normalreifen in Diagonalbauart
DIN 8195	(08.77)	Rollenketten, Kettenräder; Auswahl von Kettentrieben (DIN ISO 10823)
DIN 19237	(02.80)	Messen, Steuern, Regeln; Steuerungstechnik, Begriffe (DIN 19226)
DIN 24080	(03.79)	Erdbaumaschinen; Hydraulikbagger Seilbagger; Begriffe
DIN 24081	(11.78)	Sicherheitsgerechte Arbeitsorganisation; Erdbaumaschinen, Handsignale
DIN 24082	(04.87)	Erdbaumaschinen; Schutzaufbauten gegen herabfallende Gegenstände für Hydraulik- und Seilbagger; Sicherheitstechnische Anforderungen, Prüfung (ISO 10262)
DIN 24083	(11.78)	Erdbaumaschinen; Hydraulikbagger; Angabe der Tragfähigkeit
DIN 24086	(10.78)	Erdbaumaschinen; Hydraulikbagger; Grabkräfte, Begriffe, Nennwerte
DIN 24087	(03.79)	Erdbaumaschinen; Ermittlung der Standsicherheit von Hydraulikbaggern; Sicherheitstechnische Anforderungen
DIN 24092	(02.80)	Erdbaumaschinen; Sicherheitstechnische Anforderungen (DIN EN 474-1)
DIN 24094	(04.88)	Erdbaumaschinen; Lader; Nutzlast
DIN 24095	(01.83)	Erdbaumaschinen; Leistungen; Begriffe, Einheiten, Formelzeichen (DIN EN ISO 9245)
DIN 24096	(06.87)	Baumaschinen; Ermittlung der Standsicherheit von Rammen; Sicherheitstechnische Anforderungen (DIN EN 996)
DIN 24333	(06.79)	Fluidtechnik; Hydrozylinder 250 bar; Anschlussmaße (DIN ISO 6022)
DIN 24338	(03.86)	Fluidtechnik; Gelenkköpfe mit breiten Gelenklagern; Anschlussmaße (DIN ISO 8132)
DIN 24554	(09.90)	Fluidtechnik; Hydrozylinder 160 bar kompakt; Anschlussmaße
DIN 24555	(09.90)	Fluidtechnik; Gelenkköpfe mit schmalen Gelenklagern; Anschlussmaße
DIN 24556	(09.90)	Fluidtechnik; Gabel-Lagerbock mit Bolzen und Achshalter; Anschlussmaße
DIN 40050 T9	(05.93)	Straßenfahrzeuge; IP-Schutzarten; Schutz gegen Fremdkörper, Wasser und Berühren; Elektrische Ausrüstung
DIN 40839 T1	(10.92)	Elektromagnetische Verträglichkeit (EMV) in Straßenfahrzeugen; Leitungsgeführte impulsförmige Störgrößen auf Versorgungsleitungen in 12-V- und 24-V-Bordnetzen
DIN 45635 T33	(06.79)	Geräuschmessung an Maschinen; Luftschallmessungen, Hüllflächen-Verfahren; Baumaschinen
DIN 51377	(10.03)	Prüfung von Schmierölen; Bestimmung der scheinbaren Viskosität von Motoren-Schmierölen bei niedriger Temperatur mit dem Cold-Cranking-Simulator
DIN 51502	(08.90)	Schmierstoffe und verwandte Stoffe; Kurzbezeichnung der Schmierstoffe und Kennzeichnung der Schmierstoffbehälter, Schmiergeräte und Schmierstellen
DIN 51516	(12.86)	Auswahl von Schmierstoffen für Baumaschinen
DIN 51551	(04.09)	Prüfung von Schmierstoffen und flüssigen Brennstoffen; Bestimmung des Koksrückstandes
DIN 51561	(12.78)	Prüfung von Mineralölen, flüssigen Brennstoffen und verwandten Flüssigkeiten; Messung der Viskosität mit dem Vogel-Ossag-Viskosimeter; Temperaturbereich: ungefähr 10...150 °C
DIN 51562		Viskosimetrie; Messung der kinematischen Viskosität mit dem Ubbelohde-Viskosimeter
	(01.99)	Teil 1: Bauform und Durchführung der Messung
	(12.99)	Teil 2: Mikro – Ubbelohde – Viskosimeter
	(05.85)	Teil 3: Relative Viskositätsänderung bei kurzen Durchflusszeiten
	(01.99)	Teil 4: Viskosimeter, Kalibrierung und Ermittlung der Messunsicherheit
DIN 51601	(02.86)	Flüssige Kraftstoffe; Dieselkraftstoffe; Mindestanforderungen (DIN EN 590)
DIN 51616	(01.78)	Prüfung von Flüssiggasen; Bestimmung des Dampfdruckes; Experimentelle Bestimmung
DIN 51755	(03.74)	Prüfung von Mineralölen und anderen brennbaren Flüssigkeiten; Bestimmung des Flammpunktes im geschlossenen Tiegel; nach Abel-Pensky
DIN 51757	(01.11)	Prüfung von Mineralölen und verwandten Stoffen; Bestimmung der Dichte
DIN 51773	(04.10)	Prüfung flüssiger Kraftstoffe; Bestimmung der Zündwilligkeit (Cetanzahl) von Dieselkraftstoff mit dem BASF-Prüfmotor
DIN 51777		Prüfung von Mineralöl-Kohlenwasserstoffen und Lösemitteln; Bestimmung des Wassergehaltes nach Karl Fischer
	(03.83)	Teil 1: Direktes Verfahren
	(09.74)	Teil 2: Indirektes Verfahren
DIN 51818	(12.81)	Schmierfette; Konsistenz-Einteilung für Schmierfette; NLGI-Klassen

DIN 51825	(06.04)	Schmierstoffe; Schmierfette K; Einteilung und Anforderungen
DIN 51826	(01.05)	Schmierstoffe; Schmierfette; Schmierfett G
DIN 70020	(11.76)	Kraftfahrzeugbau; Leistungen, Teil 6 (DIN ISO 1585)
DIN EN 292-1	(11.91)	Sicherheit von Maschinen; Grundbegriffe, allgemeine Gestaltungsleitsätze, Grundsätzliche Terminologie, Methodik (ISO 12100)
DIN EN 292-2	(06.95)	Sicherheit von Maschinen; Grundbegriffe, allgemeine Gestaltungsleitsätze, Technische Leitsätze und Spezifikationen
DIN EN 474-1	(02.10)	Erdbaumaschinen; Sicherheit: Allgemeine Anforderungen
DIN EN 474-2	(02.10)	Erdbaumaschinen; Sicherheit; Anforderungen für Planiermaschinen
DIN EN 474-3	(02.10)	Erdbaumaschinen; Sicherheit: Anforderungen für Lader
DIN EN 474-4	(02.10)	Erdbaumaschinen; Sicherheit: Anforderungen für Baggerlader
DIN EN 474-5	(02.10)	Erdbaumaschinen; Sicherheit: Anforderungen für Hydraulikbagger
DIN EN 474-6	(05.10)	Erdbaumaschinen; Sicherheit: Anforderungen für Muldenfahrzeuge
DIN EN 590	(05.10)	Kraftstoffe für Kraftfahrzeuge; Dieselkraftstoff; Anforderungen und Prüfverfahren
DIN EN 954	(03.97)	Sicherheit von Maschinen; Sicherheitsbezogene Teile von Steuerungen (Teil 1 und 2) (DIN EN 13849)
DIN EN 996	(02.10)	Rammausrüstung; Sicherheitsanforderungen
DIN EN 12643	(04.10)	Erdbaumaschinen; Radfahrzeuge; Lenkvermögen
DIN EN 60651	(05.94)	Schallpegelmesser
EN 22860	(12.85)	Erdbaumaschinen; Öffnungen; Mindestmaße (DIN EN ISO 2860)
EN 23411		Erdbaumaschinen; Maschinenführer; Körpermaße, Mindestfreiraum (DIN EN ISO 3411)
E DIN EN 25353	(01.92)	Erdbaumaschinen sowie Traktoren und Maschinen für die Land- und Forstwirtschaft; Sitzindexpunkt (DIN EN ISO 5353)
DIN ISO 1585	(04.97)	Straßenfahrzeuge; Verfahren zur Ermittlung der Nettoleistung von Motoren
DIN ISO 2860	(11.85)	Erdbaumaschinen; Öffnungen; Mindestmaße (DIN EN ISO 2860)
DIN ISO 2867	(11.85)	Erdbaumaschinen; Zugänge (DIN EN ISO 2867)
DIN ISO 3046		Hubkolbenverbrennungsmotoren; Anforderungen
	(01.98)	Teil 1: Normbezugsbedingungen, Angaben über Leistung, Kraftstoff-, Schmierölverbrauch und Prüfungen
	(12.94)	Teil 3: Messungen bei Prüfungen
	(01.00)	Teil 4: Drehzahlregelung
	(08.82)	Teil 5: Drehschwingungen
	(10.96)	Teil 6: Überdrehzahlschutz
	(01.98)	Teil 7: Kurzzeichen für Motorleistung
DIN ISO 3164	(06.83)	Erdbaumaschinen; Überrollschutzaufbauten und Schutzaufbauten gegen herabfallende Gegenstände; Verformungsgrenzbereich (DIN EN ISO 3164)
DIN ISO 3411	(09.85)	Erdbaumaschinen; Maschinenführer; Körpermaße, Mindestfreiraum (DIN EN ISO 3411)
DIN ISO 3449	(03.87)	Erdbaumaschinen; Schutzaufbauten gegen herabfallende Gegenstände; Prüfungen, Anforderungen
DIN ISO 3450	(01.88)	Erdbaumaschinen; Radfahrzeuge; Anforderungen und Prüfung der Bremsanlagen (DIN EN ISO 3450)
DIN ISO 3457	(01.88)	Erdbaumaschinen und Straßenbaumaschinen; Schutzeinrichtungen; Begriffe und Anforderungen (DIN EN ISO 3457)
DIN ISO 3471	(05.84)	Erdbaumaschinen; Überrollschutzaufbauten; Prüfungen, Anforderungen
DIN ISO 51519	(03.87)	Viskositätsklassen (DIN ISO 3448)
DIN ISO 6746-1	(10.88)	Erdbaumaschinen; Maße und deren Kurzzeichen; Grundmaschinen
DIN ISO 6746-2	(10.88)	Erdbaumaschinen; Maße und deren Kurzzeichen; Arbeitseinrichtungen
DIN ISO 7096	(05.84)	Erdbaumaschinen; Maschinenführersitz; Schwingungsübertragung
DIN ISO 7451	(11.85)	Erdbaumaschinen; Hydraulikbagger; Nenninhalt von Tieflöffeln
DIN ISO 7546	(11.85)	Erdbaumaschinen; Lader und Bagger; Nenninhalt von Ladeschaufeln
E DIN ISO 4557	(01.88)	Erdbaumaschinen; Bagger; Stellteile (ISO 10968)
E DIN ISO 5010	(01.88)	Erdbaumaschinen; Radfahrzeuge; Lenkverhalten (DIN EN 12643)
E DIN ISO 6014	(01.88)	Erdbaumaschinen; Ermittlung der Fahrgeschwindigkeit
E DIN ISO 6165	(11.88)	Erdbaumaschinen; Grundtypen; Begriffe (DIN EN ISO 6165)
E DIN ISO 6483	(01.88)	Erdbaumaschinen; Muldenfahrzeuge; Nenninhalt
E DIN ISO 6682	(01.88)	Erdbaumaschinen; Stellteile; Bequemlichkeitsbereiche und Reichweitenbereiche (DIN EN ISO 6682)
E DIN ISO 7095	(01.88)	Erdbaumaschinen; Raupenschlepper und Laderaupen; Stellteile
DIN EN ISO 9245	(01.95)	Erdbaumaschinen – Leistung der Maschinen – Begriffe, Formelzeichen und Einheiten
DIN EN ISO 2860	(06.09)	Erdbaumaschinen – Öffnungen – Mindestmaße

DIN EN ISO 2867	(10.09)	Erdbaumaschinen – Zugänge
DIN EN ISO 3164	(06.09)	Erdbaumaschinen – Prüfung von Schutzaufbauten – Verformungsgrenzbereich
DIN EN ISO 3411	(11.07)	Erdbaumaschinen – Maschinenführer – Körpermaße, Mindestfreiraum
DIN EN ISO 3450	(10.09)	Erdbaumaschinen – Bremsanlagen von gummibereiften Maschinen – Systeme, Anforderungen und Prüfung
DIN EN ISO 3457	(06.09)	Erdbaumaschinen – Schutzeinrichtungen – Begriffe und Anforderungen
DIN EN ISO 6165	(12.06)	Erdbaumaschinen – Grundtypen – Begriffe
DIN EN ISO 6682	(06.09)	Erdbaumaschinen – Stellteile – Bequemlichkeitsbereich und Reichweitenbereich
DIN EN ISO 5353	(03.99)	Erdbaumaschinen sowie Traktoren und Maschinen für die Land- und Forstwirtschaft – Sitzindexpunkt
ISO 1219		Fluidtechnik; Grafische Symbole; Symbolik in der Hydraulik und Schaltpläne
	(12.07)	Teil 1: Grafische Symbole
	(10.09)	Teil 2: Schaltpläne
DIN ISO 1585	(11.92)	Straßenfahrzeuge; Verfahren zur Ermittlung der Nettoleistung von Motoren
ISO 2631		Mechanische Schwingungen und Stöße – Bewertung der Einwirkungen von Ganzkörperschwingungen auf Menschen
	(05.97)	Teil 1: allgemeine Anforderungen
	(04.03)	Teil 2: Dauer- und stoßindizierte Schwingungen in Gebäuden (1-80 Hz)
DIN EN ISO 2867	(08.94)	Erdbaumaschinen – Zugänge
DIN EN ISO 3449	(05.92)	Erdbaumaschinen – Schutzaufbauten gegen herabfallende Gegenstände Prüfungen, Anforderungen
DIN EN ISO 3457	(06.86)	Erdbaumaschinen – Schutzeinrichtungen, Begriffe und Anforderungen
DIN EN ISO 3471	(02.92)	Erdbaumaschinen – Überrollschutzaufbauten – Prüfung und Anforderungen
DIN ISO 3864	(03.84)	Sicherheitsfarben und Sicherheitszeichen
ISO 6016	(12.08)	Erdbaumaschinen – Methoden zur Messung der Masse der gesamten Maschine und ihrer Ausrüstung
ISO 6020		Fluidtechnik – Hydrozylinder mit einseitiger Kolbenstange, Anschlussmaße 16 MPa-Reihe
	(10.98)	Teil 1: Mittlere Reihe
	(09.91)	Teil 2: Kompaktreihe
	(09.94)	Teil 3: Kompaktreihe mit Zylinderbohrungen von 250 bis 500 mm
ISO 6022	(12.86)	Fluidtechnik – Hydraulik – Zylinder mit einseitiger Kolbenstange, Einbaumaße, 250-bar-Reihe
DIN EN ISO 6165	(05.06)	Erdbaumaschinen; Grundtypen; Begriffe
ISO 6394	(03.08)	Erdbaumaschinen; Bestimmung des Emissionsschalldruckpegels am Bedienplatz
ISO 6405		Erdbaumaschinen – Symbole für Stellteile und andere Anzeigen
	(11.04)	Teil 1: allgemeine Symbole
	(12.93)	Teil 2: spezielle Symbole für Maschinen, Ausrüstungen und Zubehör
DIN EN ISO 6682	(06.86)	Erdbaumaschinen, Stellteile, Bequemlichkeitsbereiche und Reichweitenbereiche
DIN ISO 6746	(11.87)	Erdbaumaschinen; Abmessungen und deren Kurzzeichen
		Teil 1: Grundmaschinen
		Teil 2: Arbeitseinrichtungen
ISO 6982	(03.92)	Fluidtechnik; Hydrozylinder; Gelenkköpfe, Anschlussmaße
ISO 7095	(06.82)	Erdbaumaschinen – Raupenschlepper und Laderaupen – Bedienelemente (ISO 10968)
ISO 7096	(03.00)	Erdbaumaschinen – Prüfung der Schwingungsübertragung von Maschinenführersitzen
ISO 7131	(10.09)	Erdbaumaschinen – Lader – Terminologie und technische Dokumentation
ISO 7451	(05.07)	Erdbaumaschinen – Nenninhalt von Tieflöffeln an Hydraulikbaggern und Baggerladern
DIN ISO 7546	(04.83)	Erdbaumaschinen – Lader und Schaufelladebagger, Nenninhalt der Ladeschaufeln
DIN ISO 8132		Fluidtechnik, Hydraulik; Zylinder mit einseitiger Kolbenstange der mittleren 160-bar-Reihe und der 250-bar-Reihe; Einbaumaße für Zubehör
ISO 8178		Dieselmotoren – Laststufentest
ISO 8313	(10.89)	Erdbaumaschinen; Lader; Verfahren zur Messung der Reißkräfte und Kipplast
ISO 10265	(02.08)	Erdbaumaschinen – Maschinen auf Kettenlaufwerken – Anforderungen und Prüfung von Bremsanlagen
ISO 12508	(11.97)	Erdbaumaschinen – Fahrerhaus und Instandhaltungsbereiche – Abstufung von Kanten
SAE J 1040	(1998)	ROPS Radlader
SAE J 1265		Schildfüllungen
SAE J 1939		CAN-BUS
VDI 2057	(09.02)	Einwirkung mechanischer Schwingungen auf den Menschen
VDI 2058		
Bl.2	(06.88)	Beurteilung von Lärm hinsichtlich Gehörgefährdung

VDI 2058 Bl.3	(02.99)	Beurteilung von Lärm am Arbeitsplatz unter Berücksichtigung unterschiedlicher Tätigkeiten
VDI 2151	(08.75)	Betriebsfaktoren
VDI 2153	(04.94)	Hydrodynamische Leistungsübertragung; Begriffe-Bauformen-Wirkungsweise
VDI 2157	(01.10)	Planetengetriebe; Begriffe, Symbole, Berechnungsgrundlagen
VDI 2782	(04.71)	Empfehlungen für die Gestaltung von Fahrzeugführersitzen in Kraftfahrzeugen
VBG 40		Bagger, Lader, Planiergeräte, Schürfgeräte und Spezialmaschinen des Erdbaus (Erdbaumaschinen)

zu Kapitel 5 bis 7

Angaben siehe Quellenverzeichnis

Literaturverzeichnis

Kapitel 2

[2.1] Reuter, F.; u.a.: Ingenieurgeologie. Leipzig, Stuttgart: Dt. Verl. für Grundstoffindustrie, 1992

[2.2] Rosenheinrich, G.; Pietsch, W.: Erdbau. 3. überarb. Aufl. Düsseldorf: Werner, 1998

[2.3] Bobe, R.; Hubacek, H.: Bodenmechanik. 2. überarb. Aufl. Berlin: Verl. für Bauwesen, 1986

[2.4] Kezdi, A.: Handbuch der Bodenmechanik. Bd. 1 u. 2. Berlin: Verl. für Bauwesen, 1970

[2.5] ISRM: Suggest Method for Determining Point Load Strength. International Journal of Rock Mechanics and Mining Sciences, Oxford 22 (1985) 2, S. 51-60 (engl.)

[2.6] Pietsch, M.: Der Punktlastversuch als Mittel zur qualitativen Festigkeitsuntersuchung eines Tonsteines. Geotechnik, Essen 13 (1990) 2, S. 91-96

[2.7] Hesse; Tiedemann: Zur ingenieurgeologischen Beschreibung von Festgesteinstrennflächen. Felsbau, Essen 7 (1989) 3, S. 148-153

[2.8] Schultz: Bestimmung der Punktlastfestigkeit. Zeitschrift für angewandte Geologie, Stuttgart 35 (1989) 2, S. 59-62

[2.9] Knaupe, W.: Erdbau. Berlin: Verl. für Bauwesen, 1977

[2.10] Prinz, H.: Abriss der Ingenieurgeologie: mit Grundlagen der Boden- und Felsmechanik, des Erd-, Grund- und Tunnelbaus sowie der Abfalldeponien. 2. neubearb. und erw. Aufl. Stuttgart: Enke, 1991

[2.11] Lang, H.J.; u.a.: Bodenmechanik und Grundbau. 6. überarb. und erw. Aufl. Berlin; Heidelberg u.a.: Springer, 1996

[2.12] Kühn, G.: Der maschinelle Erdbau. Stuttgart: Teubner, 1984

[2.13] Kühn, G.: Der maschinelle Tiefbau. Stuttgart: Teubner, 1992

[2.14] Bieniawski, Z.T.: Engineering rock mass classifications. New York: Wiley, 1989 (engl.)

[2.15] Lama, R.D.; Vutukuri, V.S.:Testing Techniques and Results in Handbook on Mechanical Properties of Rocks. Series on rock and soil mechanics Vol.3,3. Clausthal: Trans. Tech. Publ., 1978

[2.16] Hatamura, Y.; Chijiiwa, K.: Analysis of the Mechanism of Soil Cutting. In: Bulletin of the JSME,
T1.: Vol. 18. No. 120. (1975)
T2.: Vol. 19. No. 131. (1976)
T3.: Vol. 19. No. 137. (1976)
T4.: Vol. 20. No. 139. (1977)
T5.: Vol. 20. No. 141. (1977)

[2.17] Brüggemann, H. Entscheidungskriterien für das Gewinnen ungesprengten Gesteins in Festgesteintagebauen durch Großhydraulikbagger und die Erweiterung der Abbaumethode durch DV. Aachen, Rheinisch-Westfälische Techn. Hochschule, Fak. für Bergbau, Hüttenwesen u. Geowissenschaft, Diss. v. 1992

[2.18] Beretitsch, S.: Kräftespiel im System Schneidwerkzeug-Boden. Karlsruhe, Univ., Fak. für Bauingenieur- u. Vermessungswesen, Diss. v. 1992

[2.19] von den Driesch, S.: Schneidtechnische Untersuchungen am Querschneidkopf einer Teilschnitt-Vortriebsmaschine. Clausthal, Techn. Univ., Fak. für Bergbau, Hüttenwesen und Geowissenschaft, Diss. v. 1993.

[2.20] Hentschel, R.: Beitrag zur Theorie der Grabwiderstände – Untersuchungen am Beispiel des Schaufelradbaggers / R. Hentschel, J. Lorz – Magdeburg, Techn. Hochschule, Fak. f. Techn. Wiss., Diss. u. Hab. schr. 1973

[2.21] Jacob, K.: Laboruntersuchungen zur tangentialen Schnittkraft und ihren spezifischen Kenngrößen. Hebezeuge und Fördermittel, Berlin 27 (1987) 6, S. 170-173

[2.22] Saupe, D.: Untersuchungen über die tangentiale Kraft an Schnittwerkzeugen in Erdstoffen unter Berücksichtigung der Verschleißfläche. Dresden, Techn. Univ., Fak. Maschinenwesen, Diss. v. 1981

[2.23] Friedrich, A.: Untersuchung des Schnittvorganges in festen, spröden Modellstoffen unter Berücksichtigung der erdstoff-mechanischen Kenngrößen und der Spanfläche. Dresden, Techn. Univ., Fak. Maschinenwesen, Diss. v. 1982

[2.24] Jacob, K.: Experimentelle Analyse der Belastung des Schaufelrades durch den Grabvorgang. Dresden, Techn. Univ., Fak. Maschinenwesen, Diss. v. 1982

[2.25] Backhaus, E.; u.a.: Untersuchungen zur dynamischen Beanspruchung von Tagebaugroßgeräten. Hebezeuge und Fördermittel, Berlin 28 (1988) 8, S. 228-236

[2.26] Hubrich, F.: Experimentelle Untersuchung der resultierenden Schaufelradbelastung. Dresden, Techn. Univ., Fak. Maschinenwesen, Diss. v. 1988

[2.27] Lieberwirth, H.: Untersuchung der Gewinnbarkeit spröden, intensiv geklüfteten Festgesteins mittels Schaufelradbagger. Dresden, Techn. Univ., Fak. Maschinenwesen, Diss. v. 1990

[2.28] Thomas, J.: Bodenmechanische Einflußgrößen auf den Grab- und Fahrvorgang von Erdbaumaschinen. Hebezeuge und Fördermittel, Berlin 13 (1973) 8, S. 238-245

[2.29] Gregor, M.: Experimentelle und theoretische Untersuchungen über den Einfluss der Schnittgeschwindigkeit auf den Zerspanungswiderstand von Kohle. Aachen, Rheinisch-Westfälische Techn. Hochschule, Fak. für Bergbau, Hüttenwesen u. Geowissenschaft, Diss. v. 1968

[2.30] Rix, P.F.: Untersuchungen über den Spanwiderstand von spröd elastischen Gesteinen in Abhängigkeit von der Meißelbreite und der Spantiefe unter besonderer Berücksichtigung des Bruchvorganges. Aachen, Rheinisch-Westfälische Techn. Hochschule, Fak. für Bergbau, Hüttenwesen u. Geowissenschaft, Diss. v. 1971

[2.31] Heumann, C.: Dynamische Einflüsse bei der Schnittkraftbestimmung in standfesten Böden. Karlsruhe, Univ., Fak. Bauingenieur- u. Vermessungswesen, Diss. v. 1975

[2.32] Kuhnert, G.: Beitrag zur Optimierung von Gewinnungsmaschinen für Festgestein. Freiberg, Bergakademie, Habilitation v. 1985

[2.33] Scheffler, D.: Probleme der Gewinnungsgeräteauswahl beim Entwurf von Abbausystemen im Tagebau. Neue Bergbautechnik, Leipzig 13 (1983) 7, S. 367- 373

[2.34] Kühn, G.; Bodenmechanik und Terramechanik – zwei verschiedene Welten. Baumaschine und Bautechnik, Walluf 41 (1994) 2, S. 64-68

[2.35] Scheidig; Leussink: Die Bodeneinteilung in den technischen Vorschriften für Erdarbeiten. Die Bautechnik, Berlin 17 (1939), S. 445

Kapitel 3

[3.1] Cohrs, H.H.: Faszination Baumaschinen - Erdbewegung durch fünf Jahrhunderte. 1. Aufl. Isernhagen: Giesel, 1994

[3.2] Kahlen, H.: Neuere Entwicklung bei Antriebssystemen für stationäre und mobile Bau- und Baustoffmaschinen. Deutscher Baumaschinentag, München, Vortrag 1995

[3.3] Angelis, J.: Dieselelektrischer Straßendeckenfertiger senkt Geräusche und Kraftstoffverbrauch. Die Antriebstechnik, Mainz 34 (1995) 3, S. 44-51

[3.4] Ehrhart, P.: Elektrische MM-Antriebssysteme für Omnibusse - Elektrische Rad- und Achsantriebe. Schriftenreihe für Verkehr und Technik, Bd. 85, Bielefeld: Erich Schmidt, 1998

[3.5] Rühlicke, I.: Elektrohydraulische Antriebssysteme mit drehzahlveränderbarer Pumpe. Dresden, Techn. Univ., Diss. v. 1997

[3.6] Muno, H.: Die Fluidtechnik im Wandel - Technische und wirtschaftliche Aspekte. 9. Fachtagung Hydraulik und Pneumatik, Dresden, Techn. Univ., Vortrag 1993

[3.7] Achten, P.A.J.: The end of a revolution. Eindhoven, Techn. Univ., Diss. v. 1996

[3.8] Rotthäuser, S.; Achten, P.A.J.: Ein neuer alter Bekannter – der Hydrotransformator. Ölhydraulik und Pneumatik, Mainz 42 (1998) 6, S. 374-377

[3.9] Harms, H.: Entwicklungstendenzen in der Mobilhydraulik. Ölhydraulik und Pneumatik, Mainz 38 (1994) 4, S. 172-182

[3.10] Cohrs, H.H.: Motoren für Baumaschinen – worauf kommt`s an? Baumaschinendienst, Bad Wörishofen 26 (1990) 3, S. 240-246

[3.11] Sprenger, R.: Technisches Handbuch Dieselmotoren. 5. Aufl. Berlin: Technik, 1990

[3.12] Blumenthal, R.: Technisches Handbuch Traktoren. Berlin: Technik, 1971

[3.13] Technische Informationen für den Kundendienst / Hrsg.: KHD Deutz AG Köln: Eigenverlag, 1996

[3.14] N.N.: Emissionsgrenzwerte von Dieselmotoren. Bulletin 1/97, Bundesamt für Umwelt, Wald und Landschaft, Bern 02.2000

[3.15] Küntscher, V.: Kraftfahrzeugmotoren, Auslegung und Konstruktion. 3.Aufl. Berlin: Technik, 1995

[3.16] Niemann, G.; Winter, H.: Maschinenelemente. Berlin, Heidelberg u.a.: Springer, 1989

[3.17] Lohmann, J.: Zahnradgetriebe. 3. Aufl. Berlin, Heidelberg u.a.: Springer, 1996

[3.18] Volmer, J.: Getriebetechnik - Umlaufrädergetriebe. 3. Aufl. Berlin: Technik, 1987

[3.19] Schobinger, A.: Neue Generation von Lastschaltgetrieben für Baumaschinen. Die Antriebstechnik, Mainz 19 (1980) 3, S. 64-70

[3.20] Linke, H.: Stirnradverzahnung; Berechnung, Werkstoffe, Fertigung. 1. Aufl. München: Hanser, 1996

[3.21] Kunze, G.: Methode zur Bestimmung von Normlastkollektiven für Bau- und Fördermaschinen. Dresden, Techn. Univ., Institut für Fördertechnik, Baumaschinen und Logistik, Mitteilung v. 1995

[3.22] Lörsch, G.: Dimensionierung von Umlaufrädergetrieben. Wiss. Zeitschrift der Techn. Hochschule "Otto von Guericke", Magdeburg 22 (1978) 2, S. 193-196

[3.23] Nikolaus, H.: Hydrodynamische und hydrostatische Kraftübertragung bei fahrenden Arbeitsmaschinen. Ölhydraulik und Pneumatik, Mainz 23 (1979) 12, S. 874-877

[3.24] Kotte, G.: Aufbau und Wirkung des hydrodynamischen Drehmomentenwandlers in Erdbaumaschinen. Baumaschinendienst, Bad Wörishofen 28 (1992) 2, S. 72-76

[3.25] Pickard, J.: Planetengetriebe in der Praxis. Grafenau: Lexika, 1978

[3.26] Härdtle, W.: Lastschaltgetriebe mit automatischen Steuerungen für Baumaschinen. Die Antriebstechnik, Mainz 25 (1986) 3, S. 50-57

[3.27] Will, D. u.a.: Hydraulik - Grundlagen, Komponenten, Schaltungen. Berlin, Heidelberg u.a.: Springer, 1999

[3.28] Lang, T.; Römer, A.; Seeger, J.: Entwicklungen der Hydraulik in Traktoren und Landmaschinen. Ölhydraulik und Pneumatik, Mainz 42 (1998) 2, S. 87-94

[3.29] Leidinger, G.: Hydrotransmatic - ein neuartiger stufenloser, lastschaltfreier hydrostatischer Fahrantrieb. Hebezeuge und Fördermittel, Berlin 32 (1992) 7, S. 309-315

[3.30] N.N.: Der Hydraulik Trainer, Bd. 1: Grundlagen und Komponenten der Fluidtechnik. Lohr a. Main: Mannesmann Rexroth AG, 1991

[3.31] Götz, W.: Hydraulik in Theorie und Praxis. 2. Aufl. Stuttgart: Eigenverlag R. Bosch GmbH, 1995

[3.32] Beater, P.: Entwurf hydraulischer Maschinen. Berlin, Heidelberg u.a.: Springer, 1999

[3.33] Do Xuan Dinh: Projektvorbereitung zur rechnergestützten Dimensionierung hydrostatischer Antriebe von Baumaschinen. Dresden, Hochschule für Verkehrswesen, Diss. v. 1988

[3.34] Dombrowski, N.G.: Leistungssteigerung der Löffelbagger. Berlin: Technik, 1953

[3.35] Prusseit, P.: Zur Auslegung des hydraulischen Antriebes von Universalbaggern. Magdeburg, Techn. Hochschule "Otto von Guericke", Diss. v. 1985

[3.36] Höne, L.: Berechnung der Reaktionskräfte an Arbeitsausrüstungen vom Eingefäßbagger. Weimar,

Hydrema Baumaschinen GmbH, PC Programm v. 1995

[3.37] Will, D.: Ein Beitrag zur Gestaltung und Dimensionierung verlustenergiearmer Hydraulikanlagen unter besonderer Berücksichtigung des Anschaffungspreises und des Materialaufwandes. Dresden, Techn. Univ., Diss. v. 1980

[3.38] Gebhardt, N.: Beitrag zur technischen Diagnostik von hydraulischen Pumpen und Motoren, dargestellt am Beispiel der Axialkolbenmaschine. Dresden, Hochschule für Verkehrswesen, Diss. v. 1985

[3.39] Schuster, M.: Beitrag zur technischen Diagnostik für hydrostatische Antriebe von Baumaschinen unter Berücksichtigung dynamischer Belastung. Dresden, Hochschule für Verkehrswesen, Diss. v. 1984

[3.40] Klotzbücher, W.: Auslegung von Hydrauliksystemen nach energetischen Gesichtpunkten unter Berücksichtigung des Lastkollektivs. Ölhydraulik und Pneumatik, Mainz 30 (1986) 9, S. 644-654

[3.41] Nollau, R.: Ein vereinfachter Projektierungsalgorithmus für moderne Druckquellen. 7. Fachtagung Hydraulik und Pneumatik, Dresden, Techn. Univ., Vortrag 1993

[3.42] N.N.: Der Hydraulik Trainer, Bd. 3: Projektierung und Konstruktion von Hydroanlagen. Lohr a. Main: Mannesmann Rexroth AG, 1988

[3.43] Röhrs, W.; van Hamme, T.: Hydrauliksysteme in Standard-Baggern. Baumaschinen und Bautechnik, Wiesbaden 34 (1987) 7/8, S. 315-323

[3.44] Dluzik, K.: Energiesparende Schaltungskonzepte für Hydro-Zylinder am Drucknetz. Ölhydraulik und Pneumatik, Mainz 33 (1989) 5, S. 444-450

[3.45] Wüsthof, P.: Verbesserte Energieausnutzung in der Mobilhydraulik. Ölhydraulik und Pneumatik, Mainz 30 (1986) 9, S. 637-643

[3.46] van Hamme, T.: Untersuchungen des dynamischen Verhaltens von Load-Sensing-Schaltungen mit Axialkolbenpumpen. Braunschweig, Techn. Univ., Diss. v. 1991

[3.47] Esders, H.; Harms, H.H.; Holländer, C.: Tendenzen der Hydraulik in Baumaschinen - Neuigkeiten zur BAUMA 92. Ölhydraulik und Pneumatik, Mainz 36 (1992) 8, S. 490-497

[3.48] Backé, W.: Neue Möglichkeiten der Verdrängerregelung. Ölhydraulik und Pneumatik, Mainz 32 (1988) 10, S. 686-695; 11, S. 778-783

[3.49] Backé, W.; Feigel, H.J.: Neue Möglichkeiten beim elektrohydraulischen Load-Sensing. Ölhydraulik und Pneumatik, Mainz 34 (1990) 2, S. 106-114

[3.50] N.N.: Der Hydraulik Trainer, Bd. 5: Fluidtechnik von A bis Z. Lohr a. Main: Mannesmann Rexroth AG, 1989

[3.51] Lödige, H.: Nutzbare Leistung einer LS-Hydraulik. Ölhydraulik und Pneumatik, Mainz 36 (1992) 4, S. 234-241

[3.52] N.N.: Grader LS-Hydraulik. Berlin/Kissing: Sonderdruck O&K Baumaschinen GmbH, 1991

[3.53] Fertig, G.: LUDV-Steuerungen. Fachtagung Antriebs- und Steuerungssysteme für moderne Mobilmaschinen, Lohr a. Main, Mannesmann Rexroth AG, Nov. 1994

[3.54] Nikolaus, H.: Dynamik sekundärgeregelter Hydroeinheiten am eingeprägten Drucknetz. Ölhydraulik und Pneumatik, Mainz 26 (1982) 2, S. 74 - 82

[3.55] Kordak, R.: Sekundärgeregelte hydrostatische Antriebe. Ölhydraulik und Pneumatik, Mainz 29 (1985) 9, S. 656-667

[3.56] Wüsthof, P.: Sekundärregelung im Vergleich – Marktnische oder Zukunft? Ölhydraulik und Pneumatik, Mainz 43 (1999) 5, S. 376-381

[3.57] Holländer, C.: Untersuchungen zur Beurteilung und Optimierung von Baggerhydrauliksystemen. Braunschweig, Techn. Univ., Diss. v. 1997

[3.58] Holke, B.: Selbstregelnde Pumpen als Antrieb für Hydro-Bagger und -Lader. Baumaschine und Bautechnik, Wiesbaden 20 (1973) 1, S. 15-20

[3.59] Knölker, H.D.: Moderne Hydrauliksysteme für Bagger. Ölhydraulik und Pneumatik, Mainz 17 (1973) 2, S. 45-49

[3.60] Zick, J.: Verbesserte Leistungsausnutzung bei Erdbaumaschinen durch optimale Pumpensteuerung. Ölhydraulik und Pneumatik, Mainz 20 (1976) 4, S. 213-222

[3.61] Brückle, F.: Pumpenregelungen an Mehrkreissystemen. Ölhydraulik und Pneumatik, Mainz 26 (1982) 2, S. 85-93

[3.62] Schulz, R.: Simulation hydraulischer Energiespeicher. Ölhydraulik und Pneumatik, Mainz 23 (1979) 10, S. 729-731

[3.63] Gottschalk, L.: Einsatz des Membran-Druckspeichers in der Mobilhydraulik. Ölhydraulik und Pneumatik, Mainz 30 (1986) 6, S. 449-454

[3.64] Etschberger, K.; Zeltwanger, H.: Von der Vielfalt zur Einheit. Kommunikations- und Geräteprofile für CAN. Elektronik, Poing 45 (1996) 8, S. 100-106

[3.65] Bublitz, R.: Profil Fluidtechnik - Ein Geräteprofil für die Hydraulik. Ölhydraulik und Pneumatik, Mainz 43 (1999) 8, S. 595-601

[3.66] Poppy, W.; Unger, E.: Standardisierung der offenen Kommunikation in mobilen Baumaschinen. Magdeburg, Techn. Univ. "Otto von Guericke", Lehrstuhl Baumaschinentechnik, Forschungsbericht v. 2000

[3.67] Rückgauer, N.: Entwicklungstendenzen bei hydrostatischen Antrieben in mobilen Arbeitsmaschinen. Ölhydraulik und Pneumatik, Mainz 37 (1993) 11, S. 840-845

[3.68] Leidinger, G.: Elektrohydraulische Steuer- und Regelsysteme in selbstfahrenden Erdbaumaschinen. Ölhydraulik und Pneumatik, Mainz 34 (1990) 7, S. 488-495

[3.69] Vonnoe, R.: Programmgesteuerte und geregelte hydrostatische Mobilantriebe. Ölhydraulik und Pneumatik, Mainz 36 (1992) 4, S. 206-221

[3.70] Harms, H.: Entwicklungstendenzen in der Mobilhydraulik. Ölhydraulik und Pneumatik, Mainz 38 (1994) 4, S. 172-182

[3.71] Esders, H.; Holländer, C.; u.a.: Neue Entwicklungen und Tendenzen der Hydraulik in Traktoren und Landmaschinen. Ölhydraulik und Pneumatik, Mainz 38 (1994) 4, S. 204-213

[3.72] Möller, J.: Untersuchungen zur Entwicklung und Optimierung einer elektrohydraulischen Traktorlenkung. VDI-Fortschritt-Berichte, Reihe 14, Nr. 64. Düsseldorf: VDI, 1993

[3.73] Hesse, H.: Neue Möglichkeiten der Mobilhydraulik durch Elektronik. 8. Fludtechnischen Kolloquium, Aachen, Rheinisch - Westfälische Techn. Hochschule, Vortrag 1988

[3.74] Harms, H.: Schlepper und Landmaschinen werden umweltfreundlicher. Agrartechnik, München 72 (1993) 11, S. 84-86

[3.75] Zeiser, H.: Geräuschentstehung bei hydrostatischen Getrieben, Möglichkeiten und Grenzen der Geräuschminderung. Ulm, Mannesmann Rexroth Hydromatik GmbH, Sonderdruck Nr. 02.93

[3.76] Schick, A.: Schallbewertung, Berlin; Heidelberg u.a.: Springer, 1990

[3.77] Spessert, B.: Geräuschreduktion bei Baumaschinen. Baumaschine und Bautechnik, Walluf 42 (1995) 5, S. 29-30 (Teil 1); 6, S. 19-20 (Teil 2); 43 (1996) 1/2, S. 15-16 (Teil 3); 3, S. 17-18 (Teil 4)

[3.78] Böhm, A.; Strachotta, O.: Geräuschemissionen und -immissionen von Baumaschinen, Baugeräten und Baustellen - Taschenbuch der technischen Akustik. Berlin, Heidelberg u.a.: Springer, 1995

[3.79] N.N.: Begrenzung des Geräuschemissionspegels von Baumaschinen. Richtlinie 86/662/ EWG vom 22.12.1986; Richtlinie 95/27/EG vom 29.06.1995

[3.80] N.N.: Begrenzung des Geräuschemissionspegels von Baumaschinen. Richtlinie 89/514/EWG vom 02.08.1989

[3.81] N.N.: Baumaschinenlärm. 15. BImSchV, Bundes-Immissionsschutzgesetz, Verordnung vom 14. 03. 1996

[3.82] Wollenick, K.; Simon, S.: Lärmemission von Baumaschinen und -geräten. Baumaschine und Bautechnik, Walluf 43 (1996) 10, S. 19-22

[3.83] Spessert, B.: Lärmarme Bagger und Radlader auf der BAUMA 95. Baumaschine und Bautechnik, Walluf 42 (1995) 3, S. 33-37

[3.84] Angelis, J.: Straßenfertiger mit dieselelektrischem Antrieb - die Antwort auf die Umweltherausforderungen. Baumaschine und Bautechnik, Walluf 42 (1995) 3, S. 29-32

[3.85] Spessert, B.; Beisenbusch, K.: Möglichkeiten zur akustischen Optimierung von Baumschinen. Baumaschine und Bautechnik, Wiesbaden 38 (1991) 1, S. 5-10

[3.86] Mollenhauer, K.: Handbuch Dieselmotoeren. Berlin, Heidelberg u.a.: Springer, 1997

[3.87] Hesse, A.: Zukünftige Brennstoffe für Dieselmotoren. Frankfurt/M., VDMA, Sonderdruck der Forschungsvereinigung Verbrennungskraftmaschinen v. 1998

[3.88] Molykote – Produktinformation / Hrsg.: Dow Corning GmbH München: Eigenverlag, 1991

[3.89] Kotte, G.: Kleine Schmierstoffkunde für den Baumaschinenpraktiker. Hebezeuge und Fördermittel, Berlin 32 (1992) 11, S. 514-517

[3.90] Kruse, D.: Schmierstoffe für Baumaschinen. Baumaschine und Bautechnik, Walluf 40 (1993) 3, S. 162-165

[3.91] Kotte, G.: Der Stoff für langes Leben. Baumaschinendienst, Bad Wörishofen 27 (1991) 3, S. 198-206

[3.92] N.N.: Regelschmierstoffe für Baumaschinen und Baufahrzeuge. Wiesbaden, Berlin: Bauverlag, 1994

[3.93] Völtz, M.: Schmierstoffe. Baumaschinendienst, Bad Wörishofen 35 (1999) 9, S. 70-74

[3.94] Haase, C.: Getriebe und Motorenöle. Produktseminar, Bad Sassendorf, Esso, Vortrag 1998

[3.95] Bargmann, E.: Der Flächendruck des Zwei-Raupen-Löffelbaggers. Zeitschr. VDI, Düsseldorf 96 (1954) 9, S. 269-273

[3.96] Hockel, H.L.: Entwicklungstendenzen bei Baumaschinen. Baumaschine und Bautechnik, Wiesbaden 13 (1966) 5, S. 218-224

[3.97] Ketterer, B.: Standsicherheit von mobilen Baumaschinen. Baumaschine und Bautechnik, Wiesbaden 25 (1978) 5, S. 251-253

[3.98] Kiehl, P.; Vogel, E.: Technik und Leistung eines knickgelenkten Radladers der Mittelklasse. Baumaschine und Bautechnik, Wiesbaden 22 (1975) 3, S. 95-98

[3.99] Rieder, O.: Die Standsicherheit von Bohrgeräten. Baumaschinendienst, Bad Wörishofen 27 (1991) 5, S. 407-408

[3.100] Gubsch, I.; Kunze, G.; Pilz, S.: 3D-Modellierung und Berechnungsgrundlagen für Grabwerkzeuge von Universalbaggern. Dresden, Techn. Univ., Institut für Fördertechnik, Baumaschinen und Logistik, Forschungsbericht v. 1995

[3.101] Gubsch, I.; Jacob, K.; Kunze, G.: Einführung der computergestützten Schaufelkonstruktion mit dem 3D System CADDS 5. Dresden, Techn. Univ., Institut für Fördertechnik, Baumaschinen und Logistik, Forschungsbericht v. 1993

[3.102] Gubsch, I.; Jacob, K.; Kunze, G.: Parametrisches Konstruktionssystem für Grabwerkzeuge. Baumaschine und Bautechnik, Walluf 43 (1996) 10, S. 15-18

[3.103] Gubsch, I.; Kunze, G.: Konstruktive Wirklichkeit im Rechner - der Weg zum parametrischen CAD-Modell am Beispiel des Baggerlöffels. Baumarkt, Gütersloh 96 (1997) 6, S. 65-66

[3.104] Müller, J.; Praß, P.; Beitz, W.: Modelle beim Konstruieren. Konstruktion, Berlin 44 (1992) 10, S. 319-324

[3.105] Kotte, G.: Schaufel- und Löffelinhalte. Baumaschine und Bautechnik, Walluf 41 (1994) 4, S. 205-206

[3.106] Durst, W.; Vogt, W.: Schaufelradbagger, Clausthal-Zellerfeld: Trans Tech Publikations, 1986

[3.107] HARDOX, WELDOX, DOMEX – Technische Produktinformation / Hrsg.: SSAB Schweden Steel GmbH Oxelösund, 1996

[3.108] Wuich, W.: Die wichtigsten Stähle und deren Eignung zum Schweißen. Baumaschine und Bautechnik, Walluf 41 (1994) 5, S. 294-297

[3.109] Verhoef, P.: Wear of rock cutting tools (Verschleiß von Gesteinswerkzeugen). Rotterdam: A.A. Balkema, 1997 (engl.)

[3.110] Uetz, H.: Abrasion und Erosion. München: Hanser, 1986

[3.111] Valentin, A.: Examen des differents procedec classiques de determination de la nociviti des roches vis-a-vis de l`abbatage mecanique (Vergleichende Prüfung der Verschleißverfahren aus der Sicht der Felsmechanik). Revue de Industrie Minerale-Mine, (1974) 11, S. 133-140 (franz.)

[3.112] Schimazek, J.; Knatz, H.: Der Einfluß des Gesteinsaufbaus auf die Schnittgeschwindigkeit und den Meißelverbrauch von Streckenvortriebsmaschinen. Glückauf, Essen 106 (1970) 6, S. 113-119

[3.113] International Society for Rock Mechanics (ISRM): Suggested Method for Determining Point Load Strength (Vorschlag zu einer Methode für die Bestimmung der Punktlastfestigkeit). International Rock Mechanics, Oxford 22 (1985) 2, S. 51-60 (engl.)

[3.114] Raaz, V.: Grabkraftermittlung und Optimierung der maschinen- und verfahrenstechnischen Parameter von Schaufelradbaggern für einen energie- und verschleißgünstigen Abbau von Abraum, Kohle und Zwischenmitteln im Tagebau. Braunkohle, Düsseldorf 51 (1999) 5, S. 544-155

[3.115] Baron, L.I.; Glatman, L.B.: Iznos instrumenta pri resanii gornych porod (Werkzeugverschleiß beim Gewinnen von Gestein). Moskva: Nedra, 1969 (russ.)

[3.116] Gehring, K.: Schneidende Gewinnung im Tagebau mit Voest-Alpine Surface Miner – Einsatzbedingungen und Erfahrungen beim Einsatz in festen Gesteinen. Kolloquium zur sprengstofflosen Festgesteinsgewinnung im Bergbau und Bauwesen, Freiberg, Techn. Univ. Bergakademie, Vortrag 1997

[3.117] Cohrs, H.: Verschleiß erkannt, Kosten gebannt. Baumaschinendienst, Bad Wörishofen 30 (1994) 12, S. 1018-1023

[3.118] Ehrlich, G.; Steinert, U.: Systematische Erfassung und Möglichkeiten der Reduzierung von Verschleiß(-kosten) bei Ladeschaufeln und Zerkleinerungsmaschinen. Die Naturstein-Industrie, Baden-Baden 22 (1987) 4, S. 8-15

[3.119] Kühne, G.: Gestaltung von Grabgefäßen bei Hydraulikbaggern und Radladern. Baumaschine und Bautechnik, Wiesbaden 36 (1989) 2, S. 9-17

[3.120] Jarowski, J.; Tylman, K.; Tyro, G.: Einfluß der Form des Löffels eines Hydraulikbaggers auf den Energiebedarf des Grabprozesses. Wiss. Zeitschrift der Techn. Hochschule "Otto von Guericke", Magdeburg 28 (1984) 2, S. 14-16

[3.121] Massinger, E.: Optimale Formgebung von Grabgefäßen. Baumaschine und Bautechnik, Wiesbaden 21 (1974) 5, S. 153-158

[3.122] Bergmann, H.: Grabkraftuntersuchungen am Hydraulikbagger - Optimale Formgebung - Verbesserte Baggerleistung. Baupraxis, Stuttgart 32 (1980) 4, S. 14-24

[3.123] Jaworski, J.: Einfluß der geometrischen Gestaltung des Baggerlöffels auf den Energiebedarf des Grabprozesses. Hebezeuge und Fördermittel, Berlin 20 (1980) 11, S. 340-343

[3.124] Förster, H.; Leiste, J.; Mikolajewski, B.: Einfluß von Zähnen und Wangen auf das Schneiden von Erdstoff mit Baggerlöffeln. Hebezeuge und Fördermittel, Berlin 20 (1980) 10, S. 299-301

[3.125] Hoffmann, G.: Lehrbuch der Bergwerksmaschinen (Kraft- und Arbeitsmaschinen). Berlin, Heidelberg u.a.: Springer, 1961

[3.126] Wagner, H.: Verkehrs- und Tunnelbau, Bd. 1. Berlin: Wilhelm Ernst und Sohn, 1968

[3.127] Mendel, G.: Verkehrs- und Tunnelbau, Bd. 2. Berlin: Wilhelm Ernst und Sohn, 1969

[3.128] Berger, W.: Der moderne Tunnel- und Stollenvortrieb; neue Bauverfahren und Probleme. Berlin, München, Düsseldorf: Wilhelm Ernst und Sohn, 1970

[3.129] Vetrov, J.A.: Razrusenie procnych gruntov (Gewinnung von festen Erdstoffen). Kiev: Budivelnik, 1972 (russ.)

[3.130] Kundel, H.: Kohlengewinnung. Essen: Glückauf, 1983

[3.131] Schwabe, W.; u.a.: Handbuch Gesteinsbohrtechnik. Leipzig: Deutscher Verlag für Grundstoffindustrie, 1983

[3.132] Poderni, R.J.: Gornye masiny i komplexy dlja otkrytych rabot (Bergbaumaschinen und – ausrüstungen für übertägige Arbeiten). Moskva: Nedra, 1985 (russ.)

[3.133] Striegler, W.: Tunnelbau. Berlin: Verlag für Bauwesen, 1990

[3.134] Vogt, W.; Janecke, K.: Technischer Stand und Entwicklungsmöglichkeiten der fräsenden Gewinnung in Kohlentagebauen. Braunkohle, Düsseldorf 39 (1987) 5, S. 120-134

[3.135] Girnau, G.; Blennemann, F.: Nichtmechanische Gesteinszerstörung. Düsseldorf: Alba, 1972

[3.136] Rudolf, W.; Steinzeig, G.M.; Wilnauer, H.: Krupp Surface Miner KSM 2000 R im russischen Tagebau Taldinskij. Braunkohle, Clausthal 48 (1996) 4, S. 357-362

[3.137] Ehler, A.; Jacob, K.; Kunze, G.: Entwicklungstrends in der Tagebautechnik, insbesondere beim Gewinnen fester Erdstoffe. Braunkohle, Clausthal 51 (1999) 4, S. 447-451

[3.138] Spachtholz, F.X.: Überlegungen zur konzeptionellen Ausgestaltung sprengstoffloser Gewinnungstechniken für den Festgesteinstagebau basierend auf Einsatzerfahrungen mit einer Mittelwalzenfräse. Berlin, Techn. Univ., Diss. v. 1997

[3.139] Ehler, A.; Goericke, B.; Kunze, G.: Ergebnisse aus der Untersuchung des kontinuierlichen Gewinnungsvorgangs im Festgestein. Life 200 - Lignite in Europa, Freiberg, Techn. Univ. Bergakademie, Vortrag April 2000

[3.140] Hoffmann, D.: Surface Miner MTS 1250. Braunkohle, Clausthal 51 (1999) 2, S. 135-140

[3.141] Kiehl, P.: Die Leistung der Hydraulikbagger und Möglichkeiten ihrer Erfassung, Berlin, Techn. Univ., Diss., 1973

[3.142] Kühn, G.: Forschung an Baumaschinen. Baumaschine und Bautechnik, Wiesbaden 21 (1974) 4, S. 115-126

[3.143] Drees, G.: Untersuchungen über das Kräftespiel an Flachbagger-Schneidwerkzeugen in Mittelsand und schwach bindigem, sandigem Schluff unter besonderer Berücksichtigung der Planierschilde und ebenen Schürfkübelschneiden. Aachen, Rheinisch - Westfälische Techn. Hochschule, Diss. v. 1956

[3.144] Wächter, J.: Betrachtungen über mögliche Schnittkräfte unter Zugrundelegung der Antriebe ausgeführter und im Bau befindlicher Eimerkettenbagger. Freiberger Forschungshefte A265, Leipzig (1963)

[3.145] Pajer, G.: Beitrag zur theoretischen Analyse des Grabwiderstandes. Wiss. Zeitschrift der Techn. Hochschule "Otto von Guericke", Magdeburg 14 (1970) 5/6, S. 577-588

[3.146] Kühn, G.; Massinger, E.: Optimale Formgebung von Grabgefäßen. Forschungsreihe der Bauindustrie, Bd. 3 / Hrsg.: Hauptverband der Deutschen Bauindustrie. Wiesbaden: Bauverlag, 1973

[3.147] Tyro, G.; Vogel, G.: Probleme des Schnittvorgangs bei Erdbewegungsmaschinen, insbesondere bei Flachbaggern. Wiss. Zeitschrift der Techn. Hochschule "Otto von Guericke", Magdeburg 13 (1969) 7, S. 715-723

[3.148] Artem'ev, K.A.: Osnovy teorii kopanija grunta skreperami (Grundlagen einer Theorie des Erdstoffschneidens mit Schürfkübelwagen). Moskva: Masgiz 1963 (russ.)

[3.149] Elijah, D.L.; Weber, J.A.: Soil failure and pressure patterns for flat cutting beades (Erdstoffbruch und Formen der Druckverteilung für ebene Schneidmesser). ASAE - Paper No. 68 - 655 (engl.)

[3.150] Reece, A.R.: The fundamental equation of earthmoving mechanics (Die Grundgleichung der Mechanik der Erdstoffbewegung). Symp. Earth-moving Mach., Inst. of. Mech. Engineers, 1965 (engl.)

[3.151] Hatamura, Y.; Chijiiwa, K.: Analysis of the Mechanism of Soil Cutting (Analyse des Mechanismus des Erdstoffschneidens). Bulletin of the ISME, Japan society of civil Engineers 18 (1975) 120, S. 619-626; 19 (1976) 131, S. 555-563; S. 1376-1384; 20 (1977) 139, S. 130-137; S. 388-395 (engl.)

[3.152] Anochin, A.I.: Straßenbaumaschinen. Berlin: Technik, 1952

[3.153] Söhne, W.: Einige Grundlagen für eine landtechnische Bodenmechanik. Grundlagen der Landtechnik, Düsseldorf 8 (1956) 7, S. 11-27

[3.154] Zelenin, A.N.: Rezanie gruntov (Schneiden von Erdstoffen). Moskva: Izvestija Akademii Nauk SSSR, 1959 (russ.)

[3.155] Brach, I.: Teoretyczne podstawy skrawania gruntow w maszynach do robot ziemnych (Theoretische Grundlagen des Erdstoffschnitts mit Gewinnungsmaschinen). Warszawa: Wydawnistwa Arkady, 1960 (poln.)

[3.156] Brach, I.: Maszyny do robot ziemnych; koparki jednonaczyniowe universalne (Maschinen für Erdarbeiten; Eingefäß-Universalbagger). Warszawa: Wydawnictwa Naukowo-Techniczne, 1970 (poln.)

[3.157] Cvekl, Z.; Kolar, J.: Univerzalni rypadla (Universalbagger). Praha: Statni nakladatelstvi technicke literatury, 1963 (tschech.)

[3.158] Vetrov, A.: Gesetzmäßigkeiten des Schneidens von Böden und ihre Anwendung. Wiss. Zeitschrift der Techn. Univ., Dresden 12 (1963) 5, S. 1327-1337

[3.159] Gregor, H.: Experimentelle und theoretische Untersuchungen über den Einfluß der Schnittkraft auf den Zerspanungswiderstand von Kohle. Aachen, Rheinisch - Westfälische Techn. Hochschule, Diss. v. 1968

[3.160] Rix, P.P.: Untersuchungen über den Spanwiderstand von spröd-elastischen Gesteinen in Abhängigkeit von der Meißelbreite und der Spantiefe unter besonderer Berücksichtigung des Bruchvorgangs. Aachen, Rheinisch - Westfälische Techn. Hochschule, Diss. v. 1971

[3.161] Langlotz, V.: Untersuchung über das Zerspanen von Salzgestein. Clausthal, Technische Universität, Diss. v. 1973

[3.162] Riemann, K.P.: Die Zerspanung von Hartgestein beim Schlitzhobeln. Hannover, Techn. Hochschule, Diss. v. 1974

[3.163] Wismer, R.D.; Luth, H.J.: Rate Effects in Soil Cutting (Geschwindigkeitseinflüsse beim Erdstoffschneiden). Journ. of Terramechanics, 8 (1972) 3, S. 11 ff (engl.)

[3.164] Kowrigin, W.: Beitrag zur Theorie des Arbeitsvorgangs des Schaufelrads. Dresden, Techn. Univ., Diss. v. 1960

[3.165] Fiebig, M.; Kramer, K.: Schneidkraftverlauf beim vertikalen Sichelschnitt von Schaufelradbaggern. Hebezeuge und Fördermittel, Berlin 5 (1965) 1, S. 21-25

[3.166] Bahr, J.: Die dynamischen Kräfte beim Abtragen schweren Bodens mit Schaufelradbaggern. Bergbautechnik, Leipzig 15 (1965) 5, S. 230-237

[3.167] Renger, A.; Gupta, K.N.: Berechnungsmethoden für stochastisch erregte zeitinvariante Schwingungssysteme und ihre Anwendung zur Bestimmung der dynamischen Beanspruchungen von Schaufelradbaggern. Magdeburg, Techn. Hochschule "Otto von Guericke", Diss. v. 1970

[3.168] Heumann, G.: Dynamische Einflüsse bei der Schnittkraftbestimmung in standfesten Böden. Karlsruhe, Techn. Hochschule, Diss. v. 1975

[3.169] Poderni, R.J.: Grundlagen der Grabkraftentstehung bei Schaufelradbaggern. Hebezeuge und Fördermittel, Berlin 17 (1977) 10, S. 306-308

[3.170] Poderni, R.J.: Experimentelle Untersuchungen der Grabkräfte bei Schaufelradbaggern. Hebezeuge und Fördermittel, Berlin 18 (1978) 10, S. 201-205

[3.171] Friedrich, A.: Untersuchung des Schnittvorgangs in festen, spröden Modellstoffen unter Berücksichtigung der erdstoffmechanischen Kenngrößen und der Spanfläche. Dresden, Techn. Univ., Diss. v. 1982

[3.172] Saupe, D.: Untersuchungen über die tangentiale Kraft an Schnittwerkzeugen in Erdstoffen unter Berücksichtigung der Verschleißfläche. Dresden, Techn. Univ., Diss. v. 1982

[3.173] Jacob, K.: Experimentelle Analyse der Belastung des Schaufelrads durch den Grabvorgang. Dresden, Techn. Univ., Diss. v. 1983

[3.174] Hitzschke, K.; Jacob, K.: Experimentelle Analyse der Belastung des Schaufelrads durch den Grabvorgang. Hebezeuge und Fördermittel, Berlin 24 (1984) 9, S. 274-277; 10, S. 298-301

[3.175] Dombrovskij, N.G.: Ekskavatori (Bagger). Moskva: Masino Stroenie, 1969 (russ.)

[3.176] Sokolowski, V.V.: Statica sepucej sredy (Die Statik geschütteter Stoffe). Moskva: Gostechteoretizdat, 1954 (russ.)

[3.177] Vetrov, A.: Rezanie gruntov zemleroinymi masinami (Das Schneiden von Erdstoffen mit Gewinnungsmaschinen). Moskva: Masinostroenie, 1965 (russ.)

[3.178] Ustinkin, N.D.: Issledovanie soprotivlenija ot sil inerzii pri rezanii grunta (Untersuchung des Widerstands infolge von Beschleunigungskräften beim Schneiden von Erdstoff). Izvestija Vusov Stroitelstvo i Architektura (1966) 3, S. 96-100 (russ.)

[3.179] Ketterer, B.: Einfluß der Geschwindigkeit auf den Schneidvorgang in rolligen Böden. Baumaschine und Bautechnik, Wiesbaden 24 (1977) 9, S. 540-549

[3.180] Ketterer, B.: Modelluntersuchungen zur Prognose von Schneid- und Planierkräften im Erdbau. Baumaschine und Bautechnik, Wiesbaden 28 (1981) 7, S. 355-370

[3.181] Dombrovskij, N.G.; Zukov, P.A.; Averin, N.D.: Ekskavatori (Bagger). Moskva: Masgiz, 1949 (russ.)

[3.182] Himmel, W.: Der spezifische Grabwiderstand in Abhängigkeit von der Spanfläche und der Spanform bei verschiedenen Bodenarten. Freiberger Forschungshefte A265, Leipzig (1963), S. 5-37

[3.183] Zhonglin Lu: Zweckmäßigste Bezugseinheit für den spezifischen Grabwiderstand. Braunkohle, Düsseldorf 38 (1986) 8, S. 233-238

[3.184] Protodjakonov, M.M.: Issledovanie processa razrusenija ugla metodom krupnovo skolan (Untersuchung der Zerstörung von Kohle mit der Methode harter Schläge). Sbornik Voprosy razrusenija i davlenija gornych porod. Moskva: Ugletechizdat, 1957 (russ.)

[3.185] Jacob, K.: Laboruntersuchungen zur tangentialen Schnittkraft und ihren spezifischen Kenngrößen. Hebezeuge und Fördermittel, Berlin 27 (1987) 6, S. 170-178

[3.186] Kühn, G.: Bodenuntersuchungen im maschinellen Erdbau. Baumaschine und Bautechnik, Wiesbaden 25 (1958) 2, S. 33-36

[3.187] Hentschel, R.; Lorz, J.: Untersuchung zur Bestimmung der Schnittwiderstände. Hebezeuge und Fördermittel, Berlin 13 (1973) 9, S. 274-277

[3.188] Gehbauer, F.; Beretitsch, S.: Zum Kräftespiel im System Schneidwerkzeug-Boden. Baumaschine und Bautechnik, Walluf 42 (1994) 1, S. 35-37; 2, S. 68-73

[3.189] Lange, F.H.: Methoden der Meßstochastik. Berlin: Akademie, 1978

[3.190] Beyer, O.; u.a.: Stochastische Prozesse und Modelle. Mathematik für Ingenieure, Naturwissenschaftler, Ökonomen und Landwirte, Bd. 19/1. Leipzig: Teubner, 1978

[3.191] Wünsch, G.: Systemanalyse. Bd 2: Statistische Systemanalyse. Berlin: Technik, 1974

[3.192] Renger, A.; Mohr, H.: Schwingungsberechnung von Schaufelradbaggern / Hrsg.: Zentrales Institut für Mathematik und Mechanik der Akademie der Wissenschaften der DDR. Berlin, Akademieverlag, 1980

[3.193] Schmidt, G.: Untersuchungen zur Genauigkeit bei der experimentellen Ermittlung von Kennfunktionen stochastischer Vorgänge. Fachtagung Festkörpermechanik, Bd. C, Beitrag LIII, S. 1-12. Leipzig: Fachbuchverlag, 1979

[3.194] Kenneth, A.: Effektiver Einsatz verschiedener Testkraftsignalarten zur Untersuchung des dynamischen Verhaltens mechanischer Systeme. VDI, Düsseldorf 120 (1978) 19, S. 873-879

[3.195] Vlasov, V.: Ozakone raspredelenija mgnovennych znacenija sily vezanija grunto i porod (Zum Verteilungsgesetz der Momentanwerte von Schnittkräften in Erdstoffen und Gesteinen). Gornye, stroitelnye i doroznye masiny, Warzawa (1970) 10, S. 16-21 (poln.)

[3.196] Menz, I.; u.a.: Betrachtungen zur Charakterisierung von Lagerstätten auf der Grundlage der Theorie zufälliger Prozesse. Freiberger Forschungshefte A578, S. 161-167, Leipzig (1977)

[3.197] Bergmann, H.: Grabwiderstand beim Hydraulikbagger. Berlin, Techn. Univ., Lehrstuhl für Baubetrieb und Baumaschinen, Mitteilungen Heft 1 v. 1980

[3.198] Messerschmidt, D.; Yong Li; Zielbauer, U.: Belastungen am Grabgefäß im Felshaufwerk. Baumaschine und Bautechnik, Walluf 41 (1994) 3, S. 128-134

[3.199] Güner, E.; Poppy, W.: Lastkollektive und Betriebsfestigkeit bei Baumaschinen. Konstruktion, Berlin 45 (1993) 7/8, S. 247-257

[3.200] Tyro, G.: Ciagnikowe maszyny do robot ziemnych (Zugmaschinen für Erdarbeiten). Warszawa: Wydawnictwa Politechniki Warszawskiej, 1980 (poln.)

[3.201] Tyro, G.; Uhlmann, A.: Einfluß der Belastung der Erdstoffoberfläche auf die Größe des Schnittwiderstands. Hebezeuge und Fördermittel, Berlin 17 (1977) 9, S. 264-266

[3.202] Aleksejeva, T.V.; u.a.: Doroznyje Masiny (Straßenbaumachinen), Teil 1: Masiny dlja zemljanych rabot (Maschinen für Erdarbeiten). Moskva: Masinostroenie, 1972 (russ.)

[3.203] Tyro, G.; Vogel, G.: Ermittlung des Füllwiderstands und der Kübelabmessungen bei Schürfkübelwagen. Hebezeuge und Fördermittel, Berlin 9 (1969) 3, S. 84-87

[3.204] Tyro, G.; Vogel, G.: Probleme des Schnittvorgangs bei Erdbewegungsmaschinen, besonders bei Flachbaggern. Hebezeuge und Fördermittel, Berlin 9 (1969) 4, S. 97-101

[3.205] Kühn, G.: Der maschinelle Erdbau. Stuttgart: Teubner, 1984

[3.206] Wie fest ist der Boden wirklich? Baumaschine und Bautechnik, Wiesbaden 35 (1988) 10, S. 265-276

[3.207] Jessberger, H.: Bodenmechanik und Rheologie. Materialprüfung, Düsseldorf 1 (1959) 8, S. 269-276

[3.208] Becker, M.: Introduction to Terrain-Vehicle System (Gestaltung eines Gelädefahrzeugs). Ann Arbor: The University of Michigan Press, 1969 (engl.)

[3.209] Grahn, M.: Einfluß der Rollgeschwindigkeit auf die Einsinkung und den Rollwiderstand von Radfahrzeugen auf Geländeböden. Hamburg, Univ. der Bundeswehr, Diss. v. 1996

[3.210] Ruff, K.: Fahrzeugbewegung im Gelände mit dem Simulationssystem ORIS. Hamburg, Univ. der Bundeswehr, Diss. v. 1997

[3.211] Jurkat, M. P.; Brady, P. M.; Haley, P. W.: NATO Reference Mobility Model, Techn. Report No 1203 / Hrsg.: U.S. Army Tank Automotive Command (ATAC). Warren Michigan: 1979 (engl.)

[3.212] Aubel, T.: Simulationsverfahren zur Untersuchung der Wechselwirkung zwischen Reifen und nachgiebiger Fahrbahn auf der Basis der Finite Elemente Methode. Hamburg, Univ. der Bundeswehr, Diss. v. 1994

[3.213] Schmid, I.; Aubel, T.: Der elastische Reifen auf nachgiebiger Fahrbahn - Rechenmodell im Hinblick auf Reifendruckregelung. VDI-Fortschritts-Berichte, Nr. 916. Düsseldorf: VDI, 1991

[3.214] Mitschke, M.: Dynamik der Kraftfahrzeuge, Bd. 1. Berlin, Heidelberg u.a.: Springer, 1972

[3.215] Holm, C.: Das Verhalten von Reifen beim mehrmaligen Überfahren einer Spur auf nachgiebigem Boden und der Einfluß auf die Konzeption mehrachsiger Fahrzeuge. VDI-Fortschritts-Berichte, Reihe 14, Nr. 17. Düsseldorf: VDI, 1972

[3.216] Ludewig, J.: Erstellung eines verbesserten Befahrbarkeitsmodells unter Berücksichtigung statischer Bodenwertstreuung. Hamburg, Univ. der Bundeswehr, Institut für Kraftfahrwesen und Kolbenmaschinen, Forschungsbericht IKK-Nr. 92-08 v. 1992

[3.217] Uljanow, N.A.: Teorija samochodnych kolesnych zemlerojno-transportnych masin (Theorie des angetriebenen Rades bei Erdbewegungsmaschinen). Moskva: Masinostroenie, 1969 (russ.)

[3.218] Guskov, B.B.: Traktory (Fahrwerkstheorie). Moskva: Masinostroenie, 1988 (russ.)

[3.219] Uhlmann, A.: Baumaschinen - Konstruktion (2. Lehrbrief Techn. Hochschule „Otto von Guericke", Magdeburg). Berlin: Technik, 1975

[3.220] Liermann und Stegen: Reifen- und Kautschuktechnologie. 1. Aufl. München: Heinrich Vogel, 1985

[3.221] Kotte, G.: Reifenschutz-Kettennetze. Baumaschine und Bautechnik, Walluf 42 (1995) 3, S. 21-22

[3.222] Baumgärtner, W.: Reifenfahrwerk auf nachgiebigem Boden. Baumaschine und Bau-technik, Wiesbaden 31 (1984) 6/7, S. 231-236

[3.223] Baumgärtner, W.: Profilierung von EM-Reifen, Einfluß auf Traktionsgüte. Baumaschine und Bautechnik, Wiesbaden 31 (1984) 8, S. 285-293

[3.224] Scheffler, M.; Pajer, G.; Kurth, F.: Grundlagen der Fördertechnik. Berlin: Technik, 1973

[3.225] Heuer, H.: Bewegungsmöglichkeiten von Erdbaugeräten unter besonderer Berücksichtigung der Lenkschreitwerke. Braunkohle, Düsseldorf 13 (1961) 2, S. 52-61

[3.226] Eckardt, J.: Zur Entwicklung von Kriechwerken. Hebezeuge und Fördermittel, Berlin 34 (1994) 12, S. 548-550

[3.227] Kurth, F.; u.a.: Tagebaugroßgeräte und Universalbagger. 2. Aufl. Berlin: Technik, 1979

[3.228] Dörfler, G.: Fahrwerksentwicklung für weiche Meeresböden. Baumaschine und Bautechnik, Walluf 39 (1992) 6, S. 371-375

[3.229] Kliesch, M.: Beanspruchung der Schaken für Tagebaugeräte durch die Laufrollen. Dresden, Techn. Univ., Diss. v. 1977

[3.230] Entwicklung und Innovation / Hrsg.: Intertractor AG Gevelsberg: Eigenverlag, 1995

[3.231] Kotte, G.: Verschleiß an Kettenlaufwerken. Köln-Braunsfeld: R. Müller, 1984

[3.232] Drehbuchsenkette / Hrsg.: Zeppelin Baumaschinen GmbH München: Eigenverlag, 1994

[3.233] Weber, W.; u.a.: Vollkeramische Kraftübertragungselemente senken den Abrasivverschleiß. Tribologie und Schmierungstechnik, Hannover 41 (1994) 2, S. 81-86

[3.234] Segieth, C.; Poppy, W.: Verzahnungskräfte an Raupenlaufwerken von Baumaschinen. Konstruktion, Berlin 42 (1990) 4, S. 127-134

[3.235] Cohrs, H.H.: Der Laufwerke letzter Schluß? Baumaschinendienst, Bad Wörishofen 27 (1991) 2, S. 56-64

[3.236] Hensel, E.: Fahrwiderstand und Kettenzugkraftverlauf an Raupen für Tagebaumaschinen. Dresden, Techn. Univ., Diss. v. 1988

[3.237] Lindenau, G.: Beitrag zur Mechanik der Kurvenbewegung von Baggern und Abraumförderbrücken mit Raupenfahrwerken. Berlin, Techn. Hochschule, Diss. v. 1938

[3.238] Hentschel, R.: Beitrag zur Theorie der Kurvenfahrt von Raupenfahrwerken. Magdeburg, Techn. Hochschule "Otto von Guericke", Diss. v. 1964

[3.239] Flach, W.: Das Kurvenfahren von Raupenfahrzeugen mit zwei Raupen. Baubetriebstechnik, Mainz 4 (1966) 1, S. 16-20

[3.240] Schmidt, H.J.: Berechnung der Kettenzugkraft bei der Kurvenfahrt von Raupenfahrwerken. Hebezeuge und Fördermittel, Berlin 5 (1965) 11, S. 327-332

[3.241] Lin, X.: Determination of the Driving Power Required for Turning Multi-Crawler Units (Ermittlung der für das Wenden von Mehrraupenfahrwerken erforderlichen Antriebsleistungen). Braunkohle, Clausthal 50 (1998) 4, S. 391-396 (engl.)

[3.242] Radisch, W.: Laufwerkskräfte und Kettenschlupf von Gleiskettenfahrzeugen. Bochum, Ruhr Univ., Diss. v. 1991

[3.243] Jerke, J.: Querrutschen an Raupenfahrwerken. Dresden, Techn. Univ., Diss. v. 1989

[3.244] Mitschke, M.: Dynamik der Kraftfahrzeuge, Band C. Berlin, Heidelberg u.a.: Springer, 1990

[3.245] Dudzinski, P.: Vergleich verschiedener Lenksysteme bei geländegängigen Maschinen mit Radfahrwerken und verschiedenen Antriebsarten. Dresden, Techn. Univ., Diss. v. 1990

[3.246] Gies, S.: Untersuchung zum Fahr- und Lenkverhalten von Radladern. Aachen, Rheinisch - Westfälische Techn. Hochschule, Diss. v. 1993

[3.247] Stoll, H.: Fahrwerkstechnik: Lenkanlagen und Hilfskraftlenkungen. Würzburg: Vogel, 1992

[3.248] Kaden, R.: Lenksysteme bei Ladern. Baumaschine und Bautechnik, Walluf 41 (1994) 10, S. 285-286

[3.249] Pieczonka, K.: Analytische Methoden zur Bestimmung der Konstruktions- und Betriebsparameter bei selbstfahrenden Maschinen mit Knicklenkung. Wroclaw, Polytechnische Hochschule, Forschungsbericht Nr. 31 v. 1976

[3.250] Rackham, D.H.; Bligth, D.P.: Four wheel drive tractors - a review (Allradangetriebene Traktoren – ein Überblick). J. agric. Engng. Res. 31 (1985) (engl.)

[3.251] Dudzinski, P.: Methode zur Auslegung des Lenksystems bei Maschinen mit Knicklenkung. Wroclaw, Techn. Univ., Diss. v. 1977 (poln.)

[3.252] N.N.: Richtlinie zur Prüfung von Lenkanlagen in Kraftfahrzeugen und ihren Anhängern. Abnahmebedingungen des § 38 der StVZO (Straßenverkehrzulassungsordnung), Stand 5/87

[3.253] Polacek, B.: Analyse hydrostatischer Servolenkungen. Ölhydraulik und Pneumatik, Mainz 18 (1974) 8, S. 612-616

[3.254] Friedrichsen, W.: Untersuchungen zum dynamischen Verhalten von hydrostatischen Lenkungen in unterschiedlichen Hydrauliksystemen. VDI-Fortschritts-Berichte, Reihe 14, Nr. 49. Düsseldorf: VDI, 1991

[3.255] Matthies, H.J.: Einführung in die Ölhydraulik. Stuttgart: Teubner, 1995

[3.256] v. Hamme, Th.: Entwicklungstendenzen der Hydrostatik in Baumaschinen. Ölhydraulik und Pneumatik, Mainz 33 (1989) 8, S. 615-625

[3.257] N.N.: Hydraulik mit Gefühl. Baumaschinendienst, Bad Wörishofen 22 (1986) 12, S. 780-781

[3.258] Coenenberg, H.H.; u.a.: Hydraulikkomponenten in Landmaschinen. Ölhydraulik und Pneumatik, Mainz 27 (1983) 7, S. 499-505

[3.259] Kollmar, L.; u.a.: Automatische Lenkung landwirtschaftlicher Maschinen mit optischem Sensor. Agrartechnik, München 39 (1989) 11, S. 490-491

[3.260] Worek, D.: Portalkran mit Servolenkung. Fluid, Landsberg 14 (1980) 7/8, S. 37-40

[3.261] Fertig, E.: Von der Hydraulik die Kraft - von der Elektronik das Gefühl. Fluid, Landsberg 18 (1984) 1, S. 12-13

[3.262] Mitschke, M.: Dynamik der Kraftfahrzeuge, Band C. Berlin, Heidelberg u.a.: Springer, 1990

[3.263] Grad, K.; Nebel, R.: Standlenkmomente bei Traktoren mit Achsschenkellenkung. Landtechnik, Münster 46 (1991) 10, S. 479-482

[3.264] Richter, K.: Über das Lenkverhalten von Ackerschleppern bei Straßenfahrt. TU Berlin, Diss. v. 1981

[3.265] Neuhaus, R.: Elektrohydraulisches Stellsystem für Hinterachskinematik. Ölhydraulik und Pneumatik, Mainz 34 (1990) 12, S. 840-846

[3.266] Nikolaus, H.: Hydrostatischer Lenk- und Fahrantrieb für Kettenfahrzeuge. Ölhydraulik und Pneumatik, Mainz 18 (1974) 9, S. 667-670

[3.267] Baumaschinentechnik - Grundlagen der Kraftübertragung (Heft 3) / Hrsg.: Zeppelin-Metallwerke GmbH München: Eigenverlag, 1992

[3.268] Lemke, E.: Angewandte Sicherheitstechnik, Handbuch des Arbeitsschutzes und der Sicherheit in Technik und Umwelt. Landsberg: Ecomed, 1996 (Loseblattsammlung)

[3.269] Wiederhold, P.: Baumaschinen - Eine Zusammenstellung verkehrsrechtlicher Vorschriften. Wiesbaden: Moravia, 1994

[3.270] Ostheimer, H.: Handbuch für das Genehmigungs- und Erlaubnisverfahren im Transportbereich. Nürnberg: Lectura, 1993

[3.271] Guide to Application of the Machinery Directive 2006/42/EG. Brüssel, 2009

[3.272] Gerätesicherheitsgesetz – Vorschriften, Verzeichnisse, Erlasse / Hrsg.: Bundesanstalt für Arbeit. Dortmund: Wirtschaftsverlag NW, 2004

[3.273] Suppelt, H.J.: Die europäische Normung für Tiefbau-Maschinen kommt voran. Baumaschine und Bautechnik, Walluf 40 (1993) 4, S. 90-93

[3.274] Speck, J.: Europäische Sicherheitsvorschriften für den Bau und Betrieb von Erdbaumaschinen / Hrsg.: Tiefbau-Berufsgenossenschaft. München: Sonderdruck Juni 1997

[3.275] Speck, J.: Erdbaumaschinen – Analyse der Gefährdungen, Perspektiven für die sicherheitstechnische Gestaltung, Schriftenreihe Fb 758 / Hrsg.: Bundesanstalt für Arbeitsschutz und Arbeitsmedizin. Dortmund: 1997

[3.276] Kirchner; J.,H.: Ergonomie für Konstrukteure und Arbeitsgestalter. München: Hanser, 1990

[3.277] Handbuch der Ergonomie (ergonomische Konstruktionsrichtlinien) / Hrsg.: Bundesamt für Wehrtechnik und Beschaffung. München, Wien: Hanser, 1975 (Loseblattsammlung)

[3.278] Internationaler antropometrischer Datenatlas (Forschung 587) / Hrsg.: Bundesanstalt für Arbeitsschutz. Bremerhafen: Wirtschaftsverlag NW, 1989

[3.279] Hentschel, G.: Sicherheitskabinen und Überrollschutz für selbstfahrende Erdbaumaschinen. Baumaschine und Bautechnik, Wiesbaden 21 (1974) 2, S. 57-61

[3.280] Weigt, A.: Überrollfeste Fahrerkabinen bei Baumaschinen. Baumaschine und Bautechnik, Wiesbaden 31 (1984) 4/5, S. 181-186

[3.281] Glaser, K.P.: Ergebnisse von Überrollversuchen mit Erdbaumaschinen. Baumaschine und Bautechnik, Wiesbaden 26 (1979) 12, S. 674-651

[3.282] Beitrag zur Vermeidung von Unfällen (Forschung 319) / Hrsg.: Bundesanstalt für Arbeitsschutz. Bremerhafen: Wirtschaftsverlag NW, 1982

[3.283] Ergometrische Gestaltung von Steuerständen (Forschung 191) / Hrsg.: Bundesanstalt für Arbeitsschutz. Bremerhafen: Wirtschaftsverlag NW, 1980

[3.284] Leitfaden zur Auswahl, Anordnung und Gestaltung von kraftbetonten Stellteilen (Forschung 494) / Hrsg.: Bundesanstalt für Arbeitsschutz. Bremerhafen: Wirtschaftsverlag NW, 1986

[3.285] Kotte, G.: Betrachtungen zur ergonomischen und sicherheitstechnischen Gestaltung von Arbeitsplätzen auf Baumaschinen und –anlagen. Hebezeuge und Fördermittel, Berlin 32 (1992) 8, S. 358-362

[3.286] Peters, H.: Wie man sitzt, so fährt man. Baumaschinendienst, Bad Wörishofen 33 (1997) 2, S. 20-22

[3.287] Peters, H.: Luft-Federung erhöht Komfort und Leistung. Hebezeuge und Fördermittel, Berlin 37 (1997) 8, S. 24-26

[3.288] Kotte, G.: Komfort bringt Leistung. Baumaschinendienst, Bad Wörishofen 34 (1998) 2, S. 14-18

Kapitel 4

[4.1] F. v. Marnitz: Die Schwimmbagger. Bd. 1: Bodentechnische Grundlagen, Saugbagger; Bd. 2: Schiffskörper und Maschinenanlagen, Mechanische Bagger und Fördergeräte. Berlin, Heidelberg u.a.: Springer, 1963 und 1969

[4.2] Kunze, G.; Rodewald, B.: Der Saugbagger, ein pneumatischer Förderer oder Bagger. Teil 1: Pneumatisches Modell für Dünnstromförderung, Erfahrungen und theoretische Grundlagen zur Bemessung; Teil 2: Entwicklung einer Düsenbatterie als Erdstofflösehilfe. Dresden, Techn. Univ., Institut für Fördertechnik, Baumaschinen und Logistik, Forschungsbericht v. 1999

[4.3] Mause, H.; Münchberg, E.: Einsatzkriterien für Dragline und Schaufelradbagger im Tagebau. Fördern und Heben, Mainz 30 (1980) 9, S. 767-770

[4.4] Vollpracht, A.: Erfolgreicher Scrapereinsatz – Kriterien, Kräfte, einsatztechnische und wirtschaftliche Bereiche. Baumaschine und Bautechnik, Wiesbaden 20 (1973) 6, S. 221-228

[4.5] Jahn, D.: Entwicklung von Standard-Schaufelradbaggern. Fachtagung Fördertechnik in Wissenschaft und Technik, Magdeburg, Techn. Univ. „Otto von Guericke", Vortrag 1996

[4.6] Kühn, G.: Der gleislose Erdbau. Berlin, Heidelberg u.a.: Springer, 1956

[4.7] Jahn, D.; Schlecht, B.: Der Krupp Truck Bucket Wheel Excavator zur kontinuierlichen Gewinnung und diskontinuierlichen Abförderung mittels SKW. Braunkohle, Düsseldorf 49 (1997) 5, S. 457-464

[4.8] Schröder, D.; Schwer, U.: Auswahl von Tagebausystemen für Großtagebaue. Braunkohle, Düsseldorf 48 (1996) 5, S. 479-486

[4.9] Vetrov, J.A. u.a.: Projektirovanie masin dlja zemljanych rabot (Entwurf von Maschinen für Erdarbeiten). Charkov: Visca Skola, 1986 (russ.)

[4.10] König, H.: Maschinen im Betrieb – Grundlagen und Einsatzbereiche. Wiesbaden, Berlin: Bauverlag, 1996

[4.11] Kühn, G.: Der maschinelle Tiefbau. Stuttgart: Teubner, 1982

[4.12] Caterpillar Performance Handook / Hrsg.: Caterpillar Inc. Peoria Illinois USA: Eigenverlag, 1998

[4.13] Baugeräteliste (BGL), Technisch – wirtschaftliche Baumaschinendaten. Hrsg.: Hauptverband der Deutschen Bauindustrie. Wiesbaden: Bauverlag, 1995

[4.14] Brüggemann, H.: Entscheidungskriterien für das Gewinnen ungesprengten Gesteins in Festgesteinstagebauen durch Großhydraulikbagger und die Erweiterung der Abbaumethode durch den Direktversturz. Aachen, Rheinisch - Westfälische Techn. Hochschule, Diss. v. 1992

[4.15] Walzer, W.: Intelligente Systeme für moderne Bau- und Baustoffmaschinen – Mikroelektronik als prägendes Merkmal. VDI-Fortschritts-Berichte, Nr. 800, S. 1-43. Düsseldorf: VDI, 1990

[4.16] Strunz, U.; van de Venn, W.: Automatisieren mit System. Baumaschine und Bautechnik, Walluf 42 (1995) 6, S. 23-25

[4.17] Hödl, A.: Lasersteuerung mobiler Baumaschinen. VDI-Fortschritts-Berichte, Nr. 800, S. 283-289. Düsseldorf: VDI, 1990

[4.18] Milles, G.: Automation und Roboter im Bauwesen. Straßen- und Tiefbau, Köln 45 (1991) 9, S. 12-13

[4.19] Fordkord, C.D.: Bau- und Baustoffmaschinen, Trends und Perspektiven. Baumaschine und Bautechnik, Walluf 39 (1992) 3, S. 156-161

[4.20] Poppy, W.: Hydraulikbagger – Schrittmacher der Baumaschinenentwicklung. Baumaschine und Bautechnik, Walluf (1992) Jubiläumsausgabe

[4.21] Kunze, G.: Attribute bei der Neu- und Weiterentwicklung von Baumaschinen. Baumaschine und Bautechnik, Walluf 43 (1996) 7/8, S. 5-8

[4.22] Kiesewetter, L.; Petschmann, E.: Automatisierung und Robotereinsatz im Bauwesen – Stand der Technik und Entwicklungsschwerpunkte. Cottbus, Techn. Univ., Studie v. 1995

[4.23] Poppy, W.: Bauroboter – nur Sache der Wissenschaftler? Baumaschine und Bautechnik, Walluf 41 (1992) 4, S. 207-209

[4.24] Kühn, G.: Die Automatisierung der mobilen Baumaschinen – eine Zukunftsperspektive. Baumaschine und Bautechnik, Walluf 33 (1984) 8, S. 299-308

[4.25] Kiehl, P.: Die Leistung der Hydraulikbagger und Möglichkeiten ihrer Erfassung. Berlin, Techn. Univ., Diss. v. 1973

[4.26] Heusler, H.; Westermann, R.: Lösen Hydraulikbagger auch große Seilbagger ab? Baumaschine und Bautechnik, Wiesbaden 23 (1976) 5, S. 243-252

[4.27] Thelen, A.: Groß-Hydraulikbagger im Tagebau. Baumaschine und Bautechnik, Wiesbaden 24 (1977) 6, S. 389-395

[4.28] Kotte, G.: Kennwerte zur Ermittlung der Förderleistung von Kinematik-Hydraulikbaggern. Hebezeuge und Fördermittel, Berlin 33 (1993) 3, S. 74-78

[4.29] Theiner, J.: Hydraulikbagger. Schriftenreihe Baumaschineneinsatz im Baugewerbe, Heft 5. Köln: Verlagsgesellschaft R. Müller, 1971

[4.30] Poppy, W.: Erdbaumaschinen - Gerät, Einsatz, Kosten. Baupraxis, Stuttgart 28 (1976) 11, S. 19-22

[4.31] Poppy, W.: Entwicklungsbedingungen und – tendenzen für Hydraulikbagger. Bau im Spiegel, Wien 16 (1983) 2, S. 18-23

[4.32] Kühne, G.: Hydraulikbagger im Felseinsatz. Baumaschine und Bautechnik, Wiesbaden 14 (1967) 10, S. 377-385

[4.33] Grimshaw, P.N.: Excavating into the 90s (Erdbau in den 90`er Jahren). Mining Magazine, London 160 (1989) 4, S. 291-301 (engl.)

[4.34] Dombrovskij, N.G.: Ekskavatori (Bagger). Moskva: Masinostroenie, 1969 (russ.)

[4.35] Brach, I.; Tyro, G.: Maszyny ciagnikowe do robot ziemnych (Erdbaumaschinen). Warszawa: WNT, 1986 (poln.)

[4.36] Wolkow, D.P.: Dynamika i protschnost excavatori (Dynamik und Festigkeit der Löffelbagger). Moskva: Masinostroenie, 1965 (russ.)

[4.37] Cvekl, Z.: Beitrag zur Theorie des Hochlöffels. Hebezeuge und Fördermittel, Berlin 3 (1963) 3, S. 77-81

[4.38] Grimshaw, P.N.: Excavators (Bagger). Dorset: Blandford Press, 1985 (engl.)

[4.39] Kegel, K.H.: Geräteausrüstung in den Strip-Mining-Tagebauen der USA. Braunkohle, Düsseldorf 22 (1970) 7, S. 229-238

[4.40] Cohrs, H.H.: Neue Techniken bei diskontinuierlichen Tagebaugeräten. Fördern und Heben, Mainz 33 (1983) 10, S. 730-735

[4.41] Superfront – Technische Produktinformation / Hrsg.: Dresser Industries Marion Division Ohio/USA: Eigenverlag, 1989 (engl.)

[4.42] Gardner, P.D.: Modular Walking Dragline (Schleppschaufelbagger). Bulk Solids Handling, Clausthal-Zellerfeld 1 (1981) 2, S. 335-337 (engl.)

[4.43] Wilmsen, K.: Seilbagger der neuen Generation. Baumaschine und Bautechnik, Wiesbaden 27 (1980) 6, S. 416-420

[4.44] Cohrs, H.H.: Hydraulikbagger für den Tagebau. Fördern und Heben, Mainz 35 (1985) 4, S. 245-250

[4.45] Rummel, H.: Baggertechnik am Beispiel des RH 90. Baumaschine und Bautechnik, Wiesbaden 34 (1987) 10, S. 421-428

[4.46] Kotte, G.: Mini- und Kompaktbagger – Auswahlkriterien und Einsätze. Baumarkt, Gütersloh 94 (1995) 4, S. 6-16

[4.47] Dörfler, G.; Petit, E.: Minibagger unter Tage. Baumaschine und Bautechnik, Walluf 42 (1995) 4, S. 27-29

[4.48] Mobilbagger PW128UU - Technische Produktinformation / Hrsg.: Komatsu/Hanomag Hannover: Eigenverlag, 1997

[4.49] Chistoph, B.M.: Leistungssteigerung bei Hydraulikbaggern mit verbesserter Elektronik und Kinematik. Fördern und Heben, Mainz 39 (1989) 6, S. 543-546

[4.50] Klengel, H.P.: Beitrag zur Ermittlung technischer Führungsgrößen für teilautomatisierte Baumaschinen vom Typ Universalbagger. Dresden, Hochschule f. Verkehrswesen, Diss. v. 1988

[4.51] Kotte, G.: Tief durchatmen, auch bei dicker Luft. Baumaschinendienst, Bad Wörishofen 35 (1999) 2, S. 12-18

[4.52] Melchinger, U.: Simulation der Arbeitsbewegungen und Antriebssysteme von Hydraulikbagger. Berlin, Techn. Univ., Diss. v. 1992

[4.53] Bauman, A.; Zareckij, L.B.: Automatisierung der statischen und dynamischen Berechnung ebener Gelenkgetriebe am Beispiel der Arbeitsausrüstung von Hydraulikbaggern. Wiss. Zeitschrift der Techn. Hochschule „Otto von Guericke", Magdeburg 24 (1980) 4, S. 23-27

[4.54] Dudczak, A.: Kinetostatik des Lösevorgangs bei hydraulischen Universalbaggern. Baumaschine und Bautechnik, Wiesbaden 25 (1978) 11, S. 571-580

[4.55] Szymanski, K.: Zusammenhänge zwischen den Drücken in den Arbeitszylindern und den Kräften am Löffel bei Universalbaggern. Hebezeuge und Fördermittel, Berlin 20 (1980) 10, S. 296-298

[4.56] Schwappach, D.: Neue Ladeschaufel-Kinematik für Hydraulikbagger. Baumaschine und Bautechnik, Wiesbaden 29 (1982) 7, S. 363-368

[4.57] Hänel, B.: Betriebsfestigkeitsnachweis nach TGL 13500 für den Ausleger des Mobilkrans/Mobilbaggers T 185. IfL-Mitteilungen, Dresden 23 (1984) 2, S. 33-45

[4.58] Zaha, M.: Zur Ermittlung der Betriebsbelastungen von Erdbewegungsmaschinen, dargestellt am Beispiel eines hydraulischen Universalbaggers. Magdeburg, Techn. Hochschule „Otto von Guericke", Diss. v. 1988

[4.59] Adam, G.; Matthias, K.: Eingeprägte resultierende Belastungen der in Löffelbaggern eingebauten Kugeldrehverbindungen. Hebezeuge und Fördermittel, Berlin 10 (1970) 8, S. 225-230

[4.60] Drehverbindungen - Technische Produktinformation / Hrsg.: DRE/CON GmbH Eberswalde: Eigenverlag, 1999

[4.61] Ehler, A.; Kunze, G.: Die Anpassung von Grabwerkzeugen. Dresden, Techn. Univ., Institut für Fördertechnik, Baumaschinen und Logistik, Forschungsbericht v. 1997

[4.62] Drazan, F.: Bewertung technisch-betrieblicher Kenngrößen von Löffelbaggern mit geregelten und nicht geregelten Hydrauliksystemen. Wiss. Zeitschrift der Techn. Hochschule „Otto von Guericke", Magdeburg 24 (1980) 4, S. 19-21

[4.63] Zuordnung von Grabwerkzeugen / Hrsg.: Lehnhoff Hartstahl GmbH & Co. Baden Baden: Eigenverlag, 1997

[4.64] Cohrs, H.H.: Schnellwechsler für Hydraulikbagger. Baumaschinendienst, Bad Wörishofen 34 (1998) 9, S. 12-22

[4.65] Rummel, H.: Hydraulische Antriebe im Baggerbau. Baumaschine und Bautechnik, Wiesbaden 16 (1969) 1, S. 15-23

[4.66] Knölker, H.,D.: Moderne Hydrauliksysteme für Bagger. Ölhydraulik und Pneumatik, Mainz 17 (1973) 2, S. 45-49

[4.67] Brückle, F.: Hydraulische Antriebe in Baggern. Ölhydraulik und Pneumatik, Mainz 18 (1974) 2, S. 103-109

[4.68] Trümper, T.: Hydrauliksysteme moderner Hydraulikbagger. Fördern und Heben, Mainz 24 (1974) 6, S. 596-600

[4.69] Regenbogen, H.: Antriebssysteme von Hydraulikbaggern. Fördern und Heben, Mainz 24 (1974) 17, S. 1666-1671

[4.70] Brückle, F.: Pumpenregelung an Mehrkreissystemen. Ölhydraulik und Pneumatik, Mainz 26 (1982) 2, S. 85-93

[4.71] Röhrs, W.; van Hamme, T.: Hydrauliksysteme in Standard-Baggern. Baumaschine und Bautechnik, Wiesbaden 34 (1987) 7, S. 315-323

[4.72] Harms, H.: Entwicklungstendenzen in der Mobilhydraulik. Ölhydraulik und Pneumatik, Mainz 38 (1994) 4, S. 172-182

[4.73] Lödige, H.: Nutzbare Leistung einer LS-Hydraulik. Ölhydraulik und Pneumatik, Mainz 36 (1992) 4, S. 234-241

[4.74] Melchinger, U.; Poppy, W.: Elektronisch geregeltes Drei-Pumpen-System. Ölhydraulik und Pneumatik, Mainz 32 (1988) 8, S. 549-553

[4.75] van Aalst, D.: Axialkolbenmaschinen in Mini-, Standard- und Großbaggern. Europäische Mobiltagung, Lohr a. Main, Mannesmann Rexroth AG, Vortrag 1997 (RD 00 207/10.97)

[4.76] Herfs, W.: LUDV-Steuerungen für Bagger. Europäische Mobiltagung, Lohr a. Main, Mannesmann Rexroth AG, Vortrag 1997 (RD 00 207/10.97)

[4.77] Vonnoe, R.: Neue Anforderungen an Mobilelektronik für hydrostatische Antriebssysteme. Europäische Mobiltagung, Lohr a. Main, Mannesmann Rexroth AG, Vortrag 1997 (RD 00 207/10.97)

[4.78] Kreth, N.; Näpfel, R.: Load-Sensing und Feinsteuerbarkeit. 6. Aachener FluidtechnischesKolloquium, Aachen, Rheinisch - Westfälische Techn. Hochschule, Vortrag 1984

[4.79] Lettmann, G. : Warum Load-Sensing Steuerungen? Über traditionelle Hydrauliksysteme und leistungsbedarfsgesteuerte Hydraulik in mobilen Arbeitsmaschinen. Baumaschine und Bautechnik, Wiesbaden 33 (1986) 3, S. 108-114

[4.80] Friedrichsen, W.; van Hamme, T.: Load-Sensing in der Mobilhydraulik. Ölhydraulik und Pneumatik, Mainz 30 (1986) 12, S. 916-919

[4.81] Gräfe, H.; Kunze, G.: Stand und Trends bei Antrieben für Mobil- und LKW-Ladekrane. Fördern und Heben, Mainz 48 (1998) 3, S. 2-4

[4.82] Kunze, G.: Die Entwicklung der Antriebe von Förder- und Baumaschinen. Hebezeuge und Fördermittel, Berlin 32 (1992) 4, S. 148-150

[4.83] Langenbeck, B.: Fahrgetriebe für Kettenunterwagen von Baufahrzeugen. Antriebstechnik, Mainz 35 (1996) 9, S. 36-40

[4.84] Kraft, W.F.: Experimentelle und analytische Untersuchungen hydrostatischer Fahrantriebe am Beispiel eines Radbaggers. Aachen, Rheinisch - Westfälische Techn. Hochschule, Diss. v. 1996

[4.85] Klotzbücher, W.: Auslegung von Hydrauliksystemen nach energetischen Gesichtpunkten unter Berücksichtigung des Lastkollektivs. Ölhydraulik und Pneumatik, Mainz 30 (1986) 9, S. 644-654

[4.86] Jackowski, R.: Fortschritte in der Dichtungstechnik. Baumaschine und Bautechnik, Walluf 40 (1993) 5, S. 268-272

[4.87] Ortwig, H.: Auslegung und Dimensionierung mobiler Antriebe. Konstruktion, Berlin 46 (1994) 2, S. 41-45

[4.88] ITI – SIM® V3 (Programm für Systemsimulationen), Handbuch / Hrsg.: ITI GmbH Dresden: Eigenverlag, 1999

[4.89] Piechnick, M.; Feuser, A.: Simulation mit Komfort – Hyvos 4.0 und Mosihs 1.0. Ölhydraulik und Pneumatik, Mainz 38 (1994) 5, Sonderdruck

[4.90] FADI/ANDI 3.0 (Programm für Berechnung und Darstellung von Fahr- und Antriebsdiagrammen), Handbuch / Hrsg.: Mannesmann Reexroth Hydromatik GmbH Ulm: Eigenverlag, 1995

[4.91] Bährle, W.: Grenzlast- und Sekundärregelung. Fluid, Landsberg 7 (1973) 4, S. 71-81

[4.92] Nikolaus, H.: Hydrostatische Mobilantriebe mit servohydraulischer Grenzlastregelung. Ölhydraulik und Pneumatik, Mainz 19 (1975) 11, S. 789-792

[4.93] Zick, J.: Verbesserte Leistungsausnutzung bei Erdbaumaschinen durch optimale Pumpensteuerung. Ölhydraulik und Pneumatik, Mainz 20 (1976) 4, S. 213-222

[4.94] Zimmermann, W.: Das Auslegen der Drehwerke für Hydraulikbagger. Deutsche Hebe- und Fördertechnik, Ludwigsburg 15 (1969) 2, S. 73-78; 3, S. 61-62

[4.95] Rühlicke, I.: Elektrohydraulische Antriebssysteme mit drehzahlveränderbarer Pumpe. Dresden, Techn. Univ., Diss. v. 1997

[4.96] Hydraulikzylinder (RD 17 020/05.92) / Hrsg.: Mannesmann Rexroth AG Lohr a. Main: Eigenverlag, 1992

[4.97] Auslegung von Hydraulikzylindern / Hrsg.: Hyco Pacoma GmbH Eschwege: Eigenverlag, 1999

[4.98] Heckelmann, V.: Steifigkeit hydraulischer Vorschubantriebe. Ölhydraulik und Pneumatik, Mainz 21 (1977) 6, S. 441-443

[4.99] Büttner, S.: Lade- und Planierraupen für Bauaufgaben der 70er Jahre. Fördern und Heben, Mainz 22 (1972) 3, S. 113-117

[4.100] Cohrs, H.H.: Die exklusivste Baumaschine der Welt - Eine Renaissance der Schürfraupe. Baumaschinendienst, Bad Wörishofen 28 (1992) 9, S. 790-795

[4.101] N.N.: Service Training Grader. Berlin, Kissing: Orenstein & Koppel AG, 1995

[4.102] Vetrov, J.A.; u.a.: Masiny dlja zemljanych rabot (Maschinen für Erdarbeiten). Kiev: Visca Skola, 1981 (russ.)

[4.103] Aleksejeva, T.V.; u.a.: Doroznyje Masiny (Straßenbaumaschinen). Moskva: Masinostroenie, 1972 (russ.)

[4.104] Büttner, S.: Planierraupen mit Heckmotor. Baumaschine und Bautechnik, Wiesbaden 19 (1972) 1, S. 29-32

[4.105] Garnier, D.: Der hydrostatische Antrieb in Planier- und Laderaupen. Baumaschine und Bautechnik, Wiesbaden 29 (1982) 9, S. 431-433

[4.106] Kühn, G.: Erdbau in Japan. Baumaschine und Bautechnik, Wiesbaden 19 (1972) 3, S. 89-101

[4.107] Balovnev, V.I.; Chmara, L.A.: Intensifikacija zemljanych rabot v doroznom stroitelstve (Intensivierung der Erdarbeiten im Straßenbau). Moskva: Transport, 1983 (russ.)

[4.108] Dombrovski, N.G.; u.a.: Primenenie tolacei na skrepernych rabotach (Anwendung von Schubhilfsgeräten bei Schürfkübelarbeiten). Mechanisacija Stroitelstva, Moskva (1971) 6, S. 16-18 (russ.)

[4.109] Kühn, G.: Die Schürfraupe heute - japanische Wiedergeburt einer deutschen Baumaschine. Baumaschine und Bautechnik, Wiesbaden 27 (1980) 7, S. 501-513

[4.110] Wardecki, N.; Schlick, H.: Schürfraupe SR 2000 ein Jahr in Europa. Baumaschine und Bautechnik, Wiesbaden 33 (1986) 4, S. 170-176

[4.111] Cohrs, H.H.: Grader fürs Grobe und Feine. Baumaschinendienst, Bad Wörishofen 27 (1991) 3, S. 136-140

[4.112] N.N.: Service Training LS-Hydraulik. Berlin, Kissing: Orenstein & Koppel AG, 1995

[4.113] Bikeev, S.C.: Beitrag zur dynamischen Untersuchung am Motorgrader während des Planierens und der Transportfahrt. Magdeburg, Techn. Hochschule „Otto von Guericke“, Diss. v. 1978

[4.114] Steidl, G.: Experimentelle und theoretische Untersuchungen zur Wirkung zufallsverteilter Belastungen auf Motorgrader. Magdeburg, Techn. Hochschule „Otto von Guericke“, Diss. v. 1972

[4.115] Kotte, G.: Neues von den Baulasern. Baumaschinendienst, Bad Wörishofen 31 (1995) 5, S. 512-520

[4.116] Querschild oder Schwenkschild. Fördern und Heben, Mainz 17 (1967) 7, S. 416-417

[4.117] Garbotz, G.; Drees, G.: Untersuchungen über das Kräftespiel an Flachbagger-Schneidwerkzeugen in Mittelsand und schwach bindigem, sandigem Schluff unter Berücksichtigung des Planierschilds und ebener Schürfkübelschneiden. Köln, Wirtschafts- und Verkehrsministerium Nordrhein-Westfalen, Forschungsbericht Nr. 430 v. 1958

[4.118] Tyro, G.: Vogel, G.: Einfluß der Formgebung des Arbeitsorgans auf die Arbeitswiderstände bei Planierraupen mit Querschild. Hebezeuge und Fördermittel, Berlin 8 (1968) 10, S. 294-301

[4.119] Tyro, G.: Einfluß der Formgebung der Arbeitsorgane auf die Einsatzproduktivität der Flachbagger. Baumaschine und Bautechnik, Wiesbaden 22 (1975) 3, S. 69-78

[4.120] Bach, J.: Einfluß der Scharprofilierung auf den Schürfprozeß von Motorgradern. Magdeburg, Techn. Hochschule „Otto von Guericke“, Diss. v. 1986

[4.121] Uhlmann, A.: Einsatzprobleme von Straßenhobeln. Die Straße, Berlin 6 (1966) 9, S. 35-38

[4.122] Handbuch für Aufreißer / Hrsg.: Caterpillar Tractor Company Peoria Illinois USA: Eigenverlag, 1990

[4.123] Kiekenap, B.: Wirtschaftliche Verarbeitung von Felsgestein. Baumaschine und Bautechnik, Wiesbaden 19 (1972) 5, S. 181-190

[4.124] Maleton, G.: Wechselwirkung von Maschine und Fels beim Reißvorgang. Karlsruhe, Univ., Diss. v. 1973

[4.125] Hornung, J.: Modelluntersuchungen über die Vorgänge beim maschinellen Reißen von Fels. Baumaschine und Bautechnik, Wiesbaden 25 (1978) 4, S. 167-173; 5, 261-266

[4.126] N.N.: Impact Ripper. Fördern und Heben, Mainz 36 (1986) 10, S. 756

[4.127] Rasper, L.: Der Schaufelradbagger als Gewinnungsgerät. Clausthal-Zellerfeld: Trans Tech Publications, 1973

[4.128] Church, H.K.: Excavation Handbook (Erdbau-Handbuch). New York: Mc Graw-Hill Book Company, 1981 (engl.)

[4.129] Schrader, V.; Jacob, K.: Surface Miner – Technologie im übertägigen kontinuierlichen Bergbauprozeß. Fördertechnik Tagung, Dresden, Techn. Univ., Vortrag 1999

[4.130] Nies, G.; Jurisch, H.: Erfahrungen beim Anpassen und Optimieren von Geräteparametern bei Schaufelradbaggern. Hebezeuge und Fördermittel, Berlin 25 (1985) 5, S. 132-137

[4.131] Jahn, D.: Untersuchungen zur Steigerung des Volumendurchsatzes bei Eimerkettenbaggern. Magdeburg, Techn. Hochschule „Otto von Guericke", Diss. v. 1974

[4.132] Steinmetz, R.; Strzodka, K.: Zur Entwicklung des Braunkohlenbergbaus in Deutschland. Neue Bergbautechnik, Leipzig 20 (1990) 12, S. 470-474

[4.133] Willnauer, H.; Sagner, R.: Weiterentwicklung der kontinuierlichen Tagebautechnologie für festere Materialien. Braunkohle, Düsseldorf 42 (1990) 3, S. 28-32

[4.134] Steinmetz, R.: Schematische Gegenüberstellung von Schaufelradbagger / Band / Absetzerbetrieb und Förderbrückenbetrieb bei der Abraumgewinnung und –verkippung in Braunkohletagebauen. Braunkohle, Düsseldorf 44 (1992) 3, S. 5-7

[4.135] Stoll, R.; u.a.: Überblick über kontinuierliche Tagebautechnik, Rückblick – Stand der Technik – Ausblick. Braunkohle, Düsseldorf 47 (1995) 8, S. 4-13

[4.136] Henning, D.: Kontinuierliche Tagebautechnik im Rheinischen Braunkohlenrevier. Braunkohle, Düsseldorf 47 (1995) 8, S. 14-25

[4.137] Drebenstedt, C.: 100 Jahre Direktversturzkombinationen im Tagbau – Entwicklung, Stand und Perspektiven. Braunkohle, Clausthal 49 (1997) 6, S. 611-620

[4.138] Raaz, V.: Grabkraftermittlung und Optimierung der maschinen- und verfahrenstechnischen Parameter von Schaufelradbaggern für einen energie- und verschleißgünstigen Abbau von Abraum, Kohle und Zwischenmitteln im Tagebau. Braunkohle, Clausthal 51 (1999) 5, S. 545-555

[4.139] Scheffler, D.: Schaufelradbagger – Berechnung von Schneidbahnen an verschwenkten und verkippten Schaufelrädern. Hebezeuge und Fördermittel, Berlin 35 (1995) 7/8, S. 324-326

[4.140] Trümper, R.: Gewinnung mit Standard-Schaufelradbaggern. Braunkohle, Clausthal 48 (1996) 2, S. 135-142

[4.141] Friebe, J.: Schaufelradbagger 293. Braunkohle, Clausthal 48 (1996) 1, S. 15-22

[4.142] Korzen, Z.: Optimalizacja geometrii i kinematyki bezkomorowych kol wieloczerpakowych w ladowarkach o ruchu ciaglym (Optimierung geometrischer und kinematischer Kenngrößen zellenloser Schaufelräder kontinuierlich arbeitender Lader). Wroclaw, Polytechn. Hochschule, Bericht v. 1984 (poln.)

[4.143] Gärtner, K.: Schaufelradbagger als Baugerät. Baubetriebstechnik, Mainz 3 (1965) 6, S. 215-222

[4.144] Rusinski, E.; u.a.: Gesichtspunkte zur Sanierung der Stahlkonstruktion von Schaufelradbaggern. Braunkohle, Clausthal 49 (1997) 5, S. 466-528

[4.145] Streck, W.: Entwicklung der Schaufelradbaggertechnik im nordamerikanischen Bergbau in den achtziger Jahren. Braunkohle, Düsseldorf 44 (1992) 6, S. 19-27

[4.146] Hoffmann, D.: Kompaktschaufelradbagger – Konstruktion, Einsatz, Wirtschaftlichkeit. Braunkohle, Düsseldorf 35 (1983) 9, S. 274-279

[4.147] Georgen, H.; Zhonglin, L.: Beitrag zur Festlegung der Auslegungs- und Betriebsparameter von Schaufelradbaggern. Braunkohle, Düsseldorf 35 (1983) 9, S. 264-274

[4.148] Meixner, P.: Belastung des Schwenkantriebes an Schaufelradbaggern durch die Schneidkraft. Hebezeuge und Fördermittel, Berlin 23 (1983) 9, S. 260-263

[4.149] Hoffmann, D.: Beitrag zur Auslegung des Graborganes und des Förderweges eines Schaufelradbaggers. Braunkohle, Düsseldorf 34 (1982) 1/2, S. 20-23

[4.150] Hoffmann, D.: Die Schaufelradausladung und der Einsatzwirkungsgrad eines Schaufelradbaggers. Braunkohle, Düsseldorf 34 (1982) 3, S. 45-47

[4.151] Georgen, H.; Neumann, U.C.: Die Berechnung des Gewinnungsleistungsbedarfes von Schaufelradantrieben. Braunkohle, Düsseldorf 27 (1975) 9, S. 289-295

[4.152] Khosravi, M.A.: Zur Theorie des Schaufelrades. Fördern und Heben, Mainz 23 (1973) 14, S. 787-793

[4.153] Scheiff, F.: Elektrische Ausrüstung und Regelung von Schwenkwerksantrieben. Braunkohle, Düsseldorf 35 (1983) 4, S. 106-114

[4.154] May, A.L.; Schmöger, R.V.: Schaufelradbaggerzähne für harte und abrasive Böden. Braunkohle, Düsseldorf 38 (1986) 10, S. 291-297

[4.155] BG'86 – Berechnungsgrundlage für Großgeräte in Tagebauen / Hrsg. : Landesoberbergamt Nordrhein-Westfalen. Dortmund: Bellmann Verlag, 1986

[4.156] to Baben, R.: Zur Anwendung der Berechnungsgrundlagen für Tagebaugroßgeräte auf Kompaktschaufelradbagger und –absetzer. Braunkohle, Düsseldorf 45 (1993) 10, S. 10-13

[4.157] Kowalewski, J.: Auswertung von Langzeitmessungen der Betriebsbeanspruchungen am Oberbau des Schaufelradbaggers 289. Braunkohle, Düsseldorf 46 (1994) 1/2, S. 18-23

[4.158] Berger, G.; Pape, M.: Digitale Schwingungssimulation – ein Hilfsmittel zur Optimierung von Antriebssystemen. Konstruktion, Berlin 43 (1991) 7/8, S. 239-244

[4.159] van den Heuvel, B.: Meßtechnische und rechnerische Untersuchungen zur Bestimmung der Betriebs- und Sicherheitsfaktoren von Verzahnungen in Schaufelradantriebssystemen. Braunkohle, Düsseldorf 46 (1994) 9, S. 4-14

[4.160] Becker, E.: Lastverteilungsmessungen am Schaufelradgetrieb unter Prüfstands- und unter Tagebaubedingungen. Braunkohle, Düsseldorf 44 (1992) 30, S. 35-38

[4.161] Schlecht, B.; Petersen, R.: Bemessung von Schwenkgetrieben auf der Grundlage neuer Verfahren zur Festigkeitsberechnung. Braunkohle, Clausthal 49 (1997) 4, S. 345-353

[4.162] Kramer, B.: Untersuchungen zum Einfluß der Fahrwerke auf das dynamische Verhalten von Großgeräten. Braunkohle, Düsseldorf 42 (1990) 3, S. 11-19

[4.163] Arnold, E.; Rössel, W.: Rekonstruktion und Modernisierung des Schaufelradantriebes und des Schaufelrades vom Großschaufelradbagger SRs 6300 im Tagebau Nochten. Braunkohle, Clausthal 48 (1996) 2, S. 143-146

[4.164] Trümper, R.: Gewinnung mit Kompakt-Schaufelradbaggern. Fachtagung Schüttgutfördertechnik, Magdeburg, Techn. Univ. „Otto von Guericke", Vortrag 1996

[4.165] Jahn, D.; Schlecht, B.: Der Krupp Truck Bucket Wheel Excavator zur kontinuierlichen Gewinnung und diskontinuierlichen Abförderung mittels SKW. Braunkohle, Clausthal 49 (1997) 5, S. 457-464

[4.166] Goergen, H.; u.a.: Die Fräsmaschine 3000 SM/3800 SM als neues Tagebaugerät. Braunkohle, Düsseldorf 36 (1984) 4, S. 90-95

[4.167] Schlecht, B.: Aktuelle Entwicklungstendenzen im Sonder- und Spezialgetriebebau für Tagebaugeräte. Die Antriebstechnik, Mainz 36 (1997) 1, S. 18-23

[4.168] Wünsch, D.; u.a.: Theoretische Untersuchungen des dynamischen Verhaltens von Schaufelradantrieben. Braunkohle, Clausthal 51 (1999) 1, S. 9-18

[4.169] Knöbel, W.; Domke, U.: Beitrag zur Ermittlung der Betriebsbelastung für die Berechnung von Schaufelradgetrieben. Magdeburg, Techn. Hochschule „Otto von Guericke", Diss. v. 1975

[4.170] Hoffmann, D.: Hydrostatischer Antrieb für Schaufelbagger. Ölhydraulik und Pneumatik, Mainz 30 (1986) 11, S. 830-833

[4.171] Kunze, G.; u.a.: Untersuchungen zum Überlastverhalten von Kupplungskombinationen am Beispiel eines Schaufelradantriebs mittels Simulation. Braunkohle, Clausthal 51 (1999) 5, S. 557-563

[4.172] Schlecht, B.: Effektive Überlastsicherung in Schaufelradantrieben. Braunkohle, Clausthal 50 (1998) 1, S. 9-14

[4.173] Getriebe für Tagebauausrüstung – Technische Produktinformation / Hrsg.: ASUG Getriebewerk Dessau GmbH: Eigenverlag, 1996

[4.174] Kramer, K.: Seitenkräfte aus dem Grabwiderstand an Schaufelradbaggern. Neue Bergbautechnik, Leipzig 5 (1975) 3, S. 180-187

[4.175] Wetzel, A.: Spezielle Entwicklungsprobleme und interessante technische Lösungen am neu entwickelten Eimerketten-Raupen-Schwenkbagger ERs 1120. Hebezeuge und Fördermittel, Berlin 21 (1981) 11, S. 324-326

[4.176] Czmochowski, J.; Rusinski, E.: Einige Aspekte zur Planung der Tragkonstruktion eines Eimerkettenbaggers. Braunkohle, Clausthal 51 (1999) 1, S. 19-24

[4.177] Wetzel, A.: Beitrag zur Untersuchung der Einsatzgrenzen des Eimerkettenbaggerprinzips. Unveröffentlichtes Manuskript, Alpen 2000

[4.178] Freihube, W.; u.a.: Eimerketteninstandsetzung bei der LAUBAG. Braunkohle, Clausthal 48 (1996) 6, S. 613-618

[4.179] Hypko, U.; Winkelmann, R.: Verschleißschutz in der Laubag. Braunkohle, Düsseldorf 44 (1992) 11, S. 20-23

[4.180] Scholz, S.; Kujau, D.: Erhöhung der Liegezeiten von Eimerketten, insbesondere an den Baggern Es 3150/3750. Neue Bergbautechnik, Leipzig 18 (1988) 12, S. 461-463

[4.181] Patentschrift DD 156007: Kontinuierlich arbeitendes Massengutgewinnungsgerät für Schüttgüter und gewachsene Rohstoffe. 1979

[4.182] Patentschrift DD 145033: Kettengelenk, für Transport- und Förderketten, insbesondere für Eimerketten. 1978

[4.183] Patentschrift DD 222060: Antrieb für Maschinen mit periodisch veränderlicher Belastung, insbesondere für die Eimerkette von Eimerkettenbaggern. 1983

[4.184] Becker, E.; u.a. : Untersuchungen zum Einfluß der Getriebeabstützung auf die Schwingbeanspruchung von Eimerkettengetrieben. Braunkohle, Düsseldorf 43 (1991) 9, S. 7-10

[4.185] Jerabek, K.; Okrouhlik, M.: Das Berechnen von dynamischen Belastungen an Eimerketten. Hebezeuge und Fördermittel, Berlin 21 (1981) 11, S. 330-332

[4.186] Funke, N.: Eingriffsverhältnisse und Schakenbelastung am Antriebsturas des Eimerkettenbaggers. Neue Bergbautechnik, Leipzig 17 (1987) 5, S. 177-181

[4.187] Daus, W.; u.a. : Das neue Antriebskonzept (Direktantrieb) an den Hauptantrieben der Großbagger 3150/3750 in der LAUBAG. Braunkohle, Clausthal 48 (1996) 5, S. 487-494

[4.188] Winkelmann, R.: Vorschneiden für Eimerkettenbagger. Braunkohle, Düsseldorf 43 (1991) 9, S. 4-6

[4.189] Winkelmann, R.: Beitrag zur konstruktiven Gestaltung des Graborgans von Eimerkettenbaggern. Freiberg, Bergakademie, Diss. v. 1986

[4.190] Winkelmann, R.: Dimensionierung von Gewinnungsgeräten auf der Grundlage der den Schnittvorgang beeinflussenden Parameter. Neue Bergbautechnik, Leipzig 18 (1988) 8, S. 286-290

[4.191] Besser, D.; Meltke, K.: Grundlagenforschung für den Verschleiß in der Braunkohlenindustrie. Neue Bergbautechnik, Leipzig 19 (1989) 6, S. 227-230

[4.192] Scholz, S.; Dziengel, K.: Zur Notwendigkeit der Verschleißforschung in der Braunkohlenindustrie. Neue Bergbautechnik, Leipzig 13 (1983) 8, S. 446-449

[4.193] Funke, N.: Beanspruchung der Eimerkette durch Kettenzug und Biegung am Beispiel von Dickschaken der Teilung 900 mm. Hebezeuge und Fördermittel, Berlin 21 (1981) 11, S. 327-329

[4.194] Baureihe Eimerkettenbagger – Technische Produktinformation / Hrsg.: Maschinenfabrik Buckau GmbH Magdeburg: Eigenverlag, 1993

[4.195] Wocha, N.; Kolber, K.: Wichtige mechanische Aspekte zur Gewinnung von schwer baggerbarem Lockergestein mit Schaufelradbaggern. Braunkohle, Clausthal 50 (1998) 6, S. 561-568

[4.196] Jurisch, H.: Der Abbau von hartem Abraum und die Gewinnung von Steinkohle mit TAKRAF-Schaufelradbaggern. Hebezeuge und Fördermittel, Berlin 28 (1988) 8, S. 237-242

[4.197] Vogt, W,; Strunk, S.: Hochselektive Gewinnung geringmächtiger Schichten in Kohletagebauen. Braunkohle, Düsseldorf 48 (1996) 1, S. 25-35

[4.198] Hoffmann, D.: Surface Miner MTS 1250. Braunkohle, Clausthal 51 (1999) 2, S. 135-140

[4.199] Rudolf, W.; u.a.: Krupp Surface Miner KSM 2000 R im russischen Tagebau Taldinskij. Braunkohle, Clausthal 48 (1996) 4, S. 357-362

[4.200] Saprykin, J.; u.a.: Konstruktive und verfahrenstechnische Voraussetzungen und Erfahrungen bei der Entwicklung eines Surface Miners für den Einsatz in russischen Tagebauen. Braunkohle, Clausthal 49 (1997) 2, S. 123-128

[4.201] Spachtholz, F.X.: Überlegungen zur konzeptionellen Ausgestaltung sprengstoffloser Gewinnungstechniken für den Festgesteinstagebau basierend auf Einsatzerfahrungen mit einer Mittelwalzfräse. Berlin, Techn. Univ., Diss. v. 1997

[4.202] Spachtholz, F.X.; Schimm, B.: Einsatzmöglichkeiten des Surface Miners und erste Erfahrungen außerhalb der Kohle. Braunkohle, Claus-thal 49 (1997) 2, S. 137-149

[4.203] Kunze, G.; u.a.: Entwicklungstrends in der Tagautechnik insbesondere beim Gewinnen fester Gesteine. Braunkohle, Clausthal 51 (1999) 4, S. 1-5

[4.204] Gehring, K.: Schneidende Gewinnung im Tagebau mit dem Voest-Alpine Surface Miner, Einsatzbedingungen und Erfahrungen beim Einsatz in festeren Gesteinen. Kolloquium zur sprengstofflosen Festgesteinsgewinnung im Bergbau und Bauwesen, Freiberg, TU Bergakademie, Vortrag 1997

[4.205] Boldt, H.: Entwicklungsstand der Prozeßleittechnik für den maschinellen Streckenvortrieb. Glückauf, Essen 124 (1988) 17, S. 879-908

[4.206] Kleinert, H.W.: Entwicklungsstand in der Schneidtechnik von Teilschnitt-Streckenvortriebsmaschinen. Glückauf, Essen 125 (1989) 15/16, S. 904-911

[4.207] von den Driesch, S.: Schneidtechnische Untersuchungen am Querschneidkopf einer Teilschnitt-Vortriebsmaschien. Clausthal, Techn. Univ., Diss. v. 1993

[4.208] Haaf, J.: Das Verschleiß- und Drehverhalten von Meißeln für Teilschnitt-Vortriebsmaschinen. Clausthal, Techn. Univ., Diss. v. 1992

[4.209] Mahnert, U.; u.a.: Untersuchungen zur Gesteinszerspanung mit Rundschaftmeißeln im Hinblick auf die rechnergestützte Meißelbestückung und Dimensionierung von Teilschnittgewinnungsorganen. Neue Bergbautechnik, Leipzig 18 (1988) 10, S. 375-381

[4.210] Koppers, K.: Grundlagenuntersuchungen über eine neue Vortriebskonzeption nach dem Prinzip der Hinterschneidtechnik. Aachen, Rheinisch – Westfälische Techn. Hochschule, Diss. v. 1993

[4.211] Weber, W.: Auffahren unterschiedlicher Streckenquerschnitte durch Hinterschneidtechnik – Die Entwicklung einer neuartigen Tunnelvortriebsmaschine. Tunnels & Tunneling, London (1995) March, Bauma Spezial Issue, S. 74-80

[4.212] Plum, D.: Entwicklungen an Schrämwalzen und Walzenschrämladern. Glückauf, Essen 123 (1987) 17, S. 1080-1091

[4.213] Klich, A.; Krauze, K.: Walzenschrämlader mit glatten Disken zur Kohlegewinnung. Bergbau, Gelsenkirchen (1989) 2, S. 51-55

[4.214] Frenyo, P.; Henneke, J.: Gegenwärtiger Stand und mögliche Entwicklung der Teilschnitt-Vortriebstechnik. Glückauf, Essen 133 (1997) 3, S. 79-84

[4.215] Enger, O.: Technische und wirtschaftliche Aspekte des Einsatzes kontinuierlich arbeitender Gewinnungssysteme in Festgesteinstagebauen unter Berücksichtigung des Zuschnittes. Clausthal, Techn. Univ., Diss. v. 1993

[4.216] Becker, H.; Lemmes, F.: Gesteinsphysikalische Untersuchungen im Streckenvortrieb. Tunnel, Gütersloh (1984) 2, S. 71-74

[4.217] Schimatzek, J.; Knatz, H.: Der Einfluß des Gesteinsaufbaus auf die Schnittgeschwindigkeit und den Meißelverschleiß von Streckenvortriebsmaschinen. Glückauf, Essen 106 (1970) 6, S. 274-278

[4.218] Schimatzek, J.: Verschleiß der Abbauwerkzeuge beim Einsatz von Teil- und Vollschnittmaschinen im Tunnel- und Bergbau. STUVA Fachtagung, Berlin, Vortrag 1981

[4.219] Kenny, P.; Johnson, S.N.: The Effect of Wear on the Performance of Mineral-cutting Tools. Colliery Guardian (1976) 6, S. 246-249 (engl.)

[4.220] Follew, R.; Ochei, N.: A Comparison of dust make and energy requirements for rock cutting tools. International Journal of Mining Engineering (1984) 4, S. 73-77 (engl.)

[4.221] Hurt, K.G.: Rock cutting experiment with point attack tools. Colliers Guarding (1980) 4, S.47-50

[4.222] Goericke, B.L.; u.a.: Mechanisirovannaja podsemnaja rasrabotka krepkich rud maloschtschnych mestorofdenij (Maschineller Abbau von harten, dünnschichtigen Erzvorkommen im Untertagebergbau). Tschita: Staatl. Techn. Univ. Verlag, 1999 (russ.)

[4.223] Dergunow, D.: K voprosu ob optimalnom snatschenii setschenija strufki pri rasruschenii uglja scharoschkami (Zur Frage der optimalen Spanfläche beim Lösen von Steinkohle mit Diskmeißel). Kemerowo, Politechn. Hochschule Kusbass, Forschungsbericht Nr. 75 der Reihe Mechanisierung im Bergbau v. 1975 (russ.)

[4.224] Ehler, A.; Kunze, G.: Theoretische und experimentelle Untersuchungen zur konstruktiven Auslegung des Schneidwerkzeugs für CSM. Dresden, Techn. Univ., Institut für Fördertechnik, Baumaschinen und Logistik, Forschungsberichte v. 1998 und 1999

[4.225] Ehler, A.; Kunze, G.: Ergebnisse aus der Untersuchung des kontinuierlichen Gewinnungsvorgangs im Festgestein. Fachtagung Braunkohle in Europa, Freiberg, TU Bergakademie, Vortrag 2000

[4.226] Hachmann, F.: Radlader – Bauarten, Einsatztechnik, Wirtschaftlichkeit. Fördern und Heben, Mainz 16 (1966) 3, S. 147-157

[4.227] Vollpracht, A.: Radlader für die Erdbewegung. Baumaschine und Bautechnik, Wiesbaden 20 (1973) 4, S. 139-147

[4.228] Rinck, S.: Hydraulische Antriebssysteme für Radlader großer Leistung. VDBUM-Information, Wiesbaden (1996) 1, S. 16-23

[4.229] Mayr, A.: Hydrostatische Fahrantriebe / Hrsg.: Mannesmann Rexroth – Hydromatik GmbH Elchingen, 1985

[4.230] Beck, J.; Friedl, H.: Mobile Ladegeräte und Kompaktlader. Europäische Mobiltagung, Lohr a. Main, Mannesmann Rexroth AG, Vortraäge 1997 (RD 00 207/10.97)

[4.231] Friesenhagen, R.J.: Praxisgerechte Anbaugeräte optimieren den Einsatz von Radladern. Baugewerbe, Wiesbaden (1982) 4, S. 40-42

[4.232] Willmer, H.P.: Geschichte einer großen Radladerfamilie. Baumaschine und Bautechnik, Wiesbaden 25 (1978) 10, S. 530-531

[4.233] Cohrs, H.H.: Radlader im Elchtest. Baumaschinendienst, Bad Wörishofen 34 (1998) 3, S. 42-48

[4.234] May, L.: Konstruktionsmerkmale von Radladern. Baumaschine und Bautechnik, Wiesbaden 30 (1983) 11, S. 526-536

[4.235] Cohrs, H.H.: Neue Antriebssysteme für Radlader und Planierraupen. Baumaschinendienst, Bad Wörishofen 22 (1986) 2, S. 60-66

[4.236] Theiner, J.: ZF-Technik für Bau- und Landmaschinen. Baumaschine und Bautechnik, Waluff 39 (1992) 1, S. 14-17

[4.237] Gruner, J.: Untersuchung und Optimierung des Fahrverhaltens eines schnellfahrenden Mobilbaggers. Ilmenau, Techn. Univ., Dipl. v. 1994

[4.238] Radlader mit lastaktiver Federung – Technische Produktinformation / Hrsg.: Zettelmeyer Baumaschinen GmbH und Volvo Construction Equipment Group, Konz: Eigenverlag, 1999

[4.239] Roth, D.: Steuersysteme für Radlader. Fachtagung Antriebs- und Steuersysteme für moderne Mobilmaschinen, Lohr a. Main, Mannesmann Rexroth AG, Vortrag 1994 (RD 00 247/11.94)

[4.240] Kotte, G.; Friesenhagen, R.J.: Radlader im praktischen Einsatz. Fördern und Heben, Mainz 32 (1982) 2, S. 79-82

[4.241] Weber, J.: Funktionelle Flexibilität durch Elektrohydraulik am Radlader. Internationales fluidtechnisches Kolloquium, Dresden, Techn. Univ., Vortrag 2000

[4.242] Hilfert, R.; u.a.: Probleme der Ganzkörperschwingungsbelastung von Erdbaumaschinenführern. Zentralblatt für Arbeitsmedizin, Arbeitsschutz, Prophylaxe und Ergonomie, Heidelberg 31 (1981) 4, S. 199- 206

[4.243] Schramm, W.; u.a.: Ein Hochleistungskonzept zur aktiven Fahrwerksregelung mit reduziertem Energiebedarf. Automobiltechnische Zeitschrift, Wiesbaden 94 (1992) 7/8, S. 392-403

[4.244] Poppy, W.: Hydraulische Tilgung betriebsbedingter Schwingungen bei selbstfahrenden Arbeitsmaschinen. Konstruktion, Berlin 38 (1986) 12, S. 461-468

[4.245] Leidinger, G.: Laststabilisatoren steigern die Leistung von Radladern. Baumaschine und Bautechnik, Waluff 40 (1993) 4, S. 68-71

[4.246] Mitschke, M.: Dynamik der Kraftfahrzeuge. Bd. B, 2. Aufl. Berlin, Heidelberg u.a.: Springer, 1990

[4.247] Ammon, D.: Modellbildung und Systementwicklung in der Fahrzeugdynamik. Stuttgart: Teubner, 1997

[4.248] Kising, A.; Göhlich, H.: Ackerschlepper - Reifendynamik.
Teil 1: Fahrbahn und Prüfstandsergebnisse. Grundlagen der Landtechnik, Düsseldorf 38 (1988) 3, S. 78-87
Teil 2: Dynamische Federungs- und Dämpfungswerte. Grundlagen der Landtechnik, Düsseldorf 38 (1988) 4, S. 101-106
Teil 3: Rolldynamik und Betriebsverhalten. Grundlagen der Landtechnik, Düsseldorf 38 (1988) 5, S. 137-143

[4.249] Rill, G.; Zampieri, D.E.: Verbesserung von Fahrkomfort und Fahrsicherheit von landwirtschaftlichen Traktoren. Zeitschrift für angewandte Mathematik und Mechanik (ZAMM), Potsdam 74 (1994) 4, S. 25-27

Kapitel 5

[5.1] Goergen, H.; Stoll. R.D.: Entwicklung der Tagebautechnik unter Berücksichtigung des Steine-Erden-Tagebaus. Braunkohle, Düsseldorf 34 (1982), S. 258-263

[5.2] Schröder, G.D.: Kostengünstig abräumen. Fördern und Heben, Mainz 43 (1993) 7, S. 329-330

[5.3] Goergen, H.; u.a.: Stand und Entwicklung der Tagebautechnik. Fördern und Heben, Mainz 25 (1975) 6, S. 624-628

[5.4] Steinmetz, R.; Mahler, H.: Tagebauprojektierung. Leipzig: Deutscher Verlag für Grundstoffindustrie, 1987

[5.5] Autorenkollektiv: Tagebautechnik. Bd. I und II. Leipzig: VEB Deutscher Verlag , 1979

[5.6] Göhring, H.; u.a.: Direktversturzkombinationen im Tagebau. Leipzig, Stuttgart: Deutscher Verlag für Grundstoffindustrie, Freiberger Forschungshefte A 828, 1993

[5.7] Göhring, H.: Entwicklung und Einsatz von Direktversturzkombinationen. Hebezeuge und Fördermittel, Berlin 25 (1985) 11, S. 330-333

[5.8] Hildebrandt, R.; Kramer, H.: 50 Jahre Brückenförderung - Bilanz einer Betriebsart. Neue Bergbautechnik, Leipzig 2 (1972) 8, S. 576-582

[5.9] Göhring, H.: 50 Jahre Tagebaugeräte aus Köthen. Hebezeuge und Fördermittel, Berlin 16 (1976) 4, S. 108-119

[5.10] Issel. H.; Jensch, A.: Einsatz hochleistungsfähiger Großgerätekomplexe in den Tagebauen der DDR - dargestellt am Beispiel des AFB-Verbandes mit 60 m Abtrag und des Großgerätesystems SRs 6300. Braunkohle, Düsseldorf 38 (1986) 3, S. 39-40

[5.11] Ökrös, M.; Koos, G.: Die Direktversturzkombination im technologischen System des Tagebaues Thorez. Neue Bergbautechnik, Leipzig 9 (1979) 3, S. 397-339

[5.12] Breitkreuz, E.; Gruhlke, P.: Entwicklung der Direktversturztechnologie am Beispiel des Tagebaus Dreiweibern. Neue Bergbautechnik, Leipzig 9 (1979) 3, S. 793-799

[5.13] Göhring, H.: Entwicklung und Einsatz von Direktversturzkombinationen. Hebezeuge und Fördermittel, Berlin 25 (1985) 11, S. 330-333

[5.14] Dahlitz, G.; Scholze, U.: Weiterentwicklung von Geräten für den Direktversturz. Hebezeuge und Fördermittel, Berlin 27 (1987) 4, S. 104-107

[5.15] Golczyk, W.; u.a.: Der mögliche Kohlevorrat unter Direktversturz-Kombinationen. Neue Bergbautechnik, Leipzig 12 (1981) 3, S. 135-138

[5.16] Yoginder, P. Chugh: Der Kohlentagebau in den USA unter Verwendung von Schürfkübelbaggern. Neue Bergbautechnik, Leipzig 11 (1981) 2, S. 114-118

[5.17] Steinmetz, R.; u.a.: Einige Probleme der ökonomischen und technischen Beurteilung von Tagebautechnologien. Neue Bergbautechnik, Leipzig 9 (1979) 10, S. 562-567

[5.18] Steinmetz, R.; und Slaby, D.: Der Schrägabbau - eine Möglichkeit zur Rationalisierung der Abraumbewegung. Neue Bergbautechnik, Leipzig 11 (1981) 10, S. 563-368

[5.19] Sagner, R.; Willnauer. H.: Weiterentwicklung der kontinuierlichen Tagebautechnologie für festere Materialien. Braunkohle, Düsseldorf 42 (1990) 3, S. 28-34

[5.20] Tilmann, W.: Kohletagebaue in Europa - im Vergleich. Braunkohle, Düsseldorf 31 (1979) 3, S. 46-54

[5.21] Lehmann, L.B.: Einsatz von Gurtförderern im Lausitzer Braunkohlenrevier. Fachtagung „Neue Erkenntnisse zur wirtschaftlichen Gestaltung von Gurtförderern“, Dresden, Techn. Univ., Vortrag 1994

[5.22] Chwastek, J.; und Witek, W.: Die Entwicklung der Tagebaue, insbesondere des Braunkohlebergbaues in der Volksrepublik Polen unter besonderer Berücksichtigung des Tagebaues Belchatow. Braunkohle, Düsseldorf 31 (1979) 9, S. 255-260

[5.23] Kozlowski, Z.: Technologische Probleme beim Aufschluß der Braunkohlenlagerstätte Belchatow. Neue Bergbautechnik, Leipzig 12 (1982) 9, S. 511-514

[5.24] Santor, W.: Die Entwicklung der 3-m-Bandanlage. Braunkohle, Düsseldorf 31 (1979) 8, S. 267-275

[5.25] Leuschner, H. J.: Planungskriterien für den Aufschluß des Tagebaues. Braunkohle, Düsseldorf 24 (1972) 2, S. 41-50

[5.26] Leuschner, J.J.: Der Braunkohletagebau Hambach - eine Synthese von Rohstoffabbau und Landschaftsgestaltung. Braunkohle, Düsseldorf 28 (1976) 5, S. 111-123

[5.27] Zenker, P.: Abraumbandanlage vom Tagebau Hambach zum Tagebau Fortuna - Aspekte der Planung und technischen Ausführung. Braunkohle, Düsseldorf 36 (1984) 5, S. 110-122

[5.28] Hager, M.: Die Abraumbandanlage vom Tagebau Hambach zum Tagebau Fortuna. Braunkohle, Düsseldorf 37 (1985) 4, S. 93-97

[5.29] Ciesielski, R.: Behandlung einiger Probleme der Abraumverkippung durch Absetzer. Leipzig: Deutscher Verlag für Grundstoffindustrie, Freiberger Forschungshefte A 368, 1968

[5.30] Cohrs, H.H.: Muldenfahrzeuge - Versuchsfeld für Konstrukteure. Fördern und Heben, Mainz 32 (1982) 5, S. 377-379

[5.31] Cohrs, H.H.: Muldenfahrzeuge - Marktübersicht. Fördern und Heben, Mainz 32 (1982) 9, S. 703-712

[5.32] Cohrs, H.H.: Nutzlaststeigerung bei Tagebau-Muldenkippen von 154 auf 220 t. Bergbau (1991) 1, S. 10-14

[5.33] Cohrs, H.H.: Neuer Muldenkipper sorgt für Produktionssteigerung. Steinbruch und Sandgrube (1993) 2, S. 24-26

[5.34] van Leyen, H.: Einsatz von Brechern und Bandanlagen in Tagebauen und entsprechende Kippengestaltung. Braunkohle, Düsseldorf 39 (1987) 1/2, S. 14-23 (engl.)

[5.35] Cohrs, H.H.: Bergbau-Muldenkipper an langer Leine. Fördern und Heben, Mainz 39 (1989) 7/8, S. 683-688

[5.36] Cohrs, H.H.: Das El Cerrejon Projekt. Fördern und Heben, Mainz 39 (1989) 5, S. 505-507

[5.37] Schröder, D.: Schaufelradbagger als Alternative zum Sprengbetrieb für semi-hartes Gestein. Zement, Kalk, Gips, Wiesbaden 46 (1993) 8, S. 423-429

[5.38] Cohrs, H.H.: Felsauflockerung mit spezieller Reißtechnik ist billiger als Sprengen. Steinbruch und Sandgrube, Hannover (1993) 2, S. 26-28

[5.39] Eickemeier, J.: Entwicklung von Zugbeladeanlagen im rheinischen Braunkohlerevier. Braunkohle, Düsseldorf 37 (1985) 5, S. 141-151

[5.40] Piatkowiak, N.: Zu einigen Grundlagen der Rationalisierung kleiner Tagebaue. Leipzig: Deutscher Verlag für Grundstoffindustrie, Freiberger Forschungshefte A 693, 1984

[5.41] Enger, 0.: Technische und wirtschaftliche Aspekte des Einsatzes kontinuierlich arbeitender Gewinnungssysteme in Festgesteinstagebauen unter Berücksichtigung des Zuschnittes. Clausthal, Techn. Univ., Diss. v. 1990

[5.42] Georgen, H.; Wenzel, J.-M.: Die Bestimmung der Spanleistung für Schaufelradbagger ohne Vorschub im Vollblockbetrieb mit Hilfe der EDV. Braunkohle, Düsseldorf 26 (1974) 11, S. 345-351

[5.43] Richtwerte mit normativen Charakter für Ausnutzung von Baggern und Absetzern / Hrsg.: Institut für Braunkohlenbergbau Brieske: Eigenverlag 1984, 1988

[5.44] König, D.; u.a.: Leistungsberechnung für Fördersysteme. Leipzig: Deutscher Verlag für Grundstoffindustrie, 1985

[5.45] Kahn, B.: Untersuchungen zur Anwendung der Technologie der kombinierten Zug-Band-Förderung im Abraumbetrieb von Braunkohletagebauen unter besonderer Berücksichtigung des stationären Kippgrabens als Massenspeicher. Leipzig: Deutscher Verlag für Grundstoffindustrie, Freiberger Forschungshefte A 419, 1967

[5.46] Strzodka, K.; u.a.: Grundlagen für die Berechnung von Tagebauen. 3. Aufl. Leipzig: Deutscher Verlag für Grundstoffindustrie, 1982

[5.47] Linde, H.: Mikrorechnergeführte Baggerprogrammsteuerung BPS 5000 - ein Beitrag zur effektiven Gewinnung von Rohstoffen. Internationaler Messekongreß, Leipzig, Vortrag 1985

[5.48] Slaby, D.; Wiegand, V.: Der Einfluß der Leistungsdimensionierung von Bandfördersystemen in Braunkohletagebauen auf die ökonomische Effektivität. Neue Bergbautechnik, Leipzig 17 (1987) 5, S. 161-164

[5.49] DIN 22101: Gurtförderer für Schüttgüter, Grundlagen für die Berechnung und Auslegung. Berlin: Beuth, Febr. 1982

[5.50] Kessler, F.: Untersuchungen des Schüttgutverhaltens bei seitlicher Auswanderung des Gurtes in der Tragrollenmulde einer Gurtförderanlage. Berg- und hüttenmännische Monatshefte, Wien 134 (1989) 2, S. 35-40

[5.51] Göhring, H.: Übergabestelle an Gurtförderern bei ungünstigem Fördergut. Hebezeuge und Fördermittel, Berlin 29 (1989) 6, S. 172-175

[5.52] Brumme, B. u.a.: Erste Betriebserfahrungen mit 200000er Schaufelradbaggern im Tagebau Fortuna. Braunkohle, Düsseldorf 29 (1977) 9, S. 349-355

[5.53] Krug, M.: Anforderungen an die Abraumanlage vom Tagebau Hambach zum Tagebau Fortuna aus der Sicht der bergmännischen Planung. Braunkohle, Düsseldorf 36 (1984) 11, S. 378-387

[5.54] Kurth, F.: Stetigförderer. 4. Aufl. Berlin: Verlag Technik, 1967

[5.55] Vierling, A.: Quantitative Folgerungen aus Förderbandabmessungen - Ergänzung der Berechnungsgrundlagen. Braunkohle, Wärme und Energie, Düsseldorf 11 (1959) 7, S. 253-259

[5.56] Lehmann, L.B.: Einsatz von Gurtförderern im Lausitzer Braunkohlenrevier. Fachtagung Fördertechnik, Dresden, Techn. Univ., Vortrag 1994

[5.57] Smago, W.; Szepek, W.: Beitrag zu einer ersten energiewirtschaftlichen Bewertung der Abraumbandlinien des Großtagebaues Greifenhain. Neue Bergbautechnik, Leipzig 12 (1982) 6, S. 328-335

[5.58] DIN 53505: Prüfung von Kautschuk und Elastomeren, Härteprüfung nach Shore A und Shore D. Berlin: Beuth, Juni 1987

[5.59] Göhring, H.: Betrachtungen zum Energiebedarf an Direktversturzkombinationen. Hebezeuge und Fördermittel, Berlin 29 (1989) 2, S. 44-47 und 3, S. 76-79

[5.60] Dahlitz, G.; Scholze, U.: Weiterentwicklung von Geräten für den Direktversturz. Hebezeuge und Fördermittel, Berlin 27 (1987) 4, S. 104-107

[5.61] Göhring, H.; Neugebauer, H.: Bewegungswiderstand am Gurtförderer mit B = 2500 mm. Braunkohle, Düsseldorf 46 (1994) 4, S. 4-12

[5.62] Göhring, H.; u.a.: Einfluß der Ausführung und Anordnung der Tragrollenstationen und des Fördergurts auf den Bewegungswiderstand. Braunkohle, Düsseldorf 48 (1996) 1, S. 55-59

[5.63] Hintz, A.: Einfluß des Gurtaufbaus auf den Energieverbrauch von Gurtförderanlagen. Hannover, Techn. Univ., Diss. v. 1993

[5.64] Göhring, H.; Kirsten, N.: Reduzierung des Bewegungswiderstandes an Gurtförderern. Braunkohle, Düsseldorf 48 (1996) 1, S. 49-54

[5.65] Herzog, M.: Maßnahmen der Verringerung des Bewegungswiderstandes an der Übergabestelle. Fachtagung Fördertechnik, Dresden, Techn. Univ., Vortrag 1994

[5.66] Toppe, A.: Lärmarme Großgetriebe - Möglichkeiten und Grenzen. Braunkohle, Düsseldorf 33 (1981) 3, S. 56-59

[5.67] Hendrischk, R.: Maßnahmen zur Senkung der Lärmemission an Tagebaugroßgeräten und Bandanlagen der Lausitzer Braunkohle AG. Braunkohle, Düsseldorf 46 (1994) 3, S. 12-18

[5.68] Vetter, J.: Das Getriebe im Förderbandbetrieb bei den Rheinischen Braunkohlewerken. Braunkohle, Düsseldorf 33 (1981) 3, S. 51-55

[5.69] Husmann, S.: Elektrotechnische Planung der neuen Bandanlagen im Tagebau Inden. Braunkohle, Düsseldorf 35 (1983) 6, S. 169-172

[5.70] Matschak, H.; u.a.: Das Kippenböschungssystem der neuen Abraumförderbrücken unter dem Gesichtspunkt des Ausbringens, der Grundbruchsicherheit und der Brückenkonstruktionsmasse. Bergbautechnik, Leipzig 11 (1961) 5, S. 227-236 und 11 (1961) 6, S. 283-306

[5.71] Gehrisch, M.: Beitrag zur Standsicherheit von Abraumförderbrückenkippen im Raum Lausitz. Freiberg, Bergakademie, Diss. v. 1975

[5.72] Fleischer, R.: Entwicklung einer Einheitsförderbrücke für Niederlausitzer Tagebaue unter maßgebenden Gesichtspunkten. Bergbautechnik, Leipzig 4 (1954) 6, S. 321-334

[5.73] Bleibaum, K.: Ergebnisse der Untersuchungen zum Umbau von Förderbrücken F 34 mit Stützweitenvergrößerung und Einbau eines zusätzlichen Vorkippen- und Schwenkbandes, System Profen. Stahlberatung, Freiberg 5 (1978) 1, S. 15-17

[5.74] Hagemann, R.: Neuentwicklungen auf dem Gebiet der Abraumförderbrücken und kombinierten Geräte. Wiss. Zeitschrift der Techn. Hochschule "Otto von Guericke", Magdeburg 9 (1965) 2 und 3

[5.75] Müller, R.: Einsatz und Vorteile der Abraumförderbrücken AFB60. Hebezeuge und Fördermittel, Berlin 16 (1976) 4, S.

[5.76] Schrader, V.: Entwicklung, Aufbau und Funktion einer Abraumförderbrücke mit 60 m Abtragshöhe. Neue Bergbautechnik, Leipzig 5 (1975) 12, S. 889-894

[5.77] Kramer, K.: Die Abraumförderbrücke F60 und SRs 6300 des Kombinates TAKRAF. Neue Bergbautechnik, Leipzig 14 (1984) 11, S. 429-433

[5.78] Issel, H.; Jensch, A.: Ein hochleistungsfähiger Großgerätekomplex in den Tagebauen der DDR-dargestellt am Beispiel des Abraumförderbrückenverbandes mit 60 m Abtrag und des Großgerätesystems SRs 6300. Braunkohle, Düsseldorf 36 (1986) 3, S. 39-44

[5.79] Müller, D.; u.a.: 60 Jahre Abraumförderbrücken / 25 Jahre Typenabraumförderbrücken in der DDR. Neue Bergbautechnik, Leipzig 14 (1984) 5, S. 161-166

[5.80] Göhring, H.: Entwicklung und Einsatz von Direktversturzkombinationen. Hebezeuge und Fördermittel, Berlin 25 (1985) 11, S. 330-333

[5.81] Göhring, H.: Ausführungsformen des Verbindungsteils von DV-Kombinationen. Hebezeuge und Fördermittel, Berlin 28 (1988) 3, S. 74-77 und 4, S. 103-105

[5.82] Harta, H.; Jurisch, H.: TAKRAF-Schaufelradbagger für schwere Einsatzbedingungen. Hebezeuge und Fördermittel, Berlin 27 (1987) 4, S. 108-113

[5.83] Krumrey, A.: Schaufelradbagger für Direktversturz. Braunkohle, Düsseldorf 17 (1965) 3, S. 81-100

[5.84] Jurisch, H.: Einsatz des Schaufelradbaggers SRs 400.14/1.0 (500 kW) im Tagebau Oberdorf (Österreich). Hebezeuge und Fördermittel, Berlin 21 (1981) 5, S. 138-141

[5.85] John, M.: Der SRs 6300 - Fördertechnische Probleme an einem Gerät mit großer Bedeutung für die Braunkohlenindustrie. Hebezeuge und Fördermittel, Berlin 21 (1981) 9, S. 268-271

[5.86] Pajer, G.; u.a.: Tagebaugroßgeräte und Universalbagger. 2. stark bearb. Aufl. Berlin: Technik, 1979

[5.87] Durst, W.; Vogt, W.: Schaufelradbagger. Clausthal-Zellerfeld: Trans Tech Publications, 1986

[5.88] Ktiorov, P.M.; Zajcenko, G.E.: Gornye masiny nepreryvnogo dejstvija (Kontinuierlich arbeitende Bergbaumaschinen). Ogneupory, Moskva 24 (1959) 2, S. 62 – 70 (tuss.)

[5.89] Mel'nikov, N.V.: Razvitije gornoje nauki v oblasti otkrytoj razrabotkj mestorozdenij v SSSR (Entwicklung der Bergbauwissenschaft auf dem Gebiet des Abbaues von Lagerstätten im Tagebau in der UdSSR). Moskva: Gosgortechizdat, 1961 (russ.)

[5.90] Gruschka, G.; u.a.: Die direkte Bagger-Absetzer-Technologie, ihre Entwicklung und ihr jetziger Stand. Bergbautechnik, Leipzig 15 (1965) 8, S. 397-407

[5.91] Neue Tagebautechnologien: Bericht über eine Studienreise in die UdSSR. – WTZ-Beschluß 20/64 (unveröffentlicht)

[5.92] Ostrouchov, I.I.; Demcenko, V.V.: Potgotovka karjerov k eksploatacij s izpol'sowanijem novych vydov oborudovanija (Der Aufschluß von Tagebauen zur Inbetriebnahme unter Verwendung neuer Ausrüstungen): Gornyj Zurnal, Moskva (1961) 11, S. 22-25 (russ.)

[5.93] Ostapenko, P.V.; u. a.: Schaffung höchstleistungsfähiger Schaufelradbagger für KATEK. Moskau, Zentrales Forschungsinstitut für Ökonomie und wissenschaftlich-technische Information der Kohleindustrie. Cnieinugol (Bericht Nr. 7)

[5.94] Rasper, L.: Beitrag zum kontinuierlichen Direktversturz in Tagebaubetrieben unter Verwendung von Schaufelradbaggern. Fördern und Heben, Mainz 17 (1967), S. 793-799

[5.95] Rasper, L.; Ritter, H.: Erwähnenswerte neue deutsche Tagebauausrüstungen mit stetigem Förderfluß im überseeischen Einsatz. Braunkohle, Düsseldorf 13 (1961) 10, S. 421-425

[5.96] Kugel, K.E.: Geräteausrüstung im Strip-Mining-Tagebau der USA. Braunkohle, Düsseldorf 22 (1970) 7, S. 229-238

[5.97] Krumrey, A.: Schaufelradbagger mit gekoppelten Bandabsetzern zur Abraumgewinnung und Direktverkippung (Tagebau Arjuzanx / Krupp). Fördern und Heben, Mainz 10 (1960) 10, S. 696-700

[5.98] Neues Tagebausystem für Braunkohlengrube in Texas. Bergbau, Gelsenkirchen 35 (1984) 1, S. 19

[5.99] Bandabsetzer und Direktversturz-Systeme – Technische Produktinformation / Hrsg.: Krupp Industrietechnik GmbH Duisburg: Eigenverlag

[5.100] Golosinski, T.S.; Boehm, F.G.: Continuous Surface Mining. Clausthal-Zellerfeld: TransTech Publications, 1987

[5.101] Rasper, L.; Scholz, K.: Kontinuierlich arbeitendes Erdbaugerät für den Chasma-Jhelum-Link-Kanal (Westpakistan). Braunkohle, Düsseldorf 21 (1969) 1, S. 1-10

[5.102] Pfennig, H.J.; Grunert, M.: 40 Jahre Absetzer aus Köthen. Hebezeuge und Fördermittel, Berlin 30 (1990) 10, S. 298-302

[5.103] Schmidt, H.J.: Großer Absetzer aus Köthen in Sibirien. Hebezeuge und Fördermittel, Berlin 30 (1990) 10, S. 295-297

[5.104] Lehnhardt, K.H.: Neue Bandwagenreihe der Form „A" und „B". Hebezeuge und Fördermittel, Berlin 30 (1990) 10, S. 302-305

[5.105] Lehnhardt, K.H.: Bandwagen in den Tagebauen. Hebezeuge und Fördermittel, Berlin 30 (1989) 10, S. 308-311

[5.106] Kern, H.J.; Kurze, R.: Gestaltung der Übergabeelemente in Bagger-Absetzer-Kombinationen. Neue Bergbautechnik, Leipzig 18 (1988) 1, S. 18-20 und (1990) 10, S. 302-305

[5.107] Bahke, E.: Langstrecken-Gurtbandstraßen. Fördern und Heben, Mainz 23 (1973) 2, S. 49-54

[5.108] Pelzer, M.: Langstrecken-Förderer an Stelle von Eisenbahn und Pipelines. Braunkohle, Wärme und Energie, Düsseldorf 23 (1971) 6, S. 185-194

[5.109] Grießhaber, J.: Besonderheiten bei der Auslegung eines Downhill Conveyors. Fachtagung Schüttgutfördertechnik, Magdeburg, Techn. Univ. „Otto von Guericke", Vortrag 1996

[5.110] Süß, W.; Trautvetter, D.: Der Treibgurtantrieb - eine günstige Möglichkeit zur Verlängerung von Gurtbandförderern in der Kaliindustrie. Hebezeuge und Fördermittel, Berlin 20 (1980) 3, S. 76-79

[5.111] Reisenauer, B.: Erster Treibgurtförderer der CSSR im Betriebseinsatz. Hebezeuge und Fördermittel, Berlin 18 (1978) 4, S. 119-121

[5.112] TGL 35378: Gurtförderer, Berechnungsgrundlagen. Fachbereichsstandard der ehem. DDR, April 1981

[5.113] Göhring, H.: Vereinfachte Berechnung von Gurtförderern bei einfacher Linienführung. Hebezeuge und Fördermittel, Berlin 25 (1985) 8, S. 228-231

[5.114] Vierling, A.: Untersuchungen über die Bewegungswiderstände von Bandförderanlagen. Fördern und Heben, Mainz 6 (1956) 2, S. 131-142 und 3, S. 149

[5.115] Süß, W.: Untersuchung der Laufwiderstände von Tragrollen für Gurtbandförderer. Hebezeuge und Fördermittel, Berlin 3 (1963) 10, S. 302-303

[5.116] Behrens, U.: Untersuchungen zum Walkwiderstand schwerer Förderbandanlagen. Hannover, Techn. Hochschule, Diss. v. 1967

[5.117] Könneker, F.K.: Untersuchungen zur Bestimmung des Leistungsbedarfs von Gurtförderanlagen. Hannover, Universität, Diss. v. 1984

[5.118] Winterberg, H.: Untersuchungen zum Einfluß von Bandbeladung, Vorspannkraft und Geschwindigkeit auf die Antriebskraft langer Förderbandanlagen. Hannover, Techn. Hochschule, Diss. v. 1966

[5.119] Greune, A.: Energiesparende Auslegung von Gurtförderanlagen. Hannover, Universität, Diss. v. 1990

[5.120] Barbey, H.P.: Untersuchung an Tragrollen bei tiefen Temperaturen und hohen Lasten. Hannover, Universität, Diss. v. 1987

[5.121] Lachmann, H.P.: Der Walkwiderstand von Gummifördergurten. Hannover, Techn. Hochschule, Diss. v. 1954

[5.122] Quaas, H.: Beitrag zur experimentellen Ermittlung und Brechung von Bewegungswiderständen an Gurtförderanlagen. Freiberg, Bergakademie. Diss. v. 1968

[5.123] Schwarz, F.: Untersuchungen zum Eindrückrollwiderstand zwischen Fördergurt und Tragrolle. Hannover, Techn. Hochschule, Diss. v. 1966

[5.124] Hettler, W.: Beitrag zur Berechnung der Bewegungswiderstände von Gurtförderern mit dreiteiligen Tragrollenstationen. Magdeburg, Techn. Hochschule, Diss. v. 1976

[5.125] Kehlert, H.: Untersuchungen zur Bestimmung des Bewegungswiderstandes von Gurtförderern. Magdeburg, Techn. Hochschule, Diss. v. 1977

[5.126] Limberg, H.: Untersuchung der trumbezogenen Bewegungswiderstände von Gurtförderanlagen.Hannover, Universität, Diss. v. 1988

[5.127] van Leyen, H.: Der Tragrollenabstand bei Gummiförderern und sein Einfluß auf die Gurtbeanspruchung und die Laufwiderstände. Deutsche Hebe- und Fördertechnik, Ludwigsburg 8 (1962) 2, S. 53-56; 3, S. 93-96; 4, S. 147-152; 5, S. 213-218; 6, S. 251-256

[5.128] Jonkers, C.O.: The indentation rolling resistance of belt connveyers. (Der Eindrückrollwiderstand bei Gurtförderern). Fördern und Heben, Mainz, 30 (1980) 4, S. 312-313 (engl.)

[5.129] Gladysiewicz, L.; Gollasch, J.: Verfahren zum Ermitteln der Anteile des Walkwiderstandes eines Gurtförderers. Hebezeuge und Fördermittel, Berlin 32 (1992) 1, S. 7-11

[5.130] Pajer, G.; u.a.: Stetigförderer. 5. Aufl. Berlin: Technik, 1988

[5.131] Dumonteil, P.: Beitrag zum Studium der ständigen Zugbeanspruchung im Gurt einer Gurtbandförderung. Revue de l' industrie Minerale, Revue de l'industrie minerale, mines, St.-Etienne 43 (1961), S. 94-102 (franz.)

[5.132] Spaans, C.: The Calculation of the Main Resistance of Belt Conveyors. (Berechnung des Hauptwiderstandes von Gurtförderern. Bulk Solids Handling, Clausthal 11 (1991) 4, S. 809-826 (engl.)

[5.133] Kostrzewa, H.: Einfluß der Fördergurttemperatur auf den Eindrückrollwiderstand zwischen Fördergurt und Tragrolle. Fördern und Heben, Mainz 35 (1985) 11, S. 840-842

[5.134] KTLS 0016: Tragrollen. Leipzig, Eigenverlag Precismeca Montan Fördertechnik GmbH, Januar 1989

[5.135] Niemann, G.: Maschinenelemente. 6. Aufl. Berlin, Heidelberg u.a.: Springer, 1963

[5.136] Göhring, H.: Theoretische und experimentelle Untersuchungen zur Reduzierung des Bewegungswiderstandes unter Berücksichtigung des Fördergutes. Fachtagung „Neue Erkenntnisse zur wirtschaftlichen Gestaltung von Gurtförderern", Dresden, Techn. Univ., Vortrag 1994

[5.137] Göhring, H.: Neue Erkenntnisse bei der Bemessung von Gurtförderern. Fachtagung Fördertechnik, Dresden, Techn. Univ., Vortrag 1995

[5.138] Nordell, L.K.: The Channar 20 km Orerland. Bulk Solids Handling, Clausthal (1991) 4. S. 781-792

[5.139] Grabner, K.: Untersuchungen zum Normalkraftverlauf zwischen Gurt und Tragrolle. Leoben, Montanuniversität, Diss. v. 1990

[5.140] Sponagel, S.; Lutz, T.: Ein Beitrag zur Bestimmung der Härtewerte von Elastomeren. Kautschuk, Gummi, Kunststoffe, Heidelberg 43 (1990) 10, S. 861-865

[5.141] Oehmen, H.; Alles, R.: Stoßkraftmessungen an Förderbandtragrollen und Untersuchungen der Durchhangsform von Fördergurten. Braunkohle, Düsseldorf 24 (1972) 12, S. 417-425

[5.142] Schmidt, H.: Bewährung der Spannverbindungen bei den Rheinischen Braunkohlewerken. Braunkohle, Düsseldorf 36 (1983) 3, S. 75-80

[5.143] Vetter, J.: Das Getriebe im Förderbandantrieb bei den Rheinischen Braunkohlewerken. Braunkohle, Düsseldorf 34 (1981) 3, S. 51-55

[5.144] Osten, A.: Bewährung des Systems der Flanschkupplungen an Bandgetrieben. Braunkohle, Düsseldorf 36 (1983) 3, S. 77-80

[5.145] Rappmund, A.: Gurttrommeln für große Antriebsleistung. Hebezeuge und Fördermittel, Berlin 22 (1982) 3. S. 86-81

[5.146] Maassen, R.: Standzeit der Trommelbeläge in Bandanlagen und auf Geräten im Tagebau Hambach. Braunkohle, Düsseldorf 35 (1983) 12, S. 383-387

[5.147] Grimmer, K.J.: Der Einfluß von Trommelbelägen und Feuchtigkeit auf den Reibwert zwischen Fördergurt und Antriebstrommel. Braunkohle, Wärme und Energie, Düsseldorf 18 (1966), 9. S. 325-333

[5.148] Zeppernick, F.: Förderbandtrommeln mit Verschleißschutz durch Elastomere. Braunkohle, Düsseldorf 35 (1983) 1/2, S. 20-26

[5.149] Josteit, H.: Aufbringung und Verschleiß von Belägen auf Förderbandtrommeln sowie Fertigung von Prallwänden aus Gummi. Braunkohle, Düsseldorf 35 (1983) 4, S. 117-119

[5.150] Drehwitz, H.: Betriebserfahrungen mit Trommelbelägen in Förderbandanlagen bei der Braunschweigischen Kohlen-Bergwerke AG. Braunkohle, Düsseldorf 35 (1983) 1/2, S. 15-18

[5.151] Jungblut, E.: Überblick über Einsatz und Bewährung verschiedener Trommelbeläge - Tendenzen für weitere Entwicklungen. Braunkohle, Düsseldorf 35 (1983) 1/2, S. 12-18

[5.152] Günther, R.: Kraftschlüssige Verbindungselemente an Gurtförderern. Braunkohle, Düsseldorf 34 (1982) 7, S. 237-244

[5.153] Förster, K.-H.: Liegezeiten der Wälzlager. Neue Bergbautechni, Leipzig 5 (1975) 12, S. 911-914

[5.154] Kipping, U.: Probleme bei der Abdichtung und dem Betrieb besonders schmutzgefährdeter Wälzlager. Neue Bergbautechnik, Leipzig 13 (1983) 12, S. 691-694

[5.155] Münch, H.C.: Einfluß der Schmierung auf Reibung und Verschleiß hochfester Wälzlager. Braunkohle, Düsseldorf 32 (1980) 4, S. 98-102

[5.156] Wälzlagerkatalog 41610/3DA / Hrsg.: FAG Kugelfischer Georg Schäfer & Co Schweinfurt: Eigenverlag, 1989

[5.157] Matthias, K.: Einfluß positiver Längskräfte auf die Biegeverformungen gerader Balken. Deutsche Hebe- und Fördermittel, Ludwigsburg (1996) S. 49-54

[5.158] Schommer, H.H.: Auswahl- und Verschleißprobleme von Förderbandtragrollen. Braunkohle, Düsseldorf 28 (1976) 7, S. 321-324

[5.159] Petermann, L.: Grundlagen für die Ausarbeitung eines neuen DDR-Standards für gelenkige Tragrollenstationen. Hebezeuge und Fördermittel, Berlin 11 (1971) 11, S. 320-328

[5.160] Hettler, W.; Krause, F.: Die Belastung der Tragrollen von Gurtbandförderern mit dreiteiligen Tragrollenstationen infolge Fördergut unter Beachtung des Fördervorgangs und der Schüttgutei-

genschaften. Wiss. Zeitschrift der Techn. Hochschule „Otto von Guericke", Magdeburg 18 (1974) 6/7, S. 667-674
[5.161] Grimmer, K.J.: Auslegung von Förderbandtragrollen auf Grund ihrer Beanspruchung. Fördern und Heben, 20 (1970) 11, S. 612-618
[5.162] VDI 2341: Gurtförderer für Schüttgut-Tragrollen. VDI-Handbuch Materialfluß und Fördertechnik. Düsseldorf: VDI, April 1985
[5.163] Grabner, K.: Untersuchungen zum Normalkraftverlauf zwischen Gurt und Tragrolle. Leoben, Montanuniversität, Diss. v. 1990
[5.164] Grimmer, K.J.: Auslegung von Förderbandrollen aufgrund ihrer Beanspruchung. Fördern und Heben 11(1970) Sonderdruck, S. 612-618
[5.165] Halswander, J.: Erkennung heißgelaufener Tragrollen an Bandanlagen der Braunkohlentagebaue. Neue Bergbautechnik, Leipzig 14 (1984) 9, S. 331-333
[5.166] von der Wroge: Gestaltung und Auslegung der Verbindungen hochfester Stahlseil-Fördergurte. Hannover, Universität, Diss. v. 1991
[5.167] Flebbe, H.: Die dynamische Verbindungsfestigkeit als Auslegungskriterien für Fördergurte. Glückauf, Essen 124 (1988) 6, S. 317-324
[5.168] Nicke, B.; Wähner, M.: Schwachstellenermittlung und -beseitigung bei der Einführung der Stahlseilgurte in Braunkohletagebauen der DDR. Neue Bergbautechni, Leipzig 6 (1976) 11, S. 884-886
[5.169] Alles, R.: Vermeidbarer Gurtverschleiß bei Schüttgutförderern und seine Hauptursachen. Maschinenmarkt, Würzburg 87 (1981) 28, S. 554-557
[5.170] Alles, R.: Dem Gurtverschleiß an Schüttgutförderanlagen sinnvoll entgegenwirken. Maschinenmarkt, Würzburg 87 (1981) 36, S. 721-724
[5.171] Lachmann, H.P.: Fördergurte, Aufwand und Verfügbarkeit. Braunkohle, Düsseldorf 33 (1981) 6, S. 178-184
[5.172] Wolf, E.; Singenstroth, F.: Alternative Konstruktionen von Stahlzugträgern in Fördergurten. Kautschuk, Gummi, Kunststoffe, Heidelberg 46 (1993) 9, S. 727-731
[5.173] Mordstein, W.: Geräte und Verfahren zur Reinigung von Gurtförderanlagen. Fördern und Heben, Mainz 35 (1985) 11, S. 843-848
[5.174] Brückner, J.: Phoenix Fördergurte - Berechnungsgrundlagen. Hamburg: Phoenix AG, 1993
[5.175] Uelpenich, J.: Die Wendung von Fördergurten mit Stahlseil-Einlagen. Braunkohle, Düsseldorf 20 (1968) 22, S. 43-49
[5.176] Mordstein, W.: Das Verhalten von Fördergurten beim Wenden im Untertrum von Bandanlagen. Hebezeuge und Fördertechnik 7 (1961) 1, S. 25-31
[5.177] Oehmen, K.H.: Berechnung der Dehnungsverteilung in Fördergurten infolge Muldungsübergang, Gurtwendung und Seilunterbrechung. Braunkohle, Düsseldorf 31 (1979) 12, S. 394-401
[5.178] Krause, F.; Henschel, R.: Schüttgutströmungstechnik. Magdeburg, Techn. Hochschule „Otto von Guericke", Forschungsbericht v. 1978
[5.179] Göhring, H.: Übergabestelle am Gurtförderer bei ungünstigem Fördergut. Hebezeuge und Fördermittel, Berlin 29 (1989) 6, S. 172-175
[5.180] Grimmer, K.J.; Thormann, D.: Zur Problematik der Kraft- und Bewegungsverhältnisse des Schüttguts an Aufgabestellen von Förderbandanlagen. Fördern und Heben, Mainz 17 (1967) 6, S. 345-351
[5.181] Köttgen, D.: Zu Fragen der konstruktiven Ausbildung von Materialaufgabestellen bei Bandförderanlagen. Braunkohle, Wärme und Energie, Düsseldorf 10 (1958) 7/8, S. 158-160
[5.182] Lubrich, W.: Die Wirkung dynamischer Kräfte beim Aufprall des Fördergutes auf das Förderband. Braunkohle, Wärme und Energie, Düsseldorf 11 (1959) 9, S. 344-350
[5.183] Suske, S.: Untersuchungen über den Einsatz von Gurtförderern mit Girlandentragrollen. Freiberg, Bergakademie, Diss. v. 1967
[5.184] vom Stein, R.: Optimierung der Übergabezone von Gurtförderanlagen. Hannover, Universität, Diss. v. 1985
[5.185] Ballhaus, H.: Die Impulskräfte beim Aufprall grobstückigen Gutes auf den Fördergurt. Braunkohle, Düsseldorf 33 (1981) 6, S. 184-187
[5.186] Klug, H.: Dynamische Beanspruchung von Tragrollenwälzlagern. Bergbautechnik, Leipzig 15 (1965) 10, S. 511-516
[5.187] Flebbe, H.; Hardygora, M.: Zur Beaufschlagungsfestigkeit von Fördergurten. Braunkohle, Düsseldorf 38 (1986) 7, S. 186-199
[5.188] Grimmer, K.J.; Kessler, F.: Spezielle Betrachtungen zur Gurtführung bei Gurtförderern mit Horizontalkurven. Berg- und hüttenmännische Monatshefte, Wien 132 (1987) 2, S. 27-32 und 6, S. 206-211
[5.189] Grimmer, K.J.; Kessler, F.: Auslegung von Gurtförderern mit Horizontalkurven. Fördern und Heben, Mainz 41 (1991) 5, S. 428-432
[5.190] Eine 11 km lange Bandstraße über Berge und Täler. Fördern und Heben, Mainz 31 (1981) 4, S. 274-276
[5.191] Thomas, K.: Betriebliche Ergebnisse mit kurvenläufigen Bändern im Tagebau Profen. Bergbautechnik, Leipzig 17 (1967) 7, S. 379-383
[5.192] Lewin, H.U.; Krehl, D.: Das kurvengängige Gummigurtfördersystem der Firma Lewin Fördertechnologie Dortmund. 17. Konferenz des Bergbauinstituts Polytechnik, Wroclaw (Polen), Vortrag 1994
[5.193] Bekel, S.: Horizontalkurvengängige Gurtförderer mit dezentralen Reibradantrieben. VDI-Fortschritts-Berichte, Nr. 39, Reihe 13. Düsseldorf: VDI, 1992
[5.194] Goergen, H.; u.a.: Die Bedeutung von Schieflaufschaltern für Gurtkantenbeschädigungen sowie für durch Schieflauf verursachte Störungen. Braunkohle, Düsseldorf 37 (1985) 8, S. 287-294
[5.195] Wälzlagerkatalog 41610/3DA / Hrsg.: FAG Kugelfischer Georg Schäfer & Co Schweinfurt: Eigenverlag, 1989
[5.196] Durst, W.: Absetzer für eine Tagebauleistung von 240 000 m^3 in der Rheinischen Braunkohle. Braunkohle, Düsseldorf 26 (1974) 8, S. 231-238
[5.197] Göhring, H.: Beitrag zur Optimierung von Tagebaugeräten (Bandabsetzer). Magdeburg Techn. Hochschule „Otto von Goericke", Diss. v. 1970
[5.198] Göhring, H.: Bandabsetzer mit langen Abwurfauslеger aus dem VEB Schwermaschinenbaukombinat TAKRAF. Hebezeuge und Fördermittel, Berlin 19 (1979) 8, S. 234-237 und 9, S. 268-271
[5.199] Schmidt, H.J.: Massenanalyse für Absetzer. Hebezeuge und Fördermittel, Berlin 23 (1983) 3, S. 68-70
[5.200] Brändlein, J.: Lastübertragung in Großwälzlagern. Fördern und Heben, Mainz 30 (1980) 3, S. 207-212

[5.201] Kurth, F.: Der Spannungszustand in räumlich gestützten Ringträgern bei Zwischenschaltung von Kugelringen. Dresden, Techn. Hochschule, Diss. v. 1938

[5.202] Brändlein, J.: Lastübertragung durch Großwälzlager bei schwenkbaren, auf Ringträgern abgestützten Großgeräten. Fördern und Heben, Mainz 28 (1978) 4, S. 253-259

[5.203] Stöcklein, W.; Ackermann, J.: Groß-Wälzlager in einem 200000 m^3-Schaufelradbagger. Wälzlagertechnik, Schweinfurt 14 (1975) 2, S. 38-44

[5.204] Thelen, G.: Bedingungen für die Vermeidung von winderregten Drillschwingungen an Zugbändern. Vorschrift Nr. 4-502-021 für die Berechnung von Konstruktionen. Leipzig: Kombinat TAKRAF, 1981

[5.205] Rüger, H.J.: Vereinfachte fotogrammetrische Bestimmung von Schwingungsamplituden. Hebezeuge und Fördermittel, Berlin 30 (1990) 10, S. 306-307

[5.206] Diskontinuierlich fördernde Tagebaugeräte. Fördern und Heben, Mainz 41 (1991) 5, S. 432-436

[5.207] Muldenkipper mit starrem und Knickrahmen – Technische Produktinformation / Hrsg.: O&K Mining GmbH Dortmund: Eigenverlag, 1994

[5.208] Korak, J.: Technisch-wirtschaftliche Untersuchung der Transportbetriebsmittelkombination Fahrbare Brechanlage - Gurtbandanlage für den Transport der Haufwerke im engeren Festgesteins Tagebaubereich. Aachen, Rheinisch-Westfälische Techn. Hochschule, Diss. v. 1978

[5.209] Goergen, H.: Festgesteinstagebau. Clausthal: TransTech Publications, 1987

[5.210] Muldenkipper - Technische Produktinformation / Hrsg.: Zeppelin Baumaschinen GmbH Garching: Eigenverlag, 1994

[5.211] Göhring, H.: Untersuchungen an Gurtförderern. Deutsche Hebe- und Fördertechnik, Ludwigsburg 11 (1999) 11, S. 54-59 und 12, S. 86-92

Kapitel 6

[6.1] Korak, J.: Vergleich der Transportmöglichkeiten. Schwerlastkraftwagen mit Kombinationen fahrbarer Brechanlage und Gurtbandanlage für Haufwerktransport im engeren Festgestein-Tagebaubereich. Braunkohle, Düsseldorf 33 (1980) 8. S. 229-240

[6.2] Korak, J.: Bergtechnische Aspekte des Einsatzes mobiler Vorbrecher im Tagebau. Braunkohle, Düsseldorf 34 (1981) 6, S. 171-177

[6.3] Wenzel, J.M.: Mobile Brecher für den Tagebaubetrieb. Fördern und Heben, Mainz 29 (1979) 6, S. 513-517

[6.4] Höffl, K.: Zerkleinerungs- und Klassierungsmaschinen. Leipzig: Deutscher Verlag für Grundstoffindustrie, 1985

Kapitel 7

[7.1] Größler, F.: Der Einsatz von Schaufelradbaggern und Bandwagen im Tagebau Obersdorf-Erfahrungen und Probleme. Berg- und hüttenmännische Monatshefte, Wien 126 (1981) 6, S. 221-228

[7.2] Göhring, H.: Ausführungsformen von Bandwagen. Hebezeuge und Fördermittel, Berlin 30 (1990) 5, S. 141-144

[7.3] Schein, H.W.: Zum Bandwageneinsatz im Festgesteinstagebau. Aachen, Rheinisch – Westfälische Techn. Hochschule, Diss. v. 1987

[7.4] Lehnhardt, K.H.: Neue Bandwagenreihe der Form „A“ und „B“. Hebezeuge und Fördermittel 30 (1990), Berlin 10, S. 302-305

[7.5] Absetzer - Technische Information / Hrsg.: Mitsubishi Heavy Industries LTD Tokyo: Eigenverlag

[7.6] Enger, 0.: Technische und wirtschaftliche Aspekte des Einsatzes kontinuierlich arbeitender Gewinnungssysteme in Festgesteinstagebauen unter Berücksichtigung des Zuschnitts. Clausthal: Techn. Univ., Diss. v. 1990

[7.7] Bandwagen – Technische Information / Hrsg.: Förderanlagen und Kranbau Köthen: Eigenverlag

[7.8] Rasper, L.: Der Schaufelradbagger als Gewinnungsgerät. Clausthal-Zellerfeld: Trans Tech Publications, 1973

[7.9] Eckardt, G.: Beitrag zur Theorie des Bandrückens Magdeburg, Techn. Hochschule "Otto von Guericke", Diss. v. 1967

[7.10] Eckardt, G.: Kräftewirkung beim gleislosdeformierten Rücken von Gurtbandanlagen. Magdeburg. Wiss. Zeitschrift der Techn. Hochschule "Otto von Guericke", Magdeburg 9 (1965) 2 und 3

[7.11] Ertel, G.: Gleislose Rückversuche von Bandanlagen im Bergbau. Bergbautechnik, Leipzig 12 (1962) 6, S. 308- 313 und 7, S. 355-360

[7.12] Pfab, R.: Das deformierende Rücken von Förderbandstraßen. Deutsche Hebe- und Fördertechnik, Ludwigsburg (1959) 8, S.46-52 und (1960) 15, S. 57-66

[7.13] Goergen, H.; Ambatiello, P.: Entwicklung und Stand der Gleis- und Bandrückverfahren im Tagebaubetrieb. Fördern und Heben, Mainz 18 (1968) 5, S. 280-288

[7.14] Kühn, G.: Der gleislose Erdbau. Berlin, Heidelberg u.a.: Springer, 1956

[7.15] Ertel, G.: Voraussetzungen für die Einführung des gleislosdeformierenden Rückens von Gurtbandanlagen im Tagebau. Bergbautechnik, Leipzig 12 (1962) 6, S. 308-313 und 8, S. 413-419

Eigene Quellen

[0.1] Scheffler, M.: Fördertechnik und Baumaschinen / Hrsg.: Martin Scheffler. - Bd. Grundlagen der Fördertechnik – Elemente und Triebwerke. – Braunschweig, Wiesbaden: Vieweg, 1994

[0.2] Warkenthin, W.: Fördertechnik und Baumaschinen. Hrsg.: Martin Scheffler. Bd. Tragwerke der Fördertechnik 1. Braunschweig/Wiesbaden: Vieweg, 1999

[0.3] Scheffler, M.; Feyrer, K.; Matthias, K.: Fördertechnik und Baumaschinen / Hrsg.: Martin Scheffler. - Bd. Fördermaschinen – Hebezeuge, Aufzüge, Flurförderzeuge. – Braunschweig, Wiesbaden: Vieweg, 1998

Sachwortverzeichnis